可靠性评估：
概念和模型及案例研究

Reliability Assessments: Concepts, Models, and Case Studies

[美] Franklin R. Nash 著
刘 勇　冯付勇　刘树林　等译

国防工业出版社
·北京·

著作权合同登记　图字:军-2017-022号

图书在版编目(CIP)数据

可靠性评估:概念和模型及案例研究/(美)富兰克林·纳什(Franklin R. Nash)著;刘勇等译.—北京:国防工业出版社,2018.6

书名原文:Reliability Assessments:Concepts, Models and Case Studies

ISBN 978-7-118-11369-3

Ⅰ.①可… Ⅱ.①富… ②刘… Ⅲ.①系统可靠性-评估-研究 Ⅳ.①N945.17

中国版本图书馆CIP数据核字(2018)第085672号

Reliability Assessments: Concepts, Models, and Case Studies/by Franklin R. Nash/ISBN: 978-1-4987-1917-9

※

国防工业出版社出版发行

(北京市海淀区紫竹院南路23号　邮政编码100048)

天津嘉恒印务有限公司印刷

新华书店经售

*

开本 787×1092　1/16　**印张** 51　**字数** 985千字

2018年9月第1版第1次印刷　**印数** 1—3000册　**定价** 198.00元

(本书如有印装错误,我社负责调换)

国防书店:(010)88540777　　发行邮购:(010)88540776

发行传真:(010)88540755　　发行业务:(010)88540717

序

现代战争是基于信息系统的一体化联合作战,是体系对体系的对抗,作战强度高,对装备可靠性要求更高,对保障的依赖性更大。与此同时,武器系统复杂程度、信息化水平不断提高,更进一步加大了实现装备可靠性要求的难度,增加了部队的保障难度和负担。国内外的大量实践证明,装备可靠性是提高武器装备作战能力和保障能力的倍增器,是降低寿命周期费用和保障负担的重要因素。

然而,由于对可靠性工作重视不够,造成武器系统交付部队后,故障多发、频发,部队保障困难等情况比较普遍。同时,随着我国武器系统研制水平的不断提高,战术技术性能水平与国外同类装备相比差距在不断缩小,但有些装备的可靠性水平差距在扩大,亟待总体提升武器装备的可靠性水平。

装备可靠性是武器系统的一项重要性能指标,是一种设计特性,也是一种使用特性,是战术技术指标的重要组成部分,需要在设计上予以实现,同时与生产制造、使用保障因素直接相关,需要在使用保障上采取相应保证措施。达到可靠性要求,发挥可靠性水平,不仅是设计工程师的责任,同时也是生产制造和使用保障人员的共同责任。

实践表明,装备可靠性与装备的结构组成、受载荷应力、所处使用环境因素有关。因此,可靠性工作涉及系统可靠性问题和产品可靠性问题。系统可靠性主要解决系统各组成单元的协调、匹配、优化等方面的问题,通过开展系统可靠性分析、分配、评估等工作,优选各组成单元,确保满足系统可靠性要求;而产品可靠性主要解决满足系统总体分配下达的可靠性指标要求,这部分产品通常是外协配套产品,可靠性水平普遍偏低。

实现部队用户提出的可靠性指标要求,需要装备研制总体和配套单位共同努力。目前,整个型号队伍需要一本切合实际的实用性强的指导书。

本书得到装备科技译著出版基金资助,不仅提供了可靠性评估所用的方法和技术,而且还给出了大量的故障数据分析建模的案例。本书作者有 35 年从事可靠性分析评估工作的经验,清楚知道读者需要的知识和方法。

希望本书的引进、翻译和出版能对提高我国武器系统可靠性水平起到积极的促进作用,也希望广大的设计开发人员、试验人员、保障人员加强最佳实践的积累、研究和应用,加强交流,不断总结出我国武器系统可靠性工程的实践成果。

中国兵器工业集团公司中国北方车辆研究所积极吸收借鉴国外先进可靠性理论

与实践,翻译团队能够正确理解原书英文核心要义,翻译专业水平高、翻译质量高。希望相关部门加强可靠性技术应用,为我国设计开发出高可靠性、易维修、好保障的武器系统,为实现强军目标作出更大贡献。

宋太亮

2018 年 3 月

译 者 的 话

随着装备复杂程度提高，为了减少试验经费，缩短研制周期，充分利用各种试验信息对产品的可靠性进行评估，成为可靠性工作中不可或缺的环节。可靠性评估是利用产品各类故障数据用概率统计的方法给出产品在某一特定条件下的可靠性特征参数的估计值，对于不同的产品需要根据产品特点建立数据统计模型，模型的优劣直接影响评估结果的精度。目前国内外对于评估模型的建立开展了大量的研究工作，以学校、科研院所为主对机械类产品、电子类产品、光学产品等不同类型产品的建模评估方法进行研究，发表了大量的论文、专利，但是在可靠性评估方面的书籍以《可靠性维修性保障性技术丛书》为主，对于如何将可靠性评估的理论方法运用在工程中的案例多以论文形式发表，针对工程中各类故障数据的评估过程和方法的书籍相对较为缺乏。

本书对于可靠性评估的多种模型进行了基础理论的介绍，并将基础理论与工程实际案例相结合，为产品可靠性设计分析人员提供了大量的分析实例。本书的翻译出版将填补国内的空白，对广大工程设计人员具有很强的指导作用。

本书共 80 章，第 1、2 章、第 61 至第 68 章由刘勇翻译，第 3 至第 5 章、第 69 至第 75 章由冯付勇翻译，第 6、7 章、第 76 章至第 80 章由刘树林翻译，第 8 至第 10 章由柳月翻译，第 11 至第 20 章由伊枭剑翻译，第 21 至第 30 章由焦娜翻译，第 31 至第 40 章由周妍翻译，第 41 至 50 章由赵品旺翻译，第 51 至第 60 章由鲍珂翻译。全书由刘勇、伊枭剑审校。刘勇、刘树林、周妍负责全书的翻译策划、统稿工作。

本书在版权引进和出版过程中，得到了装备科技译著出版基金的资助，在此表示衷心的感谢。

由于译者和审校者水平所限，有些翻译语句可能不够顺畅，错误和不当之处在所难免，敬请读者批评指正。

译者

2018 年 3 月

原书前言

关于通过故障数据的统计建模进行可靠性评估的书籍有很多。有些用到数学方面的知识,针对特殊的读者;有些是入门性的,涉及的内容面面俱到。这些书都提供了有用的指导和见解。本书参考了这两类中的知名书目,因此在内容上不想再包罗万象,除非有必要,也不想涉足别人已经充分论述的内容。

对于从事可靠性评估时间比较短的科学家和工程师,就像本书作者在 20 世纪 80 年代初期那样,需要一本详细论述每个可靠性工程师都应该了解的几个基本问题的书。当时,本书作者在 AT&T 贝尔实验室开始研究用于第一个海底光纤电缆系统的器件的可靠性,该系统要保证 25 ~ 30 年的使用寿命。作者就希望有一本这样的书。

本书第一部分内容集中于一些基础知识。作者认为,这些方面需要更加细致、全面的对待,并在表述方式上让人乐于接受。在对可靠性的评估和保证进行全面的概述后,这些方面包括随机性的概念及其与无序的关系、二项式和泊松分布的用途和局限性、卡方曲线和泊松曲线的关系,以及指数模型、Weibull 模型和对数正态模型的派生和应用。由于人的死亡率浴盆曲线是技术器件浴盆曲线的模型,因此,通过数据和模型对两者都进行了详细讨论。

本书第二部分首先介绍故障数据的案例建模。首先对 5 组理想的 Weibull、对数正态和正态故障数据进行了分析,然后分析了 83 组真实(实际)的故障数据,其结果在第 8 章中进行了概括。这些案例研究是基于十几本著名的可靠性书籍中找到的故障数据,目的是通过统计寿命模型(主要是 Weibull 分布、对数正态分布和正态分布)来寻找对故障数据的最佳描述,用于在实验室或外场试验中表征发生故障的时间、循环、里程的故障概率分布。通过选择使用目视检查和三次统计拟合优度测试的组合,在故障概率图中给出最佳直线拟合的双参数模型,凭经验确定提供优选表征的统计模型。模型选择的总结如下所示。

83 组故障数据的模型选择的汇总

数据 \ 模型	LN	N	W	Mix	Ex	G	3pW	总计
数量	44	14	10	10	2	2	1	83
百分比/%	53.01	16.87	12.05	12.05	2.41	2.41	1.20	100

具有代表性的模型有:对数正态模型(LN),正态模型(N),Weibull 模型(W),混合 Weibull 模型(Mix),指数分布(Ex),Gamma 分布(G),三参数 Weibull 分布

(3pW)。

从这些分析中获得的一个意外发现是,Weibull 模型似乎不足以作为选择的模型,特别是对于绝缘的击穿、碳纤维断裂和金属的疲劳失效,而原来一般都选它来进行适当的描述。虽然对数正态模型经常受到轻视,认为不适合于描述故障数据,但在超过一半的案例中被认为是首选的,并且与 Weibull 模型相比,被选中的可能性似乎要高 4 倍。

对于 84%的数据集,双参数 Weibull 模型、对数正态模型、正态模型或 Gamma 模型给出了充分的特征描述;Weibull 混合模型占其余的 12%。相对而言,Weibull 模型和正态模型是首选。单参数指数模型描述了两组。只有一种情况下,三参数 Weibull 模型的描述优于双参数对数正态模型描述。

对数正态模型在 83 组实际故障数据分析中的成功表明,Weibull 模型作为首选模型的传统偏好似乎缺乏有说服力的经验论证,而且也缺乏理论基础,正如所公认的那样,“无论如何,期望理论依据是随机变量的分布函数,如材料的强度属性……”。在分析故障数据时,“唯一可行的方法是选择一个简单的函数,经验性地进行测试,只要没有更好的发现,就坚持下去”。这是在第二部分的分析中遵循的建议。没有发现适合描述所有故障数据的双参数模型。

参考文献

[1] Samuel Johnson, An allegory of criticism, Essays of Samuel Johnson, The Rambler, 8-12, March 27, 1750, Kessinger Publishing.

[2] W. Weibull, A statistical distribution function of wide applicability, J. Appl. Mech., 18, 293-297, September 1951.

原书致谢

在我从事可靠性问题研究的几十年里,通过与同事的对话交流常常都会产生有价值的见解。虽然这些见解被记住了,但是提出相关问题或者提供独到观察的人已被遗忘。

可靠性评估贯穿了我的两次职业经历。第一次是在 AT&T 贝尔实验室,那是在20 世纪 80 年代初期,我和同事们——其中很多人刚接触这个领域——的任务是评估计划用于第一个跨大西洋的海底光纤电缆系统的器件的可靠性,该系统的规定寿命为几十年。

对于在接下来的 20 年期间获得的教育,我非常感谢贝尔实验室的同事们,他们是:格雷格·布鲁尔(Greg Bubel),乔治·朱(George Chu),芭芭拉·迪恩(Barbara Dean),格斯·迪凯斯(Gus Derkits),迪克·狄克逊(Dick Dixon),鲍勃·伊斯顿(Bob Easton),汤姆·艾丁罕(Tom Eltringham),吉恩·戈登(Gene Gordon),巴兹尔·哈基(Basil Hakki),鲍勃·哈特曼(Bob Hartman),比尔·乔伊斯(Bob Joyce),鲍勃·库(Bob Ku),迈克·卢瓦利(Mike LuValle),莱斯利·马丘特(Leslie Marchut),乔恩·派利克(Jon Pawlik),斯科特·派萨克(Scott Pesarcik),约翰·罗文(John Rowan),鲍勃·索尔(Bob Saul),沃尔特·斯拉萨克(Walt Slusark),汤姆·斯塔克伦(Tom Stakelon),比尔·桑伯格(Bill Sundberg),伯克·斯文(Burke Swan),查理·惠特曼(Charlie Whitman),丹·威尔特(Dan Wilt)。不过,历史并没有遗忘这个时期我的导师比尔·乔伊斯(Bill Joyce)的真知灼见。

我的第二次职业经历是在朗讯、阿尔卡特和 LGS 公司,在前后十几年的时间里,从事的领域从海底到太空,但涉足的都是非常相似的可靠性问题。我要感谢我的同事和其他帮助我加深对可靠性理解的人:乔·阿巴特(Joe Abate),弗兰·奥瑞秋(Fran Auricchio),林·巴奥(Ling Bao),琳达·布劳恩(Linda Braun),凯文·布鲁斯(Kevin Bruce),内莎·凯里(Nessa Carey),格斯·迪凯斯(Gus Derkits),迪克·杜思特伯格(Dick Duesterberg),尼罗伊·杜塔(Niloy Dutta),乔恩·艾塞尔伯特(Jon Engelberth),罗恩·恩斯特(Ron Ernst),道格·霍尔科姆(Doug Holcomb),弗洛伊德·赫维斯(Floyd Hovis),保罗·雅各布森(Paul Jakobson),吉姆·杰奎斯(Jim Jaques),凯文·拉斯卡拉(Kevin Lascola),迈克·卢瓦尔(Mike Luvalle),阿肖克·马利阿卡(Ashok Maliakal),萨姆·梅娜莎(Sam Menasha),米尔特·奥林(Milt Ohring),梅勒妮·奥特(Melanie Ott),阿尔·皮西里利(Al Piccirilli),雷迪·拉朱(Reddy Raju),莱斯利·莱特(Leslie Reith),亚历克斯·罗斯威茨(Alex Rosiewicz),维克托·罗森

(Victor Rossin),尼克·萨鲁克(Nick Sawruk),布拉德·斯科特(Brad Scott),杰伊·斯基德莫尔(Jay Skidmore),沃尔特·思拉萨克(Walt Slusark),马克·斯蒂芬(Mark Stephen),查理·惠特曼(Charlie Whitman)和汤姆·伍德(Tom Wood)。

我要特别感谢汤姆·埃尔林格汉姆(Tom Eltringham),他的鼓励和坚定的支持以及在图表、绘图、排版格式方面的帮助才使本书得以完成。他仔细阅读了第1章并提出意见,以此进行了一些重要的澄清和更正。

感谢鲍勃·阿伦斯(Bob Ahrens),史蒂夫·卡伯特(Steve Cabot),罗恩·卡马达(Ron Camarda),汤姆·埃尔林格汉姆(Tom Eltringham),托尼·菲尔茨(Tony Fields),阿尔·皮西里利(Al Piccirilli),迈克·桑托(Mike Santo)和蒂姆·索霍尔(Tim Sochor),他们帮助我学会用计算机进行文字处理和解决一些计算机方面的问题。在使用Reliasoft™软件方面,戴夫·戈贝尔(Dave Groebel)和萨姆·艾森伯格(Sam Eisenberg)给予的帮助及时而且专业。

感谢巴伦·布朗(Baron Brown)和瑞恩·布莱萨德(Ryan Bleezarde)在信息技术方面长期善意和无与伦比的支持。乔·萨瑞利(Joe Zarrelli)完成了从Windows 2003到Windows 2007的转换,且无懈可击。

感谢LGS创新公司副总裁琳达·布劳恩(Linda Braun)在本书编写过程中给予的持续支持。

感谢LGS创新公司的所有同事,包括上面没有提到的。感谢本书出版的协调人苏珊·霍夫曼(Susan Hoffman)。感谢迈克尔·贾森(Michael Garson)提出的宝贵意见。

在借用书籍和检索发表的杂志文章方面,约瑟夫·厄利(Joseph Earley)和多萝茜·梅森(Dorothy Mason)提供了不可或缺的帮助。版权处理中心也提供了相应的帮助。

特别感谢六位评议员向CRC出版社推荐我的书并提出有益的意见,感谢辛迪·卡雷利(Cindy Carelli),劳里·鄂霍次克(Laurie Oknowsky)以及朱迪斯·西蒙(Judith Simon)在出版过程中提供的指导性建议。

作者简介

Franklin R. Nash 目前任职于LGS创新公司,他获得理工大学及哥伦比亚大学学士学位(物理)和博士学位(物理),先后在AT&T贝尔实验室、朗讯科技公司贝尔实验室、杰尔系统、朗讯科技/LGS、阿尔卡特-朗讯/LGS和LGS创新公司工作了52年。曾从事海底光纤电缆系统用的半导体激光器和探测器的可靠性评估20年,后又从事高功率半导体多模激光器、激光模块和用于航天的无源光学元器件的可靠性评估15年。Nash是《估计器件的可靠性:可信度的评估》(Estimating Device Reliability:Assessment of Credibility)一书的作者,该书由Kluwer学术出版社于1993年出版。他曾9次在每年召开的光纤通信大会上举办有关可靠性的讲座,每次历时3小时。他还撰写并发表了45篇期刊文章。

目　　录

第一部分　概念和模型

第二部分 案例研究

第一部分　概念和模型

第1章　可靠性评估概述

波普尔派的可证伪性论点为，任何科学理论都必须在其中包含某个条件，在这个条件下可以证明其不正确。例如，上帝创世论就永远不可能是科学，因为它不可能包含关于该理论在何种条件下被证明是谬误的诠释[1]。

1.1　质量与可靠性

1.1.1　质量

质量与可靠性的不同体现在，质量是指产品在出厂时性能满足要求，而可靠性是指产品在整个寿命期内性能的保持能力[2]。组件的质量也可以定义为满足规定的或隐含的性能（比如包括长寿命、鲁棒性、性能、特征、符合规范、可维护性、易用性、声誉（感知到的质量）、安全性、环境相容性、费用和及时交付等）所需的各种特性的全体[3,4]。对于高可靠性的外层空间和海底通信系统，因其设计寿命可能是几十年，且对其进行修理或使其具有冗余度是不可能的或不切实际的，所以长寿命和鲁棒性就是其最重要的属性。

1.1.2　可靠性（长寿命和鲁棒性）

产品的可靠性可以用生存概率的定量估计、具有规定的置信水平、在规定的时期内运行、在规定的使用条件下（运行）等方式予以特征化[4-7]。如果在时刻 $t=0$ 时有 $N(0)$ 个产品，且到时刻 t 时有 $N(t)$ 个产品仍未发生故障，则其生存概率为 $S(t)=N(t)/N(0)$（4.2.1节）。与其互补的故障概率为产品在时刻 t 之前故障的概率，因为生存和故障是互斥事件（3.1节），$S(t)+F(t)=1$。使用条件是指样本环境条件，包括外部环境应力（例如，温度循环），以及产品必要的工作应力（例如电流）。可靠性既包括长寿命也包括鲁棒性。可以看出，在有些情况下，可能无法严格按照该定义来说明可靠性（1.9.3节）。

1.1.3 寿命

寿命与“正常”产品的累积“损伤”有关(1.9.2 节和 7.17.3 节)。寿命是指产品抵抗固有故障机理激活的可能性,表现为退化故障(重要参数向故障阈值的漂移)或突发故障(完全和突然故障)。寿命是产品的固有属性。当产品在设计规范规定的环境下工作时,即使没有受到外界过应力冲击,仍然可能发生由内在故障机理引起的累积损伤。寿命是指不包含早期故障的产品样本的属性,其中早期故障是指产品由于设计生产等环节引入的先天不足而出现的在很短时间内发生故障的现象(1.9.3 节和 7.17.1 节)。寿命评估的重要目标就是在给定的置信度下,针对一批无早期故障的产品,估计其在规定的条件下和规定的时间内使用时的首次故障时间。

“损伤”通常有两种类型[8]:①由于材料的损耗产生的“磨损”; ②载荷波动性引起裂纹的产生和扩展而导致的“疲劳”。磨损的例子有由于鞋底摩擦而造成的鞋子的逐渐毁坏;由于灯丝“热”点处的材料损失而导致的灯泡突然故障;由于金属的电化学氧化而产生的逐渐腐蚀;以及由于空隙的形成而导致的在微电子电路中金属导体(线)的突然故障。疲劳故障的例子包括由于反复折曲造成的金属曲别针和光纤的突然断裂或承受不断振动的金属丝和金属丝焊点的故障。不过,应将耗损的传统定义扩展到使之包括现代高度可靠的固态半导体组件的故障,就像激光器之类的组件,激光器不会因材料的损耗或因裂纹而发生故障,但会因运行应力导致的内部缺陷的增长和传播而发生故障。

例如,半导体激光器的寿命或固有的长期可靠性,其在正常使用条件下不可能在短时间内发生故障,因此,在实验室条件下,利用长时间(1~2 年)的加速退化试验,对无早期故障产品的批产品的寿命进行了评估。当对产品施加的试验应力水平高于使用应力时,可以加速产品的老化,从而快速激发产品发生故障。通过经验加速方程和寿命分布统计模型,可将产品在高应力水平下的寿命特征参数与其在实际使用应力水平下的对应寿命参数关联起来,通过高应力下观察到的故障时间数据,即可得到相对较低的使用应力水平下的寿命分布(1.3.3 节、1.5.3 节和 1.10.3 节)。

作为加速老化试验的一种替代,通过使用条件下的老化来评估半导体激光器的长寿命是不切实际的,因为它将会非常昂贵且耗时(1.6.2 节)。尽管如此,产品在长期使用应力下不出现故障,可以提高由加速老化试验映射得到的正常工作应力下的寿命分布模型的置信度。

半导体激光器在实验室加速老化过程中的故障类型是确定的,因为当激光器在高于规定的环境应力和工作条件下运行时(例如,在恒定的环境温度和光功率下),它们通常不太可能同时受到其他外部应力(例如,温度循环和机械振动)的影响。

1.1.4 鲁棒性

鲁棒性是指产品能够在预期的外部环境(例如,在制造、搬运、运输、不受控制的储存和外场使用中遇到的热循环、机械冲击和振动、湿气和辐射等)攻击中幸存下来的能力,也就是说,产品使用必须是可靠的。对鲁棒性的替代描述包括:应力裕量、应力极限、“峰值储备”、安全系数、最大能力、韧性、破坏等级和适应力(快速恢复力)[10]。

一般地,鲁棒性可以通过短时间的强化试验来评估,既有破坏性试验方法也有非破坏性试验方法。试验设计的目的是:①确定“强壮”产品抵抗预期的外部侵袭的应力裕量;②在不具足够的裕量抵抗预期的外部侵袭的“软弱”子样本中识别出有缺陷的组件。鲁棒性是通过设计实现的并通过试验予以确认。用于建立和验证应力极限和阈值的强化应力试验是成功/故障类型。例如,故障概率的置信上限是样本量和置信度的函数(3.3.2.1节和3.3.2.2节)。

作为举例说明,考虑传统的激光器模块,每一个模块都包含一个半导体激光器,它内部包含一个透镜光纤,该透镜光纤经过该模块的一个密封端壁向外伸出到模块之外。对于海底或空间应用,这些模块可能需要进行一些鲁棒性试验,例如:

(1) 在密封模块封盖后进行测试,以确保产品能够抵御不受控制的存储过程中故障产生的污染物(如:水分)的渗入以及在现场使用环境下填充气体(如,氧气)的外泄,这些对半导体激光器能够抵御内部激光模块产生的污染物(如,挥发性有机物)而不发生故障至关重要。

(2) 可以检测脆性光纤的敏感性的机械冲击。

(3) 可以检测引线和引线键合点因反复弯折造成的疲劳断裂机械振动。

(4) 可以检测不均匀热膨胀引发的引线键合点的分离和模块盖封与模块伸出端钎焊接头的密封故障的温度循环。

(5) 可以确定产生激光器结漏(“损伤”)或短路故障的放电电压阈值的静电放电(ESD)。

(6) 可以探测光纤对“变暗”的易感性或探测激光器工作电流的增加的 γ 辐射。

试验2、3和4对激光器模块的特性的影响可以通过光电测量自始至终周期性地或在试验终止时予以评估(如比较试验前后的光电流曲线)。实施机械负荷试验2和3,尤其是温度循环过应力试验4后,要对模块进行气密性检测,可采用无损氦检漏测试或破坏性的残余气体分析(RGA),以确认与实验初期相比,填充气体的数量(例如,氦气、氧气和氮气等)在激光模组里仍保持不变。

1.1.5 关于鲁棒性试验的注意事项

半导体激光器模块的鲁棒性评估由循环、步进应力和恒定应力加速试验等组成。

温度循环在本质上既是步进应力也是循环应力。在合格鉴定预审阶段(1.10.1.2.1节),对于给定的试验样本,应力极限和循环数可以逐渐增大直到出现故障。在随后的验证阶段(1.10.2.3节),温度循环使用“峰值储备”,即低于预验证阶段产生故障的温度范围和循环数,并且高于正常使用阶段的温度应力范围和循环数。验证的目的范围和循环数至少应该是客户、国家和政府标准[11]与电信行业标准[12]。

静电放电试验既是步进应力也是恒定应力。在合格鉴定预审阶段,应用于模块引线的电压会逐渐增加,直到反向或正向电压-电流特性出现变化(“受伤”)。在合格鉴定中,样本在低于导致故障和损伤的恒定电压下试验。用于检测偶发“损伤”的静电试验一般在比较低的应力水平下进行,并且不能在要装机的模块上试验,但在寿命监测阶段要进行ESD测试(1.10.4节)。可接受的ESD水平可以由客户或参考相应的标准来设定[12]。

1.1.6 可靠性是长寿命和鲁棒性

可靠性是指寿命(即,在没有外部攻击的情况下,一个产品能够在长期运行中不发生故障的能力)和鲁棒性(即,一个组件无论是否处于工作状态,都能在短期内承受外部攻击并不发生故障的能力)。可靠性主要通过寿命指标表征,因为鲁棒性在产品研发阶段已进行验证。

1.2 故障的描述

1.2.1 故障模式和故障机理

故障模式就是故障的表现形式。故障机理是发生故障的原因。对于半导体激光器模块来说,故障模式是指,无输出或光纤输出功率显著下降。故障可能是由激光器、光纤断裂或激光器光纤解耦造成的。对除去了封装的模块进行故障模式分析(FMA),通过排除法,可以识别出可能的故障模式和机理。

如果激光发射发生故障了,则其模式为激光完全无输出,或光输出有偏差,或光输出量减少。这种故障的故障机理可能是内部光学吸收缺陷的增长和迁移。如果光纤断裂是发生故障的原因,那么其模式就是光纤输出功率的完全丧失,而其机理则会是光纤在轴向拉力下,因湿气引发的应力腐蚀开裂。如果故障是归因于激光器-光纤解耦,那么其模式为光纤输出功率降低,而其故障机理可能是由于将透镜光纤保持住对准输出端激光器腔面的焊锡蠕变导致的光纤移动所致,这种光纤与输出的激光面相一致。可利用透镜光纤对激光器的非破坏性重组,可以用来验证激光光纤的解耦是导致故障的原因。

1.2.2 突发故障(与事件有关)

当到达阈值时,故障就会迅速发生。一般来说,这适用于静电 ESD 和电子过应力(EOS)事件,或者是半导体激光器腔面或无源光学元件上介质膜的光强引发的损伤。如果电压、电流和光强保持在低于阈值的水平,故障就不会发生而且损伤也不会累积。其他的例子包括由于电容器的电流过大或电压损坏导致的熔断丝故障。

1.2.3 突发故障(与时间有关)

在缺陷达到设备的故障主动区域之前,可能不会观测到任何依赖于时间的增长和缺陷迁移而导致的被监控的参数的前兆退化,但在此期间,故障会迅速发生。缺陷出现之前的时间是一个无故障的潜伏期,在此期间,潜在的隐含缺陷会毫无征兆地快速传播,从而导致突发故障。

1.2.4 渐变退化故障(与时间有关)

在某个 $t \geqslant 0$ 时刻,有一些监测参数开始出现退化。当参数达到故障阈值或者功能完全丧失时,就定义为发生故障。例如,在微电子电路中,在工作过程中可以观察到因电阻随时间增加而导致的故障或者完全无电流而导致的故障。

1.2.5 潜在缺陷故障

潜在的缺陷是隐藏的。例如,在 GaAs 半导体激光器中,制造缺陷可能会导致早期故障的出现或由于长期累积损伤而导致故障。为了识别并拒收那些存在潜在缺陷即早期缺陷的产品,通常会把所有激光器都置于高应力水平下进行短时间试验(1.10.2.1 节)[9]。对于在这类筛选试验中未被发现的潜在缺陷,就有可能在后面的工作过程中导致早期故障。这种故障就称为潜在缺陷故障。

由于筛选只是成功地消除了容易出现早期故障的激光器的数量,对于那些对长期(磨损)故障负责的缺陷即使在筛选后仍有可能存在。因为这类缺陷,可能位于离主动区域较远的位置上,需要时间来进行增长和传播,才能导致故障。如果用生长或处理的变化来消除这些缺陷也是不切实际的。因此,通常会采用加速试验方法来验证这类可能导致长期故障的缺陷(1.10.3 节),并定量评估现场条件下的可靠性(1.1.3 节、1.3.3 节和 1.5.3 节)。

1.3 故障物理学

一种三阶段故障物理学(PoF)方法已经形成[13-16],以作为传统可靠性预测方法的补充[17,18]。在第一个阶段,也就是反馈循环的第一个阶段,对故障产品进行故障模式分析(FMA)以确定故障模式、故障定位、故障机理和根本原因。第二阶段的设计是为了消除或减轻发生故障的根本原因。如果可能且可行,在新产品中会对设计、过程和执行中进行更严格的或更适合的筛选。在第一阶段和第二阶段之后,第三阶段的目标是在给定的置信度下,对产品在规定的使用条件下和规定的寿命期内,发生在第二阶段未被消除的故障概率进行定量评估。

1.3.1 第一阶段:故障模式分析

故障模式分析过程的目的是:①识别故障模式(故障特征);②确定故障位置(故障定位);③确定故障机理(故障的物理原因);④识别导致故障的根本原因(导致故障的根源)。

如果在设计、过程、执行和筛选方面的改变消除或减少了 GaAs 半导体激光器的早期故障和缺陷(1.9.3 节),则剩下的任务就是关注产品在长期工作期间发生的损伤。半导体激光器的两种众所周知的突发故障模式是:①输出激光面的灾难性光学损伤(COD);②内部“批量”故障。这些故障是在实验室高应力老化试验过程中观测到的[9],但是在长期的实验室额定使用条件的老化过程中并没有被发现。

在激光器故障模式分析中,在第①步中,当激光被偏置时其故障模式是没有光输出。在第②步中,故障位置可能是在输出激光器腔面并被视为该腔面的发射部分的物理损伤,或者可能是在主体中(处于内部而在外表上并不显见)。根据不存在腔面损伤,可以推断出发生了主体故障,这可以通过破坏性分析予以证实。在第③步中,故障机理可能是归因于过热和热失控或者是归因于内部光吸收缺陷的 COD。在第④步中,该 COD 的根本原因可能是在输出激光器腔面处的非辐射性缺陷的增长,或者是一个原生缺陷迁移到激光器的活化区内而产生一主体故障。

1.3.2 第二阶段:消除或减轻故障的根本原因

1.3.2.1 半导体激光器的早期故障

为了消除或减轻“异常的”激光器的早期故障(对于那些存在早期故障隐患和缺陷的激光器,我们已经描述了主动和被动策略(1.9.3 节))。由于制造中的不一致对产品是不受欢迎的,因此主动策略试图通过建立全面的质量控制做到各个激光器的高度一致性。被动策略的目标是消除或减轻在测试和认证中被发现的(制造)过程中的故障的根本原因(1.10.2 节)。此工作由 PoF(1.3 节)和故障模式分析(FMA)(1.3.1 节)过程进行。潜在缺陷的影响可通过设计和制造过程的改变来减轻。同时,引起早期故障的不利影响可以通过对工人再培训来改善操作过程、更全面的视觉检查,以及更有效的针对性筛选测试来减小。

当 GaAs 半导体激光器用于高可靠性应用场合时,除了 1.9.3 节列出的方法,还需采取一些具体的预防措施去消除或减少早期故障。这些措施包括:①加强对激光面、P侧表面和P侧向下移除激光键等进行视觉检测,尽管很多表面缺陷并未证实对故障有直接影响;②通过提高温度、电流、光功率等应力水平进行短时间老化筛选[9](1.10.2.1节);③拒收在筛选试验中出现系统性故障的激光器(1.10.2.2节)。

1.3.2.2 半导体激光器中的长期故障

第二阶段的目标是消除或减轻“正常”组件在现场使用中的长期“损耗”故障(1.9.2节)。对于GaSa基的半导体激光器来说,COD(光学累积损伤)是导致加速老化的原因之一[9]。通常情况下,损毁产生于前腔面并传播到主动区内部,就像在n侧电致发光检查中看到的暗线缺陷。在常温下半导体激光器的光电流特性中,COD被认为是一个阈值故障。在使用之前,对每个激光器进行一个低于阈值的光学损伤光电流特性测试[9],就可以对光学累积损伤导致的故障进行预防。预期在腔面钝化、介电质涂层材料和涂层沉积技术方面的改进将降低光学累积损伤的脆弱性。

加速老化试验中发生的另一个故障被称为“块”故障,它被认为是在与切面无关的激光的主动区域内的无辐射的暗线缺陷。不过,在某些情况下,在块故障中看到的暗线缺陷可以传播到输出激光面,并产生类似于COD的损害[9]。第二阶段的目标是采取预防措施消除或减轻半导体激光器的长期块故障。预防措施包括:①使用低缺陷密度的GaAs基底;②拒收有表面生长异常或外延表面和粒子有损伤的激光器。不过,尽管有这些预防措施,但在加速老化过程中仍然可能会出现大量的故障[9]。由于对发生块故障的根本原因认识不充分,在讨论中,假设存在一类源自于外延生长的块故障缺陷,并且在缺陷增长后仍然无法通过视觉检测到。

如果在一个主要的主动区域迅速演化成非辐射状态之前,在初始阶段就可以识别出缺陷的类型和位置,那么就可以对这些缺陷的类型和位置进行研究。由于半导体激光器在实验室额定应力的老化过程中不会迅速发生故障,因此对大量的激光器(约200个)进行1000h的加速老化试验是非常必要的,因为在这段时间内观测到块故障的概率近似为1%。而且在老化试验监测过程中,识别即将发生的块故障可能是一个问题,因为故障往往突然发生,通常不会出现可观察到的前兆退化[9]。

假设成功发现了导致一个或多个块故障缺陷的类型和起源。问题是要确定晶圆片生长的良好控制是否最有可能抑制晶圆缺陷的产生。由于不可能存在能对晶体生长进行精确控制的单一方法,只能通过外科方法消除缺陷,而这种排除缺陷的方法又可能引入新的缺陷,这种新的缺陷对可靠性的影响难以定量评估。因此,这种方法可能只是一种错误的尝试。

假设在生长过程中有一个受到良好控制的方法可以影响生长过程,并且有足够的证据表明,所采用的改进方法确实能提高可靠性,而不是降低它的可靠性。即使在加速老化实验中[9],激光器仍然有很长的寿命。因此必须对改进后的大批量激光器进行几年的加速老化试验,才能获得足够的故障数据,由此才能对激光器的可靠性进行一定置信度的定量评估,以确定其可靠性水平是否真的增长了。在加速老化之前,非破坏性测试不太可能确定改进后的激光器样本中是否存在致命的缺陷。例如,所有经过老化筛选的激光器的光电流电压($L-I-V$)特征趋势基本相同(1.10.2.1节),通过谱系检查可以拒收异常激光器(1.10.2.2节)。在加速老化过程中,相同的激光会承受相同的应力,但却显示出显著不同的寿命。可见,寿命预测工作不能建立在老化试验前的特征检测上。

为了完成这一困难的可靠性增长验证工作,考虑在加速试验条件下,投入208个GaAs半导体激光器进行长达15000h(1.7年)的老化过程试验(电流=12~18A,光学功率为11~16W,结温为60~110℃)后,只观测到14次故障[9]。如果不考虑工程实现上的困难,对于任何一项可靠性增长措施或加工过程的改进,从统计的角度看,可以从同一个样本样本抽取样本量相同的激光器,在相同条件下和相同时间内进行试验,由此将记录不同数量的故障数和故障时间,进而评估出相同使用条件和使用时间下不同的故障发生概率。从假设"正确"的晶体生长变化到确认可靠性改进的反馈回路是非常长的,并且这个增长验证的过程还有一定的不确定性。

至少对于所举例说明的方法而言,完全消除归因于原生缺陷的主体故障似乎是不切实际的,因为时间和金钱方面的大量耗费可能至多仅使可测量的可靠性得多很小的改进。这项作业是回报递减的。定义激光器的残存函数为$S(t)=1-\exp[-(t/\tau)]$,其中,时间t表示历史上第一个GaAs激光器的制造到现在的时间。在$t=0$时,激光是不可靠的,也就是$S(t)\approx 0$。经过几十年的大量研发努力,$S(t)$渐近趋于1,但不可能达到1。有个例子是早期GaAs激光器所提供的,它在几十年前具有"闪光灯泡"样的可靠性。今天那些早期激光器的后代在高可靠性的海底和陆地光纤通信系统中已经被广泛使用了20多年了。经过几十年的试验,当前的激光器晶体生长和工艺方法已达到了令人满意的程度。

1.3.3 第三阶段:故障概率的定量估计

在PoF(1.3.1节)的第一阶段中,FMA用于识别故障模式、位置和机理,以及可能的故障根源。在PoF(1.3.2节)的第二阶段,目标是消除短期的早期故障机理(早期缺陷),并消除那些累积损伤机理,或者至少,通过各种措施和技术延长它们发生的时间。假设很多缺陷都没有在第二阶段的设计改进中消除,并且可能在使用期内暴露,则PoF第三阶段的目标是对故障进行定量评估(1.10.3节),例如,即根据激光器的累积光学损伤(COD)和块故障,在加速老化实验中获得故障时间数据;利用合适的经验加速方程和寿命统计模型,在给定的置信度下,计算激光器在使用条件下发生首次故障的故障概率置信上限(1.5.3节)。如果对COD和块故障进行分类,则故障数据很少,因此,将所有故障时间结合在一起,以获得现场使用可靠性的最佳估计[9]。

1.3.4　PoF 实例：灯泡

"灯泡故障的"热点"机理认为，灯丝局部温度过高是由于钨丝不均匀造成的。钨丝收缩或电阻率或辐射率的变化构成这种不均匀性。灯丝挥发，使灯丝变薄，使热点变热，从而产生更大的蒸发。灯丝最终会融化或断裂"[19]。

除了热点之外，钨丝还会经历振动和较高的温度蠕变。主要工作机理是晶界滑移。当这种情况发生时，灯丝变细而局部电阻增加，从而提高了该过程中的温度。更高的温度加速了蠕变变形（下垂）而又导致更热的热点[19]。

"在这种故障物理模型中（适用于在真空中被加热的灯丝金属），灯泡寿命呈指数地取决于灯丝的温度，或者相对地，与金属蒸汽压成反比"[19]。式（1.1）给出了压力方程，其中，钨材的蒸发热 $\Delta H_{vap} = 183\text{kcal/mol}$[19]，$R$ = 气体常数 = 1.9872cal/deg mole，T 为绝对温度。式（1.1）中的表达式同样适用于液体的蒸汽压[20]。对金属电子的热离子发射也与温度有指数关系，其中，蒸发热被功函数所取代[21]。

$$P = P_0 \exp\left[-\frac{\Delta H_{vap}}{RT}\right] \tag{1.1}$$

当中位寿命 τ_m 与蒸汽压成反比时，由式（1.1）得到式（1.2）。中位寿命只依赖于 Arrhenius 模型所给出的温度，其中，ΔH_{vap} 是激活能。Arrhenius 模型（模型中唯一的加速应力是温度）是最简单的与温度相关的经验模型（1.5.1 节）。

$$\tau_m \propto \frac{1}{P} \propto \exp\left[\frac{\Delta H_{vap}}{RT}\right] \tag{1.2}$$

由于有理由假设诸如钨丝收缩、电阻率变化、辐射率和晶边界滑移等将导致 ΔH_{vap} 在灯泡样本中是正态分布的，因而断定寿命的自然对数将是正态分布的，或寿命将是对数正态分布的[22,23]，如式（1.3）所示（6.3.2.2 节~6.3.2.5 节）。

$$\ln \tau_m \propto \Delta H_{vap} \tag{1.3}$$

可以预测的是，白炽灯泡的寿命数据在对数正态分布概率上将呈现为一条直线。利用 Reliasoft™ Weibull 6++软件，对 417 个内部磨砂的白炽灯泡的故障时间[24]分析结果显示在图 1.1 和图 1.2 以及第 80 章中的对数正态与正态模型故障概率图中。除了在 225h 处的早期致命性离群值的故障外，最佳的直线拟合是由正态模型而不是对数正态模型给出的。在图 1.2 中，我们更加关注首次故障时间而不是偏离上尾部的数据。图 1.2 符合文献[24]的预期，即如果严格控制生产流程和试验过程，那么寿命数据将严格服从正态分布。类似地，一个良好控制的设备的钉子长度也服从正态分布。

1.3.4.1　第一阶段

①灯泡的故障模式是光损失；②故障的位置是灯丝的开口断面处；③故障的物理原因是钨材从最热点的丧失；④缺陷的根本原因是钨丝的局部不均匀性（如在横截面的缩小）。

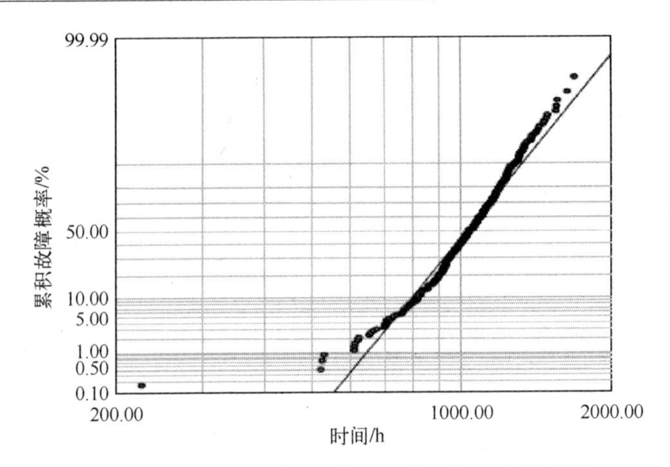

图 1.1　417 个灯泡故障的双参数对数正态概率图

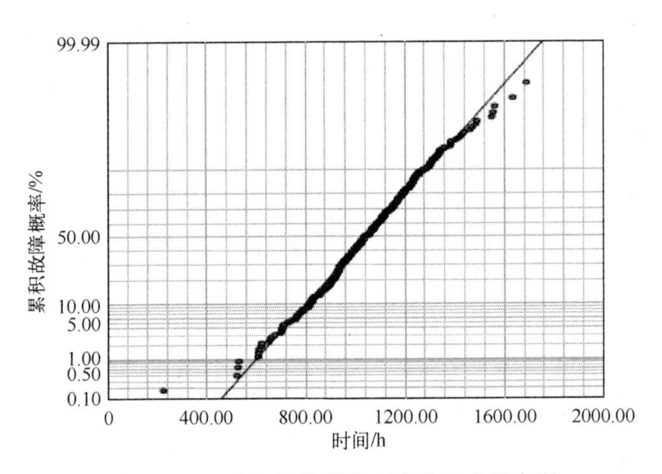

图 1.2　417 个灯泡故障的双参数正态概率图

1.3.4.2　第二阶段

在白炽灯泡的正常工作期间钨丝要蒸发;越热、发光效率越高的灯丝蒸发得就越快。因此,灯丝的寿命是发光效率与寿命之间的一种折衷选择。这种折衷带来的是普通灯泡的平均寿命约为 1000h。新技术的引入带来了寿命和发光效率的提高(例如卤素灯泡、紧凑型荧光灯和 LED 灯)。

1.3.4.3　第三阶段

对于一批没有磨砂的白炽灯泡,大体上有可能在开始使用时以高分辨率的热成像摄像机找到每一灯丝上的最热点,并进而根据相对的热点温度对灯丝进行排序。虽然单个灯丝的故障前时间是不可预测的,但预测的故障时间的大致排序是正确的。在目前的案例中,定量的可靠性评估是根据图 1.2 得出的,其中位(平均)寿命为 1046h,标准偏差为 191h。在 1000 个相同的灯泡的连续使用中,利用这条概率直线可得出其首次故障大约发生在故障概率 $F=0.10\%$,对应的 475h 处;最后一次故障发生在故障概率为 $F=99.90\%$对应的 1635h。

1.4 确定性的可靠性建模

许多产品的可靠性通常都是受缺陷控制的,这些缺陷在施加的应力下迟早要扩展开来而产生故障。如果有一个基于缺陷随时间演变的物理模型,这样就可以在使用之前以可接受的置信水平对样本中的每一产品的寿命做出预计。该模型要求具备关于在每一产品中的所有潜在致命缺陷的属性(类型、大小、位置、方向、在应力下扩展的速度等)的准确知识。由于不太可能获得每一产品的相关初始条件的完整知识,所以确定性的方法看来是不太可能存在的(2.2.5 节)。

在脆弱的固体中进行精确的确定性预测很困难,因为这是一类持续的应力下依赖时间的故障,无论是静态应力还是循环应力。对光纤的静态疲劳预测认为,强度取决于有明确长度定义的清晰的裂纹。有几种不同裂纹增长模型:一种是经验性的,第二种是基于化学动力学的,第三种是基于一个原子模型的裂纹增长模型。每个模型依赖于不同的关键参数。在每一种模型中,裂纹生长速度是指数性的,且敏感地依赖于由大量经验决定的疲劳参数[25]。

非侵害性的,亦即非破坏性的检验技术必须持续存在,它能认定在光纤中存在的表面裂纹的数量、位置和大小,特别是那些亚微观的裂纹[26]。检验后进行的处理可能会引入新的裂纹或促使已有裂纹的发展[26]。在散装陶瓷中,内应力或瑕疵可能改变裂纹的发展,亦即某些裂纹可能向无害的方向扩展,其他始于高应力区域的裂纹可能扩展到较低应力的区域而使其扩展被制止,或者在某种未知的和无法觉察的内部瑕疵处裂纹的扩展会在故障之前被终止[13,26]。利用基于物理学的数学模型,使之能确定地预计一特定产品在其故障前使用时间,或者能确定地预计在高可靠性应用的情况下预测批产品中的首个产品的故障时间,是不太可能的。

通常是在相同的应力条件下,一批产品在所有最初测量的特性上都是完全相同的,但所显示故障时间是不同的。原因是最初的测量对致命缺陷的存在是不敏感的,而致命的缺陷只有在开始使用时才有可能导致故障。脆性材料的疲劳是由于表面缺陷导致的,因此,至少从原则上说,可以通过视觉检测发现表面缺陷。但在其他许多产品(例如半导体激光器)中的缺陷,无论是轻微缺陷还是致命性缺陷,都是隐藏在产品内部的,使用非侵入式检测技术往往是无法发现的。因此,可靠性评估从本质上来说是概率性的,而不是确定性的。

1.5 经验可靠性模型

各类产品不管怎样,针对诸如电迁移、周期性疲劳、腐蚀、时间相关的电介击穿和热机械应力(如 焊料蠕变)等种种装置,故障机理还是提出了经验性的模型[27-29]。例如,在周期性热疲劳(应力=温度循环范围)、腐蚀(应力=温度和相对湿度 RH)和时间相关的电介击穿(应力=温度和电场)的案例中,针对每一种机理都有处理问题的模型[27-29]。一句名言是:“经验规律都具有令人忧虑的品质,即不知道它的限制因素。”[30]。

1.5.1 单应力加速模型:Arrhenius 模型

在 Arrhenius 模型中,温度是唯一的故障加速因素[31-35],如式(1.4)所示。

$$\tau = A\exp\left[\frac{E_a}{kT}\right] \tag{1.4}$$

式中,τ 为 Weibull 模型的特征寿命(6.2 节)或者是对数正态(6.3 节)或正态模型的中位寿命 τ_m(6.3 节);E_a 为活化能,k 为玻耳兹曼常数;T 为绝对温度;A 为一个与温度无关的常数。

在最简单的情况下,对两组相同的样品在不同的温度 T_1 和 T_2 下进行老化($T_1 > T_2$)。对于在每一温度下的各故障时间都利用相应的统计寿命模型绘制出它们的图示。例如,式(1.5)给出了 Weibull 分布模型的故障概率函数,并给出了在两个温度下的寿命时间的描述。

$$F(t) = 1-\exp\left[-\left(\frac{t}{\tau}\right)^{\beta}\right] \tag{1.5}$$

式(1.5)两边取自然对数,得到

$$-\ln\left[1-F(t)\right] = \left(\frac{t}{\tau}\right)^{\beta} \tag{1.6}$$

再取自然对数,得到

$$\ln\left[-\ln\left[1-F(t)\right]\right] = \beta\ln t-\beta\ln\tau \tag{1.7}$$

$$\ln\left[\ln\left[\frac{1}{1-F(t)}\right]\right] = \beta\ln t-\beta\ln\tau \tag{1.8}$$

在双对数坐标轴上作图,分别描述每个温度下,t 与$[-\ln(1-F(t))]$的关系,将产生两条相互平行的直线,一条直线通过垂直方向的移动,可以得到另一条直线。前提是:①在每个温度下的样本量是足够多的并且来自同一总体;②无量纲的 Weibull 形状参数 β 没有因为应力(温度、电压、湿度等)的增加而发生改变,或者说设计改进的效果只表现在尺度参数的变化。也就是说,当产品经历更低的应力水平或制造改进后,仅仅是时钟变慢了或者是与原来相比相差一个时间常数[36]。注意,竞争过程的出现可能导致时间尺度参数的变化[37]。

对每个温度水平,利用式(1.4),然后取比值,得到温度加速因子如式(1.9)所示。

$$AF=\frac{\tau_1}{\tau_2}=\exp\left[\frac{E_a}{k}\left(\frac{1}{T_1}-\frac{1}{T_2}\right)\right] \tag{1.9}$$

激活能的计算由式(1.10)得到

$$E_a=\frac{k\ln(\tau_1/\tau_2)}{(1/T_1)-(1/T_2)} \tag{1.10}$$

在实际中,即使形状参数β是与应力无关的,也可能由于样本量不足或故障时间分散在几个聚集簇中,而使得每个应力下得到的故障时间分布直线可能不是互相平行的。这就使人对用于估计较低的使用条件温度下T_u的激活能E_a的可信度产生了怀疑。在这种情况下,通常会投入一定的样品再进行第三个应力水平T_3下的加速试验,其中$T_3>T_2>T_1$。同样,这三条直线,也很可能会出现不平行的情况。对式(1.4)取自然对数,就得到了线性形式的式(1.11)。

$$\ln\tau=\ln A+\frac{E_a}{k}\cdot\frac{1}{T} \tag{1.11}$$

$\ln\tau$与$1/T$呈直线关系,由此可以根据斜率确定E_a/k,并得到关于E_a的最好估计。τ的值是根据三个老化温度下的Weibull概率分布模型得到的。

可用的商业软件可简化分析过程。例如,在Reliasoft™ ALTA软件中,各故障时间和它们各自的温度都被输入到一个表格中,然后选择Arrhenius加速模型,随后是选择统计寿命模型(本例中是Weibull模型),而接着是选择使用条件应力温度T_u。在T_u时的Weibull故障概率图示即可被展现出来,该图示展示出了所有被观察到的各故障时间,它们都被换算到T_u的标度并被一直线予以拟合。例如,对于欲以T_u下使用的100个同样本的产品,可以用所拟合的直线来估计首次故障时间是在故障概率为$F=1.0\%$所对应的位置。

两个模型参数E_a和β的极大似然估计就是使似然函数尽可能大的那些值,也就是使获取到所观测的数据的概率最大化。换句话说,与故障数据最相符的各参数值是通过最大化似然函数得到的。该估计的τ_u值和Weibull形状参数β值唯一表征了故障概率分布。式(1.4)中的参数A在进行换算时被消掉了。要使τ_u的估计值具有一可接受的水平,就需要所观察到的故障数目足够大。

1.5.2　单应力加速模型:Coffin-Manson模型

在Arrhenius模型中,基于加速老化试验所观察到的各故障时间,得到经验性的激活能。还有其他利用经验模型进行可靠性估计的情况,经验模型中的控制经验常数取自文献。归因于温度循环的材料疲劳是由 Coffin-Manson 模型表征的。作为例证，仅使用式(1.12)给出这个模型的基本逆幂律形式[32,35]。

$$N=\frac{C}{(\Delta T)^n} \tag{1.12}$$

式中，N 为温度循环的循环数；ΔT 为温度循环的范围；C 为经验常数，并且 $n>1$。

式(1.12)的改进形式，还包含另外的关于循环频率的因子项，例如，表示频率的因子项，循环数/时间，并且在每一循环中在最高温度下进行评价的 Arrhenius 模型[35,38]。温度是故障的一种几乎通用的促进因素，并且在许多经验模型（包括修正的 Coffin-Manson 模型）[35,38]中以某种形式出现。当获得关于 n 的知识以及寿命值 N 和 ΔT 后，可将式(1.12)用于确定在 ΔT_a 范围内实验室循环数 N_a 的寿命周期等价数目，如在式(1.13)中所给出的那样。常数 C 在式(1.13)中被约掉了。式(1.13)中唯一的经验参数是材料参数 n。

$$N_a=N_s\left[\frac{\Delta T_s}{\Delta T_a}\right]^n \tag{1.13}$$

式中，$\Delta T_a>\Delta T_s$，并且 $n>1$。

式(1.13)的作用是把 N_s 这个很大的循环周期数折算为实验室条件下较小的循环周期数 N_a，从而可以在相对较短的时间内完成。$n>1$ 的各典型值为 $n\approx2$（软焊料蠕变断裂）、$n\approx4$（丝焊的断裂/分层）及 $n\approx6$（陶瓷的脆性断裂）[39]。式(1.14)是式(1.13)的改写形式。一旦选取了 n 的适当值，且 ΔT_s 和 N_s 的已知数值被插入式(1.14)中，就能为实验室试验找到 ΔT_a 和 N_a 易处理的数值。

$$N_a(\Delta T_a)^n=N_s(\Delta T_s)^n \tag{1.14}$$

n 的各值是许多试验测试结果（显得相当地分散）的平均值，因此不管怎样准确知道 N_s 和 ΔT_s，由式(1.14)计算出的 N_a 和 ΔT_a 值只是一个近似估计[40]。在实际中，N_s 和 ΔT_s 的使用寿命值可能不知道，因为除了所预期到的由外部施加的温度循环外，产品还会受到强加的或不经意的、间歇的和频繁的开关的影响，这可能与温度循环产生相同的效果。

如果在 ΔT_a 温变区间经历 N_a 个循环的温循试验中，没有观测到故障，则根据式(1.14)可以断定的是，如果产品实际工作环境下的温变区间为 ΔT_s，则产品至少可以承受 N_s 次温度循环不发生故障。在零故障下，一定置信度下故障概率的置信上限 F_u，是总循环次数 M 和给定的置信水平 $C(0)$ 的函数。如果置信上限满足 $F_u\leqslant0.10$(10%)，则根据3.3.2.1节的二项式分布，从3.3.2.2节的近似式(3.23)可以得到零故障下公式(1.15)。

$$F_u=\frac{1}{M}\ln\left[\frac{1}{1-C(0)}\right] \tag{1.15}$$

如果 $M=100$ 并且 $C(0)=0.90$(90%)，则可以计算出 $F_u=0.023$。在 n 值只是近

似知道的情况下,基于零故障的 F_u 的置信度要作修正。为了使 n 值的选择能顾及到不确定性,对 N_s的下界估计值可以通过提高 N_a和/或 ΔT_a予以提高(假设在经提升了的试验室循环条件下未观察到故障)。这样,F_u的可信度可以进一步增强。要想得到 N_s 的更好估计,可以通过在实验室条件下做实验,一直做到有足够多的故障数据出现为止。利用 Reliasoft™ ALTA 软件,可以通过 Weibull 概率分布图和逆幂律模型得到 n 的确定值,而不是根据文献选定。

要注意,温度循环可能导致激光器模块鼻状焊封的密封故障,而不管温度循环是否产生了诸如丝焊的分离等其他故障。在任何机械的或热的过应力测试结束时的激光器模块密封性验证是至关重要的,尤其对于 GaAs 半导体激光器模块来说更是如此,该模块必须保持氧气作为填充气体的组成部分,以便在外场使用时防止激光器发生故障(1.10.1.2.3.2 节)。

1.5.3　双应力加速模型:热应力和非热应力

许多经验模型具有两种加速应力,并认为二者是独立起作用的。这种假设已经在 HBT 的加速老化试验中得到了验证[41]。式(1.16)中给出了一种双应力加速模型的例子,式中 τ 为 Weibull 模型的特征寿命 τ 或者是对数正态模型的中位寿命 τ_m。逆幂律项中的非热应力 X 可以表示:①GaAs 基半导体激光器的光功率(P)[9];②HBT 和金属互连接的电流密度(J)[42,43];③陶瓷电容器的电压(V)[44];④塑封半导体装置的相对湿度(RH)[45]。由于存在逆幂律项,式(1.16)通常是非线性的($n>1$)[9,41-45]。热应力项由 Arrhenius 模型给出。

$$\tau=\frac{C}{X^n}\exp\left[\frac{E_a}{kT}\right] \tag{1.16}$$

通过取自然对数可以将式(1.16)中的关系线性化。

$$\ln\tau=\ln C-n\ln X+\frac{E_a}{kT} \tag{1.17}$$

如果有三组样品,分别在不同的 T 和 X 的组合下试验。固定 X,利用两组不同的 T 下得到的故障数据,可以得到 E_a 的估计;固定 T,利用两组不同的 X 下的故障数据,可以得到 n 的估计。利用加速模型式(1.16),可以得到加速应力水平下的 τ_a 相对于使用应力水平下的 τ_u 的加速系数,如式(1.18)所示。

$$AF=\frac{\tau_u}{\tau_a}=\left[\frac{X_a}{X_u}\right]^n\exp\left[\frac{E_a}{k}\left[\frac{1}{T_u}-\frac{1}{T_a}\right]\right] \tag{1.18}$$

如果 W 产品的寿命符合 Weibull 分布,则使用条件下的故障概率函数为

$$F_u(t)=1-\exp\left[-\left[\frac{t}{\tau_u}\right]^{\beta}\right] \tag{1.19}$$

利用 Reliasoft™ ALTA 软件对式(1.16)描述的热应力—非热应力加速模型进行

分析,可以简化分析工作。得到双应力加速模型参数 E_a、n 以及 Weibull 分布形状参数 β,或者对数正态分布模型的形状参数 σ 的极大似然估计。模型(1.16)中的常数 C 在使用应力和加速应力的比值中被约掉了。要想得到一定置信度下 τ_u 的估计,需要有足够的故障样本数据。在上述激光例子中[9],Weibull 分布是一种合适的模型,但在 HBTs[41]、金属连接[42,43]、陶瓷电容[44]、塑封半导体装置[45],使用对数正态分布的中位寿命 τ_m 来描述寿命特征。

1.5.4 双应力加速模型:热应力和非热应力相关

广义的 Eyring 模型[31,33,35]是含有交互作用项的少数几个模型之一。特征寿命 τ 由下式给出:

$$\tau = \frac{C}{T^n}\exp\left[\frac{E_a}{kT}\right]\exp(BX)\exp\left[\frac{DX}{kT}\right] \tag{1.20}$$

式中,X 为非热应力。最后带常数 D 的项是交互作用项,表示非热应力 X 和温度应力 T 之间相互有影响。非热应力 X 可以是湿度、电压、电流密度、压力、振动或者机械载荷等[35]。

尽管式(1.20)中只有两个应力(T 和 X),但有 5 个经验常数 n、E_a、B、D 和 β 或 σ(Weibull 分布模型和对数正态分布模型的形状参数),这些常数必须根据在加速老化过程中所观察到的各故障时间予以估计。在实践中,采用式(1.20)不太可能得到可以接受的结果,因为除非加速老化产生了大量的故障数据,否则该 5 个经验常数的每一估计值都将具有一定的不确定性。式(1.20)在实现上的问题,可以通过下面三种组合观测来避免。

(1) 如果非热应力 X 是电流密度 J、电压 V 或者相对湿度 RH,在文献[41,44,45]中已经证明了,双应力 X 和 T 相关独立,因此用式(1.16)即可,交互项可以忽略。

(2) 由于 n 值小,$1/T^n$ 项可以被纳入到常数前因子 C 中,因为有望 Arrhenius 项会起主导作用[33]。

(3) 为了将式(1.20)变换为式(1.16),可以将 $\exp(BX)$ 转换为 $\exp(B\ln X) = X^B$,即在模型中引入逆幂率函数项,其中 X 也可是 X 的函数[31]。

1.6 评估可靠性的方法

有三种方式可以获取可靠性数据;每一方式都各有优缺点,并且所有三种方式都提供重要的信息[46]。

1.6.1 外场使用

产品的实际可靠性只能由实际工作环境中的使用来决定。对于系统中的新组件,由于缺乏实际使用条件的可靠性数据,在系统开始运行的初始阶段,早期现场故障数据只能提供关于早期故障和缺陷的信息(1.9.3节),没有长期损伤故障的信息(1.9.2节)。如果有大量的组件长期使用,那么根据报告的现场故障数据和使用时间,可以估计"真实的"依赖于时间的可靠性,无论是短期的还是长期的。不过,获得可信的可靠性评估可能会在许多方面受阻。

产品的实际可靠性只能由实际工作环境中的使用来决定。对于系统中的新组件,由于缺乏实际使用条件的可靠性数据,在系统开始运行的初始阶段,早期现场故障数据只能提供关于早期故障和缺陷的信息(1.9.3节),没有长期损伤故障的信息(1.9.2节)。如果有大量的组件长期使用,那么根据报告的现场故障数据和使用时间,可以估计"真实的"依赖于时间的可靠性,无论是短期的还是长期的。不过,获得可信的可靠性评估可能会在许多方面受阻。

由于系统中有组件冗余,可能无法检测到现场故障。故障可能不报告,或故障报告可能不完整或不准确。可能在故障发生很久之后才有总故障数的报告,而缺乏单个故障发生时间的记录。现场故障可能不会返回给组件供应商用于故障模式分析,以区别关联故障和非关联故障。对于返回的现场记录进行故障模式分析时,在返回的大部分记录中通常又难以发现故障[47-49]。在另一部分记录中发现的故障可能又与当前组件无关[47,48]。

在一个案例中,只有10%的被移除的组件显示了内在的降级,对于其余组件,测试良好(NTF)的组件和过应力故障的组件各占1/2[47]。类似的,强调当前脉冲而发生故障的组件之间存在同样的分歧。同样地,在未发现故障的组件中,有14%的再生发电机,26%的集成电路和21%的晶体管;在返回的75个晶体管中,有1/3发生了电涌伤害[48]。在后来的一份故障分析报告中发现,有40%的返修件无故障[49]。

对返修件无故障的解释包括:故障诊断错误,故障定位错误,连接件故障而不是组件本身故障,软件故障或操作员的操作不同于设计的操作规范[47,49]。关于返回件具有与固有的产品可靠性无关联的故障的解释可包括外部侵袭(例如:雷击)、误用(如:不正确的应用电压或电流)、不正确的安装、在处理过程中的静电放电或粗暴的处理不当[47,50]。

组件的可靠性可以用故障率来描述,也就是到t时刻尚未发生故障的产品在t时刻之后的单位时间内故障概率(4.2.4节)。它是在生存到时刻t的条件下的瞬时故障率。不过,客户最为关心的量值不是瞬时故障率,而是在某一时期内的平均故障率(不是根据实验室老化研究结果估计的就是根据外场数据确定的)(4.3节)。通常是以一个故障单位或FIT来定义平均故障率(4.4节),即1 FIT=装置在10^9运行小时时间内发生1次故障[47,50-52]。一个拥有5×10^4个晶体管的数据处理器(装置)在一年内会累积4.38×10^8的装置小时。如果该处理器的平均故障率为10 FIT,则会有(10次故障/10^9个装置小时)×(4.38×10^8装置小时)=4.38≈4-5次晶体管故障/年。

类似地,一个装置的平均拆卸率为 RIT,即 1 RIT=在 10^9 运行小时内装置拆卸 1 次[47,50-52]。根据外场返回件的故障分析发现,在 RIT 和 FIT 之间会有偏差。在文献[47]的案例中,只有 10%的返回件出现功能退化,RIT 与 FIT 间的比值为 10:1,由此得出的结论是,达到 10 FIT 的可靠性目标[47,51]。出现过 RIT=FIT 的实例。在晶体管和二极管的 3.5 年的外场使用中,拆卸率是 2.5 RIT,与预期一致[53]。下面是根据外场数据计算出的故障率的实例。

1.6.1.1 例 1:集成电路,晶体管和二极管阵列

在三个分开的集成电路、晶体管和二极管阵列的外场试用中,共累积运行了 8.75×10^8、1.6×10^8 和 0.24×10^8 无故障装置小时[47]。在运行中零故障的平均故障率的上界是由式(5.82)给出的,并被表述如下:

$$\lambda_u[\mathrm{FIT}]=\frac{10^9}{Nt[\mathrm{h}]}\ln\left[\frac{1}{1-C(0)}\right] \tag{1.21}$$

式中,N 为设备总台数;$t[\mathrm{h}]$ 为设备的工作时间;$C(0)$ 为单侧置信上限的置信水平。如果 $C(0)=0.90(90\%)$,总设备小时为 $(Nt)=1.06\times10^9$,由式(1.21)得到平均故障率的单侧置信上限为 $\lambda_u=2.2\mathrm{FIT}$($C(0)=0.95(95\%)$,$\lambda_u=2.8\mathrm{FIT}$)。

1.6.1.2 例 2:地面车载激光器模块

在具有低功率($\approx$0.3W)单模 GaAs 激光模块的地面系统中,在 $(Nt)=8\times10^9$ 激光小时的老化期间有 $n=15$ 次可计数(统计)的故障[54]。则平均故障率由式(4.29)给出,如式(1.22)所示。

$$<\lambda(t)>[\mathrm{FIT}]=\frac{10^9}{t[\mathrm{h}]}\ln\left[\frac{1}{1-F(t)}\right] \tag{1.22}$$

对于高可靠性系统,当 $F(t)\leq0.10(10\%)$ 时的应用场合中,式(1.22)可以近似为

$$<\lambda(t)>[\mathrm{FIT}]=\frac{10^9}{t[\mathrm{h}]}F(t) \tag{1.23}$$

根据所观察到的故障数目,$F(t)$ 的点估计(5.8 节)由下式给出:

$$\hat{F}=\frac{n}{N} \tag{1.24}$$

代入式(1.23)可得

$$<\lambda(t)>[\mathrm{FIT}]=\frac{n}{Nt[\mathrm{h}]}10^9 \tag{1.25}$$

根据 $n=15$ 和 $(Nt)=8\times10^9\mathrm{h}$,由式(1.22)可以得出 $<\hat{\lambda}>\approx1.9\mathrm{FIT}$。因为故障数为 $n=15$,因此故障数的上限 n_u 更大。相应的故障概率的上限为

$$F_u=\frac{n_u}{N} \tag{1.26}$$

将式(1.26)代入式(1.23)得到

$$<\lambda(t)>_u[\mathrm{FIT}]=\frac{n_u}{Nt[\mathrm{h}]}10^9 \tag{1.27}$$

由泊松曲线(图3.5),可以估计出在置信水平 $C=0.95(95\%)$ 的条件下 $n_u \approx 23$,对于$(Nt)=8\times10^9$h,根据式(1.27)得到的故障率的置信上限为$<\lambda>_u=2.9$FIT。

1.6.1.3 例3:地面光电隔离器

在一地面通信系统中使用的无源光电隔离器,在$(Nt)=1.74\times10^9$隔离小时的使用期间出现了 $n=2$ 的故障次数[54]。由式(1.25),其点估计为$<\hat{\lambda}>=1.1$FIT。在置信水平 $C=0.95(95\%)$ 的条件下,可由泊松曲线(图3.5)估计出 $n_u=6.2$,且由式(1.27)可知故障率的置信上限估计为$<\lambda>_u=3.6$FIT。

1.6.2 使用条件下的实验室老化

使用条件下的实验室老化是对现场使用条件的模拟。光纤海底电缆通信系统的现场条件是电、机械和热稳定。关键半导体激光器系统的实验室老化试验是在类似受到良好控制的环境条件下进行的,可以再现现场使用条件,并用于估计激光光纤寿命的上限。由于海底光缆昂贵的维修和更换费用,所以这个高可靠系统的寿命必须长达几十年。

难题是要提供在模拟的外场条件下,以规定的置信水平,针对 N 个激光器使用时间 t 时的平均故障率 λ_u 的定量的置信上限估计值。可以预期在试验期内不会出现故障,因此可以采用式(1.21)进行估计。如果所规定的置信上限为 $\lambda_u=10$ FIT,并且所观察到的故障数为零的最低可接受的置信水平为 $C(0)=0.60$ (60%),则式(1.21)中的分母必须满足条件$(Nt)\geqslant9.16\times10^7$激光器小时。由于计划安排的装运日期是未来几年内,因此关于部署前的实验室老化持续期的实际极限为 $t=2$ 年 $=1.75\times10^4$h。为了验证 $\lambda_u\leqslant10$ FIT时不存在被观察到的故障,样本量必须满足 $N\geqslant5236$。下面有三条原因,说明了为什么利用实验室模拟现场使用条件下的老化试验定量验证几十年的使用寿命不可行。

(1) 第一个原因是,获得5236件经过彻底筛选的、仔细挑选的(1.10.2节)和全特征的激光器连同5236套经老化的插座和辅助设备,其成本是令人望而却步的。

(2) 第二个原因是,在两年的老化时间内,5236套激光器零故障是不可能的。如果在两年的老化试验中,有一次故障($n=1$)被观察到且与设备的功能故障无关,则按图3.5可知,以置信水平 $C=0.60(60\%)$,预期的故障数为 $n_u=2.1$。根据式(1.27),其故障率的置信上限为$<\lambda>_u=22.9$ FIT。如果在本案例中要达到所规定的$<\lambda>_u=10$ FIT的置信上限目标,其开始时的样本应该达到 $N\approx12000$。如果在两年期的第一个月左右被观察到有单次故障($n=1$),就可以得出结论:预老化筛选和选择过程(1.10.2节)不够充分,因此需识别和拒绝具有缺陷的子样。

(3) 第三个原因与现场使用和使用条件下验证所需生产的激光数量有关。高可靠性应用程序的指导原则是“限定部署的量”。例如,如果需要海底电缆网络需要安装2000台激光器,则要求从单一生产来源生产 $N\approx3000$ 台激光器,以经过筛选和精心挑选达到可接受的激光器。那么用于实验室模拟环境条件下老化试验的样品(5236)和现场部署的样本(2000),在制造时间上会存在差异,必须分批次进行随机抽样。

除了少数例外的场合(如电灯泡),从实用和经济方面考虑,不允许将高可靠性的半导体激光器的实验室使用条件老化试验时间延长到足以与期望的外场使用寿命相匹配。但是,使用条件老化能提供保证,保证通过筛选和选择过程(1.10.2节)将有可能产生早期系统故障的有瑕疵的激光器排除掉。这样的老化还能为源于激光器的加速老化的(1.3.3节、1.5.3节和1.10.3节)定量的外场使用寿命预计提供定性的“健全”检查。可见,由于大样本容量和老化持续时间方面的成本限制,利用实验室使用条件下的老化试验实现对高可靠性半导体激光器一定置信度下的故障概率和故障率的定量估计是不可行的。

在将复杂系统(如海底通信系统)投入使用之前,考虑到研制时间和成本的因素,需要尽可能早得对组件的使用可靠性进行高精度预测,因为早期更改设计相对容易,且成本相对较低。随着对产品可靠性要求的不断增加,从成本效益和及时性的角度考虑,加速老化试验都是一个更好的替代方案。

1.6.3 加速老化实验室试验

现场使用和使用条件实验室老化所提供的可靠性信息是不可替代的。加速老化是一项在相当短的时间内确定设备寿命的技术,应该被看作是一项互补的可靠性评估主动[46]。如上所述,使用条件下激光器的老化在高可靠性的应用中有两个实际的目标:①确认有缺陷的激光器与潜在的早期生产故障已经被筛选和选择的流程(1.10.2节);②在长期(数年)使用条件下,老化试验中的零故障与从加速老化中获得的激光器使用可靠性的定量预测结果一致(1.10.3节)。

使用条件下的老化试验的目的是验证经过筛选和选择的一批产品中不会出现早期故障,而加速老化的目的是使得高可靠的激光器能在短时间内产生尽可能多的故障数据,以得到可靠性指标的定量评估,如现场使用条件下的首次故障时间。理想情况下,预老化筛选和选择程序对于旨在进行加速老化的设备上是有效的,可以排除这些设备有可能出现的早期故障。1.5.3节给出的加速模型[式1.16]包含加速应力,可以用于将高应力下的故障概率外推到正常使用的低应力下的故障概率[9,41-45]。除了两个经验参数:n 和 E_a,在式(1.16)中,还包含所选择的寿命分布模型(Weibull分布或对数正态分布)的形状参数,这三个参数都必须从加速老化过程中得到的故障数据估计得到。正常使用条件下的生存概率区间估计的置信水平与所产生的故障的数量有关,故障次数越多,则置信水平越高。

在晶体管研制的早期阶段,只需很小的样本量(例如:$N\approx 20$)和较短的加速老化时间(例如:$t\approx 100\text{h}$)。举例来说,12 个锗晶体管的加速老化炉温度被选为 $T=220$℃,锗晶体管的寿命服从对数正态分布,所有 12 个锗晶体管在 50h 均发生了故障[46]。基于 8 个锗晶体管,在周围温度为 100–300℃范围内加速试验数据,得到锗晶体管的寿命评估结果是,当环境温度 $T=90$℃时,中位寿命预计为一年[46]。这个可靠性预测结果是基于加速老化试验得到的,并利用 100℃下 1.5 年的老化试验进行了验证,这个方法既省钱又高效。

加速老化的一个优点是所需的样本量是可实现的,即 $N\approx 100\sim 200$。第二个优点是将一装置的使用寿命压缩到实验室实验的时间标度内。对于高度可靠的半导体激光器来说,其老化的持续时间可能是 1~2 年,为的是增加故障的数目并从而提高针对外场条件的定量可靠性预计的可信度。不过,加速老化可能有一些实际的和潜在的缺点,将其中的若干缺点陈述如下:

(1) 当前所采用的加速应力包括光功率、湿度、温度等,是基于对现场环境中可能遇到的应力而言的,通过提高这些应力的水平,来加速故障的发生。基于对加速老化所获得的故障时间的分析,来预测未来很长时间内的使用可靠性。面临的困难是,如何验证未来几十年预测结果的真实性。当所有的或绝大多数设备因提高应力而故障时,通过获取大量故障数据来增加模型参数估计和现场使用可靠性的预测结果的可信度,只能部分解决这个问题。

(2) 在加速老化试验中激活故障的机理被假设与现场使用的故障机理相同。一个著名的可靠性威胁是:当我们对批产品采用高温作为加速应力时,可能部分产品中还存在一种故障机理是在低温下才能激活的。如果一批样品主要由高热激活能的设备组成,那么这些设备可能只会在高温老化过程中出现故障。如果在所有设备故障前过早停止老化试验,可能会得出这样的结论:由较高的热激活能产生所有观测到的故障,因此只存在一种故障机理。

如果存在少量的低热激活能设备,长期使用条件下的老化可能会产生令人惊讶的结果,这些少量的样品全都发生了早期故障。在这种情况下,仅仅基于高温老化故障的可靠性预测结果就太过乐观了。对于这两个样本来说,一个样本样本量比另一个样本的样本量小,不同的中位寿命的组合,寿命分布的标准偏差,样本比例,以及热激活能量,都可能导致基于加速老化的寿命预测结果要么过于悲观,要么过于乐观[55,56]。长期使用条件下的老化可以保证不存在低热激活能机制。

(3) 所关注的装置中的材料和结构,必须能够经得起长期暴露在加速老化中所施加的高应力,而不引入与预期使用环境无关的新的故障机理。可以利用破坏性物理分析(DPA)来识别供应商设备中的材料所能承受的应力上限。例如,所施加的温度上限、应避免焊接/熔化,以及容易发生断裂的金属化合物的形成。

(4) 随着设计和制造的进化改进,设备变得越来越可靠,由于加速应力的上限限制,因此需要更大的样本量和更长的加速老化时间。如果在某段时间内,在某一代设备上建立起适用于 $\lambda \approx 1\text{FIT}$ 的加速老化试验,那么对于下一代产品的结果可能是,在相同的加速老化条件下会出现的故障少得多,这可能是 $\lambda < 1\text{FIT}$ 的结果,可靠性不得不通过外推来确定。

(5) 最终的预防措施需要关注加速老化期间未被探测到的设备的功能故障和操作人员失误,包括过应力事件、故障检测、安装和处理等环节。例如:①对激光器输出功率的检测在老化期间的某个时刻未被察觉地终止了,错误指示出一次激光器故障;②在老化过程中有时提供给激光的电流过高,然后又被断开了,因此很难发现;③因未被发现的设备故障导致出现瞬间电流尖峰而导致激光器过早故障;④由于过高的温度致使激光器在其老化的插座中不当地热沉(热交换散热)继而发生故障;⑤激光器的输出腔面在进行处理期间被损坏而导致过早故障。在实践中,有可能显现出半导体激光器实际上比老化设备更可靠。因此,在对取自意欲用于部署的同一经认证过的样本的激光器进行任何重要的长期加速老化之前,都有必要用激光器显示出的临界(最低限度的)性能对处理程序和老化器械(如:电子设备和插座)进行合格验证。

1.7 可靠性估计值的可信度

应该区分一个组件的实际可靠性和预测可靠性。实际可靠性是根据该组件投入使用后的现场故障数据评估得到的,预测可靠性是由投入使用前的实验室条件下的故障数据估计得到的。通常将各项可靠性工作划分为两类主动[4]。

(1) 通过设计(内在的可靠性)(1.10.1 节)和试验(可靠性筛选)(1.10.2 节)使各组件更为可靠;

(2) 利用实验室获得的加速老化故障数据预测使用可靠性(1.5.3 和 1.10.3 节)。

制造可靠的部件是一回事,证明它具有所需的可靠性是另一个问题。选择推迟进行定量可靠性评估,直到每一个可能影响生存的因素都明确下来,是不可行的。选择不做可靠性估计也不是一个选项。问题不在于是否应该进行定量的可靠性估计,而在于所预测的使用可靠性应该有多高的可信度。科学的本质是构成预测基础的假设和计算都是可试验的,亦即要么被证实,要么被证伪[57]。可靠性预测可能被认为是可疑的,原因有很多。

1.7.1 可信度:基于现场返修故障的估计

故障概率的定量预测是基于实验室条件下的故障数据,而不是针对现场返修数据的原因是:现场故障数据可能未被记录,或者即使数据被记录并进行了更换,但更换的部件没有返回给制造商进行故障分析,从而无法区分这些故障是:①产品固有缺陷造成的;②由于安装不当或使用不当或不可预料的环境侵害造成的;③组件功能完全没有发生故障(1.6.1节)。

1.7.2　可信度:实验室样本、老化和建模

对可靠性预测结果的可信度的怀疑也源于与以下各问题相关联的不确定性,这些问题并不是要构成一个全面的清单。

(1) 在实验室老化过程中,用于获取故障数据的组件的样本数量可能无法代表由许多生产批次组成的产品样本的情况。

(2) 实验室条件下可能会缺乏足够的故障数据以得到一定置信度下的可靠性评估结果。因为对于突发故障,尽管样本量很大但故障次数还是很少;对于渐变故障,虽然每个组件都有一定的退化趋势,但因为样本量很少,退化曲线还是很难得到。可信的可靠性预测需要具有一定量的统计上显著的样本数据:①突发故障时间;②利用退化曲线预测出的退化故障时间。

(3) 实验室条件下的故障数据可能被污染了,主要原因是:因筛选不充分而残存在产品中的早期故障和缺陷;没有检测出的老化设备和测试设备的功能故障。

(4) 从相同样本中抽取两个样本,进行相同老化试验条件下的加速老化试验,两个样本的试验结果也会有一定差异。

(5) 在选择加速模型方面存在一定的分歧。如何确定试验的加速应力(1.5节)以及如何将加速应力(例如,相对湿度RH或者电应力)融入加速模型,都存在争议。

(6) 利用长期加速老化试验中出现的突发故障数据,去估计加速模型中的经验参数,这个统计估计本身具有一定的不确定性(取决于所观察到的故障数目)。

(7) 模型参数的统计不确定性可能没有融入到使用可靠性评估的不确定性。

(8) 对于采用何种技术能够将模型参数估计的不确定性融入可靠性评估结果的不确定性,尚不明确。

(9) 认为在进行加速的高应力老化时,被激活的故障机理与在外场低应力条件下起作用的故障机理是相同的,而非是由提升了的应力所独特地引发的一个机理。

(10) Weibull分布模型和对数正态分布模型,哪种模型更适合描述现场使用条件下的故障数据,也存在一些争议。一般而言,双参数Weibull分布可以提供一个相对保守的估计。

(11) 如果故障不是突然发生的,但是是由逐渐的恶化导致的,如何选取关键性能参数的退化过程模型也存在一定不确定性[58]。例如,要保持半导体激光器的恒定输出功率,就需要在加速老化期间提高偏置电流,那么电流关于时间的演化过程模型,对于预测现场使用末期的生存概率就非常重要,比如电流$\propto t^n$。

考虑到这样一个例子,在高温下,没有执行温度升高的加速老化,就像在低温现场服务寿命一样。假设老化的数据表明 $n=1$。如果使用亚线性曲线描述退化过程,就会导致过度悲观的可靠性预测。类似地,如果使用超线性曲线描述退化过程,则导致过于乐观的可靠性预测。

(12) 进行可靠性评估所需的各参数有时必须取自文献,或者得自基于具有类似组件的先前经验。这样就存在与这类选择相关联的不确定性未被评估或不可能被评估的可能性。

(13) 在加速老化试验下估计得到的寿命特征量,例如,半导体激光器(1.5.3节),与预期的使用寿命相比,可能相差好几个数量级。也就是说,使用条件下的寿命预测结果是给定加速应力条件下,寿命评估结果大几个数量级,寿命预测结果依赖于较大应力范围的外推。

(14) 将高温下的各故障时间外推到在外场使用中预期要出现的低温条件下的各故障时间可能过于乐观,其原因有二:①高温老化要使产生的故障唯一由高热活化能机理生成,不过在低温外场使用条件下,是未被探测到的的低热活化能机理实际上在起着控制作用[55,56];②高温老化期间的各寿命的标准偏差 σ 可能与温度有关,并且随着温度的降低而增大[22,58-60]。

1.7.3 两个例子

在以温度作为故障加速因子的情况下,上面第 14 点中提出的①和②两个问题就发生了。假设对数正态模型是适合的,且将高温下的寿命概率分布利用式(1.4)[被重写为式(1.28)]中的 Arrhenius 模型换算到较低温度下的寿命概率分布。假设前因子 A 与温度无关。其特征寿命即为其中位寿命 $\tau_m=t(50\%)$。

$$\tau_m = A\exp\left[\frac{E_a}{kT}\right] \tag{1.28}$$

假设可以从几个高温水平的数据得到 Ea 的值,则将高温寿命分布换算到较低温度下的寿命分布会产生一关于使用条件下各故障时间的可信估计值。条件是:①在具有一活化能 $\ll E_a$ 的低温外场条件下不存在起控制作用的故障机理;②寿命分布中的形状参数或标准偏差 σ 与温度无关,亦即与应力无关。在所举出的例子中违背了两个条件,如下所述。

在一项与问题①相关的 GaAs 碰撞雪崩及渡越时间(IMPATT)二极管的研究中[61],300℃以上的各故障时间是具有活化能 $E_a=1.6\text{eV}$ 的对数正态分布的,而在较低的温度 225~275℃时,该活化能为 $E_a\approx 0.2\sim0.4\text{eV}$,因此在较低温下的各故障时间实际上远小于根据高温数据的外推所预计的各故障时间。在 300℃以上,缺陷运动是热激活的;而在 300℃以下,扩散占主导地位[61]。

关于条件②,已经证明了,对数正态寿命分布模型是通过激活能服从正态分布推

导得到的[22,23]。这可通过对式(1.28)取自然对数得到

$$\ln \tau_{m}=\ln A+\frac{E_{a}}{kT} \tag{1.29}$$

如果E_a是正态分布的,则寿命的自然对数将是正态分布的或者是对数正态分布的[22,23]。因此,对数正态分布的寿命分布的标准偏差$\sigma(\ln t)$与温度相关,并与热活化能的标准偏差$\delta(E_a)$成正比[22,59,60]。该标准偏差由式(1.30)予以定义。

$$\sigma(\ln t)=\ln t(50\%)-\ln t(16\%) \tag{1.30}$$

式(1.29)可以被改写为

$$\ln t(50\%)=\ln A+\frac{E_{a}(50\%)}{kT} \tag{1.31}$$

要得到中位数的下偏差,式(1.31)可以改写为

$$\ln t(16\%)=\ln A+\frac{E_{a}(16\%)}{kT} \tag{1.32}$$

代入式(1.30)可得到

$$\sigma(\ln t)=\frac{1}{kT}[E_{a}(50\%)-E_{a}(16\%)] \tag{1.33}$$

$$\sigma(\ln t)=\frac{\delta E_{a}}{kT} \tag{1.34}$$

$$E_{a}=E_{a}(50\%)\pm\delta E_{a} \tag{1.35}$$

在为电迁移故障建模的背景下,已证明了纯的铝导体的热活化能是正态分布的[23],而对于AlCu(4%)—导体中则发现三种活化能的分布,每一种正态分布都具有不同的中位数值和标准偏差。虽然各活化能都可能涉及到基本过程,但即使在纯的结构中,在其组成方面的微小变化也会产生激活能的变化。因此,$E_a(50\%)$的估计值应该被视为非唯一的由经验决定的常数。在各硅器件中,与时间相关的故障机理的热活化能及它们的范围列表已给出[62]。类似地,在式(1.16)中的逆幂律项中的指数(n)也是一个具有标准偏差的凭经验估计的参数。

对与时间相关的电介质击穿进行的研究,已展现出对数正态分布的寿命的标准偏差是既与电场也与温度相关的[63,64]。在半导体激光器的大样本的老化期间,观察到对数正态分布的退化率标准偏差在两个较低的温度下有所增加[58]。暂时性的诠释[58]是,基于与温度相关的标准偏差(式1.34),而在较低温度下第二种故障机理的出现具有不同的标准偏差,从而有效的标准偏差为$\sigma(1+2)=\sqrt{\sigma^{2}(1)+\sigma^{2}(2)}$。在较低温度下的数据的分散、批次的依赖性以及一些残余次线性暂态退化或退火现象,在较低的温度下无法排除[58]。

通常在应用Arrhenius模型时,都假设标准偏差与温度无关,因此所有样本在不同温度应力水平下的老化速度的比值是一个常数,即当温度升高时,加速系数为常

数。任何被观测到的标准偏差对加速应力的依赖性都可能表明在时间标度方面出了问题[36]。虽然标准偏差依赖于用于加速故障的应力水平这件事可能并非是普遍的,但上面提供的例子表明,将高应力下的故障时间外推到使用应力下的故障时间时必须谨慎。

1.7.4 关于可靠性评估的补充述评

尽管存在前述的并被证明是合理的对可靠性预测结果的可信性方面的担心,但可靠性工程师仍会被要求以高的置信水平(如 $C=90\%$)给出一个组件的故障或生存概率,特别对于关键的海底电缆或空间系统更是如此。由于在 1.7.2 节中所述的不确定性在某种程度上对许多的可靠性评估在起作用,所以可靠性预测结果的高置信度要求是有些不切实际的。换句话说,任何所陈述出的置信水平实际上只是真实置信水平的一个上界,该真实的置信水平在实际中是不可知的。

可靠性数学模型的合理性往往是难以验证的。可取的做法是:①要具有足够的故障数据;②不存在早期致命性和异常的故障数据;③与即将装配到产品上的组件来自于同一样本;④模型的假设、选择和所需的参数要是看起来正确的,或者至少是保守的。将评估问题转换为数学解法所需的假设应该是清晰地和完整地予以陈述的。加速模型的复杂性应该与观测到的故障数目相一致,因为在某些情况下(所建的)各模型需要若干个模型参数的经验估计值。

对于各模型对参数的选择的灵敏度应进行测试。例如,如果根据预计结果认为客户的可靠性目标能得到满足,是与被选择出来用以表征故障概率分布的特定统计寿命模型(Weibull 或对数正态)无关的,则进行可靠性评估的信心就增大了。不过,即使是在最好的环境条件下,也应强调可靠性预计结果是关于未来的预测,而不是严格的科学的一部分。可靠性工程师所面对的挑战是艰巨的。非保守的风险评估可能是过于乐观的而产生致命的影响;也可能因过于保守而妨碍新产品的部署。

在将高可靠性系统的各关键组件引入运行阶段时,三个大约不相上下的控制因素是费用、进度和可靠性。费用预算、进度和可靠性要求是由客户在项目启动时确立的。虽然对于前两个因素有简明的可量化的度量,例如美元或某些等价的货币以及年数等,但对于可靠性则没有类似地简明的可量化的度量。关于费用超出限额或延迟交货是不存在不确定性的,但关于任何的可靠性预计结果总是会有一些残留的不确定性(1.7.2 节和 1.7.3 节),尤其是当系统的组件不可修理或更换时。就该三个控制因素而言,有时会有人说你可以对其中两个做任何的组合,但不是全部三个的组合。不过,那些具有丰富经验的人却可能更倾向于相反地断定你实际上只能取三个中的一个,更可取的是关注第三个,即可靠性。

针对一个面向 25 年寿命设计出的光纤海底电缆通信系统的风险评估作业,实际上从未有过确切的终点,因为总是有若干的潜在的(虽然不一定是同样地可能的)可靠性威胁存在,而有理由要做进一步的调查研究。假设对系统生存的主要威胁被认为是 GaAs 基半导体激光器(它是该系统中的唯一起作用的组件)的故障。特别是,客户特别关注通过在提升了的应力条件下进行加速老化得到的各时间数据外推到较低的海底使用条件应力所做出的可靠性评估的可信度,即担心关于久远的未来时刻的预计结果的有效性。

设想该系统的部署日期被推迟了 6 个月,可靠性工程师被要求利用该段时间来缓解客户的主要顾虑点。工程师的建议是继续对激光器模块的有代表性的样本进行已经开始了的使用条件老化直到部署的时刻及其以后为止。而前面已经证实了不可能通过这种方式预测激光器在一定置信度下的生存概率。由于使用条件下样本容量限制(1.6.2 节),一年、两年甚至更长时间的零故障数据,将对高应力下的使用提供一个定性的验证,定性增大可靠性定量预测结果的可信度(1.6.3 节)。

显然,客户需要可靠的组件。但客户是否愿意为可靠性的保证买单则不那麽清楚,因为这关系到相关试验成本。

“有时人们提出异议,认为可靠性是一种昂贵的主张。毫无疑问的是,与可靠性工作过程相联系的花费增加了每个装置、设备和系统的初始费用。不过,当一个制造商因为他的产品不够可靠而要失去重要客户时,除了承担这一花费外就别无选择了。在一个特定情况下,可靠性价值取决于系统的费用和该系统的无故障运行的重要性。如果一个组件或设备的故障能导致价值数百万美元的系统或人类生命的丧失,那么可靠性的价值就必须对比这些因素予以权衡”[3]。

1.8　降额和冗余

当所估计的组件寿命对于预期的应用场合显现出勉强合格时,可以通过降额(这增加了施加的应力与应力限制之间的安全裕度),或者通过组件冗余(“热”或“冷”备份),或者两者都用,来获得足够的可靠性。针对具有对数正态分布的两个完全相同的组件,对“热”和“冷”备份的故障率做了计算[65]。在客户提出要求使用的商用现货(COTS)组件的情况下,可靠性数据的不可用或察觉出可用的数据不足也能导致对降额和/或冗余的应用,特别是当进行可靠性保证工作的预期费用被认为过高时就更是如此。

即使单个的各系统组件显得足够可靠时,仍然可以使用降额和冗余来提高生存概率,这是面向可靠性保证的“腰带与背带”(双保险)方法的一个例子。鉴于通常伴随可靠性估计值的众多可信度问题(1.7 节)(的存在),被用于海底和外太空通信系统中的高可靠性激光器模块应是需要有冗余和降额的。不过,冗余度带来额外的组件的费用、对切换开关的可靠性的担心,以及在尺寸与重量方面额外的增加(尤其对于执行空间任务更是这样)。

1.8.1 例子:降额和冗余同时使用的仿真算例

考虑使用 GaAs 基的半导体激光器作为一个水下通信系统的光放大器中的抽运源。激光的可靠性对其光学功率输出是非常敏感的[9]。虽然一个激光器也许能够供应需要的光功率,但该激光器在规定的系统寿命期内的可靠度可能是不能胜任的。如果代之以使用数个激光器,每个激光器只需要提供所需的全部光功率的一部分,那么通过降额就可以使每个激光器在规定的系统寿命期内具有较为充分的可靠性。冗余也同时提供了,因为如果一个激光器发生了故障,依然完好的其余激光器可以以增加了的光学功率继续运行,尽管这样可能会使得每一个激光器的可靠度降低。

为了使电流最小化,该多个冗余的激光器可以用串联的方式做电气运行,但以并联方式做光学运行,而每一激光器的有所降低的光功率输出被组合起来以提供所需的总功率。众所周知,无论是开路还是短路,激光器都不会故障,但仍然是二极管。如果串联组中的一个激光器发生了故障,就会检测到该组合了的输出功率有所下降,而通向该串联组中的其余激光器的电流则会增加,以保持所需的总功率。这种冗余构型即为所指的“热”备份,因为在串联组中的所有激光器都是起作用的。

通常情况下,客户会指定光学放大器的故障率预计结果,并以 FIT 为单位(4.4 节),该值具有等效的故障概率和生存概率(4.8 节)。总的预设值(预算)被分解为每个组件的故障率[FIT]分配值。对于 $F(t) \leqslant 0.10$(10%)的情况,平均故障率与故障概率间的关系由式(1.23)给出,并表示为式(1.36)。

$$\langle \lambda(t) \rangle [\mathrm{FIT}] = \frac{10^9}{t[\mathrm{h}]} F(t) \tag{1.36}$$

如果在具有 m 个(名义上完全相同和统计上等价的)激光器的串联组中的每一激光器都具有一可靠度 s,则按照概率的乘法定律(3.1 节),该串联组的可靠度 S 为

$$S = s^m \tag{1.37}$$

假设具有 m 个激光器的串联组的故障率分配值为 $<\lambda> = 50$FIT。如果规定的寿命为 $t = 105$h (11.4 年),那么根据式(1.36)可以计算出该串联组的故障概率为 $F = 0.0050$(0.50%),从而该串联组的可靠度为 $S = 1 - F = 0.9950$ (99.50%)。对于 $m = 6$,根据式(1.37)计算出的对每一激光器所要求的可靠度为 $s = 0.9992$。因此如果要满足该串联组的 FIT 预设值要求,每一激光器的故障概率必须不大于 $f = 1 - s = 0.0008$ (0.8%)。将 f 代入式(1.36)得出 $<\lambda> \approx$ 8FIT,这个值可以通过加速老化试验进行验证[9]。在这个例子中,所要求的可靠性是通过降额和冗余的组合达到的。探测一个激光器的故障和增加该串联组的光功率所需的电子设备的可靠性,是作为该电子设备的 FIT 预设值的一部分看待的。发生故障的激光器(它不再发光)所发出的额外热度的可靠性影响必须在热设计中予以考虑。

“热”备份(所有组件都是起作用的)的缺点可以通过“冷”备份或备用冗余予以

避免[66]。考虑一个并联在一个运行中的激光模块上的,非运行的半导体激光模块的情况。备用冗余并不是没有可靠性关注点的,其中之一就是当起作用的模块发生故障时,将备用模块转入运行状态所需的切换开关的可靠性。在经过可能是长时间的不起作用后,该开关必须一次成功地运行。

1.9　故障分类

1.9.1　浴盆曲线

尽管浴盆曲线将在第 7 章中进行论述,但针对当前的目的,它能为故障的分类提供形象化的帮助。图 1.3 中[67]的示意图是许多年来,从各种不可修的复杂系统中的大量组件中所获得的运行经验的综合。从它的三个组成部分的描述来看,浴盆曲线显示的也是人类的死亡率曲线,亦即人类从出生开始经过中年直至死亡的死亡率(第 7 章)。

图 1.3 中的纵轴是瞬时故障(危险)率(4.2.4 节),它是时间(寿命)的函数。左手端下降的故障率代表早期致命性故障。制造商们试图在按照设计进行交货(1.9.3 节)之前和在认证期间进行筛选(1.10.2 节),以消除掉所谓“弱的”组件的早期故障。不过,弱的组件的一个小的子样本可能逃过了探测,从而如图 1.3 中所描述的并在 7.17.1 节中举例说明的那样,其早期致命性尾部会延伸至遍及组件的整个使用(服务)寿命期内。图 1.3 的右手端描绘了具有单调递增形式的长期耗损的故障率。预计现代电子元器件的耗损将会发生在所规定的使用寿命结束之后。由于过时淘汰的原因,组件可能在其耗损前就会被那些具有先进功能特性的组件所取代(例如:手机)。水平虚线是常值故障率部分,通常将该部分视为代表所谓人类的“随机”(意外)死亡或料想到在整个寿命期内会发生的归因于外部事件的组件故障。归因

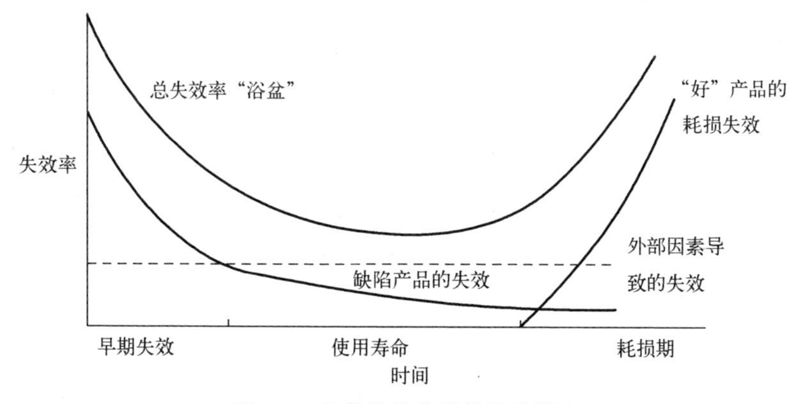

图 1.3　组件浴盆曲线的经验描述

于早期致命性的、耗损的和偶发事件的各故障率的综合就构成了整体上近似浴盆的形状。

从运行之前是不可预计的意义上讲,图 1.3 中的三个部分的每一部分中的所有组件的故障时间都是随机的(第 2 章)。虽然用 Weibull 模型描述各组件的早期致命性故障可能是常见的和便利的(6.2 节),但该模型并不是因故障的随机性而被要求使用的,而对数正态模型(6.3 节)经常可以提供一个同样适合的表征。类似地,随机耗损故障既可用 Weibull 统计寿命模型,也可用对数正态统计寿命模型予以描述(第二部分)。

不过,面向图 1.3 中的恒定故障率部分的"随机"一词具有规定性的含义(与其面向早期致命性故障和耗损故障的含义不同),对于该部分必须用一个特定模型,即指数模型,指数模型是唯一能展示与时间无关的(恒定的)故障率的模型(第 5 章)。在第 7 章中将看到,组件与人类不同,在工作环境中,并不是频繁受到各种随机因素干扰,所以图 1.3 中的恒定故障率(如典型地以指数模型予以表征)在实际中是不存在的。如果在各组件的使用寿命期间有一"貌似"常值的故障率,那也很可能归属于早期致命性故障率曲线的尾部(图 1.3),如在 7.17.1 节中举例说明的。

1.9.2 正常故障(耗损)

正常组件(即没有早期故障机理的组件)的可靠性通常是受占主导地位的长期损耗故障机理控制的,这些机理没有被或不能被设计掉或被筛选掉。正常的故障有以下特征[15]。

(1) 正常故障的故障机理数目很少。这些故障通常是受生产过程的正常变异性(包括材料缺陷的存在)控制的。

(2) 对于长期损耗故障机理已经进行了充分的研究,确定了加速应力(例如:温度、电压、光功率和电流密度)。这类故障机理的研究在可靠性研究领域占主体。

(3) 正常的故障机理是普遍存在的,亦即遍布于整个被交付的各组件样本中。

(4) 正常故障机理的存在既不依赖于批次也不依赖于生产时间。

(5) 正常的组件要么在预期的使用条件下不发生故障,要么就以可接受的低故障率发生故障(该故障率是可以定量预计的)。

正常组件的定量可靠性评估的推进过程如下:

(1) 可靠性保证通常是基于初期工厂产品的加速老化的(一种"一次就做到"的尝试),它的有效性取决于从一个正确受控的和完美不变的生产线上的产品一直具有的一致性。

(2) 因为故障机理的普遍存在,被涉及到的样本量(100~200)相对较小,那是由"如果你看到了一个,那就看到了它们全体"(这一想法)所引出的 。

(3) 正常故障的定量评估所需的数据,来源于已排除早期故障产品的加速老化试验,这些数据结合合适的模型,以及合理的假设和相对保守的参数估计,可以在一定置信度下得到给定使用条件和给定使用期内的关于故障概率和故障率的置信估计。

尽管对于耗损故障而言是很明确的,但这个方法是不完全的。

1.9.3 非正常故障(早期缺陷和故障)

实验室寿命试验和外场经验表明,由于存在有瑕疵的(弱的)子样本(该子样本通常只构成总的已被部署了的样本的一小部分),电子设备可能在其使用寿命期中过早发生故障。可以将有缺陷的子样本大致分为两类[2,53,68]。

(1)"早期致命性"故障(7.17.1节),部分可归因于在制造(如被擦伤的电线)、装配(导线被弯曲得太靠近装置本体)、试验(在固定装置中的插入不当)、处理(静电放电伤害事件)、运输(机械损坏)和安装(不适当的电压)以及诸如此类主动期间被加上去的瑕疵和损坏,也被称为"诱发的"瑕疵;

(2)"异常"故障(7.17.1节),部分可归因于生产过程失控(如在氧化物层中的小孔、在进行自动连接过程中不适当的安置导致的弱连接、在外延生长期间的微粒存在,等等)以及诸如此类的情况,也被称为"内在"瑕疵。

"早期致命性"故障发生得早,而"异常"故障则是在以后的使用寿命期内(但通常是在所谓的主样本的耗损或长期故障之前)发生的。非正常组件的可靠性(它在每一方面都不同于正常组件的可靠性)是受早期致命性的和异常的故障所控制的,并具有下述特性[15]:

(1)引起组件发生早期故障和缺陷的原因很多。有很多方法可以使组件出现早期故障。一个正常组件有一个坏键或者一个粒子放置的位置不合适,都会成为不正常组件。

(2)异常设备的早期故障可能是:①随机的某类意外事故(如弄错了的不合格原型组件的交货、在最后一次电气测试后的静电放电损坏);②对制造过程的失控(如微粒或化学污染);③制造工艺过于接近极限(如过于伸出的楔形连接导致的电气短路);④供应商提供的材料中未予报告的变化(如一种焊料成分的更迭);⑤做工缺陷(有裂纹的芯片、开裂的连接、遗漏掉的筛选试验、不正确的操作电压、在试验设备中的不正确安装等)。

(3)早期故障和缺陷引起的故障通常在装机组件中只占很小的比例。

(4)早期故障和缺陷引起的故障在现场使用寿命期中可能会占主体。

(5)早期故障和缺陷引起的故障并未得到充分的研究和报道。

(6)早期故障和缺陷引起的故障依赖于抽样和生产时间。

(7)当产品受到一定的随机环境的冲击时,早期故障也会发生,在这种情况下,故障发生的时间与之前的工作时间无关。

消除异常故障的策略包括主动策略和被动策略,两者在性质上都是预防性的。主动策略的目标是使交付出的产品达到高度一致性。例如,在制造期间半导体激光器的目视可见缺陷必须要降低到一个低的水平,尽管许多缺陷实际上不构成可靠性威胁,但还是有必要更加谨慎。类似地,在性能检测过程中,也可能会发现与其他产品性能参数不同的激光器,这些参数可能与可靠性指标相关(1.10.2.2 节)。

制造期间的变化是要尽可能避免的。因而,在进行制造期间防止出现不正常的组件,在某种程度上要依仗全面的质量控制,相应的例子有:①实施统计过程控制(SPC);②实行供应商质量审核;③进行进货测试和对关键器件做筛选(即使经过了供应商的合格认证);④将所有的过程都记入文件;⑤建立严格的内部和外部的变更控制标准;⑥保持所有材料的可追溯性,准确回溯到故障的源头并进而定位与隔离已交付的产品和由之进行故障的风险评估;⑦实施返工标准(该标准中可能包括拒绝所有经过返工的装置;⑧设立定期的操作人员再认证(制度)以应对工作质量问题;⑨进行独立的内部质量审核;⑩在进行制造、组装和处理期间,坚持依靠针对特定装置剪裁过的 ESD 和 EOS 预防措施。

被动策略是当发现时及时消除早期故障的根本原因。在工厂和现场,都可能发生早期故障或缺陷。工厂的故障将是在生产过程中,也就是说,它们将在生产、组装和最终验证(1.10.2 节)的测试中被识别出来。重要的是,组件制造商要求/请求将早期故障返回时,最好同时记录在用户中出现的故障情况和服务时间。所有这些故障都应该进入故障物理分析过程(PoF)(1.3 节)。该过程包含了 FMA(1.3.1 节)。从对早期故障的分析中获得的诊断信息可以用于故障纠正措施的制定,例如,设计、处理和装配/过程的改进,或改进截尾筛选程序,以减少早期的现场故障的发生。

随着主动的和被动的预防策略准备就绪和成功地得到落实,人们就期望在制造期间和部署后,在外场期间进行测试时可以见证早期故障数有了显著的可计量的降低。特别是对于拥有已经安装了的组件的客户来说,重要的是要在可能的情况下能提供出一些关于业已被交付了的又根据外场故障 FMA 经历过纠正行动的各组件期望的可靠性改进的数值评价结果。针对半导体装置的情况这时可以做到,例如,在进行认证时(1.10.2.1 节),可通过对受监控的老炼期间的累积故障前时间建模,估计出未经过老炼的已被交付组件的潜在早期故障数的分数(所占比例)(附录 1A)。有可能通过增加受监控的老炼的持续时间和/或所施加的应力,使有可能具有早期外场故障的组件的比例有显著下降。不过该早期故障机理的消除提出了一个艰巨的挑战,这项作业对于要提供全面的与可信的可靠性评估结果这个目标的达成是不可或缺的。

1.10　可靠性保证工作中的各阶段

可靠性保证专项工作通常具有五个阶段:预先合格鉴定、认证、合格鉴定、监视和再次合格鉴定。

1.10.1　预先合格鉴定

1.10.1.1　认定

基于先前工业界中类似组件的研发成果,可将初始的设计建造成适合于进行功能特性评价的原型组件样件。假设所期望的功能特性得到了实现,那么这个阶段的目标是认定在初始设计中潜在的故障机理。下面列出的各方法是普遍性的,而不是针对任何具体组件的。

故障模式和影响分析(FMEA),例如,田口方法或鱼骨图,要基于从类似组件在各种环境中运行的过去的经验中和/或从头脑风暴会议(在该会议中来自设计、制造、试验和质量组织等方面的专家受邀提供有关似乎会有的或先前未曾记入文件的可能的故障机理)中得到的教益。

(1) 应用于被有意施加了步进过应力加速试验的原型组件样件的故障物理分析(PoF)和故障模式分析(FMA)。

(2) 通过破坏性物理分析(DPA)以确定设计和/或制造上的弱点和瑕疵(它们可能是潜在的故障部位)。

(3) 进行热成像以认定易受过热影响的部位。

(4) 建立有限元分析(FEA)模型以认定归因于预期的机械应力等的潜在故障原因。

1.10.1.2　设计出可靠性

基于对可能的故障和故障机理的辨识(1.10.1.1节),设计阶段的目标是构建可靠性。这可能需要对原型组件样件的设计和制造过程进行修改,以消除固有的和诱发的故障。以半导体激光器和激光器模块为例来说明通过设计达成可靠性(鲁棒性和长寿命)目标。

1.10.1.2.1　鲁棒性(能力):半导体激光器模块

半导体激光器模块的鲁棒性是能承受预期的外部环境侵袭而生存下来的能力。鲁棒性可以利用是否通过实验室高应力测试来进行评估,该试验被设计成能够(i)确定“强壮的”各组件中的抗预期侵袭的应力裕度以及(ii)认定在“弱的”子样本中有瑕疵的各组件,这些子样本不具有抗预期侵袭的足够的裕度(1.1.4和1.1.5节)。健壮性可以在认证期间得到确认(1.10.2.3节)。

1.10.1.2.2　寿命:半导体激光器

将 GaAs 激光器以硬焊料(钎焊)连接到一个基板上是一种常见的做法[69]。表1.1 中列出了三种低共熔的金(Au)基硬焊料的相关特性[70]。在低共熔状态,合金合成物将均匀熔化。不存在激光器的电气短路的威胁,因为这三种硬焊料都不会显现出有晶须形成[69]。由于其低的熔点和相对高的导热性,AuSn 得到了广泛的应用。激光器以其外延端或 P 端(永久端)向下(倒装)被焊接到(与)CTE(临界暴露温度)匹配的高导热性基板上(如 BeO 或 CuW),从而将激光器的结区温度降到最低[69]。为了进一步降低结区温度,激光器可以其峰值效率最优运行,峰值效率被定义为光功率输出的最大值除以电功率(P/VI)。

表 1.1　硬焊料的相关特性

焊料	熔点/℃	热传导率/(W/mK)	有效的自由温度范围/℃
Au(80)Sn(20)	280	57.3	-55~75
Au(88)Ge(12)	356	44.4	-55~200
Au(97)Si(3)	363	27.2	-55~200

半导体激光器中短期(早期)故障的消除(1.3.2.1 节)要求全面的可靠性保证专项工作的实施(1.9.3 节)。尽管制造商为减少 GaAs 基半导体激光器的长期故障所进行的改进一直在增加,但消除全部残留的内在缺陷(其中一些缺陷在使用寿命期内具有导致故障的可能性)是不可能的。即使因为消除一部分早期故障引起了可靠性增长,但要对可靠性增长进行量化也是非常困难的(1.3.2.2 节)。

1.10.1.2.3　寿命:半导体激光器模块

每一个 GaAs 基半导体激光器的模块都在内部与透镜光纤形成光耦合,透镜光纤经由该模块的密封端壁向外部延伸出去。对模块可靠性的主要的可能风险是:①激光器纤维解耦;②封装诱发的故障(PIF)有机污染;③纤维断裂-湿气污染;④纤维断裂或融熔—光学过热;⑤微粒诱发的故障;⑥密封故障—有机物、湿气和其他污染以及⑦氢诱发的故障。

风险①、④和⑦是与设计有关的故障。在风险②、③、⑤和⑥中的微粒和气态污染物的存在主要涉及到执行的故障,不涉及半导体激光器或光纤的固有可靠性。污染和微粒诱发的故障会造成持续的威胁。

1.10.1.2.3.1　激光器纤维解耦

在通常所采用的设计中,在激光器前面的透镜光纤是被硬焊料附着到一个高导热性的底座上的。该裸光纤在光纤底座上被敷以金属(金属化)以便进行钎焊。选择光纤的数值孔径是常见的,因而自激光器被耦合到光纤的纤芯模中的光学功率就被最大化了。不过,将会有一些光被耦合到光纤的包层模中,其中一些被耦合进的光将在光纤底座处为光纤金属化所吸收并导致将该光纤附着于底座上的硬焊料的温度有所增加。如果光纤底座焊料是AuSn，并且如果焊料温度超过75℃（表1.1），该AuSn焊料就会遭受到一种蠕变而导致激光器-光纤间的耦合逐渐退化。

作为一种特殊的应用场合，可能要求激光器以最大功率运行，而且模块的周围温度相对较高，这就有必要使用AuGe硬焊料（表1.1）以避免由温度诱发的焊料蠕变而导致的激光器-光纤间耦合的退化。通过将从光纤底座焊合处到激光器输出腔面的光纤长度减到最短就能形成抗任何蠕变诱发的解耦退化的补充性保护措施，以最大程度降低杠杆臂效应。

1.10.1.2.3.2　封装诱发的故障（PIF）：有机物污染

未经封装的（Al、Ga）As半导体激光器以恒定的电流，在干燥的氮气环境中并在不同温度的若干小室中被老化。据推断，波长是850nm。所有经过寿命试验的激光器在30℃和240mA电流下的光学输出功率≥50MW。光学功率的退化在起初是快速的，但过了一段时间后，其退化减慢了并且显得平稳了。光功率损失的根源主要在于光化学作用诱发的对带绝缘涂层前端腔面的非结晶碳氢化合物（HC）污染[71]。在经过氧等离子腐蚀去除HC污染物后，可以观察到初始输出功率的基本恢复。可将该污染的源头追溯到挥发了的钎焊助焊剂和有机清洗溶剂[71]。一旦实施清洗过程并清除残留的助焊剂和助焊剂溶剂，经过老化的激光器就显示出长得多的寿命[71]。

随后又单独发现，被密封在含有干氮的标准通信蝶形模块中的980nm激光器在几千小时的运行中发生灾难性的故障。其PIF被追踪到气态有机污染物，这些污染物是以低于残余气体分析（RGA）的20ppm探测极限的水平存在的[72]。故障是由光化学作用引发的对激光器前腔面发射部分的HC污染的逐渐形成造成的。其初始影响是光纤输出功率的退化、阈值电流的降低和后腔面输出的增加。光纤输出的减少归因于HC污染引起的光学吸收；阈值电流的减少归因于前腔面反射率的增加[72]。如果在这个阶段引入氧气（如通过刺穿模块盖），恢复是快速的。如果经封装的激光器继续运行在干燥的氮气环境中，则吸收HC污染就会升温而导致热失控和灾难性的故障，这不涉及到在空气环境中激光器所遭受到的在激光器/绝缘涂层界面处的COD。在干燥的空气环境中PIF现象未发生在经过密封的980nm模块中[72]。

后续研究表明，一种普遍使用的有机溶剂，即异丙醇（IPA）能导致PIF，但不是在没有光子通量的情况下，因此要强调关注输出激光器腔面上的HC沉积物的光化学源头[73,74]。不可检测和不可避免存在的有机污染物的主要来源包括助焊剂、在模块清洗过程中遗留下的溶剂以及在模块填充气体中的微量物质。由于PIF能由极低程度的挥发性有机物引起，因此，为了防止PIF，所需的清洁程度在常规制造环境中是无法保持或监视的[73,74]。另一个关系到可靠性的问题是与自模块本体释放的氢气氧化和水的形成（有可能助长腐蚀和电流泄漏）相联系的。除了在模块的填充气体中加入氧气外，还建议在模块中加入能够吸收水蒸气和挥发性有机化合物的吸气剂组合[73,74]，并将其附着在模块盖的下表面[75]。为降低模块本体的氢气含量所提出的一项首选的方法就是在组装前对其以150℃的温度烘烤大约200h[75]。

大约在进行关于包含980nm GaSa基半导体激光器的激光模块中PIF的研究[72]的同时,在处于含有干氮的密封光学模块中使用Q开关(光量开关)的1064nm的Nd:YAG激光器上也观察到了类似的光致碳污染损毁[76]。在一专门设计的测试装置(使用含有总有机碳(TOC)含量小于0.2ppm和最高纯度的传送硬件)中再现了该损毁情况。结果发现,在超纯氮气中存在的微量有机杂质造成了该损毁[76]。能造成损毁的超纯氮气中的气相有机污染物的含量和类型也被确定出来。当干氮为干燥空气所取代时,该损毁就被消除了[76]。

不过,可以确定的是当污染物是一种常见的有机溶剂(如甲苯,一种芳香的HC,其浓度在几ppm的范围内)时,干燥的空气将无法抑制其损害[76,77]。使用专门设计的测试装置,用于O形环、封装材料和导热垫中的各种硅树脂材料也被发现能诱发密封的Nd:YAG激光器中的污染损毁[77]。在一空气环境中以脉冲调制的1064nm照射的期间,硅树脂基聚合物、气相芳香族化合物(例如甲苯(≈16000ppm)和紫外光固化的粘合剂)被发现导致损毁的可能性很大;而环氧树脂、气相饱和碳氢化合物(例如丙酮和异丙醇(≈25000ppm))和碳氟化合物基的材料造成损害的可能性则很低[78]。

在一些场合会将环氧树脂和紫外线固化的光聚合物粘合剂用于密封的半导体激光器模块中,用以固定透镜或其他单元。可以使用常规的测试方法来确定这些粘合剂是否会对其他内部的光学表面造成污染威胁[79,80]。

在进行盖封之前,各模块可能要在最大的储存温度下进行真空烘烤(如85℃)。这样的烘烤应一直继续到有机化合物不再被处于适当位置的质谱仪检测到为止。

PIF现象与波长有关。它已被证明在干燥氮气环境中运行在波长范围为850~1000nm的激光器会发生这一现象,但尚不知道是否在1500 nm的激光器模块会发生,因为在1500nm激光器模块填充气体中包含有干燥空气(尽管也许可以这么做),并非是长寿命所要求的。

为预防PIF所采取的措施包括:①使用总的有机碳(TOC)含量<0.2ppm的超纯干燥空气作为激光器模块填充气体的一个构成部分;②在模块盖的下面使用吸收挥发性有机化合物和湿气的吸气剂;③在模块组装区域排除对有机溶剂(如甲醇和异丙醇)的使用;④在进行盖封之前排除使用有硅树脂化合物(如进行泄漏试验的模块的硅橡胶垫)。

1.10.1.2.3.3 光纤断裂(静态疲劳):湿气污染

“当承受拉伸应力时,如果在一个主要的表面瑕疵处的应力集中达到了临界断裂应力,玻璃就会发生故障。当[a]…施加了低于该临界应力的应力且有湿气存在时,就会有一故障前的时间延迟。该瑕疵…将以这样的方式扩大而导致瑕疵末梢的应力集中增大。这就导致该瑕疵以益发提高的速度一直扩展到该应力集中达到临界值和断裂发生。这就是所知的一种疲劳现象,并且它支配了玻璃的长期强度。静态疲劳是由环境中的水(溶液)引起的[81]。

处在915~980nm波长范围内的半导体激光器泵除了要求以氦气进行泄漏测试外,还要求在其密封模块的填充气体中加入干燥的空气。要求以氧气防止由挥发性有机类物质(似乎是不可避免地和无法觉察地存在于各模块中的)造成的激光器各腔面的HC污染导致的激光器故障(1.10.1.2.3.2节)。激光模块本体通常是由Kovar(一种镍—钴铁合金)制成的,该合金在制造过程中是被退了火的,以防止氧化。随着时间的推移,氢气从Kovar中被释放出来,并经由镀金层弥散到模块的内部,在模块内与氧气催化式结合而形成有机会接近裸露的光纤的水蒸气。

为防止静态疲劳,应将各模块设计成在预期的使用条件下运行在所有的环境温度时,光纤处于压缩应力下。此外,在最终进行密封盖密封之前,应将湿气吸气剂附着在模块盖的下表面。

1.10.1.2.3.4 光纤断裂或熔融:光学过热

对于上述的激光器模块设计(1.10.1.2.3.1节),裸光纤要在靠近激光器的部分被金属化,以便于将光纤焊接到光纤底座上。如果用焊料进行密封,则还要在模块的凸出部位将裸露的光纤金属化。要将光纤的孔径选择为能使从激光器被耦合到光纤核心模式中的光功率得以最大化。不过,一些光学能量将会被耦合到光纤的包层模式中,其中一些在光纤底座处会被光纤的金属化所吸收,还有一些在凸出部位的光纤金属化所吸收。在任何金属化了的光纤部分,从其包层模式中去除光功率将导致加热。为了防止光纤由于过热而断裂或融熔,金属化光纤的各个部分必须妥善地与散热装置相连接。

1.10.1.2.3.5 微粒诱发的故障

人们关心的是激光器模块抗微粒诱发的故障的鲁棒性。小的焊料碎片或焊线残尾可能造成永久性的或间歇性的故障。在一个例子中,激光器模块中的一个小金属微粒由于吸收光而熔化,并附着在输出激光器腔面的发射部分。无论是在例行的测试中还是在外场环境中,激光器模块都要受到振动,会产生偶然的或持续的电气短路或光阻。虽然金属微粒接触到易受电气短路损伤的区域或因穿过激光器输出与输入至光纤之间的空间而阻挡了输出激光的可能性很小,但在激光器模块的延长期光学监测振动测试中见到过。

在激光模块组装过程中对微粒的探测是一项挑战。必须在配有高小微粒空气(HEPA)过滤器(用以去除例如烟灰、灰尘、棉绒等悬浮微粒)的净室内进行组装。操作人员必须戴面具和手套以避免受到头屑、扑面粉,护肤油等的污染。在加上模块盖之前,必须对其进行严格的内部目视检查,最好是由两个操作人员一前一后相继进行检查。可将该模块颠倒过来,并在一个干净的白色垫子上摇晃以认定任何被发现的微粒的类型和来源。纠正措施就会随之而来。经由对因其他原因而发生故障的激光器模块进行延长持续期的光学监测的振动试验,可验证该模块是没有微粒存在的(1.10.2.3 节和 1.10.2.4 节)。

1.10.1.2.3.6 密封故障:有机的、湿气的和其他污染

要使部署的模块在其整个鲁棒性试验期间保持密封性,以确保在不受控的储存期间(1.10.1.2.3.3 节)能防止故障产生的污染物的进入(如湿气)和在外场使用期间填充气体各组件(如氧气)的逸出,半导体激光器能面对激光器模块内部的污染物(如易挥发的有机物)(1.10.1.2.3.2 节)而生存是至关重要的。对于海底或空间应用场合来说,半导体激光器模块能在外场运行之前遭受到预期的外部侵袭后保持其密封性是至关重要的。

密封性的丧失是模块鲁棒性的一种故障。在使用条件下运行之前,在一模块不受控的存储期间,湿气和其他悬浮污染物的进入会导致激光器漏电并导致附在激光器上的焊料氧化,而腐蚀产物会使输出激光器腔面最终堵塞。如果处在拉伸应力下,湿气的进入能使湿气吸气剂饱和并加速光纤的静态疲劳。在外场使用期间,在另外一个不含氧的运行环境中(如:外太空),氧气的逸出将导致激光器因输出腔面的 HC 污染而发生故障(1.10.1.2.3.2 节)。

继进行机械的和热的过应力鲁棒性试验之后,必须通过对所有的模块进行非破坏性氦泄漏试验或者通过对因其他原因(例如在认证时为了确认氦气与氧气的存在)被拒绝的各模块构成的样本进行破坏性 RGA,以确保各模块的密封性得到保持(1.10.2.3 节和 1.10.2.4 节)。

1.10.1.2.3.7 氢气诱发的故障

正如上文所提出的(1.10.1.2.3.3 节),半导体激光器模块本体通常是用 Kovar 制造的,为了防止氧化而对其在氢气中进行了退火。这是需要的,为的是在镀金(Au)之前能对 Kovar 进行镀亮镍。不过,无论是镀亮镍还是镀金都不能防止自 Kovar 释放出的分子氢扩散到模块的内腔中,因为在黄金镀层上不能形成钝化层以阻隔氢气[82]。氢在外部会被释放,但氢气一旦进入密封模块就没有逸出路径了。

扩散到激光模块腔内的氢气部分因金属氧化物的还原反应和与氧气(为防止 PIF 而存在的)相互作用而被消耗掉,两者都会增加水蒸气的含量。应有某种混合的湿气吸气剂能显著减轻这样生成的湿气水平的腐蚀影响。另一种可能的威胁(虽然目前尚未被确认)是激光器芯片上钛金属化的氢脆。在激光器芯片外延面上的常规半导体激光器金属化是 Ti/Pt/Au。该激光器以外延面朝下与高导热率的基板相结合(通常是用 AuSn 焊料)。在有诸如铂(Pt)之类的催化剂的存在情况下,分子氢(H_2)被分解成原子氢(H),它能扩散到白金中[83]。随后,氢气进入钛层的入口会导致一种氢化钛(TiH_{2-X})的形成,它会使钛晶格变大。如果在这一情况下在钛层中形成的应力达到了临界水平,就会开始出现裂纹而导致激光器芯片上的金属化层的部分或完全的层离和激光器故障。

以提升了的温度进行烘烤以降低镀了金的Kovar模块的氢含量可能是价值有限的。在这样的烘烤期间,Kovar本体上的镀亮镍能转移到镀金(层)的表面而形成一种氧化物并起到一种阻挡氢气的扩散的作用,不过却又废弃了在其表面下的镀亮镍的目的。这种风险既阻碍了形成连接的能力也阻碍了最终的盖封过程以使该模块密封[82]。当Kovar或镀镍的Kovar在空气中被加热时,就会形成一种钝化的氧化物层而有效阻止了氢解吸作用[82]。在能够为被氧化的Kovar本体开发出可接受的电镀和模块密封技术的条件下,这种方法将是有用的。置于密闭模块内的氢气吸气剂针对起层的威胁提供了一种可能的解决方案[84]。要记得添加到模块填充气体中的氧气能将被释放出的氢气转化为水蒸气,而该水蒸汽又能被模块盖下表面上的湿气吸收剂所吸收。

1.10.2　验证(通过筛选的可靠性)

验收筛选是必不可少的,因为通过设计和制造是不可能使所有的组件都可靠的。验收包括短持续时间的寿命和健壮性测试和资料审查,这是对每个重要测量参数的统计研究,目的是对那些对可靠性有影响的参数明确规范要求。所有用于验证的组件(1.10.3节)都应该是通过筛选的。应将进入合格鉴定的各组件视为是要送交给客户的各组件的代表。将所有用于验证的组件都提交给预先的筛选,这就提高了通过验证的可能性,并且该验证还允许对已部署的组件在现场使用中的表现进行描述。验证是最后一道防线。半导体激光器和激光器各模块将被用于进行示例性说明。

1.10.2.1　老炼(半导体激光器)

对于半导体激光器来说,短时间测试是一种老炼过程。在加速老化条件下,对GaAs半导体激光器进行可靠性筛选。为了防止在加速老化过程中出现早期故障,应该选择在之前的老化过程中提高应力(光功率和结温),以与加速老化试验中的最大应力相适应。其目的是利用老炼过程来消除所有具有潜在表面缺陷并可能在加速老化试验或现场使用中发生早期故障的激光器。老炼试验的装置与进行验证试验的装置相同,通过连续监测,就可以实时发现个体的突发故障时间[85]。不幸的是,如果激光器在老炼试验中发生突发故障,就没有任何线索来预测剩余的激光器在同样的高温下将在何时会发生故障。

为了确定老炼持续期,可以选择代表若干制造批次的大量激光器样本。第一次老炼持续时间可以在发生最后一个突发故障时终止。为了验证在最后一次突发故障后,没有早期故障,可以相同的时间再进行第二次老炼,而不需要卸载和重新加载激光。为了检查可能归因于在老化的插座的加载期间不适当的散热或损坏的故障,可以将插座卸载并继而在其同一位置上以发生故障的和依然正常的激光器再次加载和进行第三次老炼。

在选定了老炼持续时间之后,应采用序贯式的老炼,定期进行检查性试验以验证所选择的持续时间的有效性或者认定其他未被探测出的老炼故障的时间相依性的增大。这是因为经过老炼试验的激光器仍可能存在一些无法发现的早期故障,或者说,发生时间较晚的早期故障与发生时间较早的耗损故障之间,没有明确的界限[见文献 9,86,图 1.3]。

发生故障的激光器要进行故障模式分析。在进行老炼的一开始就将与插座问题相关的由外部诱发的故障与激光器固有的过早故障(是所安排的老炼要予以认定的)区分开是可取的。通过操作人员再培训,能减缓由插座诱发的故障。对剩余故障的分析可能促进在生产的各个阶段采取纠正措施,并对操作员进行再培训,以减轻由于“诱导”缺陷造成的故障发生率(1.9.3 节)。

在实施了一系列纠正措施之后,虽然排除了一大部分可能在部署后出现早期故障的激光器,但难题依然是以费用效益好的方式实现与生产线中的激光器生产量相协调的老炼持续时间。对于 GaAs 基的半导体激光器来说,被采用过的从几天到一周的老炼持续期并不完全成功。附录 1A 提供了一个例证,建立了一种光检测元件老炼期间的各故障时间的模型,以估计交付给客户的可能存在的早期致命性“漏网”故障的比例。

1.10.2.2 谱系审查(半导体激光器)

谱系审查筛选是基于经受了老化并得以存留下来的激光器样本中的每一个激光器参数的统计研究。谱系审查的意图是消除各重要参数中的离群值,在计划被用于合格鉴定或被列入用作部署的模块中的样本中,这些参数看似与过早(早期致命性)故障机理有联系。就此而论,其波长和谱宽参数可能不像所说的那么重要。一个离群值是指在与该样本中其他激光器的同一特性化参数相比时在特性化参数方面展示出脱离群体的差异。

在老炼后各参数的谱系审查中排除离群值的通常过程会接受所有具有呈正态分布的各重要参数,例如处在任意的 $\pm 2\sigma$ 或 $\pm 3\sigma$ 界限内的参数,在其间的各界限分别处在该样本的 95..4%和 99.7%位置。就该 $\pm 3\sigma$ 的界限而言,这种关于各个参数的谱系审查规范界限的选择是受经济考虑因素控制的,而且由于超过 99%的个体都被认为是“好”的,所以对高可靠性的评价可能是不充分的。

下面陈述的谱系审查筛选更为严厉,并更适合于高可靠性应用场合(如太空),对于这种场合进行故障组件的替换是不可能的[87]。以 GaAs 基半导体激光器为例,可用以认定可能的早期故障的特性化参数为:阈值电流(I_{th})、斜度效率($P/[I-I_{th}]$)、光功率的工作电流 $P(I_{op})$、电压(V)、效率($E=P/IV$)、电阻(R)和热阻(R_{th})。

在进行短时间加速老化过程前,对于某个激光器样本,上述参数中的每一个参数都是服从正态分布的。分布在曲线头部和尾部,并且偏离中心区域的拟合直线的激光器,有可能会被拒收。进行老炼试验之后,可以生成相同的分布。再一次,那些偏离了近似直线并位于头部和尾部的激光器可能会被拒绝。最后,对于上述参数的每一个参数，也可以对其老炼前后的δ参数进行分析，可以进一步挑选出要拒收的激光器。一个激光参数的变化，是由于老炼的结果而导致的一个潜在的早期故障的发生。在老炼完之后，每一束激光都应该生成光电流（$P-I$）曲线，一直到功率最大值P_{max}，并与相应的老炼前的$P-I$曲线进行对比。如果发现老炼后的曲线偏低，则可以进一步拒收这个激光器。

要注意，针对所列出的7个特性化参数的每一个参数都遵循上述（处理）过程显得是过分的，因为其中一些参数很可能是其他参数的替代者，由于在一个分布中被拒绝的离群值有可能与在其他分布中被拒绝的离群值完全相同。在首次进行了这项工作之后，有可能断定不是工作电流（I_{op}）就是效率（$E=P/IV$）是充分有代表性的。

正如所指出的（1.10.2.1节），老炼的目的是认定和拒绝在合格鉴定期间或部署后有可能呈现出早期故障的激光器。成功的老炼可将那些逃过了检测并交给客户的激光器数目减至最小。与所述的谱系选择过程相比，老炼可使在部署后期间可能的早期故障有明显的减缓。

上述的"谱系审查"的目的与老炼的目的是相似的，虽然对于激光器易受早期故障机理伤害的情况没有明显的减缓作用。排除离群值的结果是一个已被部署的样本（其所有的参数都是齐次的）对短期可靠性可能具有任何可能的影响。即使在整个测试过程中特性都是朝着更好的性能方向偏离，也可能会指示对激光器的拒收，因为这一偏离方向可能是由于测量误差造成的。如果建立了这个谱系审查过程，则该过程将会阻碍运用工程判断去接受或通过一个处于符合与不符合规范之间的激光器。通过谱系审查得以留存下来的激光器应该在一不变的温度下具有本质上完全相同的光电流（$P-I$）曲线（直到最大功率P_{max}），亦即它们应该是难以区分的。虽然在所提出的谱系审查中与可靠性相关的各参数的齐次化显得是慎重的，但它并没有提供任何"证据"，证明短期激光器可靠性已得到了提升。

不过，该所提出的谱系审查并没有涉及留存下来的激光器的长期可靠性问题。老炼后的各参数的表征代表了所有各激光器的平均值，这些激光器对于局部的尚未发展到足以显露出可检测的鲜明特征的缺陷可能是不敏感的，而其他的缺陷可能远离该激光器的主动区而且在短持续时间的部署前特性化和老炼期间是不容易被发现的，因为它们在运行期间需要时间去迁移。生成一个激光器样本的（所有的各个激光器的各重要参数都表现出是完全相同的）结果是具有近于完全相同的各参数的激光器在以固定不变的经提升的应力（光功率和结区温度）进行合格鉴定期间可望能展示出极为不同的寿命值。

如所概述的谱系审查的一个特殊的应用场合，即如果有过大的百分比的激光器被拒绝了，就可能需要抛弃整个激光器样本。有理由将这种谱系审查视为一种严苛的选择过程。这就在制造过程中形成了一种可以理解的紧张状态，因为对可靠性的追求强调排除所有潜在的"坏的"激光器，而出于经济上的考虑又强调接受所有潜在的“好的”激光器。

1.10.2.3 老炼与鲁棒性试验(半导体激光器模块)

以超出预期使用中的光功率和温度进行的半导体激光器模块的相对短持续时间老炼,可能具有稳定任何初始观察到的在光纤引出端输出功率瞬时变化的主要目的。例如,如果未预料到的瞬变现象是与激光器-光纤的解耦相关的(1.10.1.2.3.1节),就可以预料到其输出功率既有增加也有降低;初始的随机失调会造成随后的光纤不是趋向于改善就是趋向于恶化与激光器的对准。因失去密封性而归因于PIF(1.10.1.2.3.2节)的瞬时下降可能不会被观察到,就像在空气环境中进行各模块的老炼会发生的情况那样。

为了验证半导体激光器各模块的鲁棒性,在认证期间进行的试验可以包括(例如)热循环、机械冲击及振动等。这样的试验可在低于应力界限或最大能力(在进行鲁棒性试验(1.1.4节和1.1.5节)期间被查明的)水平但又适度地高于外部应力(预料各模块在被交付后要经受的应力)的条件下进行。预期通过进行验证试验确认通过设计达到了充分的鲁棒性(1.10.1.2.1节)。在老炼中或在稳健试验中被拒绝的各模块会经受RGA以确认密封性。

1.10.2.4 谱系审查(半导体激光器模块)

可将所提出的面向各激光器的谱系审查(1.10.2.2节)用于各激光器模块的样本[87]。作用功率是指源自光纤引出端的输出功率。涉及可靠性的特性化参数可包括(例如):斜度效率($P/[I-I_{th}]$)、作用功率$P(I_{op})$的工作电流、电压(V)和效率($E=P/IV$)。出于严格遵循该激光器工作程序,每一参数的统计分布都应既是在老炼之前也是在老炼之后以及在每一鲁棒性试验(如热循环、机械冲击等等)之前与之后产生的。为了简化那些显得令人生畏的作业,可以选出一个单一的参数作为最佳的具有代表性的代表,例如总的模块效率$E=P/IV$。

1.10.3 合格鉴定

在先期合格鉴定和验收结束时,即认为各组件将是合格的了,亦即在先期合格鉴定或认证期间所获取的数据中不存在表明这些组件将通不过合格鉴定的数据。合格鉴定是利用在统计上有效数目的早期工厂产品的样本组件进行的,该样本组件取自若干有代表性的生产批次,是在进行认证期间通过针对鲁棒性和过早故障的筛选试验的(1.10.2节)。用于做合格鉴定的组件都是在制造商受到正确控制的和理想无变化的生产线上生产出来的,该生产线将为预期的外场应用供应各组件。意欲用作合格鉴定的组件应是在名义上与那些要作为产品被送交出去的的组件完全相同,都属于通过认证的该两个样本(1.10.2节)。

在半导体激光器的合格鉴定中,通过认证的一个样本(1.10.2)将在许多个小室间予以分配,每一个小室具有不同的经提升了的应力的组合[9]。其目的是生成有效数目的属于长期加速故障机理的故障次数，这些故障机理既不能被设计掉也不能被筛选掉。对每一激光器的输出功率进行连续监测能使各次突然故障的时间得以被记录下来（发生在完全相同的时刻的各次故障被认为是设备诱发的电流峰值造成的）。使用经验加速模型（1.5.3节）和适当的统计寿命模型（如Weibull），可将在各个经提升的应力下纪录的各次故障时间换算为处在较低的使用状态应力下的故障分布概率。该分布可用一条直线予以拟合，这样（例如）就可以按给定的置信水平估计出首次外场故障的时间。

在生产过程中通过设计（1.9.3节）和筛选（1.10.2节）等手段剔除那些突然发生早期外场故障的半导体激光器的结果可能不是完全成功的。如果是这样的话，作为在合格鉴定期间进行加速老化的后果就可能在被投射到外场条件下的故障概率分布的下尾处发现一两个这样的“漏网者”。

半导体激光器模块的资格在很大程度上是设计实现的（1.10.1.2.1节和1.10.1.2.3节），加上持续的老化，为模块的寿命提供了暂时的估计，以避免受到1.10.1.2.3节中讨论的几个可靠性威胁。对半导体激光器施加高于正常使用应力水平的持续的加速应力试验，可以进一步全面检验激光器的性能，并可对基于短时加速老化试验获得的定量评估结果进行验证。在一个项目中，激光模块的长期使用老化试验应该尽早开始。

1.10.4 监察

出于可以理解的涉及到每瓦美元数的经济原因，意欲用于陆地电信市场的半导体激光器模块将会经受比1.10.2.4节所述谱系审查来不那麽严酷的谱系审查。例如，具有呈正态分布并处在±3σ界限内的重要参数的所有激光器模块都会被接受。在这种情况下，监察阶段就服务于一个非常实用的目的。通过常规的认证谱系审查的当前工厂产品以及另外的可能已被送交出去的产品的样本要定期被推到监察阶段。监察被用于揭示在制造线中已经发生了的重要参数的潜在的有害的系统性变化（尽管已是处于±3σ的界限之内）。例如，在鲁棒性测试中可能会发现抗预期的机械冲击的应力裕度已经显著降低了，或者一些模块未能通过ESD阈值测试。不过，处在监察范围内的样本量没有大到足以检测半导体激光器的早期致命性故障，这些故障通常只在小的子样本中被发现。

1.10.5 再次合格鉴定

各种各样的事件都可能引发重复进行合格鉴定的需要，被称之为“再次合格鉴定”。相关的事例包括设计、材料、工艺、装配、筛选等方面的改进（不管是降低费用还是改善产品）；性能规范的变更；运行环境的变化或者未料到的大量外场故障的存在。设计或规范的少量更改可能只需要完成原始合格鉴定各项测试的一个子集的试验工作。

附录 1A:例——光检测元件老炼

一类光检测元件是易受早期致命性故障机理伤害的;否则该检测元件是极为长寿命的。经验表明,易受过早故障的影响的检测元件能在使用条件下的老炼期间被认定,而归因于耗损的故障则是不能在同样的时间范围内被认定的。检测元件的低费用使得客户能够像更换灯泡一样容易地更换早期的外场故障。由于低费用和宽松的可靠性要求,客户不会返回故障的检测器元件,而且也不会向制造商提供任何发生故障的检测元件的使用寿命数据。

制造商可能想要得到其老炼的有效性的估计值。特别地,制造商希望得到那些没有早期故障的已被交付的检测元件样本所占比例的估计值。制造商已经积累了20个早期致命性故障时间的数据[小时](如表1A.1所示),它们是随机地从进行过老炼的许多已交付的批次中抽取的。这些时间数据被认为是所有经过老炼的元件的代表,因为它们是在得到充分控制条件(不随时间变化)下进行制造的。

表 1A.1 老炼故障数据(h)

0.10	0.30	0.32	0.41	0.42
0.67	0.80	1.60	2.20	2.40
3.30	4.00	4.20	4.70	5.00
7.50	8.80	9.20	10.00	15.00

早期致命性(k)子样本构成了母体的一个未知的部分(分数)(p);损耗(w)子样本构成了其余部分(分数)($1-p$)。被提交进行老炼的母体的故障函数由式(1A.1)给出,该式代表了不具有共同故障机理的两个样本的一个简单混合模型。

$$F(t)=pF_k(t)+(1-p)F_w(t) \tag{1A.1}$$

进行老炼的持续时间为 $t=t_b$,在此期间其耗损故障函数 $F_w(t_b)=0$,于是式(1A.1)变为

$$F(t_b)=pF_k(t_b)=p[1-S_k(t_b)] \tag{1A.2}$$

20 次老炼故障时间的双参数 Weibull MLE 故障概率图示可见于图 1A.1。该分布中的"隆起"是与两对故障时间的类聚相关的。该 Weibull 尺度参数或特征寿命为 $\tau=3.84\text{h}$,而其形状参数为 $\beta=0.892$。形状参数 $\beta<1$ 是在降低中的早期致命性子样本的故障率的征兆(图 1.3 中传统的浴盆曲线的左边)。$t=t_b$时的 Weibull 模型的生存函数如式(1A.3)所示。费用效益高的老炼持续时间为 $t_b=24\text{h}$。

$$S_k(t_b)=\exp\left[-\left[\frac{t_b}{\tau}\right]^{\beta}\right] \tag{1A.3}$$

在老炼期间逃过认定并易受早期致命性故障影响的检测元件的生存概率经计算

为 $S_k(t_b)=0.0059$ 或 0.59%，亦即小于1%的易受影响的检测元件逃过了老炼。根据式(1A.2)，在式(1A.4)中给出了故障函数。不考虑分数 p，在所做假设的条件下，该老炼是极为有效的。

$$F(t_b)=0.994p=p \tag{1A.4}$$

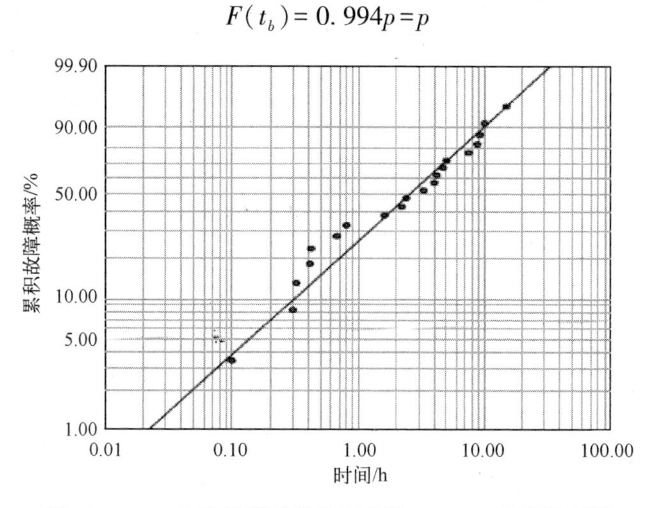

图1A.1 20个光检测元件的双参数 Weibull 故障概率图

参考文献

[1] Statement made by the Dalai Lama in 1973. Quoted in J. Bernstein, *Quantum Leaps* (Harvard Press, Massachusetts, 2009), 40.

[2] S. K. Kurtz, S. Levinson, and D. Shi, Infant mortality, freaks, and wearout: Application of modern semiconductor reliability methods to ceramic capacitors, *J. Am. Ceramic Soc.*, 72 (12), 2223-2233, 1989.

[3] I. Bazovsky, *Reliability Theory and Practice* (Prentice-Hall, New Jersey, 1961); (Dover, New York, 2004), 279-281.

[4] F. R. Nash, *Estimating Device Reliability: Assessment of Credibility* (Kluwer, now Springer, New York, 1993), Chapter 1.

[5] I. Bazovsky, *Reliability Theory and Practice* (Prentice-Hall, New Jersey, 1961); (Dover, New York, 2004), 11.

[6] F. Jensen, *Electronic Component Reliability: Fundamentals, Modelling, Evaluation, and Assurance* (Wiley, New York, 1995), 4.

[7] D. Kececioglu, *Reliability Engineering Handbook*, Volume 1 (Prentice Hall, New Jersey, 1991), 61-62.

[8] F. Jensen, *Electronic Component Reliability: Fundamentals, Modelling, Evaluation, and Assurance* (Wiley, New York, 1995), 136-139.

[9] L. Bao et al., High reliability and high performance of 9xx nm single emitter laser diodes, *Proc. SPIE*, 7918, 791806, 2011.

[10] F. Jensen, *Electronic Component Reliability: Fundamentals, Modelling, Evaluation, and Assurance* (Wiley,

New York, 1995), 177.

[11] Department of Defense, Test method standard, microcircuits, MIL-STD-883E, December 31, 1996.

[12] Telcordia Technologies, Generic Reliability Assurance Requirements for Optoelectronic Devices Used in Telecommunications Equipment, GR-468-Core, Issue 2, September 2004.

[13] M. G. Pecht et al., The reliability physics approach to failure prediction modelling, *Qual. Reliab. Eng. Int.* 6, 267-273, 1990.

[14] M. G. Pecht and F. R. Nash, Predicting the reliability of electronic equipment, *Proc. IEEE*, 82 (7), 992-1004, July 1994.

[15] M. Pecht, F. R. Nash, and J. H. Lory, Understanding and solving the real reliability assurance problems, *IEEE Proceedings Annual Reliability and Maintainability Symposium*, Washington, DC, 1995, 159-161.

[16] S. Salemi et al., *Physics-of-Failure Based Handbook of Microelectronic Systems* (Reliability Information Analysis Center, Utica, New York, March 31, 2008), 10-11.

[17] Reliability Prediction of Electronic Equipment, Notice 2, MIL-HDBK-217F, February 28, 1995.

[18] Telcordia Technologies Special Report, Reliability Prediction for Electronic Equipment, SR-332(2), September 2006.

[19] M. Ohring, *Reliability and Failure of Electronic Materials and Devices* (Academic Press, New York, 1998), 293 and 294.

[20] G. M. Barrow, *Physical Chemistry* (McGraw-Hill, New York, 1962), 390-395.

[21] C. Kittel, *Introduction to Solid State Physics*, 3rd edition (Wiley, New York, 1966), 246-247.

[22] W. B. Joyce et al., Methodology of accelerated aging, in *Assuring High Reliability of Lasers and Photodetectors for Submarine Lightwave Cable Systems*, *AT&T Tech. J.*, 64 (3), 717-764, 736-738, March 1985.

[23] J. A. Schwartz, Distributions of activation energies for electromigration damage in thin-film aluminum interconnects, *J. Appl. Phys.* 61 (2), 798-800, January 1987.

[24] D. J. Davis, An analysis of some failure data, *J. Am. Stat. Assoc.*, 47 (258), 113-149, June 1952.

[25] G. M. Bubel and M. J. Matthewson, Optical fiber reliability implications of uncertainty in the fatigue crack growth model, *Opt. Eng.*, 30 (6), 737-745, June 1991.

[26] B. Lawn, *Fracture of Brittle Solids*, 2nd edition (Cambridge, UK, 1993), Chapter 10.

[27] R. C. Blish and N. Durrant, *Semiconductor Device Reliability Failure Models*, International SEMATECH, May 31, 2000.

[28] JEP122-C, *Failure Mechanisms and Models for Semiconductor Devices*, JEDEC Publication, March 2006.

[29] S. Salemi et al., *Physics-of-Failure Based Handbook of Microelectronic Systems* (Reliability Information Analysis Center, Utica, New York, March 31, 2008), Chapters 2 and 4.

[30] E. P. Wigner, The unreasonable effectiveness of mathematics in the natural sciences, *Commun. Pure App. Math*, 13 (1), 11, 1-14, February 1960.

[31] M. Fukuda, *Reliability and Degradation of Semiconductor Lasers and LEDs* (Artech House, Boston, 1991), 109-110.

[32] L. W. Condra, *Reliability Improvement with Design of Experiments* (Marcel Dekker, New York, 1993), Chapter 17.

[33] P. A. Tobias and D. C. Trindade, *Applied Reliability*, 2nd edition (Chapman & Hall/CRC, New York, 1995), 191-192.

[34] E. A. Elsayed, *Reliability Engineering* (Addison Wesley Longman, New York, 1996), 378-396.

[35] G. Yang, *Life Cycle Reliability Engineering* (Wiley, Hoboken New Jersey, 2007), 264-265.

[36] W. B. Joyce, Generic Parameterization of lifetime distributions, *IEEE Trans. Electron Dev.*, 36 (7) 1389-1390, July 1989.

[37] W. B. Joyce et al., Methodology of accelerated aging, in *Assuring High Reliability of Lasers and Photodetectors for Submarine Lightwave Cable Systems*, *AT&T Tech. J.*, 64 (3), 723-726, March 1985.

[38] K. C. Norris and A. H. Landzberg, Reliability of controlled collapse interconnections, *IBM J. Res. Develop.* 13, 266-271, May 1969.

[39] R. C. Blish, Temperature cycling and thermal shock failure rate modeling, 35*th Annual IEEE Proceedings Reliability Physics Symposium*, Denver, CO, 1997, 110-117.

[40] H. Caruso and A. Dasgupta, A fundamental overview of accelerated-testing analytic models, *IEEE Proceedings Annual Reliability and Maintainability Symposium*, Anaheim, CA, 1998, 389-393.

[41] C. S. Whitman, Defining the safe operating area for HBTs with an InGaP emitter across temperature and current density, *Microelectron. Reliab.*, 47, 1166-1174, 2007.

[42] J. R. Black, Mass transport of aluminium by momentum exchange with conducting electrons, 6th *Annual IEEE Proceedings Reliability Physics Symposium*, Las Vegas, NV, 1967, 148-159.

[43] J. R. Black, Electromigration—A brief survey and some recent results, *IEEE Trans. Electron Dev.*, ED-16 (4), 338-347, April 1969.

[44] W. J. Minford, Accelerated life testing and reliability of high K multilayer ceramic capacitors, *IEEE Trans. Components, Hybrids, Manuf. Technol.*, CHMT-5 (3), 297-300, September 1982.

[45] D. S. Peck, Comprehensive model for humidity testing correlation, 24*th Annual IEEE Proceedings Reliability Physics Symposium*, Anaheim, CA, 1986, 44-50.

[46] G. A. Dodson and B. T. Howard, High stress aging to failure of semiconductor devices, 7*th National Symposium on Reliability and Quality Control*, Philadelphia, PA, 1961, 262-272.

[47] D. S. Peck and C. H. Zierdt, The reliability of semiconductor devices in the bell system, *Proc. IEEE*, 62 (2), 185-211, February, 1974.

[48] F. H. Reynolds and J. W. Stevens, Semiconductor component reliability in an equipment operating in electromechanical telephone exchanges, 16*th Annual Proceedings of the Reliability Physics Symposium*, San Diego, CA, 1978, 7-13.

[49] J. Jones and J. Hayes, Investigations of the occurrence of: No-faults-found in electronic equipment, *IEEE Trans. Reliab.*, 50 (3), 298-292, September 2001.

[50] D. S. Peck and M. C. Wooley, Component design, construction and evaluation for satellites, *Bell Syst. Tech. J.*, 42 (4), 1665-1686, July 1963.

[51] I. M. Ross, Reliability of components for communication satellites, *Bell Syst. Tech. J.*, 41 (2), 635-662, March 1962.

[52] D. S. Peck and O. D. Trapp, *Accelerated Testing Handbook* (Technology Associates, Portola Valley, CA, 1978).

[53] D. S. Peck, New concerns about integrated circuit reliability, *IEEE Trans. Electron Dev.*, ED-26 (1), 38-43, January 1979.

[54] JDS Uniphase, (now Lumentum), private communication.

[55] F. H. Reynolds, Thermally accelerated aging of semiconductor components, *Proceedings of the IEEE*, 62 (2), 212-222, February 1974.

[56] F. R. Nash et al. , Selection of a laser reliability assurance strategy for a long-life application, in*Assuring High Reliability of Lasers and Photodetectors for Submarine Lightwave Cable Systems*, *AT&T Tech. J.* ,64 (3) 671-715, 690-695, March 1985.

[57] K. Popper,*The Logic of Scientific Discovery* (Routledge, New York, 2002), 18.

[58] F. R. Nash,*Estimating Device Reliability: Assessment of Credibility* (Kluwer, now Springer, New York, 1993), Chapter 8.

[59] J. A. Schwartz, Effect of temperature on the variance of the log-normal distribution of failure times due to electromigration damage,*J. Appl. Phys.* 61 (2), 801-803, 15 January 1987.

[60] C. K. Chan, Temperature-dependent standard deviations of log (Failure Time) distributions,*IEEE Trans. Reliability*, 40 (2), 157-160, June 1991.

[61] W. C. Ballamy and L. C. Kimerling, Premature failure in Pt-GaAs IMPATTS—Recombination-assisted diffusion as a failure mechanism,*IEEE Trans. Electron Dev.* , ED-25 (6), 746-752, June 1978.

[62] D. J. Klinger, Y. Nakada, and M. A. Menendez,*AT&T Reliability Manual* (Van Nostrand Reinhold, New York, 1990), 59.

[63] J. W. McPherson and D. A. Baglee, Acceleration factors for thin gate oxide stressing,*23rd Annual Proceedings Reliability Physics Symposium*, Orlando, FL, 1985, 1-5.

[64] K. C. Boyko and D. L. Gerlach, Time dependent dielectric breakdown of 210A oxides,*27th Annual Proceedings Reliability Physics Symposium*, Phoenix, AZ, 1989, 1-8.

[65] W. B. Joyce and P. J. Anthony, Failure rate of a cold- or hot-spared component with a lognormal lifetime, *IEEE Trans. Reliab.* , 37 (3), 299-307, August 1988.

[66] I. Bazovsky,*Reliability Theory and Practice* (Prentice-Hall, New Jersey, 1961); (Dover, New York, 2004), Chapter 12.

[67] P. D. T. O'Connor,*Practical Reliability Engineering*, 2nd edition (Wiley, New York, 1985), 8.

[68] F. Jensen and N. E. Petersen,*Burn-in: An Engineering Approach to the Design and Analysis of Burn-in Procedures* (Wiley, New York, 1982), Chapter 2.

[69] S. A. Merritt et al. , Semiconductor laser and optical amplifier packaging, in *Optoelectronic Packaging*, Editors, A. R. Mickelson, N. R. Basavanhally and Y. -C. Lee (Wiley, New York, 1997), Chapter 5.

[70] D. R. Olsen and H. M. Berg, Properties of die bond alloys relating to thermal fatigue,*IEEE Trans. Components, Hybrids, Manuf. Technol.* , CHMT-2 (2), 257-263, June 1979.

[71] W. J. Fritz, Analysis of rapid degradation in high-power (AlGa)As laser diodes,*IEEE J. Quantum Elect.* ,26 (1), 68-74, January 1990.

[72] P. A. Jakobson, J. A. Sharps, and D. W. Hall, Requirements to Avert Packaging Induced Failure (PIF) of High Power 980 nm Laser Diodes,*Proc. IEEE Lasers and Electro-Optics Society* (November 1993), post deadline paper PD2. 1. This paper could not be found in the LEOS conference proceedings of 1993, but a copy was provided by the first author, Paul Jakobson of Corning Inc.

[73] J. A. Sharps, P. A. Jakobson, and D. W. Hall, Effects of packaging atmosphere and organic contamination on 980 nm laser diode reliability, in *Optical Amplifiers and Their Applications*, Optical Society of America 1994, OSA Technical Digest Series, 14, 46-48, August 1994, paper WD5-1.

[74] J. A. Sharps, Reliability of hermetically packaged 980 nm lasers,*Proc. IEEE Lasers and Electro-Optics Society*, 2 , 35-36, November 1994, paper DL1. 1.

[75] R. F. Bartholomew, P. A. Jakobson, D. W. Hall, and J. A. Sharps, Packaging of high power semiconductor

lasers, Patent, US 5629952 A, published on May 13, 1997, with a priority date, July 14, 1993.

[76] F. E. Hovis et al. , Optical damage at the part per million level: The role of trace contamination in laser induced optical damage, in 25*th Annual Boulder Damage Symposium*: *Laser-Induced Damage in Optical Materials*, 1993, Eds H. E. Bennett et al. , Boulder, CO, Conference Volume 2114, October 27, 1993, *Proc. SPIE*, 2114, 145-153, July 28, 1994.

[77] F. E. Hovis et al. , Mechanisms of contamination-induced optical damage in lasers, in 26*th Annual Boulder Damage Symposium*: *Laser-Induced Damage in Optical Materials* (1994), Eds. H. E. Bennett et al. , Boulder, CO, Conference Volume 2428, October 24, 1994, *Proc. SPIE*, 2428, 72-83, July 14, 1995.

[78] F. E. Hovis et al. , Contamination damage in pulsed 1μm lasers, 27*th Annual Boulder Damage Symposium*: *Laser-Induced Damage in Optical Materials* (1995), Eds. H. E. Bennett et al. , Boulder, CO, Conference Volume 2714, October 30, 1995, *Proc. SPIE*, 2714, 707-716, May 27, 1996.

[79] ASTM E1559-09: Standard Test Method for Contamination Outgassing Characteristics of Spacecraft Materials.

[80] ASTM E595-07: Standard Test Method for Total Mass Loss and Collected Volatile Condensable Materials from Outgassing in a Vacuum Environment.

[81] C. K. Kao, Optical fibre and cables, in *Optical Fibre Communications*: *Devices*, *Circuits*, *and Systems*, Eds, M. J. Howes and D. V. Morgan (Wiley, Chichester, 1980), Chapter 5, 189-249.

[82] P. W. Schuessler and D. Feliciano-Welpe, The effects of hydrogen on device reliability and insights on preventing these effects, *Hybrid Circuit Technology*, 8 (1), 19-26, January 1991.

[83] S. Kayali, Hydrogen effects on GaAs device reliability, *Proceedings of the International Conference on GaAs Manufacturing Technology*, 80-83, April-May 1996.

[84] Shason Microwave Corporation, Hydrogen effects on GaAs microwave semiconductors, Report Number: SMC97-0701, Sections, 4a, 4b and 4e, July 1997.

[85] F. Jensen, *Electronic Component Reliability*: *Fundamentals*, *Modelling*, *Evaluation*, *and Assurance* (Wiley, New York, 1995), Chapter 12.

[86] W. B. Joyce, R. W. Dixon, and R. L. Hartman, Statistical characterization of the lifetimes of continuously operated (Al, Ga) As double-heterostructure lasers, *Appl. Phys. Letters*, 28 (11), 684-686, June 1, 1976.

[87] N. W. Sawruk, M. A. Stephen, K. Bruce, T. F. Eltringham, F. R. Nash, A. B. Piccirilli, W. J. Slusark, and F. E. Hovis, Space certification and qualification programs for laser diode modules, *Proceedings of the SPIE*, 8872, 887204-1 to 887204-10, 2013. (This was a joint publication by, Fibertek Inc. , NASA.

第2章 随机性的概念

设想让一枚针绕着一个刻度盘转动,刻度盘上被分成100个红、黑相间的区。如果针停在红区,就赢,否则就输。显然,一切都取决于给针施加的初始推力。假定针要转10圈或20圈,但迟早都会根据给它的转动力度而停下来。推力只相差千分之一二就足以决定针是停在红区还是与之挨着的黑区。这种差异是肌肉无法感觉出来的,甚至连更加灵敏的仪器也测不出来。所以说,不可能预测到针会停在哪里,因此,一切凭运气。起因的差异是细微的,但结果是天壤之别的,因为它影响到我的全部赌注[1]。

2.1 随机、确定性和不规则(CHAOS)

2.1.1 随机

通常,人们认为随机就是指不可预测性,其直觉含义是清楚的。掷骰子的结果是随机的,轮盘赌上针停的最终位置也是随机的。"虽说一次抛一枚硬币的结果是完全不确定的,但连着抛很多次的结果几乎是确定的。当我们观察一长串事件时,从不确定到接近确定的转换……是研究概率的一个基本主题"[2]。虽然要给"随机"下一个严格的定义并不容易[3,4],但已经给出了两个不同但有用的定义[5]。

2.1.1.1 随机的狭义定义

按照狭义的定义,"在一个随机事件序列中,凡是可能发生的,接下来都会发生"[5](比如轮盘赌)。所有的结果都有相同的可能性,所有接下来的结果也都有相同的可能性。每一盘游戏的可能结果都与前一盘游戏的结果无关,知道前一盘游戏的结果并不能提高预测下一盘游戏的结果的概率。

2.1.1.2 随机的广义定义

按照广义的定义,"在一个随机序列中,接下来只能发生若干事件中的任意一件,而不一定凡是可能发生的,接下来都会发生"[5]。比如,一次洗一副纸牌时,开始的顺序不能完全改变。接下来实际可能发生的情况要取决于前面发生的情况。当然,如果洗牌的次数足够多,所有的牌序都是可能的。

2.1.1.3 具有确定的基础的随机过程

根据理论上(而不是实际上)是否能够预测,有两类不同的随机过程。第一类包括概率游戏的结果(如掷骰子)。可以将这样的过程描述为明显是随机的,因为每个过程都有确定的基础[6]。将一种概率游戏描述为非确定的,它指的是特定的结果,而不是其中的依据。在所有这些情况中,任何一个结果都是有原因的,并且是由产生该特定结果的初始条件和力学规律所事先决定的。理论上,只要确切掌握了初始条件和相关规律,就可以预测每次的结果。不妨考虑以初始垂直速度 v 和旋转速度 r 抛一枚硬币[7]。如果可以准确控制 v 和 r 的值,就可以确定预测抛的结果。不过,实际上,只能将这些值控制在极限范围内,以使抛的结果不可预测,称为明显随机的[6]。

在这种情况下,概率或随机反映了对控制初始条件的忽视。对于明显随机的过程(比如轮盘赌),确定性在理论上仍是不容置疑的,但实际上却证明是无用的,因为其存在并不得出预测结果。对于明显随机的过程,确定性的意义被弱化到概率的程度。在单个事件层次上本来不可预测的现象,当把概率模型运用到这些事件的集合时,就变成了可以预测的,也就是确定的。

2.1.1.4　具有不确定的基础的随机过程

第二类是不可约(irreducibly)的随机过程,是没有确定的基础的随机过程,人们对它不是那么熟悉[6]。对于这样的过程,没有自然规律可以用来预测一个事件,即使是理论上的,因此,事件没有起因。放射性衰变就是不可约的随机过程的一个例子。对于没有衰变的核子来说,始终是一样的,直到衰变的那一刻。描述衰变的基本的量子力学规律是随机的,而不是确定的。将核衰变事件描述为随机的,这并不反映对确定的依据的忽视,因为根本就没有这样的依据存在。有人曾提出了“隐蔽变量”的理论,为描述这些过程提供因果的或确定的依据,但是,实验已经明确宣告不认同这样的理论[8]。对于不可约的随机过程,确定性的意义也被弱化到概率的程度,在单个事件层次上本来不可预测的现象变成了统计学上可以预测的,也就是确定的。

总之,在初始条件不可知的确定的情形(比如掷骰子)或者在起源无规律的不确定的情形(比如放射性衰变)下,都会出现随机的过程。

2.1.2　随机性与确定性:混合的情况

在计算炮发射出的一发炮弹的弹着点时,涉及两个力:重力和空气阻力。如果初始速度、仰角和空气密度已知,可以确定地算出着地点。但是,从一发到下一发,炮弹的质量、仰角、空气温度和紊流等都有波动。这些与平均条件之间的小的变化导致了弹着点在“分散区”里的随机分布[9]。

因此,确定论和随机论并不是相互排斥的。更好地掌握相关的初始条件将缩小分散区,获得更加精确、更加确定的目标定位。尽管完全消除分散在理论上是可能的,但实际上并不可能。因此,虽然确定性是牛顿运动定律的一个正式特性,但并不是从观察中导出的一个概念。实践中,绝不可能完美地掌握一个系统的初始条件[9]。

2.1.3 确定论

确定论的经典思想是,如果某个动态系统的所有组成部分的初始位置和速度都是确切已知的,那么,描述该系统运动的方程的解是唯一的。天体力学是最著名的例子。天文学家利用牛顿的数学定律,预测了太阳系未来2亿年的运动[10]。下面一段话总结了对彗星或宇宙飞船路径的确定性预测与对概率游戏的结果的随机性预测之间的差别:“确定论只可以预测一个系统的一种可能的演变,而随机论可以预测若干种可能的不同的演变,并给每一种演变赋予一个概率”[9]。

确定的模型无法为多体系统提供有用的预测结果,这是大家都知道的。不妨考虑这样一个问题:一个硬盒子里装有1mol、6×10^{23}个分子的气体,如何确定地计算其瞬时压力?假定硬的球形分子之间的弹性碰撞符合经典力学理论,且在两次碰撞之间,分子按照牛顿第一定律以恒速运动。要解一个有3.6×10^{24}种初始条件、1.8×10^{24}个方程的方程系,即使利用运算速度最快的计算机也根本做不到[11]。

1859年,麦克斯韦在创立气体分子运动论时,解决这一问题的办法不是拒绝承认确定论,而是做出假设以缓和对理想分子的初始位置和速度的忽视。他假定位置和速度是随机分布的。随机论可以算出平均压力,而确定论却无用武之地[11]。

实际当中初始条件不可知的另一种情况是布朗运动,即悬浮在水中的一个尘埃颗粒在水分子的撞击下做随机运动[12]。爱因斯坦(1905)和Smoluchowski(1906)最先采用分子运动论,得出了这种随机运动的扩散系数。1872年,随着统计物理学的诞生,玻耳兹曼将物理理论可以有效地利用代表无知的概率这一见解推而广之了[13]。

由大量粒子组成的系统的细节复杂程度难以想象,这些系统的详细形态是不可知的。如上所述,人们发现,通过设定更加现实的目标仍可以取得进展。利用概率和统计理论的数学知识发现了一般形态中的规律。统计定律并不是来自力学的定律,而是确立物理定律的另一种数学方法[14]。1650—1750年,牛顿提出了动态系统的确定论的定律,与此同时,伯努利提出了概率游戏的随机定律。因此,对宏观现象的确定性描述和随机性描述已经共存了几个世纪。

2.1.4 不规则(chaos)

确定的行为是可以预测的,是有规律可循的。随机的行为是不可预测的,由机会确定。不规则的行为是不可预测的,但有规律可循[15]。

例如,在气体分子运动论中,机会产生了确定性。也有反过来的情况,即确定性产生机会,这被称为确定的不规则或者叫不规则。确定性和随机性由不规则相连。有人将不规则定义为“发生在一个确定的系统中的随机行为”[15],还有人将它定义为“在一个对初始条件呈指数敏感的确定的动态系统中,持续的半随机运动”[16]。

半随机是指生成一种按照统计试验是随机的,但完全由确定的方程式规定的形态[17]。在一个从数学方面来说确定的系统中出现不规则,这一点令人感到意外,原因有两个:①它会在没有随机输入的情况下出现;②它会在很简单的系统中出现。

不规则的三个基本特征是:

(1) 用于系统建模的确定的方程式没有随机特征;

(2) 系统的演变不是周期性的,并且与随机过程极为相似;

(3) 初始状态几乎完全一样的两个系统,其未来的发展有极大的不同,因此呈现出对初始条件的高度依赖和敏感。

不规则是部分而不是所有动态系统的一个特性,这些系统的状态随着时间的推移,按照一定的确定的规律而变化。对于一个非线性的确定的系统,在不规则的状态下,一个可观察量与时间的关系图看似参差不齐,而且在计算的过程中一直这样。尽管可以看到重复出现的形态,即波形中的某些样式不定时地重复着,但绝没有完全一样的重复,运动真正是非周期性的,就像掷硬币一样是随机的[18]。

在机械工程领域有一个例子,一个受正弦力作用的系统进行大幅度的弹性偏转,用非线性的 Duffing 差动方程对其不规则行为进行建模,并利用数值求解[18]。事实证明,无论怎么努力去再现前一次不规则行为的初始条件,也无法再一次重复与之一样的不规则行为。算出的波形在短时间内行为相似,但经过一段时间后,相互间就呈指数散开,无论初始条件的差异多小。

经过足够长的时间后,两个波形就像从一个很长的序列中随机选取的一样,没多少相似了。对初始条件极其敏感的后果是,无法进行长期的预测。不过,如果初始条件是完全相同的,那么,确定的方程式就能保证两个波形始终是一样的。不过,由于在实际的物理系统中,初始条件的某些不确定性是不可避免的,因此,初始条件近乎一样的系统行为的差异就无法避免[18]。在电气工程领域,不规则行为的一个著名例子就是 Chua 氏电路[19]。

要想理解不规则过程和随机过程之间的区别,先要考虑确定过程和随机过程之间的区别。一个过程如果在非常接近相同的初始条件下重新开始,其结果非常接近前一次的,那么它就是确定的(比如,从悬崖边上连续两次扔一枚炮弹)。如果结果不接近相同,那么过程就是随机的(比如,连续两次转动轮盘赌的指针)。两个过程之间的区别马上就看出来了,区分这两个过程的时间很短。确定的过程对初始条件的小差异相对不敏感,而随机过程对初始条件极其敏感。两种情况下都有可预测性,扔炮弹用牛顿的引力定律进行确定的预测,轮盘指针最终停下的位置用概率定律进行预测[20]。

仅仅在短时间利用这一观点是重要的,可以弄清楚确定的不规则(比如无序)和真正的随机之间的区别。如果在看不出不同的初始条件下,第二次实施该过程时,它与之前一样地运行了一小段时间,也就是说,有短时间的可预测性和可复制性,那么,其行为是不规则的。如果看不出不同的初始条件立即导致不同的结果,那么,行为就是随机的。尽管不规则过程和随机过程都对初始条件极其敏感，但系统在短时间内的演进足以区分这两种过程。不规则状态下，长时间的概率或随机行为是由于在初始条件发生极微小的变化时产生很不同的结果。在更长的时间内，在看不出不同的初始条件下，第二次运行不规则过程和随机过程都将得到随机的结果[20]。

2.1.4.1 三物体问题：Poincaré(1890)

为了回答“太阳系稳定吗?”这个问题，Poincaré 研究了一个理想化的三物体问题，有关他的工作有详细的数学解释[21]。在被称为希尔(Hill)的受限模型(1878)中，两个质量不同的物体在相互引力的作用下，沿圆形轨道绕着其质心旋转。第三个物体，假定与其他两个相比没有质量，在由两个旋转的物理确定的平面内运动。它受另两个物体的影响，但施加不了自己的影响。问题是要确定这第三个物体的运动[22,23]。有了牛顿运动定律、牛顿重力定律以及三个物体在整个空间的初始位置和速度，所得出的位置和速度是确定的，因此，这个由三个物体构成的系统在数学意义上是确定的。

不过，与牛顿解的非线性二体问题不同，非线性的三体问题并没有闭型解。利用定性的数学推理，“Poincaré 验证了无限量的不同周期的周期性序列的存在，还有无限量的不是周期性的序列”[22]。在可能是首次对一个动态系统中的不规则行为进行数学描述[24]后，Poincaré 表示，“大家都被这个图的复杂性所吸引，我甚至都不想画了”[25,26]。尽管 Poincaré 看来并没有将他的非周期性解描述成对初始条件是敏感的[21,22]，他在 1908 年关于概率的那篇论文里已意识到了这种敏感的依赖性[22]，尤其是在气体分子碰撞的场合[27,28]。早些时候，在同一场合下，麦克斯韦(1873)就对初始条件的敏感性问题进行过类似的讨论[28]。关于从气体分子中散开的一个点粒子对初始条件的极端敏感性，有一个详细的计算加以说明[29]。

随着现代计算机的出现，就有可能确定希尔的受限模型的特定解。比如，在两个相同质量的旋转的大型物体的相互引力场中，第三个小粒子的轨道看似“杂乱”，而且不是周期性的[30]。另一个不规则轨道的例子是关于两颗行星的，其中一颗的质量是另一颗的 4 倍[22]。短期内，初始条件近乎完全一样的两个小粒子的轨道保持相互接近，但长期内，它们呈现出相当大的分散性(图 2.1)。不过，要是选择了其他初始状态，本可以获得规则的行为，轨道绕着一颗或另一颗行星周期性地回转[22]。针对非线性系统的不规则理论的后续发展依靠的是计算机，因为靠手工进行数值计算是不现实的。

2.1.4.2 天气预测：洛伦兹(1963)

洛伦兹找到了一个天气系统的简单的非线性数学模型，它有 12 个变量，可以生成非周期性的天气模式[31-34]。利用一台早期的个人计算机，洛伦兹完成了一次特定的数值集成，但他想研究在一段较长时间内的情况。为了节省时间，他不是从头开始，而是利用从前一次运行获得的数字，作为将要进行的一次时间长得多的运行的起点。计算机中保存的一个数字是 0.506127。为了给新的运行节省空间，洛伦兹将 0.506127 取整到 0.506，差异在万分之几，可以忽略不计。洛伦兹期望，前一次运行

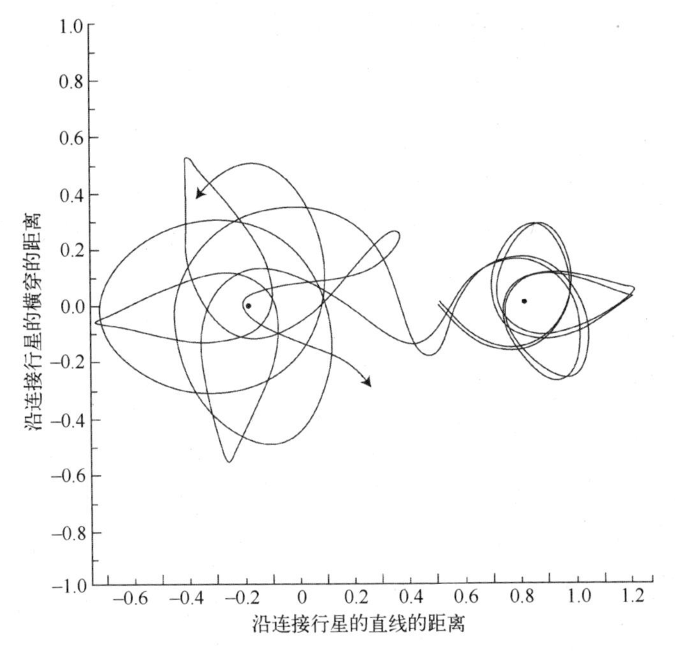

图 2.1　一个质量小到可以忽略不计的粒子，开始时的条件几乎完全相同，在由两个大型物体（左边那个的质量是右边那个的 4 倍）构成的平面里运动，其两条可能的轨道。当小粒子的两个轨道围绕左边那个的较大质量分散开时，明显看着变得紊乱了（华盛顿大学出版社授权使用）

的后半部分会重复一遍，然后在延长的时间内开始计算。不过却发现，尽管新的运行确实重复了一会儿，但前一次运行的后半部分和新的运行很快就开始分开了（图 2.2），直到相互之间一点都不像[31-34]。

后来，洛伦兹找到了一个更加简单的非线性系统，它由三个如今是经典的确定性公式构成，用来验证对初始条件的敏感性[31-36]。利用式（2.1）至式（2.3），对于从 10%减小到 0.1%的偏置，给出了有关对初始条件的敏感性的详细论述[34]。

$$\frac{dx}{dt}=-10x+10y \tag{2.1}$$

$$\frac{dy}{dt}=28x-y-xz \tag{2.2}$$

$$\frac{dz}{dt}=\frac{8}{3}z+xy \tag{2.3}$$

利用一个 28 变量的大气模型，针对初始条件稍有不同的 6 种情况所给出的数值解表明，相似的短期行为和可预测性，但分散、不可预测的长期行为[37]。在较早发表的一篇论文的结论部分，洛伦兹指出[36]：

“当把有关非周期性流动的不稳定性的成果运用到大气时，后者显然是非周期

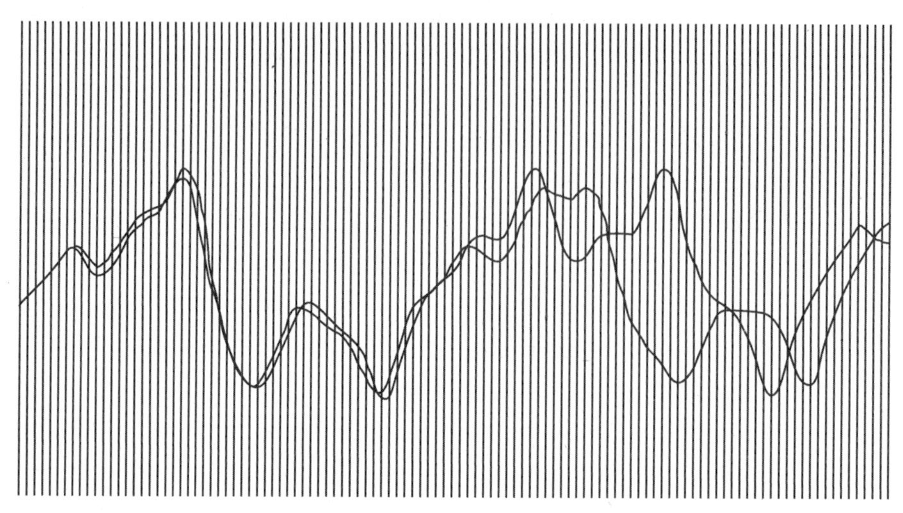

图 2.2 从几乎同一个起点,两个轨道的演变相互交织,表明短期的可预测性。不过,最终,这两个轨道变得分散,这是不可预测的长期行为的征兆(E. N. Lorenz 遗产管理委员会授权使用)

性的,它表明,通过任何方法来预测足够遥远的未来都是不可能的,除非确切地知道当前的条件。鉴于气象观测不可避免的不准确和不完整性,精确的长期预报似乎是不存在的。”

2.1.4.3 人口增长:May(1976)

在研究合理养育人口的问题时,形成了一个简单的非线性一次差分方程,其中代际之间不重叠[38-41]。

$$x(n+1)=rx(n)[1-x(n)] \tag{2.4}$$

式中,$x(n)$为标称的人口,即某个种群的个体数量与第 n 年的某个最大数量之比。在 $r=4$ 的情况下,式(2.4)是最早的准随机数字生成器之一[42]。$x(n+1)$是第 $n+1$ 年的人口,而 $x(n)$是前一年(n)的人口。因子 r 是增长率,$r>0$。式中的第一项$rx(n)$ 代表通过养育实现的增长,而第二项$-rx^2(n)$则是因掠夺或食物供给有限而对增长的制约。

在实际应用中,式(2.4)的缺点是,它要求 $x(n)$项在[0,1]的区间内,因为如果 $x(n)>1$,人口就灭绝了[38]。此外,除非 $1<r<4$,否则人口也会灭绝[38]。这个模型的公式是确定的,它没有任何随机特征。为 r 取某个固定值,第 1 年的 $x(1)$取一个值,就可以用该式来算出第 2 年的 $x(2)$值。然后,通过迭代的方式,用 $x(2)$的值来算出第 3 年的 $x(3)$。继续这一迭代过程,直到出现一个稳定的形态。

在 $1<r<2$ 的情况下,人口快速稳定在$(r-1)/r$。因此,如果 $r=1.5$,则人口稳定在 $x=0.333$(图 2.3)。在 $2<r<3$ 的范围内,人口要波动一段时间,然后稳定在$(r-1)/r$。因此,如果 $r=2.5$,则人口最终稳定在 $x=0.600$。在 $3<r<3.449490$ 的范围内,人口不再稳定,而将永远在两个不同值之间波动,一个是今年的值,另一个是下一年的值,并

在此之后重复(图 2.3)。这两个交替出现的人口值取决于在所述范围内的 r 的值。对于一个固定的 r 值,这两个值是固定的。在 $3.449490<r<3.544090$ 的范围内,状态的数量再翻一倍,人口将在四个不同的值之间无穷地交替波动,四年中每一年的值都不同,且每四年重复一遍,循环下去。

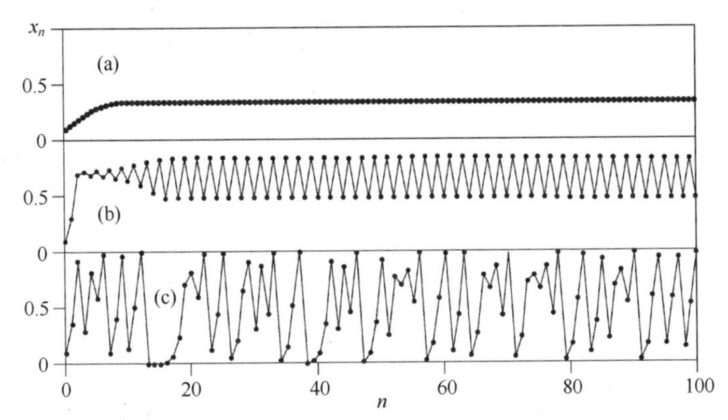

图 2.3　针对(a)$r=1.5$、(b)$r=3.3$、(c)$r=4$,式(2.4)的前 100 次迭代。点与点之间画的线是为了方便眼睛看(剑桥大学出版社授权使用)

在 $3.544090<r<3.564407$ 的范围内,状态数量又翻一倍,人口将在交替年份在八个不同值之间波动。每个 r 值的范围大小随着 r 的增大而减小,也就是说,不同人口水平的数量的翻倍越来越快,直到在 $r=3.569945672\approx3.57$ 时开始出现不规则行为[38]。在不规则的区域,有无穷数量的不同周期性的人口值,以及无穷数量的不同周期[38]。虽然有往复的波动形态,但都是非周期性的、不可预测的,看起来随机的。当 $r=4$ 时,x 的值在 0~1,也就是从人口灭绝到最大人口数之间无序地振荡(图 2.3)。

简单的非线性差分方程不含任何随机要素,其显著特征是,随着 r 值增加,从稳定形态到周期性形态,再到不规则形态。就像天气预测的情况一样,差别小到难以察觉的初始条件也会在足够长的时间后产生严重分散的轨迹,使得无法进行长期预测。那种认为含有固定参数的简单的非线性、确定的差分方程可以产生像随机噪声的轨迹的看法具有不确定的影响。

"这就意味着,比如说,一个动物种群的统计数据有明显不稳定的波动,这不一定预示着环境的不可预测或抽样误差的变化,可能仅是出自一种严格意义上确定的人口增长关系,如非线性差分方程……"[38]

2.1.4.4　台球:Sinai(1970)和 Bunimovich(1974,1979)

台球桌作为一个确定的线性系统,曾被用来描述不规则的行为。台球遵循牛顿定律,它从一个光滑的边界做弹性反射时,反射角等于入射角,两次反射之间沿直线运动。光滑的边界如果是向内凸的、向内凹的或平的,那它就发散、聚焦或中性。边界平的台球桌,比如正方形或长方形的,或者边界聚焦的,如圆形或椭圆形的,它们不会产生不规则的运动形态[43]。通过例子可以看出,规则或不规则的行为取决于反射面的几何形状。

2.1.4.4.1　中性(平)的边界:正方形

以一个正方形的台球桌为例[40]。在图 2.4 的上部画一个空的正方形的盒子 R,从 d 边上,以 $\phi=0.69$(39.5°)的角度投出一个质量 M。它以图中所示的反作用函数 $y^R(\phi)$,经过三次反弹后,回到 d 边。只用基础的几何知识,通过分析就能算出连续的撞击点。图 2.4 的下部(a)所给出的反作用函数 $y^R(\phi)$ 显示,从 $\phi=0$ 开始到 $\phi=\pi/2$(90°)为止,是规则的锯齿形状。图 2.4 的下部(b)对 $\phi=\pi/2$ 附近密集的累积进行了分析,可以看出,从 $\phi=1.40$(80°)到 $\phi=1.52$(87°),锯齿形状还是规则的[40]。

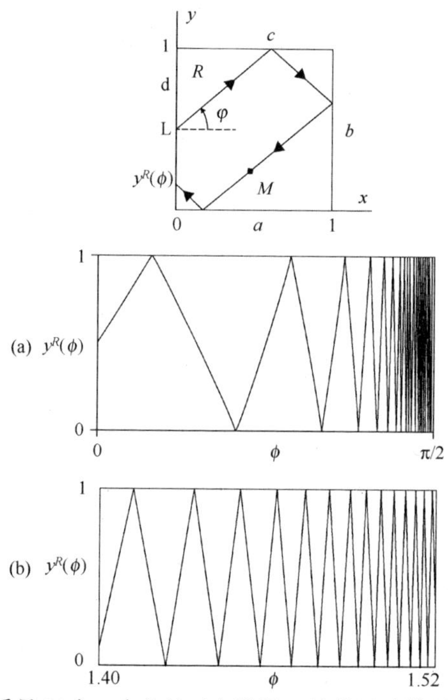

图 2.4　上部显示一个质量 M 在一个空的正方形框 R 里的运动情况。下部图 2.4(a)显示,从 $\phi=0$ 到 $\pi/2$,轨迹呈规则的锯齿形状。如图 2.4(b)所示,在接近 $\pi/2$ 的地方,轨迹的累积也是规则的,而且不管放大多少倍,仍是规则的(剑桥大学出版社授权使用)

2.1.4.4.2　中性(平)的边界:长方形

图 2.5 画的是一个点粒子在一张宽度为长度的 2/3 的长方形台子上的运动轨迹。粒子从台子的中心出发,发射角与水平面成 26°[44]。其运动轨迹很好预测,很规则。如果再拿一个点粒子,稍微改变一下发射角,也不会显著地改变运动轨迹。经过很多次反弹后,这两个很有规律的轨迹的偏差与两组初始条件的偏差成正比。在长方形台子上的运动对初始条件从来不会有按指数率的敏感[44]。

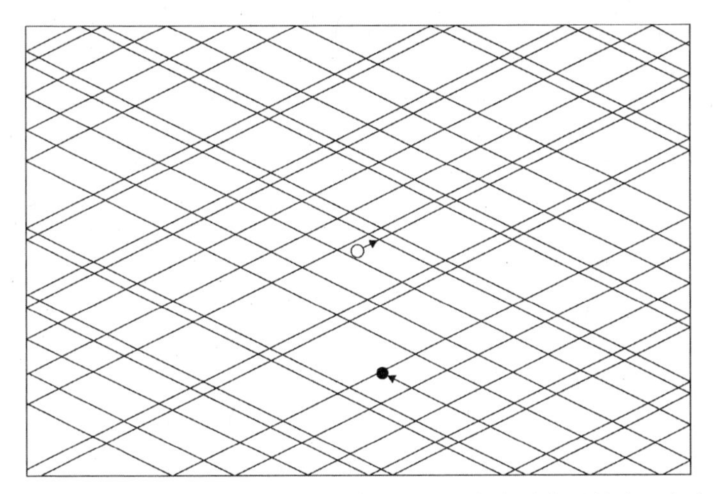

图 2.5　一个点粒子从一张宽度为长度的 2/3 的长方形台子的中心出发的运动轨迹。出发的角度与水平面成 26°。该轨迹很规则，即使稍微改变一下发射角，也不会显著地改变(牛津大学出版社授权使用)

2.1.4.4.3　聚焦(凹的)和中性(平的)：Bunimovich 体育馆

图 2.6 描述的是一个点粒子在一张 Bunimovich 体育馆[45,46]形状的台子上的运行轨迹，台子的宽是长的 2/3，两头呈半圆形。粒子从台子的中心出发，出发的角度与水平面呈 26°[44]。与长方形台子上的规则的轨迹不同，体育馆形状的台子上的轨迹看上去不规则。如果将第二个点粒子的初始出发角度稍微变一下，那么经过几次

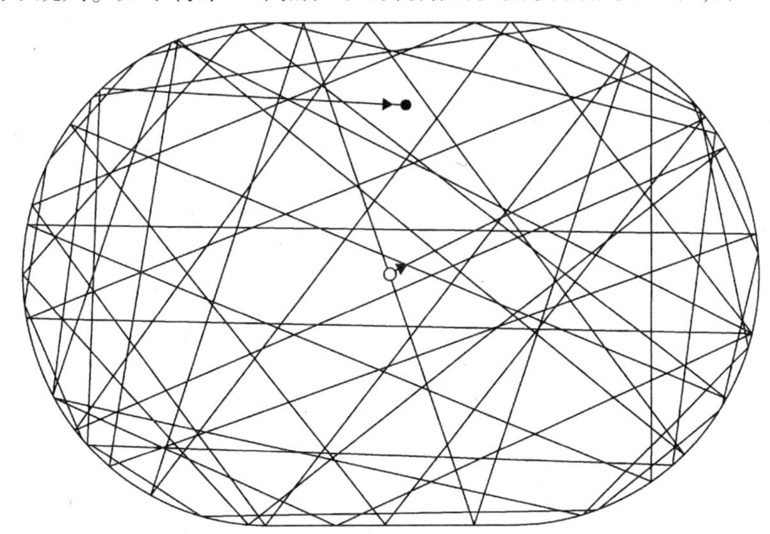

图 2.6　一个点粒子从一张 Bunimovich 体育馆形状的台子的中心出发的运动轨迹。其宽度为长度的 2/3，两头呈半圆形，出发的角度与水平面成 26°。与长方形台子上规则的轨迹不同，体育馆形状的台子上的轨迹看上去不规则，显得无序(牛津大学出版社授权使用)

反弹后,它们的路径就很不一样了,似乎相互间没有什么关联。其行为是无序的,并对初始条件极其敏感[44]。

2.1.4.4.4 分散(凸的)和中性(平的):Sinai Billiards

图2.7是一个Sinai台球[47]的例子,可以看到,一个完全反射的圆盘在一个正方形的框内居中放置。在图(a)中,出发角度是图2.4所用的$\phi=0.69$(39.5°),其产生的运行轨迹比较复杂。但是,在图(b)中,出发角度稍有不同,接近$\phi\approx0.692$(39.6°),得到的是一个动态受限的、怎么也回不到d边的轨迹[40]。在图2.7的下面图(a)可以看到反应函数$y^C(\phi)$,从$\phi=0$到$\phi=\pi/2$(90°),它是无法通过分析算出的。散射的圆盘的放入,使质量M的轨迹发生了极大的变化,而且是无序的。下面

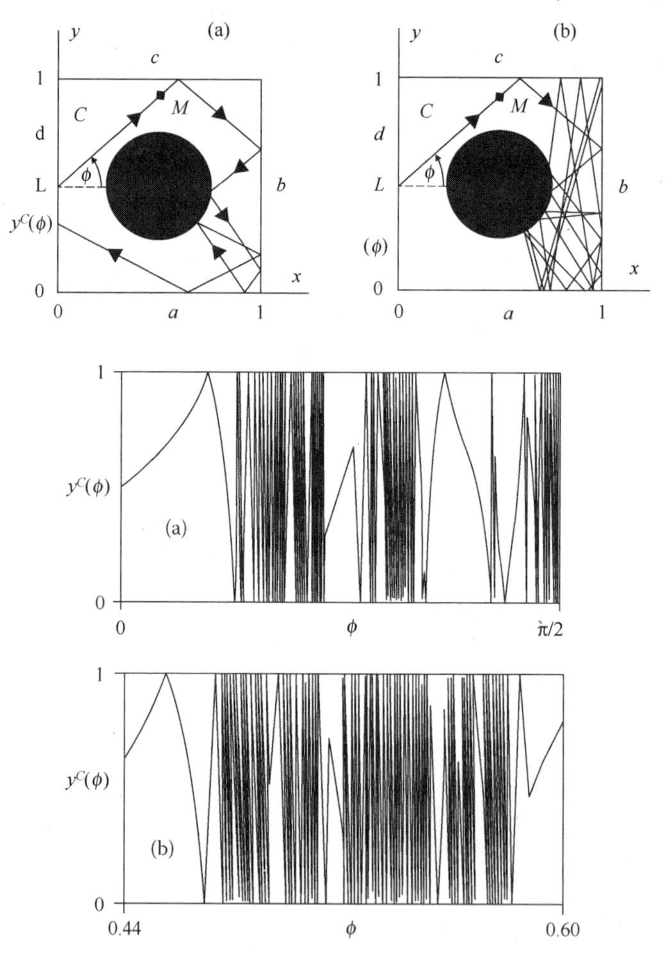

图2.7 上面的图(a)和图(b)显示质量M在C框里的运动轨迹,在框的中心放置了一个完全反射的圆盘。上面图(b)中的轨迹是动态受限的,从而在下面的图(a)中形成一个未解(无序)的无限的非周期性结构,它在下面的图(b)中没有解开(剑桥大学出版社授权使用)

图(a)的未解结构原则上是无法解的,无论放大多少倍。图2.7的下面图(b)对此进行了图示,可以看出从 $\phi=0.44(25°)$ 到 $\phi=0.60(34°)$ 的详细情况。图(b)中的未解结构看起来要比图(a)中的更加复杂。动态受限的质量 M 的轨迹呈无限的非周期性,永远不会重复[40]。

2.1.4.4.5 分散(凸的)

具有最不规则特性的台球桌,其边界到处呈分散型[43]。图2.8给出了一个四边向内凸的台球桌,以此来说明对极小的出发角度差的极其敏感性。在上面的部分中,从位置1开始的两个路径的角度差为 $\delta=10^{-7}$。尽管这两个初始路径基本上完全一样,而且反弹了11次时还是这样,但在第12次反弹后开始明显发散,形态变得不规则[48]。图2.8中描绘的系统并不具有随机特征,即使随机的系统也对初始条件很敏感,因为在随机的系统(比如轮盘赌)中,立即就能看出,在名义上相同的初始条件下,轮盘转针的两次转动会产生两种不同的结果。图2.8的下面部分显示,反弹后,轨迹将相差 $(1+2c)\delta$ 的角度。此后每反弹一次,轨迹之间要相差一倍以上,因此,这

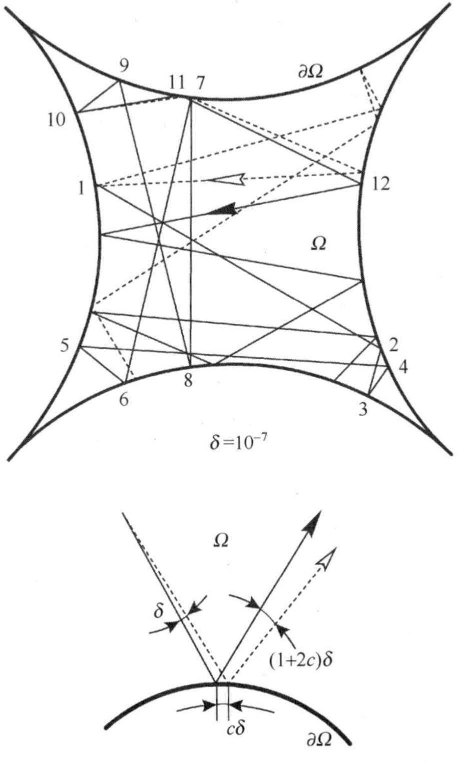

图2.8 下面的图显示,每次在凸面反弹后,轨迹之间的角度为原来的一倍以上,这一差异呈指数增加。如上面的图所示,仅经过几次反弹后,即使最小的初始偏差 δ 也会使轨迹发散(Walter de Gruyter 及其公司的 *Chaos and Chance* 授权使用:*An Introduction to Stochastic Aspects of Dynamics*, A. Berger, Figure 1.8, Copyright 2001;由 Copyright Clearance Center, Inc. 允许)

种差异将呈指数增加。

将台球的例子变一下,将七个连续编号的完全反射的挡柱交错地固定在桌子上[49],一名球员投一个球,力争让球按正确的顺序碰到所有七个柱子。如果正好的投球角度是β,那么,与之相差$\varepsilon=0.5$,在第二个挡柱后就碰不到了。为了能够碰到第四个挡柱,偏差必须满足$\varepsilon\leqslant 2.6'$。要碰到第七个,就需要$\varepsilon\leqslant 0.22''$,这是难以感觉到的,它说明对初始条件极端敏感[49]。这种情况就与弹球游戏机相似[50]。

上述关于不规则的三个基本特征已经满足:①确定的系统由反射主导,没有任何随机要素;②无论如何精心选择,对于任何一个所选的出发角度来说,长期的行为都是不可预测的;③以一个细微不同的角度再次击打台球,会产生难以想象的不同的轨迹,从而说明对初始条件高度敏感和依赖。

2.2 可靠性中的随机概念

有人已经断言,根本没有“随机”故障这回事,因为所有故障都是有原因的。这是将“随机”一词与“自发”混淆了,指的是没有明显原因的事件(如故障)。所有故障都是有原因的。固有的部件故障的原因与初始存在的缺陷及其在部件运行时的增加有关。之所以会产生固有故障的随机性问题,是因为对初始存在的可能致命的缺陷的多重性及其短暂演变的力学原理的掌握不够准确,而这又是不可避免的。由于短暂发生的外部袭击事件(如电流激增)的不确定性,固有故障的原因也有可能是随机性质的。固有故障和外在故障显然是随机的。关于无原因的随机的论调引起了权威的看法:

“不幸的是,多年来,已经造成并引发了对随机故障的误解。在这种不正确的印象下,人们以为,凡是无法归因于可辨析的原因的硬件故障就是所谓的“随机故障”。当然,大家都知道,每一个故障只要对其进行适当和足够的分析,最终都将有一个主要的原因,可能还有次要的促成因素,并可以将它归因于一个或几个故障机理[51]。

经 *Alion Science and Technology Corp.* 许可重印,
“*Opinion—What is a Random Failure?*,” *by A. Glaser*, 1993, *RAC Newsletter*,
Update on Reliability, *Maintainability and Quality*, *page* 15.

可以通过下面的例子来体现“随机”一词在可靠性范畴中的真正含义。

2.2.1 例 2-1:灯泡失效

考虑定期从每星期生产的批次中选出总共 417 只标准的磨砂灯泡。将这些灯泡用到全部失效。通过对成熟的制造工艺和老化条件的严格控制,可以预期,可以用正态模型来正确地描述失效[52]。这一预期得到了确认,因为在一个双参数的正态模型失效概率图上,一条直线将失效的时间很好地拟合起来(1.3.4 节)。

失效时间和失效顺序是随机的,在老化研究开始之前,是未知的、不可预测的。

尽管失效的时间是个随机变量,但每个灯泡的耗损故障是确定地演进的,因为每个故障都有物理的起源和原因。故障演进的随机性与缺乏足够详细的知识有关,使得无法事先预测发生失效的时间和失效的顺序。灯泡的例子说明了明显随机的失效。

请注意,在开始使用之前,通过测量局部的温度以及灯丝的长度,至少原则上,在未磨砂的灯泡里,每根灯丝的最热部分应该可以确定,因此是知道的。尽管失效时间难以准确预计,但如果按最高的局部温度来对灯丝进行排序,应该可以近似地预测出灯泡失效的顺序。

2.2.2　例 2-2:原子核和原子的自发放射

一般不把受到激励的原子核和原子的自发放射纳入部件的可靠性研究范畴。起控制作用的量子力学理论没有什么确定的或因果依据,而是只对衰变过程提供概率性的描述,这种衰变过程属于不可约的随机类别。无论是原子核的衰变,还是它有时衰变而有时不衰变,都无法通过该理论来得以体现。原子核一直保持不变,直到衰变的那一刻。在数学上,通过指数模型来描述这种“无记忆”或不老化的行为(第 5 章)。

量子力学已经表明,受到激励的原子核的电极自发放射 Gamma 射线,以及受到激励的原子发出光子,这些都与指数模型的表征相一致。对于算出的转换概率,两个发射过程得出完全一样的表达式[53,54]。对于一个在 $t=0$ 时处于上面状态 2 的两层原子,在其周围的空间没有辐射的情况下,经验表明,在辐射场里有能量差的情况下,经过一些时间后,该原子必须到能量较小的状态 1 去。假定用 $a_2=\exp(-\gamma t)$ 来描述状态 2 的幅度,以此求出状态 1 和 2 的幅度的差分式,它们是与时间相关的。

从^{56}Mn(半衰期等于 2.5785h)发射的 1.811MeV Gamma 射线中已经获得实验验证,在 45 个半衰期里,未衰变的原子核下降了约 3×10^{14} 倍[55]。衰变曲线呈现出与指数模型几乎完美的吻合(图 2.9)。通过对 Gamma 放射开展跟进研究,将新备的 40K 与超过 4.5×10^9 年 的 40K 进行比较,结果表明,在±11%的实验不确定性范围内,指数衰变律对小到 10^{-10}的半衰期都是成立的[56]。

尽管在整个衰变过程中,预计指数衰变在很长时间内都居于主导地位,但量子力学也预计到,在很短[57]和很长[58]的时间内会脱离指数衰变(第 5 章)。预计的很短和很长时间脱离指数衰变已通过实验得到证实[59,60]。

2.2.3　例 2-3:掷硬币(“最后一个站着的人”)

有 128 个被判刑的人,让他们站成一排来猜掷出的一枚硬币是正面朝上还是背面朝上。要求编号为奇数的人选正面,编号为偶数的人选背面。第一次掷后,将奇数和偶数编号换给左边那些猜对的人。这样一直掷下去,直到只剩下一个人,这个人每次掷硬币都猜对。他将被释放,而所有其他人因有一次没猜对将被处决。问题是要计算每次都猜对的那个人的“生存”概率。生存概率 S 为

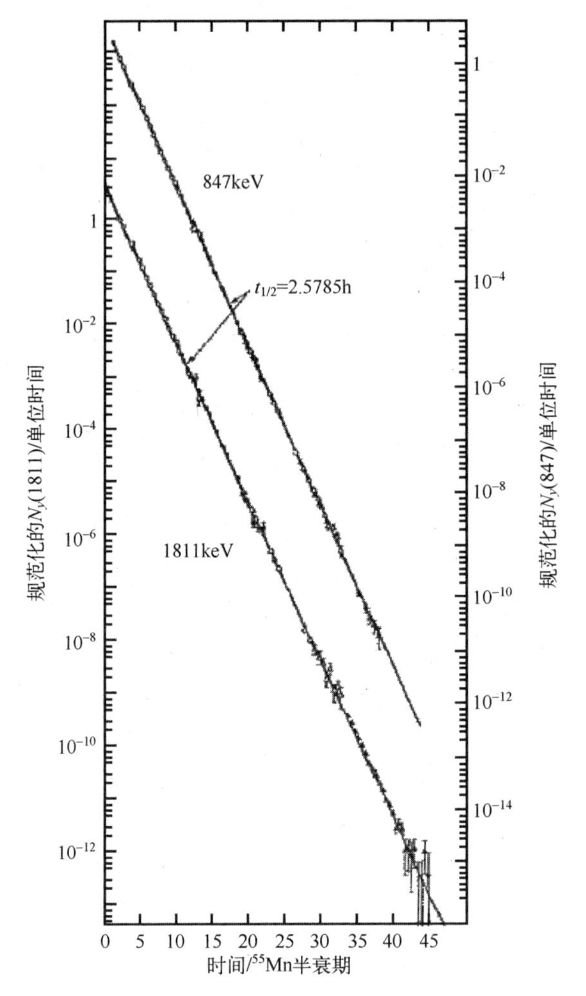

图 2.9 由^{56}Mn 的衰变观测到的 847keV 和 1811keV Gamma 射线的综合衰变曲线。衰变数据与指数模型很吻合(美国物理学会授权使用)

$$S=1/128=0.0078125=0.78\%,\text{或}\approx 1\% \tag{2.5}$$

如果每次都猜对的概率为 p,则所需的掷币次数 n 的生存概率由概率的乘法律给出(3.1 节),

$$S=S(n)=p^n \tag{2.6}$$

在 $p=1/2$ 的情况下,用式(2.5)算出,需要进行 $n=7$ 次掷币。还可用二项式(3.3 节)来计算 7 次掷币每次都猜对的概率,将总样本量从 128 减少到 1。

$$P(n)=\frac{N!}{n!\ (N-n)!}p^n(1-p)^{N-n} \tag{2.7}$$

对于最后幸存下来的那个人,$P(n)$= 连续 7 次掷币都猜对的概率,其中,掷一次

猜对的概率为 $p=1/2$。避免被处决的生存概率 S 还是

$$S(n)=P(n)=\left(\frac{1}{2}\right)^7=0.0078125=0.78\%,\text{或}\approx 1\% \tag{2.8}$$

有一个人必须幸存下来,这是确定的。但是,每个人都有完全相同的生存概率,其大小为0.78125%。没有哪个人有先验的特权。虽然幸存下来的那个人是随机确定的,但幸存的概率可以准确算出来。

2.2.4　例2-4:假定的电阻失效

考虑一个电阻失效的例子。失效机理是因裂纹引起的横截面的逐步减小。描述电阻(R)随时间(t)增加的经验公式为

$$R(t)=\frac{R(0)}{1-\theta t} \tag{2.9}$$

由式(2.9)确定电阻随时间的增加,$R(t)=R(t)-R(0)$,为

$$\frac{\Delta R(t)}{R(0)}=\frac{\theta t}{1-\theta t} \tag{2.10}$$

在电流流过之前,每个电阻的参数(θ)值是未知的。在使用之前,哪个电阻第一个失效也是未知的。但是,当可以观察到降级后,就可以确定每个电阻的 θ 了。例如,可以通过定期测量来确立每个电阻对应于极限 $\theta t \ll 1$ 的线性降级区,在这样的情况下,式(2.10)就变成

$$\Delta R(t)\approx \theta t R(0) \tag{2.11}$$

在这个近似式中,利用测量时间 Δt_m 时的 R_m 值,由式(2.11)可以算出电阻的 θ 值。

$$\theta \approx \frac{\Delta R_m(t_m)}{t_m R(0)} \tag{2.12}$$

对于每个发生降级的电阻,在确定了式(2.12)等号右边的各个因子后,就可以确定不同的 θ 值了。可以预期的是,对于式(2.12)等号右边的因子,每个电阻都有不同的值,但 $R(0)$ 除外,它是个常量,对所有电阻都相同。如果对于每一个电阻,都用相同的电阻增量(R_F)来定义失效,则可以从改写后的式(2.10)来确定电阻的寿命(t_F),其中 ΔR_F 在式(2.13)中不变。

$$\frac{\Delta R_F}{R(0)}=\frac{\theta t_F}{1-\theta t_F} \tag{2.13}$$

利用式(2.12)和式(2.13),电阻的寿命由下式给出:

$$t_F \approx \frac{t_m}{\Delta R_m(t_m)}\,\frac{\Delta R_F}{1+\dfrac{R_F}{\Delta R(0)}} \tag{2.14}$$

对于每一个降级的电阻,式(2.14)等号右边的第一个比例值是不同的,包含共

同值 $R(0)$ 和 ΔR_F 的第二个比例值对每个电阻都是相同的。当降级开始后，可以估计每个电阻的寿命。但这并不改变这样的结论，即在使用之前，每个电阻的寿命都是不可预测的，因此，在使用之前，每个电阻的寿命都是随机变量。

正是由于缺乏对初始条件（如缺陷的尺寸和裂纹扩展的速度）的认识，以及缺乏对如何定量地运用有关初始条件的知识的认识，才使得无法在获得观察的降级数据之前对每个电阻的寿命做出估计。失效属于明显随机的类别。

2.2.5 例 2–5：假定的电容失效

假设有一组在一个生产批次中生产出来的电容类的器件，对它们进行一系列筛选试验（比如，在高温线进行短时间的老炼），以便排除一部分不可靠的可能在外场使用中早期失效的器件。根据预期，筛选试验幸存下来的器件只会受到一种耗损故障机理的影响。将幸存下来的器件进行长期的寿命试验。在开始寿命试验之前，要进行一系列全面的非破坏性特征测量，结果表明，从统计的角度，这些器件相互之间看不出有区别，与其他器件相比，没有哪个器件的哪个测量参数是不正常的，或者是不合群的。但当寿命试验结束时，大部分器件都失效了，只有几个幸存下来。这里有两个发现。

第一个发现是，在寿命试验之前进行的非破坏性目视检查或电测量没有发现器件有任何可能与观测的失效时间、器件失效的顺序或哪些器件注定会幸存下来等相关的差异。

第二个发现是故障模式分析（FMA）的结果，它证实了所有失效都由一种机理所导致的预期。不过，分析并没有指出如何通过重新设计制造工艺来预防失效。尽管如此，有了对常见的和特殊的控制寿命的失效机理的新的认识，人们就以为可以设计一种用于寿命试验之前的非破坏性测量方法，用它来：①预测哪些器件容易失效；②或许对于容易失效的群体，预测各自失效的时间，或者至少是失效的顺序。

如果通过任何非破坏性试验或筛选方法可以识别出容易发生长期失效的器件，那就根本不需要长期的寿命试验了。但是，问题在于，对筛选试验的幸存者进行部署前的非破坏性检查，这对于识别容易发生长期失效的器件来说很少是有用的。本书将利用对假定的像电容器件的长期失效的描述来说明，为什么识别初始存在的引起失效的缺陷，即使可以识别，也不可能发现哪些器件容易失效，更谈不上预测这些容易失效的器件的失效时间和顺序了。

这种像电容的器件由夹在两个金属电极之间的一块绝缘板组成。该绝缘材料上有大量微小的表面缺陷和主体缺陷。通过对未老化的器件进行广泛的破坏性物理分析确定，每个器件都不可避免地存在这两种缺陷。经过试验发现，通过重新设计制造工艺无法消除缺陷。虽然在整个群体里广泛存在缺陷，但只有一小部分器件在长期的外场使用中失效。

将表面缺陷想象成由不同长度的极小的随机分散和随机方向的裂纹组成。在外场使用中,这种像电容的器件会受到热波动和机械振动的影响,这两种因素都会促使初始存在的表面缺陷随着时间的推移而产生裂纹扩展。在应用电场的作用下,随着裂纹的扩展,来自一个电极的金属原子填满了裂纹。当一个填满金属的裂纹通过绝缘板的主体将两个电极连接起来时,便发生器件的电短路故障。

即使能够通过非破坏方式识别在金属化之前每个微小的表面缺陷的每个特征(如长度和方向),这些信息也不足以用来预测哪个表面缺陷是“最薄弱”的环节,假如事实上得以证明的话,但实际上,只有一小部分器件在外场使用过程中失效。大多数形成的缺陷都是良性的,因为它并不会扩展,或者是沿着不影响电容性能的方向扩展。

最薄弱环节的想法可能产生于由多个环节组成的链条的失效,其中,最薄弱环节的失效造成整个链条的失效(6.2.2.2节和6.2.2.3节)。电容器件提供了另一个关于最薄弱环节失效的例子。电容的缺陷是并行排列的,而不是串联的环节。第一个从一个电极向另一个电极扩展的填满金属的裂纹将造成电容的短路失效。

可以想象,在与电极正交的方向上,最长的缺陷就是造成失效的那个缺陷。不过,根本就没有什么最长的缺陷,但是有缺陷群,每个群里含有长度差别不多的缺陷。即使有可以识别“最长”的缺陷,也没有办法知道它是否会造成失效。在使用过程中,“最长”的裂纹的扩展可能遭到挫折,裂纹的尖头可能变钝,从而停止扩展,或者正在扩展的裂纹会被主体缺陷引入某个无害的方向,这也可能不会被初步的非破坏性检测发现。

相反,某个不受阻碍地从一个电极向另一个电极扩展的较“短”的缺陷可能是失效的实际原因。由于无法避免大量微小的表面缺陷的发生,而且没有什么可行的方法来区分引起失效的最薄弱环节缺陷和其他缺陷,无论是良性还是可能致命的,因此,初步的表面缺陷识别是无效的,即使从非破坏性的角度来说是可能的。

预测发生失效的时间也是徒劳的,原因有几个。可能有一些可能的模型,有的是经验型的,有的则基于裂纹扩展的物理。有关裂纹扩展建模的细节内容将取决于很多因素(如初始缺陷的长度和方向、扩展速度、避免变钝和变向的概率、使用过程中不同机械振动和热波动的详细情况、各种材料参数等),对其中每一个的认识都很不到位。即使有充分的输入信息,有关的公式也是证明难以驾驭的。将所有可能影响失效时间计算的因素汇总起来,只能得出本身都不可靠的可靠性估计值。实际上,一个可信的可靠性预测的组成要素是不可知的。

要先验地识别导致某一失效的特定缺陷,先验地识别首个失效的器件,先验地估计器件发生失效的准确时间或顺序,先验地识别使用过程中幸存的器件,所有这些都是不可预测的。由于在进行可靠性估计时,单个器件都被认为在统计学上是同质的,且名义上是一样的,因此,在相同的时间间隔内,每个器件都有相同的发生失效的概率。某个特定器件的寿命是个随机变量。尽管失效有确定的基础,但这样的知识没有实际意义,失效是属于明显随机类的。

2.3 随机的和有代表性的样本

为了确保用于长期老化试验的一个样本量是随机选出的,每一个可能选中的器件都必须具有相同的实际被选中的概率。如果要选出一个以上器件且母本大,那么,在整个挑选过程中,被选中的概率基本上都是不变的。如果母本小,就必须将选出的第一个器件留住,才能再选第二个,以便使被选中的概率保持相同。在这种情形下,随机指的是没有偏见的意思。

例如,将10个编号为0~9的球放到一个碗里,每次取一个球,取出后再放回去,这样可以生成随机数。不过,随机数在计算机里的使用要求其以确定的方式生成。如此生成的数称为准随机的,其随机性的品质由统计试验来确定。可以看出,从一个无穷系列中算出的π的数位已经是尽可能随机的,也就是说,根据统计试验,这些数位是随机的,尽管其是从一个简单的公式中推导出的[61]。根本没有什么办法可以区分出真正随机的和准随机的序列,也谈不上任何置信度[3]。

要进行随机选择,可以使用一张随机数表或一个手持计算器。假设母本有100个器件,要从中随机选出5个。可以将100个器件从00~99进行编号。由于用手持计算器生成的随机数的范围在$0 \leqslant n<1$,因此,必须将所生成的数乘以100。例如,前5个数可能是79、61、80、04和17。这个样本量就构成了一个随机样本。

一个有代表性的样本与其从中抽取的母本呈现近乎相同的重要特征的分布。大量的生产批次应构成母本。如果从10个生产批次的每个批次中选取10个器件,可以认为这100个样品是有代表性的,但不是随机的。如果从10个生产批次中随机选出10个器件,则可以认为这10个样品既有代表性,又是随机的。

参考文献

[1] H. Poincaré, Chance, in *Science and Method* (Barnes & Noble Books, New York, 2004), 46-47. This book was originally published in 1908 as *Science et Méthode*.

[2] D. Ruelle, *Chance and Chaos* (Princeton University Press, Princeton New Jersey, 1991), 5.

[3] M. Kac, What is random?, *Am. Sci.*, 71(4), 405-406, July-August 1983.

[4] M. Kac, More on randomness, *Am. Sci.*, 72(3), 282-283, May-June 1984.

[5] E. N. Lorenz, *The Essence of Chaos* (University of Washington Press, Seattle WA, 1993), 6-7.

[6] P. Kitcher, *Abusing Science: The Case Against Creationism* (MIT Press, Cambridge, Massachusetts, 1982), 86-87.

[7] I. Stewart, *Does God Play Dice?, The New Mathematics of Chaos*, Second edition (Blackwell, Oxford UK, 1997), 348-349.

[8] C. Ruhla, *The Physics of Chance: From Blaise Pascal to Niels Bohr* (Oxford, New York, 1989), Chapter 8.

[9] C. Ruhla, *The Physics of Chance: From Blaise Pascal to Niels Bohr* (Oxford, New York, 1989), 4-6, 127-128.

[10] I. Stewart, *Does God Play Dice?, The New Mathematics of Chaos*, Second edition (Blackwell, Oxford UK, 1997),

8-11.

[11] C. Ruhla, *The Physics of Chance: From Blaise Pascal to Niels Bohr*(Oxford, New York, 1989), Chapter 4.

[12] H. C. Berg, *Random Walks in Biology*, Expanded edition (Princeton University Press, Princeton New Jersey, 1993), Chapter 1.

[13] C. Ruhla, *The Physics of Chance: From Blaise Pascal to Niels Bohr*(Oxford, New York, 1989), Chapter 5.

[14] I. Stewart, *Does God Play Dice?, The New Mathematics of Chaos*, Second edition (Blackwell, Oxford UK, 1997), 47-48.

[15] I. Stewart, *Does God Play Dice?, The New Mathematics of Chaos*, Second edition (Blackwell, Oxford UK, 1997), 12.

[16] R. Kautz, *Chaos: The Science of Predictable Random Motion*(Oxford University Press, New York, 2011), 165.

[17] R. Kautz, *Chaos: The Science of Predictable Random Motion*(Oxford University Press, New York, 2011), 6-9.

[18] J. M. T. Thompson and H. B. Stewart, *Nonlinear Dynamics and Chaos: Geometrical Methods for Engineers and Scientists* (Wiley, New York, 1986), 3-4, 197.

[19] L. O. Chua, Dynamic nonlinear networks: state-of-the art, *IEEE Trans. Circuits Syst*, CAS-27(11), 1059-1087, November 1980.

[20] I. Stewart, *Does God Play Dice?, The New Mathematics of Chaos*, Second edition (Blackwell, Oxford UK, 1997), 280-283.

[21] J. Barrow-Green, *Poincaré and the Three Body Problem*(American Mathematical Society, Providence, Rhode Island, 1997).

[22] E. N. Lorenz, *The Essence of Chaos*(University of Washington Press, Seattle WA, 1993), 114-120, 192-193.

[23] J. Barrow-Green, *Poincaré and the Three Body Problem*(American Mathematical Society, Providence, Rhode Island, 1997), 11 and 73.

[24] J. Barrow-Green, *Poincaré and the Three Body Problem*(American Mathematical Society, Providence, Rhode Island, 1997), 118-119.

[25] I. Stewart, *Does God Play Dice?, The New Mathematics of Chaos*, Second edition (Blackwell, Oxford UK, 1997), 62-63.

[26] J. Barrow-Green, *Poincaré and the Three Body Problem*(American Mathematical Society, Providence, Rhode Island, 1997), 162.

[27] H. Poincaré, Chance, in*Science and Method*(Barnes & Noble Books, New York, 2004), 45, 48-49. This book was originally published in 1908 as *Science et Méthode*.

[28] R. Kautz, *Chaos: The Science of Predictable Random Motion*(Oxford University Press, New York, 2011), 166-168.

[29] R. Kautz, *Chaos: The Science of Predictable Random Motion*(Oxford University Press, New York, 2011), 215-217.

[30] I. Stewart, *Does God Play Dice?, The New Mathematics of Chaos*, Second edition (Blackwell, Oxford UK, 1997), 58.

[31] E. N. Lorenz, *The Essence of Chaos*(University of Washington Press, Seattle WA, 1993), 128-138.

[32] J. Gleick, *Chaos: Making a New Science*(Penguin, New York, 1987), 11-31.

[33] I. Stewart, *Does God Play Dice?, The New Mathematics of Chaos*, Second edition (Blackwell, Oxford UK, 1997), 121-129.

[34] R. Kautz, *Chaos: The Science of Predictable Random Motion*(Oxford University Press, New York, 2011), 145-

164.

[35] C. Ruhla, *The Physics of Chance: From Blaise Pascal to Niels Bohr* (Oxford, New York, 1989), 138-143.

[36] E. N. Lorenz, Deterministic non-periodic flow, *J. Atmos. Sci.*, 20, 130-141, March 1963.

[37] E. N. Lorenz, A study of the predictability of a 28-variable atmospheric model, *Tellus*, 17(3), 321-333, 1965, Figure 3.

[38] R. M. May, Simple mathematical models with very complicated dynamics, *Nature*, 261, 459-467, June 10, 1976.

[39] J. Gleick, *Chaos: Making a New Science* (Penguin, New York, 1987), 59-80.

[40] R. Blümel and W. P. Reinhardt, *Chaos in Atomic Physics* (Cambridge, New York, 1997), 6-20.

[41] R. Kautz, *Chaos: The Science of Predictable Random Motion* (Oxford University Press, New York, 2011), 225-230.

[42] R. Kautz, *Chaos: The Science of Predictable Random Motion* (Oxford University Press, New York, 2011), 174.

[43] L. A. Bunimovich, Dynamical billiards, *Scholarpedia*, 2(8), 1813, 2007.

[44] R. Kautz, *Chaos: The Science of Predictable Random Motion* (Oxford University Press, New York, 2011), 217-219.

[45] L. A. Bunimovich, On the ergodic properties of certain billiards, *Funct. Anal. Appl.*, 8, 73-74, 1974.

[46] L. A. Bunimovich, On the ergodic properties of nowhere dispersing billiards, *Commun. Math. Phys.*, 65, 295-312, 1979.

[47] Ya. G. Sinai, Dynamical systems with elastic reflections, *Russ. Math. Surv.*, 25(2), 137-192, 1970.

[48] A. Berger, *Chaos and Chance: An Introduction to Stochastic Aspects of Dynamics* (Walter de Gruyter, Berlin, 2001), 7-8.

[49] C. Ruhla, *The Physics of Chance: From Blaise Pascal to Niels Bohr* (Oxford, New York, 1989), 128-131.

[50] E. N. Lorenz, *The Essence of Chaos* (University of Washington Press, Seattle WA, 1993), 9-12.

[51] A. Glaser, Opinion—what is a random failure?, *RAC Newsletter, Update on Reliability, Maintainability and Quality* (Reliability Analysis Center, Rome, New York, Spring 1993), 15.

[52] D. J. Davis, An analysis of some failure data, *J. Am. Statist Assn.*, 47(258), 113-149, June 1952.

[53] E. Fermi, *Nuclear Physics*, Revised edition (University of Chicago Press, Chicago Illinois, 1950), 89-95.

[54] E. Fermi, Quantum theory of radiation, *Rev. Mod Phys.*, 4, 87-132, January 1932, 94-99.

[55] E. B. Norman et al. Tests of the exponential decay law at short and long times, *Phys. Rev. Lett.*, 60(22), 2246-2249, May 30, 1988.

[56] E. B. Norman et al., An improved test of the exponential decay law, *Phys. Lett.*, B357, 521 - 528, 14 September, 1995.

[57] L. A. Khalfin, Phenomenological theory of K0 mesons and the non-exponential character of the decay, *JETP Lett.*, 8, 65-68, 1968.

[58] L. A. Khalfin, Contribution to the decay theory of a quasi-stationary state, *Sov. Phys.* JETP 6, 1053-1063, 1958.

[59] S. R. Wilkinson et al., Experimental evidence for non-exponential decay in quantum tunneling, *Nature*, 387, 575-577, June 5, 1997.

[60] C. Rothe et al., Violation of the exponential-decay law at long times, *Phys. Rev. Lett.*, 96, 163601-1- 163601-4, 2006.

[61] R. Kautz, *Chaos: The Science of Predictable Random Motion* (Oxford University Press, New York, 2011), 6-8.

第 3 章　概率与抽样

概率与统计的根本区别在于，前者是根据确定的概率进行预计，后者是根据观测的数据来推出概率[1]。

3.1　概率定律简介

对于相互排斥的事件，可以用扔一枚不偏的硬币来说明概率论的加法定律。硬币落地时，只有两种可能的结果：要么正面朝上(H)，要么背面朝上(T)。它们发生的概率相同，即 $p(\mathrm{H})=1/2$，$p(\mathrm{T})=1/2$。由于扔一次硬币时，肯定是要么正面朝上(H)，要么背面朝上(T)，因此，$p(\mathrm{H})+p(\mathrm{T})=1$。加法定律指出，对于相互排斥的结果，其概率等于各个结果的概率之和，且必须等于 1。

可以用扔一枚不偏的硬币两次来说明加法定律和乘法定律的应用。这时有四种相互排斥的可能结果。与扔一次时一样，加法定律要求发生(H H)、(H T)、(T H)或(T T)的概率必须等于 1，因为不可能还有别的组合，因此，$p(\mathrm{H,H})+p(\mathrm{H,T})+p(\mathrm{T,H})+p(\mathrm{T,T})=1$。

可以从这一结果推出概率的乘法定律。由于四种结果的每一种发生的概率都是相等的，因此，比如 $p(\mathrm{H,T})=1/4$。由于 $p(\mathrm{H})=1/2$ 且 $p(\mathrm{T})=1/2$，于是就有 $p(\mathrm{H,T})=p(\mathrm{H})\times p(\mathrm{T})=1/4$。这就是概率的乘法定律。对于独立发生的事件，比如扔一枚硬币两次，第一次扔对第二次扔的结果没有影响。概率的乘法定律指出，四种结果中的一种发生的概率，比如 $p(\mathrm{H,T})$，是各个概率的乘积，即 $p(\mathrm{H})\times p(\mathrm{T})=p(\mathrm{H,T})$。

3.2　概率定律

下面是对概率定律更加正式的表述[2]。如果 A 和 B 两个独立事件，概率为 $p(\mathrm{A})$ 和 $p(\mathrm{B})$，则两个事件都发生的概率 $p(\mathrm{A}\ 和\ \mathrm{B})$ 由概率的乘法定律给出：

$$p(\mathrm{A}\ 和\ \mathrm{B})=p(\mathrm{A})\times p(\mathrm{B}) \tag{3.1}$$

A 或 B 发生或者两者都发生的概率 $p(\mathrm{A}\ 和/或\ \mathrm{B})$ 由下式给出：

$$p(\mathrm{A}\ 和/或\ \mathrm{B})=p(\mathrm{A})+p(\mathrm{B})-p(\mathrm{A}\ 和\ \mathrm{B}) \tag{3.2}$$

如果式(3.2)中的两个事件是相互排斥的，一个发生时，另一个不能发生，则式(3.2)就变成相互排斥事件的概率加法定律：

$$p(\text{A 或 B})=p(\text{A})+p(\text{B}) \tag{3.3}$$

如果这两个事件除了相互排斥外,还是互补的,比如,如果 A 不发生,则 B 必须发生,那么,式(3.3)就变成

$$p(\text{A})+p(\text{B})=1 \tag{3.4}$$

为了说明式(3.2)的由来,令 $p(\text{A})$ 和 $p(\text{B})$ 分别等于器件 A 和 B 的失效概率,相应的生存概率为 $q(\text{A})=1-p(\text{A})$ 和 $q(\text{B})=1-p(\text{B})$。在测试器件 A 和 B 时,所有可能的结果的概率之和必须等于 1,如下式所示:

$$p(\text{A})q(\text{B})+q(\text{A})p(\text{B})+p(\text{A})p(\text{B})+q(\text{A})q(\text{B})=1 \tag{3.5}$$

式(3.5)中的前三项给出了要么 A 或 B 失效,要么 A 和 B 都失效的概率,两者都生存的概率被排除在外。用 $q(\text{A})=1-p(\text{A})$ 和 $q(\text{B})=1-p(\text{B})$,式(3.5)中的前三项就变成

$$p(\text{A 和/或 B})=p(\text{A})+p(\text{B})-p(\text{A})p(\text{B}) \tag{3.6}$$

式(3.6)中的 $p(\text{A})p(\text{B})$ 项避免了重复计算相同的结果。很容易验证,式(3.6)直接来自于 $1-q(\text{A})q(\text{B})$,即 1 减去式(3.5)中的第四项。

3.3 二项式分布

考虑对某个部件进行测试的情况,其中

$$p=\text{未通过测试(失效)的概率} \tag{3.7}$$

$$q=\text{生存的概率} \tag{3.8}$$

由于式(3.4)只有两种可能的结果,即

$$p+q=1 \tag{3.9}$$

当对很多部件进行测试时,目标可能是要在总共 N 个部件中,找到刚好有 m 个失效和 $N-m$ 个生存下来的概率 $P(m)$,其中,按上面的定义,p 是失效概率,$q=(1-p)$ 是生存概率。如果部件的总数量大且能代表原先已经测试过的出厂产品,那么,p 和 q 就可能是已知的了。

要想建立 $P(m)$ 与部件概率 p 和 q 之间的关系,可以想象将 N 个部件排成一排。一种可能性是,这一排中的前 m 个部件失效,其余的 $N-m$ 个生存下来。这种情况的概率为

$$p^m(1-p)^{N-m} \tag{3.10}$$

式(3.10)符合概率的乘法定律。该定律指出,只要某个事件会有一个以上的结果,在进行两次或两次以上的独立试验时,无论是连续的还是同时的,那么获得任意特定组合的结果的概率将是各个概率的乘积。

例如,连续两次掷一个骰子,每次获得数字 4 的概率是 1/6×1/6=1/36。不过,请注意,连续掷两次获得数字 3 和 6 的概率是 1/18(如不规定顺序),因为可以有两

种方式获得这一结果,即先3后6,或先6后3。每种方式的概率都是1/36,因此,可以用加法定律算出获得3和6的组合的概率为1/36+1/36=1/18。用乘法定律来处理这个例子也是等效的,即当顺序不重要时,应将一种顺序的概率(1/36)乘以可以获得同样结果的方式的数量(2),这样,获得3和6的组合的概率就等于2×1/36=1/18。这种方法将用于导出式(3.12)的二项式分布。

在式(3.10)中,任意一个部件的失效(生存)都与其他部件的失效(生存)无关。不过,关于失效的顺序,没有任何特别的东西。m个失效可以分散在N个部件的整排里,而不是一排当中的前m个部件发生m个失效。每一种可能的顺序都有相同的概率,即式(3.10)。式(3.11)给出了可能的顺序的数量,也就是可以获得式(3.10)的不同方式的数量。

$$\frac{N!}{m!(N-m)!} \tag{3.11}$$

式(3.10)给出了这种情况的概率,这时可以规定失效顺序,也就是一排中前m个部件失效的概率。就目前而言,顺序并不重要,式(3.11)给出了可以出现式(3.10)的概率的方式的数量。按照乘法定律,$P(m)$是式(3.10)与式(3.11)中发生失效的方式的数量之乘积,后者称为二项式分布,即式(3.12),均值等于pN。式(3.12)的结果还来自于乘法定律在式(3.10)中的应用和加法定律,后者将式(3.10)与其自己相加,具体次数由式(3.11)给出。

$$P(m)=\frac{N!}{m!(N-m)!}p^{m}(1-p)^{N-m} \tag{3.12}$$

对式(3.12)之类的项求和,可以得到发生n个或更少失效的概率,从而得到式(3.13)的累计二项式分布。

$$P(m \leqslant n)=\sum_{m=0}^{n}\frac{N!}{m!(N-m)}p^{m}(1-p)^{N-m} \tag{3.13}$$

3.3.1 示例:购买5个轮胎

一家轮胎制造商收到投诉,其生产的有些轮胎装上车后不久就坏了。经过调查查明了存在的问题和性质,并研制了一种无损检测手段来识别并隔离有问题的轮胎。检测表明,轮胎发生这种问题的概率是p。那么,如果客户在开始无损检测前一次购买了5个轮胎,其中包括一个备胎,他买到有问题轮胎的概率是多少?假设在检测之前,轮胎的装配工艺保持不变。表3.1列出了买到m=0、1、2、3、4或5个有问题轮胎的概率$P(m)$与不同值的问题概率p之间的函数关系。利用式(3.12),N=5,p=1%、5%、10%、20%和50%。

当p=1%时,客户买到一个以上有问题的轮胎的概率是$P(>1)$=0.0010或0.10%,少于一个的概率是$P(\leqslant 1)$=0.9990或99.90%。

表 3.1 $N=5$ 时 $P(m)$ 与 p 的二项式分布

p	$P(0)$	$P(1)$	$P(2)$	$P(3)$	$P(4)$	$P(5)$	$\sum P(m)$
0.01(1%)	0.9510	0.0480	0.0010	0.0000	0.0000	0.0000	1.0000
0.05(5%)	0.7738	0.2036	0.0214	0.0011	0.0000	0.0000	1.0000
0.10(10%)	0.5905	0.3281	0.0729	0.0081	0.0005	0.0000	1.0000
0.20(20%)	0.3277	0.4096	0.2048	0.0512	0.0064	0.0003	1.0000
0.50(50%)	0.0313	0.1563	0.3125	0.3125	0.1563	0.0313	1.0000

当 $p=20\%$ 时,客户买到一个以上有问题的轮胎的概率是 $P(>1)=0.2627$ 或 26.27%,少于一个的概率是 $P(\leqslant 1)=0.7373$ 或 73.73%。

3.3.2 上限和置信水平

在轮胎的例子中,给出了 p 的值。再比如扔硬币或掷骰子等游戏中,通过推算或凭经验,p 是已知的。但在估计可靠性时,p 通常不是事先已知的。统计性可靠性评估与根据给定的概率进行预计,其工作思路是相反的。统计性评估的目标是,利用在某些试验中观察到的失效数量来估计 p 的上限和下限。

对于高可靠性的应用场合,一般对估计 p 的下限没多少兴趣,关心的是部件不够可靠,而不是太可靠了。在投入使用前拒收可靠的部件,虽然对部件供应商来说经济上不利,但对客户来说并不是危险的,而接受不可靠的部件却是危险的。对于在测试 N 个部件时观察到的失效数 n,p 的上限值 p_u 将取决于所选取的估计的置信水平 C。置信水平 C 是 $p_u \geqslant p$ 的概率。

3.3.2.1 零失效:精确式

为了搞清楚如何定量地引入置信水平来获得可靠性评估结果[3],将式(3.13)用于一个实验结果,其中 $n=0$,样本量为 N,并给出

$$P(0)=(1-p)^N \tag{3.14}$$

式(3.14)中有 $P(0)$ 和 p 两个未知数。下式必须是成立的:

$$\sum_{m=0}^{N} P(m)=1 \tag{3.15}$$

于是就有

$$P(0)+P(\geqslant 1)=1 \tag{3.16}$$

$$P(\geqslant 1)=1-P(0)=1-(1-p)^N \tag{3.17}$$

要想对 p_u 的估计很有信心,就要让观察到 $n=0$ 个失效这一试验结果的概率 $P(0)$ 变小,让观察到一个以上失效的概率 $P(\geqslant 1)$ 变大。概率 $p_u \geqslant p$ 由 $n=0$ 的置信水平给出,后者定义为一个或一个以上失效发生的概率,如下式所示:

$$C(0)=C(<1)\equiv P(\geqslant 1)=1-(1-p_u)^N \tag{3.18}$$

选择一个置信水平 $C(0)$,就可以算出 p_u。

$$p_u = 1 - [1 - C(0)]^{1/N} \tag{3.19}$$

对于给定的 $C(0)$,如果样本量 N 增大,则上限 p_u 减小。因此,如 $C(0) = 0.90$(90%),N 从5增大到100,则 p_u 从0.369(36.9%)减小到0.023(2.3%)。对于给定的 N,如果 $C(0)$ 增加,则上限 p_u 增加。因此,如果 $N=5$,$C(0)$ 从0.90(90%)增加到0.99(99%),则 p_u 将从0.369(36.9%)增加到0.602(60.2%)。

失效数的上限 n_u 由式(3.20)给出。利用式(3.19)和式(3.20),由式(3.21)给出关于 n_u 的一个变通式:

$$n_u = p_u N \tag{3.20}$$

$$n_u = N[1 - [1 - C(0)]^{1/N}] \tag{3.21}$$

对于任意的 p_u 和 $C(0)$ 值,都用式(3.19)来确定所需的样本量 N,如式(3.22)所给出的。式(3.23)中的上限 n_u 由式(3.20)而来。

$$N = \frac{\ln[1 - C(0)]}{\ln[1 - p_u]} \tag{3.22}$$

$$n_u = p_u \frac{\ln[1 - C(0)]}{\ln[1 - p_u]} \tag{3.23}$$

对于观察的失效数 $n=0$ 的情况,表3.2采用精确的式(3.22)和式(3.23),给出了针对 $C(0)= 0.90$(90%)的失效概率 p_u 的不同上限值的样本量 N 和失效数的统计预期上限 n_u。表3.2可用于与下节中的表3.3进行比较。

表3.2 精确的 N 和 n_u

p_u	N	n_u
0.01	229	2.29≈2
0.05	45	2.25≈2
0.10	22	2.20≈2
0.20	11	2.20≈2

3.3.2.2 零失效:近似式

对于必须高可靠的应用场合,要求 $p_u \ll 1$。具体地说,p_u 应满足 $p_u \leqslant 0.10$。如果近似取 $\ln[1-p_u] \approx p_u$,则式(3.22)中的 N 和式(3.23)中的 n_u 就呈现式(3.24)和式(3.25)的近似形式。注意,下式中用的是等号"=",而不是更恰当的约等号"≈"。

$$N = \frac{1}{p_u} \ln\left[\frac{1}{1 - C(0)}\right] \tag{3.24}$$

$$n_u = \ln\left[\frac{1}{1 - C(0)}\right] \tag{3.25}$$

式(3.24)中的 p_u 对应的近似式由式(3.26)给出,但取决于以下条件:

$$p_u = \frac{1}{N} \ln\left[\frac{1}{1 - C(0)}\right] = \frac{n_u}{N} \leqslant 0.10 \tag{3.26}$$

利用式(3.24)和式(3.25)生成表3.3。近似样本量N比表3.2的精确样本量大,而两种情况下,n_u的预期值完全相同。

表3.3 近似的N和n_u

p_u	N	n_u
0.01	230	2.30≈2
0.05	46	2.30≈2
0.10	23	2.30≈2
0.20	12	2.30≈2

为了在更加熟悉的情形下对比式(3.22)和式(3.24)的使用,不妨考虑一下Telcordia规范GR-468-CORE,它需要$N=11$个样本来验证,在一次特定的试验中,失效$n=0$,$C(0)=0.90(90\%)$时$p_u=0.20$。按照Telcordia规范,由精确的式(3.22)得出$N=10.3$(或11),而由近似的式(3.24)得出$N=11.5$(或12)。此例中,N的精确式和近似式都得出了可以接受的相近结果。即使表3.3中的$p_u=0.20$超出了式(3.26)中的极限,N(近似)=12也只比N(精确)=11大9%。

在3.4.2.1节将看到,$n=0$失效的近似二项式(3.24)至式(3.26)与二项式分布的泊松近似的那些式是完全一样的。

式(3.27)用式(3.23)和式(3.25)给出了n_u(近似)与n_u(精确)之比。

$$\frac{n_u(\text{近似})}{n_u(\text{精确})}=\frac{1}{p_u}\ln\left[\frac{1}{1-p_u}\right] \tag{3.27}$$

同样,可以用式(3.22)和式(3.24)来获得式(3.28)的比值,它与式(3.27)的结果一致。

$$\frac{N(\text{近似})}{N(\text{精确})}=\frac{1}{p_u}\ln\left[\frac{1}{1-p_u}\right] \tag{3.28}$$

对于近似的式(3.26)中的上限值$p_u=0.10$,式(3.27)和式(3.28)的结果等于1.05。当p_u减小时,式(3.27)和式(3.28)将趋近于1,无论$C(0)$选取什么值。采用式(3.24)和式(3.25)的近似式,将获得比采用式(3.22)和式(3.23)的精确式而获得的更大且更保守的值。当p_u值超出式(3.26)的极限时,N的近似值与精确值之间的差异会增加。

3.3.2.3 示例:购买2个轮胎

一位车主要买2个轮胎,要估计一下买到一个有问题的轮胎的"真实"概率p(真)的上限。

3.3.2.3.1 零失效:精确式

对于$N=2$,$n=0$,用式(3.18),通过式(3.29)将$C(0)$和p_u关联起来。

$$C(0)=C(<1)\equiv P(\geqslant 1)=P(1)+P(2)=1-P(0)=1-(1-p_u)^2 \tag{3.29}$$

对于置信水平$C(0)$,由式(3.30)算出p_u,从而得到式(3.31)。

$$p_u^2-2p_u+C(0)=0 \tag{3.30}$$

$$p_u=1-\sqrt{1-C(0)} \tag{3.31}$$

对于 $C(0)=0.90$,式(3.31)给出了 $p_u=0.68$,而从式(3.23)得出 $n_u=1.37$,它在一个和两个预期的失效之间。这些都是精确的结果。换种办法,当 $N=2$ 时,可以直接从式(3.19)获得精确的上限 $p_u=0.68$。请注意,由近似的式(3.26)得出 $p_u=1.15>1.00$,但由于样本量 $N=2$ 太小,所以它不可信。

3.3.2.3.2 一个失效:精确式

与前面一样,用式(3.13)来计算有1个或少于1个失效的概率。与式(3.29)相似,$n=1$ 时 p_u 的表达式为

$$C(1)=C(\leqslant 1)\equiv P(>1)=P(2)=1-P(0)-P(1)=p_u^2 \tag{3.32}$$

可以由式(3.33)算出 p_u:

$$p_u=\sqrt{C(1)} \tag{3.33}$$

若 $C(1)=0.90$,则 $p_u=0.95$,$n_u=Np_u=1.9(\approx 2)$。$p_{(真)}$ 的上限 p_u 与两个轮胎都有问题的情况差异并不大。

3.3.2.3.3 两个失效:精确式

当失效数 $n=N=2$ 时,前面 $n=0$ 和 $n=1$ 所用的方法就不行了,因为与式(3.29)和式(3.32)对应的是式(3.34),其中的 $C(2)\equiv P(>2)=0$,也就是说,当 $N=2$ 时,发生 $n=2$ 个以上失效的概率是零。

$$C(2)=C(\leqslant 2)\equiv P(>2)=1-P(0)-P(1)-P(2)=0 \tag{3.34}$$

尽管如此,可以从 p_u 分别为0.68和0.95的 $n=0$ 和 $n=1$ 的情况预期到,对于 $n=N=2$ 的情况,p 的上限为 $p_u=1.00$。由于样本量有限,$N=2$,其结果不能排除供应商库存的轮胎全都是有问题的。

3.3.2.4 示例:购买5个轮胎

当样本量超过2个时,要想为 p_u 找到简单的闭环解就不容易了。例如,如果 $n=0$ 且 $N=3$,则式(3.18)就变成了 p_u 未知的一个立方式。下面的例子运用计算机对相关公式解算。首先考虑样本量为 N、失效数 $n=2$ 的情况,式(3.36)是由式(3.35)导出的 p_u 公式。

$$C(2)=C(\leqslant 2)\equiv P(\geqslant 3)=1-P(0)-P(1)-P(2) \tag{3.35}$$

$$C(2)=1-(1-p_u)^N-Np_u(1-p_u)^{N-1}-1/2\ N(N-1)p_u^2(1-p_u)^{N-2} \tag{3.36}$$

以 $N=5$ 为例,式(3.36)就变成

$$C(2)=1-(1-p_u)^5-5p_u(1-p_u)^4-10p_u^2(1-p_u)^3 \tag{3.37}$$

对于任意值的置信水平,可以用 Mathcad™ 的"根函数"来解算 p_u。要想用式(3.37)计算 p_u,就必须提供 p_u 的试算值。为了确保算出的值的准确性,应精选试算值,直到它与计算值一致。对于失效数 $n=0$、1、3和4的情况,也可以得出与式(3.37)相似

的 p_u 的式子。表 3.4 给出了 $N=5$、观察的失效数 $n=0\sim4$ 时,不同置信水平的 p_u 的计算值。例如,如果买 $N=5$ 个轮胎,发现 $n=3$ 个轮胎有问题,那么,当置信水平 $C=90\%$ 时,由表 3.4 得到 $p_u=88.8\%$,由式(3.20)得到 $n_u=4.4$。如果购买 $N=5$ 个轮胎,发现 $n=3$ 个有问题,那么将以 $C=90\%$ 的置信水平期待 4 个或 5 个轮胎会有问题。

表 3.4 $N=5$ 时 p_u 的二项上限

$C/\%$	$n=0$	$n=1$	$n=2$	$n=3$	$n=4$
50	12.9449	31.3810	50.0000	68.6190	87.0551
60	16.7447	36.4985	55.3746	73.4431	90.2880
90	36.9043	58.3890	75.3364	88.7765	97.9148
95	45.0720	65.7408	81.0745	92.3560	98.9794
99	60.1893	77.9280	89.4360	96.7318	99.7992

接着 3.3.2.3.3 节的讨论,当 $n=N=5$ 时,由表 3.4 可以预期,上限为 $p_u=1.00$,这可以从二项式取样曲线得到确认[4]。

可以用图 3.1 和图 3.2 中置信范围为 80% 和 90% 的二项式取样曲线[4]与表 3.4

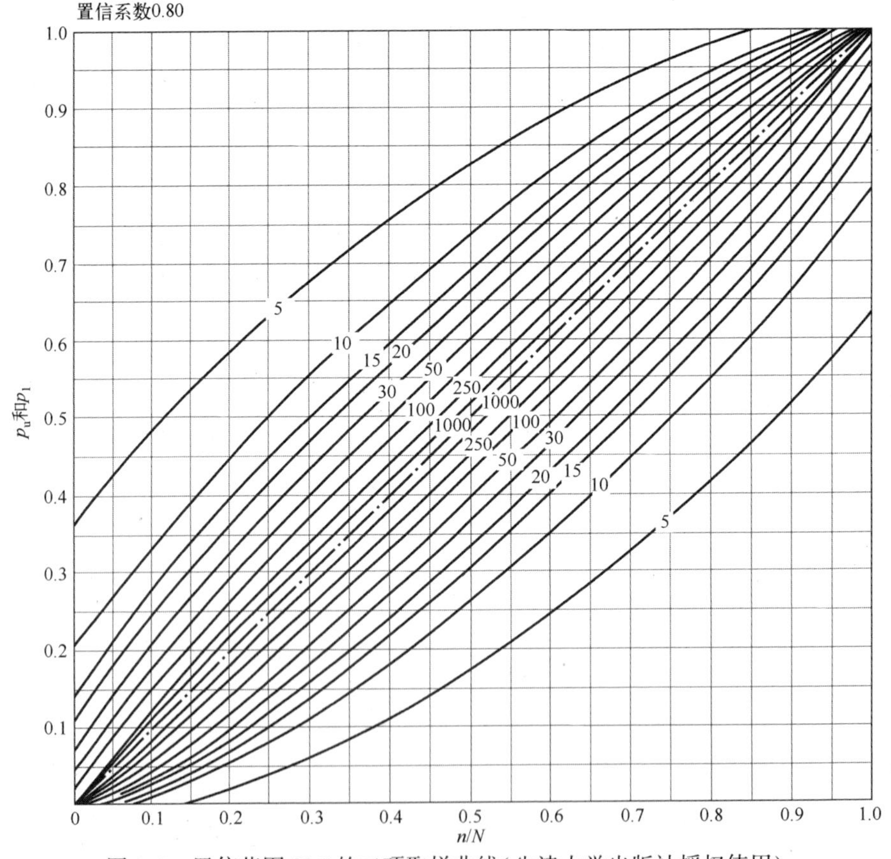

图 3.1 置信范围 80% 的二项取样曲线(牛津大学出版社授权使用)

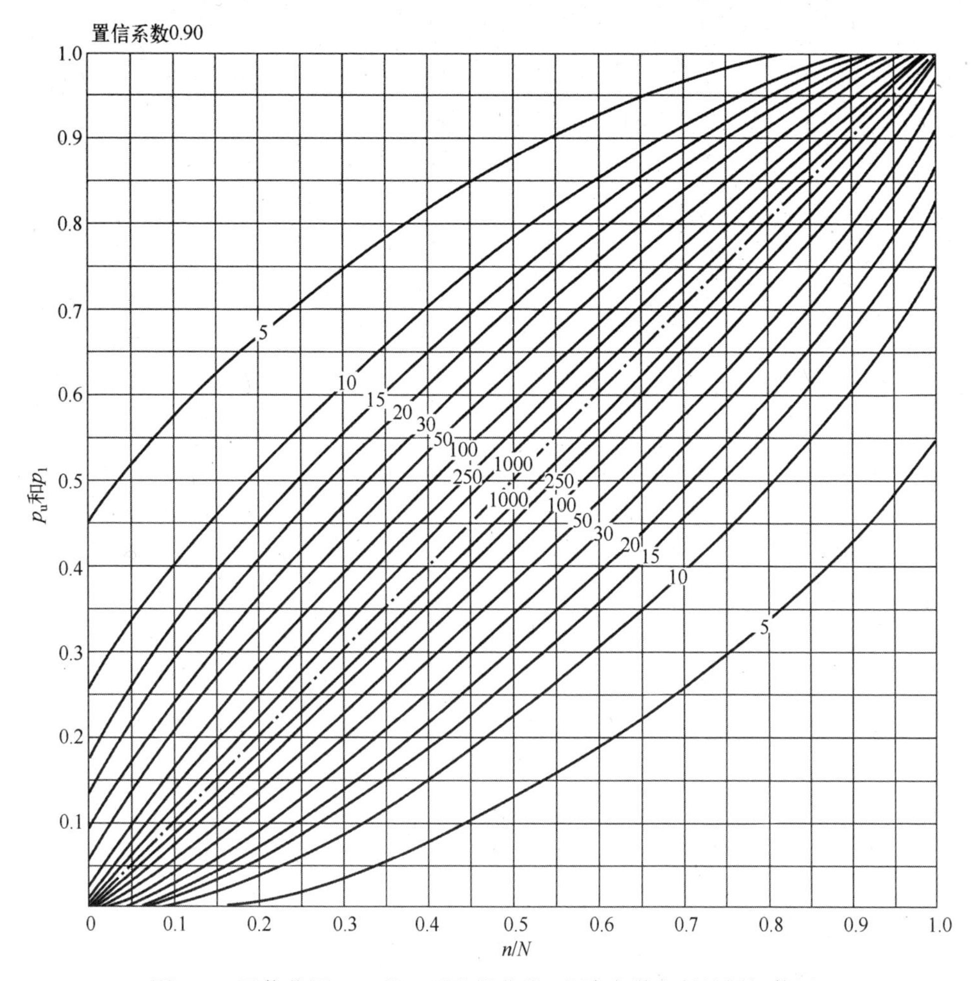

图 3.2 置信范围 90%的二项取样曲线(牛津大学出版社授权使用)

进行比较。样本量的大小为 $N=5\sim1000$,坐标分别代表上限和下限 p_u 和 p_l。对于 $N=5$、$n=0$ 失效的情况,表 3.4 显示,当 $C(0)=90\%$ 时,失效概率的上限为 $p_u=36.9\%$。对于图 3.1 中置信范围为 80%的取样曲线,有 80%的置信水平表明,$p_{(真)}$位于 $N=5$ 的下限之下,因此,$p_{(真)}$位于 $N=5$ 的上限之下的置信水平为 $C=80\%+10\%=90\%$。$n/N=0$ 时,$N=5$ 的上限在 $p_u\approx36.5\%$处与纵距相交,这与表 3.4 中取的值很吻合。

对于 $N=5$、$n=3$ 的情况,表 3.4 显示,当 $C(0)=90\%$时,失效概率的上限为 $p_u=88.8\%$。针对 $n/N=3/5=0.6$,利用图 3.1 中同样的 80%取样曲线,$C=90\%$时,$N=5$ 的上限在 $p_u\approx88.9\%$的纵距上有一个投影,这与前面表中 3.4 的值很吻

合。对于 $n/N=1.0$ 的情况,$N=5$ 的上限在 $p_u=100\%$ 处与纵距相交,作为 $p_{(真)}$ 的上限。

对于 $N=5$、$n=2$ 的情况,表 3.4 显示,当 $C(0)=95\%$时,失效概率的上限为 $p_u=81.1\%$。利用图 3.2 中 90%的取样曲线,可以估计出 $C=95\%$时的上、下限。对于 $n/N=2/5=0.4$,$N=5$ 的上限在 $p_u\approx81.6\%$的纵距上有一个投影,与表 3.4 中的值很吻合。

利用图 3.3 和图 3.4 中 95%和 99%的取样曲线,可以估计出 $C=97.5\%$和 99.5%时的上限,样本量的范围为 $N=10\sim1000$。

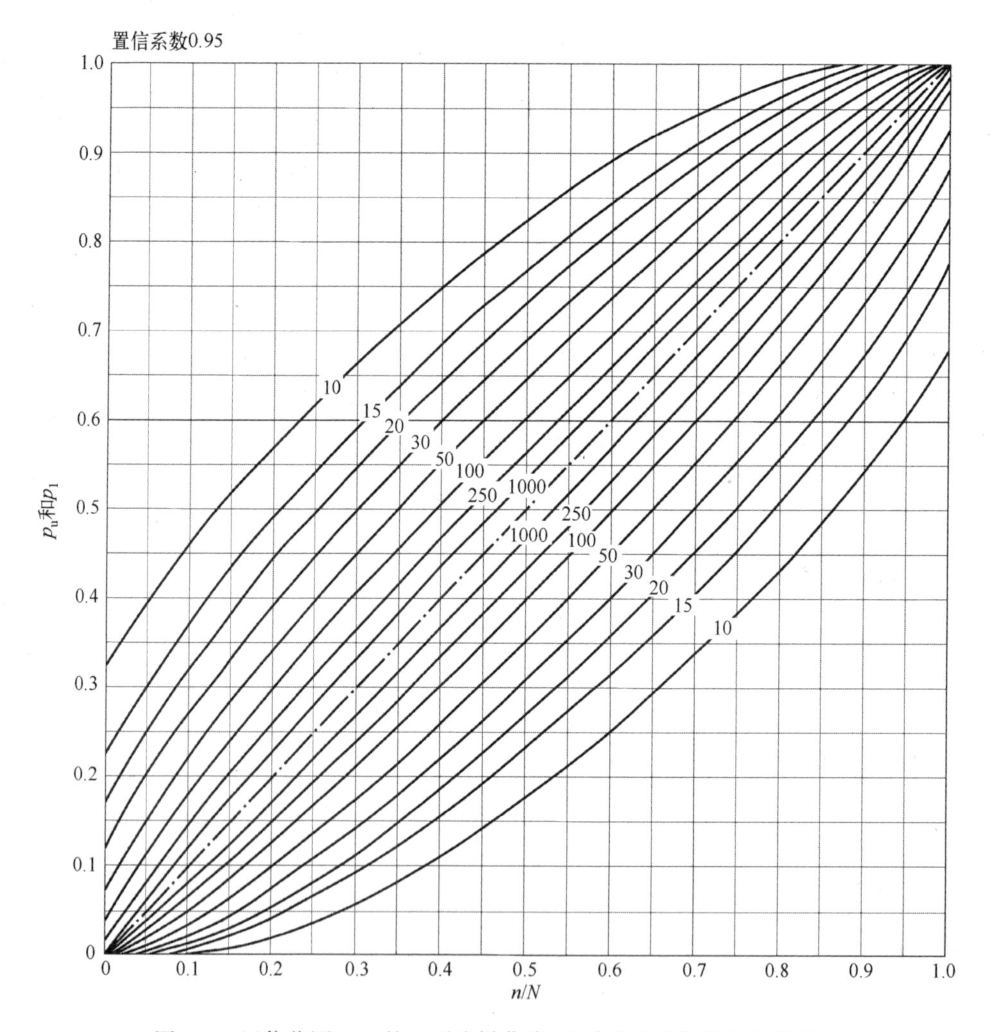

图 3.3 置信范围 95%的二项取样曲线(牛津大学出版社授权使用)

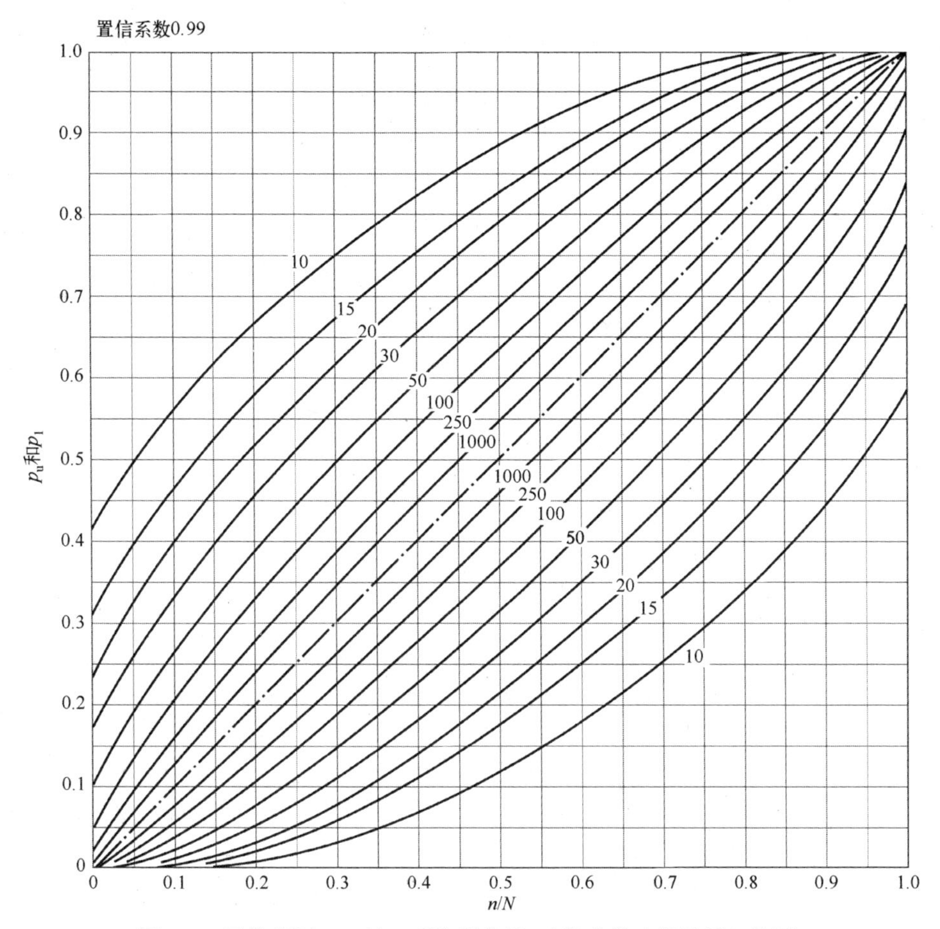

图 3.4 置信范围 99%的二项取样曲线(牛津大学出版社授权使用)

3.4 泊松分布

用泊松近似代替二项式分布进行可靠性估计往往更加方便。当 $p \leqslant 0.10, m/N \leqslant 0.10$ 且 $N \gg 1$ 时,可以按照下面的方法对式(3.12)中的两项做近似处理,而 $m!$ 和 p^m 项保持不变[3]。

$$\frac{N!}{(N-m)!}=N(N-1)(N-2)\cdots[N-(m-1)] \tag{3.38}$$

$$\frac{N!}{(N-m)!}=N^m\left(1-\frac{1}{N}\right)\left(1-\frac{2}{N}\right)\cdots\left[1-\left(\frac{m-1}{N}\right)\right] \tag{3.39}$$

$$\frac{N!}{(N-m)!}=N^m \tag{3.40}$$

同样

$$(1-p)^{N-m}=\exp[(N-m)\ln(1-p)] \tag{3.41}$$

$$(1-p)^{N-m}=\exp\left[-(N-m)\left[p+\frac{1}{2}p^2+\frac{1}{3}p^3+\cdots\right]\right] \tag{3.42}$$

$$(1-p)^{N-m}=\exp\left[-pN\left(1-\frac{m_1}{N}\right)+\left[1+\frac{1}{2}p+\frac{1}{3}p^2+\cdots\right]\right] \tag{3.43}$$

$$(1-p)^{N-m}=\exp(-pN) \tag{3.44}$$

将式(3.12)中的 rhs 所有项合并,给出泊松公式,即式(3.45),它是精确的二项式(3.12)的一种近似形式。式(3.45)的均值等于 pN,因为它是式(3.12)的一种限制情况。

$$P(m)=\frac{(pN)^m}{m!}\exp(-pN) \tag{3.45}$$

对于发生 n 个或更少失效的概率,式(3.46)是累积的。

$$P(m\leqslant n)=\sum_{m=0}^{n}\frac{(pN)^m}{m!}\exp(-pN) \tag{3.46}$$

3.4.1 示例:购买 5 个轮胎

与 3.3.1 节的情况一样,目的是要计算客户购买 5 个轮胎时买到有问题的轮胎的概率。表 3.5 列出了针对不同的发生问题的概率 p,利用式(3.45)算出的买到 $m=0\sim5$ 个有问题的轮胎的概率。从表 3.1 和表 3.5 可以看出,对于小到 $N=5$ 的样本量,式(3.45)可以给出可接受的与式(3.12)的近似值。例如,如果 $p=0.10$ 且 $n=0$、1 或 2 个失效,则泊松和二项式的预计结果相差不到 8%。当 $p=0.20$ 时,对于 $n=0$、1 或 2 个失效,两种预计的结果也相差不到 12%。

表 3.5 $N=5$ 时 $P(m)$ 与 p 的泊松分布

p	$P(0)$	$P(1)$	$P(2)$	$P(3)$	$P(4)$	$P(5)$	$\sum P(m)$
0.01(1%)	0.9512	0.0476	0.0012	0.0000	0.0000	0.0000	1.0000
0.05(5%)	0.7788	0.1947	0.0243	0.0020	0.0001	0.0000	1.0000
0.10(10%)	0.6065	0.3033	0.0758	0.0126	0.0016	0.0002	1.0000
0.20(20%)	0.3679	0.3679	0.1839	0.0613	0.0153	0.0031	0.9994
0.50(50%)	0.0821	0.2052	0.2565	0.2138	0.1336	0.0668	0.9580

3.4.2 上限和置信水平

下面的处理方式与 3.3.2 节相似。正如前面提到的,在整个研究泊松分布的过程中,将用等号(=)代替更恰当的约等于号(≈)。

3.4.2.1 零失效

对于 $n=0$,样本量 N,式(3.46)变成

$$P(0)=\exp(-pN) \tag{3.47}$$

利用式(3.47)和式(3.48)，得到$P(\geqslant 1)$的表达式(3.49)。

$$P(0)+P(\geqslant 1)=1 \tag{3.48}$$

$$P(\geqslant 1)=1-P(0)=1-\exp(-pN) \tag{3.49}$$

要想对$p_{(真)}$的上限p_u的估计很有信心，就要使观察到0次失效(试验结果)的概率$P(0)$很小，观察到1次或多次失效的概率很大。$p_u \geqslant p_{(真)}$的概率由置信水平$C(0)$给出，其定义为

$$C(0)=C(<1)\equiv P(\geqslant 1)=1-\exp(-p_u N) \tag{3.50}$$

对于一个置信水平$C(0)$，可以由式(3.51)算出p_u，其结果与式(3.26)的近似二项式完全一致，但要根据所示的相同条件。

$$p_u=\frac{1}{N}\ln\left[\frac{1}{1-C(0)}\right]=\frac{n_u}{N}\leqslant 0.10 \tag{3.51}$$

附录3A显示了将式(3.51)用于一个由N个单元串联起来的系统，其中每个单元含有M个部件。由式(3.20)得出，失效数的上限n_u为式(3.52)，它与式(3.25)一致。

$$n_u=\ln\left[\frac{1}{1-C(0)}\right] \tag{3.52}$$

3.4.2.2　示例：购买2个轮胎

泊松式(3.46)在这种情形下的运用与3.3.2.3.1节至3.3.2.3.3节的情况是对应的。

3.4.2.2.1　零失效

当$N=2$时，$C(0)$与p_u的关联关系如下：

$$C(0)=C(<1)\equiv P(\geqslant 1)=P(1)+P(2)=1-P(0)=1-\exp(-2p_u) \tag{3.53}$$

当$C(0)=0.90$时，用式(3.53)得出$p_u=1.15>1.00$，它表明，泊松近似法不适用于样本量$N=2$和零失效的情况。换一种方法，可以直接从式(3.51)获得同样的结果。要注意，在3.3.2.3.1节，用近似的二项式(3.26)得出了同样的不可接受的结果。

3.4.2.2.2　一个失效

在两个轮胎中的一个有问题的情况下，与式(3.53)类似的表达式为

$$C(1)=C(\leqslant 1)\equiv P(2)=1-P(0)-P(1)=1-\exp(-2p_u)-2p_u\exp(-2p_u) \tag{3.54}$$

选择$C(\leqslant 1)$为一个恒量，式(3.53)就变成

$$1+x=a\exp(x)\text{，其中 } a=1-C(\leqslant 1)\text{ 且 } x=2p_u \tag{3.55}$$

它没有闭合解。借助于Mathcad™软件的“根函数”，可以得出一个轮胎有问题的概率的上限 为$p_u=1.94>1.00$，这还是不可接受的结果。当样本量小时，无论是用

泊松近似法,还是近似的二项式,都必须小心。

3.4.2.3 示例:购买 5 个轮胎

在 $N=5$ 的一组轮胎中,在 $n=2$ 个失效的情况下,与式(3.35)至式(3.37)类似的式子为

$$C(2)=C(\leqslant 2)\equiv P(\geqslant 3)=1-P(0)-P(1)-P(2) \tag{3.56}$$

$$C(\leqslant 2)=1-\exp(-Np_{\mathrm{u}})-Np_{\mathrm{u}}\exp(-Np_{\mathrm{u}})-\frac{1}{2}(Np_{\mathrm{u}}^2)\exp(-Np_{\mathrm{u}}) \tag{3.57}$$

$$C(\leqslant 2)=1-\exp(-5p_{\mathrm{u}})-5p_{\mathrm{u}}\exp(-5p_{\mathrm{u}})-\frac{25}{2}p_{\mathrm{u}}^2\exp(-5p_{\mathrm{u}}) \tag{3.58}$$

针对 $n=0$、1、2、3 和 4 个失效的情况,表 3.6 给出了各典型置信水平的 p_{u} 值。与表 3.4 相比较,$N=5$、$n=0$ 且 $C=90\%$时,泊松近似的结果很差。不过,泊松的估计值较大,因此更加保守。

表 3.6 $p_{\mathrm{u}}(\%)$ 的泊松上限,$N=5$

C/%	n=0	n=1	n=2	n=3	n=4
50	13.8629	33.5669	53.4812	73.4412	93.4182
60	18.3258	40.4463	62.1076	83.5053	>100
90	46.0517	77.7944	>100	>100	>100
95	59.9146	94.8773	>100	>100	>100
99	92.1034	>100	>100	>100	>100

3.5 使用泊松近似法的局限

3.4.2.2.1 节的结果说明,将泊松近似法用于小的样本量是有问题的。由 3.3.2.2 节的 Telcordia 示例可以看出,当 $n=0$,$C(0)=0.90$,$p_{\mathrm{u}}=0.20(20\%)$时,可以考虑将泊松近似式(3.51)作为精确二项式(3.19)的好的近似。精确的样本量为 $N=10.3$(或 11),近似的样本量为 $N=11.5$(或 12)。

对于大样本量中发生零失效的情况,如 3.6 节的例子所示,用泊松近似式(3.51)而不用精确的二项式(3.19),这是有实际优势的。更一般地说,在给定观察的失效数 n 的情况下,在一个选定的置信水平,要估计预期的失效数的上限 n_{u},用图 3.5 中的泊松取样曲线是很方便的。已知样本量 N 的情况下,可以由式(3.20)算出 p 的上限 p_{u}。

图 3.5 中的纵距为 $P(m\leqslant n)=1-C(m\leqslant n)$。当 $C=0.90$ 时,纵距值为 $1-0.90=0.10$。如果将纵距 0.10 与观察的失效数(比如 $n=4$)的曲线相交的点投影到横坐标上,则置信水平 $C=0.90$ 时的失效数的上限值为 $n_{\mathrm{u}}=8.0$。假设样本量 $N=100$,由式(3.20)得出 $p_{\mathrm{u}}=0.080(8.0\%)$。

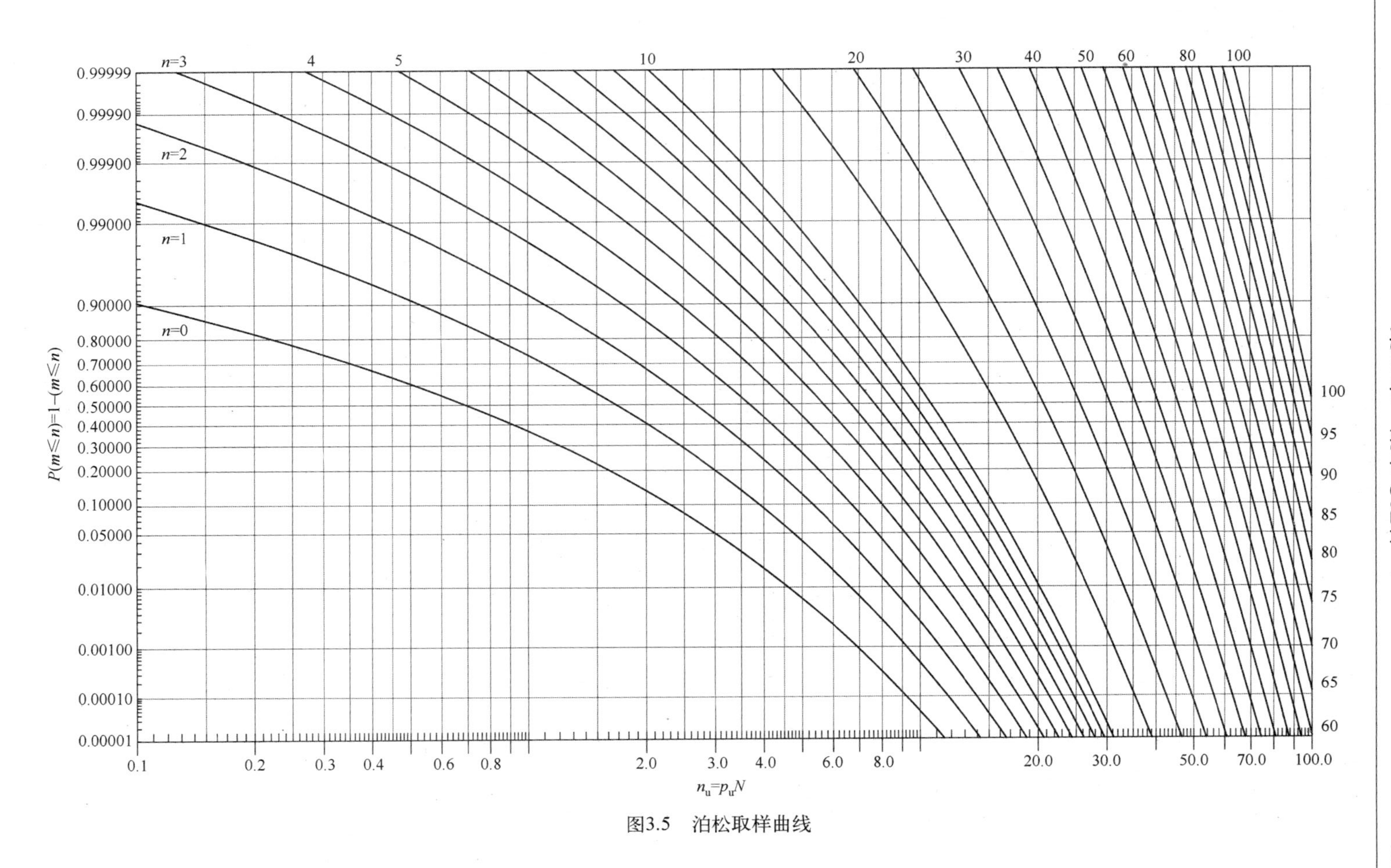

n=3
4
5
10
20
30
40
50
60
80
100
n=2
n=1
n=0
0.99999
0.99990
0.99900
0.99000
0.90000
0.80000
0.70000
0.60000
0.50000
0.40000
0.30000
0.20000
0.10000
0.05000
0.01000
0.00100
0.00010
0.00001
$P(m\leqslant n)=1-(m\leqslant n)$
0.1
0.2
0.3
0.4
0.6
0.8
2.0
3.0
4.0
6.0
8.0
20.0
30.0
50.0
70.0
100.0
$n_u=p_uN$
100
95
90
85
80
75
70
65
60

图3.5　泊松取样曲线

利用 Mathcad™软件和式(3.46),对于 $n=4,N=100,C=0.90,P(4)=0.10$,泊松上限为 $p_u=0.0799369$ 或 8.0%。利用 3.7 节所述的卡方法[5],算出 n 的上限是 $n_u=8.0$,因此,$p_u=0.080(8.0\%)$,与图 3.5 中的泊松上限一致。用式(3.13)的二项式计算,得出 $p_u=0.078347$ 或 7.8%,比泊松近似法算出的结果小约 2.5%。正如前面提到的,泊松方法的上限比二项式方法的上限要大,优点是更加保守。

虽然泊松取样曲线用起来很方便,但正如前面的轮胎例子所示,有些情况下,从泊松近似法得出的失效概率的上限并不准确,不可接受。可以提供有关泊松取样曲线使用的指引,以便获得与从精确的二项式曲线获得的结果相比可以接受的结果。

设想一下,一名工程师选取有代表性的 N 个产品样本,在与外场使用相似的条件下进行测试,测试出现了 n 个失效。工程师想利用这一结果来确定在某个特定置信水平的预期失效数的上限 n_u,并可将它运用于向客户交付的数量大得多的产品。

由图 3.5 估计出 n_u,然后就可以用式(3.20)估计出失效概率的上限 p_u。

$$p_u=\frac{n_u}{N} \tag{3.59}$$

为了进一步明确由二项式(3.12)导出泊松式(3.45)时所用的不等量,将 p_u 的上限极值定义为

$$p_u=0.10(10\%) \tag{3.60}$$

考虑观察的失效数 $n=2$ 的情况,用式(3.57)表示,将它改写成

$$C(\leqslant 2)=1-\exp(Np_u)-Np_u\exp(-Np_u)-\frac{1}{2}(Np_u)^2\exp(-Np_u) \tag{3.61}$$

常选的置信水平是

$$C=0.90(90\%) \tag{3.62}$$

对于 $n=2$ 的情况,如式(3.61)所示,选取 $C(\leqslant 2)$ 为式(3.62)中的值,p_u 为式(3.60)中的值。用式(3.61)中的 Mathcad™ 软件"根函数"算出 $N=53$,于是,由式(3.59)得出 $n_u=5.3$。

要想利用泊松近似法为 $n=2$ 给出一个可接受的估计值,按照式(3.60),N 的值必须满足 $N\geqslant 53$。式(3.61)的二项式为式(3.36),对于 $N=52$,用式(3.62)和式(3.63)来满足。

对于 $C=99\%$ 的置信水平,泊松取样曲线(图 3.5)有用时,n 的最大值是 75。如果 $C=60\%$ 的置信水平是可以接受的,则取样曲线有用的话,n 可以到 95。

利用泊松近似法式(3.46),用 Mathcad™ 软件算出 $n=0\sim30$ 、置信水平 $C=60\%$ 和 90%所需样本量的值 N,结果在表 3.7、表 3.8 和图 3.6 中给出。在表 3.7 和表 3.8 中,当 N 变大时,比值 n/N 逐渐接近 10%,于是,在导出二项式的泊松近似式时,其他不等量的量化为

$$n/N\leqslant 0.10(10\%) \tag{3.63}$$

只要式(3.60)和式(3.63)都满足,就有足够的理由用泊松近似来代替二项式。

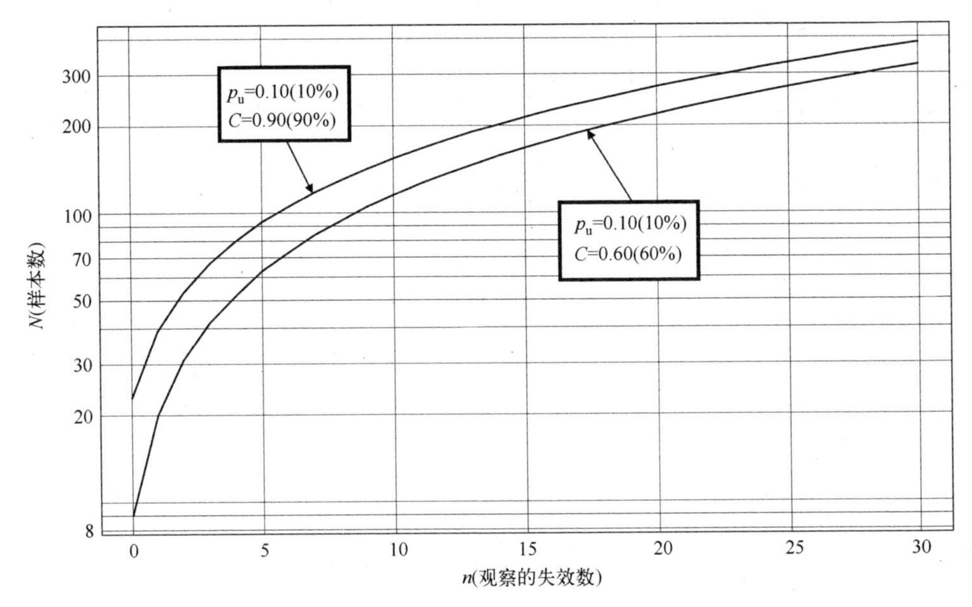

图 3.6　N 与 n 的泊松曲线的上限，C = 60% 和 90%

对于 $n=0\sim50$，$C=60\%$、80%、90%、95%和 99%，用二项式（3.13）算出达到 $p_u=0.10$ 所需的样本量 N 的值[6]，结果在表 3.9 中给出，其接近于表 3.7 和表 3.8 中的值。通过对 $C=60\%$ 和 90%进行 52 个可能的比较可以看出，除了 5 种情况（$n=0\sim4$）下最大差异为 4.5%外，其余情况下，$N(P)$ 与 $N(B)$ 之间的差异都在大约 2%以内。

表 3.7　$p_u=0.10$，$C=0.90$

n	N	n/N/%	n	N	n/N/%
0	23	0.00	16	225	7.11
1	39	2.56	17	236	7.20
2	53	3.77	18	247	7.29
3	67	4.48	19	259	7.34
4	80	5.00	20	271	7.38
5	93	5.38	21	282	7.45
6	105	5.71	22	293	7.51
7	118	5.93	23	304	7.57
8	130	6.15	24	316	7.59
9	142	6.34	25	327	7.65
10	154	6.49	26	338	7.69
11	166	6.63	27	350	7.71
12	178	6.74	28	361	7.76
13	190	6.84	29	372	7.80
14	201	6.97	30	383	7.83
15	213	7.04			

表 3.8 $p_u=0.10, C=0.60$

n	N	$n/N/\%$	n	N	$n/N/\%$
0	9	0.00	16	177	9.04
1	20	5.00	17	188	9.04
2	31	6.45	18	198	9.09
3	42	7.14	19	208	9.13
4	52	7.69	20	218	9.17
5	63	7.94	21	229	9.17
6	73	8.22	22	239	9.21
7	84	8.33	23	249	9.24
8	94	8.51	24	260	9.23
9	105	8.57	25	270	9.26
10	115	8.70	26	280	9.29
11	126	8.73	27	290	9.31
12	136	8.82	28	300	9.33
13	146	8.90	29	311	9.32
14	157	8.92	30	321	9.35
15	167	8.98			

用表 3.7 、表 3.8 和图 3.5 来估计 n_u和 p_u的值,表 3.10 中给出了几个例子。

情况 1、4、7 和 8:N 和 n 值的相交点位于图 3.6 的曲线上。由图 3.5 估计出 n_u的值,由式(3.59)估计出 p_u的值。p_u的估计值与式(3.63)的值之间的任何偏差是由于估计 n_u时的不确定性而产生的。

情况 2 和 6:n 的值需要更大的 N 值来满足式(3.60)。

情况 3 和 5:n 的值用较小的 N 值就能满足式(3.60)。

3.6 示例:比特错误率的范围

对于一个海底光纤通信系统,必须对岸基终端设备中的一个激光发射器发生的错误设定一个上限。可靠性要求为置信水平 95%时,比特错误率(BER)$\leqslant 10^{-14}$。例如在错误传输中,10^{14}位中有错误比特,就会造成无法接受的“软”失效。问题是要确定必须对发射器进行试验多长时间,以证明符合规范要求[3]。

此例中,比特率 $B=2.5\times10^9$b/s。样本量 N 或测试时间 t 内发射的比特数由 $N=Bt$ 给出。BER 的上限为 $p_u=10^{-14}$。假定在测试过程中没有发生传输错误,则相应的二项式为式(3.18)。

$$C(0)=1-(1-p_u)^{Bt} \tag{3.64}$$

将 $C(0)=0.95, p_u=10^{-14}$和 $B=2.5\times10^9$代入式(3.64),得

$$0.95=1-\{1-10^{-14}\}^{2.5\times10^9 t} \tag{3.65}$$

要从式(3.65)中解出 t 不方便,泊松式(3.50)提供了一个很好的变通办法。

$$C(0)=1-\exp(-Btp_{\mathrm{u}}) \tag{3.66}$$

代入已知项,得

$$0.95=1-\exp(-2.5\times10^{-5}t) \tag{3.67}$$

这样就容易解出 $t=1.2\times10^{5}\mathrm{s}\approx1.4$ 天。

表 3.9 不同的 n 和 C 要达到 $p_{\mathrm{u}}=0.10$ 的 N

失效数 \ 样本量 \ 置信水平	60%	80%	90%	95%	99%
0	9	16	22	29	45
1	20	29	38	47	65
2	31	42	52	63	83
3	41	55	65	77	98
4	52	67	78	92	113
5	63	78	91	104	128
6	73	90	104	116	142
7	84	101	116	129	158
8	95	112	128	143	170
9	105	124	140	156	184
10	115	135	152	168	197
11	125	146	164	179	210
12	135	157	176	191	223
13	146	169	187	203	236
14	156	178	198	217	250
15	167	189	210	228	264
16	177	200	223	239	278
17	188	211	234	252	289
18	198	223	245	264	301
19	208	233	256	276	315
20	218	244	267	288	327
22	241	266	290	313	342
24	262	286	312	340	378
26	282	308	330	364	395
28	303	331	354	385	430
30	319	354	377	408	448
35	374	403	430	462	505
40	414	432	490	512	565
45	478	510	550	580	620
50	513	534	595	628	675

资料来源:Alion Science and Technology Corp. 授权使用。

3.7 示例:卡方法[5]

对于观察的失效为零($n=0$)的情况,由卡方法得到失效率的式(3.68)(4.2.4节),其中 α 为 1 减去置信水平,或 $\alpha=1-C(0)$[7]。

$$\lambda_{100(1-\alpha)}=\frac{X^2_{2;100(1-\alpha)}}{2Nt}=-\frac{\ln\alpha}{Nt} \tag{3.68}$$

改写式(3.68),得到式(3.69),它与指数模型中观察的失效数为零的失效率的上限完全一样(5.6.1节)。

表 3.10 图 3.5 和表 3.7、表 3.8 的使用示例

情况	C/%	N	n	n_u	p_u/%	泊松近似法是否适当	说 明
1	90	200	14	20.0	10.0	是	满足式(3.60)
2	90	100	7	11.9	11.9	否	不满足式(3.60)
3	90	50	0	2.3	4.6	是	满足式(3.60)
4	90	23	0	2.3	10.0	是	满足式(3.60)
5	60	300	10	11.6	3.9	是	满足式(3.60)
6	60	100	13	14.6	14.6	否	不满足式(3.60)
7	60	20	1	≈2.03	≈10.2	是	大致满足式(3.60)
8	60	9	0	≈0.93	≈10.4	是	大致满足式(3.60)

$$\lambda_{100(1-\alpha)}=\lambda_u=\frac{1}{Nt}\ln\left[\frac{1}{1-C(0)}\right] \tag{3.69}$$

如果观察的失效不是零,假设 N 个部件工作了时间 t,观察到 n 个失效,则失效率的点估计(5.8节)由文献[8]给出。

$$\hat{\lambda}=n/Nt \tag{3.70}$$

不过,$\hat{\lambda}$ 与 $\lambda_{(\text{真})}$ 之间的关系是不清楚的。利用卡方法,可以从式(3.71)得到置信水平 C 时的点估计的上限 $\lambda_u(C)$,其中,$n_u=fn$ 是置信水平 C 时的上限,f 是待确定的一个数值因子。

$$\lambda_u(C)=f\hat{\lambda}=f\frac{n}{Nt}=\frac{n_u}{Nt} \tag{3.71}$$

在所选的例子中[8],Nt 个工作小时内观察到 $n=4$ 个失效。需要一个 $C=95\%$ 时的 n 的上限。在一个单边的置信上限 $C=95\%$,因子 $f=2.29$ 对应于 4 个失效[9],其结果就是 $n_u=2.29$,$n=9.16$。这样一来,虽然观察的失效数是 $n=4$,但在置信水平 $C=95\%$,预期的失效数却是 $n_u=9.16$。

从同一个例子中可以看出使用泊松取样曲线的便利。$C=0.95$(95%)的上限置信水平对应于图 3.5 中的纵距值 0.0500。在横坐标上,在 $n_u\approx9.2$ 处,$n=4$ 的曲线与 0.0500 的纵距值相交,这与前面用卡方法获得的 $n_u=9.16$ 的上限很吻合。

在 3.5 节,对于 $n=4$,$N=100$ 和 $C=0.90$(90%)的情况,需要估计一个 p_u。按照前面卡方法所用的程序,求得 $f=2$,于是由式(3.71)得到 $n_u=8$,这与 3.5 节的结果相吻合。

表 3.11 显示了针对不同的 n 和 C 值,用图 3.5 的泊松曲线的结果与用卡方法[5]的结果之比较。n_u的估计值之间的一致性很好。对于大的 n 和 C 值,考虑到在确定横坐标上的 n_u值时存在稍微的不准确性,可见,泊松近似法和卡方法得出的结果是完全一样的。这一点已经在数学上得到证明[10,11]。

表 3.11　泊松近似法与卡方法

n	C/%	n_u(泊松近似法)	n_u(卡方法)
95	60.0	98	97.9
75	99.0	98	97.5
65	95.0	80	80.0
45	99.9	70	69.8
25	95.0	35	35.0
1	80.0	3	3.0

附录 3A:由 N 个单元组成的系统的失效概率的范围

一个系统由 N 个单元串联组成,每个单元包含 M 个部件。N 个单元中的任何一个如果失效,系统就失效。系统用户要求,在用户给定的条件下,对单元进行三种鲁棒性试验(机械冲击、振动和温度循环),其制造厂家要提供一个失效概率的上限。该上限要求在规定的置信水平。制造厂家对 N 个单元逐一进行了鲁棒性试验,没有观察到失效。

对于 $N=250$ 个单元的特定系统,用户的规范是,失效概率的上限满足 $p_u\leqslant0.010$ (1.0%),且 $C=0.90$(90%)。在厂家进行鲁棒性试验没有失效的情况下,由式(3.26)或式(3.51)给出上限。该式被改写为

$$p_u=\frac{1}{N}\ln\left[\frac{1}{1-C(0)}\right] \tag{3A.1}$$

对于 $N=250$、$C(0)=0.90$,计算的上限为 $p_u=0.0092$(0.92%),满足用户的规范要求。

由于每个单元含有 $M=2$ 个部件,无论哪个失效都会造成单元失效,因此,厂家可以选择用下式来降低规定置信水平的上限:

$$p_u = \frac{1}{NM}\ln\left[\frac{1}{1-C(0)}\right] \tag{3A.2}$$

这就相当于一个有 $N \times M$ 个部件的单元,或有 $N \times M$ 个单元,每个单元只有一个部件。当 $C(0)=0.90$ 时,上限降低了一半,降到 $p_u=0.0046(0.46\%)$。另一种选择是,制造厂家可以用下式算出 $p_u=0.0092(0.92\%)$ 时提高的置信水平:

$$C(0)=1-\exp[-p_u NM] \tag{3A.3}$$

当 $p_u=0.0092(0.92\%)$, $N=250$ 且 $M=2$ 时,提高的置信水平为 $C(0)=0.99$ (99%)。

参考文献

[1] L. Mlodinow, *The Drunkard's Walk: How Randomness Rules Our Lives* (Pantheon, New York, 2008), 121-122.

[2] I. Bazovsky, *Reliability Theory and Practice* (Prentice-Hall, New Jersey, 1961); (Dover, New York, 2004), Chapter 10.

[3] F. R. Nash, *Estimating Device Reliability: Assessment of Credibility* (Kluwer, now Springer, New York, 1993), Chapter 3.

[4] C. J. Clopper and E. S. Pearson, The use of confidence or fiducial limits illustrated in the case of the binomial, *Biometrika*, 26(4), 404-413, December 1934.

[5] P. A. Tobias and D. C. Trindade, *Applied Reliability*, 2nd edition (Chapman & Hall/CRC, New York, 1995), 63-71.

[6] E. R. Sherwin, Analysis of "One-Shot" Devices, *The Journal of the Reliability Analysis Center*, *Fourth Quarter*, 7(4), 11-14, 13, 2000.

[7] P. A. Tobias and D. C. Trindade, *Applied Reliability*, 2nd edition (Chapman & Hall/CRC, New York, 1995), 70.

[8] P. A. Tobias and D. C. Trindade, *Applied Reliability*, 2nd edition (Chapman & Hall/CRC, New York, 1995), 63, 71.

[9] P. A. Tobias and D. C. Trindade, *Applied Reliability*, 2nd edition (Chapman & Hall/CRC, New York, 1995), 66, Table 3.5.

[10] N. R. Mann, R. E. Schafer, and N. D. Singpurwalla, *Methods for Statistical Analysis of Reliability and Life Data* (Wiley, New York, 1974), 404.

[11] A. Gorski, Chi-square probabilities are poisson probabilities in disguise, *IEEE Trans. Reliab.*, R-34(3), 209-211, August 198

第 4 章　可靠性函数

数学的基本目的是揭示看似复杂问题背后的简单规律[1]。

4.1　引言

第 3 章的例子主要讲的是概率上限的估计问题,并没有涉及时间的概念。关于成败型试验一个著名案例源自 Telcordia GR-468-CORE,该案例要求对 $N=11$ 个样本在不同环境下进行试验(如温度循环试验或机械冲击试验),验证在样本零故障情形下,产品在 $C=90\%$ 置信水平下,故障概率上限能否达到 $p_u=20\%$。由于试验关注的是外界应力瞬间冲击后样本的生存状况,因此忽略了应力作用时间长短对评估结果的影响。

在商业上,制造工程师希望确定某光电二极管是否无意中遭受过潜在的 ESD 破坏。暗电流测量值作为反向偏置电压的函数,其值在遭受 ESD 破坏前后会有所不同。上述试验属于典型的不考虑时间维度的成败型试验。试验后,暗电流测量值或者不发生变化(无 ESD 破坏),或者随着反向电压变化而增加(有 ESD 破坏)。

可靠性的定义(1.1.2 节和 1.1.6 节)涉及时间要素。可靠性关注的重点不是一个产品在一次试验中某个时间点的性能,而是产品在使用条件下,性能随时间的长期变化情况。可靠性是产品在规定条件下、规定时间内不发生故障的概率。定义中的“概率”是对可靠性的定量估计和描述。如果估计出的产品生存或故障的概率用户可以接受,那么即认为该产品是相对可靠的。

产品故障时间可以通过使用条件下的老化试验获取,也可以通过加速老化试验外推得到。在可靠性评估中,常见的描述故障时间的统计寿命模型有三种:Weibull 分布(第 6 章)、对数正态分布(第 6 章)和指数分布(第 5 章)。在后文中,主要讨论如何通过统计寿命模型得出产品可靠度函数,进而计算产品生存和故障概率以及故障率。更多的关于可靠性函数以及相互关系的介绍请参见文献[2-10]。

4.2　可靠性函数

4.2.1　生存函数

生存函数,又称作生存概率或可靠性函数,定义如下:

$S(t)$= 随机抽取的某个产品可以生存到时刻 t 的概率

另外一种定义为:

$S(t)$= 时刻 t 仍生存的产品占产品总数的比例

如果 $t=0$ 时刻生存的产品数量记为 $N(0)$,t 时刻生存的产品数量记为 $N(t)$,则有

$$S(t)=\frac{N(t)}{N(0)} \tag{4.1}$$

4.2.2 故障函数(CDF)

故障函数又叫故障概率、不可靠函数或累积分布函数(CDF),其定义如下:

$F(t)$= 随机抽取的某个产品在时刻 t 之前故障的概率

另外一种定义为:

$F(t)$= 时刻 t 仍故障的产品占产品总数的比例

由于一个产品只有故障和生存两种状态,因此

$$F(t)=1-S(t)=1-\frac{N(t)}{N(0)} \tag{4.2}$$

4.2.3 概率密度函数

概率密度函数(PDF)定义如下:

$f(t)$= 时刻 t 产品在单位时间内故障数占产品总数 $N(0)$ 的比率

差值 $F(t_2)-F(t_1)$,其中 $t_2>t_1$,表示产品在时刻 t_1 和 t_2 故障的概率,或者是产品故障时间处于 t_1 和 t_2 之间的概率:

$$F(t_2)-F(t_1)=\frac{N(t_1)-N(t_2)}{N(0)} \tag{4.3}$$

如果 $t_1=t,t_2=\Delta t$,则 PDF 可以通过式(4.3)除以 Δt,在 $\Delta t\to 0$ 时得到

$$f(t)=\frac{F(t+\Delta t)-F(t)}{\Delta t} \tag{4.4}$$

$$f(t)=\frac{N(t)-N(t+\Delta t)}{N(0)\Delta t} \tag{4.5}$$

$$f(t)=\frac{\mathrm{d}F(t)}{\mathrm{d}t} \tag{4.6}$$

人们感兴趣的公式还有

$$F(t_2)-F(t_1)=\int_{t_1}^{t_2}f(t)\,\mathrm{d}t \tag{4.7}$$

$$F(t)=\int_0^t f(t)\,\mathrm{d}t \tag{4.8}$$

$$f(t)=-\frac{\mathrm{d}S(t)}{\mathrm{d}t} \tag{4.9}$$

$$f(t)=-\frac{1}{N(0)}\frac{\mathrm{d}N(t)}{\mathrm{d}t} \tag{4.10}$$

$f(t)$曲线下从 $t=0$ 到 $t=\infty$ 的面积为

$$\int_0^{\infty}f(t)\,\mathrm{d}t=\int_0^{\infty}\frac{\mathrm{d}F(t)}{\mathrm{d}t}\mathrm{d}t=F(\infty)-F(0)=1 \tag{4.11}$$

该式中假设所有产品在 $t=\infty$ 时都会故障,所以有 $F(\infty)=1$。同样,假设在 $t=0$ 时没有产品发生故障,则所有 $F(0)=0$。根据式(4.2)、式(4.8)和式(4.11),有

$$S(t)=1-F(t)=1-\int_0^{t}f(t)\,\mathrm{d}t=\int_0^{\infty}f(t)\,\mathrm{d}t-\int_0^{t}f(t)\,\mathrm{d}t=\int_t^{\infty}f(t)\,\mathrm{d}t \tag{4.12}$$

4.2.4　故障率

故障率又称为风险率、速率函数、强度函数、死亡率、故障强度、瞬时故障(风险)率、ROCOF、故障事件率、条件故障率等,其定义如下:

$\lambda(t)=$ 工作到时刻 t 尚未故障,在该时刻后单位时间内发生故障的概率

与式(4.10)中定义的以 t 时刻所有样本总数 $N(0)$ 为基数的故障概率 PDF 不同,故障率的定义以 t 时刻仍生存的样本数 $N(t)$ 为基数。因此,需要将式(4.5)中的 $N(0)$ 改为 $N(t)$ 得到故障率的定义,即

$$\lambda(t)=\frac{N(t)-N(t+\Delta t)}{N(t)\Delta t} \tag{4.13}$$

令 Δt 趋于0,有

$$\lambda(t)=\frac{N(0)}{N(t)}\frac{\mathrm{d}F(t)}{\mathrm{d}t}=\frac{1}{S(t)}\frac{\mathrm{d}F(t)}{\mathrm{d}t} \tag{4.14}$$

另一种表述方式是

$$\lambda(t)=-\frac{1}{S(t)}\frac{\mathrm{d}S(t)}{\mathrm{d}t} \tag{4.15}$$

$$\lambda(t)=-\frac{\mathrm{d}}{\mathrm{d}t}\ln S(t) \tag{4.16}$$

$$\lambda(t)=-\frac{1}{N(t)}\frac{\mathrm{d}N(t)}{\mathrm{d}t} \tag{4.17}$$

$$\lambda(t)=\frac{f(t)}{S(t)}=\frac{f(t)}{1-F(t)} \tag{4.18}$$

故障率是每单位时间内的条件概率,因为计算的样本基数是每一时刻生存样本数而非样本总数 $N(0)$。为了理解 $\lambda(t)$ 和 $f(t)$ 之间的差异,请考虑如下两个问题:

①一个新出生女孩在81岁时死亡的概率是多少？②该女孩活到80岁时,她明年死亡的概率是多少？故障率这一概念吸引人的地方在于,它可以解释产品生存到t时刻之后的故障风险。针对任意时刻$S(t)\approx 1$的高度可靠产品情形,根据式(4.18),有$\lambda(t)\approx f(t)$。

4.3 平均故障率

通常,人们希望用一个固定数值来衡量指定寿命产品的故障率。例如,该数值可以是客户分配给产品的故障率。对于估算替换备件库存的成本,这种固定数值是非常有效的。相比之下,人们反而有时对于产品每时每刻的瞬时故障率$\lambda(t)$不太关心。假设产品受早期故障率和内部缺陷影响,部分产品在投入使用初期故障率较高,但通过一定机制可以筛选出并淘汰上述初期故障率高的产品个体,此时人们关注的往往是产品的平均故障率而非瞬时故障率,平均故障率定义为

$$\langle\lambda(t)\rangle=\frac{1}{t}\int_0^t\lambda(t)\,\mathrm{d}t \tag{4.19}$$

将式(4.16)代入到式(4.19)中,得到

$$\langle\lambda(t)\rangle=\frac{1}{t}\ln\left[\frac{1}{S(t)}\right]=\frac{1}{t}\ln\left[\frac{1}{1-F(t)}\right] \tag{4.20}$$

如果$\Delta N(t)$是时刻t之前的累积故障数,$N(0)$是初始样本总数,则式(4.20)中的故障概率为$F(t)=\Delta N(t)/N(0)$。当$\Delta N(t)\to N(0)$时,故障概率$F(t)\to 1$,所以$\langle\lambda(t)\rangle\to\infty$且与时间$t$无关。对于满足$F(t)\leqslant 0.10(10\%)$的高可靠性产品,平均故障率可以简单描述为

$$\langle\lambda(t)\rangle\approx\frac{F(t)}{t} \tag{4.21}$$

故障函数$F(t)$是累积故障概率,表示在t时刻故障产品所占产品总数比例。故障分布随时间的变化不再起支配作用。累积故障率$\Lambda(t)$定义为故障率$\lambda(t)$对时间的积分:

$$\Lambda(t)=\int_0^t\lambda(t)\,\mathrm{d}t=\ln\left[\frac{1}{1-F(t)}\right]=-\ln[S(t)] \tag{4.22}$$

如果$\lambda(t)$是时间$t\sim(t+\Delta t)$之间的条件故障概率,且时刻t时没有故障发生,则$\Lambda(t)$是时间$0\sim t$之间的条件故障概率,即产品在生存到时刻t前提下其在t时刻故障的概率。平均累积故障率是时刻$0\sim t$之间的平均故障概率,同平均瞬时故障率的定义类似,如式(4.23)所示:

$$\langle\Lambda(t)\rangle=\frac{\Lambda(t)}{t}=\langle\lambda(t)\rangle \tag{4.23}$$

4.4 故障率单位

如果 $N(0)$ 是 $t=0$ 时的产品个数，ΔN 是时间段 $\Delta t[\mathrm{h}]$ 内的故障个数，则故障函数为

$$F(\Delta t)=\frac{\Delta N}{N(0)} \tag{4.24}$$

假设式(4.21)适用，则平均故障率为

$$\langle\lambda(t)\rangle\approx\frac{\Delta N}{N(0)}\frac{1}{\Delta t[\mathrm{h}]} \tag{4.25}$$

例如，如果 $F(\Delta t)=10^{-2}(1\%)$，$\Delta t=10^4\mathrm{h}$，则 $\langle\lambda(t)\rangle=10^{-6}\mathrm{h}^{-1}$。但这是一种不方便的表示方式。为了方便，这里令时间单位为 10 亿小时，则 $\langle\lambda\rangle$ 的单位将从小时的倒数转化为 FIT(最初是以非实时故障定义的，而不是以实时故障定义的)[11-14]。此时，式(4.25)有两种表示方式：

$$\langle\lambda(t)\rangle[\mathrm{FIT}]\approx\frac{\Delta N}{N(0)}\frac{1}{\Delta t[\mathrm{Gh}]} \tag{4.26}$$

$$\langle\lambda(t)\rangle[\mathrm{FIT}]\approx\frac{\Delta N}{N(0)}\frac{10^9}{\Delta t[\mathrm{h}]} \tag{4.27}$$

其中，$\langle\lambda(t)\rangle\approx1000\mathrm{FIT}$。如果 1%的产品在约一年时间内(或约 10000h)故障，则平均故障率≈1000FIT。一种对 FIT 单位的定义如式(4.28)所示：

$$1\ \mathrm{FIT}=10^9\text{个单元小时老化中出现一次故障} \tag{4.28}$$

假设目标是验证产品平均故障率 $\langle\lambda(t)\rangle$ 不超过 1000FIT。这相当于要求 10^7 单元时间内产品故障次数不大于 1 次，例如对 1000 个样本进行 10000h 测试，故障的样本个数不超过 1 个。但是，很多时候试验样本数过多是不切实际的。如果可以通过提高应力(如温度)的方式加速产品老化，例如提高温度后试验 10000h 等效于常温下试验 100000h，此时样本个数就可以从 1000 个减小至 100 个。

对于海底光纤电缆中的单模泵浦激光器，其设计寿命是 25 年($2.19\times10^5\mathrm{h}$)，激光器的平均故障率要求为 $\langle\lambda(t)\rangle=50\mathrm{FIT}$。将 $\Delta t=2.19\times10^5\mathrm{h}$ 代入式(4.27)，得到在 25 年寿命时间内 $F(\Delta t)=\Delta N/N(0)\approx1\%$。以 FIT 为单位，式(4.20)可以改写为

$$\langle\lambda(t)\rangle[\mathrm{FIT}]=\frac{10^9}{t[\mathrm{h}]}\ln\left[\frac{1}{S(t)}\right]=\frac{10^9}{t[\mathrm{h}]}\ln\left[\frac{1}{1-F(t)}\right] \tag{4.29}$$

单位 FIT 常用于利用实验室条件下的老化试验来推导现场条件下的故障率。与故障率[FIT]相对应，移除率[RIT]定义为

$$1\ \mathrm{RIT}=10^9\text{单元小时老化中出现一次移除} \tag{4.30}$$

通常，移除率会超过预计的故障率，因为有些组件被错误地从现场操作中移除，

随后返回给供应商时显示无故障,或者提示剔除的故障不是内在的相关组件,但具有外在来源,例如,施加不正确的电源或误操作造成的损坏(1.6.1节)。

4.5 竞争风险模型

考虑一个产品存在 N 种故障机理,各故障机理相互独立且都会导致产品故障。当某个故障机理第一次出现时,产品即会发生故障。此时,产品的生存概率等于 n 个故障机理所对应的生存概率乘积,如式(4.31)所示。相应的故障概率定义如式(4.32)所示。这里认为,每种故障机理的故障函数已知。竞争风险模型允许每种故障函数形式不同[15-17]。

$$S(t)=\prod_{k=1}^{N}S_k(t) \tag{4.31}$$

$$F(t)=1-\prod_{k=1}^{N}[1-F_k(t)] \tag{4.32}$$

如果故障的产品适合做后续分析,则可以利用1.3.1节中的故障模式分析(Failure Mode Analysis,FMA)方法将每一种故障机理与其所导致的故障时间联系起来。可以通过累积故障概率图描述一种特定故障机理引起的产品故障时间分布,但在绘制时要注意移除其他故障机理导致的故障次数。一种特定故障机理导致的故障时间分布可以用几种典型的寿命统计模型(如Weibull模型或对数正态模型)描述。重复上述过程,直到得到所有不同故障机理对应的故障函数[18-20]。

竞争风险故障会出现在不同的应用场景中。例如,最典型的例子是某产品受多种故障机理影响;另一个例子是由多个组件串联组成某个系统,其中任何一个组件故障都会导致整个系统故障。假设没有组件冗余,串联系统中的各组件被称为"故障单点"(single-point of failure)。

考虑一个产品从工作一开始就受到两个相互独立的竞争故障机理(1和2)作用,两种故障机理对应不同的生存(故障)函数。该产品生存概率等于上述两个故障机理对应的生存概率乘积,通过式(4.31)可以推导出

$$S(t)=S_1(t)S_2(t) \tag{4.33}$$

通过式(4.2)和式(4.32)可以给出产品故障函数,结果如式(4.34)和式(4.35)所示:

$$F(t)=1-[1-F_1(t)][1-F_2(t)] \tag{4.34}$$

$$F(t)=F_1(t)+F_2(t)-F_1(t)F_2(t) \tag{4.35}$$

由于 $F(t)+S(t)=1$,因此所有可能的最终状态都可以用式(4.33)和式(4.35)来表示。该产品状态如果是生存,则如式(4.33)描述,两种故障机理均未发生;产品状态如果是故障,则如式(4.35)描述,其中某一种故障机理发生或者两种故障机理

同时发生。式(4.35)中的减号是校正重复的部分。与投掷硬币两次得到的结果不同(一正一反、两正、两反),一个产品发生故障只由机理1或2导致,不可能由二者同时导致。在一种机理导致产品故障后,产品不可能因为第二种机理再故障一次。两种机理同时作用导致产品故障的概率通常是非常小的,所以式(4.35)可以简化为式(4.36)。同时,在两个组件构成的串联系统中,当其中一个组件故障时,系统即故障。

$$F(t)=F_1(t)+F_2(t) \tag{4.36}$$

将式(4.15)代入式(4.33),得到产品故障率表达式

$$\lambda(t)=-\frac{1}{S_1(t)S_2(t)}\left[S_2(t)\frac{dS_1(t)}{dt}+S_1(t)\frac{dS_2(t)}{dt}\right] \tag{4.37}$$

$$\lambda(t)=-\frac{1}{S_1(t)}\frac{dS_1(t)}{dt}-\frac{1}{S_2(t)}\frac{dS_2(t)}{dt} \tag{4.38}$$

产品故障率等于两种故障机理各自对应的故障率之和,即

$$\lambda(t)=\lambda_1(t)+\lambda_2(t) \tag{4.39}$$

考虑 N 个组件组成的串联系统,式(4.22)对应第 k 个组件的相关部分为

$$\int_0^t \lambda_k(t)\,dt=-\ln[S_k(t)] \tag{4.40}$$

经过转化可以得到

$$S_k(t)=\exp\left[-\int_0^t \lambda_k(t)\,dt\right] \tag{4.41}$$

利用式(4.31),即可推导出串联系统的生存函数表达式,如式(4.42)至式(4.44)所示:

$$S(t)=\prod_{k=1}^{N}\left(\exp\left[-\int_0^t \lambda_k(t)\,dt\right]\right) \tag{4.42}$$

$$S(t)=\exp\left[-\sum_{k=1}^{N}\int_0^t \lambda_k(t)\,dt\right] \tag{4.43}$$

$$S(t)=\exp\left[-\int_0^t\left[\sum_{k=1}^{N}\lambda_k(t)\right]dt\right] \tag{4.44}$$

由式(4.41)可以得出串联系统的生存函数为

$$S(t)=\exp\left[-\int_0^t \lambda(t)\,dt\right] \tag{4.45}$$

比较式(4.44)和式(4.45),可以得出系统故障率为

$$\lambda(t)=\sum_{k=1}^{N}\lambda_k(t) \tag{4.46}$$

同样可以得出系统平均故障率为

$$\langle\lambda(t)\rangle=\sum_{k=1}^{N}\langle\lambda_k(t)\rangle \tag{4.47}$$

考虑式(4.47)的一个实际应用,某光学放大器由多个关键组件组成,任何一个组件故障都会导致该放大器故障。顾客对该放大器提出的平均故障率要求为$\langle \lambda \rangle$。在可靠性研究中,可以将各组件的平均故障率$\langle \lambda_k \rangle$累加起来,用来作为放大器平均故障率的经验估计值,进而判断该放大器能否满足顾客的要求。

4.6 混合分布模型

对于有些产品,其故障时间难以用某种特定寿命模型(如 Weibull 模型或对数正态模型)来描述,此时可以用几种寿命模型组成的混合分布模型对其进行建模。考虑一种产品,其部分个体因自身缺陷会出现早期故障,除此之外,所有个体在使用过程中都还会受磨损故障机理作用(7.13 节)。此时可以用二元混合分布模型对其故障时间分布进行建模。p_1 比例的个体受早期故障机理作用,p_2 比例的个体受磨损故障机理作用[21-23]。竞争风险模型和混合分布模型的区别在于,前者的两种故障机理是竞争关系,而后者的两种故障机理是作用时间不同[15]。

如果故障产品适用于 FMA 分析,那么可以用 4.5 节中给出的流程[18-20]对其进行分析。如果故障产品不适于进行 FMA 分析,可以利用两种分布交汇点近似估计比例系数 p_1 和 p_2 的值[19,20,23]。如果早期故障时间分布属于长尾分布,那么早期故障时间分布与磨损导致的故障时间分布将会分离得不太明显,这会造成 p_1 和 p_2 估计起来比较困难[19,20,23]。成功估计出参数后,就可以单独给出磨损故障时间的分布图,第 58 章、第 67 章和第 73 章给出了相关例子。

在式(4.48)约束下,故障时间 PDF 函数、故障函数和生存函数如式(4.49)至式(4.51)所示。

$$p_1+p_2=1 \tag{4.48}$$

$$f(t)=p_1f_1(t)+p_2f_2(t) \tag{4.49}$$

$$F(t)=p_1F_1(t)+p_2F_2(t) \tag{4.50}$$

$$S(t)=p_1S_1(t)+p_2S_2(t) \tag{4.51}$$

根据式(4.18),混合分布模型对应的故障率由各组合分布加权计算得到,如式(4.52)至式(4.54)所示。

$$\lambda(t)=\frac{f(t)}{S(t)}=\frac{p_1f_1(t)+p_2f_2(t)}{p_1S_1(t)+p_2S_2(t)} \tag{4.52}$$

$$\lambda(t)=\frac{p_1S_1(t)}{p_1S_1(t)+p_2S_2(t)}\frac{f_1(t)}{S_1(t)}+\frac{p_2S_2(t)}{p_1S_1(t)+p_2S_2(t)}\frac{f_2(t)}{S_2(t)} \tag{4.53}$$

$$\lambda(t)=w_1(t)\lambda_1(t)+w_2(t)\lambda_2(t) \tag{4.54}$$

因此,产品的故障率可以表示为各分布对应故障率 $\lambda_k(t)$ 的加权,其中权值计算公式为

$$w_k(t)=\frac{p_k S_k(t)}{S(t)} \tag{4.55}$$

对于某类产品，如果其早期故障和正常磨损故障导致的故障时间在两个不同的时间段，且不存在施加外在过应力导致产品故障发生，即可用式(4.54)中的混合模型对产品进行建模和描述。

4.7 竞争风险混合模型

继续以故障率服从浴盆曲线的产品为研究对象，考虑在没有外界过应力的情形下对产品进行老化试验，产品故障仅由早期故障和磨损故障两种机理导致。可以想象，通过设计，令所有磨损故障发生在早期故障之后，这样两种故障分布在总体累积故障分布中就很容易区分出来。早期故障和磨损故障处于一种非竞争混合情形。然而，还存在一种情形，即磨损故障又可以细分为两种竞争的磨损故障机理。此时，机理1影响早期故障，机理2和机理3影响两种磨损故障。单从磨损故障所占总体故障分布比例来看，有时可能无法对两种磨损故障机理做进一步区分。此时需要通过故障模式分析区分两种磨损机理各自导致的故障时间分布。根据式(4.32)、式(4.34)和式(4.50)，可以给出竞争风险混合模型的故障函数为

$$F(t)=p_1F_1(t)+p_2[1-[1-F_2(t)][1-F_3(t)]] \tag{4.56}$$

与用式(3.34)推导式(4.36)的方法类似，经过近似推导，式(4.56)可以变为

$$F(t)=p_1F_1(t)+p_2[F_2(t)+F_3(t)] \tag{4.57}$$

令 $F_c(t)=F_2(t)+F_3(t)$，式(4.57)转化为

$$F(t)=p_1F_1(t)+p_2F_c(t) \tag{4.58}$$

利用式(4.48)，可以得到对应的生存函数，如式(4.59)或式(4.60)所示：

$$S(t)=1-F(t)=1-p_1[1-S_1(t)]-p_2[1-S_c(t)] \tag{4.59}$$

$$S(t)=p_1S_1(t)+p_2S_c(t) \tag{4.60}$$

根据式(4.33)，有 $S_c(t)=S_2(t)S_3(t)$，此时式(4.60)变为

$$S(t)=p_1S_1(t)+p_2S_2(t)S_3(t) \tag{4.61}$$

利用式(4.6)或式(4.9)可以给出PDF函数：

$$f(t)=p_1f_1(t)+p_2f_c(t) \tag{4.62}$$

因此，式(4.58)、式(4.60)和式(4.62)与式(4.50)、式(4.51)、式(4.49)非常类似。与式(4.53)类似，相应的故障率为

$$\lambda(t)=\frac{p_1S_1(t)}{S(t)}\lambda_1(t)+\frac{p_2S_c(t)}{S(t)}\lambda_c(t) \tag{4.63}$$

针对两种竞争磨损故障机理，从式(4.33)得出 $S_c(t)=S_2(t)S_3(t)$，从式(4.39)可以得出 $\lambda_c(t)=\lambda_2(t)+\lambda_3(t)$，因此有

$$\lambda(t)=\frac{p_1S_1(t)}{S(t)}\lambda_1(t)+\frac{p_2S_2(t)S_3(t)}{S(t)}[\lambda_2(t)+\lambda_3(t)] \tag{4.64}$$

生存函数由式(4.61)给出。

4.8 可靠性函数关系总结

只要给出 $f(t)$、$F(t)$、$S(t)$、$\lambda(t)$ 中任何一个,都可以推导出另外三者的表达式[4]。

4.8.1 给定 $f(t)$

由式(4.8)、式(4.2)和式(4.18)可以给出

$$F(t)=\int_0^t f(t)\mathrm{d}t \tag{4.65}$$

$$S(t)=1-F(t) \tag{4.66}$$

$$\lambda(t)=\frac{f(t)}{S(t)}=\frac{f(t)}{1-F(t)} \tag{4.67}$$

4.8.2 给定 $F(t)$

由式(4.6)、式(4.2)和式(4.18)可以给出

$$f(t)=\frac{\mathrm{d}F(t)}{\mathrm{d}t} \tag{4.68}$$

$$S(t)=1-F(t) \tag{4.69}$$

$$\lambda(t)=\frac{f(t)}{1-F(t)} \tag{4.70}$$

4.8.3 给定 $S(t)$

由式(4.9)、式(4.2)和式(4.18)可以给出

$$f(t)=-\frac{\mathrm{d}S(t)}{\mathrm{d}t} \tag{4.71}$$

$$F(t)=1-S(t) \tag{4.72}$$

$$\lambda(t)=-\frac{1}{S(t)}\frac{\mathrm{d}S(t)}{\mathrm{d}t} \tag{4.73}$$

或者由式(4.16)给出

$$\lambda(t)=-\frac{\mathrm{d}}{\mathrm{d}t}\ln S(t) \tag{4.74}$$

4.8.4 给定 $\lambda(t)$

给定 $\lambda(t)$后,需要通过一些计算给出其他可靠性函数。式(4.74)两边均乘以dx,并对其进行有限积分,得到

$$-\int_0^t \lambda(x)\mathrm{d}x = \int_0^t \frac{\mathrm{d}}{\mathrm{d}x}\ln S(x)\mathrm{d}x \tag{4.75}$$

等号右侧部分等价于估计 $\ln S(x)$在 $x=t$ 和 $x=0$ 处的值。由于 $S(0)=1$,$\ln S(x)=0$,因此 式(4.75)可以变为

$$-\int_0^t \lambda(x)\mathrm{d}x = -\Lambda(t) = \ln S(t) \tag{4.76}$$

$\Lambda(t)$是式(4.22)定义的累积故障率。反解式(4.76)可以得到

$$S(t)=\exp[-\Lambda(t)] \tag{4.77}$$

$$F(t)=1-S(t)=1-\exp[-\Lambda(t)] \tag{4.78}$$

由于$f(t)=\lambda(t)S(t)$(由式(4.67)可知),于是有

$$f(t)=\lambda(t)\exp[-\Lambda(t)] \tag{4.79}$$

值得注意的是,通过式(4.22),可以直接由式(4.77)得到式(4.79)。

参考文献

[1] I. Stewart, Visions of Infnity: The Great Mathematical Problems (Basic Books, New York, 2013), Preface, ix.

[2] I. Bazovsky, Reliability Theory and Practice (Prentice-Hall, New Jersey, 1961); (Dover, New York, 2004), Chapter 4.

[3] N. R. Mann, R. E. Schafer, and N. D. Singpurwalla, Methods for Statistical Analysis of Reliability and Life Data (Wiley, New York, 1974), Chapter 4.

[4] D. L. Grosh, A Primer of Reliability Theory (Wiley, New York, 1989), Chapter 2.

[5] D. J. Klinger, Y. Nakada, and M. A. Menendez, Editors, AT&T Reliability Manual (Van Nostrand Reinhold, New York, 1990), Chapter 1.

[6] F. R. Nash, Estimating Device Reliability: Assessment of Credibility (Kluwer, now Springer, New York, 1993), Chapter 4.

[7] P. A. Tobias and D. C. Trindade, Applied Reliability, 2nd edition (Chapman & Hall/CRC, New York, 1995), Chapter 2.

[8] E. A. Elsayed, Reliability Engineering (Addison Wesley Longman, New York, 1996), Chapter 1.

[9] L. C. Wolstenholme, Reliability Modeling: A Statistical Approach (Chapman & Hall/CRC, New York, 1999), Chapter 1.

[10] M. Modarres, M. Kaminskiy, and V. Krivtsov, Reliability Engineering and Risk Analysis, 2nd edition (CRC Press, Boca Raton, 2010), Chapter 3.

[11] D. S. Peck and C. H. Zierdt, The reliability of semiconductor devices in the bell system, Proc. IEEE, 62 (2), 185-211, February 1974.

[12] D. S. Peck and M. C. Wooley, Component design, construction and evaluation for satellites, Bell System Technical Journal, 42 (4), 1665-1686, July 1963.

[13] I. M. Ross, Reliability of components for communication satellites, Bell System Technical Journal, 41 (2), 635-662, March 1962.

[14] D. S. Peck and O. D. Trapp, Accelerated Testing Handbook (Technology Associates, Portola Valley, CA, 1978).

[15] N. R. Mann, R. E. Schafer, and N. D. Singpurwalla, Methods for Statistical Analysis of Reliability and Life Data (Wiley, New York, 1974), 142-143.

[16] P. A. Tobias and D. C. Trindade, Applied Reliability, 2nd edition (Chapman & Hall/CRC, New York, 1995), 219-221.

[17] F. Jensen, Electronic Component Reliability: Fundamentals, Modelling, Evaluation, and Assurance (Wiley, New York, 1995), 80-83.

[18] G. A. Dodson, Analysis of accelerated temperature cycle test data containing different failure modes, 17th Annual IEEE Proceedings Reliability Physics Symposium, San Francisco, CA, 238-246, 1979.

[19] P. A. Tobias and D. C. Trindade, Applied Reliability, 2nd edition (Chapman & Hall/CRC, New York, 1995), 43 and 240.

[20] C. Tarum, Mixtures of populations and failure modes, in R B Abernethy, The New Weibull Handbook, 4th edition (North Palm Beach, Florida, 2000), Appendix J.

[21] N. R. Mann, R. E. Schafer, and N. D. Singpurwalla, Methods for Statistical Analysis of Reliability and Life Data (Wiley, New York, 1974), 138-139.

[22] P. A. Tobias and D. C. Trindade, Applied Reliability, 2nd edition (Chapman & Hall/CRC, New York, 1995), 231-232.

[23] F. Jensen, Electronic Component Reliability: Fundamentals, Modelling, Evaluation, and Assurance (Wiley, New York, 1995), 75-80, 85-89.

第5章　可靠性模型:指数模型

人们常说,科学是对现实世界的诠释。上述说法虽有一定道理,但事实上,预测才是科学最大的特色和亮点[1]。

5.1　引言

可靠性预测中最常用的三种模型是指数模型、Weibull 模型和对数正态模型。其中指数模型在工程上最早得到应用,关于 Weibull 模型和对数正态模型将在第6章中讲到。

5.2　指数模型

该模型也称为负指数模型。最常用的生存函数(4.2.1节)如式(5.1)所示。τ 为尺度参数或特征寿命,$\lambda = 1/\tau$ 是故障率(4.2.4节),故障函数如式(5.2)所示。

$$S(t) = \exp\left[-\frac{t}{\tau}\right] = \exp[-\lambda t] \tag{5.1}$$

$$F(t) = 1-\exp\left[-\frac{t}{\tau}\right] = 1-\exp[-\lambda t] \tag{5.2}$$

有时,一种更通用的指数模型如式(5.3)所示:

$$S(t) = \exp\left[-\frac{t-t_0}{\tau}\right] = \exp[-\lambda(t-t_0)] \tag{5.3}$$

未知参数 t_0 又称为平移参数、阈值参数、等待时间、潜伏期、保修期、无故障期等。根据式(5.3),可以预测在 $t<t_0$ 时没有故障发生。作为对比,Weibull 模型的生存函数(6.2节)由式(5.4)给出。当 $\beta=1$ 时,式(5.4)即变为式(5.3)。

$$S(t) = \exp\left[-\left(\frac{t-t_0}{\tau}\right)^{\beta}\right] \tag{5.4}$$

利用式(5.1),指数模型的PDF(4.2.3节)由式(5.5)和式(5.6)给出。

$$f(t) = -\frac{\mathrm{d}S(t)}{\mathrm{d}t} \tag{5.5}$$

$$f(t)=\frac{1}{\tau}\exp\left(-\frac{t}{\tau}\right)=\lambda\exp(-\lambda t) \tag{5.6}$$

利用式(5.1),可以计算出指数模型故障率(4.2.4节),如式(5.7)和式(5.8)所示。故障率为参数是指数模型的重要特点之一。

$$\lambda(t)=-\frac{1}{S(t)}\frac{\mathrm{d}S(t)}{\mathrm{d}t}=\frac{\mathrm{d}}{\mathrm{d}t}\ln S(t) \tag{5.7}$$

$$\lambda(t)=\lambda=\frac{1}{\tau}=\text{常数} \tag{5.8}$$

当$t=\tau$时,式(5.1)中的生存函数变为$S(\tau)=\exp(-1)=0.3679$。利用式(5.1),一半产品故障对应的时间t_m(又称中位寿命)可以通过式(5.9)和式(5.10)计算得到。

$$S(t_m)=\exp\left(-\frac{t_m}{\tau}\right)=\frac{1}{2} \tag{5.9}$$

$$t_m=\tau\ln 2 \tag{5.10}$$

t的期望值[2-4]可以通过式(5.11)或式(5.12)计算得到,结果如式(5.13)所示。

$$\langle t\rangle=\int_0^{\infty}tf(t)\mathrm{d}t \tag{5.11}$$

$$\langle t\rangle=\int_0^{\infty}S(t)\mathrm{d}t \tag{5.12}$$

$$\langle t\rangle=\tau=\frac{1}{\lambda}=\mathrm{MTTF} \tag{5.13}$$

其中,MTTF为平均故障时间(Mean Time To Failure)。有的顾客可能将小时作为MTTF的单位,此时故障率记为

$$\lambda=\frac{1}{\mathrm{MTTF[h]}} \tag{5.14}$$

以小时的倒数作为故障率单位有时不太方便。以FIT为单位,式(5.14)变为式(5.15)(4.4节):

$$\lambda[\mathrm{FIT}]=\frac{10^9}{\mathrm{MTTF[h]}} \tag{5.15}$$

例如,某系统平均寿命为MTTF = 20000h,根据式(5.15),其故障率为$\lambda=50000$FIT。

某顾客可能想知道产品的平均无故障时间(Mean Time Between Failure,MTBF),可以通过式(5.16)计算得到,其结果与MTTF相同。

$$\mathrm{MTBF}=\langle t-t_n\rangle=\int_{t_n}^{\infty}(t-t_n)\frac{1}{\tau}\exp\left(\frac{t-t_n}{\tau}\right)\mathrm{d}t=\tau=\mathrm{MTTF} \tag{5.16}$$

5.3 指数模型应用:不可修产品

我们继续研究式(5.1)中描述的随机事件,适用于该模型的典型案例包括:工厂中工人忘记带一卡通的时间间隔,工作周高速公路收费站通过车辆的时间间隔,工作日忙时段的两次电话之间的间隔,一个国家因天气、酒驾、吸毒引起的交通事故发生间隔等。

还有一些其他适用于式(5.1)的例子,这些例子的共同特点是:事件/事故的发生与历史无关,仅与当前时刻可能发生的随机外部冲击有关,如变压器上的雷击次数。雷击会导致变压器中熔断丝的电流异常或电压波动,进而导致变压器故障。人们对雷击发生的时间产生了浓厚的兴趣,并发现可以利用式(5.1)对因雷击导致的变压器故障时间间隔进行建模。这里假设产品在受外界冲击故障后,无法对产品进行修复,必须对其进行更换。在这里,那些因自身内部原因而出现的故障不在研究之列。符合指数模型统计的示例如下。

5.3.1 案例5-1:汽车轮胎故障

一家大型汽车轮胎经销商发现,新销售的轮胎中有一小部分会因意外原因损坏,例如石块尖锐部分对轮胎侧面造成的刺穿或沙石造成的超出正常磨损范围破坏等。假设在 $t=0$ 时刻轮胎总数为 $N(0)$,t 时刻未故障的产品个数为 $N(t)$,则生存函数为

$$S(t)=\frac{N(t)}{N(0)} \tag{5.17}$$

由式(5.7)和式(5.17)可以得到故障率函数:

$$\lambda(t)=-\frac{1}{S(t)}\frac{\mathrm{d}S(t)}{\mathrm{d}t}=-\frac{1}{N(t)}\frac{\mathrm{d}N(t)}{\mathrm{d}t} \tag{5.18}$$

由于每年因意外原因导致故障的新销售轮胎数量很少,因此有 $N(t)\approx N(0)$。根据历史维修数据,每年因意外原因故障的轮胎数量约为恒定值。因此,式(5.18)可以改写为

$$\lambda(t)=\lambda=\text{常数} \tag{5.19}$$

对式(5.18)变形后积分得到

$$\int_t^{S(t)}\frac{\mathrm{d}S(t)}{S(t)}=-\lambda\int_0^t \mathrm{d}t \tag{5.20}$$

积分后得到指数模型的生存函数如式(5.21)所示,对应的故障函数如式(5.22)所示。

$$S(t)=\exp[-\lambda t] \tag{5.21}$$

$$F(t)=1-\exp[-\lambda t] \tag{5.22}$$

5.3.2　案例 5-2:记录错误

该案例对文献[5,6]中 5 号打字员的错误输入进行分析。表 5.1 给出两次错误输入之间的正确输入条目数(共 82 条错误输入)。为了确定错误之间输入的正确条目数是否服从指数分布,我们对其指数分布假设下的故障函数[式(5.2)]进行分析。在图 5.1 中,散点近似分布在一条直线上,这表明数据较好地服从指数分布。也就是说,前一条记录输入正确与否不会影响到后一条记录的正确性。这里,平均正确输入条目数(即指数分布的尺度参数)为 $a=\langle n\rangle=186.10$。

$$F(n)=1-\exp\left(-\frac{n}{a}\right) \tag{5.23}$$

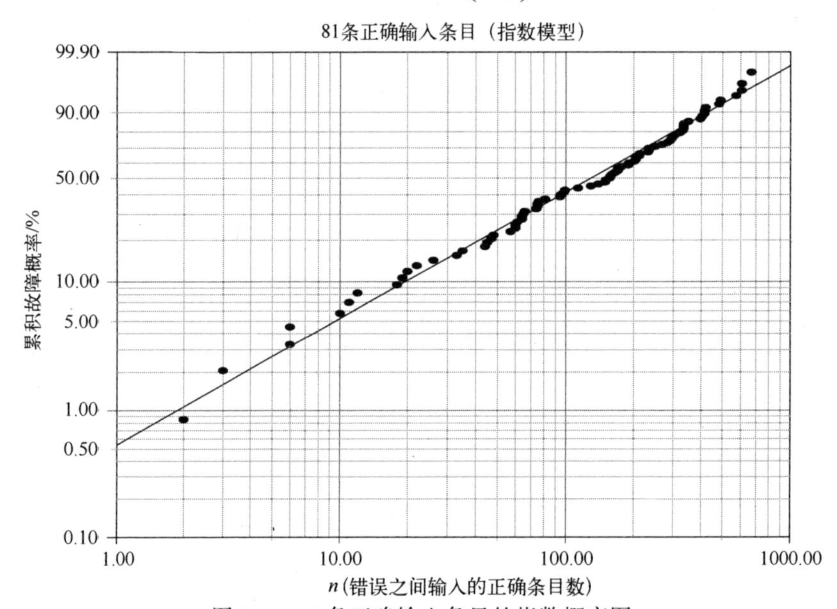

图 5.1　81 条正确输入条目的指数概率图

表 5.1　错误之间输入的条目数

2	20	57	75	129	170	231	305	413
3	22	60	75	139	176	233	321	414
6	26	60	76	149	189	233	330	418
6	33	61	81	150	190	249	333	481
10	35	64	94	156	201	267	333	488
11	44	64	95	157	204	282	334	573
12	45	65	98	160	204	290	350	608
18	47	66	99	165	211	294	396	609
19	48	74	113	170	212	299	403	671

这里利用极大似然(MLE)方法估计模型参数。极大似然估计具有无偏差、最小方差等优点,可以充分利用所有数据,在样本数不小于10~20时估计精度较高。也就是说,在样本数据足够多的情况下,没有其他方法能比极大似然估计得到的估计结果更精确。极大似然方法在具体操作时,通过最大化似然函数得到参数估计值[7]。

5.3.3 案例5-3:放射性衰变和自发辐射

放射性原子核辐射出的α粒子、β射线(电子或正电子)、γ射线等,以及原子受激发后产生的自发辐射光子,都不会受到外界事件的影响。根据衰变规律,放射性原子核衰变是一种符合指数模型的典型案例。试验结果表明,单位时间内衰变的原子核数量近似为恒定常数。在早期,人们认为放射性物质也会经历老化现象。也就是说,随着辐射的进行,损失的能量越来越多,而能量的释放又会加快原子核衰变。根据早期理论,原子核衰变速率会随着放射时间增加而不断加快。

然而,上述早期观点是没有经过试验验证的。相反,目前已经证实,任何原子核的衰变时间与衰减历史和外界物理环境(如温度)都是无关的。放射性原子核不会经历诸如人体衰老或鞋子磨损这种类似的老化过程。原子核在其衰变过程中,任何时间点衰变速度都是相同的。如果一个原子核衰变到时刻$t=t_1$,则可以将其衰变时间重设为$t=0$。这种"无记忆性"非常适于用指数模型或者常数故障率模型描述(5.9节)。

大量实验证明,放射性衰减是符合指数规律的。例如,对从^{56}Mn(半衰期为2.5785h)辐射出的1.811MeVγ射线展开为期45个半衰期的观测。图5.2中的衰减曲线表明,结果非常符合指数模型[8]。后期研究还比较了^{40}K在衰减初期和衰减时间超过4.5×10^9年的衰减率,结果表明,用指数衰减规律对其进行描述是非常精确的,在试验不确定度为±11%时,模型误差仅有10^{-10}半衰期[9]。

5.3.4 案例5-4:冲击故障

设想一个元器件会受到外界环境的随机冲击。随机冲击是指下一次冲击到来的时间与最后一次冲击的时间无关。从当前冲击发生的时间推断不出下一次冲击何时发生。如果发生冲击,元器件就会故障,否则就不会故障。假设冲击次数服从参数为λ的泊松分布,其概率密度函数为:

$$P(n,t)=\frac{(\lambda t)^n\exp(-\lambda t)}{n!} \tag{5.24}$$

单位时间长度内冲击次数的期望值为恒定常数λ。参数n是在时间$[0,t]$内的冲击次数。时间$t=0$为最近一次冲击发生的时刻。取$0!=1$,利用式(5.24),可以得到下一次冲击到来时间大于t的概率为[10-16]

$$P(0,t)=\exp(-\lambda t) \tag{5.25}$$

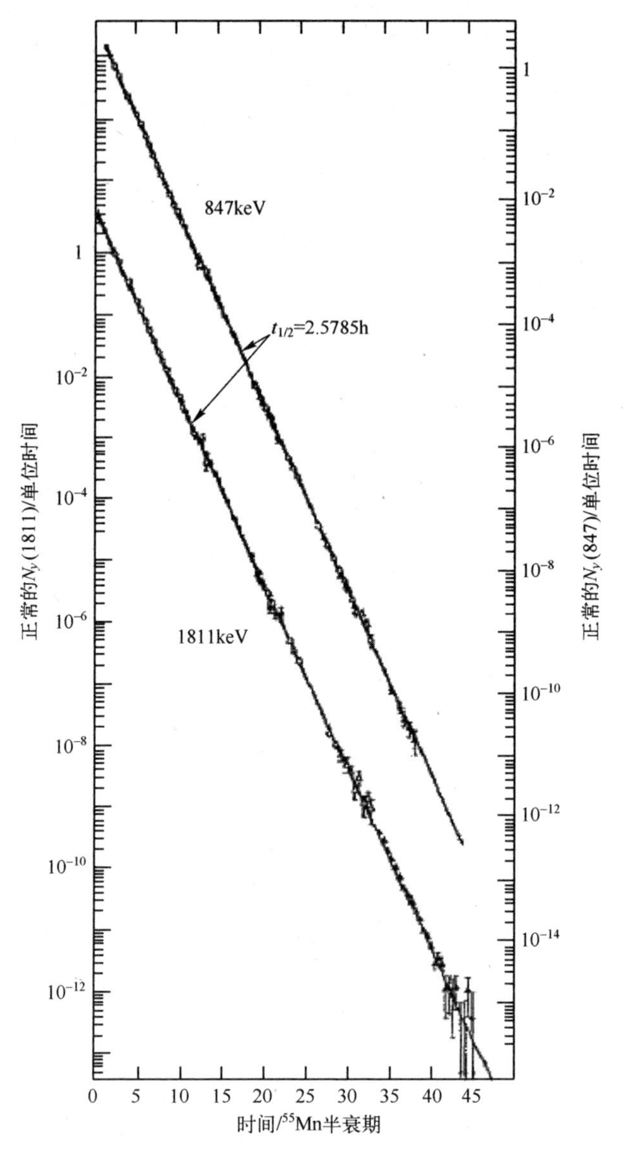

图 5.2 ^{56}Mn 辐射出的 847keV 和 1811keV γ 射线复合衰减图

下一次冲击到来时间小于或等于时间 t 的概率(即元器件故障函数)如式(5.26)所示。与放射性物质衰变不同,这里元器件在冲击故障后,必须立刻对其进行更换。

$$F(t)=1-\exp(-\lambda t) \tag{5.26}$$

上述指数模型是建立在每次冲击都会导致元器件故障的前提下。然而,在实际应用中,由于每次冲击的幅值(即强度)不同,因此并非每次冲击都会导致元器件故障。因此,在建模时,除了参数 λ 外,通常还可以用 q 表示一次冲击后条件生存概率,

而 $1-q$ 则表示一次冲击后产品故障的条件概率。在上述情况下,元器件的生存概率 $S(t)$ 可以表示为多个互斥事件概率和的形式,例如:①无冲击;②出现一次冲击且未导致元器件故障;③出现两次冲击且未导致元器件故障;等等。利用式(5.24)和 q,可以得到故障函数的数学表达式[10,12,14,16]:

$$S(t)=P(0,t)q^0+P(1,t)q^1+P(2,t)q^2+\cdots \tag{5.27}$$

$$S(t)=\exp(-\lambda t)+q\lambda t\exp(-\lambda t)+\frac{1}{2}(q\lambda t)^2\exp(-\lambda t)+\cdots \tag{5.28}$$

$$S(t)=\exp(-\lambda t)\left[1+q\lambda t+\frac{1}{2}(q\lambda t)^2+\cdots\right] \tag{5.29}$$

由于括号内部分是 $\exp(q\lambda t)$ 的展开式,因此式(5.29)可以改写为式(5.30),这与式(5.25)给出的指数模型生存函数具有相同的形式。

$$S(t)=\exp(-\lambda t)\exp(q\lambda t)=\exp(-p\lambda t) \tag{5.30}$$

进一步分析,假设元器件会遭受同时发生的随机竞争冲击,任何一次冲击都可能会导致故障发生。k 种不同的环境冲击可以分别用参数为 λ_k、条件生存概率为 q_k 的泊松分布描述。从式(5.30),可以得到元器件在 t 时间内不会因第 k 种冲击而故障的概率为 $\exp(-p_k\lambda_k t)$。这里假设竞争冲击之间是相互独立的,可以得到竞争冲击下的生存函数为

$$S(t)=\prod_{k=1}^{N}\exp(-p_k\lambda_k t)=\exp\left[-\left(\sum_{k=1}^{N}p_k\lambda_k\right)t\right] \tag{5.31}$$

令式(5.32)中的 Λ 表示复合常故障率,则式(5.31)可以改写为式(5.33)的形式[10,16]:

$$\Lambda=\sum_{k=1}^{N}p_k\lambda_k \tag{5.32}$$

$$S(t)=\exp(-\Lambda t) \tag{5.33}$$

如果 k 种环境冲击发生的概率 $c_1,c_2,c_3,\cdots,c_k$ 满足

$$\sum_{m=1}^{k}c_m=1 \tag{5.34}$$

相应的泊松分布参数和条件故障概率分别记为 λ_m 和 p_m,则生存函数可以表示为[10,16]

$$S(t)=\sum_{m=1}^{k}c_m\exp(-p_m\lambda_m t) \tag{5.35}$$

5.4 指数模型应用:可修产品

Drenick 定理认为,在合适的条件下,可修复系统的可靠性将接近式(5.1)给出

的极限[17]。Drenick 定理的局限性在于:①要求系统组件是串联的;②各组件的故障是相互独立的;③任一组件故障后立刻对其进行更换[18]。

任何一个组件故障都会导致系统故障。组件故障可以是其内部机理造成的,因此不同组件的故障机理可以不同。不同组件故障概率分布可能不同,因此可以用不同的统计模型(例如 Weibull 分布或对数正态分布)分别进行描述。在对故障组件进行更换一段时间之后,系统寿命可以认为近似服从指数分布模型。

5.4.1 案例 5-5:巴士发动机故障

某大型城市客车公司对其经营的 191 辆巴士上的发动机首次故障和后续故障发生时的行驶里程进行了分析[5]。图 5.3 给出了发动机第 1~5 次故障的故障频率,故障频率指的是每行驶 10000 英里故障出现的次数[5]。

对于首次故障出现时对应的行驶里程数,可以用正态(高斯)分布进行拟合。发动机首次故障通常是由汽缸、活塞、活塞环、阀门、凸轮轴、连杆、曲轴轴承一种或多种部件磨损引起的。根据中心极限定理,可以认为首次故障服从正态分布。中心极限定理认为,“如果某随机变量由多个子随机变量的和构成,其中每个子随机变量的值很小且有自己的分布类型,那么可以认为整体随机变量服从高斯分布”[19]。

对于图 5.3 中的第 3 次和第 3 次以后的故障,用指数分布对其拟合效果更好。当系统中故障部件被更换或修复后,系统会呈现出“分散磨损状态”[5]。虽然单个故障可能服从不同的分布,如 Weibull 分布、正态分布或对数正态分布,但作为由原始部件、更换后的部件以及修复后的部件构成的系统,在等间隔期间出现故障的概率是近似相同的。一旦故障率趋于恒定,意味着那些随机进入系统开始服役的更换后部件的故障时间也会变得随机起来。系统的故障率恒定不意味着单个部件的故障率也是恒定的。

5.4.2 案例 5-6:灯泡故障仿真

在一项研究中,利用计算机模拟方法对 $N=200$ 个同类型灯泡组成的系统的工作状态进行追踪[20]。假设单个灯泡寿命服从期望值 $\langle t\rangle=7200$h(10 个月)、标准差 $\sigma=600$h(25 天)的正态分布,且任一灯泡故障后都会被立即更换。模拟工作时间为 500 个月(50 倍平均寿命)。由 5.2 节中可以得知,当参数 $\beta=1$ 时,Weibull 分布退化为指数分布。模拟试验中,在 100 个月(约 8.3 年)后,灯泡才达到稳定状态(即 $\beta\approx1$)。

5.4.3 案例 5-7:轮胎故障仿真

第二项仿真研究是对一辆摩托车(2 轮)、一辆自卸车(4 轮)和一辆半拖车(18 轮)的轮胎故障进行模拟[18]。假设轮胎寿命服从期望值 $\langle t\rangle=40000$ 英里、标准差 $\sigma=10000$英里的正态分布。各轮胎故障是相互独立的,且轮胎故障后会立刻更换备

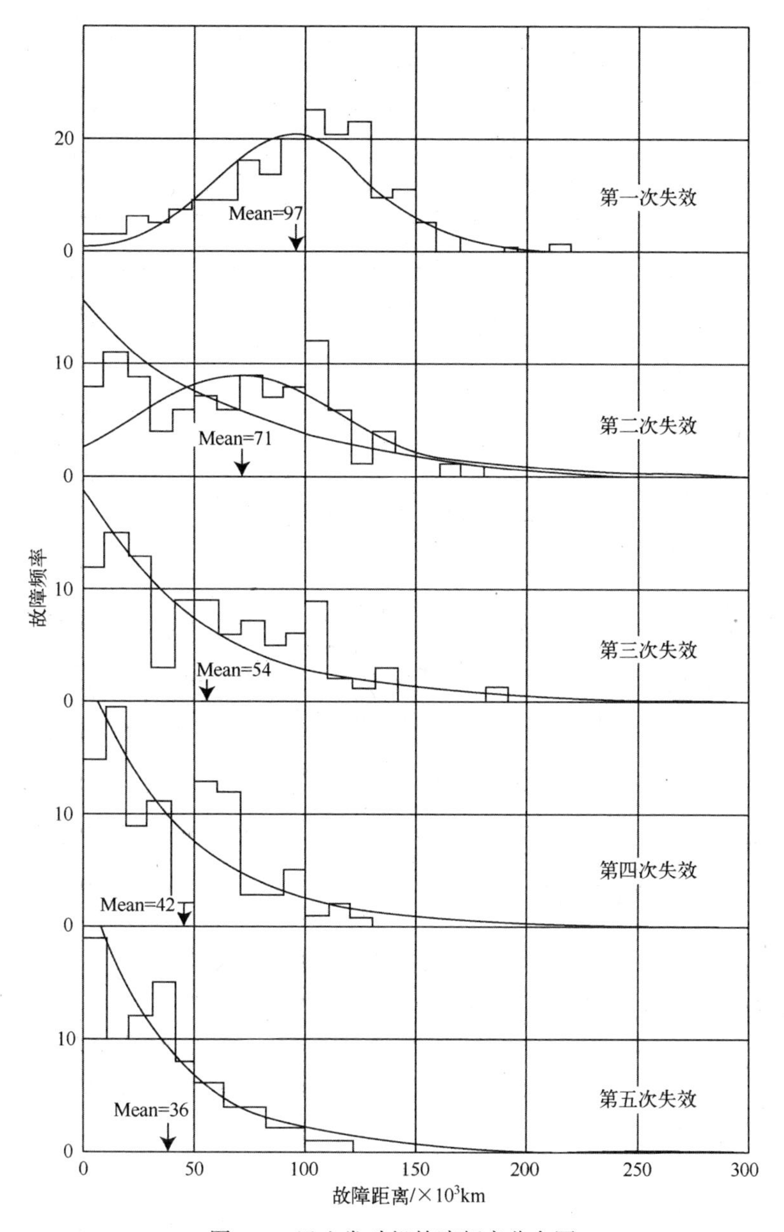

图5.3　巴士发动机故障频率分布图

件。例如,对于18轮车,50000英里(12.5倍平均寿命)后参数$\beta=1.01$;20000英里(5倍平均寿命)后$\beta=0.95$。

由于本书主要是面向不可修产品,因此关于可修产品的可靠性问题后面不再进一步讨论。

5.5 指数模型推导

放射性衰变的指数模型可以通过几种不同方法推导得到。

5.5.1 放射性衰变观测

文献[22]中研究表明,单位时间的放射性衰变数量 $\mathrm{d}N(t)/\mathrm{d}t$ 与 t 时刻尚未衰变的原子核数量 $N(t)$ 成正比,即

$$\frac{\mathrm{d}N(t)}{\mathrm{d}t} \propto -N(t) \tag{5.36}$$

为了表示随着时间 t 的增加 $N(t)$ 不断减少,在式(5.36)中插入了一个负号。式(5.36)右侧乘以与时间无关的比例因子 λ,即可将式中的正比例符号改写为等号,即

$$\frac{\mathrm{d}N(t)}{\mathrm{d}t} = -\lambda N(t) \tag{5.37}$$

常数 λ 表示任意原子核在单位时间内衰变的概率。由于 $N(t)$ 在时间 $t\sim 1/\lambda$ 内下降非常显著,为了保证 λ 是与时间无关的常量,需要令 $\Delta t \ll 1/\lambda$。也就是说,两次观测之间的时间间隔要远小于 $1/\lambda$。对式(5.37)移项后积分得到

$$\int_{N(0)}^{N(t)} \frac{dN(t)}{N(t)} = -\lambda \int_0^t \mathrm{d}t \tag{5.38}$$

积分得出

$$N(t) = N(0)\exp(-\lambda t) \tag{5.39}$$

对于放射性原子核辐射,λ 称为衰变常数;而对于激发原子态的自发辐射,λ 称为爱因斯坦 A 系数。通常,将特征寿命 τ 定义为衰变常数或爱因斯坦 A 系数的倒数。

$$\tau = \frac{1}{\lambda} \tag{5.40}$$

式(5.39)中,$N(t)$ 为 t 的连续函数。由于放射性衰变是离散事件,所以 $N(t)$ 不能为非整数值,所以这里必须将 $N(t)$ 解释为平均值或预期值。例如,在只有一个未衰变原子核的极端情况下,$N(t)=1$,直至衰变到 $N(t)=0$。

从式(5.37)可以看出,单位时间内的原子核衰变比例是常数,即

$$\frac{\Delta N}{N\Delta t} = \lambda \tag{5.41}$$

从这里也可以看出,观测时间间隔 Δt 需要满足 $\Delta t \ll \tau = 1/\lambda$(前面已经提到)。为了进一步说明上述条件的必要性,令 $\Delta t = \tau$,从式 5.39 可以得到

$$\Delta N = N(0) - N(\tau) = N(0)\left(1 - \frac{1}{\mathrm{e}}\right) \tag{5.42}$$

由于 $\Delta t \ll \tau = 1/\lambda$ 不成立，导致在该时间段内的原子核衰变比率不等于常数 λ。将式(5.42)中 ΔN 表达式代入式(5.41)中得到

$$\frac{\Delta N}{N\Delta t}=\frac{\Delta N}{N(0)\tau}=\lambda\left(1-\frac{1}{\mathrm{e}}\right)\neq\lambda \tag{5.43}$$

根据式(5.44)中的生存函数定义，利用式(5.39)可以得到指数模型的生存函数表达式，如式(5.45)所示。

$$S(t)=\frac{N(t)}{N(0)} \tag{5.44}$$

$$S(t)=\exp(-\lambda t) \tag{5.45}$$

5.5.2　机会法则

在缺乏任何有关放射性衰变基础知识的情况下，可以通过两个假设得到式(5.45)，这两个假设都是必要和充分的[15,22]。

(1) 对于任何一个原子核，其在单位时间 λ 内衰变的概率是相同的，也就是说，所有原子核都是相同的。

(2) 单位时间 λ 的衰变概率与原子核所处的时间点无关，也就是说，衰变过程是随机发生的。

如果 Δt 是相比 $1/\lambda$ 非常小的时间区间，则 $\lambda\Delta t$ 代表 Δt 时间内的衰变概率。在 Δt 时间内原子核存活(即不衰变)的概率是 $1-\lambda\Delta t$。在任意时间区间 $t=n\Delta t$ 内，生存概率可以表示为式(5.46)或式(5.47)的形式：

$$S(t)=(1-\lambda\Delta t)^{n}=(1-\lambda\Delta t)^{t/\Delta t} \tag{5.46}$$

$$S(t)=\exp\left[\frac{t}{\Delta t}\ln(1-\lambda\Delta t)\right] \tag{5.47}$$

在 $\Delta t\to 0$ 的极限情况下，$\ln(1-\lambda\Delta t)=-\lambda\Delta t$，所以式(5.47)可以改写为

$$S(t)=\exp(-\lambda t) \tag{5.48}$$

请注意，放射性衰变中，“随机”一词也适用于描述组件的故障概率分布，但不具有指数模型特征，而是具有例如 Weibull 模型、对数正态模型、正态模型、Gamma 模型等特征(第2章和1.9.1节)。

5.5.3　齐次泊松过程

齐次泊松过程有一个常值参数 λ。在非齐次泊松过程中，$\lambda=\lambda(t)$。齐次泊松过程的条件有很多种形式[15,23-25]，其中四个充分必要条件是[23]：

(1) 在任何特定的时间间隔内，所有原子核的衰变概率是相同的；

(2) 某个给定原子核在给定时间间隔内发生衰变，不会影响其他原子核在相同时间间隔内衰变的概率(所有原子核衰变是相互独立的)；

(3) 在相同的时间间隔内,原子核衰变概率是相同的;

(4) 原子核的数量和观测时间间隔足够多(这在统计上很重要)。

泊松方程的推导如下[26]:将时间 t 划分成大量 n 个等长的间隔 t/n。原子核在单位时间的衰变概率为恒定值 λ。在第一个时间区间内发生衰变的概率为 $\lambda t/n$。如果 n 足够大,则该概率值会变得很小,以致于在同一时间间隔内发生衰变不会超过一次。在一个时间间隔内不发生衰变的概率为 $(1-\lambda t/n)$,连续 n 个时间间隔不发生衰变的概率为 $(1-\lambda t/n)^n$。在下一个时间间隔 $\mathrm{d}t$ 内发生衰变的概率为 λdt。因此,在 t 和 $(t+\mathrm{d}t)$ 之间第一次衰变发生的概率为

$$P\mathrm{d}t=\left(1-\frac{\lambda t}{n}\right)\lambda\,\mathrm{d}t \tag{5.49}$$

在 $n\to\infty$ 的极限情况下,由式(5.48)和式(5.48),式(5.49)可以变为

$$P\mathrm{d}t=\lambda\exp(-\lambda t)\,\mathrm{d}t \tag{5.50}$$

人们感兴趣的是在给定时间(如 t')内衰变发生的次数。在 $0\sim t'$ 时间内不发生衰变的概率等于 1 减去发生衰变的概率,如式(5.51)所示,这只是一个原子核在时间间隔 t' 内未衰变的生存函数,由式(5.45)和式(5.48)给出。

$$1-\int_0^{t'}\lambda\exp(-\lambda t)\,\mathrm{d}t=\exp(-\lambda t') \tag{5.51}$$

t' 时间内衰变一次的概率等于在 $t_0\sim(t_0+\mathrm{d}t_0)$ 内衰变一次且在剩余时间 $(t'-t_0)$ 内没有衰变的概率在 t_0 所有可能值域上进行积分,结果如式(5.52)所示:

$$\int_0^{t'}[\lambda\exp(-\lambda t_0)\,\mathrm{d}t_0][\exp\{-\lambda(t'-t_0)\}]=\lambda t'\exp(-\lambda t') \tag{5.52}$$

t' 时间内衰变两次的概率等于在 $t_0\sim(t_0+\mathrm{d}t_0)$ 内衰变一次,且在剩余时间 $(t'-t_0)$ 内衰变一次的概率在 t_0 所有可能值域上进行积分,结果如式(5.53)所示:

$$\int_0^{t'}[\lambda\exp(-\lambda t_0)\,\mathrm{d}t_0]\{\lambda(t'-t_0)\exp[-\lambda(t'-t_0)]\}=\frac{(\lambda t')^2}{2}\exp(-\lambda t') \tag{5.53}$$

同样方法,可以得到 t' 时间内衰变 k 次的概率公式,如式(5.54)所示,与式(5.24)形式相同。

$$P(k,\lambda,t')=\frac{(\lambda t')^k}{k!}\exp(-\lambda t') \tag{5.54}$$

注意,式(5.54)中的泊松方程在 3.4 节中看作伯努利公式的近似。时间 t' 内衰变的平均或预期次数为[15,25]

$$m=\lambda t' \tag{5.55}$$

$k=0$ 时的概率即生存函数与指数模型生存函数形式相同,结果如式(5.56)所示:

$$P(0,\lambda,t')=S(t')=\exp(-\lambda t') \tag{5.56}$$

$$(k+1)! = (k+1)k! \tag{5.57}$$

通过式(5.57)可以得出,当 $k=0$ 时,有 $(0+1)!=1=0!$,所以 $0!=1$。

5.5.4 量子化学

在研究电偶极子 γ 射线的自发发射时,人们计算了其与时间无关的衰变常数 λ[27]。爱因斯坦(1917)发现,空间中的激发原子会转移到较低的状态,并由此提出自发发射的概念[28,29]。爱因斯坦在普朗克(1901)提出的热辐射定律基础上,建立了自发发射的衰变常数(称为 *A* 系数)与激发发射和吸收衰变常数(称为 *B* 系数)之间的比例关系。爱因斯坦认识到,自发发射的速度方程(如式(5.37)所示),这里重新改写为式(5.58),其本质上是一种与放射性衰变相同的随机现象。

$$\frac{\mathrm{d}N(t)}{\mathrm{d}t} = -\lambda N(t) = -AN(t) \tag{5.58}$$

爱因斯坦没有进一步研究 *A* 系数的计算方法。量子领域相关的 CGS 单位制则是在 10 年后由 Dirac 提出[30-33]。在 MKS 或 SI 单位中[34],*A* 计算方法如下:

$$A = \frac{8\pi e^2 \omega_3}{3hc^3} \left| \langle \Psi_{\mathrm{a}} | \boldsymbol{r} | \Psi_{\mathrm{b}} \rangle \right|^2 \tag{5.59}$$

式中,e 为电子电荷;$\omega=2\pi\nu$,ν 为发射频率;h 为普朗克常数,c 为光速;最后一项为原子激发态和基态之间电偶极矩阵的平方。

A 系数计算是在半经验辐射理论框架下展开的,其中融合了电磁学经验理论以及量子力学理论中的粒子(例如电子)的相互作用[31,33,34]。在量子动力学中,电磁是定量计算的。电磁的定量化引入了一些粒子特性和光子学原理[30-33]。"自发"即是一种没有明显原因的行为,其发射只能由量子动力学解释。自发发射是一种由所谓的零点域或真空波动所激发的发射行为[33]。真实光子的发射由虚拟的光子激发。在上述解释下,"自发"发射就可以看作是一种自发的行为或事件,与外界原因没有任何关系。

虽然指数衰减现象[式(5.58)]经过了试验验证,但量子力学预测在有时衰变/发射时也会偏离指数规律。指数衰减规律不是量子力学的严格推演结果,只是一种近似结果。

理论上,在时间趋于无穷大时,生存概率与时间成反比例关系,即 $S(t\to\infty)\propto t^{-n}$,所以 $S(t)\to 0$ 的速度比指数规律更慢[35-41]。试验中发现,衰变从指数模型向幂律模型的转变与上述理论预测结果是一致的[42]。长时间衰变后,衰变规律偏离指数模型的一种定量解释是,长时间从指数衰减出发的定性解释是由于衰变产物初始状态的再生[38]。

有人预测,短时间内放射性衰变规律也会偏离指数模型[39,40,43-45],并且通过试验进行了证实[44]。在较短的时间内,生存概率的最低次项是 $S(t)=1-at^2$,其变化速度小于指数模型。当 $t\to 0$ 时,$dS(t)/dt\to 0$,这与式(5.45)得到的结果是不同的。短期内指数衰变模型的预测偏差与系统及储存持续态之间的耦合在短时间内的可逆有关。

在短时间内,如果假设生存概率只与初始态之间的转移有关,而忽略由持续态向初始态的转移,那么衰变就严格是指数模型。在 $t=0$ 时刻,初始态会转变为多种不同状态,每种状态又会不同程度地返回初始态。在一段时间之后,这种恢复现象会逐渐减弱,此时,衰变就会完全呈现出指数规律。

5.5.5 系统故障观测

假设对某包括多个组件的可修系统可靠性进行一段长时间观测。任何一个组件的故障都会导致系统故障。不同组件的状态是“分散的”,也就是说,有的组件是初始安装的,有的是修复过的,还有的是更换过的新产品。系统工作记录表明,系统的故障率是近似常值,即

$$\lambda(t)=\lambda=\frac{1}{\tau}=\text{常数} \tag{5.60}$$

根据式(5.7),故障率可以写为

$$\lambda(t)=\frac{1}{S(t)}\frac{dS(t)}{dt}=-\frac{d}{dt}\ln S(t) \tag{5.61}$$

式(5.61)两边同时乘以 dt,然后积分得到

$$\int_0^t \lambda(t)\,dt=\int_0^t \frac{d}{dt}\ln S(t)\,dt \tag{5.62}$$

将式(5.60)代入式(5.62)积分得到

$$\frac{t}{\tau}=-\ln S(t) \tag{5.63}$$

$$S(t)=\exp\left(-\frac{t}{\tau}\right)=\exp(-\lambda t) \tag{5.64}$$

5.6 案例:零故障老化试验置信上限估计

众所周知,利用给定条件下的产品样本故障数据,可以进行产品数值可靠性评估。然而,如果老化试验中没有样本发生故障,可靠性评估就会变得非常困难。在无故障情形下,同样需要对产品是否可靠进行定量评估。

5.6.1 指数模型在零故障加速老化试验中的应用

举一个典型例子:某高可靠性无源光学部件在实验室条件下进行老化试验,且试

验中没有观测到故障发生。假设试验过程控制、监测都是正确的,且由于过应力导致的意外故障样本以及缺陷导致的早期故障样本都已经及时移除,且试验中除了温度和光照外,没有其他应力会加速产品老化。

出现零故障可能的原因是:①老化时间太短;②样本量太小或样本不具有代表性;③施加的温度和光照应力不够高;④试验中监测的故障模式是不存在的,温度和光照无法加速该故障模式。

尽管高应力下无故障发生可以保证产品在低应力下具有足够的可靠性,但利用试验结果对超出试验时间外的产品可靠性进行外推是不可能的,主要原因在于,无法得到试验时间外潜在故障机理的热活化能或光照加速因子。

尽管在高应力条件下观察不到故障,可以在较低应力条件下提供对可靠性的定性保证,但是无法超出实际加速老化持续时间的时间外推是可能的,因为可能的未知和未观察到的长期故障机制不具有可分配的热激活能或光功率加速因子。不过,在缺乏上述激活能和加速因子的情况下,可以对产品可靠性的置信上限进行估计(附表5A)。

置信上限估计方法主要是建立故障率 λ、时间 t、样本量 N 和置信水平 C 之间的关系。给定 N 和 t 的试验值,最后得出的结果是故障率 λ 在指定置信水平 C 下的上限值。这里假设 N 个样本可以作为该类型产品(同样设计和制造工艺下)的总体代表,每个样本的生存函数 $S(t)$ 相同,且样本之间是一致的。在上述假设下,试验中零故障发生的概率为

$$P(0)=[S(t)]^N=S^N(t) \tag{5.65}$$

在缺乏观测早期故障或长期故障的情形下,可以用最简单的单参数指数模型[式(5.66)]进行建模。在故障数据非常有限或不存在的情况下,通常利用指数或常数故障率模型对故障数据进行建模[46]。当存在早期故障和耗损故障时,在早期(短期)故障率出现下降和耗损(长期)故障率开始上升阶段,可以用指数模型对其近似建模。然而,在当前的例子中,由于已经对早期故障产品进行了移除,因此用指数模型对其进行建模是不合理的。众所周知,由于指数模型具有无记忆性特点,也就是说,产品未来故障概率与当前老化程度无关,因此用指数模型对长期"损耗"型产品进行建模是不合适的(5.9节)。寿命服从指数模型的产品不会出现老化,因此指数模型不适于用来对故障率与时间相关的产品进行建模(Weibull模型和对数正态模型更适合该类产品建模)。指数模型更常用来对事件相关型故障建模(5.3节和7.17.2节)。尽管如此,这里仍以指数模型[式(5.66)]为例介绍故障率上限的数值计算方法。

$$S(t)=\exp(-\lambda t) \tag{5.66}$$

利用一种更为合理的替代方法可以得到式(5.66)。根据故障函数 F,可以得到组件的生存函数,如式(5.67)所示:

$$S(t)=1-F(t) \tag{5.67}$$

对式(5.67)两边取自然对数正态得到

$$\ln S(t)=\ln[1-F(t)] \tag{5.68}$$

在该例中，一个合理的假设是 $F(t)\leqslant 0.10$，此时式(5.68)可以近似为 $\ln[1-F(t)]\approx -F(t)$。对式(5.68)两侧取指数，得到

$$S(t)=\exp[-F(t)] \tag{5.69}$$

若老化在 t 时刻终止，则故障函数为 $F(t)$。对 $F(t)$ 求平均值即可得到故障率的估计值(4.3 节和 5.10 节)，如式(5.70)所示。将式(5.70)代入式(5.69)，可得到式(5.66)中描述的常故障率指数模型。将式(5.66)代入式(5.65)可以得到式(5.71)。

$$\lambda=F(t)/t \tag{5.70}$$

$$P(0)=\exp(-\lambda Nt) \tag{5.71}$$

为了准确估计故障率 λ 的置信上限 λ_u，通常将故障零次的概率 $P(0)$ 设置得比较小，而将故障次数多于 1 次的概率 $P(\geqslant 1)$ 设置得比较大。$\lambda_u \geqslant \lambda$ 的概率由置信水平 $C(0)$ 给出，即超过 1 次故障出现的概率。$C(0)$ 表达式如下：

$$C(0)\equiv P(\geqslant 1)=1-P(0)=1-\exp(-\lambda_u Nt) \tag{5.72}$$

求解 λ_u 得到

$$\lambda_u=\frac{1}{Nt}\ln\left[\frac{1}{1-C(0)}\right] \tag{5.73}$$

式(5.73)中，λ_u 表达式是式(5.70)给出的平均故障率的上限。对于任何 $C(0)$ 给定值，式(5.73)中的 λ_u 是真实平均故障率 λ(真值)的上限。故障率真值 λ 虽然比 λ_u 低，但是其值在无故障老化试验中无法准确得到。从式(5.73)中还可以看出，试验中没有观测到故障发生并不意味着故障率的统计期望为零。式(5.73)分母中的 Nt 反映了产品的无记忆性特征(5.9 节)。由该式看出，N 和 t 是可互换的。也就是说，对一百万个产品进行 1h 老化试验可以等效于对 1 个产品进行 10^6h 老化试验，或等效为对 100 个产品进行 10^4h 老化试验，但这在某种程度上是不合理的。

利用式(5.74)，可以得到置信水平 $C(0)$ 下观测到的故障样本个数的置信上限 n_u(n 的真实值为 0)(3.4.2.1 节)：

$$n_u=\ln\left[\frac{1}{1-C(0)}\right] \tag{5.74}$$

利用式(5.73)和式(5.74)可以得到

$$\lambda_u=\frac{n_u}{Nt} \tag{5.75}$$

指数模型[式(5.66)和式(5.74)]是泊松模型中故障次数取零的一种特例情况

(3.4.2.1 节和 5.5.3 节)。注意,如果令伯努利分布(二项式分布)中故障次数取 0,且故障率上限为 $p_u \ll 1$ 或其他更具体值,例如 $p_u \ll 0.1$(3.3.2.2 节),即可得到式(5.74)中的模型。在零故障情形下,令 $p_u \ll 1$,同样可以从伯努利分布近似推导出泊松分布(3.4 节)。故障概率的置信上限 p_u 可以通过下式得到(3.3.2.2 节和 3.4.2.1 节):

$$p_u = \frac{1}{N}\ln\left[\frac{1}{1-C(0)}\right] \tag{5.76}$$

根据式(5.73)至式(5.76),可以得到零故障情形下故障概率置信上限 p_u 的估计值为

$$p_u = \frac{n_u}{N} \tag{5.77}$$

$$p_u = \lambda_u t \tag{5.78}$$

这里,为了与前面统一,将故障概率 p 改记为 F,相应的故障概率置信上限改记为 F_u,如式(5.79)至式(5.81)所示。

$$F_u = \frac{n_u}{N} \tag{5.79}$$

$$F_u = \frac{1}{N}\ln\left[\frac{1}{1-C(0)}\right] \tag{5.80}$$

$$\lambda_u = \frac{F_u}{t} \tag{5.81}$$

在式(5.73)中,时间单位为 h,所以故障率 λ 的单位为 h^{-1}。对于高可靠性产品,故障率单位取 h^{-1} 太小,因此会带来诸多不便。4.4 节中为了解决上述问题,将故障率单位取为 FIT(即 10 亿小时的倒数),此时式(5.73)可以重新写为

$$\lambda_u[\mathrm{FIT}] = \frac{1}{Nt[\mathrm{Gh}]}\ln\left[\frac{1}{1-C(0)}\right] = \frac{10^9}{Nt[\mathrm{h}]}\ln\left[\frac{1}{1-C(0)}\right] \tag{5.82}$$

式(5.73)中时间单位取小时(h),令其分子项乘以10^9 即可得到式(5.83)。显然,由式(5.73)[或式(5.82)]可以看出,$C(0)$、λ_u、N、t 之间是相互制约的。例如,为了降低试验中 N 和 t 的值,需要采用更昂贵的功率光源以加大试验应力,加快样本老化速率。

将式(5.83)和式(5.84)代入式(5.82)中,分别计算 $C(0)$= 50%、60%和 90%对应的的 λ_u[FIT]的值,以及 λ_u = 1、10、100FIT 时对应的 $C(0)$(%)的值,结果如表 5.2 所列。利用式(5.8)和式(5.81)可以计算表 5.2 中对应的 F_u(%)的值。表 5.2 中的最下面三行表明,在 $C(0)$= 50%、60%或 90%这种可接受的置信水平下,置信上限无法取到 λ_u = 10FIT 这种较小的值。对于例子中的无源光学部件零故障试验,即使上限取 λ_u = 100FIT,也无法得到足够满意的置信水平。

表 5.2 $n=0, N=100, t=2$ 年

λ_u/FIT	F_u/%	$C(0)$/%
1	0.002	0.18
10	0.018	1.74
100	0.175	16.07
396	0.693	50.00
523	0.916	60.00
1314	2.303	90.00

$$\text{样本大小}=N=100 \tag{5.83}$$

$$\text{老化时间}=t=2\text{ 年}=17520\text{h} \tag{5.84}$$

从这个例子中可以得出两个结论。

(1) 在零故障老化试验中,即使具有较大的样本数和较长的试验时间,也很可能无法在高置信水平下得到较低的故障率置信上限。就像例子中那样,即使试验时间长达2年,结果仍是如下(事实上很多高可靠性产品如海底电缆的寿命可以达到10~30年,远大于上述试验时间)。

(2) 利用温度和光照加速产品老化的努力被证明是无效的。由于缺乏非加速应力下的老化试验数据,因此也无法证实前面提出的2年加速老化等效于30年使用环境下普通老化的假设。

除了定量评估无源光学部件的可靠性,还可以通过定性方法对其可靠性水平进行解释和说明。例如,试验中,100个样本在加速条件下2年时间内都没有出现故障,结合产品的成分(如石英)特点,可以在一定程度上认为该部件可靠性相对较高。由于在高应力条件下,经过长时间老化试验产品都没有出现故障,因此可以推断,产品在正常应力下工作同样甚至更长时间很可能也不会发生故障。

5.6.2 Weibull 模型在零故障加速老化试验中的应用

相比指数模型,Weibull模型(图6.1)更适用于对耗损型故障产品(对应图1.3中浴盆曲线的右侧部分)进行建模。然而,对于零故障情形,Weibull模型和指数模型一样具有无记忆性特征。Weibull模型的生存函数如式(5.85)[或式6.2)]所示:

$$S(t)=\exp\left[-\left(\frac{t}{\tau}\right)^{\beta}\right] \tag{5.85}$$

式中,β 为形状参数,对于耗损型故障,应满足 $\beta>1$。

当 $\beta=1$ 时,式(5.85)会退化为式(5.1)或式(5.66),其中 $\lambda=1/\tau$。根据式(5.65)和式(5.85),有

$$P(0)=S^N(t)=\exp\left[-N\left(\frac{t}{\tau}\right)^\beta\right] \tag{5.86}$$

同式(5.72),有

$$C(0)=1-\exp\left[-N\left(\frac{t}{\tau}\right)^\beta\right] \tag{5.87}$$

式(5.87)可以改写为

$$\left(\frac{t}{\tau}\right)^\beta=\frac{1}{N}\ln\left[\frac{1}{1-C(0)}\right] \tag{5.88}$$

Weibull 模型的瞬时故障率如式(6.10)或式(5.89)所示。

$$\lambda(t)=\frac{\beta}{\tau^\beta}t^{\beta-1}=\frac{\beta}{t}\left(\frac{t}{\tau}\right)^\beta \tag{5.89}$$

式(5.89)可以重新整理如下:

$$\left(\frac{t}{\tau}\right)^\beta=\frac{t\lambda(t)}{\beta} \tag{5.90}$$

令式(5.88)等于式(5.90),求解得到 $\lambda(t)=\lambda_u(t)$,结果如式(5.91)所示(该结果与式(5.73)中的指数模型故障率置信上限类似)。

$$\lambda_u(t)=\frac{\beta}{Nt}\ln\left[\frac{1}{1-C(0)}\right] \tag{5.91}$$

同式(5.82),式(5.91)还可以写为下述形式:

$$\lambda_u(t)[\text{FIT}]=\beta\frac{10^9}{Nt[\text{h}]}\ln\left[\frac{1}{1-C(0)}\right] \tag{5.92}$$

对于耗损故障型产品,由于 $\beta>1$,因此式(5.92)中的 Weibull 模型瞬时故障率大于式(5.82)中的指数模型瞬时故障率。但是,人们通常感兴趣的不是瞬时故障率,而是平均故障率,即

$$\langle\lambda(t)\rangle=\frac{\lambda(t)}{\beta} \tag{5.93}$$

式(5.91)和式(5.92)的均值分别如式(5.94)和式(5.95)所示。

$$\lambda_u(t)=\frac{1}{Nt}\ln\left[\frac{1}{1-C(0)}\right] \tag{5.94}$$

$$\lambda_u(t)[\text{FIT}]=\frac{10^9}{Nt[\text{h}]}\ln\left[\frac{1}{1-C(0)}\right] \tag{5.95}$$

式(5.94)给出的 Weibull 模型平均故障率和式(5.73)给出的指数模型平均故障率推导过程非常相似,唯一区别在于,指数模型适于描述无记忆性故障,而 Weibull 模型更适于描述耗损型故障。如果用 $\langle\lambda_u\rangle$ 代替表 5.2 中 λ_u,可以得到相同的计算结果。选择 Weibull 模型并不会提高可靠性评估结果的可信程度,且其有关故障率与置信水平之间的计算方法与指数模型也没有本质差异。

5.6.3 指数模型和使用环境下的零故障老化试验

考虑无源光学部件在最坏使用环境对应的温度和光照条件下进行老化试验,直到试验时间达到或超过设定的试验时间。

例如,同5.6.1节中试验一样,样本数仍为$N=100$,试验时间由原来的2年改为$t=10$年$=8.76\times10^4$h。在零故障情形下,$C(0)=50\%$、60%和90%时对应的λ_u如表5.3所列,其值为表5.2中对应λ_u的5倍。

在$C(0)=50\%$、60%和90%时,对应的F_u值与表5.2中的F_u相同。观察表5.3发现,当λ_u由1FIT变到10FIT再变到100FIT时,$C(0)$的增加速度与表5.2相比明显更快。例如,在经过10年试验后仍没有故障发生,取故障率置信上限$\lambda_u=100$FIT,此时相应的置信水平$C(0)=58.36\%\approx60\%$,这是一个可以接受的置信水平。因为相对某些产品的设计寿命(如20年)而言,10年试验时间已经算是比较长了。

表5.3 $n=0,N=100,t=10$年

λ_u/FIT	F_u/%	$C(0)$/%
1	0.009	0.87
10	0.088	8.39
100	0.876	58.36
79	0.693	50.00
105	0.916	60.00
263	2.303	90.00

延长老化试验时间,如果仍然是零故障发生,那么就可以大大提高对实际使用时无故障发生的信心。虽然表5.3中$C(0)=58.36\%\approx60\%$仅仅是一个可以接受的置信水平,但在该水平下得到置信上限$\lambda_u=100$远远超过之前提到的0.1或1FIT,因此,这个结果在工程上还是比较有实用价值的[47]。

5.6.4 指数模型和现场环境下的零故障老化

如果大量产品在现场环境下经过长时间工作而未出现故障,则可认为该类产品高可靠性的证据非常充分。同加速零故障老化试验一样,现场环境下的零故障数据同样可以用来评估产品的可靠性指标。

考虑某种光隔离器共计$N=36770$个样本在现场环境下工作8个月(或折合为$t=5.76\times10^3$h)而没有发生任何一次故障[48]。尽管指数模型在评估长期耗损型产品时存在一定误差,但这里利用指数模型对零故障现场数据的评估方法进行说明。取置信水平$C(0)=0.9(90\%)$,将N代入式(5.82)和式(5.80),得到$\lambda_u=10.9$FIT,

$F_{\mathrm{u}}=6.26\times10^{-5}=0.00626\%$。

总之,需要指出的是,在缺少大样本现场环境数据的情况下,仅仅通过较小样本实验室加速老化试验数据来推断故障率置信下限往往是不够充分的(即使是前面证明有效的指数模型)。这种数值估计结果可能得到某种物理机理上的支持,但是,仅有物理上的论据还远远不能得到可靠性的定量评估。

5.7　案例:部分故障老化试验置信上限估计

当一批产品中出现个别样本故障时,通常无法判断故障是属于早期故障、耗损故障还是外界原因导致的偶然故障。很多时候,由于种种原因,产品故障的时间未被完整记录下来。另外,如果不加以区分而简单地将所有故障时间记录下来,很可能无法用某一种特定模型(如 Weibull 模型或对数正态模型)准确地对故障时间进行描述。如果将故障产品及时返厂进行故障模式分析(Failure Mode Analysis,FMA),则能够将真实故障数据和误判故障数据有效地区分开来。

在一些文献中,可靠性评估问题可以简化为对一批产品中故障个数置信上限的估计问题。当然,估计的前提是观测到的故障数据具有一定的代表性,尤其是对于包含多个子群体的样本总体。在给定样本总数 N 时,可以计算得到故障概率置信下限 F_u 的估计值。如果 N 个样本平均寿命估计值足够可信,则可计算尚在工作产品的故障率置信上限 λ_{u}。

这里继续以 3.4 节中累积伯努利方程的累积泊松极限为研究对象,但式中变量的命名变为 5.6.1 节中的命名方式,即将式(3.46)中的变量 p 改为 F。

$$p(m<n)=\sum_{m=0}^{n}\frac{(FN)^m}{m!}\exp(-FN) \tag{5.96}$$

式中,N 为样本个数;F 为故障概率;n 为观测到的故障样本个数;$p(m<n)$ 为 N 个样本中故障个数不超过 n 的概率。

在累积泊松方程的推导过程中,要求 $F\ll1$,且 N 足够大。前面已经提到,推导结果如式(5.75)、式(5.79)和式(5.81)所示。

$$\lambda_{\mathrm{u}}=\frac{n_{\mathrm{u}}}{Nt} \tag{5.97}$$

$$F_{\mathrm{u}}=\frac{n_{\mathrm{u}}}{N} \tag{5.98}$$

$$\lambda_{\mathrm{u}}=\frac{F_{\mathrm{u}}}{t} \tag{5.99}$$

5.7.1　零故障($n=0$)

为了与 5.6.1 节进行对比,这里首先考虑零故障情形。当 $n=m=0$ 时,式(5.96)

变为

$$p(0)=\exp(-NF) \tag{5.100}$$

结合式(5.99)以及式(5.72),可以得出

$$C(0)\equiv P(\geqslant 1)=1-P(0)=1-\exp(-NF_{u})=1-\exp(\lambda_{u}Nt) \tag{5.101}$$

将式(5.98)代入式(5.101),可以得到

$$C(0)\equiv P(\geqslant 1)=1-P(0)=1-\exp(-NF_{u})=1-\exp(n_{u}) \tag{5.102}$$

对于零故障情形,n_u 可通过式(5.102)计算如下:

$$n_{u}=\ln\left[\frac{1}{1-C(0)}\right] \tag{5.103}$$

利用式(5.103),可以计算得到几种典型置信水平下的 n_u 值,结果如表 5.4 所列;除此之外,n_u 的值可以通过泊松采样曲线(图 3.5)计算得到。例如,如果取 $C(0)=0.60(60\%)$,则 n_u 估计值为图中 $n=0$ 对应的曲线与 $y=0.40$ 水平线交点的横坐标值($n_u\approx 0.92$),该值与表 5.4 中的 $n_u\approx 0.916$ 非常接近。

表 5.4 n_u 的值

$C(0)/\%$	$n=0$
50	0.693
60	0.916
90	2.303
95	2.996
99	4.605

5.7.2 一个样本故障($n=1$)

当 $n=1$ 且 $m=0$ 或 1 时,有

$$C(\leqslant 1)\equiv P(\geqslant 2)=1-P(0)-P(1) \tag{5.104}$$

$$C(\leqslant 1)\equiv P(\geqslant 2)=1-\exp(-n_{u})-(n_{u})\exp(-n_{u}) \tag{5.105}$$

利用 Mathcad™软件的“根函数”法,可以计算得到 $C(\leqslant 1)$时任何给定置信水平下的 n_u 值。为了得到尽可能精确的估计值,需要对 n_u 初始猜测值进行不断调整,直到达到计算值。表 5.5 中给出利用 Mathcad™软件计算得到的 n_u 值($n=1$ 时);同样,相应的 n_u 值也可以通过图 3.5 估计得到。例如,取 $C(0)=0.50(50\%)$,图中 $n=1$ 对应的曲线与 $y=0.50$ 水平线交点的横坐标值即为估计值 n_u($n_u\approx 1.68$),该值与表 5.5 中的 n_u 估计值同样非常接近。

这里以 $n=1$ 为例进行与 5.6.1 节中类似的计算,其中 N 和 t 分别由式(5.83)和式(5.84)给出。最终结果是形成一个与表 5.2 类似的表,得到 λ_u 取 1FIT、10FIT 和 100FIT 对应的 $C(0)$ 值,以及 $C(0)$ 取 50%、60% 和 90%时对应的 λ_u 值。取单位为

FIT,式(5.97)变为

$$\lambda_u[\mathrm{FIT}] = \frac{n_u}{Nt[\mathrm{h}]} \times 10^9 \tag{5.106}$$

通过式(5.106)和表5.5,计算得到 $C(\leqslant 1)=50\%$、60%和90%时的 λ_u 值,结果如表5.6所列。表5.6中 λ_u 值普遍比表5.2中的 λ_u 值大1.7~2.4倍。当 n 从0变到1时,λ_u 的值会变化较大。当 $\lambda_u=1$FIT、10FIT、100FIT时,由于 λ_u 与 t 均相同,因此表5.6中的 F_u 与表5.2中的 F_u 值相同。利用式(5.106)计算得到的 n_u 以及式(5.83)、式(5.84)中的 N 和 t,通过式(5.105)计算 $\lambda_u=1$FIT、10FIT、100FIT时的 $C(\leqslant 1)$ 的值。与表5.2中一样,表5.6中的 $C(\leqslant 1)$ 值因太小,因此没有实际价值。

表5.5 n_u 的值

$C(\leqslant 1)$/%	$n=1$
50	1.678
60	2.022
90	3.890
95	4.744
99	6.638

表5.6 $n=1, N=100, t=2$ 年

λ_u/FIT	F_u/%	$C(\leqslant \mathrm{J})$/%
1	0.002	0.000
10	0.018	0.016
100	0.175	1.366
958	1.678	50.0
1154	2.022	60.0
2220	3.890	90.0

5.7.3 多个样本故障($n>0$)

式(5.96)可以扩展到 $n\geqslant 2$ 的情形。利用Mathcad™软件,同样可以给出 $n=0$、1、2、3、4、5时给定置信水平下的 n_u 值,结果如表5.7所列。

表5.7 n_u 的值

C/%	$n=0$	$n=1$	$n=2$	$n=3$	$n=4$	$n=5$
50	0.693	1.678	2.674	3.672	4.671	5.670

(续)

C/%	n=0	n=1	n=2	n=3	n=4	n=5
60	0.916	2.022	3.105	4.175	5.237	6.292
90	2.303	3.890	5.322	6.681	7.994	9.275
95	2.996	4.744	6.296	7.754	9.154	10.513
99	4.605	6.638	8.406	10.045	11.605	13.108

当 n 较小时,利用 Mathcad™ 软件推导式(5.96)的过程较为简单。但当 n 超过 5 时(如 $n=10$),推导过程会变得比较繁琐。不过,利用图 3.5 可以估计出 $n=0\sim100$ 时不同置信水平下的 n_u 值。例如,如果置信水平取 $C=50\%$,利用图 3.5 即可估计出 $n=0\sim100$ 时的 n_u 值。但是,如果置信水平取 $C=99\%$,那么利用图 3.5 只能给出 $n=0\sim75$ 时 n_u 的估计值。注意,在利用图 3.5 估计 n_u 时,需要满足两个条件:① $p_u=F_u\leqslant0.10$;② $n/N\leqslant0.10$。

5.8 零故障($n=0$)点估计

点估计的目的是通过试验数据给出故障概率或故障率的最优估计值。例如,假设对 N 个样本进行时间为 t 的老化试验,试验结束时故障数为 $n=0$。由于没有故障样本,因此无法判断产品故障分布类型(例如,Weibull 或对数正态分布)。通常,默认产品服从指数模型。通过式(5.1)可以计算故障率:

$$\lambda_u=\frac{1}{t}\ln\left[\frac{1}{S(t)}\right]=\frac{1}{t}\ln\left[\frac{1}{1-F(t)}\right] \tag{5.107}$$

当产品可靠性较高时($F(t)\leqslant0.10$),故障率和故障概率的点估计结果可以分别表示为

$$\hat{\lambda}=\hat{F}/t \tag{5.108}$$

$$\hat{F}=n/N \tag{5.109}$$

如果 $n=0$,则式(5.108)和式(5.109)给出的估计结果就失去了意义。有两种方法可以计算故障情形下的点估计结果。

5.8.1 方法一

为了得到 $n=0$ 时的有效点估计,对试验进行一定的虚构。假设试验在原来基础上多进行了 1h,且在这 1h 内出现了一次故障。因此,式(5.108)和式(5.109)可以改写为

$$\hat{\lambda}=\frac{1}{Nt} \tag{5.110}$$

$$\hat{F}=\frac{1}{N} \tag{5.111}$$

利用式(4.20),可以得到故障率平均值为

$$\langle\lambda\rangle=\frac{1}{t}\ln\left[\frac{1}{1-F(t)}\right] \tag{5.112}$$

当可靠性较高时,例如 $F(t)\leqslant 0.10$,式(5.112)变为

$$\langle\lambda\rangle=\frac{F}{t}=\frac{n}{Nt} \tag{5.113}$$

在上述虚构的试验基础上($n=1$),可以得到故障率和故障概率点估计结果,如式(5.114)和式(5.115)所示,这与式(5.110)和式(5.111)给出的结果是一致的。

$$\langle\lambda\rangle=\frac{1}{Nt} \tag{5.114}$$

$$F=\frac{1}{N} \tag{5.115}$$

5.8.2　方法二

另一种方法是利用式(5.73)来计算 $n=0$ 时,不同置信水平下的故障率置信上限为

$$\lambda_{u}=\frac{1}{Nt}\ln\left[\frac{1}{1-C(0)}\right] \tag{5.116}$$

然后取 $C(0)=0.60$ 对应的置信下限作为点估计值,式(5.116)变为

$$\lambda_{u}=\frac{0.92}{Nt} \tag{5.117}$$

在这种特定应用中,式(5.110)、式(5.114)和式(5.117)都是合理一致的。

5.9　无记忆性

指数模型具有无记忆性特征,产品的故障是与事件相关的,而与产品之前的工作情况无关,即新产品和旧产品是一样的。也就是说,某在线工作产品的剩余寿命只与其初始状态有关。熔断丝故障就具有典型的无记忆性特征。由于新产品和使用过的产品是完全相同的,因此无需考虑对旧产品进行更换。为了验证产品无记忆性特征(该特征是指数模型特有的),对于工作到 t 时刻的一批产品,计算其 $[t,t+\Delta t]$ 区间内的故障函数。根据式(5.1),有

$$S(t+\Delta t)=S(t)S(\Delta t) \tag{5.118}$$

$$S(\Delta t)=\frac{S(t+\Delta t)}{S(t)}=\frac{\exp[-\lambda(t+\Delta t)]}{\exp[-\lambda t]}=\exp[-\lambda\Delta t] \tag{5.119}$$

结果表明,$S(\Delta t)$与 t 时刻之前的信息无关。因此,指数模型不适合描述与时间相关的耗损型故障。

5.10 指数模型在耗损型故障产品中的近似应用

有时人们不关心耗损故障时间是如何分布的,而只关注其平均故障率,并基于此开展可靠性评估。通过式(5.7)可以得到式(5.120),并进一步得到平均故障率,如式(5.121)所示,其中 $F(t)$是 t 时刻的瞬时故障率。

$$\lambda(t)=-\frac{1}{S(t)}\frac{\mathrm{d}S(t)}{\mathrm{d}t}=-\frac{\mathrm{d}}{\mathrm{d}t}\ln S(t) \tag{5.120}$$

$$\langle\lambda(t)\rangle=\frac{1}{t}\int_0^t\lambda(t)\,\mathrm{d}t=\frac{1}{t}\ln\left[\frac{1}{S(t)}\right]=\frac{1}{t}\ln\left[\frac{1}{1-F(t)}\right] \tag{5.121}$$

如果是指数模型,则式(5.1)可以写为

$$S(t)=\exp(-\lambda t) \tag{5.122}$$

求解得到 λ,如式(5.123)所示,该结果与式(5.121)是一致的。

$$\lambda=\frac{1}{t}\ln\left[\frac{1}{1-F(t)}\right] \tag{5.123}$$

附录5A:边界热激活能

通常,产品存在可以承受的温度应力上限。在试验中,令总体中的部分样本在极限温度下进行加速老化试验,其他样本则在正常加速应力下开展加速老化试验。试验中无故障发生。这里,产品的故障机理尚不可知,试验的目的则是找到这种未知故障机理对应的热激活能上限值。

在继续讨论之前,首先做出如下假设:①温度是一种加速应力;②热激活能不可能取负值;③温度对寿命的加速作用可以用阿累尼乌斯模型描述。根据阿累尼乌斯模型,给定温度下的寿命为

$$t\propto\exp\left[\frac{E}{KT}\right] \tag{5A.1}$$

式中,经验常数 E 为热激活能;T 为绝对温度(K);$k=8.62\times10^{-5}\,\mathrm{eV/K}$ 为玻耳兹曼常数。

令 T_u为使用条件下的温度,T_e为老化试验中温度的上限值,t_u为使用条件下的寿命,t_e为加速应力 T_e下的寿命,则激活能上限 E_b可以由下式计算:

$$E_b=\frac{k\ln[t_u/t_e]}{[(1/T_u)-(1/T_e)]} \tag{5A.2}$$

假设 $t_u=10$ 年,$t_e=1$ 年,$T_u=25℃=298\mathrm{K}$,$T_e=100^\circ\mathrm{C}=373\mathrm{K}$,则有 $E_b=0.29\mathrm{eV}$。

也就是说,如果进行一年加速老化试验,则激活能大于 0.2eV 的样本会发生故障。不同 t_e(年)下的 E_b(eV)值在附表 5A.1 中给出。同时,附图 5A.1 给出上述关系。

附表 5A.1

t_e/年	1	2	3	4	5	10
E_b/eV	0.29	0.21	0.15	0.12	0.09	0.00

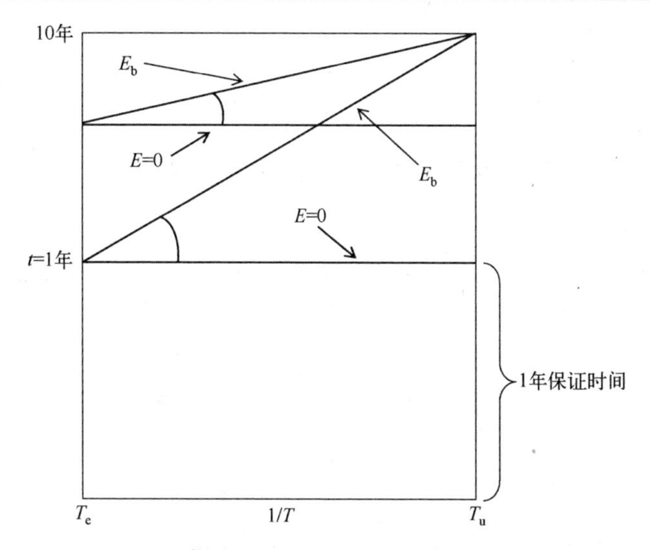

附图 5A.1　边界过程示意图

参考文献

[1] C. Ruhla, The Physics of Chance: From Blaise Pascal to Niels Bohr (Oxford University Press, Oxford, 1993), 1.

[2] E. A. Elsayed, Reliability Engineering (Addison Wesley Longman, New York, 1996), 52-53.

[3] L. C. Wolstenholme, Reliability Modeling: A Statistical Approach (Chapman & Hall/CRC, New York, 1999), 14.

[4] P. A. Tobias and D. C. Trindade, Applied Reliability, 2nd edition (Chapman & Hall/CRC, New York, 1995), 51-52.

[5] D. J. Davis, An analysis of some failure data, Journal of the American Statistical Association, 47 (258), 113-150, June 1952.

[6] W. R. Blischke and D. N. P. Murthy, Reliability: Modeling, Prediction and Optimization (John Wiley & Sons, New York, 2000), 50.

[7] P. A. Tobias and D. C. Trindade, Applied Reliability, 2nd edition (Chapman & Hall/CRC, New York, 1995), 95.

[8] E. B. Norman et al., Tests of the exponential decay law at short and long times, Phys. Rev. Lett., 60 (22), 2246-2249, May 30, 1988.

[9] E. B. Norman et al. ,An improved test of the exponential decay law,Phys. Lett. B,357,521-528,1995.

[10] B. Epstein, Exponential distribution and its role in life testing, Industrial Quality Control, 15 (6),4-9, December 1958.

[11] N. R. Mann,R. E. Schafer,and N. D. Singpurwalla,Methods for Statistical Analysis of Reliability andLife Data (Wiley,New York,1974),123-124.

[12] E. E. Lewis,Introduction to Reliability Engineering (Wiley,New York,1987),199-203.

[13] D. L. Grosh,A Primer of Reliability Theory (Wiley,New York,1989),29-33.

[14] F. Jensen,Electronic Component Reliability:Fundamentals,Modelling,Evaluation,and Assurance (Wiley,New York,1995),185-188.

[15] M. T. Todinov,Reliability and Risk Models:Setting Reliability Requirements (Wiley,Chichester,England, 2005),24-29.

[16] B. Epstein and I. Weissman,Mathematical Models for Systems Reliability (CRC Press,Boca Raton,Florida, 2008),39-43.

[17] R. F. Drenick,The failure law of complex equipment,JSIAM,8 (4),680-690,1960.

[18] D. Kececioglu,Reliability Engineering Handbook,Volume 2 (Prentice Hall,Englewood Cliffs,New Jersey, 1991),341.

[19] C. Ruhla,The Physics of Chance:From Blaise Pascal to Niels Bohr (Oxford University Press,Oxford, 1993),40.

[20] D. L. Grosh and R. L. Lyon,Stabilization of wearout—Replacement rate,IEEE Transactions on Reliability,R-24 (4),268-270,October 1975.

[21] K. E. Murphy,C. M. Carter,and S. O. Brown,The exponential distribution:The good,the bad and the ugly. A practical guide to its implementation,IEEE Proceedings Annual Reliability and Maintainability Symposium,Seattle,WA,550-555,2002.

[22] R. D. Evans,The Atomic Nucleus (McGraw-Hill,New York,1955),470-471.

[23] R. D. Evans,The Atomic Nucleus (McGraw-Hill,New York,1955),751.

[24] R. E. Barlow and F. Proschan,Statistical Theory of Reliability and Life Testing (Holt,Rinehart & Winston, New York,1975),63-65.

[25] B. Epstein and I. Weissman,Mathematical Models for Systems Reliability (CRC Press,Boca Raton,Florida, 2008),1-5.

[26] H. C. Berg,Random Walks in Biology,Expanded edition (Princeton University Press,Princeton New Jersey, 1993),87-89.

[27] E. Fermi,Nuclear Physics,Revised edition (University of Chicago Press,Chicago Illinois,1950),89-95.

[28] A. Einstein,On the quantum theory of radiation,Phys. Zeit. 18,121-128,1917.

[29] D. Kleppner,Rereading Einstein on radiation,Phys. Today,58 (2),30-33,February 2005.

[30] P. A. M. Dirac,The quantum theory of the emission and absorption of radiation,Proc. Roy. Soc. (London), A114,243-265,1927.

[31] P. A. M. Dirac,The Principles of Quantum Mechanics,4th edition (Oxford University Press,Oxford,1958), 178,245.

[32] E. Fermi,Quantum theory of radiation,Rev. Mod. Phys. ,4,99,1932.

[33] L. I. Schiff,Quantum Mechanics,3rd edition (McGraw-Hill,New York,1968),Chapter 11,414,532-533.

[34] D. J. Griffths,Introduction to Quantum Mechanics,2nd edition (Pearson Prentice Hall,New Jersey,2005),

Chapter 9,348-356.

[35] L. A. Khalfn, Contribution to the decay theory of a quasi - stationary state, Sov. Phys. JETP, 6, 1053 - 1063, 1958.

[36] P. T. Matthews and A. Salam, Relativistic Theory of Unstable Particles II, Phys. Rev., 113 (4), 1079-1084, August 13, 1959.

[37] P. L. Knight and P. W. Milonni, Long-time deviations from exponential decay in atomic spontaneous emission theory, Phys. Lett., 56A (4), 275-278, April 5, 1976.

[38] L. L. Fonda et al., Decay theory of unstable quantum systems, Rep. Prog. Phys., 41, 587-631, 1978.

[39] D. S. Onley and A. Kumar, Time dependence in quantum mechanics—Study of a simple decaying system, Am. J. Phys., 60 (5), 432-439, May 1992.

[40] K. Unnikrishnan, Short- and long-time decay laws and the energy distribution of a decaying state, Phys. Rev. A, 60 (1), 41-44, July 1999.

[41] J. Martorell et al., Long-time deviations from exponential decay for inverse-square potentials, Phys. Rev. A, 77, 042719-1 to 042719-9, 2008.

[42] C. Rothe et al., Violation of the exponential-decay law at long times, Phys. Rev. Lett., 96 (16), 163601-1-163601-4, April 28, 2006.

[43] L. A. Khalfn, Phenomenological theory of K0 mesons and the non - exponential character of the decay, JETP Lett., 8, 65-68, 1968.

[44] S. R. Wilkinson et al., Experimental evidence for non-exponential decay in quantum tunneling, Nature, 387, 575-577, June 5, 1997.

[45] Q. Niu and M. G. Raizen, How Landau-Zener tunneling takes time, Phys. Rev. Lett., 80 (16), 3491-3494, April 20, 1998.

[46] P. A. Tobias and D. C. Trindade, Applied Reliability, 2nd edition (Chapman & Hall/CRC, New York, 1995), 54.

[47] SIFAM Fibre Optics, Fused Fibre Report: Field Reliability of 5000 Series Fused Fibre Couplers, Report Number FOP ER 015, April 2002.

[48] JDS Uniphase, (now Lumentum), private communication.

第6章　可靠性模型:Weibull模型和对数正态模型

假设像一张网,只有撒出去的人才能抓住[1]。

6.1　引言

Weibull模型、对数正态模型和指数模型是寿命统计中最常用到的三种模型,其中指数模型是Weibull模型的一种特例。第5章对指数模型进行了详细介绍。本章结合案例中的真实故障数据(第二部分),对Weibull模型和对数正态模型进行具体介绍。

6.2　Weibull模型

Weibull分布又称为对数正态极值分布或第三种最小极值分布[2,3],早在1933年就有人在工程中提出该分布[4]。1939年,学者第一次在文献中正式提出该分布,但其直到1956年才被广泛应用到工程中[6]。同时Weibull分布的数学性质也得到深入研究[7]。

式(6.1)给出故障函数(第4章)关于三参数Weibull模型的数学表达式,其中β为形状参数,τ为尺度参数(或特征寿命),t_0为位置参数。不过,文献[6]中对该模型的描述出现了印刷错误,其式中的特征寿命τ少了指数项β。不过,作者已经在文献[8]中对该错误进行了纠正。

$$F(t)=1-\exp\left[-\left(\frac{t-t_0}{\tau}\right)^{\beta}\right] \tag{6.1}$$

Weibull指出:“Weibull模型必须满足的条件包括:故障函数是非负的、非递减的,且在t_0处故障率为零[6]。”文献[6]指出,虽然式(6.1)没有任何理论上的依据,但是,“经验方法的目的就是通过测试得到一个简单且可以描述规律的经验模型,在更合适的模型被发现之前,我们可以认为该模型是合理的。”

位置参数又称为平移参数、阈值参数、等待时间、潜伏期、保修期等。正如第二部分中的很多例子那样,Weibull模型中通常引入位置参数用来缓解其概率密度图下凹的现象。本章主要考虑双参数Weibull模型,如式(6.2)所示。

$$F(t)=1-\exp\left[-\left(\frac{t}{\tau}\right)^{\beta}\right] \tag{6.2}$$

相应的故障函数为

$$S(t)=\exp\left[-\left(\frac{t}{\tau}\right)^{\beta}\right] \tag{6.3}$$

当$\beta=1$时,可以得到指数模型的生存函数(第5章)。当$t=\tau$时,式(6.2)中的故障函数为$F=1-1/e=0.6321$,该结果也是真正的指数模型。根据式(4.6)或式(4.9),可以得到PDF:

$$f(t)=\frac{\beta}{\tau^{\beta}}t^{\beta-1}\exp\left[-\left(\frac{t}{\tau}\right)^{\beta}\right] \tag{6.4}$$

可以通过式(6.5)或式(6.6),计算t的平均值[9,10]:

$$\langle t\rangle=\int_0^{\infty}tf(t)\,\mathrm{d}t \tag{6.5}$$

$$\langle t\rangle=\int_0^{\infty}S(t)\,\mathrm{d}t \tag{6.6}$$

结果如式(6.7)所示。

$$\langle t\rangle=\tau\Gamma\left(1+\frac{1}{\beta}\right) \tag{6.7}$$

式中,$\Gamma(n)$为Gamma函数。

文献[11]将Gamma函数$\Gamma(n)$在不同n的取值制成表格,文献[12]给出Gamma函数与n的曲线图。当$\beta=1\sim10$时,$\Gamma(n)\approx1$;当$\beta=0.1\sim1$时,$\Gamma(n)=2.0\sim1.0$。因此,在很多应用中,有$\langle t\rangle\approx\tau$。

总体中一半样本发生故障的时间为中位寿命,记为t_m,令式(6.3)等于0.5,得到式(6.8),进而可以得到式(6.9)。

$$S(t)=\exp\left[-\left(\frac{t_m}{\tau}\right)^{\beta}\right] \tag{6.8}$$

$$t_m=\tau\,(\ln2)^{1/\beta} \tag{6.9}$$

将式(6.3)代入式(4.15),可以得到故障率表达式为

$$\lambda(t)=\frac{\beta}{\tau^{\beta}}t^{\beta-1} \tag{6.10}$$

当$\beta=1$时,Weibull分布变为指数分布(第5章),式(6.10)变为

$$\lambda(t)=\lambda=\frac{1}{\tau}=a \tag{6.11}$$

式中,a为常数。

利用式(4.19),可以得到平均故障率,结果如式(6.12)和式(6.13)所示。

$$\langle \lambda(t) \rangle = \frac{t^{\beta-1}}{\tau^{\beta}} \tag{6.12}$$

$$\langle \lambda(t) \rangle = \frac{\lambda(t)}{\tau^{\beta}} \tag{6.13}$$

当β取不同值时,故障率$\lambda(t)$与时间(表示为τ的倍数)的关系绘制在图6.1中。当$\beta<1$时,故障率单调减小,且当$t\to\infty$时$\lambda(t)\to 0$。当$\beta=1$时,Weibull模型退化为指数模型(即恒故障率模型)。当$\beta>1$时,故障率单调增加,且当$t\to\infty$时,$\lambda(t)\to\infty$。

当$\beta<1$时,Weibull模型常用来对早期故障进行建模(7.17.1节)。图6.1中,$\beta=0.5$对应的Weibull模型故障率曲线类似于浴盆曲线中故障率曲线左侧部分(图7.15)。当$\beta>1$时,特别是当$\beta>2.0$时,对应的Weibull模型故障率曲线类似于浴盆曲线右侧所谓"耗损"阶段的故障率曲线(图7.15)。因此,Weibull模型的上述数学性质使得其故障率函数可以描述浴盆曲线中不同阶段产品的故障率变化特点[13]。

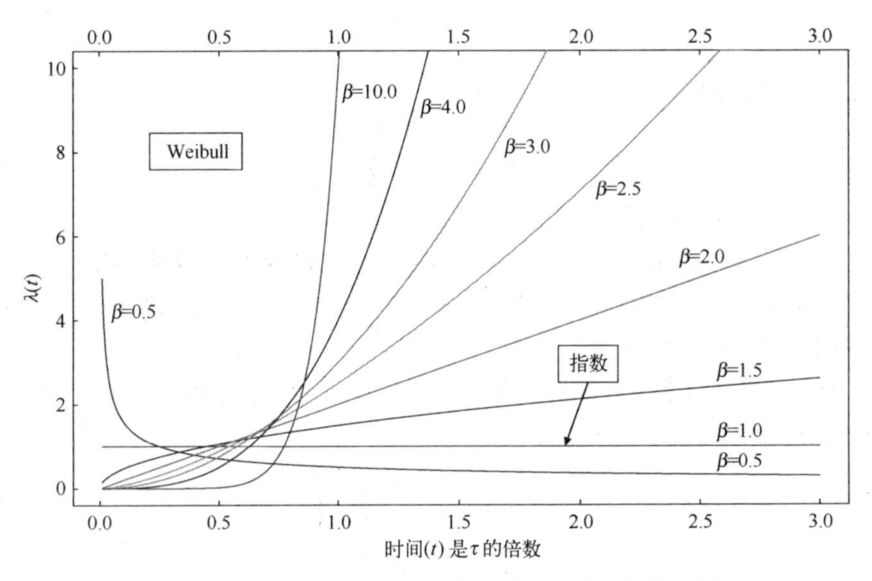

图6.1 在不同的τ时,Weibull模型故障率随时间的变化图

6.2.1 Weibull模型的一些应用

Weibull模型被成功应用于与时间相关的电击穿故障[14-16]、金属在指定应力水平下重复负载循环时的疲劳故障[17]、水下光缆故障[18,19]以及陶瓷断裂故障[20]的故障时间建模。Weibull模型的特点表明,其累积故障概率(CDF)与故障数据之间呈线性关系,这是检验故障数据是否服从Weibull分布的有效方法(尤其是在大样本情形下)[14-16,19,20]。

6.2.2 Weibull 模型的数学性质

6.2.2.1 Weibull:故障率模型

传统的可靠性问题主要关心如何利用浴盆曲线对产品故障率进行建模(图7.15)。浴盆曲线底部对应于产品故障仅由外部随机冲击导致的理想情形,如式(6.11)所示。为了对浴盆曲线左侧部分(早期故障)和右侧部分(耗损故障)进行分段建模,需要假设产品的故障率是随时间变化的。

最简单的随时间变化的故障率模型是 $\lambda(t)=at$,其中 a 为常数。不过,这种形式局限性太强。通常,产品的早期故障率和耗损期故障率可以用式(6.14)描述,其中参数 $a>0$,参数 c 可以大于等于或小于零,分别对应递增故障率(IFR)、递减故障率(DFR)和恒定故障率(CFR)。式(6.14)中的幂函数故障率可以用双参数 Weibull 模型推导得到[21-26]。但是,该推导过程不能提供对产品故障机理的物理解释,如电容器的电介质击穿、循环应力下裂纹导致的疲劳故障等。

$$\lambda(t)=at^{c} \tag{6.14}$$

由式(4.77)可以得到生存函数为

$$S(t)=\exp[-\Lambda(t)] \tag{6.15}$$

累积故障率 $\Lambda(t)$ 可以通过式(4.22)得到,结果如式(6.16)所示。

$$\Lambda(t)=\int_0^t \lambda(t)\,\mathrm{d}x=\int_0^t ax^{c}\,\mathrm{d}x=\frac{a}{(c+1)}t^{c+1} \tag{6.16}$$

因此,生存函数可以进一步表示为

$$S(t)=\exp\left[-\frac{a}{(c+1)}t^{c+1}\right] \tag{6.17}$$

为了得到式(6.2)、式(6.3)中双参数 Weibull 模型的标准形式,令

$$(c+1)=\beta \tag{6.18}$$

$$a=\frac{\beta}{\tau^{\beta}} \tag{6.19}$$

可以得到

$$S(t)=\exp\left[-\left(\frac{t}{\tau}\right)^{\beta}\right]=1-F(t) \tag{6.20}$$

虽然式(6.14)的选择具有一定的随意性,但通过推导可以得到式(6.20)中的生存函数,该模型适合对产品的寿命(包括时间、周期、里程)等进行建模。

6.2.2.2 Weibull:最弱环模型

最弱环模型理论认为,一个由 n 个部件组成的系统,其寿命不长于最短寿组件的寿命[6,25-27]。令 $F(t)$ 为系统中一个组件的故障概率或故障函数(各组件故障函数相同,且是相互独立的),$F_n(t)$ 是整个系统的故障函数,根据独立时间概率的乘法法

则,系统的生存函数 $S_n(t)$ 如式(6.21)所示。每个组件都是一个故障节点,系统故障则是由节点故障导致的。

$$S_n(t)=1-F_n(t)=[1-F(t)]^n=S^n(t) \tag{6.21}$$

系统的故障函数为

$$F_n(t)=1-[1-F(t)]^n=1-S^n(t) \tag{6.22}$$

假设单个节点的故障服从 Weibull 模型,即

$$S(t)=1-F(t)=\exp\left[-\left(\frac{t}{\tau}\right)^{\beta}\right] \tag{6.23}$$

由式(6.21),得到系统故障函数为

$$S_n(t)=\exp\left[-\left(\frac{t}{\tau}\right)^{\beta}\right]^n=\exp\left[-n\left(\frac{t}{\tau}\right)^{\beta}\right]=\exp\left[-\left(\frac{t}{\tau n^{-1/\beta}}\right)^{\beta}\right] \tag{6.24}$$

系统生存函数为

$$F_n(t)=1-\exp\left[-\left(\frac{t}{\tau n^{-1/\beta}}\right)^{\beta}\right] \tag{6.25}$$

根据式(6.25),可以看出特征寿命变为 $n^{-1/\beta}$,所以,当 $\beta>1$ 时,随着 n 的增加,系统的寿命会不断减小。例如,对于相同条件下制造的树脂涂层碳纤维,其表面的故障密度是恒定的。因此,在同样的静态负载下,小块纤维通常比大块纤维寿命更长一些。

6.2.2.3 Weibull:最小极值分布

在最小极值的(1 型、2 型和 3 型)三种渐近分布中[2,3,25,26],只有 Gompertz 模型(1 型)和 Weibull 模型(3 型)可以在理论上逼近故障的第一个元素导致的寿命分布(7.6 节)。Gompertz 模型(1 型)用于描述成年人的死亡率(可靠性)问题,并在负时间轴和正时间轴上进行定义(7.6 节)。Weibull 模型(3 型)用于描述部件可靠性,且仅在正时间轴上进行定义。2 型模型仅在负时间轴上进行定义,故不适合对故障时间进行建模。

如果关心的是大量相似独立随机变量的最小值,例如,某组件内的多个相互竞争的同类型故障最早发生的时间,则此时 Weibull 模型是唯一合适的统计寿命模型[3]。利用启发式原理,Weibull[6] 提出了式(6.2)中的模型,但并不知道它是 3 型最小极值的渐近分布[28]。根据极值理论,在利用 Weibull 模型对与时间有关的故障率建模时,应满足下述必要条件[3]:

(1) 组件包含许多缺陷;

(2) 每种缺陷在造成组件故障方面是等同的;

(3) 各缺陷之间是相互独立的,也就是说,一种缺陷发生的概率与其他缺陷的发生概率无关;

(4) 各缺陷在导致组件故障上是平等竞争的。

6.3　对数正态模型

对数正态模型的解析形式较为麻烦,其 PDF 由式(6.26)给出,其中 σ 为形状参数,τ_m 为中位寿命。

$$f(t)=\frac{1}{\sigma\sqrt{2\pi}}\exp\left[-\frac{1}{2\sigma^2}(\ln t-\ln\tau_m)^2\right] \tag{6.26}$$

根据式(4.18),得到对数正态模型累积故障函数(CDF)如下:

$$F(t)=\int_0^t f(t)\,\mathrm{d}t=1-S(t) \tag{6.27}$$

故障率为 $\lambda(t)=f(t)/S(t)$。平均寿命可以由式(6.5)计算得到:

$$\langle t\rangle=\int_0^\infty tf(t)\,\mathrm{d}t=\tau_m\exp\left(\frac{\sigma^2}{2}\right) \tag{6.28}$$

图6.2给出对数正态模型在不同 σ 下,故障率与时间的关系(时间取 τ_m 的倍数)。可以看出,故障率存在一个单峰值,且 $\lambda(t=0)=\lambda(t\to\infty)=0$。对数正态模型与其他常用模型不同,例如,Weibull 模型和正态模型的故障率都是单调增加的,对应浴盆曲线右侧耗损部分(图7.15)。与 Weibull 模型不同,对数正态模型并不包含常故障率(指数)模型这一特例[29]。当 σ 值较大时,图6.2中的故障率曲线会变为缓慢地随时间递减的函数或者近似于恒定值,且各故障率曲线之间相距较近而难以区分。当 σ 值较小时,故障率在相当长一段时间内都是随时间递增的,因此在实际应用中,故障率可以看作是关于时间的增函数。

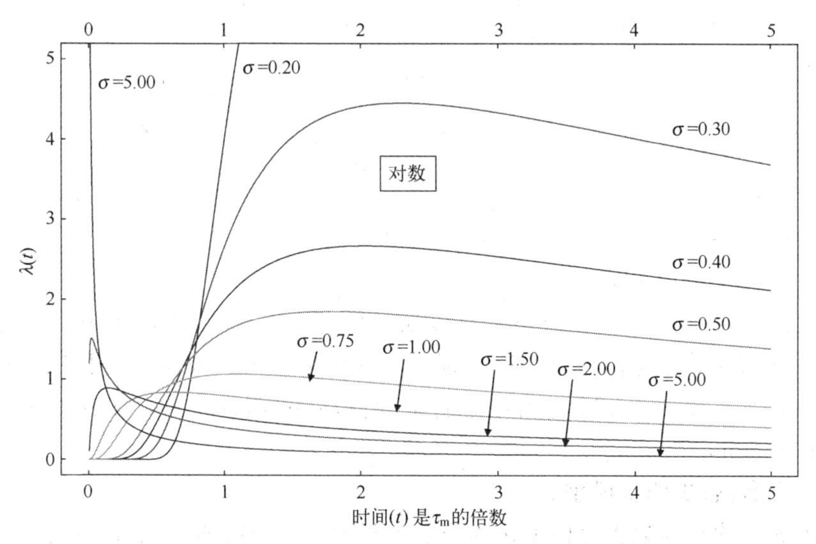

图6.2　对数正态模型故障率随时间变化图

6.3.1 对数正态模型的一些应用

试验表明,对数正态分布可广泛应用于下列元器件的故障建模:GaAs 半导体激光器[30-32],电迁移导致的金属条纹,GaAs 功率场效应管(FET)[37],低噪声 GaAs FET[38],Ge 晶体管[29,39,40],包括集成电路、晶体管、二极管的发电机,包括振簧继电器的无源元件[41],腐蚀[42],电荷捕获[43],粘合强度[44],热载体引起的退化[45],分层[46],闪存内存退化[47],表面磨损[48],VCSEL[49]和 HBT[50]。利用对数正态分布,对上述故障数据进行拟合效果较好,特别是在大量样本情形下[30-32,35-37,41,42,45-47,49,50]。

6.3.2 对数正态模型的数学根据

6.3.2.1 对数正态:乘法增长模型

利用乘法模型或比例增长模型可以得到对数正态分布[25,26,51-55]。例如,随机变量 $X_0,X_1,X_2,\cdots,X_n$ 表示随时间增长的疲劳裂纹长度。该模型中,假设第 k 阶段的裂纹长度增量与第(k-1)阶段的裂纹长度成比例,且当裂纹长度达到临界长度 X_n 时发生破裂,即

$$X_k-X_{k-1}=\delta_k X_{k-1} \tag{6.29}$$

式中,比例系数 δ_k 为随机变量。

若 X_0 为初始裂纹长度,则临界长度 X_n 可以表示为

$$X_n=(1+\delta_n)X_{n-1}=X_0\prod_{k=1}^{n}(1+\delta_k) \tag{6.30}$$

将式(6.30)两边取对数正态,有

$$\ln X_n=\sum_{k=1}^{n}\ln(1+\delta_k)+\ln X_0 \tag{6.31}$$

假设 $\delta_k \ll 1$,式(6.31)可以写为

$$\ln X_n \approx \sum_{k=1}^{n}\delta_k+\ln X_0 \tag{6.32}$$

假设 $\delta_k \ll 1$ 且 δ_k 为独立分布的随机变量,根据中心极限定理,$\ln X_n$ 近似服从正态分布。因此,X_n 服从对数正态分布。

在推导最小极值(Weibull)模型时,假设存在大量独立相同分布且相互竞争的缺陷,在这方面与对数正态模型有本质区别。在利用乘法模型或比例增长模型推导对数正态分布时,假设产品故障是由单个起主导作用的不断扩展的缺陷(如上文中的疲劳裂纹)造成的。

6.3.2.2 正态:叠加增长模型

表 61.3 中的双参数正态模型称为叠加增长模型。令随机变量 $X_0,X_1,X_2,\cdots,X_n$ 表示随着亚临界裂纹扩展而增长的裂纹长度。模型假设认为,第 k 阶段的裂纹长度

等于第(k-1)阶段裂纹长度加上一个随机变量δ_k(在乘法模型中,利用第(k-1)阶段的裂纹长度乘以随机变量δ_k),则在断裂之前的亚临界生长裂纹长度X_n由下式给出:

$$X_n = X_0 + \sum_{k=1}^{n} \delta_k \tag{6.33}$$

如果假设随机变量δ_k足够小且独立相同分布,则根据中心极限定理,叠加项服从正态分布,所以X_n也服从正态分布。在一些孤立的分析中,用乘法或加法增长模型进行解释,通常看起来是合理的。但是,当产品故障机理为表61.3中的某种类型时,就很难用乘法或加法模型进行科学解释了。

6.3.2.3 对数正态:激活能模型(1)

静态疲劳是指疲劳载荷下材料出现故障。文献[56]给出负载L与故障时间t之间的经验关系:

$$\ln t = a - bL \tag{6.34}$$

在固定负载下,文献[56]给出故障时间与温度的经验模型:

$$\ln t = c + \frac{d}{T} \tag{6.35}$$

原子键破裂导致玻璃聚合物(低于玻璃转化临界温度下的聚合物)故障理论的基本前提是:产品故障过程可以用热激活能进行解释,且通过施加应力可以降低其能量壁垒[56]。Bueche在文献[57]中也提出类似理论,其表述如下:

如果p为键中的能量足以引起破裂的概率,并且w为由该键连接的原子的振动频率。于是,每秒将有w次机会破坏该键。dt时间内该键被破坏的概率为pwdt。在时间t内,该键不会断裂的概率为$(1-p)^{wt}$。如果在$t=0$时刻,N_0为施加应力的键的数量,则在时间t中不发生断裂的键的个数为$N_0(1-p)^{wt}$。因此,在t和(t+dt)间隔内出现断裂的键的数量为

$$\mathrm{d}N(t) = -N_0(1-p)^{wt} pw\mathrm{d}t \tag{6.36}$$

$$\int_{N_0}^{N} \mathrm{d}N(t) = -pN_0 \int_0^{wt} (1-p)^{wt} w\mathrm{d}t \tag{6.37}$$

式(6.37)两侧积分得到

$$\frac{N(t)}{N_0} = 1 + \frac{p}{\ln(1-p)}[1-(1-p)^{wt}] \tag{6.38}$$

假设$p \ll 1$, $\ln(1-p) \approx -p$,于是式(6.38)变为

$$\frac{N(t)}{N_0} = (1-p)^{wt} \tag{6.39}$$

仍然在$p \ll 1$假设下,式(6.39)右侧部分可以近似表示为

$$\exp(-pwt) \approx (1-p)^{wt} \tag{6.40}$$

因此，式(6.38)变为

$$\frac{N(t)}{N_0}=\exp(-pwt) \tag{6.41}$$

令 F_0 和 F 分别表示 $t=0$ 和 $t=t$ 时的平均应力，假设负载 L 为常负载，于是有 $N(t)/N_0=F_0/F$。代入式(6.41)得到

$$F(t)=F_0\exp(pwt) \tag{6.42}$$

由于在 $(pwt)\approx1$ 时，$F(t)$ 增长得非常迅速，因此故障时间 t_f 可以表示为

$$t_f=\frac{1}{pw} \tag{6.43}$$

原子振动周期 τ 可以表示为

$$\tau=\frac{1}{w} \tag{6.44}$$

则式(6.43)中的故障时间可以表示为

$$t_f=\frac{\tau}{p} \tag{6.45}$$

假设在力 F 作用下，键能 E 下降 $F\delta$，其中 δ 为键在断裂之前的拉伸距离。概率 p 可以由玻耳兹曼因子给出：

$$p=\exp\left[-\left(\frac{E-F\delta}{KT}\right)\right] \tag{6.46}$$

由 $(pwt)\approx1$，式(6.42)变为

$$F=F_0e \tag{6.47}$$

假设每一个键都承受相同的负载 L，则 F_0 可以表示为

$$F_0=\frac{L}{N_0} \tag{6.48}$$

将式(6.46)、式(6.48)代入式(6.45)，得到故障时间的最终表达式：

$$\tau_f=\tau\exp\left[\frac{1}{KT}\left(E-\frac{e\delta L}{N_0}\right)\right] \tag{6.49}$$

两边取对数正态得到

$$\ln\left(\frac{\tau_f}{\tau}\right)=\frac{1}{KT}\left(E-\frac{e\delta L}{N_0}\right) \tag{6.50}$$

如果式(6.50)中的能量 E 服从正态分布，则 $\ln(\tau_f/\tau)$ 服从正态分布，故 τ_f 服从对数正态分布。值得注意的是，式(6.50)虽然可以预测出零应力($L=0$)情形下的极限寿命，但当应力非常小时，通过式(6.50)预测出的结果是无法得到证实的。“在零应力情形下，Bueche 理论对式(6.50)做了修正[56]。”需要注意的是，式(6.49)、式(6.50)与式(6.34)、式(6.35)是一致的。

6.3.2.4　对数正态:激活能模型(2)

对于半导体激光器,有人对其故障机理进行了研究,且推导出其故障时间服从对数正态分布[59]。图 6.3 描述了一种双异质结构激光器,其缺陷 D 的扩散由非辐射电子-空穴组合能量驱动。电子从活跃区逃逸出来,并参与缺陷 D 区 P 型 $Al_xGa_{1-x}As$ 中非辐射电子-空穴组合的形成。限制层与导电带能量阶梯高度 E_1 之间存在玻耳兹曼因子依赖关系,这种依赖关系是由三元化合物 $Al_xGa_{1-x}As$ 中的 x 决定的。通常,x 会在晶片与晶片之间或晶片内部不断改变。

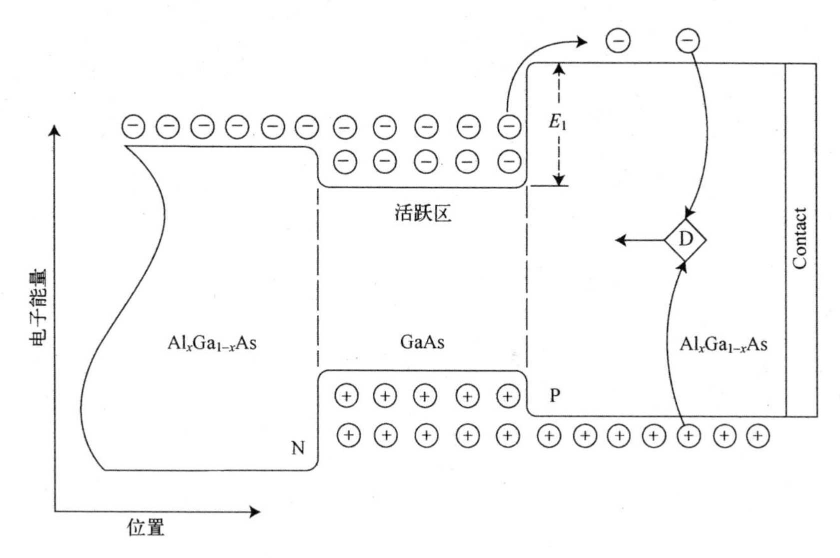

图 6.3　电子克服能量壁垒 E_1 导致缺陷 D 中发生重组扩散示意图

假设在激光条件下,每个激光器在不同温度和光功率下的有源层载流子浓度是相同的,则 P 型限制层中的载流子浓度为

$$n = \exp\left(-\frac{E_1}{kT}\right) \tag{6.51}$$

假设可以测量到维持输出功率恒定所需的激光电流,则其退化率可以表示为

$$R \propto n = \exp\left(-\frac{E_1}{kT}\right) \tag{6.52}$$

由于故障时间 $t_f \propto R^{-1}$,所以其可以进一步表示为

$$t_f \propto \exp\left(\frac{E_1}{kT}\right) \tag{6.53}$$

式(6.53)两边取对数正态,有

$$\ln t_f \propto E_1 \tag{6.54}$$

假设不同激光器故障时间和累积故障概率的差异主要是由于 E_1 不同造成的,且

E_1 服从正态分布(就像不同人的身高服从正态分布一样)。于是,由式(6.54)可以得出,$\ln t_f$ 服从正态分布,所以 t_f 服从对数正态分布。

每个激光器都遵循式(6.53)中的模型(即 Arrhenius 方程)。不过,Arrhenius 方程的形式并不是唯一的,例如,文献[59]中给出的反应率 Eyring 模型形式如下:

$$t_f \propto \frac{1}{T}\exp\left(\frac{E_1}{kT}\right) \tag{6.55}$$

Arrhenius 模型的物理来源[59]是玻耳兹曼极限模型[60],后者与温度的关系模型与前者略有不同。

$$t_f \propto \frac{1}{T^{3/2}}\exp\left(\frac{E_1}{kT}\right) \tag{6.56}$$

在利用式(6.53)中的模型时,其假设是指数函数支配式(6.55)和式(6.56)中的前因子。目前,已经观察到 GaAs 半导体激光器的寿命服从对数正态分布[30-32,59]。

6.3.2.5 对数正态:激活能模型(3)

Black[34,61]引入了一种经验模型[式(6.57)]用来表征金属薄膜导体因电迁移导致的故障时间分布。

$$t_f = \frac{A}{J^n}\exp\left(\frac{E}{kT}\right) \tag{6.57}$$

式中,参数 A 为常数;J 为电流密度;n 为经验指数;E 为热激活能。

文献[62]指出,当激活能服从正态分布时,可以推导出故障时间服从对数正态分布,即

$$\ln t_f = \ln A - n\ln J + \frac{E}{kT} \tag{6.58}$$

我们已经在大样本试验中观察到,因电迁移导致的金属导体故障时间服从对数正态分布这一现象[35,36]。

6.3.2.6 对数正态:激活能模型(4)

这里考虑灯泡故障的定性物理模型。每个灯泡灯丝上都存在一个横截面面积 A 最小的位置。电阻 R 与电流的关系为 $R \propto A^{-1}$。由于灯丝最小横截面处的电阻最大,所以该处的温度最高。灯丝材料挥发最快的地方因此也发生在最小横截面处(也是温度最高的地方)。最终该处最先出现熔断,导致灯泡故障。

在这种定性物理模型中,最小截面积的位置为最先发生熔断的位置,而横截面积较大的位置不会率先发生熔断。在任何时刻,该处横截面面积的衰减率为与当前横截面面积成正比的随机变量。所有随机且独立的面积衰减量遵循乘法效应,最终导致灯泡故障。上述模型与 6.3.2.1.1 节中的对数正态模型相似。

进一步考虑故障时间服从对数正态分布的灯泡的定量物理模型。“灯泡故障的‘热点’(hotspot)理论认为,由于钨丝具有不均匀性,因此在一些小的区域内温度会

较高。这种不均匀性体现为钨丝电阻或导电率的变化……相比灯丝其他地方,这些'热点'区域挥发较快,越来越细,反过来又加快了'热点'区域的挥发和升温。最终,导致灯丝在这些区域率先发生熔断,灯泡故障。"[63]

"除了热点外,钨丝还会在温升和振动作用下松弛软化。晶体滑动是造成上述现象的主要原因。灯丝局部会因此变细,电阻增加,温度升高。高温又会反过来加速晶体变形,导致出现更多的'热点'区域。"[63]

"在这个模型中,基于真空中丝状金属加热理论,认为灯泡寿命与灯丝温度成指数关系,与金属蒸气压力 P 成反比关系。"[63]压力由式(6.59)给出,其中金属钨丝的气化热 $\Delta H_{vap}=183\text{kcal/mol}$[63],气体常数 $R=1.9872\text{cal/deg mol}$,$T$ 为绝对温度。式(6.59)同样适用于液体蒸气压力[64]。式(6.59)还可以描述金属热电子发射与温度之间的关系,只需将式中的汽化热更改为逸出功。

$$P=P_0\exp\left(-\frac{\Delta H_{vap}}{RT}\right) \tag{6.59}$$

寿命 t_f 与 P 成反比,利用式(6.59)有

$$t_f\propto\frac{1}{P}\propto\exp\left(\frac{\Delta H_{vap}}{RT}\right) \tag{6.60}$$

上述造成灯泡故障的各因素,如钨丝局部不均匀性,电阻、发射率、晶体滑动的波动性等,都具有随机性特点,因此导致 ΔH_{vap} 服从正态分布,所以灯泡寿命服从对数正态分布:

$$\ln t_f\propto\Delta H_{vap} \tag{6.61}$$

不过,第80章中的灯泡故障数据服从正态分布,而非对数正态分布,这与式6.61中的结论相矛盾(1.3.4节)。

6.3.3 对数正态型耗损:平均寿命延长

设想某些产品在制造阶段,已经通过某种技术手段对容易早期故障或存在瑕疵的产品进行了筛选,假设筛选过程不会因对正常产品造成额外伤害而缩短其寿命。经筛选后的产品只会出现长期故障,即处于耗损型阶段。对于这些筛选后剩下的产品,其寿命服从某种分布。工程上,人们希望对剩余的产品再进行某种附加试验,以便筛选出寿命较短的个体,从而提高剩余个体的平均寿命。

为了消除早期故障和瑕疵产品而设计的筛选试验无法进一步筛选出寿命较短的产品。因此,需要对筛选后的产品进一步开展加速老化试验,但这势必会消耗产品的部分寿命。这里的问题在于,通过老化试验带来的平均寿命提高上的收益能否补偿老化试验对产品寿命的消耗[66]。

上述加速老化故障成败的关键取决于产品寿命分布类型(例如Weibull分布、对数正态分布等)。即使试验成功,也可能会因成本过高而无法实施,例如会有大量产

品在试验中被剔除。另一方面,如果剔除任何一个产品都会造成无法承受的损失(如某些航天产品),那么就需要人为制定某种“无情”策略,以阻止开展上述加速老化试验[66]。

回顾一下,浴盆曲线的右侧部分代表产品的长期耗损故障阶段。加速老化过程将显著降低 Weibull 分布的平均寿命,原因是耗损阶段对应于$\beta>1$(图 6.1)。老化主要适用于浴盆曲线中代表早期故障的左侧部分($\beta<1$)[66]。然而,前面假设中提到,早期故障产品已经在筛选试验中被剔除了。

不过,可以看出,对于形状参数$\sigma>1$的对数正态分布,当老化试验时间超过中位寿命值时,可以显著提高剩余产品的平均寿命。理论上,对于对数正态分布,老化试验可以将产品寿命提高到任意给定水平,但试验成本受到形状参数σ的制约[66]。

由于种种原因,通过老化试验显著提高对数正态分布型产品的平均寿命只在学术研究中被广泛讨论:①平均寿命改善因子对σ非常敏感,在开始老化试验前,对产品σ的先验知识必不可少;②在后面的第二部分中会提到,很多时候到底是用对数正态分布还是 Weibull 分布,对产品寿命进行建模本身就存在不确定性;③对于诸如海底电缆这种寿命要求较长的产品,主要通过降额或冗余设计提高产品寿命。例如,很多关键部件在工作时都会进行“热备件”或“冷备件”处理[67]。

参考文献

[1] Novalis, Dialogen und Monolog, 1798/99.

[2] N. R. Mann, R. E. Schafer, and N. D. Singpurwalla, Methods for Statistical Analysis of Reliability and Life Data (Wiley, New York, 1974), 102-108.

[3] P. A. Tobias and D. C. Trindade, Applied Reliability, 2nd edition (Chapman & Hall/CRC, New York, 1995), 89-91.

[4] P. Rosin and E. Rammler, The laws governing the fneness of powdered coal, J. Inst. Fuel., 6, 29-36, October 1933.

[5] A. J. Hallinan Jr. A review of the weibull distribution, J. Qual. Technol., 25 (2), 85-93, April 1993.

[6] W. Weibull, A statistical distribution function of wide applicability, J. Appl. Mech., 18, 293-297, September 1951.

[7] H. Rinne, The Weibull Distribution: A Handbook (CRC Press, Boca Raton, 2009).

[8] W. Weibull, Discussion: A statistical distribution function of wide applicability, J. Appl. Mech., 19, 233-234, June 1952. Reliability Models 151

[9] E. A. Elsayed, Reliability Engineering (Addison Wesley Longman, New York, 1996), 52-53.

[10] L. C. Wolstenholme, Reliability Modeling: A Statistical Approach (Chapman & Hall/CRC, New York, 1999), 14, 24.

[11] E. A. Elsayed, Reliability Engineering (Addison Wesley Longman, New York, 1996), Appendix A.

[12] H. Rinne, The Weibull Distribution: A Handbook (CRC Press, Boca Raton, 2009), 75.

[13] L. C. Wolstenholme, Reliability Modeling: A Statistical Approach (Chapman & Hall/CRC, New York, 1999),

18-19.

[14] N. Shiono and M. Itsumi, A lifetime projection method using series model and acceleration factors for TDDB failures of thin gate oxides, IEEE 31st Annual Proceedings International Reliability Physics Symposium, Atlanta, GA, 1-6, 1993.

[15] E. Y. Wu et al., Challenges for Accurate reliability projections in the ultra-thin oxide regime, IEEE, 37th Annual Proceedings International Reliability Physics Symposium, San Diego, CA, 57-65, 1999.

[16] C. Whitman and M. Meeder, Determining constant voltage lifetimes for silicon nitride capacitors in a GaAs IC process by a step stress method, Microelectron. Reliab., 45, 1882-1893, 2005.

[17] A. M. Freudenthal and E. J. Gumbel, On the statistical interpretation of fatigue tests, Proceedings of the Royal Society, 216A (1126), 309-332, 1953.

[18] J. T. Krause, Zero stress strength reduction and transitions in static fatigue of fused silica fber lightguides, J. Non-Cryst. Solids, 38 and 39, 497-502, 1980.

[19] W. Griffoen et al., Stress-induced and stress-free ageing of optical fbres in water, International Wire & Cable Symposium Proceedings, St. Louis, MO, 673-678, 1991.

[20] B. Lawn, Fracture of Brittle Solids, 2nd edition (Cambridge University Press, 1993), 338-339.

[21] N. R. Mann, R. E. Schafer, and N. D. Singpurwalla, Methods for Statistical Analysis of Reliability and Life Data (Wiley, New York, 1974), 128.

[22] P. A. Tobias and D. C. Trindade, Applied Reliability, 2nd edition (Chapman & Hall/CRC, New York, 1995), 81-83.

[23] H. Rinne, The Weibull Distribution: A Handbook (CRC Press, Boca Raton, 2009), 22-23.

[24] D. L. Grosh, A Primer of Reliability Theory (Wiley, New York, 1989), 22, 24.

[25] J. H. K. Kao, Statistical models in mechanical reliability, IRE 11th National Symposium on Reliability & Quality Control, Miami Beach, FL, 240-247, 1965.

[26] J. H. K. Kao, Characteristic life patterns and their uses, in Reliability Handbook, Ed. W. G. Ireson (McGraw-Hill, New York, 1966), 2-1-2-18.

[27] L. C. Wolstenholme, Reliability Modeling: A Statistical Approach (Chapman & Hall/CRC, New York, 1999), 26-27.

[28] E. J. Gumbel, The Statistical Theory of Extreme Values (National Bureau of Standards, Washington DC, 1952).

[29] L. R. Goldthwaite, Failure rate study for the lognormal lifetime model, IRE 7th National Symposium on Reliability & Quality Control in Electronics, Philadelphia, PA, 208-213, 1961.

[30] W. B. Joyce, R. W. Dixon, and R. L. Hartman, Statistical characterization of the lifetimes of continuously operated (Al, Ga) As double-heterostructure lasers, Appl. Phys. Lett., 28 (11), 684-686, June 1, 1976.

[31] M. Ettenberg, A statistical study of the reliability of oxide-defned stripe cw lasers of (AlGa) As, J. Appl. Phys., 50 (3), 1195-1202, March 1979.

[32] K. D. Chik and T. F. Devenyi, The effects of screening on the reliability of GaAlAs/GaAs semiconductor lasers, IEEE Trans. Electron Dev., 35 (7), 966-969, July 1988.

[33] F. H. Reynolds, Accelerated-test procedures for semiconductor components, IEEE 15th Annual Proceedings International Reliability Physics Symposium, Las Vegas, NV, 166-178, 1977.

[34] J. R. Black, Mass transport of aluminum by momentum exchange with conducting electrons, IEEE 6th Annual Reliability Physics Symposium, 148-159, 1967.

[35] D. J. LaCombe and E. L. Parks, The distribution of electromigration failures, IEEE 24th Annual Proceedings

International Reliability Physics Symposium, Anaheim, CA, 1-6, 1986.

[36] J. M. Towner, Are electromigration failures lognormally distributed? IEEE 28th Annual Proceedings International Reliability Physics Symposium, New Orleans, LA, 100-105, 1990.

[37] A. S. Jordan, J. C. Irvin, and W. O. Schlosser, A large scale reliability study of burnout failure in GaAs power FETs, IEEE 18th Annual Proceedings International Reliability Physics Symposium, Las Vegas, NV, 123-133, 1980.

[38] J. C. Irvin and A. Loya, Failure mechanisms and reliability of low-noise GaAs FETs, Bell Syst. Tech. J., 57 (8), 28232846, October 1978.

[39] D. S. Peck, Uses of semiconductor life distributions, in Semiconductor Reliability 2 (Engineering Publishers, Elizabeth N J, 1962), 10-28. 152 Reliability Assessments

[40] D. S. Peck and C. H. Zierdt, Jr., The reliability of semiconductor devices in the bell system, Proceedings of the IEEE, 62 (2), 185-211, February 1974.

[41] F. H. Reynolds and J. W. Stevens, Semiconductor component reliability in an equipment operating in electromechanical telephone exchanges, IEEE 16th Annual Proceedings International Reliability Physics Symposium, San Diego, CA, 7-13, 1978.

[42] J. E. Gunn, R. E. Camenga, and S. K. Malik, Rapid assessment of the humidity dependence of IC failure modes by use of HAST, IEEE 21st Annual Proceedings International Reliability Physics Symposium, Phoenix, AZ, 66-72, 1983.

[43] A. G. Sabnis and J. T. Nelson, A physical model for degradation of DRAMS during accelerated stress aging, IEEE 21st Annual Proceedings International Reliability Physics Symposium, Phoenix, AZ, 90-95, 1983.

[44] S. Hiraka and M. Itabashi, The influence of selenium deposited on silver plating on adhesive strength of die-attachment, IEEE 29th Annual Proceedings International Reliability Physics Symposium, Las Vegas, NV, 8-11, 1991.

[45] E. S. Snyder et al., Novel self-stressing test structures for realistic high-frequency reliability characterization, IEEE 31st Annual Proceedings International Reliability Physics Symposium, Atlanta, GA, 57-65, 1993.

[46] R. L. Shook and T. R. Conrad, Accelerated life performance of moisture damaged plastic surface mount devices, IEEE 31st Annual Proceedings International Reliability Physics Symposium, Atlanta, GA, 227-235, 1993.

[47] G. Verma and N. Mielke, Reliability performance of ETOX based flash memories, IEEE 26th Annual Proceedings International Reliability Physics Symposium, Monterey, CA, 158-166, 1988.

[48] D. M. Tanner et al., The effect of humidity on the reliability of a surface micromachined microengine, IEEE 37th Annual Proceedings International Reliability Physics Symposium, San Diego, CA, 189-197, 1999.

[49] R. A. Hawthorne III, J. K. Guenter, and D. N. Granville, Reliability study of 850 VCSELs for data communication, IEEE 34th Annual Proceedings International Reliability Physics Symposium, Dallas, TX, 203-210, 1996.

[50] C. S. Whitman, Defning the safe operating area for HBTs with an InGaP emitter across temperature and current density, Microelectron. Reliab., 47, 1166-1174, 2007.

[51] N. R. Mann, R. E. Schafer, and N. D. Singpurwalla, Methods for Statistical Analysis of Reliability and Life Data (Wiley, New York, 1974), 132-134.

[52] P. A. Tobias and D. C. Trindade, Applied Reliability, 2nd edition (Chapman & Hall/CRC, New York, 1995), 126-127.

[53] J. C. Kapteyn, Skew Frequency Curves in Biology and Statistics, Astronomical Laboratory (Noordhoff, Groningen; Netherlands, 1903).

[54] J. Aitchison and J. A. C. Brown, The Lognormal Distribution (Cambridge University Press, New York, 1957), 22-23.

[55] C. C. Yu, Degradation model for device reliability, IEEE 18th Annual Proceedings International Reliability Physics Symposium, Las Vegas, NV, 52-54, 1980.

[56] J. P. Berry, Fracture of polymeric glasses, in Fracture (An Advanced Treatise), Fracture of Nonmetals and Composites, VII, Ed. H. Liebowitz (Academic Press, New York, 1972), 37-92, 75-79.

[57] F. Bueche, Tensile strength of plastics below the glass temperature, J. Appl. Phys., 28 (7), 784-787, July 1957.

[58] A. I. Gubanov and A. D. Chevychelov, Theoretical values for the breaking energy of the chain in solid polymers, Sov. Phys. —Solid State (English Translation), 5 (1), 62-65, July 1963.

[59] W. B. Joyce et al., Methodology of accelerated aging, AT&T Tech. J., 64 (3), 717-764, March 1985.

[60] L. A. Coldren and S. W. Corzine, Diode Lasers and Photonic Integrated Circuits (Wiley, New York, 1995), 415.

[61] J. R. Black, Electromigration—A brief survey and some recent results, IEEE Trans. Electron Dev., ED-16 (4), 338-347, April 1969.

[62] J. A. Schwarz, Distributions of activation energies for electromigration damage in thin-flm aluminum interconnects, J. Appl. Phys., 61 (2), 798-800, January 15, 1987.

[63] M. Ohring, Reliability and Failure of Electronic Materials and Devices (Academic Press, New York, 1998), 293-295.

[64] G. M. Barrow, Physical Chemistry (McGraw-Hill, New York, 1962), 390-395.

[65] C. Kittel, Introduction to Solid State Physics, 3rd edition (Wiley, New York, 1966), 246-247.

[66] G. S. Watson and W. T. Wells, On the possibility of improving the mean useful life of items by eliminating those with short lives, Technometrics, 3 (2), 281-298, May 1961.

[67] W. B. Joyce and P. J. Anthony, Failure rate of a cold- or hot-spared component with a lognormal lifetime, IEEE Trans. Reliab., 37 (3), 299-307, August 1988.

第7章 人类和组件的浴盆曲线

浴盆不再用于储水[1]。

7.1 人类死亡浴盆曲线

产品组件的浴盆曲线和人类死亡浴盆曲线有着共同的起源。组件的可靠性和人类的寿命都可以用统计模型进行估计和解释。在“评估”阶段,统计寿命模型作为一种参数模型,一般是通过拟合故障(或死亡)数据得到的。在“解释”阶段,对故障/死亡数据拟合最好的统计模型多源自一些合理的定量化物理或生物学假设。在讨论本章标题中提到的组件浴盆曲线之前,首先回顾一下人类死亡的浴盆曲线以及相关统计模型。

7.2 人类死亡统计学

2007年,美国北卡莱罗纳州年龄在0~65岁的75803名居民死亡的原因如表7.1所列[2]。表中将人群分为7个年龄段,分别列出导致各年龄段死亡最多的前5大因素各自的致死人数,以及各年龄段的总死亡人数。表中将车祸作为一项因素从其他意外因素(如溺亡、火灾、坠亡和中毒)中区分出来。

表7.1 北卡莱罗纳州不同原因致死统计表(2007年)

4个主要原因	<1	1~4	5~14	15~24	25~44	45~64	>65
心脏疾病		12	12		541	3396	13.493
癌症		11	22	49	568	5137	11.637
脑血管疾病						616	3631
呼吸疾病						665	3508
老年痴呆症							2408
机动车伤害		19	51	401	601		
无意识伤害	43	26	33	178	602	653	
杀人犯			14	172			
自杀				117	389		

（续）

出生缺陷	201	20					
低出生体重	204						
母亲并发症	101						
突然婴儿死亡综合症	98						
所有原因的总和	1107	144	221	1084	4201	15.861	53.185

1岁之前死亡的主要原因是先天性内在缺陷，尽管也存在一些其他原因。1~4岁年龄段，因外部原因造成的意外死亡与因先天性缺陷造成的早期婴儿死亡数量相当。5~14岁年龄段，意外死亡占主导原因，但先天性缺陷造成的死亡仍不容忽视。15~24岁年龄段，死亡大部分由意外事故导致。25~44岁年龄段，意外死亡和因生命晚期疾病导致的死亡大致相当。45岁之后，死亡主要由生命晚期疾病导致。虽然抽烟喝酒会增加某些疾病，如癌症和心脏病的发病率，但健康的生活方式可以控制因内在原因导致的死亡率。

尽管在中年时期意外死亡和早年、晚年因内在原因导致的死亡有重叠，但基本上可以划分为三个相对独立的年龄段：①婴儿死亡（0~4岁）；②意外死亡（5~44岁）；③衰老死亡（44岁以后）。上述分类表明，人类死亡浴盆曲线由三部分组成：①早期死亡率逐渐降低；②青少年时期死亡主要由意外事故造成，死亡率相对稳定，可以用指数模型描述（第5章）；③晚年死亡率逐渐增长。

7.3 人类死亡浴盆曲线举例

利用1930~1932年期间英格兰和威尔士0~90岁男性死亡数据绘制死亡率λ形自然对数正态值与年龄的关系曲线，如图7.1所示。图中，曲线与工程上常见的组件浴盆曲线均为U形曲线（7.16节），具有一定相似度。图7.1中0~5岁阶段对应早期（婴儿）故障期；30~90阶段故障率不断增加，对应长寿命组件的“耗损”期。浴盆曲线还假设故障率在寿命中期存在一个平稳阶段，但这点在图7.1中没有明显体现出来。

初始人口数量是1023102[3]。活到99岁的有125个人，占1.2%，没有人超过100岁。80岁以后，死亡率增速出现了明显回落。由于95~99岁的数据过于稀疏，导致曲线波动较大，故图7.1中没有绘制该年龄段死亡率曲线。人口规模是量化分析人类或其他物种老龄化的主要指标之一。当人口数量只有几十万甚至几万时，由于高龄人样本数较少，可能会导致死亡率在高年龄段出现较大波动。此外，部分高龄人群因年代久远等原因造成真实年龄和记录年龄存在较大误差，这也是导致死亡率曲线存在不确定性的原因之一。

一个更近的例子是1986年美国0~40岁的死亡浴盆曲线，如图7.2所示[4]。不

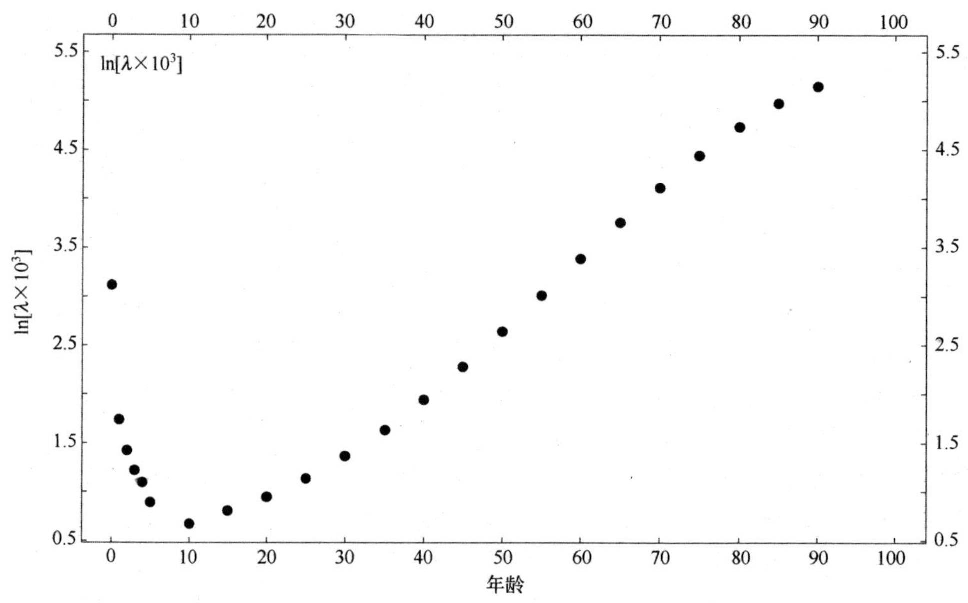

图 7.1 英格兰和威尔士 1930—1932 年人口死亡率浴盆曲线(死亡率取对数正态)

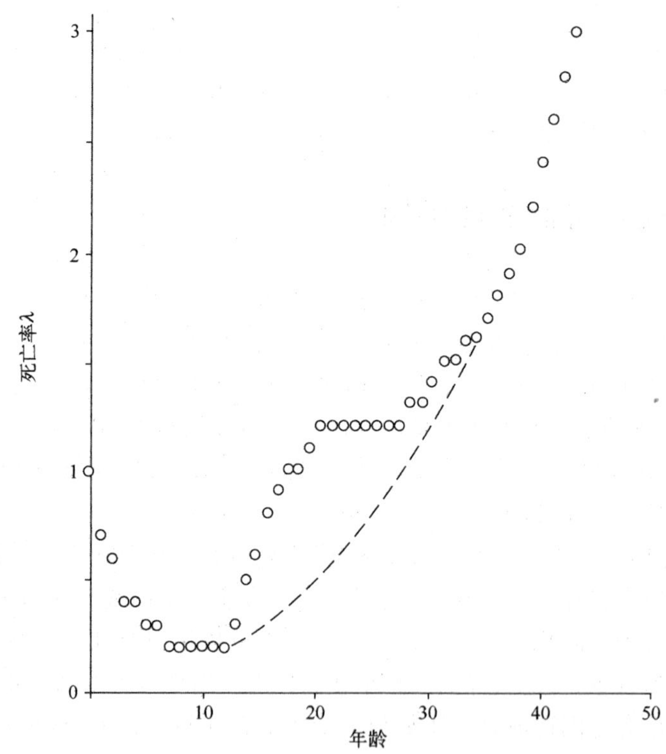

图 7.2 美国 1986 年人口死亡率浴盆曲线(死亡率取对数正态)

同于图7.1,图7.2中的一个突出特征是存在“事故驼峰”,这是由药物滥用、超速驾驶等相关原因造成的,“驼峰”从青少年开始,持续到30岁左右[4]。事故引起的死亡率峰值可以用第5章的恒故障率模型描述。图7.2中的虚线表示在没有事故的情况下的死亡率预期曲线。

美国1989~1991年总人口0~110岁的U形死亡率浴盆半对数正态曲线如图7.3所示。初始人口数为7536614,有5219人活到100岁,占总人口的0.07%,有24人活到110岁。95岁以后,死亡率增速开始下降。意外事故导致“事故驼峰”现象出现在青少年早期至40岁左右。

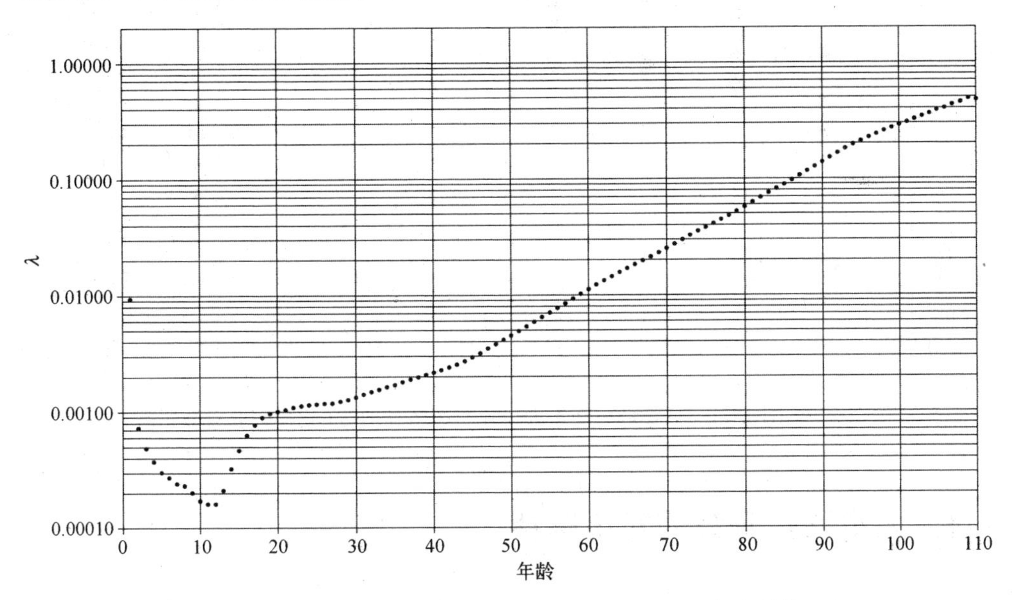

图7.3 美国1989~1991年人口死亡率浴盆曲线(死亡率取对数正态)

1999年,美国0~100岁男性和女性的死亡率均具有U形曲线的性质,且在15~30岁阶段出现“事故驼峰”现象[6]。图7.4中的12条死亡率曲线根据1871~2002年期间,德国0~100岁女性寿命数据绘制[7],该图中同样可以看到“事故驼峰”。

图7.4存在三个特征:①1871/81~2000/2002年,任何年龄段死亡率都不断降低;②80岁以后,死亡率增速下降;③每个年代都有寿命超过100岁的人。死亡率上述特点是共性的,与国家、性别和年代无关。例如,印度(1941~1950年男性)、土耳其(1950~1995年男性)、肯尼亚(1969年男性)、英格兰和威尔士(1930~1932年女性)、挪威(1956~1960年女性)[8]、美国(1999男女性)[6]、俄罗斯(2006男女性)和日本(2007男女性)[9]均存在上述特征。

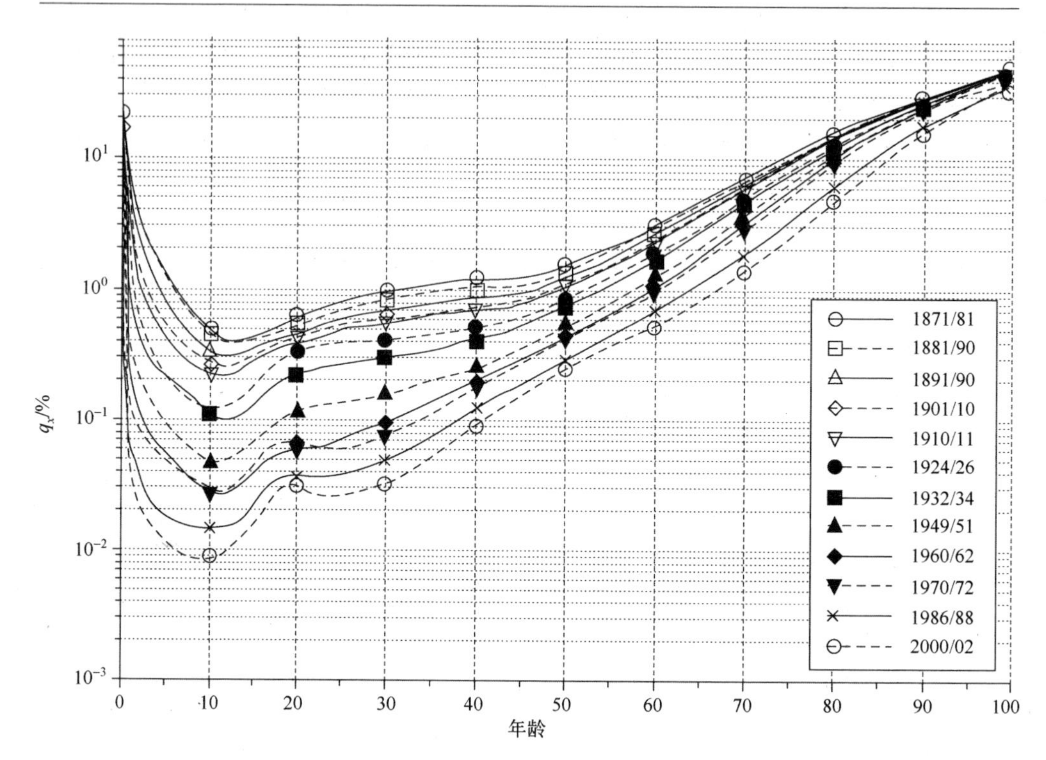

图 7.4　德国 1871/81~2000/02 年人口死亡率浴盆曲线(死亡率取对数正态)

7.4　人类死亡寿命的对比解释

与固定和变化脆弱模型一样(7.12 节),对于老年人的死亡率存在两种非专业解释。这里要注意的是,研究人类与产品组件死亡率时的侧重点有所不同,后者关注的是在工作过程中首次故障的时间,而前者关注的最后寿终正寝的时间。

第一种解释是,人类的死亡是存在基因前兆的。由于人类的基因在某些方面存在随机性,因此导致人类的寿命存在差异性。假设不考虑人为或者环境因素带来的意外伤害,那么一个人的死亡时间从出生那一刻就已经由其基因确定了。老年人死亡率的跌落现象正是由与存在缺陷基因的“不适”群体从“适应”中分离出来导致的。

第二个解释是,从基因上看,所有人在出生时都是相同的。但随着时间的推移,因为行为和环境的不可控变化,导致不同个体出现不同程度的累积损伤,直至最后死亡。死亡率的跌落是由于虚弱的老年人较强壮的老年人先死亡而导致的。例如,与 80~90 岁老人相比,百岁老人外出更少,受到的保护更多,从而降低了意外事故和感染病菌的可能。因此,老年人死亡率增速下降在一定程度上可以解释为个体死亡风险的降低。

目前，遗传学、行为学和环境因素在对成年人死亡的解释方面是最有说服力的。某些人先天基因存在缺陷，这可能会导致其后天因心脏病或癌症而死亡。基因相同或相似的人群的寿命又可能会因环境条件（如传染病）和行为（如事故、饮食选择、抽烟、饮酒和吸毒）的不同而出现差异。因此，在人口老龄化的背景下，基因、环境、生活方式等方面的差异导致人类寿命出现一定程度的不一致性。

7.5　人类和其他生物的统计寿命模型

由于我们的研究目标是生物的起源、死亡和寿命，因此主要关注的是人类寿命的统计模型。理想情况下，能够预测人类或其他生物（如苍蝇、虫子等）寿命的统计模型通常是基于某种导致机体死亡的生物机理推导得到的。通过有意的定时外部打击可以预测折寿死亡的发生，统计寿命模型尚未实现从有机物种生物学死因中分析得到。在生物学老化规律被彻底发现之前，无法证实人类和其他有机物种的死亡率是否服从某种给定参数化统计寿命模型（比如 Gompertz 模型、Weibull 模型或者回归模型）[10,11]。人类和其他有机物种统计寿命模型的发展经历了两个阶段。

第一阶段（又称"估计"阶段）是一种事后过程，利用一些统计寿命模型为观察到的死亡率（生物）或故障率（组件）提供一种最好的拟合模型。第二阶段（又称"解释"阶段）是从一些看似可信的生物学假设出发推导出寿命的统计模型，且该模型对历史死亡数据拟合效果较好。尽管这种统计寿命模型本质上也是事后的，但其需要一些先验知识。也就是说，在利用试验数据建立具体模型之后，相同形式的基于生物学假设的模型没有先验预测能力，因为它具有并不知道参数的具体取值。

7.6　人类死亡的 Gompertz 模型：估计实例

1825 年，Gompertz 建立了一种重要的用于描述人类死亡的统计学模型[12]。研究发现，成人死亡率 $\lambda(t)$ 与时间之间存在指数关系：

$$\lambda(t)=\alpha\exp(\beta t) \tag{7.1}$$

式中，α 和 β 为常数。

对于寿命取决于最先故障组件的系统来说，Gompertz 模型和 Weibull 模型是仅有的两个理论上的有限极值分布[8,13]。Weibull 模型（第 6 章）作为第三类最小极值的渐近分布被广泛熟知[14,15]。Gompertz 模型的故障函数可以参考第一类最小极值的渐近分布[14,15]。

第一类分布的时间轴定义了负值和正值时间，即 $-\infty<t<\infty$，式（4.16）可以重新表示为

$$\lambda(t)=-\frac{\mathrm{d}}{\mathrm{d}t}\ln S(t) \tag{7.2}$$

从0到t积分可得

$$\ln S(t)=-\frac{\alpha}{\beta}\exp(\beta t) \tag{7.3}$$

$$S(t)=\exp\left[-\frac{\alpha}{\beta}\exp(\beta t)\right] \tag{7.4}$$

由式(4.18)，可以得到概率分布函数(PDF)为$f(t)=\lambda(t)S(t)$，联立上述公式可得

$$f(t)=\alpha\exp(\beta t)\exp\left[-\frac{\alpha}{\beta}\exp(\beta t)\right] \tag{7.5}$$

随着时间从t到∞，$f(t)$按指数规律趋近于0，极限分布参考下式中的第一类最小极值的渐近分布：

$$F(t)=1-\exp\left[-\frac{\alpha}{\beta}\exp(\beta t)\right] \tag{7.6}$$

式(7.7)中故障率的对数正态随时间呈线性增长，即

$$\ln\lambda(t)=\ln\alpha+\beta t \tag{7.7}$$

事实上，人类的死亡率包含非老化项和老化项，如式(7.8)所示的Gompertz-Makeham死亡规律[8,13]所示。

$$\lambda(t)=c+\alpha\exp(\beta t) \tag{7.8}$$

式中，c为30~40岁因服从常故障率指数模型的意外事故造成的非老化项[8]，如图7.2和图7.3所示。成年阶段死亡主要由癌症、心脏病、老年痴呆症等原因导致。

考虑到人类群体的不一致性，在利用Gompetz模型时并没有假设人群在统计上是均匀的。不过，当观测到的人群死亡率符合式(7.7)时，从其对数正态曲线中可以看出，死亡率在统计意义上均匀的特征。曲线呈现线性规律表明，人群死亡可能是多种原因混合导致的。在Gompetz模型中，不同年代的死亡概率不会在有限时间内趋于一致。但从式(7.6)可以看出，随着t增大，死亡概率会逐渐趋于渐近一致。虽然从式中看出，寿命没有上限限制，但随着年龄的增加，存活的概率会变得微乎其微。

根据Gompetz模型[12]，年龄每增加8岁，人类死亡率增加2倍[6,13]。图7.5是对图7.1中30~85岁年龄段死亡率的直线拟合结果。尽管出现了轻微的S型残差，但拟合效果总体还是可以接受的，且预测出如下结果：对于1930~1932年死亡的男性，年龄每增加8岁，死亡率会上升2倍。

图7.6是图7.3中45~100岁年龄段死亡率的直线拟合结果。1989~1991年期间，年龄每增加7.7岁，死亡率大约增加2倍。值得注意的是，在该年龄段死亡率大致呈线性趋势，并未出现S型特征。因此，除去人类死亡率的早期“驼峰”阶段(30~

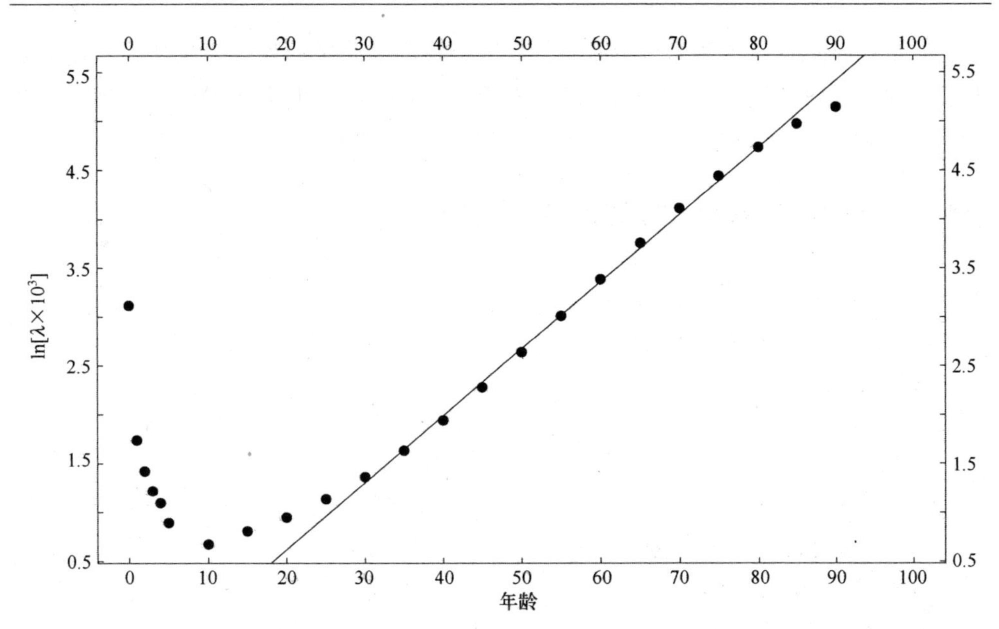

图 7.5 图 7.1 中人口死亡率浴盆曲线,直线为 30~80 岁年龄段的 Compertz 模型拟合结果

40 岁前)和高龄跌落阶段(100 岁后),对于中间阶段的死亡率数据,Gompertz 模型具有较好的拟合效果。具有指数增长规律的 Gompertz 死亡率模型适用于多种生物寿命建模,包括大鼠、小鼠、果蝇、甲虫、虱子、蠕虫、蚊子、狗、马、山羊、狒狒、人类等[13,16]。

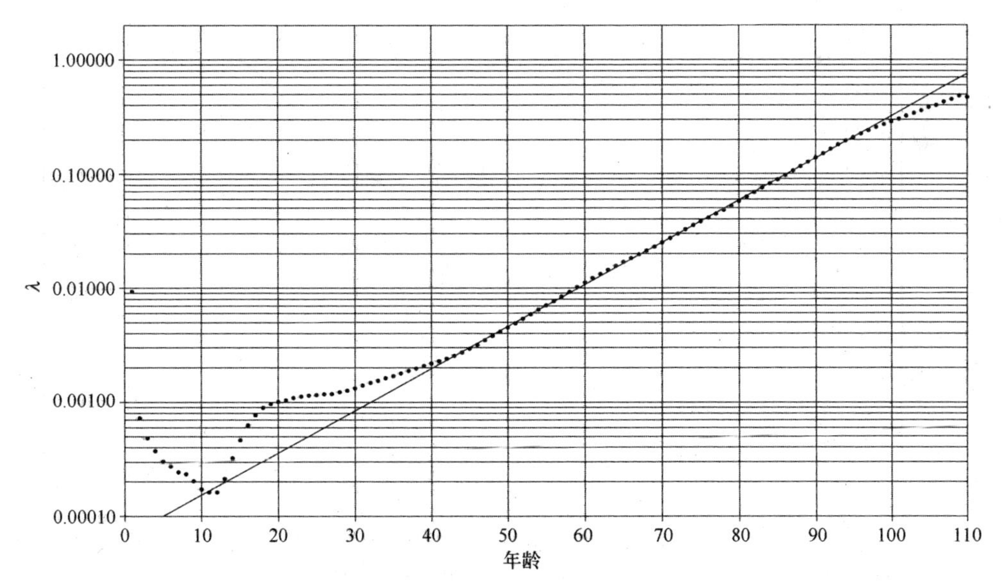

图 7.6 图 7.3 中人口死亡率浴盆曲线,直线为 45~95 岁年龄段的 Compertz 模型拟合结果

正如 Gompertz 首次观察到的那样[12],人类在高龄阶段的死亡率偏离了 Gompertz 曲线,并呈现出明显的跌落和减速现象,如图 7.1、图 7.3 至图 7.6 所示。下文中会讲到,高龄阶段死亡率下降是一种逻辑模型导致的自然现象。

7.7 人类死亡率的回归模型:估计实例

回归模型(7.9 节)中的死亡率或故障率与时间之间呈 S 型关系。这个模型适用于 $\alpha\exp(\beta t)$ 非常小的不一致群体,式(7.9)给出其具体形式,Gompertz 模型为该模型的一种特例[17]。

$$\lambda(t)=\frac{\alpha\exp(\beta t)}{1+\exp(\beta t)} \tag{7.9}$$

利用式(7.9)中的回归模型,对 7 个死亡率数据集进行拟合,这些数据集来自 10~12 世纪匈牙利人以及 1980~1982 年英格兰和威尔士[17]。其中最令人印象深刻的,是利用式(7.9)对 1841 年英格兰和威尔士男性和女性死亡数据分别拟合的结果。从 30 岁左右到 92 岁的 71000 个男性(1841 年)死亡率曲线如图 7.7 所示,曲线具有明显的 S 型特征。根据式(7.9),青年阶段 $\lambda(t)$ 增长缓慢,中年阶段增长加快,高龄阶段又开始缓慢降低[17]。

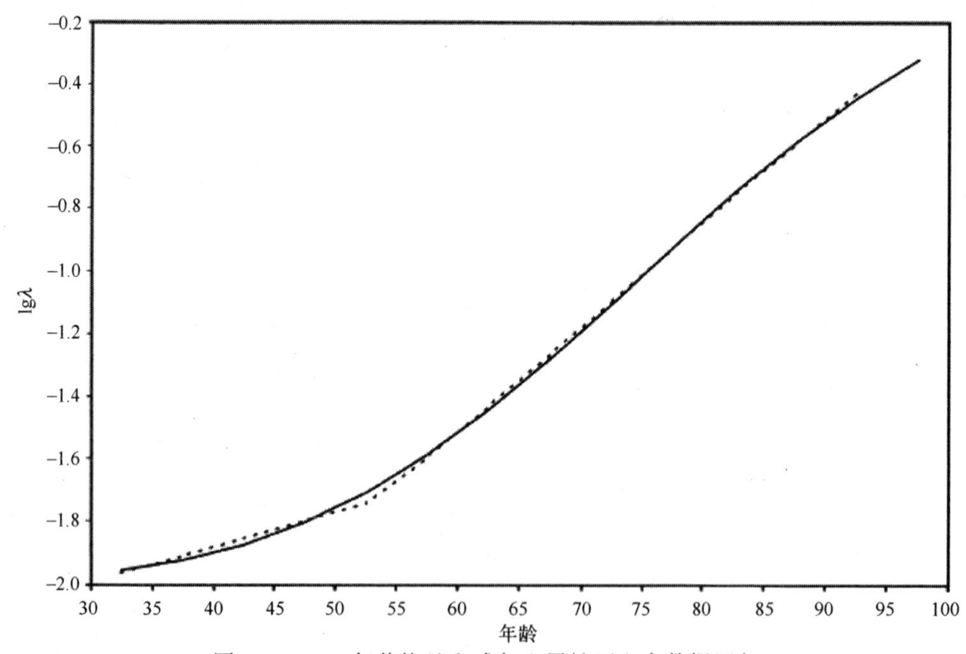

图 7.7 1841 年英格兰和威尔士男性死亡率数据回归模型[式(7.9)]拟合结果(纵坐标取对数正态)

图7.8给出1841～1981年不同年份出生的男性死亡率随年龄(0～100岁)的变化曲线[18]。虽然"驼峰"现象依然存在,但仍然可以利用回归模型对死亡率进行拟合。图7.1中10岁之后的死亡率曲线也呈现出回归模型描述的S型特征。

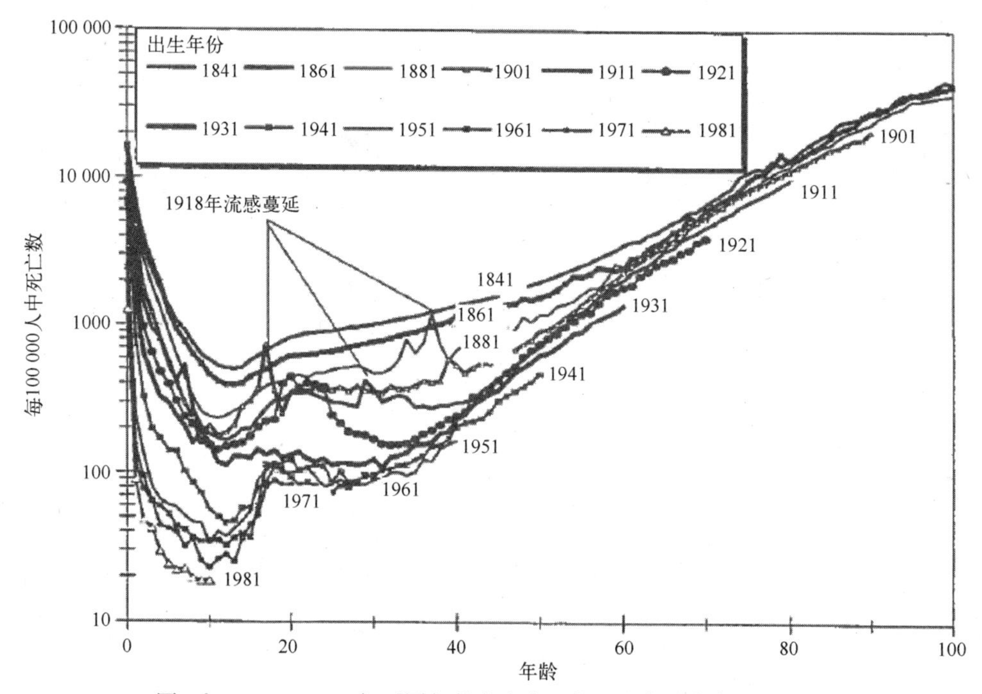

图7.8　1841～1981年不同年份出生人口的死亡率随寿命变化曲线

在回归模型中,任何时间段内的死亡概率随着年龄增加持续单调递增,且趋于一个极限值。在这个模型中,与Gompertz模型(7.6节)和Weibull模型(7.8节)一样,依然没有对寿命设上限值。在回归模型中,甚至没有哪个年龄段的生存率可以忽略不计。无论年龄大小,在下一阶段总会存在一个显著的生存概率值。在最老年龄段,这个模型趋于一个泊松过程,在该过程中,幸存者死亡率无限接近但不会达到某个平稳值。该过程类似于放射性原子衰变的状态[17],如式(7.10)所示的指数模型或恒定死亡率模型(第5章)。

$$S(t)=\exp\left(-\frac{t}{\tau}\right) \tag{7.10}$$

为了比较Gompertz、Weibull和回归模型在描述死亡率时的差异,图7.9分别用三种模型对13个工业化国家1980～1990年800万年龄在80～98岁之间的女性死亡率数据进行了拟合,并将曲线外推到120岁。在高龄阶段(>100岁),Gompertz模型和Weibull模型会对死亡率造成过估计,在该年龄段,死亡率增速已经明显变缓[17]。

图7.10为1990～2000年瑞典女性82～110岁的死亡率数据[6]。在半对数正态

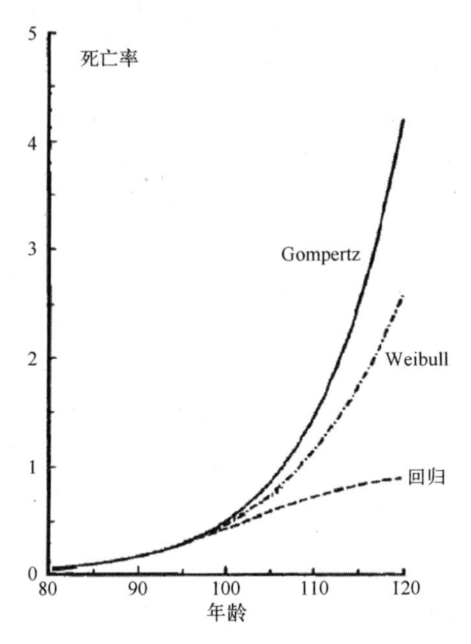

图 7.9 三种死亡率模型:Gompertz 模型、Weibull 模型和回归模型

坐标图上,利用式(7.7)中的 Gompertz 模型进行外推,外推曲线如图中直线所示。从图 7.10 中可以观察到,95 岁以后死亡率增速明显放缓,逐渐接近(但未达到)某个平稳值。从图 7.11 中同样可以看到类似的现象,该图展示了瑞典女性 1900 年、1980 年和 1999 年的存活率对数正态曲线。1999 年,100~107 岁年龄段的存活率接近一条直线。如果人类死亡率达到一个非老化平稳阶段,则对数正态死亡率和时间的关系可以用式(7.11)表示:

$$\ln S(t) \propto -t \tag{7.11}$$

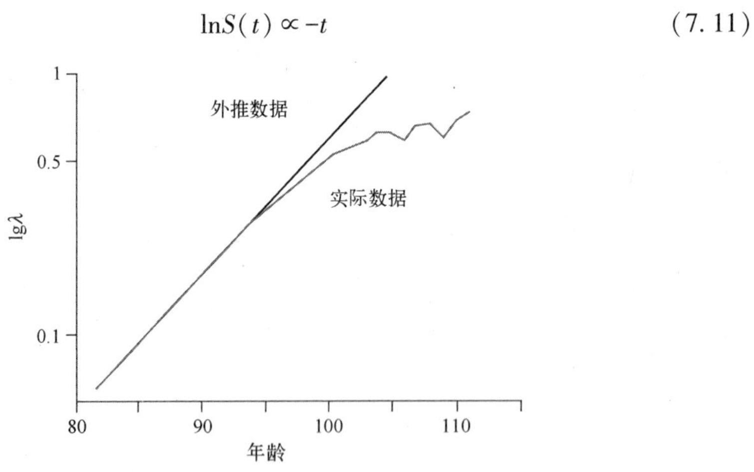

图 7.10 1990~2000 年瑞典女性死亡率曲线(纵坐标取对数正态)

与图7.10相似,图7.12给出了80~110年龄段的女性死亡率半对数正态坐标图[19]。对于80~84年龄段的死亡率数据,利用指数Gompertz模型可以取得较好的拟合效果。图中,死亡率数据从14个国家(日本和13个西欧国家)采集得到,包括

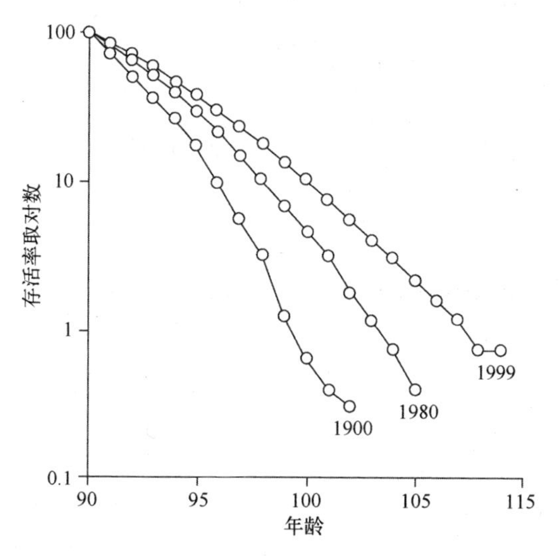

图7.11　瑞典女性1900年、1980年和1999年的存活率取对数正态后随时间变化曲线(1999年数据)近似线性

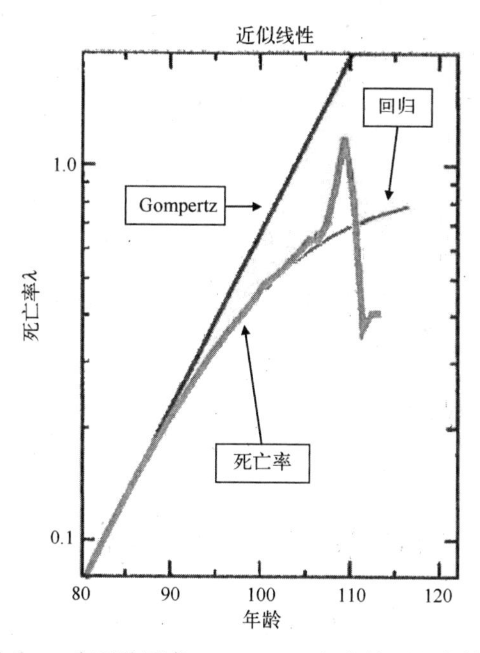

图7.12　日本和13个西欧国家1950~1990年女性死亡率数据,图中给出Compertz和回归模型拟合效果,在105岁之后死亡率曲线出现尖峰

1950~1990 年的 80~109 岁女性数据和 1997 年的超过 110 岁女性数据。尽管数据非常充分,但也只有 82 个人活到了 110 岁。由于 105 岁以上数据非常缺乏,死亡率曲线非常不稳定,出现了较大波动。对于 105 岁之前的数据,回归曲线拟合效果较好。

对于人类来说,有证据表明,回归模型能够较好拟合高龄人群死亡率数据。高龄人群死亡率增速放缓的一个合理解释是,对于一致性存在差异的人类来说,死亡率较高的弱势群体更早被淘汰,存活下来的属于死亡率较低的更为健康稳健的群体,概括起来讲,就是——适者生存。

7.8 人类死亡的 Weibull 模型:估计实例

与 Gompertz 模型不同,回归模型和 Weibull 模型提供了一种存在凹曲率的死亡率曲线,且允许死亡率在高龄阶段存在一定程度的回落现象。因此这两种模型都适合对高龄阶段的死亡率数据进行描述和建模(而 Gompertz 模型则误差较大)。Weibull 模型(6.2 节)的死亡率为

$$\lambda(t)=\frac{\beta}{\tau^{\beta}}t^{\beta-1} \tag{7.12}$$

将死亡率取对数正态,可以看出,Weibull 模型描述的死亡率曲线在成年人阶段具有缓慢的凹曲率特征,这与损耗阶段($\beta>1$)相对应,如式(7.13)所示。

$$\ln\lambda(t)=\ln\left(\frac{\beta}{\tau^{\beta}}\right)+(\beta-1)\ln t \tag{7.13}$$

式中,$t\to\infty$,$\ln\lambda(t)\to\infty$。

和 Gompertz 模型相似,在 Weibull 模型中,任何时间段内的死亡概率都不会达到一个有限值,但可以趋近于该值。模型中的寿命没有上限值,但是随着年龄增加,生存概率会变得微乎其微,这一点从 Weibull 模型的生存函数中也可以看出。

$$S(t)=\exp\left[-\left(\frac{t}{\tau}\right)^{\beta}\right] \tag{7.14}$$

对于图 7.5(10~90 岁)、图 7.6(45~100 岁)和图 7.7(33~92 岁)中真实死亡率数据,Weibull 模型的拟合效果并没有优于 Gompertz 模型和回归模型。

7.9 蠕虫死亡率回归模型(1):估计实例

尽管在研究人类寿命时无法忽略基因编码、外界环境和生活方式等方面的差异性,但在研究某些特定种类蠕虫寿命时,忽略上述几种因素的差异性是可行的。一种名为秀丽隐杆线虫的雌雄同体蠕虫常被用来研究生物系统的老化规律[20]。将相同

基因的蠕虫饲养在不含其他任何食物来源(主要指细菌)的营养液中。由于营养液属于无菌环境,蠕虫可以平等地获得营养液中的食物,因此可以认为其所处环境无差异性。为避免拥挤,每个营养液管中只放置3只蠕虫。

为了避免小样本引起的不确定性,选取30组试验数据进行研究,共包括1809个蠕虫样本。群体大小和寿命分别为60.2±1.2和33.33±2.43天。横坐标取0~60天,绘制不同天数对应的蠕虫生存概率变化曲线。对于0~37天的生存概率数据,四种数学模型都能给出较好的拟合效果,大多蠕虫都会在该段时间内死亡(图7.13)。但是,随着天数增加,四种模型预测曲线发生了偏离。

相比直接绘制生存概率曲线,绘制其半对数正态曲线可以更直观地分析蠕虫死亡率变化特点。在半对数正态曲线中,前期曲线呈线性趋势表明,该阶段死亡率是近似恒定的[21]。图7.13中的插图表明,在高寿命阶段(即寿命在37~60天),双参数回归模型的拟合曲线是近似线性的。在线性阶段死亡率等于常数,因此可以用式(7.11)或式(7.10)中的模型进行描述,这与第5章中讲到的放射性衰变过程建模相同。从半对数正态曲线图还可以看出,三参数和双参数回归模型明显优于双参数Gompertz模型和Weibull模型,后两者明显低估了蠕虫寿命(约15天)。

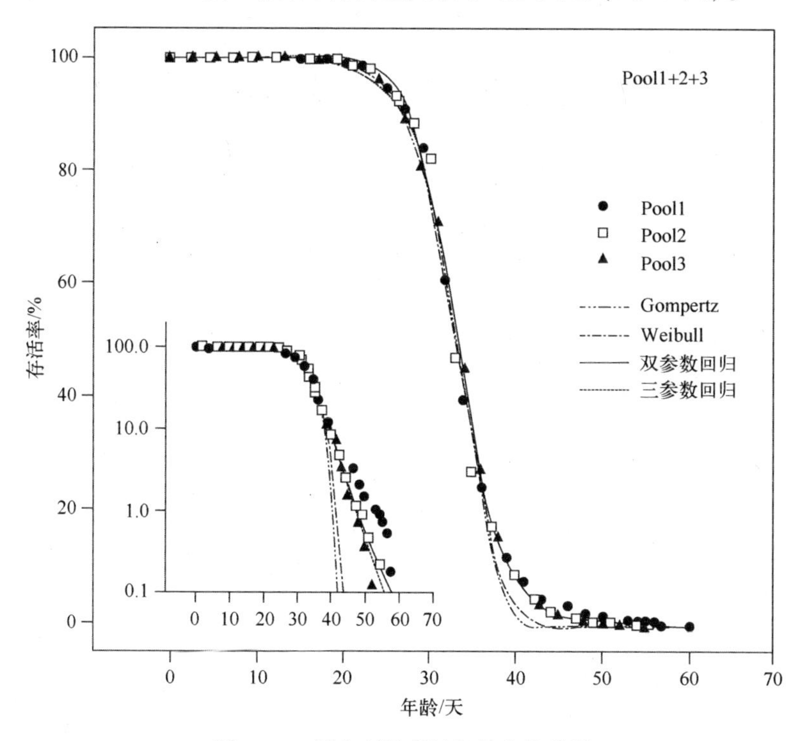

图7.13 蠕虫存活率随年龄变化曲线

理论上,当基因相同且生存环境无明显差异时,各蠕虫的死亡时间也应该是相同或非常接近的,但图 7.13 中的死亡数据却并非如此。回想前面分析时是将 30 组平均寿命(33.33±2.43 天)非常接近的蠕虫样本放在了一起。文献[20]给出的结论:“样本寿命是由基因决定的,其总体上与平均寿命相一致,那些寿命过短或过长的个体可以用统计学上的波动性进行解释。”该解释[20]是基于统计波动理论的,但其在某些问题上是开放性的。平均寿命(33.33 天)加上 3σ(7.29 天)等于 40.62 天,这仍未能涵盖 40~60 天内死亡的大部分数据(该阶段生存概率取对数正态后接近直线,表明蠕虫进入一段无老化平稳阶段)。

7.10 蠕虫死亡率 Weibull 模型(2):估计实例

文献[20]中,Vanfleteren 等人对 92500 个蠕虫样本在无污染培养液中的寿命数据进行了研究。从图 7.14 中可以看出,该案例给出一个与上述案例相反的结论:双参数 Weibull 模型比双参数回归模型拟合效果更好。对于寿命在 10~30 天内的样本(约占总样本的 95%),两种模型拟合效果相当,但对于寿命大于 30 天的样本,双参数 Weibull 模型拟合效果明显优于双参数 Gompertz 模型。

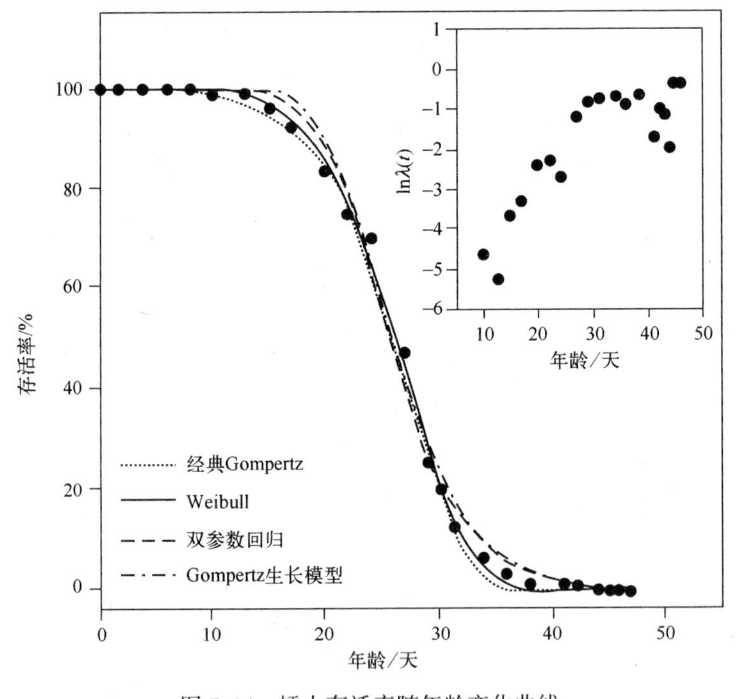

图 7.14 蠕虫存活率随年龄变化曲线

图 7.14 中插图给出对数正态死亡率[即 ln(λ)]与时间(天)的关系曲线。尽管

10~30天死亡率的线性增长趋势符合式(7.7)中的双参数Gompertz模型,但30天之后死亡率突然减速至平稳阶段(40天后曲线出现波动主要是因样本个数急剧下降导致的)。插图中蠕虫在35天之后多活一天的概率与30天内多活一天的概率相当,这符合指数模型无记忆性的特点。插图中的死亡率曲线形状与利用式(7.13)中双参数Weibull模型仿真出的死亡率曲线并不一致[20],而是与双参数回归模型仿真出的死亡率曲线一致[20]。利用由线性Gompertz模型和指数模型叠加的两阶段模型对图7.14插图中的数据进行建模,其拟合效果比单独使用Gompertz模型或Weibull模型都要好。基因和性别的不一致性都无法对死亡率轨迹做出合理解释。试验结果表明,基因与饲养环境一致性好时的果蝇死亡率规律与一致性差时的死亡率曲线没有显著区别[24,25]。文献[23]中对121894个雄性和119050个雌性果蝇在设定密度、温度、光照和湿度下进行了试验,结果表明,死亡率存在非老化平稳阶段,这进一步证实了前人的研究结论。

作为一个估计实例,根据试验中的蠕虫死亡率数据,无法判断其到底服从哪种统计寿命模型。上文的两个例子中,一个利用回归模型拟合效果较好,另一个利用Weibull模型拟合效果更优。这里在选择模型时,主要是从拟合优度的角度出发,而不是从生物学规律出发。由于没有从生物学机理上推导出死亡率到底服从哪种模型,因此建模时可以根据拟合优度选择Gompertz模型、Weibull模型、回归模型或其他模型中的任何一种。

7.11　Gompertz模型和高龄非老化(Late-Life Nonaging):解释实例

在研究人类死亡率规律时,人们提出了Gompertz模型,其模型曲线如图7.5和图7.6所示。文献[13]在可靠性理论基础上提出了一种定量模型,用来解释Gompertz模型在高龄阶段对死亡率进行建模时存在的偏差[13]。“在可靠性理论中,老化被定义为一种随时间增加故障风险增大的现象。如果故障风险没有随时间增加(即旧的和新的一样好),从可靠性理论出发,系统对时间流逝是不存在老化的”[8]。

对人类构造做出如下简化假设:人体中关键器官由大量冗余的非老化细胞排列组成,每个细胞的故障率都为恒定值k。这里假设分子不会老化,因此由分子组成的细胞也不存在老化现象;人体由m个关键器官串联构成,其中任何一个器官故障都会导致人生病;器官中细胞的故障是由外界随机事件引起的,例如辐射或疾病;每个器官都是由大量冗余细胞并联组成的,只有当所有细胞都故障时,该器官才会故障[13]。

如果开始阶段所有细胞都是健康可靠的,则人类早期的死亡率与时间之间遵从Weibull模型描述的幂律关系,即$\lambda(t)=mnk^{n}t^{n-1}$[13]。在后期,器官中大多数细胞发生故障,此时死亡率开始减速并变为一个恒定值,即 $\lambda(t)=mk$[13]。冗余细胞逐渐耗尽可以解释高龄阶段死亡率减速至平稳阶段这一现象[6,8,13,16]。

如果开始阶段器官中存在较多缺陷细胞,则早期的死亡率会服从 Gompertz 模型。此时器官的可靠性取决于其冗余结构和缺陷细胞的数量。不同于机电系统中常见的自上而下组装方式(即组装前各组件经过测试且保证可靠),器官属于自下而上的组装方式(即组装其各细胞可靠性未知)。因此,器官中缺陷细胞的数量决定冗余水平(n)。早期,人类死亡率服从 Gompertz 模型,即 $\lambda(t)\propto mnpk\exp(npkt)$,其中 p 为开始阶段细胞的可靠概率,np 为初始阶段可靠(健康)细胞的平均数量[13]。在出现高龄非老化平稳期之前,Gompertz 模型预测值与人类死亡率观测值是较一致的。

这里进一步对如何预测器官的退化行为展开讨论。器官的每一步退化都是一种随机行为,器官故障是一系列退化的最终表现,虽然这种退化过程通常是不可观测的。在后期高龄阶段,死亡率逐渐变为某个常数并偏离 Gompertz 模型,即 $\lambda(t)\approx mk$[13]。如前所述,后期高龄阶段死亡率逐渐减速至平稳阶段可以用冗余细胞的耗尽进行解释[6,8,13,16]。式(7.10)给出最后一个细胞死亡概率与时间的关系。“事实证明,随着时间增加,死亡率不断上升,直至后期进入平缓阶段……产品因随机损耗累积而不断老化是所有可靠性模型一个共同的特征”[8]。

一个与 7.9 节和 7.10 节相关的结论是:“随机因素导致同一总体中个体之间存在不一致性。从蠕虫的例子中我们看出,即使对于基因、培养条件相同的个体,这种先天的不一致性会导致不同个体死亡时间之间存在差异”[8]。“死亡率停止增长不是因为幸存者来源于另外一种群体,而是先天的不一致性导致的(虽然开始阶段看不出有什么差异)”[27]。幸存者并没有特殊的物理特征;他们幸存下来只是因为他们逃避了死亡的随机选择。上述模型的唯一约束[6,8,13,16,27]是,个体的每一步退化过程都是随机的,且与年龄无关[21]。

7.12 Logistic 模型和高龄非老化:解释实例

通过两种数学方法都可以推导出一般形式的回归模型[17]。两种模型都假设群体在开始阶段或老化过程中存在不一致性。针对一致性群体建立的故障率模型属于脆弱模型,在这种模型中,一些个体更容易发生故障,因此认为其比其他个体更脆弱。

在固定脆弱模型中,人群之间天生存在不一致性。每个人都有自己的风险函数,该风险函数在寿命初期服从 Gompertz 模型,其中 $\lambda_k(t)=\alpha_k\exp(\beta t)$,对于不同个体,常数 β 是相同的,而 α_k 为服从 Gamma 分布的随机变量。随着时间的流逝,较脆弱的个体较早死去,而相对强壮的个体生存了下来。幸存者故障率均值服从式(7.9)中的回归模型。文献[28]提出了一种类似的固定脆弱模型,该模型假设个体出生时其“资源”是随机的。当个体的累积损伤超过其“资源”时,个体就会死亡(故障)。在固定脆弱模型中,高龄阶段死亡率的下降可以用基因导致的个体不一致性进行解释。

非固定脆弱模型认为,群体出生时是一致的。老化是一系列退化状态随机跳跃的结果。伴随老化发生,不同个体会朝向不同状态发展,个体间的不一致程度会增加。在给定假设下,故障率均值服从式(7.9)中回归模型的通用形式[17]。在非固定脆弱模型中,高龄阶段死亡率的下降可以用随机老化导致的个体不一致性进行解释。

因此,Logistic 模型在两种截然不同的生物学假设中都得到广泛应用。第一种情况下,不同个体出生时的脆弱模型存在差异;另一种情况下,所有的个体出生时的脆弱模型是相同的,但在后天的老化过程个体间会出现差异。两种模型中的任一个或二者的组合模型在描述死亡率时都具有相似的数学形式[29]。但是,仅仅依靠死亡率的观察数据,很难区分出死亡率到底服从哪一种模型(或两者组合)。

7.13 寿命不一致性以及高龄非老化

在基因和饲养条件一致的蠕虫和果蝇案例中,有两种现象需要解释:①不同个体的寿命存在显著差异;②高龄阶段死亡率趋于平稳。

由于在试验中蠕虫的基因和生存环境可以看作是相同的,因此文献[30-32]认为,现象①主要是由蠕虫生长过程中的一些随机或机会效应导致的。事实上,由于在同质和异质基因个体中都存在相似的死亡率高龄非老化平稳现象,因此有人认为[33],机会效应也是导致现象②的主要原因之一。一种较为流行的理论(7.11 节和 7.12 节)认为,现象①和②都可以通过非固定脆弱模型进行解释[8,27]。该理论又被称为“逐渐进化的死亡率异质理论”[27]。

另外一种理论认为,现象①和②可以通过固定脆弱模型解释。虽然同一种群的基因组是相同的,但对于不同个体,相同基因在后天表现中遗传表观会出现差异,进而导致不同个体在出生时脆弱模型就有所不同[34]。

7.13.1 表观遗传:寿命不一致的潜在原因

表观遗传是指遗传物质发生一定程度修改从而影响基因开启或关闭的方式,但基因自身不发生任何变化[35]。例如,除非受到辐射影响,有机体在生命周期中,其基因组(DNA)的基础结构是不会发生变化的。但一些非基因化学物质(又称表观基因组或者表观遗传标记),可以作为“开关”在生命不同时期,控制不同位置的某些基因的开启或关闭,从而影响生命体的成长过程。上述表观基因组在细胞分裂时保存或遗传下来,因此,遗传物质并不仅仅局限在 DNA 中。

研究表明,基因相同双胞胎的表观基因组在子宫时期就存在差异。在发育早期,表观遗传造成的差异性是随机的。即使对于一对基因相同的双胞胎,表观遗传的波动会导致其在后天的生长和衰老过程中存在明显差异[36]。

基因编码(DNA)是一种由四个字母(A,C,G 和 T)构成的生物语言。DNA 中的基因经过不同排列,可以组合成上千种蛋白质。在表观基因组中,胞嘧啶(C)是最重要的。胞嘧啶(C)在 DNA 特定区域上甲基化(即形成 CH_3),进而完成一次遗传物质修改。在上述过程中,胞嘧啶只是进行了“装饰”,但并未发生变化。高度甲基化会导致基因活性下降,进而“关闭”。一旦 DNA 的某个区域被甲基化了,该区域就会长时间处于“关闭”状态[37]。

DNA 外覆盖有多种特殊的蛋白质,共同构成组蛋白以影响基因编码的解释与表达。与 DNA 甲基化相比,组蛋白的修改更加具有不确定性。一些组蛋白修改会激活某些基因,另外一些组蛋白修改会关闭某些基因。组蛋白编码可以解释外界刺激对细胞的影响。组蛋白允许细胞经历特殊的基因活化模式,这种模式不仅仅局限于“打开-关闭”,而是“更类似与传统收音机上的卷盘”[37]。

组蛋白编码变化是基因与环境共同作用创造生物多样性的重要方式。这就可以解释,为什么出生时完全相同的一对双胞胎,在后天不同因素作用下(如饮食、酒精、毒品、感染和抽烟等),其生长过程会出现差异。例如,双胞胎中有时只有一个会衰老更快,并在晚年出现中风、癌症或老年痴呆等症状。非基因解释认为,造成上述差异的主要原因是双胞胎各自的表观遗传标记在随机因素的作用下,随时间增加向不同方向发生了变化[36]。

除了基因甲基化和组蛋白修改,非编码的 RNA 是造成遗传表观的第三种因素。生物体中大部分的 DNA,如蠕虫(75%)、果蝇(82%)和人类(98%),是参与蛋白质编码的。从这些区域产生的 RNA 叫做非编码 RNA(noncoding RNA,ncRNA)或者微 RNA(microRNA,miRNA)。miRNA 通过编码可以参与调节、抑制或辅助目标基因的表达[38]。

7.13.2 表观遗传:寿命不一致性试验

通常认为,基因和生存环境相同的群体,寿命出现差异是由于随机冲击累积造成的。但是,我们在利用早期表观遗传标记预测个体未来的寿命时,一个大前提是,表观遗传在一定程度上会影响生物体的寿命。为了证实表观遗传现象的存在,文献[39]设计了一种与环境介质一致的蠕虫培养系统,允许对未麻醉的蠕虫的移动进行成像记录。

为了确定影响寿命的相关因素,在卵孵化后 3~7 天时间进行测量,寿命范围从成年(从生殖期开始)到死亡。7 天之后,超过 97%的个体还活着。在试验后期,由于在下一次测量到来之前大量蠕虫发生死亡,因此后期数据存在一定的局限性[39]。

通过荧光标记可以检测几种基因的活跃度。结果发现,三种 micRNA 活跃度会发生变化,可以作为标记物预测生物个体的寿命。利用个体早期基因表达进行寿命预测误差高达 47%。随着研究时间的延长基因表达程度不断增加,虽然有两种

miRNA与寿命是正相关的,但第三种miRNA与寿命呈现负相关关系。通过基因调控miRNA,可以在生命早期个体受到随机损伤累积之前对其进行剩余寿命预测。这表明,个体寿命的差异性是由个体后天成长过程中的表观遗传造成的,这一点在原理上与固定脆弱模型理论是一致的[39]。

7.14 组件浴盆曲线

对于现场条件下不可修复和不可替换产品,文献中给出多种用于描述其故障率的传统浴盆曲线[40-46]。这里的产品可以是单一类型的组件,也可以是多种组件构成的系统。图7.15给出了传统产品浴盆曲线[42]。从概念上看,产品的浴盆曲线同人类死亡率浴盆曲线一样,也可以分为三个区域:早期故障阶段、有效寿命阶段(或偶然故障阶段)和耗损故障阶段(7.2节)。

如图7.15所示,在早期故障阶段过后,产品故障率进入平稳阶段,此时故障主要是偶然因素导致的,因此故障率近似恒定值,可以用指数模型描述(第5章)。耗损阶段发生在有效寿命后期。从图7.15中可以较明显地观察到早期故障阶段与有效寿命阶段的分界点,但值得注意的是,产品进入有效寿命阶段并不意味着早期故障完全消失了,只是其故障率逐渐下降到一个较低的水平。同样,耗损故障也并非从耗损故障阶段开始时才出现,其在有效寿命阶段就已存在,只是相应的故障率比较低而已。

为了尽量避免产品在使用过程中出现早期故障,在成本-效益允许的前提下,可以利用故障物理(Physics of Failure,PoF)(1.3节)方法对试验或现场中的早期故障产品进行分析,并在后续设计和制造过程中做出相应改进。当然,利用特定的筛选方案也可以起到降低早期故障率的目的,但这种方法并非总是有效的。一个现实的例子如图7.16所示,图中产品的早期故障率几乎延伸到了全寿命周期。通常,用户说明书中会表明产品在不同使用条件下的寿命。

当产品受到过应力冲击时(如电压或电流冲击),容易发生意外故障。因此,通常会通过鲁棒性设计或过应力测试提高产品对工作过程中偶然遭受到的过应力冲击(如机械冲击、振动冲击、通电/断电和循环热冲击)的耐受能力。除个别情形外,这种鲁棒性设计(1.1.4节和1.1.5节)具有很好的防过载效果,尤其是对那些在机械应力、电应力或热环应力下工作的产品。在这种情况下,图7.15中浴盆曲线的平底部分故障率$\lambda \approx 0$。

尽管几乎所有产品最终都会进入耗损故障期,但现代固态电子产品(如晶体管)故障率一般非常低,且产品在寿命结束时距离进入耗损故障期还有很长时间。因此,现实中观察到的电子产品浴盆曲线往往只有左半边部分,所以,"此浴盆曲线不再能盛水了"[1]。

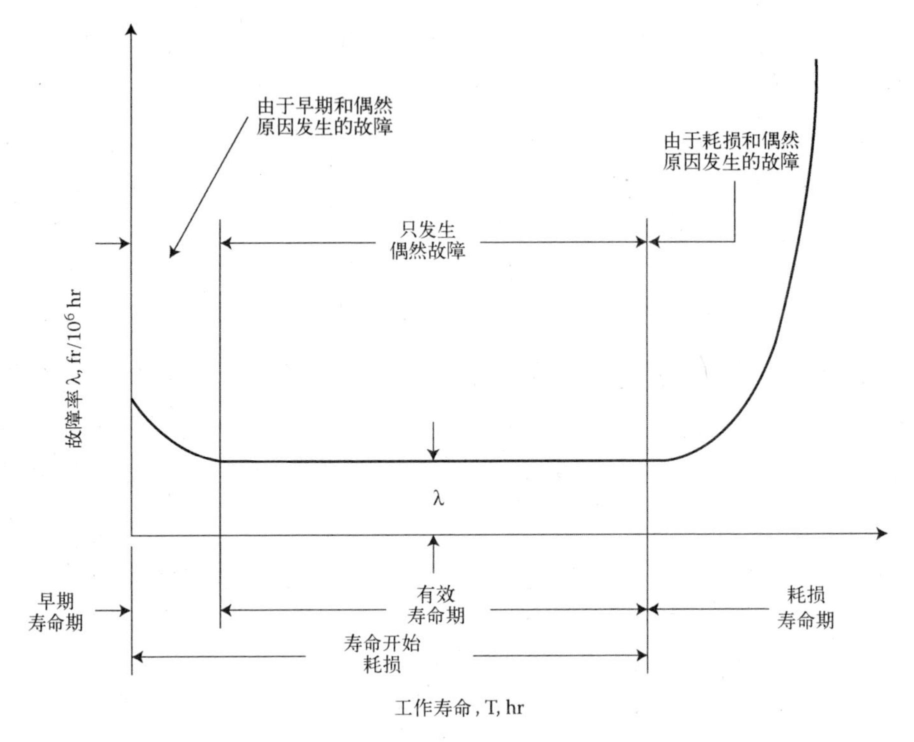

图 7.15 传统浴盆曲线,故障率单位为/百万小时

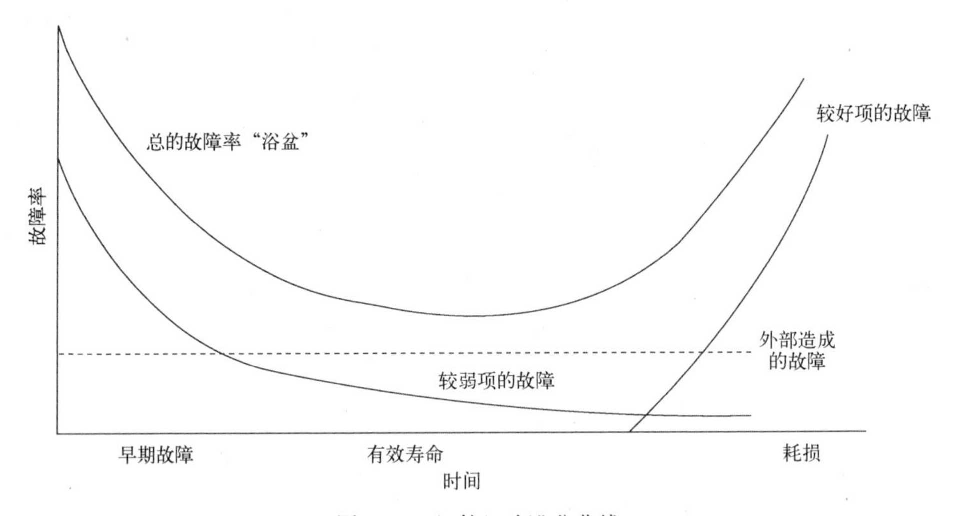

图 7.16 组件经验浴盆曲线

通过对例子中浴盆曲线左侧早期故障和右侧耗损故障的观察发现(7.16 节),早期故障率的长尾部分会在产品有效寿命阶段演变为常故障率,由于其与外界随机冲击导致的常故障率曲线叠加在一起,因而很难分离出来。在研究经验浴盆曲线之前

有必要指出，从数学角度出发，可以仅利用早期故障率和耗损故障率叠加生成各种 U 形浴盆曲线，甚至包括那些底部非常平坦的浴盆曲线。

7.15 组件浴盆曲线建模

图 7.15 中的浴盆曲线可以用竞争风险混合模型来描述（4.5 节至 4.7 节）。浴盆曲线的故障函数可以表示为

$$F(t)=p_1\{1-[1-F_1(t)][1-F_2(t)]\}+p_2F_2(t)+p_3\{1-[1-F_2(t)][1-F_3(t)]\} \tag{7.15}$$

个体在三个阶段所占比例 P_k 的和为 1，即

$$P_1+P_2+P_3=1 \tag{7.16}$$

下标 1,2,3 分别代表早期故障、偶然故障和耗损故障的个体所占比例。在式（7.15）中，早期故障和偶然故障机理在寿命早期区域竞争，耗损故障和偶然故障机理在寿命后期区域竞争，早期故障和耗损故障机理在偶然故障占主导地位的有效寿命阶段（或偶然故障阶段）中不发生竞争。利用 Weibull 模型（6.2 节）并结合 β 的取值范围对故障函数进行解释，如下所示：

$$F_1(t)=1-\exp\left[-\left(\frac{t}{\tau_1}\right)^{\beta_1}\right],0<\beta_1<1 \tag{7.17}$$

$$F_2(t)=1-\exp\left[-\left(\frac{t}{\tau_2}\right)^{\beta_2}\right],\beta_2=1 \tag{7.18}$$

$$F_3(t)=1-\exp\left[-\left(\frac{t}{\tau_3}\right)^{\beta_3}\right],\beta_3>1 \tag{7.19}$$

故障率 $\lambda(t)$ 可以通过式（7.15）、式（4.6）和式（4.18）计算。在某些工作条件控制得非常好的理想情况下，有可能不存在偶然故障（通常是外界随机因素造成），仍然认为早期故障和耗损故障不存在竞争故障关系。此时有 $F_2(t)=0$ 且 $p_2=0$，式（7.15）简化为式（7.20）中描述的混合模型。

$$F(t)=p_1F_1(t)+p_3F_3(t) \tag{7.20}$$

但是，如果早期故障和耗损故障在偶然故障阶段存在竞争，则式（7.15）可以简化为一种竞争风险模型，即

$$F(t)=1-[1-F_1(t)][1-F_3(t)] \tag{7.21}$$

式（7.21）对应的竞争风险模型故障率（4.5 节）为

$$\lambda(t)=\lambda_1(t)+\lambda_3(t) \tag{7.22}$$

假设式（7.17）至式（7.19）可以用来描述早期故障、偶然故障和耗损故障阶段各自的故障率，但式（7.15）中包括 8 个模型参数，且这些参数在有足够的现场故障数据之前通常是未知的，所以式（7.15）在工程中的实用性并不强。

事实上,外部随机冲击引发的偶然故障在现实中是很少发生的,这一点将会在7.17.2节讲到。为了说明图7.16中浴盆曲线可能不包括偶然故障阶段(即故障率为常数的指数模型描述的平底阶段),文献[48]中利用数值方法证明,仅由早期故障和耗损故障[式(7.22)]同样可以推导出具有双峰的浴盆曲线模型。

在文献[48]中,式(7.23)中第一项为递减的故障率函数,第二项为递增的故障率,其中参数 $a,c>0$;$b<1$;$d>1$ 且 $t\geqslant 0$。

$$\lambda(t)=ab\left[at\right]^{b-1}+cd\left[ct\right]^{d-1} \tag{7.23}$$

在图7.17中,参数 $a=2,b=0.5,c=1,d=5$,在 $t=0$ 到 $t\approx 0.2$ 阶段,故障率随时间增加逐渐下降;在 $t\approx 0.2$ 到 $t\approx 0.6$ 阶段,故障率近似为恒定值;在 $t\approx 0.6$ 之后,故障率随时间增加不断上升。尽管式(7.23)中不存在恒定故障率项,但图7.17和图7.15中的故障率曲线具有相似的特点。如果式(7.23)中增加恒定故障率项,则浴盆曲线的底部会变得更为平坦,如图7.15中曲线所示[49]。图7.17中 $t\approx 0.2$ 到 $t\approx 0.6$ 期间的故障率曲线平稳阶段是早期故障率与耗损故障率叠加的结果。

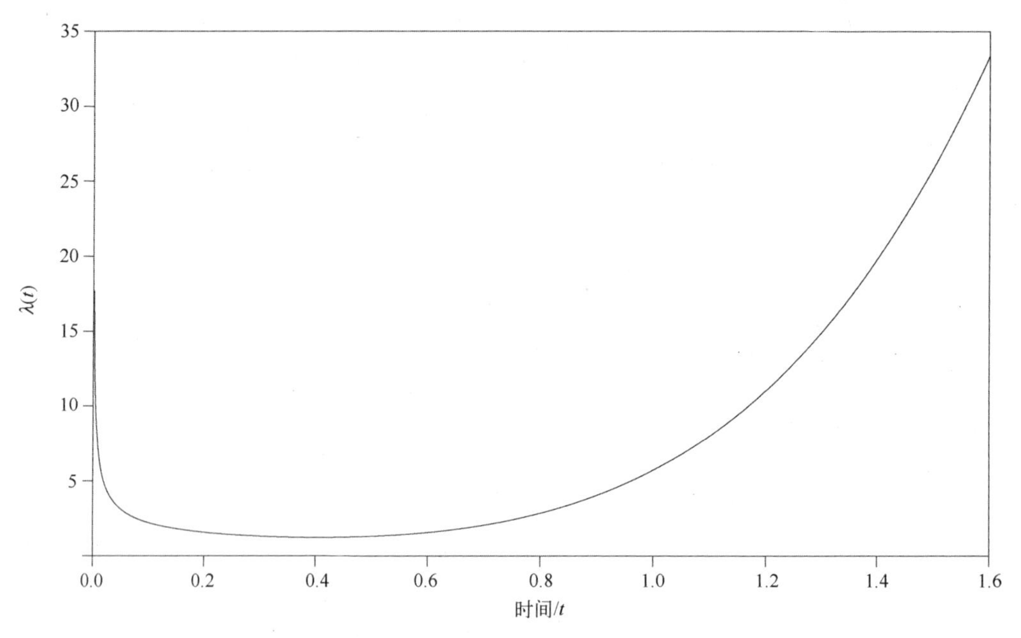

图7.17 浴盆曲线(式(7.23)中取 $a=2,b=0.5,c=1,d=5$)

在图7.18中,参数 $a=5,b=0.6,c=0.2,d=2$,耗损故障起主导作用,此时恒定故障率阶段几乎可以忽略。

在图7.19中,参数 $a=5,b=0.9,c=0.1,d=8$。与图7.18相反,早期故障起主导作用,同样恒定故障率阶段几乎可以忽略。

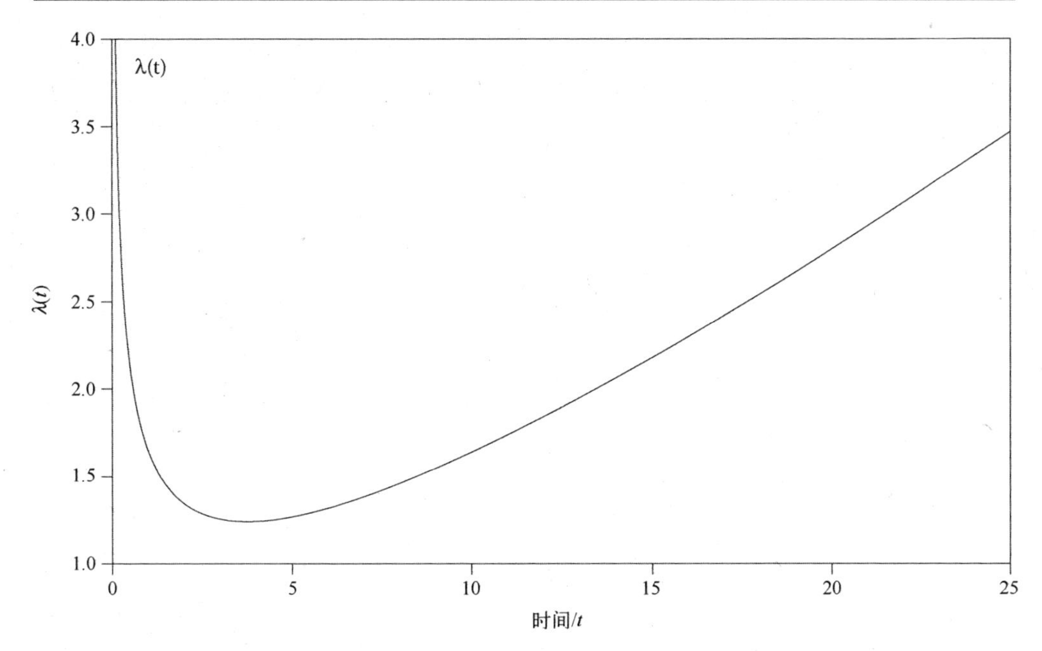

图7.18 浴盆曲线(式(7.23)中取 $a=5,b=0.6,c=0.2,d=2$)

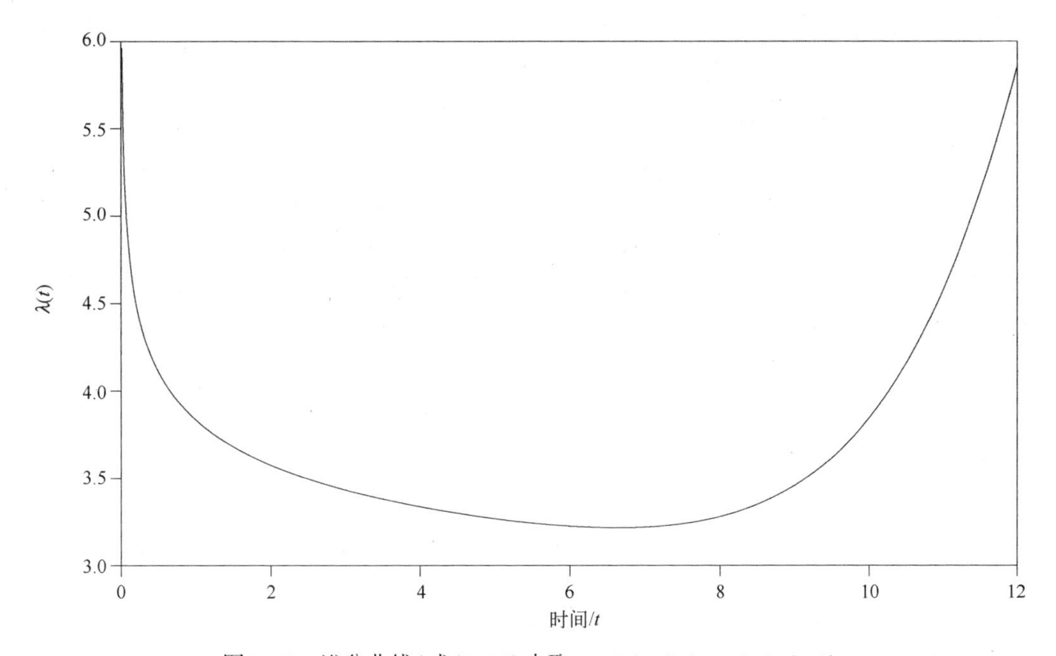

图7.19 浴盆曲线(式(7.23)中取 $a=5,b=0.9,c=0.1,d=8$)

通过插入一个阈值 ξ 来标记式(7.23)中双峰模型耗损故障阶段的开始，如式(7.24)所示。利用式(7.20)(取 $a=2,b=0.5,c=1,d=9,\xi=0.5$)，可以得到

图 7.20中的浴盆曲线。这条不包括恒定故障率函数的浴盆曲线与图 7.15 中的浴盆曲线更为接近。由于早期故障率函数具有长尾效应,因此图 7.20 中的浴盆曲线具有较长的底部平稳阶段(即近似恒定故障率阶段)。

$$\lambda(t)=ab\left[at\right]^{b-1}+cd\left[c(t-\xi)\right]^{d-1} \tag{7.24}$$

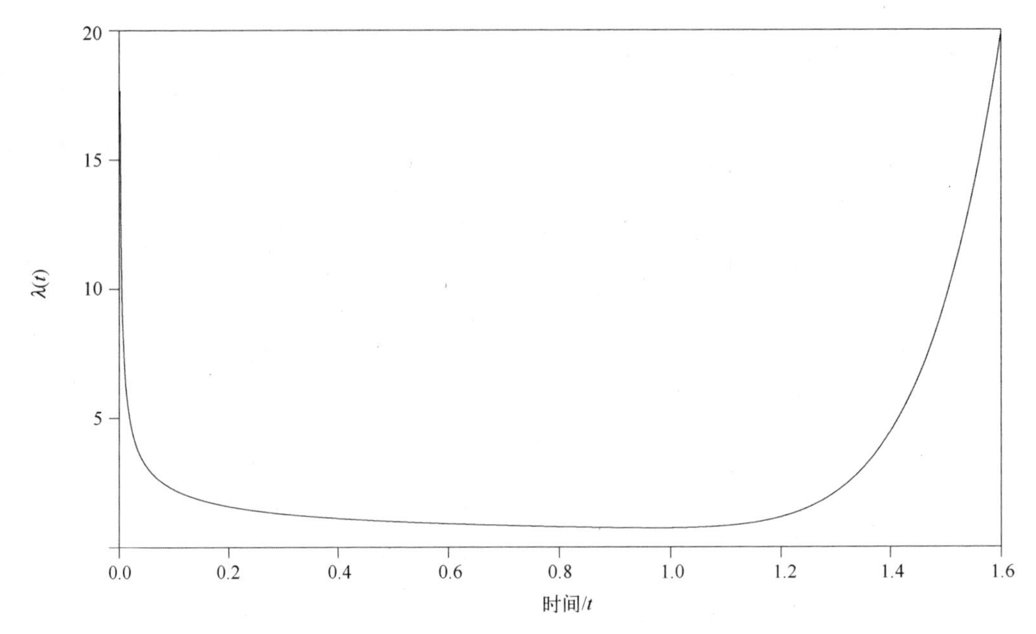

图 7.20 浴盆曲线(式(7.24)中取 $a=2,b=0.5,c=1,d=9,\xi=0.5$)

经验浴盆曲线的数学描述依赖于试验或现场数据。产品在某一时刻由两种不同故障机理同时导致其故障的可能性很低,因此,可以认为产品故障只可能是由早期故障或耗损故障中的一种导致的。可以通过两种方法进行数学建模。

最好的方法是对产品进行故障模式分析(FMA),并根据分析结果将早期故障和耗损故障区分开[50,51]。对于每类(早期)故障,记录个体故障时间以及观测截止时间。例如,对于耗损故障,记录耗损故障个体的具体故障时间;对于幸存者,则记录观测结束时的截止时间。然后,利用式(7.17)和式(7.19),就可以估计两种故障模型各自的模型参数。

文献[52]中给出一个 FMA 分析的典型案例,该案例对一批次($N=213$)16 引脚模拟 DIP 封装在温度循环加速老化试验中的故障数据进行了研究。利用对数正态分布对两种不同温度循环条件下的 5 种故障模式(3 种阴线断裂、2 种脱层)导致的故障数据分别进行建模。在每种温度循环条件下,利用对数正态分布对 5 种故障模式故障数据拟合,得到的故障率曲线都是双峰的。文献中还给出 5 种故障模式对应的中位循环寿命、对数正态分布中的 σ 值,以及加速试验中的加速因子。

鉴于现场使用过程中一些故障产品因未返厂分析而无法判断其故障类型，或者FMA有时不能有效区分出早期故障产品和耗损故障产品，这里需要采用另一种方法对故障数据进行建模。该方法的基本原理是基于累积故障概率分布将故障数据人工分为两组（早期故障与耗损故障），尽管分布的重叠区域会造成一定误差。假设两组故障数据分布的重叠部分是不可避免的，然后分别估计出两种分布的故障函数[51,53,54]。

无论使用哪种方法，都可以得到简化后（即忽略式（7.15）中的偶然故障）的竞争故障模型，结果如式（7.25）所示。

$$F(t)=p_1F_1(t)+p_3F_3(t) \tag{7.25}$$

7.16　经验浴盆曲线案例

7.16.1　案例7-1：机械系统

图7.21给出了为某商务客机提供能量的热气发电系统的故障率［/100h］直方图（横坐标间隔为100h）[56]。图中，600~1400h区间内故障率接近恒定，因此可以将该浴盆曲线看作由三部分组成。但是，由于缺乏FMA分析，也可以认为该浴盆曲线是双峰的，即仅由早期故障和耗损故障两部分叠加组成。图7.21中的曲线与疲劳故障占主导的机械系统浴盆曲线是一致的[57]。最低故障率出现在600h时刻，约等于0.1/100h，折合为1/1000h或10^6FIT（4.4节）。

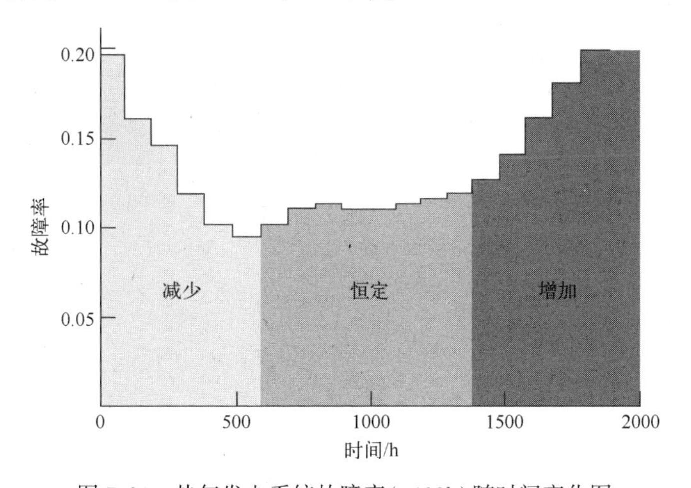

图7.21　热气发电系统故障率（/100h）随时间变化图

7.16.2 案例 7-2:真空管

图 7.22 为 400 个 6AQ5A 型真空管试验寿命数据的 Weibull 模型风险曲线估计结果[58]。故障函数为式(7.20)和式(7.25)中给出的简单混合模型,其中早期故障函数 $F_1(t)$ 和耗损故障函数 $F_3(t)$ 分别由式(7.17)和式(7.19)给出,式(7.18)中的 $F_2(t)=0$。值得注意的是,图 7.22 中的插图表明,风险曲线在 1450h 处出现了不连续性。原因在于,这里为了简化计算过程,用式(7.26)代替了式(7.19),并取临界值(或延时时间)$\xi=1450$。图 7.22 中的曲线是平滑后的曲线。

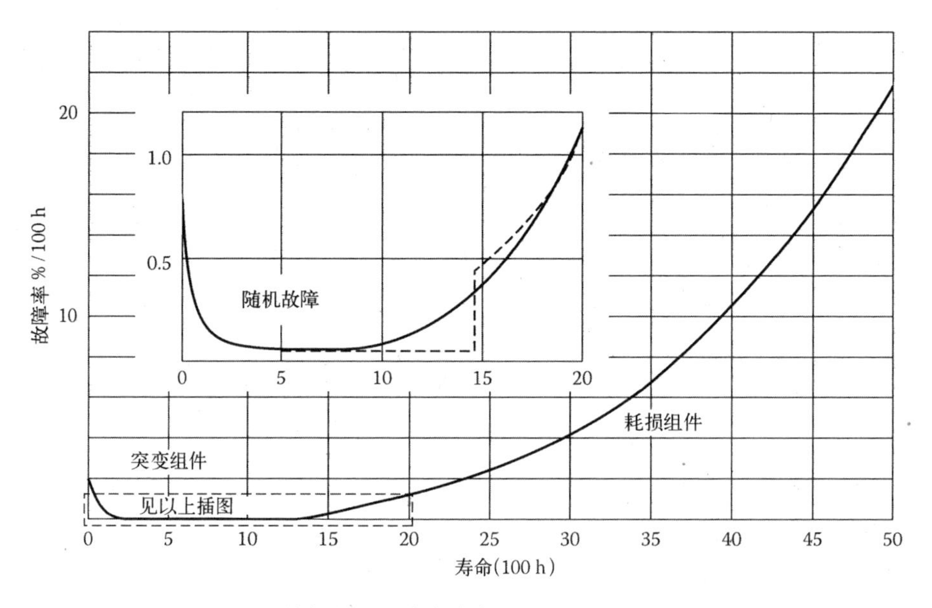

图 7.22 热气发电系统故障率(/100h)随时间变化曲线

$$F_3(t)=1-\exp\left[-\left(\frac{t-\xi}{\tau}\right)^{\beta}\right] \tag{7.26}$$

从图中可以看出,500~1000h 时间段内风险率稳定在一个恒定值附近,可以认为该阶段故障是随机发生的,故寿命服从指数分布[58]。从概念角度出发,这与基于式(7.17)和式(7.19)提出的双峰模型($F_2(t)=0$)是不一致的。因为双峰模型中只考虑了早期故障和耗损故障,而没有考虑中间阶段的偶然故障。事实上,在实验室条件下,充电电流和电压都是严格控制的,真空管基本上不会受到外部随机冲击,因此也不存在偶然故障[53]。在引用观点中,早期故障分布加上延时 1450h 的耗损故障可以产品一段恒定故障率时间,这与式(7.17)中 $\beta_1=0.36$ 是一致的,且也符合 $\beta=0.5$ 时式(7.17)所描述的现象(如图 7.23 所示,这也是图 6.1 的复现)。图 7.22 插图中,500~1000h 的故障率估计值为 $\lambda\approx0.05\%/100\text{h}\approx5000\text{FIT}$。

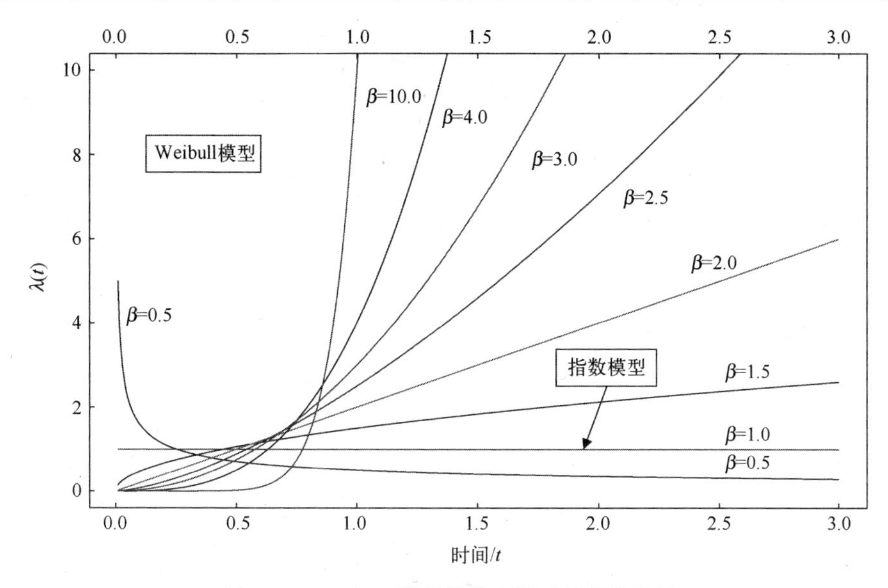

图 7.23　Weibull 模型故障率随时间变化曲线

7.16.3　案例 7-3:CMOS 集成电路阵列

图 7.24 为 CMOS/SOS 阵列在 200℃、10V 偏压的高加速老化条件下试验超过 10200h(1.16 年)的故障率数据,该试验目的是评估产品在低应力条件下的可靠性[59]。试验中的 CMOS/SOS 阵列由商业化集成技术生产,且没有经过高应力筛选试验。早期故障主要是漂移导致的,后期的疲劳故障主要是由与时间相关的电击穿(TDDB)导致的。2500~6000h 这一段相对平坦的区域对应"使用寿命"阶段[59]。甚至在加速老化条件下,"使用寿命"阶段 CMOS/SOS 阵列的故障率仍低于 1FIT。

对数正态累积故障概率图显示,CMOS/SOS 阵列由早期故障向耗损故障的转折点在 5000h 附近。由于实验室条件下不存在外部随机冲击,因此无需调整故障率模型,仍认为平坦的"使用寿命"阶段是早期故障与耗损故障叠加的结果。因此,这里认为高加速老化条件的浴盆曲线为双峰而非三峰。

图 7.24 中可以看出,产品在 10000h 时的耗损故障率 $\lambda \approx 2$FIT(200℃,10V,10^4h)。考虑可以得出 TDDB 的电加速因子和热加速因子,产品在正常使用条件下(55°C,5V,10^5h),在 10 年$\approx 10^5$h 时的耗损故障率 $\lambda = 3\times10^{-4}$FIT[59]。根据对设计寿命(10 年)内的耗损故障率估计值可以推断,产品在正常使用条件下的浴盆曲线不存在右边缘,也就是说,该浴盆不能"储水"[1]。考虑早期故障,产品在正常使用条件(55℃,5V,10^5h)下,故障率估计值约为 1.1FIT[59]。

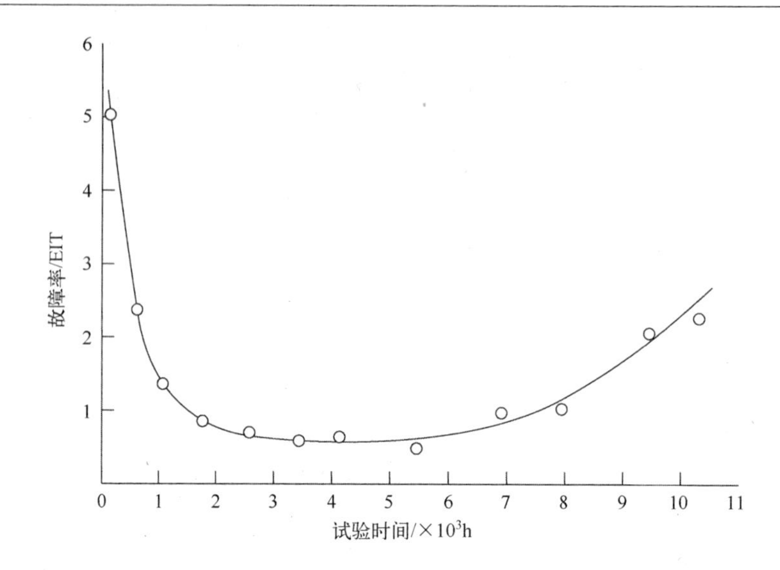

图 7.24 CMOS/SOS 集成电路阵列故障率(FIT)随时间(×10^3h)变化曲线

7.16.4 案例 7-4:非霍奇金淋巴瘤

图 7.25 为 989 例非霍奇金氏淋巴瘤患者真实死亡率浴盆曲线[60],该曲线与图 7.15 中产品的传统浴盆曲线形状相似。故障率在初期(前 40 个月内,约 3.3 年)不断

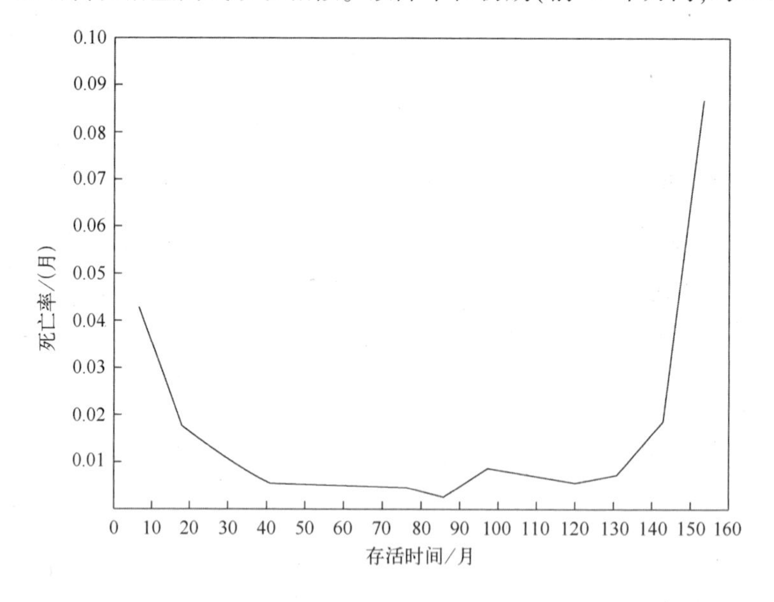

图 7.25 非霍启金氏淋巴瘤病人死亡率(/月)随存活时间(月)变化图

下降,随后在第 40~130 个月(约 7.5 年)保持相对恒定。故障率从第 6.5 个月的 0.043(60000FIT)下降到第 40 个月的 0.0005(7000FIT),并在 40~130 个月内都近似保持该水平。利用式(7.12)中的故障率递减的 Weibull 模型(取 $\beta=0.77$),可以很好地拟合 15~90 个月内的初期故障率数据,且拟合结果与式(7.23)中 $\beta=0.5$ 时故障率曲线一致性较好。

因此,可以推断:①从第 90 个月起疲劳开始占据主导地位;②40~130 月内的恒定故障率阶段是早期故障率尾部与耗损故障率早期的叠加结果;③图 7.25 中的浴盆曲线是双峰的,不存在外部随机事件冲击导致的偶然故障(死亡)[60]。

7.16.5　结论:经验浴盆曲线

经验浴盆曲线既可以看成是三峰的(早期故障、偶然故障和耗损故障),也可以看成是双峰的(早期故障和耗损故障)。在研究中,当没有明显证据表明存在外部随机冲击时,浴盆曲线中的平坦部分可以看作是由早期故障与耗损故障的叠加,或者早期故障的长尾部造成的。

7.17　传统浴盆曲线的三大区域

7.17.1　寿命初期的故障(早期故障和畸形故障)

如图 7.15 所示,在寿命初期,故障率随着时间增加而不断下降。初期故障产品属于没有在筛选试验(例如观察、热循环、温度步进等)中被甄别出来的那类个体。理想情况下,寿命初期的故障在产品工作后很短时间内或立即发生。但现实中,更常见的现象是这种故障的发生贯穿于产品整个寿命周期(如图 7.16)。初期发生故障的产品通常只占该类产品总数的一小部分。

寿命初期故障最初与“畸形”或“突变”[61,62]、“畸形”[63]以及“婴儿”和“畸形”[64,65]这些词联系在一起。初期故障分为早期故障与畸形故障两种,二者之间存在明显区别[53,64,65,67-70]。早期故障一般是工艺缺陷引起的[64,65],畸形故障则可看作具有等量活化能的早期耗损故障[64,65],这一点将在稍后的例子中进一步解释[66]。

(1) 早期故障是由外界引入的缺陷引起的,具体指在制造过程中引入的缺陷(例如有缺口的电线、断裂的接口、有裂纹的芯片),或者在测试之后、装运之前的组装过程中引入的缺陷(例如过于靠近设备的弯曲导线、松散的金属颗粒、水汽或模块中的杂质)。

(2) 畸形故障是由内部缺陷引起的,主要指产品制造过程中一些不可控因素造成的缺陷(例如氧化层中的针孔、外延生长中的缺陷等)。

对于引起早期故障的缺陷,有些是在产品运输、安装之前就存在的,通常认为这类缺陷是天生存在的内在缺陷。同时,在运输、安装过程中,外界因素也会引入一些缺陷,例如机械冲击引起的漏气、热胀冷缩引起的芯片分层、错误施加电压等。

早期故障通常最先发生并贯穿产品的整个寿命周期中。早期故障率可以用7.17.1.1节中的Weibull模型进行很好的建模和解释。如果产品早期故障率是随时间不断下降的(如大多数电子产品),则可通过老化筛选提高产品的可靠性。从实际角度出发,老化筛选的时间不宜过长(例如取大约1周),且筛选仅对部分产品有效。对于高可靠性产品,增加试验时间可以筛选出更多的潜在早期故障产品,但这势必会延长产品生产周期;如果盲目选择更高效率的筛选设备,则会导致生产成本增加(1.10.2.1节)。

由于难以准确给出早期故障和耗损故障的分界点,目前仍不清楚单靠延长老化筛选时间能否完全消除早期故障现象。由于某些导致早期故障的缺陷只能通过机械或热原理检测出来,因此在装运前需要对其进行机械冲击、振动和热循环筛选。

经验表明,可能某些缺陷在各种筛选试验后仍无法消除。为了移除该类缺陷,需要在产品设计阶段通过故障物理方法(PoF)对其寻根溯源。

预测浴盆曲线的早期故障部分有时非常困难,主要原因是早期故障的产品样本:①在生产批次之间分配不均;②可能只占产品总体的很小一部分;因此,③在小样本试验条件下可能观测不到早期故障。估计早期故障率曲线的最好办法是利用大量现场数据,但是,在利用现场数据时要注意将“真正的”早期故障数据与其他外部原因导致的早期故障数据(如用户误操作导致的故障和误判故障)区分开来[64,71,72]。

畸形故障通常发生在早期故障之后、耗损故障之前的这段时间。更多关于畸形故障的例子将会在7.17.1.2节中给出。与早期故障不同,畸形故障可能无法通过标准老化筛选试验进行移除[53]。因此,需要更高加速或更长时间的老化筛选来减小畸形故障对产品寿命的不良影响[53]。鉴于上述原因,老化筛选对畸形故障并不适用。对于畸形故障,最好是在产品制造过程中,通过故障物理方法(PoF)进行移除(1.3节)。

7.17.1.1 早期故障率经验分布举例

7.17.1.1.1 例1:集成电路

图7.26为梁式引线密封接口集成电路在可靠性试验中,因早期故障导致的样本移除率与时间的关系曲线(4.4节)[73,74]。在$10^2 \sim 10^4$h(约1年),样本移除率$\lambda(t)$在双对数正态图中是线性的,因此早期故障服从Weibull分布(6.2节)。

$$\lambda(t)=\frac{\beta}{\tau^{\beta}}t^{\beta-1} \tag{7.27}$$

式(7.27)两边取自然对数正态得

$$\ln\lambda = \ln\left(\frac{\beta}{\tau^{\beta}}\right) + (\beta - 1)\ln t \tag{7.28}$$

根据图 7.26,通过式(7.28)可以估计出 $\beta=0.03$。由于 Weibull 模型中 $\beta<1$,所以可以得到式(7.29)中的线性形式:

$$\ln\lambda \propto -\ln t \tag{7.29}$$

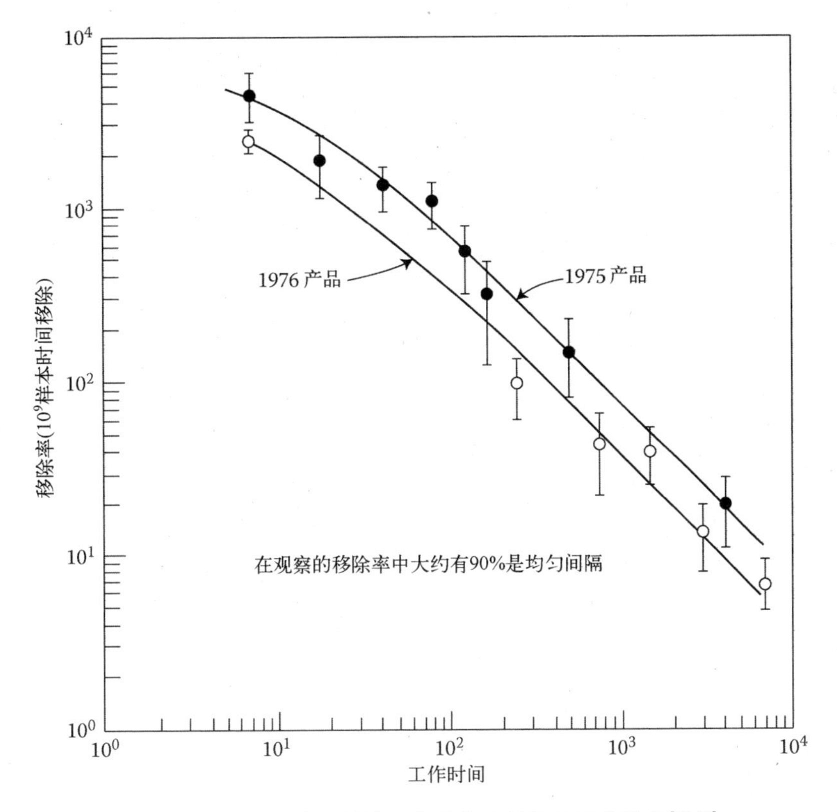

图 7.26 梁式引线密封接口集成电路早期故障移除率[73,74]

从图 7.27 中可以看出,在老化终止时间($\approx 10^4$h)时,样本移除率约为 20 RIT[73,74]。假设每一个被移除样本都发生了故障,则移除率等于故障率。在缺乏长期试验数据的情况下,可以认为在全寿命期间,产品故障率保持在 20RIT 或者更低的水平[41,73,74]。这里利用指数模型,只是为了计算使用寿命阶段的故障率上界值,并非认定使用寿命阶段的故障是由外界偶然因素引起的(由于指数模型对应的故障机理为偶然故障)。对现场寿命数据研究发现,早期故障率(或移除率)在老化终止时间($\approx 10^4$ h)之后的几年时间里还会继续下降,因此,用指数模型估计的故障率边界是偏保守的(这一点从图中也能看出)。图 7.27 给出了整个寿命期的故障率置信界。利用对数正态模型对加速老化试验数据进行建模,得到的结果表明,在 40 年寿命期

内,产品的耗损故障率不会超过 20FIT[41,74]。

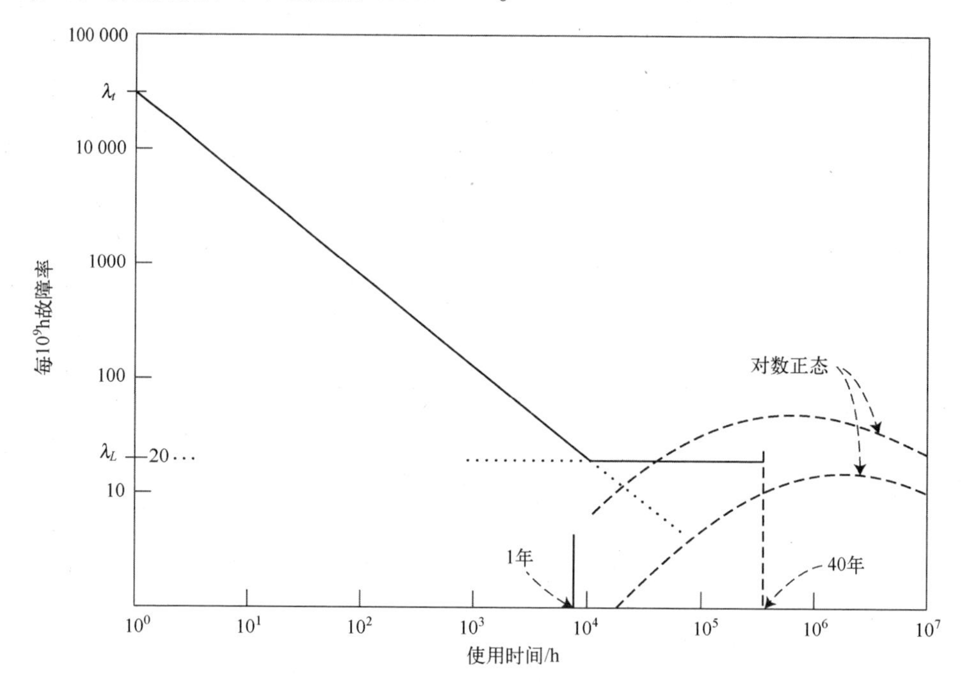

图 7.27 固态电器元件故障率(FIT)随时间(h)变化曲线,其中早期故障率用 Weibull 模型描述,耗损故障率用指数模型描述,上方虚线代表加速条件下耗损故障率对数正态值,下方虚线代表使用条件下耗损故障率对数正态值

7.17.1.1.2 例 2:电源转换器

50 个电源转换器在 50℃下进行了 12573h(约 1.4 年)的老化试验,早期故障率(单位 FIT)随时间(单位 h)的变化曲线如图 7.28 所示[75]。利用式(7.28),估计得到$\beta \approx 0.13$,且故障率曲线与式(7.29)相符。每一个电源转换器由约 150 个部件组成,其中 1/3 是固态半导体,2/3 为电容器、电阻器和感应器等。在老化开始的前 1h,4 个电源转换器因工艺缺陷(Dead-on-Arrival,DOA)出现故障。经过维修后,这 4 个样本又继续投入试验。试验中共有 15 个样本故障,其中 4 个因陶瓷电容出现裂缝,3 个因陶瓷电容短路,5 个因电路模块短路,3 个因其他组件短路。上述故障都是因陶瓷电容和一些其他方面的工艺缺陷引起的。

7.17.1.1.3 例 3:电路包

图 7.29 为现场工作条件下 14540 个电路包 34600h(约 4 年)内的早期剔除率(RIT)随时间(h)的变化曲线。图中不包括因最初缺陷导致故障剔除的产品。图中有 12 种不同类型的电路包,每种电路包都由 100~200 个部件组成。在 4 年时间里,共有 455 个电路包因早期故障而被更换,约占样本总数的 3%。

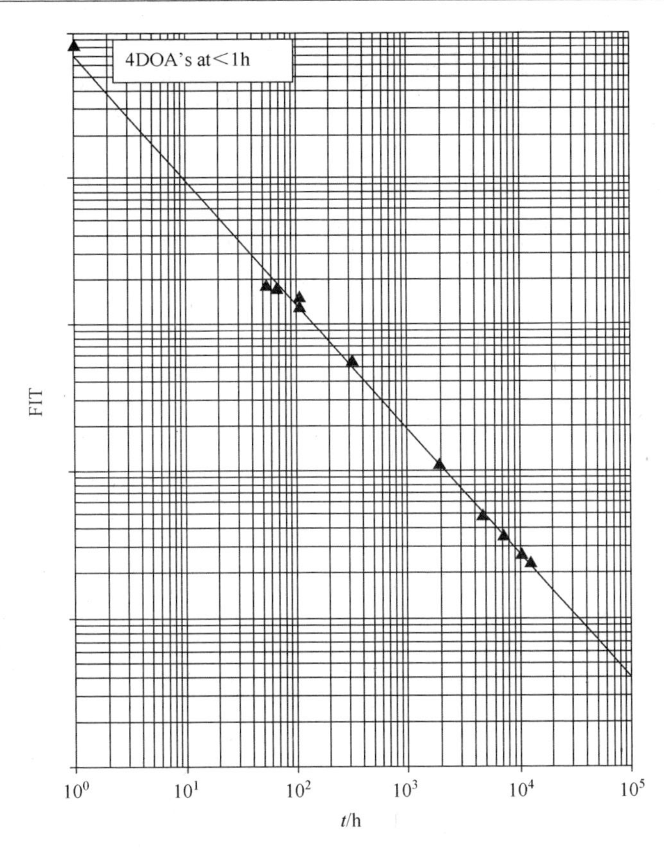

图7.28　50个电源转换器在50℃下进行1.4年老化试验故障率曲线(FIT)

这里没有记录被更换电路包中存在缺陷的产品个数。需要注意,更换率(RIT)不完全等于故障率(FIT)。原因在于,在对一些被更换电路包进行FMA分析时发现,被更换产品中除了早期故障,有些属于NTF或NFF,有些是外部原因导致的故障[64,71,72]。

根据式(7.28),用直线对双对数正态图中的RIT数据进行拟合,得到Weibull模型形状参数估计值为$\beta \approx 0.35$。对于200~1500h内的更换率,直线拟合存在一定偏差,原因在于人为因素导致样本更换时间相比实际故障时间存在一些延迟[76]。从图中可以看到,在4年结束时更换率约为1000RIT。对于电子产品而言,此时通常还未进入耗损故障阶段。

7.17.1.1.4　例4:"旅行者号"飞船

图7.30为"旅行者号"飞船在140000h(约16年)在轨时间里的部件早期故障率(年上报均值)随时间变化曲线。许多部件的故障率数据都可以用$\beta = 0.43$的Weibull模型进行拟合[77]。在80000~140000h(9~16年)时间段,曲线出现相对平坦的底部,对应早期故障率曲线的尾部部分。图中没有出现耗损故障。平坦底部的故障率为$\lambda \approx 0.00002$故障/h≈20000FIT。

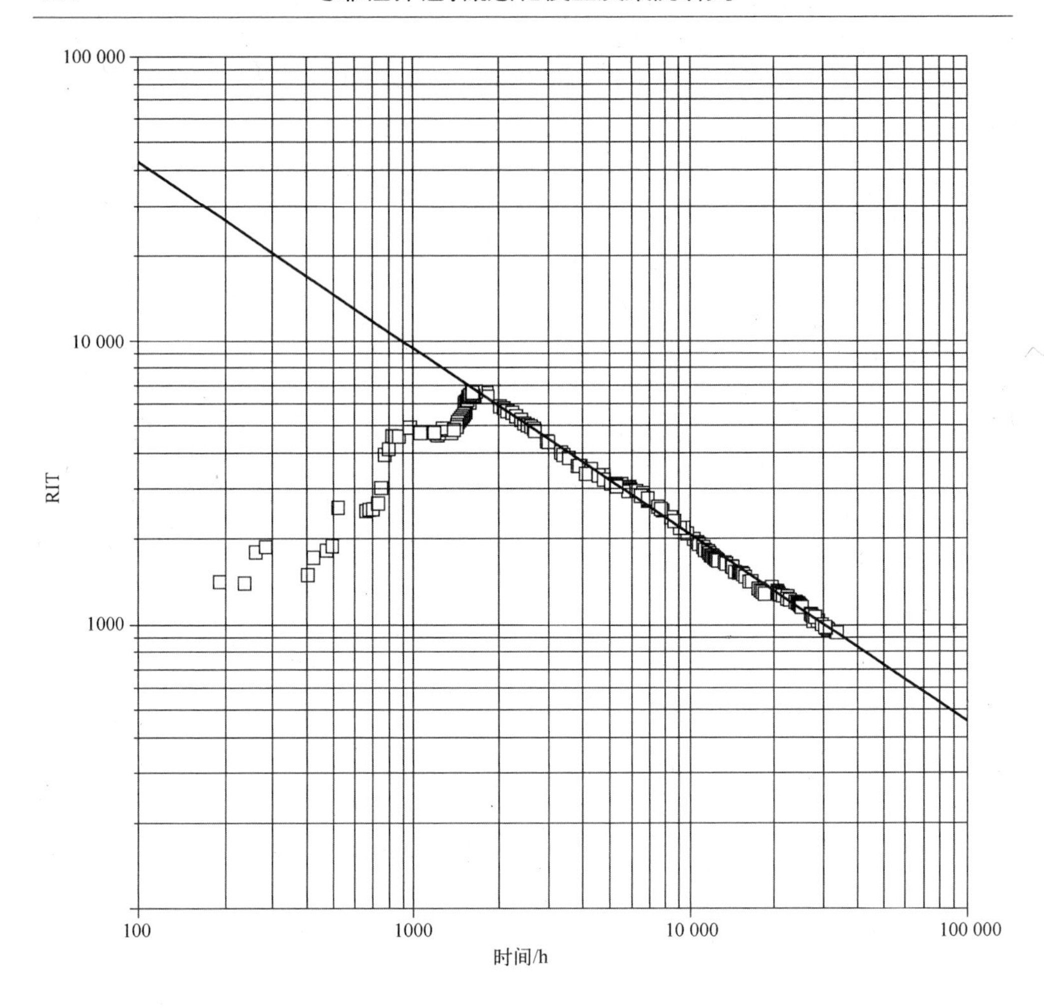

图 7.29 14540 个电路包 4 年内的更换率(RIT)变化曲线

7.17.1.1.5 例 5:300 艘飞船

图 7.31 为超过 300 艘飞船上的部件早期故障率的 Weibull 模型拟合结果($\beta \approx 0.28$)[78]。故障率从 6 个月时的 $\lambda \approx 6.5$ 故障/飞船-年 = 742000FIT 下降到 8.5 年时的 $\lambda \approx 0.5$ 故障/飞船-年 = 57000FIT,并逐渐趋于稳定[78]。图中故障率曲线没有进入耗损故障阶段。

针对几种不同故障模式,分别用 Weibull 模型对其故障率建模并估计模型参数。由于质量、操作或其他未知原因造成的故障,形状参数 β 的值在 0.28~0.57;由设计或环境因素造成的故障,β 范围在 0.06~0.07。

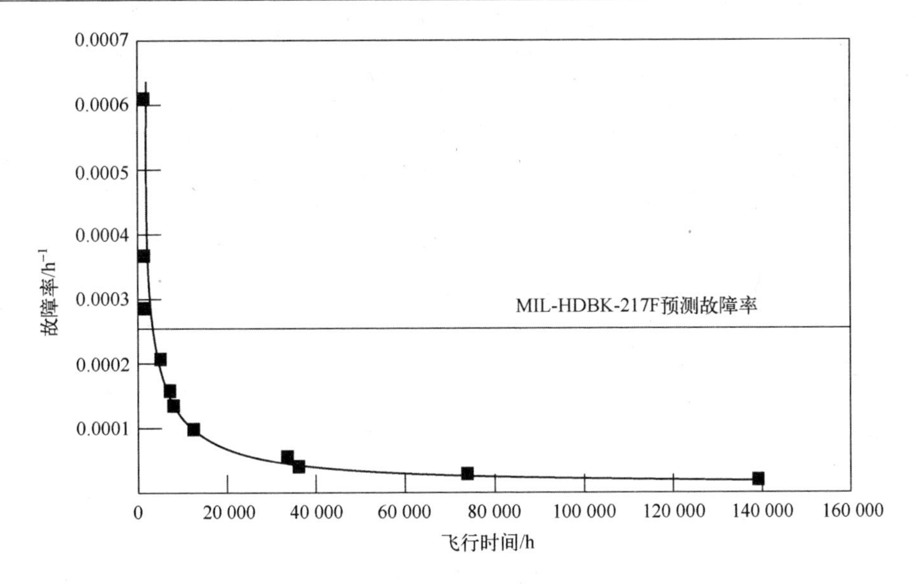

图 7.30　“旅行者号”飞船部件故障率(/h)随时间变化曲线

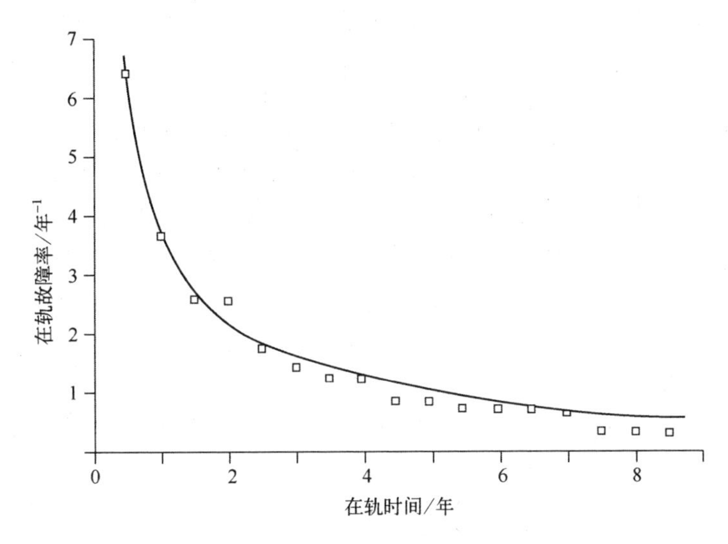

图 7.31　在轨故障率(/年)随时间(年)变化曲线

7.17.1.2　畸形故障率经验分布举例

7.17.1.2.1　例 1:300 艘飞船、部件和质量

由于图 7.30 中“旅行者号”飞船记录的数据点较少,缺乏连续性,因此数据点较为平滑,看不出结构性变化。但在图 7.31 中,飞船数量超过 300 艘,记录的故障数据多且较为连续,可以看到部分时间段数据点偏离了拟合曲线[78]。图中故障率原始数据分成了几段,其中 2~6 年这一段数据呈现出泵型结构,这与部件和质量等因素有

关。当去掉拟合曲线时(图 7.32),这种现象更为明显[78]。虽然不是结论性的,但这段数据很可能与畸形故障有关。图 7.32 首次展示出具有“过山车”特征的浴盆曲线[79,80]。由于该浴盆曲线缺少右侧边缘,因此它不具备“储水”能力[1]。

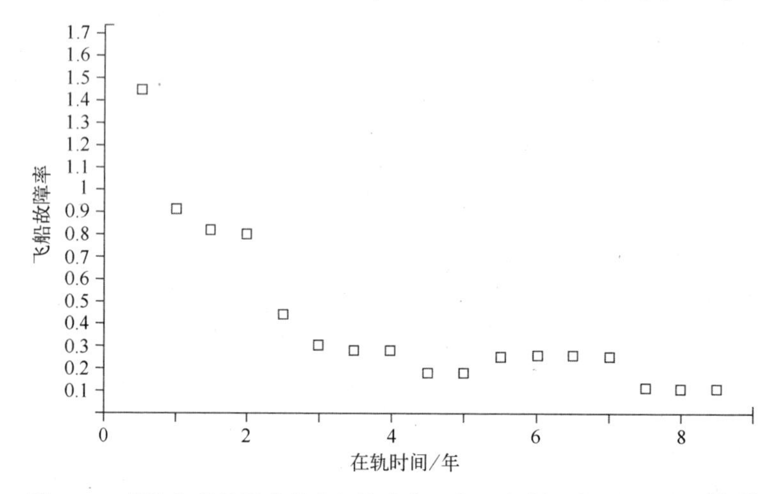

图 7.32 部件和质量导致的飞船故障率(/年)随时间(年)变化曲线[79,80]

7.17.1.2.2 例 2:连接器、集成电路、二极管和晶体管

经验表明,电子产品在正常使用寿命期不会进入耗损故障阶段。对于电子产品这类长寿命产品,通过开展常应力老化难以确定其平均寿命,因此在可靠性研究中需要借助加速老化技术,然后通过外推得到产品正常应力下的寿命。在外推过程中会使用经验加速因子,由于故障机理的复杂性和多样性,有时加速因子会存在一定的不确定性[81]。

针对上述可靠性预测中的不确定性问题,文献[82]对电子产品故障数据进行了研究:①明确早期故障是否已通过筛选试验被剔除;②现场故障率是否服从恒定故障率模型。图 7.33~图 7.36 中的浴盆曲线来自多种不同环境下的产品,其中大约一半故障属于 NFF[72,83]。

(1) 图 7.33 为矩形连接器故障密度(率)随时间(h)变化曲线,其中时间间隔取 1000h[82]。故障率拐点出现在 $5\times10^{-8}=50$FIT 附近。故障率 95%-χ^2 置信区间也显示在图中。区间极限取决于观察到的故障次数和样本总数。故障率为 0 的点(即 x 轴上的点)表明在其前 1000h 内没有观测到故障。经过最初筛选,早期故障率在前 2000h 内显著下降,并且在此后波动下降,直到 18000h。在 20000h 处,平均故障率为 $\lambda\approx(15\pm15)$FIT。

(2) 图 7.34 为由 $10^3\sim10^4$ 个门构成的数字 MOS 集成电路的平均故障率曲线。故障率拐点出现在 $5\times10^{-7}=500$FIT 附近。早期故障率在前 4000h 内显著下降,此后虽然波动较大,但基本保持在平均值 $\lambda\approx(450\pm250)$FIT 附近。

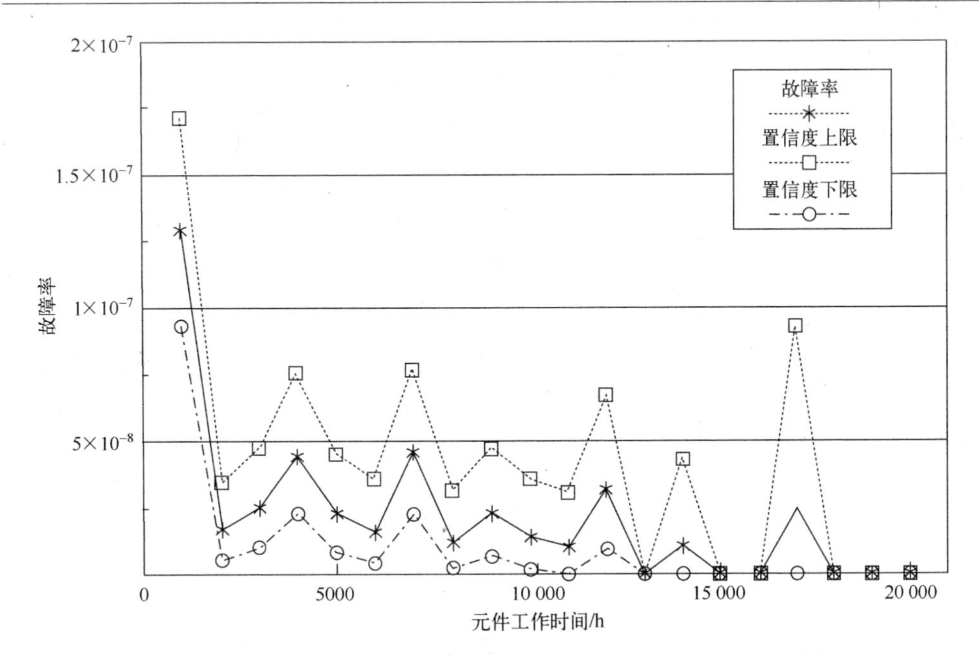

图 7.33　矩形连接器故障率随时间(h)变化曲线

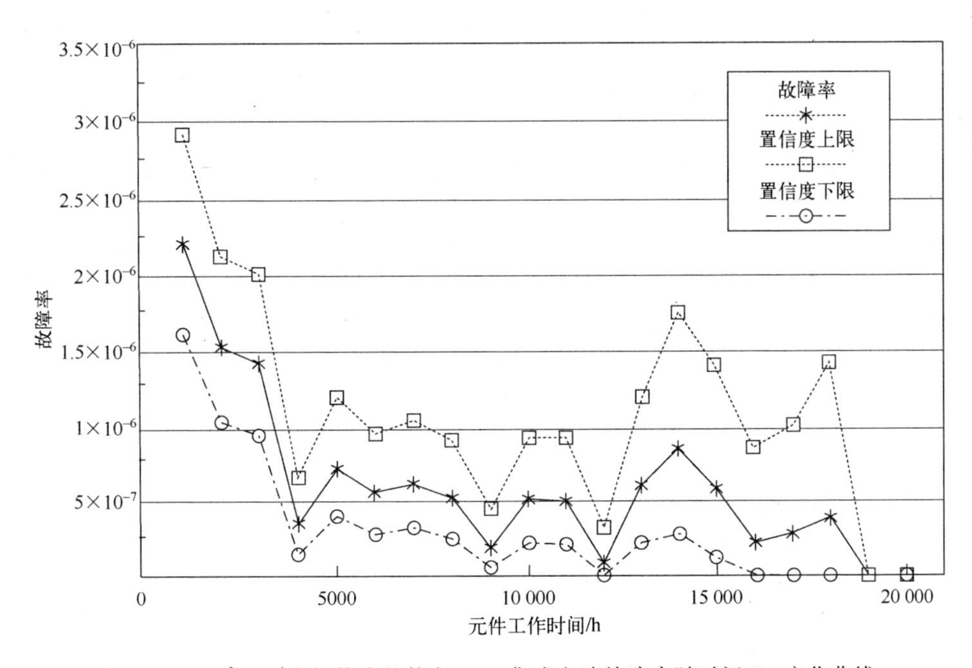

图 7.34　$10^3 \sim 10^4$个门构成的数字 MOS 集成电路故障率随时间(h)变化曲线

(3) 图 7.35 是正负极二极管的故障率曲线。故障率拐点出现在 $5\times10^{-9}=5\text{FIT}$

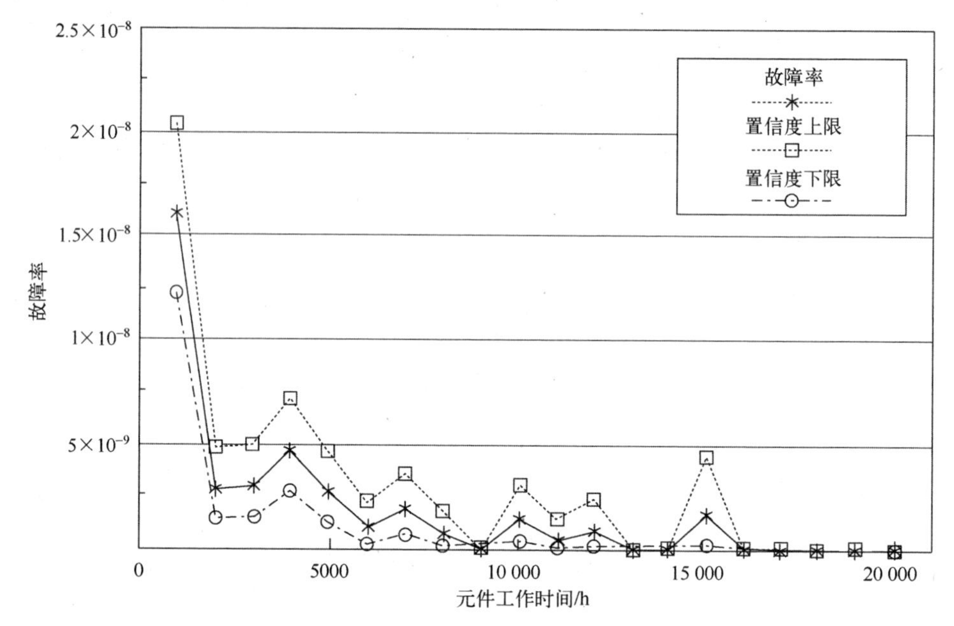

图 7.35 pn 结二极管故障率随时间(h)变化曲线

(John Wiley & Sons 授权使用)

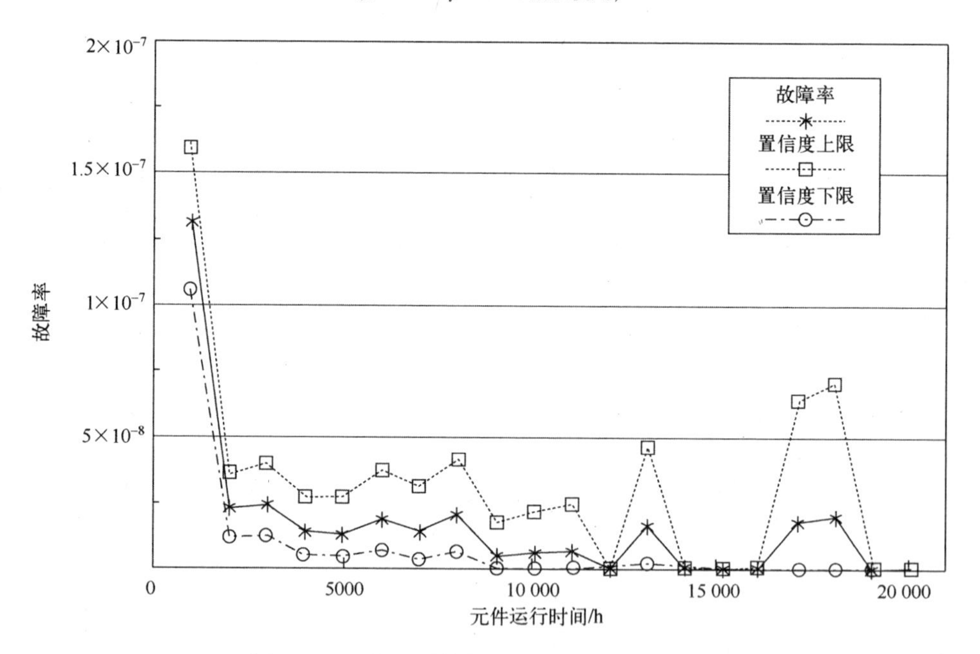

图 7.36 双极型晶体管故障率随时间变化曲线

附近。在前 2000h 内故障率快速下降,而后波动下降直到 16000h,2000h 之后的平均

故障率为 $\lambda \approx (1\pm1.5)$ FIT。

(4) 图 7.36 是双极型晶体管故障率曲线。故障率拐点出现在 $5\times10^{-8}=50$FIT 附近。在前 2000h 内故障率快速下降,此后缓慢波动下降。2000h 之后的平均故障率为 $\lambda \approx (10\pm10)$ FIT。

图 7.33~图 7.36 验证了一个结论,即产品在 2000~4000h 范围内的故障率与工厂中进行的不当筛选过程有关。因此,为了降低产品在前几千个小时内的早期故障率,需要对老化筛选程序进行重新评估。

第二个结论是,故障率在经历前面几千小时快速下降后,逐渐缓慢下降,直至 20000h 附近故障率接近 0。畸形故障是导致故障率出现过山车式波动下降的主要原因[79,80]。

第三个结论是,即使改进筛选方式,例如延长老化时间,也很难让畸形故障暴露出来并移除[53]。从商业角度讲,显著增加筛选时间会提高成本,因此是不切实际的。在产品设计阶段通过故障物理(Physics of Failure,PoF)方法消除畸形故障是一种较好的思路(1.3 节)。

除了增强筛选强度和利用 PoF 消除畸形故障外,还有一种替代的方法是利用指数模型对几千小时之后逐渐稳定的故障率数据进行建模,并得到故障率上限。除 MOS 集成电路外,其他几种产品的故障率上限在 1~15FIT 范围内。对于电子产品这类寿命期内不会进入耗损故障阶段的产品,默认使用恒定故障率模型(即指数模型)计算故障率置信区间。

第四个结论是,产品没有进入疲劳故障阶段,即浴盆曲线都缺少右侧边缘。

第五个结论是,没有证据表明,故障率稳定阶段对应的故障机理是外界随机冲击[84]。

7.17.2 工作或使用寿命阶段:恒定故障率模型

产品的传统浴盆曲线如图 7.15 所示。在工作寿命阶段,认为故障主要是由外界冲击(比如电压、电流过高、温度过低等)造成的,因此,此阶段的故障与产品服役时间无关。由于外界冲击具有随机性特点,因此,此阶段故障可以用指数模型(或恒定故障率模型)来描述(第 5 章)。利用使用寿命阶段发生在早期故障结束之后、耗损故障出现之前,对应浴盆曲线中较为平坦的底部区域。指数模型要求在等间隔时间内,外界冲击的次数大致相等。

为了进一步理解指数模型,这里将产品故障率与人类死亡率进行类比。在图 7.2 中,浴盆曲线平底出现在 20~30 岁,这期间导致死亡的主要原因是车祸、酗酒和吸毒之类的意外事故。这个年龄段死亡的人,在同一时间面临的死亡风险不完全相同。总而言之,意外死亡事件的发生是一种随机性事件。

7.17.2.1 恒定故障率模型的普遍性原理

(1) 在可获取到的故障数据十分有限的情况下，很难有效估计 Weibull 模型或对数正态模型的参数，此时，形式简化的单参数指数模型是一种更有吸引力的选择。

(2) 研究人员利用指数分布对锗晶体管小样本寿命试验数据(1958 年)建模取得了较好效果[85]。然而，后续的试验结果表明，其耗损故障与对数正态模型符合程度更好[86]。

(3) 多年前，利用近似常故障率来描述因设备事故、未知应力、修复失误、故障报告不充分、混合老化设备报告、设备操作报告不完善以及混合操作环境等因素造成的故障[87,88]。

(4) 在电子时代早期，第一代产品出厂前没有经过充分筛选，因此，产品内在的高发故障机理较多[87]。有些产品子群在早期故障和耗损故障两种机理的联合作用下，导致产品在服务期间故障率近似为恒定值。

(5) 当产品被多次修复、更换后，新产品和旧产品混合在一起有可能会导致在使用寿命的某个时间段内故障率近似为恒定值(5.4 节)。

(6) 在早期故障与畸形故障占主导的寿命初期与耗损故障占主导的寿命末期之间，可能存在某段时间没有故障发生[89]，即故障率 $\lambda=0$(图 7.35)。

(7) 不断下降的早期故障率和不断升高的耗损故障率叠加起来，可能会在一段时间内形成近似恒定的故障率，即使该阶段故障不是因外部偶然因素冲击造成的(图 7.17、图 7.22、图 7.24、图 7.25)。

(8) 根据累积老化时间 Nt 和故障数 n 可以计算出平均故障率 $\lambda=n/(Nt)$，但不能认为该值就是恒定故障率的估计值[63]。

(9) 恒定故障率模型(指数模型)广泛应用于电子产品可靠性评估[90,91]。

(10) 早期故障率分布的长尾部分可以近似看作其随时间不再变化，如果此时耗损故障还没有发生，则可用恒定故障率模型对该段故障率进行建模(图 7.20、图 7.22、图 7.25 图、7.31)。

上述第(10)条会造成一种假象，即使在存在畸形故障叠加的情况下(图 7.32 至图 7.36)，仍将长尾部分的恒定故障率看作是外部随机冲击造成的，因而得出无法通过设计改进或筛选试验降低长尾部分故障率的错误结论。上述错误的假设在一定程度上阻碍了人们通过降低早期故障和畸形故障来提高产品可靠性的尝试[79,87,88,92]。

7.17.2.2 经验使用寿命期举例

接下来是关于产品使用寿命期的两个案例。第一个案例研究的是故障率与里程的关系，虽然故障率曲线呈现出结构性波动特征，但其上边界仍大致服从某恒定值。第二个案例中，累计故障概率可以用 $\beta=1$ 的 Weibull 模型较好描述，即 $\lambda=$ 常数的恒定故障率模型。

7.17.2.2.1 例1:汽车子系统

图7.37为某汽车子系统的故障率曲线[93]。前2000英里为系统早期故障阶段,虽然故障率在2000~8000英里之间具有结构性波动特征,但其上边界仍大致为恒定值。图中没有给出8000英里之后的故障率数据。这里不讨论导致故障率出现结构性波动的根源[93]。对于图中的故障率曲线,可以给出以下三种可能的解释:

(1) 子系统不可修复,子系统中存在一些分布规律较好的畸形故障。这些畸形故障与设计阶段的产品内部瑕疵有关,且在出厂前的筛选试验中没有暴露出来。

(2) 子系统不可修复,且受到外部偶然的过高(或过低)应力冲击。无论外部冲击分布如何,都可以用指数模型对故障率进行描述并给出其上边界。

(3) 子系统可修复,试验样本为新、旧产品的混合。由于一些样本经过了修复或更换,导致各样本的剩余寿命不同,因此故障可能发生在使用寿命期的任何时间段里。从样本总体角度来看,故障率随时间变化是保持近似恒定的(5.4节)。

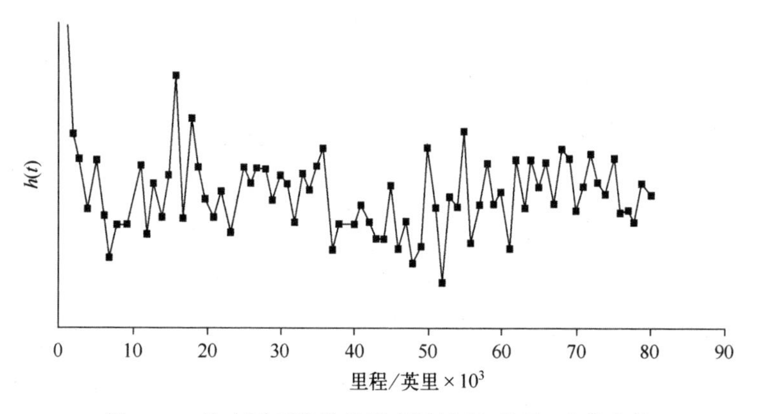

图7.37 汽车子系统的故障率随里程(英里)变化曲线

7.17.2.2.2 例2:卡车发动机

该案例记录的某重型卡车故障次数共计62次,其中22次故障是发动机污垢导致的[94]。从工程知识和相关分析可知,这22次污垢导致的故障与另外两种主要故障原因之间是相互独立的。图7.38为22次污垢引起的故障率关于里程数(单位:英里)的双参数Weibull概率图,这里没有考虑其他原因导致的另外40次故障。对于图中的故障率数据,用直线拟合的方法得到形状参数的极大似然估计为$\beta=1.002$,该值非常接近于1。该案例为外界冲击导致故障率服从指数模型的一个典型案例(第5章)。

研究人员还对所有62次故障的故障率Weibull拟合曲线进行了分析,故障原因包括:①冷却系统;②污垢;③机械故障;④点火故障;⑤燃料故障[94],结果如图7.39所示,形状参数估计值为$\beta=1.008$。但从图7.39可以看出,故障率曲线呈现出S型

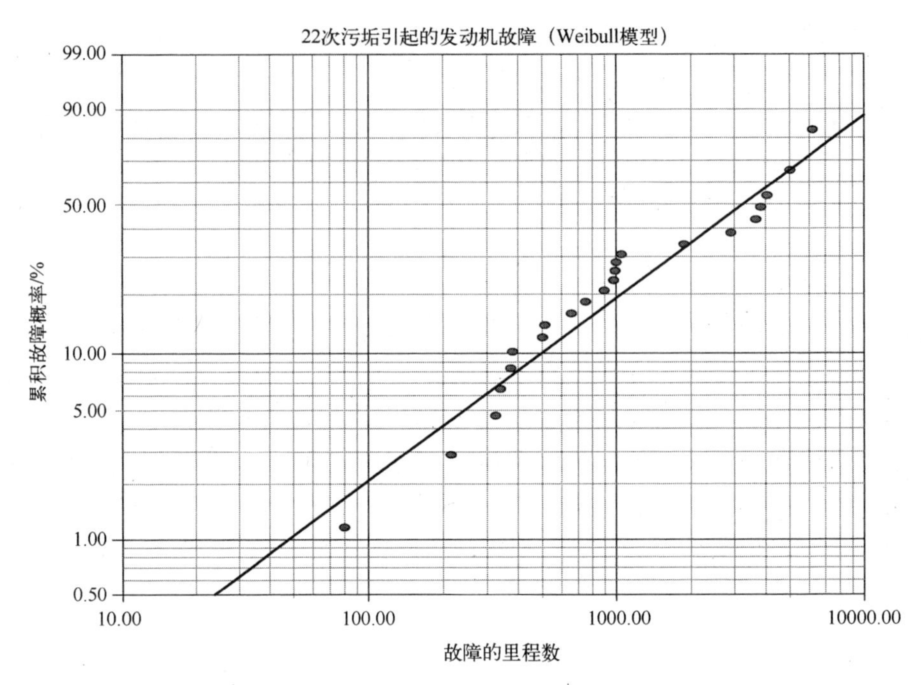

图 7.38　22 次污垢引起的发动机故障数据 Weibull 模型拟合图

特征,这说明,用混合 Weibull 模型拟合效果会更好(第 8 章)。研究发现,由冷却系统和机械故障引起的故障服从指数分布[94]。由于另外两种故障的次数太少,这里没有对其展开进一步分析。

7.17.2.3　结论:经验使用寿命期

早期故障、畸形故障和耗损故障这三种机理在一些产品中是客观存在的,而外界冲击引起的故障机理在人类死亡和早期一些系统故障的案例中并未得到证实[88,89,92]。雷击和其他一些不可控的事件冲击确实会导致产品故障,但没有证据证明该类故障一定服从恒定故障率模型(5.3 节)。如果产品故障率在早期故障和耗损故障之间存在一段平坦或接近平坦的区域,则其形成的原因可能有三种:①该阶段为早期故障尾部和耗损故障的叠加;②该阶段为早期故障的长尾部分;③该阶段没有任何故障发生。

7.17.3　耗损阶段

在图 7.15 中的故障率耗损阶段,产品内在因素引发的长期故障机制开始发挥作用,并导致工作寿命期中幸存的产品最终发生故障。但是,对于非机械产品(主要指半导体电子产品,如晶体管、集成电路等)这类工作寿命比较长的典型产品[1,41,74,79,87],通常观测不到其浴盆曲线的耗损故障阶段。对于半导体电子产品,图

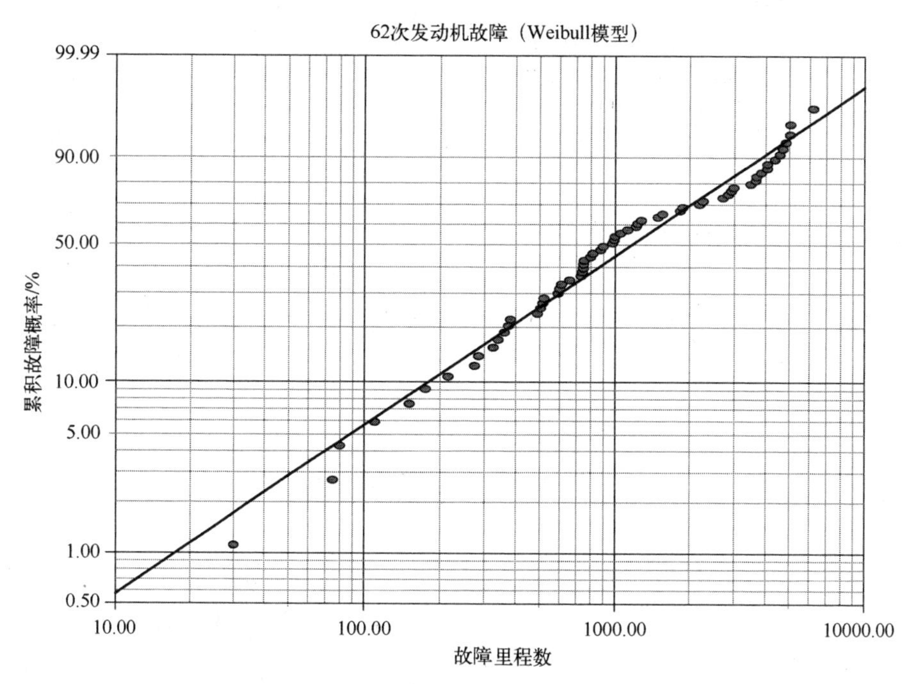

图 7.39 五种原因导致的 62 次发动机故障数据 Weibull 模型拟合图

7.15 中理想耗损故障在工作寿命结束后、耗损开始时就出现了。尽管这时电子产品还可以继续工作，但为了提高系统性能，通常会不等故障发生就对其进行更换。

“耗损”分为两种类型：①材料磨损引发的“耗损”；②交变载荷引发的裂纹扩展。磨损引发的“耗损”例子有：鞋子与粗糙地面磨损导致的退化故障；灯泡因灯丝汽化出现断路导致的突发故障；微电子电路因电子迁移导致材料局部出现空隙而造成的电路故障。反复弯曲或振动导致的金属片或光纤的突然断裂则为疲劳“耗损”的典型案例。然而，“耗损”还可以由其传统定义扩展到现代高可靠性固态半导体产品中。例如，激光器的故障主要是工作应力引发的内在缺陷生长造成的，虽然这不属于材料磨损和疲劳中的任何一种，但也应该看作是耗损故障。

通常认为，所有产品最终都会因耗损而发生故障。严格来说，耗损阶段的故障率是随时间单调递增的，如图 7.15 中曲线右边部分所示。Weibull 模型(图 7.23)可用于耗损阶段故障率建模，当 $\beta>1$ 时，模型中的故障率随时间单调递增。许多试验(6.2.1 节和第二部分)中耗损阶段的故障率真实数据与 Weibull 模型的统计结果是一致的。

在另外一些试验中(6.3.1 节和第二部分)，耗损阶段的故障率数据更加符合对数正态模型。尽管如此，在耗损故障率严格递增的假设下，利用对数正态模型对其建模是不合适的。这是因为，对数正态模型描述的故障率最初是随时间不断减小的,如图 7.40 所示(该图源自图 6.2)。因此,在将近 45 年的时间里(1960~2005 年),人们认为不应该用对数正态分布对产品的长期故障数据或耗损故障数据进行建模。

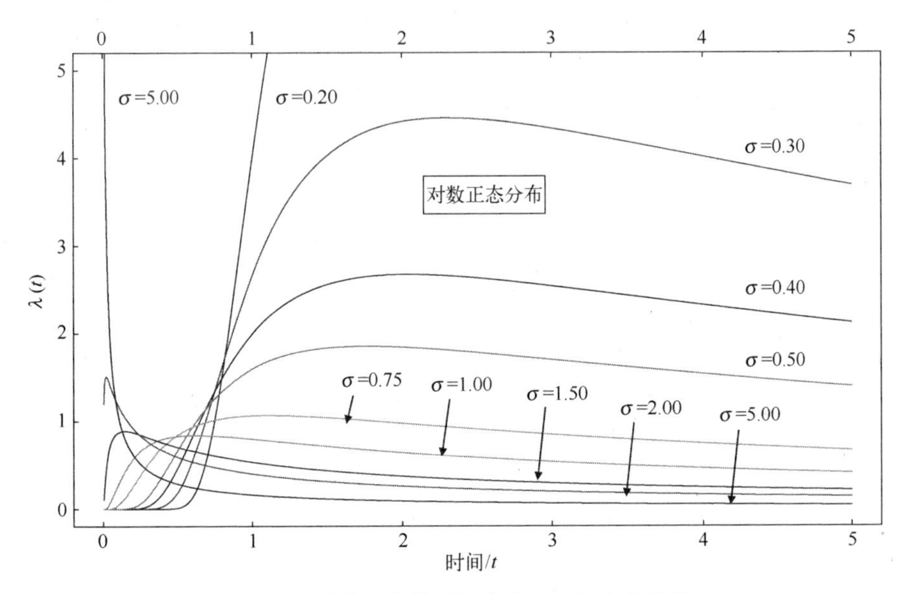

图 7.40 对数正态模型故障率随时间变化曲线

值得一提的是,文献[97]作为反对利用对数正态模型对耗损故障建模的典型文献,其具体表述如下:

“文献中经常用‘耗损’一词描述一种特定的故障模式。但由于对‘耗损’的定义并不是特别明确,因此经常会被读者误解。根据定义,耗损可以类比为机械中的材料磨损。在对机械产品因磨损导致的故障时间进行建模时,最常用的分布是正态(高斯)分布。寿命服从正态分布时,其对应的故障率是随时间单调增加的(在很长一段时间内,故障率与时间成正比)。因此,耗损阶段故障率随时间单调增加的假设在一定程度上是合理的。”

“故障率为恒定值的指数模型不适合描述产品耗损阶段的故障率。只有当形状参数大于 1 时,Weibull 模型才能用来描述耗损阶段的故障率;如果 Weibull 模型形状参数小于 1,其描述的故障率是随时间不断减小的。单调递增故障率的物理意义是,个体存活时间越久,其故障的可能性越大。单调递减的故障率又称作 Ponce de Leon,即个体存活的时间越长,其在之后时间里生存的概率越大。”

“一些分布模型的故障率曲线具有最大值点或最小值点。例如,工程中常见的浴盆曲线具有一个最小值点。其他的,例如对数正态模型对应的故障率曲线,具有一个最大值点。因此,耗损和 Ponce de Leon 的另外一种定义为:如果存在某个时间点,

在其之后故障率总是随时间不断增大/减小的,则该分布对应耗损/Ponce de Leon。"

"对数正态分布常用来对轴承、金属耗损或半导体的寿命进行建模。那么,它属于耗损故障吗?首先,对数正态分布是一种偏斜分布。它的值域为 $t=0\sim+\infty$。其寿命的模值(model,即分布最高点)出现在中位值(50%故障)之前,中位值则出现在平均值(寿命的期望,MTTF)之前。这三点之间的距离可以用来衡量分布偏斜的程度。对数正态分布的故障率从0开始,逐渐升高到最大值,然后开始下降(无论其如何偏斜)。对于一个偏斜程度较高的对数正态分布,即 $\sigma>\sqrt{2/\pi}$(σ 是 $\lg t$ 的标准差),故障率峰值出现在寿命模值和中位值之间,并在之后随时间不断下降。如果偏斜程度较低($\sigma<\sqrt{2/\pi}$),此时故障率仍存在一个峰值,但其出现在寿命中位值之后,甚至是平均寿命之后。当偏斜程度非常小时($\sigma<0.2$),大多数个体在到达 Ponce de Leon 点之前就已经故障。尽管如此,只要有一个个体存活的时间足够久,对数正态分布就会存在故障率下降的阶段,因此它不可以用来描述耗损故障。"

R. A. Evans, The lognormal distribution is not a wearout distribution, Reliability Society Newsletter, IEEE, 15 (1), 9 (January 1970). Copyright 1970 IEEE, IEEE 授权使用

尽管在1976~1990年这45年间有很多文献[104-108]和大量数据(40~150)表明,有时用对数正态分布对故障时间的拟合效果比 Weibull 分布更好,但人们仍坚持认为对数正态分布不适合对长期故障数据(如耗损)进行建模。在关于半导体激光器[104-106]和电迁移[107,108]故障的案例中,均利用对数正态分布成功对产品的故障率增加阶段和减少阶段进行建模。

从图7.41中的对数正态模型 Goldthwaite 故障率曲线或从图7.40中可以看到[109,110],对数正态模型中的 σ 满足

$$\sigma\geqslant 0.75 \tag{7.30}$$

故障率最大值对应的时刻 t_p 与寿命中位值 t_m 之间的关系是

$$t_m\geqslant t_p \tag{7.31}$$

半导体激光器[104-106](第73章)和电迁移故障[107](第57章)的 σ 值满足式(7.30),所以大部分故障发生在故障率曲线的下降阶段。例如,图7.42给出了四种电迁移导致的累积故障概率分布,这些可以很好地用对数正态模型建模。每一幅子图中的样本个数均为150个,第一个故障点出现在 $(k-0.5)/150=0.33$ 的地方。对于第二幅子图和第四幅子图,由于 $t_m\approx t_p$,所以大约有一半故障发生在故障率曲线的下降阶段。

在图7.43所示的另外一个例子中,研究人员给出了70℃下,AlGaAs 激光器累积故障概率分布[106]。值得注意的是,最后两次故障(分别发生于10080h和19979h)在文献[104]发表之后才出现,文献[106]对其做了进一步讨论。激光器寿命中位值为

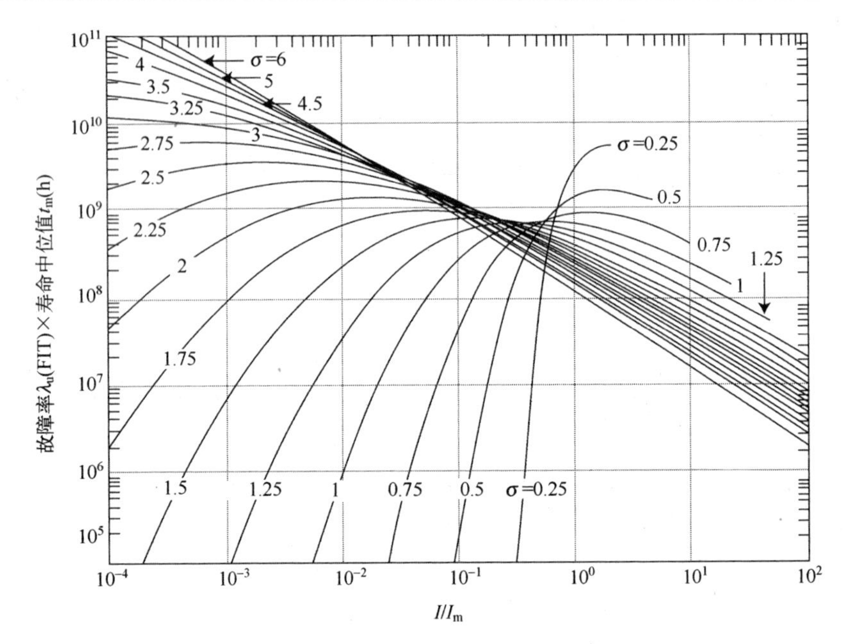

图 7.41　对数正态模型 Goldthwaite 曲线

$t_m = 750\text{h}, \sigma = 1.1$[104,106]。根据图 7.40 或图 7.41,可以得到 $t_p \approx 0.6t_m = 450\text{h}$。在图 7.43 中,大多数耗损故障出现在对数正态故障率曲线的下降阶段。图 7.43 右侧刻度表示利用热活化能 $E_A = 0.7\text{eV}$ 外推得到室温下的激光器寿命。

文献[111]利用两个对数正态分布(耗损故障和畸形故障)的混合模型对文献[104]中的数据进行了分析,得到的浴盆曲线如图 7.44 所示[112]。对于发生畸形故障的群体,其占样本总体百分比为 15%,寿命中位值 $t_m = 1\text{h}, \sigma = 1.25$。对于发生耗损故障的群体,其占样本总体百分比为 85%,寿命中位值为 $t_m = 680\text{h}, \sigma = 1.2$。由于畸形故障和耗损故障交叠在一起,得到的"浴盆曲线"形状较浅。

基于上述案例可知,在缺少可用的且机理不明的故障数据的情况下,人们有理由反对使用对数正态分布对产品寿命建模。此外,一个尚未解决的挑战在于,对数正态分布不适合描述单调递增故障率的传统观点与对数正态分布拟合效果好于 Weibull 分布(第二部分)的现实之间相互矛盾。几种解决上述矛盾的方法如下:

(1) 对于高可靠性产品,人们主要关注的是早期故障。由于 Weibull 模型对尾部故障率的估计比对数正态分布更为保守(悲观),尽管后者拟合效果更好,但仍应选择 Weibull 模型。

(2) 对于一些长寿命产品(如集成电路),虽然对数正态模型对长期故障数据的拟合程度更好,但由于产品寿命较长,其在正常使用过程中一般不会进入耗损故障阶段,所以可以选择 Weibull 模型对其故障数据建模[41,74]。

(3) 如果对数正态模型拟合效果更好,其故障率的单调增加阶段出现且一直持

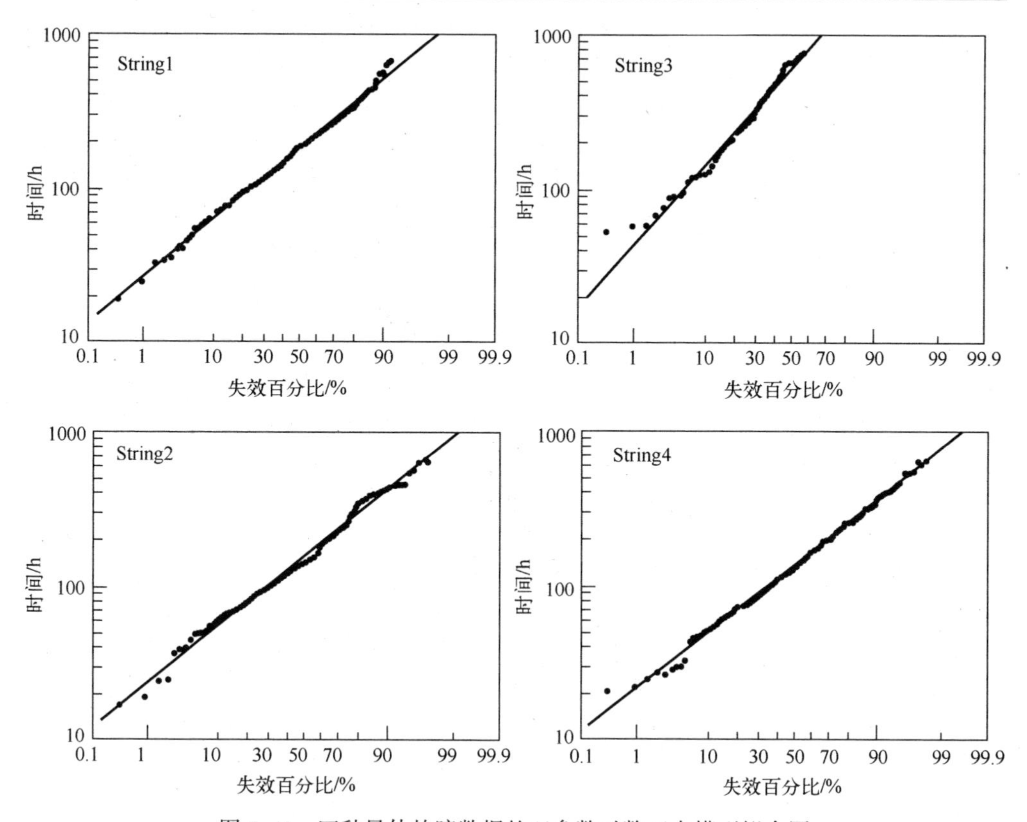

图7.42 四种导体故障数据的双参数对数正态模型拟合图

续到产品使用寿命期结束,人们对在此之后的故障数据不再关心,则可选择对数正态模型建模[41,74,98,99,101,102]。

尽管可以根据上述原则选择模型,但传统观点仍认为浴盆曲线右侧故障率增加部分应该用长期故障(耗损故障)机理进行解释。如果一味坚持该观点,无论对数正态模型拟合效果多好,都不应该使用。然而,半导体器件的故障规律并非严格单调递增,其在很多时间段内故障率不是增加而是下降的,结果也表明,对数正态模型对其故障数据的拟合效果更好。因此,耗损故障并不适合用来解释电子产品的长期故障特征(该类故障数据更符合对数正态分布)[61]。虽然人们仍然沿用“耗损”一词描述产品的长期故障,但这里耗损对应的故障率不应再局限于单调递增。

尽管早期人们反对使用对数正态分布[98],但近来出现一种观点[113],认为不均匀(或不一致)群体的寿命可能更适合用对数正态分布描述。“很多情形下,产品的故障率曲线符合对数正态分布故障率曲线的形状,如由一部分长寿命个体和一部分短寿命个体混合组成的产品群体。典型的例子包括:一些癌症幸存者,在治愈后成为长寿命个体;婚姻持续到一定时间后,由于一些离婚已经发生,导致后面的

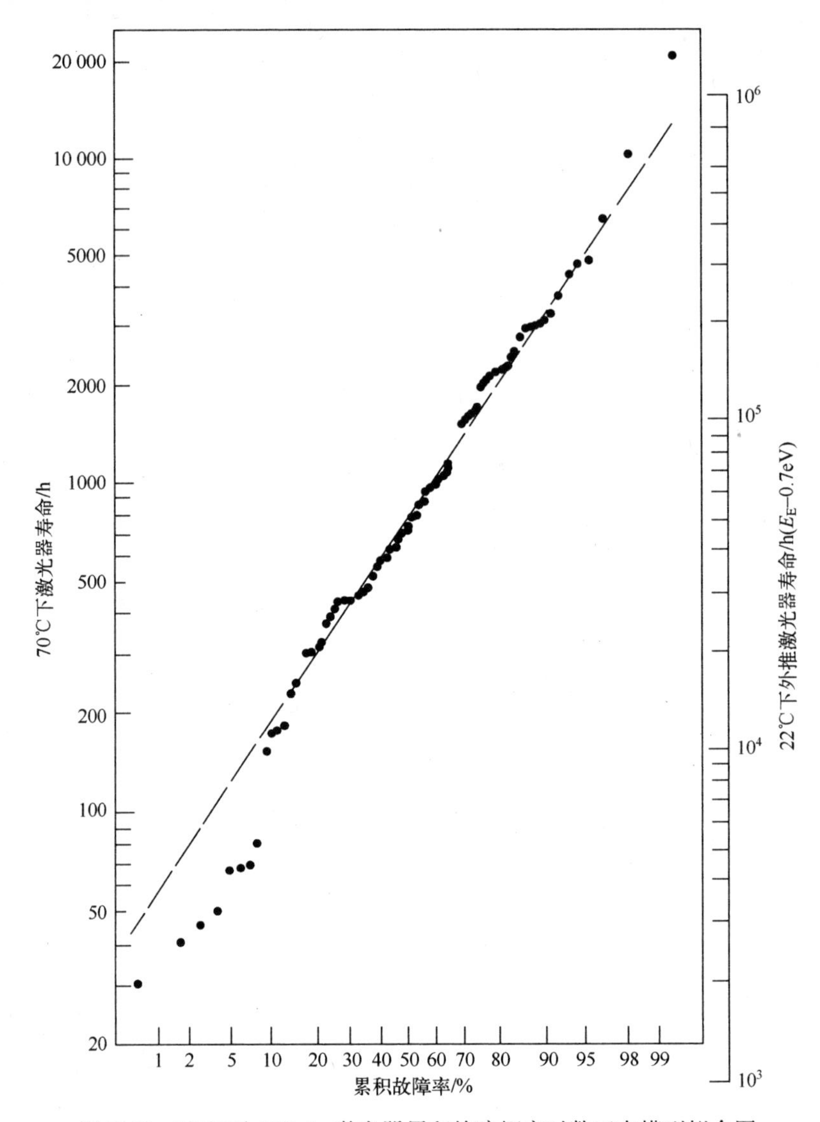

图 7.43 70°C 下 AlGaAs 激光器累积故障概率对数正态模型拟合图

离婚率出现下降”[113]。诸如半导体激光器这类产品,一些子群体因不存在明显缺陷,因此这些群体在工作寿命期内故障率非常低,以至于可以忽略不计。对于不均匀(或不一致)的总体,其总是存在一些寿命较长的子群体,从而造成寿命分布发生偏斜。

可以用一个简单的混合模型描述上述不一致效应。假设总体由两个子群体构成,一个子群会发生故障,另一个在试验时间内不会故障。

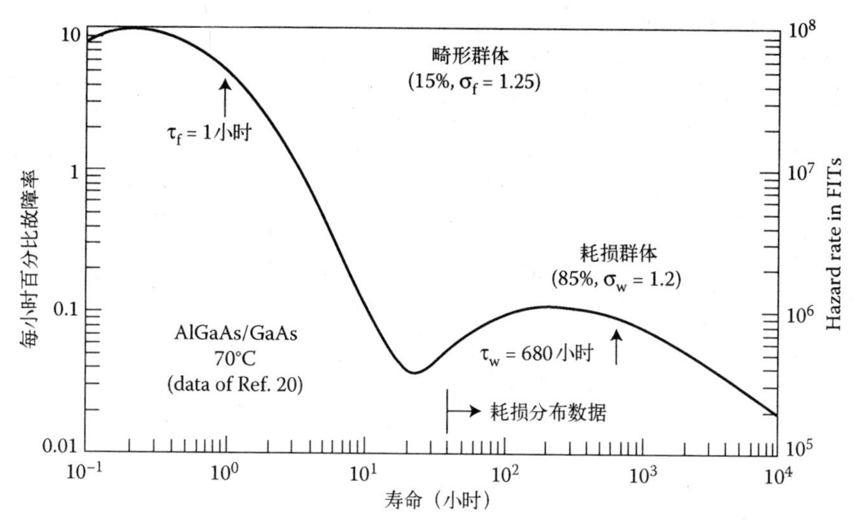

图 7.44 激光器故障数据[104]浴盆曲线[111,112]

$$N(t)=N_1(0)+N_2(0)\exp\left[-\left(\frac{t}{\tau}\right)^{\beta}\right] \tag{7.32}$$

子群体 $N_1(t)=N_1(0)$ 不发生故障，而发生耗损故障的子群体用式(7.33)中数学形式较简单的 Weibull 模型描述($\beta>1$)，即

$$N_2(t)=N_2(0)\exp\left[-\left(\frac{t}{\tau}\right)^{\beta}\right] \tag{7.33}$$

根据式(4.17)，可以得到相应的故障率表达式如式(7.34)所示。由式(7.32)至式(7.34)得到式(7.35)：

$$\lambda(t)=-\frac{1}{N(t)}\frac{\mathrm{d}N}{\mathrm{d}t} \tag{7.34}$$

$$\lambda(t)=\frac{\beta}{\tau}\left(\frac{t}{\tau}\right)^{\beta-1}\frac{1}{1+[N_1(0)/N_2(0)]\exp[(t/\tau)^{\beta}]} \tag{7.35}$$

当 t 较小时，$\lambda(t)\propto t^{\beta-1}$，所以 $t\to0$ 时，$\lambda(t)\to0$。当 t 较大时，结果如式(7.36)所示，所以有，$t\to\infty$ 时，$\lambda(t)\to0$。

$$\lambda(t)\propto\frac{t^{\beta-1}}{\exp[(t/\tau)^{\beta}]} \tag{7.36}$$

两个极限都和对数正态模型一致。因此，对数正态风险率曲线的时间增加部分描述了第一个子群的耗损，而时间减少部分是过渡到更长寿命的子群，在所关注的时间框架内尚未出现故障。本书第二部分将介绍对数正态模型描述组件故障的适用性的多种说明。

7.18 人类和组件的故障率

不能将组件的耗损故障率与人类的耗损故障率简单等同看待的主要原因在于:①组件是“自上而下”组装的,而生物体是“自下而上”组装的;②组件可能不包括冗余,而生物体在多个层次上是高度冗余的[8,13,110]。

在“自上而下”的观点中,组件通过控制良好的制造条件可以保证其具有很高的质量。通过设计、测试和筛选可以提高组件的可靠性。例如,通过筛选试验测试单个固态组件的前期退化率,可以筛选出容易发生早期故障的个体。耗损这种故障机理注定是与生俱来的。耗损寿命的多样性主要源自产品制造过程中不一致性导致的个体之间的差异性。通过加速老化试验可以预测固态组件在正常使用条件的寿命。由于产品通常在情况良好的可预测环境中工作,因此这里可以忽略外界环境因素冲击造成的故障[110]。

在“自下而上”的观点中,生物体是由未经测试的组件构成的。早期发育过程中随机有害的表观遗传修饰或细胞损伤都可能导致缺陷发生。人体内随机分布某些缺陷基因可能会导致心脏病和癌症的发生,这些致人死亡的疾病往往在出生时就注定了。然而,即使基因相近的个体,其寿命也会因生存环境(如有些人感染了某种致命传染病)和自身行为(如事故、抽烟、酗酒、吸毒等)等不可预测因素而出现差异。由于上述不可控因素的存在,目前无法通过物理检查来有效预测人类个体的剩余寿命[8,110]。

参考文献

[1] K. L. Wong, The bathtub does not hold water any more, *Qual. Reliab. Eng. Int.*, 4, 279-282, 1988.

[2] Vital Statistics-2007, North Carolina Department of Health and Human Services, Division of Public Health, State Center for Health Statistics, Volume 2, November 2008.

[3] E. J. Henley and H. Kumamoto, *Reliability Engineering and Risk Assessment* (Prentice-Hall, New Jersey, 1981), 161-167; mortality data were taken from, *Registrar-General's Statistical review of England and Wales* 1933, and covers male deaths that occurred during 1930-1932.

[4] K. L. Wong, The physical basis for the roller-coaster hazard rate curve for electronics, *Qual. Reliab. Eng. Int.*, 7, 489-495, 1991.

[5] E. T. Lee and J. W. Wang, *Statistical Methods for Survival Data Analysis*, 3rd edition (Wiley, Hoboken, New Jersey, 2003), 80-85.

[6] L. A. Gavrilov and N. S. Gavrilova, Why we fall apart: Engineering's reliability theory explains human aging, *IEEE Spectrum*, 41 (9), 30-35, 32, September 2004.

[7] H. Rinne, *The Weibull Distribution: A Handbook* (CRC Press, Boca Raton, 2009), 563-566.

[8] L. A. Gavrilov and N. S. Gavrilova, Reliability theory of aging and longevity, in *Handbook of the Biology of Ag-*

ing, 6th edition, Eds. E. J. Masoro and S. N. Austad (Elsevier Academic Press, New York, 2006), 3-42.

[9] S. N. Austad, Sex differences in longevity and aging, in *Handbook of the Biology of Aging*, 7th edition, Eds. E. J. Masoro and S. N. Austad (Elsevier Academic Press, New York, 2011), 479-495.

[10] C. Finch, *Longevity, Senescence, and the Genome* (Univ. Chicago Press, Chicago, 1990), 246.

[11] D. L. Wilson, Commentary: Survival of *C. elegans* in axenic culture, *J. Gerontol. Biol. Sci.*, 53A (6), B406, 1998.

[12] B. Gompertz, On the nature of the function expressive of the law of human mortality and on a new mode of determining life contingencies, *Philos. Trans. Roy. Soc. London*, A115, 513-585, 1825.

[13] L. A. Gavrilov and N. S. Gavrilova, The reliability theory of aging and longevity, *J. Theor. Biol*, 213, 527-545, 2001.

[14] N. R. Mann, R. E. Schafer, and N. D. Singpurwalla, *Methods for Statistical Analysis of Reliability and Life Data* (Wiley, New York, 1974), 102-108, 129-130.

[15] P. A. Tobias and D. C. Trindade, *Applied Reliability*, 2nd edition (Chapman & Hall/CRC, Boca Raton, Florida, 1995), 89-91.

[16] L. A. Gavrilov and N. S. Gavrilova, The quest for a general theory of aging and longevity, *Science's SAGE KE* (*Science of Aging Knowledge Environment*), 28, 1-10, July 16, 2003.

[17] A. R. Thatcher, The long-term pattern of adult mortality and the highest attained age, *J. R. Stat. Soc.*, A162 (1), 5-43, 1999.

[18] A. R. Thatcher, The long-term pattern of adult mortality and the highest attained age, *J. R. Stat. Soc.*, A162 (1), 5-43, 1999, Figure 11; J. Charlton (Offce for National Statistics, London).

[19] J. W. Vaupel et al., Biodemographic trajectories of longevity, *Science*, 280, 855-860, May 8, 1998. Figure 7.12 is an adaptation of Figure 3A in this reference.

[20] J. R. Vanfleteren, A. De Vreese, and B. P. Braeckman, Two-parameter logistic and Weibull equations provide better fts to survival data from isogenic populations of *Caenorhabditis elegans* in axenic culture than does the Gompertz model, *J. Gerontol. Biol. Sci.*, 53A (6), B393-B403, 1998.

[21] J. W. Curtsinger, N. S. Gavrilova, and L. A. Gavrilov, Biodemography of aging and age-specfc mortality in *Drosophila melanogaster*, in *Handbook of the Biology of Aging*, 6th edition, Eds. E. J. Masoro and S. N. Austad (Elsevier Academic Press, New York, 2006), 265-292.

[22] B. P. Braeckman, A. De Vreese, and J. R. Vanfleteren, Authors' response to commentaries on Twoparameter logistic and Weibull equations provide better fts to survival data from isogenic populations of *Caenorhabditis elegans* in axenic culture than does the Gompertz model, *J. Gerontol. Biol. Sci.*, 53A (6), B407-B408, 1998.

[23] J. W. Curtsinger et al., Demography of genotypes: Failure of the limited life-span paradigm in *Drosophila melanogaster*, *Science*, 258, 461-463, October 16, 1992.

[24] J. R. Carey et al., Slowing of mortality rates at older ages in large medfly cohorts, *Science*, 258, 457-461, October 16, 1992.

[25] J. R. Carey, *The Biology and Demography of Life Span* (Princeton University Press, Princeton, 2003).

[26] S. D. Pletcher and J. W. Curtsinger, Mortality plateaus and the evolution of senescence: Why are old-age mortality rates so low?, *Evolution*, 52, 454-464, April 1998.

[27] D. Steinsaltz and S. N. Evans, Markov mortality models: implications of quasistationarity and varying initial distributions, *Theor. Popul. Biol.*, 65, 319-337, 2004.

[28] M. S. Finkelstein, On some reliability approaches to human aging, *Int. J. Reliab. Qual. Saf. Eng.*, 12 (4),

337-346,2005.

[29] A. I. Yashin,J. W. Vaupel,and I. A. Iachine,A duality in aging:the equivalence of mortality models based on radically different concepts,*Mech. Ageing Dev.*,74,1-14,1994.

[30] C. E. Finch and T. B. L. Kirkwood,*Chance,Development,and Aging* (Oxford University Press,New York,2000).

[31] T. B. L. Kirkwood and C. E. Finch,Ageing:The old worm turns more slowly,*Nature*,419,794-795,October 2002.

[32] T. B. L. Kirkwood et al.,What accounts for the wide variation in life span of genetically identical organisms reared in a constant environment?,*Mech. Ageing Dev.*,126,439-443,2005.

[33] C. E. Finch and T. B. L. Kirkwood,*Chance,Development,and Aging* (Oxford University Press,New York,2000),210.

[34] Z. Pincus and F. J. Slack,Developmental biomarkers of aging in *C. elegans*,*Developmental Dynamics*,239(5),1306-1314,May 2010.

[35] N. Carey,*The Epigenetics Revolution* (Columbia University Press,New York,2013),Introduction.

[36] N. Carey,*The Epigenetics Revolution* (Columbia University Press,New York,2013),Chapter 5.

[37] N. Carey,*The Epigenetics Revolution* (Columbia University Press,New York,2013),Chapters 3 and 4,quote on page 68.

[38] N. Carey,*The Epigenetics Revolution* (Columbia University Press,New York,2013),Chapter 10.

[39] Z. Pincus,T. Smith-Vikos,and F. J. Slack,MicroRNA predictors of longevity in *Caenorhabditis elegans*. *PLoS Genet*,7(9),e1002306,2011.

[40] I. Bazovsky,*Reliability Theory and Practice* (Prentice-Hall,New Jersey,1961);(Dover,New York,2004),32-33.

[41] D. J. Klinger,Y. Nakada,and M. A. Menendez,*AT&T Reliability Manual* (Van Nostrand Reinhold,New York,1990),17-18.

[42] D. Kececioglu,*Reliability Engineering Handbook*,Volume 1 (Prentice-Hall,Englewood Cliffs,New Jersey,1991),74-77.

[43] E. A. Elsayed,*Reliability Engineering* (Addison Wesley Longman,New York,1996),14-15.

[44] W. Q. Meeker and L. A. Escobar,*Statistical Methods for Reliability Data* (Wiley,New York,1998),29.

[45] L. C. Wolstenholme,*Reliability Modelling:A Statistical Approach* (Chapman & Hall/CRC,Boca Raton,Florida,1999),18-19.

[46] M. Modarres,M. Kaminskiy,and V. Krivtsov,*Reliability Engineering and Risk Analysis:A Practical Guide*,2nd edition (CRC Press,Boca Raton,Florida,2010),70.

[47] P. D. T. O'Connor,*Practical Reliability Engineering*,2nd edition (Wiley,New York,1985),8.

[48] M. Xie and C. D. Lai,Reliability analysis using an additive Weibull model with bathtub-shaped failure rate function,*Reliab. Eng. Syst. Safe.*,52,87-93,1995.

[49] M. Bebbington,C.-D. Lai,and R. Zitikis,Useful periods for lifetime distributions with bathtub shaped hazard rate functions,*IEEE T. Reliab.*,55 (2),245-251,June 2006.

[50] P. A. Tobias and D. C. Trindade,*Applied Reliability*,2nd edition (Chapman & Hall/CRC,Boca Raton,Florida,1995),43.

[51] C. Tarum,Mixtures of populations and failure modes,in *The New Weibull Handbook*,4th edition,Ed. R. B. Abernethy (North Palm Beach,Florida,2000),Appendix J.

[52] G. A. Dodson, Analysis of accelerated temperature cycle test data containing different failure modes, *17th Annual Proceedings Reliability Physics Symposium*, San Francisco, CA, 238-246, 1979.

[53] F. Jensen and N. E. Petersen, *Burn-In: An Engineering Approach to the Design and Analysis of Burn-In Procedures* (Wiley, New York, 1982), Chapter 2.

[54] F. Jensen, *Electronic Component Reliability: Fundamentals, Modelling, Evaluation, and Assurance* (Wiley, New York, 1995), 85-89.

[55] C. A. Krohn, Hazard versus renewal rate of electronic items, *IEEE Trans. Reliab.*, 18 (2), 64-73, May 1969.

[56] M. Kamins, Rules for Planned Replacement of Aircraft and Missile Parts, Rand Corporation Memorandum, RM-2810-PR (Abridged), March 1962.

[57] E. E. Lewis, *Introduction to Reliability Engineering* (Wiley, New York, 1987), 85.

[58] J. H. K. Kao, A graphical estimation of mixed Weibull parameters in life-testing of electron tubes, *Technometrics*, 1 (4), 389-407, November 1959.

[59] M. P. Dugan, Reliability characterization of a 3-μm CMOS/SOS process, *Qual. Reliab. Eng. Int.*, 3 (2), 99-106, 1987.

[60] M. Alidrisi et al., Regression models for estimating survival of patients with non-Hodgkin's lymphoma, *Microelectron. Reliab.*, 31 (2/3), 473-480, 1991.

[61] D. S. Peck, Uses of semiconductor life distributions, in *Semiconductor Reliability*, Volume 2, Ed. W. H. Von Alven (Engineering Publishers, Elizabeth, New Jersey, 1962), 10-28.

[62] D. S. Peck, The analysis of data from accelerated stress tests, *IEEE Proceedings Annual Reliability Physics Symposium*, Las Vegas, NV, 69-78, 1971.

[63] D. S. Peck, Semiconductor device life and system removal rates, *IEEE Proceedings Annual Symposium on Reliability*, Boston, MA, 593-599, 1968.

[64] D. S. Peck and C. H. Zierdt, The reliability of semiconductor devices in the Bell system, *Proceedings of the IEEE*, 62 (2), 185-211, February 1974.

[65] S. K. Kurtz, S. Levinson, and D. Shi, Infant mortality, freaks, and wearout: Application of modern semiconductor reliability methods to ceramic capacitors, *J. Am. Ceram. Soc.*, 72 (12), 2223-2233, 1989.

[66] M. Stitch et al., Microcircuit accelerated testing using high temperature operating tests, *IEEE Trans. Reliab.*, 24 (4), 238-250, October 1975.

[67] D. S. Peck, New concerns about integrated circuit reliability, *IEEE Trans. Electron Dev.*, 26 (1), 38-43, 1979.

[68] D. S. Peck and O. D. Trapp, *Accelerated Testing Handbook* (Technology Associates, Portola Valley, CA), 1978.

[69] J. Moltoft, Reliability assessment and screening by reliability indicator methods, *Electrocomp. Sci. Tech.*, 11, 71-84, 1983.

[70] F. Jensen and J. Moltoft, Reliability indicators, *Qual. Reliab. Eng. Int.*, 2, 39-44, 1986.

[71] F. H. Reynolds and J. W. Stevens, Semiconductor component reliability in an equipment operating in electromechanical telephone exchanges, *16th Annual Proceedings of the Reliability Physics Symposium*, San Diego, CA, 7-13, 1978.

[72] J. Jones and J. Hayes, Investigations of the occurrence of: No-faults-found in electronic equipment, *IEEE T. Reliab.*, 50 (3), 289-292, September 2001.

[73] D. S. Peck, New concerns about integrated circuit reliability, *IEEE Proceedings Annual Symposium on Reliabili-*

ty,1-6,1978.

[74] D. P. Holcomb and J. C. North, An infant mortality and long-term failure rate model for electronic equipment, *AT&T Tech. J.*,64 (No. 1,Part 1),15-31,January 1985.

[75] F. R. Nash, *Estimating Device Reliability: Assessment of Credibility* (Kluwer Academic Publishers, Boston, 1993),94.

[76] F. R. Nash, *Estimating Device Reliability: Assessment of Credibility* (Kluwer Academic Publishers, Boston, 1993),95.

[77] M. Krasich, Reliability Prediction Using Flight Experience: Weibull Adjusted Probability of Survival Method, NASA Technical Report, ID:20060041898, April 1995.

[78] H. Hecht and E. Fiorentino, Reliability Assessment of Spacecraft Electronics, *IEEE Proceedings Annual Reliability and Maintainability Symposium*,341-346,1987.

[79] K. L. Wong and D. L. Lindstrom, Off the bathtub onto the roller-coaster curve, *IEEE Proceedings Annual Reliability and Maintainability Symposium*,356-363,1988.

[80] K. L. Wong, The roller-coaster curve is in, *Qual. Reliab. Eng. Int.*,5,29-36,1989.

[81] D. S. Campbell, J. A. Hayes, and D. R. Hetherington, The organization of a study of the feld failure of electronic components, *Qual. Reliab. Eng. Int.*,3,251-258,1987.

[82] D. S. Campbell et al., Reliability behavior of electronic components as a function of time, *Qual. Reliab. Eng. Int.*,8,161-166,1992.

[83] D. S. Campbell and J. A. Hayes, An analysis of the feld failure of passive and active components, *Qual. Reliab. Eng. Int.*,6,189-193,1990.

[84] J. Jones and J. Hayes, Estimation of system reliability using a 'non-constant failure rate' model, *IEEE Trans. Reliab.*,50 (3),286-288,September 2001.

[85] D. S. Peck, Semiconductor reliability predictions from life distribution data, in *Semiconductor Reliability*, Eds. J. E. Shwop and H. J. Sullivan (Engineering Publishers, Elizabeth, New Jersey, 1961),51-67.

[86] G. A. Dodson and B. T. Howard, High stress aging to failure of semiconductor devices, *7th National Symposium on Reliability and Quality Control*,262-272,1961.

[87] K. L. Wong, Unifed feld (failure) theory—Demise of the bathtub curve, *IEEE Proceedings Annual Reliability and Maintainability Symposium*,402-407,1981.

[88] J. A. McLinn, Constant failure rate—A paradigm in transition, *Qual. Reliab. Eng. Int.*,6,237-241,1990.

[89] D. J. Sherwin, Concerning bathtubs, maintained systems, and human frailty, *IEEE Trans. Reliab.*,46 (2),162, June 1997.

[90] MIL-HDBK-217F, Notice 2, February 28, 1995, Reliability Prediction of Electronic Equipment.

[91] Telcordia Technologies Special report, SR-332, Issue 2, September 2006, Reliability Prediction for Electronic Equipment.

[92] J. P. P. Talbot, The bathtub myth, *Qual. Assur.*,3 (4),107-108, December 1977.

[93] G. Yang, *Life Cycle Reliability Engineering* (Wiley, Hoboken, New Jersey, 2007),14-15.

[94] L. C. Wolstenholme, *Reliability Modelling: A Statistical Approach* (Chapman & Hall/CRC, Boca Raton, Florida, 1999),222-225.

[95] F. Jensen, *Electronic Component Reliability: Fundamentals, Modelling, Evaluation, and Assurance* (Wiley, New York, 1995),136-139.

[96] A. M. Freudenthal, Prediction of fatigue life, *J. Appl. Phys.*,31 (12),2196-2198, December 1960.

[97] R. A. Evans, The lognormal distribution is not a wearout distribution, *Reliability Society Newsletter*, *IEEE*, 15, (1), 9, January 1970.

[98] J. F. Lawless, *Statistical Models and Methods for Lifetime Data* (Wiley, New York, 1982), 24 and 30.

[99] M. J. Crowder, A. C. Kimber, R. L. Smith, and T. J. Sweeting, *Statistical Analysis of Reliability Data* (Chapman & Hall, London, 1991), 24.

[100] R. L. Smith, Weibull regression models for reliability data, *Reliab. Eng. Syst. Safe.*, 34, 55-77, 1991.

[101] F. Jensen, *Electronic Component Reliability: Fundamentals, Modelling, Evaluation, and Assurance* (Wiley, New York, 1995), 63.

[102] L. C. Wolstenholme, *Reliability Modelling: A Statistical Approach* (Chapman & Hall/CRC, Boca Raton, Florida, 1999), 30.

[103] M. T. Todinov, *Reliability and Risk Models: Setting Reliability Requirements* (Wiley, Hoboken New Jersey, 2005), 46.

[104] W. B. Joyce, R. W. Dixon, and R. L. Hartman, Statistical characterization of the lifetimes of continuously operated (Al, Ga) As double-heterostructure lasers, *Appl. Phys. Lett.*, 28 (11), 684-686, June 1976.

[105] M. Ettenberg, A Statistical study of the reliability of oxide-defned stripe cw lasers of (AlGa) As, *J. Appl. Phys.*, 50 (3), 1195-1202, March 1979.

[106] W. B. Joyce et al., Methodology of accelerated aging, *AT&T Tech. J.*, 64 (3), 717-764, 724 (March 1985). By comparison to the plot in [104], the plot herein contains the failure times (≈10,000 and 20,000 hours) for the last two remaining lasers.

[107] D. J. LaCombe and E. L. Parks, The distribution of electromigration failures, *IEEE 24th Annual Proceedings International Reliability Physics Symposium*, 1-6, 1986.

[108] J. M. Towner, Are electromigration failures lognormally distributed? *IEEE 28th Annual Proceedings International Reliability Physics Symposium*, 100-105, 1990.

[109] L. R. Goldthwaite, Failure rate study for the lognormal lifetime model, *IRE 7th National Symposium on Reliability & Quality Control in Electronics*, Philadelphia, PA, 208-213, 1961.

[110] W. B. Joyce and P. J. Anthony, Failure rate of a cold- or hot-spared component with a lognormal lifetime, *IEEE Trans. Reliab.*, 37 (3), 299-307, August 1988.

[111] E. B. Fowlkes, Some methods for studying the mixture of two normal (lognormal) distributions, *J. Am. Stat. Assoc.*, 74 (367), 561-575, September 1979.

[112] F. R. Nash et al., Selection of a laser reliability assurance strategy for a long-life application, *AT&T Tech. J.*, 64 (3), 671-715, 689, March 1985.

[113] J. F. Lawless, *Statistical Models and Methods for Lifetime Data*, 2nd edition (Wiley, New Jersey, 2003), 22-23.

第二部分　案例研究

第8章　故障数据建模介绍

简单模型永远不能完整地描述世界的复杂性,但往往可以非常接近。找到事情工作方式的一种简单解释,就可以很好地预测类似事情在未来是如何工作的[1]。

8.1　概述

科学工作的一个重要方面是寻找一张能够将试验数据绘制为直线的图表纸。如果能够成功找到,则可以用来对物理模型进行验证。此外,用于提供直线拟合的统计模型还可以实现定量预测的目的。故障数据的可靠性评估就是这一目的的一个重要案例。

8.2　统计学建模的动机

利用哪一种统计寿命模型可以更好地拟合故障数据,这是有争议的。例如,当很多普通白炽灯泡工作发生故障时,将在最后一个灯泡发生故障的几个月内结束试验。所有相关信息都可以及时获取。可以在没有利用任何统计寿命模型的情况下,知道首次、中间和最后故障的时间。尽管如此,通过不同的原因能够找到多个在故障概率图中以直线拟合故障数据的模型。在这样的图中,可以利用双参数模型来绘制故障的累积故障概率或故障功能(4.2.2节)与时间、周期、应力或到故障的距离的关系曲线。

8.2.1　早期故障消除

对故障数据进行统计建模的一个原因与消除早期范围的故障(1.9.3节和7.17.1节)有关,这些故障可能会产生不利的经济后果。实验室研究的双峰故障概率图(其中,数据的主体呈线性排列)可以用于区分有早期故障倾向的人为制造的部分。随着对设计和制造的改变以及筛选过程的实施,倾向于早期故障得以识别和排除,累积故障概率图开始用于确定在产量和寿命早期可靠性改善方面取得的进展。

如果已经消除了早期故障,接下来的共同期望是利用两个应用最广泛的双参数统计寿命模型(Weibull模型或对数正态模型)之一,将故障数据在故障概率图中用直线进行合理的拟合。众所周知,多参数模型可以在故障概率图中提供与外观检查相当或更优的拟合,并且可以提供与适当的双参数模型描述相当或更好的统计拟合检验结果(8.10节)。本章将探讨选择多参数模型而不是双参数模型要面对的问题(8.5节和8.6节)。

第13章至第80章分析了83个真实故障数据集。数据集来自已经出版的书籍和文献。除少数例外,在引用的资料中,没有迹象表明数据集中存在早期故障。所分析的83个数据集(8.14节,表8.6)中发现的早期故障数目的总结如表8.1所列。最后一行显示了6个数据集的每个数据集中的早期故障数。

表8.1　早期故障

数据集的数量	观察到的早期故障数
50	0
20	1
7	2
6	3,4,5,8,9,14

对于那33/83个具有早期故障的数据集的合理解释是,除了所指出的少数例外,产生原始故障数据的那些数据集没有意识到存在早期故障,因为没有必要详细分析它们或其他故障。把公开文献中的数据集继续视为测试各种双参数统计寿命模型(例如Weibull、对数正态、正态、Gamma和指数分布)是有用的。

消除或至少基本上降低早期故障的实际问题是令人望而却步的,原因如下:①筛选以便消除早期故障可能是不切实际的(过于昂贵);②专门用于识别早期故障的筛选可能已经实施,但是一些易受早期故障机制影响的部件可能会逃脱检测,并存在于选用的群体中;③利用与样本群体产生故障相同的条件也许无法进行筛选。

考虑原因③的说明。例如,如果在发生第一次故障之前,需要金属部件样本数千万次循环,则循环对未选用部件而言是一个不可行的筛选过程,因为必须在第一次故障被明确确定为早期故障之前,将大部分未选用群体循环至故障产生(例如第29章)。在这种情况下,可能无法识别在选用之前消除早期故障的其他技术。

8.2.2　安全寿命或故障树间隔估计

对于相对大量的未选用部件,第二个原因与估计首次故障时间有关,又称为故障阈值、无故障时间间隔或安全寿命时间(8.8节)。安全寿命估计可以基于对相对小的样本群体故障数据进行分析。该估计可能需要将统计寿命模型绘制曲线外推到样本群体较低尾部的故障数据范围之外。对于未选用的组件,需要有几个因素来保证安全的寿命估计。

(1) 相对较小的样本群体和相对较大的未选用群体应该代表在相同的精确控制的生产线上随时间产生的组件。希望这两个群体在统计学上是相同或同类的。

(2) 两个群体都应进行筛选测试,以鉴定和排除易发生早期故障的组件(1.9.3节和7.17.1节)。在没有筛选的情况下,在未选用群体工作期间,预测的无故障间隔中的早期故障子群体可能影响安全寿命的估计。

(3) 在样本群体中发生故障的条件应与未选用群体的工作条件相同或非常相似。

(4) 更可取的是,安全寿命估计基于利用双参数模型对样本群体的故障概率分布进行可接受的直线拟合。

8.2.3 质量控制

第三个原因是监测成熟组件的质量控制,可以通过组件样本群体的周期性老化故障来完成(例如第80章)。如果所选择的统计寿命模型通常允许进行直线拟合,例如故障前时间或故障前周期,那么偏离线性,特别是在早期间隔,就可以表示在某些制造阶段失去了过程控制。

8.3 统计学寿命模型

有许多用于分析故障数据的统计寿命模型[2-11]。两个最常用的是双参数Weibull模型(6.2节)和双参数对数正态模型(6.3节)。双参数Weibull模型是应用最广泛的[2-12],因为它在表示故障率减小和增加时,具有灵活性、数学简单性,在描述许多种故障数据(6.2.1节)中十分成功。双参数对数正态模型虽然在数学上不像Weibull模型那样易于处理,但已成功应用于表示许多不同组件的故障(6.3.1节)。

单参数指数模型(第5章)是Weibull模型的一个特例,不适合描述与时间相关的早期故障或耗损故障,因为它"缺乏记忆"的特性(5.9节),以前的使用不会影响未来的寿命(如电熔丝)。

通常不利用双参数正态模型,因为由Weibull模型和对数正态模型描述的大多数寿命分布具有不对称长右尾。在正态模型中,允许时间为负值并不总是阻碍其使用。如后面的章节所述,正态模型为实际故障数据集提供优选特性。例如,中心极限定理可以通过许多小的独立基本随机变量组成的随机变量整体推导出正态(高斯)分布(例如第76章)。

8.4　双参数模型选择

在理想情况下,描述故障的物理模型很容易理解,统计寿命模型的选择将直接遵循。不过,这种情况很少见。例如,灯泡灯丝故障的故障机理(Physics of Failure, PoF)分析能选择双参数对数正态模型作为统计模型(1.3.4节)。不过,对417个灯泡(第80章)故障时间的分析表明,倾向于通过双参数正态模型进行描述。

尽管利用了四种不同的似乎合理的双参数模型(8.16节)来描述裂纹传播产生的疲劳故障,但在后续章节中对实际疲劳故障数据集的分析表明,虽然双参数模型很合理,但是没有基本的物理基础,可以利用任何特定的统计寿命模型来描述任何给定的故障数据集。因此,在选择模型时,比较相信启发式方法。启发式方法遵循的是经验法则,不能保证提供正确的选择。

用于表征故障数据的一种常见的启发法是对已建立权威的尊重。通常的做法是从统计寿命模型开始,已成功用于过去类似组件的故障。在此之后,启发式被描述为类比、相似性或熟悉性的理由。如果选择的统计模型成功地在故障概率图中提供了良好的直线拟合,则一些可信度可以附加到支持选择该统计模型的物理模型中。

例如,如果故障是由与时间相关的电介质击穿造成的,这种情况可以用双参数Weibull模型进行很好的描述(6.2.1节),那么可以得出结论,这种潜在物理原因与存在许多相同和独立的竞争机制相关,而且每个机制同样可能产生故障。当引发故障的许多机制中的第一个达到关键阶段时,故障就会发生[13,14]。不过,在不依赖对类似组件故障数据分析的情况下,也可以假设故障是由电介质中许多缺陷中的主要缺陷引起的,其以乘法传播并且可以用双参数对数正态模型来描述(6.3.2.1节)。

用于描述故障数据的第二种常见的启发法是试错法。这是缺少可靠性遗产或遗留问题的组件利用的默认技术;已经注意到所有观察到的"拉伸强度数据……没呈现出相当线性的Weibull图,表明其他统计模型可能更合适"[15]。目标仍然是要找到双参数统计模型,允许利用双参数模型将故障概率数据绘制为直线。

第三种常见的启发法是Occam剃刀法,该方法认为,在竞争的统计模型中,"可以通过更少的假设来解释的,反而需要通过更多的徒劳来解释"。虽然这种启发式方法赞成利用最简单的模型,利用最少的假设或参数,但是它不能提供发现最简单模型的途径。利用Occam剃刀法可以在双参数对数正态和三参数Weibull模型之间选择,这两个模型在故障概率图中都能提供相对良好的直线拟合。

在后续章节中,"理想"和"真实"故障数据的故障概率图将利用双参数Weibull模型、对数正态模型和正态统计寿命模型来完成。为了研究双参数Weibull图中的凹陷曲率,常利用三参数Weibull模型(8.5节)。在少数情况下,也会采用双参数Gamma模型。如前所述,绘制故障概率图的目的是找到允许将故障数据绘制为直线的双参数统计寿命模型。关于哪个寿命模型能更好地直线拟合的决策将通过视觉检查和几个统计拟合优度检验(8.10节)来做出。

在对实际故障数据集的分析中,对故障概率图进行视觉检查会产生决定性的依赖,因为眼睛对显著的特征和系统曲率非常敏感,尽管这些因素有时十分轻微。视觉检查可以检测数据中的模式和异常(例如早期故障),并一目了然地确定特定模型是否与数据一致。可以看出,统计拟合优度检验对于在视觉检查中容易感知的异常通常是盲目的。如果模型的选择完全基于统计拟合优度检验,就会丢失宝贵的信息,并且可能会选择错误的模型。在许多情况下,目视检查和拟合优度检验结果是一致的。例如,当 Weibull 和正态概率图在视觉上不可区分时,拟合优度检验结果会是决定性的。当视觉检查不明确并且与拟合优度检验结果存在分歧时,结果是不确定的。

8.4.1 不受早期故障影响的数据

如果故障太少,双参数 Weibull 和对数正态模型概率图之间的差异可能就不明显,因为区别存在于分布的尾部。当老化的样本群体很大时,区别同样不明显,不过当测试终止时,只存在相对很少的故障和许多幸存者。

有时,在双参数 Weibull 和对数正态概率图中,故障数据可以通过直线较好地拟合。在 Weibull 图中,直线投影结果通常是更保守的(更悲观的)故障概率估计,这一般在较低的尾部超出数据范围[16-19],因此,在估计安全寿命时更保守(更不乐观)。在相同数据的对数正态图中,直线预测对安全寿命估计就不那么保守(更乐观)。总之,Weibull 模型的预测可能过于悲观,以致于会妨碍某些组件的选用。另一方面,对数正态模型预测可能被证明是致命的乐观。因为这两个模型都提供了很好的视觉直线拟合和统计拟合优度检验结果(8.10节),并且需要对安全寿命的可信度进行预测,因此,如果不能在 Weibull 模型或对数正态模型二者之间明确优先级,就选择 Weibull 模型预测这个保守的优点。

众所周知[19-23],符合对数正态描述的数据将在 Weibull 故障概率图(第10章)中向下凹陷;相反,通过 Weibull 模型可以很好地描述的数据将在对数正态故障概率图中向上凸起(第9章)。在随后对实际故障数据集的分析中,经常发现双参数 Weibull 概率图是向下凹陷的(8.14节,表8.6),这表明双参数对数正态模型可以提供更好的描述,这可以通过双参数对数正态概率图显示数据与直线拟合良好的一致性得到证实。

8.4.2 受早期故障影响的数据

8.2节中提到一个重要目标是找到双参数模型,它们对样本群体中的故障数据进行了最好的描述。对于组件制造商而言,对相对少的样本数据集进行分析的结果是在双参数模型概率图中进行直线投影,以估计相对较大群体名义上相同的未选用组件的安全寿命,这些未选用的组件用于在较小样本群体经历的相同条件下工作(8.2.2节)。这种预测的可信度取决于消除或大量减少早期故障子群体(8.2.1节)。

8.4.2.1 识别早期故障

早期故障发生在故障概率图的下尾部。它们一直在起破坏作用,因为如果忽略或未检测到它们的存在,就可能做出对相应双参数统计模型不正确的选择以及对安全寿命的错误悲观估计。可以利用几种方式确定早期故障的存在和数量。(回顾一下,除了少数例外,在所提及的故障数据来源中,没有迹象表明存在早期故障。)

(1) 利用双参数Weibull、对数正态和正态模型生成的概率图的目视检查可以提供早期故障群体存在的第一个明显迹象。

(2) 目视检查通常可以通过利用Weibull混合模型(8.6节)来支撑,利用两个或更多的子群体来证明早期故障不能并入第一子群中,因此它们是异常值。

(3) 通常通过检查在分析的数据集的每一部分中发现的有序故障时间来找到对这些检查的支持。经常可以注意到,第一个或前两个故障是不属于故障集的,因为它们不是主要群体的一部分。

希望在确定了破坏性的早期故障之后,制造商会提高加工和筛选力度以消除或大大减少后续产品中的早期故障数量。组件的采购者希望所运送的产品在正常工作下的安全寿命估计期间不会发生故障,或者以可接受的很少故障工作。这种希望可以通过运送无早期故障的样本群体来满足。

8.4.2.2 剔除早期故障

在所有数据集的分析中,采用的方法是对任何大小的早期故障群体进行剔除,并选择对主要群体提供最佳描述的双参数统计模型,例如进行长期可靠性预测的选择模型,以及用于由安全寿命、故障阈值或无故障时期表示的短期可靠性估计。

剔除样本群体早期故障不可避免产生的后果是,一个或几个被剔除的早期故障可能会低于估计的故障阈值或位于估计的无故障或安全寿命区域内。这对于估计较大的未选用群体的安全寿命而言并不是一个致命的挑战。在一些未选用群体中偶尔出现早期故障是不可避免的(1.9.3节和7.17.1节),因为早期故障的筛查可能不完全,预测的故障数量很少,可以接受。剔除方法的优点是用于进行安全寿命估计的选择模型代表制造部件的主要群体。

为了证明剔除早期故障异常值,而不是移除,可以做出以下几点合理的假设:①异常值与主要子群体中的组件种类相同;②异常值易受导致主要子群体故障同样机制的影响;③异常值也容易受到早期故障机制的影响。

8.4.2.3 不剔除早期故障

组件制造商可以通过忽略早期故障异常值的扭曲存在以及接受取决于故障概率图中的异常值位置的曲线投影来决定进行安全寿命的保守估计,而不是通过剔除早期故障并表征主要分布来进行安全寿命估计。这种决定有几种可能的有害影响。

(1) 双参数 Weibull 将成为最可能的选择模型,因为它提供了比对数正态(8.4.2.4 节)更保守的安全寿命估计。

(2) 选择 Weibull 模型进行长期可靠性预测将比利用对数正态模型来预测更悲观,该预测可能对无早期故障的主要群体提供更好的表征。

(3) 由此产生的安全寿命估计可能变得过于保守,因为它对客户需求的持续时间不足。这种结果可能对组件制造商的成本和产量带来不利的影响。

(4) 所得到的安全寿命估计值不能代表制造商产品的大部分,也就是"尾巴摇动狗"的情况。估计结果会错误地表示不同大小的早期故障群体对尚未制造和尚未选用的群体的影响,因为许多批次的组件可能没有早期故障异常值。制造商可以依靠的唯一常数是无早期故障的主要群体,这是客户感兴趣的结果。

8.4.2.4 几个案例

在样本群体概率图中的早期故障通常是首次故障,该故障被视为是视觉上与主要分布中的数据阵列不一致的明显异常值。如果早期故障异常值的存在不改变对参数分布的良好直线拟合的双参数模型的选择,那么在对异常值进行检查前后,异常值的存在只是缓慢地进行破坏,并没有引起重要关注[24,25]。第 49 章、第 70 章和第 80 章适度破坏的早期故障案例如图 8.1 至图 8.3 所示。剔除早期故障异常值具有增加模型的形状参数(即增加曲线的斜率)的效果,使得安全寿命估计变得略微不保守(略微更乐观)。

不过,更常见的情况是,早期故障异常值的存在导致错误选择了双参数 Weibull 模型,而不是基于统计拟合优度检验(8.10 节)的双参数对数正态分布以及对故障概率图的无差别视觉检查。第一个例子来自第 28 章的一个早期故障;图 8.4 和图 8.5 是 20 个电气绝缘样品的双参数 Weibull 和对数正态概率图。第二个例子来自第 79 章的 4 个早期故障;图 8.6 和图 8.7 是 153 个飞机挡风玻璃的双参数 Weibull 和对数正态概率图。对于以上每个案例,均通过目视检查和拟合优度检验结果选取 Weibull 模型作为选择模型。在剔除早期故障时,对数正态模型则变为选择模型(8.14 节,表 8.6)。

8.4.3 结果对剔除的敏感性

为了避免在后续章节中选择错误的统计寿命模型,需要识别和剔除早期故障异

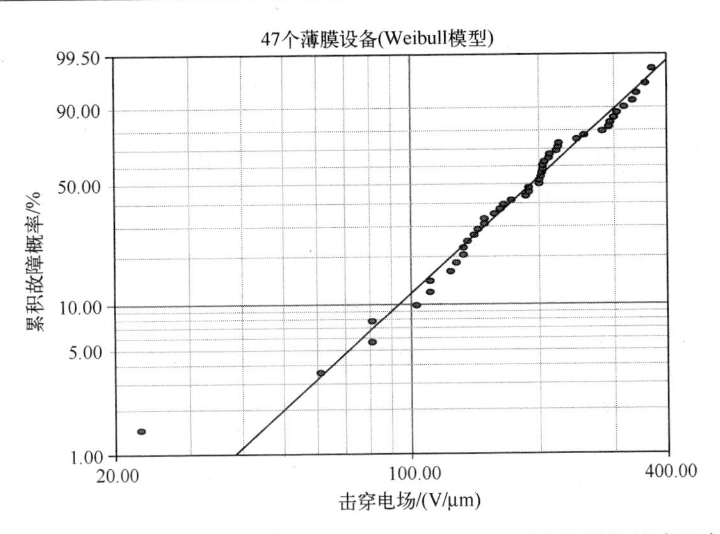

图 8.1　图 49.1 中双参数 Weibull 模型的目视优先没有被剔除的早期故障异常值改变

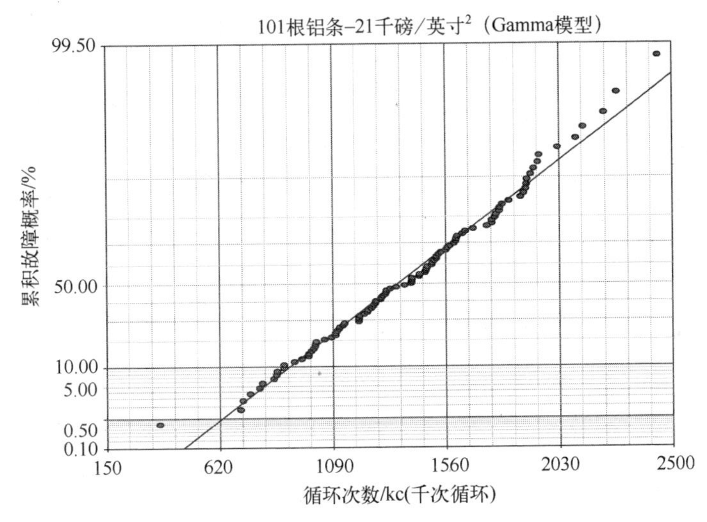

图 8.2　图 70.10 中双参数 Gamma 模型的目视优先没有被剔除的早期故障异常值改变

常值。这样的决策可能会引起争议。选择哪个早期故障进行或不进行剔除需要基于对故障概率图的视觉检查，以及相对于故障数据表中其他故障的疑似异常点的位置，并且在可能的情况下通过利用混合模型来进行（8.4.2.1 节），这将在随后的章节中展示。

为了说明对第一次故障不合理的剔除结果，20 个理想 Weibull 样本的任意单位（au）的故障时间如表 8.2 所列。

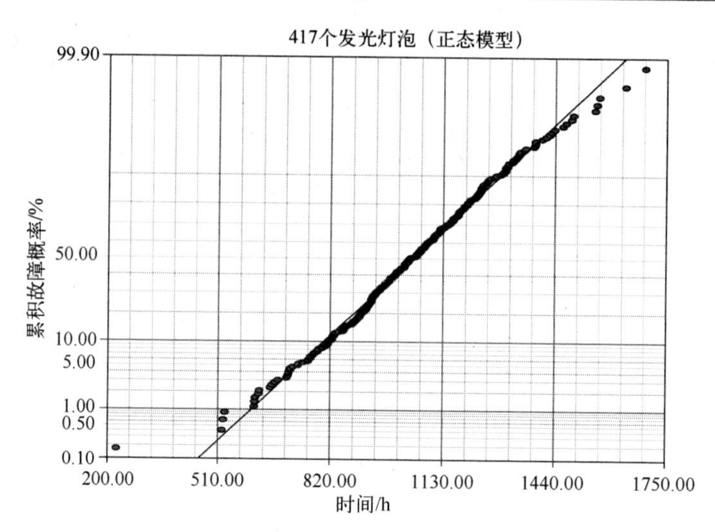

图 8.3　图 80.3 中双参数正态模型的目视优先没有被剔除的早期故障异常值改变

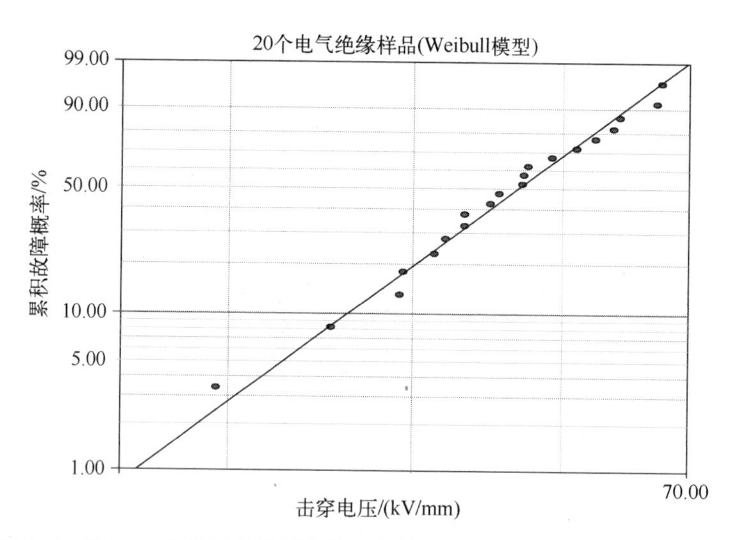

图 8.4　图 28.1 中基于曲线拟合的双参数 Weibull 概率图的目视优先由于早期故障出现偏差。通过沿曲线观察看到主阵列出现下凹曲率

表 8.2　20 个理想 Weibull 故障时间(au)

43.23	71.54	86.35	99.35	114.31
54.31	75.66	89.63	102.72	119.25
61.38	79.43	92.86	106.26	125.55
66.88	82.97	96.08	110.07	135.51

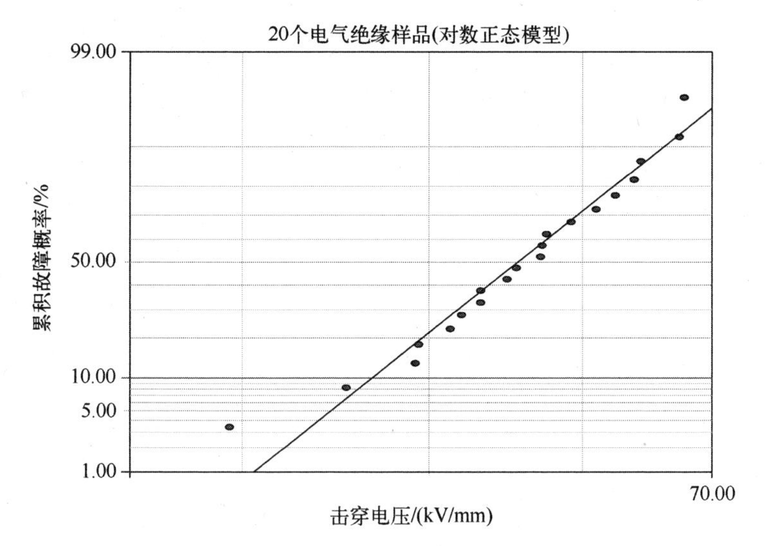

图 8.5 图 28.2 中的双参数对数正态概率图中位于曲线上方有两个早期故障,曲线呈上凹形状。通过沿曲线观察看到主阵列呈线性排列

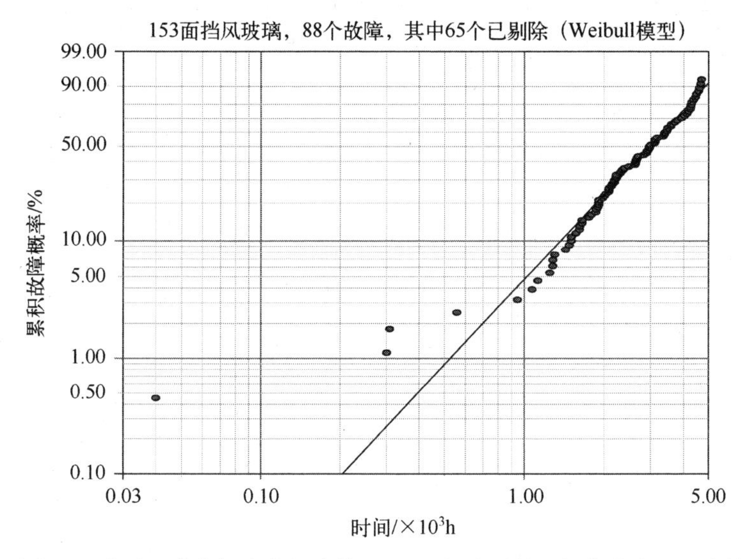

图 8.6 图 79.1 中基于曲线拟合的双参数 Weibull 概率图的目视优先由于 4 个早期故障而出现偏差。除了上尾部的卷起外,通过沿曲线观察看到主阵列具有下凹曲率。在 4 个早期故障被剔除后,双参数 Weibull 图显著下凹,如图79.4所示

图 8.8 是显示完美直线拟合的 20 个理想 Weibull 模型故障时间(au)的双参数 Weibull($\beta=4.01$)线性回归(最小二乘)RRX(8.9 节)故障概率图。图 8.9 显示了在凹陷向上部分的双参数对数正态($\sigma=0.30$)RRX 图中与之相同的数据。众所周知,由双参数 Weibull 模型很好拟合的数据将在双参数对数正态图中呈现上凹。同样众

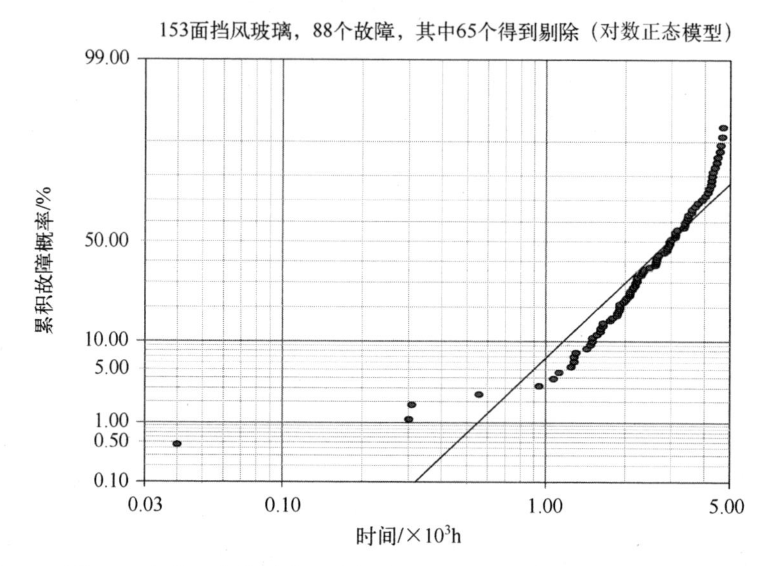

图 8.7　图 79.2 中的双参数对数正态概率图中在曲线上方有 4 个早期故障。除了上尾部的卷起外,通过沿曲线观察看到主群体呈线性排列。在4个早期故障被剔除后,双参数对数正态图近似呈直线,如图79.5所示

所周知的是,通过双参数对数正态模型很好拟合的数据将在双参数 Weibull 图中出现向下凹陷[19-23]。

如图 8.8 所示,如果第一个故障被无条件移除,则得到的双参数 Weibull 模型(β=4.72)RRX 故障概率图如图 8.10 所示。通过沿曲线观察,可以看到向下凹陷,

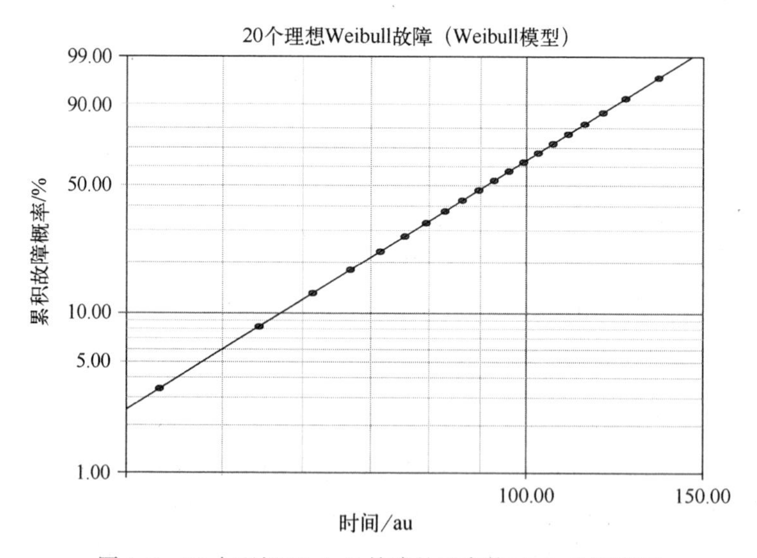

图 8.8　20 个理想 Weibull 故障的双参数 Weibull 概率图

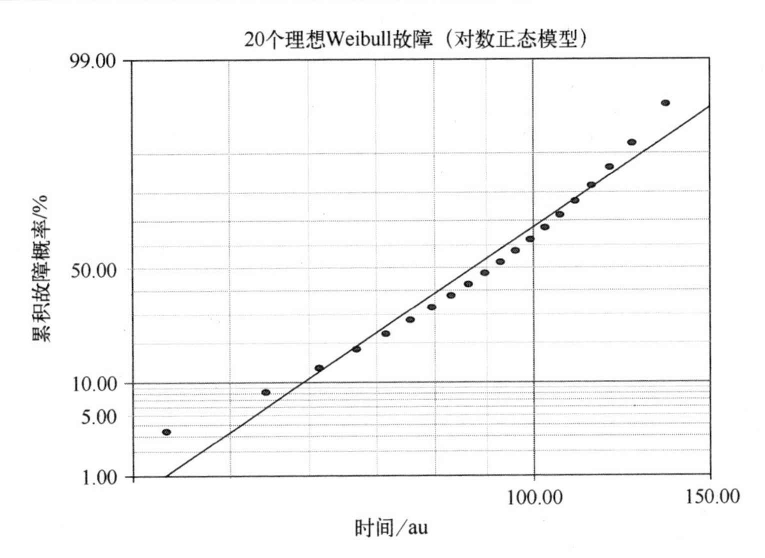

图 8.9　20 个理想 Weibull 故障的双参数对数正态概率图

尤其是在较低的尾部。第一个故障移除的相关双参数对数正态($\sigma=0.26$)RRX 故障概率图如图 8.11 所示。虽然凹陷保持在对数正态图中,但在下尾部已减轻。表 8.2 中所示的第一次故障的无端移除使得图 8.10 及图 8.11 中的 Weibull 模型和对数正态模型图在视觉上有些不可区分,尽管检查的 Weibull 图仍然有统计拟合优度检验(8.10 节)的支持。

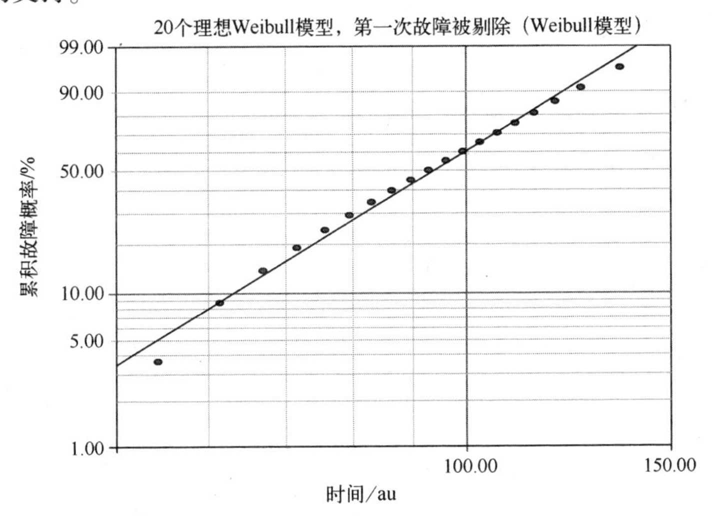

图 8.10　第一次故障被剔除后的双参数 Weibull 模型概率图

分析实际故障数据集的挑战是如何识别明显的"早期"故障的剔除,得到良好建议的时间。因为在某些情况下,剔除的理由是不明确的,所以对被剔除数据的特定统

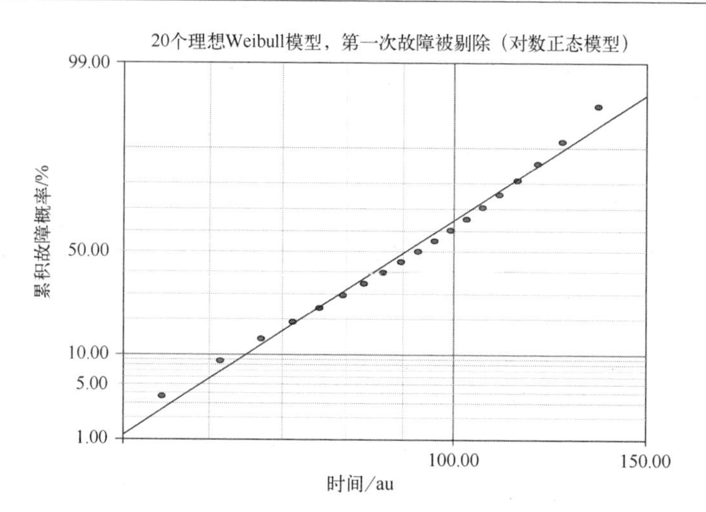

图 8.11　第一次故障被剔除后的双参数对数正态概率图

计寿命模型的选择将会存在一些疑问。

8.5　三参数模型选择

双参数 Weibull 模型已得到广泛应用,并且它通常是绘制故障数据曲线的首选模型,特别是在类似部件的故障数据已经被该模型充分描述时。故障和生存函数见式(8.1)。

$$F(t)=1-S(t)=1-\exp\left[-\left(\frac{t}{\tau}\right)^{\beta}\right] \tag{8.1}$$

式中,τ 为尺度参数,β 为衡量故障发生的持续时间的形状参数。

该模型流行的几个原因是:

(1) 在数学上易于处理,因为故障函数[式(8.1)]、概率密度函数(Probability Density Function,PDF)和故障率(6.2 节)有闭合型表达式。

(2) 如果形状参数 $\beta<1$,则模型可以描述早期故障子群故障率随时间而降低。

(3) 如果形状参数 $\beta=1$,则该模型可以简化为单参数指数模型,用于表征在相同持续时间的间隔中发生相同数量故障的群体中与事件相关和与时间无关的故障。

(4) 如果形状参数 $\beta>1$,则根据对汽车轮胎、鞋、蜡烛和灯泡与时间有关的磨损情况可以得出,故障率随时间单调增加。

在后面的章节中,实际故障数据在双参数 Weibull 故障概率图中经常会表现为下凹曲率(8.14 节,表 8.6)。在这种情况下,通常采用三参数 Weibull 模型来减小双参数 Weibull 图中的曲率,特别是在下尾部。三参数 Weibull 模型是在式(8.1)中的双参数 Weibull 模型中,增加绝对故障阈值 t_0,如式(8.2)所示。

$$F(t)=1-S(t)=1-\exp\left[-\left(\frac{t-t_0}{\tau-t_0}\right)^{\beta}\right] \tag{8.2}$$

如果不存在可以在 $t=0$ 或接近 $t=0$ 产生的早期故障，则在物理上应当存在从时间 $t=0$ 到 $t=t_0$ 的绝对无故障期，因为它需要时间用于故障机制的引发、发展和产生故障。在该视图中，在一些应力条件下，故障"时钟"没有开始工作，直到时间 $t=t_0$。

在后面章节对实际故障数据的分析中，通常双参数 Weibull 分布是向下凹的，这就鼓励利用三参数 Weibull 模型来矫正曲率。不过，对于相关联的双参数对数正态分布，通常用直线良好拟合，且在下尾部没有任何向下凹陷的现象，因此没有绝对故障阈值的迹象。关于哪个模型可以提供更具辨识度的描述，在双参数对数正态和三参数 Weibull 模型之间存在恒定的张力[26]，这将在随后的章节中变得明朗。

用于帮助进行模型选择的视觉基础规则是，如果：①数据点距离拟合的曲线太远；②曲线呈 S 形；③数据的下端或上端基本上偏离可能的最佳直线，则三参数 Weibull 模型就不太适合，应拒绝选择[27]。即使三参数 Weibull 模型的应用是适合的[27]，则在 t_0 之前[28,29]没有故障也应该有一个物理理由。若没有正当理由，则利用三参数 Weibull 模型：①就是任意的；②会被视为强制对数正态数据进行 Weibull 模型描述的人为尝试；③可能会对绝对故障阈值提供过度乐观的评估。

下面的前两个例子说明，三参数 Weibull 模型的应用要利用理想和仿真的 Weibull 数据。

8.5.1　示例 1：具有阈值的理想 Weibull 分布

第 9 章的表 9.1 中列出了 50 个理想 Weibull($\sigma=2$) 故障时间（任意单位，au）。为了创建具有绝对阈值的理想 Weibull 分布，将 $t_0=30$au 的值加到每个时间的值中，见表 9.1。因此，第一次故障时间 $=30+11.83=41.83$au。得到的双参数 Weibull 模型 ($\beta=3.08$) 故障概率 RRX 图如图 8.12 所示，没有线条图。平滑分布曲线是全面下凹的，表明可以利用三参数 Weibull 模型来矫正曲率。

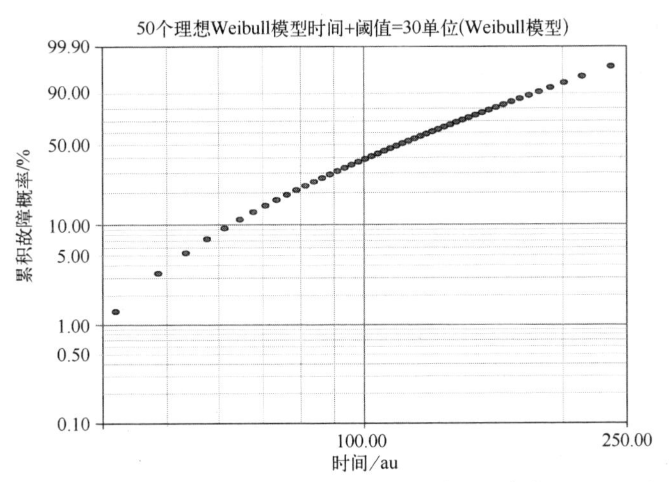

图 8.12　具有 50 个理想 Weibull 时间+阈值的双参数 Weibull 图

可以用符合图 8.13 所示曲线的双参数 Weibull 概率 RRX 图(三角形)显示用直线拟合的三参数 Weibull($\beta=2$)故障概率 RRX 图(圆)。绝对故障阈值由 $t_0=30.1$au 处的垂直虚线表示,与双参数 Weibull 图相关。完美的直线拟合说明,利用三参数 Weibull 模型来修正双参数 Weibull 图中的下凹曲率是可行的。在三参数 Weibull 图(圆)中的第一次故障的时间为 $t_1=41.83-t_0=41.83-30.1=11.73$au。

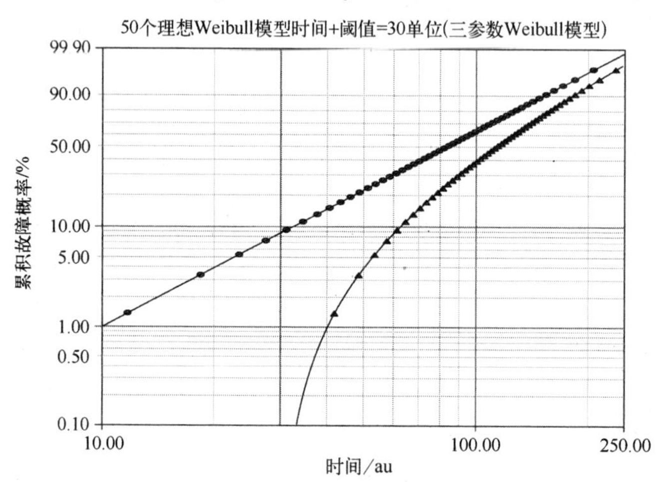

图 8.13 具有 50 个理想 Weibull 时间+阈值的三参数 Weibull 图

8.5.2 示例 2:具有阈值的仿真 Weibull 分布

可以用式(8.1)所示的双参数 Weibull 模型的生存函数来产生一组 100 个仿真故障时间(au)[30],如式(8.3)所示。

$$S(t)=\exp\left[-\left(\frac{t}{\tau}\right)^{\beta}\right] \tag{8.3}$$

将式(8.3)对时间求解,得到。

$$t=\tau\left[\ln\left(\frac{1}{S}\right)\right]^{1/\beta} \tag{8.4}$$

生存概率值在区间 $0\leqslant S\leqslant 1$ 中。便携式计算器生成的随机数产生在相同范围内的数字。可以将式(8.4)重写为式(8.5),以表示随机选择的 S_k 的 100 个值,存在 100 个对应的 t_k(au)值。

$$t_k=\tau\left[\ln\left(\frac{1}{S_k}\right)\right]^{1/\beta} \tag{8.5}$$

当 $\beta=1.11$,$\tau=100$ 时,式(8.5)变为

$$t_k=100\left[\ln\left(\frac{1}{S_k}\right)\right]^{0.90} \tag{8.6}$$

图 8.14 是通过直线良好拟合的 100 个仿真双参数 Weibull 故障时间的双参数 Weibull 模型($\beta=1.03$)故障概率 RRX 图。为了创建具有绝对阈值的仿真 Weibull 分布,将 $t_0=30\text{au}$ 的值添加到每一个通过式(8.6)计算的 100 个仿真 Weibull 故障时间中。得到的双参数 Weibull 模型($\beta=1.98$)故障概率 RRX 图如图 8.15 所示。这种定性分布不同于图 8.12 中所示的分布,因为图 8.15 的分布在约 60au 处有一个断裂证据,在这个断裂之上的故障时间可以用如图所示的直线拟合。当图 8.14 中的第一个故障发生在 1au 时,图 8.15 中的第一个故障发生在 $t_1=t_0+1=30+1=31\text{au}$。与图 8.12 和图 8.15 相似的例子已经得到了说明[31]。

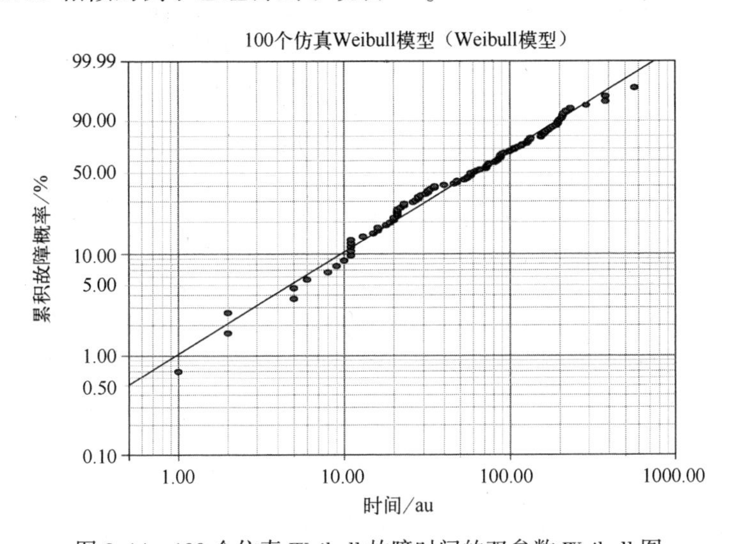

图 8.14　100 个仿真 Weibull 故障时间的双参数 Weibull 图

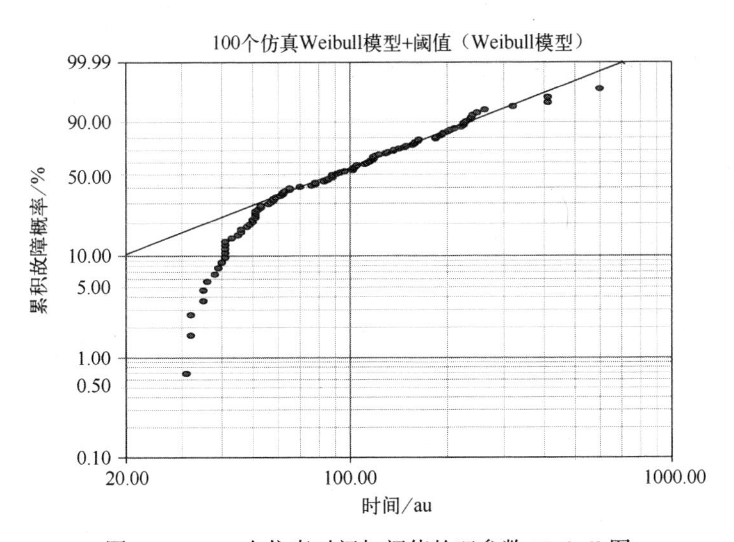

图 8.15　100 个仿真时间加阈值的双参数 Weibull 图

用符合图 8.16 中曲线的双参数 Weibull 概率 RRX 图(三角形)显示用直线拟合的三参数 Weibull 模型($\beta=0.97$)故障概率 RRX 图(圆)。估计的绝对故障阈值为 $t_0=30.48$au,如双参数 Weibull 图相关的垂直虚线所示。优秀的直线拟合为利用三参数 Weibull 模型来补偿双参数 Weibull 图中的下凹曲率。三参数 Weibull 图(圆)中的第一次故障时间为 $t_1=31-t_0=31-30.48=0.52$au。

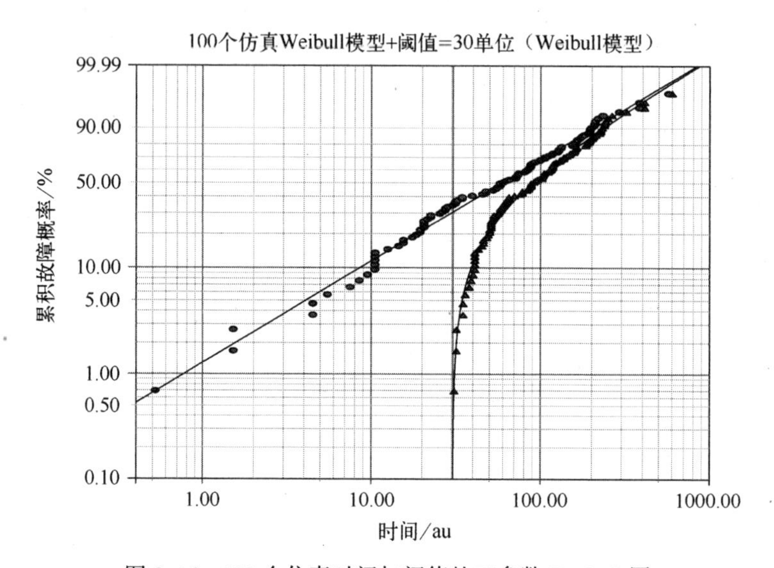

图 8.16　100 个仿真时间加阈值的三参数 Weibull 图

接下来的两个例子为利用三参数 Weibull 模型来分析金属疲劳和焊料断裂故障。第三个例子为利用三参数对数正态模型来表征电迁移故障。

8.5.3　示例 3:镍金属丝疲劳

不同于由于移除材料引起的常规磨损导致的故障,由于疲劳导致的故障源于引发断裂和裂纹扩展的循环载荷。例如,焊接接头在经受热循环或振动时会出现疲劳。由于循环弯曲造成回形针断裂是一种常见的经验。在通常的疲劳试验中,样品试样在恒定幅度下在弯曲、扭转或拉伸压缩中反复受压。发生断裂的循环次数 N 是所施加应力幅度的函数。在镍丝的反向扭转试验的早期案例中发现[32],在高应力幅度(kg/mm^2)下,生存周期为 N 的概率可以用双参数 Weibull 生存函数来描述,如式(8.7)所示。

$$S(t)=\exp\left[-\left(\frac{N}{\tau}\right)^{\beta}\right] \tag{8.7}$$

式中,因子 β 和 τ 分别为形状和尺度参数。

随着应力幅度降低,故障循环次数 N 增加。

不过对于应力幅度较低的情况,式(8.7)不适于描述生存函数,因为存在应力幅度阈值,在该阈值以下不发生循环故障。为了描述应力幅度较低的疲劳,将阈值或位置参数 N_0 引入式(8.8)所示的生存函数中。在小于疲劳极限的应力幅度值下,不会发生循环故障。

$$S(t)=\exp\left[-\left(\frac{N-N_0}{\tau-N_0}\right)^{\beta}\right] \tag{8.8}$$

式中,N_0 为在某些应力幅度下的疲劳或耐久极限[33]。

注意,虽然铁和钛合金具有明确的疲劳极限,但是有色金属如铝、镍和铜合金不具有真实的疲劳或耐久极限。在这种情况下,通常通过给出任意循环次数的疲劳应力幅度来表征疲劳性能[33]。

8.5.4 示例4:焊接疲劳

在评估热循环环境中焊点的可靠性时,以某种可接受的故障概率预测第一疲劳故障的循环问题是很重要的。通常的做法是利用双参数 Weibull 模型绘制故障循环[34-38]。虽然双参数直线拟合在某些情况下似乎是可以接受的,但是仔细研究这些曲线可以看出,许多故障周期分布显示为全面下凹,特别是在较小应力循环条件下[34-37]。

曲率向下凹陷时,特别是在下尾部时,可以利用三参数 Weibull 模型,因为在双参数 Weibull 图中,直线拟合的延伸被认为在估计未选用的表面安装元件的第一次疲劳故障周期时过于保守[35,36]。由于裂纹的引发和传播进而产生疲劳故障需要时间,所以通过三参数 Weibull 模型预测的绝对故障阈值具有良好的物理基础[38]。利用三参数 Weibull 模型来表征故障周期,可以为选用一些组件群提供可能,这些组件在基于双参数 Weibull 故障概率分布的早期故障预测中被评定为临界或不可接受的组件[35,36]。

焊料疲劳故障分布的试验观察[34-37]与钢丝疲劳故障的观察一致。因此,在高应力条件下,工作之后不久故障发生,并且双参数 Weibull 分布可以通过直线很好地拟合,而不需要任何无故障周期,如下尾部中的凹陷曲率所示。不过,在低应力条件下,数据中的绝对故障阈值可能变得更加明显。因此,保证利用三参数模型的情况是有限的,因为双参数模型通常提供可接受的直线拟合。要分析的故障样本数目也是一个重要因素,太小的样本可能阻止绝对故障阈值的检测。

双参数对数正态模型具有描述焊料疲劳的可能性,因为下凹的双参数 Weibull 分布通常通过利用双参数对数正态模型来描述,如在后续章节中实际故障数据分析中可以经常看到。从概念上讲,双参数对数正态模型与由单个主导裂纹乘法扩展引起的疲劳故障一致(6.3.2.1 节)。

8.5.5 示例 5:电迁移故障

由于仅在双参数 Weibull 分布下尾部的凹陷曲率(图 8.15)导致倾向于利用三参数 Weibull 模型,因此以类似的方式,仅在双参数对数正态图下尾部的下凹曲率导致倾向于利用三参数对数正态模型。有实质性证据支持某些电迁移故障的产生或无故障期的存在[39-42](第 57 章),其特征是一个典型的双参数对数正态模型[19,43,44]。

由于原子沿集成电路金属线中电子流动方向的运动与时间有关,因此扩散导致的电迁移故障不会在开始时立即发生,因为在大量金属中(例如铝),原子需要一定的时间来移动,进而产生大到不可接受的电阻以增加或导致灾难性故障。因此,应该存在一个潜伏期[39-42]。在一些情况下发现,利用双参数对数正态模型的常规分析可以预测短到不可接受的早期寿命。在这种情况下,三参数对数正态模型提供了一个更好的适应下尾部概率分布和更合理的早期寿命预测[39-42]。虽然通常期望得到保守的可靠性预测,但是在说明性分析中存在商业意义,先前被划分为边缘或不可接受的组件表现出可接受的可靠性。

双参数对数正态模型的故障函数如式(8.9)所示。形状参数为 σ,中值寿命为 t_m。通过用 $(t-t_0)$ 和 (t_m-t_0) 分别替换式(8.9)中的 t 和 t_m 来得到三参数对数正态模型的故障函数,其中 t_0 为位置参数,为绝对故障阈值或绝对无故障潜伏期或安全寿命的持续时间[41,42]。除了存在早期故障,预计在 t_0 之前不会发生故障。

$$F(t)=\int_0^t \frac{1}{\sigma t\sqrt{2\pi}}\exp\left[-\frac{1}{2}\left(\frac{\ln t-\ln t_m}{\sigma}\right)^2\right] \tag{8.9}$$

在图 8.17 中,双参数和三参数对数正态分布之间唯一的明显差异在下尾部[41]。图 8.17(a)中的双参数对数正态图中的下凹部分,在图 8.17(b)中通过三参数对数正态模型进行更好的分析,可以得出安全寿命或故障阈值的合理且更乐观的预测。

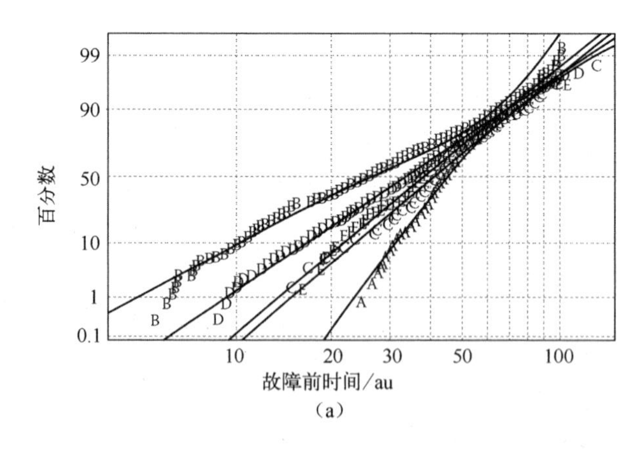

(a)

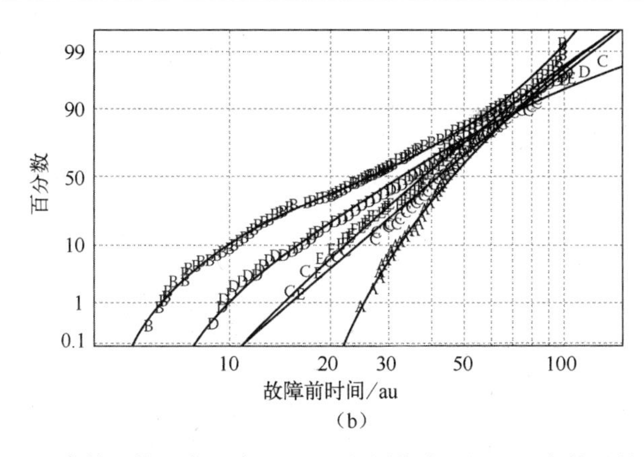

图8.17 (a)双参数对数正态概率图;(b)相同故障时间的三参数对数正态概率图

差异取决于形状参数 σ 和 (t_m-t_0)[42]。如果 $\sigma=0.2$,样本量为1000,则下尾部的差异并不明显;如果形状参数增加到 $\sigma=1.0$,样本大小为100,则下尾部的差异会很明显,即使对于相同的 t_m 和 t_0[42]。

8.5.6 示例6:拒绝利用三参数Weibull模型的原因

利用三参数Weibull模型,无论是否有保证,都会出现两个结果:①双参数Weibull图中的下凹曲率可以基本上或完全缓解;②可以得到绝对故障阈值 t_0(三参数Weibull模型)的估计。

(1) 如果在双参数Weibull故障概率图中存在下凹曲率,则在对实际故障数据的许多分析中,优选模型将是双参数对数正态,其故障概率图可以很好地拟合为直线(8.14节)。

(2) 在后续章节中,故障数据样本集与发生故障的更大母样本群不相关,这些数据将支持估计的绝对故障阈值 t_0(三参数Weibull模型)的可信度,或者相对绝对故障阈值的预期。如果没有这样的证据验证,利用三参数Weibull模型就会:①是任意的[28,29];②被视为无理由尝试将Weibull模型进行直线拟合;③被认为允许基于模型的一般应用来用Weibull模型描述数据;④提供对绝对故障阈值过于乐观的评估[29]。

(3) 利用三参数Weibull模型的典型理由是,无论是否明确说明,在故障之前,都需要时间来启动和开发故障机制。不过,这种情况的事实正确性,在双参数Weibull故障概率图中存在下凹曲率时,不是每种情况都是可以授权使用的,特别是在双参数对数正态概率图中没有下凹曲率时,可以拟合为可接受的直线,因此没有绝对的无故障间隔。

(4) 如果双参数Weibull概率图显示S形,表明存在两个或更多个具有不同故障时间的不均匀群体,利用三参数Weibull模型就是不合理的[27]。

(5) 三参数Weibull分布曲线下部或上部或中间数据的显著偏差表明,其应用是不合理的[27]。

(6) 当三参数 Weibull 形状因子满足 $\beta<1$ 时,故障率随着时间而下降,是早期故障的特征。在这种情况下,利用三参数 Weibull 模型是不合理的。任何预计的绝对故障阈值都不可信,因为故障预期或接近 $t=0$。

(7) 如果估计的绝对故障阈值 t_0(三参数 Weibull 模型)太接近故障有序表中的第一次故障,则绝对故障阈值的估计是不可信的。

(8) 如果对数正态模型能提供优异的视觉检查拟合和拟合优度检验结果(8.10节),则双参数对数正态模型优于三参数 Weibull 模型。

(9) 通过双参数对数正态模型和大致相当的拟合优度检验结果,可以给出可接受的直线拟合,根据 Occam 剃刀法,基于经济解释优选双参数对数正态模型,而不是三参数 Weibull 模型。可接受的双参数模型描述优于通过三参数模型的描述。通常,额外的模型参数将产生与数据和拟合优度检验结果相当或改进的视觉检查拟合。

(10) 一般来说,对于未选用的群体,利用三参数 Weibull 模型进行无条件安全寿命估计,比利用双参数对数正态模型的有条件安全寿命估计更不保守(更乐观),后者更保守(不太乐观)(8.8节)。

8.6 Weibull 混合模型

Weibull 混合模型证明是有用的,可以看出在数据集中,第一次故障是早期故障(8.4.2.1节)。例如,具有两个子群的混合模型显示,第一次故障不能并入第一子群,因此它是早期故障异常值。

有一些情况,不管是双参数 Weibull 还是对数正态模型,都能为故障数据提供足够的直线拟合,因为数据分布是 S 形的,显示 2 个子群的混合。在这种情况下,Weibull 混合模型是适当的选择。不过,两个子群的存在并不意味着仅存在两种故障机制,因为来自不同故障机制的故障时间可以在两个子群中的每一个中暂时混合(例如第44章)。

在随后的章节中将有一些实例,其中通过双参数对数正态模型合理良好地拟合故障数据,但是故障数据的偶然时间聚类表明存在两个或更多个子群。如果在这种情况下,利用 Weibull 混合模型产生 2 个子群,每个子群由双参数 Weibull 模型表征,则表征包括 4 个 Weibull 参数和 2 个子群部分相关,总共需要 5 个独立参数,其中 $F_1+F_2=1$。

虽然在这种情况下通常可以利用 Weibull 混合模型来改善对数正态和拟合优度检验结果的视觉拟合,但是需要额外的模型参数,并且丧失双参数对数正态模型充分表征的简单性。一个可接受的双参数模型拟合样本故障数据,对于组件制造商对未选用群体进行可靠性评估时具有重要价值。

如果制造商接受来自样本群体聚类故障数据的 Weibull 混合模型,可能会产生如下不利后果:①制造商将会开始一个昂贵的故障模式分析调查,以确定可能虚构的子群的来源;②基于 Weibull 混合模型参数的未选用群体的可靠性预计可能是错误的,因为样本数目不能代表相同部件的较大群体。

Occam 所作解释中,最经济的是推荐选择具有较少参数的模型。例如,假设可比较的视觉拟合和拟合优度检验结果,可接受的双参数对数正态模型描述优于五个参数的 Weibull 混合模型。

8.7　相似模型描述

8.7.1　Weibull 模型和正态模型

众所周知,式(8.10)中的双参数 Weibull 概率密度函数(6.2 节)是近似对称的,因此,如果选择 Weibull 形状参数 β 的适当值,就可以模仿双参数正态模型[45-53]。

$$f(t)=\frac{\beta}{\tau^{\beta}}t^{\beta-1}\exp\left[-\left(\frac{t}{\tau}\right)^{\beta}\right] \tag{8.10}$$

为了给形状参数 β 确定一个范围,允许利用 Weibull 模型较好地近似正态分布的数据,其中偏度 α_3 衡量概率分布的不对称性,峰度 α_4 衡量概率分布峰点的宽度和尾部的权重,这些必须考虑。

正态分布具有峰度 $\alpha_4=3$,此时两个 Weibull 形状参数 $\beta=2.25$ 和 $\beta=5.75$。当偏度为 $\alpha_3=0$,形状参数 $\beta=3.60$,峰度 $\alpha_4\approx2.7$ 最小时,Weibull 分布是对称的。Weibull 和正态分布对于 $3.35\leqslant\beta\leqslant3.60$ 几乎是相同的[53]。

基于文献[53]中的图 2/23,建议当 Weibull 形状参数位于 $3.0\leqslant\beta\leqslant4.0$ 的范围内时,双参数 Weibull 模型将通过双参数正态模型提供良好的近似描述。在此范围内,偏度为 $\alpha_3\approx0$。表 8.3 显示了其他建议的范围。

表 8.3　文献中建议的范围

文献出处	建议的范围
[46,50]	$3.0\leqslant\beta\leqslant4.0$
[45]	$2.6\leqslant\beta\leqslant5.3$
[52]	$2.6<\beta<3.7$
[49]	$3<\beta<5$

将比例参数设置为 $\tau=1$,图 8.18 至图 8.25 是式(8.10)在形状参数 $\beta=2.5$, 3.0, 3.5,…,6.0 时的曲线。在 $\beta=3.0\sim4.5$ 的范围内,曲线看起来近似对称。在表 8.3 第 1 行最保守的范围内,正态分布数据可以用 Weibull 模型进行有说服力的表征,反之亦然。

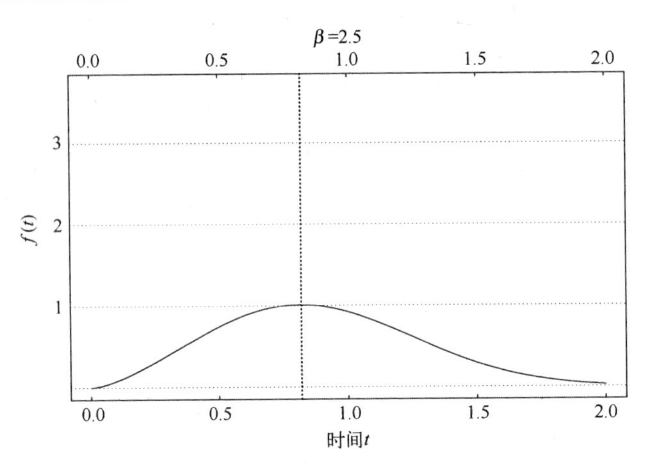

图 8.18 $\beta=2.5$ 时双参数 Weibull 模型 $f(t)$ 与时间的曲线

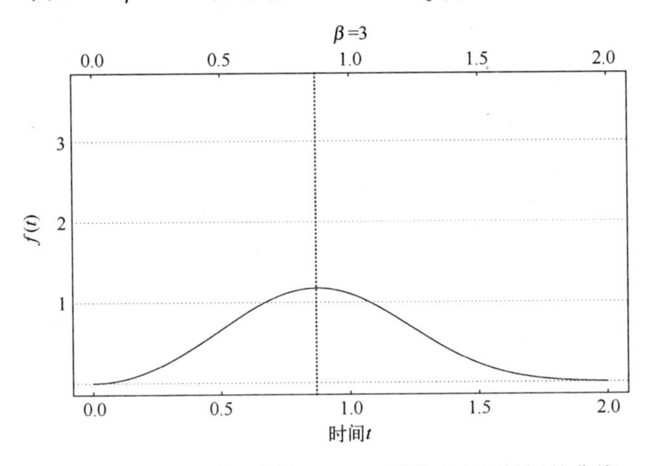

图 8.19 $\beta=3.0$ 时双参数 Weibull 模型 $f(t)$ 与时间的曲线

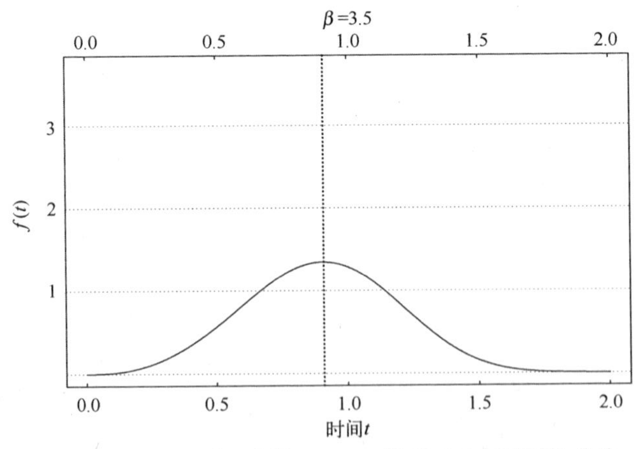

图 8.20 $\beta=3.5$ 时双参数 Weibull 模型 $f(t)$ 与时间的曲线

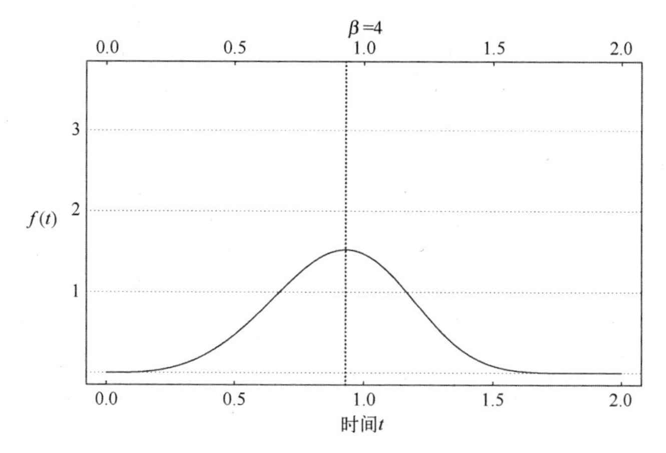

图 8.21　$\beta=4.0$ 时双参数 Weibull 模型 $f(t)$ 与时间的曲线

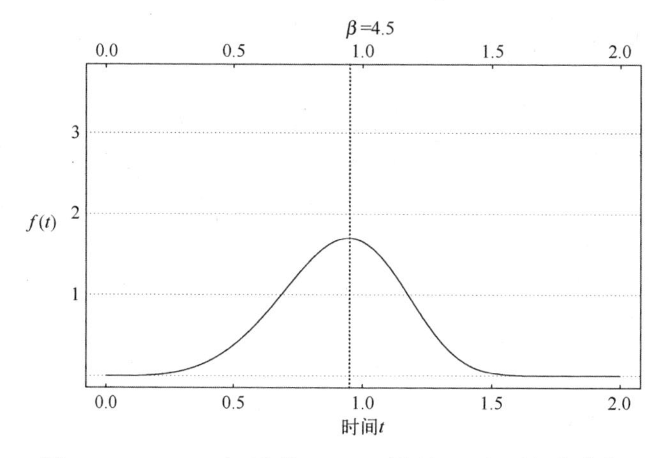

图 8.22　$\beta=4.5$ 时双参数 Weibull 模型 $f(t)$ 与时间的曲线

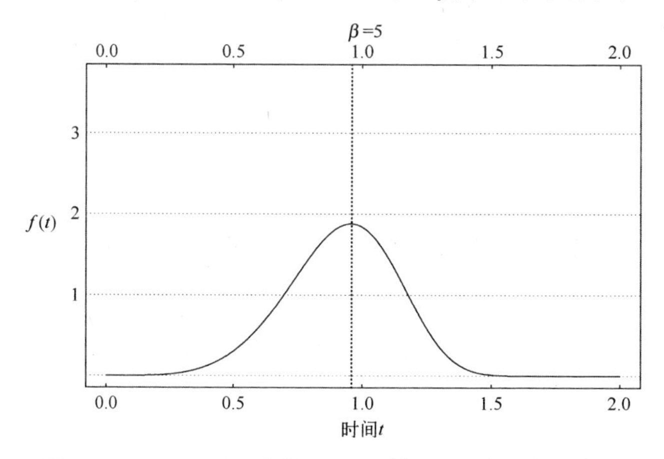

图 8.23　$\beta=5.0$ 时双参数 Weibull 模型 $f(t)$ 与时间的曲线

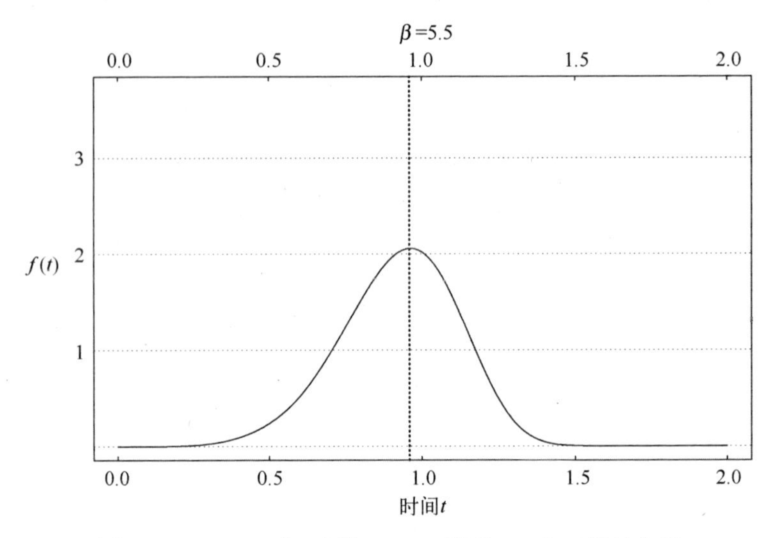

图 8.24 $\beta=5.5$ 时双参数 Weibull 模型 $f(t)$ 与时间的曲线

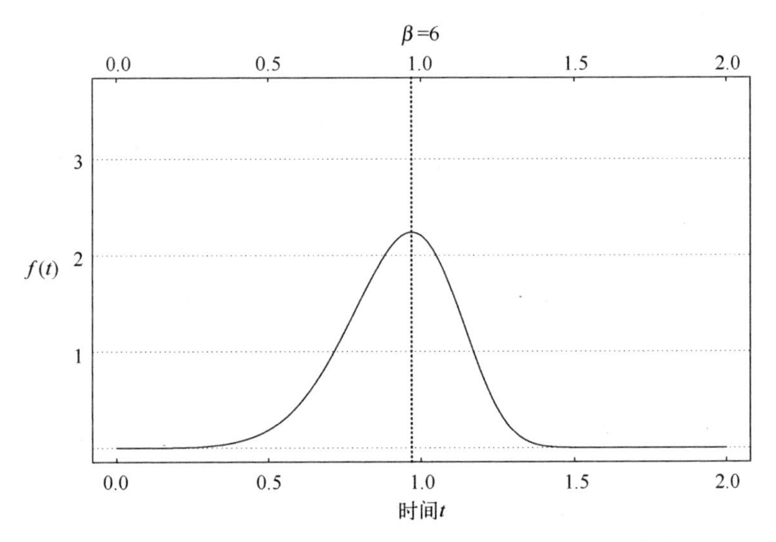

图 8.25 $\beta=6.0$ 时双参数 Weibull 模型 $f(t)$ 与时间的曲线

8.7.2 对数正态模型和正态模型

可能很少有人了解,式(8.11)中的双参数对数正态概率密度函数或 $f(t)$(6.3 节)是近似对称的,因为如果选择对数正态形状参数 σ 的合适值,就可以模拟双参数正态模型。

$$f(t)=\frac{1}{\sigma t\sqrt{2\pi}}\exp\left[-\frac{1}{2}\left(\frac{\ln t-\ln\tau_{m}}{\sigma}\right)^{2}\right] \tag{8.11}$$

如果对数正态模型或正态模型要提供充分可比的故障数据描述，那么对于良好的近似，对数正态形状参数应该满足 $\sigma \leqslant 0.2$[54-56]。

8.8　故障阈值或安全寿命的估计

如8.2节所述，统计寿命建模的一个重要动机是对未选用的组件群体名义上相同组件的首次故障时间进行估计，并计划在相同条件下工作。第一次故障的估计时间称为故障阈值、安全寿命或无故障间隔。这样的估计很重要，因为它们可以影响客户利用冗余计划或者为了替换故障而采购备件的数量。一般来说，无故障间隔的估计由符号 t_{FF} 指定。对于双参数 Weibull、对数正态和正态模型，t_{FF} 的值称为有条件无故障间隔，因为它们取决于未选用群体的大小，其中必须估计第一次故障的时间。

不过，对于三参数 Weibull 模型，t_{FF} 的值称为无条件无故障间隔，因为它们仅在未选用群体的大小上处于弱条件。对于三参数 Weibull 模型，结果是随着未选用群体大小的增加，无故障周期 $t_{FF} \to t_0$，因此 t_0 是绝对无故障间隔。因此，在任何特定情况下，t_0（三参数 Weibull）是 t_{FF}（三参数 Weibull）的下限，其中 $t_{FF} \geqslant t_0$。对于双参数模型，没有类似的 t_{FF}（对数正态）或 t_{FF}（Weibull）的下限。因此，来自双参数对数正态模型的安全寿命估计将比来自三参数 Weibull 模型的安全寿命估计更保守（不太乐观）。在“理想”Weibull、对数正态和正常故障间隔以及在“真实”或“实际”故障数据的后续章节中，t_{FF} 的估计将出现在第9~12章。

任何特定的无故障间隔的估计（无论是有条件的还是无条件的）可以被信任的程度取决于几个因素，其中包括：①样本总体的大小，在故障概率图中，该样本提供要用直线拟合的实际故障数据；②样本群体代表相对较大的母群体的程度，未选择的部分将在相同条件下从中选择和操作；③母群体实质上没有在估计的无故障间隔中具有显著存在的潜在的早期故障群体的程度；④来自相同或类似设备的较大群体的故障数据的证据，期望无故障间隔与在较小的样本群体的分析中发现的相当。

8.9　模型参数的估计

在后续章节中，对实际故障数据图形的分析将首先利用双参数 Weibull、对数正态和正态统计寿命模型进行。如前所述，绘制故障概率图的目的是找到允许将故障数据绘制为直线的双参数统计寿命模型，例如 Weibull 或对数正态模型。关于哪个寿命模型允许更好的直线拟合的决定可以通过视觉检查和几个统计拟合优度检验

(8.10节)来进行。

在真实数据集的分析中,由于眼睛对于宽的特征和系统的曲率非常敏感,所以经常采用视觉对故障概率图进行检查。视觉检查可以检测数据中的模式和早期故障的异常,并一目了然地确定特定模型是否与数据一致。如果模型的选择完全基于统计拟合优度检验,宝贵的信息将会丢失。

关于如何区分双参数 Weibull 和对数正态模型的特征,如上所述,视觉检查测试经常基于这样的观察结果,即由双参数对数正态模型良好拟合的数据将在双参数 Weibull 图中显示向下的曲率,而通过双参数 Weibull 模型良好拟合的数据将在双参数对数正态图[19-23]中显示向上的曲率,如第9章和第10章中理想 Weibull 和对数正态分布图所示。

估计模型参数有两种主要的方法。

(1) 优先推荐的是最大似然法[57]。该估计称为最大似然估计(MLE)。对于未经审查的故障数据的简单案例,似然函数与得到假定统计寿命模型(例如 Weibull 和对数正态模型)观察到的故障数据的概率成比例。模型参数的最大似然估计是使似然函数尽可能大的值,即使观测数据的概率最大化的那些值。换句话说,通过最大似然函数来得到与故障数据最一致的参数的值。最大似然估计方法与更简单的秩回归方法的不同之处在于,它是用于估计模型参数的非图形统计方法。

(2) 另一种方法称为线性回归或最小二乘法。所采用的 Reliasoft™ Weibull6++ 软件,利用对 x(RRX)或 y(RRY)的秩回归来表示最小二乘法,是一种客观的"曲线拟合"程序,它确定"最佳"选择直线,使得拟合的 $x(y)$ 值与观察到的 $x(y)$ 值的偏差的平方和达到最小。

除了本章和第9~12章中"理想"数据集的 RRX 故障概率图外,绘制实际故障数据集的曲线将利用最大似然估计方法,除非在少数情况下,Weibull 形状因子 $\beta>20$。

8.10 统计学拟合优度检验

除了利用视觉检查外,将检查四个统计拟合优度(GoF)检验的结果。MLE 检验为:①最大化对数正态似然性(Likelihood,Lk);②修改的 Kolmogorov-Smirnov(mod KS);③卡方(χ^2);④RRX 中的确定系数(r^2)。Reliasoft™ Weibull6.0++软件具有这些检验所需的 MLE 和 RRX 绘图程序。为了达到比较的目的,优选的统计寿命模型将包含 r^2(RRX)的最大值和 mod KS 的最小值、χ^2 和最小负 Lk(或最大正 Lk)。虽然 RRX 方法不是拟合优度检验,RRX 检验结果将包括在其他拟合优度检验结果中,以便与 MLE 故障概率图的目视检查进行比较。

在后续章节中，拟合优度检验结果将表示为小数点后四位有效数字。这是为了呈现目的的一致性，并且因为模型与模型的差异偶尔可能出现超过小数点。考虑到后面章节中样本大小（10~400）的变化以及各种拟合优度检验的相对适当性，将不进行与数字拟合优度检验结果相关的置信水平的讨论。

虽然χ^2检验结果与其他三个拟合优度检验的结果非常相似，但它们都在所有数据集的分析中，原因有两个：①χ^2检验在软件中可用；②检验结果证实，χ^2检验"不是用于评估模型拟合的推荐方法，如 Weibull 或对数正态，另外有更好的方法"[58]。已经给出了χ^2和 mod KS 检验的相对优点的讨论[59,60]。可见，mod KS 检验比任何样本大小的χ^2检验更强大，并且χ^2检验不能有效用于小于 25 的样本。

8.11 样本大小的限制

在可用于研究的许多数据集中，对那些所选择的数据集的重要限制由样本大小设定。在第 13 章中，分析了 9 个组件的样本大小，基于视觉检查和统计 GoF 检验结果，难以在双参数 Weibull 模型、对数正态模型和正态模型之间做出有说服力的选择。例如，对于样品大小为 10、20 和 40 的正态概率图上的正态和指数数据的仿真图，以及对于样品大小为 20 和 40[64]的 Weibull 概率图的 Weibull 和对数正态数据，虽然明显应优选样品大小为 40，但是样品大小为 20 仍可以在竞争模型之间进行区分。对于从理想 Weibull 和对数正态分布选择的大小为 20 的样本，下面讨论两个仿真案例。

8.11.1 仿真 1

在第一个仿真案例中，将从第 9 章中的理想 Weibull 分布随机选择 5 组 20 次故障时间，形状和尺度参数为$\beta=2.00$，$\tau=100\text{au}$。每个集合将利用双参数 Weibull 模型和对数正态模型绘制。式（8.5）中t_k(au)的值是随机选择的S_k的函数，见式（8.12）。生存概率在区间$0\leqslant S_k\leqslant 1$中。计算机生成的随机数产生相同范围内的数。

$$t_k=100\left[\ln\left(\frac{1}{S_k}\right)\right]^{1/2} \tag{8.12}$$

对于集合 1，双参数 Weibull 模型（$\beta=2.44$，$r^2=0.8902$）和对数正态模型（$\sigma=0.49$，$r^2=0.8400$）RRX 图中显示了根据式（8.12）计算的 Weibull 故障时间，如图 8.26 和图 8.27 所示。由r^2检验优选 Weibull 图；通过视觉检查优选略呈线性排列的对数正态图，因为 Weibull 分布稍微下凹。

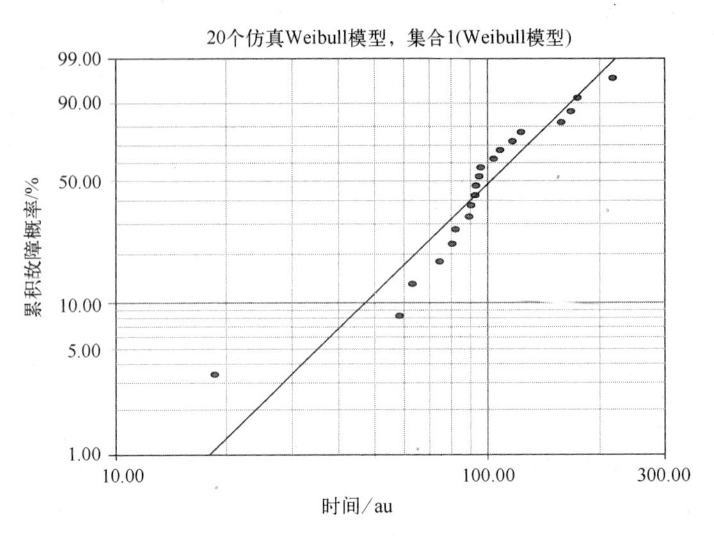

图 8.26 20 个仿真 Weibull 故障时间(集合 1)的双参数 Weibull 图

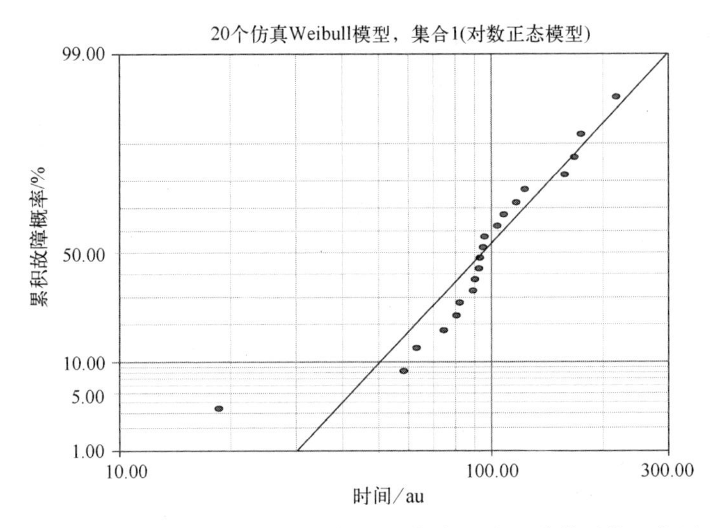

图 8.27 20 个仿真 Weibull 故障时间(集合 1)的双参数对数正态图

对于集合 2,双参数 Weibull 模型($\beta=1.98, r^2=0.9810$)和对数正态模型($\sigma=0.62, r^2=0.9643$)RRX 图如图 8.28 和图 8.29 所示。r^2 检验和视觉检查由于在对数正态图中略微上凹,因此优选 Weibull 模型。

对于集合 3,双参数 Weibull 模型($\beta=2.04, r^2=0.9793$)和对数正态模型($\sigma=0.60, r^2=0.9604$)RRX 图如图 8.30 和图 8.31 所示。r^2 检验和视觉检查由于在对数正态图中略微上凹,因此优选 Weibull 模型。

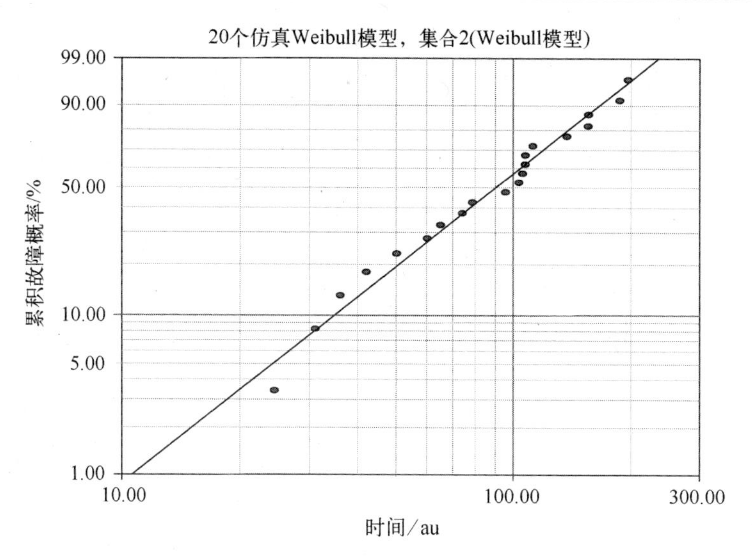

图 8.28　20 个仿真 Weibull 故障时间(集合 2)的双参数 Weibull 图

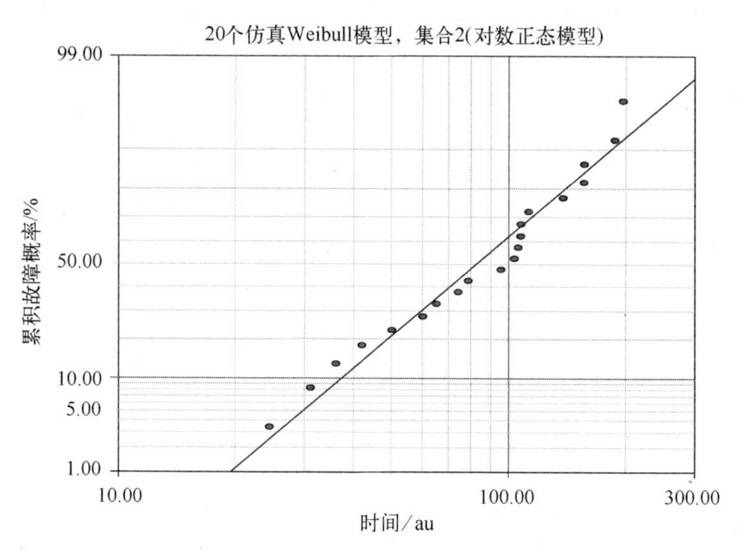

图 8.29　20 个仿真 Weibull 故障时间(集合 2)的双参数对数正态图

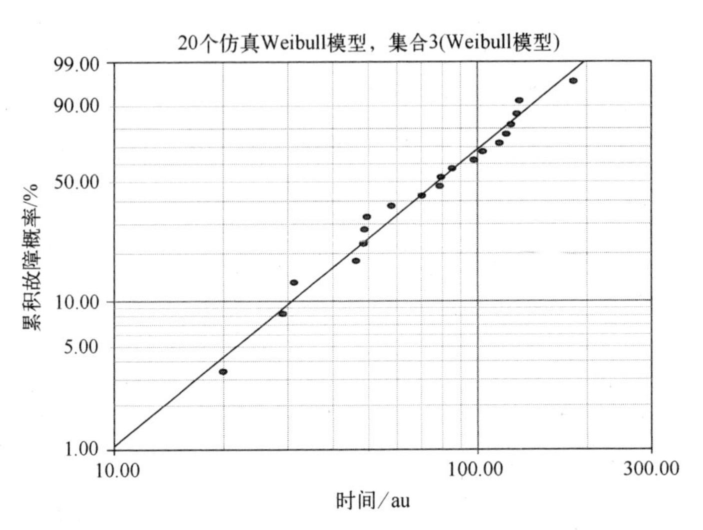

图 8.30 20 个仿真 Weibull 故障时间(集合 3)的双参数 Weibull 图

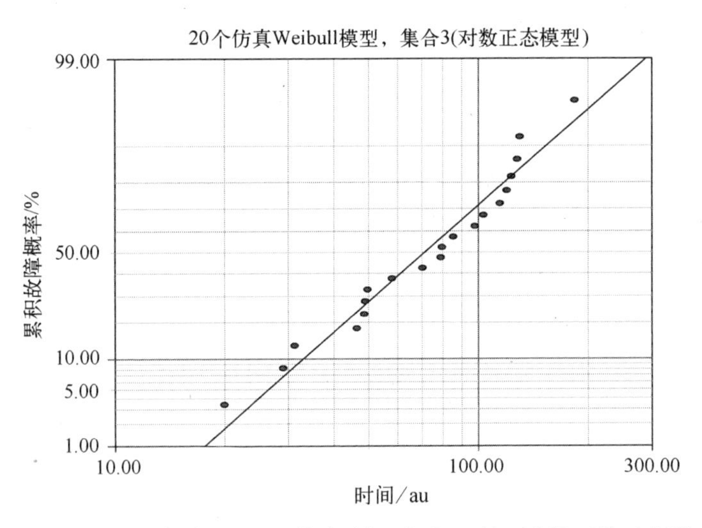

图 8.31 20 个仿真 Weibull 故障时间(集合 3)的双参数对数正态图

对于集合 4,双参数 Weibull 模型($\beta=1.52, r^2=0.9397$)和对数正态模型($\sigma=0.78, r^2=0.8649$)RRX 图如图 8.32 和图 8.33 所示。r^2 检验和视觉检查由于在对数正态图中略微上凹,因此优选 Weibull 模型。

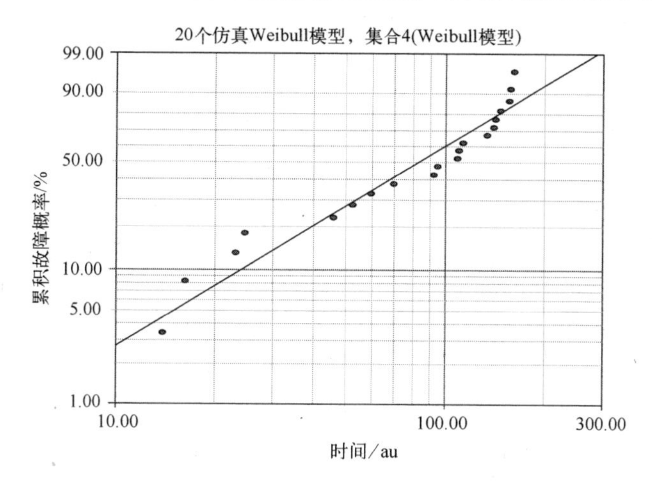

图 8.32 20 个仿真 Weibull 故障时间(集合 4)的双参数 Weibull 图

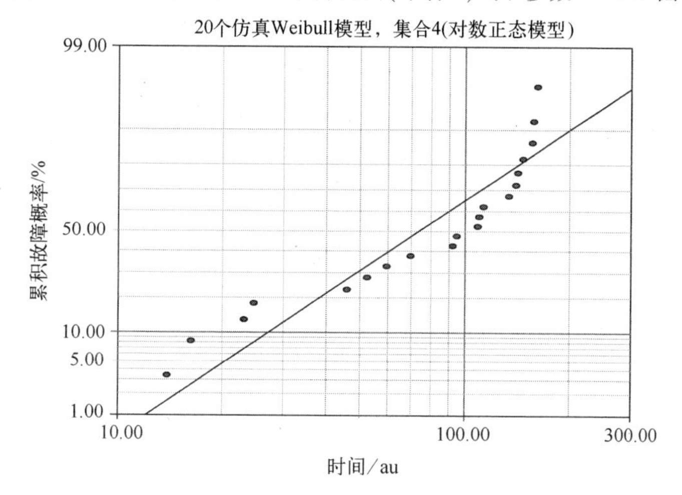

图 8.33 20 个仿真 Weibull 故障时间(集合 4)的双参数对数正态图

对于集合 5,双参数 Weibull 模型($\beta=1.99, r^2=0.9738$)和对数正态模型($\sigma=0.61, r^2=0.9362$)RRX 图如图 8.34 和图 8.35 所示。r^2 检验和视觉检查由于在对数正态图中略微上凹,因此优选 Weibull 模型。

结论:仿真 1

对于 5 组 20 个仿真的 Weibull 故障时间,Weibull 图对于组 2 至组 5 是有利的;对于组 1,视觉检查稍微优于对数正态。

8.11.2 仿真 2

在第二个仿真案例中,将从理想对数正态分布中随机选择 5 组,每组 20 个故障时间。每个组将利用双参数 Weibull 模型和对数正态模型绘制曲线。第一次仿真利

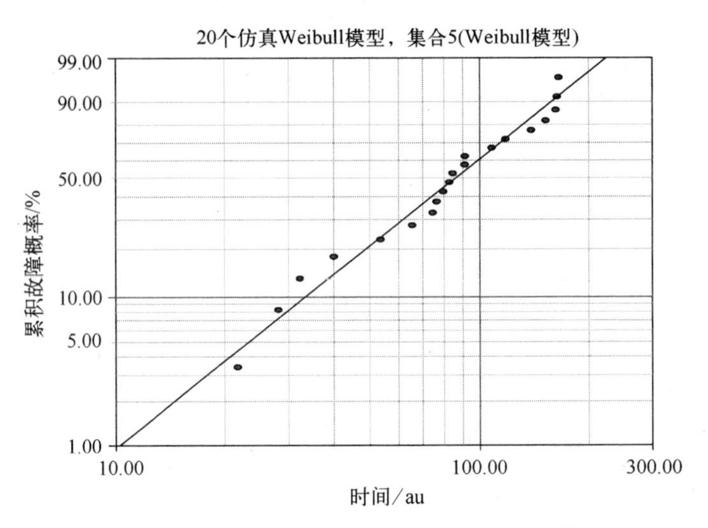

图 8.34　20 个仿真 Weibull 故障时间(集合 5)的双参数 Weibull 图

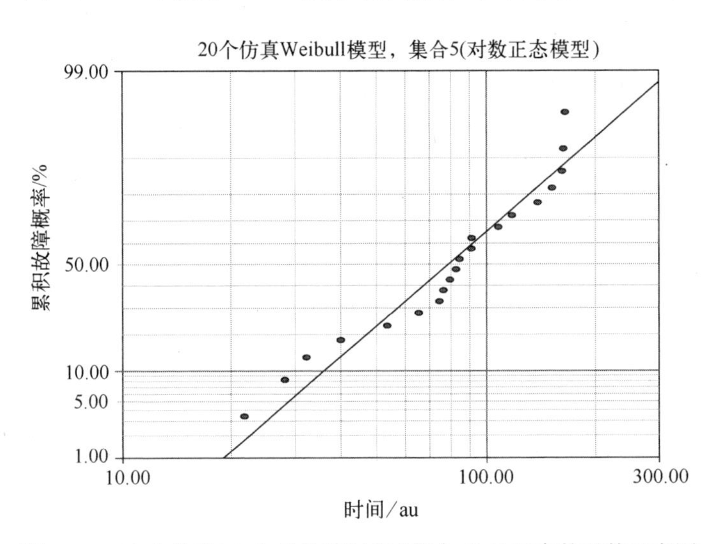

图 8.35　20 个仿真 Weibull 故障时间(集合 5)的双参数对数正态图

用的过程不方便,因此将利用随机数表从第 10 章中给出的理想对数正态数据集中选择 5 组 20 次故障时间。对于该组,形状参数为 $\sigma=0.611$,比例参数为 $\ln\tau_m=4.32$。

对于组 1,双参数 Weibull($\beta=1.96$, $r^2=0.9366$)和对数正态($\sigma=0.64$, $r^2=0.9645$)RRX 图如图 8.36 和图 8.37 所示。对数正态图通过视觉检查和 r^2 检验是有利的;Weibull 分布在下尾部略微向下凹。

对于组 2,双参数 Weibull 模型($\beta=1.85$, $r^2=0.9661$)和对数正态模型($\sigma=0.67$, $r^2=0.9761$)RRX 图如图 8.38 和图 8.39 所示。对数正态图通过视觉检查和 r^2 检验是有利的;Weibull 分布在下尾部向下凹。

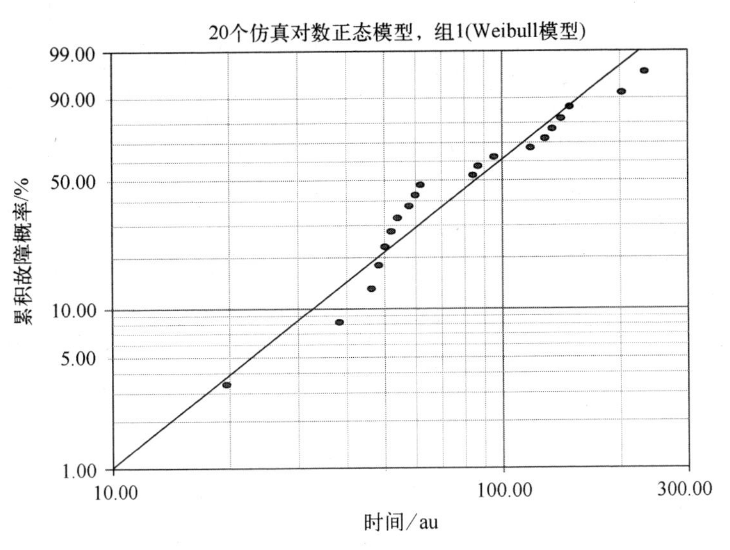

图 8.36　20 个仿真对数正态时间(组 1)的双参数 Weibull 图

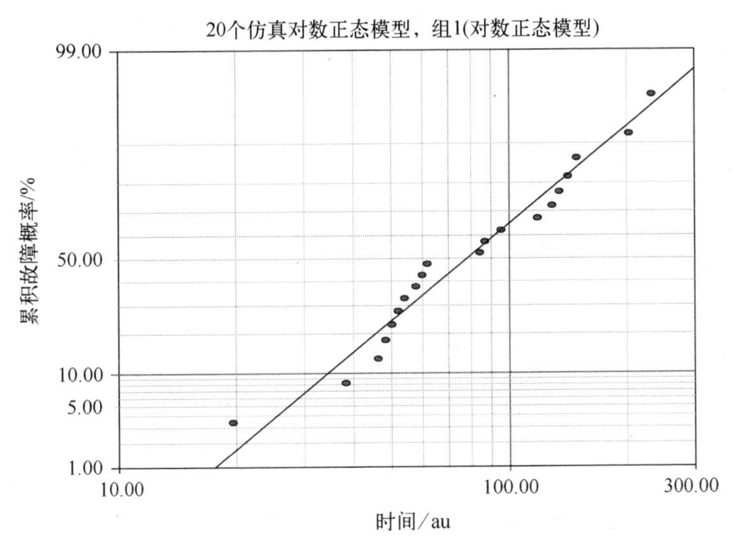

图 8.37　20 个仿真对数正态时间(组 1)的双参数对数正态图

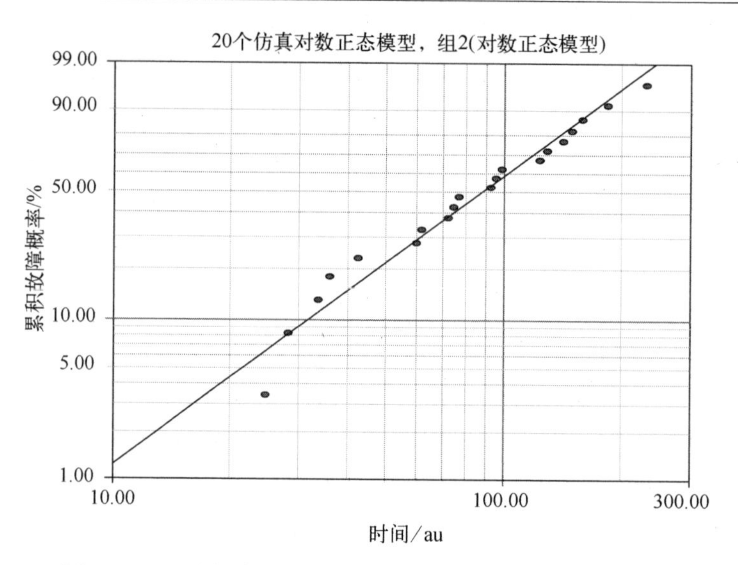

图 8.38　20 个仿真对数正态时间(组 2)的双参数 Weibull 图

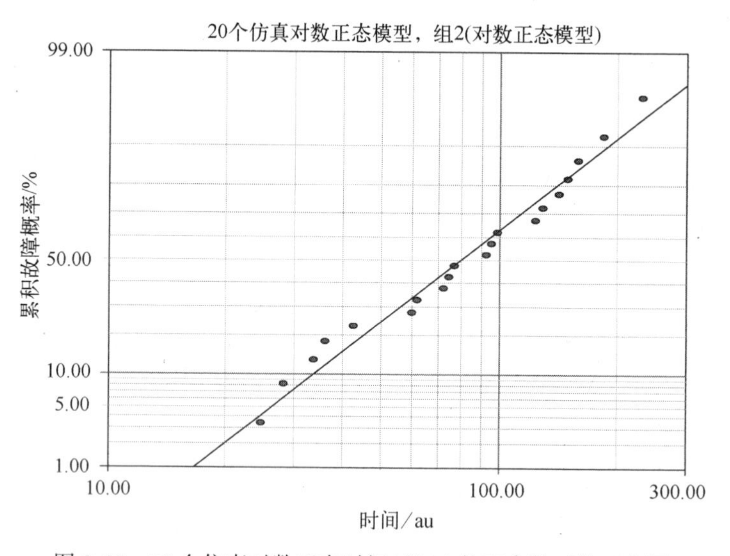

图 8.39　20 个仿真对数正态时间(组 2)的双参数对数正态图

对于组 3,双参数 Weibull 模型($\beta=2.23$,$r^2=0.8603$)和对数正态模型($\sigma=0.58$,$r^2=0.9510$)RRX 图如图 8.40 和图 8.41 所示。对数正态图通过视觉检查和 r^2 检验是有利的;Weibull 分布显得更下凹。

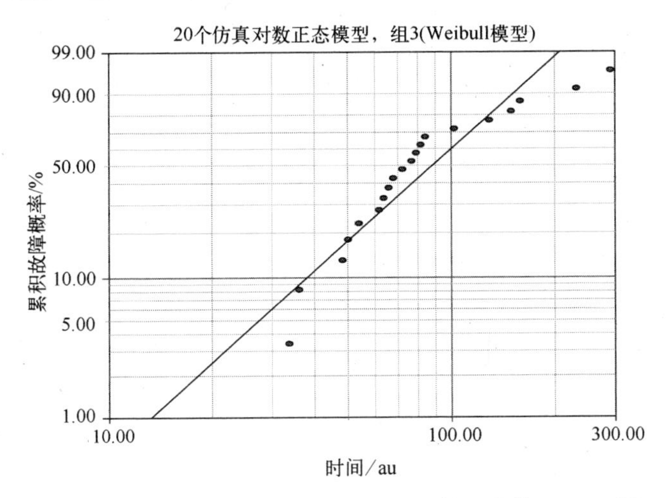

图 8.40　20 个仿真对数正态时间(组 3)的双参数 Weibull 图

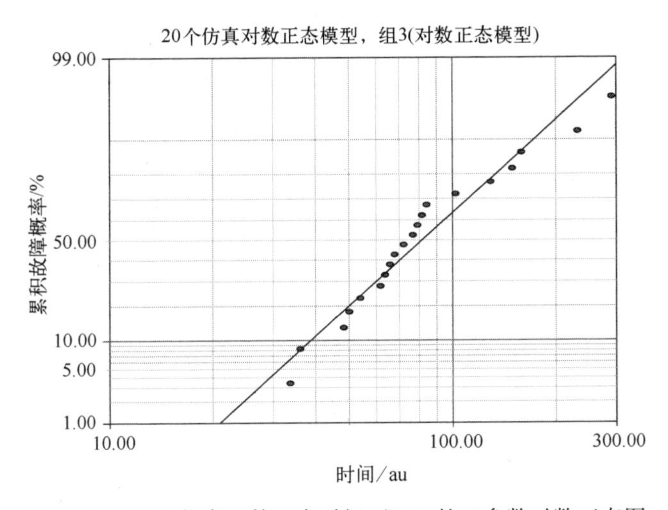

图 8.41　20 个仿真对数正态时间(组 3)的双参数对数正态图

对于组 4,双参数 Weibull 模型($\beta=2.30, r^2=0.9274$)和对数正态模型($\sigma=0.54$, $r^2=0.9446$)RRX 图如图 8.42 和图 8.43 所示。虽然 r^2 检验优选对数正态分布,但目视检查有利于 Weibull 分布。

对于组 5,双参数 Weibull 模型($\beta=1.91, r^2=0.9673$)和对数正态模型($\sigma=0.65$, $r^2=0.9685$)RRX 图如图 8.44 和图 8.45 所示。对数正态图通过视觉检查和 r^2 检验是有利的;Weibull 分布在下尾部向下凹陷。

结论:仿真 2

对于 5 组 20 个仿真的对数正态故障时间,组 1、2、3 和 5 中对数正态分布是有利的,而组 4 优选 Weibull 分布。

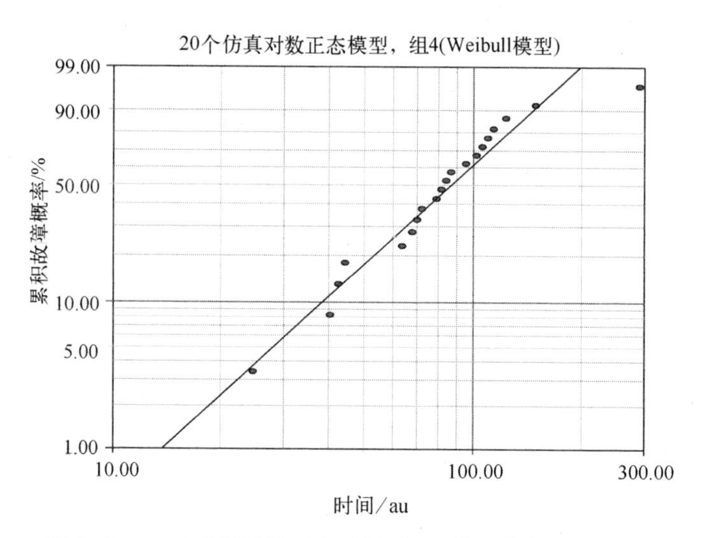

图 8.42 20 个仿真对数正态时间(组 4)的双参数 Weibull 图

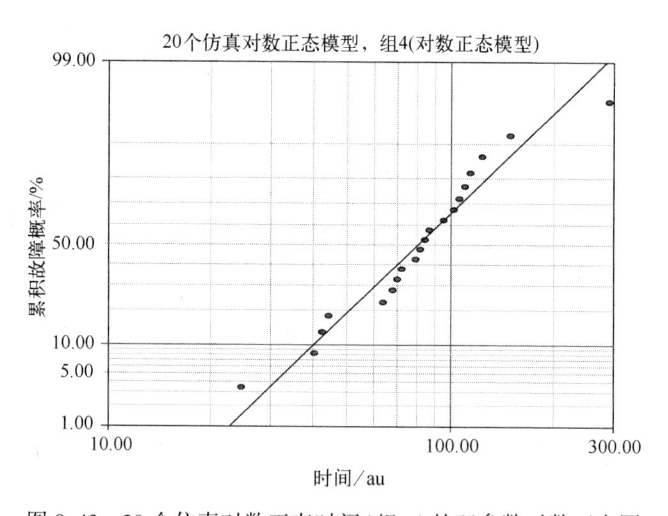

图 8.43 20 个仿真对数正态时间(组 4)的双参数对数正态图

任何一部分的统计特性与任何其他部分的统计特性相同。如果发现所选择的模型为数据提供了良好的直线拟合,则统计相同性质的假设就显得合理。尽管如此,通过视觉检查或统计拟合优度检验无法区分任何一组实际故障数据几种可能的潜在解释,实例是:

(1) 群体是不均匀的,由两个子群组成,每个子群由不同的故障机制控制,没有共同的故障机制,并具有完全混合的故障时间。

(2) 群体是均匀的,每个名义上相同的组件经历两种竞争的故障机制,并且故障时间彻底混合。

(3) 群体是同质的,只有单一的故障机制。

如果组件在单个生产线上制造,所有批次都按照时间良好控制,则统计均匀性的推测就得到合理保证。不过,如果组件从设计的角度来看基本相同,但是在不同生产线上或由不同供应商制造,则可以怀疑地看成统计同质性的假设。

在没有超过要分析的故障时间集合的任何信息情况下,任何定量的故障概率分析必然基于以下假设:组件的群体是有效均匀的,并且有效地由单个故障机制控制,甚至尽管几种机制可能是活动的。

在后续章节中,选择用于分析的数据集可以表示已知或未知项目。即使已知,这些物品也可以简称为“电器”或“设备”。可能的是,一个设备中的几个不同的组件故障或易受攻击的组件易受几种故障机制的影响。虽然会有例外,但通常不会有真实故障数据集提供的故障模式分析。在这种情况下,任务是单独利用数据集,无论是故障次数还是故障间隔,以找到并证明最合理的模型。在故障模式分析伴随故障数据的情况下,将得到更详细有趣的结果。

8.13　数据集分析组织

为了开始案例建模研究,将在第9~11章中构建理想的Weibull、对数正态和正态数据集,每个数据集由50个故障时间组成。每组将利用双参数Weibull模型、对数正态模型和正态模型,例如,将利用双参数Weibull模型、对数正态模型和正态模型绘制理想的Weibull数据集。在第12章中,Weibull和对数正态数据集每次只包含5个故障时间,可以看出小数据集不会完全违反分析。

在研究理想数据集之后,将从小样本(大小为10~20)开始实际数据集建模的后续情况,并逐步变换到更大的集合(约400)。故障数据往往很少,因此不足够的数据集只能用直线拟合,被视为一阶近似,具有可疑的可信度,因为双参数Weibull模型或对数正态模型的选择可能受一两个数据点的影响。当早期故障在小样本群中表现为异常值时,尤其如此。在没有附加信息的情况下,强调一下不要期望任何特定统计寿命模型可以适合任何给定的故障数据集。在大多数情况下,通过参考文献选择的故障数据,建议用一个特定模型进行调查研究。

尽管小样本(20个)的模拟图有局限性,但也必须强制对小样本的故障时间进行分析。由于实际原因与成本和进度有关,因此用来预测未选用组件群的生存能力的唯一数据集的样本大小大约在10~20个范围内。可靠性的数值估计是临时的,它基于对可用数据一个相当好的直线拟合,不管数据多么缺乏,在数据集分析中,都比对计划工作在相同条件下的未选用组件一点估计都不做要好。

8.14 分析结果概述

在第13~80章中,分析了83组实际故障数据。其中7个章节有几组数据(表8.6)。分析的总结见表8.5,其中列出了选择特定统计寿命模型作为选择模型的次数。表8.5中模型的速记定义见表8.6的图例。下面两种情况:①Weibull模型或正态模型;②对数正态模型或正态模型,不管哪一种,都能接受。为了与从可能的候选模型中选择的双参数模型目标一致,研究发现在所有情况下分析都能有一个是合适的,即使在几个例子中有点勉强。

对于83组故障数据中的每一组,在每章中给出故障次数、循环、里程、应力等,以允许进行独立评估和模型选择,特别是在表8.5和表8.6中做出选择的情况下可能被视为可疑或不合理的。在许多情况下,总有一个或多个早期故障,由于错误地选择双参数Weibull和错误地不选择双参数对数正态而破坏分析过程。在每种情况下都要审查早期故障,以便于可以表征主要群体中残留的故障。表8.5和表8.6中的模型选择代表主要群体的检查后分析,假定其是同类型的。没有"正确"的模型选择,只有在给出所提供的数据和信息情况下的"最佳"选择。

表8.5 83组数据的模型选择汇总表

	对数正态模型	正态模型	Weibull模型	混合模型	指数模型	Gamma模型	三参数Weibull模型	总数
数量	44	14	10	10	2	2	1	83
百分比/%	53.01	16.87	12.05	12.05	2.41	2.41	1.20	100

表8.6 主表

1	2	3	4	5	6	7	8	9	10	11	12	13
章节编号	选择模型	样本大小	样本类型	故障原因	故障单位	参考模型	β	σ	2pW c-d	#inf	W≈N	LN≈N
9	Weibull	50	理想	—	时间	Weibull	2	0.61	—	—	—	—
10	对数正态	50	理想	—	时间	对数正态	2.1	0.61	是	—	—	—
11	正态	50	理想	—	时间	正态	2.63	0.46	—	—	—	—
12,1	Weibull	5	理想	—	时间	Weibull	2	0.59	—	—	—	—

(续)

1	2	3	4	5	6	7	8	9	10	11	12	13
章节编号	选择模型	样本大小	样本类型	故障原因	故障单位	参考模型	β	σ	2pW c-d	#inf	W≈N	LN≈N
12,2	对数正态	5	理想	—	时间	对数正态	1.97	0.61	是	—	—	—
13	对数正态	9	—	—	时间	—	3.62	0.33	—	—	是	—
14,1	对数正态	10	绝缘	击穿	时间	Weibull	1.35	0.76	是	—	—	—
14,2	对数正态	10	绝缘	击穿	时间	Weibull	1.87	0.61	是	—	—	—
14,1&2	对数正态	20	绝缘	击穿	时间	Weibull	1.49	0.75	是	—	—	—
15,A	混合	10	滚珠轴承	疲劳	时间	Weibull	0.95	1.09	—	—	—	—
15,B	混合	10	滚珠轴承	疲劳	时间	Weibull	1.57	—	—	—	—	—
15,C	混合	10	滚珠轴承	疲劳	时间	Weibull	1.44	—	—	1	—	—
15,D	混合	10	滚珠轴承	疲劳	时间	Weibull	1.96	—	—	—	—	—
16,A	对数正态	12	绝缘	击穿	时间	双参指数	1.46	0.76	是	—	—	—
16,B	对数正态	12	绝缘	击穿	时间	双参指数	1.79	0.65	是	1	—	—
16,A&B	对数正态	24	绝缘	击穿	时间	—	1.48	0.77	是	—	—	—
17	对数正态	13	飞机部件	—	时间	Weibull,指数	1.74	0.71	—	1	—	—
18	对数正态	15	设备	—	时间	对数正态	1.85	0.59	是	—	—	—
19	Weibull	18	—	—	时间	均匀	3.5	0.36	—	—	是	—
20	对数正态	19	车辆	—	英里	双参指数	1.41	0.82	是	—	—	—
21(34kV)	对数正态	19	绝缘	击穿	时间	Weibull	0.84	1.28	是	1	—	—
21(36kV)	对数正态	15	绝缘	击穿	时间	Weibull	0.89	1.11	是	—	—	—
21(32kV)	混合	15	绝缘	击穿	时间	Weibull	0.56	2.20	—	—	—	—
22	混合	20	—	—	时间	指数	1.27	0.93	—	1	—	—
23	对数正态	20	电介质	击穿	时间	Weibull	0.51	2.27	是	—	—	—
24(2)	对数正态	20	电池	疲劳	循环	对数正态	1.45	0.77	是	2	—	—
24(1&2)	对数正态	35	电池	疲劳	循环	对数正态	1.13	1.06	是	—	—	—
25	对数正态	20	绝缘	击穿	时间	Weibull,三参	1.08	0.97	是	—	—	—
26	指数	20	大车	—	时间	三参Weibull	1.11	1.09	是	—	—	—

(续)

1	2	3	4	5	6	7	8	9	10	11	12	13
章节编号	选择模型	样本大小	样本类型	故障原因	故障单位	参考模型	β	σ	2pW c-d	#inf	W≈N	LN≈N
27	正态	20	连接点	疲劳	毫克(mg)	正态	4.11	0.29	—	—	是	—
28	对数正态	20	绝缘	击穿	千伏/毫米(kV/mm)	Weibull	10.1	0.11	是	1	—	是
29	对数正态	23	滚珠轴承	疲劳	循环	很多	2.25	0.46	是	1	—	—
30	对数正态	25	滚珠轴承	疲劳	循环	混合	2.1	0.52	是	1	—	—
31	对数正态	24	钢部件	疲劳	循环	对数正态 Weibull	1.12	0.9	是	—	—	—
32	对数正态	24	三极管	—	时间	Weibull	2.07	0.52	是	—	—	—
33	Weibull	25	纱线	疲劳	循环	对数正态	1.41	0.89	—	—	—	—
34	混合	25	钢管	疲劳	循环	指数	0.91	1.36	—	—	—	—
35	Weibull	25	金属	疲劳	千克(kg)	EVD	25.1	0.05	—	—	—	是
36	Weibull	26	碳纤维	疲劳	应力	Weibull	16.4	0.08	是	—	—	是
37	指数	26	雷达系统	—	时间	Weibull,指数	1.04	1.14	是	1	—	—
38	正态	28	碳纤维	疲劳	应力	Weibull	21.8	0.06	是	—	—	是
39	正态	29	碳纤维	疲劳	应力	Weibull	13.7	0.08	是	1	—	是
40,1	对数正态	30	连接点	疲劳	应力	—	6.75	0.14	是	—	—	是
40,2	对数正态	30	连接点	疲劳	应力	—	5.86	0.18	是	—	—	是
40,3	正态	30	连接点	疲劳	应力	—	6.86	0.17	是	1	—	是
41	对数正态	32	泵	泄漏	时间	Weibull	2.13	0.54	是	2	—	—
42	对数正态	34	三极管	—	时间	Gamma	1.22	0.83	是	—	—	—
43	对数正态	35	钢	疲劳	循环	对数正态	5.32	0.18	是	—	是	是
44	混合	36	器械	—	循环	混合	0.95	1.59	—	—	—	—
45	混合	36	发电机	—	时间	混合	0.82	1.56	—	—	—	—
46	对数正态	40	金属	疲劳	循环	—	5.25	0.18	是	—	是	是
47	对数正态	43	Vac 管	—	时间	正态	2.27	0.47	是	1	—	—
48	对数正态	46	电台	—	时间	对数正态	0.9	1.11	是	—	—	—
49	Weibull	47	电容器	击穿	(V/μm)	Weibull	2.83	0.41	—	1	是	—
50	混合	50	风门	—	距离	混合	1.01	1.27	—	—	—	—

(续)

1	2	3	4	5	6	7	8	9	10	11	12	13
章节编号	选择模型	样本大小	样本类型	故障原因	故障单位	参考模型	β	σ	2pW c-d	#inf	W≈N	LN≈N
51	对数正态	50	—	—	时间	—	2.01	0.52	是	2	—	—
52	对数正态	50	电子	—	时间	对数正态	2.29	0.46	是	—	—	—
53	Weibull	50	轴承	疲劳	循环	—	3.71	0.34	—	—	是	—
54	对数正态	50	滚珠轴承	疲劳	循环	Weibull	0.87	1.07	是	—	—	—
55	对数正态	57	铝	疲劳	循环	Weibull	1.25	0.86	是	1	—	—
56	正态	57	碳纤维,1	疲劳	应力	Weibull	5.59	0.21	是	—	—	—
57	对数正态	59	铝电路	迁移	时间	对数正态	4.88	0.22	是	1	—	—
58	混合	60	器械	—	循环	混合	1.00	1.45	—	8	—	—
59	对数正态	64	碳纤维,10	疲劳	应力	Weibull	5.03	0.02	是	—	—	—
60	正态	66	碳纤维,50	疲劳	应力	Weibull	6.04	0.19	是	—	—	—
61	正态	70	碳纤维,20	疲劳	应力	Weibull	5.52	0.21	—	—	是	—
62	三参数Weibull	72	合金T7987	疲劳	循环	三参数Weibull	3.03	0.33	是	—	是	—
63	Weibull	85	胶黏剂	疲劳	应力	Weibull,正态	8.35	0.14	—	1	—	是
64	对数正态	96	控制系统	—	距离	对数正态	2.52	0.64	是	1	是	—
65	对数正态	98	刹车片	磨损	距离	对数正态	2.78	0.37	是	2	—	—
66	正态	100	熔断丝	熔断	电流	指数	29.2	0.04	是	—	—	是
67	混合	100	凯芙拉纤维	疲劳	应力	指数	1.33	0.78	是	9	—	—
68	Weibull	100	—	—	—	Weibull	1.40	0.87	—	—	—	—
69	对数正态	100	—	—	—	—	2.29	0.45	是	5	—	—
70	γ	101	铝条	疲劳	循环	γ,BS	4.07	0.28	是	1	是	—
71	γ	101	铝条	疲劳	循环	γ,BS	6.19	0.16	是	2	—	是
72	正态	102	铝条	疲劳	循环	γ,BS	7.01	0.16	是	1	—	—
73	混合,对数正态	104	激光器	—	时间	对数正态	0.91	1.04	是	14	—	—
74	Weibull	107	发射器	—	时间	指数	1.35	0.95	—	—	—	—
75	对数正态	109	事故	—	时间	指数	0.93	1.18	是	3	—	—
76	正态	110	轮胎	磨损	距离	正态	50.6	0.03	是	—	—	是
77	对数正态	137	碳纤维	疲劳	应力	Weibull	6.09	0.16	是	—	—	是

(续)

1	2	3	4	5	6	7	8	9	10	11	12	13
章节编号	选择模型	样本大小	样本类型	故障原因	故障单位	参考模型	β	σ	2pW c-d	#inf	W≈N	LN≈N
78	对数正态	148	滚珠轴承	疲劳	循环	Weibull	0.94	0.84	是	—	—	—
79	对数正态	153	挡风玻璃	很多	时间	正态	2.91	0.44	是	4	是	—
80,1	正态	417	电灯泡	熔断	时间	正态	5.96	0.18	是	1	—	—
80,2	正态	50	电灯泡	熔断	时间	正态	7.46	0.15	是	—	—	是
80,3	正态	100	电灯泡	熔断	时间	正态	7.53	0.14	是	2	—	是
80,4	正态	200	电灯泡	熔断	时间	正态	7.26	0.16	是	2	—	—

注:第 1 列　章节编号:第 12,14,15,16,21,24,40 和 80 章分析了多组故障数据。第 9~12 章阐述了“理想”Weibull、对数正态和正态故障数据的分析。第 13~80 章中分析了 83 组“真实”故障数据。

第 2 列　选择的统计模型,通过经验确定,可为故障概率分布提供最佳描述。双参数模型是 Weibull、对数正态、正态和 Gamma 模型。还列出了单参数指数(指数)、Weibull 混合(混合)和三参数 Weibull。第 58,67 和 73 章中的选择不是混合、对数正态就是混合、Weibull。在这些情况下,通过 Weibull 混合模型描述了总体曲线,但是在早期故障子群被筛选出后,对数正态或 Weibull 模型为主要子群提供了最佳描述。

第 3 列　理想和实际故障数据集的样本大小。

第 4 列　样品类型。

第 5 列　故障原因。

第 6 列　故障单位:时间、间隔、距离、应力等。

第 7 列　故障数据参考来源建议利用的统计模型。双参数指数,即具有阈值(2pEx)、均匀(Unif)、Gumbel 类型 1、极值(EVD)、三参数 Burr(3pBurr)、(log Burr)、三参数对数正态和 Birnbaum-Saunders(BS)。

第 8 列　给定数据或者在破坏性早期故障后的 Weibull 描述的双参数 Weibull 模型描述的形状参数(β)被检查。

第 9 列　给定数据或者在破坏性早期故障后的对数正态描述的双参数对数正态模型描述的形状参数(σ)被检查。

第 10 列　双参数 Weibull 故障概率分布在给定数据或在破坏性早期故障后的数据中有下凹曲率存在证据的情况被检查(2pW c-d)。

第 11 列　检查破坏性早期故障的数量,以便分析主要数据(#inf)。

第 12 列　Weibull 和正态模型描述相似的情况(W≈N)。

第 13 列　对数正态和正态模型描述相似的情况(LN≈N)。

8.15　未预测到的结果:表 8.5 和表 8.6

(1) 在 83 个案例中,超过一半选择双参数对数正态模型。

(2) 双参数正态模型比双参数 Weibull 模型更常用。

(3) 尽管在绝缘介质击穿、碳纤维断裂故障和金属疲劳故障的集合中通常选用双参数 Weibull 模型,但是双参数 Weibull 模型经常不作为选择模型(8.16.1 节)。

(4) 在所分析的 83 个数据集中的 60 个中,不管是全部还是在下尾部,双参数 Weibull 分布都向下凹陷。在给出的数据中,或在已审查过的早期故障的残留数据中,下凹都很明显。

（5）在所分析的 83 个数据集中，有 33 个数据集有早期故障，使得分析结果在不同程度上受到破坏（表 8.1）。

（6）三参数 Weibull 模型仅在一种情况下是有利的。不过，倾向采用它的目的是可以修正双参数 Weibull 概率图中的下凹曲率。在后续章节中，许多模型应用的结论是，采用三参数 Weibull 模型是：

① 基于对数正态据的三参数 Weibull 拟合是没有根据的；

② 相对于通过双参数对数正态模型对正态数据进行可接受拟合，这是不受欢迎的；

③ 由于缺乏支持数据，无法显示期望估计的相当尺寸的绝对故障阈值，因此是随意的、不公平的；

④ 因为样本量太小，无法断定绝对故障阈值估计值的可信性，因此是不可接受的；

⑤ 因为相对于利用双参数对数正态模型得到的估计更保守，绝对故障阈值（安全寿命）持续时间的估计过于乐观，因此是不受欢迎的。

8.16　疲劳故障统计学模型

对于某些类型的故障，例如静态故障和循环疲劳故障，我们尝试为下文讨论的 Weibull、对数正态、Gamma 和 Birnbaum-Saunders（BS）统计寿命模型的选择提供物理理由。

8.16.1　Weibull 模型

如果目标是找到材料内许多竞争的相似缺陷点产生第一次故障的时间，则极值理论可以以三个可能的渐近分布中的一个作为统计寿命建立 Weibull 模型[14,66-68]。不过，为了利用 Weibull 模型，必须存在许多相同和独立的缺陷，而且所有这些缺陷都会产生第一个故障[14,66-68]。利用幂律故障率（6.2.2.1 节），也可以推导出 Weibull 模型[67-70]。Weibull 模型适于描述金属部件的机械疲劳故障[67,68]。Weibull 模型通常用于描述绝缘、纤维断裂和金属疲劳中的介质击穿（6.2.1 节）。式（8.13）给出了如式（8.10）所示的 Weibull 模型的双参数概率密度函数。

$$f(t,\beta,\tau)=\frac{\beta}{\tau^{\beta}}t^{\beta-1}\exp\left[-\left(\frac{t}{\tau}\right)^{\beta}\right],t\geqslant 0,\beta,\tau>0 \tag{8.13}$$

式中，β 为形状参数；τ 为尺度参数。

如果 $\beta=1$，则 Weibull 模型概率密度函数变为指数模型概率密度函数，即

$$f(t,\tau)=\frac{1}{\tau}\exp\left[-\frac{t}{\tau}\right],t\geqslant 0,\tau>0 \tag{8.14}$$

8.16.2 对数正态模型

已证明对数正态模型可用于描述一些故障的乘法或成比例增长(6.3.2.1 节),例如假设键能量服从正态分布的疲劳裂纹[67,68,71-75]或承受拉伸应力的玻璃状塑料断裂(6.3.2.2 节)[76,77]。玻璃状塑料物理模型实际上等同于物理绳索或线束模型。在下一节中将阐述物理绳索模型,还可以推导 Gamma 统计寿命模型。假设相关热激活能量服从正态分布,则对数正态模型也可用于半导体激光器(6.3.2.3 节)和灯泡(6.3.2.5 节)故障。双参数对数正态概率密度函数见式(8.15)。

$$f(t,\sigma,\tau_m)=\frac{1}{\sigma t\sqrt{2\pi}}\exp\left[-\frac{1}{2\sigma^2}(\ln t-\ln\tau_m)^2\right],t\geqslant 0,\sigma,\tau_m>0 \tag{8.15}$$

式中,σ 为形状参数;$\ln\tau_m$ 为比例参数。

8.16.3 Gamma 模型

用一段绳索或一捆线束构建物理模型。直到组成绳索的所有绳子都断了,绳索才会断裂。有两个版本的物理绳索模型,每个都可以推导不同的统计模型。应用于玻璃态聚合物(即低于玻璃化转变温度的塑料)的版本可推导在假设键能量服从正态分布情况下的对数正态统计寿命模型[76,77](6.3.2.2 节)。

有两种方法能导出 Gamma 统计寿命模型绳索图像的另一版本。在第一种方法[67,68,78]中,对线束的假设是,每个线的统计寿命模型都是指数模型,也就是说,线不会降级,而只会突然发生故障。物理束串模型用来推导 Gamma 统计寿命模型[78],以表征经受循环弯曲应力的铝带的疲劳寿命(第 70~72 章)。

在第二种方法中,通过一种过程对故障进行物理描述,导出 Gamma 模型,模型中绳索经受服从参数为 λ 的泊松分布的随机冲击。只有当发生正好 k 次冲击时,绳索才会发生故障[79,80]。双参数 Gamma 模型概率密度函数为

$$f(t,k,\lambda)=\frac{\lambda^k t^{k-1}}{\Gamma(k)}\exp[-\lambda t],\quad t\geqslant 0,k\geqslant 1,\lambda>0,\quad \Gamma(k)=(k-1)! \tag{8.16}$$

式中,k 为形状参数;$1/\lambda$ 为比例参数。

如果 $k=1$,则 Gamma 概率密度函数变为式(8.14)所示的指数模型。Gamma 模型也可用于冗余的情况下,其中一个组件的故障导致相同备用组件的无故障切换[81]。

8.16.4 Birnbaum-Saunders (BS)模型

基于疲劳过程的特征得到这种统计寿命模型[82,83],并得到详细描述[84],作为疲劳裂纹生长到临界长度所需周期数的理想值。与通过直线拟合故障概率分布和 GoF 检验来选择模型相比,该模型被认为更具有物理上的说服力,并且是以与对数正态模

型相同的方式描述疲劳寿命的合理模型[84]。不过,在对数正态模型中,任何点处的裂纹生长取决于到该点为止已经产生的裂纹生长(6.3.2.1节)。但在BS模型中,在任何点处的裂纹生长独立于任何先前点[85]。双参数BS模型概率密度函数如式(8.17)所示,其中包含形状参数 α 和尺度参数 β。回想一下,对于Weibull模型,β 是形状参数而不是尺度参数。为了保持与文献[84]中符号的一致性,没有改变 β 的定义。

$$f(t,\alpha,\beta)=\frac{1}{2\sqrt{2\pi}\alpha^2\beta t^2}\frac{t^2-\beta^2}{(t/\beta)^{1/2}-(\beta/t)^{1/2}}\exp\left[-\frac{1}{2\alpha^2}\left(\frac{t}{\beta}+\frac{\beta}{t}-2\right)\right],\quad t,\alpha,\beta>0 \tag{8.17}$$

尽管可以利用四种不同的可信双参数模型来描述疲劳裂纹的传播以产生故障,但是在后续章节中,许多实际疲劳故障数据集的分析支持以下结论:没有基本的物理基础,可以利用任何特定的统计寿命模型来描述任何给定的疲劳数据集。

8.17 结论

统计模型用于表征故障数据,可以通过时间、周期、应力、距离等来测量。"可能有几种物理原因单独或共同导致设备故障……目前的技术状态让我们无法隔离这些物理原因并在数学上解释它们,因此故障分布的选择仍然是一种方法。"[80]所引用的技术是经验方法,其主要涉及允许通过直线拟合的数据的故障概率图,主要选择双参数统计模型(例如Weibull、对数正态、正态和Gamma模型)。模型选择可以通过适当的统计拟合优度检验来辅助进行。

参考文献

[1] L. Fortnow, The Golden Ticket: P, NP and the Search for the Impossible (Princeton University Press, New Jersey, 2013), 21.

[2] N. R. Mann, R. E. Schafer, and N. D. Singpurwalla, Methods for Statistical Analysis of Reliability and Life Data (Wiley, New York, 1974).

[3] W. Nelson, Applied Life Data Analysis (Wiley, New York, 1982).

[4] D. L. Grosh, A Primer of Reliability Theory (Wiley, New York, 1989).

[5] D. Kececioglu, Reliability Engineering Handbook, Vol. 1 (Prentice Hall, New Jersey, 1991).

[6] P. A. Tobias and D. C. Trindade, Applied Reliability, 2nd edition (Chapman & Hall/CRC Press, New York, 1995).

[7] E. A. Elsayed, Reliability Engineering (Addison Wesley Longman, Reading Massachusetts, 1996).

[8] W. Q. Meeker and L. A. Escobar, Statistical Methods for Reliability Data (Wiley, New York, 1998).

[9] L. C. Wolstenholme, Reliability Modelling: A Statistical Approach (Chapman & Hall/CRC Press, New York, 1999).

[10] P. D. T. O'Connor, Practical Reliability Engineering, 4th edition (Wiley, New York, 2002).

[11] J. F. Lawless, Statistical Models and Methods for Lifetime Data, 2nd edition (Wiley, Hoboken, New Jersey, 2003).

[12] R. B. Abernethy, The New Weibull Handbook, 4th edition (Abernethy, North Palm Beach, Florida, 2000).

[13] R. B. Abernethy, The New Weibull Handbook, 4th edition (Abernethy, North Palm Beach, Florida, 2000), 1-1.

[14] P. A. Tobias and D. C. Trindade, Applied Reliability, 2nd edition (Chapman & Hall/CRC Press, New York, 1995), 89-92.

[15] S. D. Durham and W. J. Padgett, Cumulative damage models for system failure with application to carbon fibers and composites, Technometrics, 39 (1), 34-44, 1997.

[16] W. Q. Meeker and L. A. Escobar, Statistical Methods for Reliability Data (Wiley, New York, 1998), 270.

[17] F. Jensen, Electronic Component Reliability: Fundamentals, Modelling, Evaluation, and Assurance (Wiley, New York, 1995), 67.

[18] P. A. Tobias and D. C. Trindade, Applied Reliability, 2nd edition (Chapman & Hall/CRC Press, New York, 1995), 125-126.

[19] J. M. Towner, Are electromigration failures lognormally distributed? IEEE 28th Annual Proceedings International Reliability Physics Symposium, New Orleans, LA, 100-105, 1990.

[20] R. B. Abernethy, The New Weibull Handbook, 4th edition (Abernethy, North Palm Beach, Florida, 2000), 3-10.

[21] F. H. Reynolds, Accelerated test procedures for semiconductor components, IEEE 15th Annual Proceedings of the Reliability Physics Symposium, Las Vegas, NV, 166-178, 1977.

[22] G. M. Kondolf and A. Adhikari, Weibull vs. lognormal distributions for fluvial gravel, J. Sediment. Res., 70 (3), 456-460, May 2000.

[23] C. Whitman and M. Meeder, Determining constant voltage lifetimes for silicon nitride capacitors in a GaAs IC process by a step stress method, Microelectron. Reliab., 45, 1882-1893, 2005.

[24] R. B. Abernethy, The New Weibull Handbook, 4th edition (Abernethy, North Palm Beach, Florida, 2000), 3-5.

[25] L. S. Nelson, Technical Aids -Handling observations that may be outliers, J. Qual. Technol., 35 (3), 329-330, July 2003.

[26] R. B. Abernethy, The New Weibull Handbook, 4th edition (Abernethy, North Palm Beach, Florida, 2000), 1-8.

[27] D. Kececioglu, Reliability Engineering Handbook, Vol. 1 (Prentice Hall, New Jersey, 1991), 309.

[28] R. B. Abernethy, The New Weibull Handbook, 4th edition (Abernethy, North Palm Beach, Florida, 2000), 3-9.

[29] B. Dodson, The Weibull Analysis Handbook, 2nd edition (ASQ Quality Press, Milwaukee, Wisconsin, 2006), 35.

[30] R. D. Leitch, Reliability Analysis for Engineers: An Introduction (Oxford, New York, 1995), 56-58.

[31] B. Dodson, The Weibull Analysis Handbook, 2nd edition (ASQ Quality Press, Milwaukee, Wisconsin, 2006), 35-39, 97-98.

[32] A. M. Freudenthal and E. J. Gumbel, Minimum life in fatigue, J. Am. Stat. Assoc., 49 (267), 575-597, September 1954.

[33] G. E. Dieter, Mechanical Metallurgy, 3rd edition (McGraw-Hill, New York, 1986), 378-380, 415-419.

[34] W. Engelmaier, Solder attachment reliability, accelerated testing, and result evaluation, Solder Joint Reliability, Ed. J. H. Lau (Van Nostrand Reinhold, New York, 1991), 569.

[35] J. -P. M. Clech et al., Surface mount assembly failure statistics and failure-free times, Proceedings, 44th IEEE Electronic Components and Technology Conference (ETCT), Washington, DC, 487 - 497, 490, May 1994.

[36] E. Nicewarner, Historical failure distribution and significant factors affecting surface mount solder joint fatigue life, Solder. Surf. Mount Technol., 17, 22-29, 24, 26, 1994.

[37] J. H. Lau and Y. -H. Pao, Solder Joint Reliability of BGA, CSP, Flip Chip, and Fine Pitch SMT Assemblies (McGraw-Hill, New York, 1997), 160, 163-165.

[38] J. Liu et al., Reliability of Microtechnology: Interconnects, Devices and Systems (Springer, New York, 2011), Chapter 9, 146.

[39] M. H. Wood, S. C. Bergman, and R. S. Hemmert, Evidence for an incubation time in electromigration phenomena, IEEE 29th Annual Proceedings International Reliability Physics Symposium, Las Vegas, NV, 70-76, 1991.

[40] R. G. Filippi et al., Paradoxical predictions and minimum failure time in electromigration, Appl. Phys. Lett., 66 (16), 1897-1899, 1995.

[41] B. Li et al., Minimum void size and 3-parameter lognormal distribution for EM failures in Cu interconnects, IEEE 44th Annual Proceedings International Reliability Physics Symposium, San Jose, CA, 115-122, 2006.

[42] B. Li et al., Application of three-parameter lognormal distribution in EM data analysis, Microelectron. Reliab., 46, 2049-2055, 2006.

[43] J. R. Black, Electromigration—A brief survey and some recent results, IEEE Trans. Electron. Devices, 16 (4), 338-347, April 1969.

[44] D. J. LaCombe and E. L. Parks, The distribution of electromigration failures, IEEE 24th Annual Proceedings International Reliability Physics Symposium, 1-6, 1986.

[45] D. Kececioglu, Reliability Engineering Handbook, Vol. 1 (Prentice Hall, New Jersey, 1991), 272. Note: Although References 45 and 52 use the same sources to establish the ranges in Table 8.2, the ranges do not agree.

[46] P. A. Tobias and D. C. Trindade, Applied Reliability, 2nd edition (Chapman & Hall/CRC Press, New York, 1995), 87.

[47] E. A. Elsayed, Reliability Engineering (Addison Wesley Longman, Reading Massachusetts, 1996), 21.

[48] R. B. Abernethy, The New Weibull Handbook, 4th edition (Abernethy, North Palm Beach, Florida, 2000), 1-6, 2-3.

[49] F. Jensen, Electronic Component Reliability: Fundamentals, Modelling, Evaluation, and Assurance (Wiley, New York, 1995), 66-67.

[50] B. Dodson, The Weibull Analysis Handbook, 2nd edition (ASQ Quality Press, Milwaukee, Wisconsin, 2006), 7.

[51] S. D. Dubey, Normal and Weibull distributions, Naval Res. Logist. Q., 14, 69-79, 1967.

[52] D. Kececioglu, Reliability and Life Testing Handbook, Vol. 1 (Prentice Hall, New Jersey, 1993), 376.

[53] H. Rinne, The Weibull Distribution: A Handbook (CRC Press, Boca Raton, Florida, 2009), 91-97, 112-113.

[54] W. Nelson, Applied Life Data Analysis (Wiley, New York, 1982), 36.

[55] P. A. Tobias and D. C. Trindade, Applied Reliability, 2nd edition (Chapman & Hall/CRC Press, New York, 1995), 122-125.

[56] L. C. Wolstenholme, Reliability Modelling: A Statistical Approach (Chapman & Hall/CRC Press, New York, 1999), 30.

[57] P. A. Tobias and D. C. Trindade, Applied Reliability, 2nd edition (Chapman & Hall/CRC Press, New York, 1995), 94-96.

[58] L. C. Wolstenholme, Reliability Modelling: A Statistical Approach (Chapman & Hall/CRC Press, New York, 1999), 72.

[59] W. H. von Alven, Reliability Engineering (Prentice-Hall, New Jersey, 1964), 168-172.

[60] D. Kececioglu, Reliability and Life Testing Handbook, Vol. 1 (Prentice Hall, New Jersey, 1993), Chapters 19 and 20.

[61] D. Kececioglu, Reliability and Life Testing Handbook, Vol. 1 (Prentice Hall, New Jersey, 1993), 729.

[62] D. Kececioglu, Reliability and Life Testing Handbook, Vol. 1 (Prentice Hall, New Jersey, 1993), 689.

[63] W. Q. Meeker and L. A. Escobar, Statistical Methods for Reliability Data (Wiley, New York, 1998), 143-145.

[64] J. F. Lawless, Statistical Models and Methods for Lifetime Data, 2nd edition (Wiley, Hoboken, New Jersey, 2003), 106.

[65] C. Whitman, private communication.

[66] N. R. Mann, R. E. Schafer, and N. D. Singpurwalla, Methods for Statistical Analysis of Reliability and Life Data (Wiley, New York, 1974), 102-108.

[67] J. H. K. Kao, Statistical models in mechanical reliability, IRE 11th National Symposium on Reliability & Quality Control, Miami Beach, FL, 240-247, 1965.

[68] J. H. K. Kao, Characteristic life patterns and their uses, Reliability Handbook, Ed. W. G. Ireson (McGraw-Hill, New York, 1966), 2-1 to 2-18.

[69] N. R. Mann, R. E. Schafer, and N. D. Singpurwalla, Methods for Statistical Analysis of Reliability and Life Data (Wiley, New York, 1974), 128-129.

[70] P. A. Tobias and D. C. Trindade, Applied Reliability, 2nd edition (Chapman & Hall/CRC Press, New York, 1995), 82-83.

[71] J. C. Kapteyn, Skew Frequency Curves in Biology and Statistics (Astronomical Laboratory Noordhoff, Groningen, Netherlands, 1903).

[72] J. Aitchison and J. A. C. Brown, The Lognormal Distribution (Cambridge University Press, New York, 1957), 22-23.

[73] N. R. Mann, R. E. Schafer, and N. D. Singpurwalla, Methods for Statistical Analysis of Reliability and Life Data (Wiley, New York, 1974), 132-134.

[74] C. C. Yu, Degradation model for device reliability, IEEE 18th Annual Proceedings International Reliability Physics Symposium, Las Vegas, NV, 52-54, 1980.

[75] P. A. Tobias and D. C. Trindade, Applied Reliability, 2nd edition (Chapman & Hall/CRC Press, New York, 1995), 126-127.

[76] F. Bueche, Tensile strength of plastics below the glass temperature, Journal of Applied Physics, 28 (7), 784-787, July 1957.

[77] J. P. Berry, Fracture of polymeric glasses, Fracture (An Advanced Treatise), Fracture of Nonmetals and Composites, VII, Ed. H. Liebowitz (Academic Press, New York, 1972), 37-92, 77-79.

[78] Z. W. Birnbaum and S. C. Saunders, A statistical model for life-length of materials, J. Am. Stat. Assoc., 53 (281), 151-160, March 1958.

[79] N. R. Mann, R. E. Schafer, and N. D. Singpurwalla, Methods for Statistical Analysis of Reliability and Life Data (Wiley, New York, 1974), 125-127.

[80] N. D. Singpurwalla, Statistical fatigue models: A survey, IEEE Trans. Reliab., R-20 (3), 185-189, August 1971.

[81] P. A. Tobias and D. C. Trindade, Applied Reliability, 2nd edition (Chapman & Hall/CRC Press, New York, 1995), 224-226.

[82] Z. W. Birnbaum and S. C. Saunders, A new family of life distributions, J. Appl. Probab., 6 (2), 319-327, August 1969.

[83] Z. W. Birnbaum and S. C. Saunders, Estimation for a family of life distributions with applications to fatigue, J. Appl. Probab., 6 (2), 328-347, August 1969.

[84] N. R. Mann, R. E. Schafer, and N. D. Singpurwalla, Methods for Statistical Analysis of Reliability and Life Data (Wiley, New York, 1974), 150-155.

[85] NIST/SEMATECH e-Handbook of Statistical Methods, Section 8.1.6.6 Fatigue Life (Birnbaum-Saunders), October 30, 2013.

第 9 章　50 台理想 Weibull 设备

在双参数 Weibull、对数正态和正态的概率图中,检查“理想”Weibull 故障时间是有益的。为了得到理想的 Weibull 分布,需要利用 Weibull 模型的故障函数(6.2 节)。

$$F(t)=1-\exp\left[-\left(\frac{t}{\tau}\right)^{\beta}\right] \tag{9.1}$$

式中,β 为形状参数;τ 为特征寿命或尺度参数。

为了估计 $F(t)$ 的值,以达到绘图的目的,可以利用中位秩[1-4][式(9.2)]。样本大小为 N,k 的值为 1−N。使式(9.1)与式(9.2)相等,求解时间 t 得到式(9.3)。

$$F(t)=\frac{k-0.3}{N+0.4} \tag{9.2}$$

$$t=\tau\left[\ln\left(\frac{1}{1-((k-0.3)/(N+0.4))}\right)\right]^{1/\beta} \tag{9.3}$$

为了说明,$\tau=100$,$N=50$,$k=1,2,3,\cdots,50$,$\beta=2.00$,并且以任意单位(au)对 50 个时间 t 的值求解式(9.3),结果见表 9.1。

表 9.1　50 个理想 Weibull 故障时间(au)

11.83	18.52	23.46	27.61	31.29	34.64	37.77	40.72	43.53	46.23
48.85	51.39	53.88	56.32	58.72	61.09	63.44	65.77	68.09	70.41
72.72	75.04	77.37	79.71	82.07	84.45	86.86	89.31	91.80	94.33
96.92	99.57	102.29	105.10	108.00	111.00	114.13	117.40	120.85	124.49
128.37	132.54	137.07	142.05	147.63	154.03	161.61	171.08	184.10	206.80

9.1　分析 1

50 个理想 Weibull 故障时间的双参数 Weibull($\beta=2.00$)、对数正态($\sigma=0.61$)和正态 RRX 故障概率图分别如图 9.1 至图 9.3 所示。如图 9.1 所示,理想的 Weibull 故障时间通过直线良好拟合;而双参数对数正态曲线随时间显示向上凹的曲率,如图 9.2 所示;双参数正态曲线随时间显示向下凹的曲率,如图 9.3 所示。众所周知,符合 Weibull 模型的数据将在对数正态概率图中呈现上凹曲率[5-9]。对于理想数据,利用线性回归(RRX)绘图方法(8.9 节)。

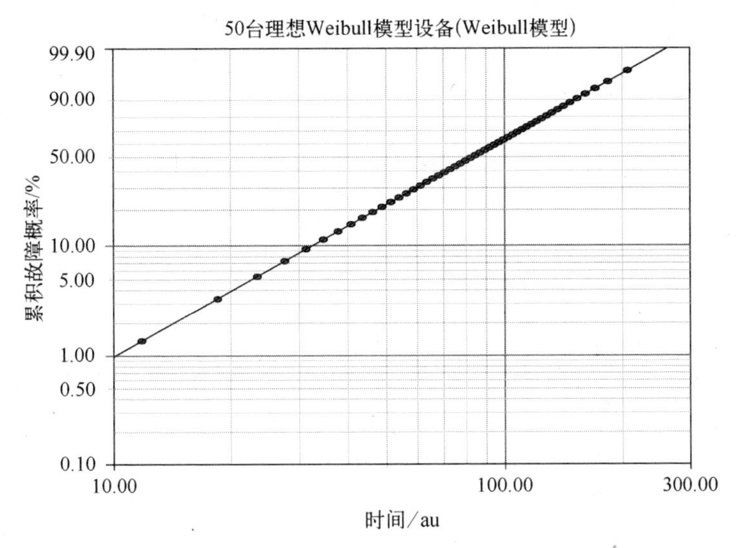

图 9.1 50 个理想 Weibull 故障的双参数 Weibull 概率图

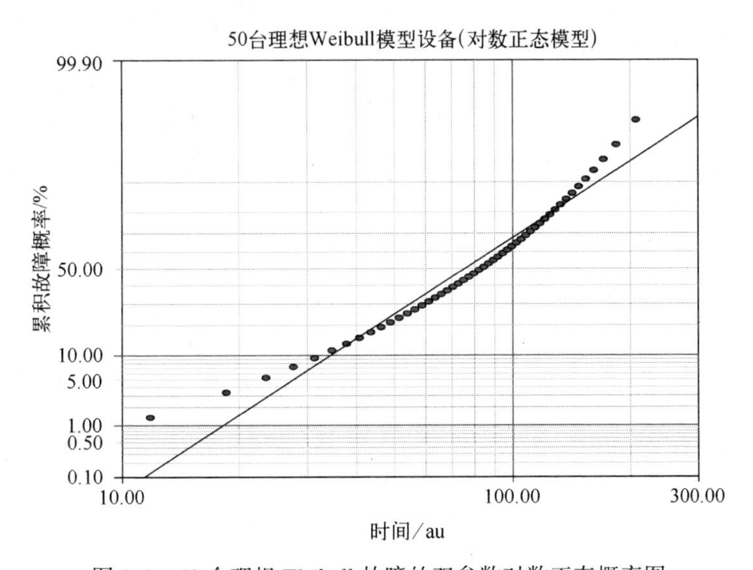

图 9.2 50 个理想 Weibull 故障的双参数对数正态概率图

统计拟合优度(GoF)检验结果列于表 9.2。如 8.10 节所述,GoF 检验结果显示为小数点后 4 位有效数字。这是为了展示一致性,并且由于后续章节中,模型之间的差异可能出现在小数点后的多个地方。考虑到后续章节中样本大小从 10~400 的变化,以及软件[1]所提供的几个 GoF 检验的相对适用性,将不讨论 GoF 检验结果的置信水平。

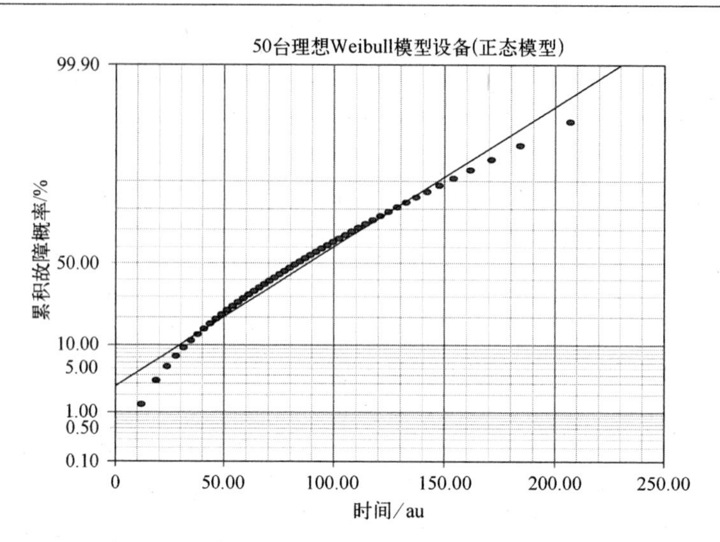

图 9.3　50 个理想 Weibull 故障的双参数正态概率图

表 9.2　GoF 检验结果(RRX)

检验方法	Weibull 模型	对数正态模型	正态模型
线性回归	1.0000	0.9553	0.9792
Lk	-258.5759	-262.0197	-261.0552
mod KS/%	10^{-10}	2.0034	3.69×10^{-3}
χ^2/%	0.0108	0.0247	0.0097

在没有图 9.2 和图 9.3 的情况下，表 9.2 中对数正态模型和正态模型的 r^2 值分别约为 96%和 98%，可以认为暗示故障时间服从对数正态分布或正态分布。r^2 值较大是由于故障时间紧密且对称聚集在曲线周围。不过，r^2 的较大值不意味着会增加存在综合曲率的知识，这在图 9.2 和图 9.3 中显示得很清楚。优选的模型将具有 r^2 的最大值、最大对数正态似然(Lk)的最小负值(或最大正值)，以及 mod KS 检验和卡方(χ^2)检验结果的最小值。

表 9.2 中前三个 GoF 检验结果的对比表明，双参数 Weibull 模型为支撑图 9.1 至图 9.3 视觉检查的双参数对数正态和正态模型提供了良好拟合。mod KS 检验对分布中心的曲线周围的曲率十分敏感。χ^2 检验结果显示，正常拟合稍微优于 Weibull 模型。这种异常说明，即使样本大小为 50，χ^2 检验在这种情况下的区别也不大(8.10 节)。

图 9.4 是 50 个理想 Weibull 故障时间的故障率曲线。对形状参数 $\beta=2.00$(Rayleigh 分布)进行分析，使得故障率从 $t=0$ 开始是单调递增的直线。不过，对于形状参数 $\beta>2$，双参数 Weibull 模型在 $t=0$ 附近的故障率首先缓慢增加，然后在 $t\gg0$ 时更快

增加,使得间隔 $t\approx0$ 时可以呈现相对无故障的表现(图 6.1)。Weibull 模型在 $t=0$ 附近的故障率曲线图中,这种相对无故障间隔的定量分析将在第 11 章中进行阐述。

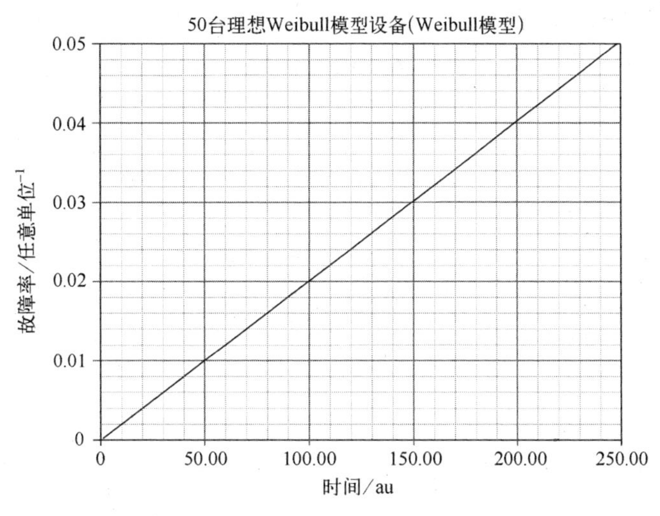

图 9.4 50 个理想 Weibull 故障的 Weibull 故障率图($\beta=2$,Rayleigh 分布)

9.2 分析 2

假设表 9.1 表示在某些条件下工作至发生故障的 50 个"真实"设备的寿命,并且运用 Weibull 分析来估计第一批设备的寿命,以减少工作在相同条件下发生故障的统计上相同的未选用群体。根据设计,由于早期故障或畸形故障机制,未选用装置不可能发生早期故障(1.9.3 节和 7.17.1 节)。

例如,如果未选用群体具有的样本大小为 $SS=100$,则第一次故障时间 $t=10.1\text{au}$ 在直线与故障概率轴相交的 $F=1\%$ 处,如表 9.3 所列。估计在任何时间 $t<t_{\text{FF}}$(Weibull 模型)都不会发生故障,称为无故障间隔、故障阈值或安全寿命(8.8 节)。

表 9.3 故障阈值估计

样本大小 SS	故障率 $F/\%$	故障阈值 t_{FF}/au	文献出处
100	1.000	10.1	图 9.1 和图 9.5
1000	0.100	3.19	图 9.5
10000	0.010	1.02	图 9.5
100000	0.001	0.321	图 9.5

表 9.3 列出了其他未选用样本大小的估计故障阈值。图 9.5 提供了对表 9.3 中计算值的目视检查,且图 9.5 是图 9.1 的时间扩展。图 9.5 中的曲线与表 9.3 中所

示通过 $F(\%)$ 的交点得到 t_{FF}(Weibull 模型)的相关值。如表 9.3 所列,SS 每增加 10 倍,故障阈值约减小 3 倍。阈值强烈取决于未选用群体的样本量。因此,t_{FF}(Weibull 模型)可以称为条件故障阈值。

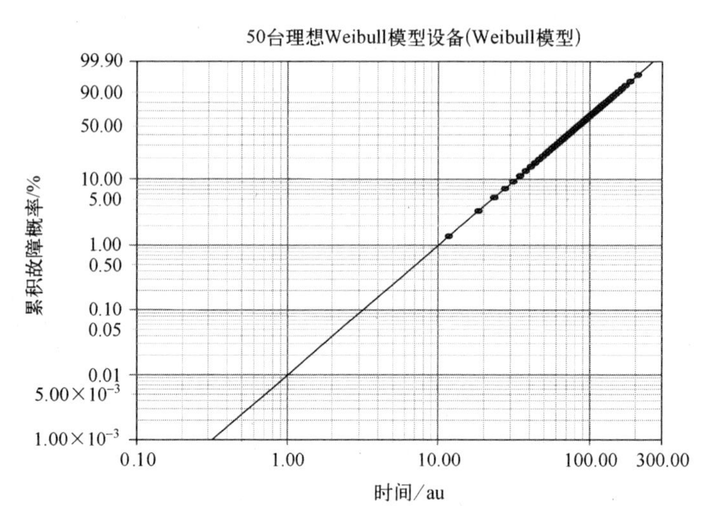

图 9.5 时间扩展的双参数 Weibull 故障率图

9.3 结论

(1) 由双参数 Weibull 模型($\beta=2.00$)理想表征的故障数据将在双参数对数正态概率图[5-9]中呈现上凹曲率,并在双参数正态概率图中呈现下凹曲率。如果 Weibull 形状参数 β 在 $3.0\leqslant\beta\leqslant4.0$ 的范围内,那么由 Weibull 模型描述的数据可以通过正态模型来描述,反之亦然(8.7.1 节)。

(2) 如果故障数据围绕故障概率曲线对称排列,则在概率图的视觉检查中,不管是综合曲率还是模型,确定的系数(r^2)都可能接近于 1。因此,在后面章节中选择优选的统计寿命模型时,基本依靠对故障概率曲线的视觉检查。

(3) χ^2 检验结果误导了正态模型的选择。在随后的案例研究分析中会出现一些例子,其中 χ^2 检验结果显示是错误的(8.10 节)。

(4) 通常利用相对较小的"真实"设备故障时间集合进行可靠性分析,以便对工作在相同条件下的较大相同未选用设备群体进行可靠性估计。需要注意的是,与表 9.3 中所示值相似的真实设备的故障阈值估计值的可信度较值得可疑,除非有证据,而不是提供要分析的采样群体,来证明未选用群体中没有早期故障、畸形和早期耗损损故障这些情况。在预测未选用设备的安全寿命中,对早期故障显著的群体会产生威胁。

参考文献

[1] Reliasoft™ Weibull 6++. Life Data *Analysis Reference*, 35-36. Median ranks are used to estimate probabilitiesof failure.

[2] R. D. Leitch, Reliability *Analysis for Engineers* (Oxford, New York, 1995), 132.

[3] P. A. Tobias and D. C. Trindade, Applied Reliability, 2nd edition (Chapman & Hall/CRC Press, NewYork, 1995), 147.

[4] F. Jensen, *Electronic Component Reliability: Fundamentals, Modelling, Evaluation, and Assurance* (Wiley, New York, 1995), 69.

[5] F. H. Reynolds, Accelerated test procedures for semiconductor components, *IEEE 15th AnnualProceedings of the Reliability Physics Symposium*, Las Vegas, NV, 166-178, 1977.

[6] J. M. Towner, Are electromigration failures lognormally distributed? *IEEE 28th Annual ProceedingsReliability Physics Symposium*, New Orleans, LA, 100-105, 1990.

[7] G. M. Kondolf and A. Adhikari, Weibull vs. lognormal distributions for fluvial gravel, *J. Sediment. Res.*, 70 (3), 456-460, May 2000.

[8] R. B. Abernethy, *The New Weibull Handbook*, 4th edition (Abernethy, North Palm Beach, Florida, 2000), 1-8.

[9] C. Whitman and M. Meeder, Determining constant voltage lifetimes for silicon nitride capacitors in aGaAs IC process by a step stress method, *Microelectr. Reliab.*, 45, 1882-1893, 2005.

第 10 章　50 台理想对数正态设备

式(9.1)的对数正态等效形式如式(10.1)所示[1,2]：

$$F(t)=\Phi\left[\frac{\ln t-\ln\tau_{m}}{\sigma}\right] \tag{10.1}$$

式中，τ_m 为中值寿命；σ 为对数正态形状参数；Φ 函数为标准正态累积分布函数[3]。时间尺度相同时，$\ln\tau_m=4.3247$ 和 $\sigma=0.6123$ 的值取自图 9.2 的数值分析。对于样本量 $N=50$ 和 $k=1,2,3,\cdots,50$，以式(9.2)计算的值填入正态表[3]中，且方括号内因子的数值可以在正态表的纵坐标和横坐标中得到。以任意单位(au)计算的故障时间 t，列在表 10.1 中。

表 10.1　50 个理想对数正态故障时间(au)

19.64	24.63	28.19	31.28	33.66	36.01	38.28	40.33	42.48	44.34
46.29	48.31	50.12	52.00	53.94	55.96	57.70	59.86	61.72	63.64
65.82	67.86	69.97	72.15	74.39	76.71	79.09	81.55	84.08	86.70
89.67	92.46	95.33	98.59	101.97	105.79	109.75	113.85	118.11	123.29
128.69	134.32	141.50	149.06	158.47	169.51	184.12	202.45	231.64	290.54

10.1　分析 1

双参数对数正态模型($\sigma=0.61$)、Weibull 模型($\beta=2.10$)和正态 RRX 故障概率图分别如图 10.1 至图 10.3 所示。对数正态曲线显示完美的直线拟合，而 Weibull 和正态曲线显示下凹曲率。众所周知，在 Weibull 图中的对数正态分布数据将呈现下凹曲率[4-8]。统计拟合优度(GoF)检验结果如表 10.2 所列。对前三行的比较表明，GoF 检验结果从左向右逐渐变差。Weibull 模型中相对较大的 r^2 值是图 10.2 中所示的曲线周围的故障时间对称聚类的结果。修改的 Kolmogorov-Smirnov(mod KS)检验提供了有说服力的辨别。有利于 Weibull 模型的卡方(χ^2)检验结果与其他检验结果以及视觉检查不一致。即使样本大小为 50，χ^2 检验结果也是异常的(8.10 节)。

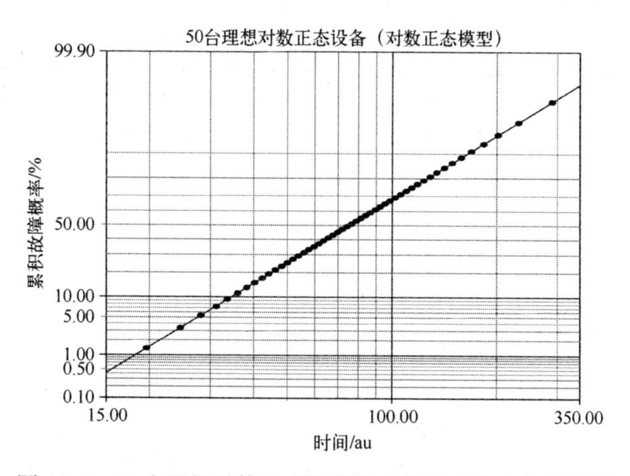

图 10.1　50 个理想对数正态故障的双参数对数正态概率图

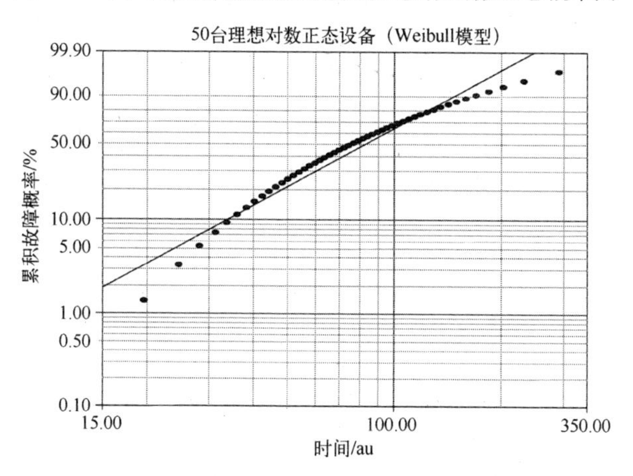

图 10.2　50 个理想对数正态故障的双参数 Weibull 概率图

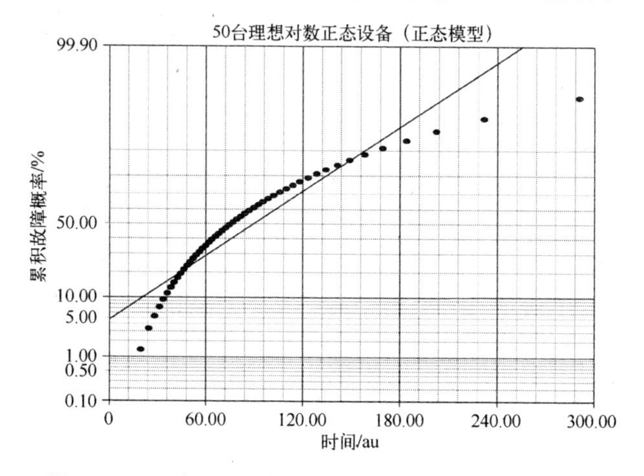

图 10.3　50 个理想对数正态故障的双参数正态概率图

表 10.2 GoF 检验结果(RRX)

检验方法	对数正态模型	Weibull 模型	正态模型
线性回归 r^2	1.0000	0.9549	0.8757
Lk	-260.8212	-266.4936	-271.6255
mod KS/%	10^{-10}	2.3176	46.5429
χ_2/%	1.08×10^{-2}	3.37×10^{-3}	1.12×10^{-1}

图 10.4 是对数正态故障率图。最大值发生在 $t\approx110$au,然后故障率下降。这与对数正态故障率的预期行为一致,其在 $t=0$ 时为零,上升到最大值,然后在 $t\to\infty$ 时趋近于零(图 6.2)。故障率下降的部分被认为是对数正态模型描述耗损故障的一个令人反感的方面[9-15]。相反情况已经在半导体激光器和电迁移故障的背景下进行了讨论(7.17.3 节),其中对数正态模型提供优选的特性。对数正态模型也被选择用于为本书第二部分中许多实际故障数据集提供最佳描述。

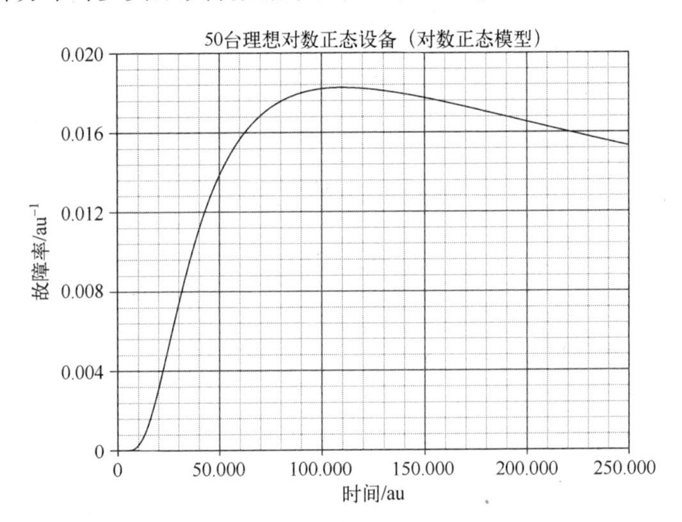

图 10.4 50 个理想对数正态故障的对数正态故障率图

如果双参数对数正态模型的 σ 满足 $\sigma<1$,则可能存在故障率相对较低的初始时间段(图 6.2)。例子如图 10.4 所示,从 $t=0$ 到 $t\approx7$au 为相对无故障期。10.4 节给出了更为定量的估计。

与第 9 章中的分析类似,可以利用双参数对数正态模型来估计无故障期或安全寿命,该模型强烈取决于名义上相同的未选用群体的样本大小。因此,对于双参数对数正态模型,t_{FF}(对数正态)可以称为条件无故障期,这将在 10.4 节中得到说明。

10.2　分析 2

在后续章节中常出现这样的情形，即故障数据在如图 10.2 所示的双参数 Weibull 概率图中呈现下凹曲率。在这种情况下，可以尝试利用 Weibull 模型证明，有以下几个原因：①类似设备的先前故障数据已由双参数 Weibull 模型(8.4 节)充分描述；②双参数 Weibull 模型是流行的，因为它在数学上易于处理、广泛利用，且当 $\beta>1$ 时，其故障率随时间单调增加，符合关于机械物品如轮胎和鞋子的常规疲劳预期(7.17.3 节)；③如上所述，不倾向利用对数正态模型[9-15]来描述长期“耗损”故障，因为在上升到最大值之后，其故障率随着 $t\to\infty$ 降低到零。

虽然在本案例中不合理，但可以利用表 10.1 中列出的“理想”对数正态故障时间的 Weibull 模型来得到可接受的故障概率图。在第一个案例中，图 10.2 所示的 RRX 概率图可以通过包含 4 个子群体的 Weibull 混合模型(8.6 节)来描述，每个子群体由双参数 Weibull 模型描述，但相应的形状参数(β_k)、特征寿命或规模参数(τ_k)和子群体分数(f_k)都不同，其中 $k=1\sim4$。4 个子群体 Weibull 混合模型 RRX 故障概率图如图 10.5 所示，其拟合得非常好。双参数 Weibull 形状参数和子群体分数为 $\beta_1=3.59$，$f_1=0.128$，$\beta_2=3.21$，$f_2=0.295$，$\beta_3=2.80$，$f_3=0.380$，$\beta_4=2.24$，$f_4=0.197$，$f_1+f_2+f_3+f_4=1$。表 10.3 给出的 GoF 检验结果(包括表 10.2 中的结果)显示，Weibull 混合描述优于或相当于双参数对数正态模型，包括典型的异常 χ^2 检验结果(8.10 节)。不过在这种情况下，利用 Weibull 混合模型在开始是不合理的。

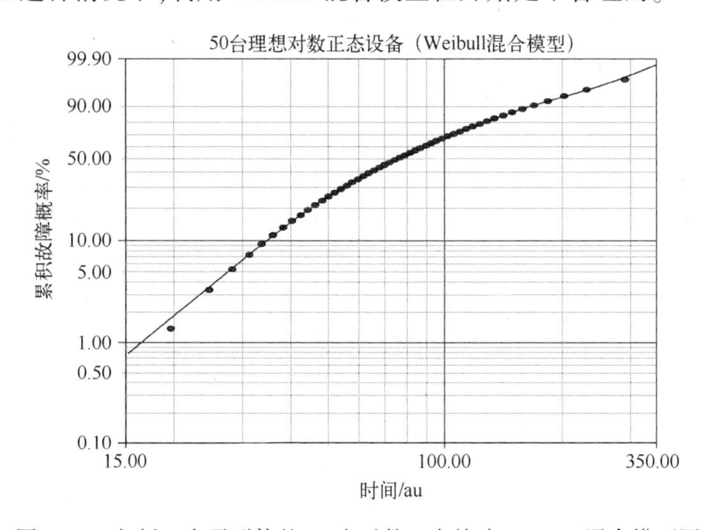

图 10.5　包括 4 个子群体的 50 个对数正态故障 Weibull 混合模型图

表 10.3　GoF 检验结果(RRX)

检验方法	对数正态模型	Weibull 模型	正态模型	Weibull 混合模型
r^2(RRX)	1.0000	0.9549	0.8757	—
Lk	−260.8212	−266.4936	−271.6255	−260.8179
mod KS/%	10^{-10}	2.3176	46.5429	10^{-10}
χ^2/%	1.08×10^{-2}	3.37×10^{-3}	1.12×10^{-1}	1.53×10^{-5}

10.3　分析 3

在双参数 Weibull 概率图中，减小凹陷曲率广泛采用的方法是利用三参数 Weibull 模型(8.5 节)。式(10.2)给出了三参数 Weibull 模型的 RRX 故障概率函数，其中引入绝对故障阈值参数 t_0(三参数 Weibull 模型)。在该版本的 Weibull 模型中，预测从 $t=0$ 到 $t=t_0$ 的绝对无故障期。虽然开始时不合理，但是式(10.2)可以表示三参数 Weibull 模型，可以为"理想"对数正态故障时间提供非常好的拟合。

$$F(t)=1-S(t)=1-\exp\left[-\left(\frac{t-t_0}{\tau-t_0}\right)^{\beta}\right] \tag{10.2}$$

结果如图 10.6 所示，其中预测的绝对故障阈值 $t_0=16.20$au(三参数 Weibull 模型)由垂直虚线突出显示。针对阈值时间调整的三参数 Weibull($\beta=1.43$)RRX 概率图(圆)与图 10.6 中所示的直线良好拟合。还显示了未调整的绝对阈值时间的双参数 Weibull RRX 图(三角形)，该图良好拟合了曲线，反映了图 10.2 所示的整个阵列的曲率。

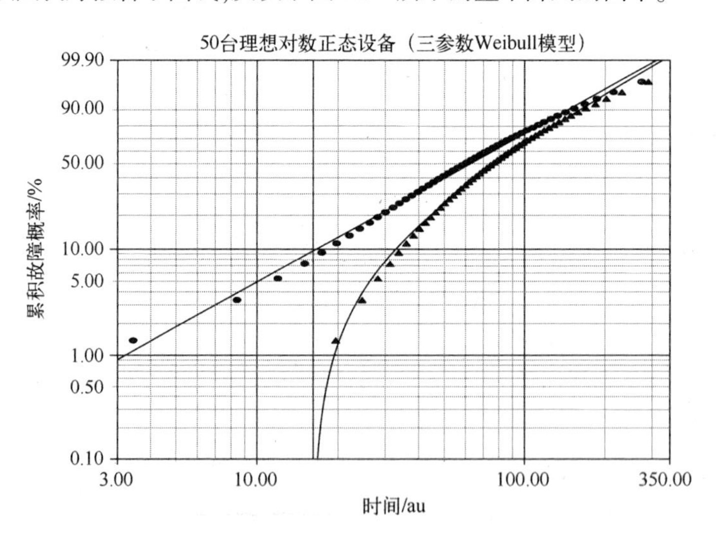

图 10.6　50 个理想对数正态故障的三参数 Weibull 概率图

不过,通过对图 10.6 所示的目视检查,优选图 10.1 所示的双参数对数正态模型描述。沿着故障阵列观察发现,在三参数 Weibull 图中存在显著的残余下凹曲率。与下端和上端直线拟合的故障时间偏差以及主阵列曲线以上的时间膨胀部分表明,利用三参数 Weibull 模型是不合理的[16]。

例如,为了计算如图 10.6 所示三参数 Weibull 图的首次故障时间,必须从首次故障时间 19.64au 中减去绝对故障阈值 t_0 = 16.20au(三参数 Weibull 模型),如表 10.1 所列。结果是 t_1(三参数 Weibull 模型) = 19.64 − t_0(三参数 Weibull 模型) = 19.64 − 16.20 = 3.44au。

对表 10.2 进行修改得到表 10.4,包括三参数 Weibull 模型的 GoF 检验结果。基于 GoF 检验结果,三参数 Weibull 模型提供了与双参数对数正态模型相当的拟合。例如,由于图 10.6 中曲线周围数据的对称聚集,r^2 = 0.994(99.4%)可以看作是对数正态数据几乎完美的直线拟合。mod KS 检验对图 10.6 中 F = 10%以上的曲线周围紧密聚集的数据非常轻微的曲率最敏感。χ^2 检验结果倾向于三参数 Weibull 模型是有误导性的(8.10 节)。

表 10.4 GoF 检验结果(RRX)

检验方法	对数正态模型	Weibull 模型	正态模型	三参数 Weibull 模型
r^2(RXX)	1.0000	0.9549	0.8757	0.9940
Lk	−260.8212	−266.4936	−271.6255	−260.8186
mod KS/%	10^{-10}	2.3176	46.5429	8×10^{-9}
χ^2/%	1.08×10^{-2}	3.37×10^{-3}	1.12×10^{-1}	9.62×10^{-3}

10.4 分析 4

双参数 Weibull 和对数正态故障概率图对故障时间的直线拟合都很好,双参数 Weibull 模型模型在对早期故障时间进行故障概率估计时,比双参数对数正态模型更保守(较不乐观)(8.4.1 节)。因此,对于给定的故障时间,双参数 Weibull 模型将预测出比对数正态模型更高的故障概率。类似地,对于给定的故障概率,双参数 Weibull 模型将预测出比对数正态更低的故障时间。这一情况可以通过比较图 10.1 和图 10.2 所示曲线的早期时间预测得出。

不过,当将第一次故障时间的三参数 Weibull 模型估计与来自双参数对数正态模型的三参数 Weibull 模型估计进行比较时,结果可能是相反的。在典型情况下,双参数对数正态预测更保守(较不乐观),三参数 Weibull 估计更乐观(较不保守)。

表 10.5 列出了双参数对数正态模型和三参数 Weibull 模型的无故障期、安全寿

命或故障阈值 t_{FF}(8.8节)的估计值,该估计值是未选用"理想"群体第一次故障的样本大小 SS 和故障概率 F 的函数。在第一种情况下,未选用群体由10台理想设备组成,这10台理想设备与图10.1和图10.6中表征的50台理想设备相同。假设这10台理想设备在与产生50个理想故障时间相同的条件下工作,如表10.1所列。

图10.1所示的曲线在 t_{FF}(对数正态)= 35.54au 处与 F=10.00%相交,如表10.5所列。类似地,图10.6所示的曲线在16.70au处与 F=10.00%相交,使得表10.5中计算的 t_{FF}(三参数Weibull模型)= 32.90au。三参数Weibull模型给出了更保守(不太乐观)的估计,因为它是在 SS=10时预测的故障阈值,即未选用群体第一次故障的时间,比双参数对数正态模型预测的故障阈值更早发生。

表10.5 双参数对数正态和三参数Weibull时间阈值的比较

模型 \ 数据	故障率 F/%	样本数量 SS	故障阈值 t_{FF}/au	文献出处
对数正态	10.00	10	35.54	图10.1
三参数Weibull	10.00	10	t_0+16.70=16.20+16.70=32.90	图10.6
对数正态	1.00	100	18.24	图10.1
三参数Weibull	1.00	100	t_0+3.23=16.20+3.23=19.43	图10.6
对数正态	0.10	1000	11.44	图10.7
三参数Weibull	0.10	1000	t_0+0.65=16.20+0.65≈16.85	图10.8
对数正态	0.01	10,000	7.80	图10.7
三参数Weibull	0.01	10,000	t_0+0.14=16.20+0.14≈16.34	图10.8
对数正态	0.001	100,000	5.59	图10.7
三参数Weibull	0.001	100,000	t_0+≈0.03=16.20+0.03≈16.23	图10.8

不过,将50个设备老化至故障,以估计未选用的10台设备的第一次故障时间并不常见。更典型的是,未选用群体比在实验室内的仿真场地条件下试验至故障的样本群体大得多。表10.5所示的 t_{FF}(对数正态模型)和 t_{FF}(三参数Weibull模型)估计是针对样本大小范围为 SS=10~100000的未选用理想设备群体进行的。

当样本大小超过 SS=100时,在进行故障阈值估计时,利用三参数Weibull模型比双参数对数正态模型变得越来越不保守,即更乐观(图10.7,图10.8)。

表10.5中样本大小超过 SS=100时,三参数Weibull模型的故障阈值逐渐接近极限 t_{FF}(三参数Weibull模型)→t_0(三参数Weibull模型)= 16.20au,因此 t_{FF}(三参数Weibull模型)可以称为无条件故障阈值,因为对于大的未选用群体,故障阈值仅在样本大小上弱化,并且有一个绝对下限 t_0(三参数Weibull模型)。另一方面,双参数对数正态模型的故障阈值强烈取决于样本大小,因此 t_{FF}(对数正态)可以称为条件故障阈值。

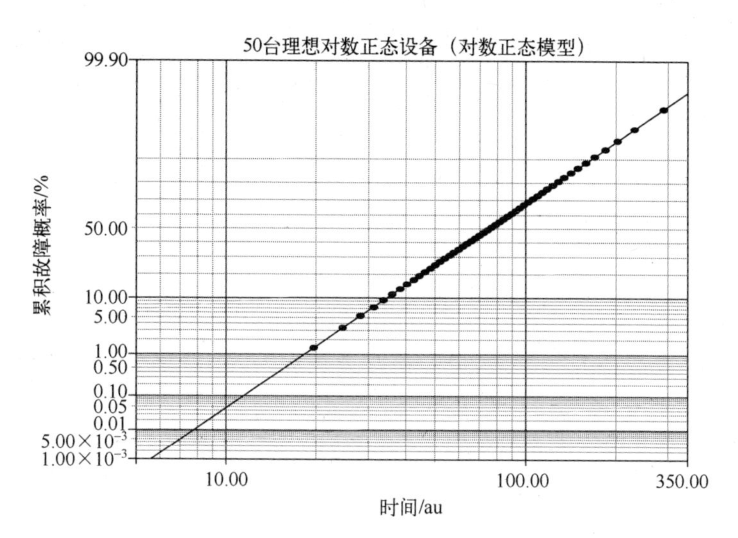

图 10.7 时间扩展的双参数对数正态概率图

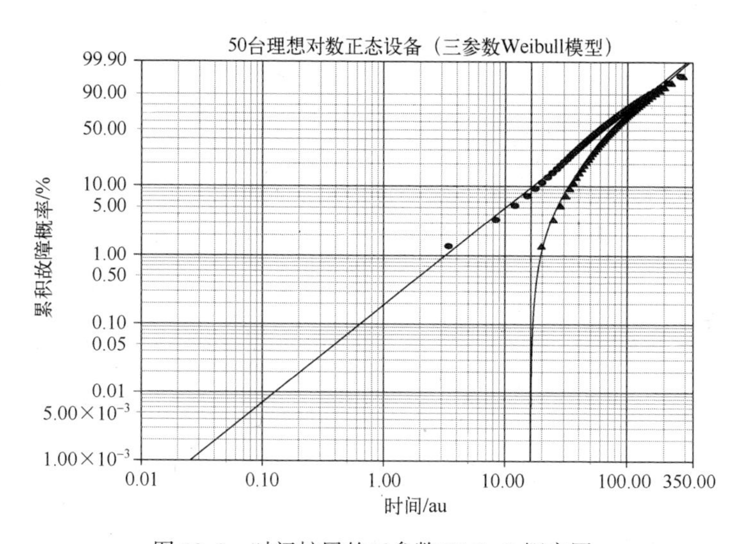

图 10.8 时间扩展的三参数 Weibull 概率图

注意，对于 $SS=20000$ 的未选用群体，图 10.7 所示的曲线在 t_{FF}（对数正态）=7.02au 处与 $F=0.005\%$相交。因此，10.1 节估计的无故障区域大约为 7au，这对应于群体数 $SS=20000$ 的未选用理想对数正态设备的第一次故障时间。

10.5 结论

(1) 与双参数对数正态模型描述拟合的直线一致的数据,在双参数 Weibull 模型描述中会出现向下凹陷[4-8]。

(2) 目前双参数对数正态模型($\sigma=0.61$)描述与直线一致,而双参数正态模型描述将出现下凹。不过,如果对数正态形状参数 σ 满足 $\sigma<0.20$,则对数正态模型描述的数据可以通过正态模型来描述,反之亦然(8.7.2 节)。

(3) 与双参数对数正态特征一致的数据,在双参数 Weibull 分布中出现下凹,不过可以利用多参数 Weibull 混合模型或三参数 Weibull 模型来相当好地表示。

(4) 分析“真实”故障数据的目的是在故障概率图中提供可接受的直线拟合,优先利用双参数模型(8.2 节)。当双参数对数正态模型特征可以对正态数据进行可接受的拟合时,多参数模型的选择对于设备制造商是没有吸引力的,因为在数据下尾部之后,利用双参数对数正态模型描述进行寿命预测时,会失去简单性。众所周知,利用多参数模型通常会得到可比较的或改进的视觉适应和 GoF 检验结果。

(5) 在下尾部和上尾部以及主阵列曲线上方故障时间的隆起与直线拟合存在偏差时,利用三参数 Weibull 模型是不合理的[16]。

(6) 没有额外的支撑性试验证据,利用三参数 Weibull 模型是任意的,因此是不合理的[17,18],这有可能提供对绝对故障阈值过度乐观的评估[18]。

(7) 利用三参数 Weibull 模型导出的无条件故障阈值与利用双参数对数正态模型导出的条件故障阈值进行比较,有助于证明未选用群体下尾部的故障阈值的三参数 Weibull 模型估计,比双参数对数正态模型的相应估计更不保守,即更乐观。

(8) 对于大的未选用群体,三参数 Weibull 模型的故障阈值估计 t_{FF}(三参数 Weibull 模型)具有更低的下限,等于绝对故障阈值 t_0(三参数 Weibull 模型)。双参数 Weibull 模型(第 9 章)或对数正态模型没有可比较的下限。

(9) 不过,对于“真实”而不是“理想”的故障数据集,对于较大的未选用群体,不管是有条件还是无条件无故障时间间隔估计或许都是可疑的,因为没有证据证明,在无故障域估计中,很大群体的早期故障或畸形故障不可能发生。

(10) 在本案例中,双参数对数正态模型描述的选择用 Occam 的启发式最大值表示,即“实体不应该不必要地倍增”。这是经济方面解释的原则。假定两个模型提供同样适当的描述,则要选择假设较少且包含较少参数的较简单模型。在这种情况的基础上,十一参数 Weibull 混合模型和三参数 Weibull 模型被拒绝。显然,这两个模型在开始时都会被拒绝用于表征理想对数正态数据。

(11) 不管样本群体的规模有多大,在双参数对数正态模型之前选择双参数 Weibull 和三参数 Weibull 模型及 Weibull 混合模型,χ^2 检验结果都不正确。在随后的案例研究分析中会有许多例子,其中 χ^2 检验结果显示是错误的(8.10 节)。

参考文献

[1] P. A. Tobias and D. C. Trindade, *Applied Reliability*, 2nd edition (Chapman & Hall/CRC Press, New York, 1995), 121-122.

[2] L. C. Wolstenholme, *Reliability Modelling: A Statistical Approach* (Chapman & Hall/CRC Press, New York, 1999), 64.

[3] P. A. Tobias and D. C. Trindade, *Applied Reliability*, 2nd edition (Chapman & Hall/CRC Press, New York, 1995), 1, 108-109.

[4] F. H. Reynolds, Accelerated test procedures for semiconductor components, *IEEE 15th AnnualProceedings of the Reliability Physics Symposium*, Las Vegas, NV, 166-178, 1977.

[5] J. M. Towner, Are electromigration failures lognormally distributed? *IEEE 28th Annual ProceedingsReliability Physics Symposium*, New Orleans, LA, 100-105, 1990.

[6] G. M. Kondolf and A. Adhikari, Weibull vs. lognormal distributions for fluvial gravel, *J. Sediment. Res.*, 70 (3), 456-460, May 2000.

[7] R. B. Abernethy, *The New Weibull Handbook*, 4th edition (Abernethy, North Palm Beach, Florida, 2000), 1-8.

[8] C. Whitman and M. Meeder, Determining constant voltage lifetimes for silicon nitride capacitors in aGaAs IC process by a step stress method, *Microelectr. Reliab.*, 45, 1882-1893, 2005.

[9] L. C. Wolstenholme, *Reliability Modelling: A Statistical Approach* (Chapman & Hall/CRC Press, New York, 1999), 30.

[10] A. M. Freudenthal, Prediction of fatigue life, *J. Appl. Phys.*, 31 (12), 2196-2198, December 1960.

[11] R. A. Evans, The lognormal distribution is not a wearout distribution, *Reliab. Group Newslett. IEEE*, 15(1), 9, January 1970.

[12] M. J. Crowder, A. C. Kimber, R. L. Smith, and T. J. Sweeting, *Statistical Analysis of Reliability Data* (Chapman & Hall, London, 1991), 24.

[13] R. L. Smith, Weibull regression models for reliability data, *Reliab. Eng. Syst. Saf.*, 34, 55-77, 1991.

[14] F. Jensen, *Electronic Component Reliability: Fundamentals, Modelling, Evaluation, and Assurance* (Wiley, New York, 1995), 63.

[15] M. T. Todinov, *Reliability and Risk Models: Setting Reliability Requirements* (Wiley, Hoboken, New Jersey, 2005), 46.

[16] D. Kececioglu, *Reliability Engineering Handbook*, Volume 1 (Prentice Hall, New Jersey, 1991), 309.

[17] R. B. Abernethy, *The New Weibull Handbook*, 4th edition (Abernethy, North Palm Beach, Florida, 2000), 3-9.

[18] B. Dodson, *The Weibull Analysis Handbook*, 2nd edition (ASQ Quality Press, Milwaukee, Wisconsin, 2006), 35.

第 11 章　50 台理想正态设备

式(9.1)的正态等效形式如式(11.1)所示：

$$F(t)=\Phi\left[\frac{t-\tau_{\mathrm{m}}}{\sigma}\right] \tag{11.1}$$

表 11.1 中列出的任意单位(au)故障时间 t 按第 10 章所述方法进行计算。选择的参数为 $N=50,\tau_{\mathrm{m}}=130,\sigma=50$。

表 11.1　50 个理想正态故障时间(au)

20.00	38.50	49.50	58.00	64.00	69.50	74.50	78.75	83.00	86.50
90.00	93.50	96.50	99.50	102.50	105.50	108.00	111.00	113.50	116.00
118.75	121.25	123.75	126.25	128.75	131.25	133.75	136.25	138.75	141.25
144.00	146.50	149.00	151.75	154.50	157.50	160.50	163.50	166.50	170.00
173.50	177.00	181.25	185.50	190.50	196.00	202.75	210.50	221.50	240.00

11.1　分析 1

图 11.1 至图 11.3 分别给出了双参数正态模型、Weibull 模型($\beta=2.63$)和对数正态模型($\sigma=0.46$)故障概率 RRX 图。统计拟合优度(GoF)检验的结果如表 11.2 所列。

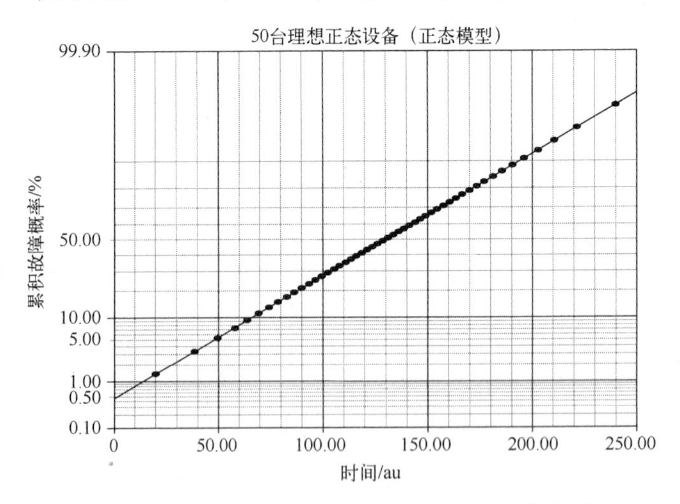

图 11.1　50 个理想正态故障的双参数正态概率图

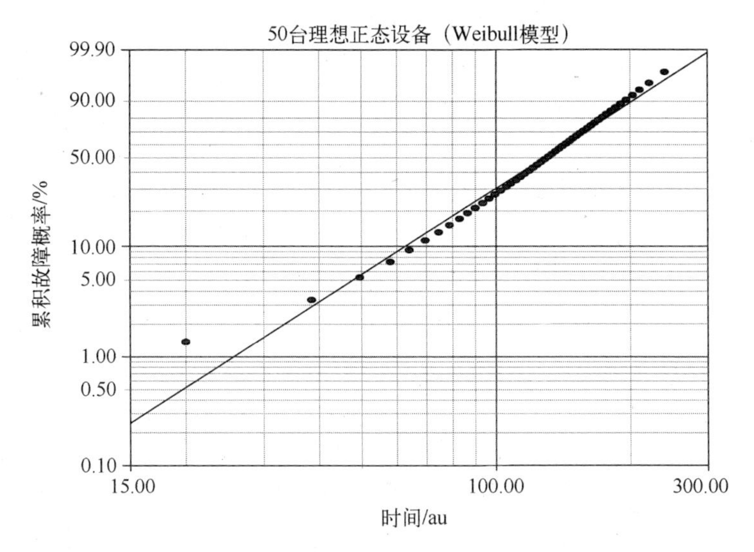

图 11.2　50 个理想正态故障的双参数 Weibull 概率图

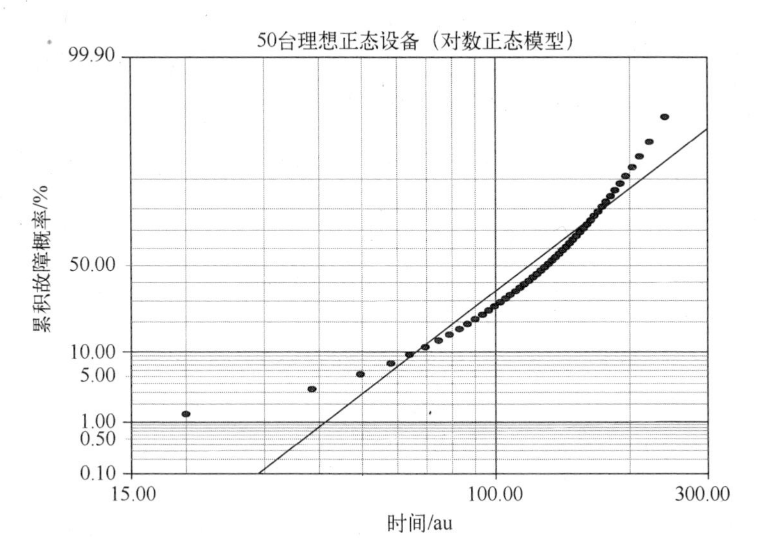

图 11.3　50 个理想正态故障的双参数对数正态概率图

按照设计,图 11.1 的正态概率图显示了一条与故障时间完美拟合的直线。图 11.3 中的对数正态图显示向上凹的曲率,如图 9.2 中理想 Weibull 数据所示。图 11.2 中对 Weibull 图的目视检查显示大致可以接受,表 11.2 所示的改进 Kolmogorov-Smirnov (mod KS)结果对理想正态故障时间的描述。表 11.2 中 Weibull 模型的 r^2 值较大,这是因为图 11.2 所示曲线周围的故障时间呈对称分布。

表 11.2 GoF 检验结果(RXX)

检验方法	正态模型	Weibull 模型	对数正态模型
r^2(RXX)	1.0000	0.9811	0.8956
Lk	-264.7085	-265.1970	-271.5988
mod KS/%	10^{-10}	10^{-10}	19.2019
χ^2/%	0.0108	0.0507	0.0836

11.2 分析 2

如图 11.2 所示的目视检查和 GoF 检验结果表明,由双参数正态模型描述的数据可以近似用β=2.63 的双参数 Weibull 模型描述(8.7.1 节)。给定表 11.1 所示的故障时间,但没有任何其他信息,例如知道故障时间是“理想”正态的,通常选择双参数 Weibull 模型作为分析首选的模型[1],这种情况如图 11.2 所示。这个选择可以通过图 11.3 中双参数对数正态模型的上凹分布来确认。

图 11.2 中的第一次故障位于曲线的上方,并且可以看作是一种早期故障类型的一个离群值,而不是主要群体的一部分,因为纵坐标上的故障关联概率大于第一次故障时由曲线预测的概率。相对于故障主体,第一次故障的存在改变了图 11.2 中曲线的方向。不过请注意,对于 Weibull 模型,仅有的 GoF 检验结果并没有给出异常值故障存在的指示,这在图 11.2 中是显而易见的。因此,除了它们各自的 GoF 检验结果之外,若只有 Weibull 和对数正态概率图,则选择双参数 Weibull 模型。

表 11.1 唯一给出的是,对于图 11.2 中的第一个故障有两种可能的情况。情况 1:可能是一台同时易受耗损和衰竭故障机制的设备中的早期故障;情况 2:可能表示一个与其他设备没有共同故障机制的单个设备的单独子群。

对于情况 1,应当检查第一次故障时间。第一次故障时间并未绘制到图中,因此不能用作拟合分布的数据点。存在这样的事实,即早期故障设备累积各自的小时,而不会由于损耗机制而发生故障。通过检查或暂停假设的早期故障的时间,该装置由于耗损机制则不再具有任何故障的可能性,因为其老化停止。如果表 11.1 中的第一次故障时间对应于老化插座故障,而不是设备故障的时间,则检查也是适当的。

对于情况 2,可以从群体中移除第一次故障时间,并且将剩余故障时间作为原始群体的构成来绘制图线。

11.2.1 情况 1

如果检查图 11.2 中的第一次故障,则图 11.4 中的双参数 Weibull 模型(β=3.0797)RRX 故障概率图显示为一条几乎完美拟合的直线,如表 11.3 中的 GoF 检验结果所列，表 11.3 是将表 11.2 进行修改，加入图 11.4 的 GoF 检验结果。对于表 11.3 中列出的经检查的 Weibull 数据，$r^2 = 99.98\% \approx 100\%$。基于正态模型检查出的第一次故障，表 11.3 中给出的最大对数正态似然(Lk)检验结果倾向于选择 Weibull 模型，而 mod KS 检验则没有差别。χ^2 检验结果支持正态模型。形状参数 $\beta \approx 3.08$ 落在 Weibull 模型可以描述正常数据的范围内(8.7.1 节)。

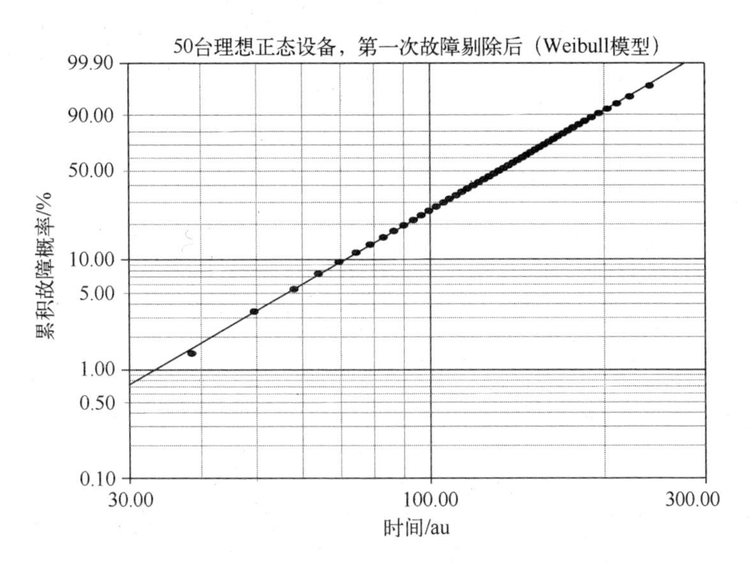

图 11.4　第一次故障剔除后的双参数 Weibull 概率图

表 11.3　GoF 检验结果(RXX)

检验方法	正态模型	Weibull 模型	对数正态模型	首次故障检查后，Weibull 模型
r^2(RXX)	1.0000	0.9811	0.8956	0.9998
Lk	−264.7085	−265.1970	−271.5988	−256.6240
mod KS/%	10^{-10}	10^{-10}	19.2019	10^{-10}
χ^2/%	0.0108	0.0507	0.0836	0.0154

11.2.2　情况 2

如果移除图 11.2 中的第一次故障，则图 11.5 中的双参数 Weibull($\beta = 3.0824$) RRX 故障概率图显示为一条几乎完美拟合的直线，如表 11.4 中的 GoF 检验结果所列，表 11.4 是在表 11.2 中加入图 11.5GoF 检验结果修改后得到的。对于表 11.3 中所列移除的 Weibull 数据，$r^2 = 99.98\% \approx 100\%$。表 11.4 中的 Lk 检验结果倾向于选择 Weibull 模型，其中第一次故障在正态模型上被移除，而 mod KS 检验没有差别。χ^2 检验结果支持正态模型。形状参数 $\beta \approx 3.08$ 落在 Weibull 模型可以描述正常数据的范围内(8.7.1 节)。

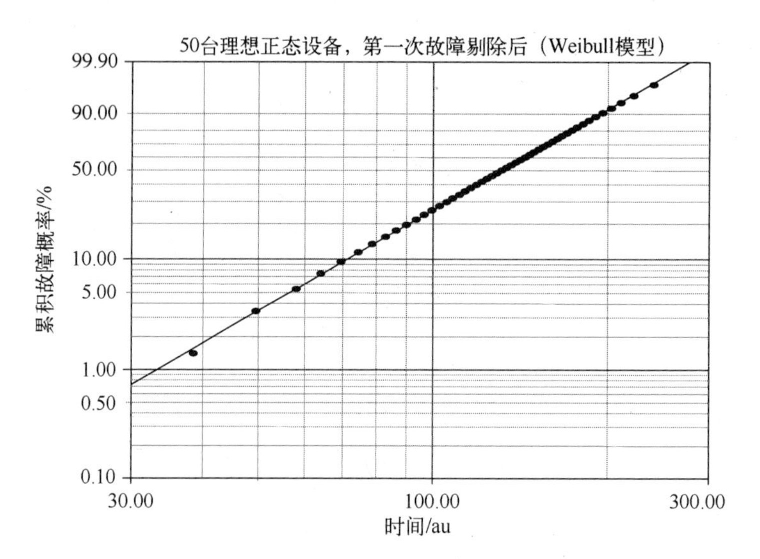

图 11.5 第一次故障剔除后的双参数 Weibull 概率图

表 11.4 GoF 检验结果(RXX)

检验方法	正态模型	Weibull 模型	对数正态模型	首次故障移除后,Weibull 模型
r^2(RXX)	1.0000	0.9811	0.8956	0.9998
Lk	-264.7085	-265.1970	-271.5988	-256.6196
mod KS/%	10^{-10}	10^{-10}	19.2019	10^{-10}
χ^2/%	0.0108	0.0507	0.0836	0.0150

无论第一次故障是被检查还是移除,RRX 分析给出的故障概率图、Weibull 形状参数 β 和特征寿命 τ 的值几乎相同。这个结果是合理的,因为在 20.00au 的第一次故障在时间上有点远离在 38.50au 的第二次故障,第一次故障只占群体总数的 2%。第一次故障检查或移除的 Weibull 模型为理想正态数据提供与包括所有故障的正态模型一样好的描述。Weibull 模型适应正态数据的能力可能是正态模型不常用于可靠性分析的原因之一[1]。因为通常分析的第一选择是双参数 Weibull 模型,问题是"正态"故障数据可能被误解为符合具有早期故障的 Weibull 模型描述。

第一次故障检查后的正态 RRX 故障概率图的影响如图 11.6 所示。通过沿着曲线的观察和与图 11.1 相比较,可以看出分布是稍微下凹的。虽然 50 个理想正态故障的数量很大,但是第一个故障的无授权检查(8.4.3 节)在图 11.6 的下尾部发生下凹。

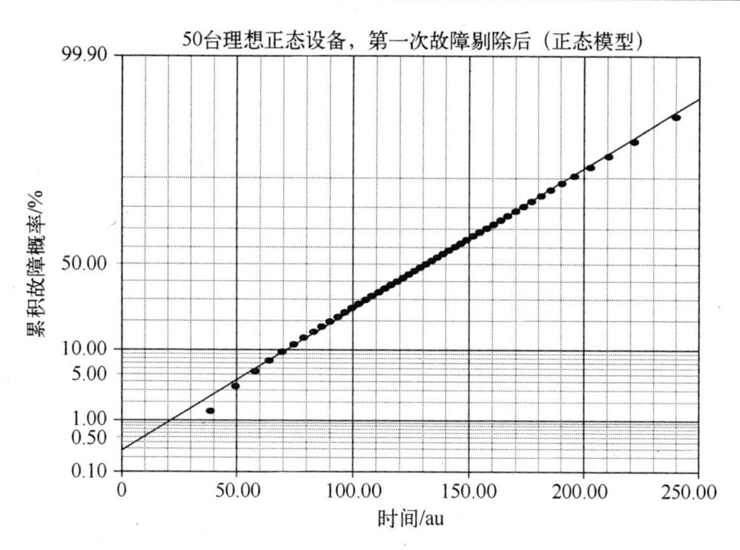

图 11.6 第一次故障剔除后的双参数正态概率图

图 11.7 给出了 50 个理想正态故障时间的双参数正态故障率曲线。与图 11.8 中第一次故障检查后的正态数据的双参数 Weibull 故障率图进行比较。两条曲线随时间和重叠线性超前,直到 $t\approx180$au,此后 Weibull 故障率增加得更快。

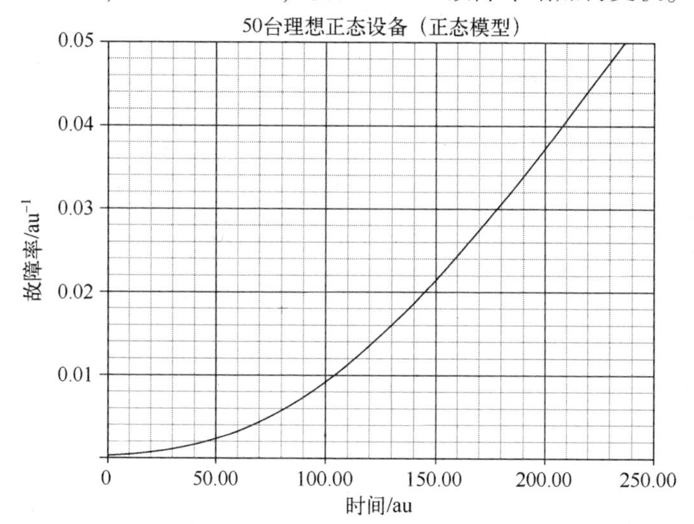

图 11.7 50 个理想正态故障的正态故障率图

图 11.8 是一个例子,其中双参数 Weibull 模型描述可以在范围 $t=0$ 至 $t\approx10$au 内具有相对无故障期。相比之下,图 11.7 是另外一个例子,其中双参数正态模型描述在相同范围内可能不具有相对无故障期,因为正态模型适应的时间值 $t<0$。在

图 11.7中,$t=0$ 时正态模型故障率大于零,这与观察结果一致。

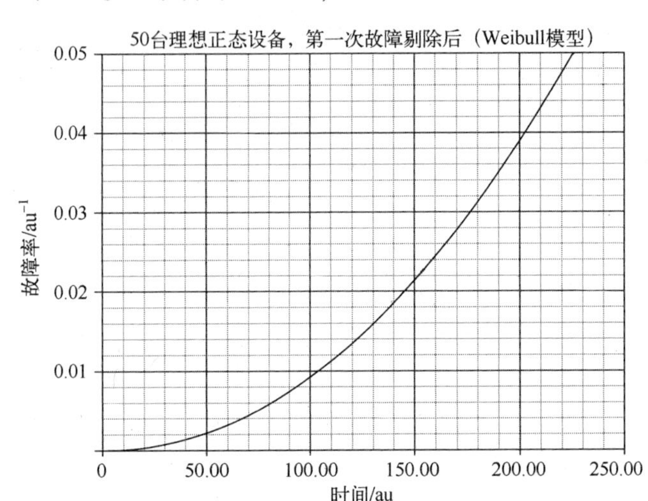

图 11.8 第一次故障剔除后的 50 个理想正态故障的 Weibull 故障率图

11.3 分析 3

在第一次故障检查后,图 11.4 所示的“理想”正态数据转换为图 11.4 所示的准理想 Weibull 数据。正如第 9 章和第 10 章分别对理想 Weibull 和对数正态数据所讨论的那样,通过检查第一次故障产生的准理想 Weibull 数据,可以估计条件故障阈值、安全寿命或无故障间隔 t_{FF}(Weibull 模型)(8.8 节)。故障时间阈值以未选用群体的样本大小 SS 为条件。

表 11.5 中的 t_{FF}(Weibull 模型)估计是样本大小 SS 的函数,样本大小每增加 10 倍,t_{FF}(Weibull 模型)的值减小 1/2。图 11.9 是图 11.4 的扩展比例图,它提供了对表 11.5 中估计值的视觉检查。在 $SS=10000$($F=0.01\%$)的群体中,第一故障发生在 t_{FF}(Weibull)= 7.44au,该处位于从图 11.8 的早期部分看到的 $t=0\sim10$au 的范围内。

表 11.5 第一次故障检查后的 Weibull 模型时间阈值

群体数目 SS	故障概率 F/%	故障阈值 t_{FF}/au	文献出处
100	1.00	33.3	图 11.4 和 11.9
1000	0.10	15.7	图 11.9
10000	0.01	7.44	图 11.9

对于表 11.5 中 $SS=100$ 的未选用群体,预计在 t_{FF}(Weibull 模型)= 33.3au 时,图 11.4 中的曲线与 $F=1.00\%$相交的情况下发生第一次故障。不过,时间阈值的估计

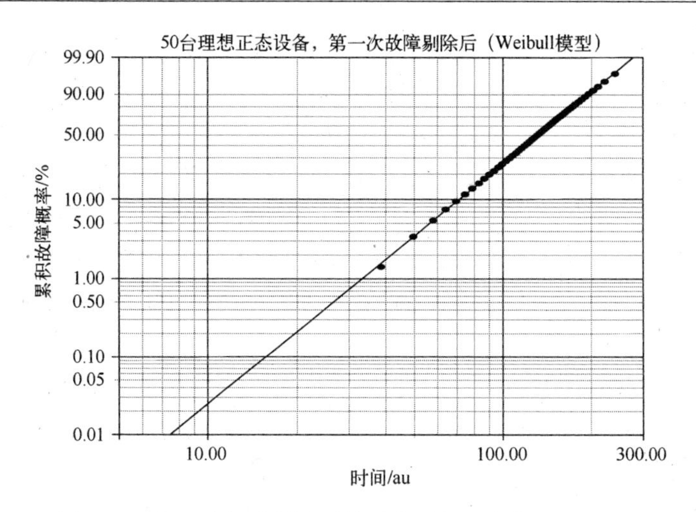

图 11.9 第一次故障剔除后扩展范围的双参数 Weibull 图

是有问题的。如果如 11.2.1 节所述,检查 20au 处的第一个故障,则条件无故障间隔的预测值 t_{FF}(Weibull 模型)= 33.3au 与 20au 处出现的故障是矛盾的。相反,如果在 20au 的第一个故障被移除,正如 11.2.2 节所述,因为它代表不同的设备数量,则无故障间隔 t_{FF}(Weibull 模型)= 33.3au 的预测就是可行的。

如果检查第一次故障时未选用群体的样本大小足够大,则由表 11.5 可知,对于 SS = 1000 和 10000,t_{FF}(Weibull 模型)的值小于 20au。在这些情况下,早期故障高于故障阈值估计,并且就像任何其他故障一样,发生在安全寿命间隔估计结束之后。

对于"真实"故障数据情况,故障阈值的计算提供的估计未授权。计算的目的是估计无故障区域或主要群体的安全寿命,而不是被一个或多个早期故障破坏的群体(8.4.2 节)。

在破坏性的早期故障之后选择安全寿命进行估计的理由是,制造商将承诺升级产品的筛选,以便在随后的运输中消除或大大减少早期故障子群体。以主要人口为代表的产品购买者期望所运送的单元在正常工作下的指定时间段内不会发生故障。

当然,存在替代选择,即利用未经检查的数据估计安全寿命。该选择的一个不好结果可能会是一个不可接受的保守的安全寿命估计值,可能阻碍产品的装运,因为它不能满足客户要求的安全寿命规格。虽然因为早期故障的筛选不完全,在某些产品中偶尔出现早期故障似乎是不可避免的,但是还是期望现存早期故障的数量小到可以接受。利用被早期故障破坏的数据进行安全寿命估计的另一个可能的不好结果是,可能不能准确表示随后的制造中存在的不同大小的早期故障子群的影响。

11.4 结论

(1) 对于选择的正态形状参数(σ = 50),理想的正态故障数据在双参数对数正态概率图中呈现上凹,并且在双参数 Weibull 概率图的下尾部略微向上凹陷。不过,注意到根据 Weibull 形状参数 β,正态分布数据可以用 Weibull 模型来表征,反之亦然(8.7.1 节)。同样,取决于对数正态形状参数 σ,正态分布数据可以用对数正态模型来表征,反之亦然(8.7.2 节)。

(2) GoF 检验中,r^2 和 mod KS 可以表示两个不同的统计寿命模型,可以对给定故障数据集提供同等适当的描述。不过,GoF 检验结果可能对单个早期故障或在概率分布中围绕曲线对称的故障数据的曲率不敏感。因此,在进行模型选择时,应该对故障概率图进行视觉检查。

(3) 在故障数据分析中,第一选择的统计寿命模型通常是双参数 Weibull 模型[1]。应该有理由相信此类数据应符合双参数正态模型表征。即使这些原因不明显,也应该采用双参数正态模型来分析故障数据,以防止对双参数 Weibull 模型做出不合理的选择。除了通常的 GoF 检验外,应包括对故障概率图进行分析。

(4) 由于正态模型适应时间的值 $t<0$,因此对于大的未选用群体的条件无故障间隔进行估计或许是不可能的,在本案例中亦是如此。

(5) 在正态分布数据中检查第一次故障,Weibull 模型与包括所有故障的正态模型一样可以提供很好的描述。当 $3.0\leq\beta\leq4.0$ 时,Weibull 模型适应正态数据(8.7.1 节)的能力可能是正态模型不常用于可靠性分析[1]的一个原因。因为通常分析的第一选择是双参数 Weibull 模型,问题是“正态”故障数据可能被误解为符合早期故障的 Weibull 模型描述。

(6) 尽管准理想 Weibull 故障时间阵列的故障阈值是人工估计的,因为正确的统计寿命模型是双参数正态,但是还是需要说明目的。对于“真实的”故障数据,几乎从来没有关于群体外的早期典型故障是被检查还是被移除的信息。谨慎表明是检查而不是移除,在无故障间隔估计可能有点问题时是合适的,因为检查故障处于无故障估计或安全寿命区域内。

(7) 对于“真实”的故障数据,在没有证据时,未选用设备的故障阈值估计的可信度不确定,这表明易发生早期故障的设备的潜能要么不存在,要么可以忽略。

(8) 检查后的故障时间低于故障阈值估计的事实对无故障间隔估计或安全寿命可能不产生致命影响,因为未选用的成熟组件群体只有一小部分,即使进行了筛选,也可能会受到不可避免发生早期故障的影响(7.17.1 节)。

参考文献

[1] R. B. Abernethy, *The New Weibull Handbook*, 4th edition (Abernethy, North Palm Beach, Florida, 2000), 1-6, 2-3.

第 12 章　50 台理想 Weibull 和对数正态设备

在考察与理想的故障数据相对应的实际数据之前,有必要研究故障概率图的视觉检查在选择能够提供最佳表征的统计寿命模型中可发挥的重要作用。由于与成本和时间表有关的实际原因,制造商可用的唯一的故障数据可能是由寿命测试得到的小样本群体,例如 SS=10~20。尽管认识到这样的数据可能会被证实不足以(8.11 节)进行可靠的可靠性估计,但是可能需要进行分析,因为定量分析至少比猜测的结果更好。前三章分析表明,当数据集很大(SS=50)时,很容易区分理想的 Weibull 模型、对数正态模型和正态模型的故障时间。例如,当样本数量很小时,也可以区分理想的 Weibull 和对数正态分布。

12.1　5 台理想 Weibull 设备

表 12.1 所示为任意单位(au)的 5 个理想 Weibull 模型故障时间。

表 12.1　5 个理想 Weibull 模型故障时间(au)

37.26	61.49	83.26	107.51	142.94

双参数 Weibull 模型(β=2.00)、对数正态模型(σ=0.59)和正态 RXX 故障概率图如图 12.1 至图 12.3 所示。故障时间由图 12.1 所示的 Weibull 图中的曲线完美拟

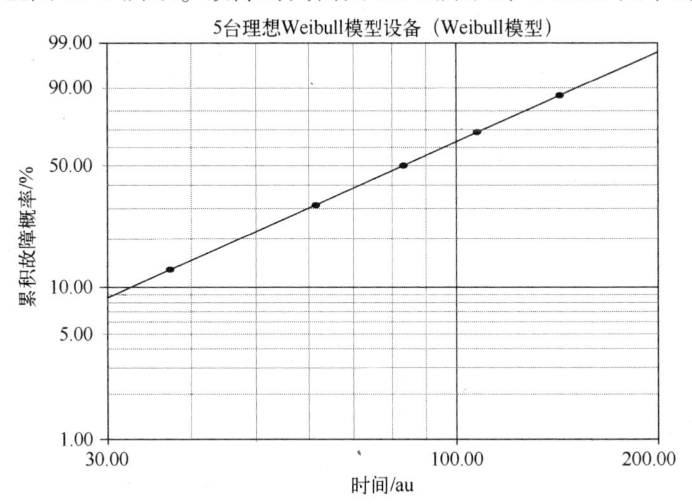

图 12.1　5 个理想 Weibull 故障的双参数 Weibull 概率图

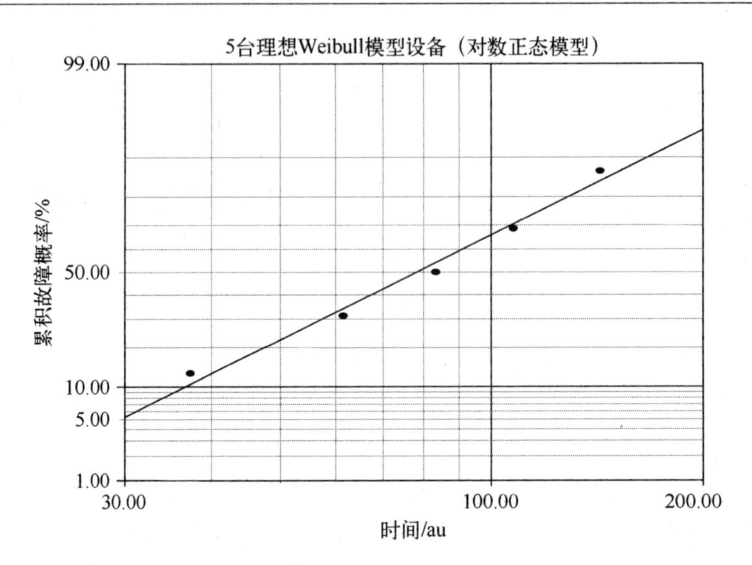

图 12.2　5 个理想 Weibull 故障的双参数对数正态概率图

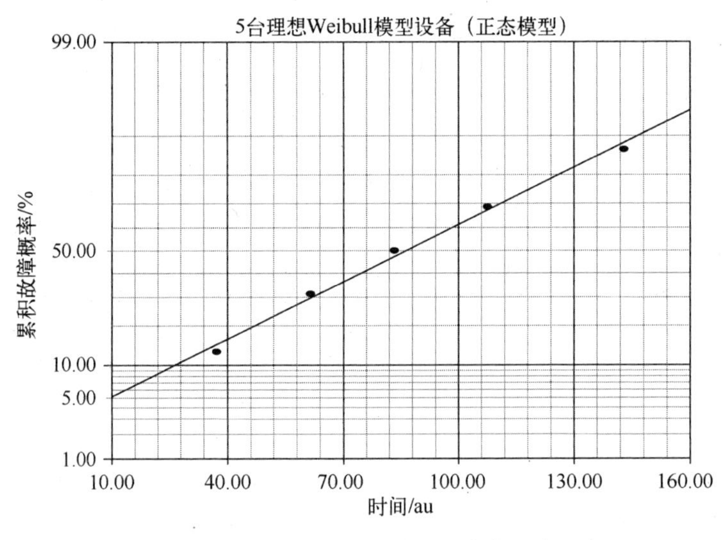

图 12.3　5 个理想 Weibull 故障的双参数正态概率图

合。沿着图 12.2 和图 12.3 的图线观察显示,数据阵列在对数正态图中呈上凹,在正态图中为下凹,与第 9 章中的发现一致。目视检查得到的值是由于眼睛对故障时间分布中的微小曲率非常敏感得到的。统计拟合优度(GoF)检验结果如表 12.2 所列。当故障时间很好地聚集在图线周围时,GoF 检验可能会产生误导性的结果。例如,基于 r^2 检验和 mod KS 检验结果,正态模型看起来与 Weibull 模型一样好。除了图 12.1 的目视检查外,Weibull 模型受到 r^2 检验和最大对数正态似然(Lk)检验结果的青睐。

卡方(χ^2)检验不适用。

表 12.2　GoF 检验结果(RXX)

检验方法	Weibull 模型	对数正态模型	正态模型
r^2	1.0000	0.9845	0.9934
Lk	-25.1934	-25.3092	-25.3550
mod KS/%	10^{-10}	10^{-10}	10^{-10}

12.2　5 台理想对数正态设备

12.2.1　分析 1

表 12.3 显示了任意单位(au)的 5 个理想的对数正态故障时间。

表 12.3　5 个理想对数正态模型故障时间(au)

37.82	56.31	75.54	101.35	150.89

双参数对数正态模型(σ=0.61)、Weibull 模型(β=1.97)和正态 RRX 故障概率图如图 12.4 至图 12.6 所示。视觉检查显示了图 12.4 中完美的对数正态拟合,而图 12.5 的 Weibull 图中的数据呈下凹,而且在图 12.6 的正态图中更向下凹,这与第 10 章中的发现一致。GoF 检验结果如表 12.4 所列,双参数对数正态模型优于双参数 Weibull 模型和正态模型。不过,Lk 检验和 mod KS 检验结果表明,Weibull 模型似乎比较受欢迎。对数正态故障率图如图 12.7 所示。

表 12.4　GoF 检验结果(RXX)

检验方法	对数正态模型	Weibull 模型	正态模型	三参数 Weibull 模型
r^2	1.0000	0.9847	0.9555	0.9996
Lk	-25.2707	-25.2835	-25.6853	-25.1039
mod KS/%	10^{-10}	10^{-10}	10^{-10}	10^{-10}

12.2.2　分析 2

检查理想对数正态数据的三参数 Weibull 模型的用途(8.5 节)是有用的。三参数 Weibull(β=1.26)RRX 图(圆)能够校正阈值,且可以用一条直线拟合;而双参数 Weibull 图(三角形)不能校正阈值并进行曲线拟合,这两种情况如图 12.8 所示。绝

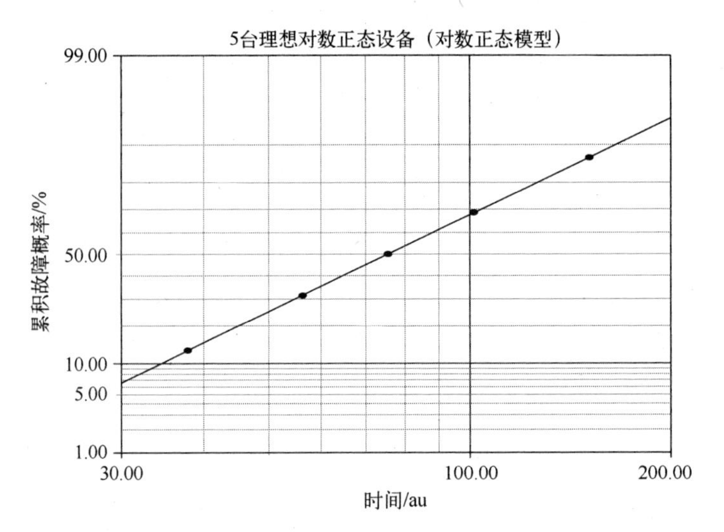

图 12.4 5 个理想对数正态故障的双参数对数正态概率图

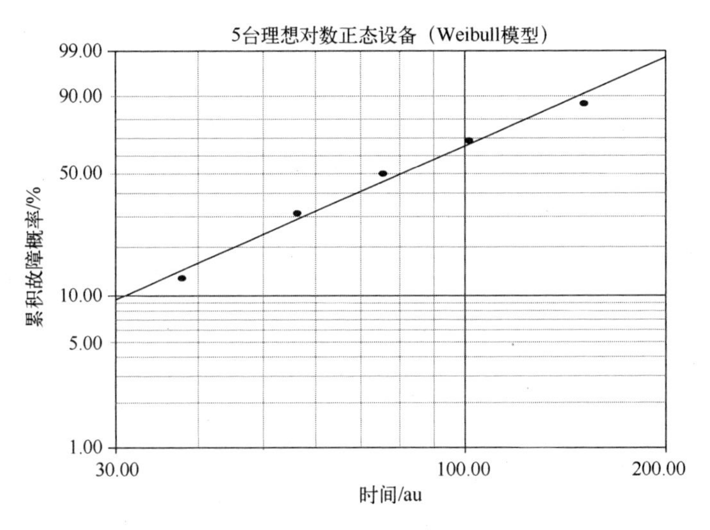

图 12.5 5 个理想对数正态故障的双参数 Weibull 概率图

对阈值参数为 t_0(三参数 Weibull 模型)= 23.08au,如垂直虚线所示。由于只有 5 个数据点,因此,图 12.8 中的曲线几乎完全消除了图 12.5 中的下凹曲率。通过从表 12.3 中的第一次故障时间减去绝对阈值时间得到图 12.8 中的第一次故障时间,即 37.82-23.08=14.74au。

三参数 Weibull 模型的 GoF 检验结果如表 12.4 所列。对于三参数 Weibull 和双参数对数正态模型,r^2 检验结果几乎完全相同;由于在 Weibull 模型中并入第三个参数,因此 Lk 检验结果倾向于三参数 Weibull 模型。χ^2 检验与以前一样不适用。

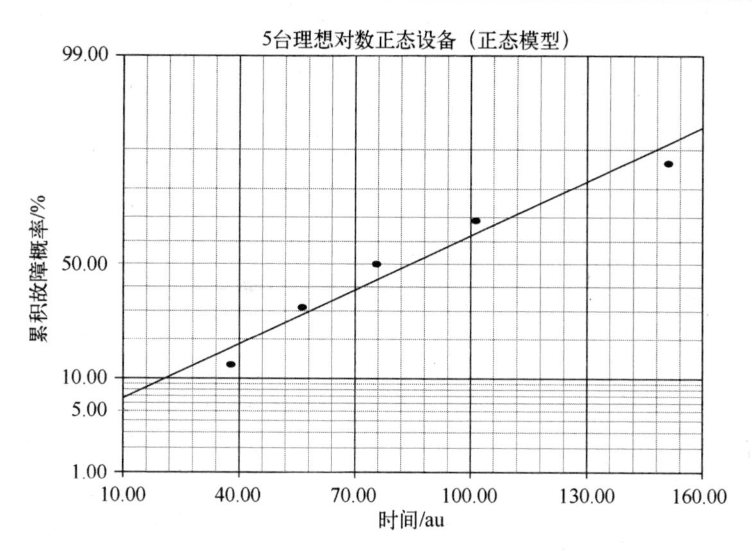

图 12.6　5 个理想对数正态故障的双参数正态概率图

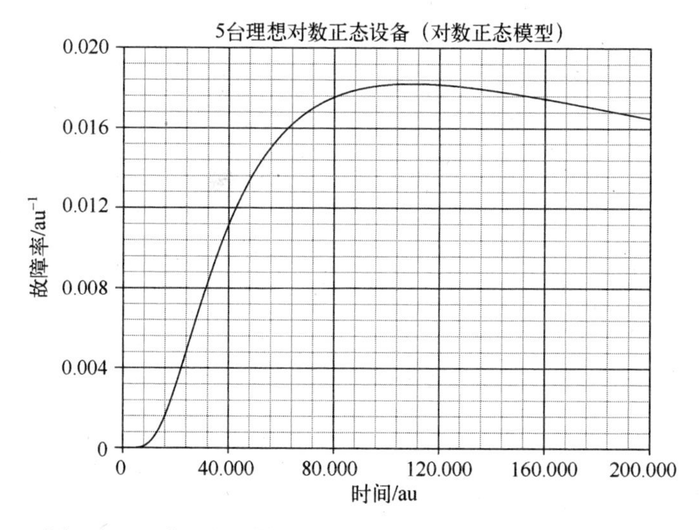

图 12.7　5 台理想对数正态设备的双参数对数正态故障率图

12.2.3　分析 3

在第 9~11 章的讨论之后，将根据样本大小来估计“理想”未选用群体的无故障间隔、折合的故障阈值或安全寿命 t_{FF}。未选用群体意图在表 12.3 中产生理想故障时间的相同条件下工作。表 12.5 中的双参数对数正态模型的条件故障阈值将与三参数 Weibull 模型的无条件故障阈值进行对比。

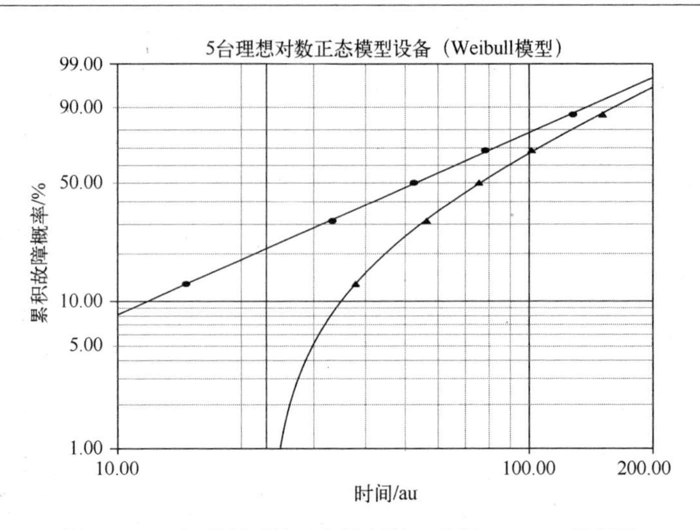

图 12.8 5 台理想对数正态设备的三参数 Weibull 概率图

表 12.5 双参数对数正态模型和三参数 Weibull 模型时间阈值的比较

数据 模型	故障率/%	群体数目 SS	故障阈值 t_{FF}/au	文献出处
对数正态	0.10	1000	11.44	图 12.9
三参数 Weibull	0.10	1000	t_0+0.29=23.08+0.29=23.37	图 12.10
对数正态	0.02	5000	8.67	图 12.9
三参数 Weibull	0.02	5000	t_0+0.08=23.08+0.08=23.16	图 12.10
对数正态	0.01	10000	7.80	图 12.9
三参数 Weibull	0.01	10000	t_0+0.05=23.08+0.05=23.13	图 12.10

对于样本大小 SS=1000,5000 和 10000 而言,目标是根据绘图线与故障概率的交点估计第一次故障时间,图 12.9 和图 12.10 分别是双参数对数正态模型和三参数 Weibull 模型在 F=0.10%,0.02%和 0.01%时扩展范围的曲线图。在表 12.5 中,阈值时间 t_{FF}(三参数 Weibull 模型)彼此近似相等,并且近似等于绝对最低阈值 t_0(三参数 Weibull 模型)=23.08au。

t_{FF}(三参数 Weibull 模型)的值称为无条件故障阈值,因为对于大的群体而言,例如 $SS \geq 1000$,故障阈值近似等于 t_0(三参数 Weibull 模型),并且仅仅是对群体大小的限制。相比之下,t_{FF}(对数正态模型)的值被称为条件故障阈值,因为它们对样本大小有强烈的限制(第 10 章)。相比于三参数 Weibull 模型,双参数对数正态模型对第一次故障时间的估计更保守,即不乐观,如表 12.5 所列。请注意,图 12.7 中的 t=0 到 t=8au 范围内存在相对无故障间隔,这对应于表 12.5 中 SS=10000 时的 7.80au 安全寿命。

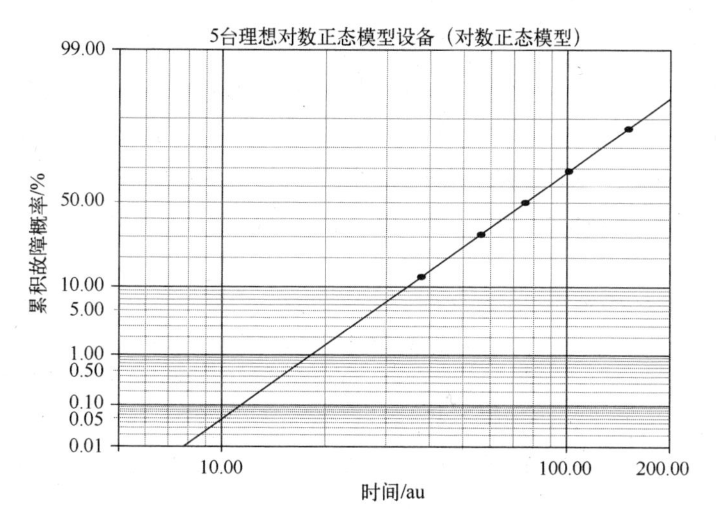

图12.9 时间扩展的双参数对数正态概率图

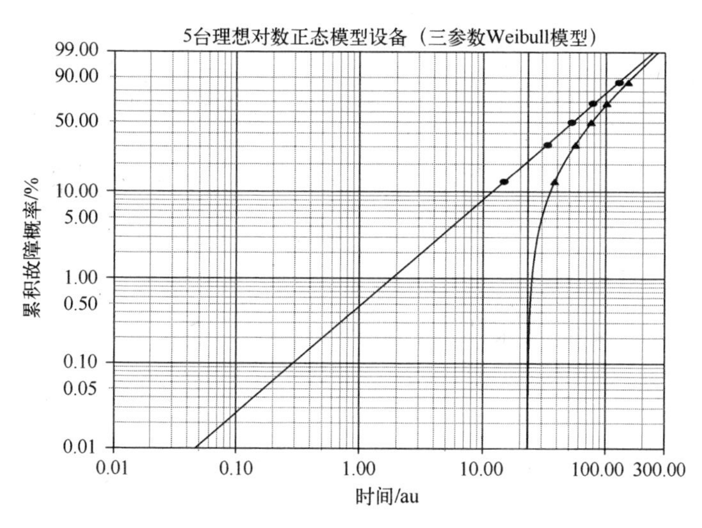

图12.10 时间扩展的三参数Weibull概率图

12.3 结论

（1）对5台“理想”Weibull和对数正态故障时间的分析表明，对小型“真实”故障数据进行可靠的可靠性评估也许是可行的。

（2）没有任何理由证明可以利用三参数Weibull模型，因为理想对数正态故障时间被设计为利用双参数对数正态模型进行完美描述。在没有支持的证据下，利用三参数Weibull模型来减轻双参数Weibull图中的下凹曲率是武断的[1,2]，这可能会给绝对故障阈值提供过于乐观的估计[2]。

(3) 对于给定的双参数对数正态模型和三参数 Weibull 模型的相对良好的视觉拟合和 GoF 检验结果,根据 Occam 最大值的推荐简单说明,具有两个参数的模型优于具有三个参数的模型。可以把表 12.4 中所示的三参数 Weibull 模型的上级 Lk 检验结果解释为是在 Weibull 模型中引入第三个参数的结果。多参数模型通常可比较或优于 GoF 检验结果。

(4) 对于所选定的“理想”对数正态设备未选用群体的尺寸,在估计首次故障时间时,双参数对数正态模型比三参数 Weibull 模型更保守,即不太乐观。

(5) 虽然可以估计第一次故障时间,即条件故障阈值,低于不同大小的“理想”未选用群体无故障预测的时间,但“实际”未选用群体的可比较条件故障阈值的估计更危险,因为潜在存在的早期故障和异常故障可能发生在无故障间隔估计中(7. 17. 1 节)。

参考文献

[1] R. B. Abernethy, *The New Weibull Handbook*, 4th edition (Abernethy, North Palm Beach, Florida, 2000), 3-9.

[2] B. Dodson, *The Weibull Analysis Handbook*, 2nd edition (ASQ Quality Press, Milwaukee, Wisconsin, 2006), 35.

第 13 章　9 个不确定组件

客户需要一群能在室温下工作 1500h 的不确定组件。平均故障率(4.3 节)应满足$\langle \lambda \rangle \leqslant$10000FIT。组件具有单一故障机制。供应商在室温下对 9 个组件进行老化。表 13.1 给出了以小时为单位的故障时间。客户的组件将从提供这 9 个老化组件的隔离制造的批次中抽取。

表 13.1　故障时间(h)

2010	2680	2680	3216	3752	3752	4288	4690	5628

以 FIT 为单位的平均故障率(4.4 节)根据生存和故障概率以及期望的工作寿命给出,如式(13.1)所示。故障概率 $F(t)$ 在 $t=1500$h 时计算。

$$\langle \lambda(t) \rangle(\text{FIT})=\frac{10^9}{t[\text{h}]}\ln\left[\frac{1}{S(t)}\right]=\frac{10^9}{t[\text{h}]}\ln\left[\frac{1}{1-F(t)}\right] \tag{13.1}$$

13.1　分析 1

双参数 Weibull 模型($\beta=3.74$)、对数正态模型($\sigma=0.32$)和正态模型的最大似然估计(MLE)故障概率图如图 13.1 至图 13.3 所示。沿着图线观察显示,Weibull 模

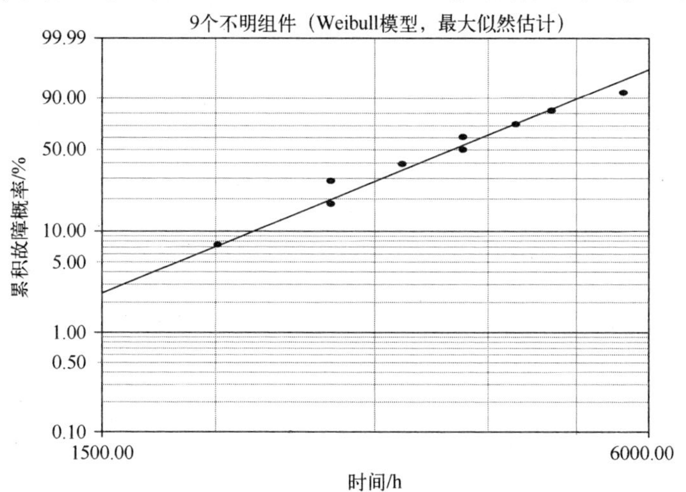

图 13.1　9 个组件的双参数 Weibull 最大似然估计概率图

型和正态模型情况下的数据显示出略微相似的下凹;存在相似性是因为$\beta=3.74$时,Weibull 模型和正态模型描述处于不可区分的范围内(8.7.1 节)。数据在对数正态图中排列更线性。视觉检查倾向于对数正态模型。MLE 统计拟合优度(GoF)检验结果如表 13.2 所列。最大对数正态似然(Lk)模型倾向于对数正态模型,修正 Kolmogorov-Smirnov(mod KS)检验倾向于正态模型,卡方(χ^2)检验(8.9 节和 8.10 节)倾向于 Weibull 模型。

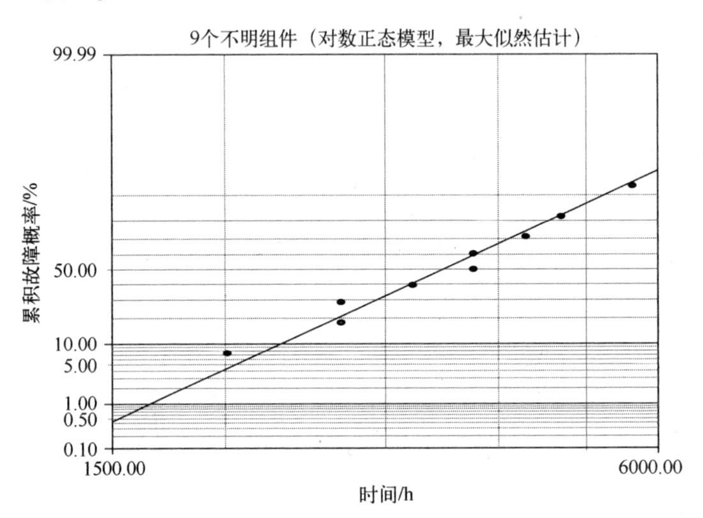

图 13.2　9 个组件的双参数对数正态最大似然估计概率图

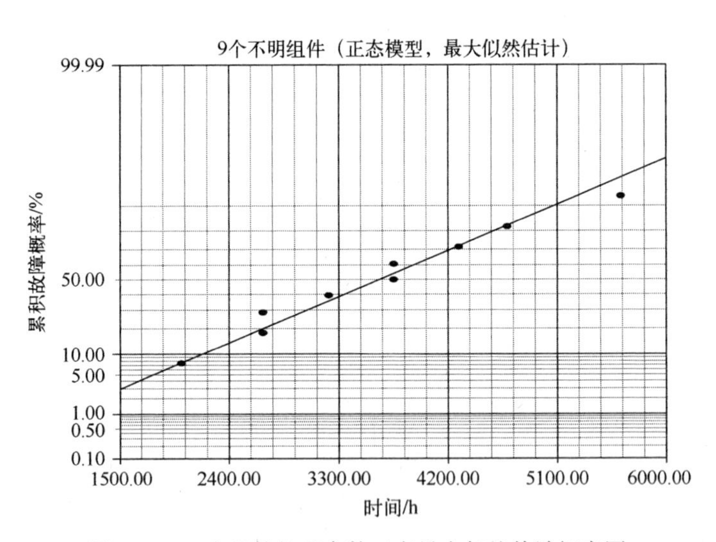

图 13.3　9 个组件的双参数正态最大似然估计概率图

表 13.2　GoF 检验结果(MLE)

检 验 方 法	对数正态模型	Weibull 模型	正 态 模 型
Lk	−75.3958	−75.4745	−75.5243
mod KS/%	8.15×10^{-4}	2.15×10^{-4}	7.49×10^{-5}
χ^2/%	31.2588	25.5345	26.5542
F/%(在 1500h)	0.43(0.74)	2.46(3.25)	2.93(4.08)
<λ>/FIT	2873(4952)	16605(22027)	19825(27770)

在 1500h 的 $F(\%)$ 计算值分别为:①故障的最佳估计概率;②置信水平 $C=60\%$ 的单侧上限估计(括号中)。图 13.1 至 13.3 所示的 $F(\%)$ 的最佳估计值出现在 $t=$ 1500h 时曲线与概率轴相交的地方。平均故障率的值也对应于最佳估计值和 $C=$ 60%的单侧上限估计。对数正态模型的平均故障率是可接受的,低于 $\langle\lambda\rangle\leqslant$ 10000FIT 要求。如果 Weibull 和对数正态概率图的拟合直线相当好,那么对数正态模型的预测将会过于乐观,因为对于可比较的拟合,在低于最早记录的故障时间的外推时间中,对数正态模型的估计比 Weibull 模型通常更不那么保守,即更乐观(8.4.1 节)。

13.2　分析 2

图 13.4 至图 13.6 显示了双参数 Weibull 模型($\beta=3.51$)、对数正态模型($\sigma=$ 0.35)和正态模型的 RXX 故障概率图。Weibull 模型和正态模型数据显示为略微和相似的下凹,而对数正态模型数据表现出与曲线的最佳一致性。虽然视觉检查倾向

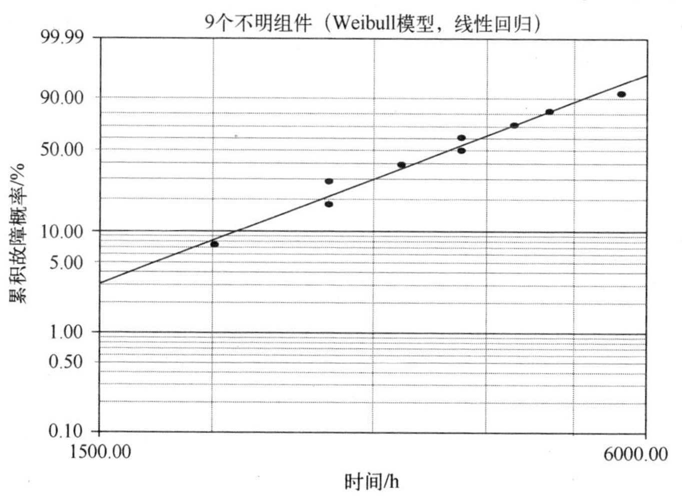

图 13.4　9 个组件的双参数 Weibull 模型 RXX 概率图

于对数正态模型,但表 13. 3 中列出的 RRX 统计 GoF 检验结果提供了相反的偏好;r^2 检验倾向于对数正态模型,Lk 检验以及χ^2 检验倾向于 Weibull 模型,mod KS 检验倾向于正态模型。表 13. 3 中列出的 GoF 检验结果不确定,与表 13. 2 列出的检验结果有些不一致。表 13. 2 和表 13. 3 中排列的顺序使得最后两行的故障概率和平均故障率趋于从左到右增加。

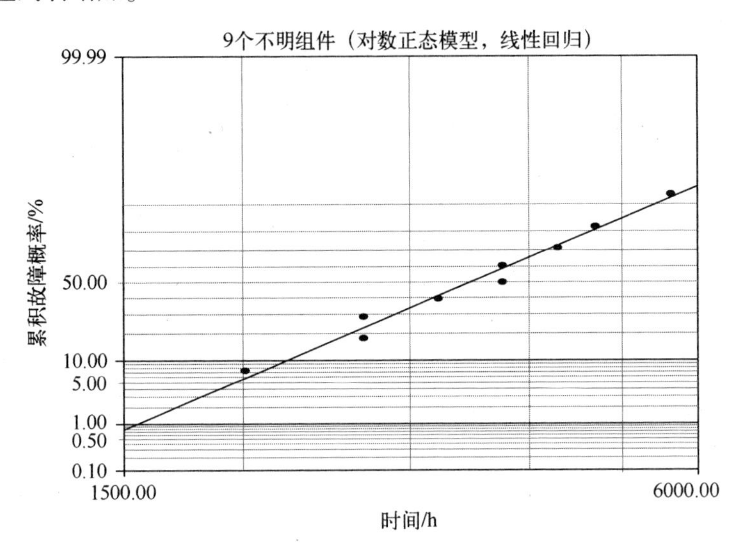

图 13. 5 9 个组件的双参数对数正态模型 RXX 概率图

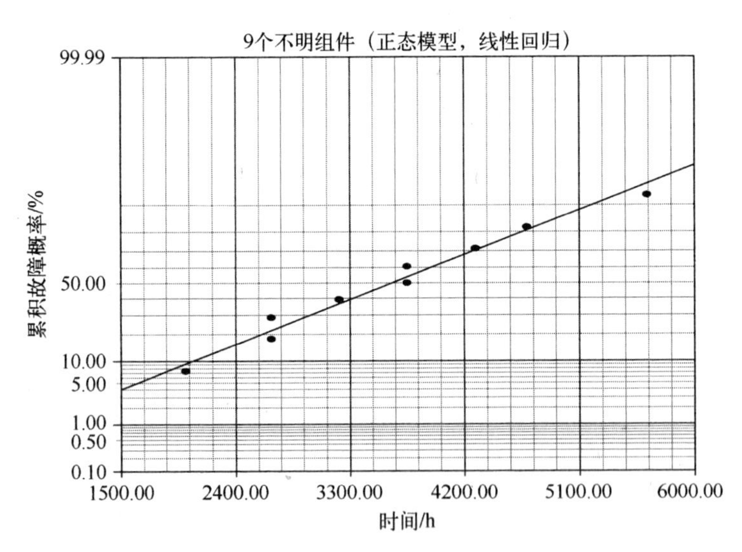

图 13. 6 9 个组件的双参数正态模型 RXX 概率图

表 13.3　GoF 检验结果(RXX)

检验方法	对数正态模型	Weibull 模型	正态模型
r^2	0.9793	0.9730	0.9761
Lk	-75.5294	-75.5069	-75.6544
mod KS/%	7.78×10^{-5}	1.54×10^{-7}	10^{-10}
χ^2/%	33.2718	27.5776	28.6298
F/%(在 1500h)	0.78(1.33)	3.06(3.98)	4.06(5.60)
$\langle\lambda\rangle$/FIT	5220(8926)	20719(27076)	27631(38419)

13.3　结论

(1) 在 MLE 和 RRX 故障概率图中,相比于 Weibull 模型和正态模型的描述,目视检查倾向于对数正态模型描述。GoF 检验结果不确定,有些不一致,如表 13.4 和表 13.5 所列。

表 13.4　MLE(GoF)

模　　型	文献出处
对数正态	目视检查,Lk
Weibull	χ^2
正态	mod KS

表 13.5　RRX(GoF)

模　　型	文献出处
对数正态	目视检查,r^2
Weibull	Lk,χ^2
正态	mod KS

(2) 在 Weibull 图中,形状参数为 $\beta=3.74$(MLE),$\beta=3.51$(RRX)。在 Weibull 模型和正态模型的 MLE 和 RRX 故障概率图中,数据的分布似乎也是相似的下凹。β 的取值范围为 $3.0\leqslant\beta\leqslant4.0$,其中 Weibull 模型和正态模型描述可以相互模仿(8.7.1 节)。

(3) 从 MLE 和 RRX 故障概率图的目视检查得出的结论受到表 13.1 中两组故障的影响,每组故障时间相同。故障数据的聚类,特别是在小样本群体中,可能会影响基于视觉检查的模型选择。

(4) 对于 MLE 的特征,平均故障率的最佳估计值在$\langle\lambda\rangle\approx2873\sim19825$FIT 的范

围内。不过,在置信水平为 $C=60\%$ 的单侧上限,平均故障率在 $\langle\lambda\rangle\approx4952\sim27770\text{FIT}$ 的范围内。双参数对数正态模型的平均故障率符合客户 $\langle\lambda\rangle\leqslant10000\text{FIT}$ 的要求。双参数对数正态模型给出了比双参数 Weibull 模型更乐观的预测。

(5) 对于 RRX 的特征,平均故障率的最佳估计值在 $\langle\lambda\rangle\approx5220\sim27631\text{FIT}$ 的范围内。不过,在置信水平为 $C=60\%$ 的单侧上限,平均故障率在 $\langle\lambda\rangle\approx8926\sim38419\text{FIT}$ 的范围内。双参数对数正态模型的平均故障率符合客户 $\langle\lambda\rangle\leqslant10000\text{FIT}$ 的要求。双参数对数正态模型再一次给出了比双参数 Weibull 模型更为乐观的预测。

(6) 对数正态模型结果满足 $\langle\lambda\rangle$ 的要求,但评估可能过于乐观。Weibull 模型结果提供了更保守的评估,但由于未满足 $\langle\lambda\rangle$ 的要求,因此可能会导致客户终止项目。考虑到利用 MLE 和 RRX 方法的三个统计寿命模型特征与施加 $C=60\%$ 的上限置信水平的 GoF 检验结果有些不一致和不确定,可能客户希望在有足够的置信度下平均故障率 $\langle\lambda\rangle\leqslant10000\text{FIT}$ 的要求不能满足。

(7) 虽然能与客户分享综合可靠性分析的结果,但是供应商的可靠性工程师仍然有义务做出更好的识别和合理的评估。更精细的方法可能会做出以下选择:

① 相比于通过线性回归(RRX)进行曲线拟合分析,MLE 分析被选为更好的方法;

② 可以利用最佳估计值,因为客户没有指定置信水平;

③ Weibull 模型和对数正态模型是更可能的应用模型。

结果是,平均故障率预计在 $\langle\lambda\rangle\approx2873\sim16605\text{FIT}$ 的范围内。上限超过了客户对 $\langle\lambda\rangle\leqslant10000\text{FIT}$ 的要求。折中平均值 $\langle\langle\lambda\rangle\rangle\approx9739\text{FIT}$ 证明是客户可以接受的,有两个支持原因:①MLE 和 RRX 分析中,目视检查倾向于选择对数正态模型;②对于最佳估计以及 MLE 和 RRX 分析中 60% 置信水平估计,对数正态模型满足 $\langle\lambda\rangle\leqslant10000\text{FIT}$ 规范。

第 14 章　10 个绝缘电缆样本

14.1　绝缘电缆样本:类型 1

表 14.1 给出了 10 个类型 1 的聚乙烯电缆绝缘样本加速寿命试验的故障时间,单位为小时(h)[1]。下划线表示终止试验的检查时间。分析统计寿命模型时,建议采用双参数 Weibull 模型[1]。

表 14.1　类型 1 故障时间(h)

5.1	9.2	9.3	11.8	17.7	19.4	22.1	26.7	37.3	<u>60.0</u>

14.1.1　分析 1

双参数 Weibull 模型(β=1.35)、对数正态模型(σ=0.76)和正态最大似然估计(MLE)故障概率图分别如图 14.1 至图 14.3 所示。Weibull 图和正态图线中的数据特征分别有些明显下凹。对数正态图中的数据可以用图线很好地拟合,没有显示故障阈值的早期凹陷现象。目视检查倾向于对数正态表征而不是 Weibull,表 14.2 中

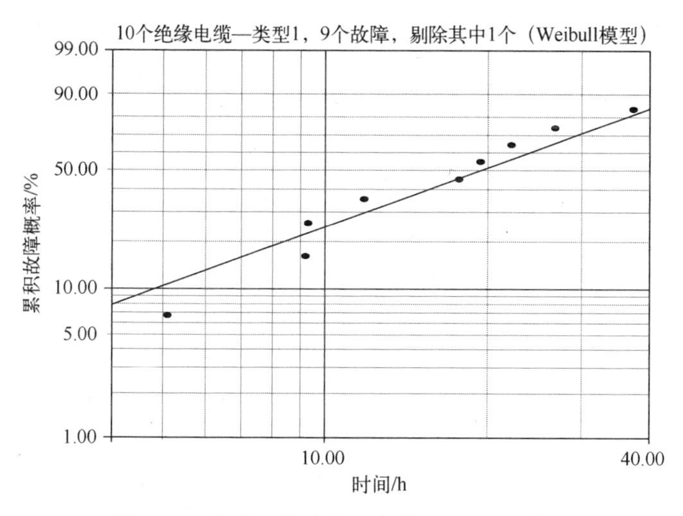

图 14.1　类型 1 故障的双参数 Weibull 概率图

统计的拟合优度(GoF)检验结果也是如此,尽管χ^2检验结果偶尔可能倾向于对数正态模型(8.10节)。

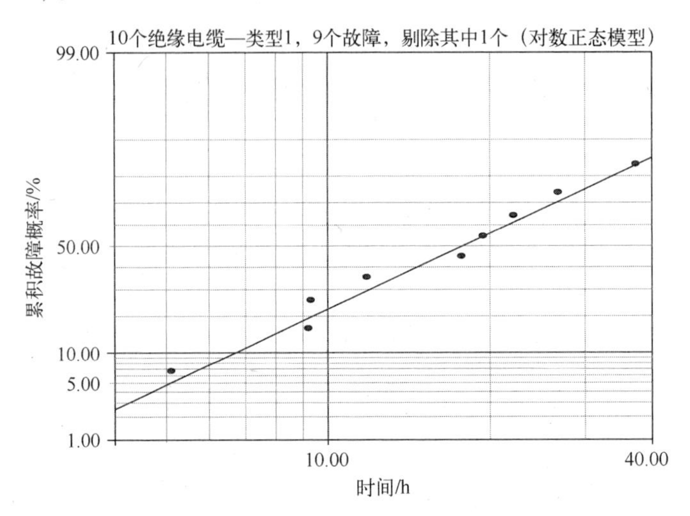

图14.2 类型1故障的双参数对数正态概率图

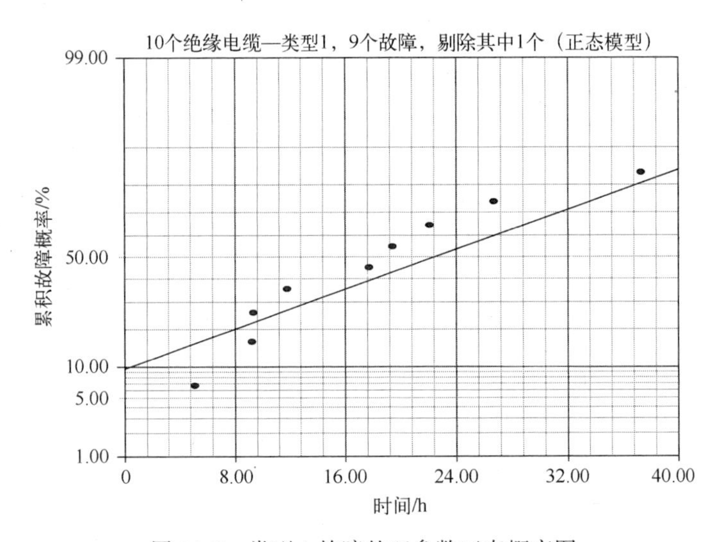

图14.3 类型1故障的双参数正态概率图

14.1.2 分析2

电介质(例如聚乙烯绝缘)通常被想象为包含无数微小而独立的竞争缺陷,其中任何一个都可能导致致命的击穿[2]。目视检查和GoF检验的结果发现不了这些,因为Weibull模型才是用来描述电介质击穿故障的(6.2.1节)。当绝对阈值故障时间低于无故障发生时间，即授权的或存在的绝对无故障时间间隔时，Weibull 模型仍然可以提供有利的描述(8.5 节)。如图 14.1 所示，Weibull 图下尾部的下凹表明存在故障阈值。

为了解释这个建议，图 14.4 给出了三参数 Weibull 模型($\beta=1.15$)MLE 故障概率图，图 14.1 中低于 $t\approx10\text{h}$ 的曲率被移除。另外，图 14.1 中的故障分布图线在图 14.4 中保持不变。绝对阈值故障时间为 t_0(三参数 Weibull 模型)= 2.69h，如图 14.4 中的垂直虚线所示，这是绝对无故障间隔 t_0(三参数 Weibull 模型)的上限。从表 14.1 中的第一次故障时间 t_1 中减去绝对故障阈值时间 t_0(三参数 Weibull 模型)可以得到 t_1-t_0(三参数 Weibull 模型)= 5.1−2.69 = 2.41h，这是三参数 Weibull 图中的首次故障时间。

目视检查不足以区分图 14.2 的双参数对数正态图和图 14.4 的三参数 Weibull 图。三参数 Weibull 图的 GoF 检验结果如表 14.2 所列。四个 GoF 检验通过三参数 Weibull 模型倾向选择双参数对数正态模型。结合 χ^2 检验结果(8.10 节)，其他三个 GoF 检验的结果是接近的，且可认为是大致相当的，特别是在样本量小的情况下。

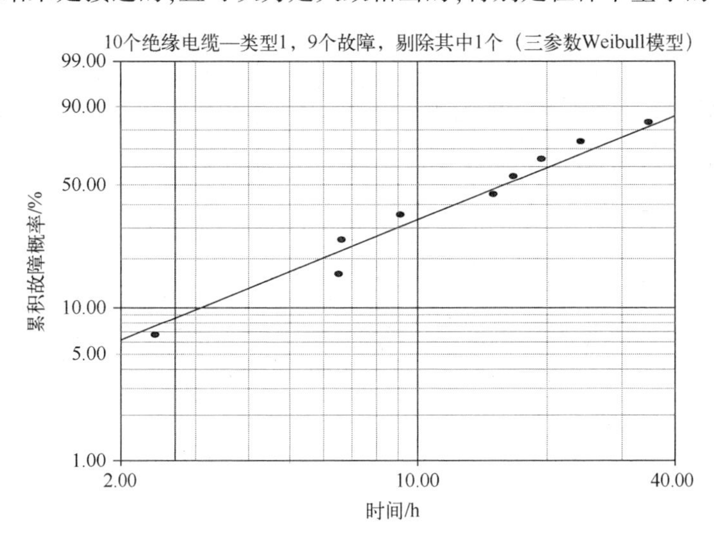

图 14.4　类型 1 故障的三参数 Weibull 概率图

表 14.2　类型 1GoF 检验结果(MLE)

检验方法	Weibull 模型	对数正态模型	正态模型	三参数 Weibull 模型
r^2(RRX)	0.9653	0.9795	0.9109	0.9765
Lk	−37.1264	−35.9906	−39.8540	−36.4002
mod KS/%	7.22×10^{-5}	4.98×10^{-8}	2.6951	5.35×10^{-8}
χ^2/%	32.3088	29.7796	29.8094	32.3141

14.1.3 分析 3

要区分两个有争议的模型,可以基于哪个模型能够对将要进行加速老化试验的样本大小为 $SS=10$ 的名义上相同的未选用群体的安全寿命或无故障间隔 t_{FF}(8.8节)提供更保守的估计,加速老化试验得到的数据见表 14.1。图 14.2 中的曲线在 t_{FF}(对数正态)= 6.71h 处与 $F=10\%$相交,即未选用群体中 10 个样本的首次故障估计发生在 6.71h。类似地,图 14.4 中的曲线在 3.09h 处与 $F=10\%$相交,使得 t_{FF}(三参数 Weibull 模型)= t_0(三参数 Weibull 模型)+3.09h=2.69+3.09=5.78h。因此,三参数 Weibull 模型为第一次故障时间提供了更保守,即不太乐观的预测,因为估计 10%的测试样本在双参数对数正态模型预测的时间之前大约 1h 发生了故障。

与第 9~12 章中的命名法相一致,双参数对数正态模型估计的首次故障时间称为条件故障阈值 t_{FF}(对数正态模型),而三参数 Weibull 模型的故障阈值称为无条件故障阈值 t_{FF}(三参数 Weibull 模型)。低于这些估计的故障阈值,预计不会发生故障。无故障间隔估计的可信度取决于测试样本量、未选用群体和未选用群体中的早期故障率失效机制(1.9.3 节和 7.17.1 节)。

如第 10 章所述,上述未选用群体 $SS=10$ 的情况是非典型的。更常见的是,利用故障样本的小样本分析来对未选用样本更大的群体(例如 $SS=100$ 或 1000)进行可靠性预计。利用图 14.2、图 14.4 至图 14.6,$SS=10$,100 和 1000 的故障阈值估计见表 14.3。对于 $SS=100$,t_{FF}的估计是可比的;而对于 $SS=1000$,t_{FF}(对数正态)更保守。注意,随着 SS 增加到 1000 以上,无条件故障阈值 t_{FF}(三参数 Weibull 模型)→t_0(三参数 Weibull 模型)。t_0(三参数 Weibull 模型)的值是绝对最低阈值故障时间。

表 14.3 双参数对数正态模型和三参数 Weibull 模型时间阈值的比较

数据 模型	故障率 $F/\%$	群体数目 SS	故障阈值 t_{FF}/au	文献出处
对数正态模型	10.00	10	6.71	图 14.2
三参数 Weibull 模型	10.00	10	t_0+3.09=2.69+3.09=5.78	图 14.4
对数正态模型	1.00	100	3.03	图 14.5
三参数 Weibull 模型	1.00	100	t_0+0.40=2.69+0.40=3.09	图 14.6
对数正态模型	0.10	1000	1.69	图 14.5
三参数 Weibull 模型	0.10	1000	t_0+0.05=2.69+0.05≈2.74	图 14.6

双参数对数正态模型的故障率曲线见图 14.7,其中从 $t=0$ 到 $t\approx 1$h 存在一个相对无故障间隔。利用图 14.5 估计出,对于 $SS=10000$,图形在 t_{FF}(对数正态模型)= 1.05h 时与 $F=0.01\%$相交。因此,对于 10000 个未选用绝缘样本进行加速故障,存在条件故障阈值 t_{FF}(对数正态模型)= 1.05h,前提是 10000 个绝缘样品不会显著受

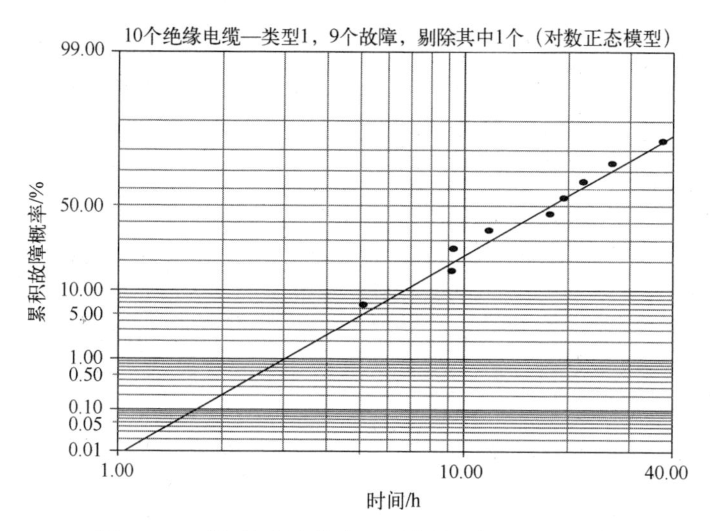

图 14.5　时间扩展的类型 1 双参数对数正态概率图

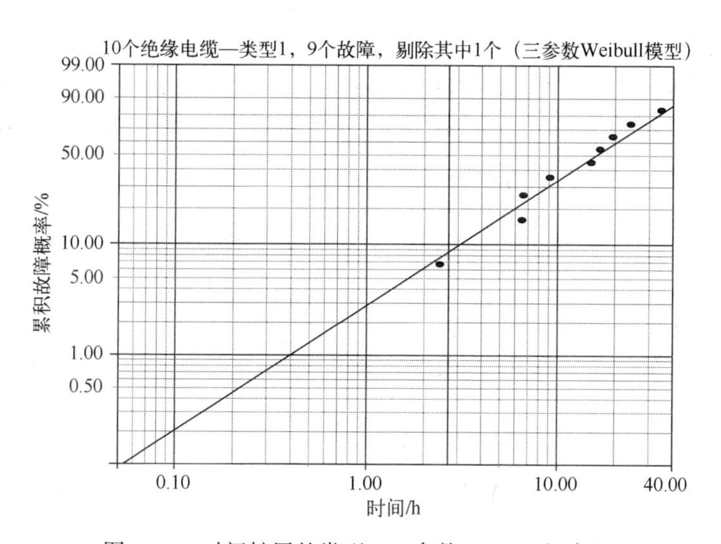

图 14.6　时间扩展的类型 1 三参数 Weibull 概率图

到早期故障机制的影响(7.17.1 节)。

14.1.4　结论:类型 1

对于类型 1 的绝缘样本,选择双参数对数正态模型,而拒绝双参数和三参数 Weibull 模型有以下几个原因:

(1) 图 14.2 的双参数对数正态图中的故障呈线性排列,没有显示故障阈值的早期下凹。GoF 检验结果也倾向于对数正态模型。

(2) 利用双参数 Weibull 模型的唯一理由是通过类比(8.4 节),即基于以前的经

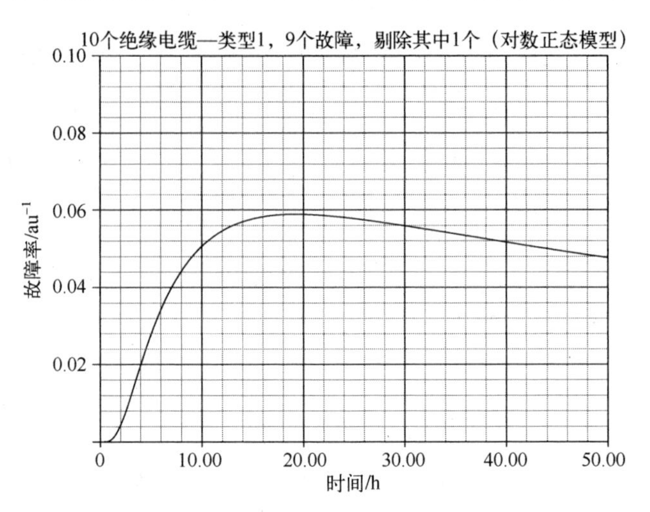

图 14.7　类型 1 故障的双参数对数正态故障率图

验,介电击穿故障是用双参数 Weibull 模型描述的。不过,没有证据证明表 14.1 中的故障时间支持通过类比选择出来的模型。

(3) GoF 检验结果支持双参数对数正态模型,而不是双参数和三参数 Weibull 模型表征。因此,并不是无数的小缺陷同时争先恐后地发生故障[2],而是通过唯一主要缺陷发展为对数正态统计模型描述的故障来控制类型 1 绝缘样本的可靠性(6.3.2.1 节)。

(4) 尽管图 14.1 所示的 Weibull 图无法排除无故障间隔,但也没有确凿的经验证据可以为小样本量增加预测得到的具体定量的绝对故障阈值时间 t_0(三参数 Weibull 模型)≈2.69h 的可信度,这些小样本量可以用于支持较大未选用群体的无条件故障阈值的估计。没有物理或证据理由证明,利用三参数 Weibull 模型可能:①是任意的[3,4];②对绝对故障阈值[4]提供过于乐观的评估;③被视为强制利用 Weibull 模型来描述数据的人为尝试。

(5) 利用三参数 Weibull 模型的典型理由是,无论是否确定,故障机制在故障发生前都需要启动和发展的时间。不过,这一事实的正确性并不是对于在每种情况下利用它的一般授权,这些情况是指在双参数 Weibull 故障概率图中存在下凹曲率,特别是当通过双参数对数正态模型得到可接受的描述时。

(6) 通常情况下,利用小群体故障时间分析来估计更大的未选用群体的安全寿命,双参数对数正态模型可能比三参数 Weibull 模型得到的第一次故障时间更保守。例如,表 14.3 显示,对于 1000 个未选用群体,预测 t_{FF}(对数正态模型)= 1.69h,比 t_{FF}(三参数 Weibull 模型)= 2.74h 更保守。请注意,在这种情况下,t_{FF}(三参数 Weibull 模型)≈t_0(三参数 Weibull 模型),它是绝对最低故障阈值时间。

(7) 可以看出,图 14.4 所示的三参数 Weibull 曲线中的拟合直线在视觉上与图

14.2 所示的双参数对数正态图的拟合直线一样好,并且假设表 14.2 所示的拟合优度检验结果相当好,Occam 的经济解释原则表明,更简单的模型,即包含较少参数的模型是要选择的模型。可以采用额外的模型参数来改善故障分布概率和拟合优度检验结果的直线拟合情况。

(8) 如果在双参数 Weibull 图中只有第一次故障的下凹得到缓和,而其余故障则不受曲线的影响(8.5.6 节),则利用三参数 Weibull 模型是值得怀疑的。

14.2　绝缘电缆样本:类型 2

表 14.4 给出了 10 个 2 型聚乙烯电缆绝缘样本的故障时间(h)。假设加速寿命试验与用于 1 类型绝缘样本的试验相同。记录表示试验终止的检查(暂停)时间[1]。对表 14.1 和表 14.4 中的故障时间进行比较得出,尽管两种类型故障时间有明显的重叠,但类型 2 绝缘样本的可靠性似乎优于 1 型。分析建议的统计模型是双参数 Weibull 模型[1]。

表 14.4　类型 2 故障时间(h)

11.0	15.1	18.3	24.0	29.1	38.6	44.2	45.1	50.9	70.0

14.2.1　分析 1

图 14.8 至图 14.10 分别提供了双参数 Weibull 模型($\beta = 1.87$)、对数正态模型($\sigma = 0.61$)和正常 MLE 故障概率图。相对于类型 1 绝缘样本的相应图,可以观察到类型 2

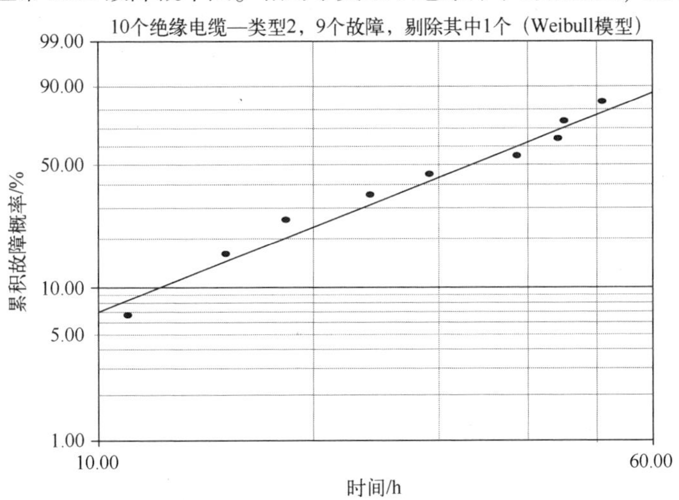

图 14.8　类型 2 故障的双参数 Weibull 概率图

绝缘样本有以下类似描述:①图 14.1 和图 14.8 的双参数 Weibull 图在下尾部出现下凹,表明存在时间阈值;②图 14.2 和图 14.9 的双参数对数正态图显示没有初始下凹,因此没有阈值的迹象,并且拟合图线良好;③图 14.3 和图 14.10 的双参数正态图显示出在整个故障时间阵列中的下凹。通过图 14.9 的目视检查,优选双参数对数正态模型。

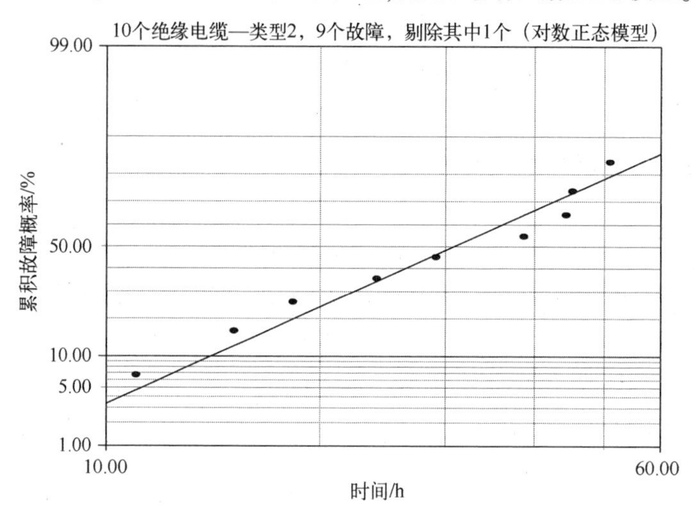

图 14.9 类型 2 故障的双参数对数正态概率图

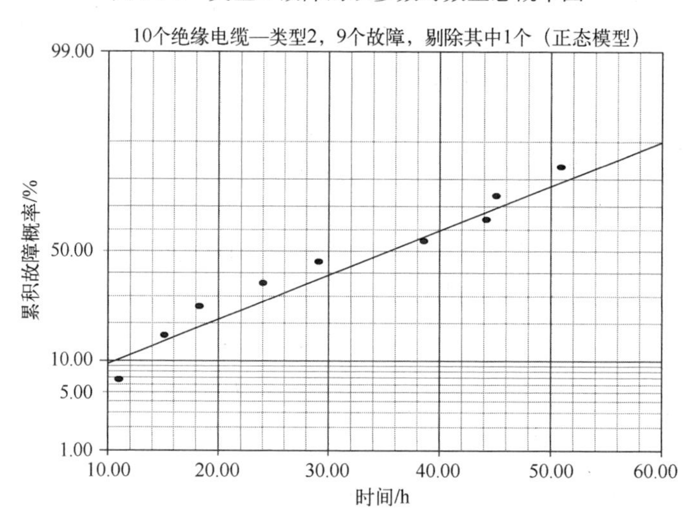

图 14.10 类型 2 故障的双参数正态概率图

不过,表 14.5 中的拟合优度检验结果显示,除了最大对数正态似然(Lk)检验之外的所有检验都优选双参数 Weibull 模型,而非双参数对数正态模型。对双参数 Weibull 模型的偏好是由于图 14.8 中的图线周围数据的对称聚类。由于偏好正态模型,所以χ^2 检验结果打了折扣(8.10 节)。

表 14.5 类型 2GoF 检验结果(MLE)

检验方法	Weibull 模型	对数正态模型	正态模型	三参数 Weibull 模型
r^2(RRX)	0.9732	0.9694	0.9586	0.9849
Lk	-39.7944	-39.3254	-40.7607	-39.1233
mod KS/%	1.41×10^{-8}	8.45×10^{-4}	3.22×10^{-6}	9.53×10^{-7}
χ^2/%	33.4595	34.2081	30.5331	34.6105

14.2.2 分析 2

为了探索图 14.8 中双参数 Weibull 图中早期下凹缓解的情况，三参数 Weibull 模型(β=1.36)MLE 故障概率图如图 14.11 所示。图 14.11 中垂直虚线所示的绝对故障阈值时间为 t_0(三参数 Weibull 模型)= 7.50h。目视检查显示图 14.9 中的双参数对数正态模型描述和图 14.11 中的三参数 Weibull 模型描述非常相似。不过，图 14.11 再次表明，图 14.8 中只有第一次故障消除了下凹曲率；分布的其余部分相对于图线而言大体上没有受到影响。

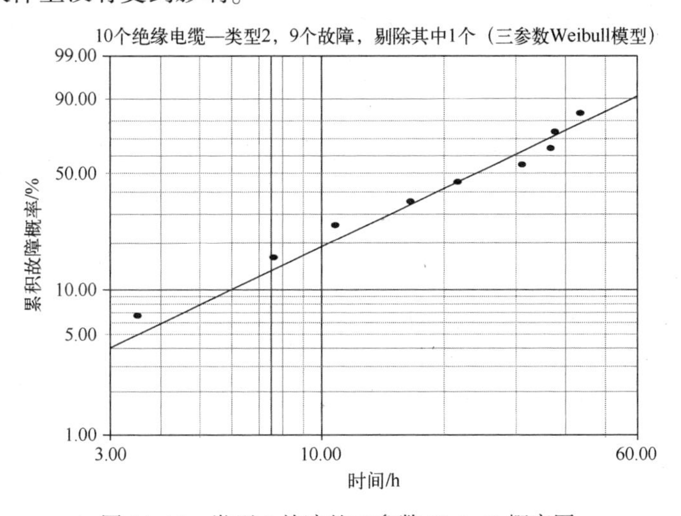

图 14.11 类型 2 故障的三参数 Weibull 概率图

拟合优度检验结果见表 14.5。χ^2 检验结果打了折扣(8.10 节)，表 14.5 中的剩余三项检验倾向于三参数 Weibull 模型，而不是双参数对数正态分布模型。r^2 和 Lk 检验结果也倾向于选择三参数 Weibull 模型，而不是双参数 Weibull 模型。尽管对于类型 2 绝缘样本不必采用三参数 Weibull 模型，但是由于表 14.5 显示偏好双参数 Weibull 模型，而不是对数正态模型，因此利用它对类型 2 绝缘样本的绝对阈值进行的预测值 t_0(三参数 Weibull 模型)= 7.50h 是有说服力的，将在后面进行讨论。

值得注意的是，由两个子群组成的 Weibull 混合模型没有为图 14.8 所示的双参数 Weibull 图提供有说服力的替代方案,特别是因为早期下凹持续存在时。

14.2.3 结论:类型 2

对于类型 2 绝缘样本,选择双参数对数正态模型描述而非双参数模型或三参数 Weibull 模型的原因有以下几点:

(1) 如图 14.2 和图 14.9 所示,通过对两种绝缘类型的双参数对数正态图进行比较,目视效果存在相似性,其中数据被曲线很好地拟合,并且在早期时间数据中不存在无故障间隔的迹象,因为没有下凹曲率。双参数对数正态概率图中数据在视觉上呈线性拟合,而相同数据在双参数 Weibull 图中的拟合呈现下凹曲率,这种情况通常倾向于对数正态模型。

(2) 如图 14.1 和图 14.8 所示,通过对两种绝缘类型的双参数 Weibull 图进行比较,目视效果也有相似之处,其中下尾部有下凹曲率,因此建议利用三参数 Weibull 模型来减轻下凹曲率。

(3) 如图 14.3 和图 14.10 所示,通过对两种绝缘类型的双参数正态图进行比较,目视效果也有相似之处,其中数据在整个阵列中明显下凹。

(4) 尽管表 14.1 和表 14.4 中的故障时间有很大重叠,但是利用三参数 Weibull 模型导出的绝对故障时间阈值 t_0(三参数 Weibull 模型)≈2.69h(类型 1)和 t_0(三参数 Weibull 模型)≈7.50h(类型 2)相差了 2.8 倍。可能存在无故障间隔,但是从两个小样本量得出的绝对时间阈值的具体数值几乎没有可信度。利用三参数 Weibull 模型既没有物理也没有证据认可,因此有任意性[3,4],利用它提供的绝对故障阈值估计也可能过于乐观[4]。

(5) 上述讨论涉及类型 1 和类型 2 绝缘标本概率图之间进行比较的相似性。对于类型 2 绝缘试样,拟合优度统计偏好双参数 Weibull 模型,而非双参数对数正态模型,如表 14.5 所列;而类型 1 绝缘试样的拟合优度统计正相反,如表 14.2 所列。这种结果说明,如果样本量太小,拟合优度比较就没有足够的决定性。

(6) 由于图 14.11 所示的三参数 Weibull 数据的直线拟合视觉上与图 14.9 所示的双参数对数正态数据的直线拟合一样好,所以由 Occam 的经济原理表明,更简单的模型(即包含较少参数的模型)是要选择的模型。

(7) 当凹陷仅在双参数 Weibull 图中的第一次故障时得到缓解,而其余故障在双参数 Weibull 图中基本不受影响时,利用三参数 Weibull 模型是值得怀疑的(8.5.6 节)。

14.3 绝缘电缆样本:类型 1 和类型 2 结合

类型 1 和类型 2 的几个故障概率图之间数据行为的相似性以及两组故障时间中的显著重叠表明,类型 1 和类型 2 样本可能是从相同的群体中抽取,并且 Weibull 模型的故障,尤其是在目视检查方面的故障,完全是由于数据不足。要弄清楚可能需要增加样品量将故障时间进行组合。统计学等效样本较大时,可以较清楚地选择最合适模型。

14.3.1　分析 1

对于组合群体,图 14.12 至图 14.14 分别显示了双参数 Weibull 模型(β=1.49)、对数正态模型(σ=0.75)和正态 MLE 概率图。图 14.12 所示的 Weibull 图中故障时间的分布在下尾部呈现下凹曲率,且整体有类似的轻微下凹。在图 14.13 所示的对数正态图中,故障时间与绘图线拟合良好,下尾部没有下凹曲率。目视检查倾向于双参数对数正态模型,而非双参数 Weibull 模型,拟合优度检验结果见表 14.6。

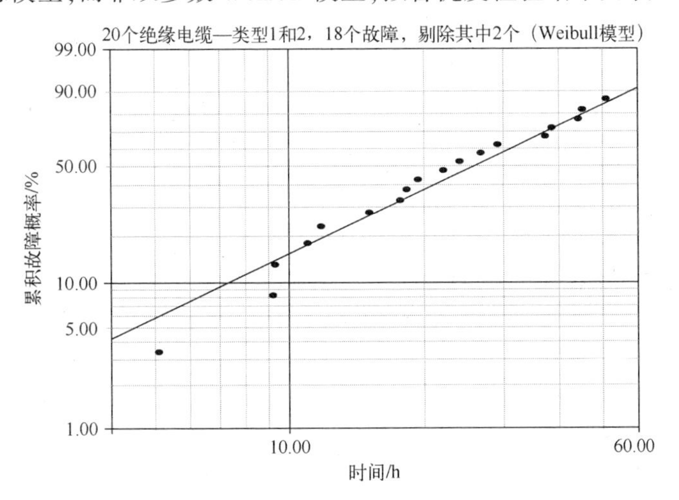

图 14.12　类型 1 和类型 2 故障的双参数 Weibull 概率图

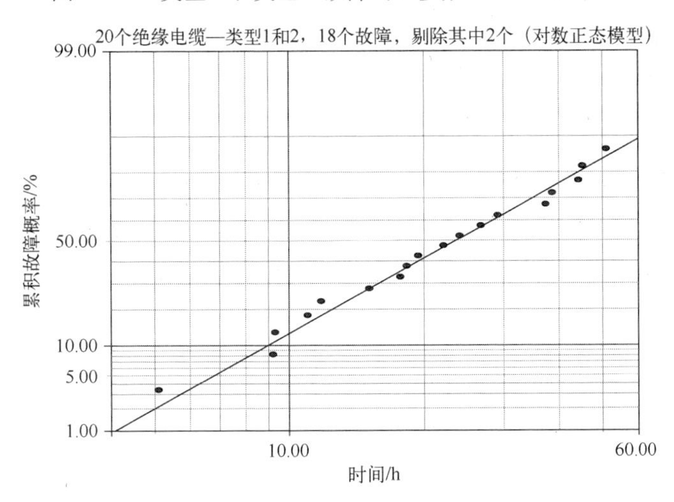

图 14.13　类型 1 和类型 2 故障的双参数对数正态概率图

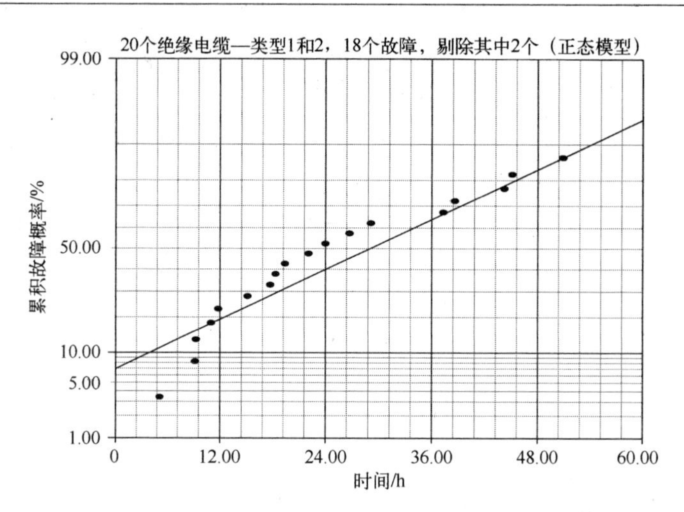

图 14.14 类型 1 和类型 2 故障的双参数正态概率图

表 14.6 类型 1 和类型 2 联合拟合优度检验结果(最大似然估计)

检验方法	Weibull 模型	对数正态模型	正 态 模 型	三参数 Weibull 模型
r^2(RRX)	0.9698	0.9876	0.9170	0.9835
Lk	−78.1646	−76.9821	−81.7978	−77.2932
mod KS/%	1.04×10^{-4}	3.21×10^{-6}	7.8910	5.30×10^{-9}
χ^2/%	2.2445	1.8486	1.9617	2.2598

14.3.2 分析 2

三参数 Weibull 模型($\beta=1.28$)的结果如图 14.15 所示。正如三参数 Weibull 模

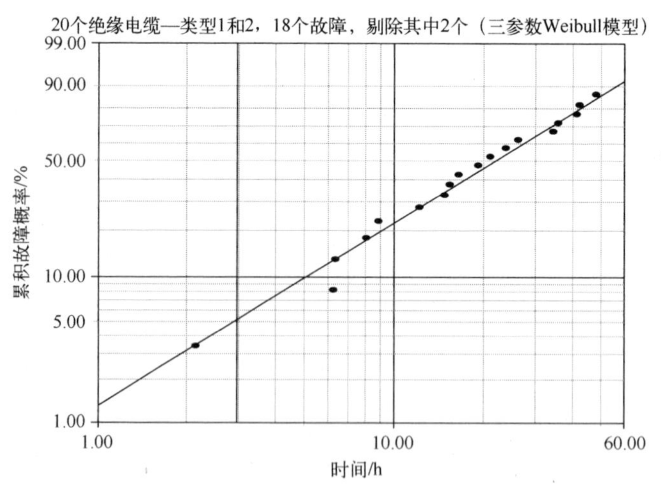

图 14.15 类型 1 和类型 2 故障的三参数 Weibull 概率图

型的两个先前情况一样,图 14.12 中仅移除了第一次故障的下凹曲率。类型 1 和类型 2 的绝对故障时间阈值为 t_0(三参数 Weibull 模型)= 2.96h,如垂直虚线所示。正如预期的那样,绝对故障阈值接近于类型 1 的 t_0(三参数 Weibull 模型)≈2.69h。要区分图 14.13 和图 14.15,目视检查是无效的。除了表 14.6 所示的 mod KS 检验结果,这可以通过在 Weibull 模型中添加第三个参数来解释,双参数对数正态模型优于三参数 Weibull 模型。

14.3.3　结论:类型 1 和类型 2

对于类型 1 和类型 2 绝缘试样的组合,选择双参数对数正态模型描述而非双参数或三参数 Weibull 模型的原因有以下几个:

(1) 图 14.12 所示的双参数 Weibull 概率图中的下凹曲率表明,双参数对数正态模型是倾向选择的。这一结果已通过图 14.13 中双参数对数正态图中的线性排列分布得到证实。组合群体的对数正态故障率图如图 14.16 所示。

(2) 三参数 Weibull 模型对图 14.15 所示的数据进行了近似直线拟合,与图 14.13 所示的双参数对数正态模型相当。表 14.6 中列出的三个拟合优度检验结果中的两个相比之下也不错。即使如此,Occam 的原则——“可以通过更少的假设来解释问题,更多的解释都是徒劳”表明,应当选择更简单、具有较少参数的双参数对数正态模型。利用额外的模型参数,目的是得到视觉拟合和拟合优度检验结果的改进。

(3) 如果三参数 Weibull 模型的授权应用没有得到试验证据证明,利用它就是不合理和任意的[3,4],它提供的绝对故障阈值估计可能是不合理的乐观[4]。

(4) 虽然故障需要时间来产生和发展,但双参数 Weibull 图中的下凹曲率不会自动支持利用三参数 Weibull 模型进行缓解。利用该模型被视为强制尝试采用 Weibull 模型描述,而忽略相反证据,例如双参数对数正态特征对故障时间可接受的直线拟合。

(5) 根据表 14.3 中类型 1 样本的分析结果可以得出,对于 1000 个样本的未选用群体,类型 1 和类型 2 组合样本的双参数对数正态模型的有条件故障阈值估计值为 t_{FF}(对数正态模型)= 2.30h。三参数 Weibull 模型不太保守的无条件故障阈值为 t_{FF}(三参数 Weibull 模型)= 3.09h,非常接近于绝对故障阈值 t_0(三参数 Weibull 模型)= 2.96h。因此,t_{FF}(对数正态模型)= 2.30h<t_0(三参数 Weibull 模型)= 2.96h,这是三参数 Weibull 模型的绝对最低故障阈值。任何故障阈值的估计值,无论是有条件的还是无条件的,都必须得到证据支持,这些证据表明,早期故障和畸形故障在未选用群体预计的无故障区间中不能产生重大威胁,特别是在测试样本数量较少的情况下。

(6) 聚乙烯电缆绝缘样品故障通过双参数对数正态模型得到了很好的分析,而不是通过双参数 Weibull 模型,这一结论似乎是非常规的。对对数正态模型的偏好源于特定样本或样本大小。不过,没有任何物理上的规律要求绝缘故障应当由任何特定的统计寿命模型(包括 Weibull 模型)来描述。也没有任何物理原因可以禁止绝缘材料具有与图 14.16 所示的应用一样特别长的寿命。

(7) 假设这两个群体的组合是合理的,则在类型 2 模型选择中分析的优点是解决了模糊性的分辨率。

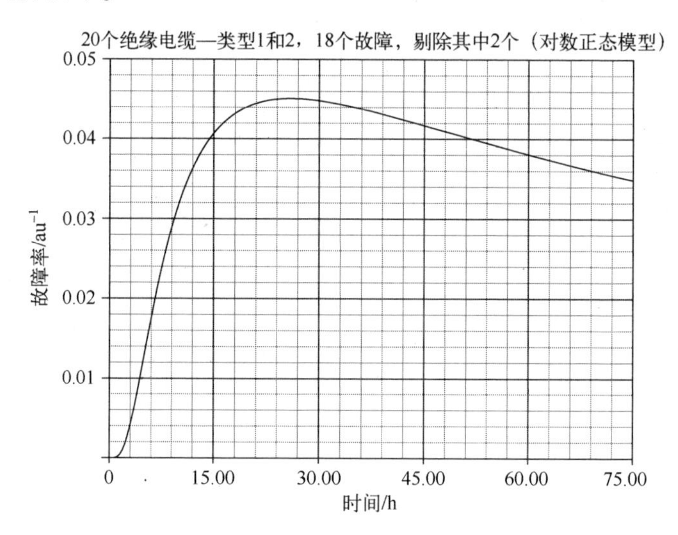

图 14.16 类型 1 和类型 2 故障的双参数对数正态故障率图

参考文献

[1] J. F. Lawless, *Statistical Models and Methods for Lifetime Data*, 2nd edition (Wiley, New Jersey, 2003),264.

[2] P. A. Tobias and D. C. Trindade, *Applied Reliability*, 2nd edition (Chapman & Hall/CRC Press, NewYork, 1995), 89-92.

[3] R. B. Abernethy, *The New Weibull Handbook*, 4th edition (Abernethy, North Palm Beach, Florida, 2000), 3-9.

[4] B. Dodson, *The Weibull Analysis Handbook*, 2nd edition (ASQ Quality Press, Milwaukee, Wisconsin, 2006), 35.

第 15 章　10 个钢样本

任意单位(au)的故障时间需要通过淬火钢样本的滚动接触疲劳得到。对四个负载应力值的每一个都进行了 10 次独立观察。利用 4 球滚动接触试验台可以得到故障时间[1,2]。看起来钢样品是球轴承[1,3]。研究[1]遵循惯例进行假设:①用双参数 Weibull 模型来描述故障数据;②Weibull 形状参数 β 与应力不变[3]。数据似乎满足这些假设[1]。工程经验表明,这些故障应该用双参数 Weibull 模型来描述[2]。

15.1　设置 1(应力 A)

表 15.1 给出了在 0.87×10^6psi(1psi=6894.757Pa)下测试的 10 个钢样本的故障时间。

表 15.1　故障时间(au)——(应力 A)

1.67	2.20	2.51	3.00	3.90	4.70	7.53	14.70	27.80	37.40

15.1.1　分析 1

双参数 Weibull 模型($\beta=0.95$)和对数正态模型($\sigma=1.09$)(最大似然估计)MLE 故障概率图如图 15.1 和图 15.2 所示。单参数指数模型($\beta=1.00$)MLE 故障概

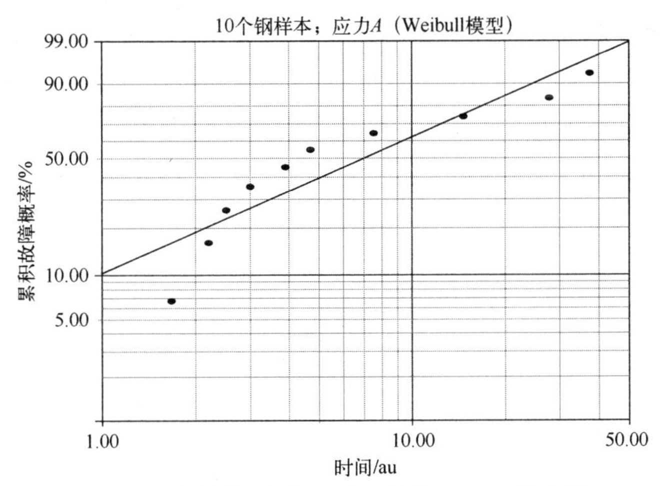

图 15.1　钢样本(应力 A)的双参数 Weibull 概率图

率图看上去与图 15.1 相同，正态图未出现下凹。目视检查显示，数据更适合用对数正态模型拟合。这可以通过表 15.2 中统计的拟合优度(GoF)检验结果来证实，通常忽略倾向于 Weibull 模型的卡方(χ^2)检验(8.10 节)。

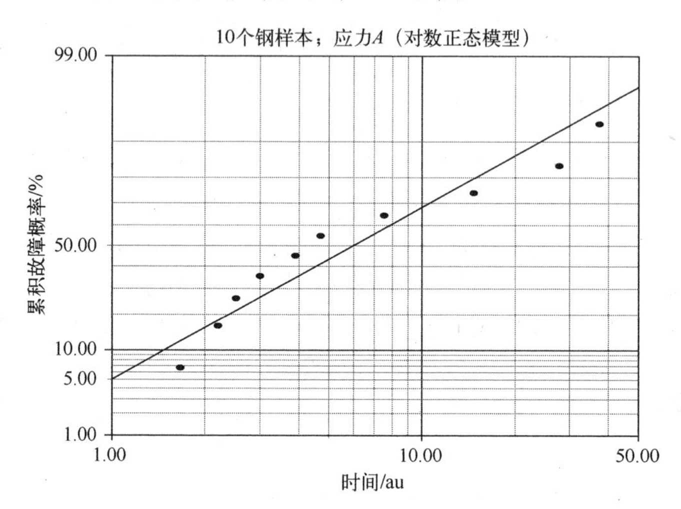

图 15.2　钢样本(应力 A)的双参数对数正态概率图

表 15.2　GoF 检验结果——应力 A(MLE)

检验方法	Weibull 模型	对数正态模型	三参数 Weibull 模型	Weibull 混合模型
r^2(RRX)	0.8391	0.9281	0.9791	—
Lk	−33.5312	−32.4011	−30.1479	−29.2040
mod KS/%	9.4072	1.8181	1.48×10^{-3}	2.21×10^{-8}
χ^2/%	19.8560	20.2236	23.7948	28.1684

15.1.2　分析 2

不过，图 15.1 和图 15.2 显示出明显的下凹，预示存在绝对故障时间阈值，低于此阈值不应该有故障。即使形状参数 $\beta=0.95<1.00$，表示早期故障群体的故障率下降值得思考(图 6.1)，绝对失效阈值时间的存在是合理的，因为无法确保球轴承会在 $t=0$ 开始测试时发生故障。图 15.3 是三参数 Weibull 模型(8.5 节)($\beta=0.66$)MLE 概率图用于调整阈值。绝对故障阈值 t_0(三参数 Weibull 模型)=1.60au，用垂直虚线表示。表 15.2 中的拟合优度检验结果和目视检查结果显示，除了通常为异常的χ^2 检验结果外(8.10 节)，三参数 Weibull 模型优于双参数对数正态模型。

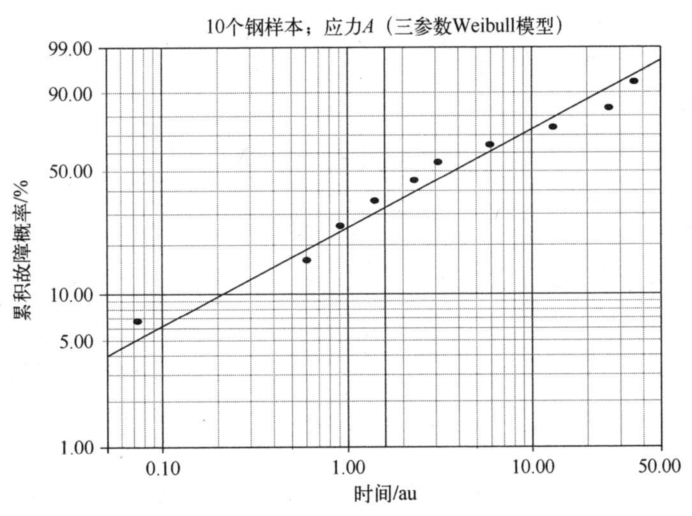

图 15.3　钢样本(应力 A)的三参数 Weibull 概率图

15.1.3　分析 3

不过,图 15.1 和图 15.2 中存在的 S 形表明,可以将不同故障时间的子群进行混合。请注意,除了图 15.3 中的第一次故障之外,S 形仍然可以观察到。通过具有 3 个子群和 8 个独立参数的 Weibull 混合模型(8.6 节)MLE 概率图可以得到对图 15.1 所示分布的改进视觉拟合,如图 15.4 所示。每个子群由双参数 Weibull 模型描述。在图 15.4 中从左到右,形状参数和子群分数为:①$\beta_1 = 3.2$,$f_1 = 0.57$;②$\beta_2 = 2.8$,$f_2 = 0.23$;③$\beta_3 = 7.9$,$f_3 = 0.20$,$f_1 + f_2 + f_3 = 1$。Weibull 混合模型给出的最佳视觉描述通过表 15.2 中的拟合优度检验结果得到确认,除了经常误导的χ^2 检验结果外(8.10 节)。

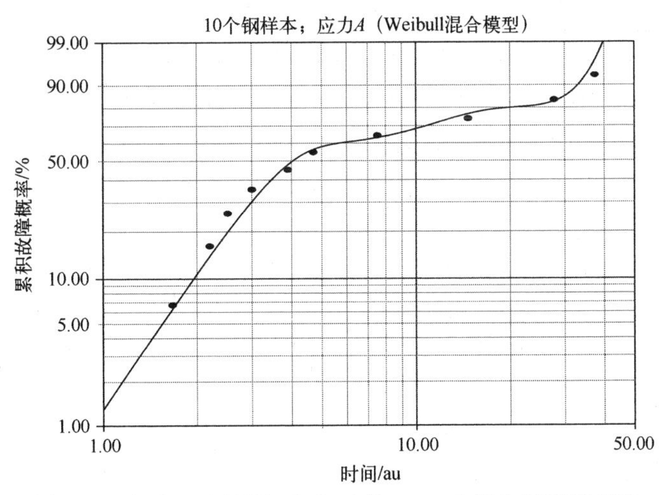

图 15.4　包含三个子群(应力 A)的 Weibull 混合模型概率图

15.1.4 结论:设置 1(应力 A)

(1) 双参数 Weibull 模型不能提供足够的描述。

(2) 双参数 Weibull 模型和单参数指数模型描述逊于双参数对数正态分布模型。

(3) 尽管三参数 Weibull 模型描述优于双参数对数正态描述,但是由于如图 15.1 至图 15.3 所示数据的 S 形特征,因此利用三参数 Weibull 模型是不合理的[4]。

(4) 在没有其他试验证据的情况下授权应用三参数 Weibull 模型,其应用可能会:①是任意的[5,6];②被视为是人工尝试强制采用 Weibull 模型来描述数据;③对绝对故障阈值提供过于乐观的估计[6]。

(5) 考虑到样本量小,绝对阈值故障时间 t_0(三参数 Weibull 模型)= 1.60au 的预计值接近第一次故障时间 t_1 = 1.67au,结果如表 15.1 所列,这是不可信的(8.5.6 节)。

(6) 利用三参数 Weibull 模型的典型理由是:在故障之前,故障机制需要时间发生和发展。不过,这一事实的正确性并不是在双参数 Weibull 故障概率图中存在下凹曲率的每种情况下都可以利用的总的授权,特别是在利用三参数 Weibull 模型出现 S 形时。

(7) 具有三个子群的 Weibull 混合模型是被选择的模型,因为它为图 15.1 中的 S 形曲率提供了最佳解释。子群数量与故障模式或机制的数量之间的关系是未知的。

15.2 设置 2(应力 B)

表 15.3 给出了在 0.99×10^6psi 下测试的 10 个钢样本的故障时间。

表 15.3 故障时间(au)——(应力 B)

0.80	1.00	1.37	2.25	2.95	3.70	6.07	6.65	7.05	7.37

如前述分析指导所示,如图 15.5 所示具有 S 形的双参数 Weibull 模型(β = 1.57) MLE 故障概率图可以通过如图 15.6 所示的具有 3 个子群和 8 个独立参数的 Weibull 混合模型 MLE 概率图更好地拟合。每个子群由双参数 Weibull 模型来描述。从左到右观察,形状参数和子群分数为:①β_1 = 4.9,f_1 = 0.29;②β_2 = 5.4,f_2 = 0.31;③β_3 = 17.1,f_3 = 0.40,$f_1+f_2+f_3 = 1$。

结论:设置 2(应力 B)

(1) 由于明显的 S 形特征,双参数 Weibull 模型没有得到足够的描述。

(2) 具有 3 个子群的 Weibull 混合模型是被选择的模型,因为它为图 15.5 中的 S 形曲率给出了最有说服力的描述。这个分析与前文压力 A 的情况一致。

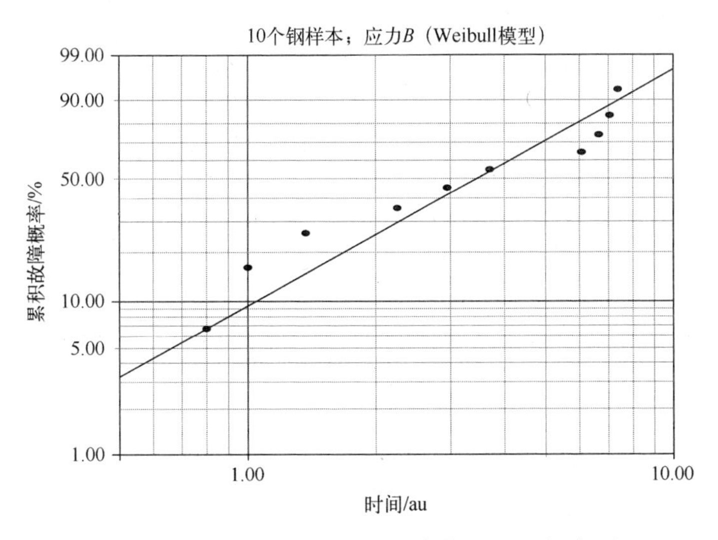

图 15.5　钢样本(应力 B)的双参数 Weibull 概率图

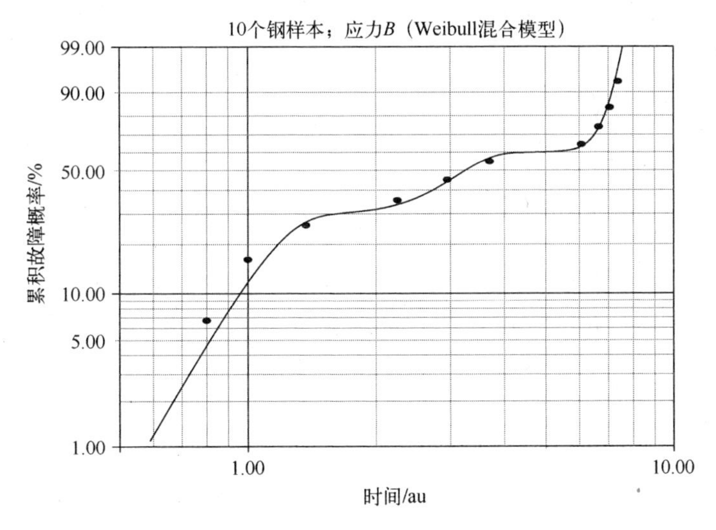

图 15.6　包含三个子群(应力 B)的 Weibull 混合模型概率图

15.3　设置 3(应力 C)

表 15.4 给出了在 1.09×10^6psi 下测试的 10 个钢样本的故障时间。

表 15.4　故障时间(au)——(应力 C)

0.012	0.180	0.200	0.240	0.260	0.320	0.320	0.420	0.440	0.880

15.3.1　分析 1

图 15.7 所示的双参数 Weibull($\beta=1.44$) MLE 概率图没有提供足够的描述,因为故障分布在出现早期故障之前,即 $t_1=0.012$au 时就下凹了,如表 15.4 的检查证实。图 15.7 中的下凹很容易用具有 2 个子群和 5 个独立参数的 Weibull 混合模型来描述,如图 15.8 中的故障概率图所示。早期异常故障的存在并没有破坏混合模型的表征。形状参数和子群分数为:①$\beta_1=2.8$,$f_1=0.77$;②$\beta_2=2.1$,$f_2=0.23$,$f_1+f_2=1$。

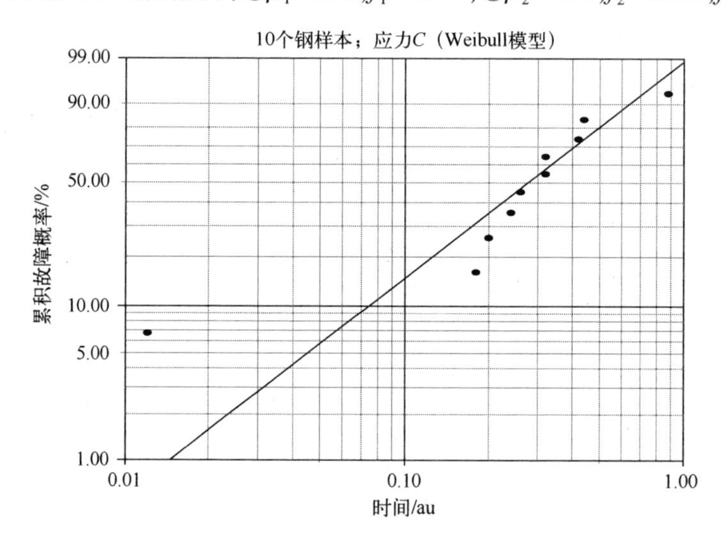

图 15.7　钢样本(应力 C)的双参数 Weibull 概率图

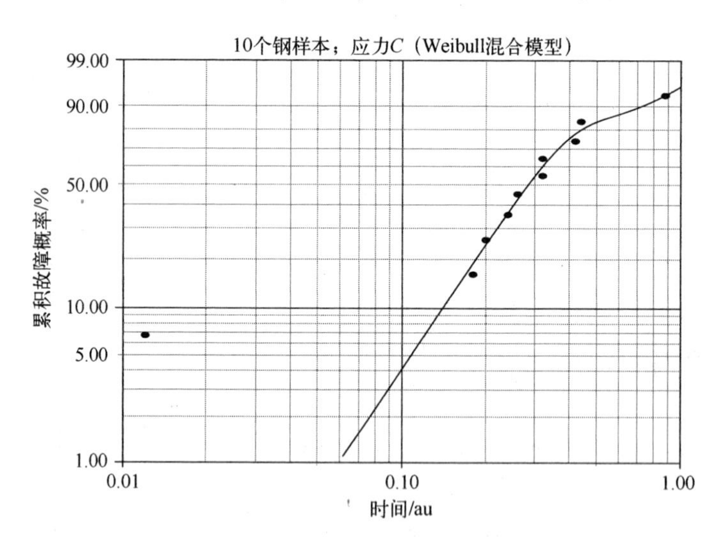

图 15.8　包含两个子群(应力 C)的 Weibull 混合模型概率图

注意,如果第一次故障被剔除,则双参数 Weibull 模型的 $\beta=1.95$。如果第一次和最后一次故障被剔除,从对表 15.4 中数据的检查可以看出是合理的,双参数 Weibull 分布将是下凹的,双参数对数正态分布将由图线良好拟合。

15.3.2　结论:设置 3(应力 C)

(1) 双参数 Weibull 模型没有得到足够的描述,因为在早期故障前出现了下凹。

(2) 尽管存在早期故障,但是具有 2 个子群的 Weibull 混合模型在图 15.8 中对图 15.7 所示的分布给出了很好的描述。该分析与先前的分析一致。

15.4　设置 4(应力 D)

表 15.5 给出了在 1.18×10^6psi 下测试的 10 个钢样本的故障时间。

表 15.5　故障时间(au)——(应力 D)

0.073	0.098	0.117	0.135	0.175	0.262	0.270	0.350	0.386	0.456

15.4.1　分析 1

图 15.9 所示的双参数 Weibull 模型($\beta=1.96$)MLE 故障概率图呈现 S 形曲率。结合前文分析,图 15.10 展示了具有 2 个子群的 Weibull 混合模型故障概率图,每个子群由一个双参数 Weibull 模型来描述。从左到右观察,形状参数和子群分数为:① $\beta_1=3.82$, $f_1=0.465$;② $\beta_2=4.55$, $f_2=0.535$, $f_1+f_2=1$。混合模型描述需要 5 个独立的参数。

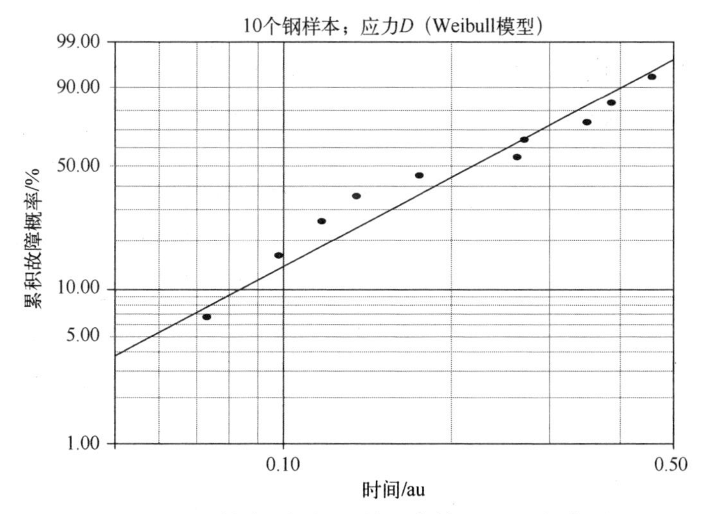

图 15.9　钢样本(应力 D)的双参数 Weibull 概率图

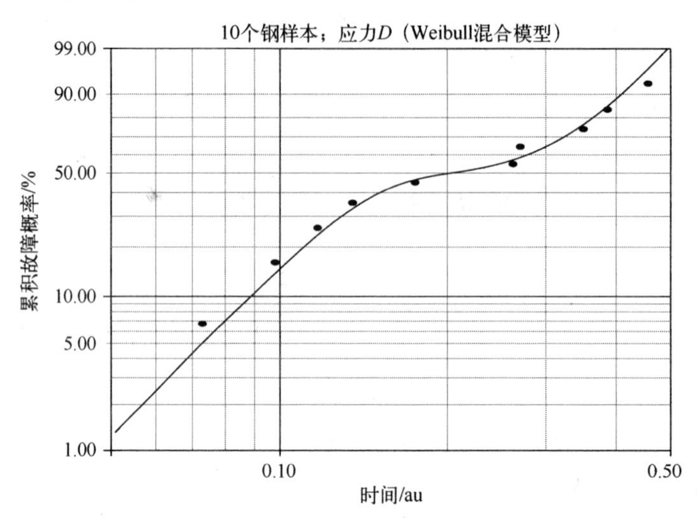

图 15.10　包含两个子群(应力 D)的 Weibull 混合模型概率图

15.4.2　结论:设置 4(应力 D)

(1) 双参数 Weibull 模型没有得到可接受的描述,因为故障数据的 S 形分布表明不止存在一个群体。

(2) 具有两个子群的 Weibull 混合模型在图 15.10 中为图 15.9 所示的 S 形分布提供了最佳拟合。

15.5　结论:总体

(1) 双参数 Weibull 模型没有为 4 个负载应力值中任何一个的故障数据提供可信的拟合,因为 4 个样本群体中的每一个都是不均匀的,也就是说,每个群体由两个或更多个子群组成。要想通过双参数 Weibull 模型得到充分的拟合,至少需要群体是合理而均匀的。

(2) 没有发现双参数 Weibull 形状参数 β 的值随应力保持不变,如表 15.6 所列,而是随着应力增加而增加。表中所示的 β 值与以前发现的相同[1]。即使比例 β(应力 D)/β(应力 A)= 2.06,以前得出的结论还是,不能拒绝普通形状因子的假设[1]。

表 15.6　参数

应力/$\times 10^6$ psi	β
A(0.87)	0.95
B(0.99)	1.57
C(1.09)	1.44
D(1.18)	1.96

(3) 对 40 个钢样本的故障数据进行分析，利用与之相关的拟合直线，可以为故障概率图的目视检查提供价值不可或缺的例子。

(4) 对于四个样本群体，每个暴露于不同的载荷应力中，Weibull 混合模型为故障时间提供了最佳拟合，这与双参数 Weibull 概率图中的 S 形曲率一致。

(5) 对疲劳试验中四组钢样本(即球轴承)故障时间的分析表明，存在几种不同的故障机理，尽管无法确定是否与 Weibull 混合模型概率图中子群的数量有关。

参考文献

[1] J. I. McCool, Confidence limits for Weibull regression with censored data, *IEEE Trans. Reliab.*, R29 (2), 145-149, June 1980.

[2] J. F. Lawless, *Statistical Models and Methods for Lifetime Data* (Wiley, New York, 1982), 339.

[3] J. Lieblein and M. Zelen, Statistical investigation of the fatigue life of deep groove ball bearings, Research paper 2719, *J. Res. Natl. Bur. Stand.*, 57, 273-316, 1956.

[4] D. Kececioglu, *Reliability Engineering Handbook*, Volume 1 (Prentice Hall, New Jersey, 1991), 309.

[5] R. B. Abernethy, *The New Weibull Handbook*, 4th edition (Abernethy, North Palm Beach, Florida, 2000), 3-9.

[6] B. Dodson, *The Weibull Analysis Handbook*, 2nd edition (ASQ Quality Press, Milwaukee, Wisconsin, 2006), 35.

第16章　12个电气绝缘样本

16.1　电气绝缘:A型

电气绝缘A型样本受到递增的电压应力作用[1]。表16.1列出了12个样本的故障时间(min)。有人提出,故障时间可以用双参数指数模型描述,即具有阈值参数[1]的指数模型,或等价于参数$\beta=1.00$的三参数Weibull模型。

表16.1　A型绝缘体故障时间(min)

18.5	21.7	35.1	40.5	42.3	48.7	79.4	86.0	121.9	147.1	150.2	219.3

16.1.1　分析1

双参数Weibull模型($\beta=1.46$)、对数正态模型($\sigma=0.764$)和正态最大似然估计(MLE)故障概率图分别如图16.1至图16.3所示。Weibull图中的数据呈下凹,而在正态图中这种情况更明显。在图16.2所示的对数正态图中可以看到,与直线高度一致。目视检查和统计拟合优度(GoF)检验结果如表16.2所列,可以看出优先选择双参数对数正态模型,而非双参数Weibull模型,这是出人意料的,因为通常会选择Weibull模型用于表征绝缘击穿故障。

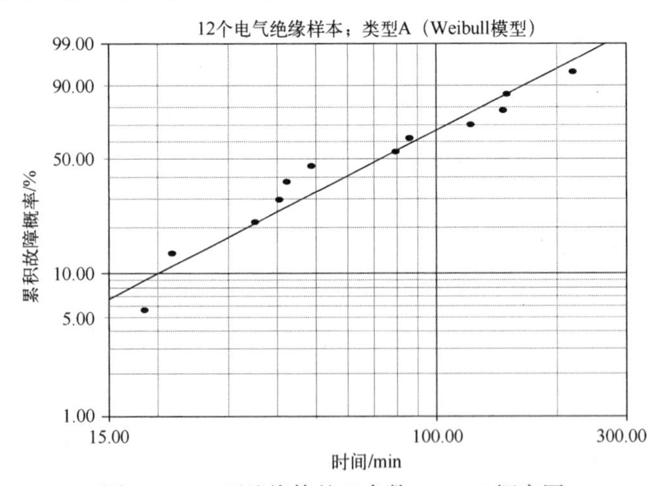

图16.1　A型绝缘体的双参数Weibull概率图

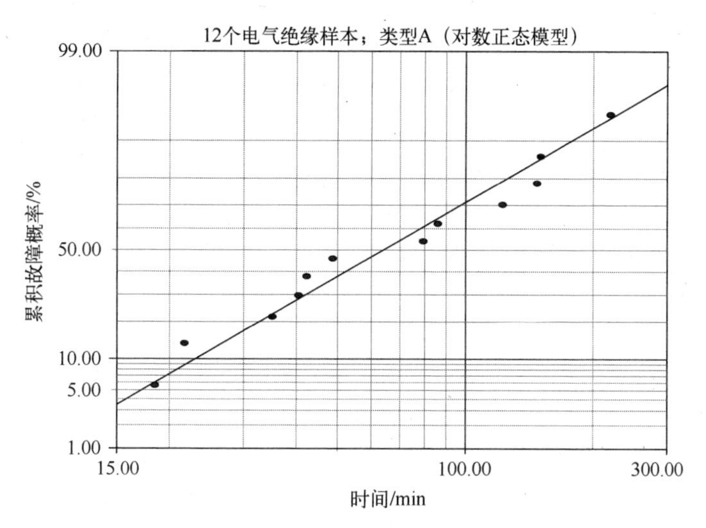

图 16.2 A 型绝缘体的双参数对数正态概率图

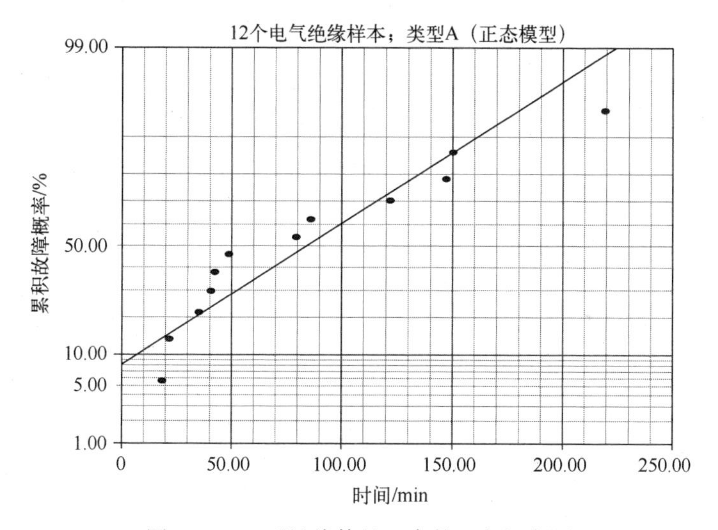

图 16.3 A 型绝缘体的双参数正态概率图

表 16.2 A 型绝缘体的 GoF 检验结果(MLE)

检验方法	Weibull 模型	对数正态模型	三参数 Weibull 模型	Weibull 混合模型
r^2(RRX)	0.9442	0.9716	0.9787	—
Lk	-64.0043	-63.7146	-62.6463	-59.2512
mod KS/%	3.92	4.85×10^{-2}	2.47×10^{-3}	10^{-10}
χ^2/%	14.4932	8.5640	9.3646	11.8317

16.1.2 分析 2

图 16.1 所示的下凹曲率暗示需要利用三参数 Weibull 模型(8.5 节)。这可以证实故障时间由双参数指数模型描述的结论[1],三参数 Weibull 模型($\beta=1.01$)MLE 故障概率图可以用直线拟合,如图 16.4 所示。预测的绝对时间阈值为 t_0(三参数 Weibull 模型)= 16.15min,如垂直虚线所示。

将χ^2 检验结果打折考虑(8.10 节),表 16.2 中给出的统计拟合优度检验结果倾向于三参数 Weibull 模型而非双参数对数正态分布模型,即使目视检查倾向于选择对数正态模型描述。数据与图 16.4 所示下尾部曲线的显著偏差表明,利用三参数模型可能是未授权的[2]。尽管存在这个情况,但是可以证明双参数指数模型是合适的建议[1],因为 $\beta=1.01\approx1.00$ 的三参数 Weibull 模型与之是等效的。一个不合理的预测是,对于时间 $t<t_0$(三参数 Weibull 模型),没有发生故障;而对于时间 $t>t_0$(三参数 Weibull 模型),故障随机发生,故障率恒定且与时间无关。

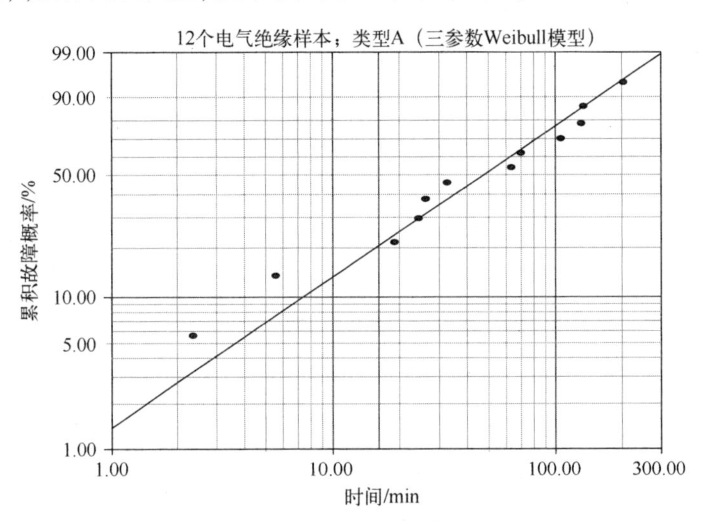

图 16.4 A 型绝缘体的三参数 Weibull 概率图

16.1.3 分析 3

假设利用对 12 个 A 型绝缘故障的分析来估算样本大小为 $SS=10$、100 和 1000 的 A 型未选用样本的安全寿命(8.8 节),这些样本同样需要进行测试,该测试的故障时间与表 16.1 所示故障时间一样。对于 $SS=10$、100 和 1000 的样本,第一次故障分别发生在 $F=10.00\%$、1.00%和 0.10%时。利用第 9~12 章所示的步骤,条件故障阈值 t_{FF}(对数正态模型)和无条件故障阈值 t_{FF}(三参数 Weibull 模型)如表 16.3 所列。在每种情况下,对数正态估计值更加保守,即不那么乐观。对于 $SS=10$,图 16.2

和图16.4可用于提供目视确认。

表16.3　双参数对数正态模型和三参数Weibull模型时间阈值

模型＼数据	故障率 F/%	群体数目 SS	故障阈值 t_{FF}/au
对数正态模型	10.00	10	23.02
三参数Weibull模型	10.00	10	t_0+7.40=16.15+7.40=23.55
对数正态模型	1.00	100	10.00
三参数Weibull模型	1.00	100	t_0+0.73=16.15+0.73=16.88
对数正态模型	0.10	1000	5.43
三参数Weibull模型	0.10	1000	t_0+0.07=16.15+0.07=16.22

对于SS=1000的未选用群体，t_{FF}(对数正态模型)=5.43min，t_{FF}(三参数Weibull模型)=16.22min≈t_0(三参数Weibull模型)=16.15min。对于SS>100，t_{FF}(三参数Weibull模型)逐渐趋近于t_0(三参数Weibull模型)的值。t_0(三参数Weibull模型)的值是绝对最低阈值故障时间。

16.1.4　分析4

图16.1中的数据阵列可以看作是两个S形曲线，可以通过具有3个子群和8个独立参数的Weibull混合模型(8.6节)来描述，如图16.5所示。从左到右，形状参数和子群分数为：①β_1=15.02，f_1=0.164；②β_2=9.39，f_2=0.312；③β_3=2.83，f_3=0.524，$f_1+f_2+f_3=1$。每个子群由一个双参数Weibull模型来描述。尽管图16.5中的目视拟合优于图16.2和图16.4中的视觉拟合，如表16.2中的最大对数正态似然

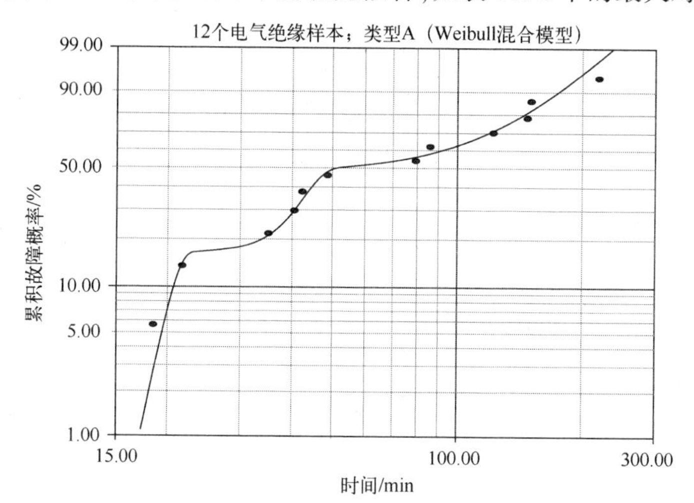

图16.5　有3个子群的A型绝缘体Weibull混合模型概率图

(Lk)和 mod KS 检验结果所证实的,这一拟合结果可能是由于图 16.1 中故障时间的无意聚类造成的。表 16.2 中给出的χ^2 检验结果通常是错误的(8.10 节)。

16.1.5 结论:A 型

(1) 双参数对数正态模型是 A 型绝缘样本的选择模型,因为通过目视检查和拟合优度检验结果得出,其表征优于双参数 Weibull 模型。

(2) 利用三参数 Weibull 模型可以证明,双参数指数模型或 $\beta=1.00$ 的三参数 Weibull 模型可以提供合理的描述[1]。不过,对于 $\beta=1.01$,预测结果是,对于时间 $t>t_0$(三参数 Weibull 模型),故障率基本上是恒定的;而对于时间 $t<t_0$(三参数 Weibull 模型),则不会发生故障。通常将恒定的故障率描述为与时间无关,因此,恒定的故障率不是在接近或在 $t=0$ 的时刻开始,看起来在物理上是不合理的。

(3) 没有经验证据表明,小样本不会在绝对无故障间隔发生故障,即对于未选用的类似标本,时间 $t<t_0$(三参数 Weibull 模型)= 16.15min。

(4) 由于故障时间与图 16.4 下尾部图线之间存在偏差,因此利用三参数 Weibull 模型是有问题的[2]。

(5) 在没有实证证据证明可以授权利用三参数 Weibull 模型的情况下,它的应用被认为具有任意性[3,4],并试图强制利用 Weibull 模型来描述,而忽略了反对的证据,而这种情况下双参数对数正态模型应是可接受的拟合。依赖利用三参数 Weibull 模型可能会导致绝对故障阈值的估计过于乐观[4]。

(6) 双参数对数正态模型描述优先于三参数 Weibull 模型描述。基于表 16.2 所示的拟合优度检验结果,三参数 Weibull 模型优于双参数对数正态模型,这是由于在 Weibull 模型中引入了第三个参数。众所周知,通过增加模型参数(无论是否合理),可以改善拟合优度检验结果。

(7) 假设双参数对数正态模型和三参数 Weibull 模型都可以对故障时间提供看上去可接受的直线拟合,Occam 剃刀的启发式极值显示,偏好独立参数较少的模型。

(8) 对相对较大的未选用群体进行安全寿命估计的结果是,双参数对数正态模型估计比三参数 Weibull 模型更保守。不过,任何此类估计的可信度取决于未选用群体大体上与早期样本无关的证据,例如早期故障(1.9.3 节和 7.17.1 节)。

(9) Weibull 混合模型提供了优秀的目视拟合,得到了拟合优度检验结果的支持。Weibull 混合模型被拒绝是因为故障时间聚类似乎可以得到更好的拟合结果。Weibull 混合模型被拒绝也是因为它需要 8 个独立参数。可接受的数据拟合由双参数对数正态模型给出,这是基于 Occam 剃刀原理(即简单说明)得到的选择。接受多参数模型给出的结果意味着,要放弃双参数模型表征的简单性。

16.2　电气绝缘:B 型

B 型电气绝缘样本也受到递增的电压应力作用[1]。表 16.4 给出了 12 个样本的故障时间。有人建议 B 型样本以及 A 型样本的故障时间可以用双参数指数模型来描述,A 型和 B 型的阈值参数可能相等[1]。

表 16.4　B 型绝缘故障时间(min)

12.3	21.8	24.4	28.6	43.2	46.9	70.7	75.3	95.5	98.1	138.6	151.9

16.2.1　分析 1

双参数 Weibull 模型($\beta = 1.57$)、对数正态模型($\sigma = 0.760$)和正态 MLE 故障概率图分别如图 16.6 至图 16.8 所示。排除第一次故障,图 16.6 的 Weibull 图中的数据显示为下凹,与图 16.1 的 Weibull 图类似。正态图中的数据显著下凹,而对数正态图中的数据由于第一次和最后一次故障而显示为略微上凹。图 16.7 中曲线上方第一次故障的位置与图 16.6 中第一次故障的位置一致,解释为基于图 16.6 所示直线方向的早期故障异常值。目视检查和表 16.5 中的拟合优度检验结果支持临时选择双参数 Weibull 模型作为选择模型。

注意,在没有图 16.6 所示的 Weibull 概率图时,只依靠表 16.5 所示的拟合优度检验结果就可以明确选择双参数 Weibull 模型。对这一选择的怀疑来自于把图 16.6 中的第一次故障解释为通过掩盖余下阵列中的下凹特征来破坏分析。表 16.4 所示的第一次故障与阵列的其余部分相去甚远,以支持其所属类别可能为早期故障异常值。

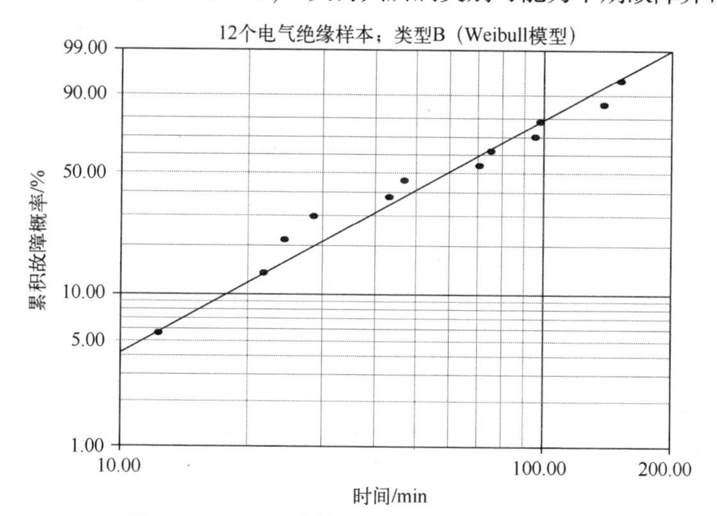

图 16.6　B 型绝缘体的双参数 Weibull 概率图

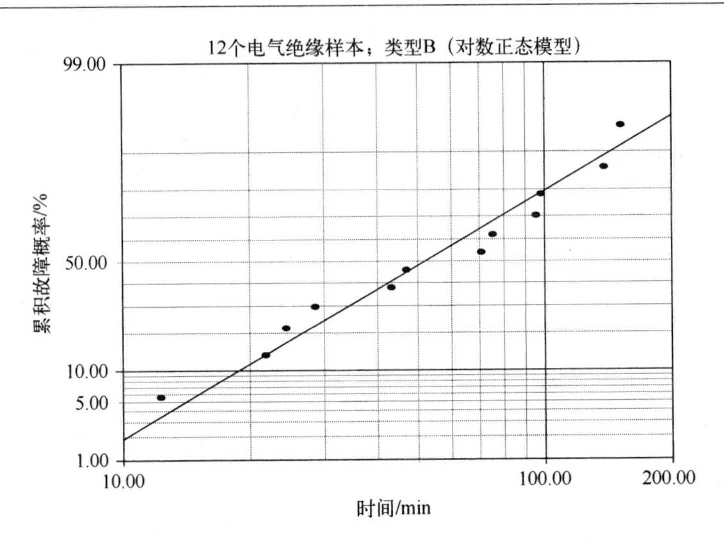

图 16.7 B 型绝缘体的双参数对数正态概率图

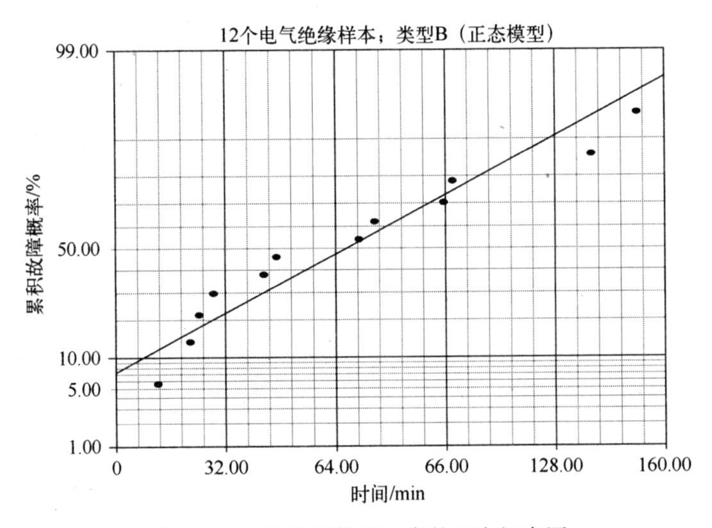

图 16.8 B 型绝缘体的双参数正态概率图

表 16.5 B 型绝缘体的 GoF 检验结果(MLE)

检验方法	Weibull 模型	对数正态模型	三参数 Weibull 模型
r^2(RRX)	0.9738	0.9602	0.9839
Lk	-60.9387	-61.1602	-60.5568
mod KS/%	5.21×10^{-2}	5.28×10^{-1}	9.31×10^{-3}
χ^2/%	8.5817	12.0282	9.6653

16.2.2　分析2

考虑到表16.5中对双参数Weibull模型的偏好，没有利用三参数Weibull模型的动机。不过，证明利用双参数指数模型可以提供适当描述[1]的建议是有解释价值的。三参数Weibull模型(β=1.32)MLE故障概率图可以用直线拟合，如图16.9所示。绝对故障时间阈值为t_0(三参数Weibull模型)=6.96min≈7.00min，如垂直虚线所示。表16.5中所附的拟合优度检验结果倾向于三参数Weibull模型，而非双参数Weibull模型，除了通常错误的χ^2检验结果(8.10节)。

双参数指数模型不适用于此分析，因为三参数Weibull模型形状参数为β=1.32而不是β=1.00，且B类绝对故障阈值参数t_0(三参数Weibull模型)=6.96min，比A型绝对故障阈值参数t_0(三参数Weibull模型)=16.15min小2.3倍。在这个阶段，不能证明A型和B型的β(A)≈β(B)≈1.00以及t_0(三参数Weibull模型)是大致相等的[1]。

16.2.3　分析3

根据对图16.6和图16.7的观察结果，图16.7的对数正态图中位于图线上方的第一次故障可以看作是被剔除的早期故障，正如表16.4的检查支持。图16.9中第一次故障位于图线上方，被视为作为早期异常故障状态的证明，并且也说明利用三参数Weibull模型是不合理的[2]。图16.6中基于图线拟合以及表16.5中的拟合优度检验结果，对双参数Weibull模型的偏好取决于第一次故障的位置，在这之后，图16.6中的数据是下凹的。在第一次故障剔除后，双参数Weibull模型(β=1.79)和

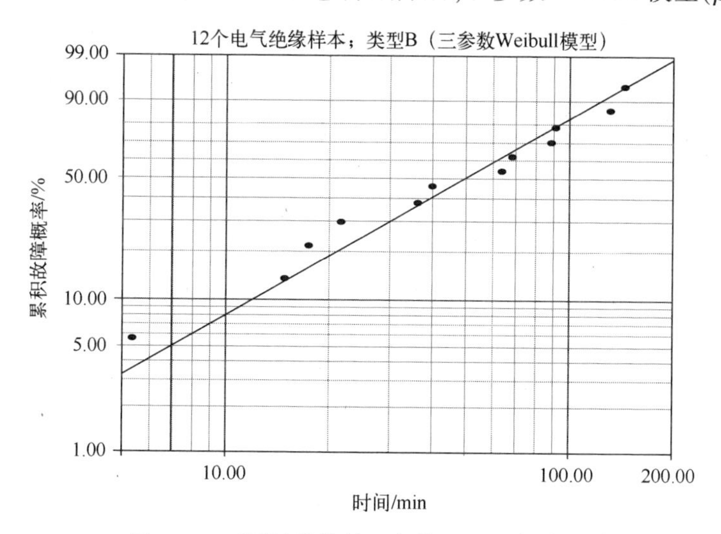

图16.9　B型绝缘体的三参数Weibull概率图

对数正态模型($\sigma=0.65$)MLE 故障概率图分别如图 16.10 和图 16.11 所示。正态图并没有出现下凹。

在图 16.10 中,第一次故障被剔除的 B 型样本的 Weibull 图出现下凹曲率,类似于图 16.1 中未剔除的 A 型样本的 Weibull 图出现的下凹曲率。轻微的目视检查倾向于图 16.11 中的双参数对数正态模型,这一结果得到表 16.6 中对 r^2 和 Lk 的拟合优度检验结果的支持。mod KS 和通常错误的χ^2 检验结果倾向于双参数 Weibull 模型(8.10 节)。

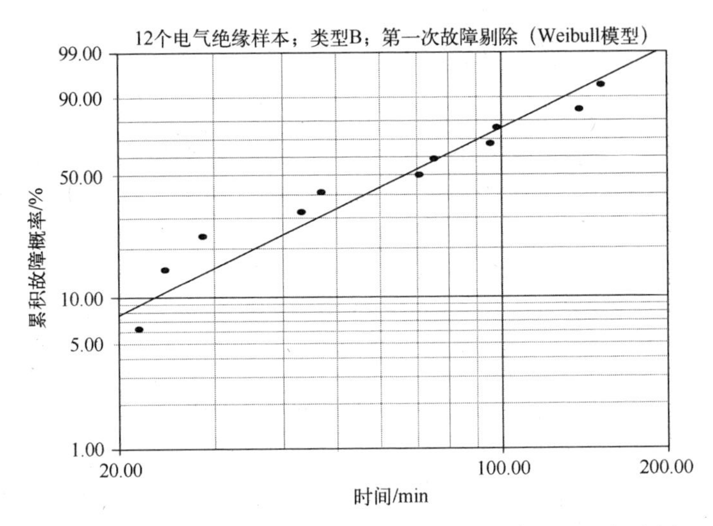

图 16.10 第一次故障剔除的 B 型绝缘体双参数 Weibull 概率图

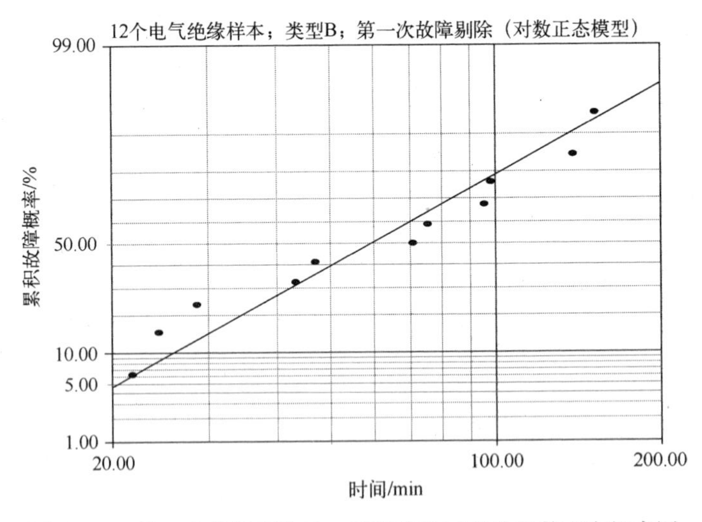

图 16.11 第一次故障剔除的 B 型绝缘体双参数对数正态概率图

表 16.6　第一次故障剔除的 B 型绝缘体 GoF 检验结果(MLE)

检验方法	Weibull 模型	对数正态模型	三参数 Weibull 模型
r^2(RRX)	0.9446	0.9620	0.9716
Lk	-55.8434	-55.8052	-54.7095
mod KS/%	5.81×10^{-2}	9.10×10^{-2}	7.67×10^{-2}
χ^2/%	15.4730	19.2868	19.6805

16.2.4　分析 4

本节研究剔除第一次故障的 B 型样本建议[1]的双参数指数模型的适用性。用直线拟合的三参数 Weibull 模型($\beta=1.10$)MLE 故障概率图如图 16.12 所示。绝对故障时间阈值为 t_0(三参数 Weibull 模型)= 18.74min，如垂直虚线所示。可以确定双参数指数模型可能适用的建议[1]，因为这与 $\beta=1.01\approx1.00$ 的三参数 Weibull 模型近似等效。

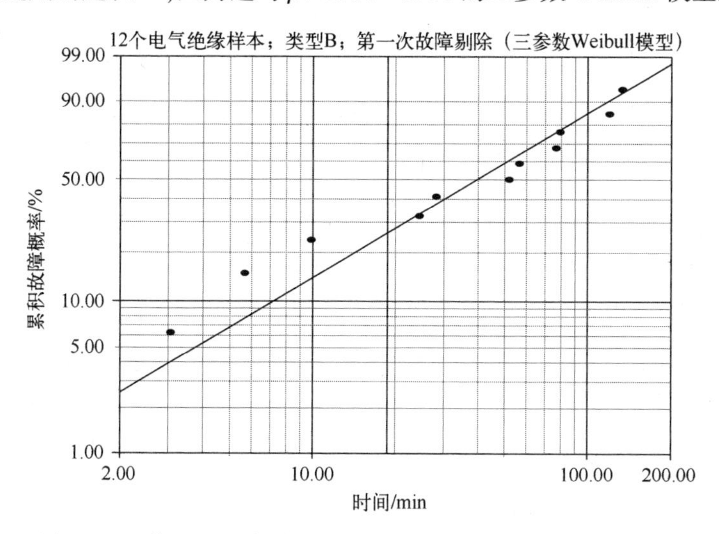

图 16.12　第一次故障剔除的 B 型绝缘体三参数 Weibull 概率图

不过，确定过程需要将作为破坏性的早期故障异常值的第一次故障剔除，并通过检查表 16.4 中的故障时间来支持此过程。表 16.6 中的拟合优度检验结果倾向于三参数 Weibull 模型，而非双参数对数正态模型，不包括通常错误的 χ^2 检验结果(8.10 节)。不过，与图 16.4 中前两个故障的出现类似，图 16.12 中的曲线上方的前三个故障的出现表明，利用三参数 Weibull 模型可能没有保证[2]。图 16.11 所示的对数正态分布看上去优于图 16.12 所示的分布。

16.2.5　结论：B 型

(1) 暂时地，双参数 Weibull 模型是基于目视检查和表 16.5 所示的拟合优度检验结果选择的模型。

(2) 不过,图 16.6 所示 Weibull 图中的第一次故障被解释为通过影响图线的方向来掩盖主要群体的下凹曲率。相应地,图 16.7 所示的对数正态图中位于直线之上的第一次故障被解释为早期故障。第一次故障被视为异常值,由表 16.4 证明。

(3) 一个重要目标(8.2 节)是找到双参数模型,得出样本群体中故障数据的最佳描述,以允许在较大的未选用的亲本群体中预测第一次故障时间。如果样本故障数据被早期故障破坏(8.4.2 节),那么为了达到预测目的,应该对早期故障进行剔除,以便可以表征假定为同类的主要群体(8.12 节)。

(4) 剔除第一次破坏性故障后,通过目视检查和表 16.6 中的大部分拟合优度检验结果得出,图 16.11 所示的双参数对数正态图优于图 16.10 所示的双参数 Weibull 图,使通常异常的χ^2 检验结果打了折扣(8.10 节)。

(5) 利用三参数 Weibull 模型对第一次故障剔除后的 B 型样本进行分析的优点与未经剔除的 A 型样本相似,因此在表 16.7 中给出了以下建议的结论:①双参数指数模型对于表征 A 型和 B 型样本的故障时间是合理的;②绝对阈值参数可能相等[1]。建议证明,要求剔除作为异常值的第一个 B 型故障。

(6) 剔除后的故障时间(12.3min)低于绝对阈值故障时间 t_0(三参数 Weibull 模型)= 18.7min 的事实应该不是对三参数 Weibull 模型的致命挑战,因为成熟组件中只有一小部分未选用群体,即使进行筛选,也可能会受到不可避免的早期故障的影响(1.9.3 节和 7.17.1 节)。

(7) 图 16.12 所示是第一次故障剔除后的 B 型样本的三参数 Weibull 图,类似于图 16.4 中没有剔除的 A 型样本的三参数 Weibull 图。由于故障时间与下尾部图线有显著偏差,因此在这两种情况下利用三参数 Weibull 模型都不被授权[2]。

(8) 没有提供物理机制来支持第一次故障剔除后的三参数 Weibull 模型;其应用被认为是任意的[3,4],可能会对绝对故障阈值产生过于乐观的估计[4]。

表 16.7　三参数 Weibull 模型的参数

样本类型	Weibull 形状参数 β	Weibull 阈值参数 t_0/min
A	1.01	16.15
B	1.10	18.74

16.3　电气绝缘:A 型和 B 型结合

16.3.1　分析 1

鉴于表 16.1 和表 16.4 中 A 型和 B 型样本的故障时间有相当大的重叠,可见样本应该是从相同的母本中抽出来的。表16.7证明,A型和B型样本的Weibull形状参数和阈值参数近似相等。

在将故障间隔时间进行结合且不进行剔除时,24个样本的双参数Weibull模型(β=1.48)和对数正态模型(σ=0.769)MLE故障概率图分别如图16.13和图16.14所示。没有显示出下凹正态分布。Weibull图显示有下凹,特别是在下尾部和整个分布中。相比之下,对数正态图显示与直线有良好的一致性,而没有存在阈值时间的迹象,低于此阈值下不会发生故障。

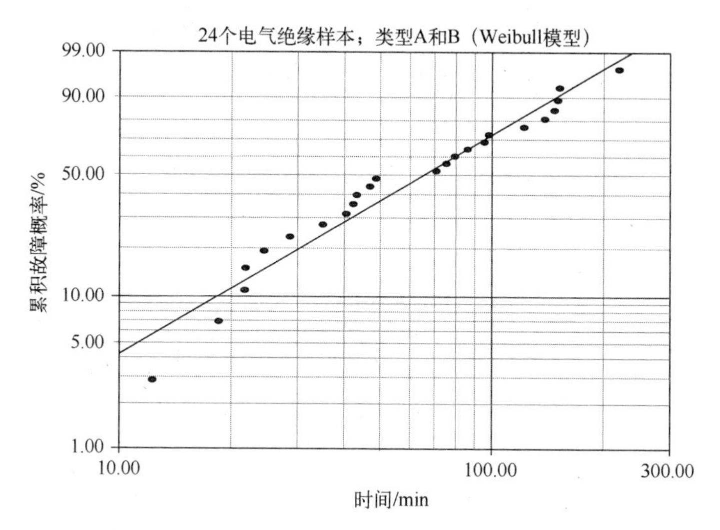

图16.13　A型和B型样本的双参数Weibull概率图

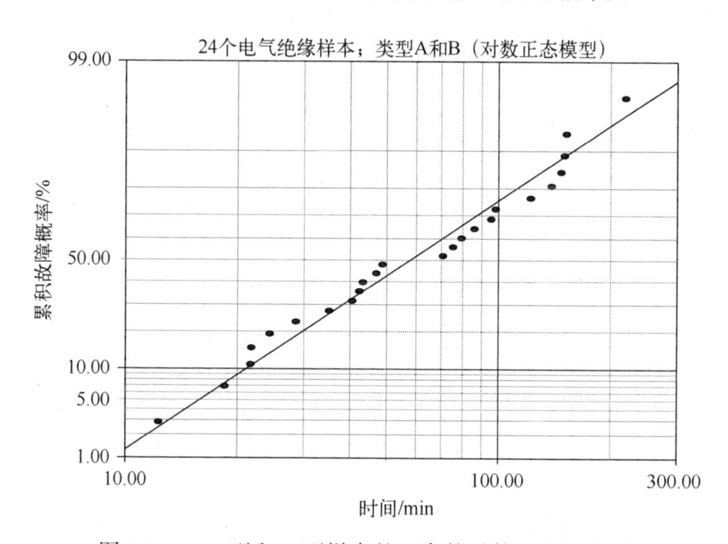

图16.14　A型和B型样本的双参数对数正态概率图

目视检查倾向于双参数对数正态模型,而非双参数 Weibull 模型,表 16.8 所示的拟合优度检验结果同样如此,忽略经常错误的χ^2 检验结果(8.10 节)。请注意,12 个 A 型样本的 Weibull 形状参数模型(β=1.46)与 A 型和 B 型组合的 24 个样本实际上相同(β=1.48)。类似地,12 个 A 型样本的对数正态模型(σ=0.764)与 A 型和 B 型组合的 24 个样本的对数正态模型实际上相同(σ=0.769)。

表 16.8　A 型和 B 型绝缘样本组合的 GoF 检验结果(MLE)

检验方法	Weibull 模型	对数正态模型	三参数 Weibull 模型	Weibull 混合模型
r^2(RRX)	0.9557	0.9763	0.9849	—
Lk	-125.3441	-125.0933	-124.0952	-123.4159
mod KS/%	14.0494	0.5460	1.4410	2.16×10^{-4}
χ^2/%	0.0835	0.4270	0.0971	0.2483

16.3.2　分析 2

在图 16.13 所示的 Weibull 图中给定的下凹情况下,三参数 Weibull(β=1.21) MLE 故障概率图如图 16.15 所示,其绝对阈值时间为 t_0(三参数 Weibull 模型)=9.29≈9.3min,如垂直虚线所示。在表 16.8 中忽略χ^2 检验结果,r^2 和 Lk 检验倾向于三参数 Weibull 模型,而 mod KS 检验倾向于双参数对数正态模型。目视检查无助于区分双参数对数正态模型和三参数 Weibull 模型描述。请注意,图 16.15 所示的三参数 Weibull 图中第一次故障的时间为 3.0min。第一次观察到的故障的实际时间为 $t_1=t_0$(三参数 Weibull 模型)+3.0=9.3+3.0=12.3min,如表 16.4 所列。

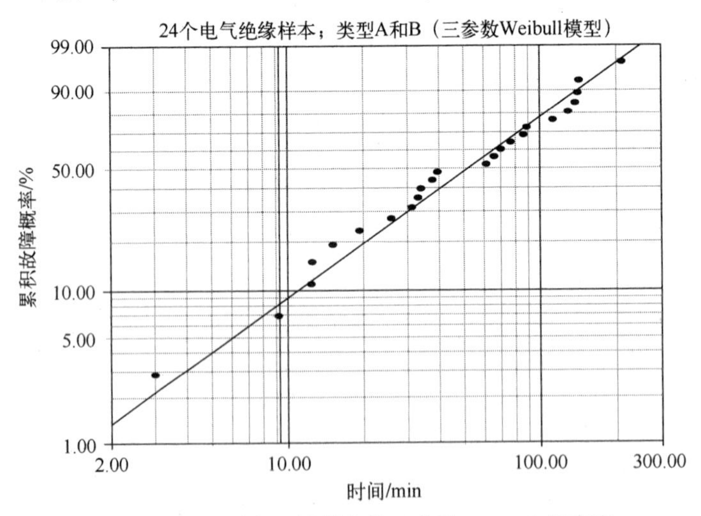

图 16.15　A 型和 B 型样本的三参数 Weibull 概率图

16.3.3　分析 3

图 16.13 所示的 Weibull 图中的数据再利用具有 2 个子群和 5 个独立参数的 Weibull 混合模型，如图 16.16 所示。形状参数和子群分数为 $\beta_1=2.96$，$f_1=0.41$ 和 $\beta_2=2.35$，$f_1=0.59$，$f_1+f_2=1$。每个子群由双参数 Weibull 模型描述。具有 3 个子群的混合模型不能得到更好的拟合。两个形状参数（β_1 和 β_2）的值在组合群体中相对较近的事实表明，在更大的群体中，故障时间的偶然聚集将不复存在。忽略 χ^2 检验结果（8.10 节），Weibull 混合模型的良好视觉拟合由表 16.8 中包含的 Lk 和 mod KS 检验结果来证明。

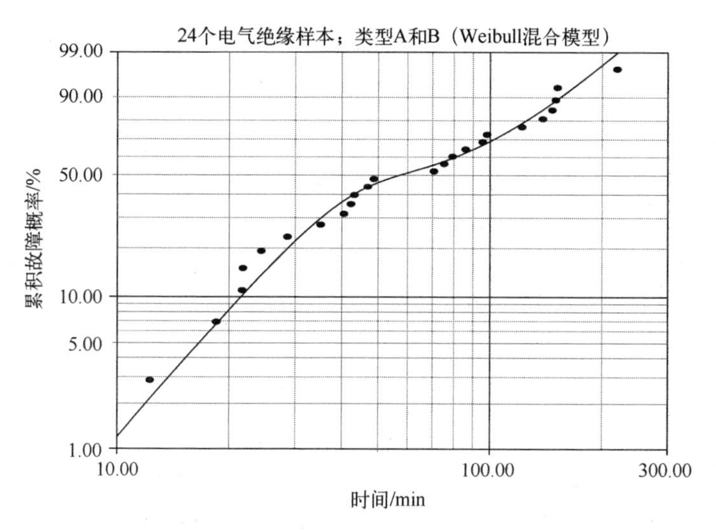

图 16.16　存在两个子群的 A 型和 B 型样本的 Weibull 混合模型图

16.3.4　结论：A 型和 B 型组合

（1）在图 16.14 所示的双参数对数正态图中，数据通过直线良好拟合，没有出现下凹，这表明存在时间阈值。通过目视检查和拟合优度检验结果得出，双参数对数正态模型优于双参数 Weibull 模型，忽略 χ^2 检验结果（8.10 节）。组合群体的对数正态故障率图如图 16.17 所示。

（2）利用三参数 Weibull 模型产生绝对时间阈值的四种不同预测结果：$t_0=16.15$min（A 型），$t_0=6.96$min（B 型），$t_0=18.74$min（剔除后的 B 型），以及 $t_0=9.29$min（A 型和 B 型组合）。故障时间的重叠表明，A 型和 B 型样本都可能来自同一母本，表 16.4 中 B 型样本的第一次故障时间 $t_1=12.3$min 可能会使时间阈值 $t_0=16.15$min（A 型）有争议。

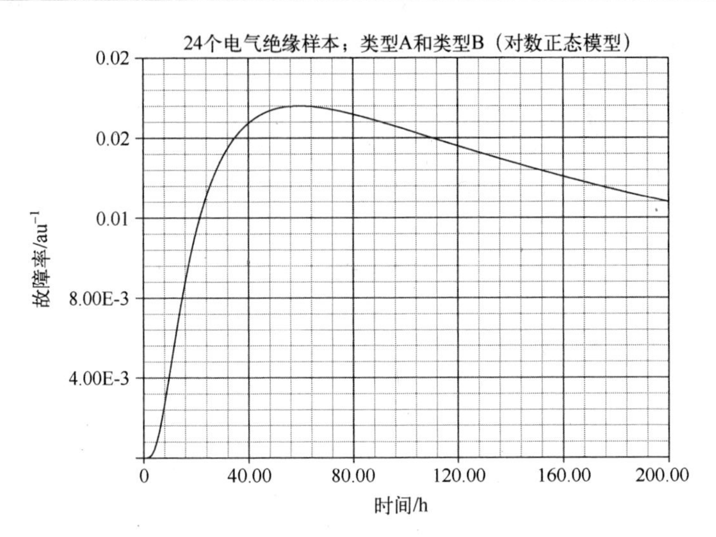

图 16.17 A 型和 B 型样本组合的对数正态故障率图

(3) 在没有物理证明的情况下,利用三参数 Weibull 模型看上去是任意的[3,4],并且绝对故障时间阈值的相关估计永远是有问题的,因为过于乐观[4],特别是在小样本群体中进行估计时。考虑到图 16.14 中双参数对数正态描述得到了可接受的直线拟合,利用三参数 Weibull 模型也是未被授权的。

(4) 有一个观点是关于是否有可能相信小样本群体的三参数 Weibull 模型分析可以预测绝对阈值故障时间。

(5) 在图 16.14 和图 16.15 所示的双参数对数正态和三参数 Weibull 图之间,目视检查不能决定选择哪一个。由于在 Weibull 模型中并入了第三个参数,因此表 16.8 所示的拟合优度检验结果支持三参数 Weibull 模型,而非双参数对数正态模型。

(6) 由于双参数对数正态模型和三参数 Weibull 模型都给出了相当好的视觉检查拟合和拟合优度检验结果,因此基于简单性,即 Occam 的经济解释选择对数正态模型。具有 5 个独立参数的 Weibull 混合模型由于同样的理由被拒绝。利用额外的模型参数通常会得到更好的数据视觉拟合和相当好的拟合优度检验结果。具有两个子群的 Weibull 混合模型描述也被拒绝,因为其良好的拟合可能是由于故障时间的聚集;两个形状参数(β_1 和 β_2)的相似性表明,在较大群体中不会出现意外聚集。

(7) 假设将两个群体进行组合是合理的,就可以分析解决基于目视检查和拟合优度检验结果选择 B 型样本优选模型中存在的模糊性。小样本群体不会总允许进行明显的模型选择。B 型样本的早期故障异常值不再是 A 型和 B 型组合的异常值,在统计学上认为其中每一种等同于另一种。

（8）没有物理机制支持电气绝缘击穿与图16.17所示的行为不一致，也没有确定理由解释任何特定的双参数寿命模型可以拟合绝缘击穿故障时间。

参考文献

[1] J. F. Lawless, *Statistical Models and Methods for Lifetime Data*, 2nd edition (Wiley, New Jersey, 2003), 208.

[2] D. Kececioglu, *Reliability Engineering Handbook*, Volume 1 (Prentice Hall, New Jersey, 1991), 309.

[3] R. B. Abernethy, *The New Weibull Handbook*, 4th edition (Abernethy, North Palm Beach, Florida, 2000), 3-9.

[4] B. Dodson, *The Weibull Analysis Handbook*, 2nd edition (ASQ Quality Press, Milwaukee, Wisconsin, 2006), 35.

第 17 章　13 个飞机部件

对 13 个飞机部件开展了寿命试验,10 个存在故障,另外 3 个剔除的部件用下划线标出,如表 17.1 所列。故障时间以小时(h)[1-4]为单位表示。试验在最后一次故障时终止。试验发现双参数 Weibull 模型能提供可接受的描述[2]。在线性回归(RRX)图线(8.9 节)中,发现双参数 Weibull 模型描述优于双参数对数正态模型[3]。一般认为,难以在双参数 Weibull 模型和对数正态模型之间进行选择,主要原因是样本量小[4]。有人建议利用指数模型可以得出合理的描述[4]。

表 17.1　剔除三个部件后的故障时间(h)

0.22	0.50	0.88	1.00	1.32	1.33	1.54	1.76	2.50	3.00	<u>3.00</u>	<u>3.00</u>	<u>3.00</u>

17.1　分析 1

双参数 Weibull 模型($\beta = 1.42$)和对数正态模型($\sigma = 0.94$)最大似然估计(MLE)故障概率图如图 17.1 和图 17.2 所示。未显示出具有下凹数据的双参数正态

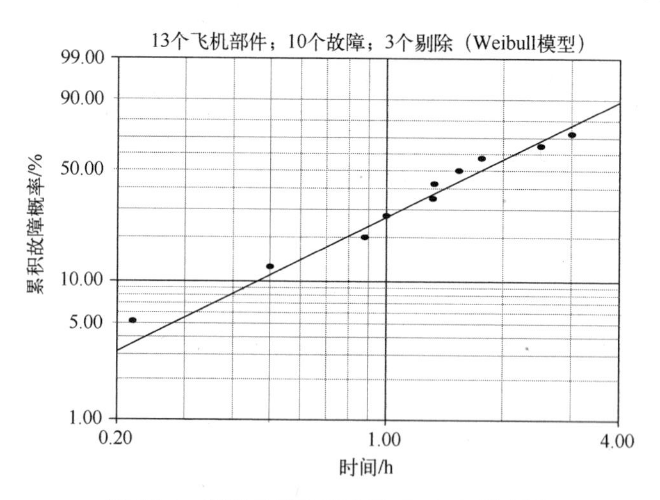

图 17.1　部件故障的双参数 Weibull 概率图

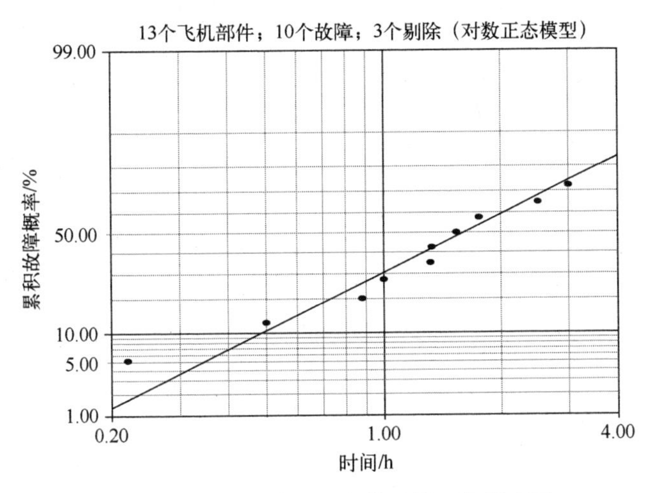

图 17.2　部件故障的双参数对数正态概率图

图。根据第一次故障的位置，目视检查显示出对 Weibull 模型的偏好。表 17.2 中列出的统计拟合优度（GoF）检验结果中，r^2 检验和最大对数正态似然（Lk）检验倾向于 Weibull 模型，而 mod KS 检验和卡方（χ^2）检验则倾向于对数正态模型。χ^2 检验结果在模型选择中被舍弃，因为它们往往具有误导性（8.10 节）。表 17.2 中的 MLE 检验结果出现了分歧。请注意，r^2 检验倾向于 Weibull 支持较早的结果，而非对数正态[3]。

表 17.2　GoF 检验结果（MLE）

检验方法	Weibull 模型	对数正态模型	指数模型
r^2（RRX）	0.9801	0.9572	—
Lk	−17.6335	−17.6498	−18.3509
mod KS/%	10^{-6}	10^{-10}	1.77×10^{-1}
χ^2/%	23.0143	21.7039	32.9126

17.2　分析 2

为了检查方案[4]中单参数指数模型可能是一个适当的选择的建议，单参数指数模型 MLE 故障概率图如图 17.3 所示。拟合优度检验结果如表 17.2 所列。在指数模型中，不管是视觉拟合还是优度检验结果，都显示无法为 Weibull 模型或对数正态模型描述提供可接受的替代方案。

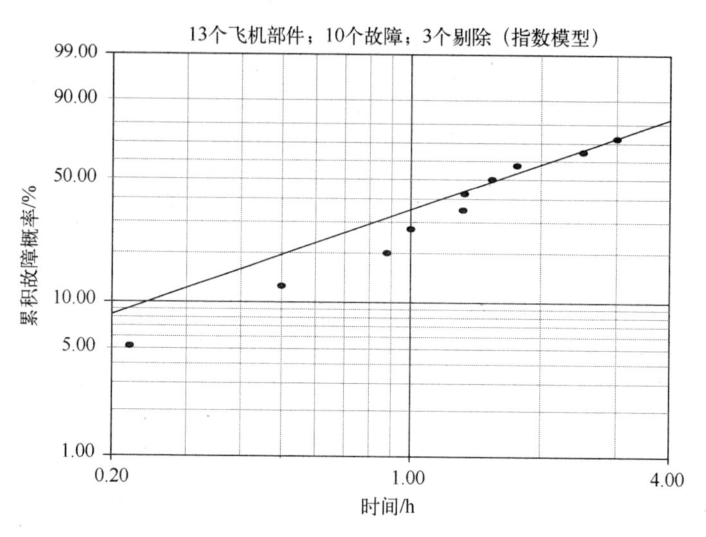

图 17.3 部件故障的单参数指数概率图

17.3 分析 3

第一次故障位于直线之上,在图 17.1 和图 17.2 中都被视为异常值,因为在第一次故障之后的拟合直线非常相似。有疑问的是,第一次故障可能会破坏分析。剔除第一次故障后的双参数 Weibull 模型(β=1.74)和对数正态模型(σ=0.71)MLE 故障概率图分别如图 17.4 和图 17.5 所示。目视检查不能显示对两个模型中任何一个有明显的偏好。不过,表 17.3 所示对 r^2、Lk 和 mod KS 拟合优度检验都支持选择对数正态模型。通常错误的χ^2 检验结果无法决定(8.10 节)。

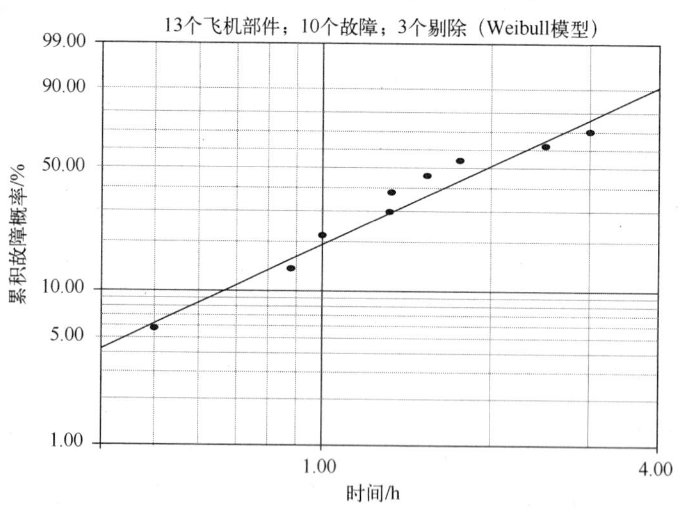

图 17.4 剔除第一次故障后的双参数 Weibull 概率图

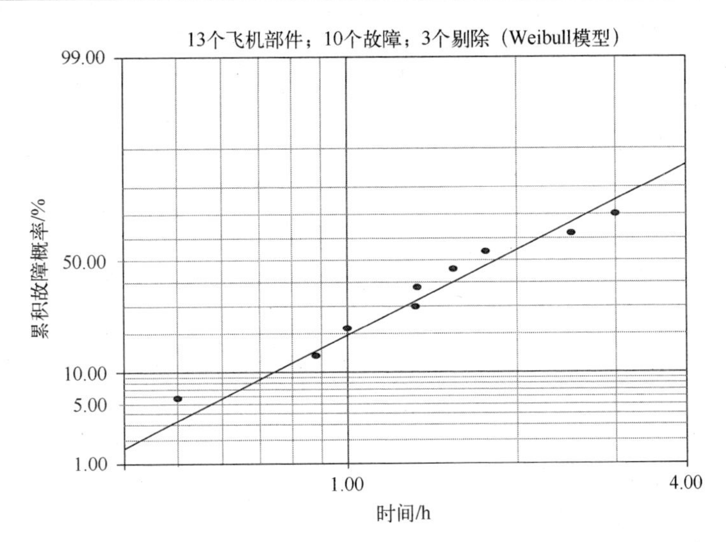

图 17.5　剔除第一次故障后的双参数对数正态概率图

表 17.3　剔除第一次故障后的 GoF 检验结果(MLE)

检验方法	Weibull 模型	对数正态模型
r^2(RRX)	0.9567	0.9716
Lk	-15.8860	-15.3255
mod KS/%	1.18×10^{-2}	4.80×10^{-9}
χ^2/%	18.7285	21.1044

17.4　结论

(1) 尽管目视检查偏好对 10 个未经剔除的故障时间进行 Weibull 模型描述，但是拟合优度检验结果并没有指出明确选择双参数 Weibull 模型还是对数正态模型。

(2) 单参数指数模型不能对 10 个未经剔除的故障时间进行描述，这些故障时间优于由双参数 Weibull 模型对数正态模型提供的故障时间。

(3) 在图 17.1 和图 17.2 所示的 Weibull 和对数正态图中，位于直线之上的第一次故障解释为早期故障异常值。

(4) 一个重要的目标(8.2 节)是找到双参数模型，能够对样本群体中故障数据提供最佳描述，以便能在更大的未选用母群体中预测第一次故障时间。如果样本故障数据被早期故障破坏(8.4.2 节)，那么为了达到预测目的，应该对早期故障进行剔除，以便可以表征假定为同类的主要群体(8.12 节)。

(5) 将第一次故障视为早期故障异常值进行剔除后，拟合优度检验结果偏好双参数对数正态模型;目视检查在选择中并不重要。

参考文献

[1] N. R. Mann and K. W. Fertig, Tables for obtaining confidence bounds and tolerance bounds based onthebest linear invariant estimates of parameters of the extreme value distribution, *Technometrics*, 15, 87-101, 1973.

[2] J. F. Lawless, *Statistical Models and Methods for Lifetime Data*(Wiley, New York, 1982), 86.

[3] L. C. Wolstenholme, *Reliability Modelling: A Statistical Approach* (Chapman & Hall/CRC Press, BocaRaton, 1999), 46-49. Note that the Weibull regression (RRX) plot in Figure 3. 4 (p. 47) was mistakenlyreproduced as the lognormal regression (RRX) plot in Figure 3. 5 (p. 49).

[4] M. J. Crowder, et al., *Statistical Analysis of Reliability Data*(Chapman & Hall/CRC Press, Boca Raton, 2000), 43-44.

第 18 章　15 件装备

15 件装备的故障时间(h)如表 18.1 所列[1]。建议选择双参数对数正态模型进行分析[1]。

表 18.1　故障时间(h)

62.5	117.4	172.7	235.8	318.3
91.9	141.1	192.5	249.2	410.6
100.3	146.8	201.6	297.5	550.5

18.1　分析 1

双参数 Weibull 模型($\beta=1.85$)、对数正态模型($\sigma=0.59$)和正态最大似然估计(MLE)故障概率图分别如图 18.1 至图 18.3 所示。由图线可以看到,Weibull 数据在整个故障时间段内均呈下凹曲率。对数正态数据线性排列,并通过直线良好拟合。正态数据显著下凹。表 18.2 中的统计拟合优度(GoF)检验结果倾向于对数正态模型,与目视检查的结论相同。卡方(χ^2)检验的结果往往倾向于错误的模型,这一案例中是正态模型(8.10 节)。Weibull 模型的 r^2 检验值很大,是由图 18.1 所示的曲线附近的数据点的紧密对称聚集造成的。

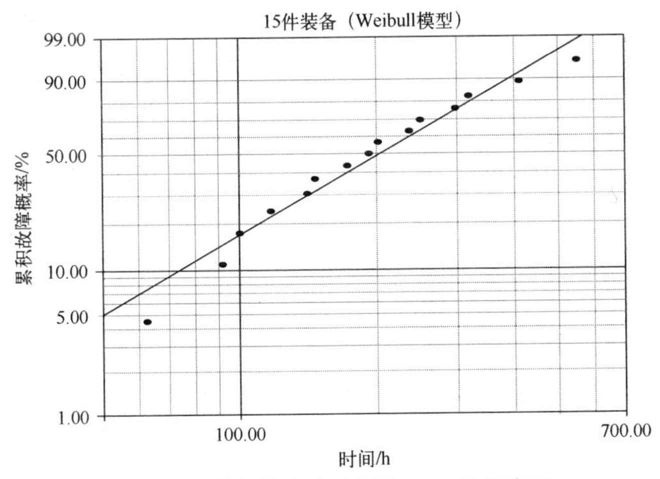

图 18.1　装备故障的双参数 Weibull 概率图

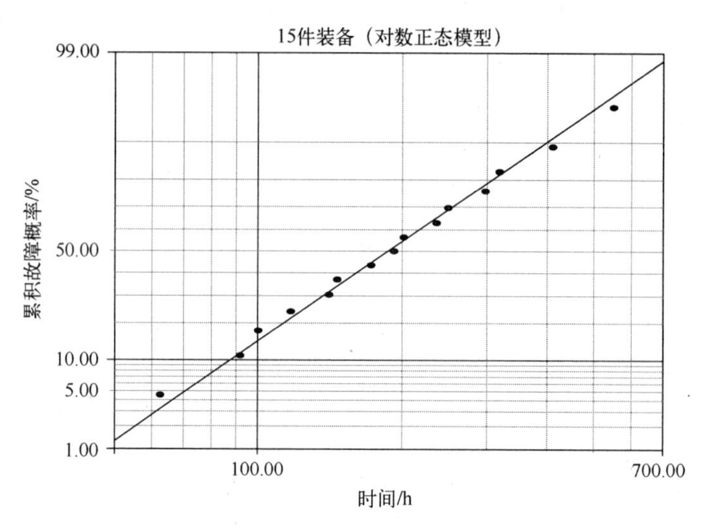

图 18.2 装备故障的双参数对数正态概率图

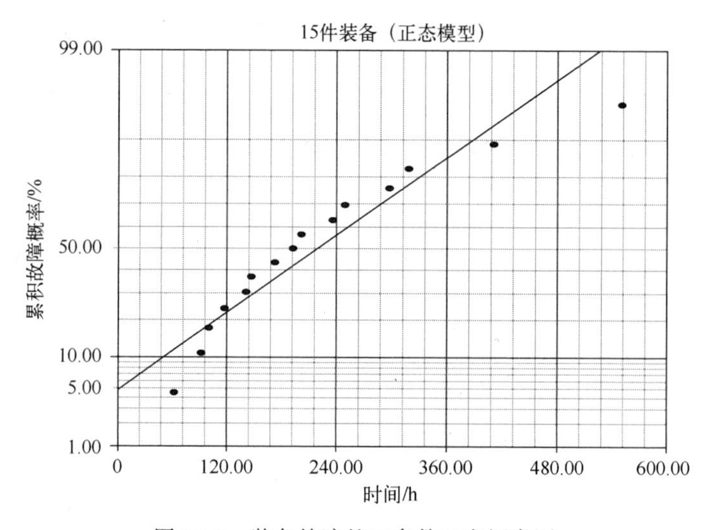

图 18.3 装备故障的双参数正态概率图

表 18.2 GoF 检验结果(MLE)

检验方法	Weibull 模型	对数正态模型	正态模型	三参数 Weibull 模型
r^2(RRX)	0.9655	0.9966	0.8972	0.9918
Lk	-92.1303	-91.3170	-93.9893	-91.1373
mod KS/%	3.54×10^{-4}	10^{-10}	2.6545	6.5×10^{-8}
χ^2/%	4.5262	4.3753	3.6316	4.6699

18.2　分析 2

图 18.1 所示的 Weibull 图中的下凹曲率预示可能存在故障阈值；在图 18.2 所示的对数正态图中没有这样的指示。三参数 Weibull 模型（8.5 节）（β = 1.42）MLE 故障概率图如图 18.4 所示，用于调整时间阈值和进行直线拟合。绝对故障时间阈值为 t_0（三参数 Weibull 模型）= 44.32≈44.3h。垂直虚线表示绝对阈值时间的位置，低于该阈值时，不会发生故障。通过将表 18.1 中的第一次故障时间减去阈值时间，得到三参数 Weibull 图中的第一次故障时间，即 t_1（三参数 Weibull 模型）= 62.5−t_0（三参数 Weibull 模型）= 62.5−44.3 = 18.2h。

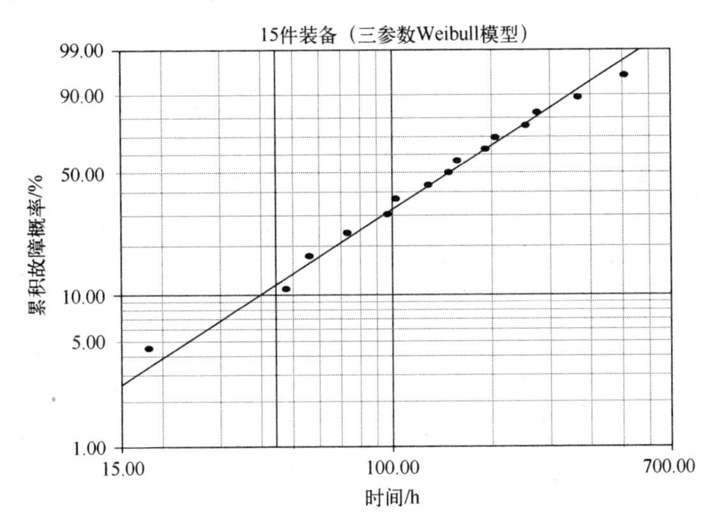

图 18.4　装备故障的三参数 Weibull 概率图

表 18.2 中包含的拟合优度检验结果说明，三参数 Weibull 模型提供了与双参数对数正态模型一样好的拟合，因为表中 r^2 检验和 mod KS 检验倾向于双参数对数正态，而最大对数正态似然（Lk）检验倾向于三参数 Weibull 模型。视觉检查在进行选择时没有说服力。

18.3　分析 3

根据第 10 章的概述及在后续章节中利用的过程，对样本量为 SS = 10、100 和 1000 的未选用的装备群体进行故障时间阈值或安全寿命估计（8.8 节），其中，第一次故障分别发生在 F = 10.00%、1.00% 和 0.10%。表 18.3 给出了双参数对数正态模型的条件故障阈值 t_{FF}（对数正态模型）和三参数 Weibull 模型的无条件故障阈值 t_{FF}

(三参数 Weibull 模型)。

表 18.3 双参数对数正态模型和三参数 Weibull 模型阈值时间的比较

数据 模型	故障率	样本大小	故障阈值 t_{FF}/h	文献出处
对数正态	10.00	10	87.67	图 18.2
三参数 Weibull	10.00	10	t_0+39.79=44.32+39.79=84.11	图 18.4
对数正态	1.00	100	47.32	图 18.6
三参数 Weibull	1.00	100	t_0+7.65=44.32+7.65=51.97	图 18.7
对数正态	0.10	1000	30.14	图 18.6
三参数 Weibull	0.10	1000	t_0+1.52=44.32+1.52=45.84	图 18.7

在 SS=10 时,图 18.2 所示的曲线在 t_{FF}(对数正态模型)= 87.6h 处与 F=10%相交;而在图 18.4 中,图线在 39.79h 处与 F=10%相交,因此 t_{FF}(三参数 Weibull 模型)= t_0(三参数 Weibull 模型)+39.79 = 44.32+39.79 = 84.11h,这是更为保守的估计。不过,这是一个不可能的情况,更常见的情况是采用小群体故障分析来估计更大的未选用群体的安全寿命。在 SS=100 和 1000 时,双参数对数正态模型比三参数 Weibull 模型提供的估计更保守。对于 SS>1000 的未选用样本,t_{FF}值(三参数 Weibull 模型)逐渐趋近于 t_0(三参数 Weibull 模型)= 44.32h,t_0(三参数 Weibull 模型)是最低的绝对故障阈值。

在图 18.5 所示的对数正态故障率图中,存在一个从 t=0 到 t≈20h 的近似无故障间隔。通过图 18.6 可以看出,直线在 t_{FF}(对数正态模型)= 20.80h 处与 F=0.01%

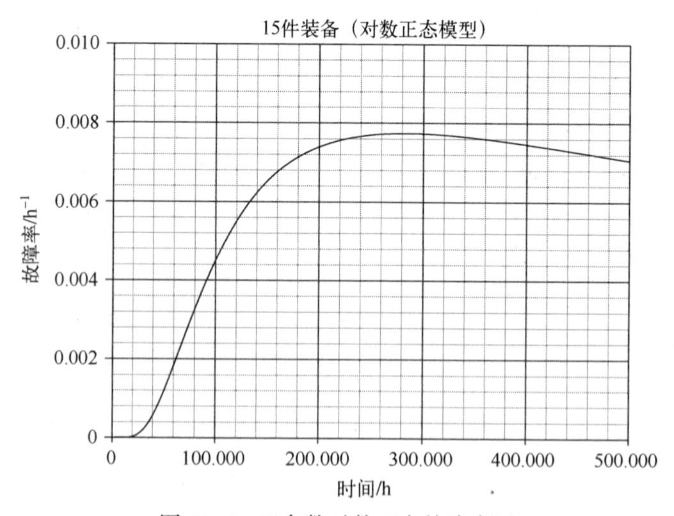

图 18.5 双参数对数正态故障率图

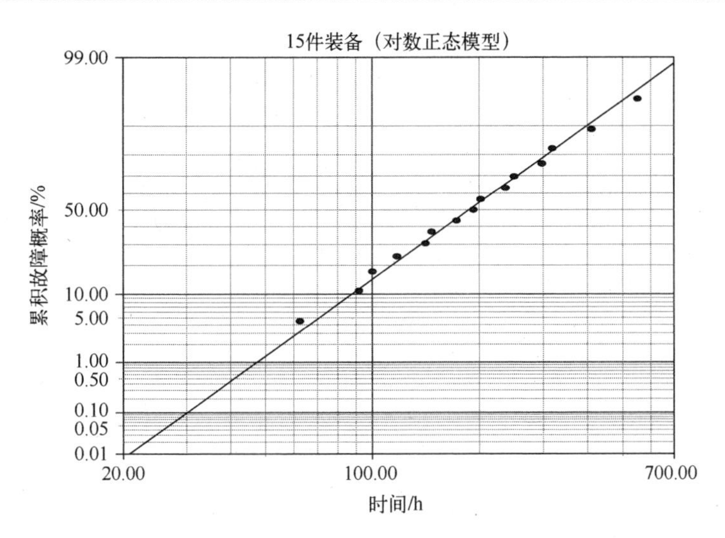

图 18.6　时间扩展的双参数对数正态概率图

相交。这对应于利用 15 件装备的故障分析来预测 $SS=10000$ 件未选用装备的第一次故障时间。在图 18.7 所示的三参数 Weibull 图中，直线在 0.30h 处与 $F=0.01\%$ 相交，使得 t_{FF}(三参数 Weibull 模型) = t_0(三参数 Weibull 模型) +0.30 = 44.32+0.30 = 44.62h，这大约只比绝对故障阈值时间 t_0(三参数 Weibull 模型) = 44.32h 大 0.7%。

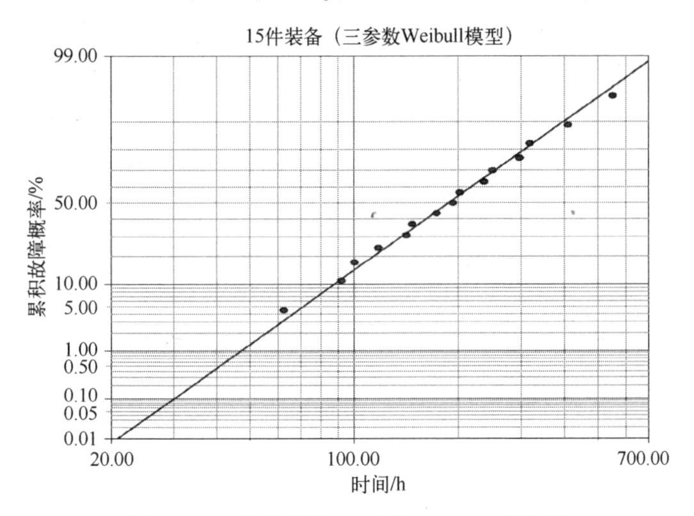

图 18.7　时间扩展的三参数 Weibull 概率图

18.4　结论

尽管表 18.2 所示的双参数对数正态模型和三参数 Weibull 模型的统计拟合优度

检验结果相当,但选择双参数对数正态模型有以下几个原因:

(1) 图 18.1 所示的双参数 Weibull 图在整个故障阵列中显示出下凹,这表明双参数对数正态模型可以提供更好的直线拟合。

(2) 对图 18.2 所示的双参数对数正态图的偏好可以通过对故障时间绝佳的直线拟合得到证实,下尾部没有任何下凹曲率的迹象,因此没有存在故障阈值的迹象。拟合优度检验结果支持对数正态模型的选择。

(3) 对于图 18.1 中的第一次故障,图 18.1 所示双参数 Weibull 图中的下凹曲率在图 18.4 所示的三参数 Weibull 图中得到缓解,在这之后仍然存在一些轻微的下凹。

(4) 在没有试验证据证明可以授权利用三参数 Weibull 模型的情况下,其应用可能被认为是任意的[2,3],并试图强制利用 Weibull 模型对故障数据进行直线拟合。三参数 Weibull 模型也可以预测绝对故障阈值,不过结果过于乐观[3]。

(5) 由于故障的发展需要时间,设备在 $t \approx 0$ 附近发生故障的假设是不合理的,因此在利用三参数 Weibull 模型时是不被授权的,不管双参数 Weibull 模型描述什么时候出现下凹,尤其是双参数对数正态模型可以提供可接受的拟合时。

(6) 在没有来自较大群体工作的额外支撑证据的情况下,样本量太小,无法在绝对时间阈值 t_0(三参数 Weibull 模型)= 44.32h 内达到更高的可信度。尽管制造商致力于通过筛选技术来消除早期故障,例如在利用条件下工作一段时间,但通常情况下,早期故障易发组件都能够在筛选中生存下来。明显的早期故障子群的出现可能使绝对无故障间隔 t_0(三参数 Weibull 模型)的任何定量估计都无效。这项保留也适用于任何安全寿命的估计,例如 t_{FF}(对数正态模型)。

(7) 在典型的情况下,利用小样本的故障数据分析来预测无早期故障的未选用群体的第一次故障时间,其大小可能是一个或两个数量级,与利用三参数 Weibull 模型相比,双参数对数正态模型描述可以更保守地预测安全寿命。

(8) 假设图 18.4 所示的三参数 Weibull 数据的直线拟合看上去与图 18.2 所示的双参数对数正态数据的直线拟合一样好,且拟合优度检验结果也相当好,如表 18.2所列,但 Occam 剃刀原理的简单说明暗示优先选择双参数对数正态模型描述。假设两个模型可以提供同样充分的描述,具有较少参数的更简单模型是要选择的模型。额外的模型参数有望改善视觉拟合和拟合优度检验结果。

参考文献

[1] D. Kececioglu, *Reliability Engineering Handbook*, Volume 1 (Prentice Hall, New Jersey, 1991), 412-413.

[2] R. B. Abernethy, *The New Weibull Handbook*, 4th edition (Abernethy, North Palm Beach, Florida, 2000), 3-9.

[3] B. Dodson, *The Weibull Analysis Handbook*, 2nd edition (ASQ Quality Press, Milwaukee, Wisconsin, 2006), 35.

第 19 章　18 个未知产品

18 个未知产品的故障时间(h)[1,2]如表 19.1 所列。

建议利用均匀模型进行分析[1,2]。均匀模型的故障函数如式(19.1)所示,其中 $t=t_1$ 时,$F(t)=0$;$t=t_2$ 时,$F(t)=1$。以下分析不会利用均匀模型。

$$F(t)=\frac{t-t_1}{t_2-t_1} \tag{19.1}$$

表 19.1　18 个未知产品的故障时间(h)

90.0	92.5	115.0	119.0	125.5	134.9	161.0	167.5	170.0
182.0	204.0	208.5	217.5	235.0	240.5	254.0	272.0	275.0

19.1　分析 1

双参数 Weibull 模型($\beta=3.50$)、对数正态模型($\sigma=0.36$)和正态最大似然估计(MLE)故障概率图分别如图 19.1 至图 19.3 所示。Weibull 和正态分布近似线性排列,非常相似。由于第二次和最后一次故障,因此对数正态图中的数据显示有些上

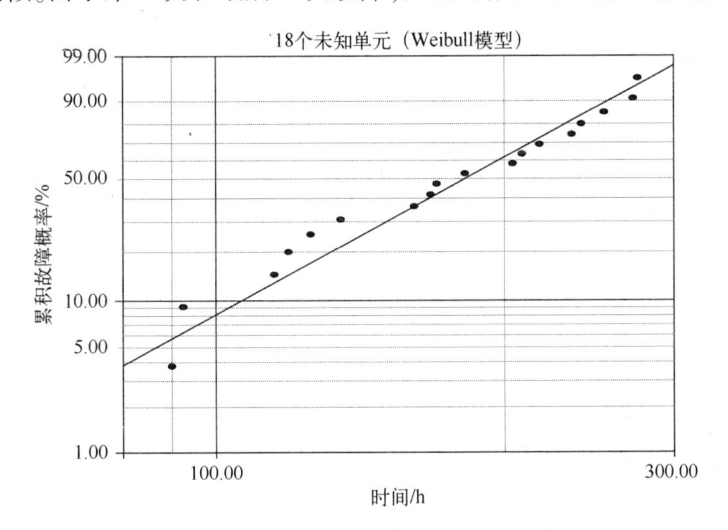

图 19.1　未知产品的双参数 Weibull 概率图

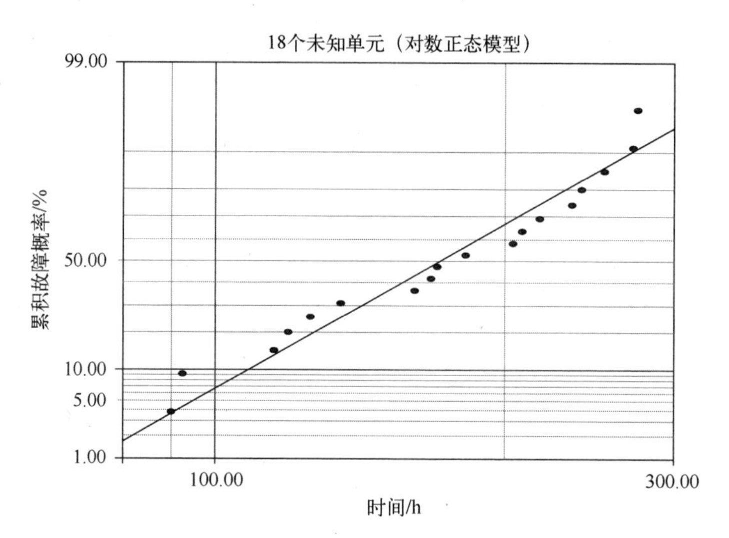

图 19.2 未知产品的双参数对数正态概率图

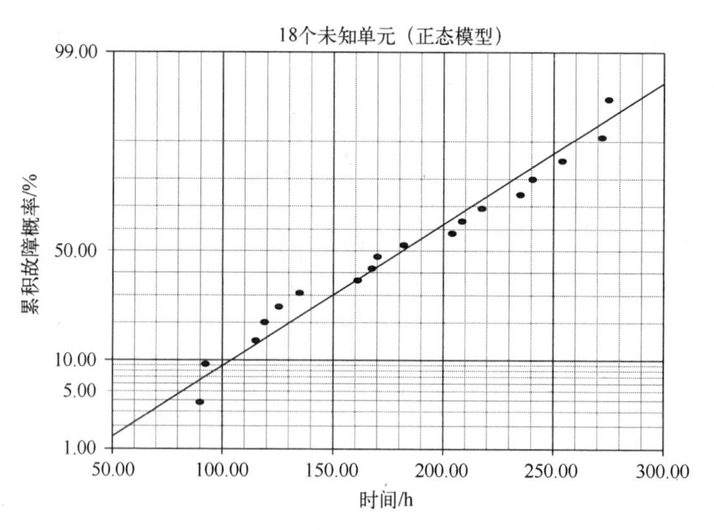

图 19.3 未知产品的双参数正态概率图

凹。在表 19.2 所示的统计拟合优度(GoF)检验结果中,r^2 检验结果倾向于正态模型,最大对数正态似然(Lk)检验和 mod KS 检验结果倾向于 Weibull 模型,通常错误的卡方(χ^2)检验结果倾向于对数正态模型(8.10 节)。虽然拟合优度检验结果倾向于 Weibull 模型,但是从 Weibull 模型和正态模型描述的比较相当的目视检查拟合来看,并不那么具有说服力。Weibull 形状参数 $\beta=3.50$ 的值落在 $3.0\leqslant\beta\leqslant4.0$ 的范围内,其中 Weibull 描述模仿正态描述,反之亦然(8.7.1 节)。

表 19.2 GoF 检验结果(MLE)

检验方法	Weibull 模型	对数正态模型	正态模型
r^2(RRX)	0.9639	0.9575	0.9712
Lk	-98.4983	-99.1209	-98.8038
mod KS/%	0.4377	2.8005	0.5141
χ^2/%	1.8522	1.5835	1.8990

19.2 分析 2

由于前两个故障时间的意外聚集,因此图 19.1 所示的 Weibull 图的第一次故障使得早期故障似乎呈下凹,而相同的第一次故障往往使图 19.2 所示的对数正态图呈现略微的下凹。为了检验第一次故障可能产生的偏置影响,第一次故障剔除的双参数 Weibull 模型($\beta=3.83$)、对数正态模型($\sigma=0.33$)和正态 MLE 故障概率图分别如图 19.4 至图 19.6所示。目视检查在 Weibull 模型和正态模型表征之间进行选择时没有足够的决定性。图 19.5 所示的对数正态图的上凹仍然很明显。

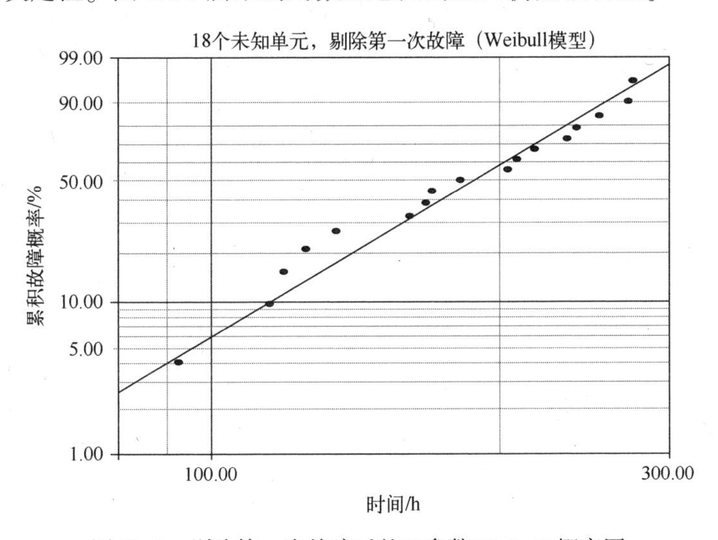

图 19.4 剔除第一次故障后的双参数 Weibull 概率图

不考虑χ^2 检验结果,表 19.3 中的其他拟合优度检验结果与此前所述一样,其中 r^2 检验倾向于正态模型,而 Lk 和 mod KS 检验倾向于 Weibull 模型。对于给定大小的样本,图 19.4 和图 19.6 所示的 Weibull 模型和正态模型表征的拟合优度检验结果相对比较接近,这看起来并不是最后的描述;虽然总的来说仍然倾向于 Weibull 模型。由于符合 Weibull 描述的故障时间可能伪装成正态分布,反之亦然(8.7.1 节),

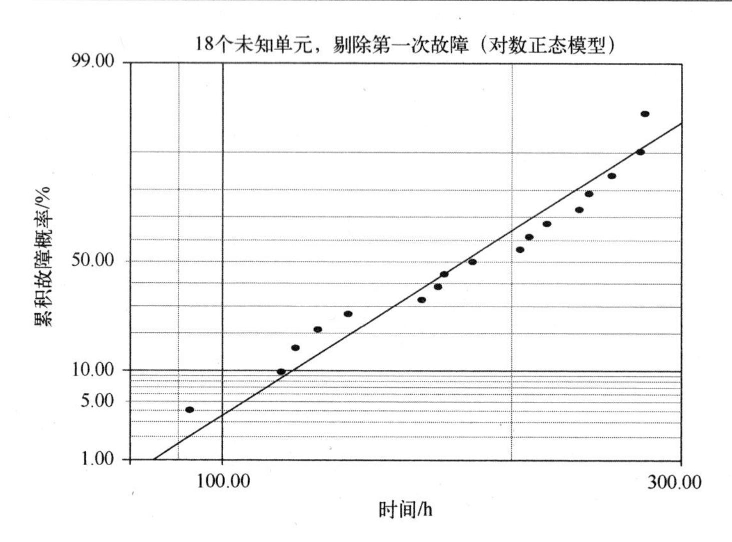

图 19.5 剔除第一次故障后的双参数对数正态概率图

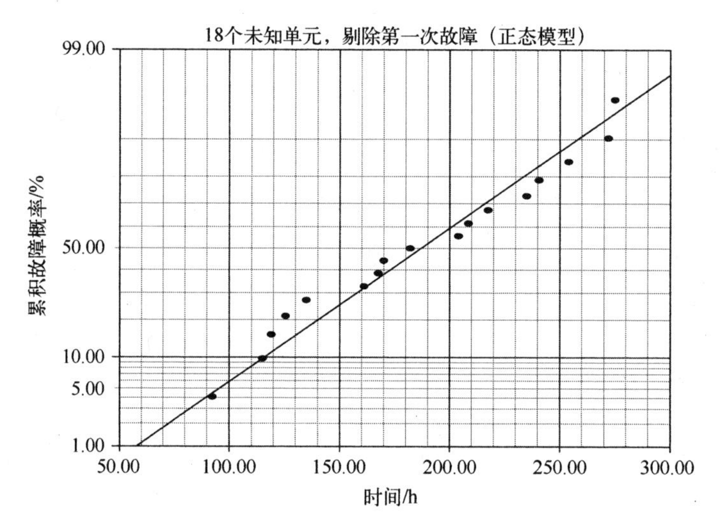

图 19.6 剔除第一次故障后的双参数正态概率图

因此在进行模型选择之前,还应考虑其他因素。

表 19.3 剔除第一次故障后的 GoF 检验结果(MLE)

检验方法	Weibull 模型	对数正态模型	正态模型
r^2(RRX)	0.9734	0.9618	0.9752
Lk	-92.2866	-92.8553	-92.5303
mod KS/%	0.3251	1.6397	0.3823
χ^2/%	1.6220	3.1259	1.7070

19.3　分析 3

对于表 19.1 中未经剔除的数据,通过对图 19.7 和图 19.8 中的故障率曲线进行对比,发现很难进行 Weibull 和正态模型之间具有说服力的区分。曲线在 0~200h 之间几乎相同,这之后,Weibull 故障率比正态值增长得快得多。利用图 19.1 和图 19.3 中的直线,表 19.1 中最后一次故障(275h)的 Weibull 和正态故障概率分别为 $F(W)=94.69\%$,$F(N)=93.99\%$。利用 4.4 节中的式(4.29),Weibull 和正态故障率平均值分别为 $\langle \lambda(W) \rangle = 1.0675\times10^{7}$FIT,$\langle \lambda(N) \rangle = 1.0225\times10^{7}$FIT。Weibull 的平均故障率比正态值高出约 4%。

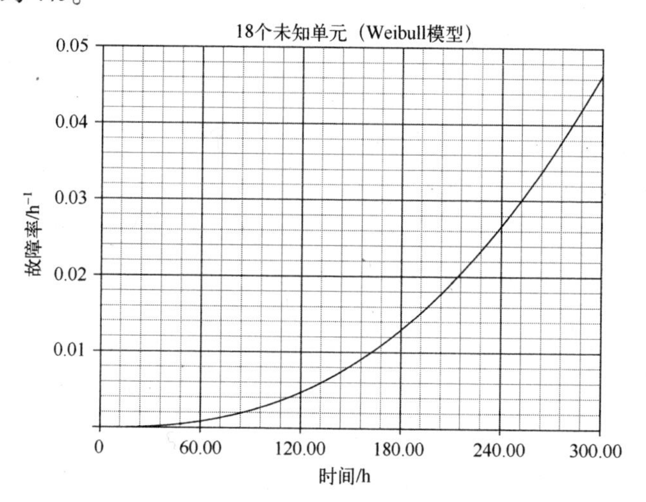

图 19.7　未剔除故障时间的 Weibull 模型故障率图

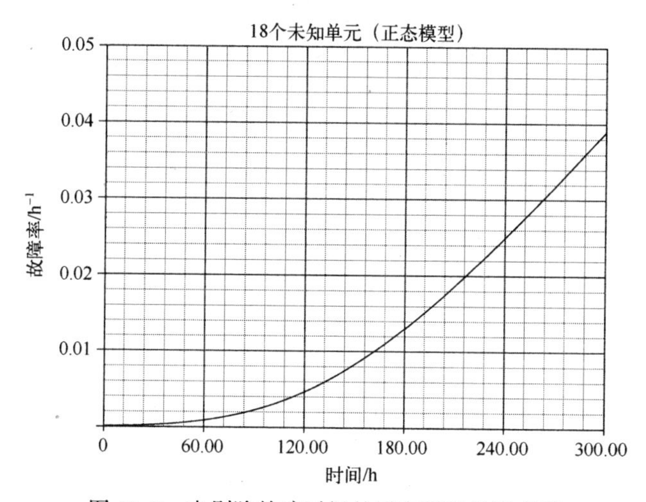

图 19.8　未剔除故障时间的正态模型故障率图

19.4　分析 4

区分 Weibull 模型和正态模型描述的另一种方法是对条件无故障间隔、等效时间阈值或安全寿命进行估计,正如第 9 章和后续章节所述。假设利用对 18 个未知产品未剔除故障时间的分析来估计样本大小为 $SS=500$ 的未选用的名义上是相同产品的条件故障阈值。从图 19.9 可以看出,直线与 $F=0.20\%$ 在 t_{FF}(Weibull 模型)= 34.31h 处相交,而图 19.10 中在 t_{FF}(正态模型)= 7.88h 处得到更保守的估计。

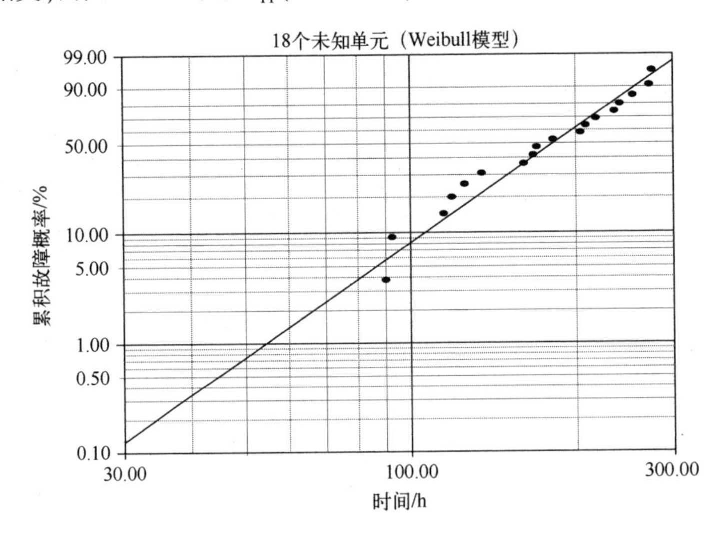

图 19.9　时间扩展的双参数 Weibull 故障概率图

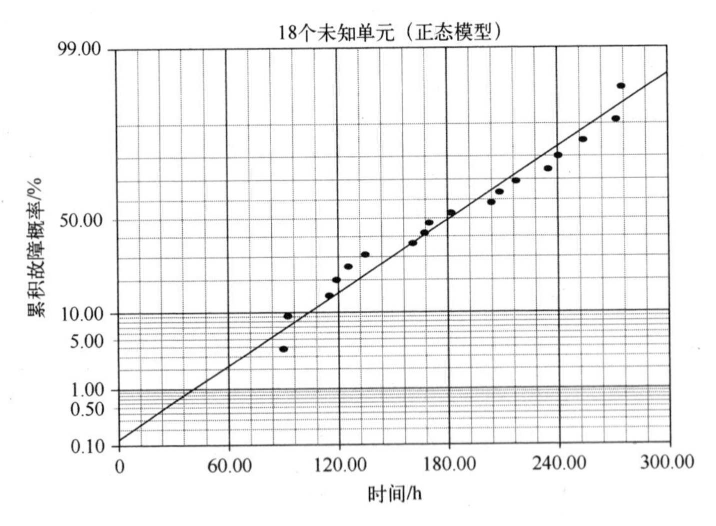

图 19.10　时间扩展的双参数正态故障概率图

不过,对于满足样本大小 $SS \geqslant 1000(F \leqslant 0.10\%)$ 的未选用产品,不能利用正态模型进行这种估计,因为如图19.10的正态图所示,预测到负的条件阈值故障时间。请注意,无论选择什么模型,条件故障阈值或安全寿命估计的可信度取决于经验证据,这些证据表明,未选用群体不容易受到过早早期故障或异常故障机制的重大影响(1.9.3节和7.17.1节)。

19.5　结论

(1) Weibull模型能够描述正态分布数据的Weibull形状参数的范围约为 $3.0 \leqslant \beta \leqslant 4.0$(8.7.1节)。可以发现形状因子 $\beta=3.50$(未剔除)和 $\beta=3.83$(剔除)在该范围内缓慢下降,因此,Weibull模型和正态模型表征非常相似并且难以区分。

(2) Weibull模型和正态模型表征之间的差异不是很大,也许是因为样本量大小。总的来说,相比于正态模型,拟合优度检验结果倾向于Weibull模型。如果分析小样本故障数据的目的是为了对名义上相同的产品的更大未选用群体进行保守的可靠性估计,则Weibull模型优于正态模型的选择主要另外基于:

① Weibull模型对于未选用群体的长期寿命预测更保守,如图19.7和图19.8所示。

② 在估计未选用群体的寿命阈值或安全寿命时,正态模型受到限制,因为正态模型可以允许时间为负值,如图19.9和图19.10所示。

参考文献

[1] D. Kececioglu, *Reliability Engineering Handbook*, Volume 1 (Prentice Hall, New Jersey, 1991), 493.

[2] D. Kececioglu, *Reliability and Life Testing Handbook*, Volume 1 (Prentice Hall, New Jersey, 1993), 673.

第 20 章　19 辆运兵车

表 20.1 中列出了 19 辆军用运兵车服役时发生故障[1-4]时的里程。分析中利用的模型是双参数指数模型，即具有故障里程阈值的指数模型。研究发现，该模型与数据一致[1-4]。双参数指数模型等价于形状参数 $\beta=1.00$ 的三参数 Weibull 模型。

表 20.1　19 辆运兵车的故障里程

162	200	271	320	393	508	539	629	706	777
884	1008	1101	1182	1463	1603	1984	2355	2880	

20.1　分析 1

双参数 Weibull 模型($\beta=1.41$)、对数正态模型($\sigma=0.82$)和正态最大似然估计(MLE)故障概率图分别如图 20.1 至图 20.3 所示。由图 20.1 所示的曲线可以看到，Weibull 分布在数据阵列中略微下凹，甚至忽略了第一个故障。图 20.3 所示的正态数据显著下凹。相比之下，图 20.2 中对数正态图的数据呈线性排列，但在没有第一次故障的情况下，可以看作是上凹。表 20.2 中列出的视觉检查和统计拟合优度(GoF)检验结果倾向于双参数对数正态模型描述，而非双参数 Weibull 模型，除了典型的异常 χ^2 检验结果(8.10 节)，在这种情况下倾向于 Weibull 模型。

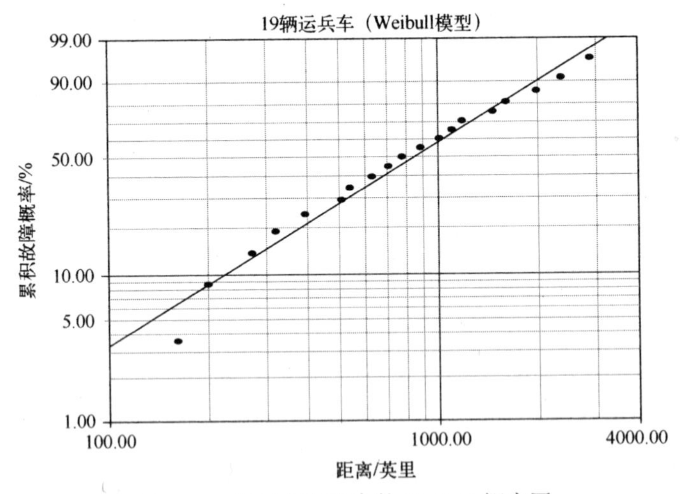

图 20.1　运兵车的双参数 Weibull 概率图

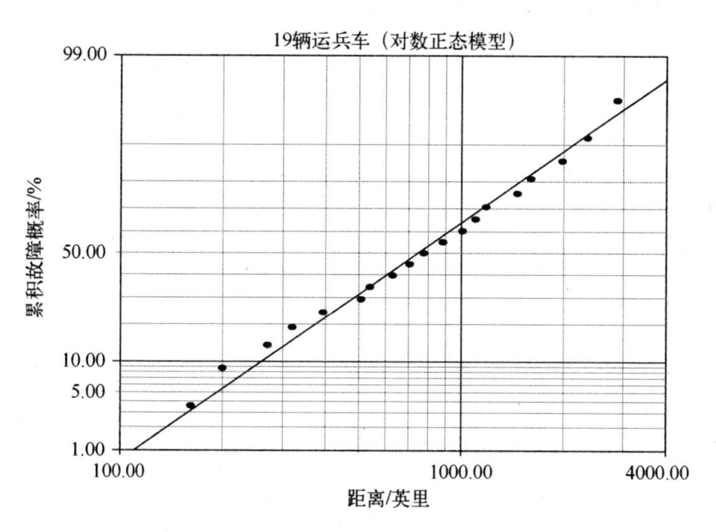

图 20.2　运兵车的双参数对数正态概率图

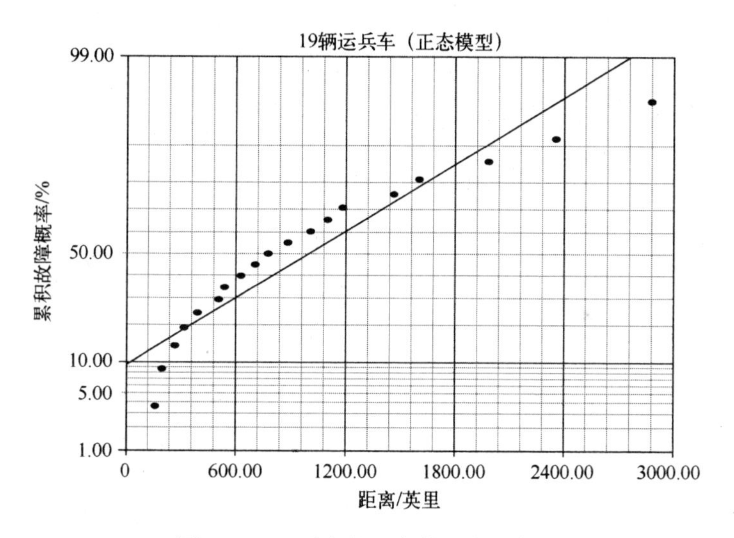

图 20.3　运兵车的双参数正态概率图

表 20.2　GoF 检验结果(MLE)

检验方法	Weibull 模型	对数正态模型	三参数 Weibull 模型
r^2(RRX)	0.9756	0.9908	0.9970
Lk	−148.5952	−148.3752	−147.4983
mod KS/%	5.83×10^{-8}	8.0×10^{-9}	2.46×10^{-8}
χ^2/%	0.9159	1.1024	1.0500

20.2 分析 2

视觉检查表明,图 20.1 和图 20.2 所示的双参数 Weibull 和对数正态图中的第一个表示故障出现的下凹可以解释为可能存在里程阈值迹象。为了检查这种可能性,图 20.4 给出了三参数 Weibull 模型(8.5 节)(β=1.15)MLE 故障概率图,其中将数据调整为里程阈值并进行直线拟合。绝对故障阈值参数为 t_0(三参数 Weibull 模型)= 120.1 英里,如垂直虚线所示。三参数 Weibull 图中的第一个故障是在 41.9 英里,这是通过将表 20.1 中第一次故障的 162 英里减去 t_0(三参数 Weibull 模型)= 120.1 英里而得到。由于假设这些军车是在战场服役之前就制造出来了,所以有可能存在一定的里程值,尽管不一定是预测的。不过,关于是否有必要利用三参数 Weibull 模型[5]还存在一些疑问,因为数据与图 20.4 所示曲线的下尾部存在偏差。

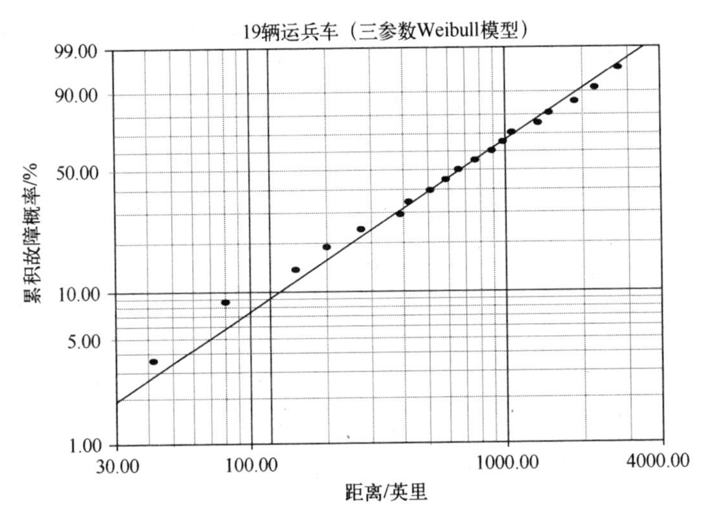

图 20.4 运兵车的三参数 Weibull 概率图

之前的绝对故障里程阈值的估计值为 115.6 英里[1]、217.5 英里[2]和 162 英里[3,4]。表 20.1 中的第一次故障是在 162 英里处。利用三参数 Weibull 形状参数 β=1.15,具有阈值参数的指数模型可以提供与 β=1.15 故障数据[1-4]几乎一致的描述,而不是 β=1.00。三参数 Weibull 故障率图如图 20.5 所示。在超过阈值的 120 英里处,故障率增加(β=1.15),并且如果 β=1.00,则故障率不是常数。

图 20.2 所示的双参数对数正态图和图 20.4 所示的三参数 Weibull 图的目视检查不足以进行区别而达到选择的目的。三参数 Weibull 模型的拟合优度检验结果见表 20.2,其中 r^2 模型和最大对数正态似然(Lk)检验结果倾向于三参数 Weibull 模型,而 mod KS 检验倾向于双参数对数正态分布。由于双参数 Weibull 模型仍然受青

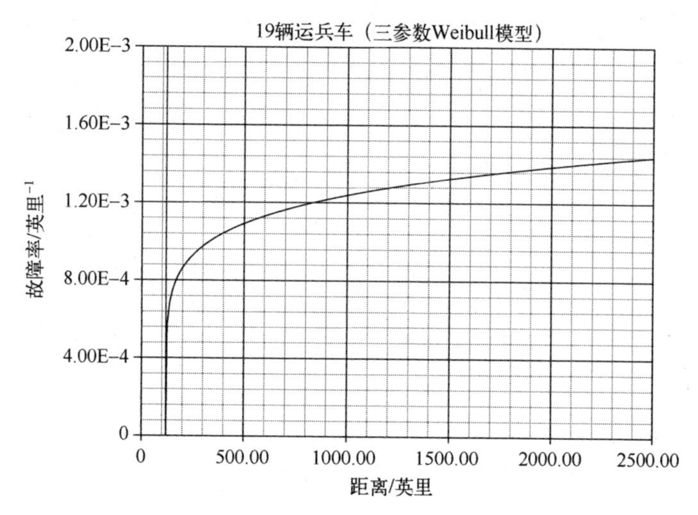

图 20.5　运兵车的三参数 Weibull 故障率图

睐，所以卡方(χ^2)检验的结果是打了折扣的(8.10 节)。不过，表 20.2 中的拟合优度检验结果不管是对于双参数对数正态分布还是三参数 Weibull 模型来说，在做决定时都没有说服力，即使第三个(位置)参数被添加到 Weibull 模型中。

注意，在图 20.2 所示的对数正态图中要剔除第一个故障，因为它可能是伪装的上凹曲率，因此使曲线的一致性得到改进。对于剔除了的数据，利用三参数 Weibull 模型可以得到形状参数 $\beta=1.21$，与 $\beta=1.00$ 差距很大，与能够验证双参数指数模型描述是合适的还有很大差距。

20.3　分析 3

为了帮助进行模型选择，假设军方希望利用 19 辆故障车辆的可靠性分析来估计样本量 $SS=100$ 和 1000 的未服役车辆群体首次发生故障的里程数。预计的故障里程阈值或称无故障里程如表 20.3 所列。

表 20.3　双参数对数正态和三参数 Weibull 模型英里阈值的比较

数据 模型	故障率/%	样本大小/SS	故障阈值 t_{FF}/英里	文献出处
对数正态	1.00	100	110.6	图 20.6
三参数 Weibull	1.00	100	$t_0+17.0=120.1+17.0=137.1$	图 20.7
对数正态	0.10	1000	59.1	图 20.6
三参数 Weibull	0.10	1000	$t_0+2.3=120.1+2.3=122.4$	图 20.7

对于 $SS=100$ 和 1000 的情况,参考图 20.6 和图 20.7,二者是在图 20.2 和图 20.4扩展时间尺度的基础上重新绘制的。下面将遵循第 10 章和后续章节利用的程序。作为一个例子,在图 20.6 中,对于 1000 个未选用车辆,直线与 $F=0.10\%$在条件 t_{FF}(对数正态模型)= 59.1 英里处相交。在图 20.7 中,直线在 2.3 英里处与 $F=0.10\%$相交,使得无条件 t_{FF}(三参数 Weibull 模型)= t_0(三参数 Weibull 模型)+2.3 = 120.1+2.3 = 122.4 英里,这一结果不太保守,只超过 t_0(三参数 Weibull 模型)= 120.1 英里约 2.0%。无故障距离的三参数 Weibull 模型估计被称为是无条件的,因为随着未选用群体大小的增加,估计的故障距离阈值 t_{FF}(三参数 Weibull 模型)逐渐接近于 t_0(三参数 Weibull 模型)。

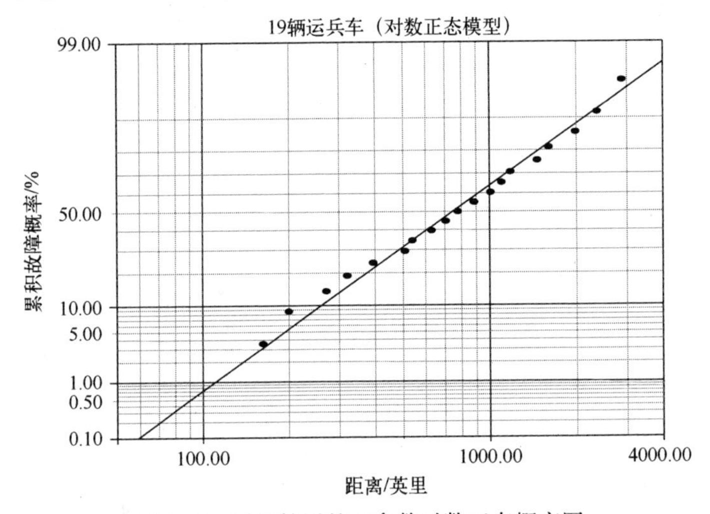

图 20.6 时间扩展的双参数对数正态概率图

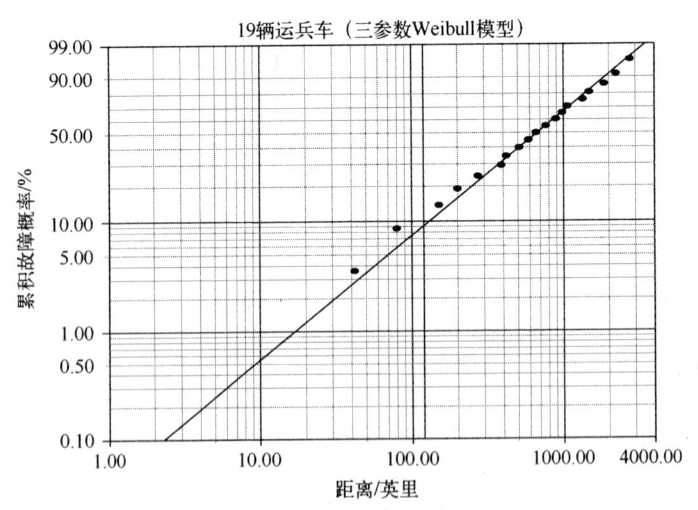

图 20.7 时间扩展的三参数 Weibull 概率图

20.4　结论

由于以下原因,双参数对数正态是选择的模型:

(1) 通过目视检查和拟合优度检验结果,双参数对数正态描述优于双参数 Weibull 模型,这与观察结果一致,即通过双参数对数正态模型拟合的数据将在双参数 Weibull 模型描述中呈现下凹。对于表 20.1 中列出的数据,图 20.8 所示的双参数对数正态故障率图超过故障里程的范围。

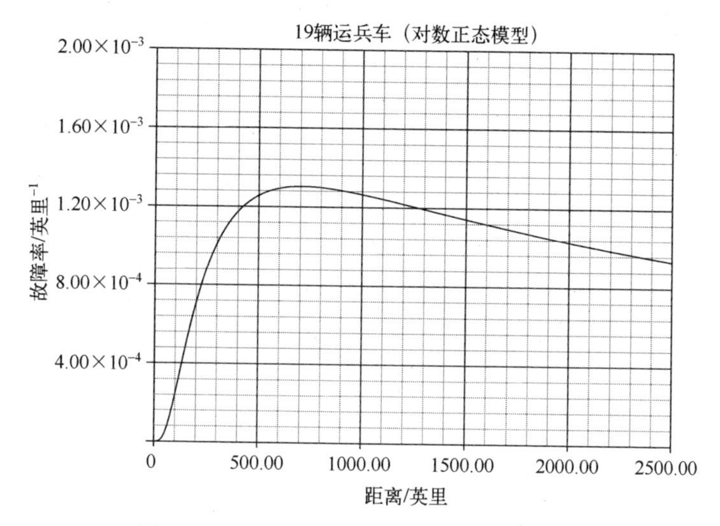

图 20.8　运兵车的双参数对数正态故障率图

(2) 对于表 20.1 中的数据,利用三参数 Weibull 模型给出形状参数 $\beta=1.15$,而不是 $\beta=1.00$。该结果仅与利用双参数指数模型[1-4]的先前分析大致一致。

注意,如果三参数 Weibull 形状参数为 $\beta=1.00$,则预测结果将是:对于距离 $t>t_0$(三参数 Weibull 模型),故障率将是恒定的;而对于 $t<t_0$(三参数 Weibull 模型),则不会发生故障。在这种情况下,恒定故障率将与距离无关。恒定的故障率不应该在接近或在 0 英里的距离开始,这看起来在物理上是不可信的。可以将恒定的故障率解释为与事件有关,即与随机发生的外部干扰有关,这种干扰可能在开始工作后的任何距离发生。

(3) 为 Weibull 模型引入里程阈值参数而无需额外的数据进行调整,这似乎是任意的[6,7]。利用三参数 Weibull 模型可以提供过于乐观的绝对故障里程阈值的估计[7]。支持存在绝对无故障里程的数据应来自于更大的名义上相同的车辆群体的里程故障,这些车辆需要在与表 20.1 所示故障数据相同的条件下工作。

(4) 在图 20.4 中,三参数 Weibull 分布下尾部曲线的偏差表明,利用该模型可能是不被授权的[5]。

(5) 绝对故障里程阈值的存在在物理上是合理的,因为在战场服役开始时,假设经验证的军用车辆不可能发生故障。不过,绝对故障阈值似乎是合理的事实并不是在双参数 Weibull 概率图中具有下凹曲率的每种情况下都能被授权利用三参数 Weibull 模型,特别是当可接受的描述是由双参数对数正态模型给出时。

(6) 利用双参数对数正态模型对较大的未选用群体的故障里程阈值进行的估计更保守,而不是三参数 Weibull 模型。对于未选用群体,这种估计的可信度取决于在估计无故障距离时没有发生重大故障的证据。

(7) 当双参数对数正态和三参数 Weibull 模型提供的视觉拟合和拟合优度检验结果相当时,Occam 的准则是选择具有较少参数的模型。

(8) 在 Weibull 模型中引入第三个参数的结果是,一些拟合优度检验结果优于双参数对数正态模型的检验结果。通常,多参数模型可以得到相当的或优异的直线拟合和拟合优度检验结果。

参考文献

[1] F. E. Grubbs, Approximate fiducial bounds on reliability for the two parameter negative exponentialdistribution, *Technometrics*, 13 (4), 373-876, November, 1971.

[2] M. Engelhardt and L. J. Bain, Tolerance limits and confidence limits on reliability for the two-parameterexponential distribution, *Technometrics*, 20 (1), 37-39, February, 1978.

[3] J. F. Lawless, *Statistical Models and Methods for Lifetime Data* (Wiley, New Jersey, 1982), 126-131.

[4] J. F. Lawless, *Statistical Models and Methods for Lifetime Data*, 2nd edition (Wiley, New Jersey, 2003), 190-194.

[5] D. Kececioglu, *Reliability Engineering Handbook*, Volume 1 (Prentice Hall, New Jersey, 1991), 309.

[6] R. B. Abernethy, *The New Weibull Handbook*, 4th edition (Abernethy, North Palm Beach, Florida, 2000), 3-9.

[7] B. Dodson, *The Weibull Analysis Handbook*, 2nd edition (ASQ Quality Press, Milwaukee, Wisconsin, 2006), 35.

第 21 章　19 个绝缘液体样本(34kV)

19 个绝缘液体样本在电压为 34kV[1-5]作用下的击穿时间(min)如表 21.1 所列。试验的目的是评估在给定的电压下,击穿时间是否符合理论上预测的指数分布[1]。基于工程等方面的考虑可以发现,击穿时间符合双参数 Weibull 模型描述[2]。

表 21.1　19 个样本(34kV)击穿时间(min)

0.19	2.78	4.85	8.27	3.91
0.78	3.16	6.50	12.06	36.71
0.96	4.15	7.35	31.75	72.89
1.31	4.67	8.01	32.52	

21.1　分析 1

常用的(试验)观察最好用双参数 Weibull 模型(6.2.1 节)来描述电介质击穿故障时间。双参数 Weibull 模型($\beta=0.77$)和对数正态模型($\sigma=1.52$)的最大似然估计(MLE)故障概率图分别如图 21.1 和图 21.2 所示。图中没有给出下凹的正态图。目视检查可以看出 Weibull 图中的数据是线性排列。形状参数$\beta<1.0$,故障率从 $t=0$ 开始减少(图 6.1)。除了图 21.2 中图线上方的第一点外,对数正态分布也符合该曲线。

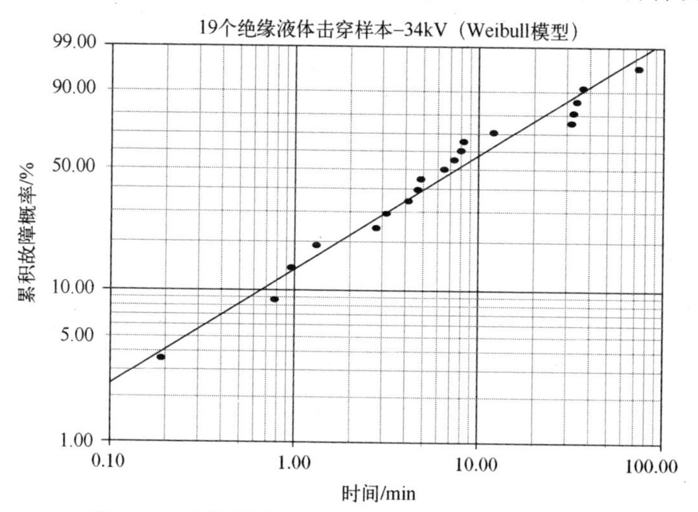

图 21.1　液体样本(34kV)的双参数 Weibull 概率图

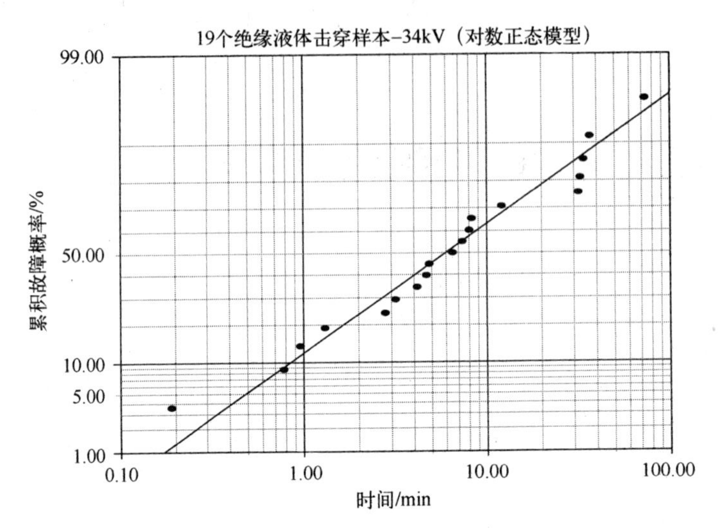

图 21.2 液体样本(34kV)的双参数对数正态概率图

统计 GoF 的检验结果见表 21.2。通过目视检查,r^2检验支持选择双参数 Weibull 模型,少量也由最大对数似然(Lk)检验结果支持;而 mod KS 检验支持双参数对数正态分布。χ^2检验结果不是决定性的,因为它们往往具有误导性(8.10 节)。虽然 GoF 的检验结果是分开的,且有些不确定,但是目视检查支持双参数 Weibull 模型,主要是因为存在将要讨论的第一个故障。

表 21.2 GoF 检验结果(34kV)(MLE)

检验方法	Weibull 模型	对数正态模型	指数模型	Weibull 混合模型
r^2(RRX)	0.9714	0.9653	无法获取	—
Lk	-68.3860	-68.4082	-69.6231	-65.1459
mod KS/%	12.9832	3.7333	70.6331	2.83×10^{-4}
χ^2/%	1.4406	2.1009	0.6984	1.3764

21.2 分析 2

为了确定故障时间是否符合理论[1]预测的指数分布,单参数指数 MLE 故障概率图如图 21.3 所示。目视检查和表 21.2 中提供的 GoF 检验结果不能得出优选模型描述。因为χ^2检验结果倾向的指数模型经常会误导(8.10 节),所以被忽略了。

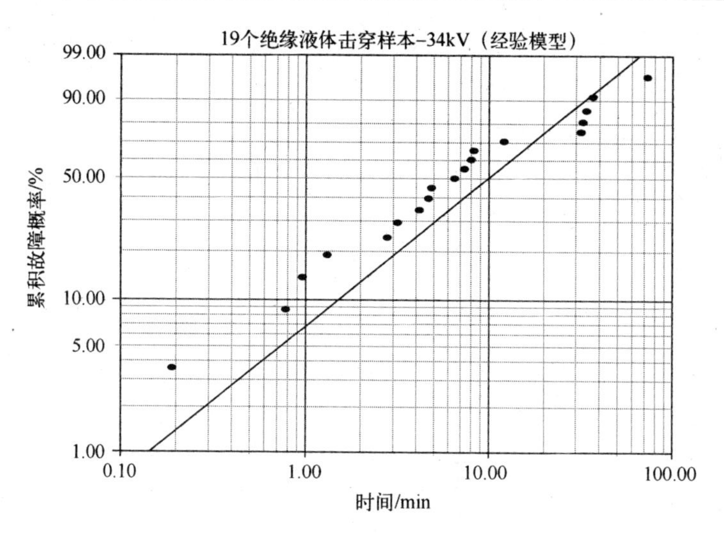

图 21.3　液体样本(34kV)的单参数指数概率图

21.3　分析 3

图 21.1 和图 21.2 中的故障出现在群集中，并引入 Weibull 混合模型(8.6 节)。图 21.4 是具有 3 个子群的 Weibull 混合模型 MLE 故障概率图，每个子群由双参数 Weibull 模型来描述。4 个子群的拟合没有改善。此处共需要 8 个独立参数来表征。形状参数和子群分数为：$\beta_1 = 1.94, f_1 = 0.187, \beta_2 = 2.28, f_2 = 0.530, \beta_3 = 2.41, f_3 = 0.283, f_1+f_2+f_3 = 1$。表 21.2 中的 GoF 测试结果显示，除了$\chi^2$检验结果(8.10 节)可能

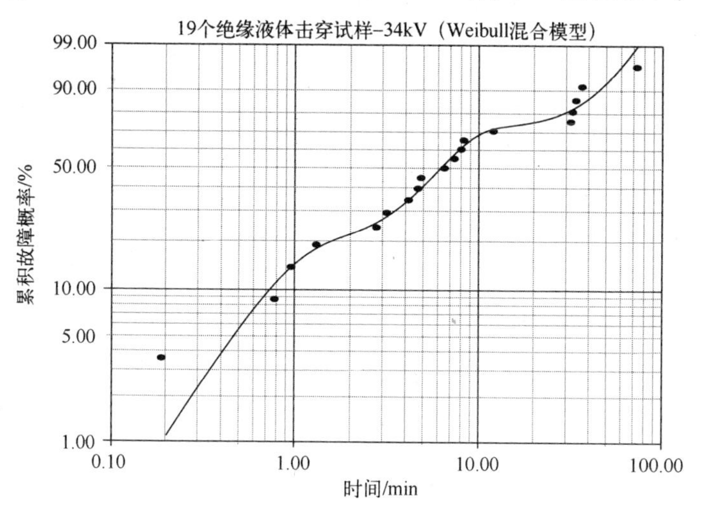

图 21.4　有 3 个子群的液体样本(34kV)的 Weibull 混合模型图

有错外,Weibull 混合模型优于双参数 Weibull 和对数正态模型。通过图 21.4 可以明显发现,Weibull 混合模型不适用于脱离群集的第一个故障,因此通过表 21.1 的检查证实,它显示为一种早期故障异常值。

21.4 分析 4

图 21.4 中的异常值表明,在图 21.1 中,Weibull 模型中的第一个故障掩盖了下凹曲率,如曲线所示。在图 21.2 中,除了对数正态图中曲线上的第一个故障外,数据其余部分都是线性排列。剔除第一次故障后,双参数 Weibull 模型($\beta=0.84$)和对数正态模型($\sigma=1.28$)MLE 故障概率图分别如图 21.5 和图 21.6 所示。Weibull 图在

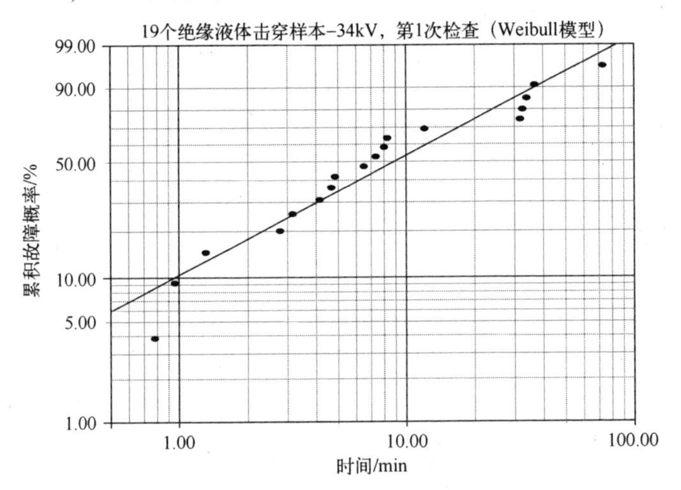

图 21.5 剔除第一个故障后的液体样本(34kV)的双参数 Weibull 图

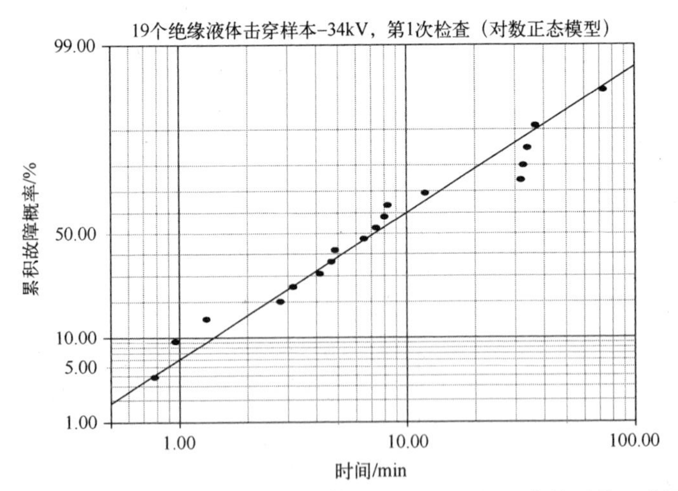

图 21.6 剔除第一个故障后的液体样本(34kV)的双参数对数正态图

下尾部和整个图中显示出下凹曲率。对数正态图中的数据线性排列更明显。通过目视检查和表 21.3 给出的 GoF 检验结果,对数正态图优于 Weibull 图。

表 21.3　剔除第一个故障后(34kV)MLE 的 GoF 检验结果

检验方法	Weibull 模型	对数正态模型	指数模型	Weibull 混合模型
r^2(RRX)	0.9330	0.9683	0.9756	—
Lk	-66.4285	-65.5394	-64.0837	-61.2479
mod KS/%	27.1998	10.9794	6.1028	4.53×10^{-4}

21.5　分析 5

在图 21.5 中,$t\approx0.8$min 处的下凹曲率表明,图 21.7 所示的三参数 Weibull 模型(8.5 节)MLE 概率图($\beta=0.71$)可能更适于描述剔除第一次故障的数据。估计的绝对阈值故障时间为 t_0(三参数 Weibull 模型)= 0.70min,如垂直虚线所示。预测的绝对阈值时间与 0.19min 的剔除故障时间相矛盾。由于形状参数 $\beta<1$,因此,对于已剔除和未剔除故障,故障阈值的存在是否合理都是有问题的,因为故障率下降时,都希望在 $t=0$ 或接近于 $t=0$ 时发生故障 。

虽然不能充分利用视觉检查,但是表 21.3 中的 GoF 检验结果支持选择三参数 Weibull 模型而不是双参数对数正态模型,除了打了折扣的 χ^2 检验测试结果(8.10 节)。图 21.7 所示的下尾部数据的偏离表明,利用三参数模型可能是不合理的[6]。

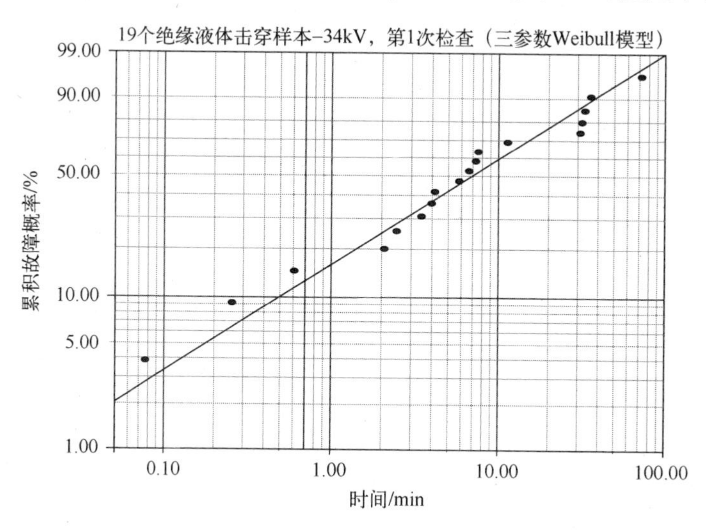

图 21.7　剔除第一次故障的液体样本(34kV)三参数 Weibull 图

21.6 分析 6

剔除第一次故障后,图 21.5 中的三组故障时间表明,可以用 Weibull 混合模型表征两个 S 形曲线。图 21.8 是有 3 个子群且涉及 8 个独立参数的 Weibull 混合模型概率图,每个子群用双参数 Weibull 模型来描述。Weibull 形状参数和子群分数为 $\beta_1=5.05$,$f_1=0.15$,$\beta_2=2.38$,$f_2=0.55$,$\beta_3=2.40$,$f_3=0.30$,$f_1+f_2+f_3=1$。该拟合优度很好,但可能是由于故障时间的不定期聚类造成的。除了 χ^2 检验结果外,上述出色的拟合由表 21.3 所示的 GoF 检验结果支持。值得注意的是,在没有第一次故障时图 21.8与图 21.4 的相似性,两个图线的尺度比例是一样的。

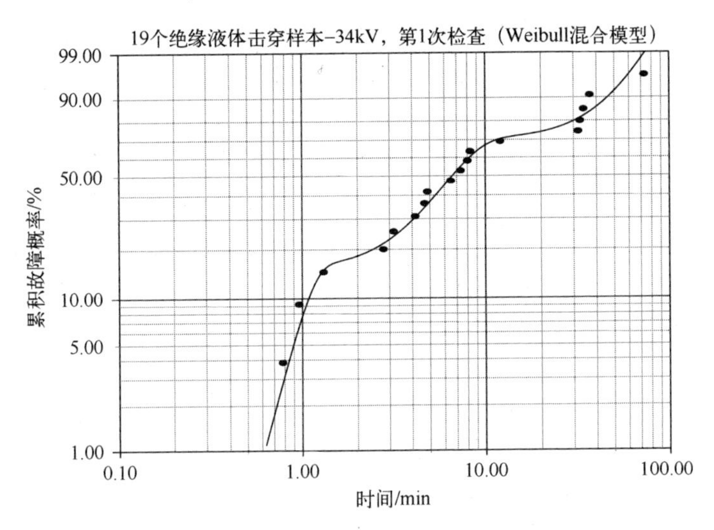

图 21.8 剔除第一个故障有 3 个子群的液体样本(34kV)的 Weibull 混合模型图

21.7 结论:19 个样本(34kV)

鉴于下面给出的原因,剔除第一次故障的双参数对数正态模型可以提供优选表征。

(1) 目视检查和表 21.2 中的 GoF 检验结果支持选择图 21.1 所示的双参数 Weibull 图优于图 21.2 所示的双参数对数正态图。通过目视检查来选择双参数 Weibull 模型取决于表 21.1、图 21.1 和图 21.4 中第一个隔离故障时间的位置。

(2) 剔除第一次故障的三参数 Weibull 和双参数对数正态故障率曲线分别参见图 21.9 和图 21.10。超过 1min 后,对数正态故障率会逐渐下降。两个故障率图都描述了一个群体,可以认为该群体是被与形状参数 $\beta=0.71$ 和 $\sigma=1.28$(图 6.1 和

图6.2)一致的早期故障所控制。

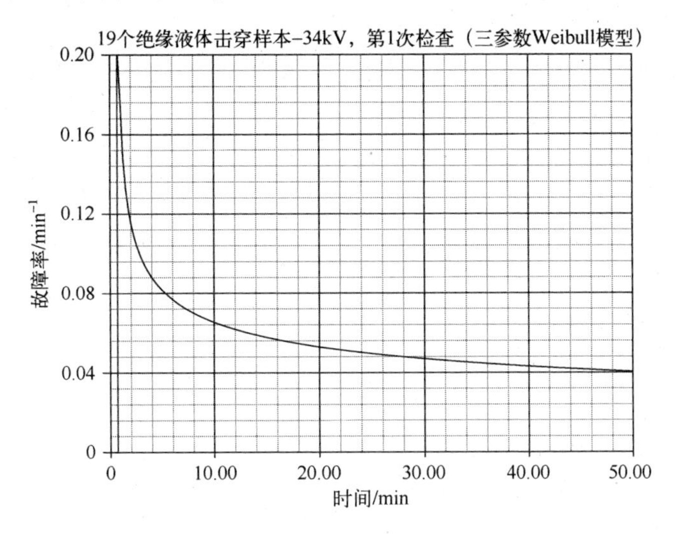

图21.9 剔除第一次故障的液体样本(34kV)的三参数Weibull故障率图

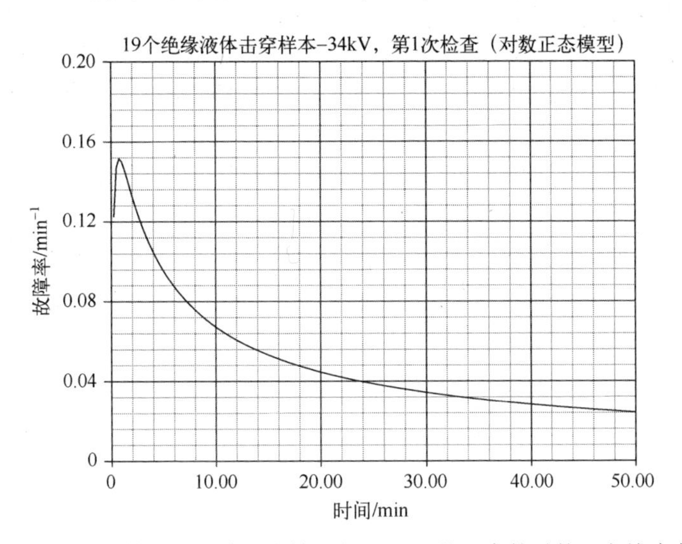

图21.10 剔除第一次故障的液体样本(34kV)的双参数对数正态故障率图

(3)在图21.1所示 的Weibull图中,第一次故障被认为掩盖了固有的下凹曲率。图21.1中第一次故障的异常行为在图21.4所示的Weibull混合模型图中被突出显示出来,并通过表21.1的检查得到证实。在图21.2所示的双参数对数正态图中,图线上方的第一次故障也被视为是异常值。

(4)找到双参数模型并得出样本群体中故障数据的最佳描述,以允许在较大的未选用的父群中预测第一个故障时间是一个重要目标(8.2节)。如果样本故障数据被早期故障破坏(8.4.2 节),那么为了达到预测目的,应剔除早期故障,以便表征被认为是均匀的主群体(8.12 节)。剔除图 21.2 所示的第一次故障后,通过目视检查和表 21.3 给出的 GoF 检验结果可以看出,双参数对数正态模型优于双参数 Weibull 模型。

(5) 剔除第一次故障后,利用三参数 Weibull 模型可以得出绝对故障阈值时间的估计值 t_0(三参数 Weibull 模型) = 0.70min,该值与 0.19min 时的剔除故障时间相矛盾。不过,这种观察可能不是利用三参数 Weibull 模型的致命挑战,因为成熟组件未选用群体只有少部分,即使被剔除了,也可能难以避免受到早期故障的影响(1.9.3 节和 7.17.1 节)。

(6) 利用故障率下降($\beta<1.0$)的三参数 Weibull 模型来估计绝对故障阈值时间是不可信的,因为从图 21.9 和图 21.10 可以看出,故障可能发生在 $t=0$ 附近,如图中所示的 0.19min。考虑到样本量较小,绝对故障阈值时间预测是不可信的。

(7) 利用三参数 Weibull 模型的典型理由是,无论是否明确说明,故障机制在故障出现之前都需要时间来启动和发展,因此可以预期出现故障的阈值。然而,这一事实正确性并不是在每种情况下都可以完全利用这种模型,因为在双参数 Weibull 故障概率图中存在下凹曲率,特别是当通过双参数对数正态模型提供充分描述时。

(8) 利用三参数 Weibull 模型看起来是不合理的,因为图 21.7 所示的曲线下尾部存在数据偏差[6]。

(9) 在没有试验证据证明三参数 Weibull 模型应用的情况下,其应用是随意的[7,8],并且该模型会对绝对故障阈值产生过于乐观的估计[8]。

(10) 在图 21.6 和图 21.7 中,剔除第一次故障后可以看出良好的直线拟合,基于 Occam 的经济学解释,选择双参数对数正态模型优于三参数 Weibull 模型,双参数模型优于三参数模型。具有附加参数的模型可以提供改进的视觉拟合和 GoF 检验结果。

(11) 不管是否剔除第一次故障,Occam 剃刀理论都会拒绝接受 Weibull 混合模型的结果。尽管多参数模型可以为数据提供良好拟合和优异的 GoF 测试结果,但是这种选择会大大丢失双参数模型表征的简单性的优点。因为(故障)分布是故障时间偶然聚集的结果,因此利用 Weibull 混合模型也会被质疑。

21.8 附加分析

由于双参数 Weibull 模型已被广泛用于描述击穿故障,因此基于类似的 Weibull 模型选择对 34kV 绝缘液体特性击穿时间的初步分析是合理的。对 Weibull 模型的适用性提出的疑问可能与在 34kV 下强调的 19 个特定样本有关,与用 Weibull 模型来表征这种故障的不适用性无关。为了探讨这种可能性,15 个绝缘液体样本的击穿时间是指在36kV下发生故障,另外15个样本在32kV[1,2,4]下发生故障,数据参见附录A和B。

附录21A:15个绝缘液体样本(36kV)

在电压为36kV[1,2,4]的电极之间,15个绝缘液体样本的击穿时间(min)参见附表21A.1。基于工程考虑,建议利用双参数Weibull模型来充分描述击穿时间[2]。

附表21A.1 击穿时间(36kV)/min

0.35	0.99	2.07	2.90	5.35
0.59	1.69	2.58	3.67	13.77
0.96	1.97	2.71	3.99	25.50

分析1

双参数Weibull模型($\beta=0.89$)和对数正态模型($\sigma=1.11$)MLE概率图分别如附图21A.1和附图21A.2所示。数据的Weibull图是下凹的,而对数正态图是线性排列的。通过目视检查和附表21A.2给出的GoF检验结果可以发现,对数正态模型更好。

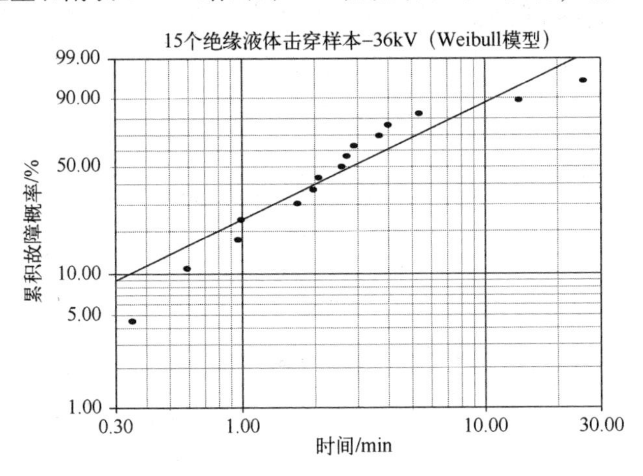

附图21A.1 液体样本(36kV)的双参数Weibull概率图

附表21A.2 GoF检验结果(36kV)(MLE)

检验方法	Weibull模型	对数正态模型	三参数Weibull模型
r^2(RRX)	0.9115	0.9629	0.9565
Lk	-37.6914	-35.8818	-36.1566
mod KS/%	15.2873	0.0955	4.8528
χ^2/%	9.3359	7.6853	9.2464

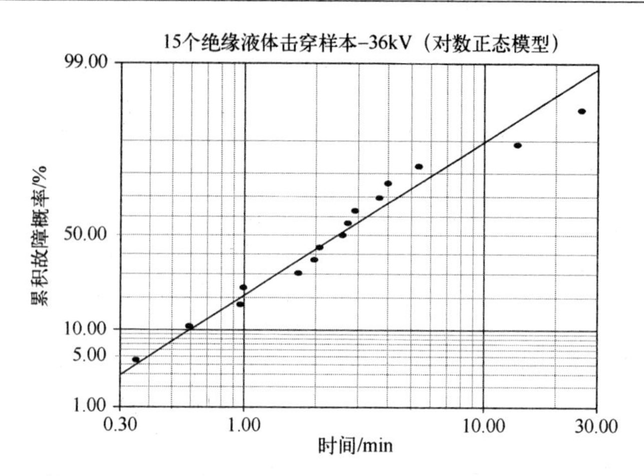

附图 21A.2 液体样本的双参数对数正态概率图(36kV)

分析 2

附图 21A.1 中的数据下凹状态表明,附图 21A.3 中的三参数 Weibull 模型(β=0.79)MLE 故障概率下降有所缓解。垂直虚线处于绝对阈值故障时间 t_0(三参数 Weibull 模型)=0.27min 附近。双参数对数正态模型是通过附表 21A.2 中包含的 GoF 检验结果优选出来的。目视检查不足以进行区分。

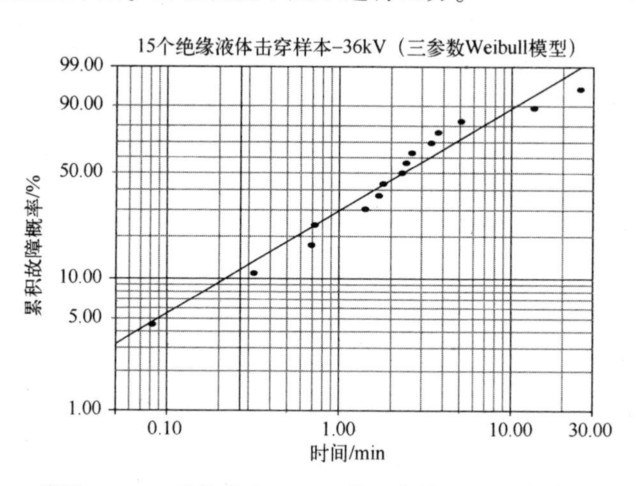

附图 21A.3 液体样本(36kV)的三参数 Weibull 概率图

分析 3

附表 21A.1 和附图 21A.1 至附图 21A.3 表明,最后两次故障是异常值。在最后两次故障检测中,双参数 Weibull 模型(β=0.77)和对数正态模型(σ=1.22)MLE 故障概率图分别如附图 21A.4 和附图 21A.5 所示。GoF 检验结果如表 21A.3 所列。通过目视检查和 GoF 检验可知,除了利用最小二乘法(8.9 节)进行直线图形拟合数据的r^2检验结果以外,首选双参数对数正态模型。附图21A.4所示的视觉检查显示,直线可以拟合数据阵列。

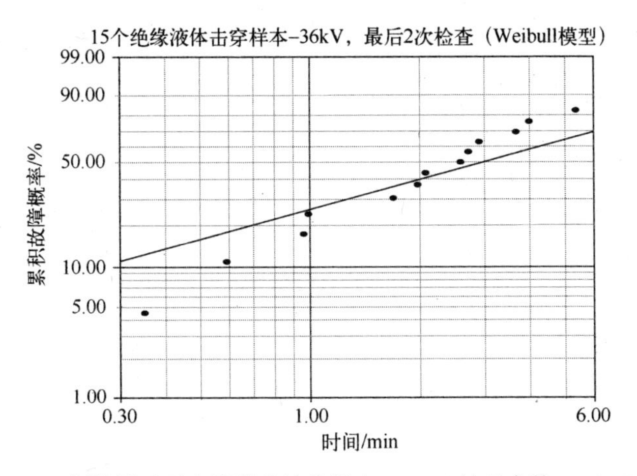

附图21A.4 剔除最后两次故障的液体样本(36kV)的双参数Weibull概率图

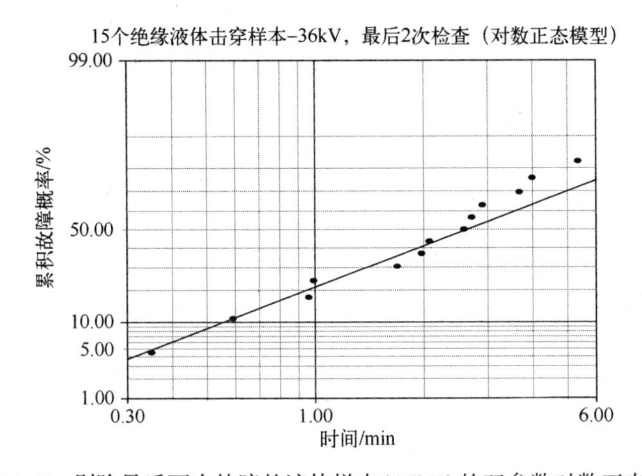

附图21A.5 剔除最后两次故障的液体样本(36kV)的双参数对数正态概率图

附表21A.3 剔除最后两次故障(36kV)的GoF检验结果

检验方法	Weibull模型	对数正态模型
r^2(RRX)	0.9862	0.9728
Lk	-33.8363	-31.2656
mod KS/%	25.3202	2.5469
χ^2/%	27.9649	17.0005

结论:15 个样本(36kV)

(1) 通过目视检查和 GoF 检验可以发现,双参数对数正态模型优于双参数 Weibull 模型。通过 GoF 检验结果可以发现,对数正态模型优于三参数 Weibull 模型。

(2) 利用三参数 Weibull 模型是不合理的,因为当形状参数 $\beta=0.79$ 时,显示在 $t=0$附近故障率出现下降(图 6.1)。此绝对阈值故障时间的估计是不可信的。

(3) 在没有试验证据证明三参数 Weibull 模型应用的情况下,其使用被认为是随意的[7,8],并且会导致绝对阈值故障时间的估计过于乐观[8]。

(4) 在剔除最后两个异常值故障后,通过目视检查和大多数 GoF 检验结果可以发现,双参数对数正态模型优于双参数 Weibull 模型。

附录 21B:15 个绝缘液体样本(32kV)

15 个绝缘液体样本在电压为 32kV[1,2,4] 的电极之间的击穿时间(min)如附表 21B.1 所示。基于工程考虑,建议通过双参数 Weibull 模型充分描述击穿故障时间[2]。

附表 21B.1　15 个击穿时间(32kV)/min

0.27	0.79	9.88	27.80	89.29
0.40	2.75	13.95	53.24	100.58
0.69	3.91	15.93	82.85	215.10

分析 1

双参数 Weibull 检验($\beta=0.56$)和对数正态检验($\sigma=2.20$)MLE 故障概率图分别参见附图 21B.1 和附图 21B.2。没有显示正态图。Weibull 和对数正态图中的数据在下尾部呈现下凹趋势。对数正态阵列上的数据在视觉上稍微呈线性排列。忽略 χ^2检验结果(8.10 节),r^2检验结果支持优选对数正态模型,Lk 检验和附表 21B.2 所示的 mod KS 检验结果少量支持 Weibull 模型。优选这两种模型之一的证据都不是决定性的证据,特别是因为附图 21B.1 和附图 21B.2 所示的阵列都存在 S 形波动。

附表 21B.2　GoF 检验结果(32kV)(MLE)

检验方法	Weibull 模型	对数正态模型	三参数 Weibull 模型	Weibull 混合模型
r^2(RRX)	0.9460	0.9549	0.9851	
Lk	-65.7370	-66.0257	-63.0890	-62.7522
mod KS/%	0.8367	0.8584	0.1065	0.0032
χ^2/%	4.8220	4.4752	3.5018	3.8936

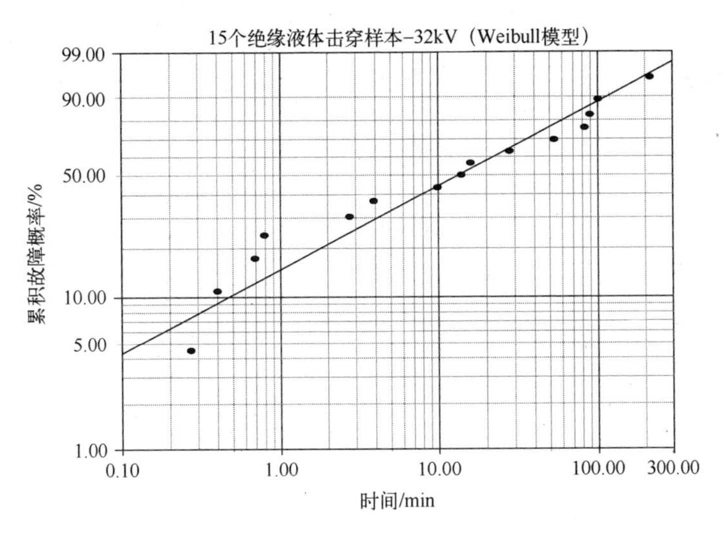

附图 21B.1　液体样本(32kV)的双参数 Weibull 概率图

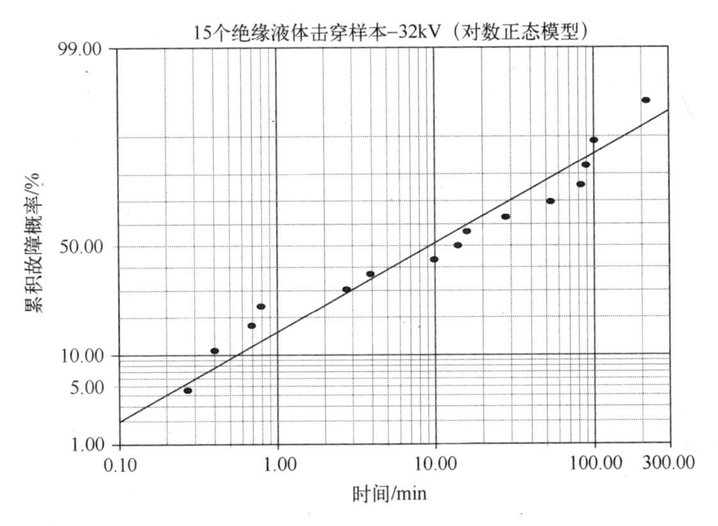

附图 21B.2　液体样本(32kV)的双参数对数正态概率图

分析 2

为了降低附图 21B.1 所示的下凹曲率,可以利用如附图 21B.3 所示的三参数 Weibull 模型(β=0.41)MLE 故障概率图。附图 21B.3 所示下尾部图线与数据的偏差表明,利用三参数 Weibull 模型是不合理的[6]。绝对阈值故障时间为 t_0(三参数 Weibull 模型)= 0.26min,如垂直虚线所示。阈值故障时间过于接近于附表 21B.1 中的第一次故障时间了,以至于这个结果不可信,特别是由于故障接近于 $t=0$(图 6.1),形状参数 β=0.41 显示故障率急剧下降时。附图 21B.4 中给出的三参数

Weibull 故障率图缩小了时间尺度,显示的绝对故障阈值为 t_0(三参数 Weibull 模型)= 0.26min。GoF 的检验结果如附表 21B.2 所示。

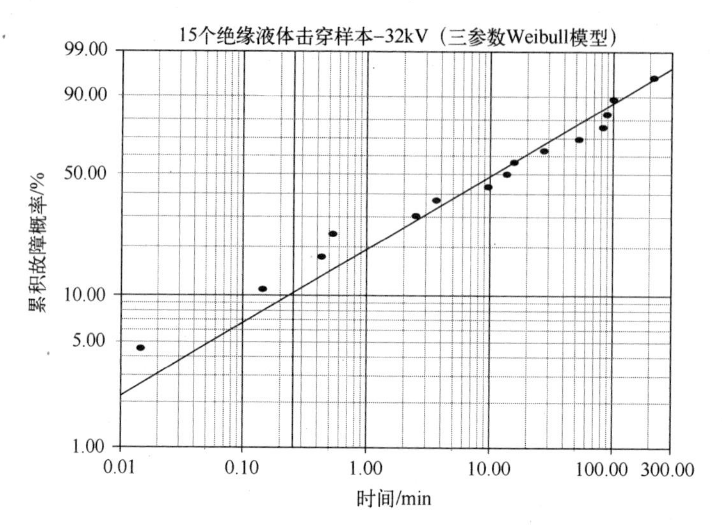

附图 21B.3 液体样本(32kV)的三参数 Weibull 概率图

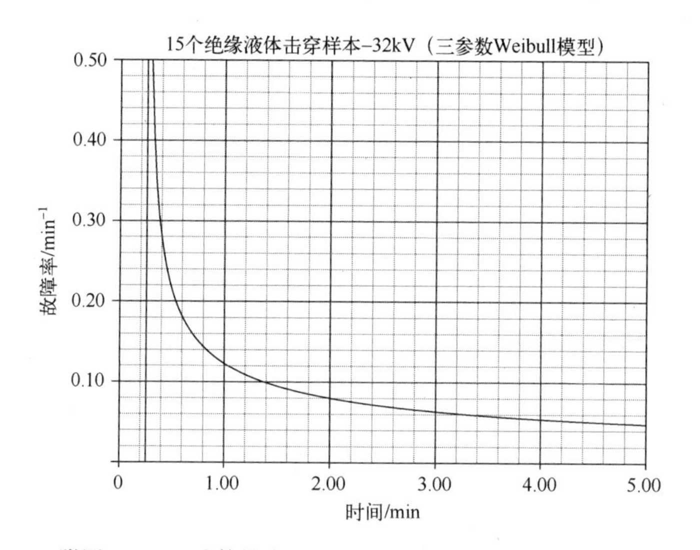

附图 21B.4 液体样本(32kV)的三参数 Weibull 故障率图

通过目视检查和 GoF 检验结果可知,三参数 Weibull 模型描述优于双参数对数正态模型和 Weibull 模型。

分析 3

附图 21B.1 和附图 21B.2 中曲线波动的 S 形曲率表明,混合模型(8.6 节)可以提供优选的描述。附图 21B.5 是具有两个子群的 Weibull 混合模型 MLE 故障概率图,且每一个(子群)都用双参数 Weibull 模型来描述。共需要 5 个独立参数。形状参数和子群分数为 $\beta_1 = 2.92$, $f_1 = 0.24$, $\beta_2 = 0.81$, $f_2 = 0.76$, $f_1 + f_2 = 1$。目视检查和附表 21B. 2所示的 GoF 测试结果支持选择 Weibull 混合模型,除了χ^2检验结果常是不可靠的(8. 10 节)。

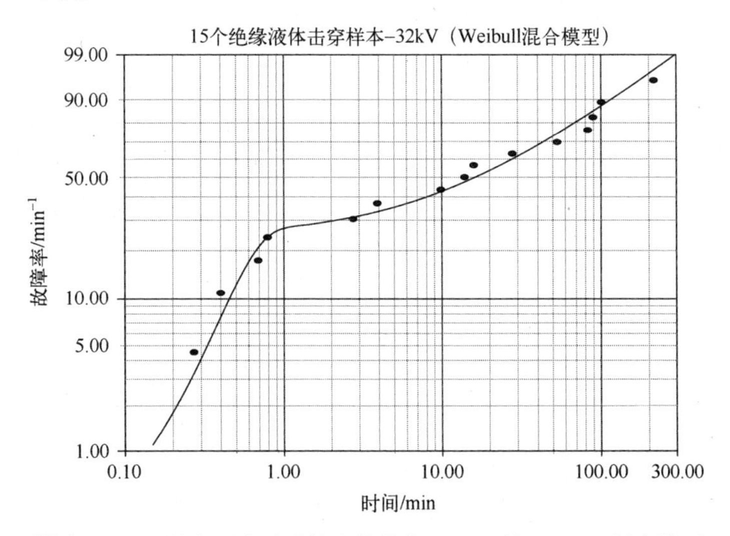

附图 21B. 5　具有两个子群的液体样本(32kV)的 Weibull 混合模型

结论:15 个样本(32kV)

(1) 视觉检查或 GoF 检验结果既不能确定双参数 Weibull 模型也不能确定对数正态模型能提供更好的描述,主要是因为附图 21B. 1 和附图 21B. 2 中呈现的 S 形波动。

(2) 虽然 GoF 检验结果支持选择三参数 Weibull 模型优于双参数 Weibull 模型和对数正态模型,但是在双参数曲线中受 S 形波动影响[6],利用三参数 Weibull 模型是不合理的。附图 21B. 3 中数据与尾部曲线的偏差也表明,利用三参数 Weibull 模型是不合理的[6]。

(3) 在没有试验数据来支持确定绝对故障阈值的存在时,三参数 Weibull 模型的应用是随意的[7,8],利用这种模型来估计绝对故障阈值过于乐观[8]。

(4) 如附表 21B. 1 所示,估计的故障阈值时间 t_0(三参数 Weibull 模型) = 0. 26min 太接近于第一次故障时间 $t_1 = 0.27$min,是不可信的。虽然确实需要在故障出现之前发现故障机制,但是利用三参数 Weibull 模型是不合理的,因为$\beta = 0.41$ 时的故障率降低表明,在 $t = 0$ 或接近 $t = 0$ 时发生故障是可能的(附图 21B. 4)。

(5) 数据的最佳表征由具有两个子群的 Weibull 混合模型给出,如附图 21B. 5 所示。

总的结论:

(1) 仅通过与先前描述的击穿故障进行类比就选择双参数 Weibull 模型是不被支持的[2]。在任何情况下都不能明确选择双参数 Weibull 模型,可能是由于样本量相对较小。

(2) 考虑到故障率下降($\beta<1.0$),利用三参数 Weibull 模型是不合理的。由于在 $t=0$ 附近很可能发生故障,因此对绝对阈值故障时间 t_0(三参数 Weibull 模型)的预测是不可信的。

参考文献

[1] W. Nelson, Applied Data Analysis (Wiley, New York, 1982), 105.

[2] J. F. Lawless, Statistical Models and Methods for Lifetime Data (Wiley, New York, 1982), 185.

[3] W. Zimmer, J. B. Keats, and F. K. Wang, The Burr XII distribution in reliability analysis, J. Qual. Technol., 30 (4), 386-394, 1998.

[4] J. F. Lawless, Statistical Models and Methods for Lifetime Data, 2nd edition (Wiley, New Jersey, 2003), 3.

[5] C. -D. Lai and M. Xie, Stochastic Ageing and Dependence for Reliability (Springer, New York, 2006), 350.

[6] D. Kececioglu, Reliability Engineering Handbook, Volume 1 (Prentice Hall, New Jersey, 1991), 309.

[7] R. B. Abernethy, The New Weibull Handbook, 4th edition (Abernethy, North Palm Beach, Florida, 2000), 3-9.

[8] B. Dodson, The Weibull Analysis Handbook, 2nd edition (ASQ Quality Press, Milwaukee, Wisconsin, 2006), 35.

第 22 章　20 个不明确样本

20 个不明确的样本被置于寿命测试中。表 22.1 列出了 15 个故障样本模型的故障时间[1]。在 150h 的时候,测试终止。此时,在表 22.1 中有 5 个下划线标出的幸存者,这些样本将在以下分析中被剔除。文献[1]建议利用指数模型进行分析。

表 22.1　产品故障时间(h)

3	19	23	26	27
37	38	41	45	58
84	90	99	109	138
150	150	150	150	150

22.1　分析 1

图 22.1 和图 22.2 分别显示了双参数 Weibull 模型($\beta = 1.08$)和对数正态模型($\sigma = 1.23$)模型的最大似然估计(MLE)故障概率图。图中未标出下凹的正态描述。

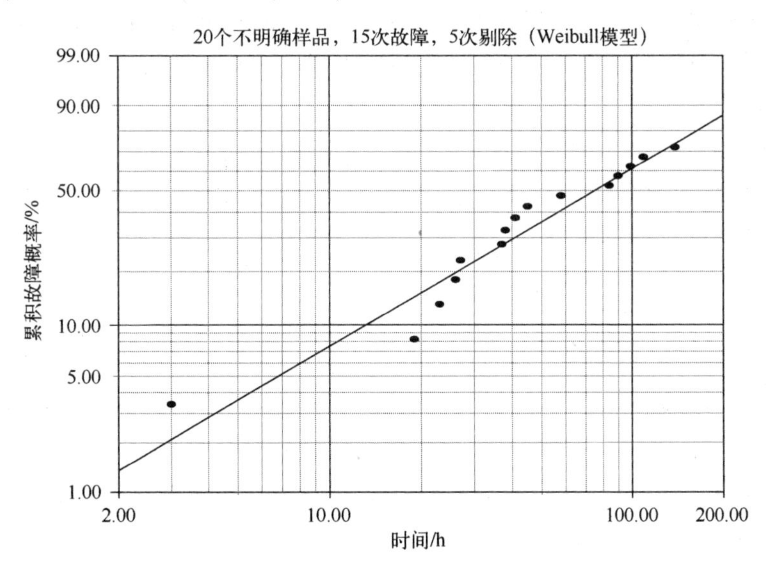

图 22.1　不明确样本的双参数 Weibull 概率图

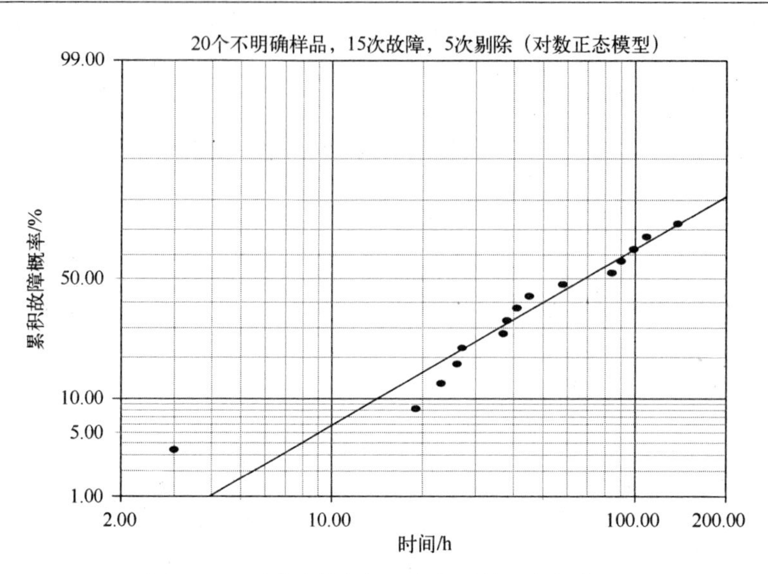

图 22.2　不明确样本的双参数对数正态概率图

令人感兴趣的两个特征是:①每条线上方的第一次故障看起来是早期故障模式,而不是主群的一部分,如表 22.1 所列;②每条图线的主群都呈现下凹特征。如文献[1]所示,具有形状参数 $\beta=1.00$ 的单参数指数模型或等效的双参数 Weibull 模型描述与图 22.1中的描述几乎相同。

统计拟合优度(GoF)检验结果见表 22.2。r^2检验和通常不可靠的χ^2检验(8.10节)支持 Weibull 模型,而最大对数似然(Lk)检验和修正的 Kolmogorov-Smirnov(mod KS)检验优选对数正态模型。GoF 检验结果更倾向于双参数对数正态模型优于单参数指数模型。

表 22.2　GoF 检验结果(MLE)

检验方法	Weibull 模型	对数正态模型	指数模型
r^2(RRX)	0.9353	0.9103	—
Lk	-84.8607	-84.7716	-84.9233
mod KS(%)	2.35×10^{-1}	2.25×10^{-5}	8.69×10^{-3}
χ^2(%)	4.5496	6.4311	6.6979

在图 22.1 和图 22.2 中,主群中的早期故障和下凹特征表明,表 22.2 中的 GoF 检验结果不是决定性的。图 22.3 所示的 Weibull 混合模型(8.6 节)概率图确认第一个故障是异常值,其中有两个没有并入第一次故障的子群。在具有三个子群的 Weibull 混合模型图中同样没有包括第一次故障。

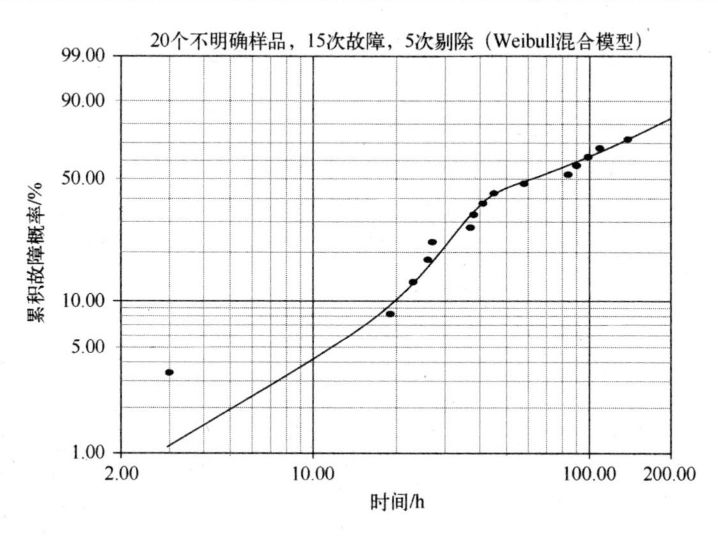

图 22.3　具有两个子群的未明确样本的 Weibull 混合模型图

22.2　分析 2

第一次故障被认为是早期故障异常值，图 22.4 和图 22.5 分别给出了双参数 Weibull 模型(β=1.27)和对数正态模型(σ=0.93)MLE 故障概率图。通过目视检查和表 22.3 中给出的 GoF 检验结果可知，对数正态模型略优于 Weibull 模型。图中令人感兴趣的两个特征是：①下尾部中的凹陷行为表明存在阈值故障时间；②整个阵列中的 S 形曲率指出可能是两个子群的混合。

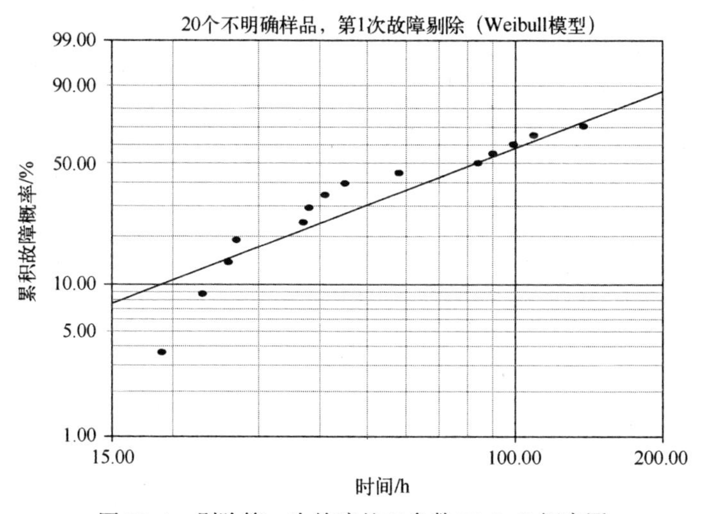

图 22.4　剔除第一次故障的双参数 Weibull 概率图

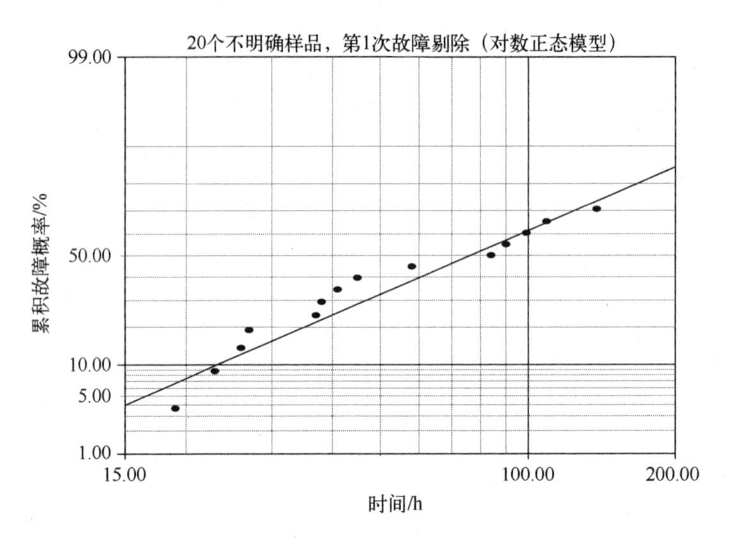

图 22.5 剔除第一次故障的双参数对数正态概率图

表 22.3 剔除第一次故障的 GoF 检测结果(MLE)

检验方法	Weibull 模型	对数正态模型	三参数 Weibull 模型	Weibull 混合模型
r^2(RRX)	0.8720	0.9386	0.9837	—
Lk	−79.721	−78.31	−76.3178	−76.7633
mod KS/%	2.9035	0.8982	4.09×10^{-4}	4.21×10^{-6}
χ^2/%	4.4533	2.9979	5.1458	8.8623

22.3 分析 3

图 22.6 所示的三参数 Weibull 模型(8.5 节)($\beta=0.80$)MLE 故障概率图(圆圈)显示,对于前两个故障,图 22.4 所示下尾部的凹陷有一些缓解下降趋势,其中绝对阈值故障时间 t_0(三参数 Weibull 模型)= 17.8h,如垂直虚线突出所示,该垂线与图线拟合的双参数 Weibull 图(三角形)有关。注意,估计的绝对阈值故障时间与 3h 的早期故障是矛盾的。其余的波动在图 22.6 所示的主阵列中一直持续。目视检查更倾向于三参数 Weibull 模型优于双参数对数正态模型,如表 22.3 所列的 GoF 测试结果也是如此,除了不可信的χ^2检验外(8.10 节)。不过,图 22.4 和图 22.5 所示的 S 形曲率表明,利用剔除第一次故障的三参数 Weibull 模型是不合理的[2]。

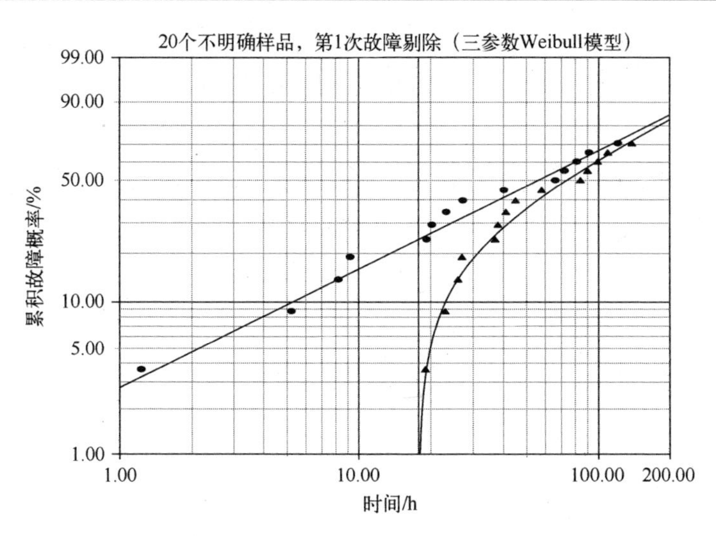

图 22.6 剔除第一次故障的三参数 Weibull 概率图

22.4 分析 4

图 22.4 和图 22.5 所示的 S 形曲线可以通过图 22.7 所示的 Weibull 混合模型(8.6 节)概率图来描述,两个子群中的每一种情况都由双参数 Weibull 模型描述。形状参数和子群分数为 $\beta_1=1.95, f_1=0.64$ 和 $\beta_2=4.06, f_2=0.36, f_1+f_2=1$。具有 3 个子群的 Weibull 混合模型不能改善拟合优度。尽管双子群 Weibull 混合模型需要 5 个独立的参数,但其拟合优度在视觉上优于双参数对数正态模型或双参数模型和三参

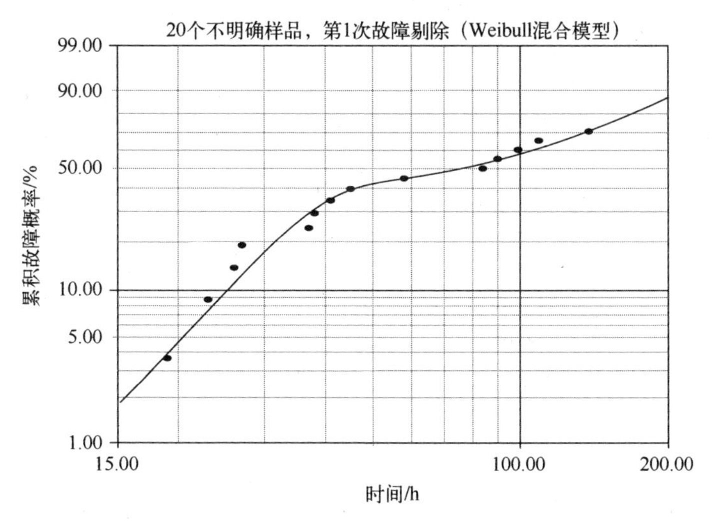

图 22.7 剔除第一次故障具有两个子群的 Weibull 混合模型

数 Weibull 模型。表 22.1 所示的两对故障的聚集解释了图 22.7 所示的 27h 和 37h 处的曲线拟合缺陷。忽略χ^2检验结果(8.10 节),表 22.3 所示的 mod KS 检验结果倾向于混合模型。相关的 Weibull 混合模型故障率图如图 22.8 所示。近似的直线部分与$\beta_1 = 1.95 \approx 2.0$有关,这是 Rayleigh 分布(图 6.1)。

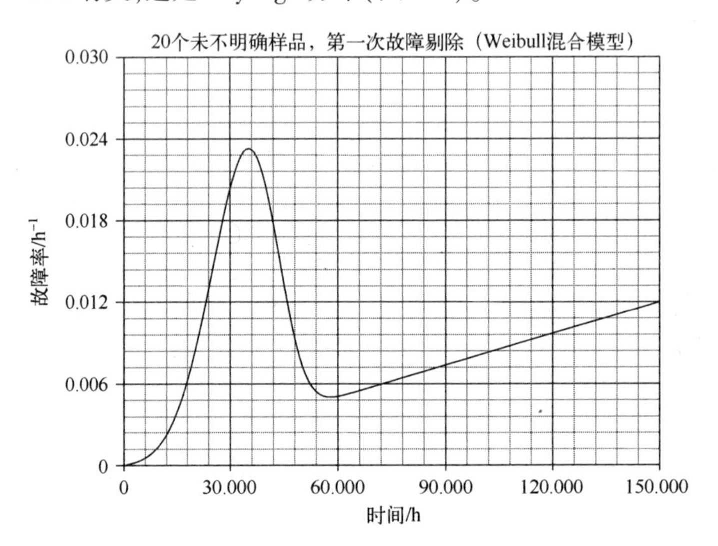

图 22.8 剔除第一次故障具有两个子群的 Weibull 混合模型故障率

22.5 结论

(1) 在图 22.1 和图 22.2 中,主群的首次故障在系列之外,被解释为是早期故障异常值,如图 22.3 和表 22.1 所示。

(2) 在剔除早期故障时,图 22.4 和图 22.5 所示的主群下凹特征仍然存在。

(3) 图 22.4 所示的下凹特征的最佳解释来自于将数据阵列视为表示两个子群的 S 形曲线,如图 22.7 中的 Weibull 混合模型所示。

(4) 尽管三参数 Weibull 模型结果是有吸引力的,但是存在几个拒绝该模型的原因,正如剔除第一次故障之后对其余下凹特征给出的可接受的解释。

① 样本群太小很难估计绝对阈值故障时间,t_0(三参数 Weibull 模型)= 17.8h,比表 22.1 所示未剔除故障的 19h 小 1.2h。

② 在缺少较大的长时间故障群数据的情况下,利用三参数 Weibull 模型来减缓双参数 Weibull 图中的下凹曲率是随意的,较大的长时间故障群支持阈值故障时间的存在[3,4]。在这种情况下,估计的绝对阈值故障时间看起来过于乐观[4]。

③ 由于图 22.4 所示的 S 形曲线特征,因此利用三参数 Weibull 模型看起来是不

合理的[2]。

④ 三参数 Weibull 模型形状参数 $\beta = 0.80$,剔除第一次故障后显示,$t = 0$ 时开始故障率降低(图 6.1),在 $t = 0$ 或接近 $t = 0$ 时可能发生故障,因此任何对绝对无故障间隔的预测都将被怀疑。图 22.9 所示的三参数 Weibull 模型故障率图对此进行了说明,其中绝对故障阈值 t_0(三参数 Weibull 模型)= 17.8h 由垂直虚线突出显示。

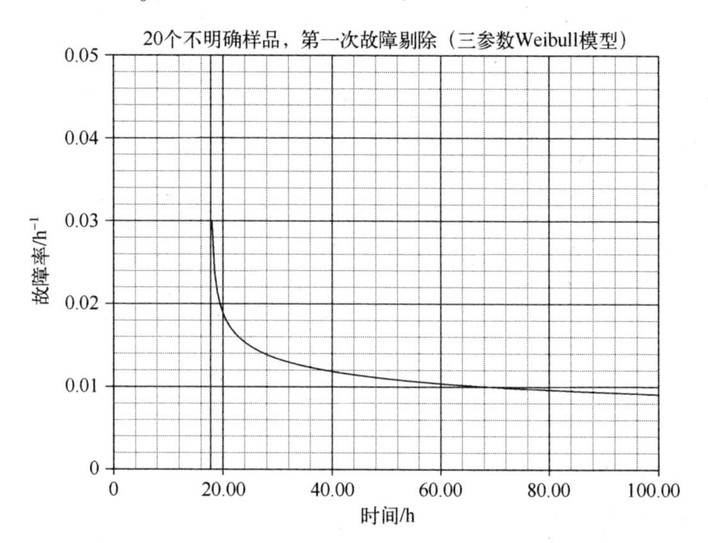

图 22.9 剔除第一次故障的三参数 Weibull 故障率图

⑤ 在表 22.1 中,在 3h 被剔除的早期故障与预测的绝对无故障间隔 t_0(三参数 Weibull 模型)= 17.8h 不一致。不过,剔除故障时间低于估计的绝对阈值故障时间,该观察结果对于利用三参数 Weibull 模型可能不是致命的挑战,因为成熟组件未选用的群体只是一小部分,即使将这些群体筛选出来,也很可能会受到不可避免的早期故障的影响(1.9.3 节和 7.17.1 节)。

参考文献

[1] J. F. Lawless, *Statistical Models and Methods for Lifetime Data* (Wiley, New York, 1982), 135.

[2] D. Kececioglu, *Reliability Engineering Handbook*, Volume 1 (Prentice Hall, New Jersey, 1991), 309.

[3] R. B. Abernethy, *The New Weibull Handbook*, 4th edition (Abernethy, North Palm Beach, Florida, 2000), 3-9.

[4] B. Dodson, *The Weibull Analysis Handbook*, 2nd edition (ASQ Quality Press, Milwaukee, Wisconsin, 2006), 35.

第 23 章　20 个电介质样本

表 23.1 提供了 18 个测试样本[1]的电介质模型击穿故障时间(h)。两个下划线时间表示在 600h 终止测试时没有发生故障的样本。在故障概率图中,这些未发生故障的样本将被剔除或暂停。认为双参数 Weibull 模型可以提供合理的描述[1]。

表 23.1　18 个电介质故障时间(h)

0.69	0.94	1.12	6.79	9.28
9.31	9.95	12.90	12.93	21.33
64.56	69.66	108.38	124.88	157.02
190.19	250.55	552.87	<u>600.00</u>	<u>600.00</u>

23.1　分析 1

图 23.1 和图 23.2 分别显示了双参数 Weibull 模型($\beta=0.51$)和对数正态模型($\sigma=2.27$)最大似然估计(MLE)故障概率图。没有显示下凹的正态概率图。Weibull 模型和对数正态模型的形状参数 $\beta=0.51$ 和 $\sigma=2.37$ 表示可能与早期故障群体有关

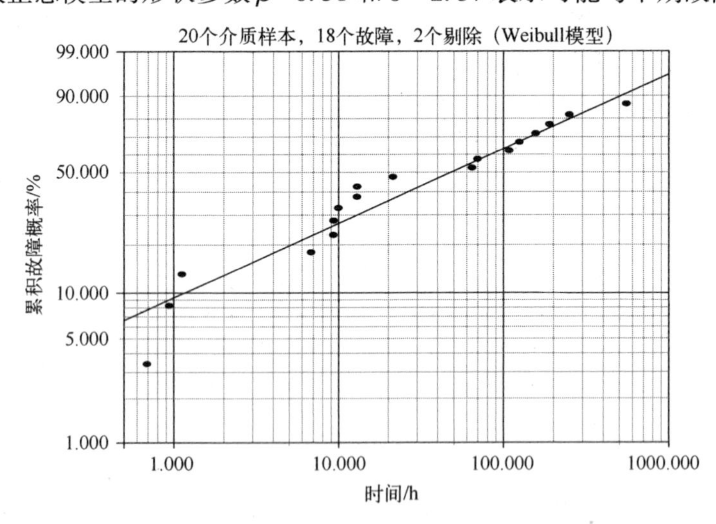

图 23.1　电介质样本的双参数 Weibull 概率图

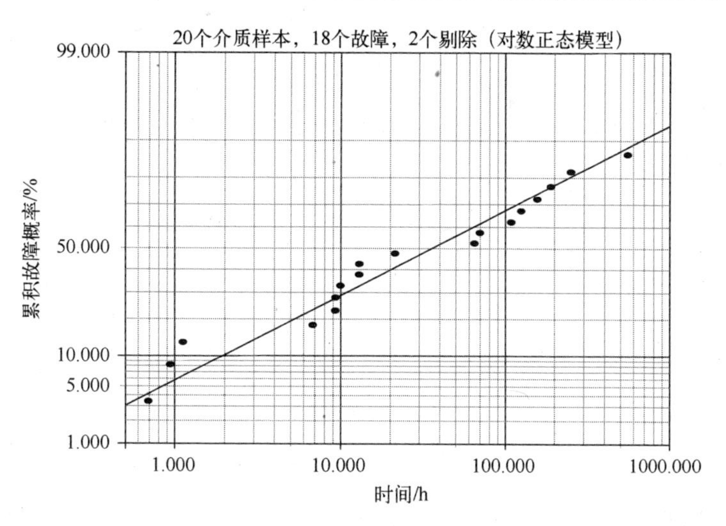

图 23.2　电介质样本的双参数对数正态概率图

的故障率在下降(图 6.1 和图 6.2)。观察图 23.1 所示的图线可以发现轻微的下凹形状。通过目视检查和表 23.2 给出的拟合优度(GoF)检验结果可知,图 23.2 所示的双参数对数正态图优于图 23.1 所示的双参数 Weibull 图。请注意,图 23.1 和图 23.2 中的故障时间分为 3 组。

23.2　分析 2

勉强接受双参数对数正态模型,这与通过双参数 Weibull 模型描述的故障时间的观察有关。由于图 23.1 和图 23.2 都显示了阈值故障时间 $t<1.0$h 的状况,图 23.3

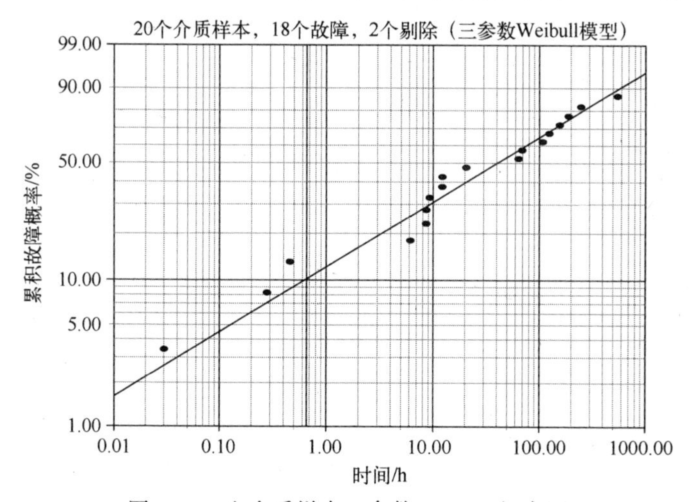

图 23.3　电介质样本三参数 Weibull 概率图

给出了三参数 Weibull 模型(8.5 节)MLE 故障概率图($\beta=0.45$),其中绝对阈值故障时间为 t_0(三参数 Weibull 模型)= 0.66h,如垂直虚线所示。三参数 Weibull 模型的 GoF 测试结果如表 23.2 所列,其中三参数 Weibull 模型优于双参数对数正态模型,不包括误导的χ^2检验结果(8.10 节)。

表 23.2　GoF 检验结果(MLE)

检验方法	Weibull 模型	对数正态模型	三参数 Weibull 模型	Weibull 混合模型
r^2(RRX)	0.9330	0.9643	0.9706	—
Lk	-100.133	-99.25	-96.88	-95.9175
mod KS/%	8.4600	0.8612	0.4390	3.48×10^{-3}
χ^2/%	1.0696	0.9957	1.5328	1.2106

通过比较图 23.1 和图 23.3 可以看出,相对于图线而言,只有图 23.1 中的前两个故障受到影响。鉴于聚类效应,利用三参数模型可能是不合理的[2]。此外,t_0(三参数 Weibull 模型)= 0.66h 的值比表 23.1 给出的第一个故障时间仅差 0.03h。利用图 23.3,表 23.1 中的第一个故障时间为 $t_1=0.03+t_0$(三参数 Weibull 模型)= 0.03+0.66=0.69h。

23.3 分析 3

在利用 Weibull 混合模型(8.6 节)的替代方法中,图 23.1 所示数据的时间“聚集”可以看作是具有 3 个子群的 2 个 S 形曲线,每个子群由双参数 Weibull 模型描述,如图 23.4 所示。该描述需要 8 个独立的参数。表 23.2 提供的 GoF 检验结果支

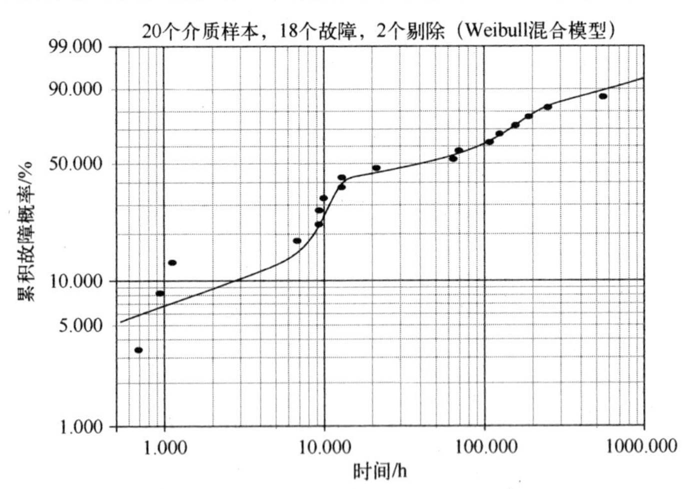

图 23.4　具有 3 个子群的 Weibull 混合模型概率图

持优秀的视觉拟合。χ^2检验结果打了折扣(8.10 节)。形状参数和子群分数为 $\beta_1=0.41$, $f_1=0.57$; $\beta_2=5.74$, $f_2=0.24$; $\beta_3=2.71$, $f_3=0.19$, $f_1+f_2+f_3=1$。

23.4 结论

(1) 选择的模型是双参数对数正态模型,因为根据目视检查和 GoF 检验结果,该模型提供的可接受的数据拟合优于双参数 Weibull 模型。虽然根据常见的经验,支持双参数 Weibull 模型能够提供适当表征电介质击穿故障时间的期望,但是没有根本的物理原因证明,双参数 Weibull 模型适用于每种情况。

(2) 图 23.5 描述了时间尺度缩小的双参数对数正态模型故障率曲线,其中故障率从表 23.1 中的 $t_1=0.69$h 处的第一次故障之前的时间开始减小。除非有即时存在的故障,也称为"见光死"(DOA),否则有理由认为接近于 $t=0$ 时存在一个时间域,在该域内不发生故障。这种时间域显示在图 23.5 所示的对数正态故障率图中。这与所期望的对数故障率特征一致,其中在 $t=0$ 时为零,然后上升到最大值,当 $t\to\infty$ 时接近于零(图 6.2)。

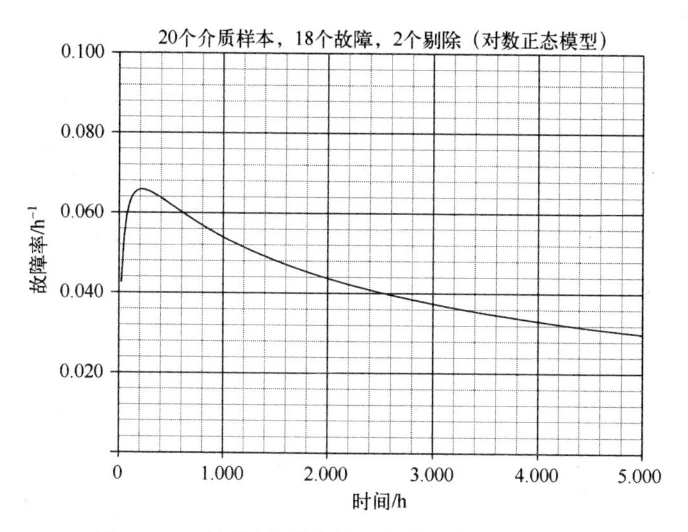

图 23.5　时间尺度缩小的双参数对数正态故障率

(3) 由于以下原因,拒绝采用三参数 Weibull 模型(3 个独立参数)和 Weibull 混合模型(8 个独立参数)的替代方法。

① 由于缺乏来自较大群体的数据来支持绝对故障阈值的存在,所以三参数 Weibull 模型的应用被视为是随意的[3,4]。利用三参数 Weibull 模型可以得到过于乐观的绝对故障阈值估计[4]。在图 23.1 所示的早期时间数据中,建议将故障阈值视为

故障时间“聚集”的加工品。

② 虽然图 23.1 中的 Weibull 图表明存在故障阈值时间,但是三参数 Weibull 模型预测了与表 23.1 中给出的第一次故障时间几乎相同的绝对故障阈值时间。给定相对较小的样本量,再加上图 23.1 中三个时间“聚集”给出的故障时间观察结果,预测的绝对故障阈值时间 t_0(三参数 Weibull 模型)= 0.66h 显得过于乐观[4],不能认为可以提供与标准值一致、相似大小或更大的、未选用电介质样本群体的可信预测。

③ 三参数 Weibull 模型在缩小时间尺度时的故障率图如图 23.6 所示。相关的 Weibull 模型形状参数 $\beta=0.45$,表示故障率降低,从垂直虚线高亮显示的绝对故障阈值时刻开始。预测低于绝对故障阈值 t_0(三参数 Weibull 模型)= 0.66h 时不会发生故障看起来是不可信的,因为估计的绝对故障阈值是不可信的。

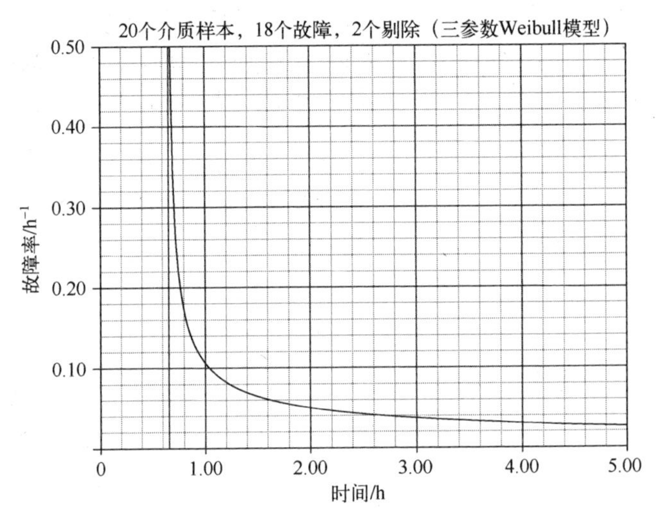

图 23.6 时间尺度缩小的三参数 Weibull 故障率图

④ 如果认为双参数对数正态和三参数 Weibull 模型可以提供相当好的视觉拟合,那么由 Occam 的剃刀原理可知,简单模型(参数较少的模型)是要选择的模型。表 23.2 所示的 GoF 检验结果选择三参数 Weibull 模型,因为利用了第三个模型参数。其他模型参数,无论是否合理,都有望改善 GoF 检验结果。

⑤ 除了图 23.4 中的前三个故障,具有三个子群的 Weibull 混合模型是不错的。不过,这种方法还是会被拒绝,因为故障时间“集”被认为是偶然的。基于 Occam 的经济解释,Weibull 混合模型也被拒绝,而赞成基于简单性的双参数对数正态模型。能提供可接受表征的双参数模型优于八参数模型。

参考文献

[1] P. A. Tobias and D. C. Trindade, *Applied Reliability*, 2nd edition (Chapman & Hall/CRC, New York, 1995), 153-154.

[2] D. Kececioglu, *Reliability Engineering Handbook*, Volume 1 (Prentice Hall, New Jersey, 1991), 309.

[3] R. B. Abernethy, *The New Weibull Handbook*, 4th edition (Abernethy, North Palm Beach, Florida, 2000), 3-9.

[4] B. Dodson, *The Weibull Analysis Handbook*, 2nd edition (ASQ Quality Press, Milwaukee, Wisconsin, 2006), 35.

第24章　20个电池

对两组钠硫电池的故障循环进行了分析[1,2]。参考文献给出了批次1(15个电池)[2]和批次2(20个电池)的故障数据[2,3]。批次2中20个电池的故障循环如表24.1所列。在646个循环中下划线标注的样本被剔除。在对批次1和批次2的组合样本的分析中,利用双参数Weibull模型分析故障循环没有成功,因此文献建议利用其他模型,例如对数正态模型[2]。在附录部分将对组合群体的分析进行检查。

表24.1　批次2的故障循环(20个电池)

76	82	210	315	385
412	491	504	522	<u>646</u>
678	775	884	1131	1446
1824	1827	2248	2385	3077

电池的主要故障机理是电池的固体电解质β-铝陶瓷破裂。在充电期间,如果钠离子电流聚焦在陶瓷的钠填充裂纹上,则认为发生故障,结果是压力处于裂纹表面且导致最终断裂。当给定裂纹达到临界尺寸时,陶瓷断裂。该机理为亚临界裂纹扩展机理之一[1]。

24.1　分析1

鉴于表面缺陷的可能性很大,预期用于表征疲劳故障的双参数Weibull模型可以用来描述故障数据。图24.1和图24.2分别给出了双参数Weibull模型(β=1.19)和对数正态模型(σ=1.03)最大似然估计(MLE)故障概率曲线。未显示下凹正态图。

在Weibull分布中,由于两个早期故障循环挨得太近,所以除了第二次(异常值)故障以外,其他数据与图24.1所示的曲线吻合都很好 。不过,相对于图24.2所示的对数正态表征的曲线,数据显示为上凹,这表示Weibull模型更好。在表24.2所列的统计拟合优度(GoF)检验结果中,r^2检验和最大对数似然(Lk)检验支持Weibull模型;而mod KS检验支持对数正态模型。χ^2检验结果不是决定性的(8.10节)。GoF检验结果和视觉检查支持选择双参数Weibull模型。

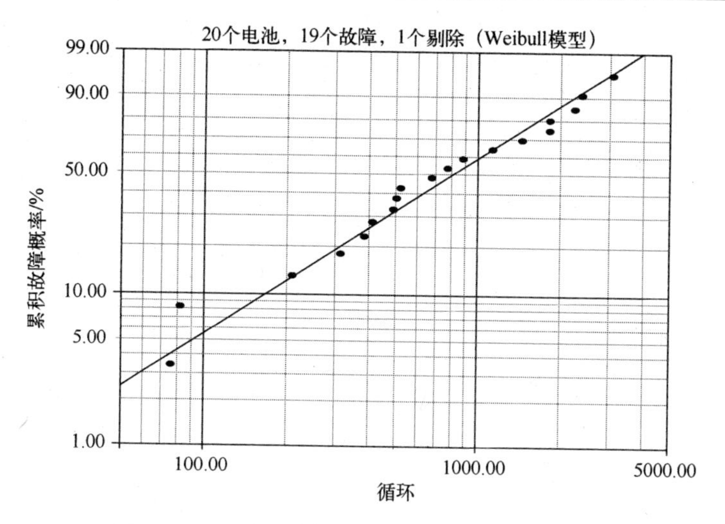

图 24.1　19 个电池故障的双参数 Weibull 概率图

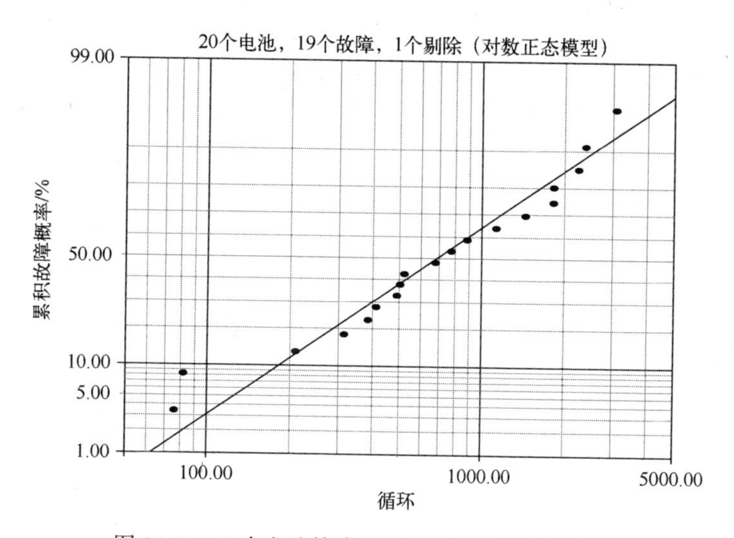

图 24.2　19 个电池故障的双参数对数正态概率图

表 24.2　GoF 检验结果(MLE)

检验方法	Weibull 模型	对数正态模型
r^2(RRX)	0.9744	0.9551
Lk	−150.6963	−151.5106
mod KS/%	0.4032	0.0591
χ^2/%	0.9090	1.3109

24.2 分析 2

图 24.1、图 24.2 和表 24.1 显示,第一次和第二次故障形成一个不属于主群且孤立的群体。因此,剔除这两个早期故障更合理,而不是单独剔除其中一个故障。图 24.2所示的对数正态图中的前两个故障位于图线之上,并显示为早期故障,可能会给数据阵列带来错误的上凹现象。图 24.1 中的前两个故障可以解释为掩盖了主群中的下凹行为,如所看见的直线所示。为了支持剔除前两个故障,图 24.3 所示的 Weibull 混合模型(8.6 节)MLE 故障概率图有两个子群,显示前两个故障数据为异常值。对于三个子群,结论不变。

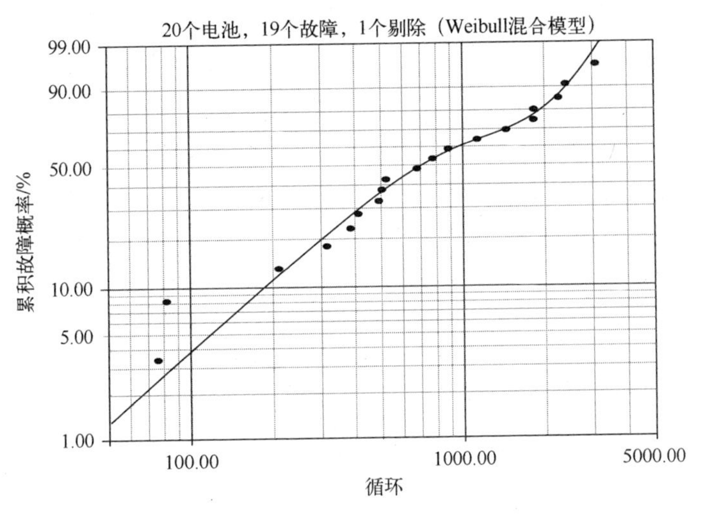

图 24.3 具有两个子群的 Weibull 混合模型概率图

24.3 分析 3

为了探索掩盖效应,在图 24.4 和图 24.5 分别显示的双参数 Weibull 模型(β=1.45)和对数正态模型(σ=0.77)MLE 故障概率图中,前两个故障被剔除。Weibull 图中的数据显示下尾部有凹陷特征,而对数正态分布与图线吻合良好。目视检查和表 24.3 中的 GoF 检验结果支持优选双参数对数正态模型,不确定的χ^2检验结果(8.10 节)除外。

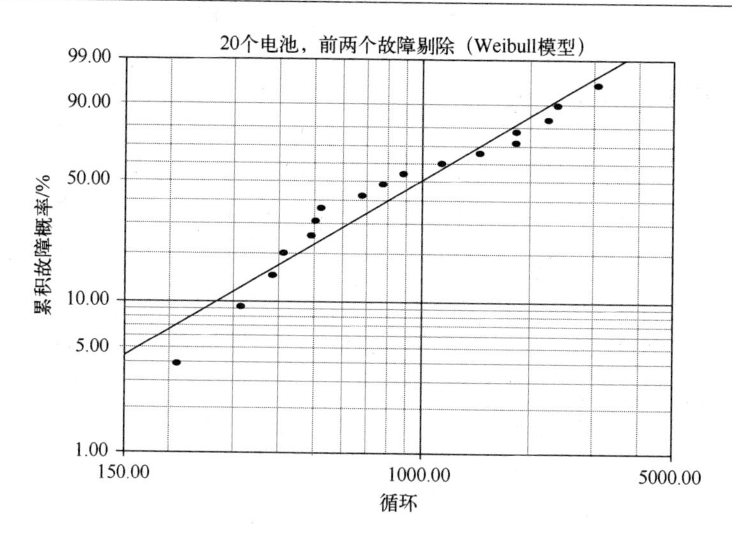

图 24.4　剔除前两次故障的双参数 Weibull 概率图

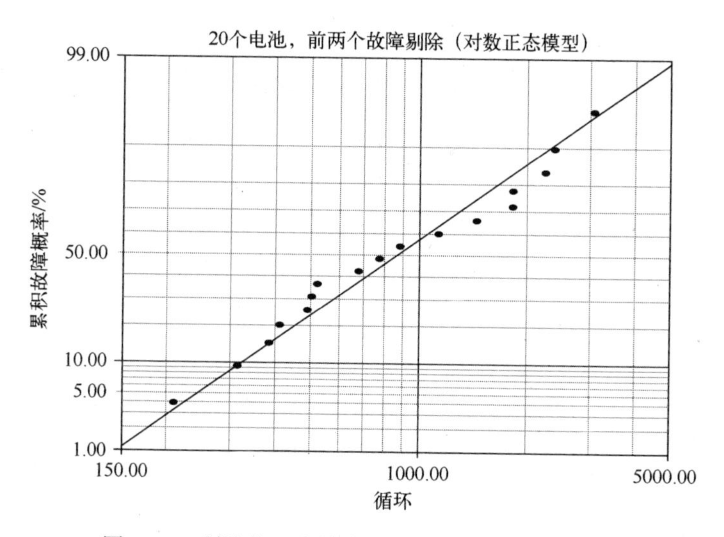

图 24.5　剔除前两个故障的双参数对数正态概率图

表 24.3　剔除前两个故障的 GoF 检验结果(MLE)

检验方法	Weibull 模型	对数正态模型	三参数 Weibull 模型	混合模型
r^2(RRX)	0.9386	0.9754	0.9793	—
Lk	−135.3879	−134.7531	−134.0511	−132.9110
mod KS/%	5.9286	2.7652	1.2150	0.0034
χ^2/%	0.7893	0.9418	1.0171	2.4526

24.4 分析 4

剔除前两次故障后,图 24.4 所示的下凹曲率在图 24.6 所示的三参数 Weibull 模型(8.5 节)MLE 故障概率图(β = 1.14)中有所减小。估计的绝对故障阈值为 t_0(三参数 Weibulll 模型) = 162 个循环,如垂直虚线所示。不过,在剔除了 76 和 82 循环的故障后估计的绝对故障阈值是有疑问的。视觉检查不适于选择模型,但表 24.3 中的 GoF 检验结果支持三参数 Weibull 模型描述优于对数正态分布模型,除了χ^2检验结果(8.10 节)。用表 24.1 中第一个未剔除故障的 210 循环减去 t_0(三参数 Weibull 模型) = 162 循环,可以得到图 24.6 中第一个未剔除故障的 48 循环。

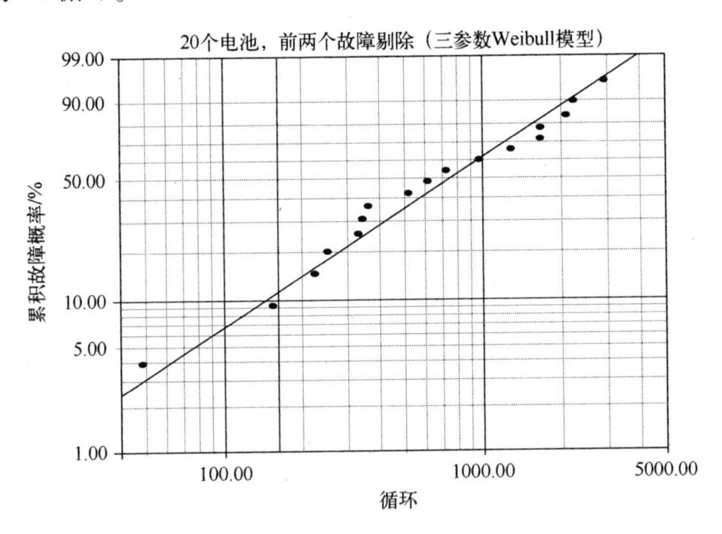

图 24.6 剔除前两个故障的三参数 Weibull 概率图

24.5 分析 5

剔除前两次故障的一种可选择方法是基于图 24.4 至图 24.6 中出现的波动,这种波动可以看作是两个子群存在的 S 形曲线。Weibull 混合模型 MLE 故障概率图如图 24.7所示。每个子群由双参数 Weibull 模型来描述。形状参数和子群分数为 β_1 = 2.78,f_1 = 0.53;β_2 = 3.03,f_2 = 0.47;f_1+f_2 = 1。表 24.3 中的 GoF 检验结果显示,具有 5 个独立参数的 Weibull 混合模型比其他与之竞争的模型更受欢迎,除了通常异常的χ^2检验结果(8.10 节)。

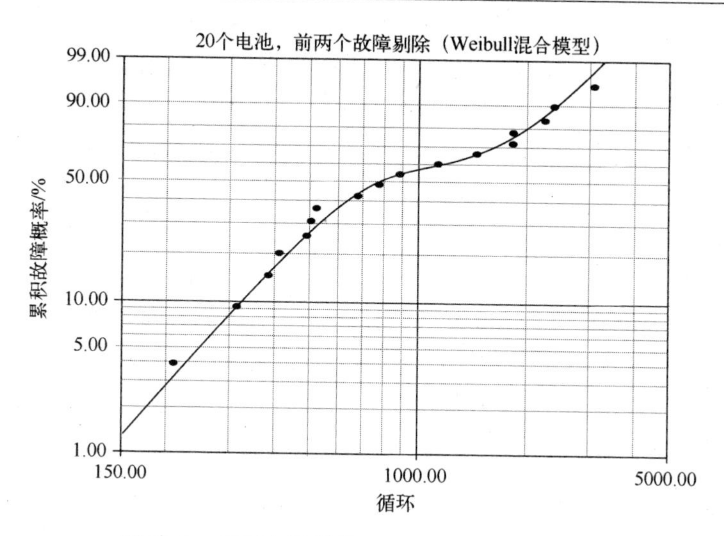

图 24.7 有两个子群的 Weibull 混合模型概率图

24.6 结论

(1) 在未剔除故障循环的分析中,由于前两个故障被认为是早期故障异常值,掩盖了图 24.1 所示的剩余群体数据的下凹行为,因此认为双参数 Weibull 模型优于双参数对数正态模型。同样的两个故障在如图 24.2 所示的双参数对数正态分布中造成上凹现象。表 24.1 和图 24.3 的检查结果支持前两个故障的异常状态。

(2) 一个重要的目标(8.2 节)是要找到双参数模型,得出样本群体中故障数据的最佳描述,以便在较大的且未部署的主群中预测第一次故障。如果样本故障数据被早期故障(8.4.2 节)破坏,那么为了达到预测目的,应该剔除早期故障,以便表征假定为均匀的主群(8.12 节)。

(3) 剔除前两次故障后,双参数 Weibull 概率图下尾部显示出下凹曲率,而双参数对数正态数据与图线相当吻合。视觉检查和 GoF 检验结果支持选择对数正态模型。

(4) 利用图 24.6 所示的三参数 Weibull 模型是不合理的[4],在图 24.4 中有 S 形波动,特别是由于 S 形在图 24.6 中持续存在。图 24.4 至图 24.6 中的波动表明存在两个子群。

(5) 引入三参数 Weibull 模型是随意的[5,6],因为没有提供物理上的理由,例如,额外的试验证据表明可以预期可比的、绝对无故障的循环域。利用剔除前两次故障的模型,对绝对故障阈值的估计过于乐观[6]。

(6) 利用三参数 Weibull 模型的典型理由是,无论是否明确声明,故障机制都需要在故障之前启动和发展的时间/循环。不过,事实上并不是对于在双参数 Weibull

故障概率图中存在下凹曲率的每种情况下都适用,特别是在目前情况下,剔除前两次故障后的双参数对数正态模型可以提供一种可接受的直线拟合。

(7) 根据相当好的视觉检查拟合和 GoF 检验结果,基于 Occam 剃刀原理的经济解释,双参数对数正态模型优于三参数 Weibull 模型。需要两个参数的可接受的特点要优于需要三个参数的特点。众所周知,额外的模型参数可以得到可比较的或优越的视觉拟合和 GoF 检验结果。

(8) 利用三参数 Weibull 模型还可以预测绝对无故障循环域,这种循环域由于两个剔除故障而有争议,一般低于估计的绝对故障阈值。不过,这种观察可能不是利用三参数 Weibull 模型的致命挑战,因为成熟组件群体未选用的只是少部分,即使经过筛选,也可能会不可避免地受到早期故障的影响(1.9.3 节和 7.17.1 节)。

(9) 剔除前两次故障后,Weibull 混合模型在图 24.4 至图 24.6 中解释了 S 形波动,并根据目视检查和 GoF 检验结果提供了故障概率图中的最佳拟合。不过,有两个子群的 Weibull 形状参数($\beta_1 = 2.78$ 和 $\beta_2 = 3.03$)足够接近,这表明图 24.4 至图 24.6中的起伏是几个故障循环聚类的结果,并且在更大的群体中不存在这种起伏。

(10) 选择双参数对数正态模型优于五参数 Weibull 混合模型是基于 Occam 剃刀原理的经济解释。额外的模型参数,无论是否必要,都会得到改进的描述。选择具有 5 个独立参数的 Weibull 混合模型会牺牲图 24.5 所示适当的双参数对数正态模型表征的简单性,这对于预测目的特别有用(第 10 章)。对数正态故障率图如图 24.8 所示。

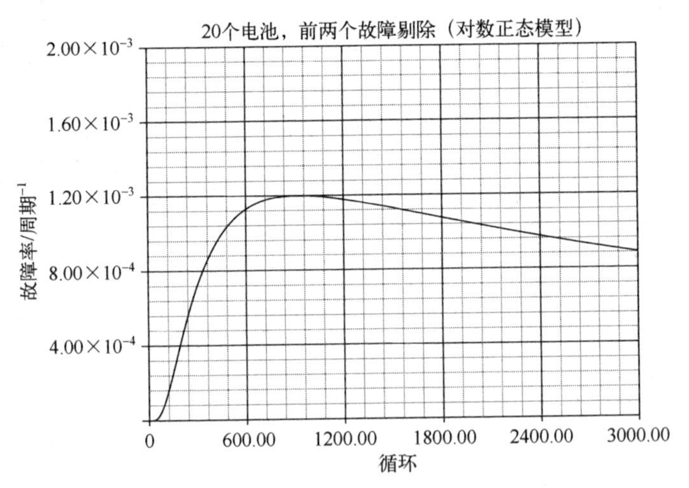

图 24.8 剔除前两个故障的双参数对数正态故障率图

附录 24A

批次 1(15 个电池)和批次 2(20 个电池)组合的故障循环如附表 24A.1 所示。

有30个电池故障，5个下划线数据将被剔除。

附表24A.1　批次1和批次2(35个电池)的故障循环

76	82	164	164	210	218	230
263	315	385	412	467	491	504
522	538	639	<u>646</u>	669	678	775
884	917	1131	1148	1446	<u>1678</u>	<u>1678</u>
<u>1678</u>	<u>1678</u>	1824	1827	2248	2385	3077

附图24A.1和附图24A.2给出了双参数Weibull模型($\beta=1.13$)和对数正态模型($\sigma=1.06$)MLE故障概率图。未显示下凹的正态图。视觉检查和附表24A.2中的GoF检验结果选择双参数对数正态。对于组合批次，前两个故障不再被认为破坏早期故障，如附图24A.3的Weibull混合模型概率图所示，其中有两个子群，第一个包括前两个故障。

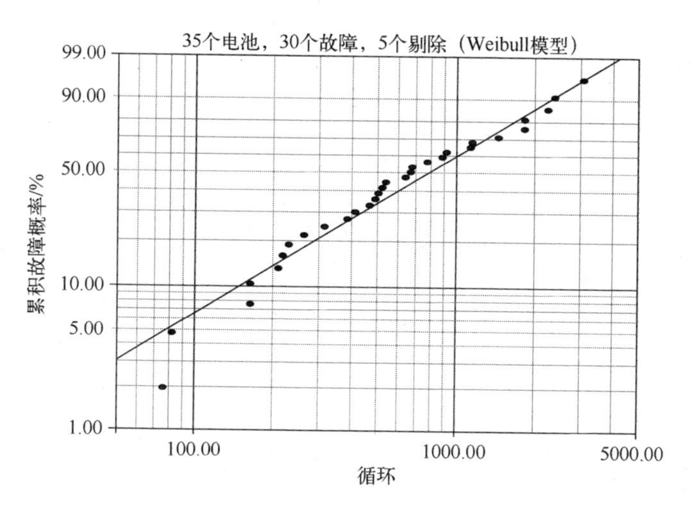

附图24A.1　30个电池故障的双参数Weibull概率图

附表24A.2　GoF检验结果(MLE)

检验方法	Weibull模型	对数正态模型
r^2(RRX)	0.9639	0.9833
Lk	−238.8936	−238.1833
mod KS/%	3.4876	0.0278
χ^2/%	0.3636	0.3184

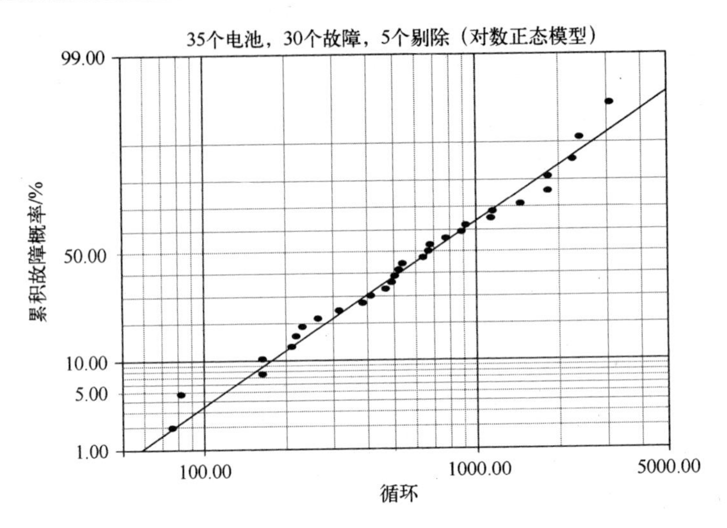

附图 24A.2 30 个电池故障的双参数对数正态概率图

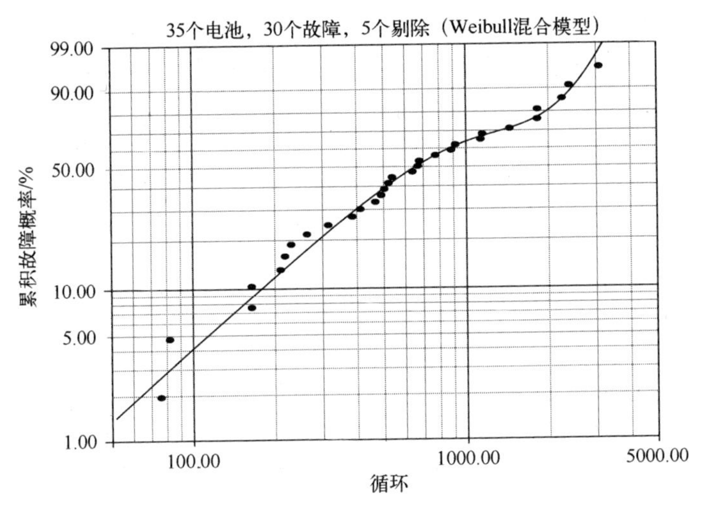

附图 24A.3 具有两个子群的 Weibull 混合模型概率图

结论:

(1) 具有 35 个电池的批次 1 和 2 的组合在统计上与具有 20 个电池的批次 2 相同。这是基于对 35 节电池的 $\beta=1.13$ 和 $\sigma=1.06$ 之间的相似性得出的,此时不剔除前两个故障;剔除前两个电池故障之前,20 个电池批次的值为 $\beta=1.19$,$\sigma=1.03$。

(2) 在一个相对较小的组件群体中,一个或两个早期故障可以看作不属于主群的异常值。早期故障异常值的存在会影响分析,并要求对其进行剔除。在相对较大的组件群体中,包括较小的组件群体,所有组件在统计学上是相同的,相同的一个或两个早期故障可能不再显示为系列外的故障,并且可能不需要进行剔除。

参考文献

[1] R. O. Ansell and J. I. Ansell, Modeling the reliability of sodium sulphur cells, *Reliab. Eng.*, 17, 127-137, 1987.

[2] M. J. Phillips, Statistical methods for reliability data analysis, in *Handbook of Reliability Engineering*, Ed. H. Pham (Springer, London, 2003), 475-492.

[3] C. -D. Lai and M. Xie, *Stochastic Ageing and Dependence for Reliability* (Springer, New York, 2006), 348-349.

[4] D. Kececioglu, *Reliability Engineering Handbook*, Volume 1 (Prentice Hall, New Jersey, 1991), 309.

[5] R. B. Abernethy, *The New Weibull Handbook*, 4th edition (Abernethy, North Palm Beach, Florida, 2000), 3-9.

[6] B. Dodson, *The Weibull Analysis Handbook*, 2nd edition (ASQ Quality Press, Milwaukee, Wisconsin, 2006), 35.

第 25 章　20 个环氧绝缘样本

固体环氧电绝缘样本在 52.5kV 电压下[1]进行了加速电压寿命试验。在测试终止时，19 次故障时间(min)和下划线剔除(暂停)时间如表 25.1 所示。虽然没有提出严谨的试验证据，但人们通常采用简单的 Weibull 概率分布来表示固体电绝缘故障的故障时间和电压的变化[2]。有人建议利用双参数 Weibull 模型，如果需要，可以利用三参数 Weibull 模型，因为无故障时间间隔是可预期的[1]。

表 25.1　环氧绝缘样本故障时间(min)

245	246	350	550	600
740	745	1010	1190	1225
1390	1458	1480	1690	1805
2450	3000	4690	6095	<u>6200</u>

25.1　分析 1

图 25.1 和图 25.2 分别显示了双参数 Weibull($\beta=1.08$)和对数正态($\sigma=0.97$)最大似然估计(MLE)故障概率图。没有给出下凹的正态(故障概率)图。目视检查显示在图 25.1 的 Weibull 图中存在阵列整体的下凹行为，正如曲线所示。在图 25.2 所示的对数正态图中，故障更加按线性排列。表 25.2 中统计的拟合优度(GoF)检验结果支持视觉检查选择的双参数对数正态模型。

表 25.2　GoF 检验结果(MLE)

检验方法	Weibull	对数正态	三参数 Weibull	Weibull 混合模型
r^2(RRX)	0.9339	0.9761	0.9647	—
Lk	-162.8887	-161.2208	-161.0771	-160.2675
mod KS/%	12.7570	0.0186	2.3592	1.25×10^{-5}
χ^2/%	2.7461	1.8370	2.6240	1.3113

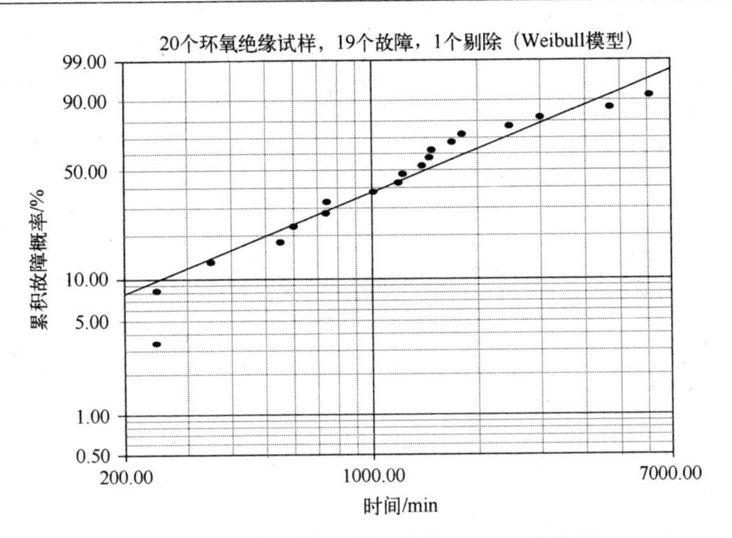

图 25.1　环氧绝缘样本双参数 Weibull 概率图

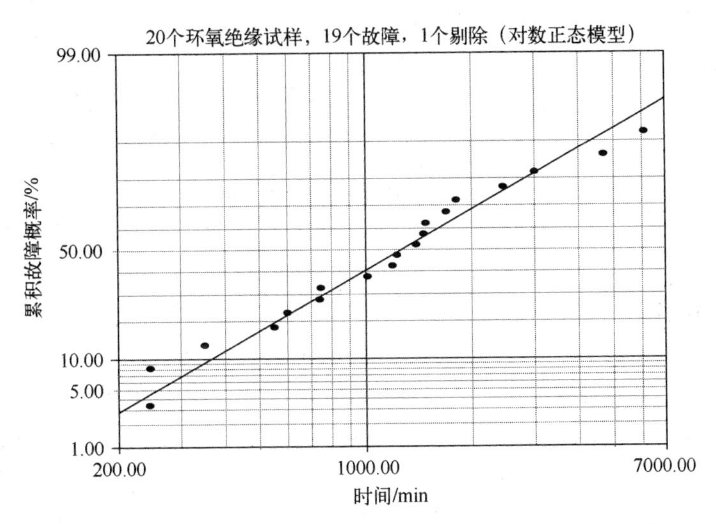

图 25.2　环氧绝缘样本双参数对数正态概率图

25.2　分析 2

不过，有一些迹象表明“启动期间通常不会发生故障”[1]。这个评论认为，第一个故障可能在该图线下方，如图 25.1 所示。为了探索故障阈值的存在，图 25.3 给出了三参数 Weibull 模型（8.5 节）故障概率图（$\beta=0.92$），绝对阈值故障时间 t_0（三参数 Weibull 模型）= 168.2min，如垂直虚线所示。相对于图 25.1 中的曲线而言,图 25.3 中只有前两个故障的位置进行了更改。目视检查在区分图 25.2 和图 25.3 所示的双参数对数正态和三参数 Weibull 分布方面并不是决定性的。表 25.2 给出的 GoF 检验结果通过 r_2检验、mod KS 检验和卡方(χ^2)检验结果显示,双参数对数正态模型优于三参数 Weibull 模型。不过,χ^2检验结果仍然是有问题的(8.10 节)。

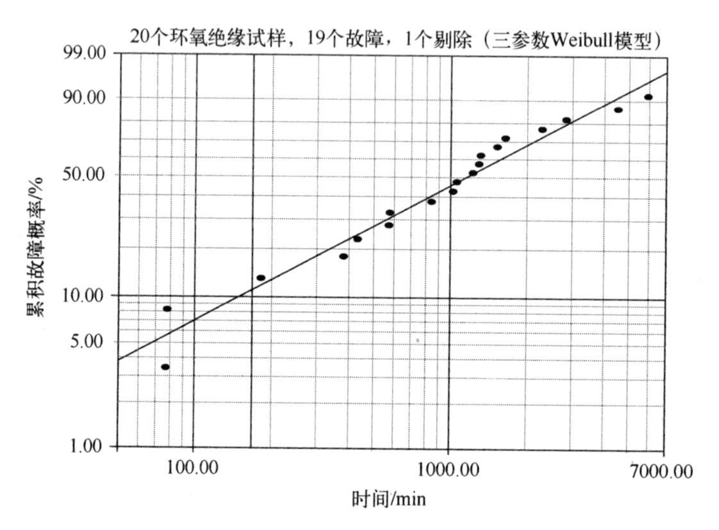

图 25.3 环氧绝缘样本三参数 Weibull 概率图

25.3 分析 3

假设利用双参数对数正态模型和三参数 Weibull 模型分析来估计在 52.5kV 下进行相同加速电压寿命试验的 100 个固体环氧绝缘样本的无故障期或安全寿命。按照第 10 章和后续章节中的步骤,可以利用图 25.4 所示的 $F=1.00\%$时,条件故障阈值为 t_{FF}(对数正态模型)= 133.4min。图 25.5 中 100 个样本中第一次故障时间是无条件故障阈值 t_{FF}(三参数 Weibull 模型)= t_0(三参数 Weibull 模型)+11.7=168.2+11.7=179.9min。双参数对数正态模型的安全寿命估计不太乐观,也就是说比较保守。当涉及更大的未选用样本大小时,估计的无故障间隔逐渐满足 t_{FF}(三参数 Weibull 模型)→t_0(三参数 Weibull 模型)。t_0(三参数 Weibulll 模型)值是绝对最低故障阈值。

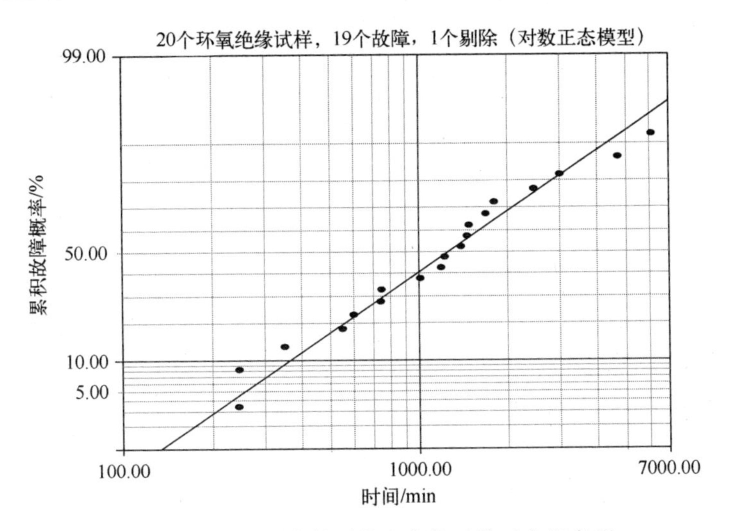

图 25.4　时间尺度扩展的双参数对数正态概率图

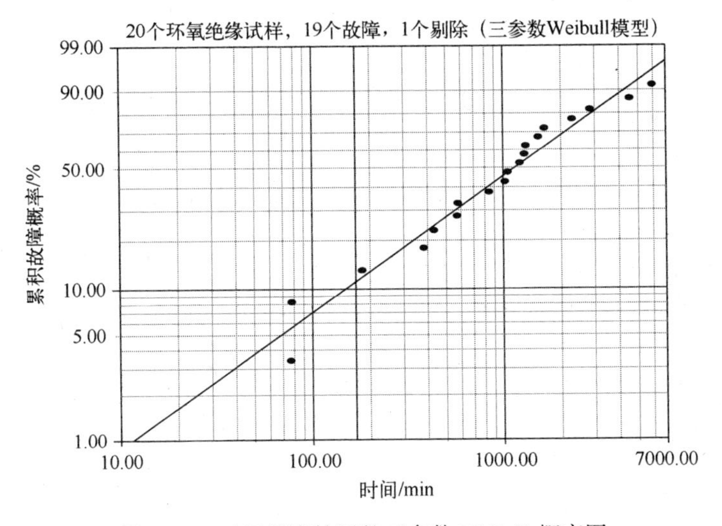

图 25.5　时间尺度扩展的三参数 Weibull 概率图

25.4　分析 4

图 25.1 中上尾部的“驼峰”引入了利用图 25.6 所示的 Weibull 混合模型(8.6 节)，其中包含 2 个子群，每个子群由双参数 Weibull 模型来描述。该表征需要 5 个独立参数。形状参数和子群分数为 $\beta_1=7.32$，$f_1=0.15$ 和 $\beta_2=1.65$，$f_2=0.85$，$f_1+f_2=1$。表 25.2 所示的 GoF 检验结果支持视觉拟合更好。

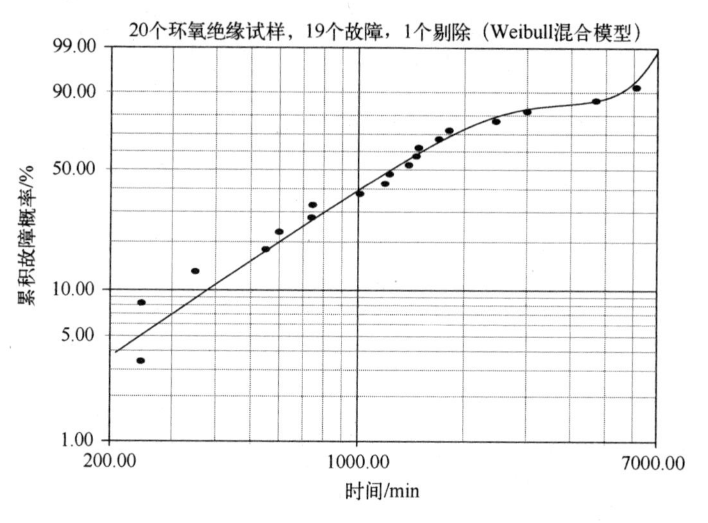

图 25.6 具有两个子群的 Weibull 混合模型概率图

25.5 结论

(1) 通过目视检查和 GoF 检验结果,双参数对数正态模型的描述优于双参数 Weibull 模型。通过划分的 GoF 检验结果,双参数对数正态模型描述优于三参数 Weibull 模型。虽然通常采用双参数 Weibull 模型来描述绝缘故障时间,但事实是,所有利用双参数 Weibull 模型来描述绝缘故障时间都不是基于物理原因。双参数对数正态故障率图如图 25.7 所示。

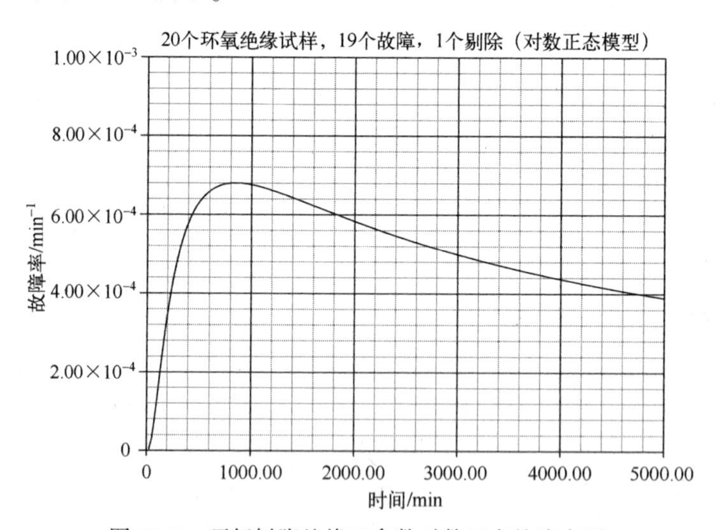

图 25.7 环氧树脂绝缘双参数对数正态故障率图

(2) 虽然可以预知无故障时间间隔[1],但是样本故障数据不受较大主群数据的影响,这些故障将支持估计的绝对故障阈值 t_0(三参数 Weibull 模型),或至少一个可比较的阈值标准。没有任何证据证明,利用三参数 Weibull 模型看起来是随意的[3,4],并且绝对故障阈值的估计可能过于乐观[4]。

(3) 无论是否有明确的说明,利用三参数 Weibull 模型的典型理由是故障机制在故障发生前都需要启动和发展时间。尽管如此,这一事实的正确性并不是在每种应用情况下都能被完全接受,在某些情况下,双参数 Weibull 故障概率图存在下凹曲率,特别是当双参数对数正态模型提供可接受的直线拟合时。

(4) 根据名义上相同的绝缘样本的未选用群体的大小,双参数对数正态模型可以提供条件故障阈值或安全寿命估计,这种估计比三参数 Weibull 模型的无条件故障阈值或安全寿命估计更保守。只有非加速群体中早期故障的威胁可以忽略不计时,这种估计才是有意义的。

(5) 尽管 Weibull 混合模型提供了对图 25.6 中故障数据优异的拟合和表 25.2 中的 GoF 检验结果,但是考虑到简单性原则,即 Occam 的简约思想,优选图 25.2 所示双参数对数正态模型给出的目视拟合。可接受的、来自双参数对数正态模型的视觉拟合仅需要 2 个参数,而稍微更好的、来自具有两个子群的 Weibull 混合模型的视觉拟合需要 5 个独立参数。可以预计,多参数模型可以提供更卓越的数据视觉拟合和 GoF 检验结果。

参考文献

[1] J. F. Lawless, *Statistical Models and Methods for Lifetime Data*, 2nd edition (Wiley, New Jersey, 2003), 335.

[2] G. C. Stone and J. F. Lawless, The application of Weibull statistics to insulation aging tests, *IEEE Trans. Electr. Insulat.*, EI-14 (5) 233-239, October 1979.

[3] R. B. Abernethy, *The New Weibull Handbook*, 4th edition (Abernethy, North Palm Beach, Florida, 2000), 3-9.

[4] B. Dodson, *The Weibull Analysis Handbook*, 2nd edition (ASQ Quality Press, Milwaukee, Wisconsin, 2006), 35.

第 26 章　20 辆电动汽车

表 26.1 列出了在大型制造设施中运输和用于内部运输的 20 台小型电动车的故障时间。时间从 0.9 月到 4.4 年不等。初始分析采用三参数 Burr XII 模型,得出的结果与双参数 Weibull 模型和对数正态模型相比,效果一样好[1]。

表 26.1　电动车故障时间(月)

0.9	1.5	2.3	3.2	3.9
5.0	6.2	7.5	8.3	10.4
11.1	12.6	15.0	16.3	19.3
22.6	24.8	31.5	38.1	53.0

26.1　分析 1

双参数 Weibull 模型($\beta = 1.11$)和对数正态模型($\sigma = 1.09$)极大似然估计(MLE)故障概率图分别如图 26.1 和图 26.2 所示。没有给出下凹的正态曲线。Weibull 数据在整个过程中呈现出部分下凹的现象,特别是图 26.1 中的曲线尾部。

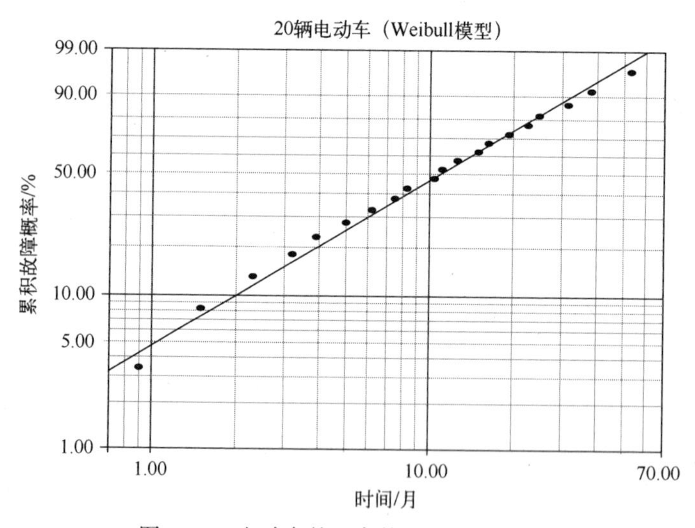

图 26.1　电动车的双参数 Weibull 概率图

图 26.2 的对数正态图中的数据在整个数组中显著向上凹,表示 Weibull 模型拟合更好。通过视觉和表 26.2 所示的统计度(GoF)检验结果表明,双参数 Weibull 模型优于双参数对数正态模型,除了χ^2检验结果常有误导。图 26.3 给出了亚线性增加的双参数 Weibull 模型故障率图。

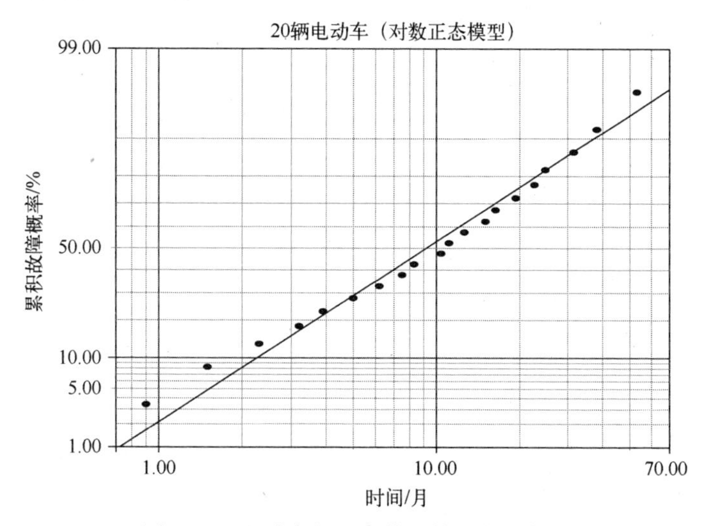

图 26.2　电动车的双参数对数正态概率图

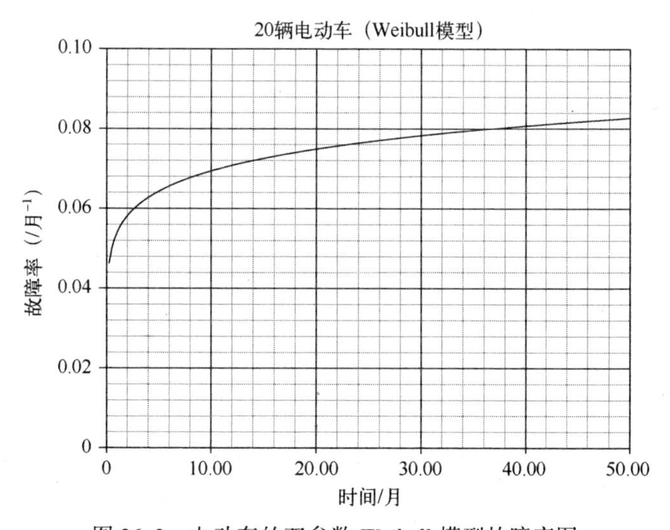

图 26.3　电动车的双参数 Weibull 模型故障率图

26.2　分析 2

图 26.1 所示的初始下凹现象表明,存在故障阈值是利用三参数 Weibull 模型

(8.5节)来减轻下尾部曲率的原因。图26.4中显示了三参数Weibull模型($\beta=1.03$)极大似然估计故障概率图。估计的绝对阈值故障时间$t_0=0.49\approx0.5$月(三参数Weibull模型),由垂直虚线突出显示。不过,图26.4所示的下尾部数据与图线的偏差表明,利用三参数Weibull模型是不合理的[3]。

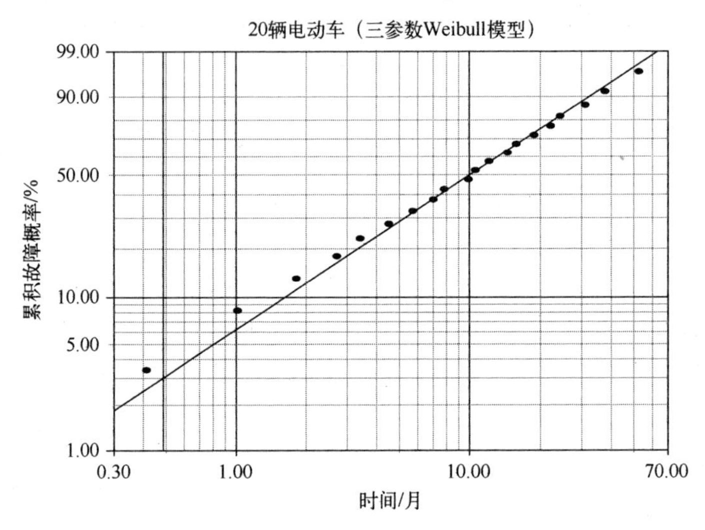

图26.4 电动车的三参数Weibull概率图

表26.2所列的GoF检验结果表明,除了常见异常χ^2检验结果(8.10节)优选对数正态模型外,其他三个检验中的两个测试都选择三参数Weibull模型优于双参数Weibull模型。三参数Weibull模型形状参数$\beta=1.03\approx1.00$,表26.2所列的结果看起来优选双参数指数模型,该模型与具有形状因子$\beta\approx1.00$的三参数Weibull模型相当。

表26.2 GoF检验结果(MLE)

检验方法	Weibull模型	对数正态模型	三参数Weibull模型	指数分布模型
r^2	0.9934	0.9821	0.9992	—
Lk	-73.5528	-73.9995	-73.0338	-73.7229
mod KS检验	10^{-10}	7.78×10^{-3}	9.91×10^{-8}	10^{-10}
χ^2/%	1.0649	1.0206	1.2062	5.1894

鉴于故障时间的跨度和指数模型的适用合理性,绝对故障时间阈值的估计值t_0(三参数Weibull模型)≈0.5月可以解释为$t=0.9$月之前的任何时间,也就是第一次故障的记录时间。因此,考虑到相对较小的样本量,绝对故障阈值t_0(三参数Weibull模型)≈0.5月的估计值是不可信的。三参数Weibull模型的大致恒定故障率图如图26.5所示,预测的绝对阈值时间为t_0(三参数Weibull模型)≈0.5月。

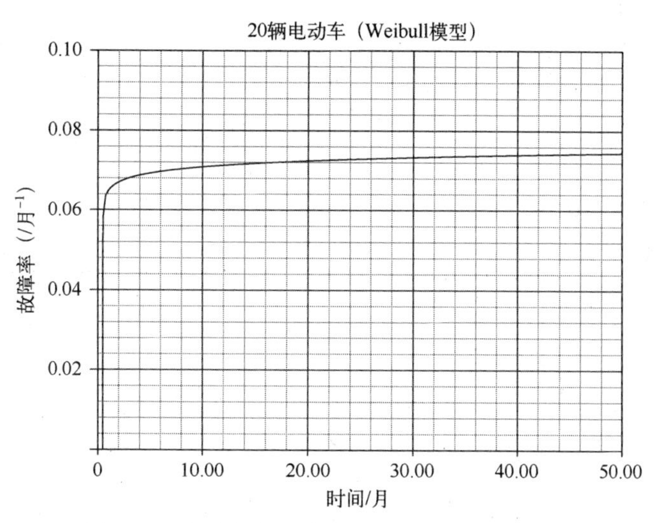

图 26.5　电动车的三参数 Weibull 模型故障率图

26.3　分析 3

Weibull 模型形状因子 $\beta=1.11$ 表明，试验数据可能与 $\beta=1.00$ 的指数分布相一致。如果是这样，那么，随之发生的故障可能是与电动车的内在可靠性无关的外部事件引起的随机发生的意外事件有关。图 26.6 显示了形状因子固定为 $\beta=1.00$ 的双参数 Weibull 模型极大似然估计故障概率图，这相当于单参数指数模型。除了前三个故障之外，指数模型使数据很好地与直线拟合。表 26.2 所列的指数模型的 GoF 检

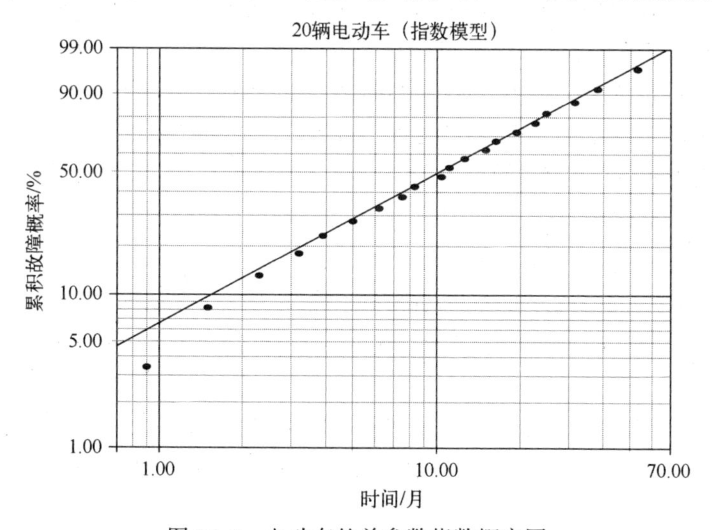

图 26.6　电动车的单参数指数概率图

验得到的结果与双参数 Weibull 模型的结果相当,除了χ^2检验结果常有误导(8.10节)。指数模型的故障率图如图 26.7 所示。

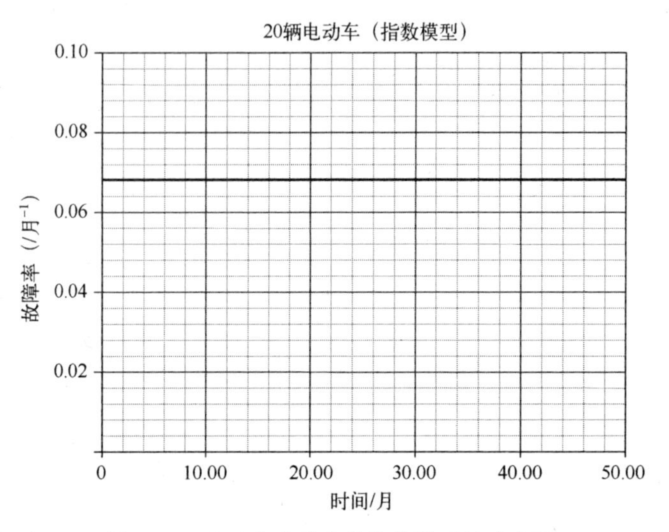

图 26.7 电动车的单参数指数模型故障率图

26.4 结论

(1) 单参数指数是选择的模型。可以得出一个结论:故障最好由一个或两个或两种方式组合的恒定故障率描述(第 5 章)。

① 这些故障可以由意外的外部事件引发。这种随机事件可能在任何时间间隔内以相等概率发生,而与工作时间无关。

② 故障部件被更换或修理的车辆存在"分散的磨损状态"[4]。即使任何单个组件的故障可能受 Weibull 或对数正态统计的限制,组合件、一些原始的和一些新的或修复的替换件现在具有不同的工作寿命,都将在工作寿命任何间隔内发生同样的故障,结果是与时间无关的故障率。一旦恒定故障率稳定下来,车中的各个替换部件随机进入服务状态,结果将随机发生故障。

(2) 由于以下原因,三参数 Weibull 模型被拒绝。

① 图 26.4 所示下尾部曲线的故障偏差表明,利用三参数 Weibull 模型可能不合适[3]。

② 在没有试验证据证明三参数 Weibull 模型的情况下,其应用被认为是随意且不合理的[5,6],特别是由于单参数指数和双参数 Weibull 模型可以提供可接受的描述。

③ 形状参数 $\beta = 1.03 \approx 1.00$ 的三参数 Weibull 模型支持选择双参数指数模型。

图 26.4 所示的相关故障率图显得不可信。在绝对阈值以上的故障率近似恒定的情况下,可以预期低于估计的绝对阈值的故障。考虑到样本量,估计的绝对故障阈值是不可信的,这可能过于乐观[6]。

④ 通过 Occam 剃刀理论,单参数指数模型提供的较好的物理可接受拟合比通过双参数模型和三参数 Weibull 模型提供的拟合更好。

参考文献

[1] W. Zimmer, J. B. Keats, and F. K. Wang, The Burr XII distribution in reliability analysis, J. Qual. Technol., 30(4), 386-394, 1998.

[2] C.-D. Lai and M. Xie, Stochastic Ageing and Dependence for Reliability (Springer, New York, 2006), 348-349.

[3] D. Kececioglu, Reliability Engineering Handbook, Volume 1 (Prentice Hall, New Jersey, 1991), 309.

[4] D. J. Davis, An analysis of some failure data, J. Am. Stat. Assoc., 47 (258), 113-150, June 1952.

[5] R. B. Abernethy, The New Weibull Handbook, 4th edition (Abernethy, North Palm Beach, Florida, 2000), 3-9.

[6] B. Dodson, The Weibull Analysis Handbook, 2nd edition (ASQ Quality Press, Milwaukee, Wisconsin, 2006), 35.

第 27 章　20 组电线和捆扎绳

表 27.1 和表 27.2 分别给出了 10 组电线和 10 组捆扎绳的拉力断裂强度 (mg)[1]。电线的一端接到半导体晶片,另一端接到电极上。故障是由于电线或捆扎绳的破损造成的。双参数正态模型给出了组合强度的可接受描述[1]。

表 27.1　10 组电线的断裂强度(mg)

750	950	1150	1150	1150
1350	1450	1550	1550	1850

表 27.2　10 组捆扎绳的断裂强度(mg)

550	950	1150	1150	1250
1250	1450	1450	1550	2050

27.1　分析 1

拉伸强度的重叠表明组合群体的特点[1]。图 27.1 至图 27.3 分别给出了双参数 Weibull 模型(β=4.11)、对数正态模型(σ=0.29)和正态模型的极大似然估计(MLE)故障概率图。拉伸强度的重复在图中产生聚集。目视检查不能明确区分 Weibull 模型和正态模型。对数正态分布与图线不太一致,有上凹特征。表 27.3 中的统计学特性(GoF)检验结果显示,在所有四个测试中,正态模型略微优于 Weibull 模型。GoF 检验结果比较相似,这是因为如果 Weibull 形状参数在 $3.0 \leq \beta \leq 4.0$ 的范围内,则正态分布的数据可以利用 Weibull 模型来描述,反之亦然(8.7.1 节)。

表 27.3　GoF 检验结果(MLE)

检验方法	Weibull 模型	对数正态模型	正态模型
r^2	0.9616	0.9178	0.9624
Lk	-145.2166	-146.2579	-145.1015
mod KS/%	7.5041	46.5534	6.7835
χ^2/%	1.6049	2.9438	1.3132

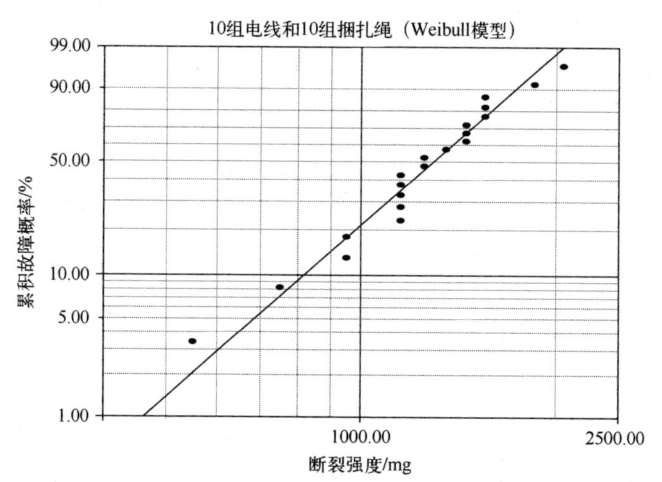

图 27.1 20组电线和绳故障的双参数 Weibull 故障概率图

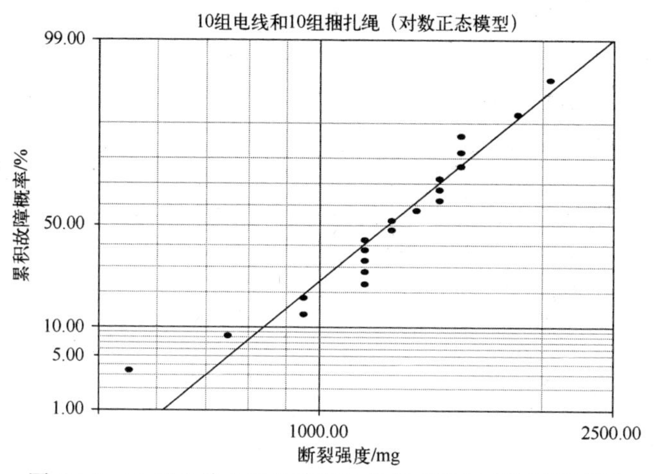

图 27.2 20组电线和绳故障的双参数对数正态故障概率图

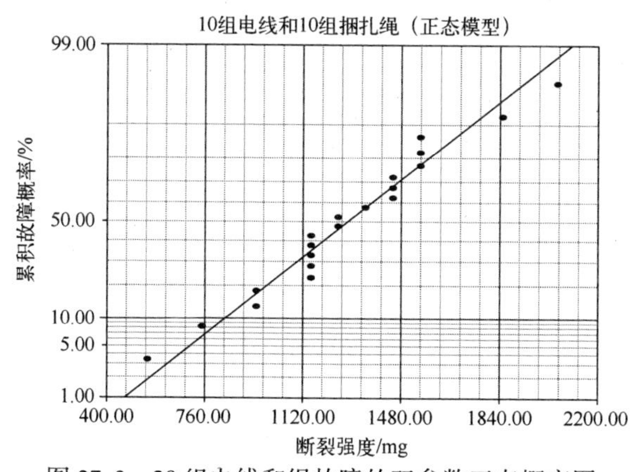

图 27.3 20组电线和绳故障的双参数正态概率图

27.2 分析 2

研究的具体目标是验证不少于99%的试验群体的拉伸强度大于或等于500mg,即断裂强度不大于500mg应占总群体的1%。断裂强度和故障分数见表27.4。两个模型都不满足预期目标。

表 27.4 强度和故障分数

模型	F/%	强度/mg
正态模型	1.00	468
Weibull 模型	1.00	462
正态模型	1.27	500
Weibull 模型	1.39	500

正态模型和Weibull模型故障率图分别如图27.4和图27.5所示。故障率曲线从0~1600mg基本上相同。此后,Weibull故障率增长更快。

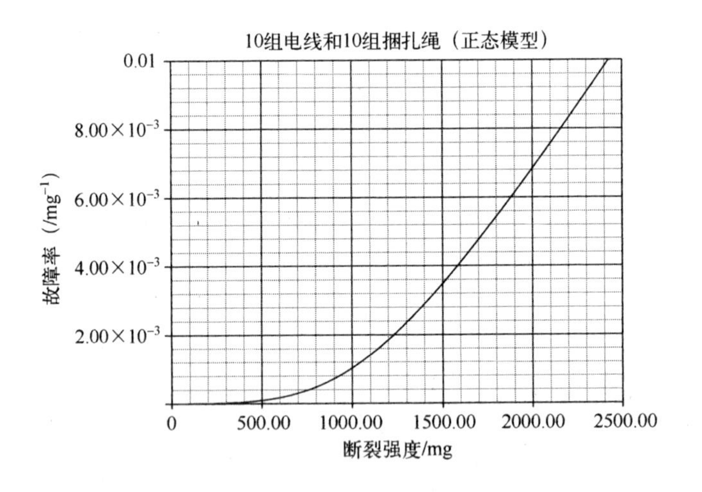

图 27.4 20组电线和捆扎绳故障的双参数正态故障率图

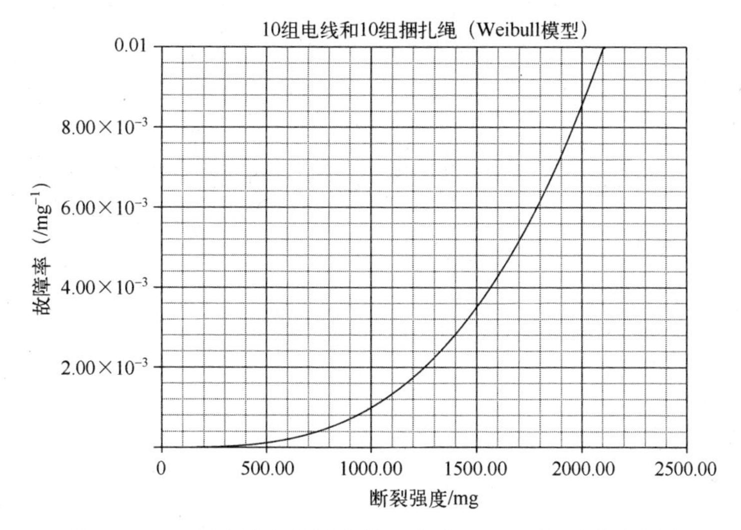

图 27.5　20 组电线和绳故障的双参数 Weibull 模型故障率图

27.3　结论

（1）基于表 27.3 中部分 GoF 检验结果，双参数正态模型优于 Weibull 模型。当 Weibull 形状参数 β 位于 $3.0 \leqslant \beta \leqslant 4.0$ 的范围内时，在 GoF 检验结果中出现相似情况，因为 Weibull 模型可正确描述正态分布数据，反之亦然（8.7.1 节）。目视检查对选择偏好没有帮助。

（2）如表 27.4 所列，正态模型比 Weibull 模型更接近试验目标。

（3）支持选择正态模型描述可能与电线制造的成熟度和接合过程有关，这使得电线和断裂强度能够匹配到相当窄的尺寸范围内。

（4）Weibull 模型可以提供超过 1600mg 的更保守的预测这一事实对于初始目标来说并不重要，因为不必担心断裂强度太大。

参考文献

[1]　W. Nelson, Applied Data Analysis (Wiley, New York, 1982), 349.

第 28 章　20 个电绝缘样本

表 28.1 给出了 20 个 2 型电绝缘样本的击穿电压(kV/mm)。经验表明,故障电压可以通过双参数 Weibull 模型来充分描述。不过,比较分析显示,双参数 Weibull 模型和对数正态模型对数据的描述是一致的。

表 28.1　击穿电压(kV/mm)

39.4	45.3	49.2	49.4	51.3
52.0	53.2	53.2	54.9	55.5
57.1	57.2	57.5	59.2	61.0
62.4	63.8	64.3	67.3	67.7

28.1　分析 1

图 28.1 至图 28.3 分别描述了双参数 Weibull 模型($\beta=9.14$)、对数正态模型($\sigma=0.14$)和正态模型的极大似然估计(MLE)故障概率图。图中的 Weibull 数据可以很好地用直线拟合,尽管直线的大部分呈下凹曲率。虽然对数正态和正态图中的数据总体上不太符合图线,但是两个图中的数据与大部分数组中的图线相似(8.7.2 节)。目视检查支持选择 Weibull 模型,这与电介质击穿特征和经验是一致的。

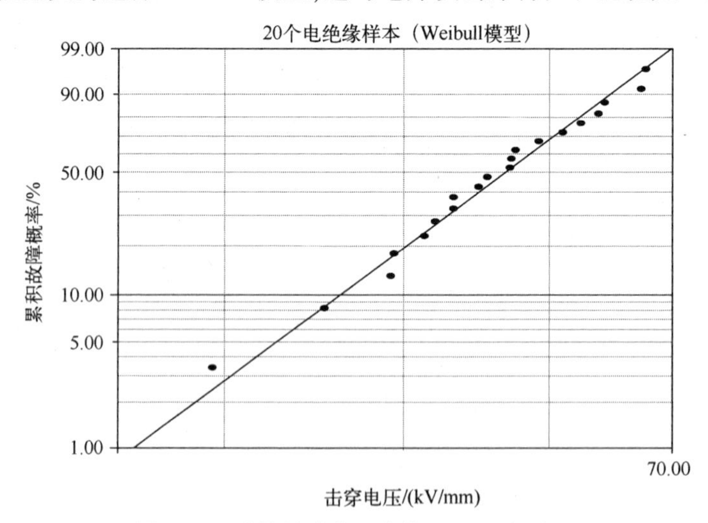

图 28.1　绝缘故障的双参数 Weibull 概率图

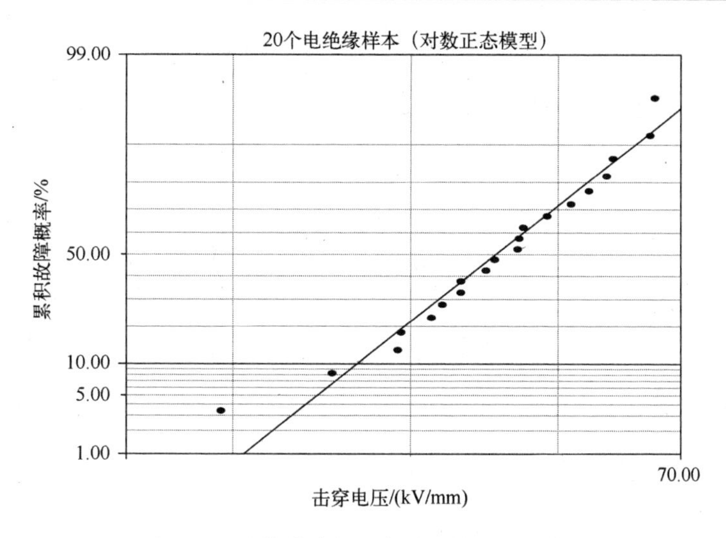

图 28.2　绝缘故障的双参数对数正态概率图

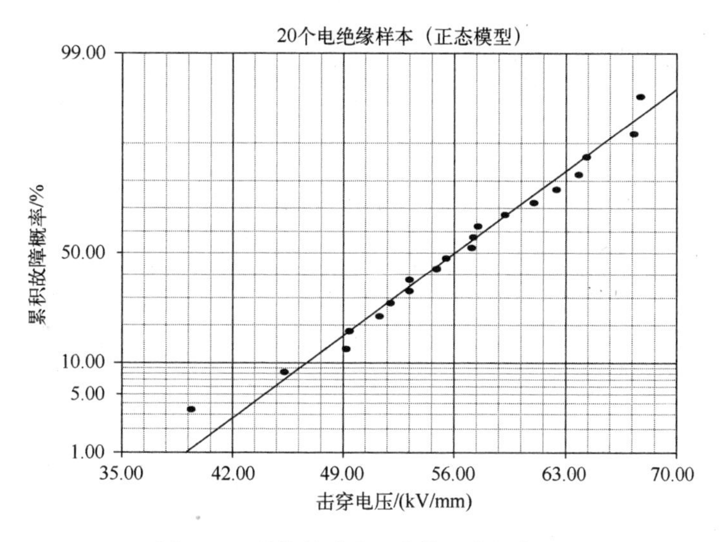

图 28.3　绝缘故障的双参数正态概率图

不过表 28.2 所列的统计 GoF 检验结果表明,因为曲线的大部分是下凹的,所以目视检查支持选择图 28.1 所示的 Weibull 表征可能是不成熟的。例如,尽管 r^2 检验和极大对数似然估计(Lk)检验都选择 Weibull 模型优于正态模型,但是在 mod KS 检验结果中,正态模型比 Weibull 模型准确 10^7 个数量级,使 χ^2 检验结果的决定性作用打了折扣(8.10 节)。

表 28.2　GoF 检验结果(MLE)

检 验 方 法	Weibull 模型	对数正态模型	正态模型
r^2	0.9857	0.9571	0.9799
Lk	-67.4241	-68.2293	-67.6030
mod KS/%	1.62×10^{-1}	1.54×10^{-5}	8.20×10^{-9}
χ^2/%	1.2417	1.4480	0.9296

28.2　分析 2

图 28.1 至图 28.3 中每张图的第一次故障都位于图线之上,可以认为早期故障掩盖了图 28.1 所示的主阵列中的下凹现象。剔除第一次故障后,图 28.4 至图 28.6 给出了双参数 Weibull 模型(β=10.14)、对数正态模型(σ=0.11)和正态模型极大似然估计故障概率图。

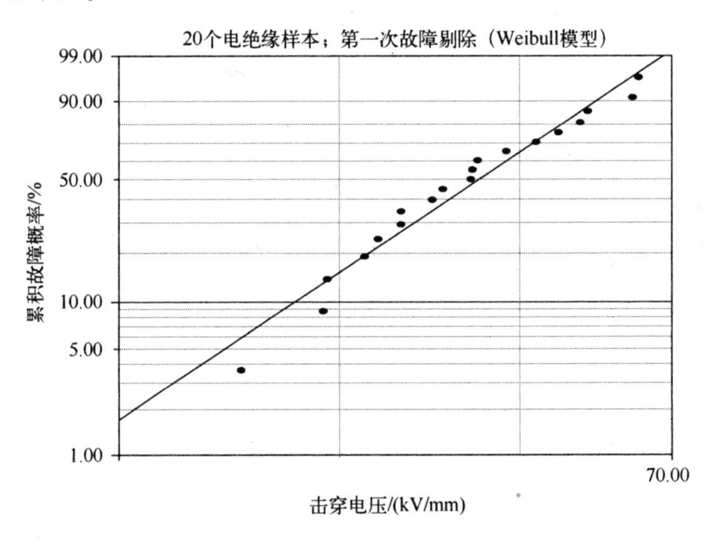

图 28.4　剔除第一次故障的双参数 Weibull 概率图

Weibull 分布是整体下凹的,而对数正态分布和正态分布阵列与图线拟合良好。如果对数正态形状参数 σ 满足 $\sigma\leqslant0.2$,则对数正态和正态模型可以提供足够的故障数据描述(8.7.2 节)。目视检查不能充分区分对数正态和正态描述。GoF 检验结果支持选择对数正态模型。除了 χ^2 检验结果(8.10 节)外,对数正态模型和正态模型提供的描述优于 Weibull 模型。

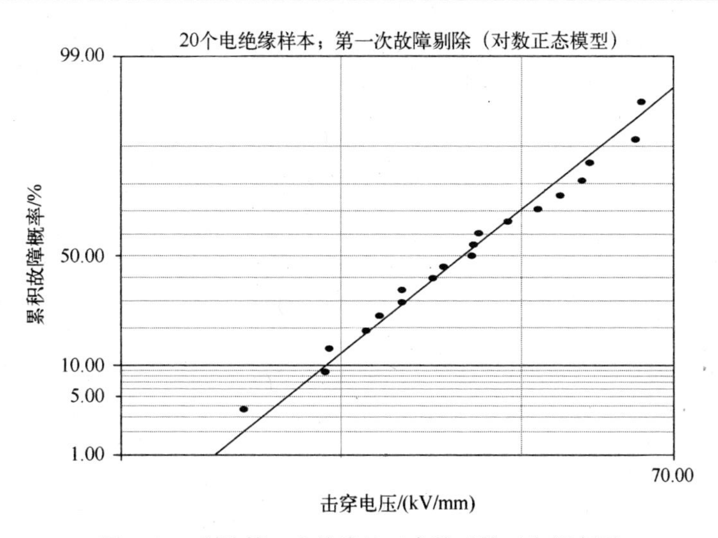

图 28.5　剔除第一次故障的双参数对数正态概率图

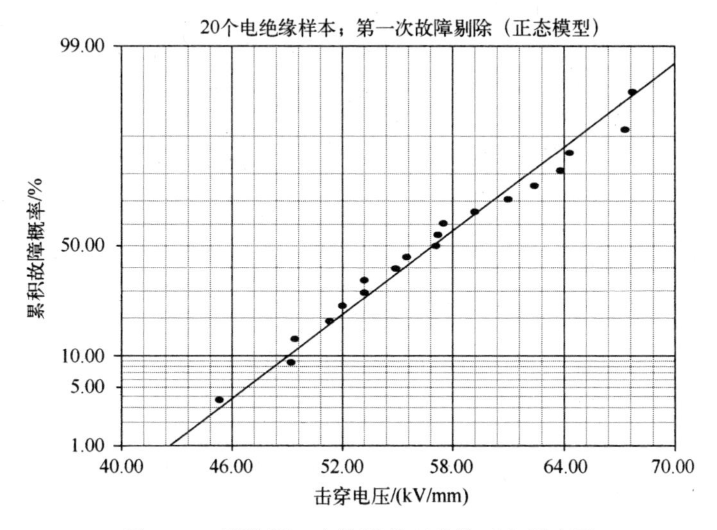

图 28.6　剔除第一次故障的双参数正态概率图

28.3　分析 3

在图 28.4 中，剔除第一次故障数据后，可以利用三参数 Weibull 模型（8.5 节）来缓解下凹曲率。如图 28.7 所示，三参数 Weibull 模型（$\beta = 3.33$）极大似然估计故障概率图（圆）可以用直线拟合，而双参数 Weibull 图（三角形）用曲线拟合。如垂直虚线所示，绝对阈值故障电压为 $t_0 = 38.5\text{kV/mm}$（三参数 Weibull 模型）。通过从如

表 28.1 所列的第一个未剔除的故障 45.3kV/mm 中减去 t_0(三参数 Weibull 模型)= 38.5kV/mm,可以得到图 28.7 所示的三参数 Weibull 分布中的第一个故障值,为 6.8kV/mm。注意,在 39.4kV/mm 处剔除的故障高于绝对阈值 t_0 = 38.5kV/mm(三参数 Weibull 模型),虽然没有远远大于绝对阈值故障电压。

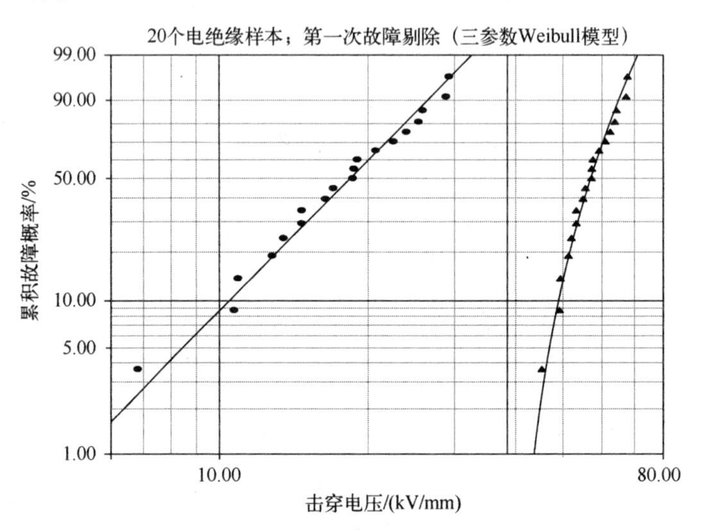

图 28.7 剔除第一次故障的三参数 Weibull 概率图

目视检查在双参数对数正态模型、正态模型和三参数 Weibull 模型描述的选择中没有帮助。表 28.3 中包含的 GoF 检验结果是接近的、独立的,且对于三参数 Weibull 模型的选择不是很有说服力。

表 28.3 剔除第一次故障的 GoF 检验结果(MLE)

检验方法	Weibull 模型	对数正态模型	正态模型	三参数 Weibull 模型
r^2	0.9614	0.9864	0.9853	0.9872
Lk	-62.0610	-61.4474	-61.4770	-61.2502
mod KS/%	3.1825	5.54×10^{-5}	7.90×10^{-3}	1.14×10^{-3}
χ^2/%	0.9493	0.9757	1.3770	0.9440

28.4 分析 4

模型的选择可以通过故障率图的比较来确定,图 28.8 至图 28.10 中分别显示了双参数对数正态模型、正态模型和三参数 Weibull 模型故障率图。在击穿电压的范围内,它们非常相似,因此在模型选择中不具有决定性。

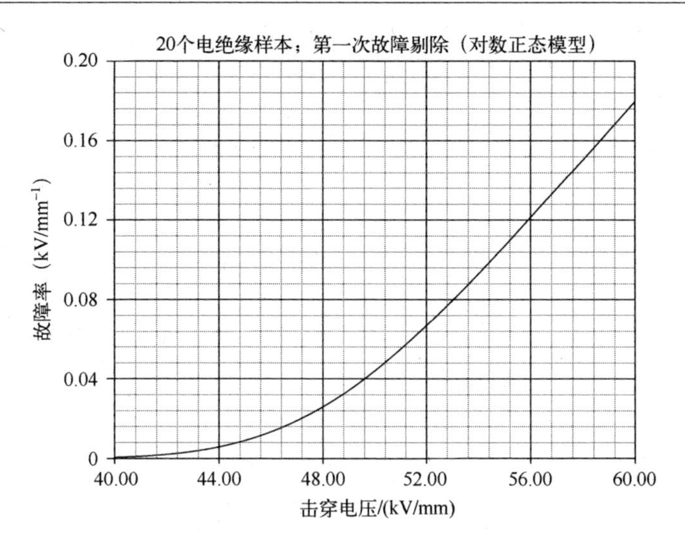

图 28.8　剔除第一次故障数据的双参数对数正态故障率图

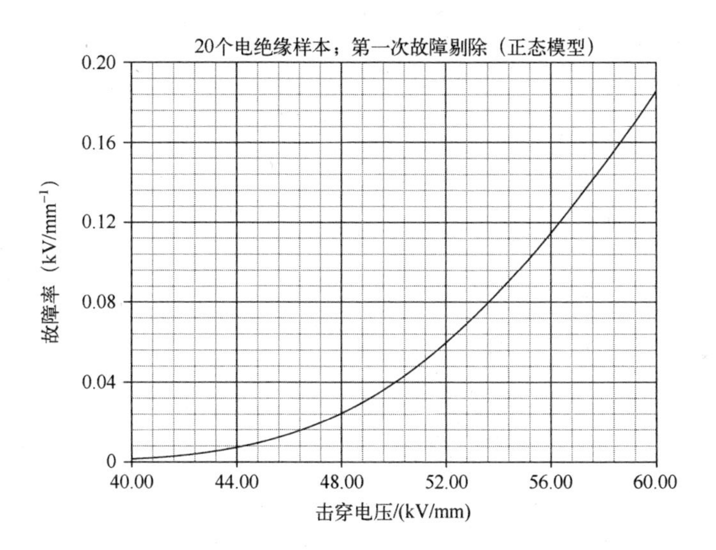

图 28.9　剔除第一次故障数据的双参数正态故障率图

三个模型描述之间的相似性是双重巧合的结果。剔除第一次故障数据，对数正态模型的形状参数为 $\sigma=0.11$，满足 $\sigma\leqslant0.2$ 的条件。对于故障数据，对数正态模型和正态模型可以提供足够可比的描述（8.7.2 节）。剔除第一次故障数据后，三参数 Weibull 模型的形状参数为 $\beta=3.33$，满足 $3.0\leqslant\beta\leqslant4.0$。对于故障数据，Weibull 模型和正态模型可以提供足够可比的描述（8.7.1 节）。

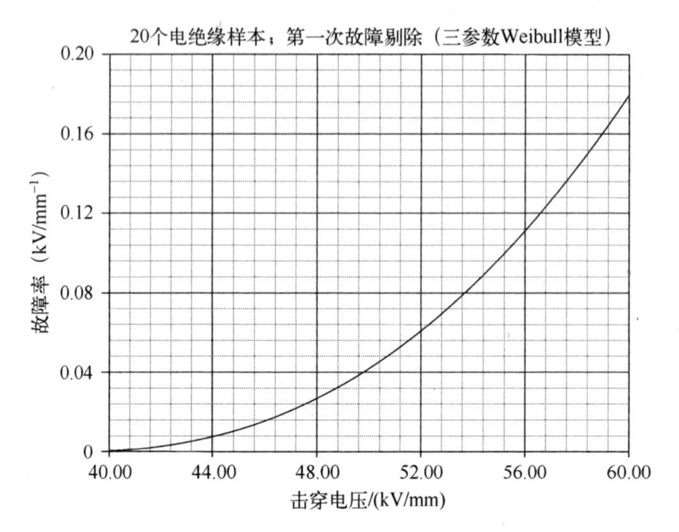

图 28.10 剔除第一次故障数据的三参数 Weibull 故障率图

28.5 结论

(1) 通过对未剔除数据进行分析不能明确选择出双参数 Weibull 模型,主要是因为第一次故障位于被视为掩盖了大量数据阵列中的下凹曲率处。

(2) 一个重要的目标(8.2 节)是找到双参数模型,得出样本群体中故障数据的最佳描述,以便在较大的未选用的主群中预测第一次故障时间。如果样本故障数据被早期故障率影响(8.4.2 节),那么为了预测,应该对早期故障型数据进行剔除,以便于对均匀的主群进行表征(8.12 节)。

(3) 剔除图 28.1 至图 28.3 中曲线上方的早期故障,可以消除图 28.1 所示的 Weibull 图的下凹现象,如图 28.4 所示。目视检查结果可以选择图 28.5 或图 28.6 所示的双参数对数正态模型或正态模型。

(4) 图 28.7 中剔除数据的三参数 Weibull 模型描述表明,根据视觉检查和 GoF 检验结果,该描述与双参数对数正态模型和正态模型的描述相当。三个故障率图的相似性证实,三个模型中的任何一个都是可被接受的选择。

(5) 三个模型描述之间的相似性是双重巧合的结果。剔除第一次故障数据,对数正态模型的形状参数为 $\sigma=0.11$,满足 $\sigma\leqslant0.2$ 的条件。对于故障数据,对数正态模型和正态模型可以提供足够可比的描述(8.7.2 节)。剔除第一次故障数据后,三参数 Weibull 模型的形状参数为 $\beta=3.33$,满足 $3.0\leqslant\beta\leqslant4.0$。对于故障数据,Weibull 模型和正态模型可以提供足够可比的描述(8.7.1 节)。

(6) 在没有试验证据证明三参数 Weibull 模型是合理的应用情况下,其应用被认为是随意的[3,4]，并且可能导致对故障绝对阈值的估计过于乐观[4]。可以把其应用看作是 Weibull 模型描述的一种尝试。

（7）估计的绝对故障阈值 $t_0=38.5$kV/mm（三参数 Weibull 模型），与表 28.1 中的剔除故障的 39.4kV/mm 相比过于接近，以至于不能为其他类似未选用群体提供可信的预测。

（8）利用三参数 Weibull 模型的典型理由是，无论是否明确说明，故障机制在故障发生前都需要启动和发展时间。不过，这一事实的正确性并不掩盖允许双参数 Weibull 故障概率图中存在下凹曲率的每种情况的应用，特别是鉴于相反的证据，如双参数对数正态模型和正态模型能够提供足够的直线拟合。

（9）利用 Occam 剃刀理论，通过剔除需要三个参数而不是两个参数的模型来区分模型描述。因此，对数正态模型或正态模型将提供可接受的双参数模型描述。

（10）基于表 28.3 中的 GoF 检验结果，对早期故障数据进行剔除，双参数对数正态模型是较好的选择。

参考文献

[1] J. F. Lawless, Statistical Models and Methods for Lifetime Data, 2nd edition (Wiley, New Jersey, 2003), 240-242.

[2] G. C. Stone and J. F. Lawless, The application of Weibull statistics to insulation aging tests, IEEE Trans. Electr. Insul., EI-14(5), 233-239, October 1979.

[3] R. B. Abernethy, The New Weibull Handbook, 4th edition (Abernethy, North Palm Beach, Florida, 2000), 3-9.

[4] B. Dodson, The Weibull Analysis Handbook, 2nd edition (ASQ Quality Press, Milwaukee, Wisconsin, 2006), 35.

第29章　23个深沟球轴承

表29.1中的数据表示供应商B在样本板中列出的23个球轴承的数百万次故障循环。在40年的时间间隔内，对这些数据进行了分析，以确定几个寿命模型的统计学特性(GoF)，特别是Weibull模型和对数正态模型。

表29.1　百万次故障循环

17.88	45.60	55.56	84.12	127.92
28.92	48.48	67.80	93.12	128.04
33.00	51.48	68.64	98.64	173.40
41.52	51.96	68.64	105.12	
42.12	54.12	68.88	105.84	

29.1　分析前综述

极大似然率和假设检验的比例显示，在20%和10%的显著水平上，接受双参数对数正态模型[2]；在5%或1%的显著水平上，拒绝双参数Weibull模型和对数正态模型[2]。采用相同的方法，可以得出结论：数据更支持对数正态模型[3]。通过目视检查，发现Weibull模型和对数正态模型的概率图描述是一致的[3]。从极大似然比检验中可以得出结论：有12种不同的分布可以用来充分描述原始数据[4]。

接受对数正态模型优于Weibull模型的原因如下：①数据的对数正态概率图比Weibull图线的线性排列更好；②对数正态模型的极大对数似然估计值(Lk)比Weibull模型好[5]。不管这些观测是什么，都可以得出结论[2]，因为各模型在5%的显著水平上没有任何区别，因此不能在统计学上找到任何可接受的模型。极大似然估计(MLE)概率图不能决定Weibull模型、对数正态模型和Gamma分布的选择[6]。

在Weibull概率图中拟合的直线周围的曲率有利于接受对数正态模型和Gamma模型，但对于区分后两者的概率图并没有帮助[7]。为了确定“安全寿命”，尽管成本增加，但Weibull模型将是最保守的选择[7]。Weibull模型和对数正态概率图都给出了足够的直线拟合[8]。还有人指出,样本表[1]表明存在几种故障,其结合小样本量可能解决不了建模问题[8]。因此,可以选择混合模型。

表29.1中的数据也显示,三参数Weibull模型在消除或减轻双参数Weibull图中的下凹曲率的有效性[9]。图中,剔除1788万次循环的首次故障。对于剩余的22个轴承,利用绝对故障阈值t_0(三参数Weibull模型)=24.06百万次,基本上可以消除双参数Weibull概率图中的下凹现象[9]。有人认为,引入一个循环故障阈值低于此阈值时,预测不会发生故障,因为故障需要很多循环才能发生[9]。但是应该指出的是,“保证无故障间隔(前2200万转)”内故障概率为零[9],实际上在1788万循环时发生故障而不再成立,此时为了说明而进行了剔除。双参数对数正态模型将是一个更好的选择,它减少了一个模型参数,并能够对剔除数据进行很好的拟合[9]。

原始表格[1]中实际列出了25个球轴承,再次检查显示,只有19个发生故障,而不是23个发生故障,有6个值被剔除了[10]。分析得出,具有19个故障的对数正态概率图比Weibull图的线性更好[10]。还有人建议,因为样本表[1]显示存在多于一种故障类型[10],因此可以利用具有两条直线段的混合模型来解释Weibull曲线中的曲率。在随后的23次故障重新检查[11]中,即使被引用,再次观察的故障概率图显示,对数正态模型比Weibull模型提供的数据拟合更好,但GoF检验结果并没有根据先前的研究[3]拒绝Weibull模型。

在所有的分析中,有人特别指出,或通过推断,样本量不足以得出令人满意的结论[2-11]。因为存在多种故障模式,所以可以认为在Weibull模型和对数正态模型之间做出可靠的选择可能不是最好的方法[8,10]。“不过,出现的问题足够有趣,缺乏实际数据是一个重要的、有用的教学实践”[10]。以下的分析就是基于这种思想。

29.2　分析1

表29.1给出了待分析的数据。图29.1至图29.3分别给出了双参数Weibull模型(β=2.10)、对数正态模型(σ=0.53)和正态模型的极大似然估计故障概率图。剔除图29.1中的第一个故障,Weibull图呈下凹状,在23个故障的小样本中很明显。图29.2中的对数正态图对数据进行了线性拟合,剔除了第一个故障值。图29.3中的正态模型图呈下凹状。曲线中的“驼峰状”是由于球轴承的故障聚集在50~70万个循环的范围内,如表29.1所列。通过目视检查和表29.2所列的GoF检验结果来看,双参数对数正态模型比双参数Weibull模型更好。从χ^2检验的结果(8.10节)来看,优选正态模型。

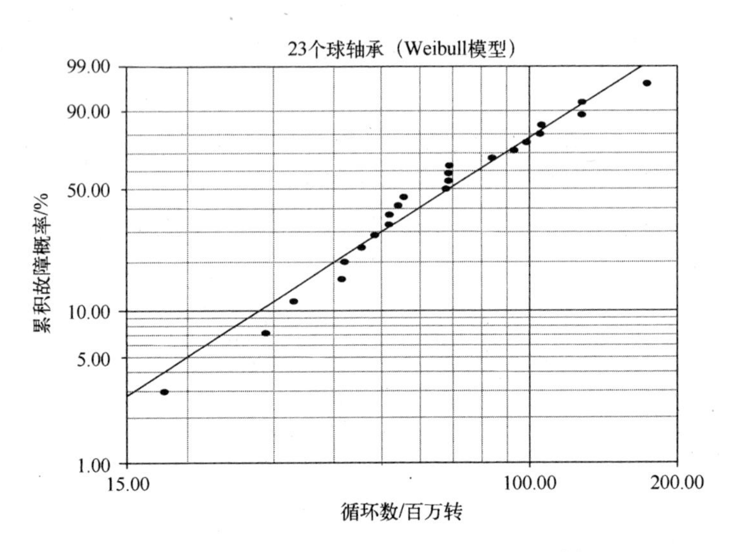

图 29.1　23 个球轴承的双参数 Weibull 概率图

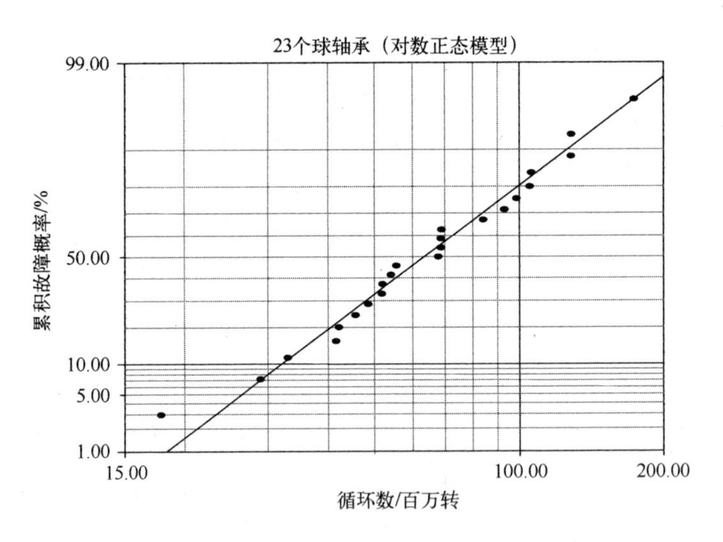

图 29.2　23 个球轴承的双参数对数正态概率图

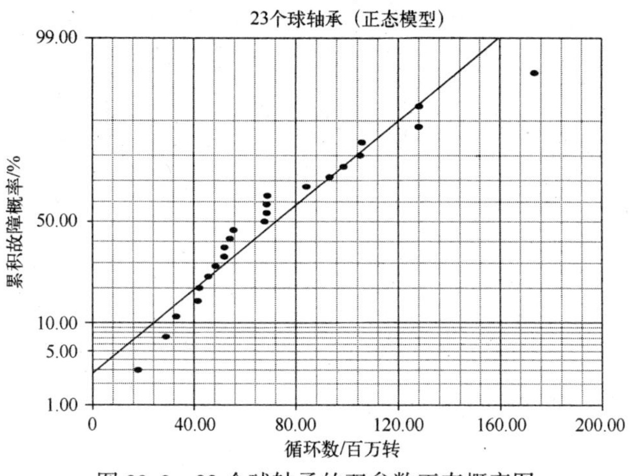

图 29.3 23 个球轴承的双参数正态概率图

29.3 分析 2

图 29.1 中尾部下凹的减弱显示于图 29.4 所示的三参数 Weibull 模型(8.5 节)的极大似然估计故障概率图中(β=1.90)。如垂直虚线所示,绝对故障阈值为 t_0(三参数 Weibull 模型)=658 万次。通过从 1788 万次循环中减去 t_0=658 万次循环,得到图 29.4 中的故障循环,为 1130 万次循环,也就是表 29.1 中的第一次故障。通过与图 29.4 的比较可以看出,图 29.1 中第一次故障的下凹曲率得以减弱;曲线主体部分的下凹曲率并未改变。虽然视觉检查无法区分双参数对数正态模型和三参数 Weibull 模型,但是通过表 29.2 中的 GoF 检验结果可以得出,双参数对数正态模型比三参数 Weibull 模型更好。

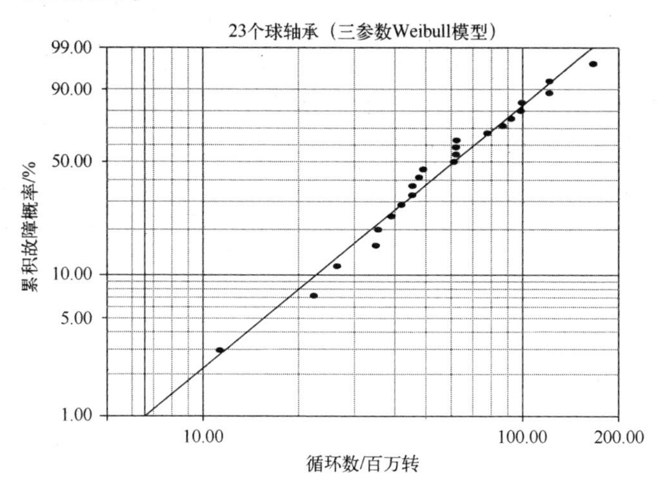

图 29.4 23 个球轴承的三参数 Weibull 概率图

表 29.2 GoF 检验结果(MLE)

检验方法	Weibull 模型	对数正态模型	正态模型	三参数 Weibull 模型
r^2	0.9702	0.9795	0.9233	0.9775
Lk	−113.6913	−113.1286	−115.4773	−113.2744
mod KS/%	17.6803	7.30×10^{-3}	47.8832	10.8030
χ^2/%	0.3734	0.3535	0.2465	0.3557

29.4 分析 3

图 29.2 所示的对数正态图中的第一个故障数据被视为早期故障。它位于曲线之上,剩下的 22 个故障数据呈线性排列。在这种观点中,图 29.1 所示的 Weibull 图的第一次故障用来对数据的下凹进行模糊化,使其看起来是线性排列。支持剔除作为早期故障的第一次故障是:①通过检查表 29.1;②图 29.5 所示的未剔除故障的两个子群的 Weibull 混合模型(8.6 节)图来实现的,这表明第一次故障是早期故障异常值,因为它不能归为两个子群中的第一个。

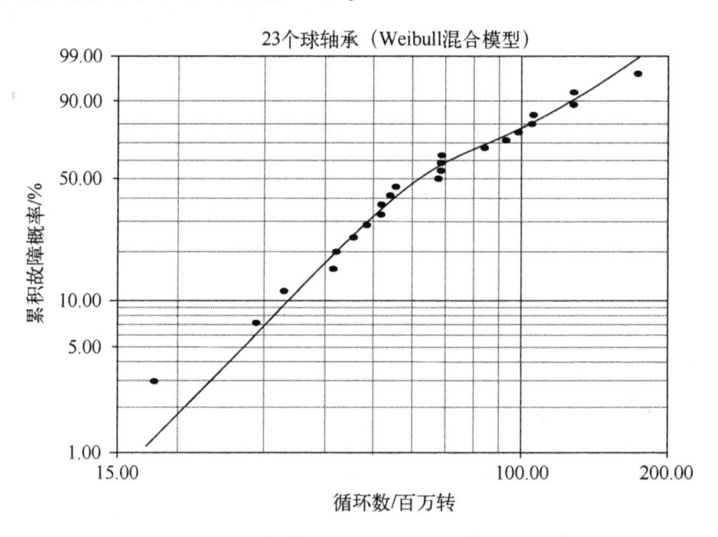

图 29.5 23 个球轴承的 Weibull 混合模型概率图

29.5 分析 4

图 29.6 和图 29.7 分别表示剔除第一次故障后的双参数 Weibull 模型(β = 2.25)和对数正态模型(σ = 0.46)极大似然估计故障概率图。没有显示下凹的正态

模型图。视觉检查和表29.3所列的GoF检验结果说明,双参数对数正态模型比双参数Weibull模型更好。

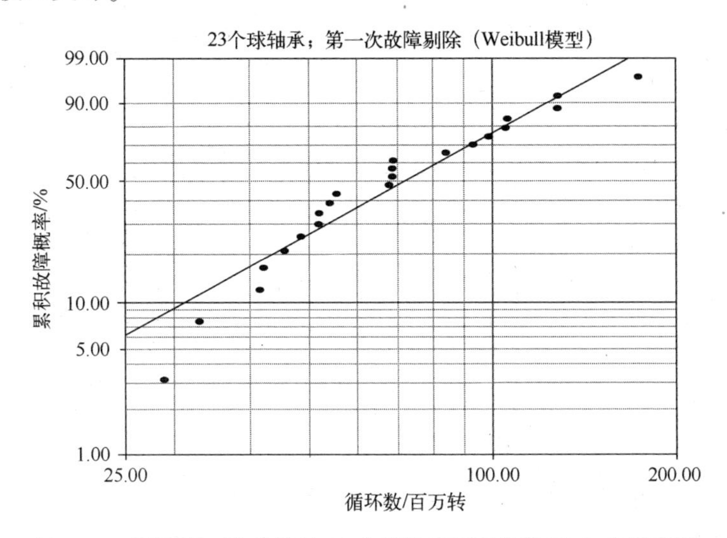

图29.6 剔除第一次故障的23个球轴承的双参数Weibull概率图

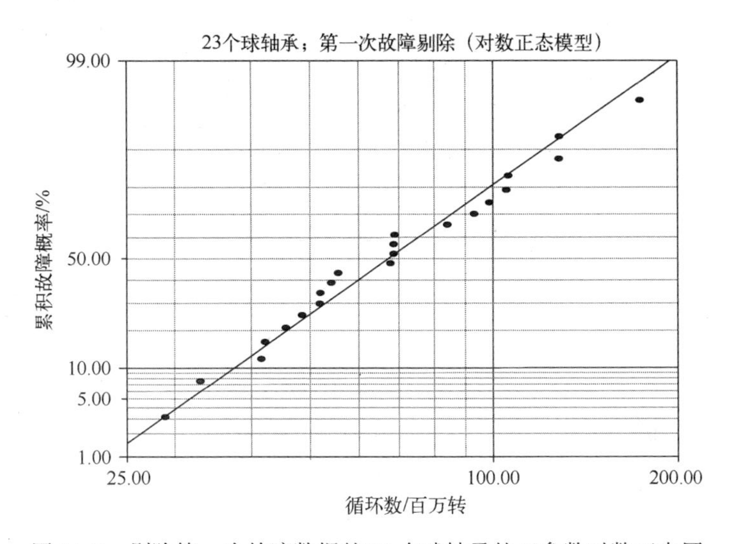

图29.7 剔除第一次故障数据的23个球轴承的双参数对数正态图

29.6 分析5

在图29.6中剔除第一次故障数据后,整个曲线尾部的下凹表明,存在循环故障阈值。三参数Weibull模型($\beta=1.48$)极大似然估计概率图如图29.8所示,绝对循环

故障阈值 t_0(三参数 Weibull 分布) = 23.96 ≈ 2400 万次[9],由垂直虚线突出显示强调,虚线后面预测无故障发生。视觉检查无法区分图 29.7 和图 29.8 中分别显示的双参数对数正态模型和三参数 Weibull 模型的优劣。从表 29.3 中的χ^2检验结果和样本相关系数来看,无法确定选择双参数对数正态模型还是三参数 Weibull 模型。但从极大似然估计结果和 mod KS 检验结果来看,三参数 Weibull 模型更好。图 29.8 中的第一次故障是通过从 2892 万次循环(表 29.1 中的第一个未剔除的故障)中减去 t_0 = 2396 万次循环,得到 496 万次循环。

表 29.3 剔除第一次故障数据的 GoF 检验结果(MLE)

检验方法	Weibull 模型	对数正态模型	正态模型	三参数 Weibull 模型
r^2	0.9295	0.9837	0.9841	—
Lk	-108.2365	-106.5350	-106.0681	-106.0466
mod KS/%	30.3580	1.5696	2.6536	0.2433
χ^2/%	0.5922	0.2939	0.4794	0.5847

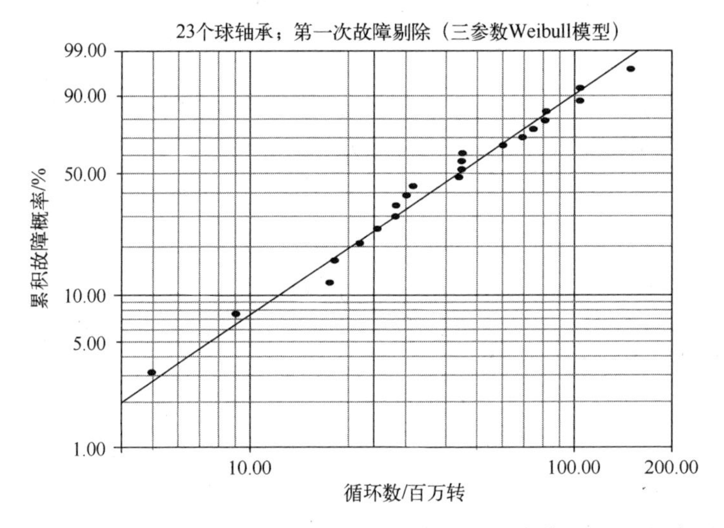

图 29.8 剔除第一次故障数据的 23 个球轴承的三参数 Weibull 概率图

29.7 分析 6

前文研究指出,混合模型可能提供 23 个球轴承循环故障的可信描述[8]。后来的检查发现,由于球轴承有 3 种不同的故障模式,所以混合模型是合适的[10]。剔除第一次故障数据后,Weibull 混合模型具有 2 个子群,每个子群由双参数 Weibull 模型来描述,可以提供非常好的拟合,如图 29.9 所示,需要 5 个独立参数。形状参数和子群分数为$\beta_1=4.6, f_1=0.50, \beta_2=3.0, f_2=0.50, f_1+f_2=1$。

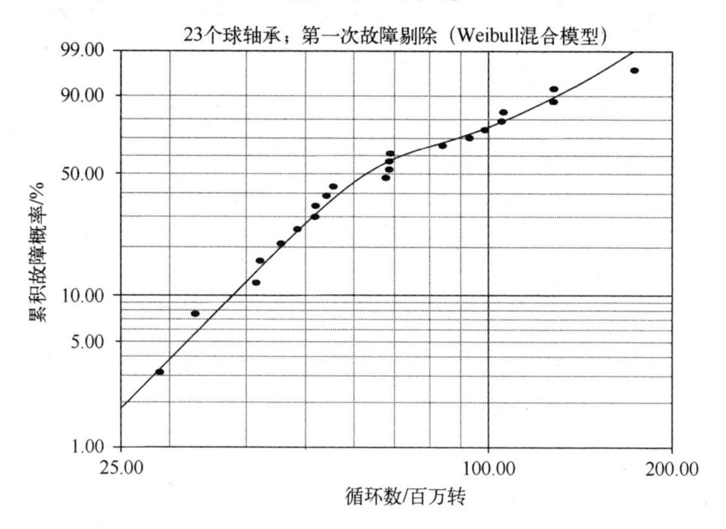

图 29.9　剔除第一次故障数据后的两个子群的 Weibull 混合模型图

视觉检查支持 Weibull 混合模型优于双参数对数正态模型；表 29.3 所列的 GoF 检验结果支持双参数对数正态模型。如第 15 章所述，这里也涉及几组球轴承的故障，因为不同的故障机制可能在子群中混合，所以，在混合模型分析中，子群数量与故障模式或机制的数量之间的关系是未知的。

29.8　结论

(1) 对于表 29.1 所示的数据，根据视觉检查和表 29.2 所列的 GoF 检验结果，图 29.2 所示的双参数对数正态模型优于图 29.1 所示的双参数 Weibull 模型。

(2) 对于表 29.1 所列的数据，根据表 29.2 所列的 GoF 检验结果，双参数对数正态模型优于图 29.4 所示的三参数 Weibull 模型。视觉检查不足以区分它们。

(3) 图 29.1 所示的 Weibull 图中第一次故障的存在被解释为是一种早期故障，用于掩盖曲线分布其余部分固有的下凹。在图 29.2 所示的对数正态图中，位于曲线上方的第一个故障数据也被视为早期故障。根据图 29.5 中未剔除故障的 Weibull 混合模型曲线图和表 29.1 中的检查，可以得出第一次故障是异常值的观点。

(4) 一个重要目标(8.2 节)是要找到双参数模型，得出样本群体中故障数据的最佳描述，以便在较大的未选用主群中预测第一个故障时间。如果样本故障数据被早期故障(8.4.2 节)所影响，那么为了预测，应该对早期故障进行剔除，以便可以表征假设为均匀的主群(8.12 节)。

(5) 剔除表 29.1 中的第一个故障数据后，由表 29.3 中的 GoF 检验结果得出，

图 29.7 所示的双参数对数正态模型优于图 29.6 所示的双参数 Weibull 模型。

(6) 剔除表 29.1 中的第一个故障数据后,图 29.7 所示的双参数对数正态描述和图 29.8 所示的三参数 Weibull 描述看起来都可以选择;χ^2 检验结果打折扣后,支持对数正态,与 r^2 检验结果几乎相同。改进 KS 检验支持双参数对数正态模型,Lk 检验支持三参数 Weibull 模型。目视检查不足以区分它们。

(7) 剔除第一次故障数据后,三参数 Weibull 模型估计的绝对循环故障阈值为 $t_0=23.96\approx2400$ 万循环,与剔除早期故障后存在的 1788 万循环相矛盾。不过,对于利用三参数 Weibull 模型来说,这不是一个致命挑战,因为即使剔除早期故障,也只有成熟部件的一小部分未选用群体可能不可避免地受到早期故障的影响(1.9.3 节和 7.17.1 节),即使经过筛选,也无法避免潜在的早期故障影响。因为在完成循环测试后,1788 万循环首次故障被归为早期故障,所以,目前通过循环筛选的情况并不是一个好的选择。在测试之前可能无法通过任何方式来识别容易发生早期故障的球轴承。

(8) 没有试验证据证明可以引入第三个模型参数。在没有数据保证应用三参数 Weibull 模型的情况下,利用 Weibull 模型进行直线拟合是随意的。特别是样本量比较少时,利用三参数 Weibull 模型进行绝对故障阈值预测过于乐观。

(9) 无论是否明确说明,利用三参数 Weibull 模型的原因是,在发生故障之前,故障机制需要时间或循环来启动和发展。但事实是,并不是在双参数 Weibull 概率图中有下凹的每一种情况下都可以利用三参数 Weibull 模型,特别是根据相反的证据,例如双参数对数正态模型可以提供可接受的直线拟合。

(10) 剔除第一次故障数据后,目视检查和 GoF 检验结果不能明确选择双参数对数正态模型还是三参数 Weibull 模型的情况下,简单性原理就很重要,即 Occam 的经济性理论支持选择具有较少独立参数的模型。

(11) 剔除第一次故障数据后,根据 GoF 检验结果,具有 5 个独立参数的 Weibull 混合模型对故障概率数据进行了很好的视觉拟合。由于某些数据的聚类效果,混合模型具有优异的视觉效果。众所周知,额外的模型参数通常可以提高数据的视觉效果,并提供卓越的 GoF 检验结果。剔除第一次故障数据的的双参数对数正态模型仅用 2 个参数就给出了可接受的描述。基于 Occam 剃刀原理,具有 5 个独立参数的 Weibull 混合模型被拒绝,而接受双参数对数正态模型。

(12) 无论是否剔除第一次故障,双参数对数正态模型都是较好的选择。图 29.10 给出了剔除第一次故障数据后的对数正态故障率。不剔除故障数据时,故障率曲线的形状很相似。

(13) 在对 23 个球轴承疲劳故障的先前研究中,观察到 Weibull 概率图中拟合直线周围的曲率有利于选择对数正态模型和 Gamma 模型,但几乎不能帮助区分后两者的概率图[7]。图 29.11 给出的双参数 Gamma 模型极大似然估计故障概率图,在视觉上不如图 29.2 所示的双参数对数正态概率图,因为在 Gamma 图中,上尾部的下降导致下凹曲率。

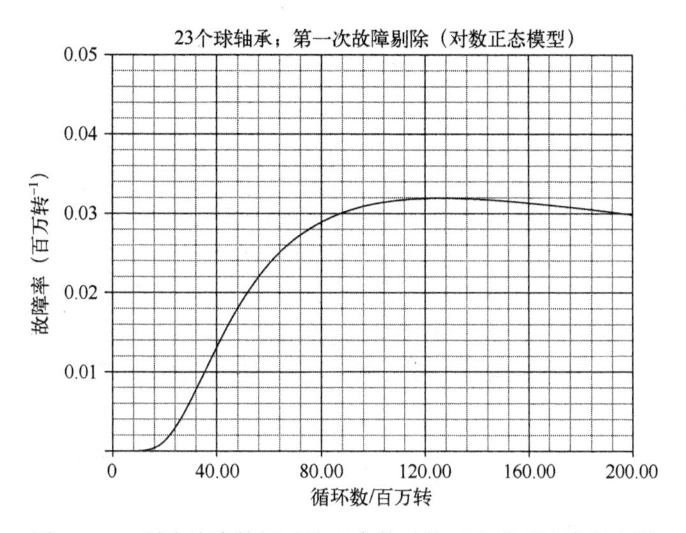

图 29.10　剔除故障数据后的双参数对数正态模型故障概率图

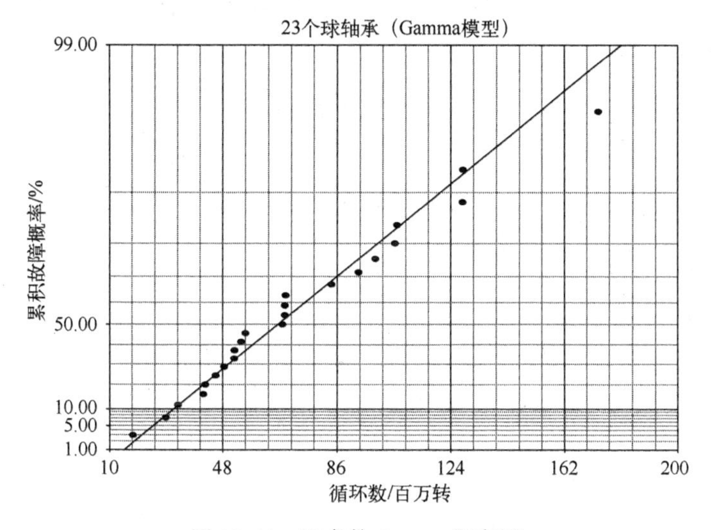

图 29.11　双参数 Gamma 概率图

参考文献

[1] J. Lieblein and M. Zelen, Statistical investigation of the fatigue life of deep groove ball bearings, Research paper 2719, J. Res. Natl. Bur. Stand., 57 (5), 273-316, 286, 1956.

[2] R. Dumonceaux and C. E. Antle, Discrimination between the log-normal and the Weibull distributions, Techno-

metrics,15 (4),923-926,November 1973.

[3] J. F. Lawless,Statistical Models and Methods for Lifetime Data (Wiley,New York,1982),228,246-247.

[4] D. O. Richards and J. B. McDonald, A general methodology for determining distributional forms with applications in reliability,J. Stat. Plan. Infer. ,16,365-376,1987.

[5] M. J. Crowder,A. C. Kimber,R. L. Smith,and T. J. Sweeting,Statistical Analysis of Reliability Data(Chapman & Hall,New York,1991),37,42-43,63.

[6] W. Q. Meeker and L. A. Escobar, Statistical Methods for Reliability Data (Wiley, New York, 1998), 4-5, 256-257.

[7] C. Wolstenholme,Reliability Modelling:A Statistical Approach (Chapman & Hall/CRC,New York,1999),48, 50-51,63-65.

[8] W. R. Blischke and D. N. P. Murthy,Reliability:Modeling,Prediction and Optimization (John Wiley &Sons, New York,2000),49-51,410-411.

[9] R. B. Abernethy,The New Weibull Handbook,4th edition (Abernethy,North Palm Beach,Florida,2000),3-6-3-8,3-10,fgures 3-7 and 3-8.

[10] C. Caroni,The correct "ball bearing" data,Lifetime Data Analy. ,8,395-399,2002.

[11] J. F. Lawless, Statistical Models and Methods for Lifetime Data, 2nd edition (Wiley, New Jersey, 2003), 98-102.

[12] R. B. Abernethy,The New Weibull Handbook,4th edition (Abernethy,North Palm Beach,Florida,2000),3-9.

[13] B. Dodson, The Weibull Analysis Handbook, 2nd edition (ASQ Quality Press, Milwaukee, Wisconsin, 2006),35.

第 30 章　25 个深沟球轴承故障数据的重新解释

原始报告[1]对第 29 章中列出的故障的样本表和其他数据进行了综述，得出了表 30.1 中总结的替代解释[2]。原来描述的 25 个深沟球轴承样本列出了 23 次故障，如表 29.1 所列，将 2 个球轴承忽略为非疲劳故障。复审结论认为，有 19 个疲劳故障和 6 个应该剔除的非疲劳故障[2]。三个疲劳故障组为 13 个球、5 个内圈和 1 个外圈。

表 30.1　样本表的替代视图

序　号	故障类型	是否剔除	循环数/$\times 10^6$
1	球	No	17.88
2	球	No	28.92
3	球	No	33.00
4	球	No	42.12
5	球	No	45.60
6	球	No	48.48
7	球	No	51.84
8	球	No	51.96
9	球	No	67.80
10	球	No	68.64
11	球	No	84.12
12	球	No	93.12
13	球	No	127.92
14	内环	No	41.52
15	内环	No	54.12
16	内环	No	55.56
17	内环	No	98.64
18	内环	No	105.12
19	外环	No	128.04
20	遗漏	Yes	67.80

(续)

序 号	故障类型	是否剔除	循环数/×10^6
21	遗漏	Yes	67.80
22	?	Yes	68.64
23	中止	Yes	68.88
24	中止	Yes	105.84
25	中止	Yes	183.40

在下面的分析中,剔除了球轴承 20~25 的值。6 个剔除值为 67.80、67.80、68.64、68.88、105.84 和 173.40 百万循环。表 30.2 列出了 19 个疲劳故障的值,球(1)和内圈(2)引起的故障循环是混合的,外圈(3)故障最后发生。

表 30.2 19 个故障数据($\times 10^6$)

17.88 (1)	45.60 (1)	55.56 (2)	98.64 (2)
28.92 (1)	48.48 (1)	67.80 (1)	105.12 (2)
33.00 (1)	51.84 (1)	68.64 (1)	127.92 (1)
41.52 (2)	51.96 (1)	84.12 (1)	128.04 (3)
42.12 (1)	54.12 (2)	93.12 (1)	

30.1 分析 1:19 个故障,6 个剔除

双参数 Weibull 模型($\beta=1.95$)和对数正态模型($\sigma=0.60$)的极大似然估计故障概率图分别如图 30.1 和图 30.2 所示。下凹的双参数正态图没有列出。剔除图 30.1 中的第一个故障,Weibull 图存在下凹部分,这在 19 个故障的小样本中很好区别。如图 30.2 所示,对数正态图可以对数据进行较好的线性拟合。由于一些球轴承的故障聚类,两个曲线都显示“驼峰状”。从视觉上看,双参数对数正态模型优于双参数 Weibull 模型,这与表 30.3 所列的 GoF 检验结果一致。

表 30.3 19 个球故障剔除 6 个故障数据的 GoF 检验结果

检验方法	Weibull 模型	对数正态模型
r^2	0.9679	0.9769
Lk	-100.3741	-99.3193
mod KS/%	2.4507	0.0287
χ^2/%	0.8580	0.8200

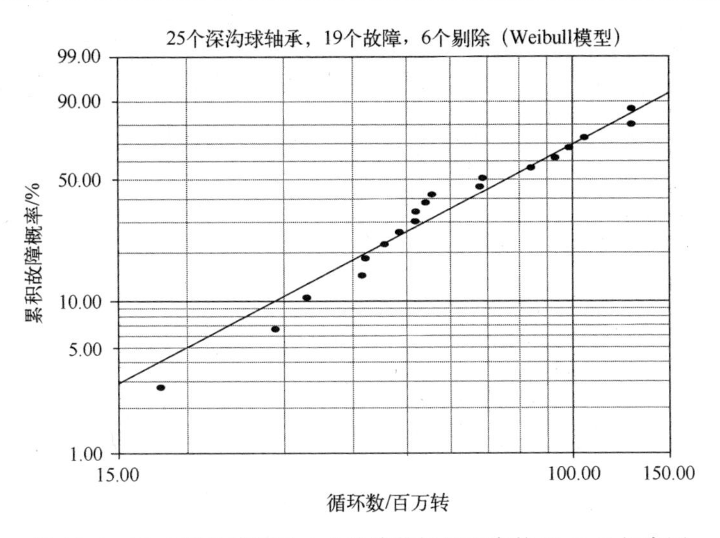

图 30.1　19 个球故障剔除 6 个故障数据的双参数 Weibull 概率图

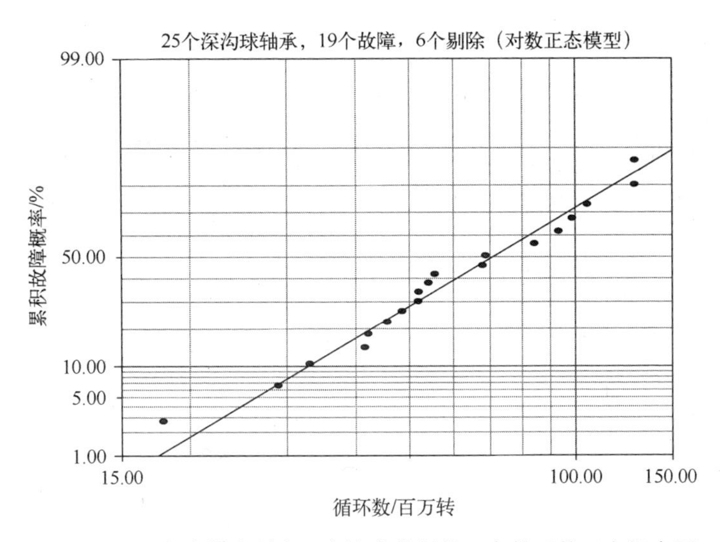

图 30.2　19 个球故障剔除 6 个故障数据的双参数对数正态概率图

30.2　分析 2:18 个故障,7 个剔除

图 30.2 所示的对数正态图中的第一次故障被认为是早期故障,因为它位于曲线之上。曲线表明,第一个故障应该占总数的 1%,而实际似乎达到 2.8%。图 30.1 所示的 Weibull 图中第一次故障的存在有助于模糊化固有的下凹曲率。剔除表 30.1 中的第一次故障数据,图 30.3 和图 30.4 分别表示 18 个故障和 7 个剔除数据的双参数 Weibull 模型($\beta=2.10$)和对数正态模型($\sigma=0.52$)极大似然估计故障概率图。下凹

的双参数正态模型图未列出。从视觉上看,双参数对数正态图优于双参数 Weibull 图,数据也拟合得比较好。表 30.4 中的 GoF 检验结果也证实了视觉选择的正确性。由于第 29 章的结论中讨论的原因,不使用三参数 Weibull 模型。

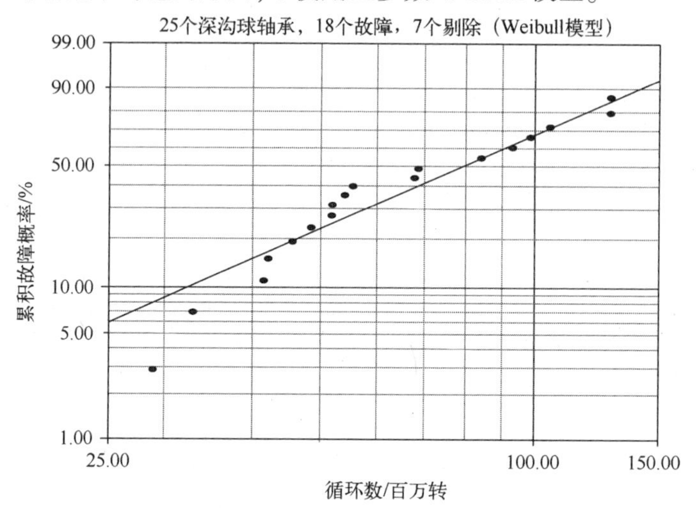

图 30.3 18 个球故障 7 个剔除的双参数 Weibull 概率图

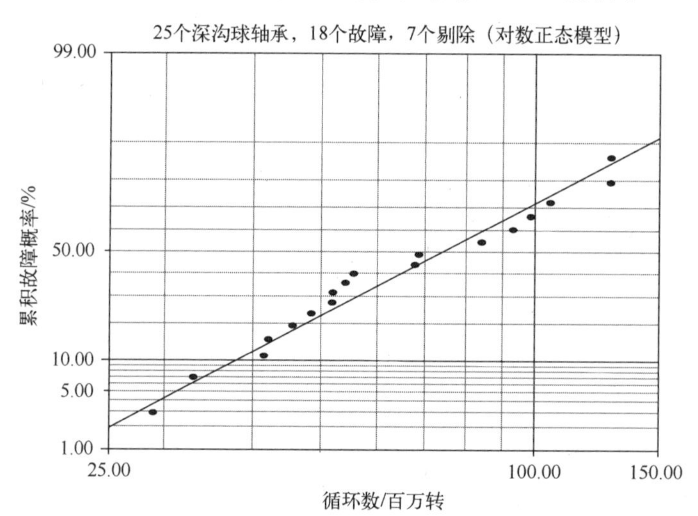

图 30.4 18 个球故障 7 个剔除的双参数对数正态概率图

表 30.4 18 个球故障 7 个剔除的 GoF 检验结果(MLE)

检验方法	Weibull 模型	对数正态模型
r^2	0.9210	0.9720
Lk	−94.8632	−93.0119
mod KS/%	4.9488	1.8736
χ^2/%	0.8190	0.6876

30.3　分析 3:13 个球故障,12 个剔除

图 30.5 和图 30.6 是 13 个球轴承故障数据的双参数 Weibull 模型($\beta=1.71$)和对数正态模型($\sigma=0.75$)极大似然估计故障概率图,其余 12 个数据被剔除。除了图 30.5 中的第一个故障之外,数据曲线是下凹的。视觉上选择图 30.6 中的对数正态模型图,这与表 30.5 中的 GoF 检验结果一致。

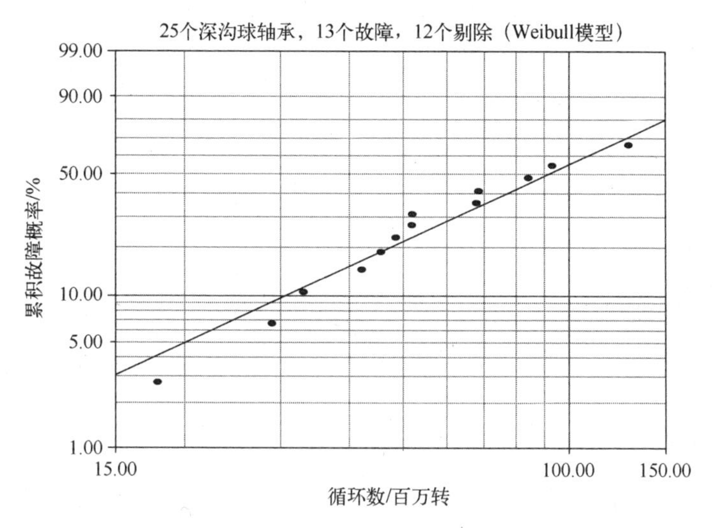

图 30.5　13 个球故障 12 个剔除的双参数 Weibull 图

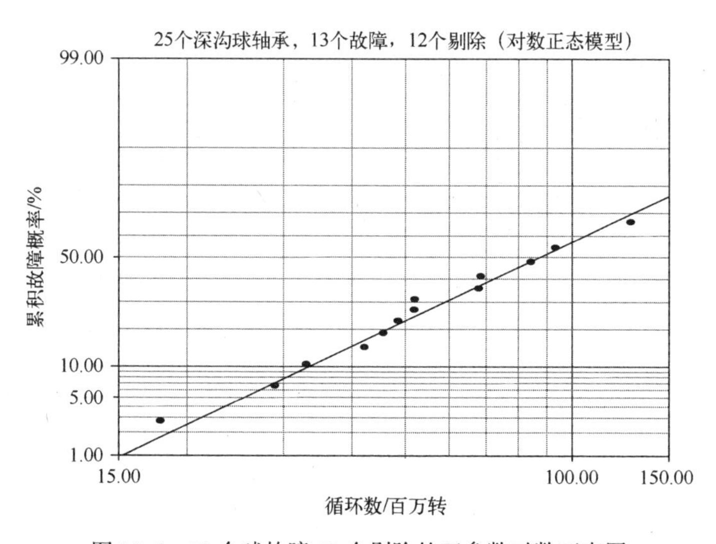

图 30.6　13 个球故障 12 个剔除的双参数对数正态图

表 30.5 13 个球故障 12 个剔除的 GoF 检验结果(MLE)

检验方法	Weibull 模型	对数正态模型
r^2	0.9692	0.9841
Lk	-74.8196	-73.8101
mod KS/%	1.83×10^{-3}	4.56×10^{-6}
χ^2/%	7.1907	6.3462

30.4 分析 4:12 个球故障,13 个剔除

如前所述,图 30.6 所示的对数正态图中的第一次故障为早期故障。在图 30.5 所示的 Weibull 图中,第一个故障用来模糊化其余数据中的下凹现象。Weibull 混合模型(8.6 节)与图 30.7 中的两个子群的情况趋向于支持这样一种说法,即球故障是离群点,因为它位于第一个子群以外。如果表 30.1 中的第一个球故障被剔除,则图 30.8 和图 30.9 给出了双参数 Weibull 模型(β=1.89)和对数正态模型(σ=0.65)极大似然估计故障概率图。

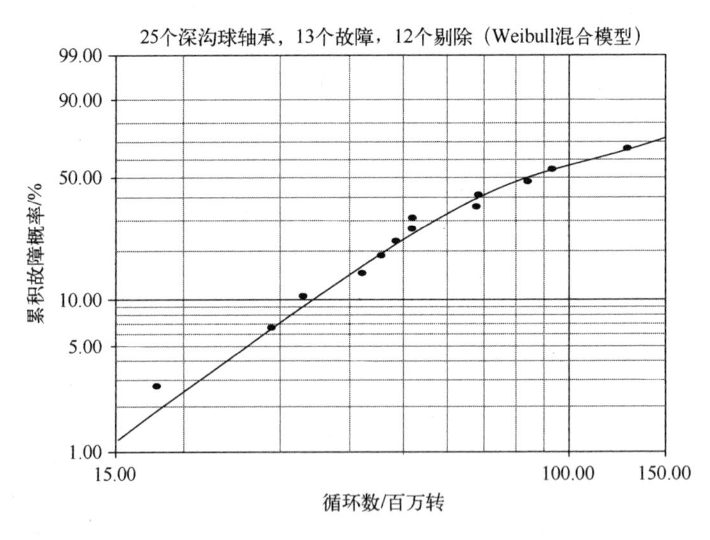

图 30.7 13 个球故障 12 个剔除的两个子群 Weibull 混合模型图

Weibull 曲线图存在下凹现象,对数正态图中数据呈线性排列。表 30.6 中的 GoF 检验结果表明,对数正态模型拟合较好。

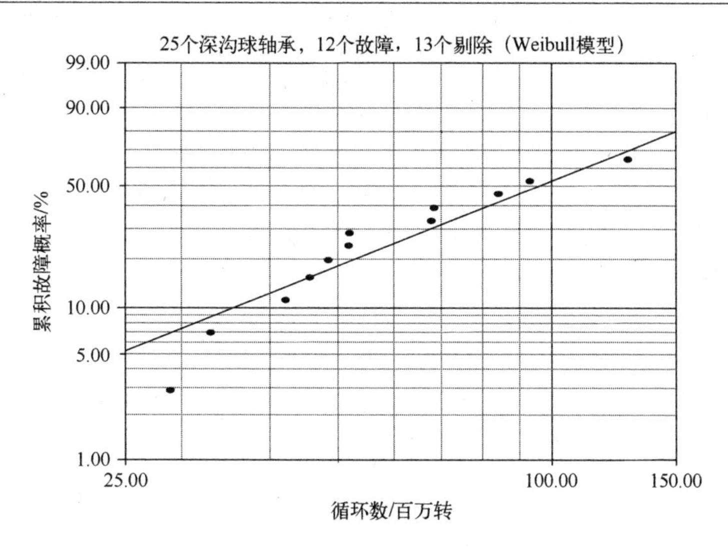

图 30.8 12 个球故障 13 个剔除的双参数 Weibull 图

表 30.6 12 个球故障 13 个剔除数据的 GoF 检验结果(MLE)

检验方法	Weibull 模型	对数正态模型	Weibull 混合模型
r^2	0.9139	0.9657	—
Lk	-69.1693	-67.7445	-66.9088
mod KS/%	5.39×10^{-3}	3.73×10^{-3}	10^{-10}
χ^2/%	8.7485	6.6958	10.6493

30.5 分析 5:12 个球故障,13 个剔除

对表 30.1 中的第一次球故障数据进行剔除,进而利用 Weibull 混合模型具有启发性意义。图 30.10 中的 Weibull 混合模型的极大似然估计故障概率图具有两个子群,每个子群由双参数 Weibull 模型描述。形状参数和子群分数为 $\beta_1=18.41$, $f_1=0.15$, $\beta_2=1.95$, $f_2=0.85$, $f_1+f_2=1$。相对于图 30.9 所示的双参数对数正态图,图 30.10 所示的 Weibull 混合模型图提供了很少的视觉拟合改进。不过,从表 30.6 中的极大对数似然估计和 mod KS 检验结果来看,混合 Weibull 模型拟合较好。考虑到球故障都是单一的,加上图 30.8 和图 30.9 中产生“隆起”的故障可能是偶然聚类的结果,所以,选择具有 5 个独立参数的 Weibull 混合模型可能是错误的。

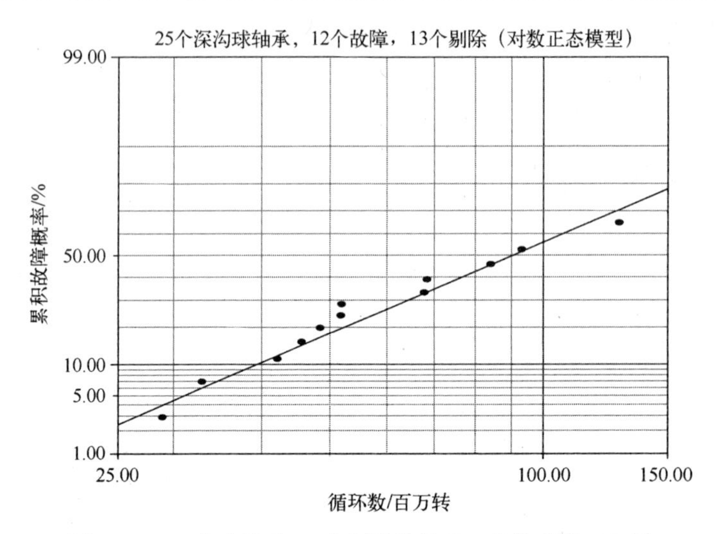

图 30.9　12 个球故障 13 个剔除数据的双参数对数正态图

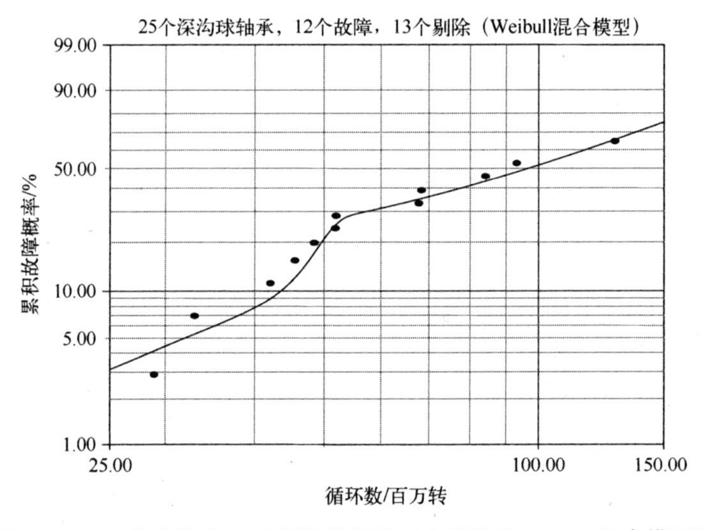

图 30.10　12 个球故障 13 个剔除数据的两个子群的 Weibull 混合模型图

30.6　结论

(1) 一个重要目标(8.2 节)是对两个参数模型进行求解,得出样本群体中故障数据的最佳描述,以便在更大的未选用主群中预测第一次故障。如果样本故障数据被早期故障所影响(8.4.2 节),那么为了预测,应该对早期型故障进行剔除,以便于研究表征数据特征的主群体。

(2) 无论是否对第一次故障数据进行剔除,双参数对数正态模型都优于双参数

Weibull 模型。19 个混合故障代表三个不同的故障原因的情况以及作为一个单独的组进行分析的 13 个球故障的情况，就是这种分析过程的示例。

(3) 对于剔除第一次球故障的 13 次球故障数据，五参数 Weibull 混合模型产生的视觉拟合结果仅略高于双参数对数正态模型。剔除第一次球故障数据后，拒绝五参数 Weibull 混合模型，而接受双参数对数正态模型主要有三个原因：

① 假设包括早期故障在内的 13 次球故障是由于单一的机制，那么，选择 Weibull 混合模型似乎并不合情理。

② GoF 检验结果中五参数 Weibull 混合模型的优势是故障数据无意聚类的结果。

③ 选择五参数 Weibull 混合模型优于双参数对数正态模型，不符合 Occam 剃刀理论。该理论建议选择参数更简单的模型，特别是当双参数对数正态模型能够对数据提供足够好的直线拟合时。无论是否合理，多参数模型可以对数据提供更好的视觉拟合效果和更好的 GoF 检验结果。

参考文献

[1] J. Lieblein and M. Zelen, Statistical investigation of the fatigue life of deep groove ball bearings, Research paper 2719, J. Res. Natl. Bur. Stand., 57 (5), 273-316, 286, 1956.

[2] C. Caroni, The correct "ball bearing" data, Lifetime Data Anal., 8, 395-399, 2002.

第 31 章　24 份钢样本

对钢样本施加不同振幅[1-3]的循环压力。对于振幅 32[2,3]，表 31.1 中列出 24 份钢样本几千循环时发生的故障。第一次故障发生在 206×10^3循环。建议采用伯尔对数(log-Burr)模型进行分析[3]。

表 31.1　24 份钢样本循环(10^3)故障

206	231	283	370	413	474
523	597	605	619	727	815
935	1056	1144	1336	1580	1786
1826	1943	2214	3107	4510	6297

31.1　分析 1

双参数 Weibull 模型($\beta = 1.12$)与对数正态模型($\sigma = 0.90$)最大似然估计(MLE)故障率图分别如图 31.1 和图 31.2 所示，明显下凹的正态图没有画出。Weibull 描述是下凹的，而对数正态描述是线性排列。通过目视检查和如表 31.2 所列的统计拟合(GoF)检验结果可知，双参数对数正态模型优于双参数 Weibull 模型。

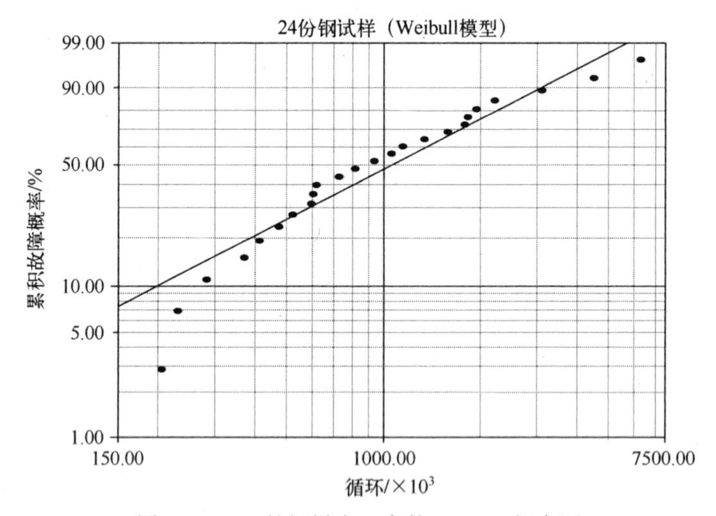

图 31.1　24 份钢样本双参数 Weibull 概率图

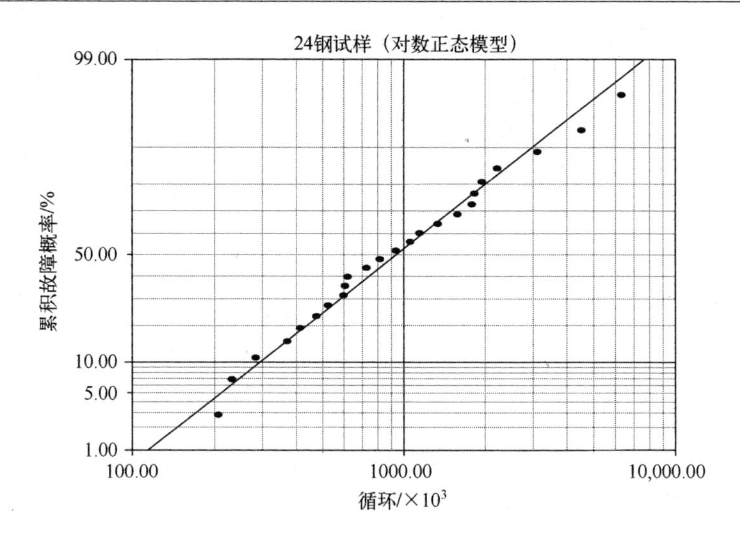

图 31.2　24 份钢样本双参数对数正态概率图

表 31.2　GoF 检验结果(MLE)

检 验 方 法	Weibull 模型	对数正态模型	三参数 Weibull 模型
r^2(RRX)	0.9214	0.9882	0.9908
Lk	-197.5658	-195.3083	-194.0539
mod KS/%	4.88×10^{-1}	7.87×10^{-2}	5.71×10^{-6}
χ^2/%	1.5726	0.2115	0.2867

31.2　分析 2

Weibull 图和对数正态分布下尾部的下凹暗示可能存在一个绝对故障阈值。图 31.3 给出了三参数 Weibull 模型(8.5 节) MLE 故障率(β= 0.88)。如垂直虚线所示,绝对故障阈值在 t_0(三参数 Weibull 模型)= 187.95×10^3循环处。用表 31.1 中首次故障时的 206×10^3循环减去 t_0(三参数 Weibull 模型)$\approx188\times10^3$循环,可以得到图 31.3 中 18×10^3循环处的首次故障。目视检查和表 31.2 所列的 GoF 检验结果表明,除了经常出问题的χ^2检验结果(8.10 节),三参数 Weibull 描述优于双参数对数正态分布。

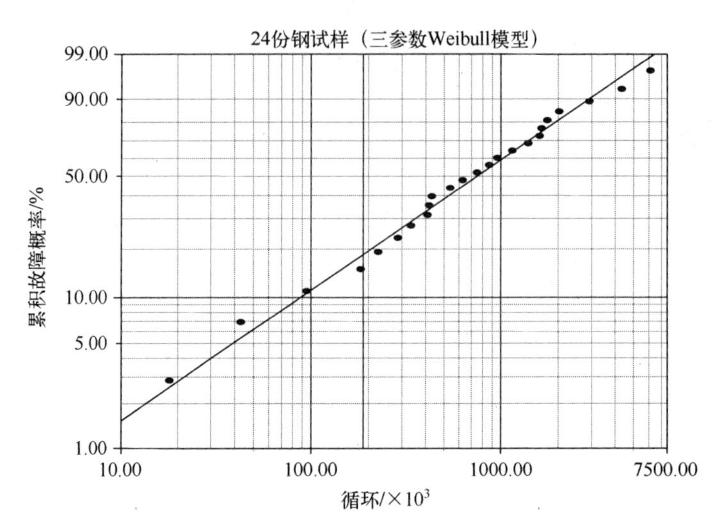

图 31.3 24 份钢样本三参数 Weibull 概率图

31.3 分析 3

从概念上讲,至少故障阈值在物理意义上是合理的,因为钢样本开始测试时不会立即出现故障。假设利用 24 份钢样本的分析来估计样本量 $SS=100$ 和 1000 的未选用群体第一个样本出现故障的压力循环数。根据第 10 章及随后章节的过程,表 31.3 给出了有条件和无条件的故障阈值、可靠寿命或相等的无故障(FF)间隔。

表 31.3 双参数对数正态模型和三参数 Weibull 故障阈值对比

模型	$F/\%$	SS	故障阈值 t_{FF}/循环×10^3
对数正态	1.00	100	114.14
三参数 Weibull	1.00	100	$t_0+6.16=187.95+6.16=194.11$
对数正态	0.10	1000	57.25
三参数 Weibull	0.10	1000	$t_0+0.45=187.95+0.45=188.40$

利用 $SS=100$ 样本作为例子,图 31.4 中绘出的曲线是扩大样本量的双参数对数正态曲线,曲线在 t_{FF}(对数正态模型)$=114.14\times10^3$ 压力循环对应交点 $F=1.00\%$。图 31.5 类似,是扩大样本量的三参数 Weibull 分布,曲线在 6.16×10^3 循环对应交点 $F=1.00\%$,因此 t_{FF}(三参数 Weibull 模型)$=t_0$(三参数 Weibull 模型)$+6.16\times10^3=187.95\times10^3+6.16\times10^3=194.11\times10^3$ 循环。对于 $SS=100$ 和 1000,双参数对数正态模型更为保守,即首次故障的压力循环数(单位:千次)安全寿命估计值不太乐观。特别说明的是,对于 $SS>100$,t_{FF}(三参数 Weibull 模型)$\rightarrow t_0$(三参数 Weibull 模型)=

187.95 $\times 10^3$是渐近的。因此,对于三参数 Weibull 模型而言,t_0(三参数 Weibull 模型)是绝对最低的故障阈值。

31.4 结论

(1) 图31.1是双参数 Weibull 曲线图,图中下凹曲率表明,双参数对数正态模型更适合,这可以通过图31.2中的数据直线拟合得到证实。图31.6给出了超出故障循环范围的双参数对数正态模型故障率。

(2) 当三参数 Weibull 模型形状因子 $\beta=0.88$ 模型显示出早期故障群故障率降低特征时,利用三参数 Weibull 分布估计绝对故障阈值是不合理的,因为故障预计在或接近 $t=0$(图6.1)时发生。图31.7所示的三参数 Weibull 故障率图说明了这一点。预计的绝对故障阈值如垂直虚线所示,故障率从该值终端开始降低看起来是非物理的。

(3) 与 t_0(三参数 Weibull 模型)= 187.95$\times 10^3$循环相比,故障阈值缺乏试验证据的支持,利用三参数 Weibull 模型是随意的[4,5],这可能会导致绝对故障阈值的估计过于乐观[5]。

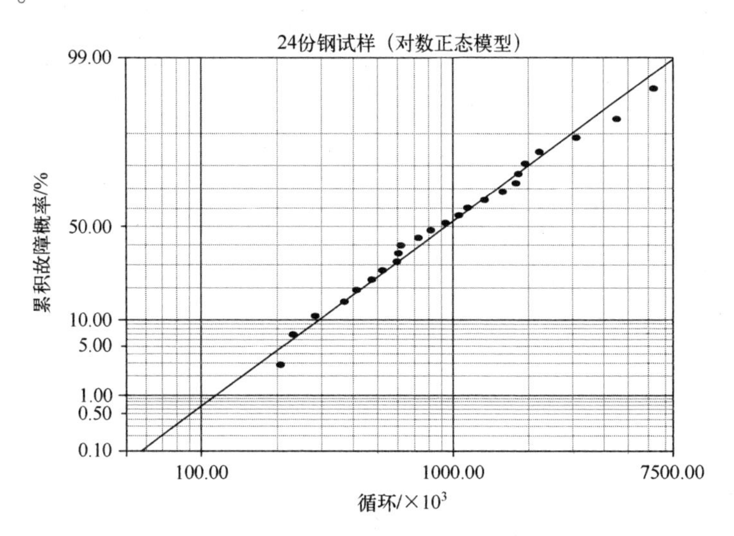

图31.4 扩大尺度的双参数对数正态图

(4) 故障阈值貌似可信的事实没有掩盖在每一种双参数 Weibull 图都存在下凹曲率情况下利用三参数 Weibull 模型的权威性,尤其是通过图31.2中的双参数对数正态模型,可以看出在本例中有良好的直线拟合。

(5) 对于名义上相同样本的未选用群体,双参数对数正态模型提供的安全寿命估计比三参数 Weibull 模型的更保守。任何此类估计的有效性取决于未选用群体与易于发生早期故障的样本数不相关的程度。

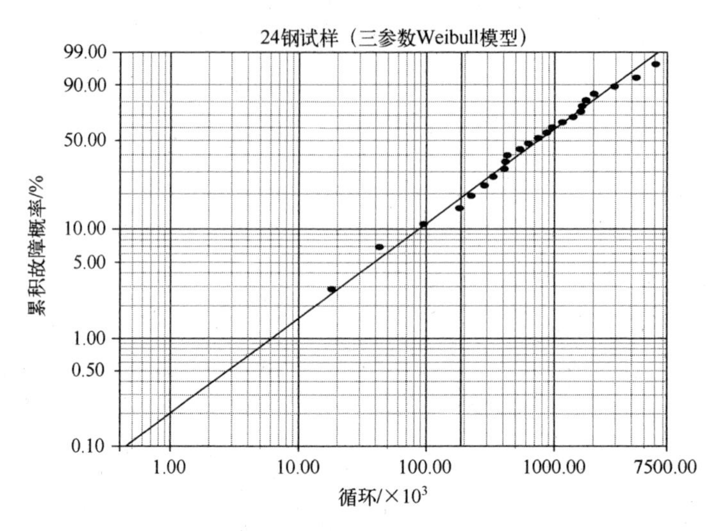

图 31.5　尺度扩大的三参数 Weibull 图

(6) 众所周知,多参数模型能够提高数据的拟合优度。利用三参数 Weibull 模型是无根据的,要接受利用该模型的结果就要牺牲双参数对数正态模型提供充分表征的简单性。根据 Occam 剃刀原理,在给定的直观拟合性下,选择具有较少参数的模型。

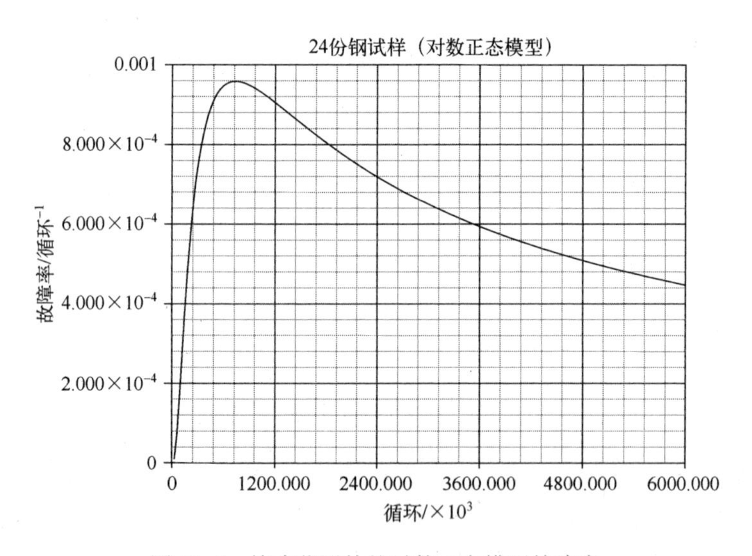

图 31.6　故障范围外的对数正态模型故障率

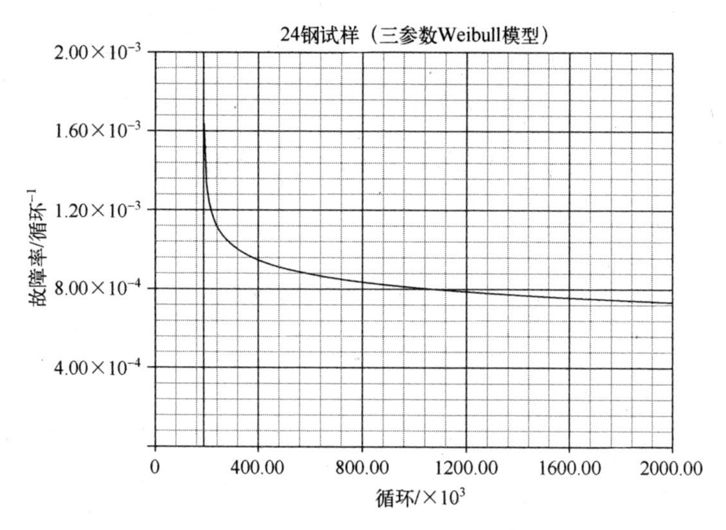

图 31.7 尺度减小的三参数 Weibull 故障率图

参考文献

[1] A. C. Kimber, Exploratory data analysis for possibly censored data from skewed distributions. *Appl. Stat.*, 39, 21–30, 1990.

[2] M. Crowder, Tests for a family of survival models based on extremes, in *Recent Advances in Reliability Theory: Methodology, Practice and Inference*, Eds. N. Limnios and M. Nikulin (Birkhäuser, Boston, 2000), 307–321.

[3] J. F. Lawless, *Statistical Models and Methods for Lifetime Data*, 2nd edition (Wiley, New Jersey, 2003), 318–320, 573–574.

[4] R. B. Abernethy, *The New Weibull Handbook*, 4th edition (Abernethy, North Palm Beach, Florida, 2000), 3–9.

[5] B. Dodson, *The Weibull Analysis Handbook*, 2nd edition (ASQ Quality Press, Milwaukee, Wisconsin, 2006), 35.

第 32 章　24 支晶体管

表 32.1 列出了 24 支晶体管[1]以小时为单位的故障时间。已知固态半导体组件(如晶体管)的故障符合对数正态统计(7.17.3 节)。采用双参数 Weibull 模型进行分析[1]。

表 32.1　24 个晶体管故障时间(h)

260	350	420	440	480	480
530	580	680	710	740	780
820	840	920	930	1050	1060
1070	1270	1340	1370	1880	2130

32.1　分析 1

图 32.1 和图 32.2 分别给出了双参数 Weibull 分布(β=2.07)与对数正态分布

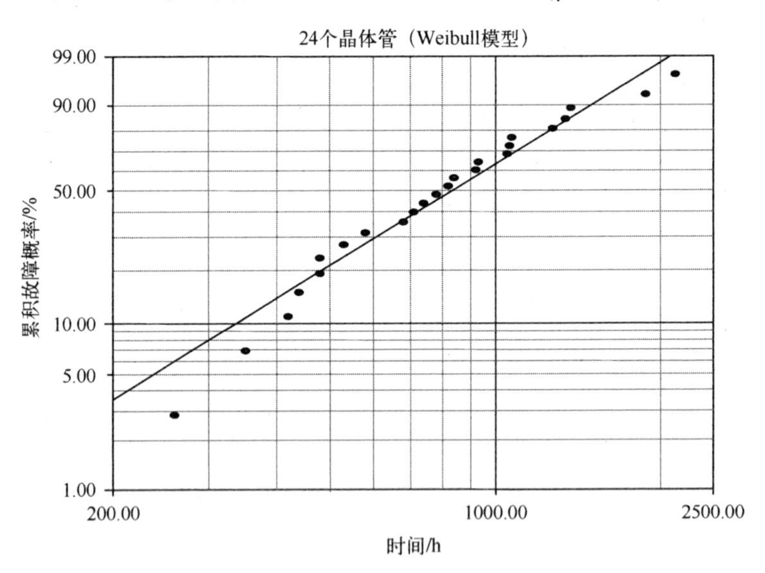

图 32.1　24 个晶体管双参数 Weibull 概率图

($\sigma=0.52$)最大似然估计(MLE)的故障概率图。Weibull 分布在下尾部显示出下凹曲率,而对数正态图数据通过直线很好地吻合,没有显示故障阈值。具有下凹数据的双参数正态曲线没有显示。根据目视检查和表 32.2 所列的统计 GoF 检验结果,双参数对数正态模型优于双参数 Weibull 模型。

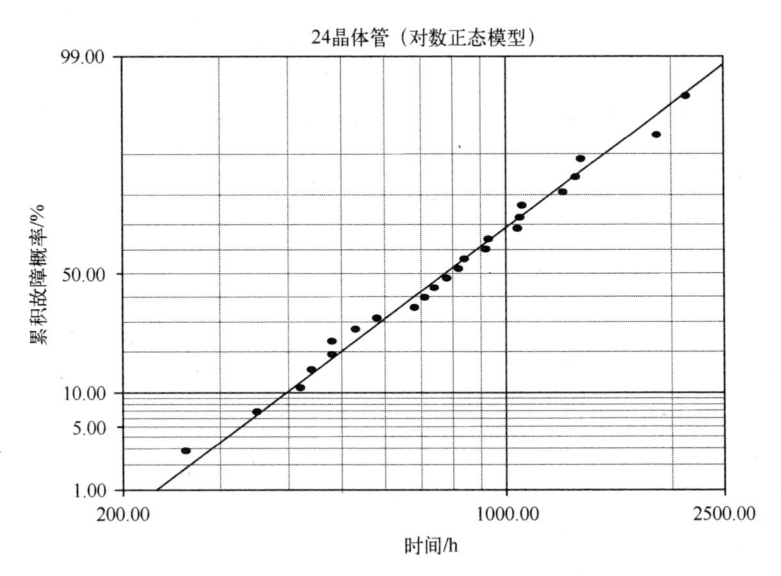

图 32.2　24 个晶体管双参数对数正态概率图

表 32.2　GoF 检验结果(MLE)

检 验 方 法	Weibull 模型	对数正态模型	三参数 Weibull 模型
r^2(RRX)	0.9620	0.9914	0.9878
Lk	-178.8316	-177.6272	-177.6374
mod KS/%	4.89×10^{-1}	3.21×10^{-5}	2.95×10^{-3}
χ^2/%	1.4686	0.9579	0.2860

32.2　分析 2

Weibull 曲线下尾部的下凹表明,可能存在一个绝对故障阈值,低于这个阀值就不会出现故障。图 32.3 给出了三参数 Weibull 模型(8.5 节)($\beta=1.65$)MLE 故障率图,如垂直虚线突出所示,图中绝对故障阈值为 t_0(三参数 Weibull 模型)= 168.7h。在图 32.3 中,约 91h 时发现第一次故障,这是从表 31.1 所示第一次故障的 260h 减去 t_0(三参数 Weibull 模型)≈169h 得出的。目视检查无法确定三参数 Weibull 和双参数对数正态分布的区别,但是表 32.2 中的 GoF 检验结果支持首选双参数对数正态,除了典型不可靠的χ^2检验结果(8.10 节)。

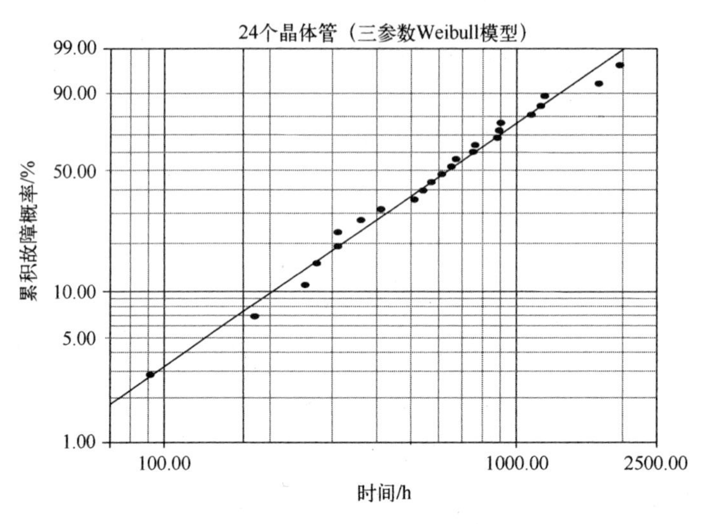

图 32.3 24 个晶体管三参数 Weibull 概率图

32.3 分析 3

按照表 32.2 给出的结果,利用双参数对数正态模型优于双参数和三参数 Weibull 模型,对数正态故障率图如图 32.4 所示,其中相对无故障间隔第一次出现约在 100h 时。为了量化该间隔,图 32.5 给出了扩大尺度的双参数对数正态分布图。

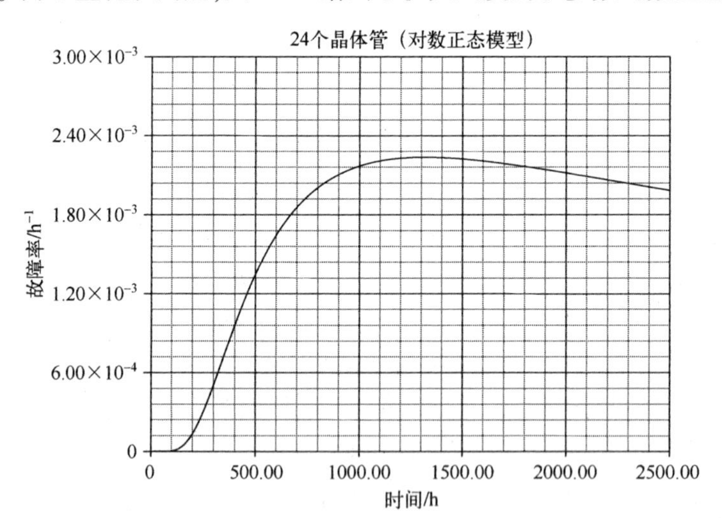

图 32.4 超出故障时间范围的双参数对数正态故障率图

根据第 10 章的程序和术语,图 32.5 所示直线与故障概率 $F = 0.005\%$ 相交时条件故障阈值 t_{FF}(对数正态模型)= 101.5h。如果假设利用 24 个晶体管故障的对数正态分析来估计未选用的 20000 个相同晶体管样本同样工作下的第一次故障时间,则相关的无故障间隔或安全寿命大约为 100h。不过,这种预测如果可信,就必须有证据证明未使用的群体完全没有潜在的早期故障。

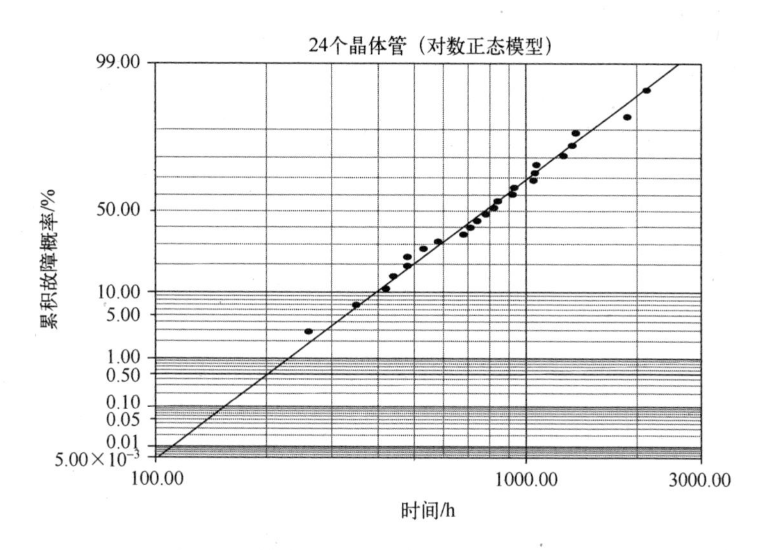

图 32.5　扩大尺度的双参数对数正态概率图

32.4　结论

(1) 双参数对数正态模型能够为故障数据提供直线拟合,而双参数 Weibull 模型显示数据有下凹,因此选择双参数对数正态模型。根据目视检查和 GoF 检验结果,双参数对数正态模型描述明显优于双参数 Weibull 模型;根据 GoF 检验结果,也优于三参数 Weibull 模型。

(2) 在缺乏试验数据支持利用三参数 Weibull 模型的合理性时,利用该模型被认为是随意的[2,3],可能会导致绝对故障阈值估计值过于乐观[3]。

(3) 故障阈值似乎是合理的,因为故障的产生和发展需要时间,所以利用三参数 Weibull 模型没有足够的权威性,而无论何时,双参数 Weibull 表征都显示有下凹行为,尤其是在示例中双参数对数正态模型显示出良好的直线拟合。

(4) 根据 Occam 剃刀原理,双参数对数正态模型优于三参数 Weibull 模型,因为在选择和解释具有较少独立参数的模型时更经济。

参考文献

[1] D. Kececioglu, *Reliability and Life Testing Handbook*, Volume 1(Prentice Hall, New Jersey, 1993), 459.

[2] R. B. Abernethy, *The New Weibull Handbook*, 4th edition(Abernethy, North Palm Beach, Florida, 2000), 3-9.

[3] B. Dodson, *The Weibull Analysis Handbook*, 2nd edition(ASQ Quality Press, Milwaukee, Wisconsin, 2006), 35.

第 33 章　25 个纱线样本

表 33.1 列出了 25 个纱线样本的故障循环,对每 100cm 长度施加特定的应力[1]进行测试。采用双参数对数正态模型进行分析[1]。

表 33.1　纱线样本故障循环

15	20	38	42	61
76	86	98	121	146
149	157	175	176	180
180	198	220	224	251
264	282	321	325	653

33.1　分析 1

图 33.1 和图 33.2 分别显示了双参数 Weibull 分布($\beta=1.41$)与对数正态分布($\sigma=0.89$)最大似然估计(MLE)故障概率图。没有显示下凹数据的正态曲线。视觉上,图 33.2 中的对数正态描述是上凹的,表明要优选 Weibull 模型。图 33.1 中的 Weibull 曲线与数据的拟合证实了这一点。表 33.2 中的统计拟合(GoF)检验结果支持目测选择的双参数 Weibull 模型。

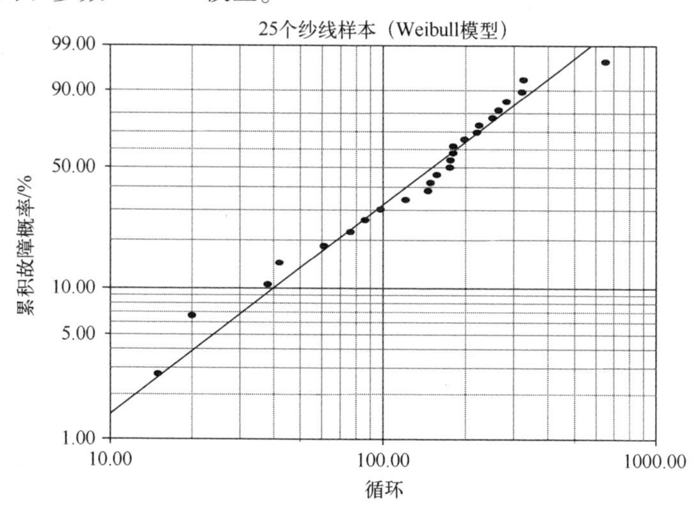

图 33.1　25 个纱线样本双参数 Weibull 概率图

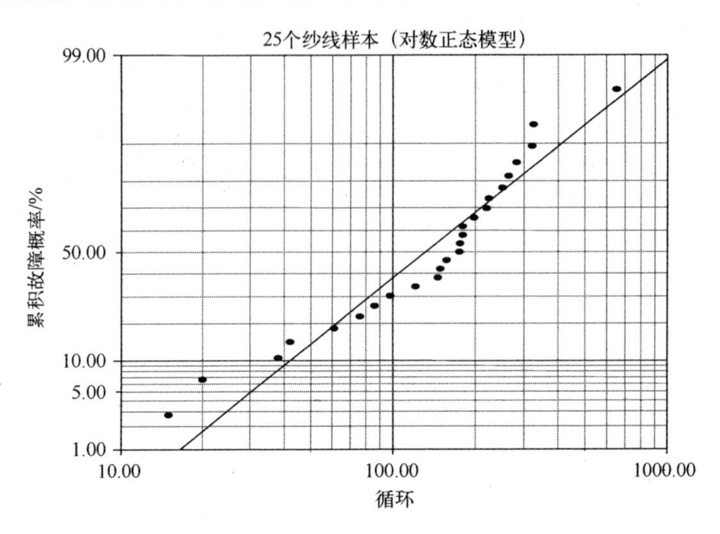

图 33.2　25 个纱线样本双参数对数正态概率图

表 33.2　GoF 检验结果(MLE)

检 验 方 法	Weibull 模型	对数正态模型
r^2(RRX)	0.9754	0.9241
Lk	-152.4432	-154.0967
mod KS/%	4.9303	53.0291
χ^2/%	1.4628	2.9410

33.2　结论

(1) 根据目测和 GoF 检验结果,双参数 Weibull 模型优于双参数对数正态模型。

参考文献

[1]　J. F. Lawless, *Statistical Models and Methods for Lifetime Data*, 2nd edition(Wiley, New Jersey, 2003), 263.

第 34 章　25 根钢棒

为了确定特定类型材质钢棒的期望寿命进行了疲劳试验,对 25 根钢棒施加了 9000 磅/英寸^{2}的轴向载荷。表 34.1 列出了钢棒故障的载荷循环[1]。分析表明,故障数据符合单参数指数模型[1]。

表 34.1　钢棒故障的故障循环

200	280	340	460	590
720	850	990	1200	1420
1950	2460	2590	3520	4560
5570	6590	7600	8630	9650
10660	11670	12680	13685	14690

34.1　分析 1

双参数 Weibull 分布($\beta=0.91$)与对数正态($\sigma=1.36$)分布最大似然估计(MLE)故障率图分别如图 34.1 和图 34.2 所示,未给出具有下凹数据的正态分布图。数据显示与指数模型一致,因为 Weibull 分布的形状参数 $\beta=0.91$ 接近于

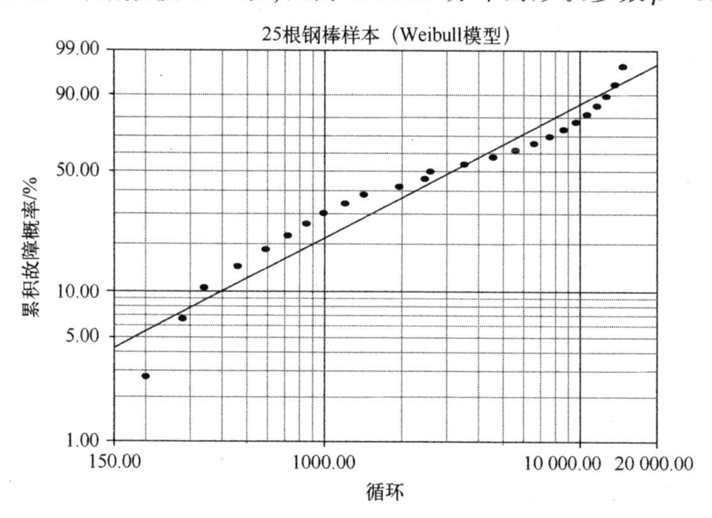

图 34.1　25 根钢棒双参数 Weibull 分布故障概率图

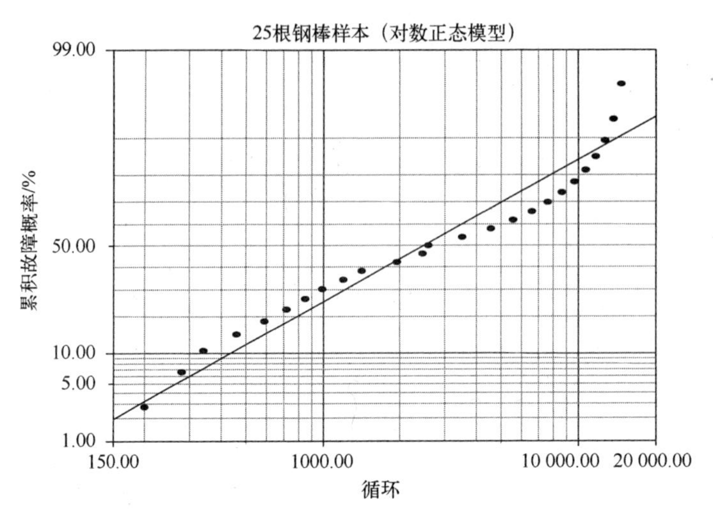

图 34.2　25 根钢棒双参数对数正态分布故障概率图

$\beta=1.00$[1]。$\beta=1.00$ 的双参数 Weibull 分布图与图 34.1 没有明显区别。视觉检查对于模型的选择毫无帮助。除了 r^2 检验以外,表 34.2 提供的统计拟合(GoF)检验结果选择双参数 Weibull 分布优于双参数对数正态分布。

34.2　分析 2

图 34.1 和图 34.2 所示的 Weibull 和对数正态分布具有包含至少两个子群的 S 形曲线的典型特征。而具有两个子群的 Weibull 混合模型(8.6 节)提供了合理的拟合,如图 34.3 所示,图 34.4 所示的具有三个子群的 Weibull 混合模型给出了直观上

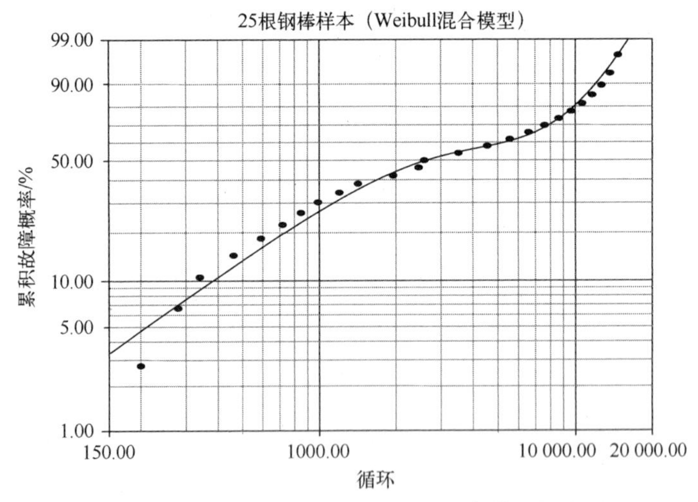

图 34.3　具有两个子群的 Weibull 混合模型概率图

更好的拟合。忽略χ^2检验结果(8.10节),GoF检验结果在两个混合模型描述之间进行了分配。对于三子群案例,形状参数和子群分数为$\beta_1=1.90$,$f_1=0.304$,$\beta_2=1.42$,$f_2=0.422$,和$\beta_3=5.68$,$f_3=0.274$,且$f_1+f_2+f_3=1$。

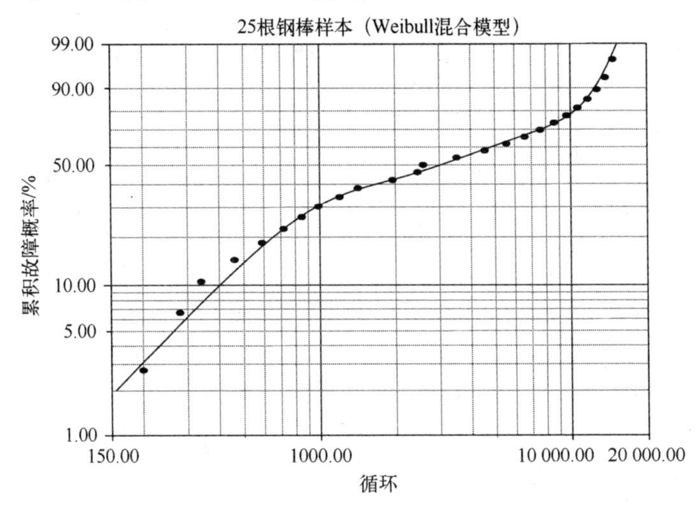

图34.4　具有三个子群的Weibull混合模型概率图

34.3　结论

(1) GoF检验结果表明,双参数Weibull模型特性优于双参数对数正态模型。

(2) 故障循环近似符合单参数指数模型,或等效于形状参数$\beta\approx1.00$的双参数Weibull模型。

(3) Weibull混合模型对双参数Weibull分布和对数正态概率图中经典的S形分布进行了最佳表征,是应选模型。

表34.2　GoF检验结果(MLE)

检验方法	Weibull模型	对数正态模型	混合模型2	混合模型3
r^2(RRX)	0.9485	0.9500	—	—
Lk	-237.4586	-238.1368	-233.5016	-232.4938
mod KS/%	3.5030	6.8723	10^{-10}	2.33×10^{-8}
χ^2/%	0.1873	0.2824	0.1661	0.2404

参考文献

[1] E. A. Elsayed, *Reliability Engineering*(Addison Wesley Longman, Reading, Massachusetts, 1996). 273-275.

第 35 章　25 份未公开的样本

25 份未公开的样本[1,2]的拉伸强度(kg/cm^2)列在表 35.1 中。建议采用极值 I 型 Gumbel 分布进行分析[1,2]。

表 35.1　拉伸强度(kg/cm^2)

88.40	90.70	94.10	95.02	97.00
97.20	97.50	98.30	98.90	99.50
99.90	100.40	100.82	101.30	101.70
102.11	102.50	102.90	103.39	103.80
104.30	104.81	105.50	106.15	107.30

35.1　分析 1

图 35.1 至图 35.3 分别给出了双参数 Weibull 分布($\beta=25.137$)、对数正态分布($\sigma=0.048$)和正态分布 RRX 故障概率图。对数正态分布和正态分布图都是上凹的,几乎难以区分。如果对数正态分布的形状参数 $\sigma<0.2$,对数正态模型就可以描述

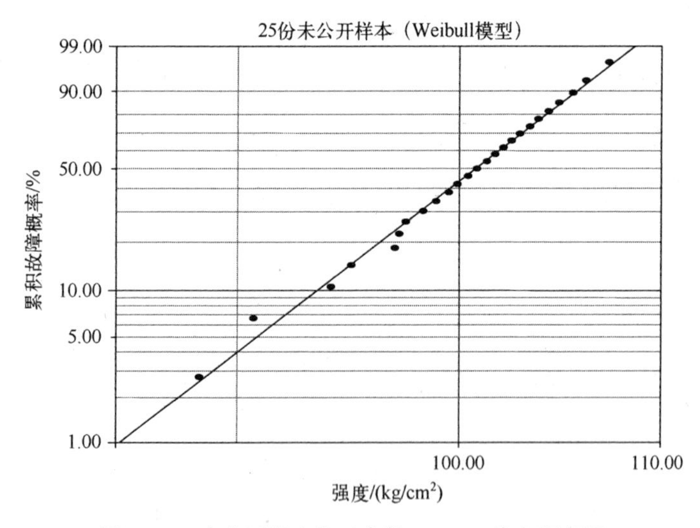

图 35.1　未公开样本的双参数 Weibull 分布概率图

正态分布的数据,这就是相似性的原因,反之亦然(8.7.2 节)。除了那些异常的χ^2检验结果(8.10 节),表 35.2 所列的统计拟合(GoF)检验表明,正态分布比对数正态分布更适用。尽管相互类似,对数正态分布和正态分布都不是可选模型。图 35.1 所示的直线拟合结果与表 35.2 中的 GoF 检验结果非常完美,都支持选用 Weibull 模型。

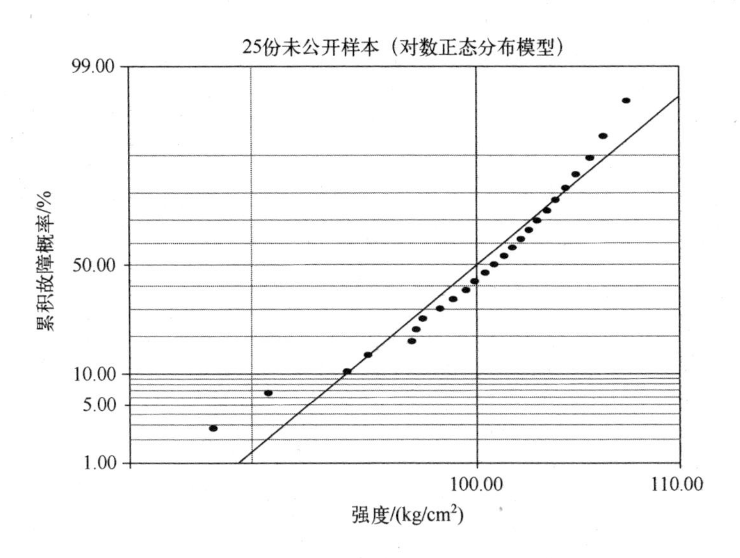

图 35.2　未公开样本的双参数对数正态分布概率图

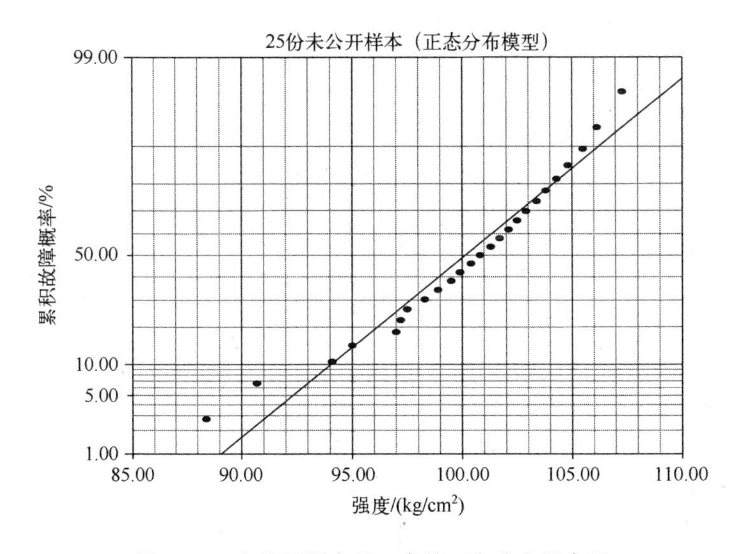

图 35.3　未公开样本的双参数正态分布概率图

表 35.2 GoF 检验结果(RRX)

检验方法	Weibull 模型	对数正态分布模型	正态分布模型
r^2	0.9934	0.9409	0.9537
Lk	-71.7671	-73.9193	-73.4756
mod KS/%	10^{-10}	9.75×10^{-2}	5.22×10^{-2}
χ^2/%	0.8362	1.6949	1.7830

35.2 分析 2

Weibull 模型的故障率如图 35.4 所示。由于 Weibull 分布的形状参数满足 $\beta\gg1$,所以存在一个约低于 85kg/cm^{2}的近似无故障间隔,如 35.4 图所示。这符合预期特性,即 $\beta>2$ 时 Weibull 模型的故障率增长缓慢,起初接近 $t=0$,随后迅速减缓(图 6.1)。要检验约低于 85kg/cm^{2}强度范围的故障,设想图 35.1 的 25 个样本分析将用于第一类样本的抗张强度故障估计,对于未选用的同一群体,采用相同的样本量 $SS=100$,1000 和 10000,意在强调条件相同。

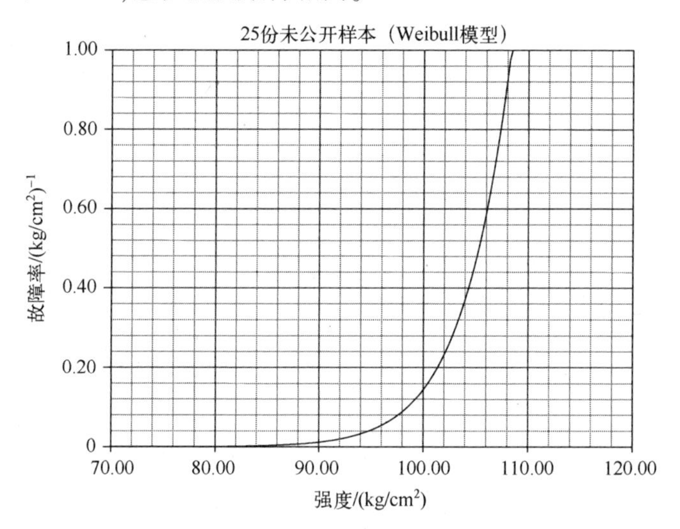

图 35.4 未公开样本的双参数 Weibull 分布故障率图

使用的方法和术语见第 9~11 章,第一类故障样本的抗张强度估计值是一个条件故障阈值或安全寿命 t_{FF}(Weibull 模型)。低于此阈值有一个无故障间隔。$SS=100$ 的示例见图 35.1,t_{FF}(Weibull 模型) = 85.18kg/cm^{2}相交于 $F=1.00\%$。表 35.3 总结了图 35.5 所用的其他群体,为了直观进行确认,在图 35.1 中扩大了尺度。这些估值仅在以下范围有效,即未选用的群体在无故障间隔范围内是否消除了潜在早期故障的影响。

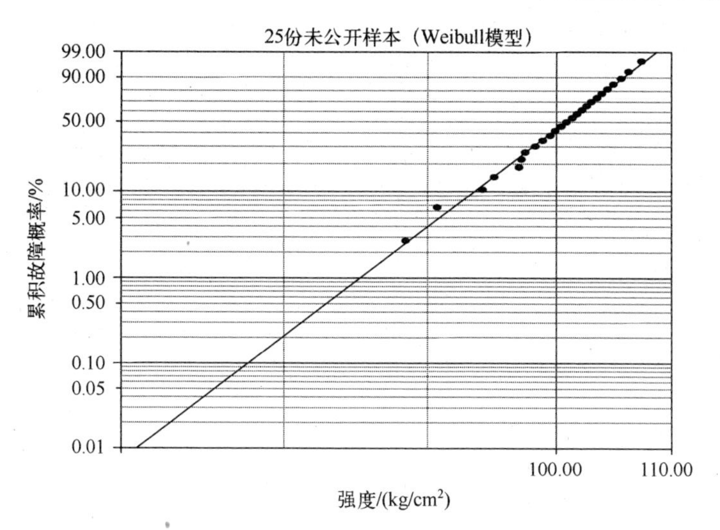

图 35.5　扩大尺度的双参数 Weibull 分布概率图

35.3　结论

（1）直观检测和 GoF 检验结果支持选择双参数 Weibull 模型。双参数对数正态分布图中数据的上凹趋势支持选择 Weibull 模型。

（2）在相同压力条件下，可以估计各种样本量的未选用的相同群体的故障阈值或等效的无故障间隔。未申明的假设是未选用的群体明显消除了薄弱组件未成熟期（例如，早期）故障的损害。

（3）上凹对数正态和正态分布图几乎无法区分。对数正态分布的形状参数满足 $\sigma<0.2$ 时结果相似，所以，对数正态模型可以描述正态分布的数据，反之亦然（8.7.2 节）。

表 35.3　故障阈值

SS	*F*/%	t_{FF}/(kg/cm²)	文献出处
100	1.00	85.18	图 35.1
1000	0.10	77.68	图 35.5
10000	0.01	70.88	图 35.5

参考文献

[1] D. Kececioglu, *Reliability Engineering Handbook*, Volume 1 (Prentice Hall, New Jersey, 1991), 467.

[2] D. Kececioglu, *Reliability and Life Testing Handbook*, Volume 1 (Prentice Hall PTR, New jersey, 1993), 675.

第 36 章　26 个碳纤维树脂($L=75$mm)

长度分别为 75 毫米、直径相同的 26 个碳纤维树脂的平均故障应力的数据都列在表 36.1 中[1,2]。建议利用双参数 Weibull 模型进行分析[1]。

表 36.1　故障应力统计数据(GPa)

2.6015	2.7219	2.8187	2.8703	2.9133
2.9606	2.9928	3.0358	3.0530	3.0874
3.1154	3.1283	3.1605	3.1949	3.2143
3.2229	3.2465	3.2788	3.2895	3.3218
3.3347	3.3583	3.3949	3.4465	3.4787
3.5260				

36.1　分析 1

双参数 Weibull($\beta=16.4$)、对数正态($\sigma=0.076$)和正态最大似然估计(MLE)故障概率图分别如图 36.1 至图 36.3 所示。这些数据在 Weibull 分布图中很好地呈直线

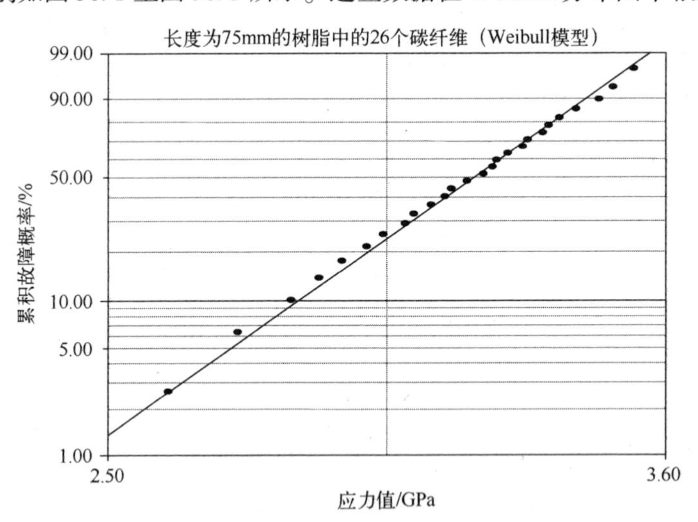

图 36.1　树脂中碳纤维的双参数 Weibull 概率图

排列,但在对数正态和正态图中却无法区分凹面。当对数正态分布形状参数满足 $\sigma<0.2$ 时,对数正态模型可以描述正态分布数据,反之亦然(8.7.2 节)。由表 36.2 给出的统计特性(GoF)检验结果优选正态分布描述,不过,看起来与对数正态分布和正态分布描述相似的都不是选择的模型。目视检查和表 36.2 中给出的 GoF 检验结果倾向于 Weibull 模型。回想一下,优化的统计寿命模型对于最大对数似然性具有最小的负值 Lk 或最大的正值 Lk。

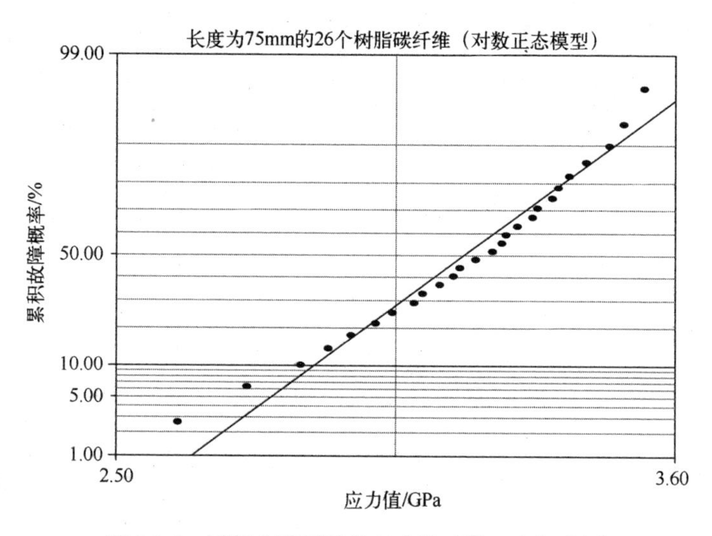

图 36.2　树脂中碳纤维的双参数对数正态概率图

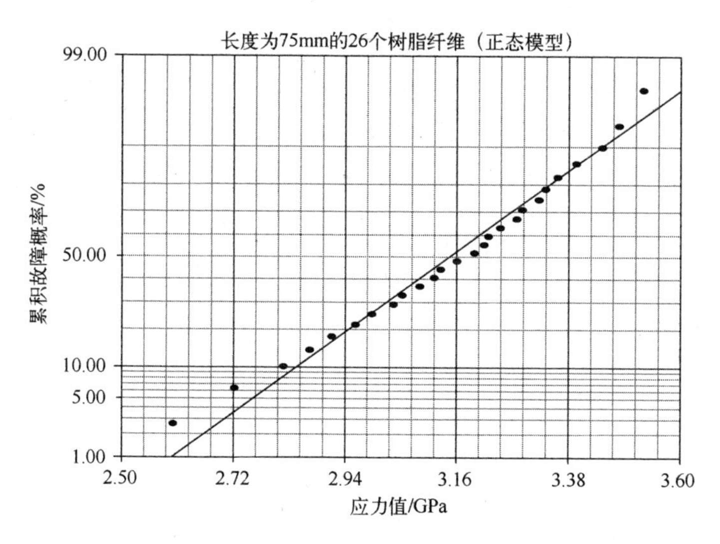

图 36.3　树脂中碳纤维的双参数正态概率图

表 36.2 GoF 检验结果(MLE)

检验方法	Weibull 模型	对数正态分布模型	正态分布模型
r^2(RRX)	0.9982	0.9679	0.9809
Lk	2.0771	0.7585	1.2909
mod KS/%	2.48×10^{-8}	3.11×10^{-1}	1.99×10^{-2}
χ^2/%	0.3830	1.1134	0.8347

如图 36.1 所示的双参数 Weibull 图在下尾部有轻微的下凹,目测如图线所示。这应该是阈值的表示。不过,三参数 Weibull 模型描述在图线下尾部显示的与故障数据的偏差表明该模型的应用是不合理的[3]。树脂中相同直径纤维的故障应力数据还提供了额外的样本数量 *SS* 和长度(*L*):24(5mm),26(12mm)和 25(30mm)。之前在文献[1,2]发现的 Weibull 模型的偏好已经证实了这三种额外的样本大小和长度。

已有结论是可以将纤维嵌入树脂中以提供对无意处理导致的缺陷的保护[4]。在这种观点中,防止外部破坏的纤维保护层包含许多缺陷部位,例如微裂纹。每个缺陷位点都能够导致树脂在应力下的破裂,所有这些都是相互独立作用得到 Weibull 模型描述[5]。样本数量和长度为 137(5mm)、139(12mm)、132(30mm)和 133(75mm)的碳纤维裸露(未涂覆)在空气中,在环境应力下,Weibull 模型图表征了这一保护属性[1]。相关的 Weibull 图[1]表现出下凹曲率,这表明对数正态描述可能产生更线性的拟合。132(5mm)未涂层纤维的故障数据成功分析了部分混合和部分竞争风险的模型;利用双参数 Weibull 模型来描述两个子群[4]。文献[4]指出,增加模型中独立参数的数量会改善故障数据的拟合优度。

第 77 章用双参数对数正态模型分析了样本数量为 137 和长度为 5mm 的裸露纤维的情况。第 56 章、第 59 章和第 60 章利用双参数对数正态模型和正态模型分析了样本数量和长度为 57(1mm)、64(10mm)、70(20mm)和 66(50mm)的裸纤维情况。6.3.2.1 节和 6.3.2.2 节描述了纤维破裂的对数正态模型和正态模型的成功应用是由于应力研究开始之前主裂纹的扩散。

36.2 分析 2

与第 35 章相似,Weibull 分布形状因子满足 $\beta\gg1$,故障率应在零应力附近非常缓慢地增加,此后迅速增加(图 6.1)。应力范围在 2.00~4.00GPa 的双参数 Weibull 故障率图如图 36.4 所示。如果在样本数量为 100 的树脂中,长度为 75mm 的碳纤维树脂施加应力至发生故障,则可以估计故障应力阈值或安全寿命为 $t_{FF}=2.46$GPa(Weibull 模型),这一步骤在第 9~12 章中提及。这样的估计肯定在早期故障范围内,而在无故障区域的未测样本则不那么明显。

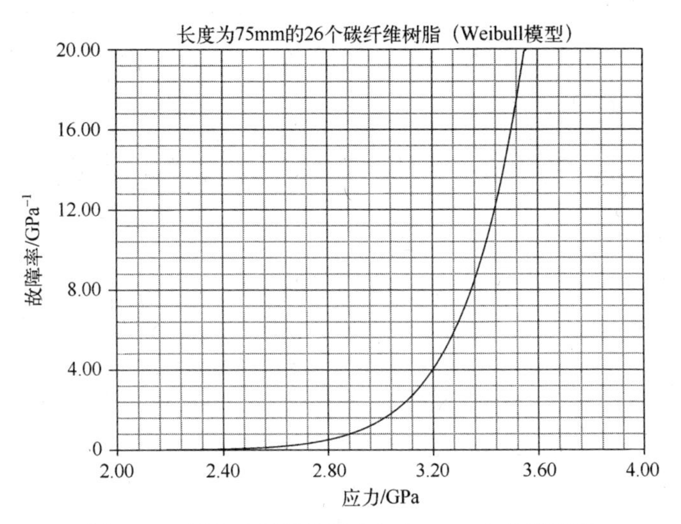

图 36.4　树脂中碳纤维的双参数 Weibull 故障率图

36.3　结论

(1) 双参数 Weibull 模型可以提供树脂中嵌入碳纤维的应力诱发疲劳故障的优异描述。

(2) 树脂涂层的作用是防止无意处理引起的缺陷[4]。在这种观点中,受保护的纤维包含无数微小的裂纹,每一个裂纹都会在压力促进下破裂,所有过程都是平等的、独立的,可以利用 Weibull 模型来描述[5]。

(3) 上凹对数正态分布和正态分布情况几乎无法区分。当对数正态形状参数满足 $\sigma<0.2$ 时,会存在相似性,因此对数正态模型可以描述正态分布数据,反之亦然(8.7.2 节)。

参考文献

[1] L. C. Wolstenholme, A nonparametric test of the weakest-link principle, *Technometrics*, 37 (2), 169-175, May 1995.

[2] W. R. Blischke and D. N. P. Murthy, *Reliability: Modeling, Prediction, and Optimization* (Wiley, New York, 2000), 56-59, 382, 384.

[3] D. Kececioglu, *Reliability Engineering Handbook*, Volume 1 (Prentice Hall, New Jersey, 1991), 309.

[4] L. C. Wolstenholme, *Reliability Modelling: A Statistical Approach* (Chapman & Hall/CRC, BocaRaton, 1999), 214, 235-238.

[5] P. A. Tobias and D. C. Trindade, *Applied Reliability*, 2nd edition (Chapman & Hall/CRC, Boca Raton, 1995), 89-92.

第 37 章　26 个雷达系统故障

表 37.1 列出了雷达系统的 26 个故障时间数据。建议利用指数模型和 Weibull 模型进行分析[1]。

表 37.1　雷达系统的故障时间(h)

3.0	11.8	15.0	21.2	24.0
29.0	50.0	54.0	70.0	84.5
84.5	91.0	104.0	122.0	153.0
166.0	166.0	202.0	255.0	280.0
345.1	405.0	425.0	493.0	565.0
650.0				

37.1　分析 1

图 37.1 和图 37.2 分别显示了双参数 Weibull 模型($\beta=0.95$)和对数正态模型($\sigma=1.35$)MLE 故障概率图,没有画出下凹的正态图。虽然大量的对数正态数据可以通过直线很好地拟合,但是在下尾部和上尾部的上凹特征使 Weibull 图在视觉上更可取。表 37.2 给出的 GoF 检验结果确定选择 Weibull 模型。

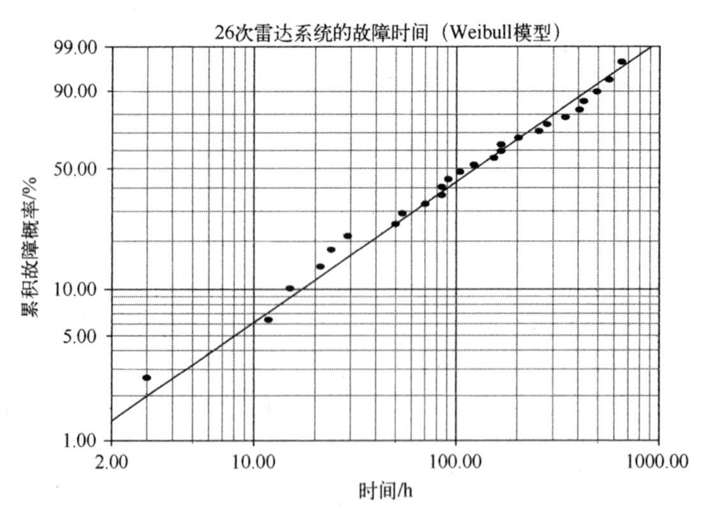

图 37.1　雷达系统的双参数 Weibull 概率图

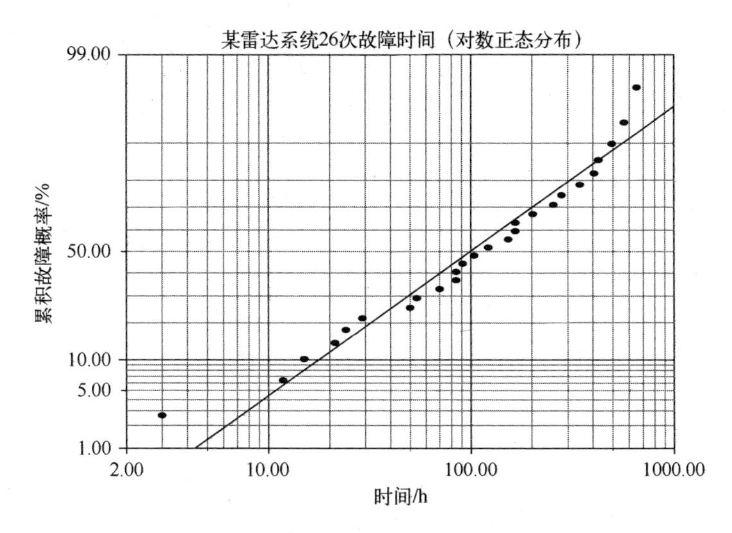

图 37.2　雷达系统的双参数对数正态概率图

表 37.2　GoF 检验结果(MLE)

检 验 方 法	Weibull 模型	对数正态分布模型	指数分布模型
r^2(RRX)	0.9918	0.9551	不存在
Lk	-161.9942	-163.6253	-162.0468
mod KS/%	1.40×10^{-3}	1.22	1.10×10^{-2}
χ^2/%	0.301	1.2100	0.8528

在雷达系统的维护中,故障组件很可能随时被更换。因此,组件存在“处于分散的磨损状态”[2]。虽然单个组件的故障可以用 Weibull 模型或对数正态模型来描述,但是,组装的组件一些是原始的,一些是经过修复的,一些是新的替代组件,具有不同的工作寿命,将在任何工作寿命间隔发生同样可能的故障,将导致与时间无关的故障率分布,即指数分布。因此,一旦恒定故障率变得稳定,各个替换组件在系统的时间范围内就会随机进入系统的时间范围,因此在随机时间发生故障,与 Weibull 形状参数 $\beta=0.95\approx1.0$ 一致。

37.2　分析 2

为了测试单参数指数模型可以提供充分描述的建议,图 37.3 为双参数 Weibull 模型描述,其形状参数固定为 $\beta=1.00$,即指数模型的形状参数。图线拟合很好,非常类似于图 37.1 所示的 Weibull 图。忽略经常误导的 χ^2 检验结果(8.10 节),如表 37.2 所列的 GoF 检验结果选择双参数 Weibull 模型优于指数模型。

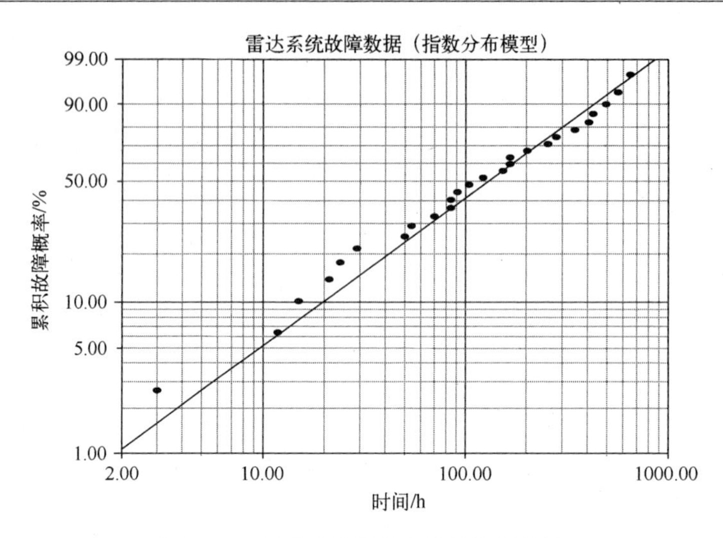

图 37.3 雷达系统的单参数指数概率图

37.3 分析 3

图 37.1 至图 37.3 曲线上方的第一个故障看起来是异常值,如表 37.1 所列。图 37.1 所示的曲线显示出波动或 S 形行为,表明存在两个或更多个子群。图 37.4 所示的 Weibull 混合模型(8.6 节)概率图与三个子群模型一样,证明第一个故障是异常值的观点。在具有四个子群的混合模型图中,该结论不变。

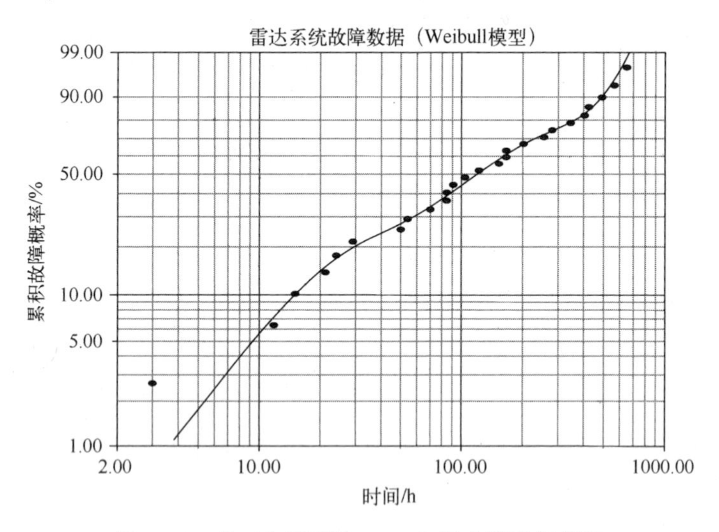

图 37.4 有三个子群的 Weibull 混合模型概率图

剔除第一个(异常值)故障后,图 37.5 和图 37.6 分别显示了双参数 Weibull 分布(β=1.04)和对数正态分布(σ=1.14)MLE 故障概率图。虽然对数正态分布保持上凹,但视觉检查并没有提供明确的选择指南。表 37.3 中的 GoF 检验结果支持选择双参数 Weibull 模型,除了 r^2(样本相关系数的平方)检验近似结果倾向于对数正态分布。剔除第一个故障后,β=1.04≈1.00 的值与用单参数指数模型或 β= 1.00 的双参数 Weibull 模型的表征一致。这由图 37.7 所示的单参数指数模型 MLE 故障概率图和表 37.3 所列的 GoF 检验结果支持,除了通常有问题的χ^2 检验结果(8.10 节)。

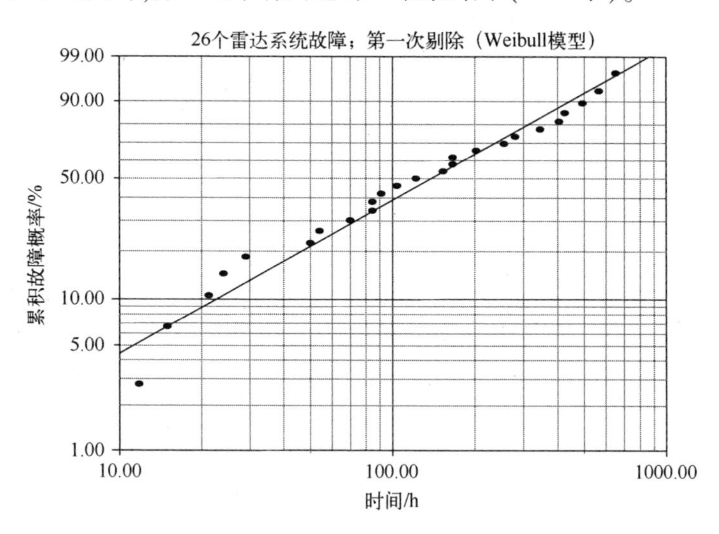

图 37.5　剔除第一个故障的双参数 Weibull 概率图

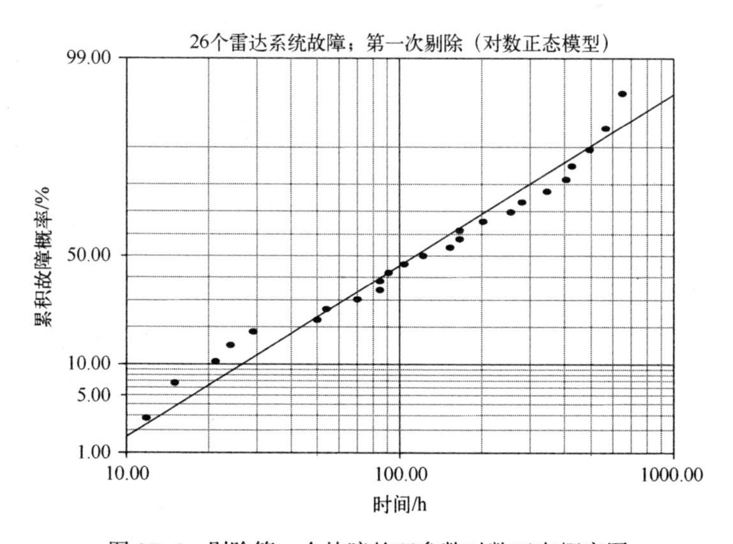

图 37.6　剔除第一个故障的双参数对数正态概率图

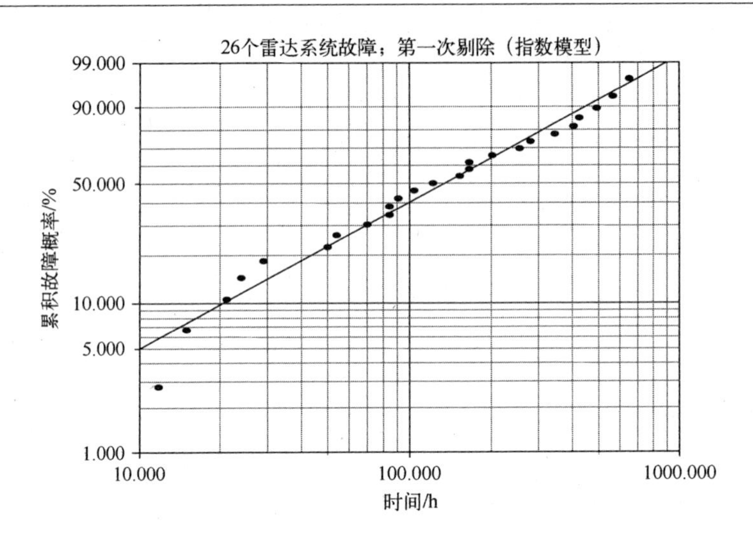

图 37.7 剔除第一个故障的单参数指数概率图

表 37.3 剔除第一个故障的 GoF 检验结果(MLE)

检验方法	Weibull 模型	对数正态分布模型	指数分布模型	Weibull 混合模型
r^2(RRX)	0.9712	0.9734	不存在	—
Lk	-156.7675	-157.1880	-156.7947	-153.5555
mod KS/%	5.45×10^{-3}	4.56×10^{-2}	1.65×10^{-3}	10^{-10}
χ^2/%	0.3841	0.7154	1.7000	0.2124

37.4 分析 4

剔除第一个故障后,正如曲线所示,图 37.5 和图 37.6 中的 S 形结构表明存在现有群体混合的情况,这与图 37.4 一致。图 37.8 描述了具有 3 个子群和 8 个独立参数的 Weibull 混合模型概率图。每个子群由双参数 Weibull 模型描述。形状参数和子群分数为 $\beta_1=3.75$,$f_1=0.16$,$\beta_2=1.95$,$f_2=0.52$;$\beta_3=3.37$,$f_3=0.32$,其中 $f_1+f_2+f_3=1$。目视检查和如表 37.3 所列的 GoF 检验结果支持选择 Weibull 混合模型。

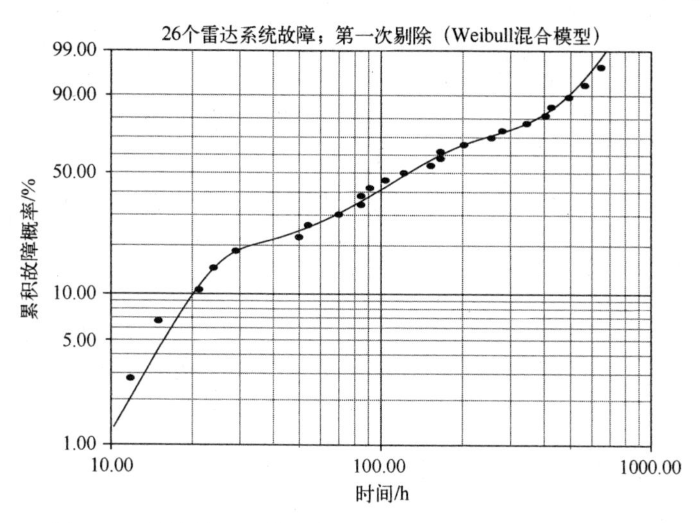

图 37.8　剔除第一个故障有三个子群的 Weibull 混合模型图

37.5　分析 5

剔除第一个故障后，图 37.5 所示的双参数 Weibull 图显示了下尾部的下凹形状，这表明存在故障阈值。为了减小曲率，三参数 Weibull 模型（8.5 节）MLE 故障概率图（$\beta=0.89$）如图 37.9 所示。绝对阈值故障时间为 t_0（三参数 Weibull 模型）$=9.89\approx10$h，如垂直虚线所示。除了混合模型结果，表 37.4 所列的 GoF 检验结果支持三参数 Weibull 描述。

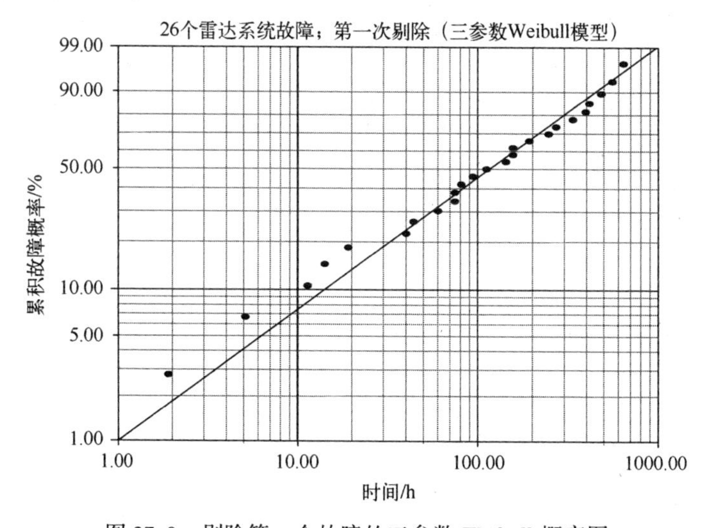

图 37.9　剔除第一个故障的三参数 Weibull 概率图

表 37.4 剔除第一个故障的 GoF 检验结果(MLE)

检验方法	Weibull 模型	对数正态分布模型	三参数 Weibull 分布模型	Weibull 混合模型
r^2(RRX)	0.9712	0.9734	0.9912	—
Lk	-156.7675	-157.1880	-155.2110	-153.5555
mod KS/%	5.45×10^{-3}	4.56×10^{-2}	6.85×10^{-4}	10^{-10}
χ^2/%	0.3841	0.7154	0.1352	0.2124

可以得出以下几点结论:①预测的绝对故障阈值 10h 与在 3h 剔除故障存在矛盾;②在图 37.5 所示的相关直线中,只有前两个故障剔除了弯曲,其余数据看起来都不受影响;③数据与图线的偏差在图 37.9 的下尾部明显,这表明利用三参数 Weibull 模型是不合理的[3]。

37.6 结论

(1) 单参数指数模型是选择的模型。不管是否剔除第一个故障,形状参数分别为 β=1.04,0.95 的双参数 Weibull 模型与通过指数或常数故障率模型对故障的描述是一致的。这符合具有不同寿命的各种替换组件在系统的随机时间内、在系统的时间尺度上进入服务的期望值,因此在任意间隔长度的情况下,预期发生故障的组件数量相同。

(2) 不剔除第一个故障时,目视检查和 GoF 检验结果支持选择双参数 Weibull 模型优于双参数对数正态模型。

(3) 在图 37.4 所示的 Weibull 混合模型图中,表 37.1 中 3h 的故障是一个异常值,因为它不能并入第一个子群中;异常状态由表 37.1 所列的检查支持。

(4) 剔除第一次故障数据后,根据目视检查和 GoF 检验结果,双参数 Weibull 模型和单参数指数模型描述是可比较的。目视检查和 GoF 检验结果都支持选择双参数对数正态描述。图 37.6 所示的对数正态概率图表现出上凹形状。

(5) 不管是否剔除第一个故障,由于双参数 Weibull 优于双参数对数正态模型,因此都不需利用三参数 Weibull 模型。

(6) 图 37.9 所示下尾部与数据的偏差表明,利用三参数 Weibull 模型是不合理的[3]。

(7) 在没有试验证据证明时,在剔除第一个故障后利用三参数 Weibull 模型被认为是随意的[4,5],这会导致绝对故障阈值的评估过于乐观[5]。

(8) 双参数 Weibull 模型形状参数为 $\beta\approx1.0$,因此,存在绝对阈值故障时间这一结论是不可信的,特别是因为剔除故障的 3h 位于估计的绝对无故障时域 t_0(三参数 Weibull 模型)≈10h 之内。当恒定的故障率或指数模型合适的时候,可能期望在 t=

0 或附近发生故障。

(9) 剔除第一个故障后,具有 8 个独立参数的 Weibull 混合模型提供了良好的数据描述。不过,基于 Occam 的经济解释,单参数指数模型和双参数 Weibull 模型描述优于八参数 Weibull 混合模型描述,即具有 1 个或 2 个参数的适当描述优于有 8 个参数的描述。当然,模型参数越多,视觉拟合和 GoF 检验结果越好。

参考文献

[1] W. H. von Alven, Editor, Reliability Engineering (Prentice Hall, New Jersey, 1964), 183.

[2] D. J. Davis, An analysis of some failure data, J. Am. Stat. Assoc., 47 (258), 113-150, June 1952.

[3] D. Kececioglu, Reliability Engineering Handbook, Volume 1 (Prentice Hall, New Jersey, 1991), 309.

[4] R. B. Abernethy, The New Weibull Handbook, 4th edition (Abernethy, North Palm Beach, Florida, 2000), 3-9.

[5] B. Dodson, The Weibull Analysis Handbook, 2nd edition (ASQ Quality Press, Milwaukee, Wisconsin, 2006), 35.

第 38 章 28 个碳纤维束($L=20$mm)

文献[1-3]中给出了浸渍在环氧树脂中的 1000 个碳纤维束的故障应力,并用双参数 Weibull 模型进行了分析[1,2,4,5]。纤维束的四个群体的样本规模和长度为:28(20mm),30(50mm),32(150mm)和 29(300mm)。在第 39 章中,将分析长度为 $L=300$mm 的 29 个纤维束的故障数据。表 38.1 给出了 28 个纤维束长度 $L=20$mm 的故障应力(GPa)。

表 38.1 28 个纤维束的故障应力(GPa)($L=20$mm)

2.526	2.546	2.628	2.628	2.669	2.669	2.710
2.731	2.731	2.731	2.752	2.752	2.793	2.834
2.834	2.854	2.875	2.875	2.895	2.916	2.916
2.957	2.977	2.998	3.060	3.060	3.060	3.080

38.1 分析 1

图 38.1 至图 38.3 分别显示了双参数 Weibull 模型($\beta=21.81$)、对数正态模型($\sigma=0.058$)和正态 RRX 故障概率图。沿着直线可以看出,Weibull 图线整体呈下凹趋势。对数正态和正态图分布可以用直线很好地拟合,并且在视觉上很难区分。如果对数正态形状参数满足 $\sigma\leqslant 2$,那么对数正态模型描述的数据也可以被正态模型描述,反之亦然(8.7.2 节)。表 38.2 给出的统计优度(GoF)检验结果分为:正态模型由 r^2 检验和 Lk 检验支持,对数正态模型由 mod KS 检验支持。χ^2 检验结果支持 Weibull 模型但打了折扣(8.10 节)。

表 38.2 GoF 检验结果(RRX)

检验方法	Weibull 模型	对数正态模型	正态模型	三参数 Weibull 模型	Weibull 混合模型
r^2	0.9545	0.9789	0.9795	0.9827	—
Lk	11.6106	12.3314	12.3922	12.4356	12.8902
mod KS/%	24.1568	0.2746	1.0535	0.0015	0.4595
χ^2/%	0.0701	0.2387	0.2133	0.0721	0.1024

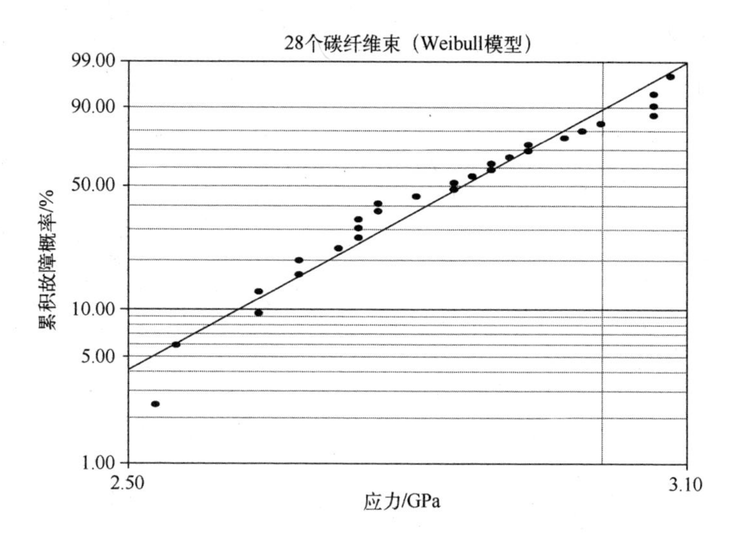

图 38.1　28 个碳纤维束的双参数 Weibull 故障概率图

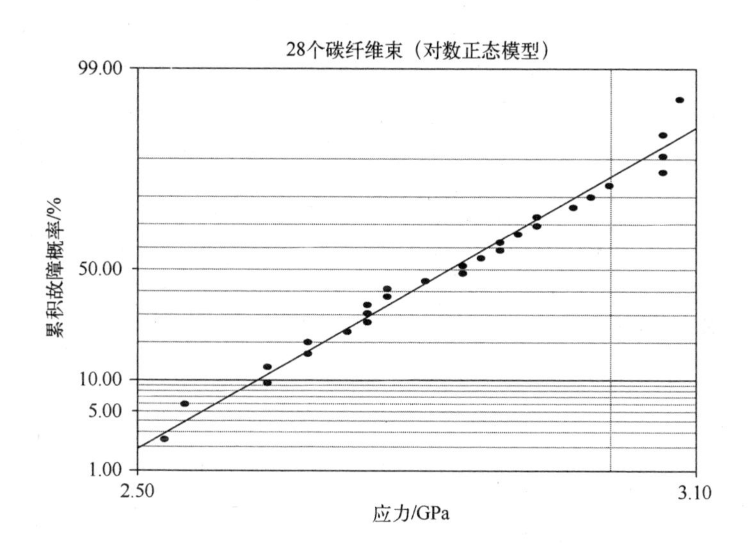

图 38.2　28 个碳纤维束的双参数对数正态故障概率图

在第 36 章中,涂覆树脂的单碳纤维束的故障与双参数 Weibull 模型描述相符[6,7],所以双参数 Weibull 模型对于故障的描述显得很令人惊讶。“通常假定碳纤维或碳复合材料的拉伸强度遵循 Weibull 分布,但是观察到的拉伸强度数据很多并不表现出合理的线性 Weibull 图,这表明其他统计模型可能是更合适[5]”。

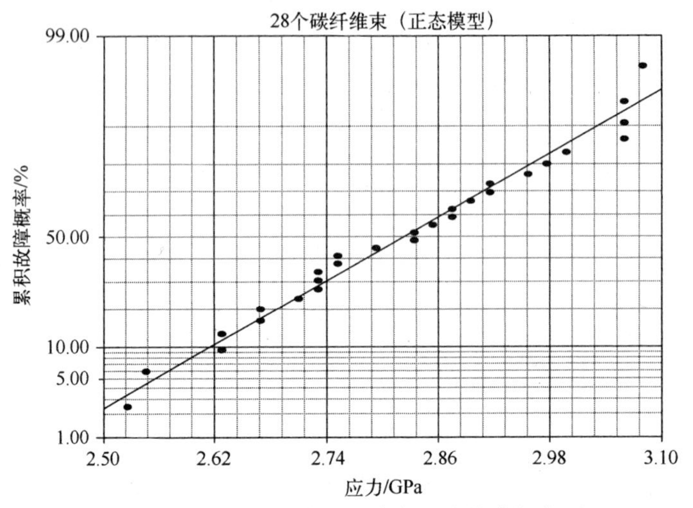

图 38.3 28 个纤维束的双参数正态故障概率图

38.2 分析 2

图 38.1 中的双参数 Weibull 图中的故障应力的下凹趋势表明,图 38.4 中的三参数 Weibull 模型(8.5 节)RRX 故障概率图(β=2.62)可能会改善 Weibull 特征。虽然视觉上看不出差别,但是,表 38.2 中给出的 GoF 检验结果表明,三参数 Weibull 模型比双参数对数正态模型和正态模型更适合。绝对故障应力阈值参数为 t_0(三参数 Weibull 模型)= 2.410GPa。为了得到图 38.4 中的最低应力值,可以用表 38.1 中的最低应力 2.526GPa 减去绝对阈值应力 t_0(三参数 Weibull 模型)= 2.410GPa,从而得到 0.116GPa。

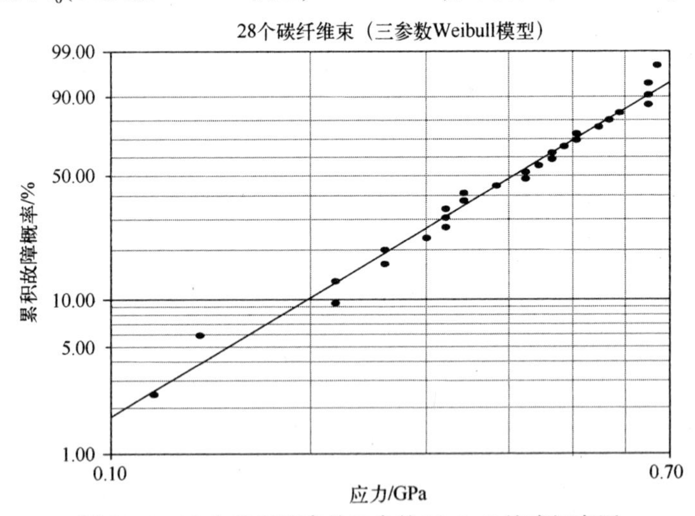

图 38.4 28 个碳纤维束的三参数 Weibull 故障概率图

38.3　分析 3

由于图 38.1 中的双参数 Weibull 模型图表现出 S 形曲率，所以利用 Weibull 混合模型（8.6 节）是合理的。如图 38.5 所示，这表明有两个子群。每个子群由双参数 Weibull 模型描述，共需要 5 个独立参数。形状参数和子群分数为 $\beta_1 = 34.34$，$f_1 = 0.5$，$\beta_2 = 37.39$，$f_2 = 0.5$，其中 $f_1 + f_2 = 1$。通过目测检查，图 38.5 中的曲线与图 38.2 至图 38.4 所示的阵列都拟合得很好，因为 β_1 和 β_2 很接近。基于表 38.2 中的 GoF 检验结果，三参数 Weibull 模型和 Weibull 混合模型看起来是相当的，当然 χ^2 检验结果打了折扣（8.10 节）。

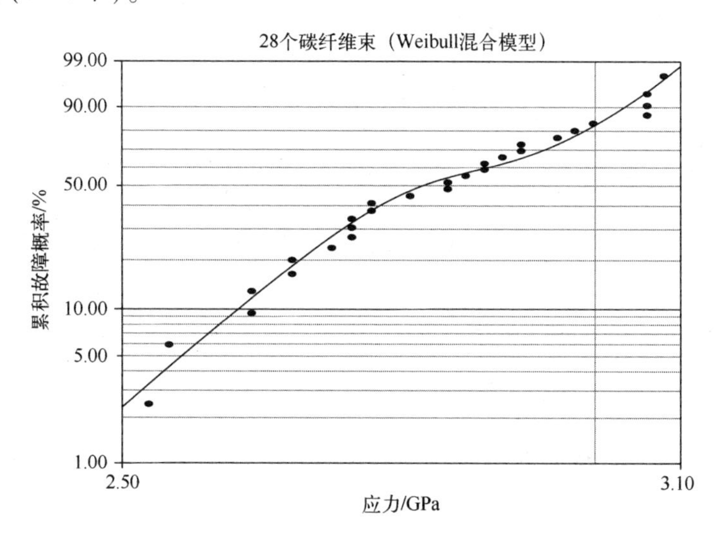

图 38.5　28 个碳纤维束、有两个子群的 Weibull 混合概率图

38.4　分析 4

分析故障数据的主要目的是找到一个双参数模型描述。从目测检查和 GoF 检验结果来看，双参数对数正态模型和正态模型几乎相同，所以目标是选择一个特征来帮助区分这两个模型。图 38.6 和图 38.7 分别显示了尺度扩大的双参数对数正态和正态概率图。对于 1000 个不受应力的纤维束（L=20mm），每个树脂中嵌入 1000 个纤维，故障阈值或故障分数的安全寿命（F=0.10%）对应于第一个故障应力，为 t_{FF} = 2.358GPa（对数正态模型）和 t_{FF} = 2.321GPa（正态模型）。虽然故障阈值接近，但正态模型的阈值较为保守。三参数 Weibull 模型的绝对故障阈值为 t_0 = 2.410GPa。

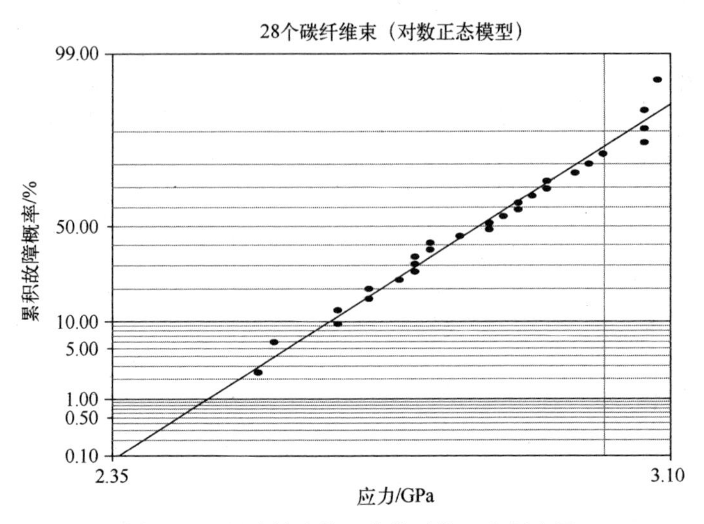

图 38.6　尺度扩大的双参数对数正态概率图

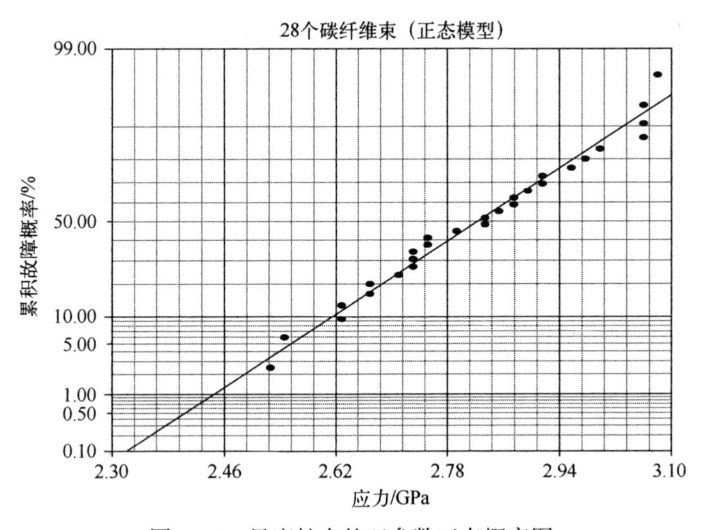

图 38.7　尺度扩大的双参数正态概率图

38.5　分析 5

为了更好地选择模型,图 38.8 至图 38.10 给出了双参数对数正态、正态和三参数 Weibull 故障率图。当应力小于 2.87GPa 时,故障率在前两幅图中无差异,但正态故障率曲线增加更快。正态模型似乎为较高的应力水平提供了最保守的预测。图 38.10 中的垂直虚线是三参数 Weibull 模型更乐观的绝对故障阈值 t_0(三参数 Weibull 模型)= 2.410GPa。

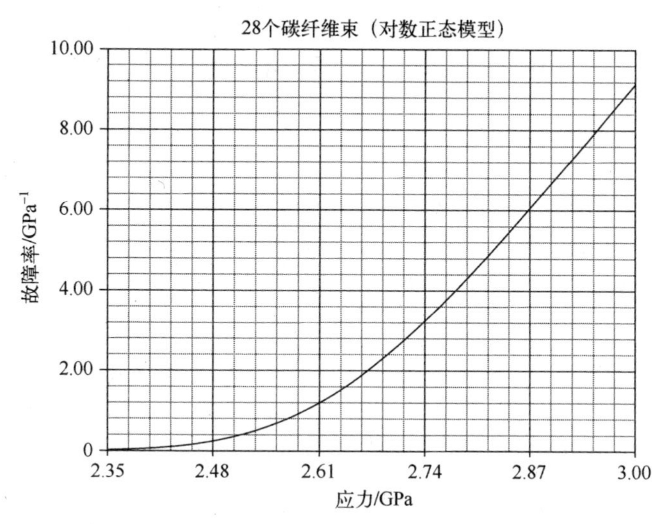

图 38.8　28 个碳纤维束的双参数对数正态故障率图

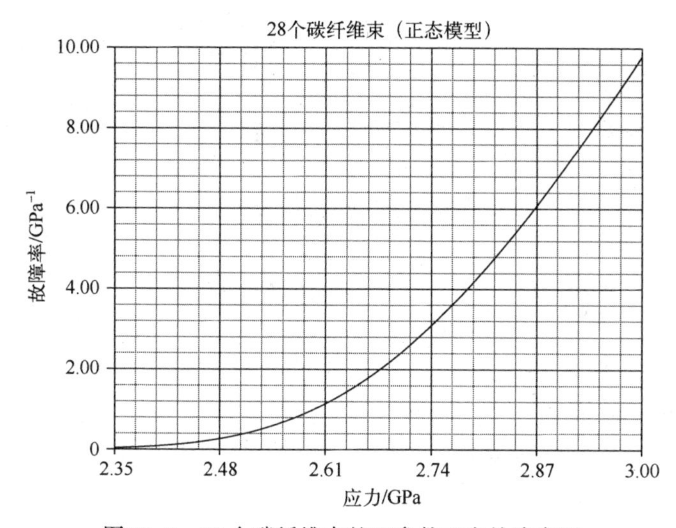

图 38.9　28 个碳纤维束的双参数正态故障率图

38.6　结论

(1) 用经验法描述故障率数据通常是为了尊重已有的权威。例如,这对应于“碳纤维或碳复合材料的拉伸强度遵循公知的 Weibull 分布”的假设。依此类推,用启发式方法描述故障率显得比较合理。一个更为已知的启发式是试错法,在目前情况下,所有观察到的“拉伸强度数据”并不表现出合理的线性 Weibull 图,表明其他统计模型可能更合适。

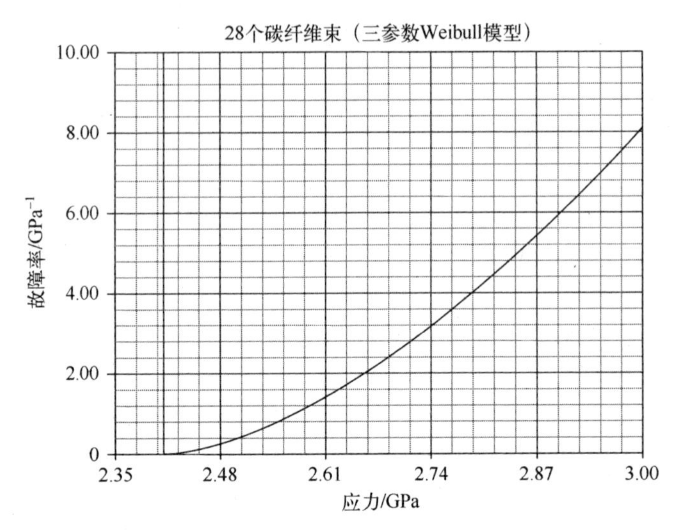

图 38.10 28 个碳纤维束的三参数 Weibull 故障率图

(2) 双参数对数正态模型和正态模型提供可比较的视觉描述图,其中,正态模型的 GoF 检验结果较好。如果对数正态分布形状参数 σ 满足 $\sigma \leqslant 0.2$,则对数正态模型和正态模型可以提供足够可比的故障数据描述(8.7.2 节)。对未测试样本的故障阈值进行略微更保守的预测,双参数正态模型优于双参数对数正态模型。虽然正态模型可以为最高应力水平提供更保守的预测,但是在最终的故障应力方面应用不好。考虑到诸多方面,双参数正态模型是很好的选择。

(3) 在没有试验证据证明三参数 Weibull 模型的应用的情况下,利用该模型是比较随意的[8,9],可能会使绝对阈值的估计过于乐观[9]。

(4) 无论是否明确规定,利用三参数 Weibull 模型是由于在故障发生前都需要时间来启动和发展的故障机制。不过,这一事实的正确性并不是对于在双参数 Weibull 故障概率图中存在下凹曲率的每一种情况下都成立,特别是当通过双参数对数正态和正态模型图能提供足够的描述时。

(5) 根据 Occam 的经济学原理的解释,双参数对数正态模型和正态模型提供的目测检查拟合优度相当,拒绝三参数 Weibull 模型。同理,也拒绝五参数 Weibull 混合模型。可以希望通过更多的模型参数来得到相当的或更好的目测拟合优度和 GoF 检验结果。

(6) 由于两个形状参数 $\beta_1 = 34.34$ 和 $\beta_2 = 37.39$ 很相似,因此,也拒绝五参数 Weibull 混合模型。在更大的样本群体中可能找不到两个子群。

参考文献

[1] R. L. Smith, Weibull regression models for reliability data, Reliab. Eng. Syst. Saf., 34, 55-77, 1991.

[2] M. J. Crowder et al. , Statistical Analysis of Reliability Data (Chapman & Hall/CRC, Boca Raton, 1991), 82,87.

[3] W. R. Blischke and D. N. P. Murthy, Reliability: Modeling, Prediction and Optimization (Wiley, New York, 2000),57-58.

[4] A. S. Watson and R. L. Smith, An examination of statistical theories for fbrous materials in the light ofexperimental data, J. Mater. Sci. ,20,3260-3270,1985.

[5] S. D. Durham and W. J. Padgett, Cumulative damage models for system failure with application tocarbon fbers and composites, Technometrics, 39 (1),34-44,1997.

[6] L. C. Wolstenholme, A nonparametric test of the Weakest-Link principle, Technometrics, 37 (2), 169-175, May 1995.

[7] W. R. Blischke and D. N. P. Murthy, Reliability: Modeling, Prediction and Optimization (Wiley, New York, 2000),382,384.

[8] R. B. Abernethy, The New Weibull Handbook, 4th edition (Abernethy, North Palm Beach, Florida, 2000),3-9.

[9] B. Dodson, The Weibull Analysis Handbook, 2nd edition (ASQ Quality Press, Milwaukee, Wisconsin, 2006),35.

第 39 章　29 个碳纤维束($L=300$mm)

文献[1-3]给出了浸渍在环氧树脂中的 1000 个碳纤维束的故障应力,文献[1,2,4,5]中用双参数 Weibull 模型进行了分析。纤维束的四个群体的样本数(SS)和长度(L)为:28(20mm),30(50mm),32(150mm)和 29(300mm)。在第 38 章中,分析了长度为 20mm 的纤维束故障数据。表 39.1 给出了 29 束长度为 300mm 的故障应力(GPa)。

表 39.1　29 个纤维束故障应力数据(长度为 300mm)

1.889	2.115	2.117	2.259	2.279	2.320	2.341
2.341	2.382	2.382	2.402	2.443	2.464	2.485
2.505	2.505	2.526	2.587	2.608	2.649	2.669
2.690	2690	2.71	2.751	2.751	2.854	2.854
2.875						

39.1　分析 1

图 39.1 至图 39.3 给出了双参数 Weibull 模型($\beta=12.70$)、对数正态模型($\sigma=0.097$)和正态模型的 MLE 故障概率图。通过目测,Weibull 模型与直线具有较好的一致性。对数正态模型和正态模型在视觉上是无法区分的。如果对数正态形状参数 σ 满足 $\sigma \leqslant 0.2$,则对数正态和正态模型可以提供足够可比的故障数据描述(8.7.2 节)。表 39.2 给出的统计测试结果(GoF)支持 Weibull 模型,除了 mod KS 检验之外(支持正态模型)。所以,双参数 Weibull 模型是要选择的模型。

表 39.2　GoF 检验结果(MLE)

检验方法	Weibull 模型	对数正态模型	正态模型
r^2(RRX)	0.9857	0.9551	0.9738
Lk	1.7571	0.4237	1.1988
mod KS/%	0.4777	0.1160	0.0541
χ^2/%	0.1743	0.3346	0.2026

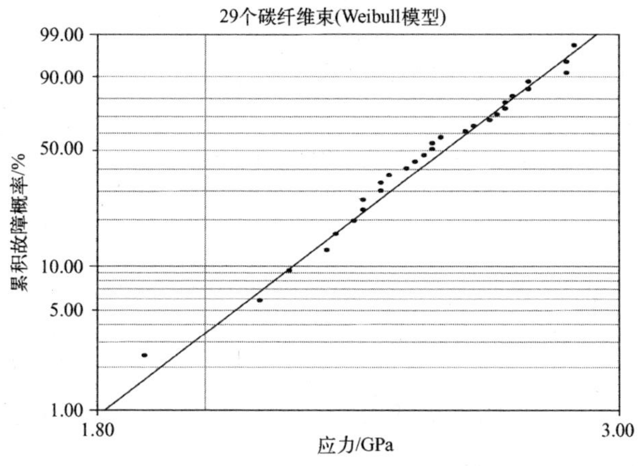

图39.1　双参数Weibull故障概率图

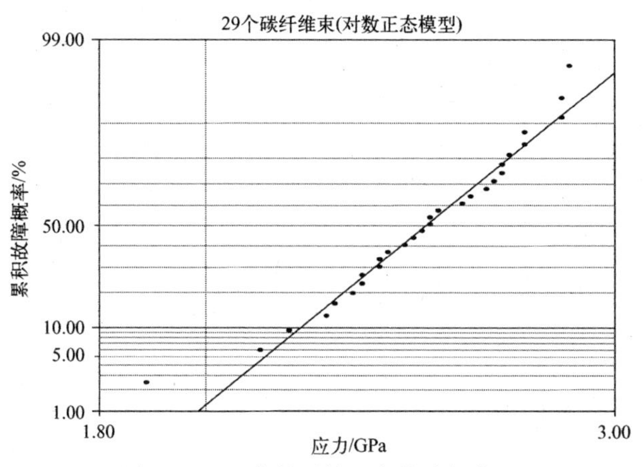

图39.2　双参数对数正态故障概率图

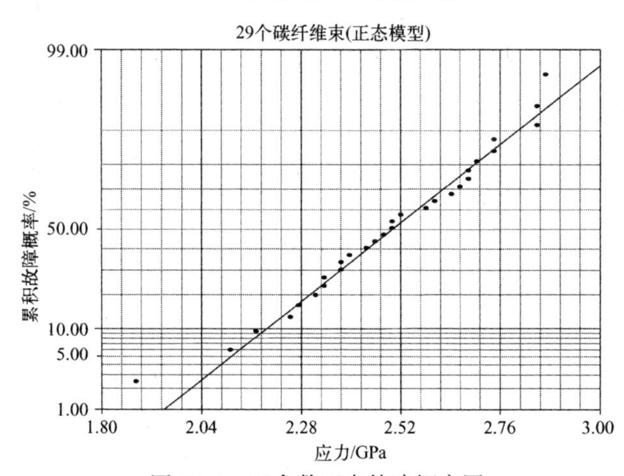

图39.3　双参数正态故障概率图

39.2 分析 2

有几个理由认为选择 Weibull 模型为时过早:①图 39.1 至图 39.3 中的第一个故障点都在图线之上,每个故障发生的故障概率超过了曲线预测的概率,因此被解释为是早期故障类型的异常值;②图 39.1 所示的 Weibull 图显示,除了第一次故障之外,数据阵列的其余部分显示为下凹;③Weibull 图中的第一次故障被解释为掩盖固有的下凹曲率;④除了第一次故障,图 39.2 和图 39.3 所示的对数正态和正态图中的数据阵列直线拟合得相当好。

剔除第一次故障后,图 39.4 至图 39.6 分别显示了双参数 Weibull 模型($\beta=13.74$)、对数正态模型($\sigma=0.082$)和正态模型 MLE 故障概率图。双参数 Weibull 图中的数据整体呈下凹状。相比之下,视觉上无法区分对数正态和正态模型的线性排列,两者均优于 Weibull 模型。不过,表 39.3 提供的 GoF 检验结果表明,所有四个检验都支持正态模型优于对数正态模型。

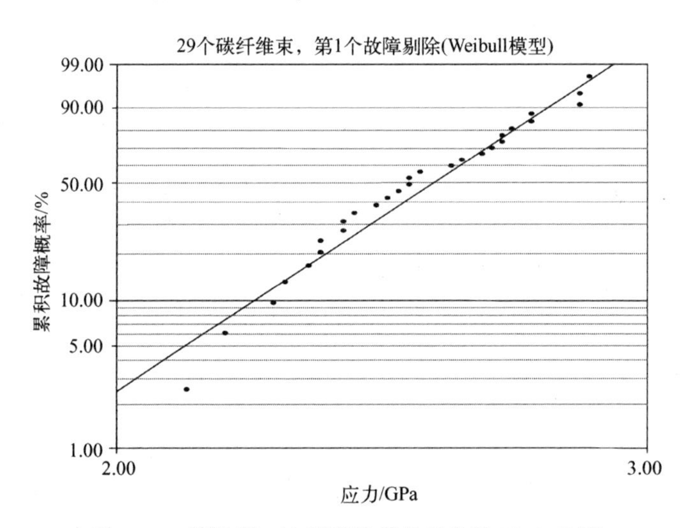

图 39.4 剔除第一次故障数据的双参数 Weibull 图

表 39.3 剔除第一次数据后的 GoF 检验结果(MLE)

检验方法	Weibull 模型	对数正态模型	正态模型	三参数 Weibull 模型
r^2(RRX)	0.9628	0.9833	0.9845	0.9910
Lk	4.0818	4.5664	4.6562	5.0114
mod KS/%	4.7865	0.9506	0.2882	0.1040
χ^2/%	0.1890	0.1842	0.1487	0.0339

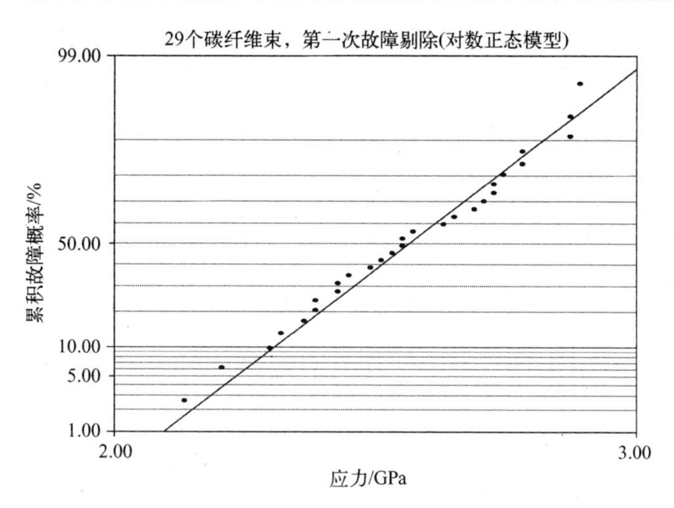

图39.5　剔除第一次故障数据的双参数对数正态图

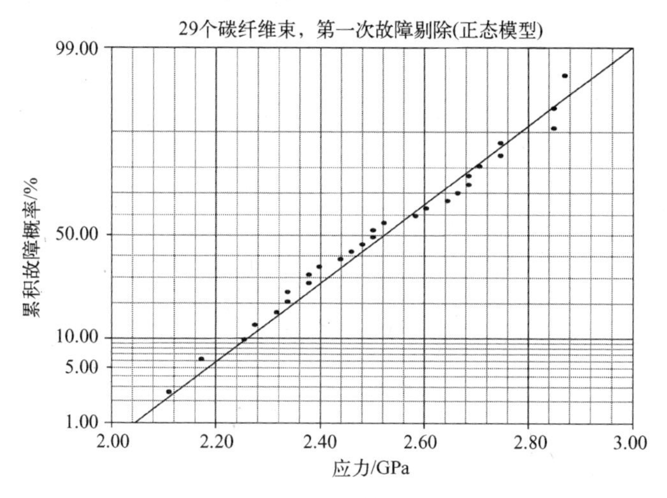

图39.6　剔除第一次故障数据的双参数正态图

39.3　分析3

剔除第一次故障后,图39.4所示的双参数Weibull分布图中的下凹曲率表明,三参数Weibull模型(8.5节)可以提供减缓曲率。如图39.7所示,三参数Weibull图呈直线状(β = 3.40)。估计的故障应力绝对阈值 t_0(三参数Weibull模型) = 1.903GPa低于未发生故障时预测的值,与表39.1给出的剔除第一个故障应力1.889GPa相矛盾。如图39.1所示,可以通过从第一个未剔除的故障应力(2.115GPa)中减去 t_0(三参数Weibull模型) = 1.903GPa得到0.212GPa,从而得到

图 39.7 所示的第一个故障应力。尽管目测看上去区别不大,表 39.3 中的 GoF 检验结果表明三参数 Weibull 描述较适合。不过,由于图 39.7 中的前两个故障偏离直线,所以关于是否有必要利用三参数 Weibull 模型存在一些问题[6]。

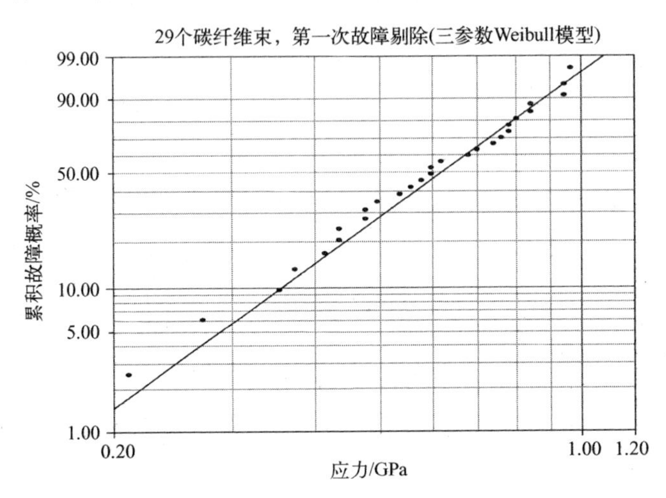

图 39.7 剔除第一次故障数据的三参数 Weibull 图

39.4 结论

(1) 根据对图 39.1 的目测,假设选择双参数 Weibull 模型。表 39.2 列出的大部分 GoF 检验结果都不成熟,因为图 39.1 中的第一次故障被视为早期故障的异常值,掩盖了曲线分布中的下凹曲率。

(2) 一个重要目的(8.2 节)是找到双参数模型,得到对样本群体故障数据的最佳描述,以便在较大的未选用群体中预测第一次故障。如果样本故障数据被早期故障影响(8.4.2 节),那么为了预测,应该对早期故障进行剔除,以便于表征假设是均匀的主群。

(3) 在剔除第一次故障后,根据表 39.3 中的 GoF 检验结果,选择的模型是双参数正态模型。这个选择与第 38 章内容相符合。

(4) 无论是否剔除第一次故障数据,对数正态和正态曲线在视觉上是无法区分的。如果对数正态形状参数 σ 满足 $\sigma \leqslant 0.2$,则对数正态检验和正态模型可以提供足够可比的故障数据描述(8.7.2 节)。

(5) 尽管一般来说,我们对最终的故障应力可能不感兴趣,但对正态模型的额外支持来自于其更保守的高应力可靠性估计。图 39.8 和图 39.9 中对数正态模型和正态模型检验的故障率曲线如图所示,超过 2.60GPa 时,正态模型描述更为保守。

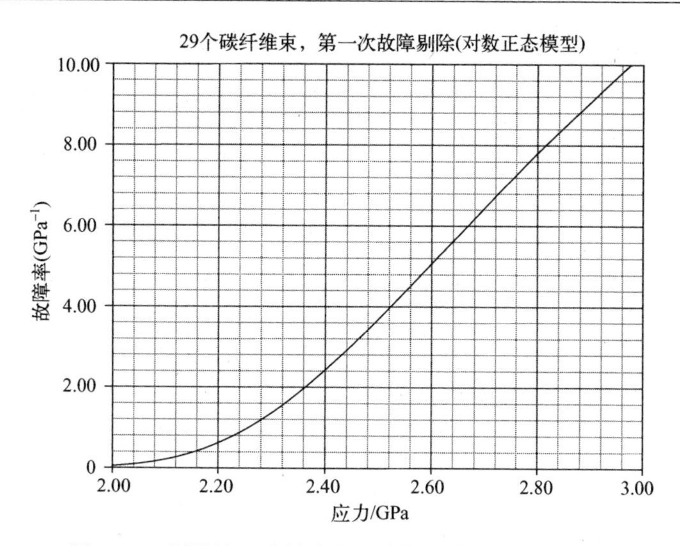

图39.8　剔除第一次故障的双参数对数正态故障率图

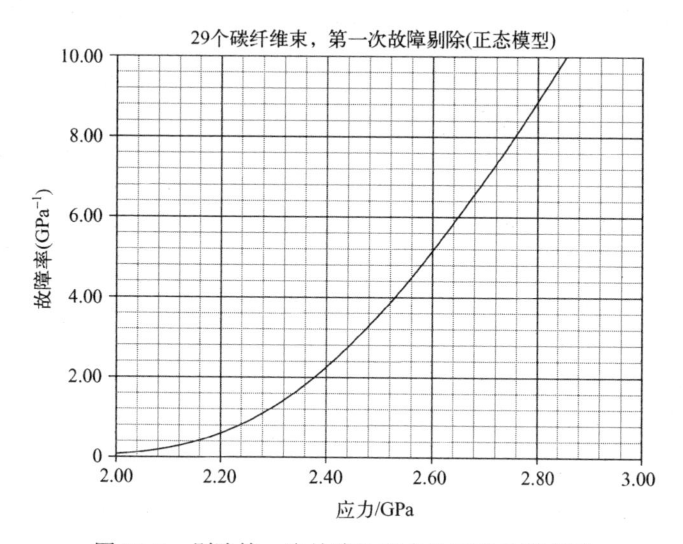

图39.9　剔除第一次故障的双参数正态故障率图

(6) 第一次故障剔除后的三参数 Weibull 模型描述提供了很好的 GoF 检验结果。不过,由于以下原因,三参数 Weibull 模型被拒绝:

① 由于没有其他经验证据支持故障应力绝对阈值的存在,因此采用三参数 Weibull 模型是随意的[7,8]。利用该模型会导致对绝对故障阈值的估计过于乐观[8],就像这种情况一样。

② 无论是否明确声明,利用三参数模型的理由是在故障发生前都需要时间来启动和发展的故障机制。不过,这一事实的正确性并不包括在双参数 Weibull 故障概

率图中存在下凹曲率的每种情况下都具有权威性,特别是由于双参数对数正态模型和正态模型都能提供可接受的直线拟合。

③ 考虑到剔除数据后的双参数对数正态模型和正态模型的目视检查拟合足够好,根据 Occam 的经济学解释准则,选择双参数模型描述好的那个,并拒绝三参数模型。

④ 利用三参数 Weibull 模型估计的故障应力绝对阈值与被剔除的第一次故障应力相矛盾。可以观察到,剔除的故障应力低于绝对阈值 t_0(三参数 Weibull 模型)= 1.903GPa,这可能不是利用三参数 Weibull 模型的致命风险,因为只有一小部分成熟组件的未选用群体,即使被筛选了,也可能会受到不可避免的早期故障的影响(7.17.1 节)。

参考文献

[1] R. L. Smith, Weibull regression models for reliability data, Reliab. Eng. Syst. Saf., 34, 55-77, 1991.

[2] M. J. Crowder et al., Statistical Analysis of Reliability Data (Chapman & Hall/CRC, Boca Raton, 1991), 82, 87.

[3] W. R. Blischke and D. N. P. Murthy, Reliability: Modeling, Prediction and Optimization (Wiley, New York, 2000), 57-58.

[4] A. S. Watson and R. L. Smith, An examination of statistical theories for fbrous materials in the light ofexperimental data, J. Mater. Sci., 20, 3260-3270, 1985.

[5] S. D. Durham and W. J. Padgett, Cumulative damage models for system failure with application to carbon fbers and composites, Technometrics, 39 (1), 34-44 1997.

[6] D. Kececioglu, Reliability Engineering Handbook, Volume 1 (Prentice Hall, New Jersey, 1991), 309.

[7] R. B. Abernethy, The New Weibull Handbook, 4th edition (Abernethy, North Palm Beach, Florida, 2000), 3-9.

[8] B. Dodson, The Weibull Analysis Handbook, 2nd edition (ASQ Quality Press, Milwaukee, Wisconsin, 2006), 35.

第 40 章　30 个激光焊接头

对焊接钛零件的激光焊接头的强度进行了拉伸试验。焊接头在三种不同设置的(计划表)设备上进行试验[1]。三个计划表的拉力单位为磅,每个由 30 个零件组成。拉伸强度低于 3 磅的焊接头不能使用。

40.1　计划表 1,30 个零件

表 40.1 列出了焊接的 30 个零件的拉力值。

表 40.1　拉伸强度(磅):计划表 1

5.46	5.80	6.36	6.38	6.68	6.72
6.72	6.74	6.78	6.80	6.92	6.98
7.22	7.22	7.26	7.28	7.46	7.84
7.48	7.54	7.56	7.74	7.86	7.96
8.20	8.54	8.96	9.00	10.06	10.16

40.1.1　分析 1

图 40.1 至图 40.3 分别提供了双参数 Weibull 模型($\beta = 6.75$)、对数正态模型

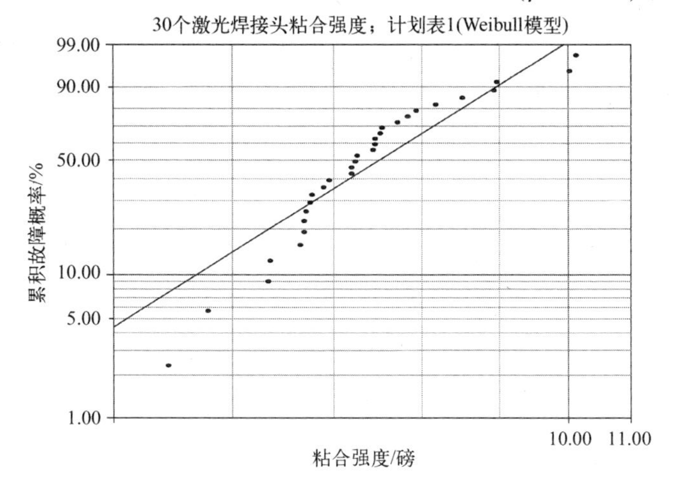

图 40.1　双参数 Weibull 故障概率图,计划表 1

($\sigma=0.14$)和正态模型 MLE 的故障概率图。在双参数 Weibull 图中,数据整体呈下凹状。通过目视检查,对数正态模型和正态模型描述是相似的,因为如果对数正态模型形状参数 σ 满足 $\sigma \leqslant 0.2$,则对数正态模型描述的数据可以被正态模型同样很好地描述,反之亦然(7.8.2 节)。表 40.2 中统计的 GoF 检验结果支持对数正态分布。

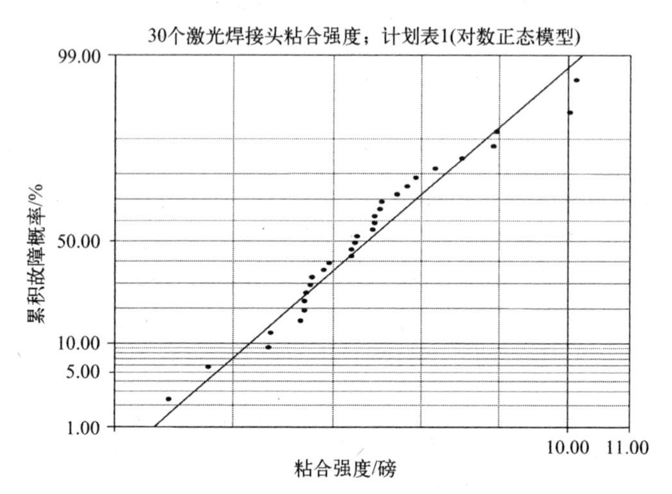

图 40.2 双参数对数正态故障概率图,计划表 1

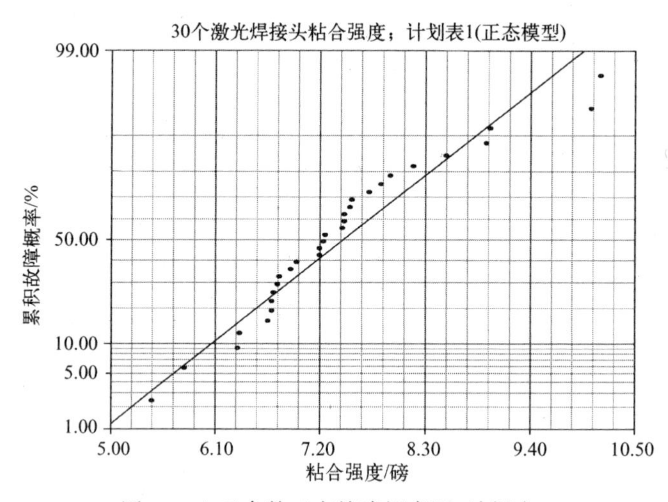

图 40.3 双参数正态故障概率图,计划表 1

表 40.2 GoF 检验结果:计划表 1(MLE)

检验方法	Weibull 模型	对数正态模型	正态模型	三参数 Weibull 模型	Weibull 混合模型
r^2(RRX)	0.8911	0.9582	0.9285	0.9512	—
Lk	-47.1775	-43.0969	-44.3856	-43.5757	-41.0332

（续）

检验方法	Weibull 模型	对数正态模型	正态模型	三参数 Weibull 模型	Weibull 混合模型
mod KS/%	63.0635	16.1346	41.9904	23.9174	0.0445
χ^2/%	4.4997	0.3994	0.4894	0.1909	0.0358

40.1.2　分析 2

针对双参数 Weibull 图中的下凹曲率，采用三参数 Weibull 模型(8.5 节)。相关的 MLE 故障概率图($\beta=2.55$)如图 40.4 所示。绝对故障阈值为 t_0(三参数 Weibull 模型)= 4.87 磅，由垂直虚线突出显示。图 40.1 中的前两个故障减小了直线的下凹曲率。用表 40.1 中的第一个故障 5.46 磅减去 t_0(三参数 Weibull 模型)= 4.87 磅，得到图 40.4 中的第一次故障 0.59 磅。图 40.4 中数据与直线的偏差表明，利用三参数模型是不明智的[2]。表 40.2 中的 GoF 检验结果显示，除了异常 χ^2 检验结果(8.10 节)，双参数对数正态模型仍然是首选。

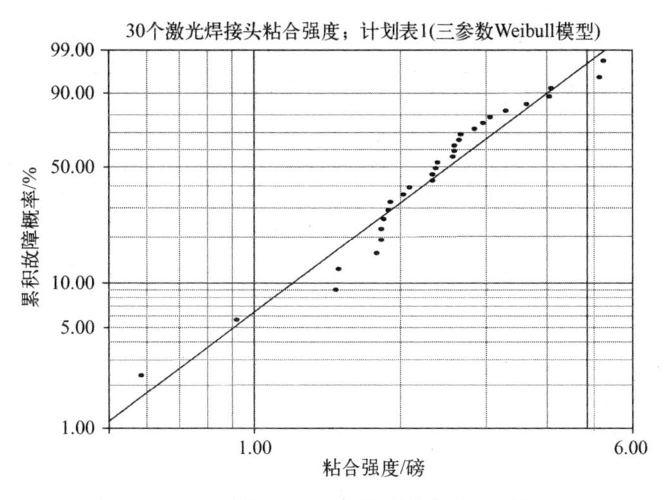

图 40.4　三参数 Weibull 模型概率图，计划表 1

40.1.3　分析 3

不过，具有两个子群的 Weibull 混合模型(8.6 节)可以得到更好的数据视觉拟合，如图 40.5 所示，特别是在上尾部。表 40.2 中的 GoF 检验结果也偏好 Weibull 混合模型。每个子群由双参数 Weibull 模型描述。相关的形状参数和子群分数为 $\beta_1=13.72$，$f_1=0.77$ 和 $\beta_2=10.32$，$f_2=0.23$，$f_1+f_2=1$。该特征需要 5 个独立参数。

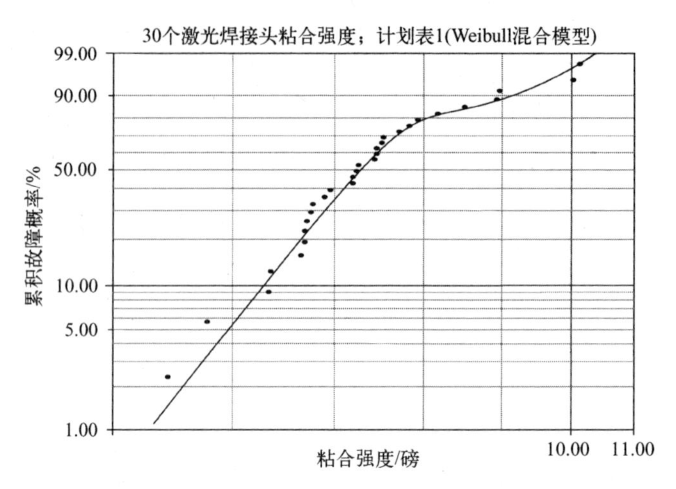

图 40.5 具有两个子群的 Weibull 混合模型概率图

40.1.4 计划表 1 的结论

(1) Weibull 模型描述曲线是下凹的,表明偏好对数正态模型,这是通过视觉检查和 GoF 检验结果所确定的。在此,选择对数正态模型。通过 GoF 检验结果优选正态模型和三参数 Weibull 模型;视觉检查在选择中并不具有决定性作用。图 40.6 给出了对数正态故障率图。

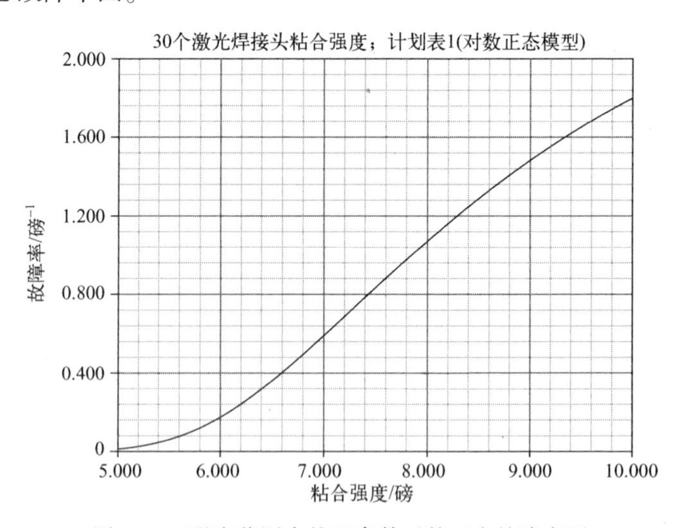

图 40.6 强度范围内的双参数对数正态故障率图

(2) 图 40.4 中数据与直线的偏差表明,利用三参数模型可能是不合理的[2]。

(3) 在没有额外的支持证据的情况下,利用三参数 Weibull 模型是随意的[3,4]。利用该模型会导致绝对故障阈值的乐观估计[4]。

(4) 似乎合理的绝对故障阈值低于无故障发生时的预测值,在双参数 Weibull 模型描述下凹曲率的每一种情况,尤其是当双参数对数正态模型可以提供可接受的视觉拟合和 GoF 检验结果时,利用三参数 Weibull 模型不能提供总体权威性。利用三参数 Weibull 模型可以视为试图用 Weibull 模型强制在概率图上进行直线拟合。

(5) 相对于图 40.2 所示的对数正态图,图 40.5 中 Weibull 混合模型改进的拟合要求有 5 个独立参数,与对数正态模型中的 2 个参数相反。需要额外的模型参数得到更好的视觉拟合和 GoF 检验结果。

(6) Weibull 混合模型对数据拟合的改进与拉伸强度的聚集机会更相关,而不是实际存在的两个子群。两个形状参数($\beta_1 = 13.72$ 和 $\beta_2 = 10.32$)的拟合性建议在测试较大的样本量时,不会观察到聚集。为了预测,目的是要提供一个可接受的双参数模型拟合数据,不管意外的分组效应是什么。

(7) 根据 Occam 原理,如果两个模型都能对数据给出可接受的良好视觉拟合,那么,简单性建议选择具有较少参数的模型,在这种情况下,选择双参数对数正态模型。

(8) 如上所述,如果对数正态形状参数 σ 满足 $\sigma \leqslant 0.2$,则对数正态模型和正态模型描述可能看起来非常相似(8.7.2 节)。

40.2 计划表 2,30 个零件

表 40.3 中列举了焊接的 30 个零件的抗拉强度。

表 40.3 拉伸强度(磅):计划表 2

3.76	4.06	4.22	4.40	4.62	5.00
5.12	5.14	5.28	5.30	5.50	5.58
5.64	5.70	5.76	5.76	5.80	5.86
5.86	5.90	5.98	5.98	6.20	6.30
6.40	7.10	7.28	7.28	7.68	8.24

40.2.1 分析 1

图 40.7 至图 40.9 分别为双参数 Weibull 模型($\beta = 5.86$)、对数正态模型($\sigma = 0.18$)和正态模型的 MLE 故障概率图。图 40.7 所示的 Weibull 模型数据在下尾部呈下凹状。数据在对数正态模型和正态模型中更显线性排列,但视觉检查对于模型的选择不起决定性作用。表 40.4 中的 GoF 检验结果支持双参数对数正态模型,除了通常有误的χ^2检验结果(8.10 节)。

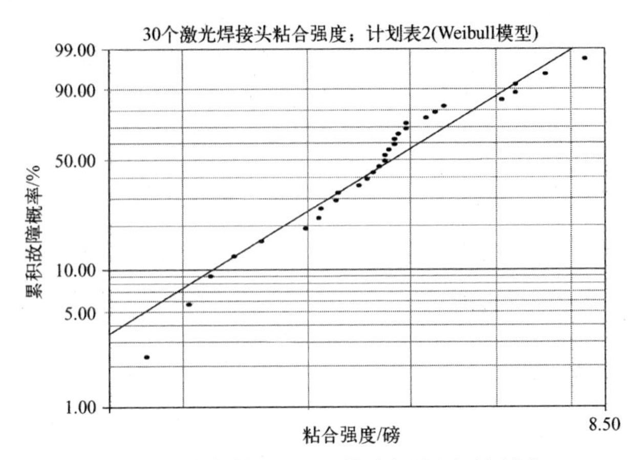

图 40.7 双参数 Weibull 故障概率图,计划表 2

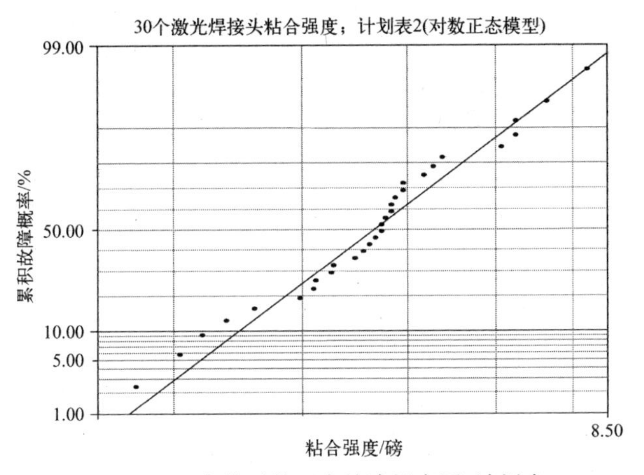

图 40.8 双参数对数正态故障概率图,计划表 2

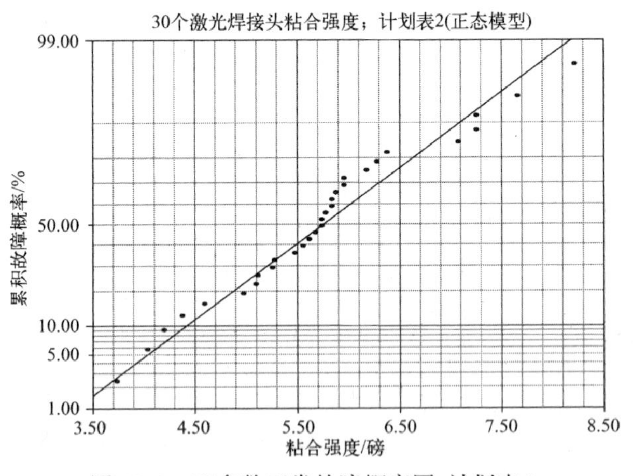

图 40.9 双参数正常故障概率图,计划表 2

40.2.2　分析2

图40.7中的双参数Weibull图中的下凹曲率促进了三参数Weibull模型的应用。图40.10给出了MLE图(β=3.04)。绝对故障阈值为t_0(三参数Weibull模型)=2.87磅,如垂直虚线所示。三参数Weibull视觉拟合与双参数对数正态值相当。对数正态分布仅由表40.4中的mod KS检验结果支持。用表40.3中第一次故障的3.76磅减去t_0(三参数Weibull模型)=2.87磅,可以得到图40.10中的第一次故障0.89磅。

表40.4　GoF检验结果:计划表2(MLE)

检验方法	Weibull模型	对数正态模型	正态模型	三参数Weibull模型	Weibull混合模型
r^2(RRX)	0.9539	0.9694	0.9645	0.9742	—
Lk	-44.5707	-43.1628	-43.3694	-43.1399	-38.4914
mod KS/%	57.6501	7.8139	33.5431	28.6950	3.91×10^{-4}
χ^2/%	0.9774	1.6819	0.4963	0.6361	0.0440

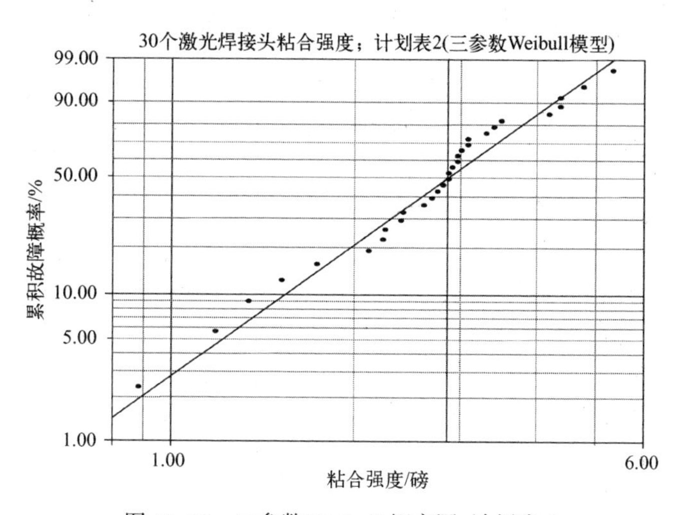

图40.10　三参数Weibull概率图,计划表2

双参数对数正态和正态图与三参数Weibull图之间的相似性是一致的,原因如下:①如果对数正态形状参数σ满足$\sigma \leq 0.2$,则对数正态模型描述的数据可以被正态模型同样很好地描述,反之亦然(8.7.2节);②如果三参数Weibull形状参数β位于$3.0 \leq \beta \leq 4.0$的范围内,那么Weibull模型描述的数据可以被正态模型同样很好地描述,反之亦然(8.7.1节)。

40.2.3 分析3

如图40.11所示,具有三个子群的Weibull混合模型对数据进行了很好的拟合。每个子群由双参数Weibull模型描述。相关形状参数和子群分数为$\beta_1=16.82$,$f_1=0.14$;$\beta_2=15.39$,$f_2=0.68$,$\beta_3=14.85$,$f_3=0.18$,其中$f_1+f_2+f_3=1$。总共需要8个独立参数。视觉偏好由表40.4中的GoF检验结果支持的Weibull混合模型。

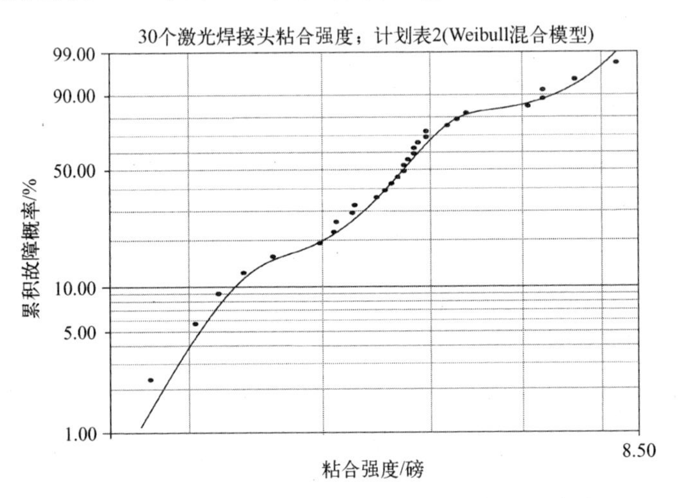

图40.11 具有三个子群的Weibull混合模型概率图

40.2.4 计划表2的结论

(1) Weibull模型曲线的下凹,表明对数正态模型较优越,这是通过视觉检查和GoF检验结果所确定的。因此,选择对数正态模型。GoF检验结果优选正态模型;视觉检查在选择中并不具有决定性。图40.12给出了对数正态故障率图。

(2) 根据一半的GoF检验结果,虽然三参数Weibull模型相对于双参数对数正态模型也能提供优选和相当的视觉拟合,但仍需要第三个模型参数。根据Occam的最大经济解释理论,需要较少参数就能给出可比的视觉和GoF检验结果的模型才是要选择的模型。

(3) 在没有试验证据证明应用三参数Weibull模型是合理的时,利用该模型被认为是随意的[3,4],并且可能对绝对故障阈值产生过于乐观的评估[4]。

(4) 故障阈值似乎合理的事实不等于在每个实例中都能授权使用三参数Weibull模型,在这些实例中,双参数Weibull图是下凹的,不管可接受的双参数对数正态特征与证据是相反的。

(5) 与对数正态模型中的两个参数相比,图40.11中Weibull混合模型的改进拟合需要8个独立参数。额外的模型参数通常能改善对数据的视觉拟合和优越的GoF

检验结果。接受八参数 Weibull 混合模型是放弃双参数对数正态模型的简单性和充分性。基于 Occam 理论，Weibull 混合物模型被拒绝。

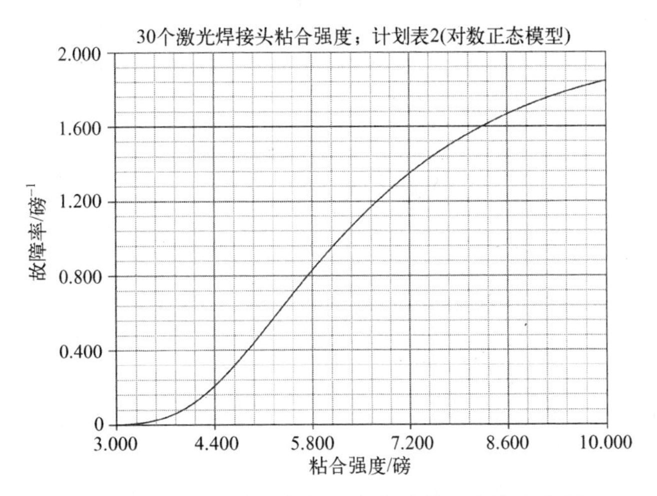

图 40.12　强度范围内的双参数对数正态故障率图

（6）Weibull 混合模型对数据的拟合似乎与拉伸强度的机会聚集更相关，而不是三个子群的实际存在。形状参数（$\beta_1=16.82$，$\beta_2=15.39$，$\beta_3=14.85$）之间的相似性表明，在较大的群体中不会发现聚集效应。为了预测，我们需要为故障数据提供足够的双参数模型，不管偶然的聚集效应。

40.3　计划表 3，30 个零件

表 40.5 给出了焊接的 30 个零件的拉力值。

表 40.5　拉力强度（磅）：计划表 3

8.92	10.64	11.10	11.46	11.58	11.92
12.80	12.84	12.88	13.06	13.34	13.50
13.96	14.42	14.60	14.70	15.30	16.04
16.04	16.20	16.56	16.62	16.70	17.74
17.74	18.22	18.24	18.64	18.84	18.84

40.3.1　分析 1

图 40.13 至图 40.15 分别给出了双参数 Weibull 模型（$\beta=6.39$）、对数正态模型（$\sigma=0.19$）和正态模型的 MLE 故障概率图。表 40.6 中的 GoF 检验结果和视觉观测

支持选择 Weibull 模型,除了经常有误的χ^2检验结果喜欢正态模型。Weibull 模型是暂时选择的模型。

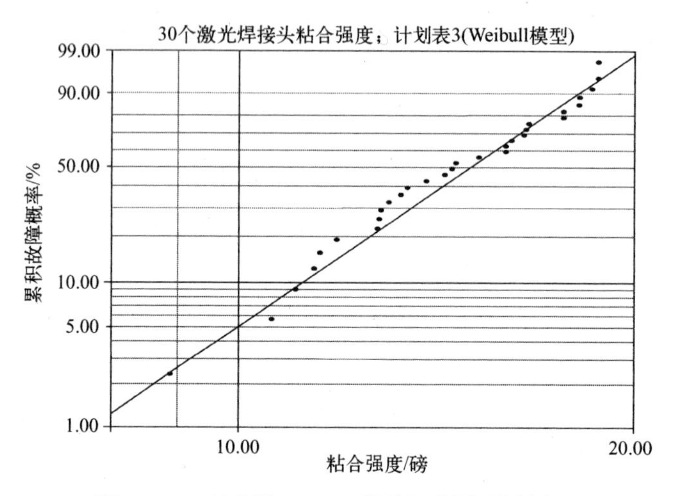

图 40.13 双参数 Weibull 故障概率图,计划表 3

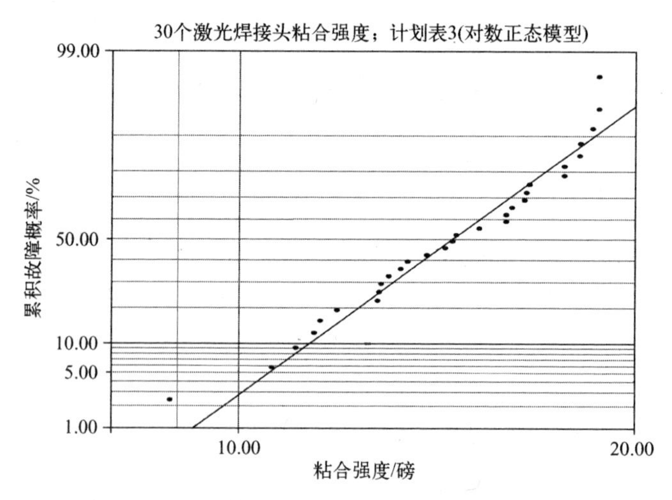

图 40.14 双参数对数正态故障概率图,计划表 3

表 40.6 GoF 检验结果:计划表 3(MLE)

检验方法	Weibull 模型	对数正态模型	正态模型
r^2(RRX)	0.9775	0.9582	0.9722
Lk	-72.0077	-73.1875	-72.3376
mod KS/%	3.3861	18.5377	5.8988
χ^2/%	0.1673	0.2887	0.1337

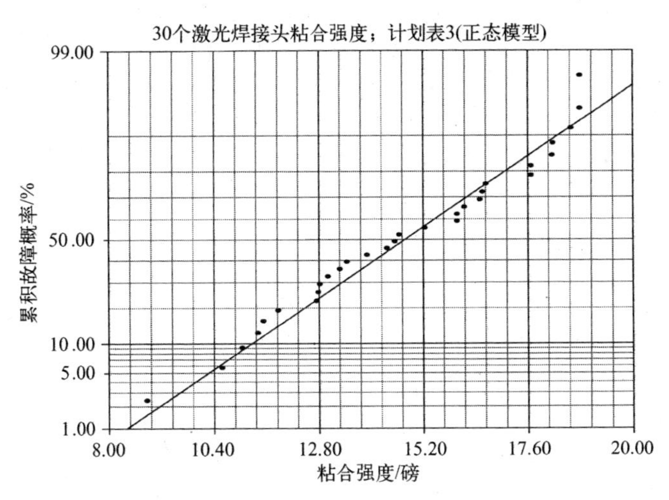

图 40.15　双参数正态故障概率图，计划表 3

40.3.2　分析 2

认为 Weibull 模型的选择还不成熟的原因有以下几个：①图 40.13 所示的 Weibull 图中的数据轨迹显示，除了第一次故障之外，数据的其余部分显示为下凹；②Weibull图中的第一次故障可以解释为是掩盖先前在图 40.1 和图 40.7 所示的 Weibull 图中关于计划表 1 和计划表 2 的固有的下凹曲率；③图 40.14 中的第一次故障位于曲线之上，可以解释为是早期故障类型的异常值；④图 40.14 和图 40.15 中的大部分故障与直线吻合良好。

因此，表 40.5 中的第一次故障被视为早期故障，并在以下分析中进行剔除。图 40.16至图 40.18 中分别显示了双参数 Weibull 模型（$\beta = 6.86$）、对数正态模型（$\sigma =$

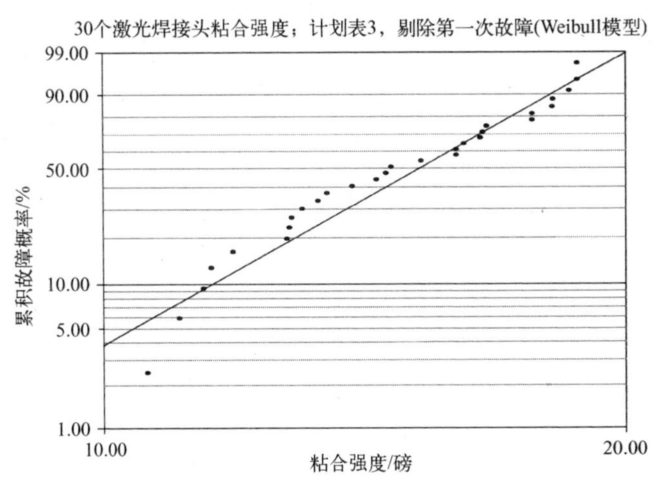

图 40.16　剔除第一次故障的双参数 Weibull 图，计划表 3

0.17)和正态模型的 MLE 故障概率图。Weibull 图中的数据在很大程度上是凹陷的,而对数正态和正态图中的数据在图线周围更线性排列,并且在视觉上是无法区分的(8.7.2 节)。不过,表 40.7 中的 GoF 检验结果支持正态模型优于对数正态模型。

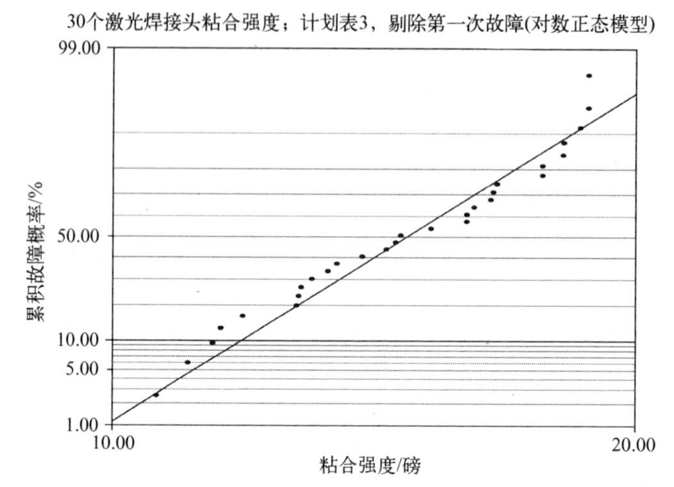

图 40.17 剔除第一次故障的双参数对数正态图,计划表 3

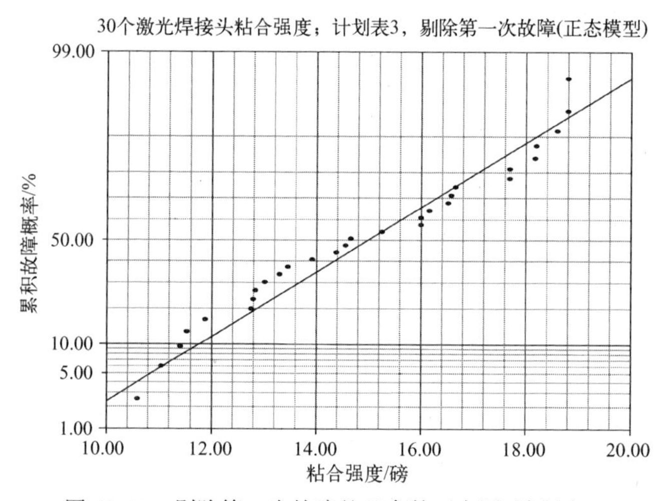

图 40.18 剔除第一次故障的双参数正态图,计划表 3

表 40.7 GoF 检验结果:剔除第一个故障,计划表 3(MLE)

检验方法	Weibull 模型	对数正态模型	正态模型
r^2(RRX)	0.9479	0.9626	0.9645
Lk	-67.8521	-68.0334	-67.8392
mod KS/%	8.5721	20.3784	5.3727
χ^2/%	0.1086	0.1512	0.0659

三参数 Weibull 模型可以得到故障阈值 t_0(三参数 Weibull 模型)= 9.89 磅,这与在预测的无故障域中的 8.92 磅的故障相矛盾。由于在计划表 1 和 2 测试的结论中给出的理由,将不给出三参数 Weibull 分析。

40.3.3 计划表 3 的结论

(1) 对于未剔除数据的双参数 Weibull 模型的选择是由直观图形确定的,由于早期故障率的存在导致 GoF 检验不准确。

(2) 图 40.13 所示的 Weibull 图中的第一个故障掩盖了数据组其余部分的下凹现象。图 40.14 所示的对数正态图中的第一个故障位于曲线之上,处于早期故障期。

(3) 测试的目的(8.2 节)是找到双参数模型,得出样本群体中故障数据的最佳描述,以便于在较大的未选用群体中预测故障。如果样本故障数据被早期故障影响(8.4.2 节),那么为了预测更精确,应该对早期故障进行剔除,以便了解数据的主要特征。

(4) 在图 40.17 和图 40.18 的对数正态图和正态图中,首次故障被认定为早期故障,根据 GoF 检验结果,选择双参数正态模型。正态模型故障率图如图 40.19 所示。

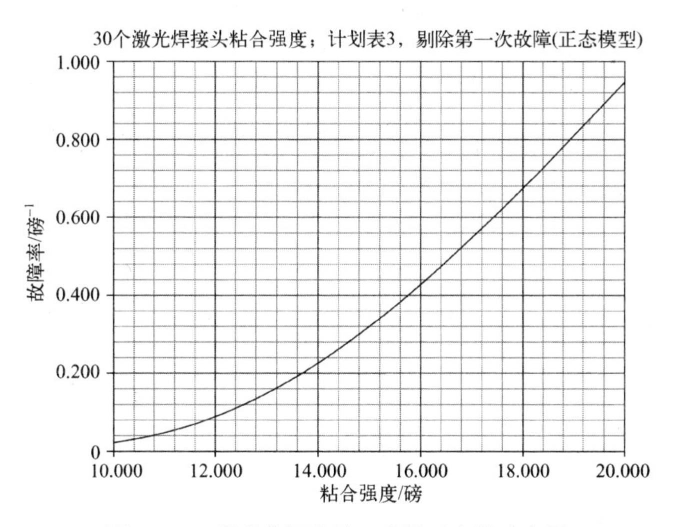

图 40.19 强度范围内的双参数正态故障率图

40.4 总结论(计划表 1、2、3)

(1) 对于三个焊接头测试计划,由双参数 Weibull 故障概率图描述的拉伸强度表现出下凹现象。

(2) 由于双参数对数正态图和正态图线性排列,并且在每个计划表的视觉上非常相似,对数正态形状参数 σ 满足 $\sigma \leqslant 0.2$,因此对数正态模型和正态模型被认为是可取的(8.7.2 节)。

参考文献

[1] W. R. Blischke and D. N. P. Murthy, Reliability: Modeling, Prediction and Optimization (Wiley, NewYork, 2000), 45, 49.

[2] D. Kececioglu, Reliability Engineering Handbook, Volume 1 (Prentice Hall, New Jersey, 1991), 309.

[3] R. B. Abernethy, The New Weibull Handbook, 4th edition (Abernethy, North Palm Beach, Florida, 2000), 3-9.

[4] B. Dodson, The Weibull Analysis Handbook, 2nd edition (ASQ Quality Press, Milwaukee, Wisconsin, 2006), 35.

第 41 章　32 台离心泵

32 台离心泵首次发生外部泄漏的时间(h)如表 41.1 所列[1,2]，可以用双参数 Weibull 模型来描述故障过程[1]。

表 41.1　32 个离心泵首次泄漏时间(h)

666	687	1335	2044	2195	2281	2708	2764
2940	2970	2972	3004	3564	3955	4133	4230
4805	5200	5384	5766	6222	6267	6714	6794
7398	7532	7659	8696	8740	9213	9740	12.213

41.1　分析 1

对离心泵故障数据分别采用双参数 Weibull 模型($\beta = 1.84$)、对数正态模型($\sigma = 0.71$)和正态 MLE 故障概率图进行拟合，结果如图 41.1 至图 41.3 所示。视觉检查倾向于 Weibull 模型，除了第二个样本，其他样本均落在直线阵列；对数正态图呈现上凹形态；正态图呈现下凹形态。GoF 检验结果如表 41.2 所列。从目视检查来看，r^2检验和 Lk 检验支持 Weibull 模型；mod KS 检验支持对数正态模型；χ^2检验结果支持

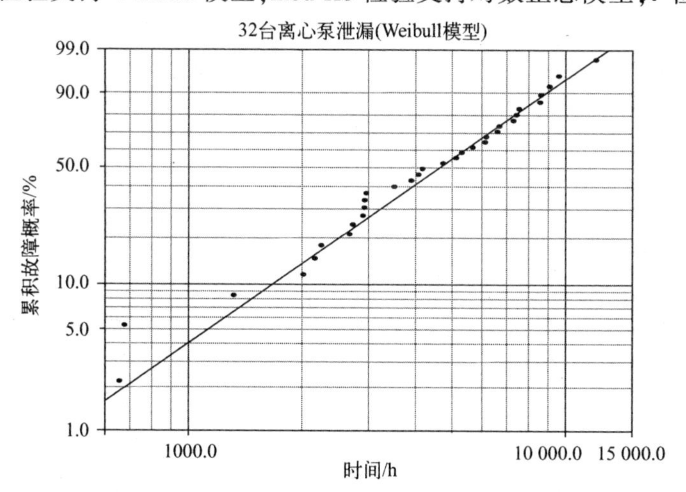

图 41.1　离心泵的双参数 Weibull 故障概率图

正态模型,但是这种检验方法常常出现异常(8.10 节)。根据上述分析,双参数 Weibull 是要选择的模型。

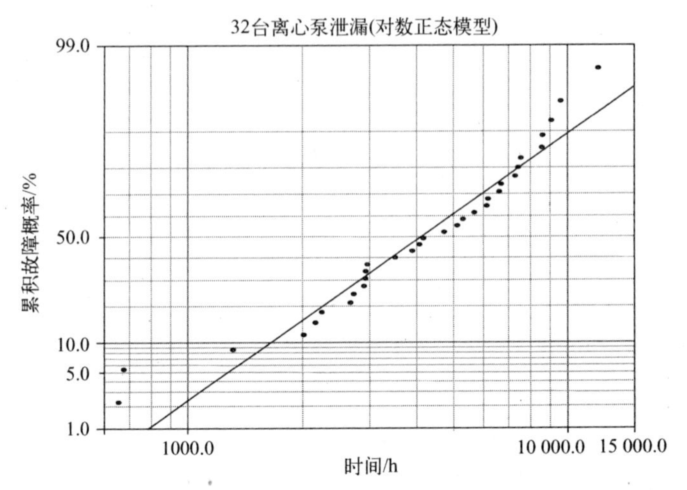

图 41.2 离心泵的双参数对数正态概率图

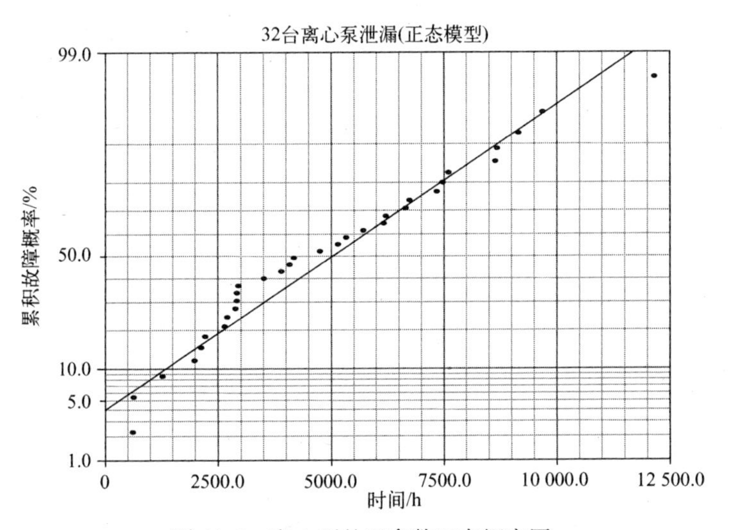

图 41.3 离心泵的双参数正态概率图

表 41.2 GoF 检验结果(MLE)

检验方法	Weibull 模型	对数正态模型	正态模型
r^2(RRX)	0.9785	0.9308	0.9673
Lk	-297.5593	-300.3049	-299.6832
mod KS/%	6.6611	2.5406	28.3506
χ^2/%	0.1489	0.5892	0.1199

41.2　分析2

可以把表41.1和图41.1、图41.2中的前两个故障数据看作是异常值,不代表主群。前两个聚集故障的状态可以用图41.4来视觉描述,该图为有两个子群的Weibull混合模型MLE故障概率图(8.6节)。这两个聚集异常故障不属于第一个子群。

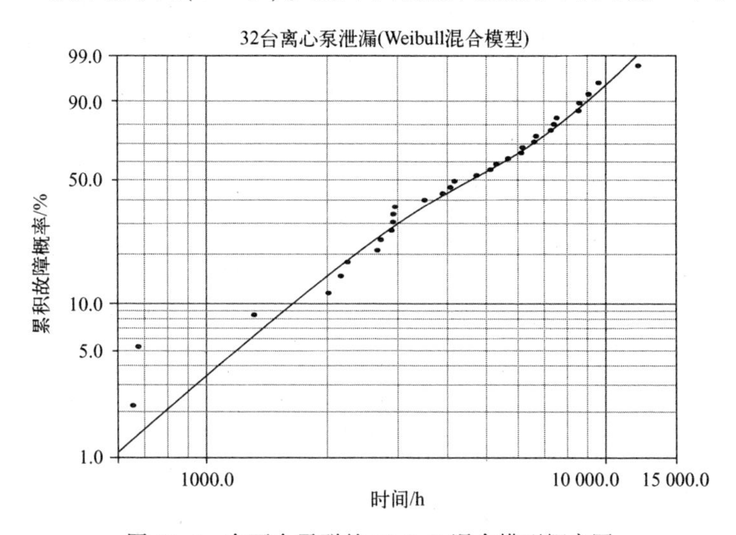

图41.4　有两个子群的Weibull混合模型概率图

若只将图41.1中的第二个明显异常故障剔除,可以得到双参数Weibull模型(β=1.97)、对数正态模型(σ = 0.63)和正态分布模型的故障概率图,如图41.5～

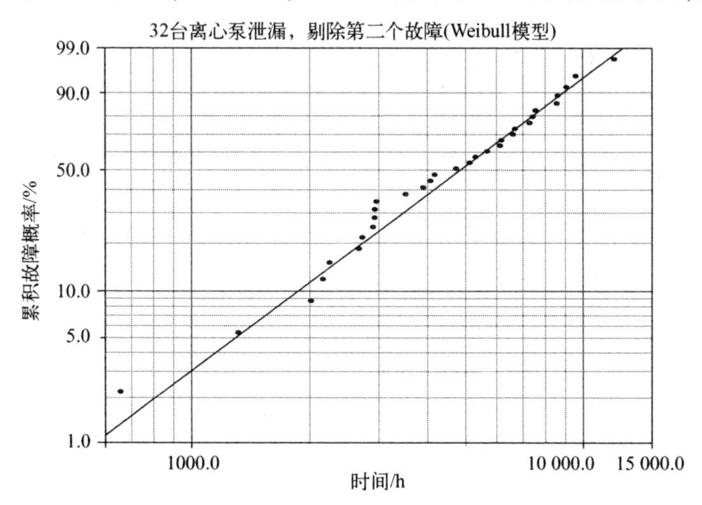

图41.5　剔除第二个故障数据的双参数Weibull概率图

图 41.7 所示。Weibull 图中的数据是线性排列,除了第一个故障点在拟合直线的上方外。不过,图 41.5 中除了前两个故障点之外,其余点还有一些下凹。对数正态和正态数据仍然分别呈线上凹和下凹。视觉检查和表 41.3 所列的 GoF 检验结果支持 Weibull 描述,除了 mod KS 检验支持对数正态,有异常的χ^2检验结果支持正态模型。

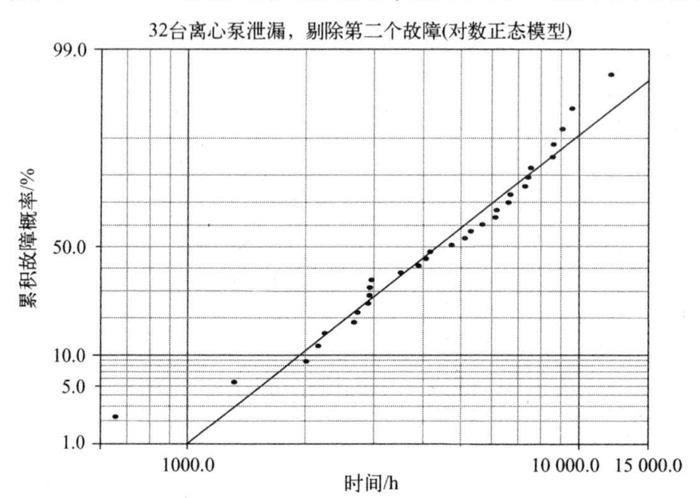

图 41.6 剔除第二个故障数据的双参数对数正态概率图

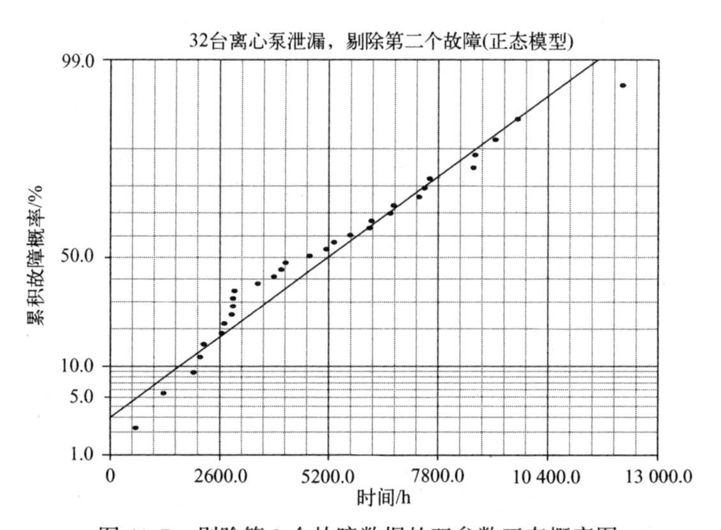

图 41.7 剔除第 2 个故障数据的双参数正态概率图

表 41.3 剔除第二个故障数据的 GoF 检验结果(MLE)

检验方法	Weibull 模型	对数正态模型	正态模型
r^2(RRX)	0.9829	0.9461	0.9618
Lk	−287.6245	−289.5345	−289.6287

（续）

检验方法	Weibull 模型	对数正态模型	正态模型
mod KS/%	12. 4272	3. 2235	31. 0664
χ^2/%	0. 1934	0. 4076	0. 1173

图 41. 5 中位于 Weibull 拟合直线上方的第一个故障点的状态通过图 41. 8 所示的具有两个子群的 Weibull 混合模型进行进一步分析。未剔除的第一个故障看起来是异常值，无法用混合模型来拟合。如果在聚集的两个故障中只剔除第一个故障数据而不是第二个故障数据，则 Weibull 模型、对数正态模型、正态模型和 Weibull 混合模型实际上是一致的，可以得到 GoF 检验结果。

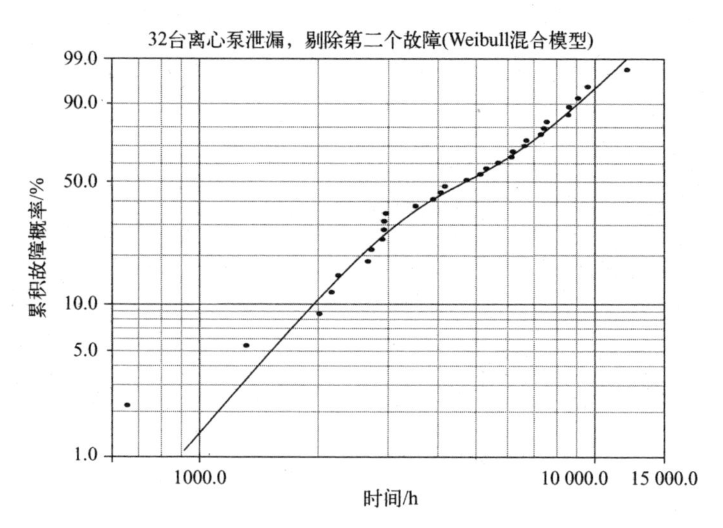

图 41. 8　剔除第二个故障数据，有两个子群的 Weibull 混合概率图

41. 3　分析 3

由于表 41. 1 中的前两个故障数据远离其余的故障数据，因此剔除这两个样本数据是合适的。将前两个故障数据剔除后，双参数 Weibull 分布（$\beta = 2.13$）、对数正态分布（$\sigma = 0.54$）、正态 MLE 故障概率图分别如图 41. 9 至图 41. 11 所示。目视检查和表 41. 4 所列的 GoF 检验结果支持对数正态描述。图 41. 10 和表 41. 1 显示，第三个故障点可能也属于早期故障，如果将表 41. 1 中的前三个故障点都剔除，根据目视检查和表 41. 4 所列的 GoF 检验结果，对数正态仍然优于 Weibull 模型。

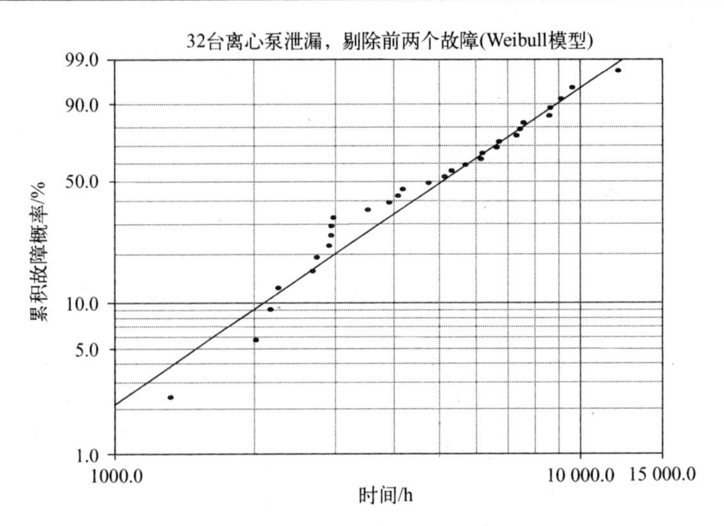

图 41.9 剔除前两个故障数据的双参数 Weibull 概率图

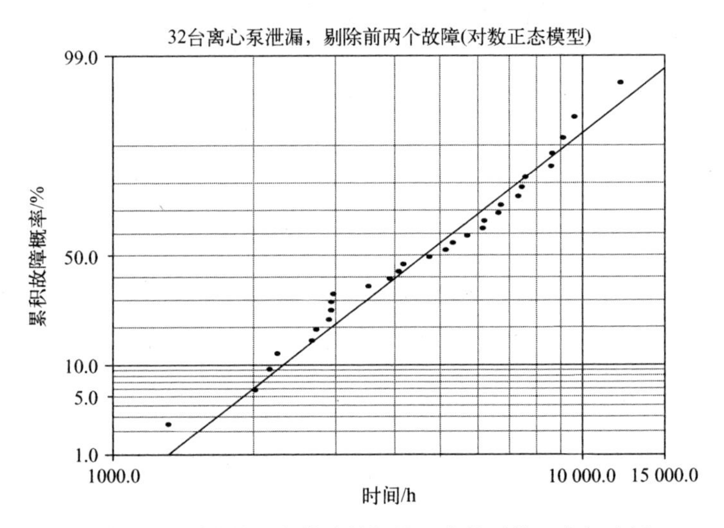

图 41.10 剔除前两个故障数据的双参数对数正态概率图

表 41.4 剔除前两个故障数据的 GoF 检验结果(MLE)

检验方法	Weibull 模型	对数正态模型	正态模型	三参数 Weibull 模型
r^2(RRX)	0.9633	0.9756	0.9512	0.9799
Lk	−277.3576	−277.3447	−279.4165	−276.5295
mod KS	21.3874	14.4854	31.9392	17.9050
χ^2/%	0.1176	−0.0676	0.1291	0.0577

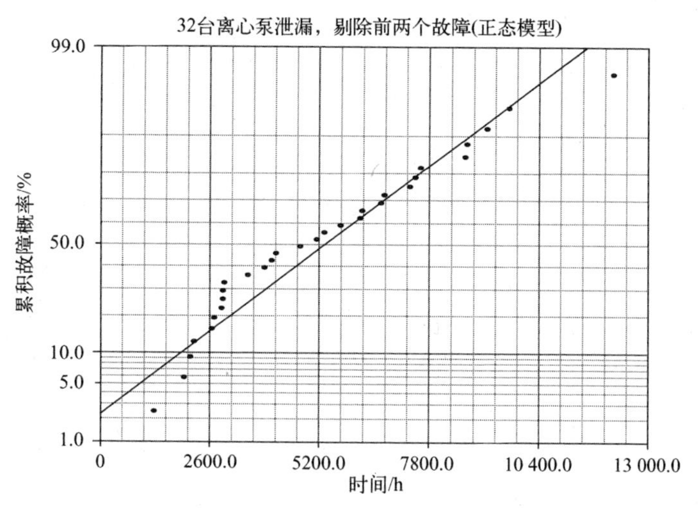

图 41.11　剔除前两个故障数据的双参数正态概率图

41.4　分析 4

图 41.9 中的双参数 Weibull 图在下尾部的下凹形态，提示我们可以采用图 41.12 所示的三参数 Weibull 模型(8.5 节)MLE 故障概率图(β=1.73)来缓和下凹形态。绝对故障阈值 t_0(三参数 Weibull 模型)= 841h，如图 41.12 中的垂直虚线所示。可以用表 41.1 中未剔除的第一个故障时间 1335h 减去 t_0(三参数 Weibull 模型)= 841h，就可以得到图 41.12 中的第一次故障时间 494h。但在这种情形下，目视检查无助于模型选择。表 41.4 所列的 GoF 检验结果支持三参数 Weibull 描述优于双参数对数描述，除了 mod KS 检验。

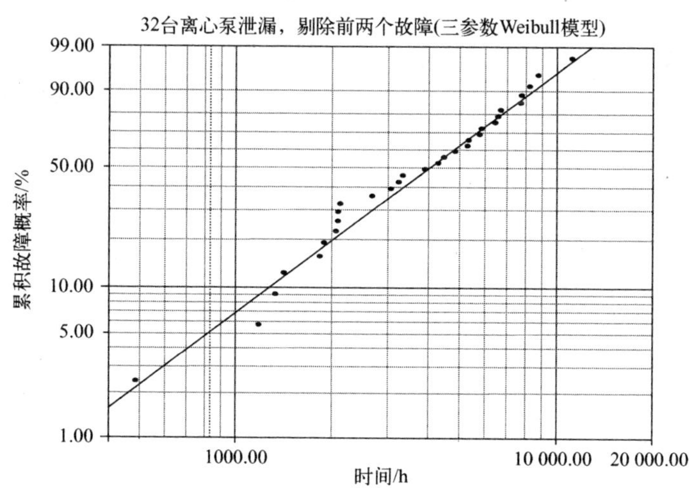

图 41.12　剔除前两个故障数据的三参数 Weibull 概率图

41.5 结论

(1) 对于未剔除的故障时间,尽管存在两个被看作早期故障的异常值数据,但根据目测检查和 GoF 检验结果,双参数 Weibull 模型都要优于双参数对数正态模型。

(2) 为了实现对相同技术状态的一批成品的首次故障时间的精确预测,需要根据已观测到的一组总体故障样本数据,确定最合适的双参数寿命分布模型(8.4.2节),就应该将这些早期故障样本数据看作左截尾数据(即当作未观测到),这样剩余的故障数据所服从的单一总体分布函数才有可能通过极大似然拟合方法来准确描述。

(3) 把第一个和第二个故障看作一对孤立的早期故障异常值,根据目测检查和 GoF 检验结果,剔除前两个故障时的双参数对数正态模型描述优于双参数 Weibull 模型。

(4) 在剔除前两个故障时,根据大部分 GoF 检验结果,三参数 Weibull 模型优于双参数对数模型。目测检查无法得到该结论。

(5) 从下述原因分析,认为三参数 Weibull 分布对故障样本数据的表征能力弱于双参数对数正态分布,因此选择双参数对数正态分布模型作为最终的寿命分布模型。对数正态分布故障率函数曲线如图 41.13 所示。

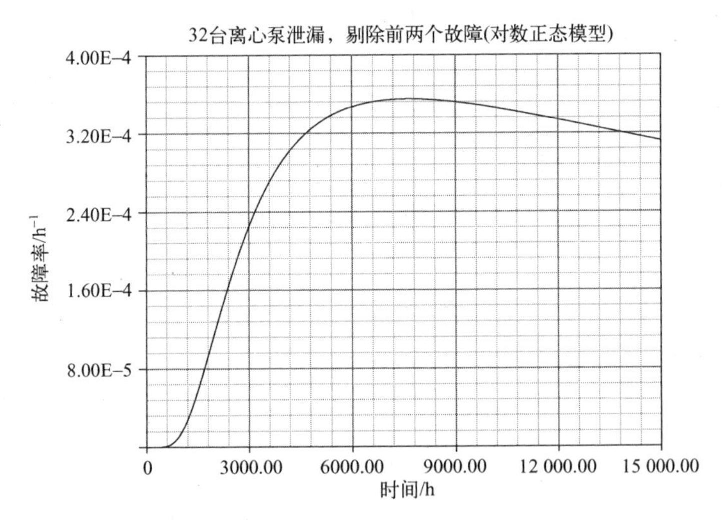

图 41.13 剔除前两个故障数据的对数正态模型故障率图

① 在缺乏试验证据证明三参数 Weibull 模型是合理的情况下,认为利用该模型是随意的[3,4],并且它提供的故障阈值估计过于乐观[4],也可能看作试图强行利用 Weibull 分布模型对故障数据进行直线拟合。

② 尽管没有明确论证,但一般认为三参数 Weibull 分布模型的典型应用场景和理由是:产品故障机理分析表明,产品故障真正发生前会经历一个开始和演化的时间过程。然而实际情况是,这个理由并非在每一种应用场合下都进行了充分验证。我们应用三参数 Weibull 分布的实际情形往往是:利用双参数 Weibull 分布模型参数拟合数据时出现下凹,并且此时一般还会忽略用双参数对数正态分布拟合时所出现的完全相反的图形形态。

③ 除了在图 41.9 中调整与图 41.12 所示直线有关的第一次故障,图 41.9 中其余的故障看起来与图 41.12 的排列没有区别。

④ 三参数 Weibull 模型预测的绝对故障阈值 t_0(三参数 Weibull 模型) = 841h 过于乐观[4],与目前在绝对无故障间隔内在 666h 和 687h 的剔除故障相矛盾。观察一个或几个故障,低于估计的故障阈值 t_0(三参数 Weibull 模型),因此不能利用三参数 Weibull 模型。因为成熟组件未选用群体只是很小一部分,即使筛选过,也可能不可避免地被发生的早期故障所影响。

⑤ 在给出可比的视觉拟合方面,根据 Occam 的经济学解释准则(偏向于更少的独立参数),双参数对数正态分布模型优于三参数 Weibull 分布模型。可以期望额外的模型参数给出相当的或优异的视觉拟合和 GoF 检验效果。

参考文献

[1] H. Pamme and H. Kunitz, Detection and modeling of aging properties in lifetime data, in *Advances inReliability*, Ed. A. P. Basu (Elsevier, North-Holland, 1993), 291-302.

[2] C-D Lai and M. Xie, *Stochastic Ageing and Dependence for Reliability* (Springer, New York, 2006), 354.

[3] R. B. Abernethy, *The New Weibull Handbook*, 4th edition (Abernethy, North Palm Beach, Florida, 2000), 3-9.

[4] B. Dodson, *The Weibull Analysis Handbook*, 2nd edition (ASQ Quality Press, Milwaukee, Wisconsin, 2006), 35.

第 42 章　34 个晶体管

对 34 个晶体管进行加速寿命试验，当最后一个产品在 52 周发生故障时终止试验。表 42.1 包含了 31 个晶体管非常完美的故障时间(周)和 3 个晶体管的剔除时间(标注了下划线)[1,2]。建议采用双参数 Gamma 模型对数据进行分析[2]。在第 32 章中，我们发现对数正态模型能更好地描述晶体管的故障时间。

表 42.1　31 个晶体管的故障时间(周)

3	4	5	6	6	7	8
8	9	9	9	10	10	11
11	11	13	13	13	13	13
17	17	19	19	25	29	33
42	42	52	52	52	52	

42.1　分析 1

双参数 Weibull 分布($\beta=1.22$)、对数正态分布($\sigma=0.83$)和 Gamma 分布的 MLE 故障概率图分别如图 42.1 至图 42.3 所示。在 Weibull(下尾部)和 Gamma(上尾部)

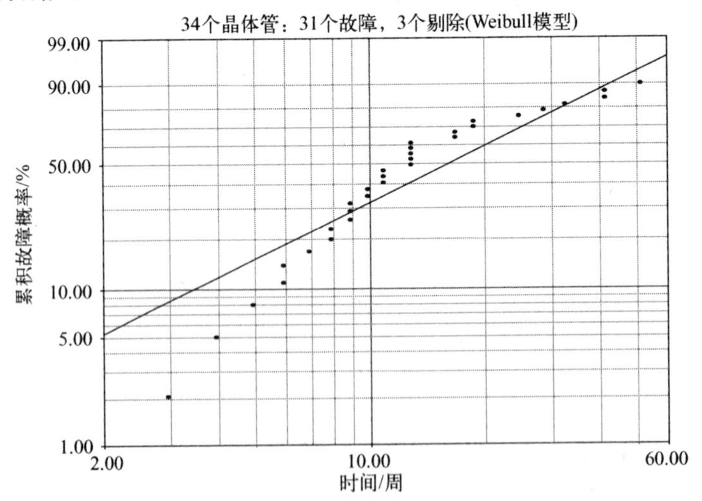

图 42.1　34 个晶体管的双参数 Weibull 概率图

图中的故障均呈下凹形态。下凹的双参数正态分布概率图没有显示。目测检查和图 42.2 所示的 GoF 检验结果支持对数正态模型。注意,Gamma 模型概率图中的最大概率刻度值是 90%,而其他图中则为 99%。

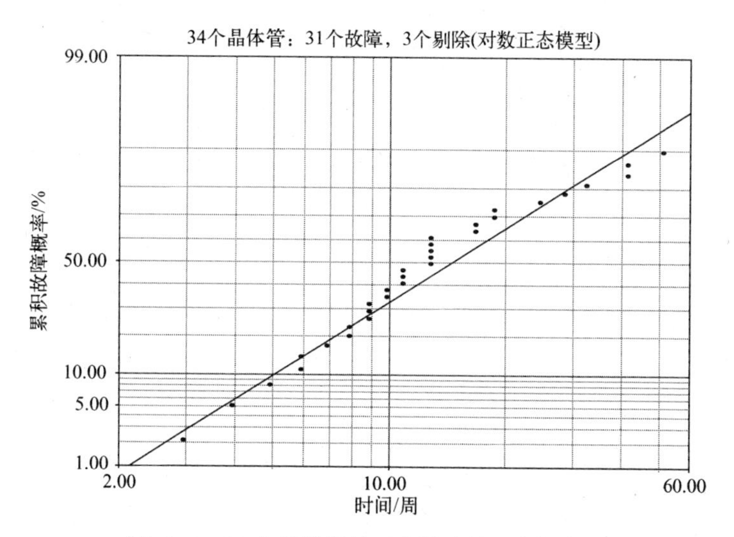

图 42.2　34 个晶体管的双参数对数正态概率图

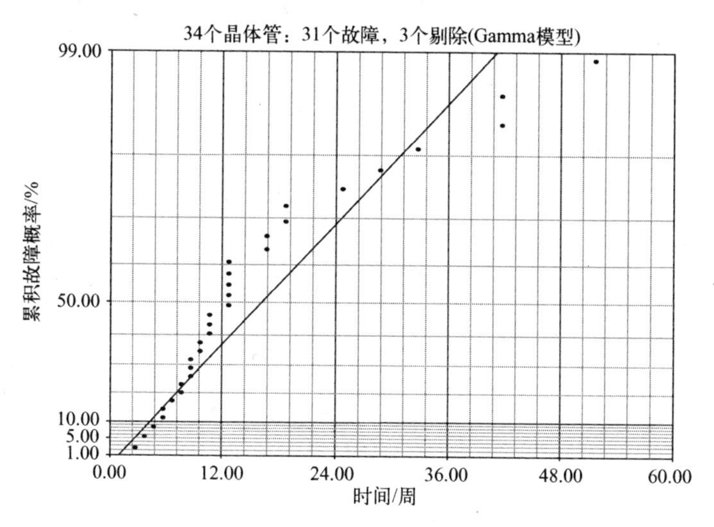

图 42.3　34 个晶体管的双参数 Gamma 概率图

42.2　分析 2

为了修复图 42.1 中双参数 Weibull 曲线的下凹曲率,三参数 Weibull 模型(8.5

节)MLE 故障概率图(β=1.02)可以拟合成一条直线,如图 42.4 所示。绝对故障阈值为 t_0(三参数 Weibull 模型)=2.4 周,如图中垂直虚线所示。曲线下尾部的数据严重偏离直线表明,三参数 Weibull 模型是不合理的[3]。目测检查和表 42.2 所列的 GoF 检验结果表明,双参数对数正态描述是比较好的模型,除了有误差的χ^2检验结果(8.10 节)。

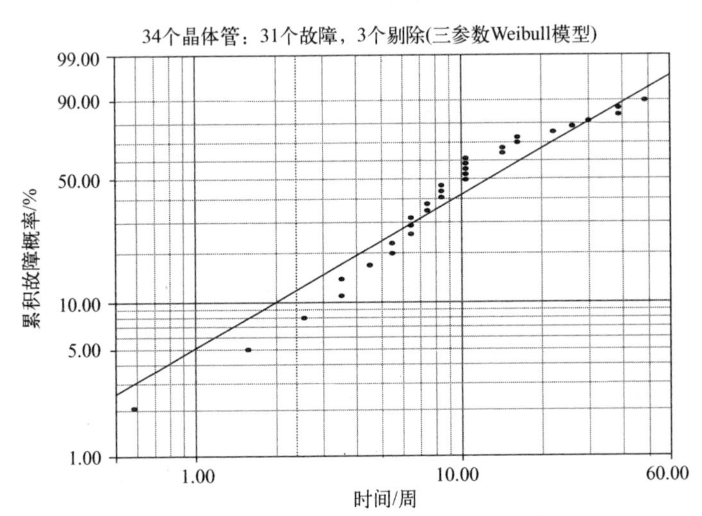

图 42.4　34 个晶体管的三参数 Weibull 分布概率图

表 42.2　GoF 检验结果(MLE)

检验方法	Weibull 模型	对数正态模型	Gamma 模型	三参数 Weibull 模型	混合模型
r^2(RRX)	0.8872	0.9545	0.9413	0.9522	—
Lk	-124.0372	-119.9021	-123.1054	-120.7789	-117.1049
mod KS/%	80.0075	58.9538	85.0819	64.8740	0.6435
χ^2/%	3.1725	0.7962	N/A	0.7391	0.0290

42.3　分析 3

在表 42.2 中,双参数对数正态模型、双参数和三参数 Weibull 模型的 mod KS 检验值很大,并且图 42.1 所示的 Weibull 概率图在第 13 周处呈现尖锐突起,这表明该组数据可能存在两个不同的群体,这可以用图 42.5 所示有 5 个独立参数和 2 个群体的 Weibull 混合模型良好的拟合来证明(8.6 节)。表 42.2 中的 GoF 检验结果支持选择 Weibull 混合模型。每个子群用一个双参数 Weibull 模型描述。形状参数及子群分数为 $\beta_1=2.67, f_1=0.68; \beta_2=2.25, f_2=0.32; f_1+f_2=1$。

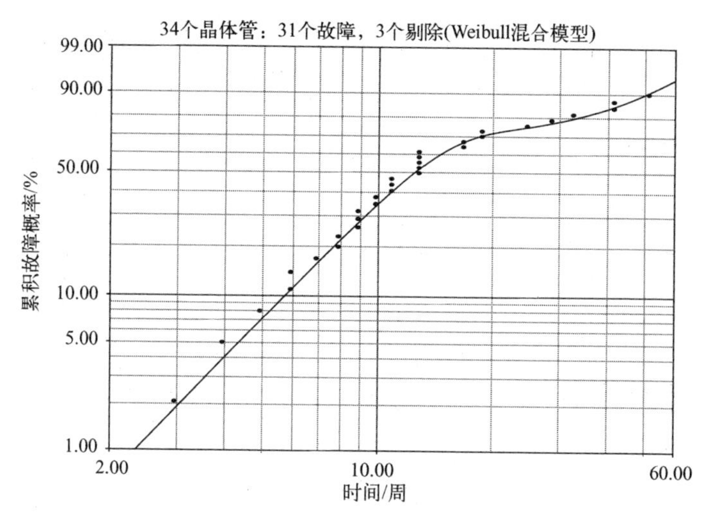

图 42.5　两个子群的混合 Weibull 分布概率图

42.4　结论

（1）双参数对数正态模型提供了一个可接受的故障时间的拟合结果，尤其是在下尾部为了预测安全寿命。根据视觉检查和 GoF 检验结果，双参数对数正态分布优于双参数 Weibull 模型和 Gamma 模型以及三参数 Weibull 模型。图 42.2 所示的序列中部的“驼峰”是故障时间数据的突然聚集造成的。众所周知，固态组件（如晶体管、半导体）的故障特性可以用双参数对数正态模型进行较好的描述（6.3.2 节和 7.17.3 节）。

（2）图 42.4 中下尾部数据的严重偏离表明，三参数 Weibull 模型的应用是不合理的。此外，绝对故障阈值 t_0（三参数 Weibull 模型）= 2.4 周，该估计值由于过于靠近表 42.1 中在第 3 周时出现的第一次故障而不太可信。

（3）三参数 Weibull 模型形状参数 $\beta=1.02\approx1$，相应的三参数 Weibull 故障率图如图 42.6 所示，在机理上是不可信的。如高亮垂线所示，在 $t<t_0$（三参数 Weibull 模型）= 2.4 周时完全没有故障发生；而在 $t>t_0$（三参数 Weibull 模型）= 2.4 周时，故障率几乎一直不变。在这种情况下，由于指数分布模型的无记忆性，晶体管的故障时间将与其所经历的加速寿命试验持续时间无关。因此，工作到 10h 尚未发生故障的晶体管在接下来时间内发生故障的可能性，与工作到 40h 尚存活的晶体管在接下来时间内发生故障的可能性相同。指数模型恒定故障率的特点允许故障在 0 或接近于 0 的时刻发生。

（4）事实上，当双参数 Weibull 模型描述的故障数据出现下凹时，貌似合理的故

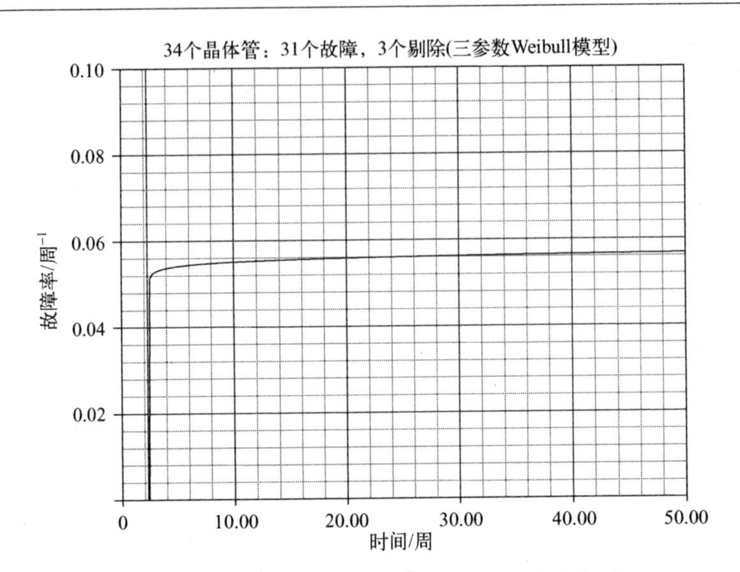

图 42.6 34 个晶体管的三参数 Weibull 故障率图

障阈值并不等同于利用三参数 Weibull 模型得到的值，特别是当双参数对数正态模型能够提供一个可接受的拟合直线时。双参数对数正态故障率图如图 42.7 所示。

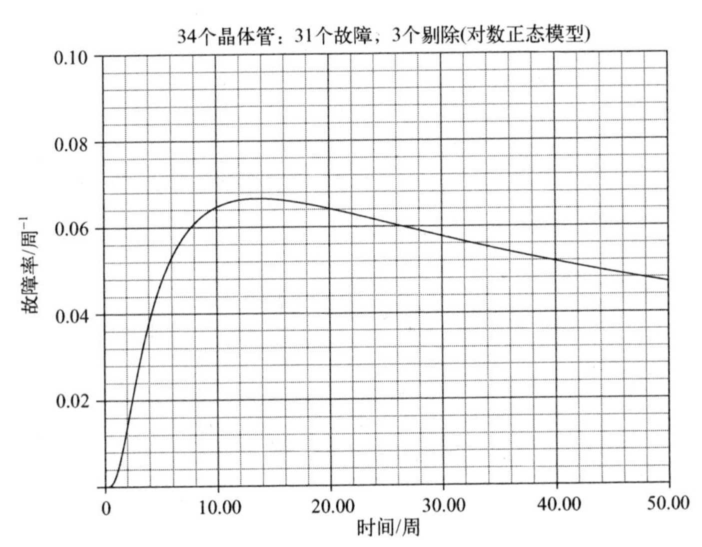

图 42.7 34 个晶体管的双参数对数正态故障率图

(5) 在缺乏试验证据验证利用三参数 Weibull 模型的合理性时，利用该模型就是随意的[4,5]，并且可能导致对绝对故障阈值的预测过于乐观[5]。

(6) 尽管有两个子群的 Weibull 混合模型改善了拟合曲线的上尾部形态，它仍然是一个五参数模型。混合模型对拟合效果的改进很可能与故障时间的聚集这一偶然因素有关。相似的形状参数($\beta_1 = 2.67$,$\beta_2 = 2.25$)表明,如果寿命数据不做舍入,混合模型并不是一个可行的选择。

(7) 接受Weibull混合模型意味着放弃双参数对数正态模型可接受的直线拟合的简单性。为了能够预测,目标是分析故障以便于为不受偶然出现的分组效应控制的数据提供充分的双参数模型拟合。

(8) 通过对双参数对数正态和五参数Weibull混合两种模型拟合图形的粗略比较可知,依据Occams准则,应该选择参数更少的模型。众所周知,引入更多的模型参数一般会提高视觉拟合效果和GoF检验结果。

参考文献

[1] M. B. Wilk, R. Gnanadesikan, and M. J. Huyett, Estimation of parameters of the gamma distribution using order statistics, *Biometrika*, 49, 525-545, 1962.

[2] J. F. Lawless, *Statistical Models and Methods for Lifetime Data* (Wiley, New York, 1982), 208.

[3] D. Kececioglu, *Reliability Engineering Handbook*, Volume 1 (Prentice Hall, New Jersey, 1991), 309.

[4] R. B. Abernethy, *The New Weibull Handbook*, 4th edition (Abernethy, North Palm Beach, Florida, 2000), 3-9.

[5] B. Dodson, *The Weibull Analysis Handbook*, 2nd edition (ASQ Quality Press, Milwaukee, Wisconsin, 2006), 35.

第 43 章　35 个钢槽样本

AISI4340 型硬度为 35/40 的 35 个钢槽样本进行了上千次疲劳试验(反向弯曲和固定扭矩混合试验),试验数据如表 43.1 所列。建议采用双参数对数正态模型进行分析[1,2]。

表 43.1　35 个钢槽样本故障周期($\times10^3$)

61.667	62.882	68.394	69.342	69.372	71.179	71.268
71.624	71.713	72.039	72.305	76.602	77.817	78.262
80.010	84.218	84.544	85.433	85.788	87.152	88.337
89.759	89.789	90.767	90.797	91.923	96.131	98.679
99.853	100.960	102.620	110.800	112.580	126.030	127.690

43.1　分析 1

双参数 Weibull 分布($\beta=5.32$)、对数正态分布($\sigma=0.18$)和正态分布 MLE 概率图分别如图 43.1 至图 43.3 所示。Weibull 分布曲线在下尾部呈现明显的下凹特性。Weibull 分布与正态分布有相似的排列情况(8.7.1 节)。当对数正态分布的形状参

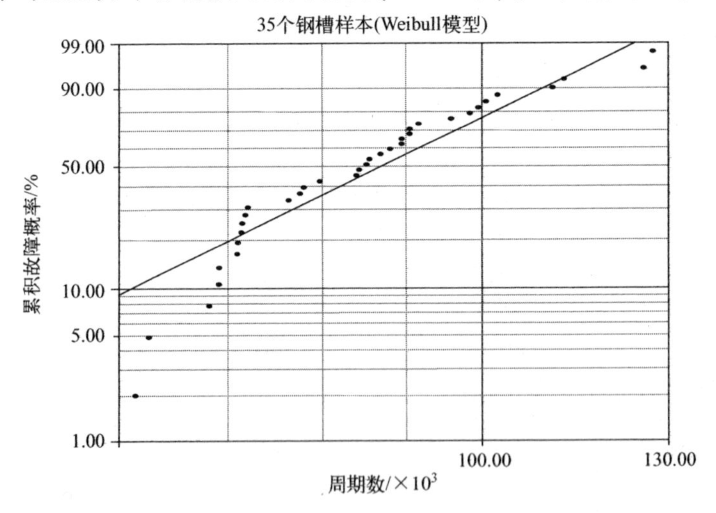

图 43.1　35 个钢槽样本的双参数 Weibull 概率图

数满足 $\sigma \leqslant 0.2$ 时，对数正态和正态曲线非常相似（8.7.2 节）。目测检查和表 43.2 所列的大部分统计 GoF 检验结果支持对数正态分布模型。由于 χ^2 检验结果常常误导，因此一般很少用于模型选择的最终决策（8.10 节）。混合 Weibull 分布模型不能提供视觉拟合，而双参数对数正态分布模型能改进视觉拟合。

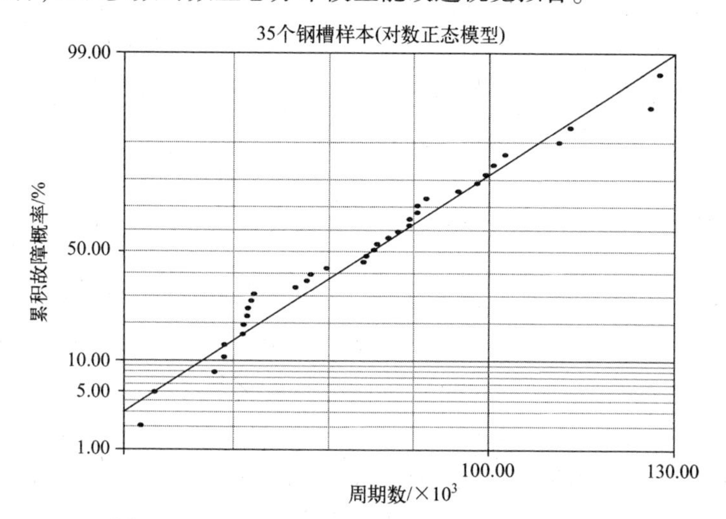

图 43.2　35 个钢槽样本的双参数对数正态概率图

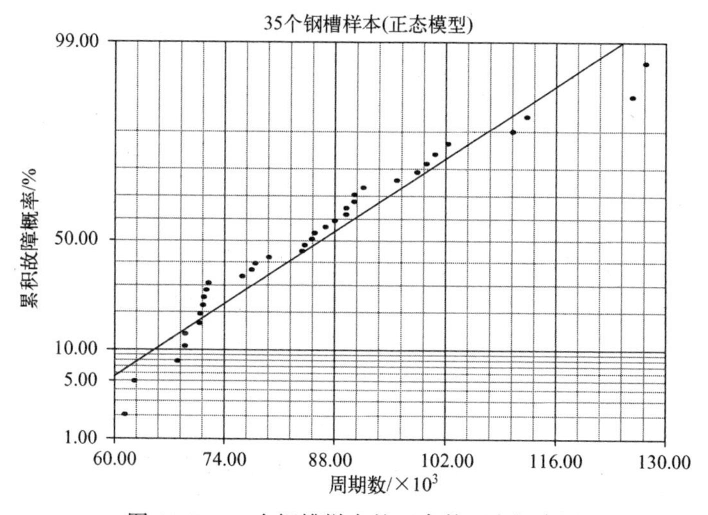

图 43.3　35 个钢槽样本的双参数正态概率图

表 43.2　GoF 检验结果（MLE）

检验方法	Weibull 模型	对数正态模型	正态模型	三参数 Weibull 模型
r^2(RRX)	0.8885	0.9728	0.9411	0.9771
Lk	−149.3385	−145.2865	−147.1894	−143.9671

(续)

检验方法	Weibull 模型	对数正态模型	正态模型	三参数 Weibull 模型
mod KS/%	33.0467	22.4529	17.1221	9.5477
χ^2/%	0.4839	0.0833	0.0727	0.0146

43.2 分析 2

图 43.1 所示的双参数 Weibull 分布概率图在初始阶段的下凹现象提示我们可以采用三参数 Weibull 分布模型。因为裂纹扩展现象往往需要经历很多个周期的疲劳试验才能发生,即达到一定的临界周期次数,这在物理机理上可以得到合理解释。三参数 Weibull 分布 MLE 概率图拟合如图 43.4 所示。绝对故障阈值 t_0(三参数 Weibull 模型)= 58529 个周期,如图中垂直虚线所示。目测检查和表 43.2 所列的 GoF 检验结果都显示三参数 Weibull 模型比双参数对数正态分布模型更好。绝对故障阈值 t_0(三参数 Weibull 模型)= 58529 周期与双参数和三参数 Weibull 模型的首次故障周期有偏差,即 61667- 58529=3138 个周期。

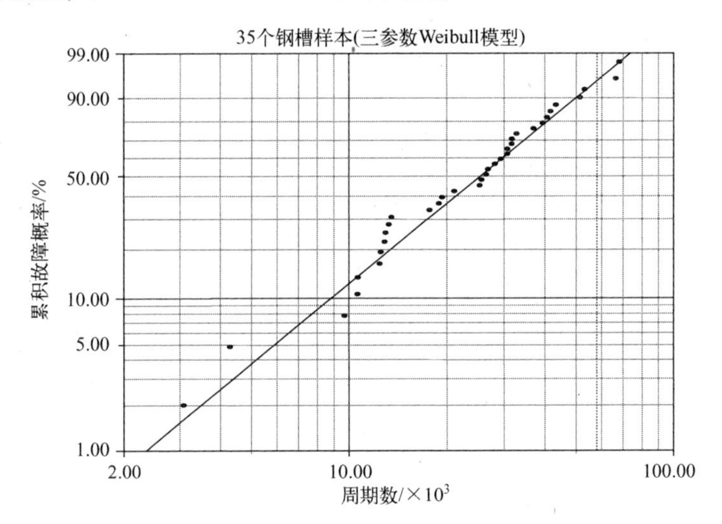

图 43.4 35 个钢槽样本的三参数 Weibull 分布概率图

43.3 分析 3

分析故障样本的一个主要目标,就是预测未选用样本未施加应力情况下的第一次故障(8.2 节),例如,在目前情况下就是 AISI 4340 钢的 1000 个标称一样的 35/40

硬度的35个钢槽样本出现第一次故障的周期数(以千次周期为单位)。图43.5和图43.6是双参数对数正态分布和三参数Weibull分布模型在扩展刻度下的概率图。图43.5中的直线与$F=0.10\%$坐标相交于安全寿命t_{FF}(对数正态模型)=48057周期。图43.6中的直线与$F=0.10\%$横坐标相交于安全寿命t_{FF}(三参数Weibull模型)=t_0(三参数Weibull模型)+644=58529+644=59173个周期。双参数对数正态分布下的无故障周期次数比三参数Weibull分布模型下的估计要保守很多。三参数Weibull下t_{FF}值近似等于绝对故障阈值t_0(三参数Weibull模型),即绝对最低故障阈值。

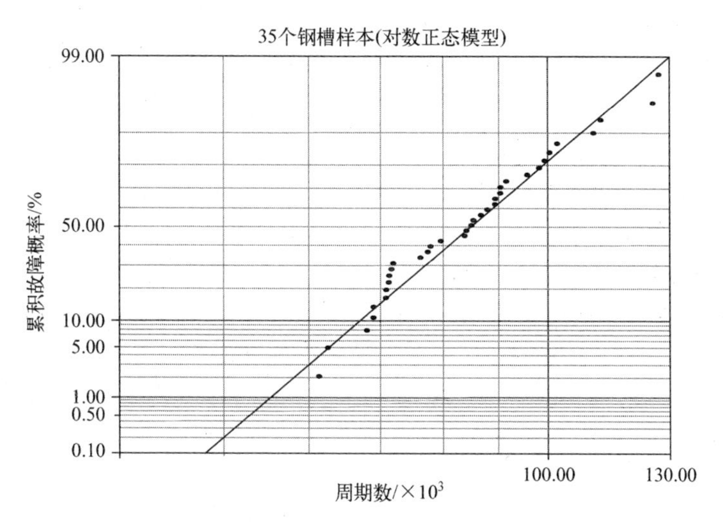

图43.5　扩展刻度下的双参数对数正态概率图

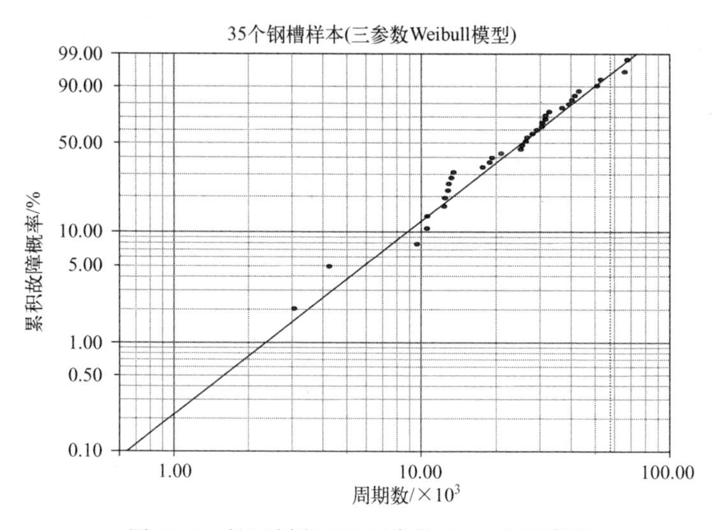

图43.6　扩展刻度下的三参数Weibull概率图

43.4 结论

(1) 图 43.1 中双参数 Weibull 分布模型呈现的下凹表明,双参数对数正态分布可能更优,并且双参数对数正态分布的拟合效果由图 43.2 所示的拟合直线证实。视觉检查和 GoF 检验结果显示,双参数对数正态分布模型优于双参数 Weibull 模型。根据视觉检查和 GoF 检验结果,双参数对数正态分布模型也优于双参数正态分布模型。

(2) 在缺乏试验证据验证三参数 Weibull 分布模型合理性的情况下,利用它有些随意[3,4],并且还可能使绝对故障阈值的估计过于乐观[4]。

(3) 事实上,貌似合理的故障阈值(三参数)并不意味着,当双参数 Weibull 分布模型拟合曲线出现下凹时,都可以采用三参数 Weibull 分布模型,尤其是当可以找到可接受的双参数对数正态分布拟合时。

(4) 根据图 43.2 所示的双参数对数正态分布和图 43.4 所示的三参数 Weibull 分布图的粗略比较,Occam 准则告诉我们要选择参数更少的模型。众所周知,更多参数的模型往往会提高数据的拟合效果以及更好的 GoF 检验结果。

(5) 未使用过的 1000 个钢槽样本参加同样的疲劳寿命试验。与三参数 Weibull 分布模型相比,双参数对数正态模型对无故障周期寿命即安全寿命的估计更偏保守,即更不乐观。

(6) 如果对数正态分布的形状参数满足 $\sigma \leqslant 0.2$,那么用对数正态分布描述等同于用正态分布描述,反之亦然(8.7.2 节)。对数正态分布故障率曲线和正态分布故障率曲线如图 43.7 和图 43.8 所示,两条图线在 95000 个周期之前都显示极为相似,在此之后正态分布故障率曲线增长更快。

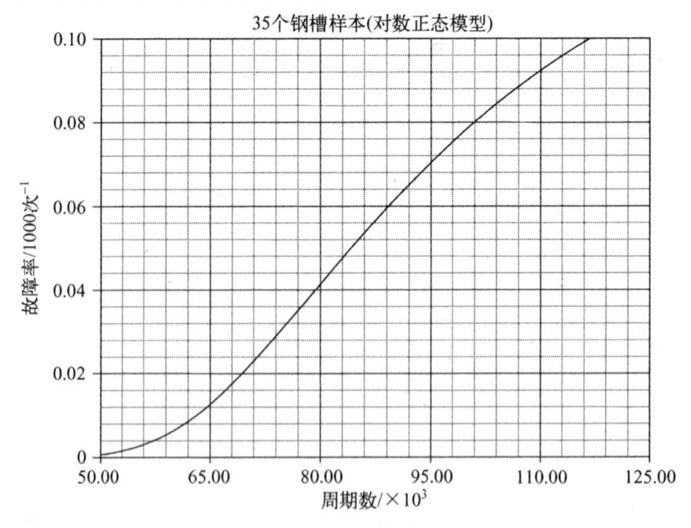

图 43.7 35 个钢槽样本的双参数对数正态故障率图

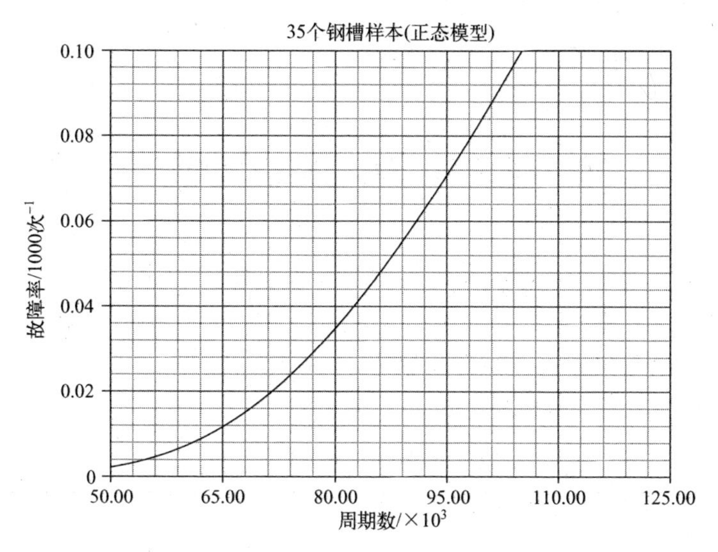

图 43.8 35 个钢槽样本的双参数正态分布故障率图

参考文献

[1] D. Kececioglu, *Reliability Engineering Handbook*, Volume 1 (Prentice Hall, New Jersey, 1991), 429.

[2] D. Kececioglu, *Reliability and Life Testing Handbook*, Volume 1 (PTR Prentice Hall, New Jersey, 1993), 363.

[3] R. B. Abernethy, *The New Weibull Handbook*, 4th edition (Abernethy, North Palm Beach, Florida, 2000), 3-9.

[4] B. Dodson, *The Weibull Analysis Handbook*, 2nd edition (ASQ Quality Press, Milwaukee, Wisconsin, 2006), 35.

第 44 章　36 个电气装置

一种新型的小家电装置周期性发生故障。尽管发现了 18 种不同的故障模式,但是表 44.1 只列出了其中的 7 种。表中 33 个样本的故障数据按故障模式进行归类。7 种故障模式出现的故障周期数在 0~3500 个周期范围内显著重叠。表 44.2 按故障周期的大小列举了 33 个故障样本和 3 个带下划线的剔除样本。

表 44.1　故障模式 1,2,5,6,9,10 和 15 出现时对应的周期数

故障次数区间	1	2	5	6	9	10	15
0~1000	11			170,329,381,708		958	35,49
1000~1500			1062		1167		
1500~2000		1594			1925,1990		
2000~2500			2451	2327	2223,2400,2471		
2500~3000		2831		2761	2551,2568,2694	2702	
3000~3500				3059	3034,3112,3214,3478		
3500~4000					3504		
4000~4500					4329		
4500~5000							
5000~5500							
5500~6000							
6000~6500							
6500~7000					6976		
7000~7500							
7500~8000					7846		
总数=33	1	2	2	7	17	2	2

表 44.2　36 个装置的故障次数

11	35	49	170	329	381
708	958	1062	1167	1594	1925
1990	2223	2327	2400	2451	2471
2551	2565	2568	2694	2702	2761
2831	3034	3059	3112	3214	3478
3504	4329	6367	6976	7846	13,403

44.1　分析 1

双参数 Weibull 分布($\beta = 0.95$)和对数正态分布($\sigma = 1.59$)MLE 概率图分别如图 44.1 和图 44.2 所示。双参数正态分布概率图没有展示。当形状参数 $\beta = 0.95 \approx 1.0$ 时,双参数 Weibull 分布模型大致等价于单参数指数分布模型。表 44.3 所列的 GoF 检验结果显示,Weibull 分布模型优于对数正态分布。

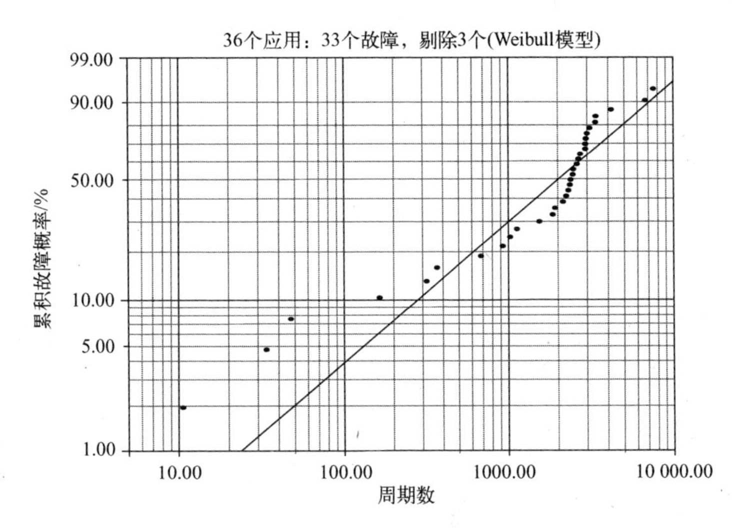

图 44.1　36 个装置的双参数 Weibull 分布概率图

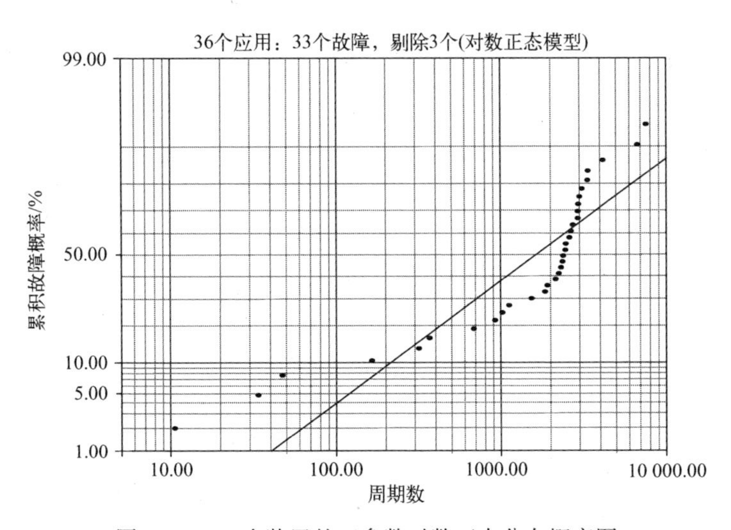

图 44.2　36 个装置的双参数对数正态分布概率图

表 44.3　GoF 检验结果(MLE)

检验方法	Weibull 模型	对数正态模型	混合模型
r^2(RRX)	0.9014	0.7875	—
Lk	-297.2275	-302.7694	-285.9894
mod KS/%	68.5926	92.8109	10^{-10}
χ^2/%	0.9028	4.6916	7.07×10^{-3}

44.2　分析 2

图 44.1 所示的双参数 Weibull 分布概率图显示出经典的 S 形曲线,表明可能需要用两个或多个子群混合而成的 Weibull 混合分布模型表示(8.6 节)。尽管数据可以用三个或四个子群的混合模型进行很好的拟合,但是这种拟合模型难以给出物理解释。为了简便起见,反而利用有两个子群的混合模型,每个子群用双参数 Weibull 分布模型描述。有两个子群的混合模型的概率图如图 44.3 所示。形状参数和子群的分数分别为 $\beta_1=0.59$,$f_1=0.52$ 和 $\beta_2=6.62$,$f_2=0.48$,$f_1+f_2=1$。在接下来的分析中将忽略子群的分数。

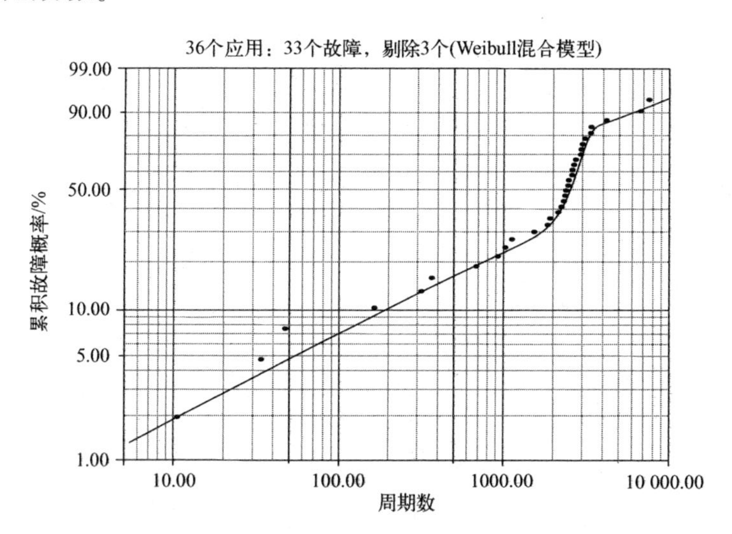

图 44.3　有两个子群的 Weibull 混合分布概率图

在横坐标为 11~2000 个周期时,采用形状参数为 $\beta_1=0.59$ 的双参数 Weibull 分布模型拟合第一个子群的数据。由表 44.1 可见,所有 7 种故障模式都在第一个子群中出现,并且包含前 13 个故障样本数据。在横坐标为 2000~4000 个周期时,采用形状参数为 $\beta_1=6.62$ 的双参数 Weibull 模型拟合第二个子群的数据。由表 44.1 可见,第二个子群包含5种故障模式,并且包括接下来的17个故障数据。在横坐标为4000~8000个周期时,从图44.2可知,最后三个故障数据被认为是异常值,而不将其包含在这个实例分析的第二个子群中。

44.3　结论

(1) 视觉检查和GoF检验结果都表明,Weibull混合分布模型对这组数据的描述最有说明力。

(2) Weibull混合分布建模的经验是:混合模型中子群的数量与故障模式的数量之间没有相关性。在任何给定的子群中都有可能出现几种故障模式对应的故障数据重叠的现象。

参考文献

[1] W. B. Nelson, Hazard plotting methods for analysis of life data with different failure modes, *J. Qual. Technol.*, 2, 126-149, 1970.

[2] J. F. Lawless, *Statistical Models and Methods for Lifetime Data* (Wiley, New York, 1982), 7, 488-491.

[3] M. J. Crowder, *Classical Competing Risks* (Chapman & Hall/CRC, New York, 2001), 7, 27-29.

[4] J. F. Lawless, *Statistical Models and Methods for Lifetime Data*, 2nd edition (Wiley, New York, 2003), 7-8.

第 45 章　一个 500MW 发电机的 36 个故障

表 45.1 列出的是一台 500MW 发电机在 6 年时间内收集到的 36 个首次故障时间数据[1,2]。表中的数据是该 500MW 发电机每次中断或强制降级运行之间的运行时间。假设每一次修理之后发电机仍旧如新[1]。

表 45.1　发电机故障间隔时间(h)

58	70	90	105	113	121
153	159	224	421	570	596
618	834	1019	1104	1497	2027
2234	2372	2433	2505	2690	2877
2879	3166	3455	3551	4378	4872
5085	5272	5341	8952	9188	11,399

45.1　分析 1

双参数 Weibull 分布($\beta=0.82$)和对数正态分布($\sigma=1.56$)MLE 概率图分别如图 45.1 和图 45.2 所示。正态分布概率图没有展示。Weibull 分布形状参数 $\beta=0.82$

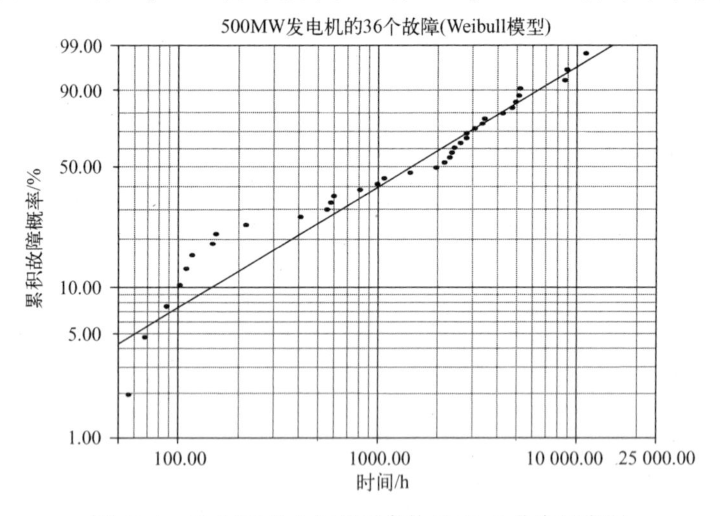

图 45.1　500MW 发电机的双参数 Weibull 分布概率图

表明,故障率随运行时间延长逐渐降低。表 45.2 中的 GoF 检验结果表明,Weibull 分布模型更优。

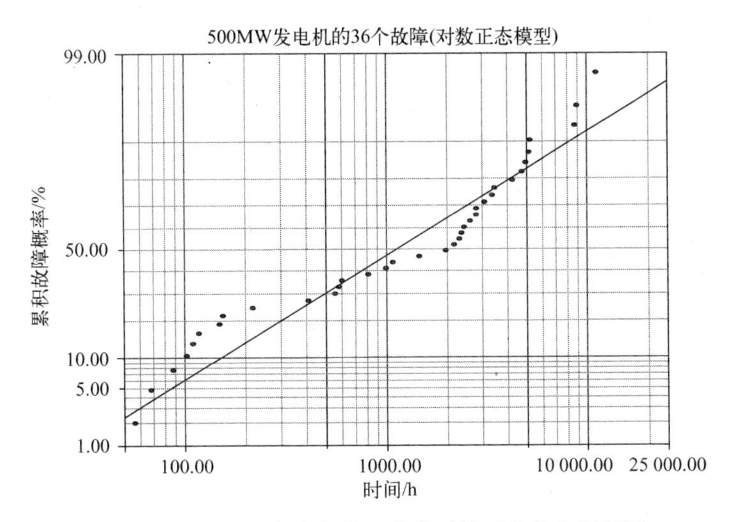

图 45.2　500MW 发电机的双参数对数正态分布概率图

表 45.2　GoF 检验结果(MLE)

检验方法	Weibull 模型	对数正态模型	Weibull 混合模型
r^2(RRX)	0.9390	0.9312	—
Lk	-317.3698	-319.3884	-311.4257
mod KS/%	22.9114	72.2676	0.0564
χ^2/%	0.0158	0.0715	0.0168

45.2　分析 2

不过,双参数 Weibull 分布模型的选用还有待商榷。图 45.1 和图 45.2 均呈现出经典的 S 形曲线,这表明可能存在两个子群,类似于图 45.3 所示的 Weibull 混合分布(8.6 节)。图 45.3 中每一个子群用双参数 Weibull 分布模型描述。无论是图形拟合还是表 45.2 所示的 GoF 检验结果,都支持混合 Weibull 分布模型。形状参数和子群分数为 $\beta_1 = 3.60, f_1 = 0.20; \beta_2 = 1.15, f_2 = 0.80$, 且 $f_1 + f_2 = 1$。由图 45.4 所示的 Weibull 混合分布故障率图可知,第一个子群的形状参数 $\beta_1 = 3.60$ 导致产品早期故障率迅速增长,随后由第二个子群的形状参数 $\beta_2 = 1.15 \approx 1.0$ 决定了产品故障率在 200h 之后大致趋于稳定。

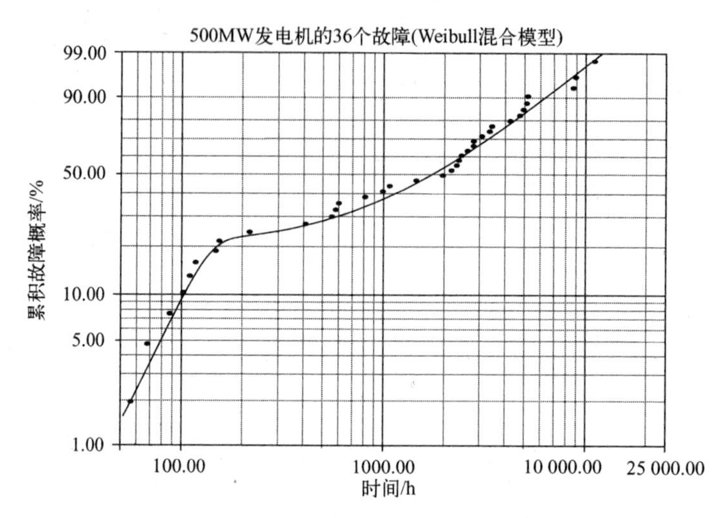

图 45.3 有两个子群的 Weibull 混合模型概率图

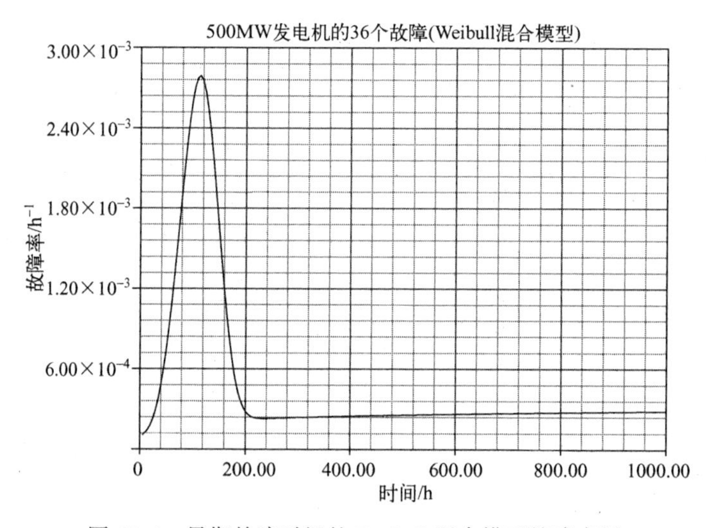

图 45.4 早期故障时间的 Weibull 混合模型故障率图

45.3 结论

(1) 视觉检查和表 45.2 所列的 GoF 检验结果支持选择 Weibull 混合分布模型。它提供了关于故障数据的最好解释,尤其是在 200h 之后故障率大致保持不变。

(2) 在一个系统中,如果故障组件被替换或被修复,则该系统处于“分散磨损状态”[3]。即使单个部件故障可以通过 Weibull 分布模型或对数正态分布模型进行统计描述,但是部件组合在一起(一些原装的、修复的、新换的,并且运行时间均有很大不同)会同等地出现故障,并且可能会发生在任何工作期间的任何时间段内,这就会导致产品出现恒定的与运行时间无关的故障率,也就是指数分布。因此,一旦恒定故障率变得稳定,从系统时间尺度上看,各个替换的部件随机进入系统开始服务,结果导致出现随机故障。

参考文献

[1] B. S. Dhillon, Life distributions, *IEEE Trans. Reliab.*, 30 (5), 457-460, December 1981.

[2] C.-D. Lai and M. Xie, *Stochastic Ageing and Dependence for Reliability* (Springer, New York, 2006), 356-357.

[3] D. J. Davis, An analysis of some failure data, *J. Am. Stat. Assoc.*, 47(258), 113-150, June 1952.

第 46 章　40 个未指定零件

为了诱发 40 个未指定零件的故障,使用了一台疲劳试验设备[1]。故障周期值见表 46.1。

表 46.1　40 个零件疲劳故障周期($\times 10^3$)

31.7	35.0	36.1	36.4	37.0	37.1	37.2	38.0
38.4	38.5	39.3	40.8	41.3	41.8	42.4	42.9
43.0	43.4	43.8	44.0	44.5	45.4	45.6	46.0
46.4	48.1	48.1	48.5	48.7	50.4	52.1	54.1
54.2	54.3	55.0	55.3	56.6	58.1	68.8	70.6

46.1　分析 1

呈双参数 Weibull 分布($\beta = 5.25$)、对数正态分布($\sigma = 0.18$)、正态分布的最大似然估计(MLE)故障概率图分别如图 46.1 至图 46.3 所示。Weibull 和正态分布在图中左下部的情况类似,都是下凹形态(8.7.1 节)。对数正态分布图中,当参数 σ 满足

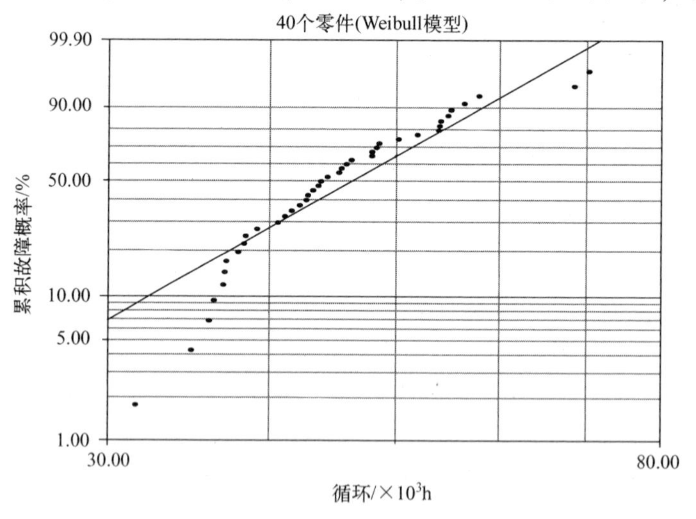

图 46.1　40 个零件疲劳故障的双参数 Weibull 分布概率图

$\sigma \leqslant 0.2$(8.7.2 节)时,对数正态分布和正态分布的 MLE 值则比较类似。从图中可直观发现,双参数对数正态模型比双参数 Weibull 模型更为适用,这一点可从表 46.2 中的拟合优度(GoF)检验结果得到证实。

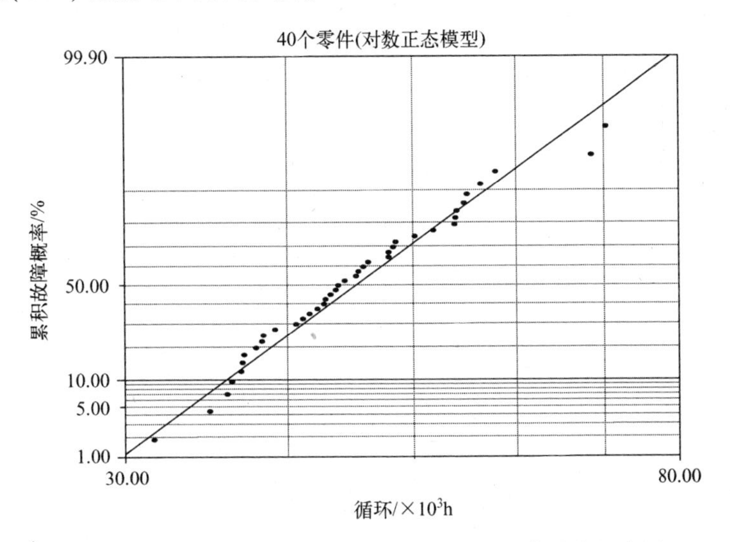

图 46.2　40 个零件疲劳故障的双参数对数正态分布概率图

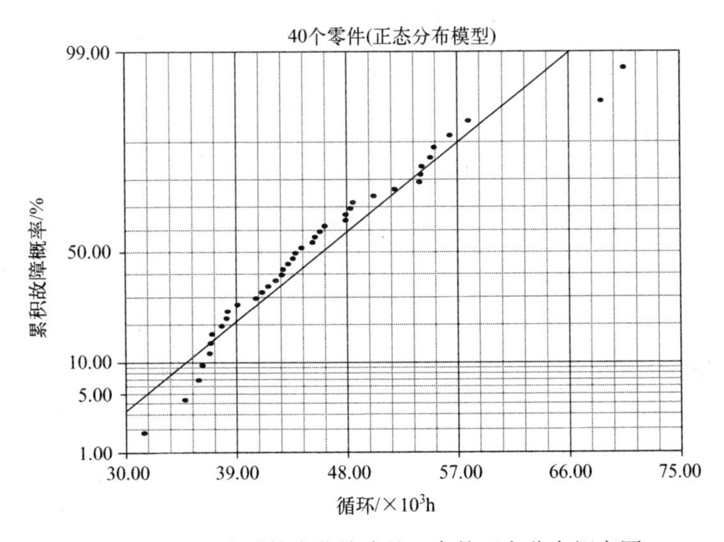

图 46.3　40 个零件疲劳故障的双参数正态分布概率图

46.2　分析 2

图 46.4 中所示的三参数 Weibull 模型(8.5 节)MLE 故障概率图($\beta=2.10$)直线

拟合,减缓了图 46.1 中概率分布的下凹曲度。图 46.4 中垂直虚线所示的绝对故障阈值为 t_0(三参数 Weibull 分布)≈29000 个周期。当低于此周期值时,估计不会出现循环故障。用表 46.1 中第一个故障周期值 31700 减去图 46.4 中第一个故障周期 t_0(三参数 Weibull 分布)≈29000,得到图 46.4 中的第一个故障周期值 2700。图 46.4 中左下部位故障数的偏离情况表明,三参数 Weibull 分布的使用可信性无法保证[2],相关的拟合优度测试结果已列入表 46.2 中,目视检查没有太大区别。mod KS 检验结果更倾向于使用双参数对数正态模型,而 r^2 和 Lk 检验结果则更倾向于使用三参数 Weibull 模型,但由于它们经常误导,χ^2 检验的结果是不确定的,没有什么参考价值(8.10 节)。

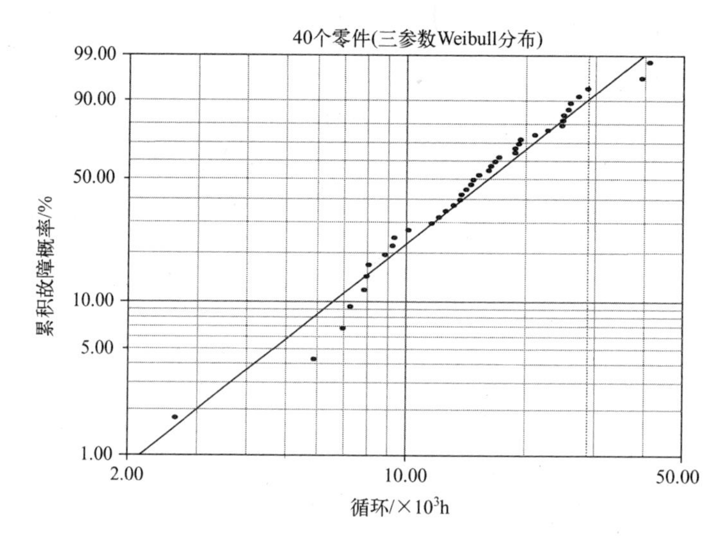

图 46.4 40 个零件疲劳故障的三参数 Weibull 分布概率图

表 46.2 拟合优度检验结果(MLE)

检验方法	Weibull 模型	对数正态模型	正态模型	三参数 Weibull 模型
r^2(RRX)	0.8898	0.9744	0.9337	0.9750
Lk	-145.5509	-140.1358	-142.6008	-139.8442
mod KS/%	35.5099	0.1016	12.5373	0.1394
χ^2/%	0.7452	0.1110	0.1778	0.0936

46.3 结论

鉴于以下原因,通常选用双参数对数正态分布模型。对数正态分布故障率曲线如图 46.5 所示。

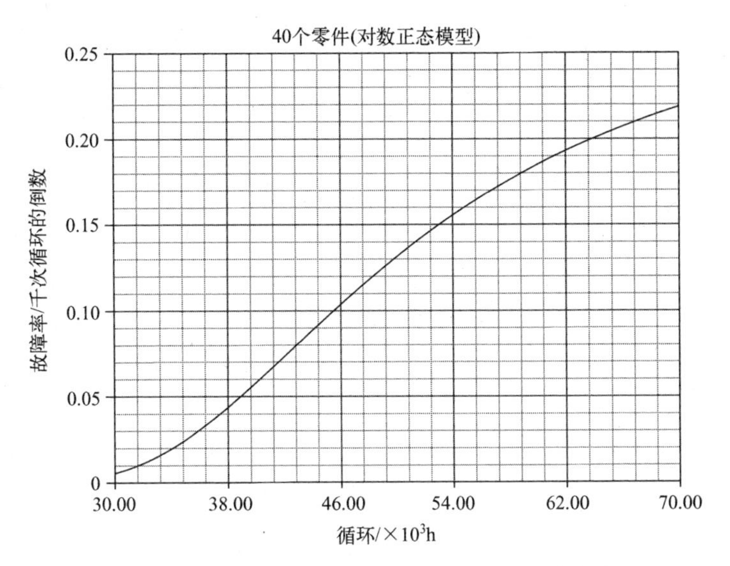

图46.5　40个零件疲劳故障的对数正态分布故障率曲线图

(1) 双参数对数正态分布模型的故障数据通常呈线性分布,根据目视检查和双参数 Weibull 分布模型中下凹部分的拟合优度检验结果推荐使用该模型。

(2) 由于三参数 Weibull 模型分布图左下部位故障数据偏离情况严重,故使用三参数 Weibull 分布模型是有争议的[2]。

(3) 在没有经过试验证实之前,使用三参数 Weibull 分布模型显得不够慎重[3,4],因为该模型可能会导致对故障阈值的估计过于乐观[4]。

(4) 在双参数 Weibull 分布模型曲线下凹描述的每一种情况下,尤其是在使用双参数对数正态分布模型后能够拟合得出可接受的直线的情况下,采用三参数 Weibull 分布模型,貌似真实的故障阈值可能是不正确的。要想证实有一个类似阈值存在,还需要更多周期的故障试验数据。使用三参数 Weibull 分布模型,会被认为有故意想把故障数据拟合成直线的企图。

(5) 根据双参数对数正态分布模型和三参数 Weibull 分布模型的拟合结果和拟合优度检验结果的对比情况,Occam 剃刀理论建议选用具有最少参数的模型,模型参数越多,得出的拟合结果和拟合优度检验结果越理想。

参考文献

[1] D. Kececioglu, *Reliability and Life Testing Handbook*, Volume 1(PTR Prentice Hall, New Jersey, 1993), 682.

[2] D. Kececioglu, *Reliability and Life Testing Handbook*, Volume 1(PTR Prentice Hall, New Jersey, 1993), 412.

[3] R. B. Abernethy, *The New Weibull Handbook*, 4th edition(Abernethy, North Palm Beach, Florida, 2000), 3-9.

[4] B. Dodson, *The Weibull Analysis Handbook*, 2nd edition(ASQ Quality Press, Milwaukee, Wisconsin, 2006), 35.

第 47 章　43 个真空管

34 个真空管的故障(剔除)时间(h)见表 47.1。表中标有下划线的数据为另外 9 个真空管的故障时间,已被剔除[1]。以下分析中,没有考虑 $t=0$ 的剔除情况,建议使用双参数正态模型[1]。

表 47.1　43 个真空管的故障时间和剔除时间(h)

120	280	280	300	300	310	310
330	340	360	360	470	470	490
490	550	550	560	560	570	580
580	610	610	650	690	780	800
800	860	880	1000	1020	1040	1050
1200	1200	1260	1310	1320	1650	1670
1800						

47.1　分析 1

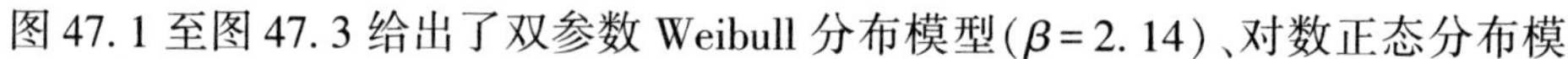

图 47.1 至图 47.3 给出了双参数 Weibull 分布模型($\beta=2.14$)、对数正态分布模

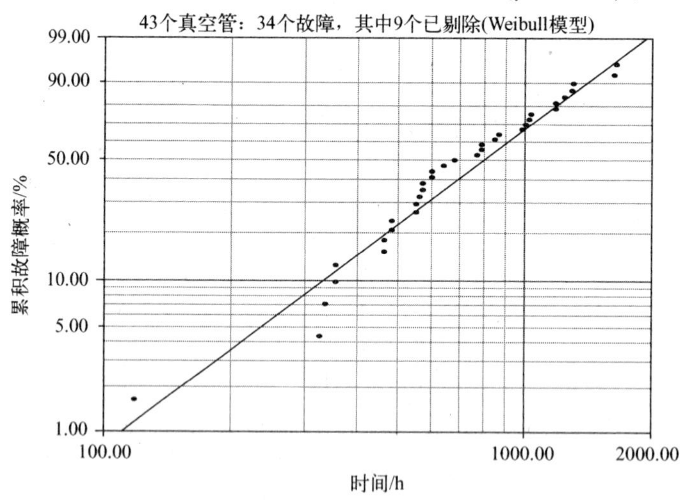

图 47.1　真空管的双参数 Weibull 分布概率曲线图

型(σ=0.56)和正态分布模型的 MLE 故障概率图。在图 47.1 所示的 Weibull 分布图中,第一次故障时间(120h)之后的其他一些数据排列是下凹的,而图 47.2 中的对数正态分布比较拟合直线,图 47.3 中的正态模型数据呈下凹状。Weibull 和对数正态模型图中出现的第一次故障如同早期故障异常值,如表 47.1 中数据所列。

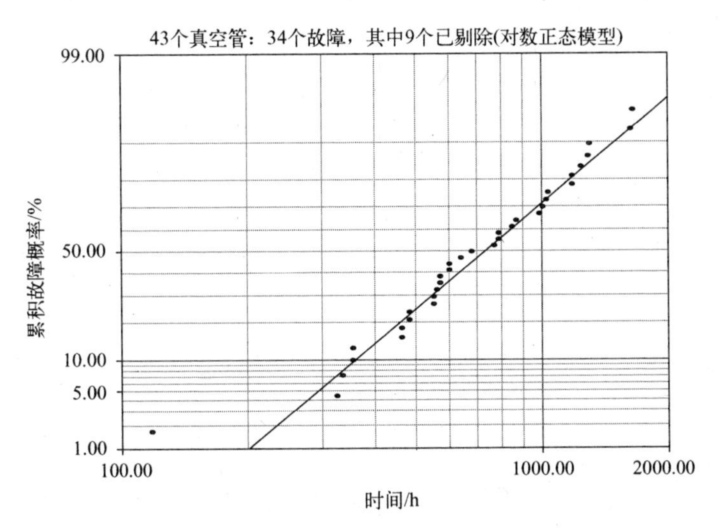

图 47.2　真空管的双参数对数正态模型概率曲线图

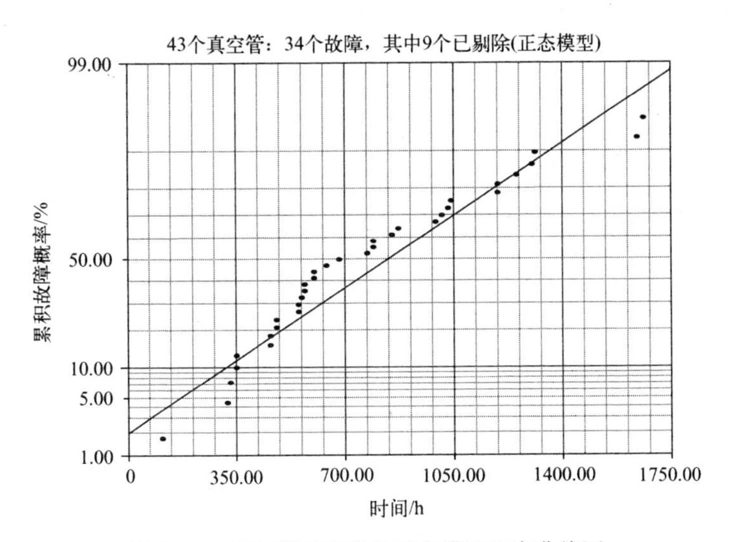

图 47.3　真空管的双参数正态模型概率曲线图

在表 47.2 统计的拟合优度测试结果中,r^2 检验结果更倾向于使用 Weibull 分布模型,而 mod KS 检验结果更倾向于使用对数正态分布模型,Lk 检验结果则很接近。

χ^2检验结果对推荐选用正态分布模型不能给出明确意见(8.10 节)。从目视检查和拟合优度检验结果来看,比较倾向于选用双参数对数正态分布模型。在图 47.1 和图 47.2 概率分布图中,由于第一次故障时间与其他故障时间相距较远,所以两个图中早期故障的存在看上去只对图线方向有一点点影响。

表 47.2 拟合优度检验结果(MLE)

检验方法	Weibull 模型	对数正态模型	正态模型
r^2(RRX)	0.9592	0.9498	0.9332
Lk	-253.6484	-253.6570	-256.2034
mod KS/%	21.8999	0.0824	56.0157
χ^2/%	0.1529	0.2094	0.0721

47.2 分析 2

图 47.4 至图 47.6 分别表示双参数 Weibull 分布(β=2.27)、对数正态分布(σ=0.47)和正态分布模型 MLE 故障概率图,剔除了在 120h 上的第一次故障。对比这三个图,故障数据与直线之间的偏离情况没有什么差别。这一点可以通过各个图中参数(β 和 σ)的相似程度证实。Weibull 分布图中的数据全部是下凹的,对数正态分布图中的数据呈线性排列。从目视检查和表 47.3 中的拟合优度检验结果来看,更倾向于对数正态分布模型。

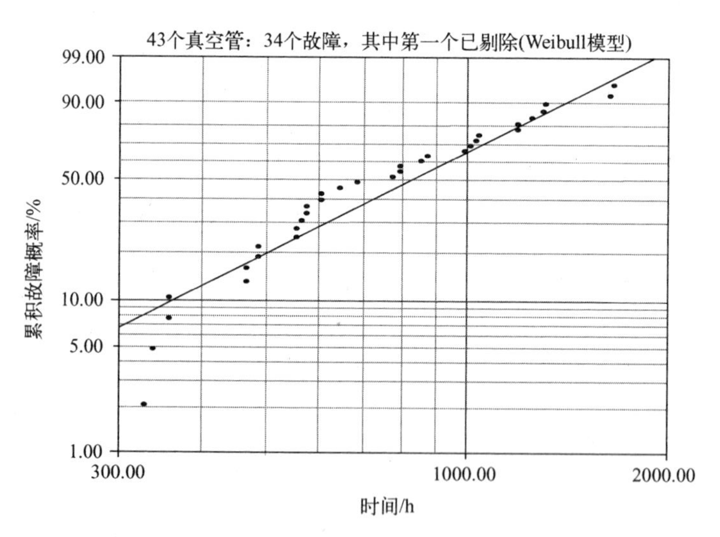

图 47.4 剔除第一个故障的双参数 Weibull 分布概率曲线图

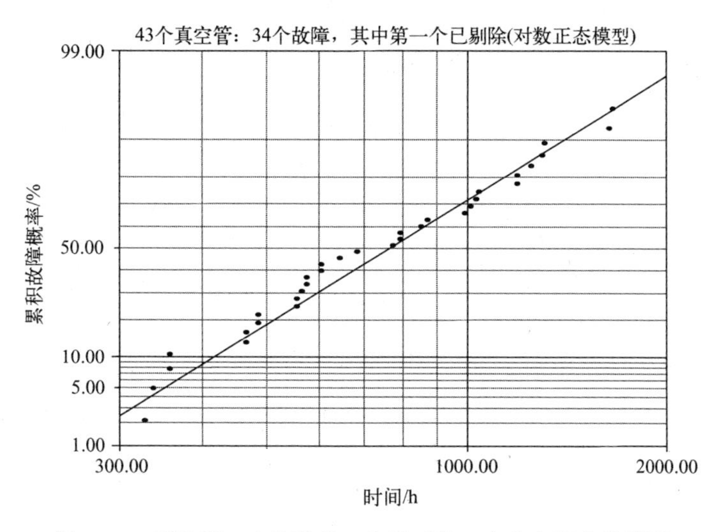

图 47.5 剔除第一个故障的双参数对数正态分布概率曲线图

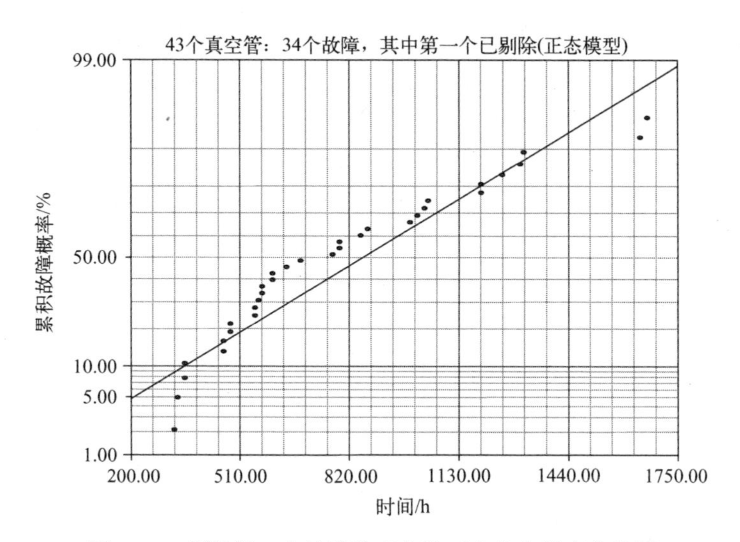

图 47.6 剔除第一个故障的双参数正态分布概率曲线图

表 47.3 剔除第一个故障的拟合优度检验结果(MLE)

检验方法	Weibull 模型	对数正态模型	正态模型	三参数 Weibull 模型
r^2(RRX)	0.9208	0.9797	0.9143	0.9767
Lk	−245.0649	−242.2796	−247.6731	−240.8692
mod KS/%	35.2305	12.8796	61.2659	1.8881
χ^2/%	0.1498	0.0456	0.0704	0.0280

47.3 分析 3

为了减轻图 47.4 中的下凹情况，三参数 Weibull 模型($\beta=1.36$) MLE 故障概率图见图 47.7 中的圆点,与直线拟合,另外的为双参数 Weibull 分布图(三角形),与曲线拟合(8.5 节)。三参数 Weibull 分布模型下的绝对故障时间阈值 $t_0=287\text{h}$,见垂直虚线标注。用表 47.1 中的第一次故障时间 330h 减去 t_0(三参数 Weibull 分布)即 287h,可得出图 47.7 中的第一次故障在 43h。从数值上看,43h 与 120h 的绝对阈值之间是相互矛盾的。基于图 47.7 中左下部位的故障时间数据拟合不理想的情况,表明不需要使用三参数 Weibull 分布模型[2]。直观上看,也更倾向于选用双参数对数正态分布模型。表 47.3 中除了 r^2检验,其他拟合优度检验结果倒是倾向于使用三参数 Weibull 分布模型。

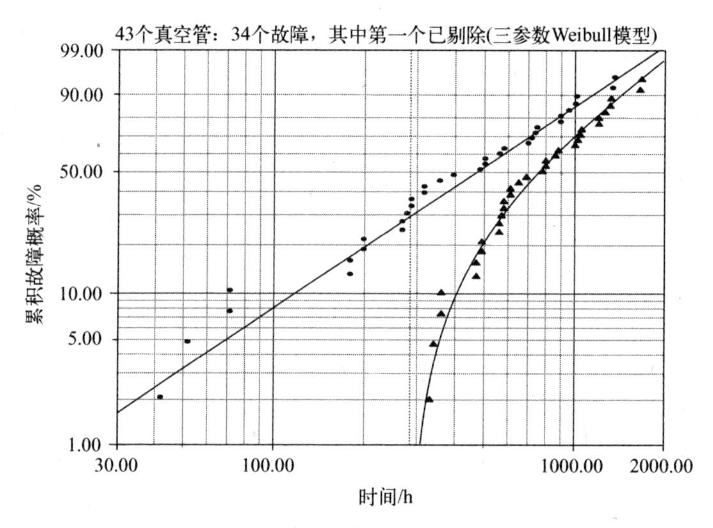

图 47.7 剔除第一个故障的三参数 Weibull 分布概率曲线图

47.4 结论

(1) 考虑到图 47.2 的对数正态分布图中的故障时间数据呈直线排列,图 47.1 的 Weibull 分布图中故障数据总体呈下凹形状,剔除早期故障数据是没有必要的。早期异常故障数据的存在,并不会影响选用双参数对数正态分布模型分析。

(2) 剔除异常故障数据后,从目视检查和拟合优度检验结果看,选用双参数对数正态分布模型比选用双参数 Weibull 分布模型更好。对数正态分布故障率图如图 47.8 所示。

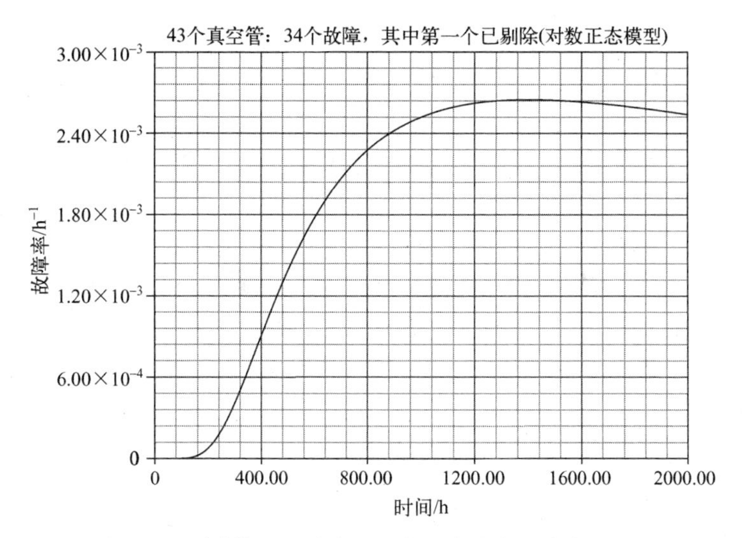

图 47.8　剔除第一个故障的对数正态分布故障率曲线图

(3) 在没有试验证据证明三参数 Weibull 分布模型授权应用的情况下,其使用可能会被认为是随意的[3,4],并导致对绝对故障阈值预测过于乐观[4]。

(4) 使用三参数 Weibull 分布模型的正当理由是,无论是否明确说明,故障机制在故障发生前都需要启动和发展的时间。然而,并不能由此确定三参数 Weibull 分布模型就适用于双参数 Weibull 分布故障概率图中下凹曲线区间对应的各种情况,特别是在双参数对数正态分布模型已提供可接受的直线拟合的情况下。

(5) 在剔除第一次故障时间的情况下,对比不同模型的故障分布图中的直线拟合情况表明,在双参数对数正态分布模型和三参数 Weibull 分布模型的选用上,Occam 剃刀原理更倾向于选择前者,双参数的描述比三参数描述更可取。更多的模型参数通常会得出更理想的拟合优度测试结果。

(6) 在剔除异常故障数据后,由三参数 Weibull 分布模型得出的绝对故障阈值,由于被剔除的故障发生在绝对无故障期间,因而该阈值被忽略了。然而,这一发现,对三参数 Weibull 模型的使用并未构成致命挑战,因为只有少部分未使用的成熟器件,即使被剔除,也可能会受到不可避免的早期故障的影响(7.17.1 节)。

参考文献

[1] W. H. von Alven, *Reliability Engineering* (Prentice Hall, New Jersey, 1964), 181.

[2] D. Kececioglu, *Reliability Engineering Handbook*, Volume 1 (Prentice Hall, New Jersey, 1991), 309.

[3] R. B. Abernethy, *The New Weibull Handbook*, 4th edition (Abernethy, North Palm Beach, Floriad, 2000), 3-9.

[4] B. Dodson, *The Weibull Analysis Handbook*, 2nd edition (ASQ Quality Press, Milwaukee, Wisconsin, 2006), 35.

第 48 章　收发机的 46 次维修

表 48.1 列出了一台机载通信收发机[1-4]46 次车间维修时间。从大量不同类型设备维修时间的试验数据统计结果发现，维修时间呈正态分布[1]。

表 48.1　通信收发机的维修时间(h)

0.2	0.3	0.5	0.5	0.5	0.5	0.6	0.6
0.7	0.7	0.7	0.8	0.8	1.0	1.0	1.0
1.0	1.1	1.3	1.5	1.5	1.5	1.5	2.0
2.0	2.2	2.5	2.7	3.0	3.0	3.3	3.3
4.0	4.0	4.5	4.7	5.0	5.4	5.4	7.0
7.5	8.8	9.0	10.3	22.0	24.5		

48.1　分析 1

双参数 Weibull 分布($\beta=0.90$)和对数正态分布($\sigma=1.11$)MLE 故障概率图分别见图 48.1 和图 48.2，这里没有给出双参数正态分布图。Weibull 分布图的左下段，

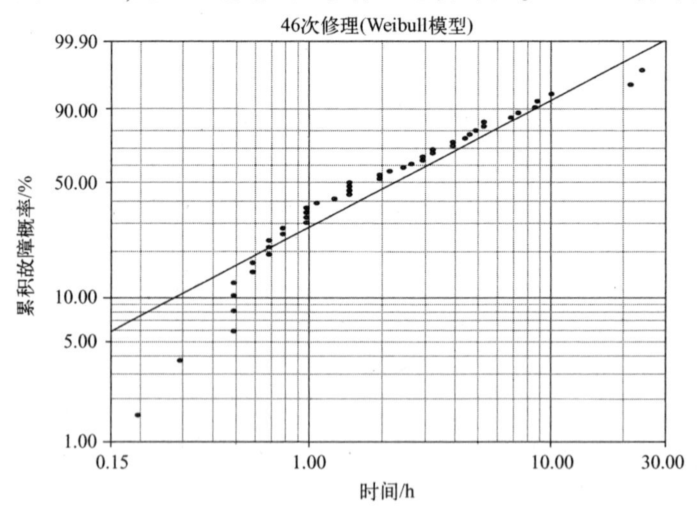

图 48.1　无线电收发机修理 46 次的双参数 Weibull 分布概率曲线图

修复时间分布呈下凹状。Weibull 分布模型形状参数 $\beta<1$ 时，表示故障率下降。对数正态分布图中的数据呈线性排列。目视检查以及表 48.2 中的拟合优度检验结果更倾向于选用对数正态分布模型。

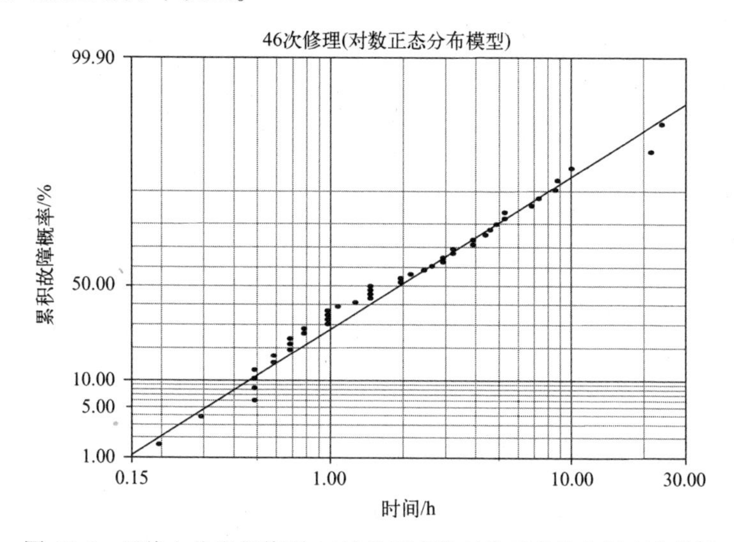

图 48.2　无线电收发机修理 46 次的双参数对数正态分布概率曲线图

表 48.2　拟合优度检验结果(MLE)

检验方法	Weibull 模型	对数正态模型	三参数 Weibull 模型
r^2(RRX)	0.9084	0.9831	0.9604
Lk	-104.4697	-100.0218	-100.4985
mod KS/%	36.5100	9.9360	19.0892
χ^2/%	0.1775	0.0056	0.0733

48.2　分析 2

图 48.1 中左下部分下凹曲线意味着维修时间有一个阈值。表 48.1 中最短的维修时间为 12min，这个时间可能是真正维修之前拆卸所需的时间。由于肯定有最小维修时间，所以使用三参数 Weibull 分布模型(8.5 节)是合理的。三参数 Weibull 分布模型(β=0.81)MLE 概率图见图 48.3 所示。图 48.3 中绝对维修时间阈值 t_0(三参数 Weibull 模型)用垂直虚线表示，估计为 11min，基本等同于表 48.1 中的 12min 的维修时间。可以看出，在图 48.3 所示的三参数 Weibull 分布图中，左下部位的故障时间与直线偏离较大，这表明使用三参数 Weibull 分布模型，可信度无法得到保证[5]。从目视检查和表 48.2 中的拟合优度检验结果看，选用双参数对数正态分布模

型要优于三参数 Weibull 分布模型。

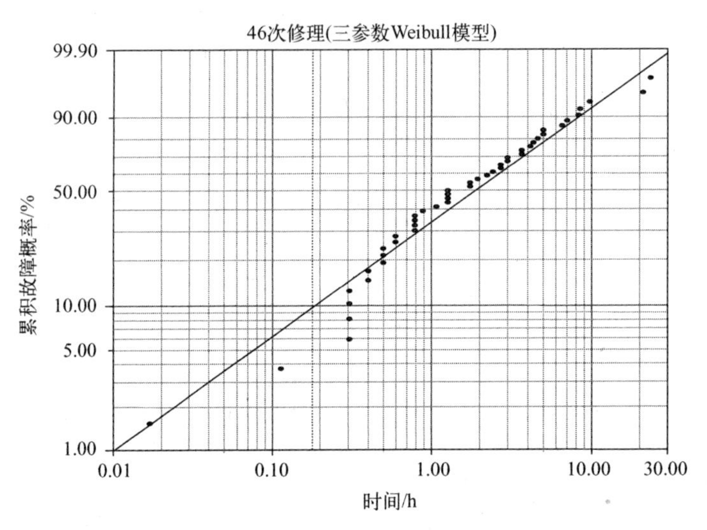

图 48.3 收发机维修 46 次的三参数 Weibull 分布概率曲线图

48.3 结论

(1) 双参数对数正态分布模型是可选择的模型,因为它的描述优于双参数和三参数 Weibull 分布模型。

(2) 由于图 48.3 下尾部曲线的数据有显著偏差,所以使用三参数 Weibull 分布模型是有问题的[5]。然而,t_0(三参数 Weibull 分布)≈11min 的估计绝对阈值修复时间是可信的,因为表 48.1 中 12min 的最短记录时间可能接近最小维修时间。如果使用图 48.2 的双参数对数正态分布图中的直线来预测另一个收发机中 100 次维修的最短修复时间,那么在 $F=1.00\%$ 时,时间约 9min(第 10 章);这个估计可能过于乐观,因为必须有最短的时间。

(3) 双参数对数正态分布故障率如图 48.4 所示。收发机组件的数量是不均匀的,因为存在容易检测和修复的故障组件的子群,如从 $t=0$ 到 $t\approx 1$h 增加的故障率所表示的。对于其他子群,在从 $t\approx 1$h 到 $t\to\infty$ 的衰减故障率周期中表示,故障组件需要越来越多的时间来识别和修复或更换。

具有对数正态分布故障函数的曲线形状在许多情况下出现,如当一个群由分别具有短寿命和长寿命的组件/个体混合组成时。早期故障的子群与长寿命组件的主群之间的区别就是一个例子[6]。其他例子包括对于某些类型的癌症治疗后的生存率,其中治愈的人成为长期幸存者,以及婚姻持续时间,在一定年数后,由于离婚而导致婚姻解体的风险往往会下降[7]。7.17.3 节介绍了对数正态分布故障率扩展的讨论。

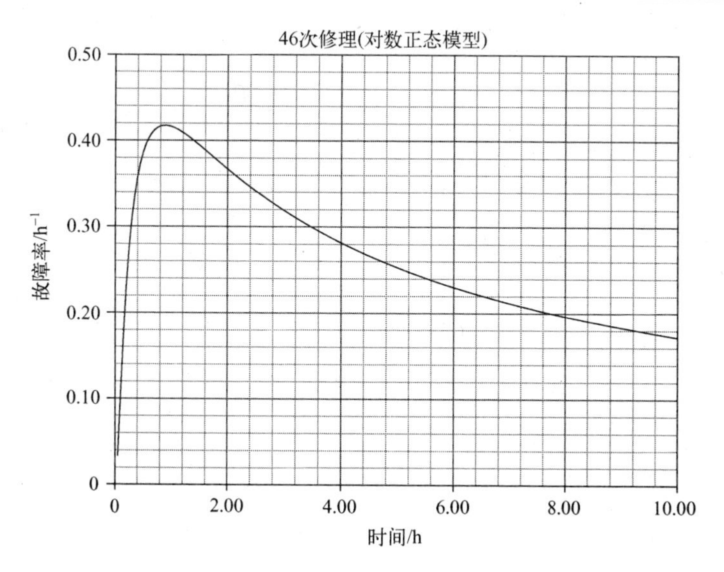

图48.4　收发机维修46次的双参数对数正态分布故障率曲线图

参考文献

[1] W. H. von Alven, *Reliability Engineering* (Prentice Hall, New Jersey, 1964), 155-160.

[2] R. S. Chhikara and J. L. Folks, The inverse Gaussian distribution as a lifetime model, *Technometrics*, 19(4), 461-468, 1977.

[3] J. F. Lawless, *Statistical Models and Methods for Lifetime Data* (Wiley, New Jersey, 2003), 204.

[4] C. -D. Lai and M. Xie, *Stochastic Ageing and Dependence for Reliability* (Springer, New York, 2006), 361.

[5] D. Kececioglu, *Reliability Engineering Handbook*, Volume 1 (Prentice Hall, New Jersey, 1991), 309.

[6] G. Yang, *Life Cycle Reliability Engineering* (Wiley, Hoboken, New Jersey, 2007), 30.

[7] J. F. Lawless, *Statistical Models and Methods for Lifetime Data* (Wiley, New Jersey, 2003), 22-23.

第 49 章 47 个薄膜器件

表 49.1 给出了 47 个薄膜器件的电介质击穿场(V/μm)[1]。双参数 Weibull 分布模型将介绍这些薄膜器件中的电介质击穿情况[2,3]。

表 49.1 47 个薄膜器件的电介质击穿场(V/μm)

23	61	81	81	103	111	111	124
128	133	133	136	141	144	149	149
157	162	165	172	186	189	189	200
200	202	203	204	204	206	211	212
220	222	223	246	256	282	292	294
300	305	317	332	339	356	369	

49.1 分析 1

图 49.1 至图 49.3 分别给出了双参数 Weibull 分布($\beta=2.63$)、对数正态分布($\sigma=0.51$)和正态分布 MLE 故障概率图。除了图 49.1Weibull 分布概率图中出现的

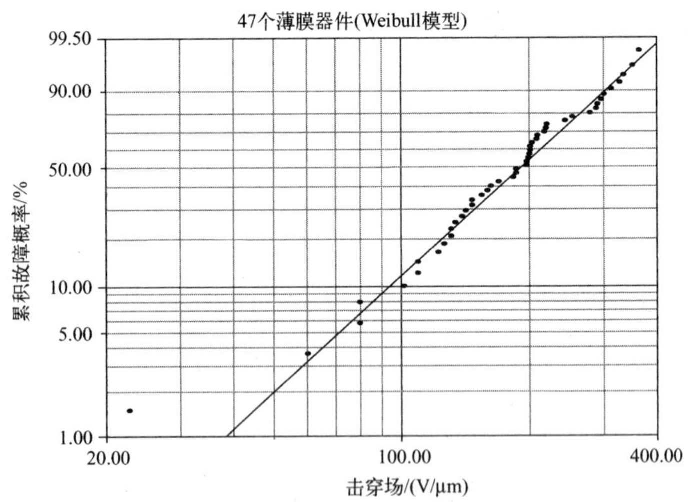

图 49.1 47 个薄膜器件击穿的双参数 Weibull 分布概率曲线图

第一次早期故障数据之外,其余数据均能很好地与直线拟合。图 49.2 的对数正态分布图的第一个故障也是一个异常值;主要数据呈上凹分布,这与双参数 Weibull 分布图中呈线性分布的数据一致(第 9 章)。

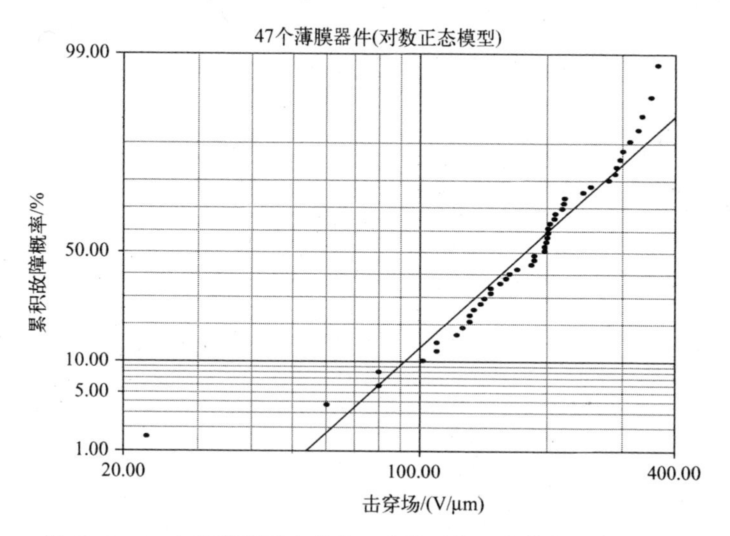

图 49.2　47 个薄膜器件击穿的双参数对数正态分布概率曲线图

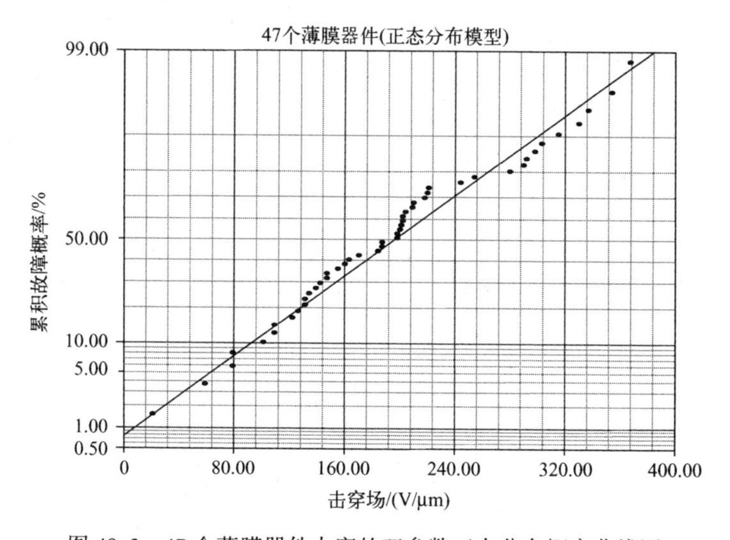

图 49.3　47 个薄膜器件击穿的双参数正态分布概率曲线图

在图 49.3 的正态分布图中,所有故障数据包括第一次故障数据,拟合情况都很好。第一次故障在图 49.1 和图 49.2 以及表 49.1 中属异常数据。从图形上看,图 49.1 和图 49.3 中的直线拟合情况相对较好(8.7.1 节)。在表 49.2 拟合优度检验结果中,正态分布模型的 r^2 检验结果比较好,Weibull 分布模型的 Lk 和 mod KS 检验结果也较好,而倾向于正态分布模型的χ^2检验结果可能是异常的(8.10节)。拟合优度检验结果倾向于选用Weibull分布模型。

表49.2 拟合优度检验结果(MLE)

检验方法	Weibull模型	对数正态模型	正态模型
r^2(RRX)	0.9594	0.8862	0.9787
Lk	−272.1599	−277.8102	−272.6305
mod KS/%	17.6687	32.0408	31.8288
χ^2/%	0.0577	0.4896	0.0332

尽管图49.3中正态分布拟合情况较好,但由于其介质击穿预计值为负,所以,相对于Weibull分布模型,正态分布模型并无优势。例如,对于一组200个标称相同且未施加应力的薄膜器件,第一次故障击穿场预计值为负,如图49.3中直线向左下方延伸至$F=0.50\%$时的情况。

49.2 分析2

图49.1的Weibull分布图中早期故障的存在不会以任何方式破坏分布图的方向,并没有影响对双参数Weibull分布模型的选用。为了证实这一结论,图49.4至图49.6分别给出双参数Weibull分布($\beta=2.83$)、对数正态分布($\sigma=0.41$)和正态分布模型MLE故障概率图,其中剔除了第一次故障数据。对数正态分布图呈上凹,这支持Weibull分布模型的选择。

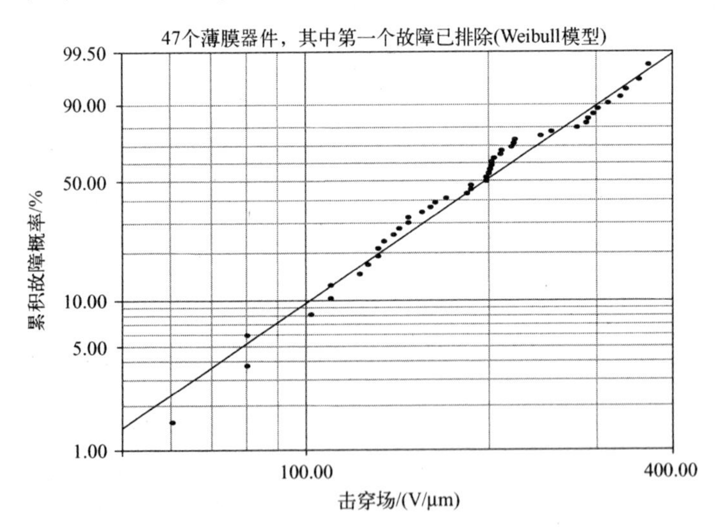

图49.4 剔除第一个故障的双参数Weibull分布概率曲线图

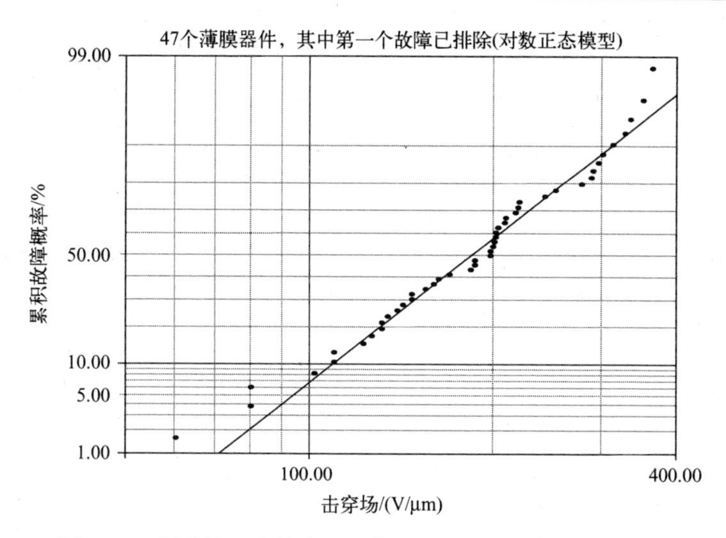

图 49.5　剔除第一个故障的双参数对数正态分布概率曲线图

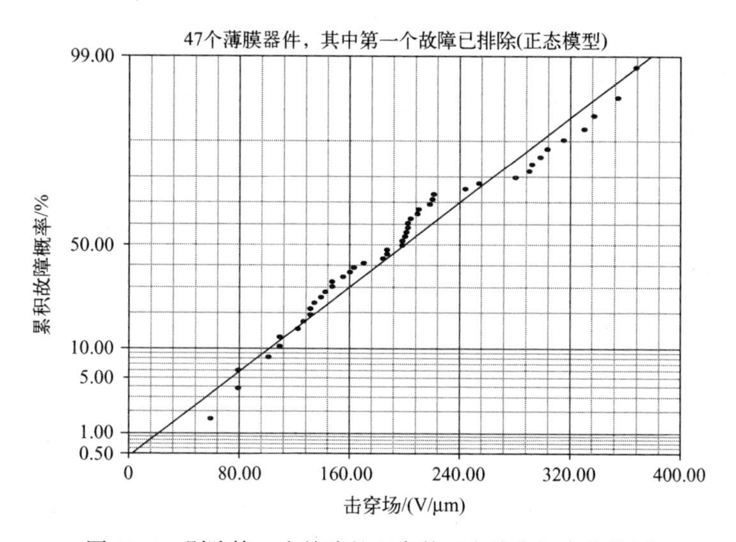

图 49.6　剔除第一个故障的双参数正态分布概率曲线图

Weibull 分布图和正态分布图形状比较相似，左下部分都稍有下凹。众所周知，当 Weibull 分布图形参数在大约 $3.0 \leqslant \beta \leqslant 4.0$（8.7.1 节）时，Weibull 分布模型可以非常方便地用于拟合正态分布数据；相反，如本例所示，正态分布模型数据也能够表征 Weibull 分布模型的故障数据[2,3]。

图 49.3 正态分布图中的第一次故障数据，在图 49.1 和图 49.2 中属早期故障数据，被视为掩饰了正态分布图中固有的下凹特征。虽然外观非常相似，但通过目视检查和从表 49.3 中的拟合优度检验结果看，图 49.4 中的 Weibull 分布还是要优于图

49.6 中的正态分布除了通常异常的χ^2检验结果倾向于正态模型(8.10 节)。

表 49.3　GoF 检验结果(MLE)

检验方法	Weibull 模型	对数正态模型	正态模型
r^2(RRX)	0.9594	0.9738	0.9690
Lk	-263.8376	-264.3503	-264.8545
mod KS/%	31.6558	13.8066	37.5830
χ^2/%	0.0406	0.0465	0.0122

49.3　结论

(1) 双参数 Weibull 分布模型是可选用的模型。

(2) 图 49.1Weibull 分布图中的主要数据拟合情况都很好。早期故障数据的存在并不影响选用 Weibull 分布模型,剔除早期故障数据后的拟合优度检验结果即已证实。

(3) 除了图 49.1 和图 49.3 中的第一次故障,其他数据拟合情况都相当好。图 49.4 和图 49.6 中剔除第一次故障数据后的 Weibull 分布故障概率图与正态分布概率图之间的相似性表明,正态分布模型可以充分描述 Weibull 分布数据,反之亦然(8.7.1 节)。

(4) 根据目视检查和大部分拟合优度检验结果,无论是否剔除第一次故障数据,选用双参数 Weibull 分布模型都要优于双参数正态分布模型。

(5) 因为 Weibull 分布模型通常能够很好地描述电介质击穿故障[2,3],因而没有必要利用正态分布模型来描述电介质击穿故障。

(6) 无论是否剔除第一次故障数据,由于正态分布模型的电介质击穿场预计值为负,所以,正态分布模型的描述是不可接受的。

参考文献

[1] A. Maliakal, private communication.

[2] N. Shiono and M. Itsumi, A lifetime projection method using series model and acceleration factors for TDDB Failures of thin gate oxides, *IEEE 31st Annual Proceedings International Reliability Physics Symposium*, Atlanta, GA, 1-6, 1993.

[3] E. Y. Wu et al., Challenges for accurate reliability projections in the ultra-thin oxide regime, *IEEE, 37th Annual Proceedings International Reliability Physics Symposium*, San Diego, CA, 57-65, 1999.

第 50 章　50 个油门

表 50.1 给出了描述通用载重车辆原型模型油门相关的故障数据，以 km 为单位。其中，25 个为故障数据，另外 25 个标有下划线的数据在所观察的服务距离内未出现故障被剔除[1-3]。注意，文献[3]中标有“故障和服务”列的数据是由文献[2]中的相应列转换来的，这被认为是正确的。建议使用混合模型进行分析[2,3]。

表 50.1　50 个油门：25 次故障，25 个被剔除

478	484	583	626	753
753	801	834	850	944
959	1071	1318	1377	1472
1534	1579	1610	1729	1792
1847	2400	2550	2568	2639
2944	2981	3392	3392	3791
3904	4443	4829	5328	5562
5900	6122	6226	6331	6531
6711	6835	6947	7878	7884
10263	11019	12986	13103	23245

50.1　分析 1

双参数 Weibull 分布（$\beta = 1.01$）和对数正态分布（$\sigma = 1.27$）MLE 故障概率图分别如图 50.1 和图 50.2 所示。这里没有给出正态分布图。由于图 50.2 对数正态分布图中的故障数据与直线更为拟合，所以，对数正态分布模型优于 Weibull 分布模型。除了 χ^2 检验结果（8.10 节）和近似相等的 mod KS 检验结果之外，表 50.2 中拟合优度检验结果也可证实对数正态分布模型要优于 Weibull 分布模型。Weibull 分布模型参数 $\beta = 1.01$ 时的数据，可以是单参数指数模型拟合数据。

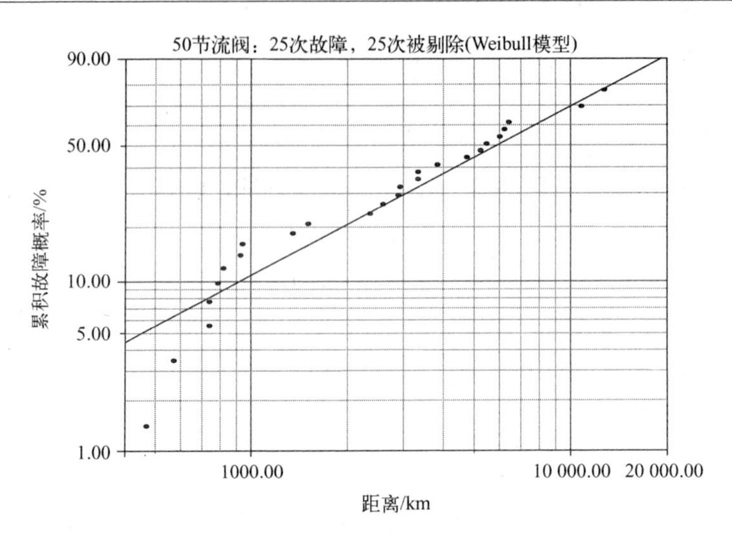

图 50.1　50 个油门的双参数 Weibull 分布概率曲线图

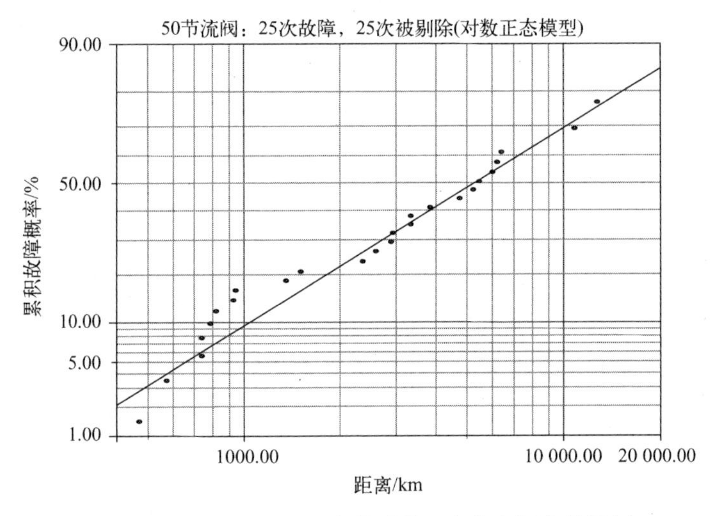

图 50.2　50 个油门的双参数对数正态分布概率曲线图

表 50.2　GoF 检验结果(MLE)

检验方法	Weibull 模型	对数正态模型	2 组混合模型	3 组混合模型	三参数 Weibull 模型
r^2(RRX)	0.9115	0.9624	—	—	0.9797
Lk	-251.1439	-249.4016	-246.6057	-245.0660	-247.1691
mod KS/%	4.07×10^{-2}	4.56×10^{-2}	2.4778	6.68×10^{-8}	7.67×10^{-4}
χ^2/%	0.0564	0.1031	0.1337	0.0659	0.0568

50.2 分析2

如图50.1和图50.2所示,S形曲线表明当设备中包含两个或更多子群时,使用Weibull混合模型(8.6节)是合适的。这一点刚好与为了解原型车辆可靠性问题所记录的原始数据相吻合。这些原始数据涉及油门臂和连杆、扼流圈电缆、分配器、燃料、液体泄漏等故障数据[1]。

Weibull分布混合模型涉及两个组件,每个组件均用双参数Weibull分布模型描述,如图50.3所示。概率图和形状参数值和子群分数为$\beta_1=7.28$,$f_1=0.128$和$\beta_2=1.25$,$f_2=0.872$,$f_1+f_2=1$,与使用图形方法得到的结果非常一致[2]。这种表征需要5个独立的参数。通过目视检查,图50.3中双参数Weibull混合模型描述优于图50.2中的双参数对数正态分布模型。从表50.2中给出的拟合优度检验结果来看,除χ^2检验结果(8.10节)外,仅有Lk检验结果倾向于双参数混合模型;而mod KS检验结果则倾向于双参数对数正态分布模型。

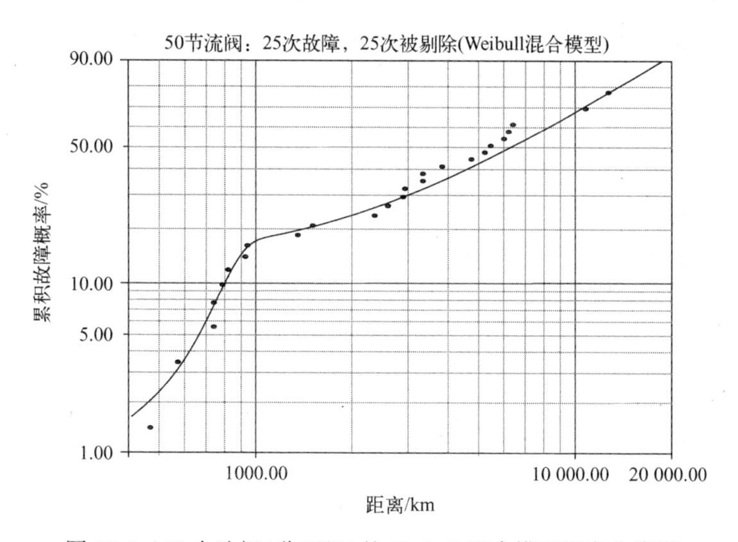

图50.3 50个油门(分两组)的Weibull混合模型概率曲线图

图50.4中给出了一个最佳拟合,该图是一个三参数Weibull混合模型概率图,每个子群由双参数Weibull分布模型描述,需要用到8个独立参数。形状参数和子群分数为$\beta_1=6.32$,$f_1=0.152$;$\beta_2=2.43$,$f_2=0.375$;$\beta_3=1.51$,$f_3=0.473$;$f_1+f_2+f_3=1$。相应的拟合优度检验结果见表50.2中。从目视检查和拟合优度检验结果来看,三个子群八参数Weibull混合模型明显优于双参数对数正态分布模型。参数越多,拟合效果和拟合优度检验结果则越佳。

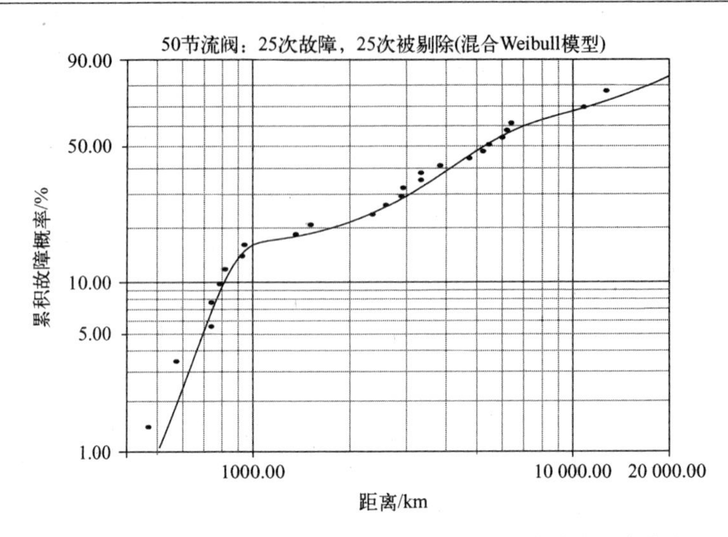

图 50.4　50 个节流阀(分三组)的 Weibull 分布混合模型概率曲线图

从图中看出,子群数量与故障率最突出的组件故障距离之间没有明确关系。换句话说,就是所有子群中各种不同器件的故障距离是变化的(第 44 章)。

50.3　分析 3

图 50.1 中低于 1000km 的故障凹陷行为表明,可能存在绝对阈值故障距离,证明使用三参数 Weibull 分布模型(8.5 节)。相关的三参数 Weibull 分布($\beta=0.79$) MLE 故障概率图如图 50.5 所示。垂直虚线所示的绝对故障阈值距离参数为 t_0(三参

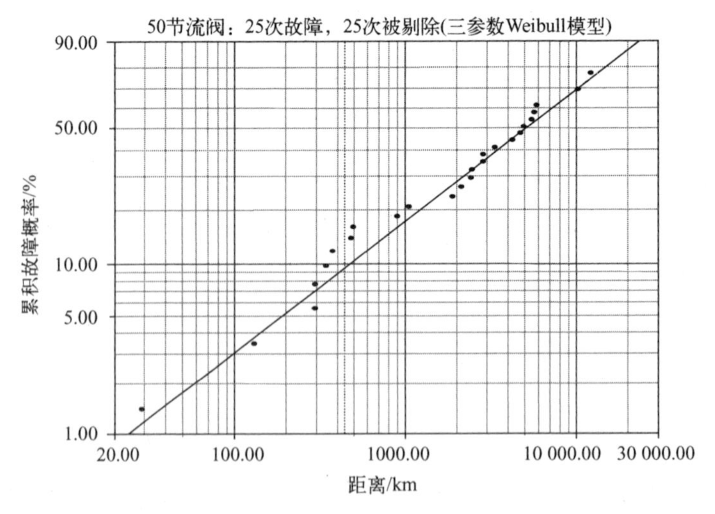

图 50.5　50 个油门的三参数 Weibull 分布概率曲线图

数 Weibull 分布)= 448km。通过目视检查和表 50.2 中的拟合优度检验结果,三参数 Weibull 分布描述优于双参数对数正态分布。比较图 50.5 和图 50.1 显示了三参数 Weibull 分布仅改变了图 50.1 中前两个故障间的绘图线方向;图中其他故障只是略有变化。通过用表 50.1 中的第一个故障距离 478km 减去 t_0(三参数 Weibull 分布)= 448km,可以发现图 50.5 中 30km 处的第一个故障距离。

50.4　结论

(1) 从故障概率分布图和拟合优度绝大多数可靠的测试结果来看,双参数对数正态分布模型优于双参数 Weibull 分布模型。

(2) 在图 50.1 和图 50.2 中,双参数 Weibull 分布和对数正态分布概率图呈现出类似的 S 形曲线,这表明 Weibull 分布混合模型能够提供更理想的拟合特性,如图 50.3 和图 50.4 所示。

(3) 尽管从图上看双参数的 Weibull 混合模型优于双参数对数正态分布,但是拟合优度检验结果则各有倾向。

(4) 通过观察故障概率分布图和拟合优度检验结果可以发现,三参数 Weibull 混合模型优于双参数混合模型和双参数对数正态分布模型。

(5) 基于下述理由不宜使用三参数 Weibull 分布模型:

① 如果双参数 Weibull 分布和对数正态分布概率图均显示 S 形曲线时,表明设备中包含 2 个或更多不同时间故障特性的子群。这时,使用三参数 Weibull 分布模型是不合理的[4]。

② 在图 50.5 的三参数 Weibull 分布图中,只是减缓了图 50.1 的双参数 Weibull 分布图中最前两个故障的下凹程度,而对其余故障概率分布情况没有什么影响。

③ 因为没有试验数据证明 448km 绝对无故障距离 t_0(三参数 Weibull 分布)的存在,所以,使用三参数 Weibull 分布模型是随意的[5,6]。25 个故障的样本量可能太小,无法说明未使用子群的情况,以验证在 448km 之前不会发生故障的预测。基于 25 个故障样本来预计 448km 之前未发生任何故障,样本数可能太少,对于未展开的其他子群而言,也不具代表性。

④ 由于三参数 Weibull 分布图形状参数 $\beta = 0.79$,对应的故障率呈下降趋势,如图 50.6 所示。这个特征属于 $\beta<1$ 时的早期故障特征(图 6.1),即故障距离可能会接近 0km,这就使得 448km 的绝对故障距离阈值 t_0(三参数 Weibull 分布)的存在是不可信的,可能是对绝对无故障距离过于乐观的估计[6]。

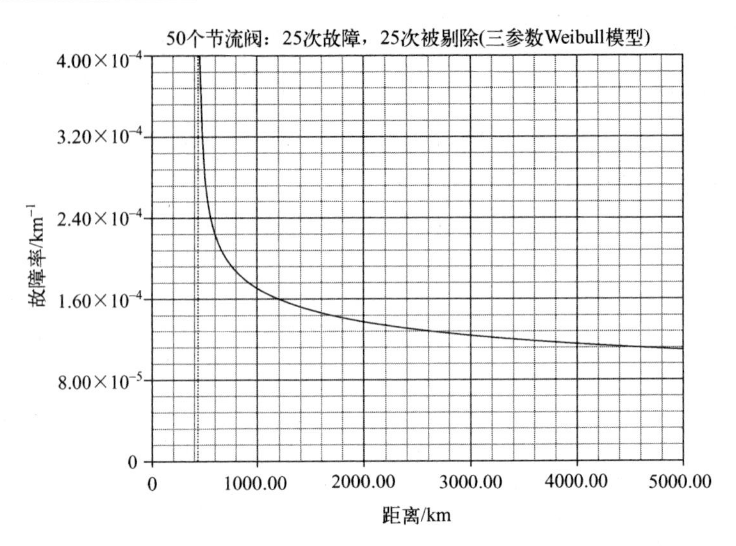

图 50.6　50 个油门的三参数 Weibull 模型故障率图

参考文献

[1]　A. D. S. Carter, *Mechanical Reliability*, 2nd edition (Wiley, New York, 1986), 303-308, 455-460.

[2]　R. Jiang and D. N. P. Murthy, Modeling failure-data by mixture of 2 Weibull distributions: A graphical approach, *IEEE Trans. Reliab.*, 44(3), 477-488, September 1995.

[3]　W. R. Blischke and D. N. P. Murthy, *Reliability: Modeling, Prediction, and Optimization* (Wiley, New York, 2000), 55, 396.

[4]　D. Kececioglu, *Reliability Engineering Handbook*, Volume 1 (Prentice Hall, New Jersey, 1991), 309.

[5]　R. B. Abernethy, *The New Weibull Handbook*, 4th edition (Abernethy, North Palm Beach, Florida, 2000), 3-9.

[6]　B. Dodson, *The Weibull Analysis Handbook*, 2nd edition (ASQ Quality Press, Milwaukee, Wisconsin, 2006), 35.

第 51 章　50 个未知项

表 51.1 给出了 50 个未知项的故障时间(h)。

表 51.1　50 个未知项的失效时间(h)

1.5	23.0	62.0	78.0	80.0
85.0	97.0	105.0	110.0	112.0
119.0	121.0	125.0	128.0	132.0
137.0	140.0	145.0	149.0	153.0
158.0	162.0	167.0	171.0	175.0
183.0	189.0	190.0	197.0	210.0
218.0	225.0	230.0	237.0	242.0
255.0	264.0	273.0	282.0	301.0
312.0	330.0	345.0	360.0	383.0
415.0	436.0	457.0	472.0	572.0

51.1　分析 1

双参数 Weibull 分布($\beta=1.73$)和对数正态分布($\sigma=0.90$)故障率曲线分别如图 51.1 和图 51.2 所示,图中未给出下凹的正态模型分布。在图 51.1 和图 51.2 中,

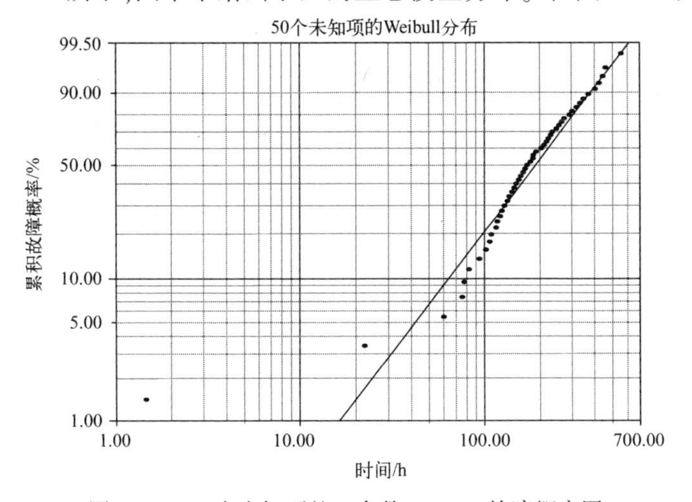

图 51.1　50 个未知项的双参数 Weibull 故障概率图

有两个早期故障在图线上方,不属于主体数据。图 51.1 中异常故障的存在,使主体数据看起来在一条直线上,尽管主体数据沿着基准线有明显的下凹。另外,图 51.2 中因为异常故障的存在,主体数据与直线之间出现了较大的偏离,这种情况容易让人产生误解,因为主体数据是合理的线性分布。

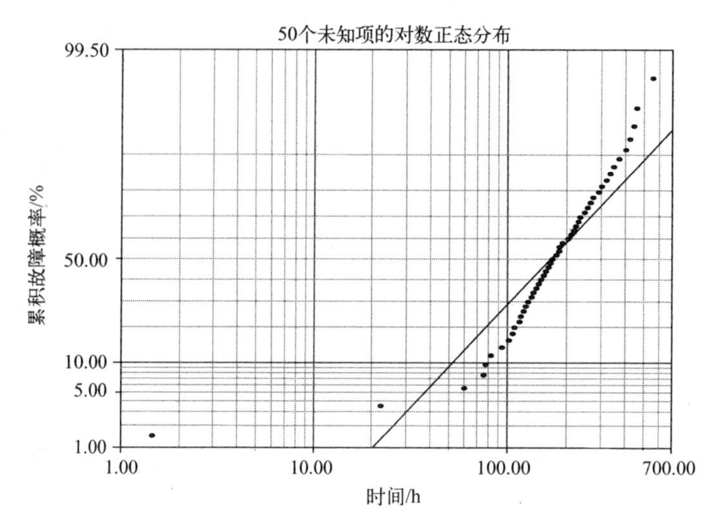

图 51.2 50 个未知项的双参的对数正态分布故障概率图

根据视觉上主体数据与基准线的对应情况,以及表 51.2 中的拟合优度(GoF)测试结果可以判断,双参数 Weibull 分布要优于双参数对数正态分布。

表 51.2 GoF 检验结果(MLE)

检验方法	Weibull 模型	对数正态模型
r^2(RXX)	0.8301	0.7240
Lk	-307.9833	-321.0120
mod KS/%	3.1743	82.6670
χ^2/%	0.1899	5.8818

51.2 分析 2

为了研究异常故障对直线拟合优度的扭曲效应,图 51.3 和图 51.4 是剔除第一个异常故障的双参数 Weibull 分布($\beta=1.92$)和对数正态分布($\sigma=0.6$)的 MLE 故障率曲线图。图 51.4 和图 51.2 之间的不同就是数据曲线的方向性不同,在图 51.4 中,主体数据与基准线相符合,这表明图 51.2 中第一个异常故障具有误导性。目视检查表明相对于 Weibull 分布模型,对数正态分布模型更适合。表 51.3 中 GoF 检验结果表明 Weibull 分布模型受 r^2 和 Lk 检验影响较大,而对数正态分布模型则受 mod KS 检验影响较大;χ^2 检验在其参数选择中往往是异常的(8.10节)。

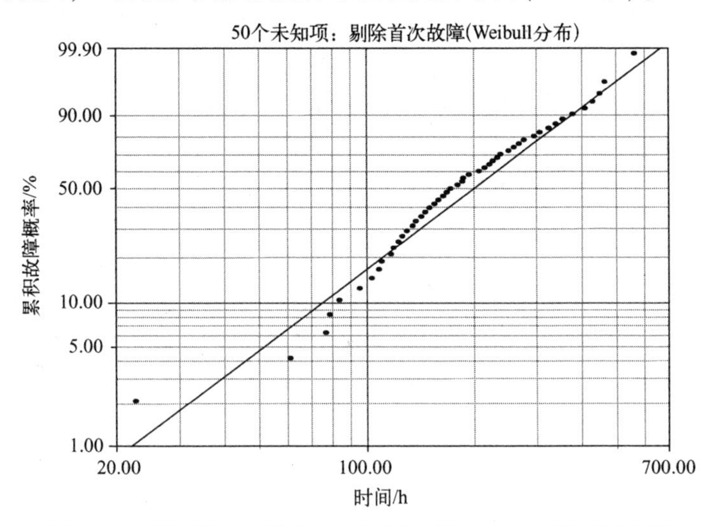

图 51.3 剔除第一次故障,50 个未知项的 Weibull 模型概率图

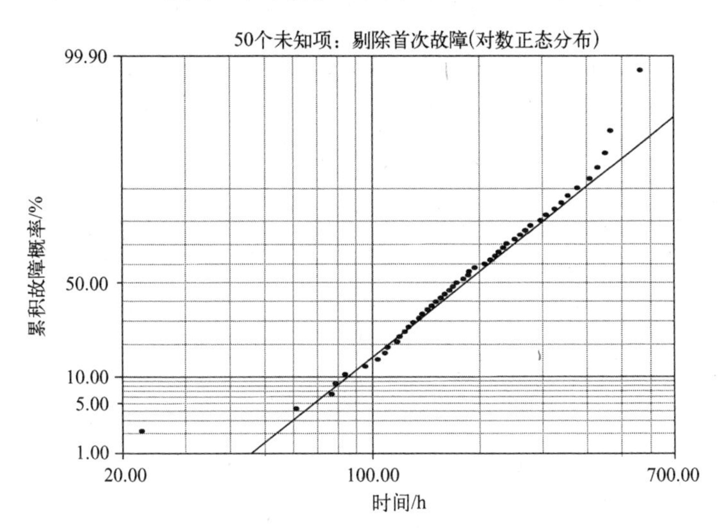

图 51.4 剔除第一个故障,50 个未知项的对数正态分布模型概率图

表 51.3 GoF 检验结果:剔除第一个故障(MLE)

检验方法	Weibull 模型	对数正态模型
r^2(RXX)	0.9702	0.9386
Lk	-398.9491	-299.3790
mod KS/%	15.5564	3.68×10^{-6}
χ^2/%	0.0978	0.0624

51.3 分析 3

图 51.3 和图 51.4 中显示还存在一个剩余异常故障。为了继续研究剔除初始故障,图 51.5 和图 51.6 分别为双参数 Weibull 分布($\beta=2.01$)和对数正态分布($\sigma=0.52$)的 MLE 故障率图,在该曲线中前两个异常故障已经剔除。Weibull 分布对应的曲线下凹,而对数正态分布的曲线与基准线相符合,视觉检查与表 51.4 中 GoF 检验结果都显示选择对数正态分布是恰当的。剔除的两个初始故障在选择恰当模型的时候是非常关键的。

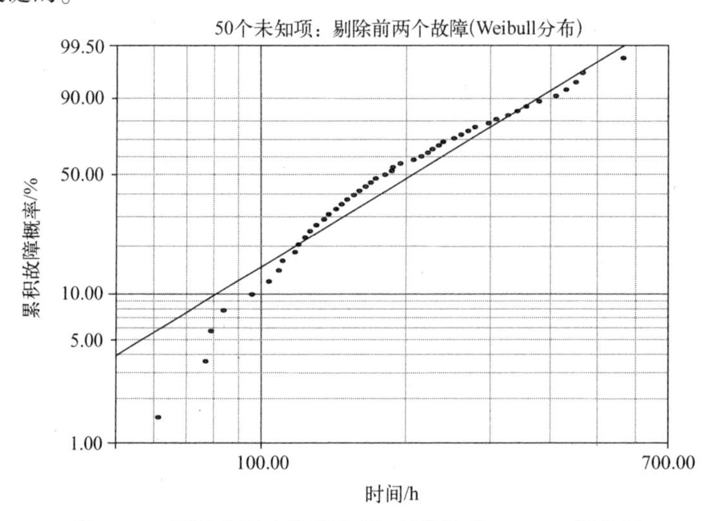

图 51.5 剔除前两个故障点后,双参数的 Weibull 概率图

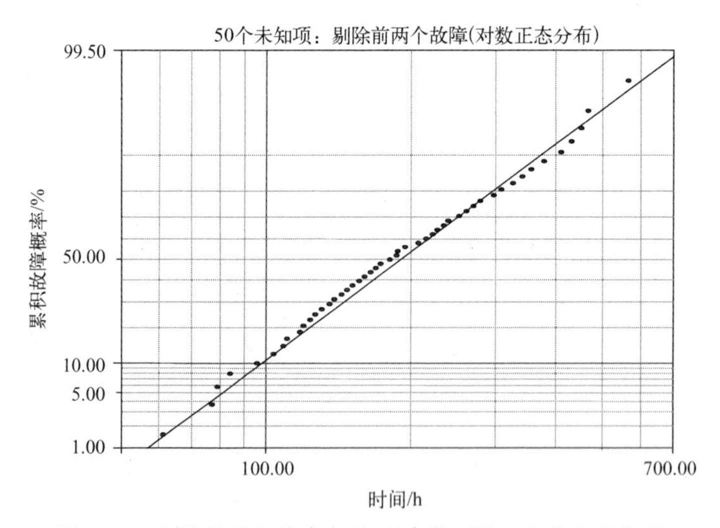

图 51.6 剔除前两个故障点后,双参数对数正态分布概率图

表 51.4　GoF 检验结果:剔除前两个故障(MLE)

检验方法	Weibull 模型	对数正态模型	三参数 Weibull 模型	Weibull 混合模型
r^2(RXX)	0.9413	0.9946	0.9884	-
Lk	-291.8416	-288.8570	-288.1302	-288.4923
mod KS/%	16.7119	3.23×10^{-6}	1.39×10^{-2}	10^{-10}
χ^2/%	0.1079	0.0078	0.0109	0.0022

51.4　分析 4

在图 51.5 的双参数 Weibull 曲线中,即使剔除了两个异常故障,曲线依然下凹,所以建议选用三参数 Weibull 分布模型(8.5 节)。三参数 Weibull 分布(β=1.45)曲线(圆形点)与直线相符合,如图 51.7 所示,双参数 Weibull 分布曲线(三角形)与弧线相对应。如垂直虚线所示,绝对故障阈值参数 t_0(三参数 Weibull 模型)= 55.9h,该值与表 51.1 中第一个未剔除的故障 62.0h 接近。

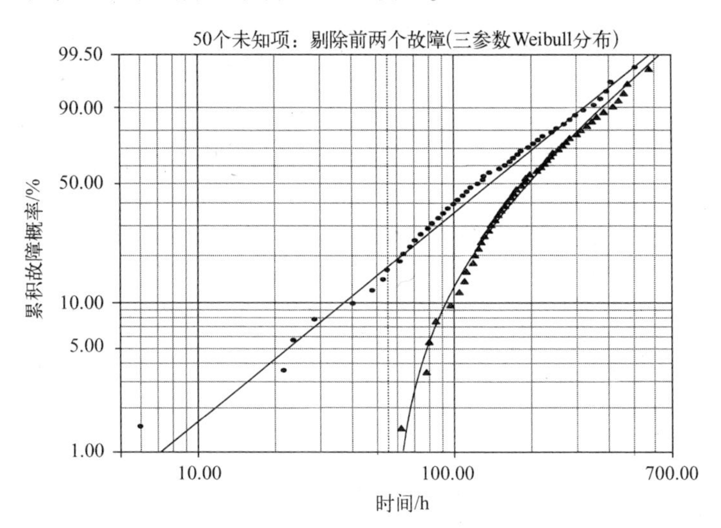

图 51.7　剔除前两个故障后,三参数 Weibull 分布概率图

从表 51.1 的第一个未剔除故障的 62.0h 中减去 t_0(三参数 Weibull 模型)= 55.9h,得出图 51.7 中第一个未剔除故障 6.1h。绝对无故障期的估算值与剔除的两个初始故障率时间(1.5h 和 23.0h)是相互矛盾的。图 51.7 中沿着基准线可以看出主体数据始终沿着下凹曲线。图 51.6 和图 51.7 中的视觉检查表明双参数的对数正态模型是恰当的,表 51.4 中的 GoF 检验结果除了 Lk 检验结果,其他数据也支持对数正态模型。

51.5 分析 5

图 51.5 中 S 形曲线的上尾部表明应用混合模型是恰当的。图 51.8 是具有两个子集的 Weibull 混合模型(8.6 节)曲线图,利用双参数 Weibull 分布模型分别进行描述。形状参数和子群分数为 $\beta_1=3.49$,$f_1=0.51$ 和 $\beta_2=2.72$,$f_2=0.49$,并且 $f_1+f_2=1$。与双参数正态对数分布模型相比,两个子群的 Weibull 分布混合模型要求有 5 个独立的参数。表 51.4 所列的 GoF 检验结果表明 5 个参数的 Weibull 混合模型较 2 个参数的正态分布模型更合理。

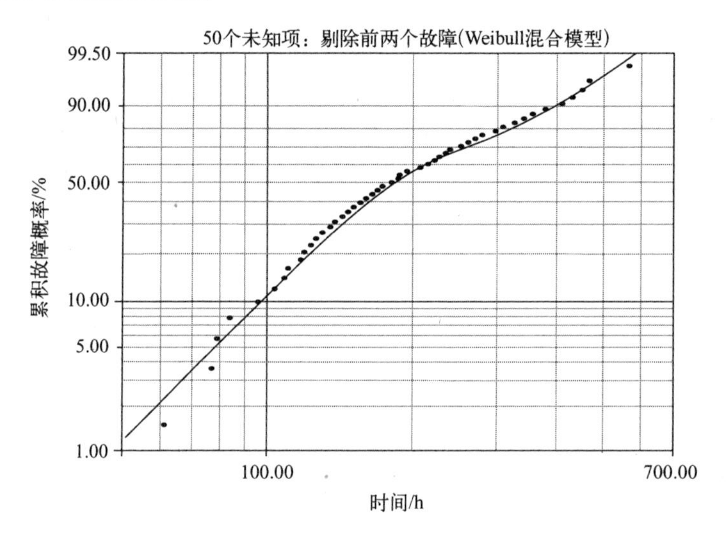

图 51.8 剔除前两个故障后,具有两个子群的 Weibull 混合模型曲线图

51.6 小结

(1) 根据视觉观察和表 51.2 中的 GoF 检验结果,双参数 Weibull 分布模型较双参数正态分布模型暂时合理,但因两个初始故障的偏置影响,直接选择 Weibull 模型过于草率。

(2) 重要目标(8.2 节)就是在一个样本数据群中找出服从故障数据最佳描述的双参数模型,以便在更大的未部署的成熟组件总数据群中预测第一个故障。如果样本故障数据被初始故障(8.4.2 节)损坏,那么对于预测目标,应该剔除初始故障,这样主要数据群,假定为同类的(8.12 节),就可以进行归类。

(3) 剔除两个初始故障后,图 51.5 中双参数 Weibull 分布曲线的下凹曲线支持选择双参数对数正态分布模型,图 51.6 也支持选择该模型,因为图中数据与基准线相符合。图51.9中对数正态故障率曲线给出了故障时间的范围。

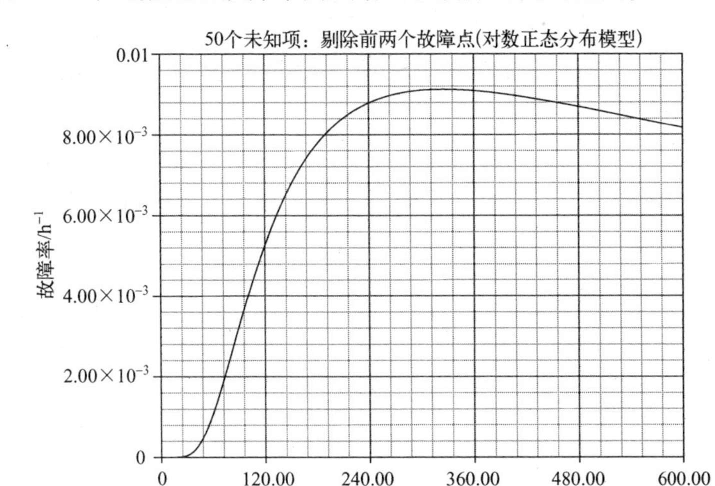

图51.9　在故障时间范围内对数正态分布模型故障率图

(4) 从图51.6中可看出,相对于三参数Weibull模型,目视检查和GoF检验结果都支持选择双参数对数正态分布模型,Lk检验结果除外。

(5) 图51.7中的三参数Weibull分布曲线,虽然主体数据呈下凹特征,但是目视检查其是沿着基准线的。数据在尾部与中部分布偏离基准线表明,采用三参数Weibull分布模型也是无根据的[2]。

(6) 应用三参数Weibull分布模型得到了绝对故障阈值时间 t_0, t_0(三参数Weibull模型)= 55.9h,该预测值表明在55.9h之前是没有故障发生的,这与剔除的两个初始故障值1.5h和23.0h都是矛盾的。事实表明,这两个剔除的故障时间在估计的绝对无故障时间之内,但这对于三参数Weibull分布模型的使用不会产生致命的影响,因为这在未配置的成熟部件中只占小部分,即使被剔除,也可能会受到不可避免发生的早期故障的影响(7.17.1节)。

(7) 没有试验证据表明三参数Weibull分布模型是适用的,它的应用可以看作是随意的[3,4],并且在这种情况下得出的绝对故障阈值是不太乐观的估值[4]。

(8) 对应用三参数Weibull分布模型的正常判断是,无论是否有明确规定,故障机制要求的开始和发展的时间都要在故障前。该模型的正确性,不是它在各种情况下都适用,而是在双参数Weibull分布故障概率曲线下凹段,尤其是在图51.6中描述的双参数对数正态分布曲线上产生可接受的直线符合度。

(9) 假设该直线符合图51.6中双参数对数正态分布曲线,在视觉上看起来正如图51.7中三参数Weibull模型的直线拟合一样好,并且也与图51.8五参数Weibull混合模型的拟合一样好。双参数对数正态分布描述的选择可由Occam启发式准则表明,即“如无必要,勿增实体”,也就是如果没有必要的话,不用增加不必要的实体。本章给出的三个模型对故障时间提供了同样充分的描述,选择的最简单的模型只有一个,那就是拥有最少相互独立参数的模型。附加的模拟参数可以用来改善 GoF 检验结果。

参考文献

[1] E. A. Elsayed, Reliability Engineering (Addison Wesley Longman, New York, 1996). Software accompanying the book contains several data sets. The example used to illustrate the presence of infant failures is labeled “times. rel.”

[2] D. Kececioglu, Reliability Engineering Handbook, Volume 1 (Prentice Hall, New Jersey, 1991), 309.

[3] R. B. Abernethy, The New Weibull Handbook, 4th edition (Abernethy, North Palm Beach, Florida, 2000), 3-9.

[4] B. Dodson, The Weibull Analysis Handbook, 2nd edition (ASQ Quality Press, Milwaukee, Wisconsin 2006), 35.

第 52 章　50 个电子元器件

表 52.1 中给出了 50 个电子元器件[1]的故障时间(单位:h)。双参数正态模型与双参数对数正态模型相似,适用于电子元器件分析。

表 52.1　50 个元器件的故障时间(h)

34.5	68.3	96.9	112.6	140.7
40.3	68.5	100.4	112.8	160.5
50.0	69.4	102.0	115.6	166.7
50.7	73.9	102.5	119.2	173.5
52.2	81.1	103.7	127.3	176.8
55.8	81.3	104.2	130.9	183.6
62.7	83.0	105.7	135.4	198.6
65.4	88.3	107.4	137.9	198.7
66.0	88.7	1094	138.4	251.9
67.2	94.1	109.8	139.5	286.5

52.1　分析 1

双参数 Weibull 模型($\beta=2.29$)、对数正态模型($\sigma=0.46$)以及正态模型的 MLE 故障概率曲线分别在图 52.1 至图 52.3 中给出。Weibull 和正态分布在曲线上的下

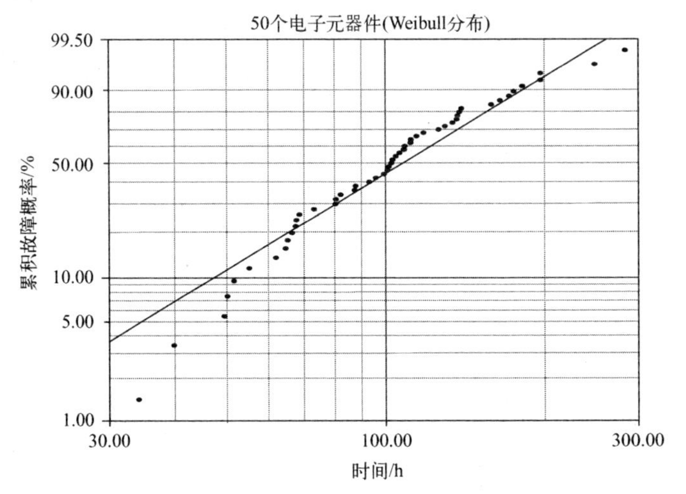

图 52.1　50 个电子元器件的双参数 Weibull 故障概率曲线图

凹是相似的(8.7.1 节),而对数正态分布则是线性排列。视觉检查和拟合优度(GoF)检验结果在表 52.2 中给出,表中数据表明选择双参数对数正态模型比双参数 Weibull 模型更好。

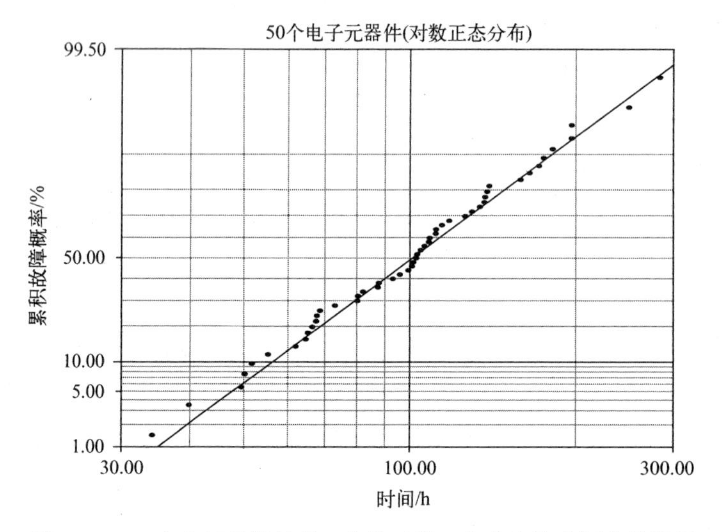

图 52.2 50 个电子元器件的双参数对数正态分布故障概率曲线图

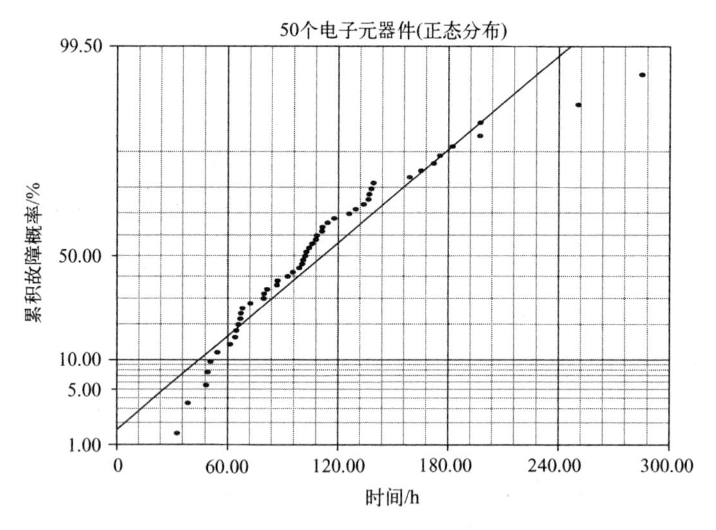

图 52.3 50 个电子元器件的双参数正态分布故障概率曲线图

表 52.2 GoF 检验结果(MLE)

检验方法	Weibull 模型	对数正态模型	标准分布模型	三参数 Weibull 模型	混合模型
r^2(RRX)	0.9567	0.9926	0.9926	0.9882	—
Lk	−265.1301	−262.0365	−268.2608	−262.4694	−262.3496

（续）

检验方法	Weibull 模型	对数正态模型	标准分布模型	三参数 Weibull 模型	混合模型
mod KS/%	23.9102	1.5268	57.3482	3.1035	1.5972
χ^2/%	0.1067	0.0101	0.0757	0.0149	0.0004

52.2　分析 2

图 52.1 中的下凹曲线可以用三参数 Weibull 模型(8.5 节)进行修正。图 52.4 表明三参数 Weibull 曲线(β=1.77)与直线(基准线)更加符合。图中垂直虚线所示故障时间绝对阈值 t_0(三参数 Weibull 模型)= 25.0h。图 52.4 中显示第一次故障时间在 9.5h,该值是由表 52.1 中第一次故障时间 34.5h 减去故障时间绝对阈值 25h 得来。尽管视觉检查不支持该模型,但是表 52.2 中的 GoF 检验结果显示双参数对数正态模型比三参数 Weibull 模型更恰当。

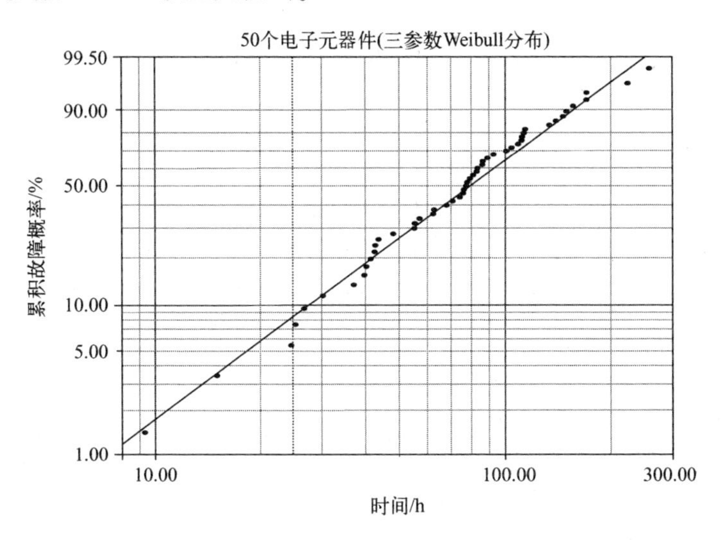

图 52.4　50 个电子元器件的三参数 Weibull 分布故障概率曲线图

52.3　分析 3

图 52.1 中的下凹曲线也可以应用 Weibull 混合模型(8.6 节)进行处理。该混合模型描述了 2 个子群和 5 个独立的参数,如图 52.5 所示。每一个子群由双参数 Weibull 分布进行建模。相关的形状参数和子群分数为 β_1 = 3.42,f_1 = 0.66 和 β_2 = 2.78,f_2=0.34,并且 f_1+f_2=1。视觉检查无法提供确切的指导。表 52.2 中 GoF 检验

结果显示双参数对数正态分布模型相对五参数 Weibull 混合模型更为恰当，通常具有误导性的χ^2 检验结果（8.10 节）除外。

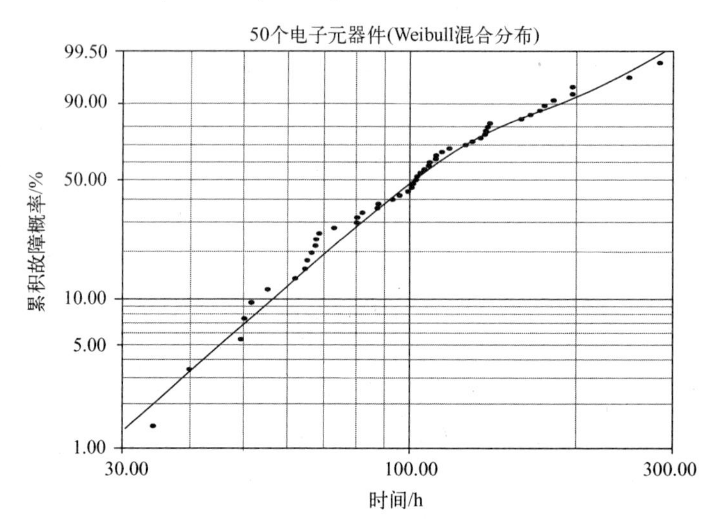

图 52.5 两个子群的 Weibull 分布混合模型曲线图

52.4 小结

（1）关于模型的选择，就视觉检查和 GoF 检验结果来看，双参数对数正态分布模型要比双参数 Weibull 模型更合适。Weibull 概率曲线的下凹曲率表明对数正态分布模型具有较好的直线符合度。

（2）GoF 检验结果表明，双参数对数正态分布模型比三参数 Weibull 模型更恰当。

（3）由于缺少试验证据确保三参数 Weibull 模型适用，人们可能认为应用该模型有些随意[2,3]，并且它得出的绝对故障阈值也过于乐观[3]。

（4）事实上，故障域值是似是而非的，因为故障机制的激活需要时间，在某些情况下，双参数 Weibull 曲线会下凹，尤其是当双参数对数正态分布模型为故障数据提供可接受的直线符合度时，但这并不等同于三参数 Weibull 模型适用于所有领域。

（5）GoF 检验结果表明，双参数对数正态分布模型相对 Weibull 混合模型更为合适，应用混合模型则是故障时间偶然聚合的结果。两个不同形状参数的混合模型（$\beta_1=3.42$，$\beta_2=2.78$）的相似性表明，在较大的数据集中，即使出现聚类现象，也不会支持确切的子群。

（6）假设视觉检查双参数对数正态模型、三参数 Weibull 分布模型和五参数 Weibull 混合模型的拟合优度都比较好，Occam 剃刀原理建议选择独立参数最少的模型,即双参数对数正态分布模型。模型参数越多越能更好地改善视觉上的符合度和得到可比较的或较好的 GoF 检验结果。

参考文献

[1] W. J. Zimmer, J. B. Keats, and R. R. Prairie, Characterization of non-monotone hazards, IEEE Proceedings Annual Reliability and Maintainability Symposium, Anaheim, CA, 176-181, 1998.

[2] R. B. Abernethy, The New Weibull Handbook, 4th edition (Abernethy, North Palm Beach, Florida, 2000), 3-9.

[3] B. Dodson, The Weibull Analysis Handbook, 2nd edition (ASQ Quality Press, Milwaukee, Wisconsin, 2006), 35.

第 53 章　50 个轴承

表 53.1 中给出了轴承在 10000 个循环中的寿命试验数据[1]。

表 53.1　轴承的故障(10^4 循环)

9	43	52	60	70
11	43	52	60	70
21	43	53	62	71
23	45	53	63	73
27	46	54	64	79
30	48	55	67	81
31	48	56	67	82
32	49	57	68	84
34	50	58	69	87
36	51	58	69	93

53.1　分析 1

双参数 Weibull 分布($\beta = 3.21$)、对数正态分布($\sigma = 0.47$)和正态分布的 MLE 故障概率曲线分别如图 53.1 至图 53.3 所示。图 53.1 和图 53.2 中曲线的方向由于两

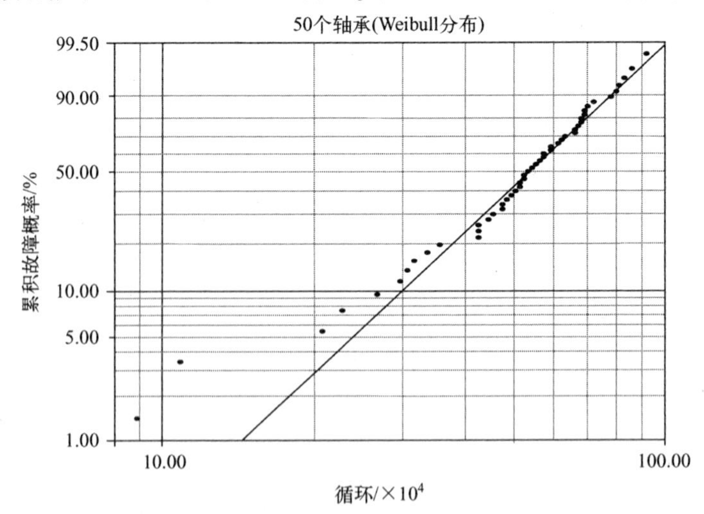

图 53.1　50 个轴承的双参数 Weibull 故障概率图

个初始故障点的出现已经出现扭曲,这两个初始故障点即表53.1中前两个故障。视觉检查和表53.2中的GoF检验结果暂时支持选择双参数正态模型。

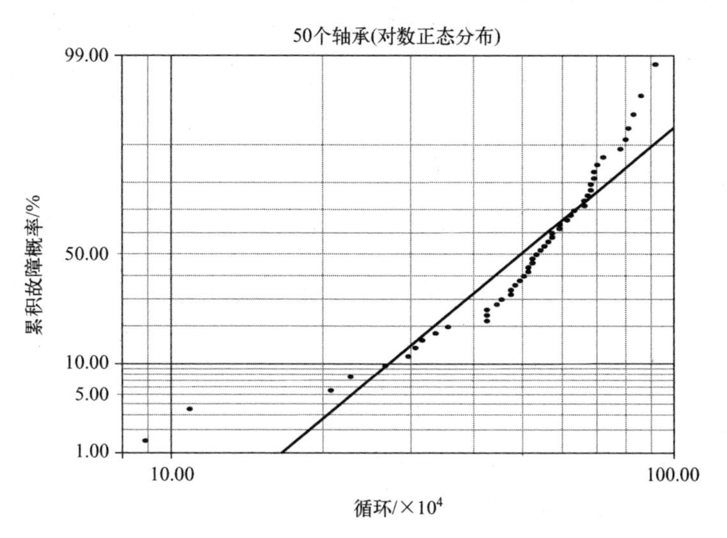

图53.2 50个轴承的双参数对数正态分布故障概率图

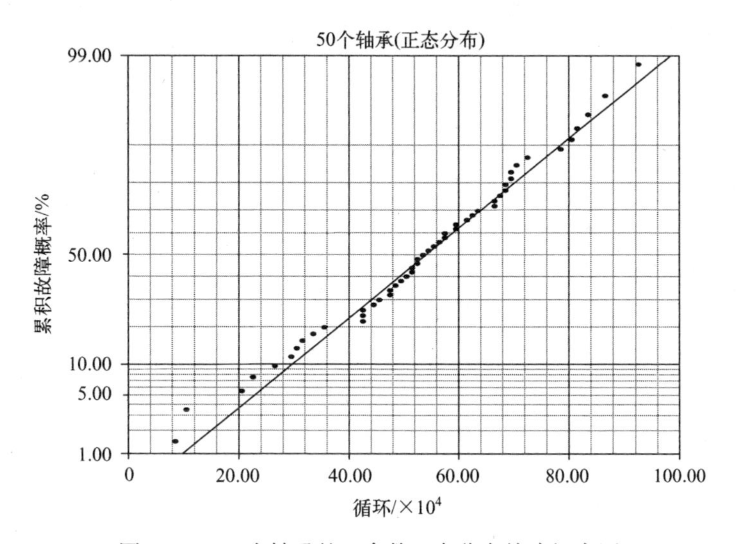

图53.3 50个轴承的双参数正态分布故障概率图

表53.2 拟合优度(GoF)检验结果(MLE)

检验方法	Weibull模型	对数正态模型	正态模型
r^2(RXX)	0.9502	0.8398	0.9866
Lk	-218.1215	-228.2383	-217.7719

(续)

检验方法	Weibull 模型	对数正态模型	正态模型
mod KS/%	6.6845	89.3898	2.7218
χ^2/%	0.0217	0.7797	0.0211

53.2 分析 2

为了研究两个初始故障的影响,图 53.4 至图 53.6 中的双参数 Weibull 分布(β=3.71)、对数正态分布(σ=0.34)和正态分布的 MLE 故障概率曲线中已经分别剔除了表 53.1 中两个初始故障点。图 53.5 中对数正态分布曲线中的数据为上凹,图 53.4 和图 53.6 中 Weibull 分布曲线和正态分布曲线中的数据更加符合基准线,这是因为 Weibull 形状参数 β 处于范围 $3.0 \leqslant \beta \leqslant 4.0$ 内(8.7.1 节)。表 53.3 中 GoF 检验结果 Lk 和 mod KS 检验支持 Weibull 模型,而 r^2 检验则支持正态分布模型,χ^2 检验值则经常具有误导性(8.10 节)。视觉检查和 GoF 检验结果都不令人信服。

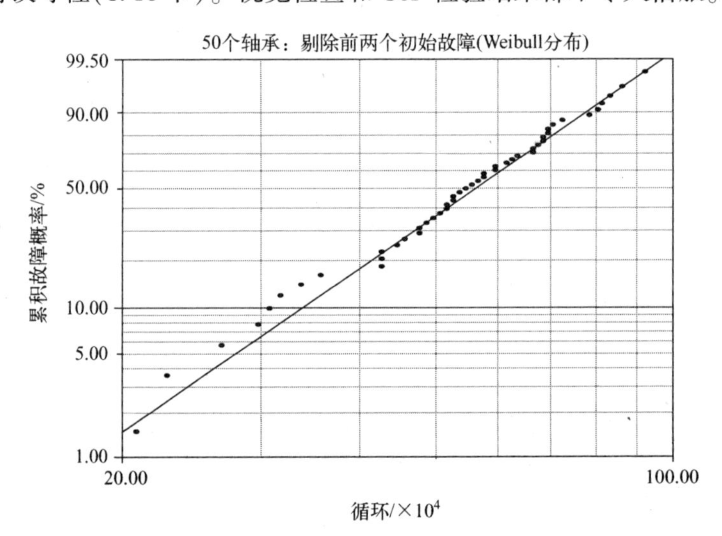

图 53.4 剔除前两个故障的双参数 Weibull 分布概率图

表 53.3 剔除前两个初始故障的拟合优度(GoF)检验结果(MLE)

检验方法	Weibull 模型	对数正态模型	正态模型
r^2(RXX)	0.9894	0.9461	0.9922
Lk	-203.4742	-206.9457	-203.8122
mod KS/%	7.02×10^{-3}	29.8347	8.09×10^{-3}
χ^2/%	0.0311	0.0643	0.0215

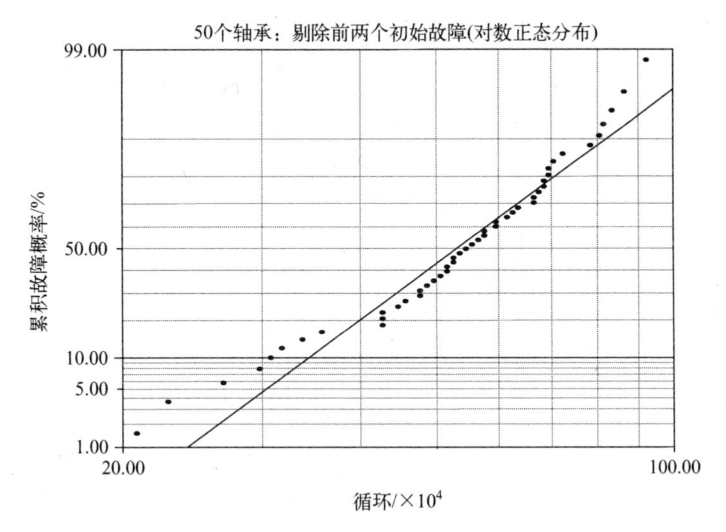

图53.5　剔除前两个故障的双参数对数正态分布概率图

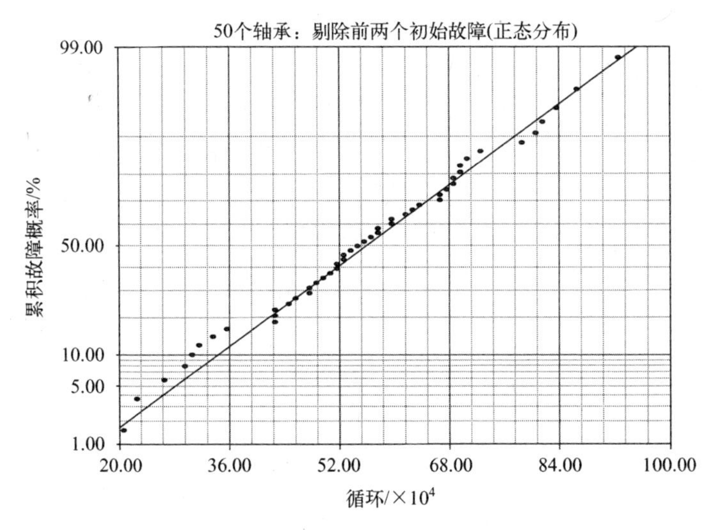

图53.6　剔除前两个故障的双参数正态分布概率图

53.3　分析3

在选择正态分布模型时存在一个潜在的问题，非常典型的就是通过对小样本故障分析来预测大样本的安全寿命（8.8节）、故障阈值或者相当于无故障区间（t_{FF}）。假设用剔除的数据分析估计相同使用环境下未部署的2500个轴承中第一个轴承故障循环，如图53.7所示，那么在正态分布模型中，故障率$F=0.04\%$，图53.7是由图

53.6 时间扩大而得到,采用基准线设计的阈值故障是 t_{FF}(正态分布)<0×10^{4}循环,这是一个不可靠的负数安全寿命。在 Weibull 模型中当故障率 $F=0.04\%$时,如图 53.8 所示(图 53.8 是由图 53.4 时间扩展而得到的),安全寿命应用基准线是 $t_{FF}=7.6\times10^4$循环。这低于两个剔除的故障值(9.0×10^4循环和 11.0×10^4循环),因此该值可信。

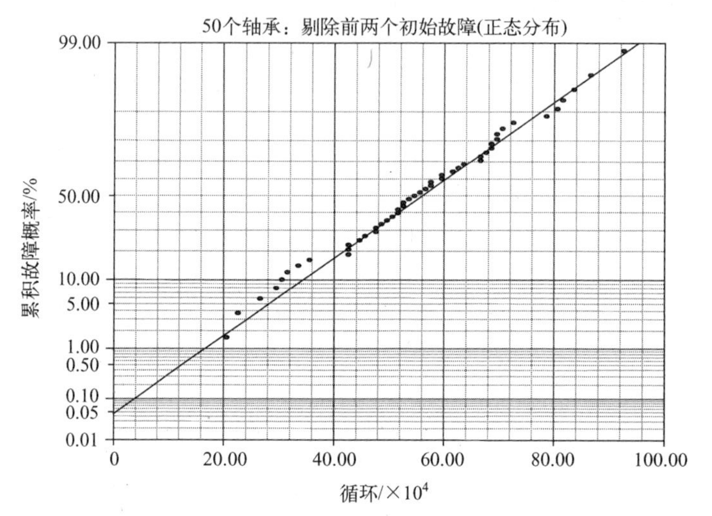

图 53.7 双参数正态分布曲线图(剔除前两个故障,时间扩大)

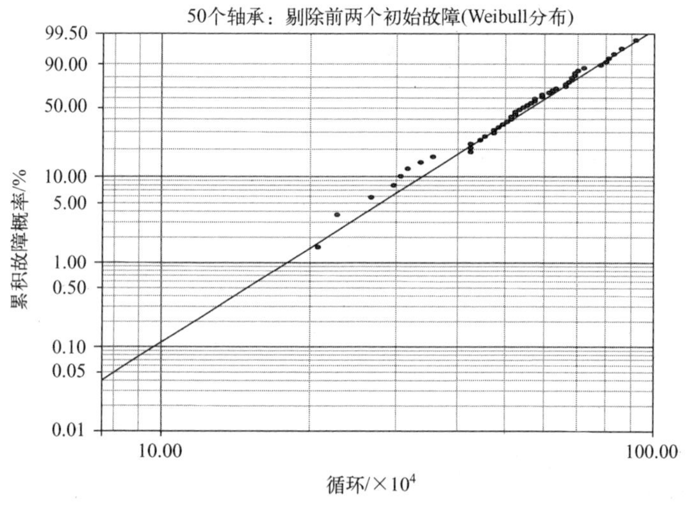

图 53.8 双参数正态分布曲线图(剔除前两个故障,时间扩大)

53.4 小结

(1)根据图 53.1 至图 53.3 的视觉检查和 GoF 检验结果,双参数正态分布模型是临时的选择模型。

(2) 在 Weibull 和正态分布模型曲线中的主体数据显示是线性的(8.7.1 节),但是两个早期故障的存在破坏了其与基准线之间的符合性,如表 53.1 中的极端数据所列。

(3) 一个重要的目标(8.2 节)就是找到样本数量中故障数据的双参数模型服从的最佳描述,这样就可以预测更大的未使用成熟组件数量中的第一次故障。如果故障数据被初始故障破坏(8.4.2 节),那么为了预测更加准确,就需剔除初始故障数据,这样主体数据假设是均匀分布的(8.12 节),才可能进行分类。

(4) 对于剔除的数据,Weibull 模型和正态分布模型给出的描述在视觉检查和 GoF 检验结果方面类似。因此,双参数 Weibull 分布模型和双参数正态分布模型似乎都是可以接受的,这与所观察到的 Weibull 模型形状参数的确定范围 $3.0 \leqslant \beta \leqslant 4.0$ 是一致的,双参数 Weibull 分布模型可适用于正态分布的数据,反之亦然(8.7.1 节)。

(5) 剔除两个初始故障的双参数正态分布模型是不适合的,因为负数的安全寿命循环可以用来预测更多数量的未承重同样轴承的寿命。

(6) 对于剔除的数据,应用 Weibull 模型仍然存在问题。例如,图 53.8 中对 1000 个未使用的轴承,预测的安全寿命为 $F=0.10\%$,t_{FF}(Weibull 分布)$=9.7\times10^4$ 循环,这与第一个初始故障(9×10^4 循环)的出现是矛盾的。可以看到,检查到的故障位于预测的无故障区间内,应用双参数 Weibull 模型可能不是一个致命的挑战,因为这仅仅是未使用的成熟组件中的少量,但即使忽略这一点,也会受不可避免的初始故障的影响(7.17.1 节)。表 53.1 中,由于第一次故障发生在第 90000 循环,通过操作来筛选出潜在的初始故障轴承是不切实际的。

(7) 剔除两个极端的初始故障后,双参数的 Weibull 分布模型是可选择的模型。

参考文献

[1] R. D. Leitch, Reliability Analysis for Engineers: An Introduction (Oxford, New York, 1995), 45.

第 54 章　50 个深槽滚球轴承

几年前，有四家公司 A、B、C 和 D，曾对几组深槽滚球轴承进行了耐久性测试，随后完成了一份关于疲劳寿命的详细统计调研报告[1]。本章将分析来自 A 公司的 50 组滚球轴承数据。来自 B 公司的 148 组滚球轴承数据将在第 78 章进行分析。来自 C 公司的 12 组滚球轴承数据和来自 D 公司的 3 组滚球轴承数据在本书中不再讨论。

A 公司的 50 组数据中的每一组，所有的滚球轴承表面上看起来都是一样的，并且在同样的载荷下进行循环运动，但是每一组的数据之间仍然存在明显的差异。每一组滚球轴承的数量范围为 14~37 个，平均 27 个，总共测试了 1259 个滚球轴承。组与组之间除了轴承中球的数量变化外，受到的载荷和球的直径也都存在差异，如载荷的范围为最低 776 磅至最高为 19750 磅。

在相同载荷下运转的每一组同样滚球轴承分析中，假设双参数 Weibull 模型对疲劳破坏提供了一个数百万循环的合理描述[1]。对在测试过程中未出现故障的滚球轴承的循环做了剔除，并在分析中做了适当的补偿[1]。根据经验确定了 50 组数据中的每一组数据的 Weibull 分布形状参数 β，可以观察到许多 Weibull 分布曲线数据与直线拟合优度都非常令人满意[1]。A 公司的 50 组数据的 β 取值范围为 0.72~2.17，平均值为 1.33[1]。双参数对数正态分布模型给出了 50 组 Weibull 形状参数的最佳直线拟合优度，如图 54.1 所示，β(中间值)= 1.28；同样数据的双参数 Weibull 分布概率曲线表现为下凹。对于每一组数据，额定寿命 L_{10}定义为在数百万计的循环后小组总量中有 10%轴承失效。

例如，在 1983 年，A 公司测试了两组轴承[1]。详细数据如表 54.1 所列，从表中可以看出大约同等规模的两组数据，表面上看起来完全相同的滚球轴承，在相同的载荷环境下循环运作，然而得到的 L_{10}和 β 却分别相差约 3 倍。

表 54.1　A 公司 1~7 和 1~8 记录的数据

记录数量	组数量	载荷/磅	球的数量	球直径/英寸	L_{10}	β
1~7	28	4240	8	11/16	18.30	2.10
1~8	27	4240	8	11/16	5.62	0.73

表面上看起来相同的轴承，在相同的载荷下进行测试，而测试的轴承寿命却不相同，只能说明疲劳寿命具有内在的易变性，该易变性不受系统误差(由不同测试条

件、材料、制造方法等因素而产生的）的影响。表 54.2 中给出了 A 公司 50 组深槽滚球轴承在数百万循环中的 L_{10} 值。

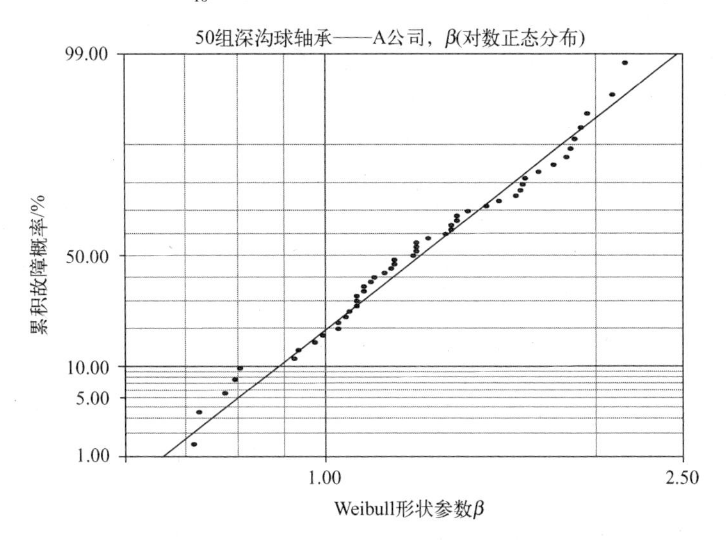

图 54.1　Weibull β 值的双参数对数正态分布曲线图，50 组轴承

表 54.2　50 组 L_{10}（10^6 循环）

0.883	4.81	9.54	14.80	21.10
1.24	5.26	11.10	15.10	22.90
1.79	5.42	11.60	15.20	26.20
2.04	5.62	11.70	15.80	30.00
3.01	5.80	11.80	17.30	37.50
3.40	6.28	12.10	18.30	46.20
4.03	7.23	13.50	19.20	51.00
4.15	7.47	14.00	19.30	84.90
4.17	8.38	14.50	20.30	89.10
4.80	8.70	14.80	20.60	241.00

54.1　分析 1

图 54.2 至图 54.3 中给出了双参数 Weibull 分布（$\beta = 0.87$）和对数正态分布（$\sigma = 1.07$）MLE 故障概率曲线，本节没有给出下凹的正态分布曲线图。视觉检查和表 54.3 中的拟合优度（GoF）检验结果支持双参数对数正态模型。在表 54.2 和图 54.3 中，可以清楚地发现最后三个故障属于极端值。

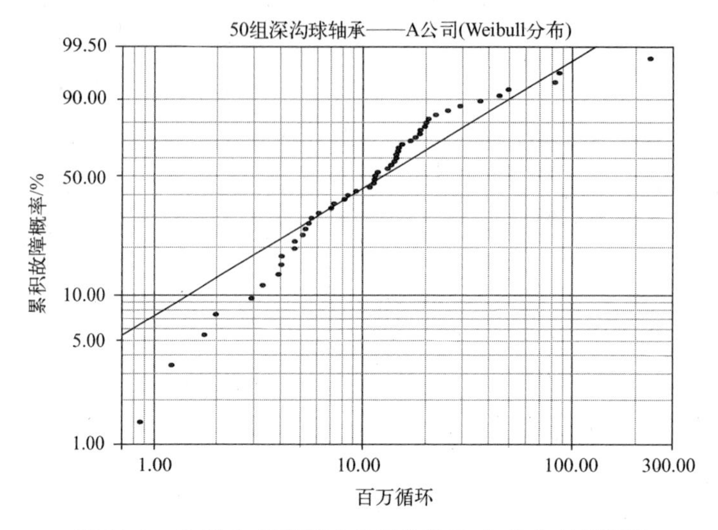

图 54.2 50 组 L_{10}疲劳寿命的双参数 Weibull 分布概率图

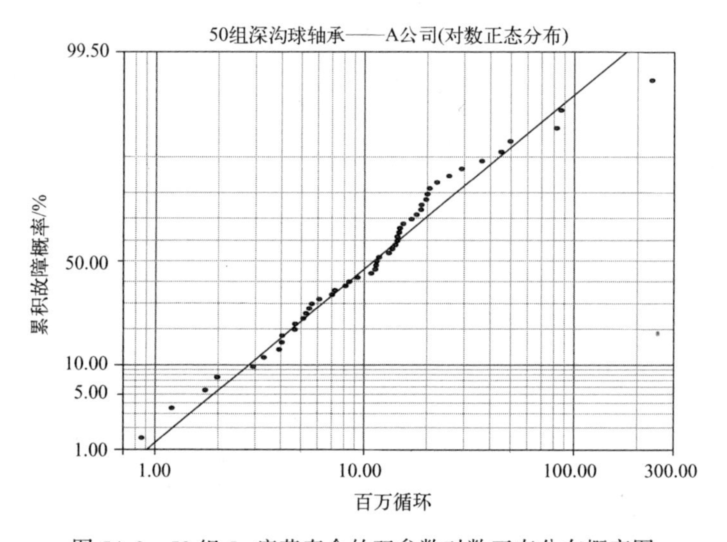

图 54.3 50 组 L_{10}疲劳寿命的双参数对数正态分布概率图

表 54.3 GoF 检验结果(MLE)

检验方法	Weibull 模型	对数正态模型	三参数 Weibull 模型	Weibull 混合模型
r^2(RXX)	0.9289	0.9756	0.9596	—
Lk	-200.8930	-194.4804	-198.1578	-193.0375
mod KS/%	77.0321	13.7923	68.5160	0.9197
χ^2/%	1.3223	0.0276	0.3865	0.0002

54.2　分析 2

对于图 54.2 中双参数 Weibull 分布曲线下凹部分，需要引入三参数 Weibull 分布模型（8.5 节）进行修正。图 54.4 是三参数 Weibull 分布（$\beta=0.83$）MLE 故障概率曲线图，与基准直线相拟合。故障绝对阈值（在该值内预测没有故障发生）t_0（三参数 Weibull 分布）$=0.681\times10^6$ 循环，如图中垂直虚线所示。然而应用三参数 Weibull 分布模型出现了不理想的结果[2]，因为曲线中部、下方和上方尾部的故障数据明显偏离了基准线，如图 54.4 所示。图 54.4 表明第一个故障在 0.202×10^6 循环处发生，该值由表 54.2 中第一次故障 0.883×10^6 循环减去故障绝对阈值 t_0（三参数 Weibull 分布）$=0.681\times10^6$ 循环而得来。视觉检查表明图 54.4 中前几个故障已经修正了曲率，但始终保留在三参数 Weibull 分布概率曲线上。三参数 Weibull 分布模型的 GoF 检验结果如表 54.3 所列。视觉检查和 GoF 检验结果仍然支持双参数对数正态模型。

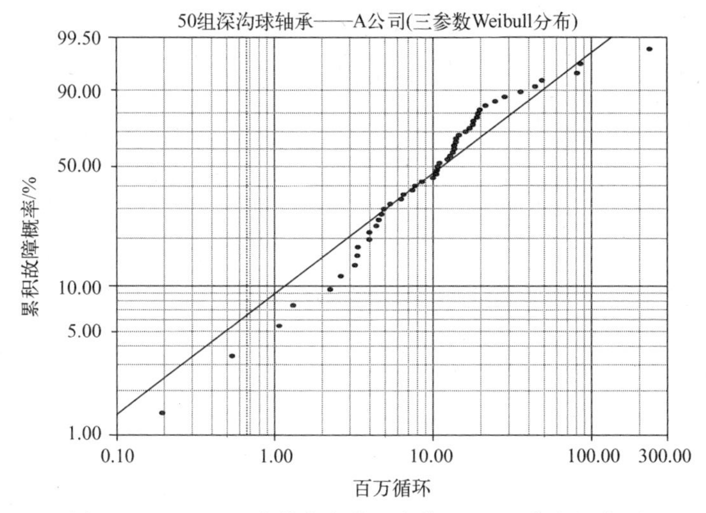

图 54.4　50 组 L_{10} 疲劳寿命的三参数 Weibull 分布概率图

54.3　分析 3

在 50 组样本中，不同的球数、球直径和载荷，应用 Weibull 混合分布模型（8.6 节）是合理的。图 54.5 是两个子群的 Weibull 混合分布模型曲线图，要求具有 5 个相互独立的参数。每一个子群由双参数 Weibull 分布模型描述。形状参数和子群分数为 $\beta_1=1.54$，$f_1=0.81$ 和 $\beta_2=0.92$，$f_2=0.19$，且 $f_1+f_2=1$。图 54.5 中的数据直线拟合优度较好。GoF 检验结果如表 54.3 所列。视觉检查和 GoF 检验结果表明，相比双参数对数正态分布而言，更支持 Weibull 混合模型。子群的数目和故障模式数据（第 30

章)之间的关系还不明朗,因为不同故障模式的故障循环在两个子群中可能会混淆(第44章)。

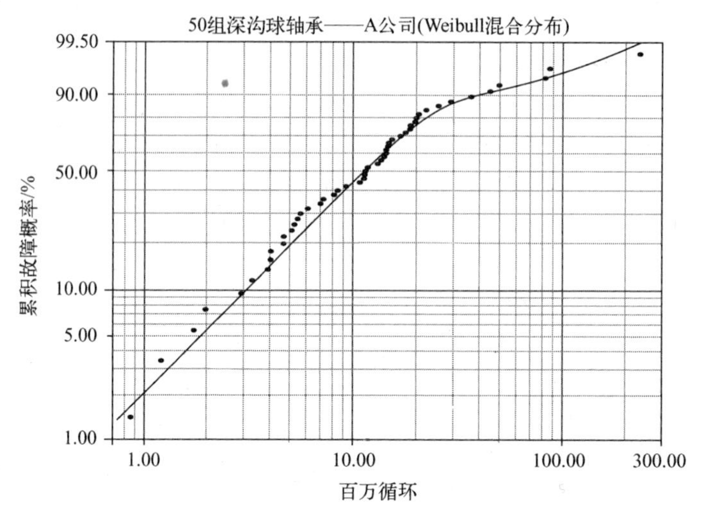

图 54.5 两个子群的 Weibull 混合分布概率图

54.4 小结

(1) 通过A公司提供的50组滚球轴承样本数据的视觉检查和GoF检验结果来看,双参数对数正态分布模型相对双参数和三参数的Weibull分布模型更为合适。对数正态分布故障率曲线如图54.6所示。

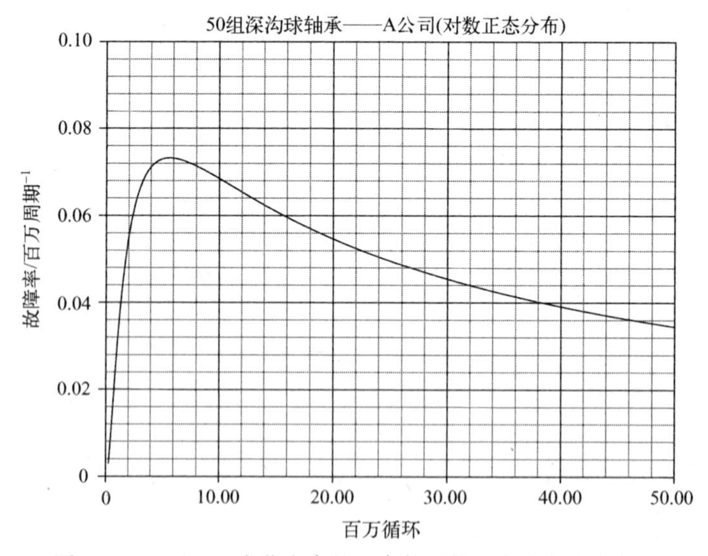

图 54.6 50组 L_{10}疲劳寿命的双参数对数正态分布故障率图

（2）三参数的 Weibull 分布曲线的下凹只能通过双参数 Weibull 分布曲线的前几个故障进行修正，双参数威布分布曲线中剩余故障的下凹属性不受影响。三参数 Weibull 分布在此处应用是不恰当的，因为图 54.4 中可以看出数据的中部、下方和上方的尾部明显偏离了基准线[2]。

（3）因为缺少试验证据来确保三参数 Weibull 分布模型恰当，那么应用该分布模型可能会被认为过于随意[3,4]，该模型给出的绝对故障阈值也过于乐观[4]。

（4）事实是故障阈值不太合理，不适用于每一种场合中都自动使用三参数 Weibull 分布模型，并且在这种情况下双参数 Weibull 分布模型显示有下凹的曲率，特别是当双参数对数正态分布模型与基准直线拟合时。

（5）表 54.2 中最后 3 个故障属于极端值，不属于主体数据。尽管 Weibull 混合分布模型曲线与数据具有视觉上拟合优度，包括 3 个极端值，并且 GoF 检验结果优选双参数对数正态分布模型，但它要求 5 个参数用于特性描述，其他的模型参数服从描述。在给定同等好的视觉拟合优度下，Occam 剃刀效应还是建议选择双参数模型，放弃五参数模型。如果选择五参数 Weibull 混合模型，双参数对数正态分布模型所给予的恰当简单的描述就没有意义了。

参考文献

[1] J. Lieblein and M. Zelen, Statistical investigation of the fatigue life of deep-groove ball bearings, J. Res. Natl. Bur. Stand., 57 (5), November 1956, Research Paper 2719, 273-316. The paper and an Excel. spread sheet with the failure data for the ball bearings from four vendors may be downloaded from http://www.barringer1.com/apr01prb.htm.

[2] D. Kececioglu, Reliability Engineering Handbook, Volume 1 (Prentice Hall, New Jersey, 1991), 309.

[3] R. B. Abernethy, The New Weibull Handbook, 4th edition (Abernethy, North Palm Beach, Florida, 2000), 3-9.

[4] B. Dodson, The Weibull Analysis Handbook, 2nd edition (ASQ Quality Press, Milwaukee, Wisconsin, 2006), 35.

第 55 章　57 组铝样本

在高速旋转梁试验中，对 57 组 75 S-T 结构铝合金样本进行了每平方英寸承受 ±3000 磅应力的数千周期单元的疲劳寿命测量[1]。利用双参数 Weibull 分布模型描述了断裂所产生的故障特征[1]。表 55.1 给出了疲劳寿命。

表 55.1　57 组铝样本的疲劳寿命($\times 10^3$)

433	2223	2427	3010	4079	5300	5606	6750
6857	8157	8458	8477	9583	10433	10648	10905
11577	12074	13919	14873	15124	15228	15386	15819
15839	16282	17525	19117	19698	20115	20303	20631
20725	21764	22402	22725	22919	23255	23509	24072
24247	30758	31559	32424	35750	41678	42558	42746
44979	45590	46561	47777	52184	60501	73506	109991
117423							

55.1　分析 1

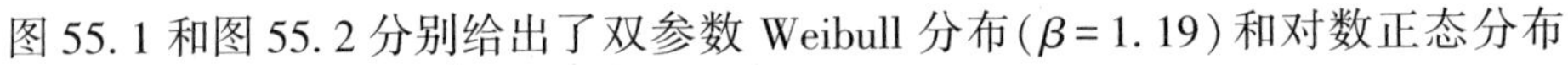
图 55.1 和图 55.2 分别给出了双参数 Weibull 分布($\beta = 1.19$)和对数正态分布

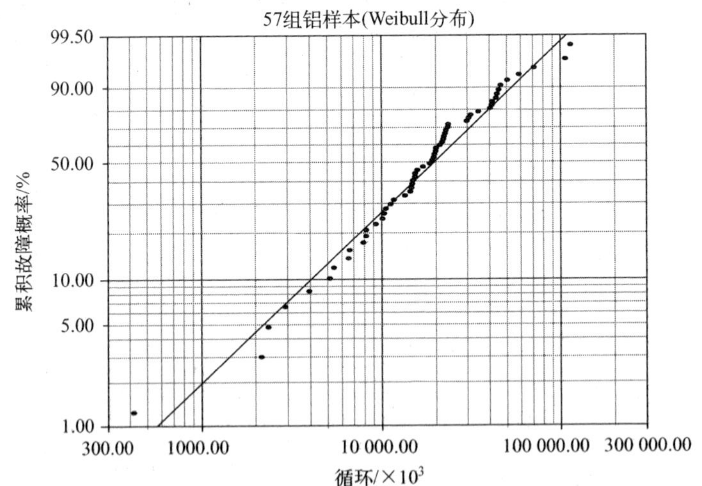

图 55.1　57 组疲劳寿命的双参数 Weibull 分布故障概率图

(σ=0.99)MLE故障概率曲线图。双参数正态分布曲线的数据下凹,在本节没有给出。除了图55.1所示的Weibull分布曲线中第一个异常故障外,其他数据有轻微的下凹。由于异常故障影响了曲线的走向,所以使用Weibull分布描述更加恰当。图55.2中对数正态分布曲线首个故障明显是一个异常值,表55.1的检查也表明该值属于异常值。除了第一个故障,对数正态分布描述具有下凹特征。而视觉检查支持双参数Weibull模型。表55.2中拟合优度(GoF)检验结果显示,r^2和Lk检验支持双参数Weibull分布模型,mod KS检验支持双参数对数正态分布模型,而χ^2检验结果通常不具备可信度(8.10节)。

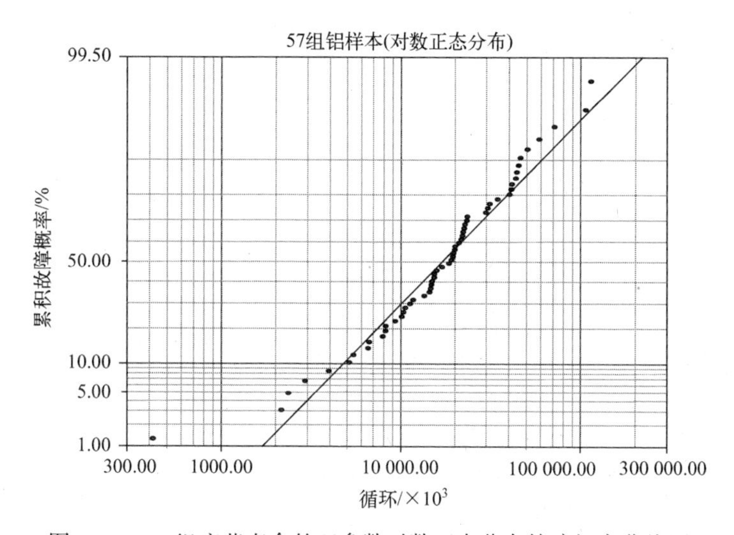

图55.2　57组疲劳寿命的双参数对数正态分布故障概率曲线图

表55.2　GoF检验结果(MLE)

检验方法	Weibull模型	对数正态模型
r^2(RXX)	0.9767	0.9380
Lk	-632.9014	-634.9542
mod KS/%	63.0847	45.5567
χ^2/%	0.1036	0.0421

55.2　分析2

可以确认表55.1中第一个故障相对于图55.3的主数据属于异常值,图55.3是两个子集的 Weibull 分布混合模型(8.6 节)概率曲线。初始故障不适用于第一个子集。

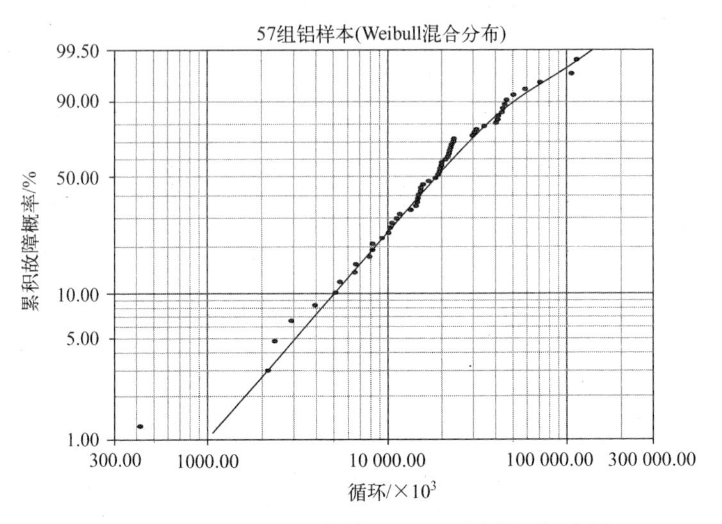

图 55.3 具有两个子集的 Weibull 混合模型概率图

为了探讨图 55.1 和图 55.2 中曲线上初始故障的作用,表 55.1 中第一个疲劳寿命已分别在图 55.4 双参数 Weibull 分布(β=1.25)曲线和图 55.5 双参数对数正态分布(σ=0.86) MLE 故障概率曲线中剔除。通过对曲线的视觉观察,图 54.4 中的 Weibull 曲线的数据下凹特征更加明显。视觉检查和表 55.3 中的 GoF 检验数据都支持双参数对数正态分布模型。

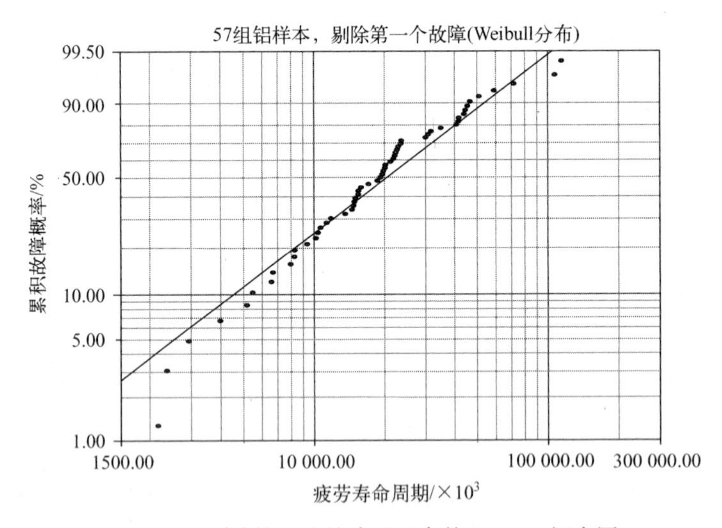

图 55.4 剔除第一个故障后双参数 Weibull 概率图

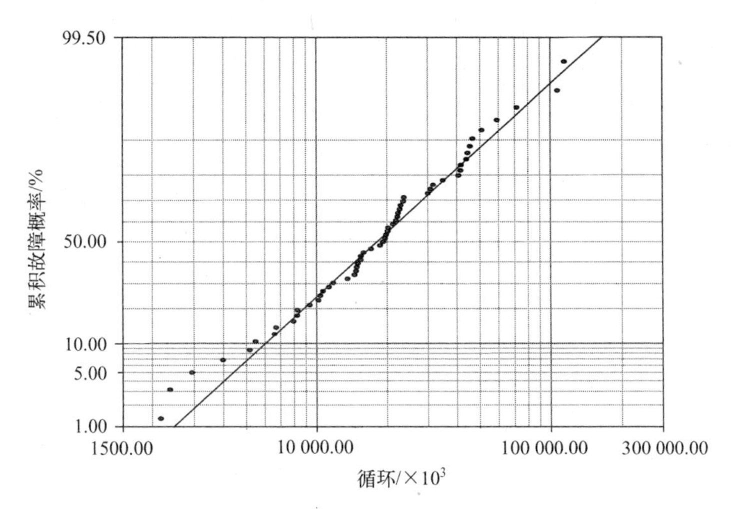

图 55.5 剔除第一个故障后双参数对数正态分布概率图

表 55.3 剔除第一个故障后 GoF 检验结果(MLE)

检验方法	Weibull 模型	对数正态模型	三参数 Weibull 模型
r^2(RXX)	0.9690	0.9829	0.9817
Lk	-621.9854	-619.9444	-620.5385
mod KS/%	72.1150	12.5445	62.1813
χ^2/%	0.1086	0.0067	0.0194

55.3 分析三

为了修正剔除第一个故障后图 55.4 中曲线的曲率,图 55.6 是三参数 Weibull 分布模型(8.5 节)(β=1.17)曲线与直线之间的拟合情况。沿着曲线进行视觉检查可发现,尽管对图 55.4 中前四个故障的曲率进行了修正,但是下凹的曲率仍然存在。如垂直虚线所示,绝对故障阈值 t_0(三参数 Weibull 分布)= 1127×10³ 周期,在该周期之前没有故障发生。然而,该预测与表 55.1 中剔除的异常故障 433×10³ 周期相矛盾。图 55.6 中第一个故障值 1096×10³ 周期,是表 55.1 中第一次未剔除故障 2223×10³ 周期减去 t_0(三参数 Weibull 分布)= 1127×10³ 周期得到的。

视觉检查认为,相比图 55.5 中的双参数对数正态分布,支持图 55.6 中的三参数 Weibull 分布模型,而表 55.3 中 GoF 检验结果(包含三参数的 Weibull 分布模型结果),支持选择双参数对数正态分布模型。在剔除第一个故障后,双参数对数正态分布概率曲线在图 55.7 中给出的疲劳故障范围内。

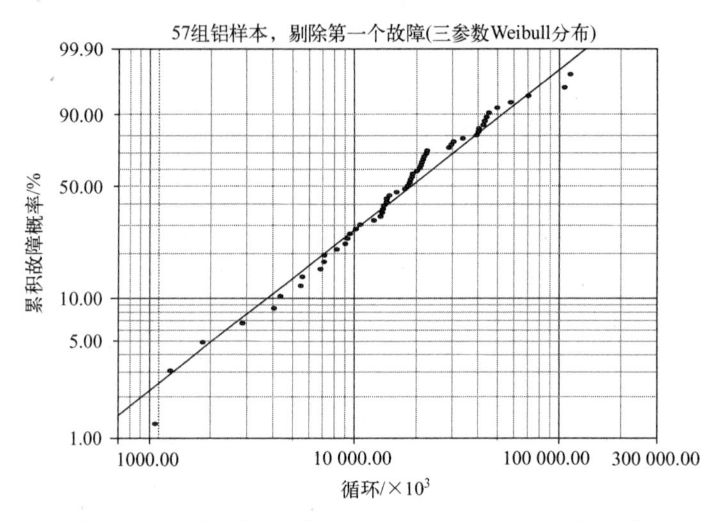

图 55.6 剔除第一个故障后三参数 Weibull 分布概率图

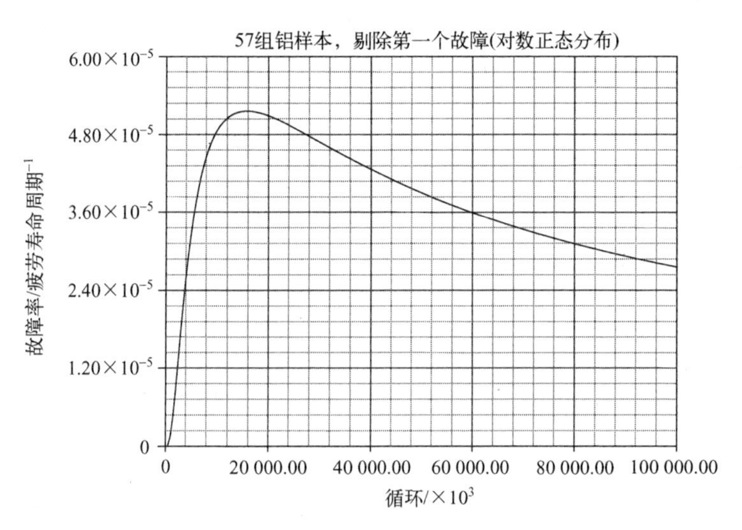

图 55.7 剔除第一个故障后双参数对数正态分布故障率图

55.4 小结

(1) 相对于双参数对数正态分布,视觉检查和 GoF 优度检验结果暂时青睐于双参数 Weibull 分布模型描述。

(2) 图 55.1 中初始故障的角色就是掩盖主要数据的下凹曲率,通过影响基准线的方向,支持 Weibull 分布模型描述。

(3) 一个重要的目标(8.2 节)就是发现样本中双参数模型服从的最佳故障数据

描述,以允许在更大的未使用成熟组件总体数据中进行预测。如果样本故障数据被初始故障破坏(8.4.2节),那么初始故障应该被剔除,这样主数据才可以假设是同类数据(8.12节)。

(4)当初始故障作为异常值剔除后,视觉检查和GoF检验数据表明双参数对数正态分布模型描述相对双参数Weibull分布模型更为恰当,而且GoF检验结果表明相比三参数Weibull分布模型,双参数对数正态分布模型也更为恰当。

(5)在剔除初始故障之后,双参数对数正态分布模型是主要数据描述选择的模型。然而,它需要433000个周期来检测初始故障,显然只能应用循环进行筛选,特别是不能确定第一次故障就是一个初始故障,直到完成更多的循环之后才能确定。为了预测目标,在剔除数据后可以应用双参数对数正态模型。

(6)没有试验数据保证三参数Weibull分布模型的应用,它的应用会被认为过于随意[2,3],并且该模型产生的绝对故障阈值也可能过于乐观[3]。

(7)事实是故障阈值是合理的,但是不适用于应用三参数Weibull分布模型,并且该情况下双参数Weibull分布描述显示下凹曲率,特别是双参数对数正态分布模型在剔除初始故障后具有可接受的直线拟合优度。

(8)从双参数对数正态分布和三参数Weibull分布模型的视觉检查拟合优度来看,Occam剃刀效应建议选择独立参数最少的模型,模型参数越多越能更好地改善视觉上的符合度和得到可比较的或较好的GoF检验结果。

(9)剔除故障433×10^3循环,在预测的绝对阈值故障t_0(三参数Weibull分布)=1127×10^3循环之内,这对三参数Weibull模型的应用不是一个致命的挑战,因为这只占未使用成熟组件的一小部分,即使剔除出来,该模型也会受到其他不可避免的初始故障的影响(7.17.1节)。

参考文献

[1] A. M. Freudenthal and E. J. Gumbel, On the statistical interpretation of fatigue tests, Proc. Royal Soc. London, 216 (1126), 309-332, 325, 1953.

[2] R. B. Abernethy, The New Weibull Handbook, 4th edition (Abernethy, North Palm Beach, Florida, 2000), 3-9.

[3] B. Dodson, The Weibull Analysis Handbook, 2nd edition (ASQ Quality Press, Milwaukee, Wisconsin, 2006), 35.

第 56 章　57 组碳纤维($L=1mm$)

表 56.1 给出了 57 组长度 $L=1mm$[1-4] 的单根碳纤维的故障压力(GPa)。之前已经有人做过双参数 Weibull 分布模型的分析[1]。长度为 $L=10$,50 和 20mm 的单根碳纤维的故障应力将在第 59~61 章中进行分析。第 61 章将进行全部四组数据结果的分析总结。

表 56.1　57 组碳纤维($L=1mm$)的故障应力(GPa)

2.247	2.640	2.842	2.908	3.099	3.126	3.245	3.328
3.355	3.383	3.572	3.581	3.681	3.726	3.727	3.728
3.783	3.785	3.786	3.896	3.912	3.964	4.050	4.063
4.082	4.111	4.118	4.141	4.216	4.251	4.262	4.326
4.402	4.457	4.466	4.519	4.542	4.555	4.614	4.632
4.634	4.636	4.678	4.698	4.738	4.832	4.924	5.043
5.099	5.134	5.359	5.473	5.571	5.684	5.721	5.998
6.060							

56.1　分析 1

双参数 Weibull 分布($\beta=5.59$)、对数正态分布($\sigma=0.21$)和正态分布 MLE 故障率曲线分别在图 56.1 至图 56.3 中给出。沿着点线视觉检查表明,其故障数据在 Weibull 分布曲线中下凹,在对数正态分布曲线中上凹,数据线性服从正态分布曲线。视觉检查和表 56.2 中拟合优度(GoF)检验结果都支持选用双参数正态分布模型。χ^2 检验结果支持对数正态分布,但这是不恰当的。

表 56.2　57 组碳纤维($L=1mm$)GoF 检验结果(MLE)

检验方法	Weibull 模型	对数正态模型	正态模型	三参数 Weibull 模型
r^2(RXX)	0.9870	0.9775	0.9930	0.9920
Lk	−71.0240	−71.3383	−70.1153	−70.1868

（续）

检验方法	Weibull 模型	对数正态模型	正态模型	三参数 Weibull 模型
mod KS/%	11.0485	2.0222	0.3268	2.6527
χ^2/%	0.0353	0.0103	0.0115	0.0119

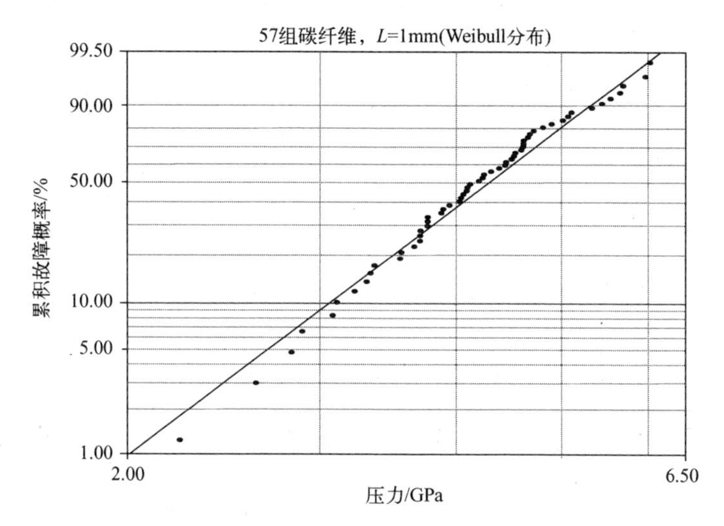

图 56.1　1mm 碳纤维双参数 Weibull 分布概率图

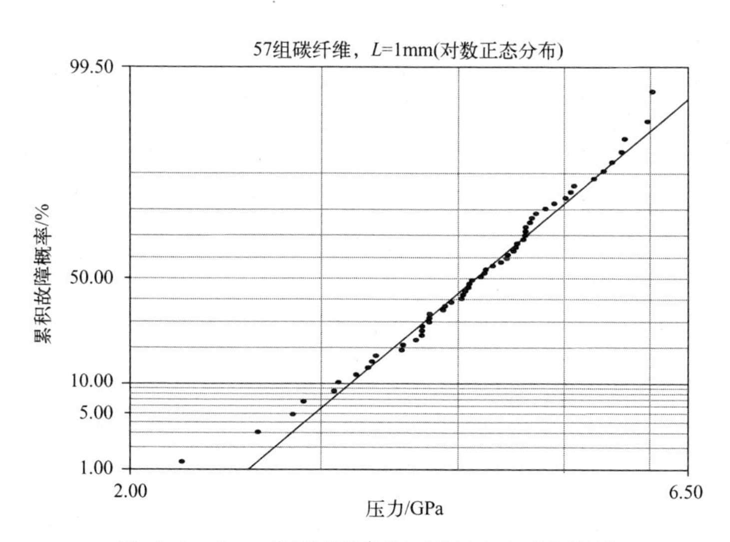

图 56.2　1mm 碳纤维双参数对数正态分布概率图

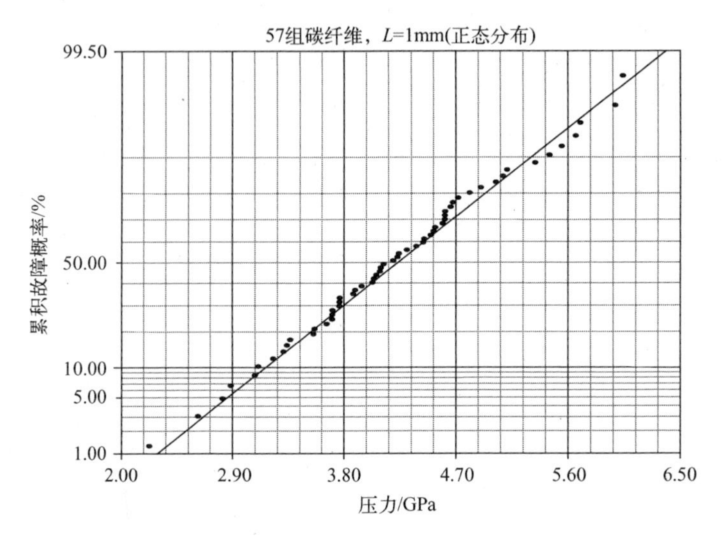

图 56.3 1mm 碳纤维双参数正态分布概率图

56.2 分析 2

引入第三个模型参数,三参数 Weibull 分布模型(8.5 节)可以用来消除图 56.1 中本质上的下凹曲率。图 56.4 中三参数 Weibull 分布(β=3.92)曲线(弧形)与直线相拟合,并且双参数 Weibull 分布曲线(三角形)与弧线相拟合。故障应力参数绝对阈值为 t_0(三参数 Weibull 分布)= 1.291GPa,正如垂直虚线所示,每条曲线中第一个

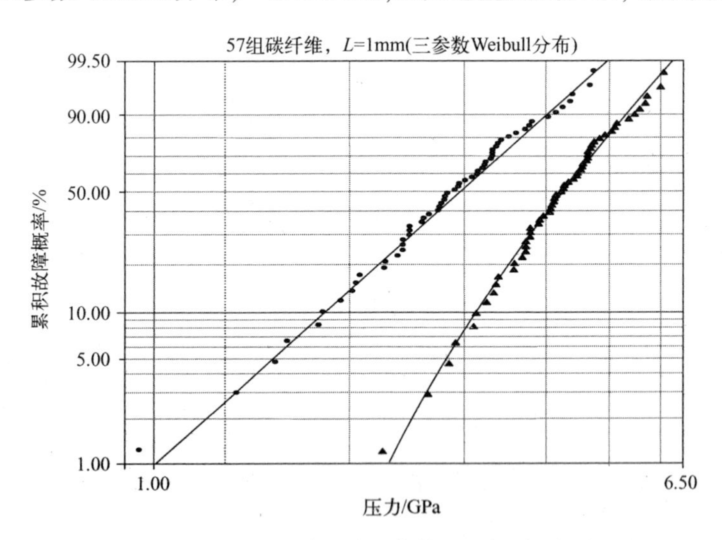

图 56.4 1 毫米碳纤维三参数 Weibull 概率图

故障的故障应力值之间是不同的。表 56.2 中给出了 GoF 检验结果。尽管图 56.3 和图 56.4 的视觉检查表明两个图具有相似的直线拟合优度,表 56.2 中给出的 GoF 检验结果相对三参数 Weibull 分布更支持双参数的正态分布。

56.3　小结

(1) 相对双参数 Weibull 分布模型,视觉检查和 GoF 检验结果更支持双参数正态分布模型,并且表 56.2 中 GoF 检验结果也表明,双参数正态分布模型比参数 Weibull 分布模型更为合适。

(2) 没有试验证据证实表 56.1 中的故障数据,在绝对阈值应力 t_0(三参数 Weibull 分布)= 1.29GPa 之下可以预测没有故障发生。在缺少支持数据的情况下,三参数 Weibull 分布模型的应用是过于随意的[5,6],并且该模型提供的故障阈值过于乐观[6]。

(3) 事实是给出的故障阈值是合理的,但不适用于三参数 Weibull 分布模型,无论何时双参数 Weibull 分布都具有下凹属性,照目前的情况,双参数正态分布模型与故障数据之间有较好的直线拟合优度。

(4) 双参数正态分布模型和三参数 Weibull 分布模型分别在图 56.3 和图 56.4 中提供了相当的数据直线拟合优度,根据 Occam 原则,建议选择的模型应该是独立参数最少的分布模型。模型参数越多,通常会改善数据的视觉拟合优度。为了接受三参数模型的结果,就要放弃简单恰当的双参数模型描述。

(5) 在树脂涂层单根碳纤维的案例中,选用双参数 Weibull 分布(第 36 章)。可总结为嵌入树脂中单根纤维有树脂的保护,以抵抗意外引起的缺陷[7]。从该角度来说,受保护的纤维可以免受外部攻击,包含许多缺损部分,如微裂纹,每一个微裂纹都有可能在应力作用下促进破裂,所有平等对抗和独立行动都会得到 Weibull 分布模型描述[8]。在第 59~61 章中将分析单根碳纤维,这些纤维未涂层(赤裸的)[3]。在本案例中,物理添加生长模型(6.3.2.2 节)为正态分布统计寿命模型的选择提供了支撑。

参考文献

[1] M. J. Crowder, A. C. Kimber, R. L. Smith, and T. J. Sweeting, Statistical Analysis of Reliability Data (Chapman & Hall/CRC Press, New York, 1991), 81-85.

[2] M. J. Crowder, Tests for a family of survival models based on extremes, in N. Limnios and M. Nikulin (Eds), Recent Advances in Reliability Theory: Methodology, Practice and Inference (Birkhauser, Boston, 2000), 318.

[3] W. R. Blischke and D. N. P. Murthy, Reliability: Modelling, Prediction, and Optimization (Wiley, New York, 2000), 56-59.

[4] J. F. Lawless, Statistical Models and Methods for Lifetime Data, 2nd edition (Wiley, New Jersey, 2003), 573.

[5] R. B. Abernethy, The New Weibull Handbook, 4th edition (Abernethy, North Palm Beach, Florida, 2000), 3-9.

[6] B. Dodson, The Weibull Analysis Handbook, 2nd edition (ASQ Quality Press, Milwaukee, Wisconsin, 2006), 35.

[7] L. C. Wolstenholme, Reliability Modelling: A Statistical Approach (Chapman & Hall/CRC Press, Boca Raton, 1999), 214.

[8] P. A. Tobias and D. C. Trindade, Applied Reliability, 2nd edition (Chapman & Hall/CRC Press, Boca Raton, 1995), 89-92.

第 57 章　59 组铝导线

导线，例如铝(Al)、铜化铝(AlCu)和铜(Cu)，在微电路中的故障有两种，一是由于电子的动能交换，原子沿着电流方向扩散，导致空洞生成或断路故障；二是由于两种导体之间生长的金属丝而产生短路故障[1]。用于描述电迁移故障特性的传统方法包括加速应力试验，该方法是一定数量的结构在高电流密度和高温条件下工作，一直到发生故障[2]。为了更高的速度，所以微电路组件和导体制造的比较小，这就导致在微电路组件和导体工作过程中会产生很高的电流密度和温度[3]。

寿命统计模型的选择对微电路金属化系统的可靠性评估十分重要，因为可靠性由早期的故障决定，这些早期故障分布在故障率曲线的下尾。预测第一次故障的失效时间可能需要在比尾部数据更大的范围测量。

在表 57.1 中给出 59 组铝导线(长度 $L=400\mu m$)微电路失效的故障时间(h)[3,5]。这些导线在同样的温度和电流密度下完成试验[3]。建议选用对数正态分布模型，因为对数正态分布对铝导线特性描述最为恰当[3,5]。

表 57.1　铝导线故障时间(h)

2.997	5.589	6.476	6.948	7.496	8.687
4.137	5.640	6.492	6.956	7.543	8.799
4.288	5.807	6.515	6.958	7.683	9.218
4.531	5.923	6.522	7.024	7.937	9.254
4.700	6.033	6.538	7.224	7.945	9.289
4.706	6.071	6.545	7.365	7.974	9.663
5.009	6.087	6.573	7.398	8.120	10.092
5.381	6.129	6.725	7.459	8.336	10.491
5.434	6.352	6.869	7.489	8.532	11.038
5.459	6.369	6.923	7.495	8.591	

57.1　分析 1

双参数 Weibull 分布($\beta=4.70$)、对数正态分布($\sigma=0.24$)和正态分布 MLE

故障率曲线分别如图 57.1 至图 57.3 所示。沿着第一个故障进行视觉检查可以发现,图 57.1 至图 57.3 中的数据都有某些程度的下凹(8.7.1 节)。在图 57.2 中,除了第一个故障,其他数据呈线性排列。视觉检查和表 57.2 中的 GoF 检验结果都支持选择双参数标准正态分布模型,这样的结论是因为第一个故障的出现导致的。

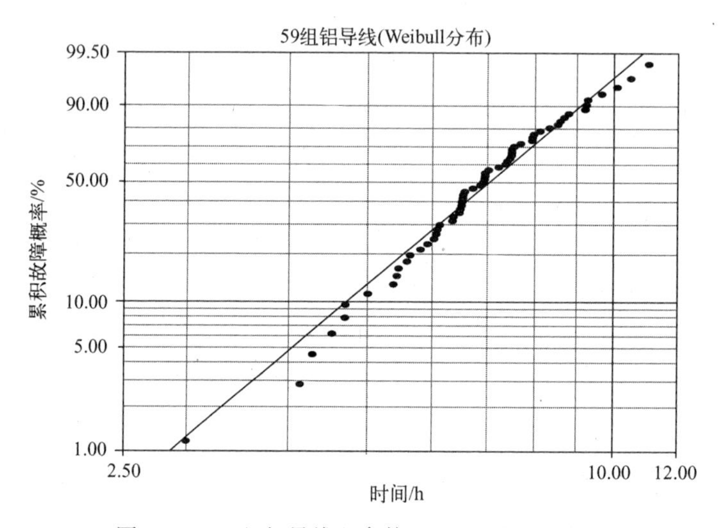

图 57.1 59 组铝导线双参数 Weibull 分布概率图

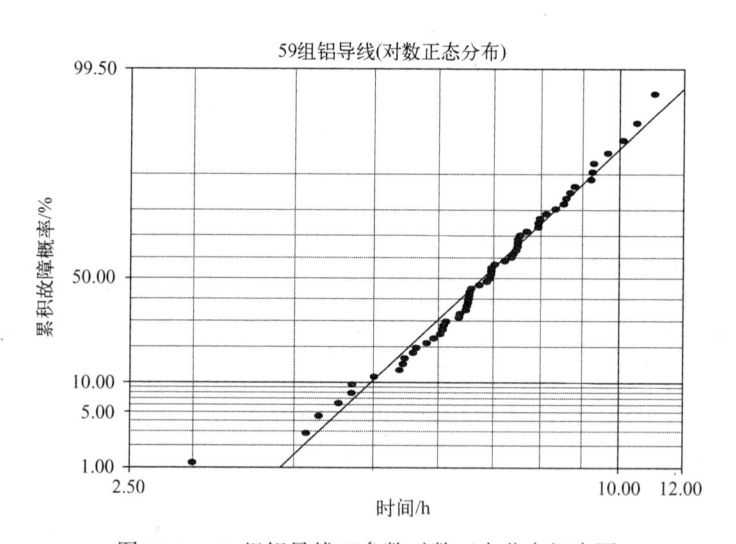

图 57.2 59 组铝导线双参数对数正态分布概率图

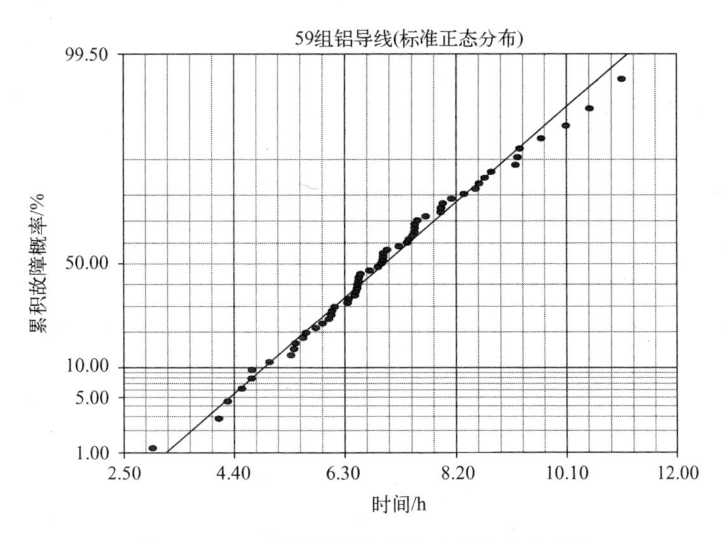

图 57.3　59 组铝导线双参数正态分布概率图

表 57.2　GoF 检验结果(MLE)

检验方法	Weibull 模型	对数正态模型	标准正态模型
r^2(RXX)	0.9827	0.9675	0.9894
Lk	-112.4973	-112.9750	-111.4631
mod KS/%	24.3988	14.9869	4.6295
χ^2/%	0.0473	0.0297	0.0127

57.2　分析 2

图 57.1 中的第一个故障可以视为初始故障,初始故障通过影响曲线的走向掩盖了曲线的下凹。表 57.1 中的数据表明了该猜测。这种异常的情形可以由图 57.4 中两个子集的 Weibull 分布混合模型(8.6 节)概率曲线确认,异常故障不能纳入第一个子集。在剔除初始异常故障后,图 57.5 至图 57.7 分别为双参数 Weibull 分布(β=4.88)、对数正态分布(σ=0.22)和正态分布 MLE 故障率曲线。视觉检查支持图 57.6 的双参数对数正态分布属性描述,在图 57.5 至图 57.7 中相似的(8.7.1 节)的下凹数据排列中,正如视觉所示。表 57.3 中的 GoF 检验结果支持选择对数正态分布模型。

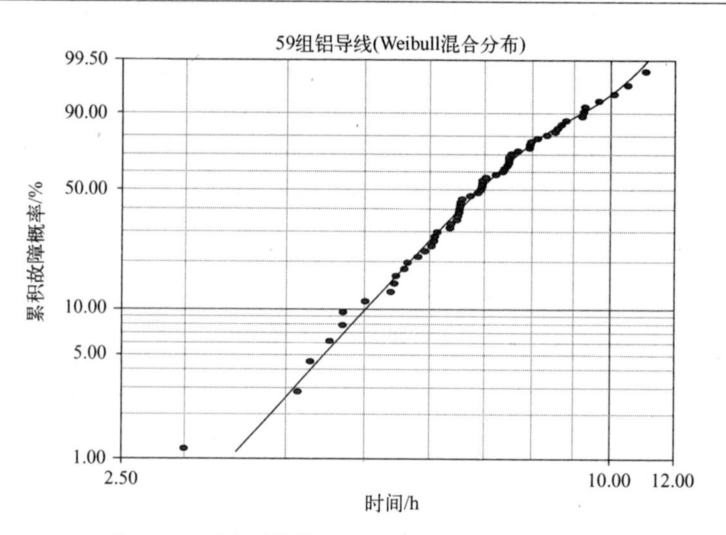

图 57.4 两个子集的 Weibull 分布混合模型概率图

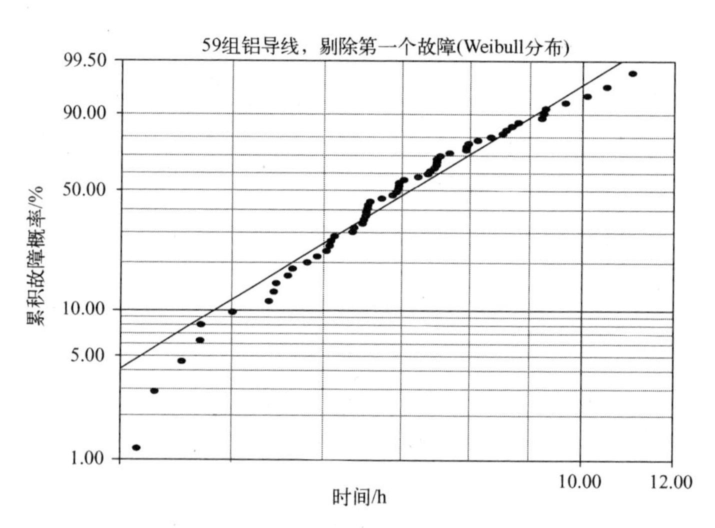

图 57.5 剔除第一个故障后双参数 Weibull 概率图

表 57.3 剔除第一个故障后 GoF 检验结果(MLE)

检验方法	Weibull 模型	对数正态模型	标准正态模型	三参数 Weibull 模型
r^2(RXX)	0.9637	0.9916	0.9841	0.9902
Lk	-108.4859	-106.0070	-106.7938	-105.7175
mod KS/%	34.2185	0.4543	7.0606	2.0016
χ^2/%	0.0754	0.0048	0.0075	0.0070

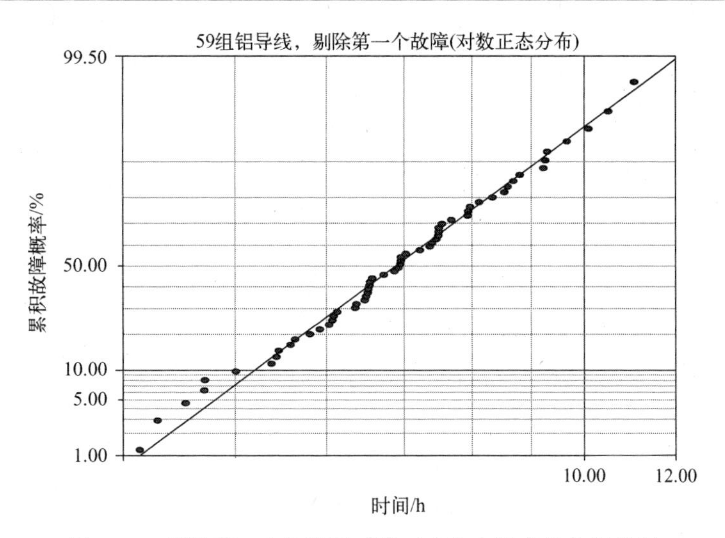

图 57.6　剔除第一个故障后对数正态分布概率分布概率图

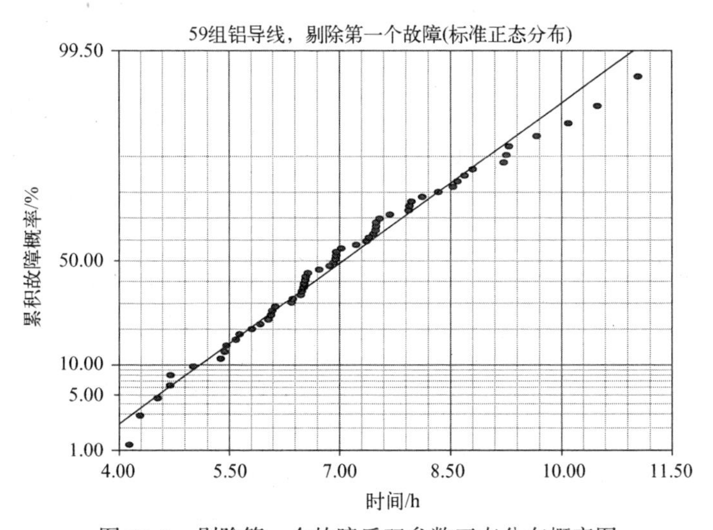

图 57.7　剔除第一个故障后双参数正态分布概率图

57.3　分析 3

在已经发生的故障数据集的分析中，该案例中双参数 Weibull 分布概率曲线中的数据显示下凹，而双参数对数正态分布概率曲线中的数据具有较好的直线拟合优度。常见的做法是应用三参数 Weibull 分布模型（8.5 节）来修正双参数 Weibull 分布曲线的下凹。剔除初始故障后，三参数 Weibull 分布（$\beta=2.67$）MLE 曲线（弧形）与直线相拟合，双参数 Weibull MLE 曲线（三角形）与弧形相拟合，如图 57.8 所示。尽管图 57.5 中双参数 Weibull 分布曲线中已经剔除了前几个早期故障，但是图 57.8 中的曲线在视觉上依然下凹。

图 57.5 中，除曲线的下方尾部已经大幅度缓和以外，应用三参数 Weibull 分布模型预测的绝对故障阈值时间 t_0（三参数 Weibull 分布模型）= 3.258h，如图 57.8 中的垂直虚线所示，该值表示在 3.528h 内没有故障发生，这与初始故障 2.997h 是相互矛盾的，由于该数据与数据主体不符，在本分析中已剔除。三参数 Weibull 分布曲线的第一次故障时间为 0.879h，是表 57.1 中第一个未剔除的故障 4.137h 减去 t_0（三参数 Weibull 分布模型）= 3.258h 所得。

相对于三参数 Weibull 分布模型，视觉检查和表 57.3 中的 GoF 检验结果更支持双参数对数正态分布模型。根据之前对大样本的研究[4,6]，预计电镀产品的故障时间更适合用双参数对数正态分布模型描述。在 57.6 节中的经验物理模型指出双参数对数正态分布模型更适用。

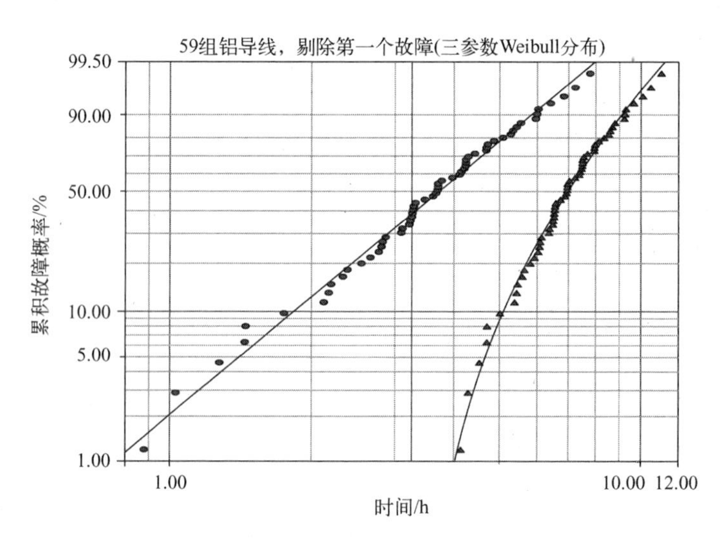

图 57.8 三参数 Weibull 概率图，剔除第一个故障

57.4 分析 4

图 57.6 中曲线下方尾部轻微的下降可以表明绝对故障阈值。注意，虽然同样的情况在图 57.8 的三参数 Weibull 曲线的下方尾部也出现，但是该现象是在预测的绝对故障阈值后面。尽管在现有的案例中还未表明其是合理的，但是证据[7-10]支持电镀产品故障的一些案例中存在绝对故障阈值（8.5.5 节）。电镀产品在开始老化时不会产生故障，因为这对金属来说，发生故障需要一段时间，例如，铝就有转移的空

洞,因此,会有一段潜伏期,在此之后会出现一个不能接受的电阻增长或灾难性故障[7]。

根据早期的研究[4,6],科学研究显示在某些紧急情况下,有明显的证据表明有潜伏期或绝对故障阈值,正如双参数对数正态概率分布曲线下方尾部的下降所示[7-10]。对没有初始故障存在的电路总体而言,双参数对数正态分布模型对早期的寿命预测会过于保守[8-10],如来自文献[9]中的图57.9(a)所示。当相同的故障时间由三参数对数正态分布模型进行描述时,概率分布曲线会有较好的拟合优度,并且对与物理期望一致的早期故障预测也比较合理,如来自文献[9]的图57.9(b)所示。与其他引用的研究[3,4,6]相比,文献[9]中是最严格的(2.5× 10^6 A/cm^2,300℃)。

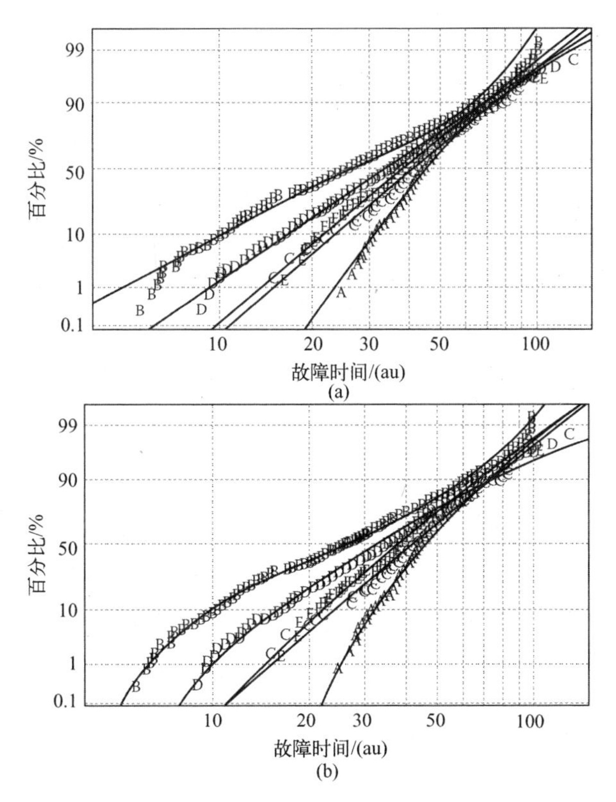

图57.9　(a)双参数对数正态概率图;(b)三参数对数正态概率图,同样的故障时间

双参数对数正态分布模型的故障值计算如式(57.1)所示。形状因数是σ,中值寿命为t_m。三参数对数正态分布模型的故障值通过将式(57.1)中t和t_m分别换成$(t-t_0)$和(t_m-t_0)可以得到,t_0是位置参数,在本案例中指绝对故障阈值时间或绝对无故障的持续时间。除了初始故障,预测在t_0之前没有故障发生。

$$F(t)=\int_0^t \frac{1}{\sigma\sqrt{2\pi}}\exp\left[-\frac{1}{2}\left(\frac{\ln t-\ln t_m}{\sigma}\right)^2\right] \tag{57.1}$$

图 57.9(a)与图 57.9(b)相比,两个分布之间唯一的区别就是在下方尾部。两个分布之间的不同是因为形状因数 σ 和($t_m - t_0$)[10]的不同导致。如果 $\sigma=0.2$,样本量 $SS=1000$,三参数和双参数的对数正态分布曲线之间的拟合优度是有轻微的差别,即使 t_m 和 t_0 相同[10]。

早期的研究[4]对双参数对数正态概率分布曲线下部的下凹曲率提供了一些支持,如果 $SS\approx100$,$\sigma\approx1.0$。四组寿命测试是在 2.0×10^6 A/cm^2,150℃的环境下进行的;每一组样本为 $SS=150$[4]。双参数对数正态分布的检查结果如图 57.10 所示,结果如表 57.4 所列。

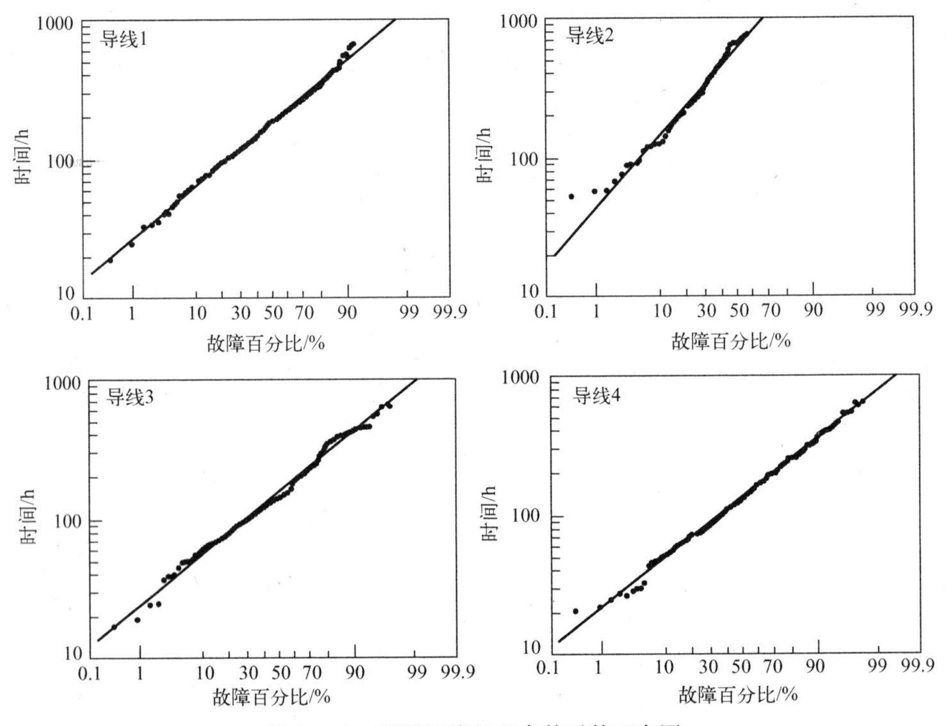

图 57.10 四种导线的双参数对数正态图

表 57.4 三参数对数正态分布支持

导线	σ	曲线下方尾部是否下凹
1	0.79	否
2	0.80	否
3	1.20	是
4	0.75	模棱两可

如果需要按比例改变位置参数 t_0，从较高的实验室压力环境下获得的故障数据，转换到较低的压力使用环境，可以引用来自文献[7]中的假设，按比例调整中值寿命 t_m，如式(57.2)所示，该式可以用来计算 t_0。该假设必须经过验证以避免出现有问题的早期寿命预测。

57.5　分析 5

剔除第一个故障后的双参数对数正态分布故障率曲线如图 57.11 所示。图中给出的无故障期大约为 3h。对未部署的 10000 个无初始故障的铝导线，在相同的温度和电流密度下分析样本。目标是估计未通电导体的故障阈值或安全寿命(8.8 节)。

图 57.12 是图 57.6 按比例扩大的曲线，可以看出曲线的交叉点 $F=0.01\%$，安全寿命或故障阈值等于 t_{FF}(对数正态分布) = 3.054h，该值称为无条件阈值(第 10 章)。

图 57.13 是图 57.8 按比例扩大的曲线。可以看出曲线的交叉点 $F=0.01\%$，安全寿命和故障阈值等于 t_{FF}(三参数 Weibull 分布) = t_0(三参数 Weibull 分布)+0.136 = 3.258+0.136 = 3.394h，该值称为绝对阈值(第 10 章)。注意 t_{FF}(三参数 Weibull 分布) ≈ t_0(三参数 Weibull 分布)，t_{FF} 为绝对最低故障阈值。

安全寿命 t_{FF}(对数正态分布) = 3.054h 属于比较保守的估算，相对 t_{FF}(三参数 Weibull 分布) = 3.394h，后者结果比较乐观。这两个安全寿命，都与剔除的故障时间 2.997h 相矛盾。

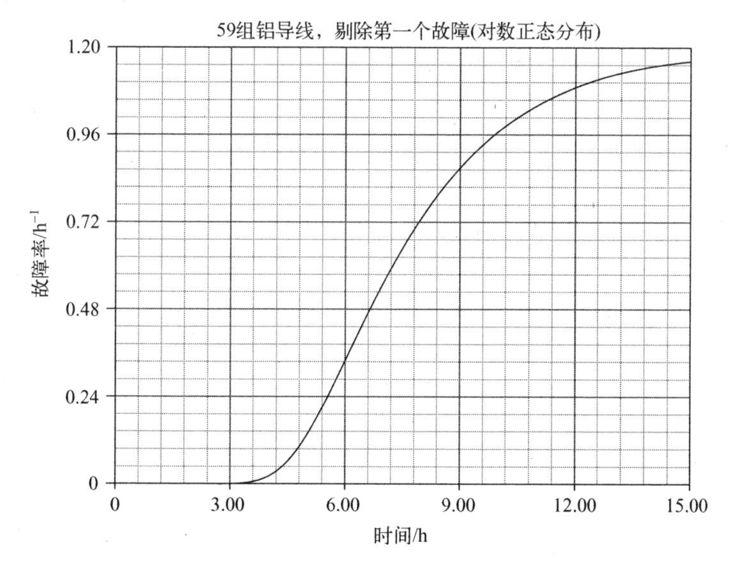

图 57.11　剔除第一个故障后双参数对数正态故障率图

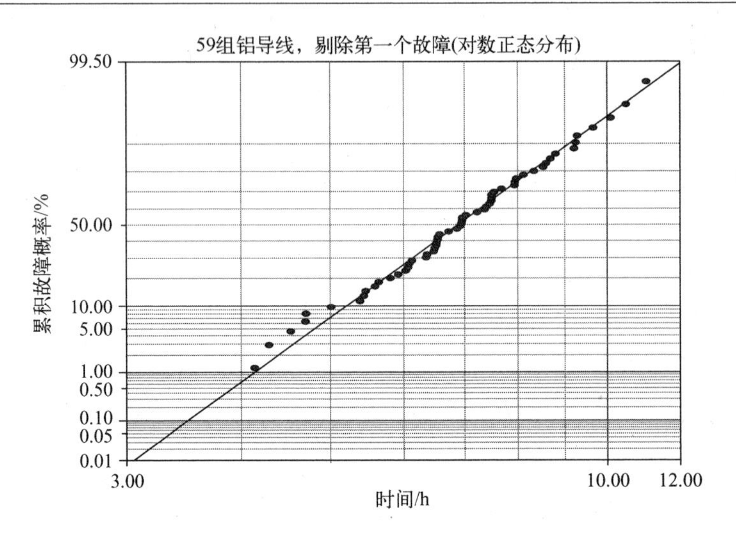

图 57.12 尺度扩大的双参数对数正态概率图

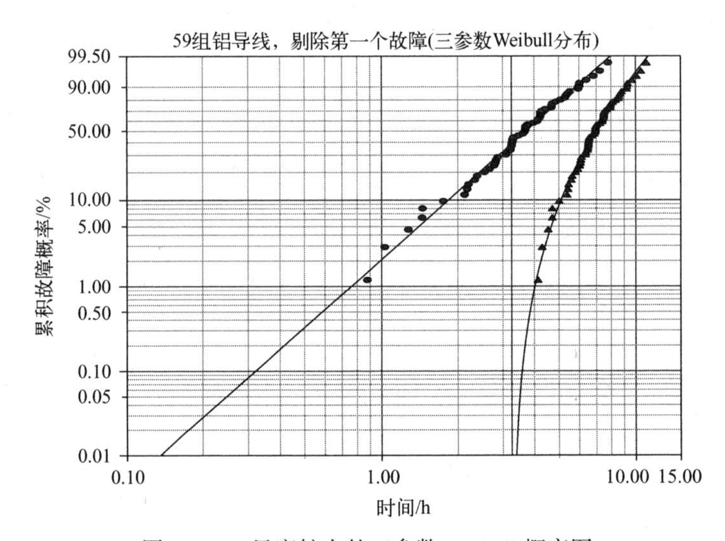

图 57.13 尺度扩大的三参数 Weibull 概率图

57.6 分析 6

方程式模型[11,12]在描述电镀物品故障时间(t)的计算时应用十分广泛，如式(57.2)所示。在加速老化研究中，式(57.2)用于按比例扩大式(57.1)中从一组电压环境(J 和 T)到另外一组电压环境中，中值寿命 t_m 的计算。

$$t \propto \frac{1}{J^n} \exp\left[\frac{E_A}{kT}\right] \tag{57.2}$$

式中，J 为电流密度；n 为电流密度的经验指数；E_A 为活化能经验指数；k 为玻耳兹曼常数；T 为绝对温度。

金属膜导体的热激活能是有范围的[12,13]，晶粒大小不同，铝合金电路的成分也会不同，不同的沉积物宽度和厚度也可能引起热激活能值服从正态分布[13]，在该案例中式（57.2）的故障时间服从对数正态分布，如式（57.3）所示。

$$\ln\infty -n\ln J+\frac{E_A}{kT} \tag{57.3}$$

阿累尼乌斯（Arrhenius）和对数正态分布模型之间的关系之前已经进行了说明，对 GaAs 激光器故障时间的对数正态分布也做了解释。

57.7　小结

（1）图 57.1 至图 57.3 中的第一次故障属于早期故障阈值。图 57.2 中对数正态分布曲线中阈值的影响是使主要的分布出现上凹，在图 57.1 和图 57.3 中的 Weibull 分布曲线和正态分布曲线中，阈值使曲线下凹。双参数正态分布作为暂时的选择。

（2）一个重要的目标（8.2 节）就是在一个样本中找到故障数据服从的最佳的双参数模型描述，以允许在更大的未使用的成熟组件的群体中预测第一次故障。如果样本故障数据被早期故障破坏（8.4.2 节），那么为了达到预测目标，要剔除早期故障，这样主样本才能是同类的（8.12 节），才能进行描述。

（3）在剔除早期故障之后，双参数对数正态分布模型相对于双参数 Weibull 分布和正态分布模型更加恰当，该模型是符合预期的[4,6]。而通过视觉检查和主要的 GoF 检验结果表明，相对于三参数 Weibull 模型，双参数的对数正态分布模型也更为恰当。

（4）没有试验证据可以确保三参数 Weibull 模型的应用是恰当的，它的应用可能会被认为过于随意[15,16]，三参数 Weibull 分布模型提供的绝对故障阈值的估计也过于乐观[16]。

（5）$t=0$ 时不发生故障是合理的，因为故障需要时间产生和发展。但这对在每一个案例中应用三参数 Weibull 分布模型并不是一个充分的理由，在这些案例中，双参数 Weibull 模型概率曲线下凹，尤其是在剔除早期故障后双参数 Weibull 分布模型有一个较好的直线拟合优度时。

（6）三参数 Weibull 分布模型服从安全寿命的预测，在无条件的绝对无故障期间，这与剔除的早期故障的出现是矛盾的。在估算条件无故障时期或安全寿命时，同样的矛盾也出现在双参数对数正态分布模型中。这样的矛盾可能不存在，然而对于两个估计是致命的挑战，因为仅仅一小部分，即使对未使用的成熟组件的主体进行剔除,也会受到不可避免的早期故障的影响。

(7) 对剔除电迁移故障数据的直线拟合优度,由式(57.3)所示的双参数对数正态分布模型支撑,该式是由之前的试验观测,与 Arrhenius 定律中电迁移故障的温度有关[11,12],试验证据表明是由热激活能的分布[12,13]得来的,式(57.3)是由 PoF 方法得来的(1.3 节)。

参考文献

[1] M. Ohring, Reliability and Failure of Electronic Materials and Devices(Academic Press, New York, 1998), 259-284.

[2] H. A. Schafft et al., Reproducibility of electromigration measurements, IEEE Trans. Electron Dev., ED-34(3), 673-681, March 1987.

[3] W. Nelson and N. Doganaksoy, Statistical analysis of life or strength data from specimens of varioussizes using the power-(log) normal model, in Recent Advances in Life-Testing and Reliability, Ed. N. Balakrishnan (CRC Press, Boca Raton, 1995), 377-396.

[4] D. J. LaCombe and E. L. Parks, The distribution of electromigration failures, IEEE 24th AnnualProceedings International Reliability Physics Symposium, Anaheim, CA, 1-6, 1986.

[5] J. F. Lawless, Statistical Models and Methods for Lifetime Data, 2nd edition(Wiley, New Jersey, 2003), 267.

[6] J. M. Towner, Are electromigration failures lognormally distributed? IEEE 28th Annual Proceedings International Reliability Physics Symposium, New Orleans, LA, 100-105, 1990.

[7] M. H. Wood, S. C. Bergman, and R. S. Hemmert, Evidence for an incubation time in electromigration phenomena, IEEE 29th Annual Proceedings International Reliability Physics Symposium, Las Vegas, NV, 70-76, 1991.

[8] R. G. Filippi et al., Paradoxical predictions and minimum failure time in electromigration, Appl. Phys. Lett., 66(16), 1897-1899, 1995.

[9] B. Li et al., Minimum void size and 3-parameter lognormal distribution for EM failures in Cu interconnects, IEEE 44th Annual Proceedings International Reliability Physics Symposium, San Jose, CA, 115-122, 2006.

[10] B. Li et al., Application of three-parameter lognormal distribution in EM data analysis, Microelectron. Reliab., 46, 2049-2055, 2006.

[11] J. R. Black, Electromigration—A brief survey and some recent results, IEEE Trans. Electron Dev., 16(4), 338-347, April 1969.

[12] M. Ohring, Reliability and Failure of Electronic Materials and Devices(Academic Press, New York, 1998), 276 and 278.

[13] J. A. Schwartz, Distributions of activation energies for electromigration damage in thin-film aluminum interconnects, J. Appl. Phys., 61(2), 798-800, 15 January 1987.

[14] W. B. Joyce et al. Methodology of accelerated aging, in Assuring High Reliability of Lasers and Photodetectors for Submarine Lightwave Cable Systems, AT&T Tech. J., 64(3), 717-764, March 1985.

[15] R. B. Abernethy, The New Weibull Handbook, 4th edition(Abernethy, North Palm Beach, Florida, 2000), 3-9.

[16] B. Dodson, The Weibull Analysis Handbook, 2nd edition(ASQ Quality Press, Milwaukee, Wisconsin, 2006), 35.

第 58 章　60 组电器

表 58.1 列出了 60 组电器的故障循环[1-4]。之前已经有研究人员用 Weibull 混合模型分析了两个子集[1-3]。

表 58.1　60 组电器的故障循环

14	381	1088	2811	4106
34	464	1091	2886	4116
59	479	1174	2993	4351
61	556	1270	3122	4510
69	574	1275	3248	4584
80	839	1355	3715	5267
123	917	1397	3790	5299
142	969	1477	3857	5583
165	991	1578	3912	6065
210	1064	1649	4100	9701

58.1　分析 1

双参数 Weibull 分布($\beta=1.00$)和对数正态分布($\sigma=1.45$)MLE 故障率曲线分别如图 58.1 和图 58.2 所示。下凹的正态分布曲线在本章末给出。Weibull 分布中主要的数组与指数模型($\beta=1.00$)有较好的拟合优度,对数正态分布曲线呈现下凹。视觉检查和表 58.2 中拟合优度(GoF)检验结果支持选择双参数 Weibull 模型。

电器循环运行没有特定的背景环境[1],Weibull 形状参数 $\beta=1.00$,但是给图 58.1 一个可能的解释,假设电器使用超过约 400 个循环,是老的、新的和重新组装单元的混合,因此存在"磨损的分散状态"[5]。尽管个别故障会受影响,如 Weibull 分布或对数正态分布统计,但是电器装配、一些原始的和新的或具有不同循环寿命的维修更换产品将会产生故障,就像在任何循环期间发生的故障一样。由此产生的与时间无关的故障率分布服从指数分布或恒定故障率分布。

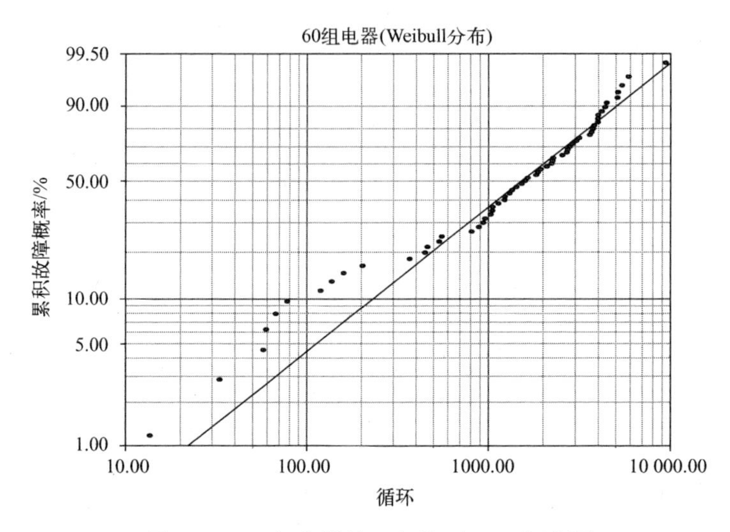

图 58.1 60 组电器的双参数 Weibull 概率图

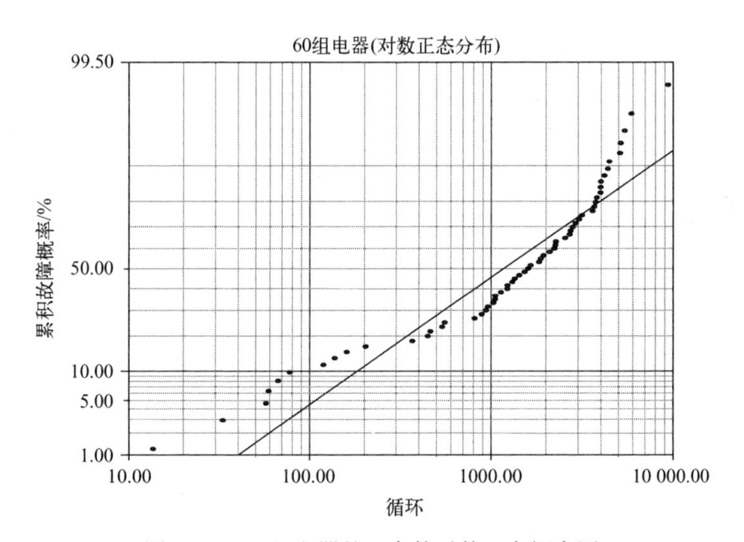

图 58.2 60 组电器的双参数对数正态概率图

58.2 分析 2

图 58.1 中的数据排列呈现 S 形曲线,这表明具有至少两个子集的混合模型具有较好的符合性。表 58.1 中故障数据的原始分析用了两个子集的 Weibull 混合分布模型(8.6 节)[1-3]。在第一个图形分析中[1,2],初始故障的分数大约为f_1=0.20(20%),转换为初始故障子集的大小为 12。

图58.3是两个子集的Weibull混合分布模型概率曲线，每个子集由一个双参数Weibull分布模型进行描述。形状参数和子集分数分别为$\beta_1=1.66$，$f_1=0.137$和$\beta_2=1.41$，$f_2=0.863$，并且$f_1+f_2=1$。这些值都是在精确的协议下，完善分析之后得来的[3]。初始故障子集分数$f_1=0.137$转换成一个初始子集规模等于$60\times0.137=8.22\approx8$。Weibull混合模型分析提供了一个客观的子集划分，不依赖于视觉估计。视觉检查和表58.2中两个GoF检验结果之一表明，在不考虑χ^2检验结果的情况下（8.10节），相比双参数Weibull分布模型，选择Weibull混合模型是恰当的。

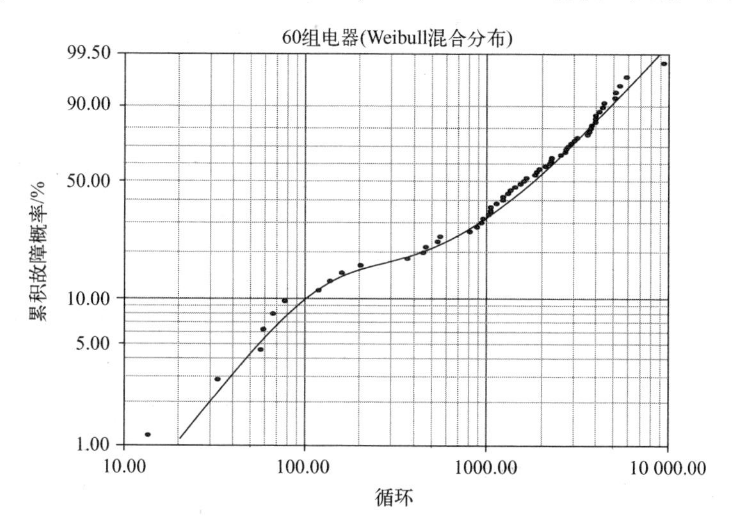

图58.3　两个子集的Weibull混合模型概率图

表58.2　GoF检验结果(MLE)

检　　验	Weibull模型	对数正态模型	混合模型
r^2(RXX)	0.9688	0.8825	—
Lk	−512.5824	−531.0354	−516.7483
mod KS/%	9.0280	90.3942	0.3133
χ^2/%	0.0004	0.0232	0.0005

58.3　分析3

图58.1中视觉检查的目的是估计初始故障子集的规模，以确定什么时候可以剔除早期故障，使剩余子集分布的故障概率曲线应用双参数Weibull分布模型符合直线。注意，当从一个Weibull混合分布模型曲线的视觉检查获取准确的子集分数时，如当两个子集重叠时，图58.3就是有问题的。例如，图58.1和图58.3中早期故

障子集规模的视觉估计 10 是一个合理的值,这与图 58.3 中数值分析所得值 8 是不相符的。剔除前 8 个故障,双参数 Weibull 分布(β=1.41)MLE 故障率曲线如图 58.4 所示。Weibull 分布形状参数与在之前章节中应用 Weibull 混合模型的主要子集相同。

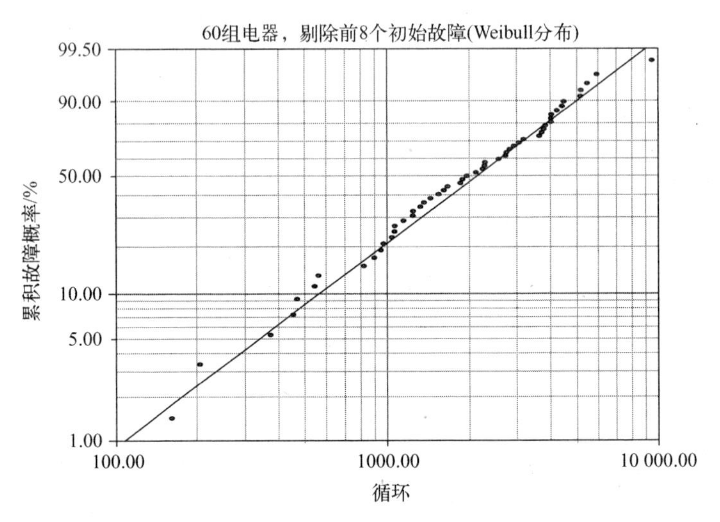

图 58.4 剔除前 8 个故障的双参数 Weibull 分布概率图

58.4 小结

(1) 60 组电器循环故障的双参数 Weibull 分布模型主体数据的形状参数为 β=1.00,这说明故障的发生是偶然性质的,电器是由老的、新的、修理过的和老的组件组成,这样故障的发生就类似于在任何的循环期间以恒定的故障率分布产生的。β=1.00 是由图 58.1 中的主子集而得来,然而由于初始故障子集的歪曲存在,该值偏低。

(2) 图 58.1 中 S 形曲线分布由两个子集的 Weibull 混合分布模型进行描述时是最佳的。初始故障子集的规模最好由 Weibull 混合模型进行分析,而不是通过对故障率曲线的视觉检查进行分析。

(3) 在第 67 章中,情况正好相反,初始故障子集的视觉检查估计规模为 9 是正确的,而 Weibull 混合模型估计的值 7 是错误的。主子集由双参数对数正态分布模型描述最佳。

(4) 主子集的形状参数来自混合模型分析,验证了剔除的早期故障子集,并应用双参数 Weibull 分布模型(β=1.41)来描述主子集的故障。

参考文献

[1] J. F. Lawless,Statistical Models and Methods for Lifetime Data(Wiley,New York,1982),256-259.

[2] F. Jensen,Electronic Component Reliability:Fundamentals,Modeling,Evaluation,and Assurance(Wiley,New York,1995),86-89.

[3] J. F. Lawless,Statistical Models and Methods for Lifetime Data,2nd edition(Wiley,New Jersey,2003),112,183-185.

[4] C.-D. Lai and M. Xie,Stochastic Ageing and Dependence for Reliability(Springer,New York,2006),356.

[5] D. J. Davis,An analysis of some failure data,Journal of the American Statistical Association,47(258),113-150,June 1952.

第59章　64组碳纤维($L=10$mm)

64组长度$L=10$mm的单根碳纤维的破坏应力(GPa)[1-4]如表59.1所列,该分析应用的是双参数Weibull分布模型[1]。

表59.1　64组碳纤维($L=10$mm)的破坏应力(GPa)

1.901	2.397	2.532	2.738	2.996	3.243	3.435	3.871
2.132	2.445	2.575	2.740	3.030	3.264	3.493	3.886
2.203	2.454	2.614	2.856	3.125	3.272	3.501	3.971
2.228	2.454	2.616	2.917	3.139	3.294	3.537	4.024
2.257	2.474	2.618	2.928	3.145	3.332	3.554	4.027
2.350	2.518	2.624	2.937	3.220	3.346	3.562	4.225
2.361	2.522	2.659	2.937	3.223	3.377	3.628	4.395
2.396	2.525	2.675	2.937	3.235	3.408	3.852	5.020

59.1　分析1

双参数Weibull分布($\beta=5.03$)、对数正态分布($\sigma=0.20$)和正态分布的最大似然估计(MLE)故障率曲线分别如图59.1至图59.3所示。沿着曲线观察可以发

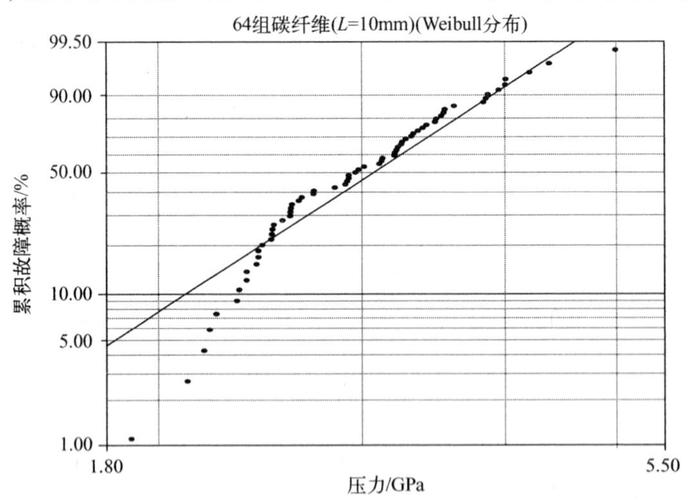

图59.1　10mm碳纤维的双参数Weibull分布概率图

现,Weibull分布和正态分布曲线具有相似的下凹特征(8.7.1节),对数正态分布曲线中的数据具有较好的符合性。视觉检查支持选择双参数对数正态模型。表59.2中的统计学拟合优度(GoF)检验结果支持对数正态分布模型,除了mod KS检验,该值对图59.1中的Weibull分布曲线下方尾部的下凹特征不敏感。

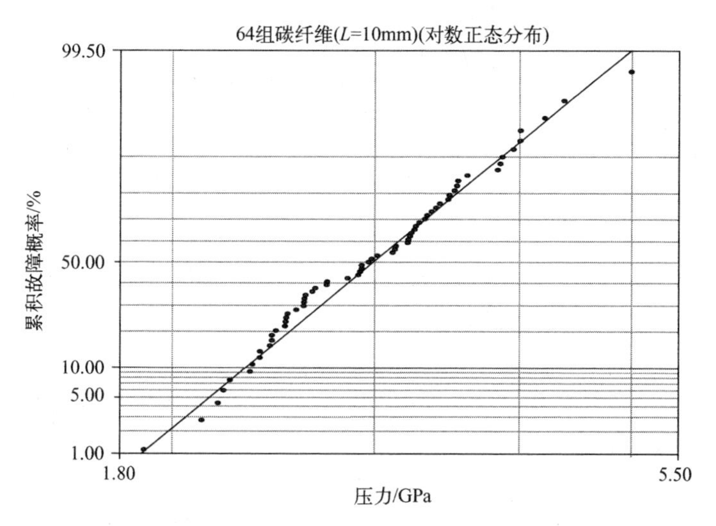

图59.2　10mm碳纤维的双参数对数正态分布概率图

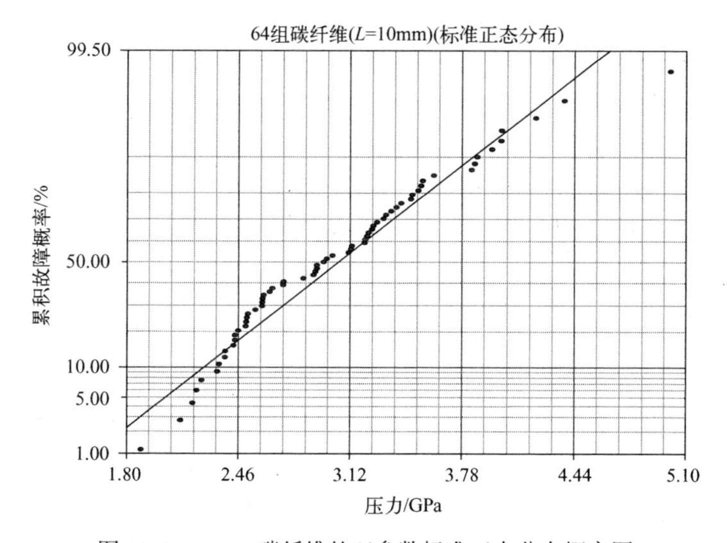

图59.3　10mm碳纤维的双参数标准正态分布概率图

表 59.2　64 组碳纤维（$L=10$mm）GoF 检验结果（MLE）

检验方法	Weibull 模型	对数正态模型	标准正态模型	三参数 Weibull 模型
r^2(RXX)	0.9199	0.9872	0.9624	0.9777
Lk	-62.9666	-57.1301	-59.7800	-56.8052
mod KS/%	21.4911	22.1590	41.0335	8.9677
χ^2/%	7.01×10^{-2}	9.77×10^{-5}	1.26×10^{-3}	4.88×10^{-4}

59.2　分析 2

三参数 Weibull 分布故障率曲线（圆形）模型对图 59.1 中的下凹曲线可以进行修正（8.5 节），调整为绝对故障阈值，并拟合为直线，与如图 59.4 所示双参数 Weibull 分布曲线（三角）一致，它是未经过调整的绝对故障阈值 t_0（三参数 Weibull 分布）= 1.759GPa，正如垂直虚线所示。这仅仅对图 59.1 中的下凹曲率进行部分缓解，图 59.4 中的下凹曲率仍然存在。三参数 Weibull 分布模型的应用可能会不合理[5]，因为有图 59.4 中曲线下方尾部的数据偏差。在图 59.4 中第一次故障的破坏应力为 0.142GPa，该值由表 59.1 中的第一次故障破坏应力 1.901GPa 减去 t_0（三参数 Weibull 分布）= 1.759GPa 得来。

相对于双参数和三参数 Weibull 分布模型，视觉检查支持双参数对数正态分布。在表 59.2 GoF 检验结果中，r^2 检验支持双参数对数正态分布模型，而 Lk 和 mod KS 模检验支持三参数 Weibull 分布模型。χ^2 检验结果经常是错误的（8.10 节）。双参数对数正态分布故障率曲线如图 59.5 所示。

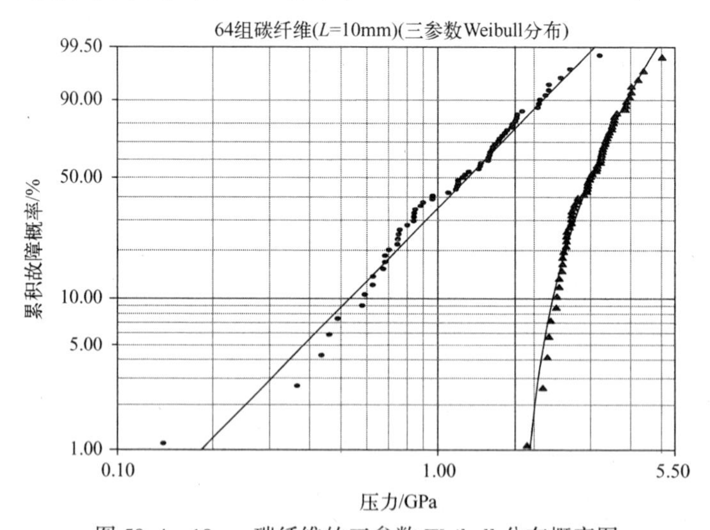

图 59.4　10mm 碳纤维的三参数 Weibull 分布概率图

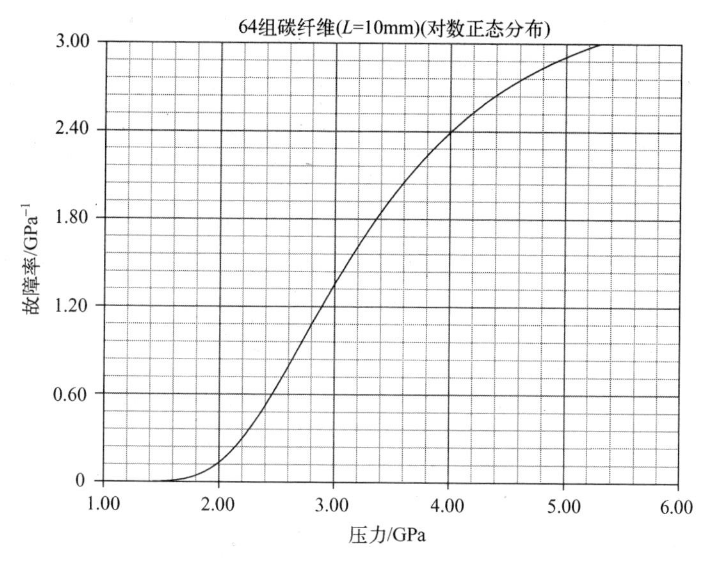

图 59.5　10mm 碳纤维双参数对数正态分布故障率图

59.3　小结

（1）相对于双参数 Weibull 分布模型及三参数 Weibull 分布模型，视觉检查和表 59.2 中给出 GoF 中 2/3 个检验结果支持双参数对数正态分布模型，视觉检查也支持双参数对数正态分布模型。

（2）三参数 Weibull 分布模型的应用是无保证的，因为图 59.4 中曲线的下方尾部的数据存在偏差。

（3）没有充分的证据，三参数 Weibull 分布模型的应用过于随意[6,7]，并且它提供的绝对故障阈值过于乐观[7]。

（4）通常应用三参数 Weibull 分布的原因，无论是否陈述明确，都是因为故障机制需要时间进行启动和在发生故障之前进行发展。然而，事实是，并不是每个案例都可以应用，这些案例中在双参数 Weibull 分布概率曲线存在下凹，尤其当双参数对数正态分布模型提供了一个视觉上可以接受的直线拟合优度。

（5）当两个模型，即双参数对数正态分布模型和三参数 Weibull 分布模型提供相近的直线拟合优度时，如图 59.2 和图 59.4 所示，根据 Occam 剃刀原则，建议选择需要相互独立的参数更少的模型。额外的模型参数通常会改善数据的视觉拟合和 GoF 检验结果。要接受三参数模型就要放弃更简单的双参数模型。

（6）对于涂覆在树脂内的单根碳纤维，可以选用双参数 Weibull 分布模型（第 36 章）。这样的单根碳纤维可以得到保护以抵挡外部对缺陷点的攻击，如微裂纹，每一个微裂纹都有可能在压力的作用下发展成断裂,进行同等的对抗又相互独立地发展,以得到 Weibull 模型描述[9]。对于如上分析的以及从第 56~61 章中分析的单根碳纤维,它们都没有覆盖层(裸露)[3]。对于目前的案例,物理乘法增长模型解释了(6.3.2.1 节)为何选择对数正态统计寿命模型。

参考文献

[1] M. J. Crowder, A. C. Kimber, R. L. Smith, and T. J. Sweeting, *Statistical Analysis of Reliability Data* (Chapman & Hall/CRC, New York, 1991), 81-85.

[2] M. J. Crowder, Tests for a family of survival models based on extremes, in N. Limnios and M. Nikulin(Eds), *Recent Advances in Reliability Theory: Methodology, Practice and Inference* (Birkhauser, Boston, 2000), 318.

[3] W. R. Blischke and D. N. P. Murthy, *Reliability: Modeling, Prediction, and Optimization* (Wiley, NewYork, 2000), 56-59.

[4] J. F. Lawless, *Statistical Models and Methods for Lifetime Data*, 2nd edition(Wiley, New Jersey, 2003), 573.

[5] D. Kececioglu, *Reliability Engineering Handbook*, Volume 1(Prentice Hall, New Jersey, 1991), 309.

[6] R. B. Abernethy, *The New Weibull Handbook*, 4th edition(Abernethy, North Palm Beach, Florida, 2000), 3-9.

[7] B. Dodson, *The Weibull Analysis Handbook*, 2nd edition(ASQ Quality Press, Milwaukee, Wisconsin, 2006), 35.

[8] L. C. Wolstenholme, *Reliability Modelling: A Statistical Approach* (Chapman & Hall/CRC, BocaRaton, 1999), 214.

[9] P. A. Tobias and D. C. Trindade, *Applied Reliability*, 2nd edition(Chapman & Hall/CRC, Boca Raton, 1995), 89-92.

第 60 章　66 组碳纤维($L=50$mm)

66 组单根碳纤维($L=50$mm)[1-4]的破坏应力(GPa)如表 60.1 所列。本章将应用双参数 Weibull 分布模型进行分析[1]。

表 60.1　66 组碳纤维($L=50$mm)的破坏应力(GPa)

1.339	1.807	1.974	2.172	2.335	2.471	2.633	3.042
1.434	1.812	2.019	2.180	2.349	2.497	2.670	3.116
1.549	1.840	2.051	2.194	2.356	2.514	2.682	3.174
1.574	1.852	2.055	2.211	2.386	2.558	2.699	
1.589	1.852	2.058	2.270	2.390	2.577	2.705	
1.613	1.862	2.088	2.272	2.410	2.593	2.735	
1.746	1.864	2.125	2.280	2.430	2.601	2.785	
1.753	1.931	2.162	2.299	2.431	2.604	2.785	
1.764	1.952	2.171	2.308	2.458	2.620	3.020	

60.1　分析 1

双参数 Weibull 分布($\beta=6.04$)、对数正态分布($\sigma=0.19$)和正态分布的最大似然估计(MLE)故障率曲线分别如图 60.1 至图 60.3 所示。除 Weibull 分布曲线下侧

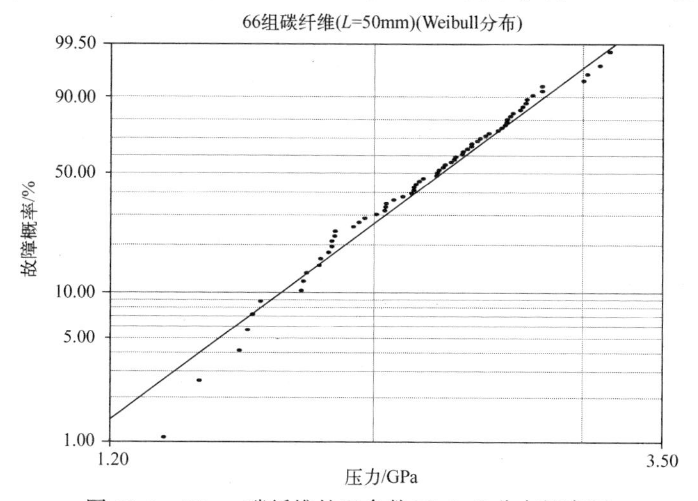

图 60.1　50mm 碳纤维的双参数 Weibull 分布概率图

前3~4个故障外,其他数据很好地符合曲线基线,正态分布曲线中的数据始终与曲线基线相符合,对数正态分布曲线中数据出现下凹。除 mod KS 检验对图 60.1 中 Weibull 分布曲线尾部的下凹反映并不灵敏外,视觉检查支持双参数正态分布模型,表 60.2 中的拟合优度(GoF)检验结果也是同样的结论。

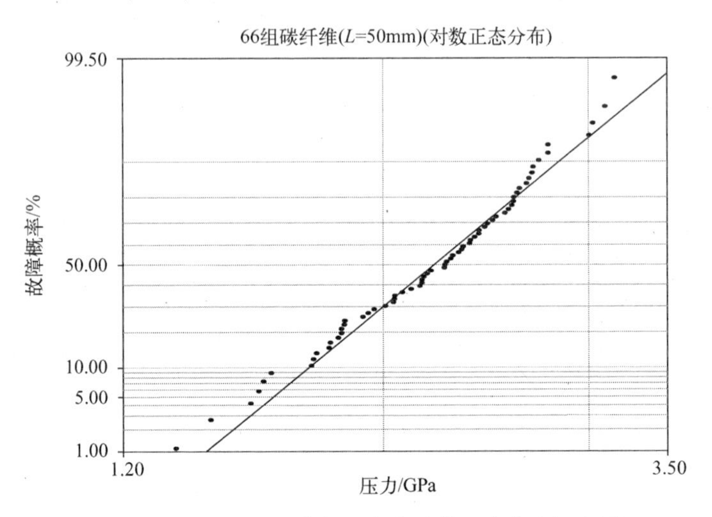

图 60.2 50mm 碳纤维的双参数对数正态分布概率图

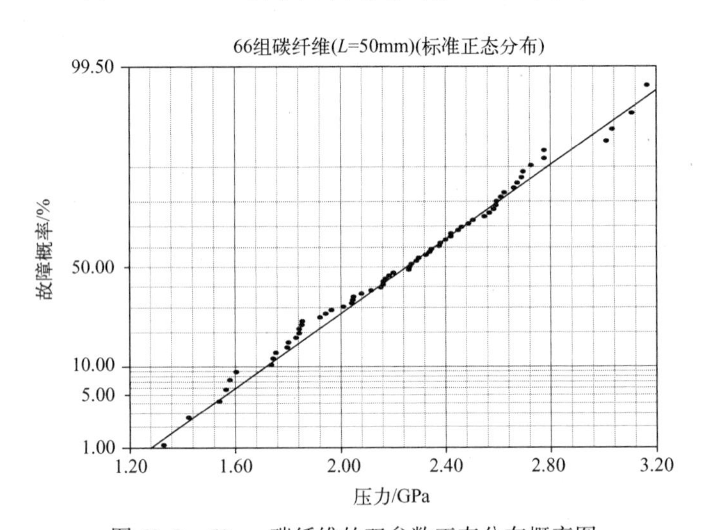

图 60.3 50mm 碳纤维的双参数正态分布概率图

表 60.2 66 组碳纤维(L=50mm)的 GoF 检验结果(MLE)

检验方法	Weibull 模型	对数正态模型	标准正态模型	三参数 Weibull 模型
r^2/RXX	0.9815	0.9805	0.9928	0.9946
Lk	-36.1650	-36.7965	-35.5437	-35.0401

(续)

检 验 方 法	Weibull 模型	对数正态模型	标准正态模型	三参数 Weibull 模型
mod KS/%	0.6097	16.7902	3.2394	1.6494
χ^2/%	3.91×10^{-4}	9.09×10^{-5}	6.70×10^{-5}	4.36×10^{-5}

60.2 分析 2

图 60.1 中 Weibull 曲线的初始下降表明,需要应用三参数 Weibull 分布模型(8.5 节)进行修正。图 60.4 所示为三参数 Weibull 分布(β=3.56)MLE 曲线(三角形)调整过的绝对故障阈值和双参数 Weibull 分布 MLE 曲线(弧形)未调整的绝对故障阈值 t_0(三参数 Weibull 分布)= 0.931GPa,如垂直虚线所示。图 60.4 中第一次故障为 0.408GPa,由表 60.1 中第一次故障 1.339GPa 减去 t_0(三参数 Weibull 分布)= 0.931GPa 而得。视觉检查对于双参数正态分布和三参数 Weibull 分布特性并没有表示出明显的选择。表 60.2 中的 GoF 检验结果更倾向于选择三参数 Weibull 分布模型。

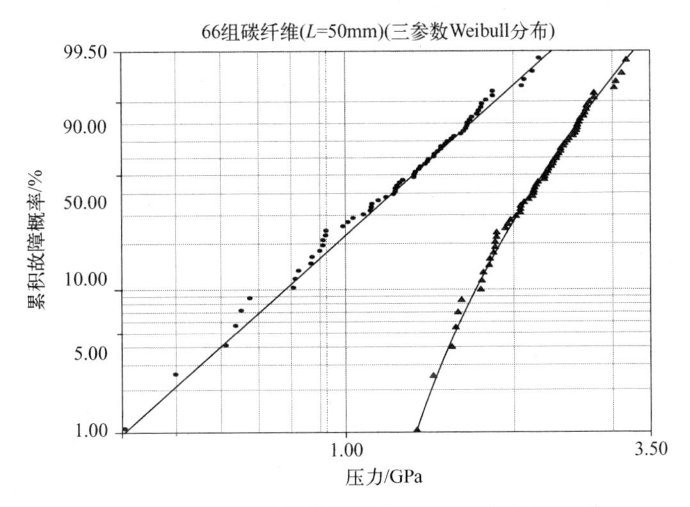

图 60.4 50mm 碳纤维三参数 Weibull 分布概率图

60.3 分析 3

假设 1000 组 L=50mm 的碳纤维,施以应力至失效,如图 60.5 所示,该图是将图 60.3 范围扩大后,预期的基线值 F = 0.10% 是安全寿命压力 t_{FF}(正态分布)= 0.962GPa。三参数 Weibull 分布概率曲线扩大范围后如图 60.6 所示,预期的基线值

$F=0.10\%$ 是安全寿命压力 t_{FF}(三参数 Weibull 分布) = t_0(三参数 Weibull 分布) + 0.211 = 0.931 + 0.211 = 1.142GPa。相对于三参数 Weibull 分布模型,双参数正态分布模型提供了一个更保守且不是特别乐观的安全寿命压力值(8.8 节)。

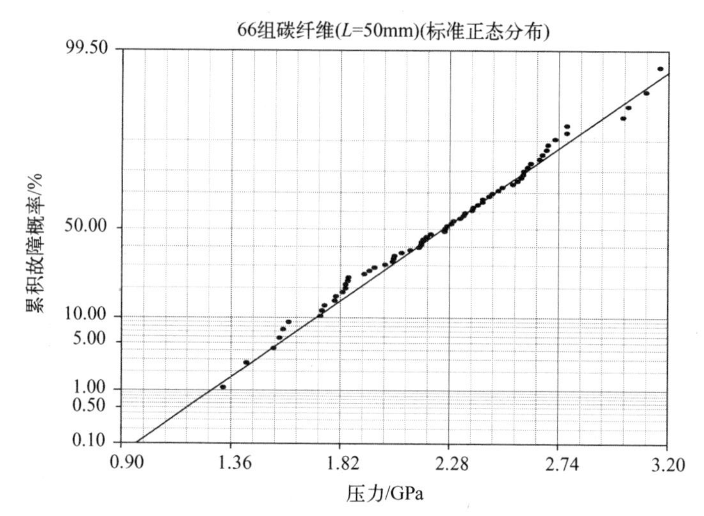

图 60.5 扩大范围后的双参数正态分布概率图

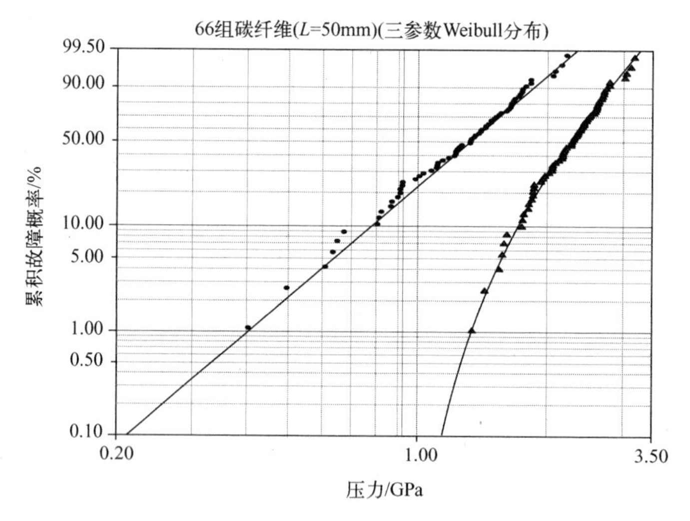

图 60.6 扩大范围后的三参数 Weibull 分布概率图

60.4 小结

(1) 视觉检查和表 60.2 中的 GoF 检验结果表明,双参数正态分布模型优于双参数 Weibull 分布模型和对数正态分布模型。

(2) 没有充分的证据表明,三参数 Weibull 分布模型的应用是随意的[5,6],并且由此得出的绝对故障阈值过于乐观[6]。

(3) 应用三参数 Weibull 分布模型的潜在理由是,在形成故障前故障机制需要时间触发和完善。尽管这种说法是正确的,但是该模型在双参数 Weibull 故障率曲线下凹的案例中并不是完全适用的,尤其是当双参数正态分布模型提供了一个较好的直线拟合优度时。

(4) 当两个模型的视觉直线拟合优度和 GoF 检验结果相当时,双参数正态分布模型要优于三参数的 Weibull 分布模型,因为根据 Occam 剃刀原理基于经济的解释时,建议模型的参数要少。额外的模型参数必然会改善视觉拟合优度和 GoF 检验结果。

(5) 相对三参数 Weibull 分布模型,对于 $L=50$mm,1000 根未施加应力的碳纤维,双参数正态分布模型给出的安全寿命压力值更加保守。

(6) 对于涂覆在树脂内的单根碳纤维,应选用双参数 Weibull 分布模型(第 36 章),得出的结论是在树脂中嵌入单纤维可以抵御不小心处理引起的缺陷[7]。根据这个观点,这种可防御外部攻击的纤维包含了许多缺陷点,如微裂纹,每一个微裂纹都有可能在应力的作用下发展至断裂,所有公平竞争和自由发展的缺陷都可以用 Weibull 分布模型进行描述[8]。然而,对于上面和第 56~61 章中分析的单根碳纤维是没有涂层的(裸露的)。对于本案例,物理加法(Additive)增长模型(6.3.2.2 节)为选择正态分布统计寿命模型提供了支撑。

参考文献

[1] M. J. Crowder, A. C. Kimber, R. L. Smith, and T. J. Sweeting, *Statistical Analysis of Reliability Data* (Chapman & Hall/CRC, New York, 1991), 81-85.

[2] M. J. Crowder, Tests for a family of survival models based on extremes, in N. Limnios and M. Nikulin (Eds), *Recent Advances in Reliability Theory: Methodology, Practice and Inference* (Birkhauser, Boston, 2000), 318.

[3] W. R. Blischke and D. N. P. Murthy, *Reliability: Modeling, Prediction, and Optimization* (Wiley, New York, 2000), 56-59.

[4] J. F. Lawless, *Statistical Models and Methods for Lifetime Data*, 2nd edition (Wiley, New Jersey, 2003), 573.

[5] R. B. Abernethy, *The New Weibull Handbook*, 4th edition (Abernethy, North Palm Beach, Florida, 2000), 3-9.

[6] B. Dodson, *The Weibull Analysis Handbook*, 2nd edition (ASQ Quality Press, Milwaukee, Wisconsin, 2006), 35.

[7] L. C. Wolstenholme, *Reliability Modelling: A Statistical Approach* (Chapman & Hall/CRC, Boca Raton, 1999), 214.

[8] P. A. Tobias and D. C. Trindade, *Applied Reliability*, 2nd edition (Chapman & Hall/CRC, Boca Raton, 1995), 89-92.

第 61 章　70 根碳纤维($L=20$mm)

表 61.1 列出了 70 根长度 $L=20$mm[1-4] 的单根碳纤维的故障应力(GPa)。这里使用双参数 Weibull 模型进行分析。

表 61.1　70 碳纤维($L=20$mm)的故障应力(GPa)

1.312	1.966	2.224	2.382	2.554	2.726	3.012
1.314	1.997	2.240	2.382	2.566	2.770	3.067
1.479	2.006	2.253	2.426	2.570	2.773	3.084
1.552	2.021	2.270	2.434	2.586	2.800	3.090
1.700	2.027	2.272	2.435	2.629	2.809	3.096
1.803	2.055	2.274	2.478	2.633	2.818	3.128
1.861	2.063	2.301	2.490	2.642	2.821	3.233
1.865	2.098	2.301	2.511	2.648	2.848	3.433
1.944	2.140	2.339	2.514	2.684	2.880	3.585
1.958	2.179	2.359	2.535	2.697	2.954	3.585

61.1　分析 1

图 61.1 至图 61.3 分别列出双参数 Weibull 分布($\beta=5.52$)、对数正态分布($\sigma=0.21$),以及正态分布故障概率的最高估值。对数正态分布图中的数据曲线上扬。数据与 Weibull 分布和正态分布图(8.7.1 节)拟合良好且与分布曲线类似。三幅图中的数值呈线性排列。表 61.2 列出了统计拟合优度检验结果,表明两参数正态分布模型的选择合理,也便于目视检验。

61.2　结论

目视检验以及拟合优度检验结果显示,双参数正态分布模型优于双参数 Weibull 模型和对数正态模型。

61.3 单碳纤维的主要结论

对于由树脂包裹的碳纤维,宜选择双参数 Weibull 模型(第 36 章)。纤维嵌入树脂可以可获得保护,避免不经意间的误操作造成断裂。按照这一观点,有外部保护免受损伤的纤维含有很多缺陷部位,如微裂纹,有可能在压力下加剧断裂,通过相互和独立的作用,可以产生 Weibull 模型描述的情况。

然而,第 56、59 和第 60 章所分析的单碳纤维均无树脂保护。在给出纤维数量以及纤维长度的基础上,表 61.3 给出了特征选择模型以及数量 N 和纤维的长度 L 等。双参数 Weibull 模型不在选择之列。用双参数对数正态分布模型和正态分布模型描述应力作用下裸露纤维的断裂,其成功可能缘于在应力研究开始之前已经存在诸多人为操作形成的断裂。第 77 章中在对 137 根裸露纤维进行应力故障分析时选择了双参数对数正态分布模型。

有一个似乎合理的物理模型,又称乘法增长模型(6.3.2.1 节),似乎可以解释表 61.3 中的双参数对数正态模型能成功描述应力下的裸露纤维疲劳故障特性等。另一个类似的看似合理的物理模型,又称为加法增长模型(6.3.2.2 节),也可以解释表 61.3 中双参数正态分布模型的成功。虽然乘法和加法增长模型解释孤立的个案似乎是合理的,但表 61.3 中各个故障案例都是由相同的物理机制导致的。一般情况下,在相关个案中,不可能同时用乘法和加法模型得出合理的物理解释。

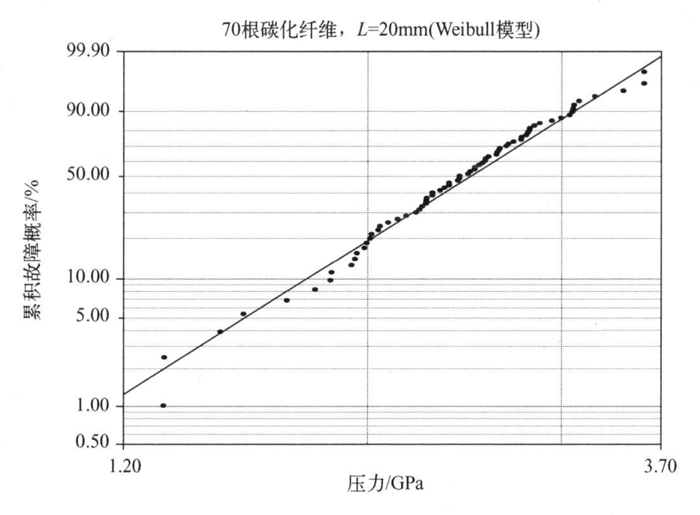

图 61.1　20mm 碳纤维的双参数 Weibull 分布概率图

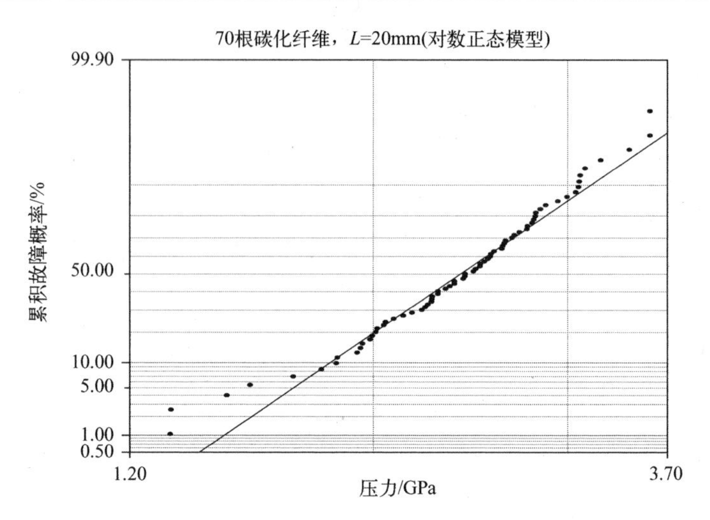

图 61.2 20mm 碳纤维的双参数对数正态分布概率图

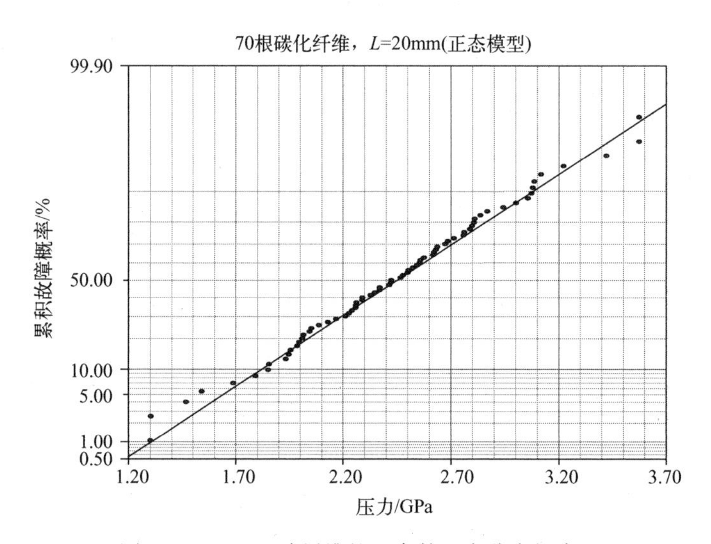

图 61.3 20mm 碳纤维的双参数正态分布概率图

表 61.2 70 根碳化纤维(L=20mm)的 GoF 检验结果(MLE)

检验方法	Weibull 模型	对数正态模型	正态模型
r^2(RXX)	0.9870	0.9661	0.9926
Lk	-49.9287	-51.6106	-49.1374
mod KS/%	3.58×10^{-1}	10.2087	1.43×10^{-5}
χ^2/%	2.08×10^{-3}	1.11×10^{-3}	3.31×10^{-4}

表61.3　单个碳化纤维总结

章	N	L/mm	模型选择
56	57	1	正态分布
59	64	10	对数正态分布
61	70	20	正态分布
60	66	50	正态分布

参考文献

[1] M. J. Crowder, A. C. Kimber, R. L. Smith, and T. J. Sweeting, Statistical Analysis of Reliability Data (Chapman & Hall/CRC, New York, 1991), 81-85.

[2] M. J. Crowder, Tests for a family of survival models based on extremes, in N. Limnios and M. Nikulin (Eds), Recent Advances in Reliability Theory: Methodology, Practice and Inference (Birkhauser, Boston, 2000), 318.

[3] W. R. Blischke and D. N. P. Murthy, Reliability: Modeling, Prediction, and Optimization (Wiley, NewYork, 2000), 56-59.

[4] J. F. Lawless, Statistical Models and Methods for Lifetime Data, 2nd edition (Wiley, New Jersey, 2003), 573.

[5] L. C. Wolstenholme, Reliability Modelling: A Statistical Approach (Chapman & Hall/CRC, BocaRaton, 1999), 214.

[6] P. A. Tobias and D. C. Trindade, Applied Reliability, 2nd edition (Chapman & Hall/CRC, Boca Raton, 1995), 89-92.

第 62 章　72 个 T7987 合金样本

表 62.1 给出了 67 个 T7987 合金样本在数千个周期中的疲劳寿命(以千次周期为单位)。列出 5 个经受了 300×10^3 次寿命最终测试而存活的样本,并用下划线标出[1]。

表 62.1　72 个 T7987 合金样本的疲劳寿命

94	117	136	149	168	180	203	269
96	118	139	152	169	180	205	271
99	121	139	153	170	184	211	274
99	121	140	159	170	187	213	291
104	123	141	159	171	188	224	300
108	129	141	159	172	189	226	300
112	131	143	159	173	190	227	300
114	133	144	162	176	196	256	300
117	135	149	168	177	197	257	300

62.1　分析 1

双参数 Weibull 分布($\beta=3.03$)、对数正态分布($\sigma=0.33$),以及正态分布的最大似然估计故障概率图,含表 62.1 中下划线标出的值,经剔除分别在图 62.1 至图 62.3 中给出。其中 Weibull 分布和正态分布图中曲线呈下行状,并且两者是相似的(8.7.1 节),对数正态分布图中的数据和直线拟合很好,除了在尾部有点下降。目视检查和最大似然估计的统计拟合优度检验结果在表 62.2 中给出,该表倾向于选择双参数对数正态模型。

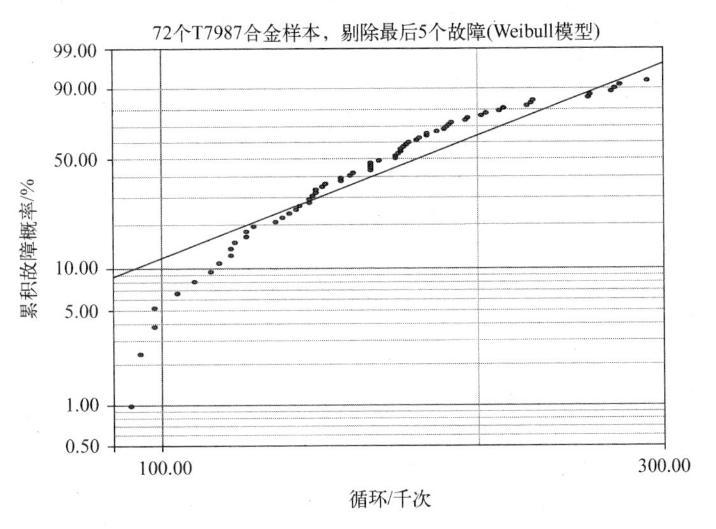

图 62.1　合金 T7987 样本的双参数 Weibull 分布概率图

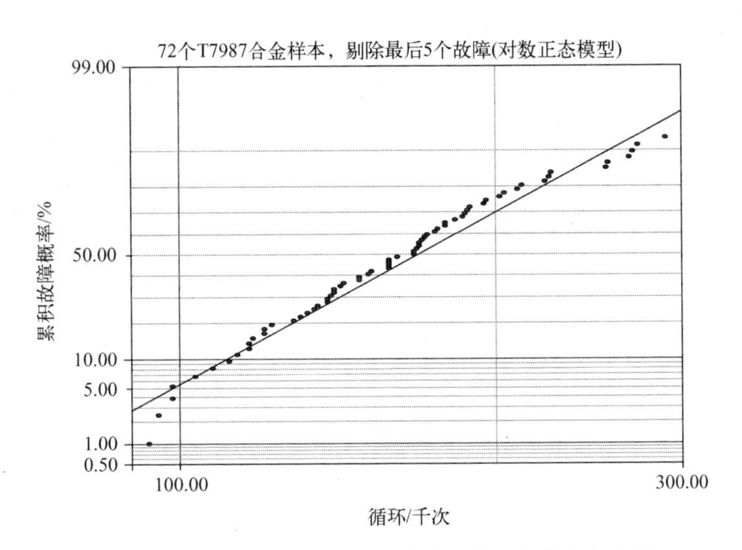

图 62.2　合金 T7987 样本的双参数对数正态分布概率图

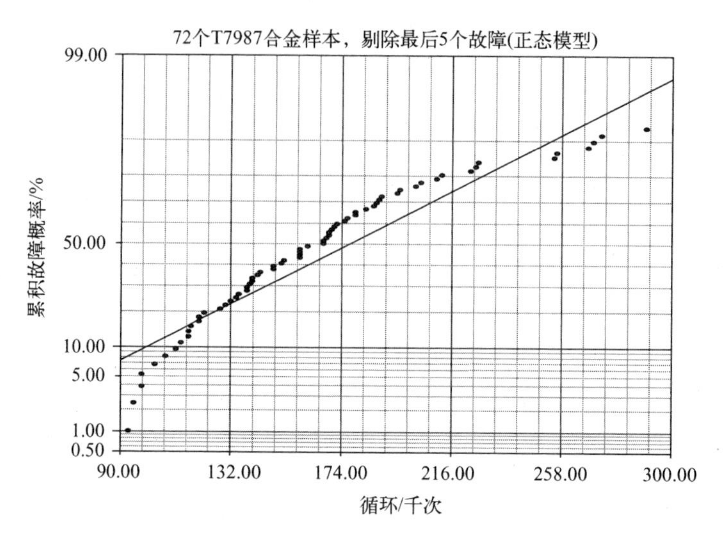

图 62.3 合金 T7987 样本的双参数正态分布概率图

表 62.2 70 个 T7987 合金样本的 GoF 检验结果(MLE)

检验方法	Weibull 模型	对数正态模型	正态模型	三参数 Weibull 模型
r^2(RXX)	0.9000	0.9767	0.9095	0.9882
Lk	-376.0906	-367.0073	-376.5279	-365.2401
mod KS/%	79.6598	13.7888	79.2502	18.1555
χ^2/%	3.47×10^{-1}	9.89×10^{-4}	4.69×10^{-2}	9.88×10^{-1}

62.2 分析 2

图 62.1 中双参数 Weibull 分布图中的数据排列曲线呈下行状,这对利用三参数 Weibull 模型(8.5 节)修复曲率是一种鼓励。图 62.4 给出了利用三参数 Weibull 分布调整绝对故障阈值后的图(周期)及最接近的直线;同时给出了没有调整绝对故障阈值的双参数 Weibull 分布图及最接近的曲线。利用三参数 Weibull 模型预估出的绝对故障阈值 $t_0=86000$ 次循环,并且用垂直的短划线标出。除了首次故障,图 62.1 中最初的弯曲部分,在图 62.4 中的三参数 Weibull 分布图中被剔除了。图 62.4 中的两个图中所显示的首次故障,已经在求解绝对故障阈值周期中被分离出来。目视监测在选择中不是决定性的。从表 62.2 可以看出,r^2 和 Lk 检验更适合于三参数 Weibull 模型,mod KS 检验适合于双参数对数正态模型。χ^2 检验结果则明显不可信(8.10 节)。

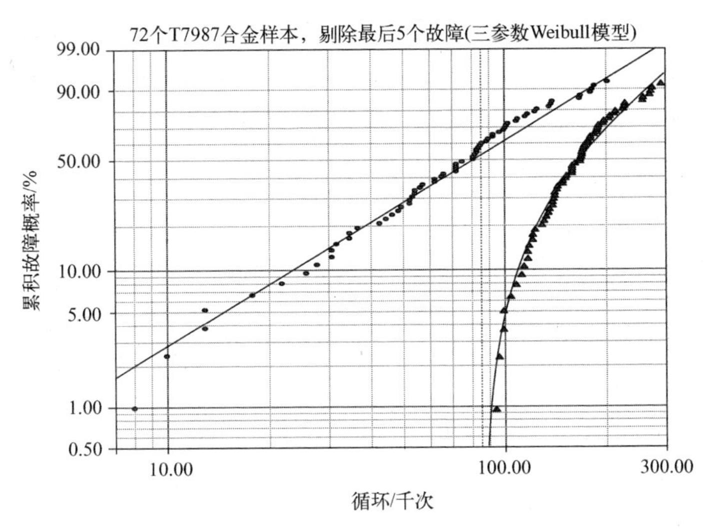

图62.4　合金T7987样本的三参数Weibull分布概率图

62.3　结论

(1) 三参数Weibull模型是最终的选择。多数的拟合优度检验结果表明,它优于双参数对数正态模型。图62.5给出了三参数Weibull故障概率图,并用垂直的短划线标出绝对故障阈值。

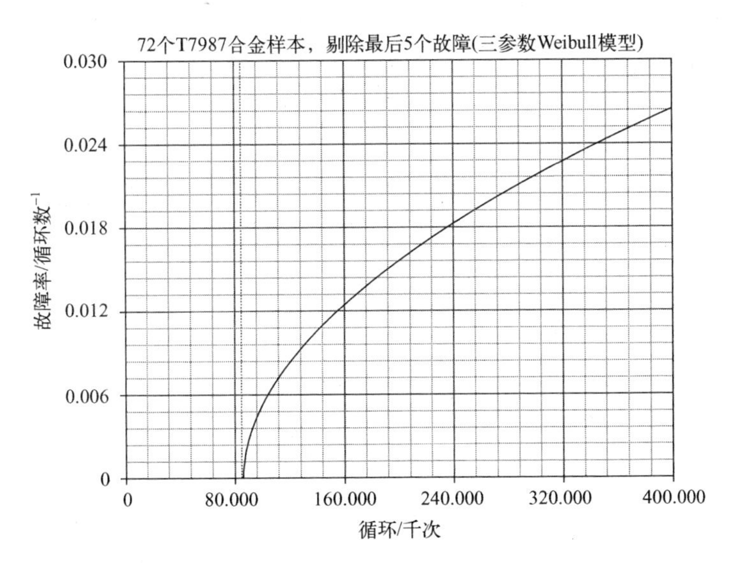

图62.5　合金T7987样本的三参数Weibull故障概率分布图

(2) 在一些固定应力水平下,存在问题潜伏期或无问题周期是很合理的,因为疲劳诱发故障需要一些周期的。在图 62.2 中给出的双参数对数正态分布图中,其尾部的下降意味着用三参数对数正态模型可以提高数据的贴合度。在这种情况下,三参数 Weibull 模型或三参数对数正态模型彼此之间并无明显优势[1]。

参考文献

[1] W. Q. Meeker and L. A. Escobar, *Statistical Methods for Reliability Data* (Wiley, New York, 1998), 130-132, 137-139, 279, 282.

第 63 章　85 胶黏剂样本

表 63.1 给出了在办公室环境下储存的 85 个样本在 3~85 天内各不同阶段的粘结强度[1]。粘结强度和储存时间之间并无相关性。Weibull 分布和正态分布模型的描述似乎是可以接受的[1]。

表 63.1　85 个粘结强度(lb/in^2)

132	235	252	271	290	299	310	332
196	235	252	271	290	299	311	332
197	235	253	273	290	302	312	337
204	237	256	273	290	303	312	341
210	242	259	277	294	306	316	344
212	244	260	278	296	306	317	352
212	246	264	278	296	307	318	356
217	247	266	284	297	308	320	360
224	248	268	287	297	309	323	
228	249	268	289	298	309	326	
230	252	268	290	298	309	327	

63.1　分析 1

图 63.1 至图 63.3 分别给出了双参数 Weibull 分布($\beta=7.99$)、对数正态分布($\sigma=0.16$)以及正态分布的最大似然估计故障概率图。尽管出现了异常故障情况，但是在 Weibull 分布图中，数据和直线拟合很好，只是在尾部有些下降。沿着图中的直线可以看出对数正态分布和正态分布图中的数据有些相似，曲线上扬，而对数正态分布图上扬更明显。表 63.2 中的目视检查和拟合优度检验结果相较于双参数正态分布，更偏向于双参数 Weibull 分布模型；只是 χ^2 检验结果经常给人以误导，更偏向于正态分布模型(8.10 节)。

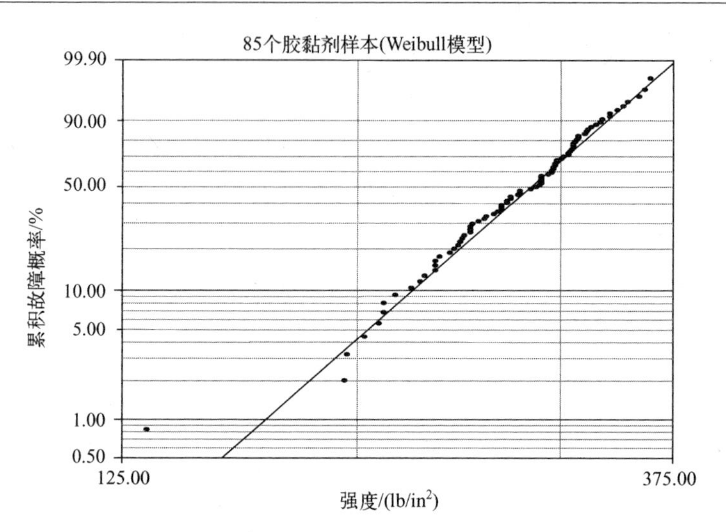

图 63.1 85 个胶黏剂样本的双参数 Weibull 概率图

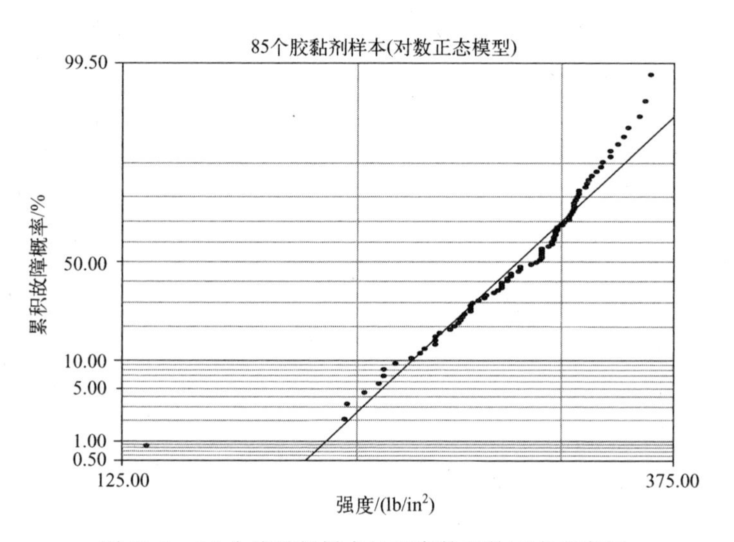

图 63.2 85 个胶黏剂样本的双参数对数正态概率图

表 63.2 GoF 检验结果(MLE)

检验方法	Weibull 模型	对数正态模型	正态模型
r^2(RXX)	0.9763	0.9136	0.9718
Lk	-435.2826	-444.1042	-437.7222
mod KS/%	8.7643	80.1803	59.0442
χ^2/%	2.82×10^{-6}	3.44×10^{-5}	2.64×10^{-6}

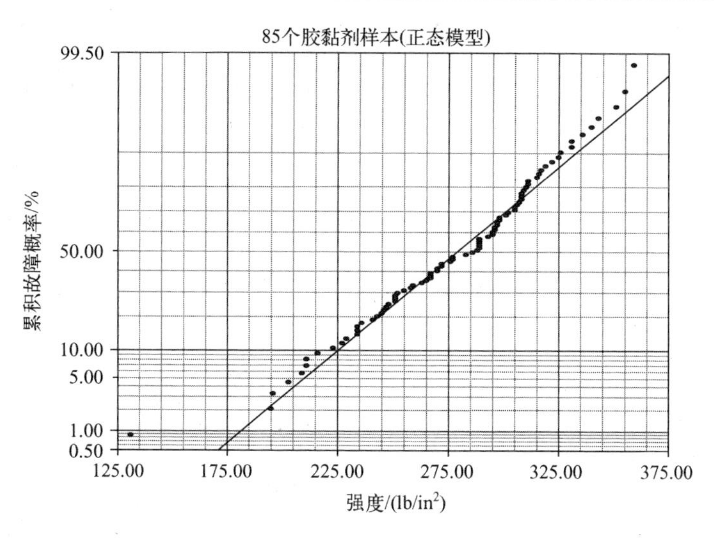

图 63.3　85 个胶黏剂样本的双参数正态概率图

63.2　分析 2

在图 63.1 至图 63.3 中可以明显地看出表 63.1 中的首次故障数据作为初期死亡率异常者。为研究异常故障对于优先选择双参数 Weibull 模型的影响，图 63.4 至图 63.6 给出了剔除首次故障数据后双参数 Weibull 分布($\beta=8.35$)、对数正态分布($\sigma=0.14$)、正态分布的最大似然估计故障概率图。除了曲线尾部略显下行，Weibull 模型描述与对比直线拟合良好。通过图中直线的对比，对数正态分布和正态分布图

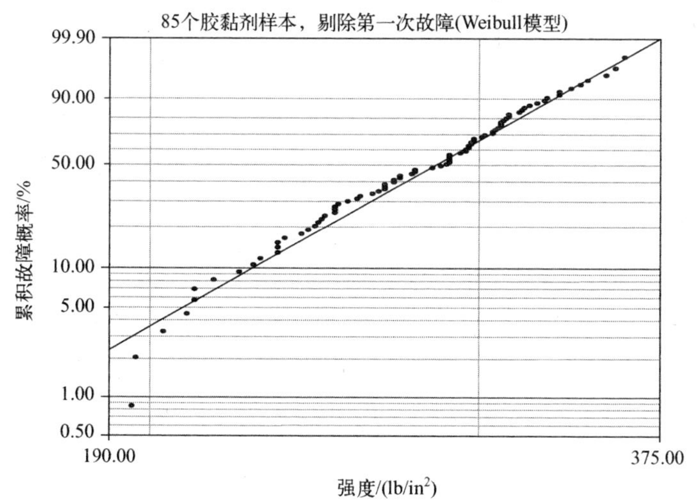

图 63.4　首次故障剔除后的双参数 Weibull 概率图

保留了相似的上扬,但在剔除了异常值后,正态分布在上下尾部比对数正态分布拟合更好。作为唯一的、整体上呈现直线状态的,通过目视检验,Weibull 分布优于正态分布。从表 63.3 中可以看出,r^2 检验结果显示更偏向于正态分布模型,LK 和 mod KS 检验结果更偏向于 Weibull 模型。χ^2 检验结果偏向于双参数正态模型,但是这个试验通常产生反常的偏好。

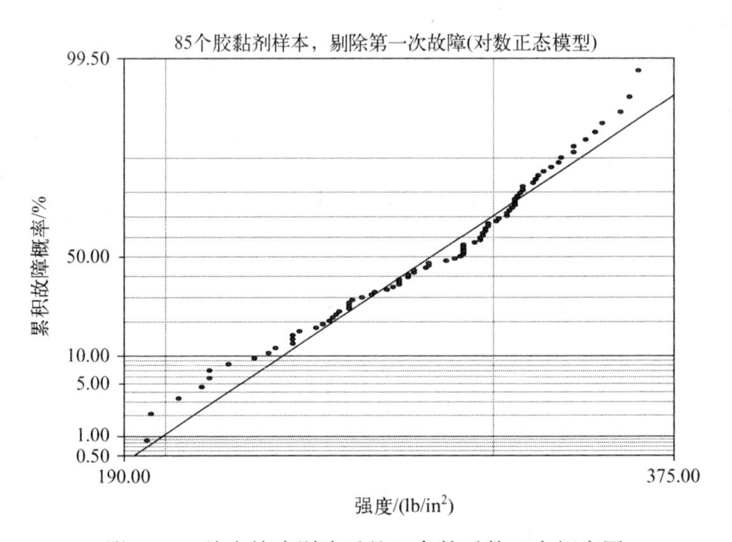

图 63.5 首次故障剔除后的双参数对数正态概率图

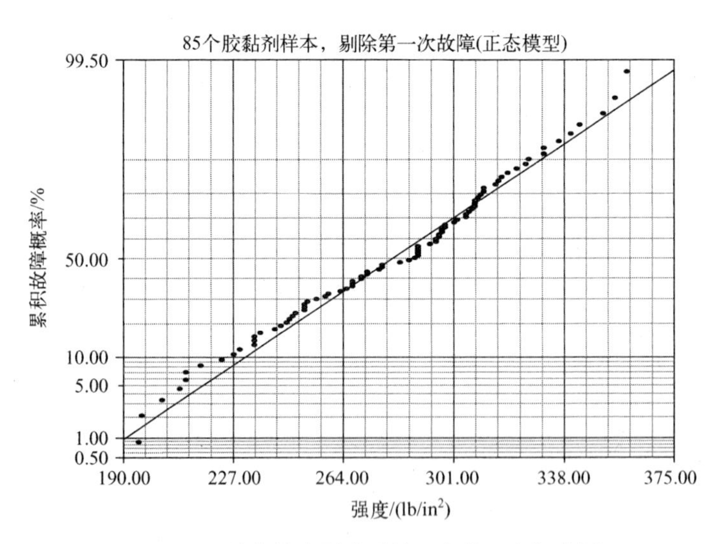

图 63.6 首次故障剔除后的双参数正态概率图

表 63.3　首次故障剔除后的 GoF 检验结果(MLE)

检验方法	Weibull 模型	对数正态模型	正态模型	三参数 Weibull 模型
r^2(RXX)	0.9789	0.9708	0.9866	0.9876
Lk	-425.8820	-428.4812	-426.3537	-425.2199
mod KS/%	2.6036	78.8901	53.0079	23.1361
χ^2/%	9.22×10^{-7}	2.24×10^{-7}	1.18×10^{-7}	4.33×10^{-8}

63.3　分析 3

图 63.4 中的双参数 Weibull 分布图,尾部出现下降,这意味着需要使用三参数 Weibull 模型(8.5 节)。相关的分布状况在图 63.7 中给出,并且用竖直的短划线标出了绝对故障阈值参数 t_0 = 124 lb/in²。图 63.7 中直线以下的故障数据,主要归因于表 63.1 中最初的两个未被删减的样本,这两个样本几乎具有相同的强度。与图 63.4 中的双参数 Weibull 分布图相比,目视检验结果和表 63.3 中统一拟合优度检验结果更倾向于图 63.7 中的三参数 Weibull 模型。

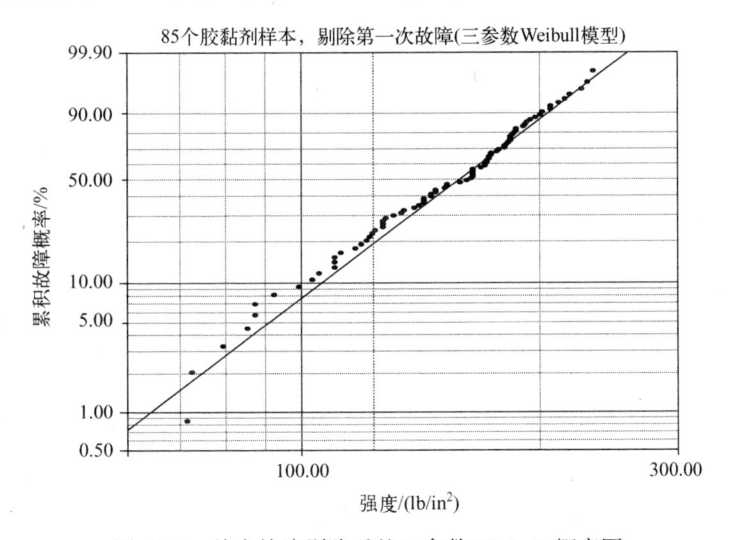

图 63.7　首次故障剔除后的三参数 Weibull 概率图

63.4　结论

(1) 对于未删减数据,目视检验和拟合优度检验结果表明双参数 Weibull 模型优于双参数正态分布模型。

(2) 剔除首次故障数据后,外部检验和拟合优度检验结果更偏向于选择双参数 Weibull 模型。

(3) 表 63.1 中的前两个未被删减的故障数据,几乎具有相同的粘结强度,从而造成图 63.4 中双参数 Weibull 模型图的尾部有下降现象,而这种下降即使采用图 63.7 中的三参数 Weibull 模型也没有很好地消除。

(4) 依照三参数 Weibull 模型估算出的绝对故障粘合度 t_0(三参数 Weibull 模型)= 124lb/in^2,但与制造商提供的其他证据相矛盾。比如,第 23 组样品,存放环境温度略高为 27℃,湿度 50%RH,其中有一批 6 个样品的粘合度分别为 7lb/in^2, 8lb/in^2, 26lb/in^2, 45lb/in^2, 91lb/in^2 和 100lb/in^2,所有这些都低于 t_0(三参数 Weibull 模型)= 124lb/in^2,也低于表 63.1 中的最低值。

参考文献

[1] W. R. Blischke and D. N. P. Murthy, *Reliability: Modeling, Prediction, and Optimization* (Wiley, NewYork, 2000), 33-35; 380-383.

第 64 章　96 次机车控制

表 64.1 给出了 96 次机车控制寿命试验中 37 次控制故障距离。在 135000 英里的试验中共有 59 次成功。选择双参数对数正态分布模型进行分析。

表 64.1　37 个控制器故障,59 个已剔除(km)

22.5	53.0	69.5	81.5	93.5	113.5	120.0	132.5
37.5	54.5	76.5	82.0	102.5	116.0	122.5	134.0
46.0	57.5	77.0	83.0	107.0	117.0	123.0	
48.5	66.5	78.5	84.0	108.5	118.5	127.5	
51.5	68.0	80.0	91.5	112.5	119.0	131.0	

64.1　分析 1

图 64.1 至图 64.3 分别给出了双参数 Weibull 分布($\beta=2.33$)、对数正态分布($\sigma=0.71$)和正态分布的最大似然估计故障概率。由于做了较多数据剔除,

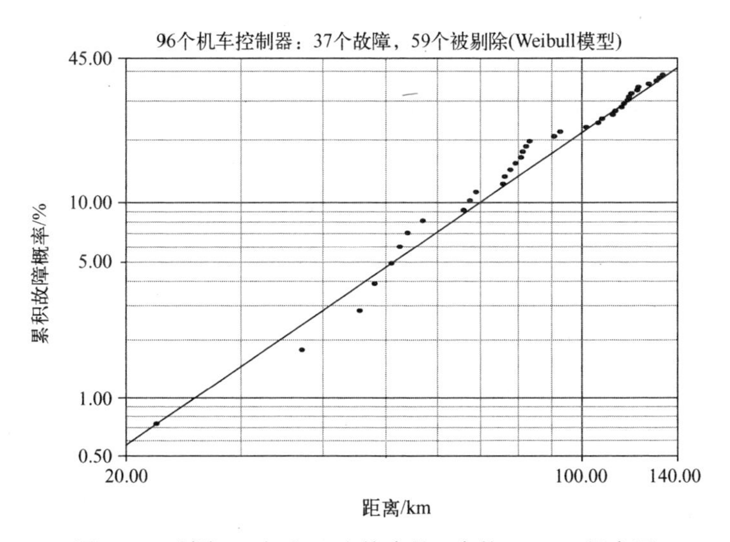

图 64.1　剔除 59 个后 37 个故障的双参数 Weibull 概率图

图中的最大概率值是45%。不只是限于首次故障的情况,Weibull分布的数据呈现向下形状。在对数正态分布图中,除了首次故障的数据分布与众不同外,其他数据都和图中的直线拟合良好。正态分布图中的数据呈现向下形状。表64.2中的目视检验和统计拟合优度检验结果表明,双参数对数正态模型优于双参数Weibull模型。

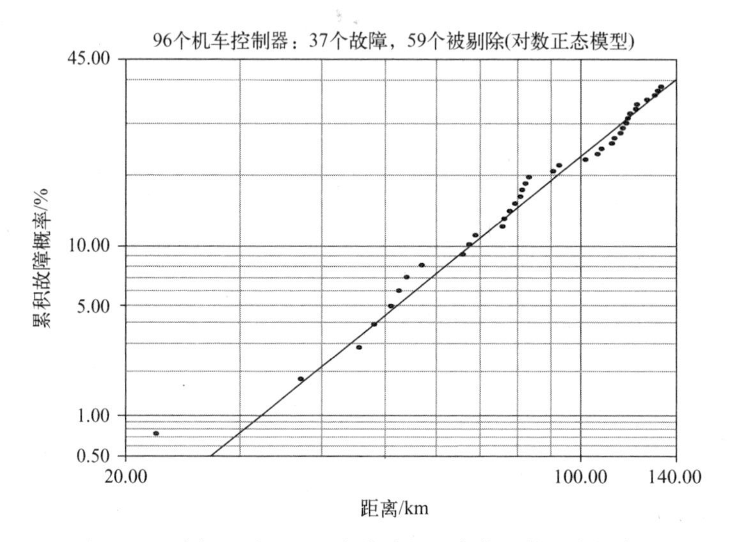

图64.2 剔除59个后,37个故障的双参数对数正态概率图

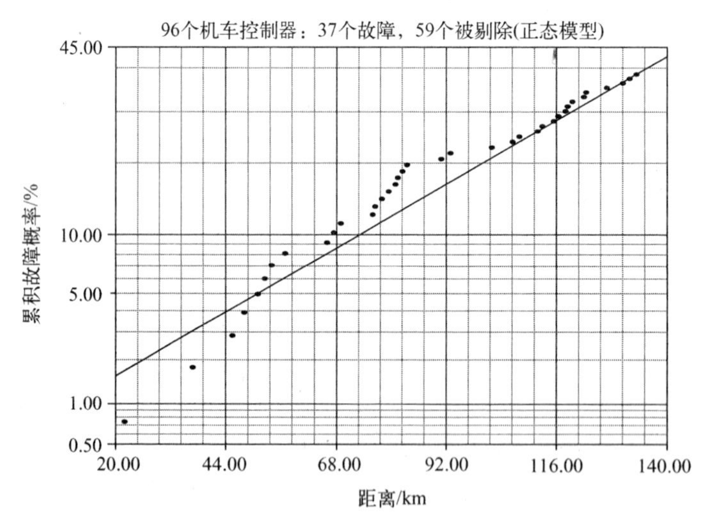

图64.3 剔除59个后,37个故障的双参数正态概率图

表 64.2　剔除 59 个后 37 个故障的 GoF 检验结果(MLE)

检验方法	Weibull 模型	对数正态模型	正态模型
r^2(RXX)	0.9815	0.9829	0.9536
Lk	−237.3825	−237.0935	−239.2316
mod KS/%	7.73×10^{-5}	1.57×10^{-8}	6.71×10^{-2}
χ^2/%	9.20×10^{-2}	9.85×10^{-5}	6.36×10^{-2}

64.2　分析 2

对图 64.1 的检查表明,首次故障看似例外,却可能掩盖了尾部向下行的曲率。在图 64.2 中,首次故障在直线以上,可被归类为早期死亡率。图 64.4 给出了一个 Weibull 混合模型图,该图展示了将首次故障排除在外后的情况,并且确认了首次故障是一个例外。检查表 64.1 支持了这一结论。

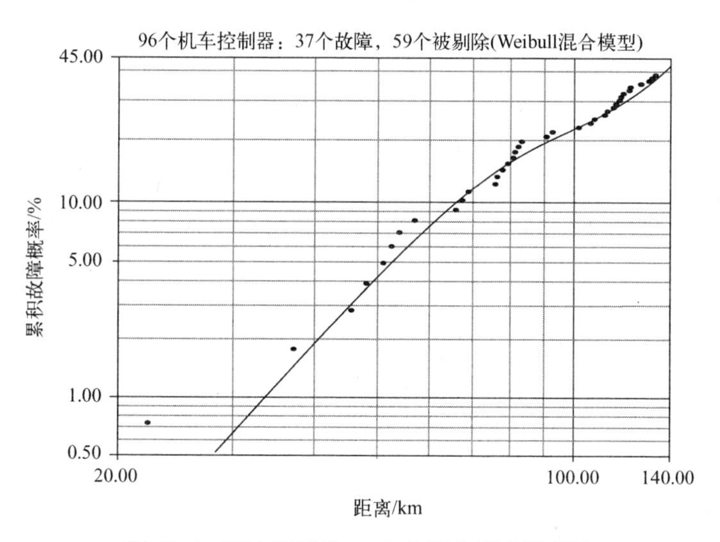

图 64.4　两个子群的 Weibull 混合模型概率图

为了弄清异常故障数据的影响,在图 64.5 至图 64.7 给出了剔除异常故障后的双参数 Weibull 模型($\beta=2.52$)、对数正态模型($\sigma=0.64$)和正态模型的极大似然估计故障概率图。Weibull 模型和正态模型图显示出相同的下行状。对数正态模型图中的数据和图中的直线拟合良好。表 64.3 中的目视检验和拟合优度检验结果表明双参数对数正态模型优于双参数 Weibull 模型。

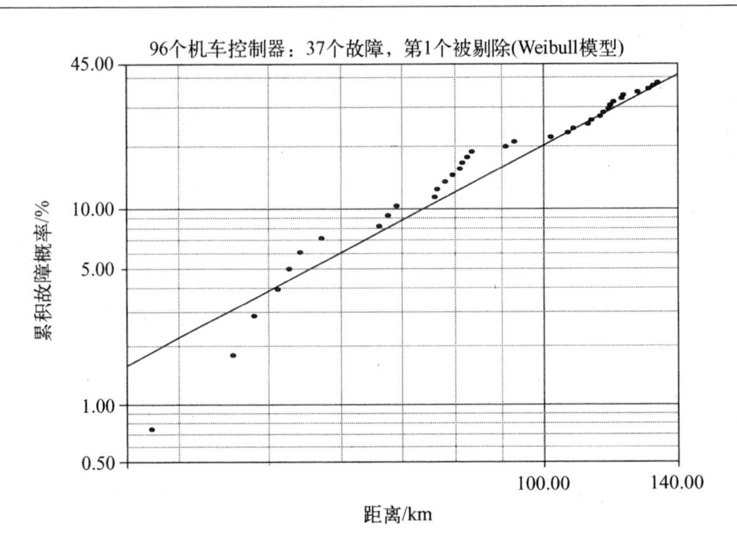

图 64.5 首次故障剔除后的双参数 Weibull 概率图

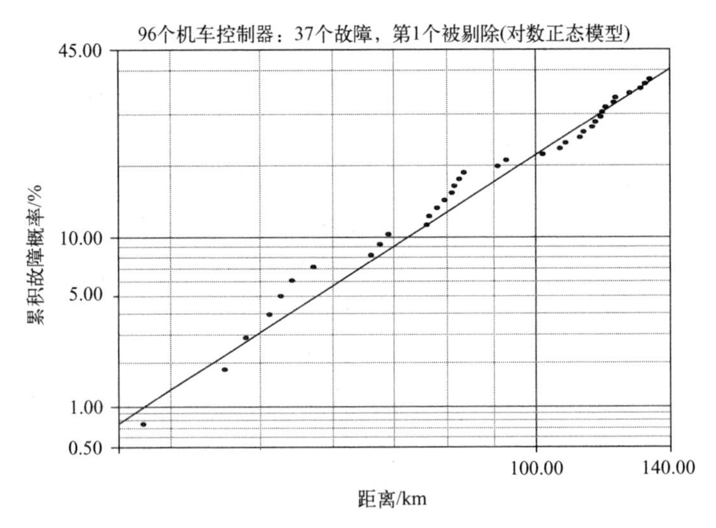

图 64.6 首次故障剔除后的双参数对数正态概率图

表 64.3 37 个故障第 1 个剔除时的 GoF 检验结果(MLE)

检验方法	Weibull 模型	对数正态模型	正态模型	三参数 Weibull 模型
r^2(RXX)	0.9477	0.9801	0.9320	0.9874
Lk	−230.0898	−229.0366	−231.9115	−228.2751
mod KS/%	1.64×10^{-3}	3.49×10^{-7}	1.01×10^{-1}	10^{-10}
χ^2/%	1.06×10^{-1}	5.43×10^{-2}	8.01×10^{-2}	3.29×10^{-2}

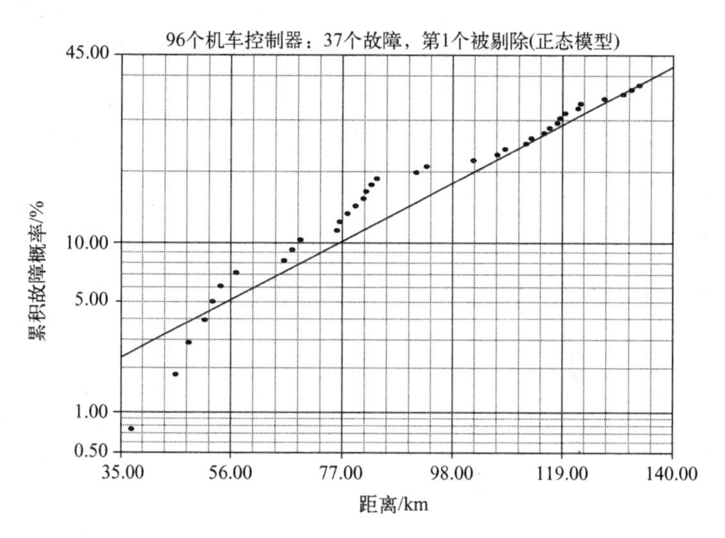

图 64.7　首次故障数据剔除后的双参数正态分布概率图

64.3　分析 3

图 64.5 中下行的情况或许可以用三参数 Weibull 模型来修正。剔除首次故障后，图 64.8 列出了绝对门限故障里程调整后的三参数 Weibull(β=1.59)故障概率图以及未调整绝对门限故障里程情况下的两参数 Weibull 故障概率图，t_0(三参数 Weibull)= 30.8km，用垂直短划线标出。需要指出的是，因剔除了 22.5km 处的初期

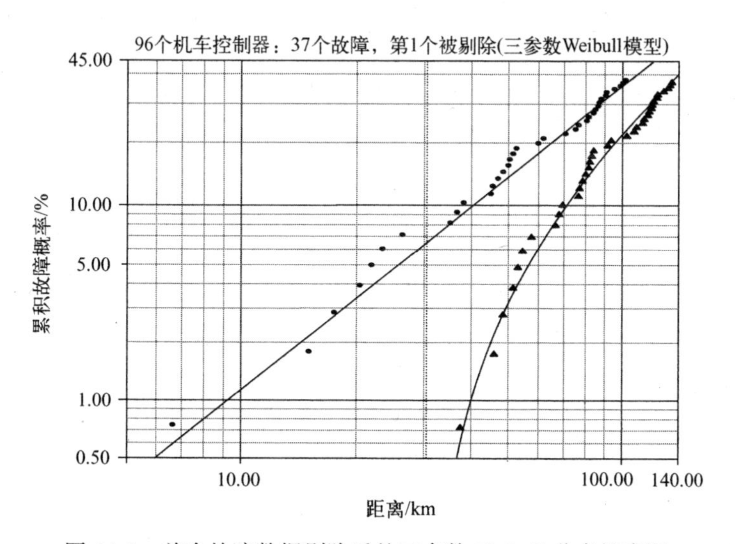

图 64.8　首次故障数据剔除后的三参数 Weibull 分布概率图

死亡率故障,绝对故障门限——预期在此之下不会有故障情况是可争议的。目视检验对于区分图 64.6 中的双参数对数正态图和图 64.8 中的三参数 Weibull 图没有帮助。表 64.3 中拟合优度检验结果表明,三参数 Weibull 模型优于两参数对数正态模型。在表 64.1 中在 37.5km 处第一次故障扣除 t_0(三参数 Weibull)= 30.8km,得到图 64.8 中 6.7km 处的首次故障。

64.4 分析 4

图 64.5 中的分布图呈 S 形。图 64.9 是用双参数 Weibull 模型描述的两个子样本的 Weibull 混合模型图。图形参数和子群分数为 $\beta_1 = 5.14, f_1 = 0.83$ 以及 $\beta_2 = 4.95, f_2 = 0.17$,且 $f_1 + f_2 = 1$。需要 5 个独立的参数。表 64.4 中的拟合优度检验结果表明五参数 Weibull 混合模型优于双参数对数正态模型。两个子群的图形因子中的等式表明故障距离的偶然群聚使得混合模型的拟合优度检验结果更为准确了。

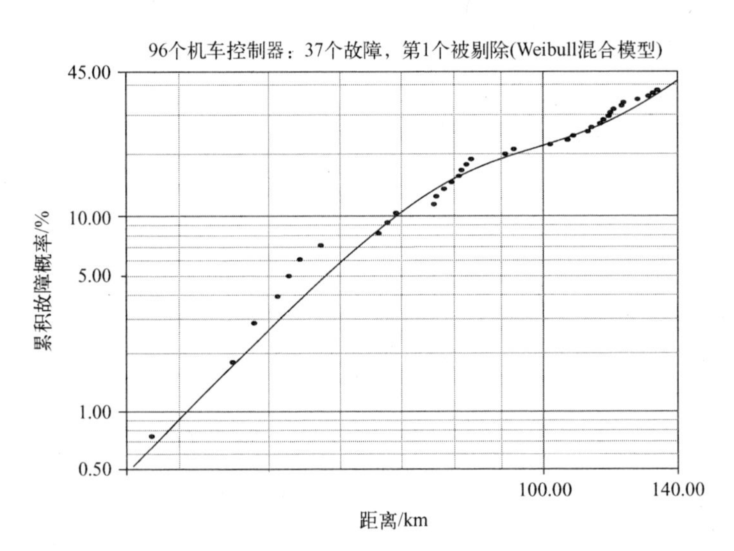

图 64.9 两个子群的首次故障数据剔除后的 Weibull 混合模型概率图

表 64.4 37 个故障第 1 个已剔除时的 GoF 检验结果(MLE)

检验方法	Weibull 模型	对数正态模型	三参数 Weibull 模型	混合模型
r^2(RXX)	0.9477	0.9801	0.9874	—
Lk	−230.0898	−229.0366	−228.2751	−227.9744
mod KS/%	1.64×10^{-3}	3.49×10^{-7}	10^{-10}	5.3×10^{-8}
χ^2/%	1.06×10^{-1}	5.43×10^{-2}	3.29×10^{-2}	3.46×10^{-2}

64.5 结论

（1）最终选择的模型是双参数对数正态模型。图64.10给出了对数正态故障概率图。

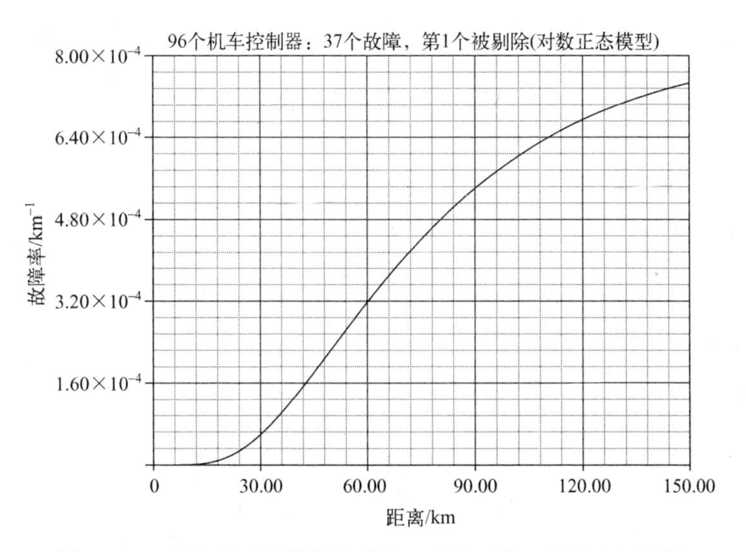

图64.10　首次故障数据剔除后的双参数对数正态故障概率图

（2）通过对直线拟合的目视检查以及剔除故障数据前后的拟合优度检验结果对比，双参数对数正态模型优于双参数Weibull模型。

（3）首次故障数据作为初期死亡率掩盖了图64.1中双参数Weibull图尾部的下行曲率。可以进一步确认的是，图64.4给出的首次故障数据作为边缘数据，剔除数据后的Weibull混合模型图显示首次故障不能包含在第一个子样本中。

（4）剔除首次故障数据后，三参数Weibull模型预测绝对故障阈值距离在$t_0=30.8$km处，与出现在22.5km处已经被剔除的初期故障相悖。但这对于三参数Weibull模型的应用并不构成致命的否定，因为这仅仅是为使用的成熟部件样本中的一小部分。即便计入所有的部件，也不可避免会受到初期故障的影响。

（5）三参数Weibull模型同样除了减缓图64.5中尾部的曲率，还预测了一个绝对故障阈值里程$t_0=30.8$km。不过，没有补充的试验数据来支持预估阈值的可信性，该阈值纳入了第三个模型参数。所以使用三参数Weibull模型看起来有些随意，得出的绝对故障阈值里程过于乐观。

（6）鉴于故障数量相对比较小，并被集中分组，绝对无故障阈值预估距离的可靠性颇有疑问。

（7）使用三参数Weibull模型的典型理由有各种说法，其核心是故障机理需要故障之前的发展时间/距离。尽管这种说法是正确的,但很难肯定地说它可以通用于各种情况,比如双参数 Weibull 故障概率图中向下行的曲线,特别是在双参数对数正态模型要求可接受的直线拟合的情况下。

(8) 鉴于与删去故障里程后的双参数对数正态模型和三参数 Weibull 模型在目视上的拟合,Occam 剃刀原理主张选择独立参数较少的模型。接受三参数 Weibull 模型的结果就意味着要舍弃双参数对数正态模型所具有的简单的拟合性。

(9) 尽管基于两个子集的 Weibull 混合模型的结果与剔除首次故障后的数据相拟合,但它需要 5 个独立的参数。多参数模型的运用有望提供更高级的视觉匹配和拟合优度检验结果。

(10) Weibull 混合模型对故障数据拟合可能源于在选定距离上产生故障点的偶发性积聚。注意,$\beta_1 = 5.14$ 和 $\beta_2 = 4.95$ 这两种模型因素是相同的,这意味着在大量故障里程数据的情况下,积聚效果难以被察觉。

参考文献

[1] W. Nelson, *Applied Data Analysis* (Wiley, New York, 1982), 324.

[2] J. F. Lawless, *Statistical Models and Methods for Lifetime Data*, 2nd edition (Wiley, New Jersey, 2003), 232-234, 245-247.

[3] R. B. Abernethy, *The New Weibull Handbook*, 4th edition (Abernethy, North Palm Beach, Florida, 2000), 3-9.

[4] B. Dodson, *The Weibull Analysis Handbook*, 2nd edition (ASQ Quality Press, Milwaukee, Wisconsin, 2006), 35.

第 65 章　98 个刹车片

表 65.1 中是 98 个刹车片的故障距离,以千米(km)为单位。双参数对数正态模型和数据拟合良好。

表 65.1　98 片刹车盘的故障距离(km)

18.6	39.3	46.7	54.0	61.4	68.9	77.6	86.7	103.6
20.8	42.4	46.8	54.0	61.9	69.0	78.1	87.6	105.6
24.8	42.4	47.4	54.9	63.7	69.0	78.7	88.0	105.6
27.8	42.4	49.2	55.0	64.0	69.6	79.4	89.1	107.8
31.8	43.4	49.2	55.9	65.0	72.2	79.5	89.5	110.0
32.9	43.8	49.8	56.2	65.1	72.8	81.6	92.5	123.5
33.6	44.1	50.5	56.2	65.5	73.8	82.6	92.6	124.5
34.3	44.2	50.8	58.4	67.6	74.7	83.0	95.7	124.6
37.2	44.8	51.5	59.3	68.8	74.8	83.0	100.6	143.6
38.7	45.2	52.0	59.4	68.8	75.2	83.6	101.2	165.5
38.8	46.3	53.9	60.3	68.9	77.2	83.8	101.9	

65.1　分析 1

图 65.1 至图 65.3 分别给出了双参数 Weibull($\beta=2.68$)和对数正态($\sigma=0.41$)及正态分布最大似然估计故障概率图。Weibull 分布和正态分布图有类似的曲线下行走向。除了对数正态分布图尾部有 4 个故障数据在图中的直线之上,其余的数据都和图中的直线拟合良好。根据表 65.2 中给出的外部检验和统计拟合优度检验结果,双参数对数正态模型优于双参数 Weibull 模型。

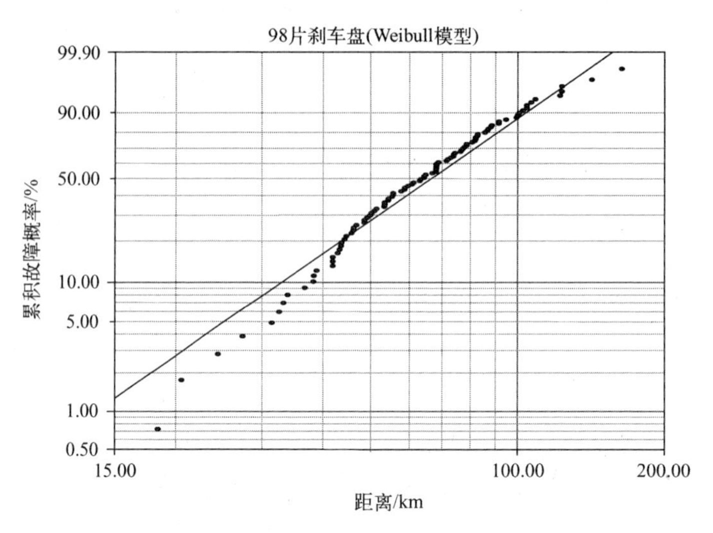

图 65.1　98 片刹车盘的双参数 Weibull 概率图

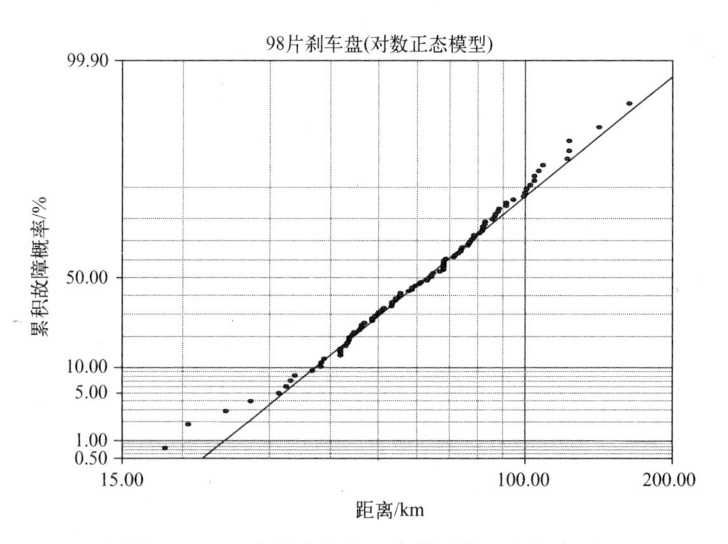

图 65.2　98 片刹车盘的双参数对数正态概率图

表 65.2　98 片刹车盘的 GoF 检验结果(MLE)

检验方法	Weibull 模型	对数正态模型	正态模型	三参数 Weibull 模型
r^2(RXX)	0.9779	0.9868	0.9557	0.9892
Lk	-458.2189	-455.7873	-460.5550	-455.7588
mod KS/%	11.8510	8.4274	29.7228	5.4900
χ^2/%	3.93×10^{-4}	1.27×10^{-6}	6.74×10^{-5}	2.25×10^{-5}

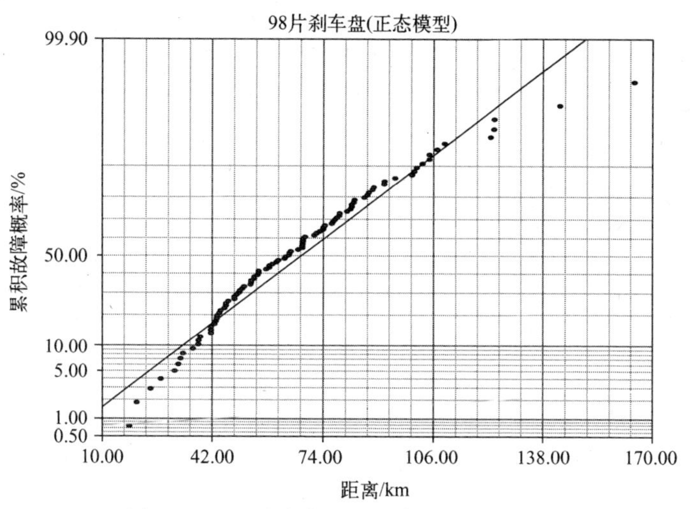

图 65.3　98 片刹车盘的两参数正态概率图

65.2　分析 2

为改善图 65.1 中的下凹曲率，三参数 Weibull 最大似然估计故障概率图针对绝对故障阈值距离做了调整，并与一根直线进行拟合。双参数 Weibull 图没有调整绝对故障阈值距离，$t_0 = 11.9$km，并在图 65.4 中用垂直虚线标出。除了前 4 次故障，偏离尾部曲线意味着使用三参数 Weibull 模型不一定可行。尽管双参数对数正态描述在某种程度上是比较受欢迎的，表 65.2 中拟合优度检验结果略微倾向于三参数 Weibull 模型。通过将表 65.1 中在 18.6km 处的首次故障数据减去 $t_0 = 11.9$km，可以

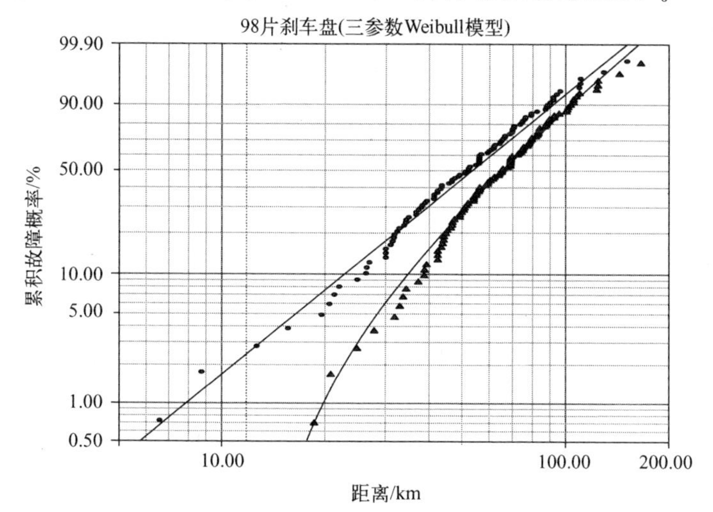

图 65.4　98 片刹车盘的三参数 Weibull 概率图

得到图 65.4 中三参数 Weibull 概率图在 6.7km 处的首次故障距离。

65.3 分析 3

对剔除对数正态分布图(图 65.2)中一些被归为早期死亡率的故障的影响进行推测是有意思的事,比如剔除表 65.1 中的前两次故障后的双参数 Weibull 和对数正态最大似然估计故障概率图(图 65.5 和图 65.6)。Weibull 数据曲线下行符合预期,对数正态图和图中直线拟合良好。表 65.3 中外部检验和拟合优度检验结果表明,双参数对数正态模型优于双参数 Weibull 模型。

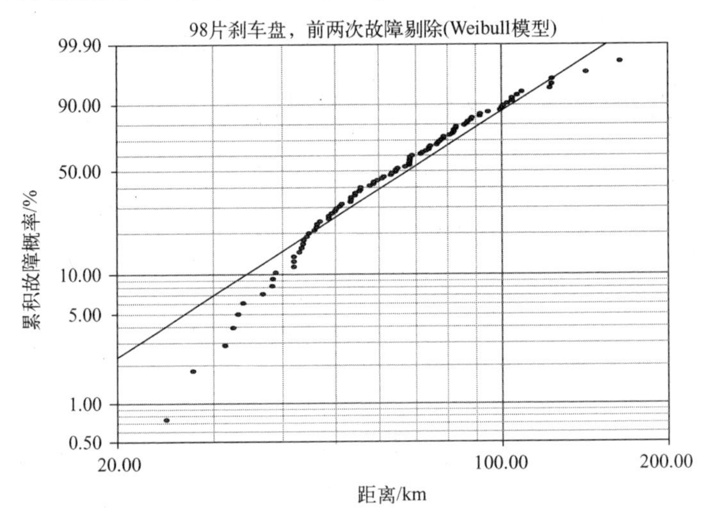

图 65.5 前两次故障数据被剔除后的双参数 Weibull 概率图

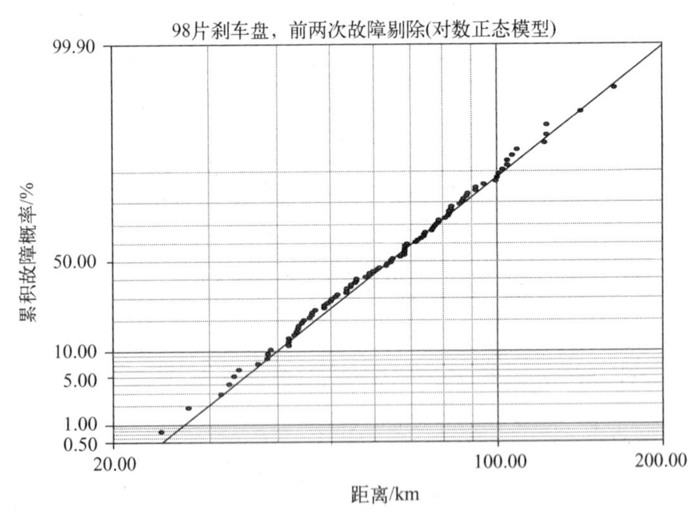

图 65.6 前两个故障数据被剔除后的双参数对数正态概率图

表65.3　98片刹车盘的前两个故障数据被剔除后的GoF检验结果(MLE)

检验方法	Weibull模型	对数正态模型	三参数Weibull模型
r^2(RXX)	0.9532	0.9966	0.9912
Lk	-446.8363	-440.7624	-440.9708
mod KS/%	14.7219	2.3830	0.6407
χ^2/%	6.46×10^{-4}	5.09×10^{-8}	6.04×10^{-6}

65.4　分析4

要矫正图65.5中的曲率,三参数Weibull最大似然估计故障概率图调整了绝对故障阈值距离,并与直线拟合。双参数Weibull图没有调整绝对故障阈值距离,t_0(三参数Weibull模型)= 21.6km,用垂直的虚线标出,如图65.7所示。表65.3中外部检验和两个可信的拟合优度检验结果表明,双参数对数正态模型优于三参数Weibull模型。鉴于两个剔除的早期死亡故障距离在绝对较低范围故障阈值距离之下,t_0(三参数Weibull模型)= 21.6km,即剔除的早期死亡故障在预估的绝对无故障距离范围内。

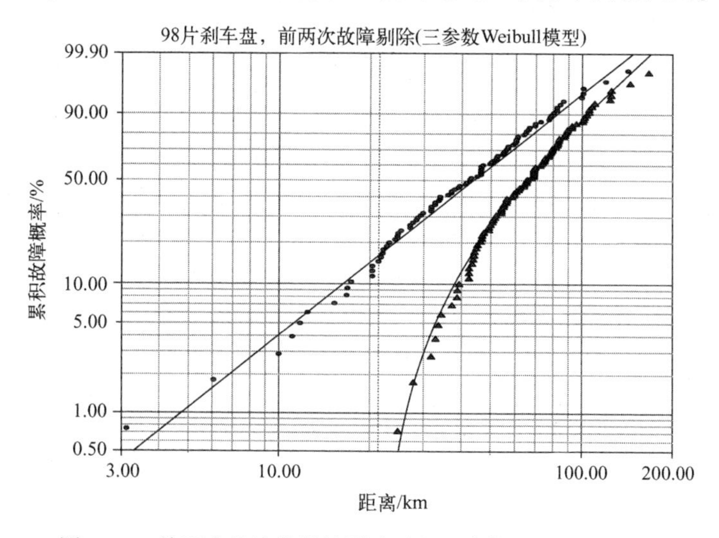

图65.7　前两次故障数据被剔除后的三参数Weibull概率图

65.5　结论

(1) 选择双参数对数正态分布作为模型。

(2) 无论是否剔除早期故障数据,外部检验和拟合优度检验结果都表明双参数对数正态分布优于双参数 Weibull 分布。

(3) 对于未被剔除的数据,按照拟合优度检验结果,三参数 Weibull 描述只是略优于双参数对数正态模型。然而,三参数 Weibull 模型中尾部的偏差,也提出了使用三参数 Weibull 模型是否合理的问题。

(4) 对于剔除的数据,外部检验和统计拟合优度检验结果显示,双参数对数正态描述优于三参数 Weibull 模型。然而,三参数 Weibull 模型图尾部偏离,提出了使用三参数 Weibull 模型是否是合理的问题。

(5) 在不考虑前两次故障的情况下,三参数 Weibull 模型预测的绝对故障阈值距离出现在 $t_0=21.6$km 处,这与不考虑早期死亡率时出现在 18.6km 和 20.8km 处的两个故障距离相矛盾。不过,这样的矛盾对于三参数 Weibull 模型的合理使用并不是致命的否定,因为在未部署的成熟组件中,只有一小部分,即使经过筛选,也不可避免地会受到早期死亡率故障的影响。

(6) 除了图 65.5 尾部的曲率减轻了一些外,三参数 Weibull 模型对被剔除的数据同样预估了一个绝对阈值故障距离,$t_0=21.6$km。然而,没有补充试验证据表明,纳入第三个模型参数所预估的绝对故障阈值距离是可信的。所以,使用三参数 Weibull 模型似乎有些武断,使用它所获得的预估绝对故障阈值距离过于乐观了。

(7) 使用三参数 Weibull 模型似乎有一个合理的理由,无论是否说明,其核心在于故障机理要求故障之前的发展时间/距离。尽管这种说法是正确的,但很难肯定地说它可以通用于各种情况,比如双参数 Weibull 故障概率图中曲线向下凹的情况,特别是针对剔除后的数据,用双参数对数正态模型能够提供可接受的直线拟合的情况下。

(8) 鉴于通过目视检测,剔除故障里程后的双参数对数正态模型和三参数 Weibull 模型提供的近似的外部检验和拟合优度检验结果接近,Occam 剃刀原理主张选择参数较少的独立模型。接受三参数 Weibull 模型的结果将意味着舍弃由双参数对数正态模型所能提供的简单的拟合性。

参考文献

[1] J. D. Kalbfleisch and J. F. Lawless, Some useful methods for truncated data, J. Qual. Technol., 24, 145-152, 1992.

[2] J. F. Lawless, Statistical Models and Methods for Lifetime Data, 2nd edition (Wiley, New Jersey, 2003), 69, 118-119, 180-181.

[3] D. Kececioglu, Reliability Engineering Handbook, Volume 1 (Prentice Hall, New Jersey, 1991), 309.

[4] R. B. Abernethy, The New Weibull Handbook, 4th edition (Abernethy, North Palm Beach, Florida, 2000), 3-9.

[5] B. Dodson, The Weibull Analysis Handbook, 2nd edition (ASQ Quality Press, Milwaukee, Wisconsin, 2006), 35.

第 66 章　100 个熔断丝

表 66.1 是从一个制造批次中随机选择的 100 个熔断丝在监测试验期间的故障电流(A)[1]。熔断丝的额定电流是 5A。

表 66.1　100 根熔断丝的故障电流(A)

4.43	4.72	4.79	4.88	4.94	5.03	5.10	5.19	5.32
4.43	4.72	4.79	4.88	4.95	5.03	5.10	5.20	5.37
4.53	4.73	4.79	4.88	4.96	5.04	5.11	5.20	5.39
4.58	4.73	4.80	4.88	4.97	5.04	5.11	5.21	5.46
4.60	4.73	4.80	4.89	4.98	5.05	5.11	5.21	
4.64	4.73	4.80	4.90	4.98	5.05	5.12	5.21	
4.64	4.75	4.81	4.91	5.00	5.06	5.12	5.21	
4.65	4.77	4.83	4.92	5.01	5.07	5.14	5.22	
4.66	4.77	4.84	4.93	5.01	5.07	5.15	5.24	
4.67	4.78	4.85	4.94	5.02	5.08	5.16	5.25	
4.67	4.78	4.86	4.94	5.02	5.10	5.18	5.26	
4.69	4.78	4.87	4.94	5.02	5.10	5.19	5.28	

66.1　分析 1

图 66.1 和图 66.2 分别给出了双参数对数正态模型和正态模型的最大似然估计(MLE)概率图。未显示下凹的双参数 Weibull 分布图。正态模型得到了表 66.2 中给出的三个可信的拟合优度检验中两个的青睐。目视检验的识别力不足。当对数正态模型形状参数满足 $\sigma<0.2$ 时,对数正态模型可以描述正常分布的数据,反之亦然(8.7.2 节)。

表 66.2　GoF 检验结果(MLE)

检验方法	对数正态模型	正态模型
r^2(RXX)	0.9908	0.9930
Lk	12.1468	12.4734
mod KS/%	11.1028	11.3919
χ^2/%	3.19×10^{-8}	1.73×10^{-8}

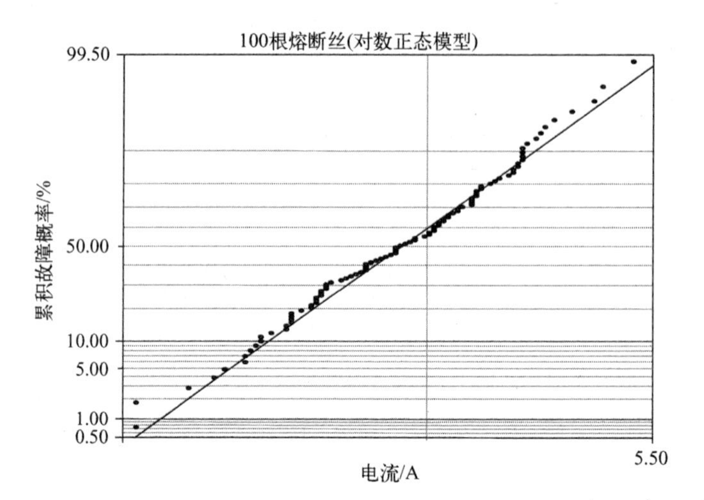

图 66.1　100 根熔断丝的双参数对数正态故障概率图

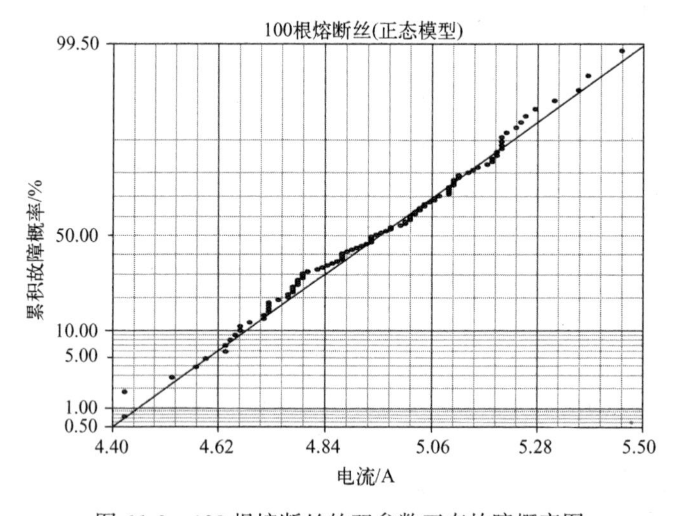

图 66.2　100 根熔断丝的双参数正态故障概率图

66.2　分析 2

图 66.3 和图 66.4 的对数正态和正态模型故障率图表明,直到跨接电流 $I \approx$ 5.15A,这两个故障率是很相似的。但超过这个电流后,正态模型的故障率增加更快。

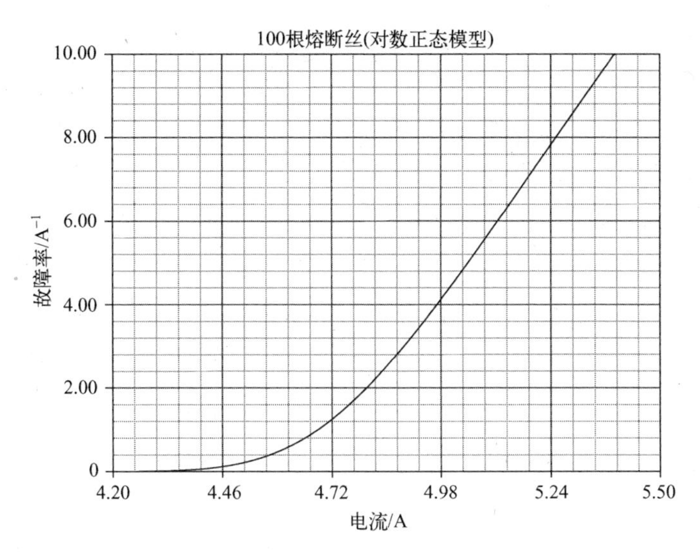

图 66.3　100 根熔断丝双参数对数正态故障率图

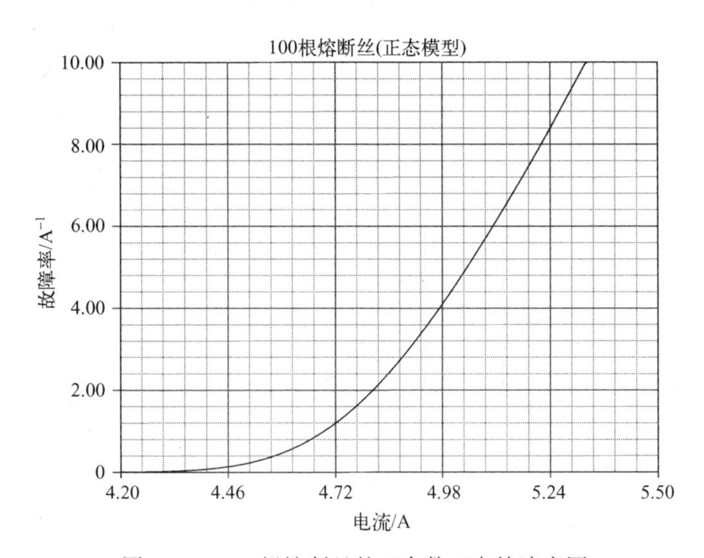

图 66.4　100 根熔断丝的双参数正态故障率图

66.3　结论

(1) 根据拟合优度检验的结果,双参数正态模型是应选的模型。正态模型一般用来描述对成熟和控制良好的生产线上生产的产品进行的试验,其中,通过设计和/或筛选已经消除了“出格”的故障。因此,可以将熔断丝电流测量结果的变化看作类似于男性身高测量结果的变化。

(2) 额定电流为 $I=5.0$A 的熔断丝的通常功能是在电流超过 5.0A 时保护设备免于故障。如果熔断丝在电流 $I<5.0$A 时发生故障,则唯一的后果是更换熔断丝。如果熔断丝在电流 $I>5.0$A 时发生故障,那么后果可能对设备造成不可修复的损坏,所以更换成本很高。在 $I=5.0$A 时,故障概率为 F(对数正态模型)= 59.44%,F(正态模型)= 58.68%,相差≈1.3%;F(对数正态模型)= 75.61%,F(正态模型)= 75.34%,相差≈0.4%。这个有利于对数正态模型的差异并不足以拒绝选用正态模型。对于$I>5.15$A,F(正态模型)>F(对数正态模型)。

(3) 由于对数正态形状参数满足 $\sigma<0.2$(8.7.2 节),所以出现了对数正态和正常模型故障概率图在视觉上的极大相似性。

参考文献

[1] P. A. Tobias and D. C. Trindade, *Applied Reliability*, 2nd edition (Chapman & Hall/CRC Press, New York, 1995), 3.

第 67 章　100 股凯芙拉纤维线

表 67.1 列出了 100 股承受 80%的平均断裂强度的静态载荷的 Kevlar 49 /环氧树脂线的故障时间(h)[1]。用这些故障来说明单参数指数模型的应用[1]。

表 67.1　100 支凯芙拉纤维的故障时间(h)

1.8	41.9	83.5	122.3	148.5	183.6	269.2	351.2	739.7
3.1	44.1	84.2	123.5	149.2	183.8	270.4	353.3	759.6
4.2	49.5	87.1	124.4	152.2	194.3	272.5	369.3	894.7
6.0	50.1	87.3	125.4	152.8	195.1	285.9	372.3	974.9
7.5	59.7	93.2	129.5	157.7	195.3	292.6	381.3	
8.2	61.7	103.4	130.4	160.0	202.6	295.1	393.5	
8.5	64.4	104.6	131.6	163.6	220.2	301.1	451.3	
10.3	69.7	105.5	132.8	166.9	221.3	304.3	461.5	
10.6	70.0	108.8	133.8	170.5	227.2	316.8	574.2	
24.2	77.8	112.6	137.0	174.9	251.0	329.8	653.3	
29.6	80.5	116.8	140.2	177.7	266.5	334.1	663.0	
31.7	82.3	118.0	140.9	179.2	267.9	346.2	669.8	

67.1　分析 1

图 67.1 和图 67.2 分别给出了双参数 Weibull 模型($\beta=1.08$)和对数正态模型($\sigma=1.24$)最大似然估计(MLE)故障概率图。未给出下凹的正态图。除了 Weibull 图中位于直线上方的前 9 个故障之外(它们似乎是个早期故障的子群),故障的主体都符合图中直线。对数正态分布是向上凹的。目视检验和表 67.2 给出的统计拟合优度检验结果都认为双参数 Weibull 模型优于双参数对数正态模型。

表 67.2　100 股凯芙拉纤维的 GoF 检验结果(MLE)

检验方法	Weibull 模型	对数正态模型	指数模型	混合模型
r^2(RXX)	0.9702	0.8945	—	—
Lk	-633.7995	-646.0194	-634.3152	-630.2782
mod KS/%	25.8614	96.6485	68.3360	42.0066
χ^2/%	7.63×10^{-6}	1.40×10^{-4}	3.87×10^{-4}	1.48×10^{-5}

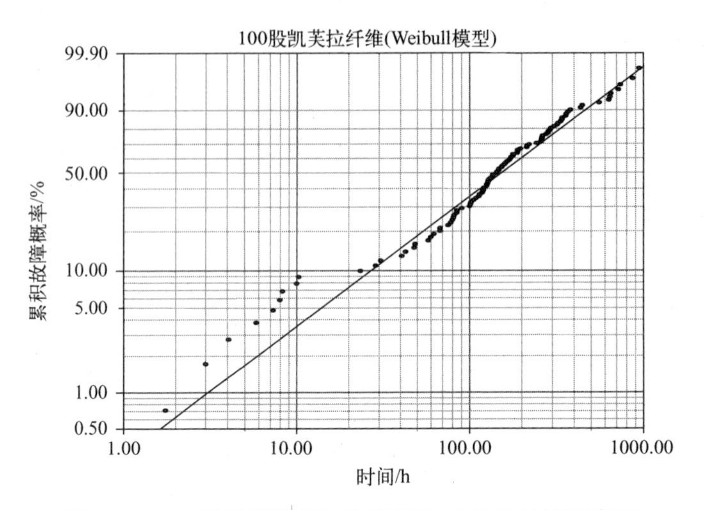

图 67.1 100 股凯芙拉纤维的双参数 Weibull 故障概率图

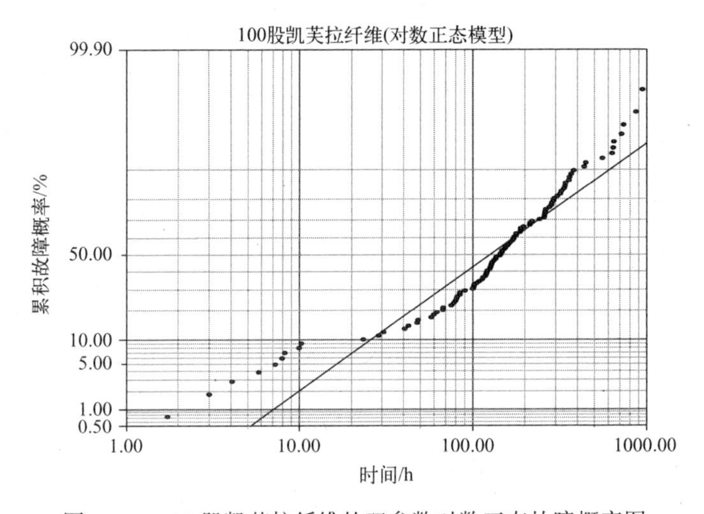

图 67.2 100 股凯芙拉纤维的双参数对数正态故障概率图

Weibull 模型形状因子 $\beta=1.08$ 足够接近 $\beta=1.00$,表明通过指数或恒定故障率模型的一个特征。如果将双参数 Weibull 模型中形状参数固定为 $\beta=1.00$,则得到的单参数指数模型最大似然估计故障概率图如图 67.3 所示。目视检验结果显示拟合得很好,但是表 67.2 中拟合优度检验结果显示双参数 Weibull 模型更合适。指数模型通常不适合描述疲劳故障,因为它缺乏记忆特性。任何时间间隔内的生存概率与以前的压力时间无关。

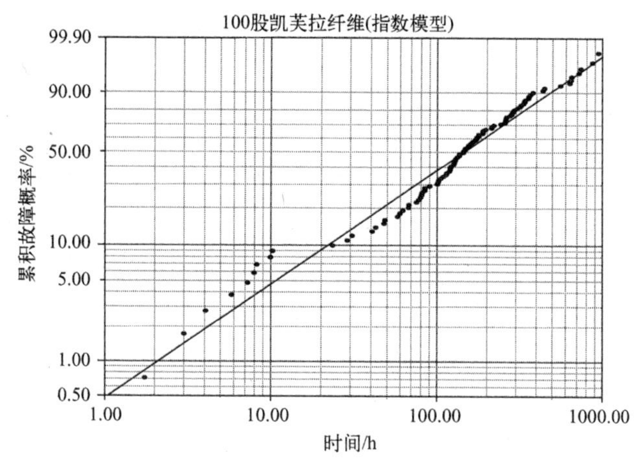

图 67.3 100 股凯芙拉纤维的单参数指数故障概率图

67.2 分析 2

图 67.1 中呈现的 S 形表明一个混合模型方法。图 67.4 给出了一个有两个子群的 Weibull 混合模型概率图,每个子群都用一个双参数 Weibull 模型描述。形状参数和子群大小为 $\beta_1=2.60$, $f_1=0.066$; $\beta_2=1.25$, $f_2=0.934$; $f_1+f_2=1$。需要 5 个独立的参数。目视检验偏向于 Weibull 混合模型图,但是表 67.2 中的拟合优度检验结果不统一。χ^2 检验结果往往具有误导性,因而不是决定性的(8.10 节)。

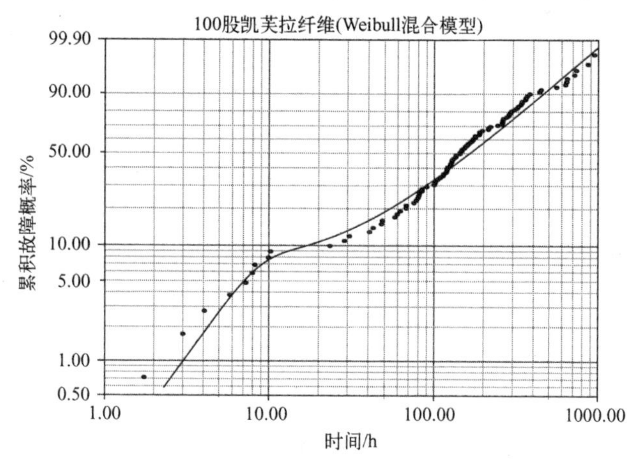

图 67.4 拥有两个子群的 100 股凯芙拉纤维的 Weibull 混合模型图

67.3 分析 3

从混合模型的分析来看,早期故障子群的估计大小为 $N f_1=(100)(0.066)=$

6.6≈7。图 67.5 和图 67.6 给出了将前 7 个故障剔除后的主群样本的双参数 Weibull 模型(β=1.28)和对数正态模型(σ=0.87)的最大似然估计故障概率。除了 Weibull 图中的前两个异常故障外,其余分布是向下凹的。除了对数正态图中的前两个故障外,数据都符合图中的直线。目视检验和表 67.3 中大部分可信的拟合优度检验结果更倾向于主要样本的双参数对数正态模型描述。图 67.5 和图 67.6 中在 t≈10h 时出现的两个异常故障,表明图 67.4 中的混合模型描述没有提供两个子样本大小的正确估计。

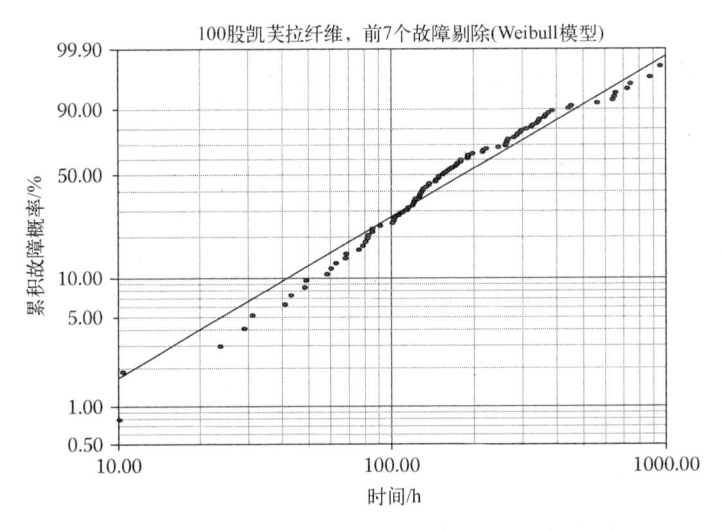

图 67.5　前 7 个故障剔除的双参数 Weibull 概率图

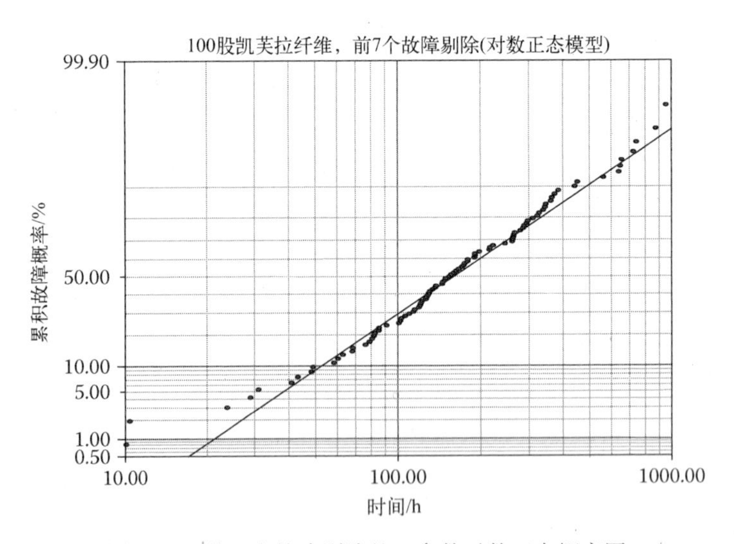

图 67.6　前 7 个故障剔除的双参数对数正态概率图

表 67.3　前 7 个故障剔除的 GoF 检验结果(MLE)

Test	Weibull	Lognormal
r^2(RXX)	0.9765	0.9720
Lk	-592.1773	-591.2345
mod KS/%	55.8040	16.2962
χ^2/%	1.52×10^{-3}	4.32×10^{-5}

67.4　分析 4

表 67.1 以及图 67.1 和图 67.2 的外部检查表明,是前 9 个而不是 7 个故障构成了早期故障子样本。图 67.7 和图 67.8 给出了将早期的前 9 个故障剔除后的双参数 Weibull 和对数正态最大似然估计故障概率图。Weibull 数据阵列是全面下凹的。相反,对数正态分布与绘图线吻合良好。没有给出向下凹的正态分布图。表 67.4 的外部检查和拟合优度检验结果支持选择双参数对数正态模型,它在表征图 67.4 中 91 支凯芙拉纤维线故障的主要子样本方面优于双参数 Weibull。

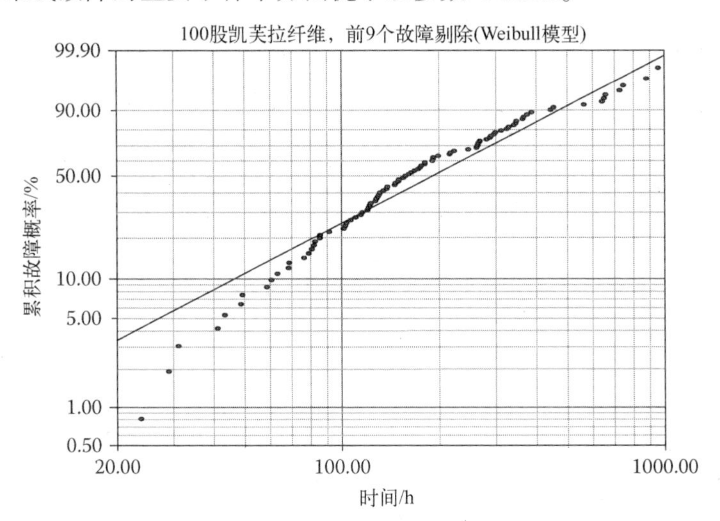

图 67.7　前 9 个故障剔除的双参数 Weibull 概率图

表 67.4　前 9 个故障剔除的 GoF 检验结果(MLE)

检验方法	模　　型	对数正态模型	三参数 Weibull 模型
r^2(RXX)	0.9516	0.9936	0.9843
Lk	-579.7594	-573.8374	-575.4295
mod KS/%	68.6279	0.3698	40.4040
χ^2/%	2.43×10^{-3}	3.89×10^{-6}	1.53×10^{-4}

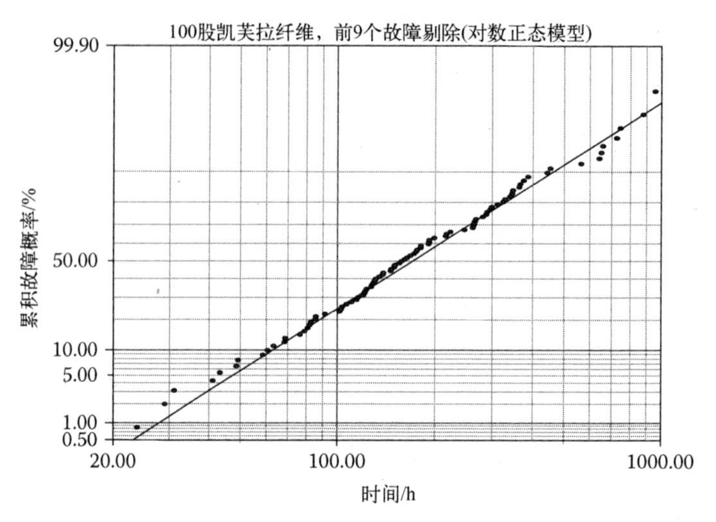

图 67.8 前 9 个故障剔除的双参数对数正态概率图

67.5 分析 5

为了补偿图 67.7 中的下凹曲率,图 67.9 中给出了三参数 Weibull 模型(8.5 节)(β=1.18)图。垂直的虚线表示估计的绝对故障阈值时间 t_0(三参数 Weibull 模型)= 19.3h,它位于主要子样本中第一个未被剔除的故障下方。外部检查和表 67.4 中的拟合优度检验结果支持选择双参数对数正态模型优于三参数 Weibull 模型。

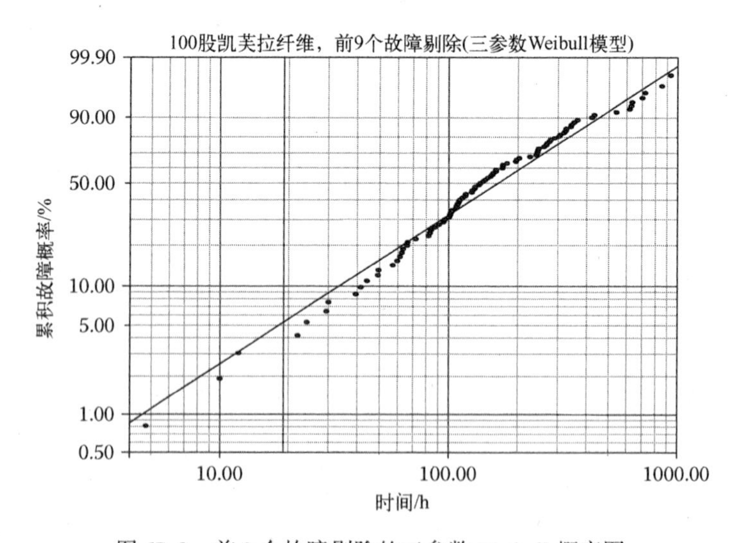

图 67.9 前 9 个故障剔除的三参数 Weibull 概率图

67.6 结论

(1) 图67.1中的Weibull图的主要部分贴合图中直线。基于外部检验和拟合优度检验结果,将双参数Weibull模型作为临时选择的模型是错误的,因为存在9个早期故障,它们扰乱了图中直线的方向。

(2) 拥有两个子样本的Weibull混合模型给出了100股凯芙拉纤维线故障的最好描述,这与指数模型相反[1]。采用的方法是,将100股线的样本看成被一个子样本中的9个早期故障所破坏,剩下91个故障的主要子样本用来分析。分析表明双参数对数正态模型给出了最好的描述。

(3) 图67.1中的双参数Weibull描述产生了一个形状参数$\beta=1.08\approx1.00$,这表明指数模型将提供一个合理的描述[1]。通过单参数指数模型,即形状参数固定为$\beta=1.00$的双参数Weibull模型进行表征,目视拟合似乎得到了改进,但拟合优度检验结果更倾向于$\beta=1.08$的双参数Weibull模型。指数模型通常不适合描述疲劳故障,因为缺乏记忆力;任何时间间隔的生存概率都独立于压力下的先前时间。

(4) 图67.1中的故障数据显示了一条S形曲线,表明存在两个可以通过Weibull混合模型进行分析的子样本(8.6节)。

(5) Weibull混合模型分析是误导性的,因为它估计早期故障样本只包括表67.1中的前7个故障时间。图67.4中Weibull混合模型图的外部检查显示,早期故障子样本包括前9个故障时间,这从表67.1中就可以查到。

(6) 一个重要的目标(8.2节)是要找到能对样本中的故障数据进行最好描述的双参数模型,从而能够预测出更大的没有投入使用的母样本中的首次故障。如果样本故障数据被早期故障破坏了(8.4.2节),则出于预测的目的,应将早期故障隔离,以便被认为是同类的主要样本可以被表征。目前还不清楚是否已有任何方法可以在压力测试到故障之前找出早期故障的子样本。

(7) 由于以下原因,双参数对数正态模型提供了主要样本的最佳描述:

① 当前9个故障时间的早期样本被隔离时,剩余主要样本的正确描述由图67.8中的双参数对数正态模型提供,而不是图67.7所示的双参数Weibull模型。

② 为了补偿图67.7中的下凹曲率,采用了三参数Weibull模型,并将前9个故障隔离。外部检验和拟合优度检验结果表明,图67.9中的相关描述被证明并没有优于双参数对数正态模型。

③ 数据与图67.9下尾部的图线的偏差以及贯穿始终的下凹曲率表明三参数Weibull模型的使用是不合理的。

④ 故障的开始和发展需要时间,这是合理的。但这并不说明在每一种情况下,当双参数Weibull图中有下凹曲率时,就要用三参数Weibull模型,特别当双参数对

数正态模型提供很好的直线拟合时。

⑤ 在没有试验证据表明将三参数 Weibull 模型应用在主要样本的合理性时，它的应用可被认为是随意的，并且可能会对绝对故障阈值产生过于乐观的评估[4]。

67.7 两种混合模型评估结果的比较

在第 58 章中，Weibull 混合模型对早期故障子样本大小的估计(8)是正确的，而外部检验的估计(10)是不正确的。双参数 Weibull 模型很好地描述了主要的样本。

在本章中，情况恰恰相反。外部检查估计的早期故障样本大小(9)是正确的，而 Weibull 混合模型的估计(7)是不正确的，双参数对数正态模型很好地描述了主要的样本。

参考文献

[1] R. E. Barlow and F. Proschan, Inference for the exponential life distribution, in Proceedings of the International School of Physics-Enrico Fermi, Theory of Reliability, North Holland, 1986, 143-164.

[2] D. Kececioglu, Reliability Engineering Handbook, Volume 1 (Prentice Hall, New Jersey, 1991), 309.

[3] R. B. Abernethy, The New Weibull Handbook, 4th edition (Abernethy, North Palm Beach, Florida, 2000), 3-9.

[4] B. Dodson, The Weibull Analysis Handbook, 2nd edition (ASQ Quality Press, Milwaukee, Wisconsin, 2006), 35.

第68章　100个未命名的产品

表68.1给出了100个未命名产品发生故障的时间(h)。分析选择用双参数Weibull模型。

表68.1　100个无名组件的故障时间(h)

360	1380	2290	3160	4150	4750	6160	8540	14,650
380	1480	2410	3180	4290	4830	6250	8880	14,850
420	1560	2560	3190	4300	4880	6290	9250	15,120
490	1590	2670	3380	4430	5020	6360	9630	16,070
570	1620	2830	3470	4450	5090	6550	9680	
620	1700	2840	3490	4550	5120	7100	10,440	
670	1760	2850	3640	4580	5130	7390	10,870	
780	1770	2890	3890	4610	5520	7550	11,840	
880	1820	2950	3910	4670	5710	7890	12,230	
1030	1920	2980	3960	4670	5750	8380	12,340	
1200	2140	3040	3980	4730	5850	8410	12,420	
1210	2250	3140	4000	4740	5860	8460	12,890	

68.1　分析1

双参数Weibull模型($\beta=1.40$)和对数正态模型($\sigma=0.87$)的最大似然估计(MLE)故障概率图分别显示在图68.1和图68.2中。下凹的正态分布没有显示。对数正态分布图上凹的,表明可能偏好Weibull模型,这一点似乎得到了Weibull图的确认。外部检验和表68.2中的拟合优度检验结果偏向于双参数Weibull模型,但经常误导的χ^2检验结果(8.10节)除外。

表68.2　100个未命名名组件的GoF检验结果(MLE)

检验方法	Weibull模型	对数正态模型	三参数Weibull模型	混合模型
r^2(RXX)	0.9853	0.9594	0.9868	—
Lk	-943.7507	-948.5293	-943.4502	-937.8958
mod KS/%	27.9163	70.4126	23.5041	1.9340
χ^2/%	2.06×10^{-7}	1.15×10^{-7}	6.06×10^{-8}	2.00×10^{-10}

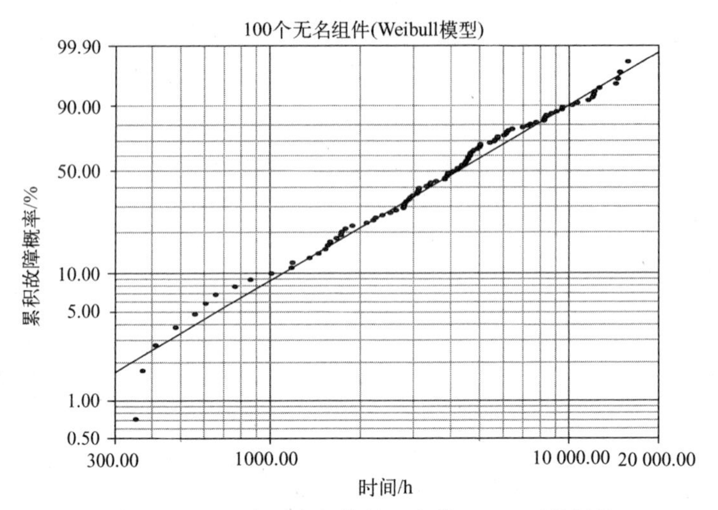

图 68.1 100 个无名组件的双参数 Weibull 概率图

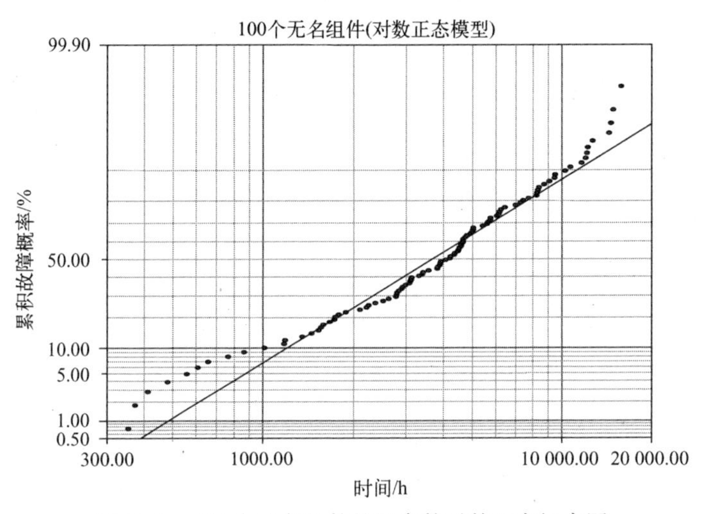

图 68.2 100 个无名组件的双参数对数正态概率图

68.2 分析 2

图 68.1 Weibull 图中下尾部的刚开始下滑表明,使用三参数 Weibull 模型(8.5 节)可能有补救。配套的三参数 Weibull 图在图 68.3 中显示。从外部检验和表 68.2 中的拟合优度检验结果来看,三参数 Weibull 模型的应用没有消除下凹,也没有显著改善拟合优度检验结果。通过外部检验,图 68.3 中的三参数 Weibull 描述和图 68.1 的双参数 Weibull 模型描述几乎一致,因此,图 68.1 中下尾部的下降并不是因为存在一个绝对的故障时间阈值。这是得到确认的,因为注意到,图 68.1 中在大约 360h 时

的下降似乎不能被投射到估计的绝对故障阈值时间 t_0(三参数 Weibull 模型)= 59.5h 的附近。图 68.3 中在 300.5h 的第一次故障由从表 68.1 中在 360h 的第一次故障减去 t_0(三参数 Weibull 模型)= 59.5h 而来。

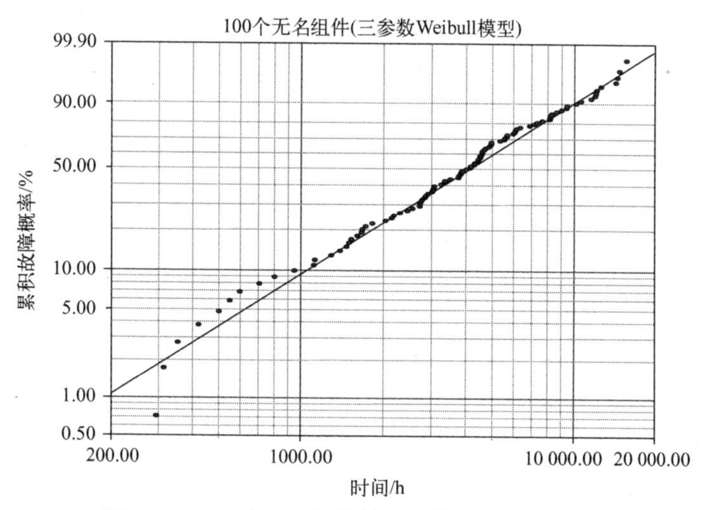

图 68.3　100 个无名组件的三参数 Weibull 概率图

68.3　分析 3

图 68.4 中有 4 个子群体的 Weibull 混合模型(8.6 节)概率图最接近于适合图 68.1 下尾部的下降,但需要一个有 11 个独立参数的模型。4 个子样本之和必须等于 1。表 68.2 中拟合优度检验结果偏向于 Weibull 混合模型。

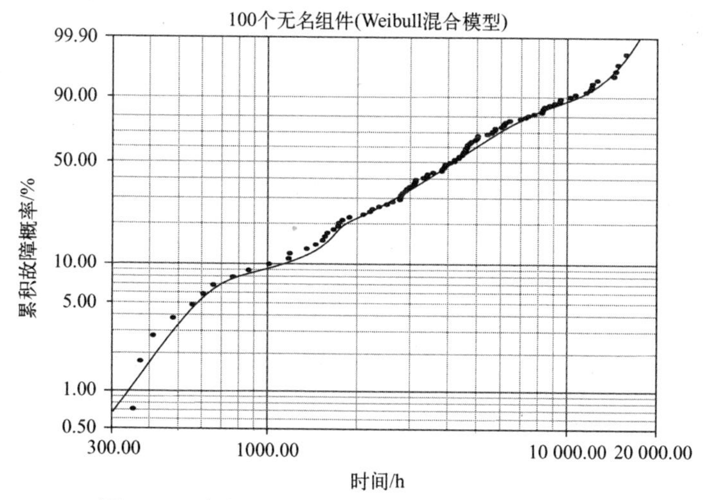

图 68.4　存在 4 个子群的 Weibull 混合模型概率图

68.4 结论

(1) 选择双参数 Weibull 模型,它优于 11 个参数的 Weibull 混合模型。增加的模型参数可以改善外部检验和拟合优度检验结果。假如有充分的双参数模型描述,Occam 剃刀原理建议选择 2 个而不是 11 个独立参数的模型。

(2) 图 68.1 下尾部下降的解释可能与表 68.1 中前两次故障时间的聚类有关。

参考文献

[1] D. Kececioglu, Reliability Engineering Handbook, Volume 1(Prentice Hall, New Jersey, 1991), 422.

第 69 章　100 个未指定的样品

对于 100 个未指定的样品,故障时间(h)见表 69.1[1]。

表 69.1　100 个未指定样本的故障时间(h)

0.7	4.8	6.4	7.5	8.5	9.6	11.6	13.8	20.8
0.8	5.0	6.4	7.6	8.6	9.6	11.7	14.0	23.5
1.1	5.1	6.6	7.8	8.7	9.9	11.9	14.2	23.8
1.5	5.1	6.6	7.9	8.7	10.2	12.1	14.5	25.4
1.9	5.3	6.7	7.9	8.8	10.3	12.3	14.9	
3.1	5.5	6.8	8.0	8.9	10.5	12.3	15.3	
3.2	5.6	6.8	8.0	9.0	10.6	12.5	15.4	
3.3	5.7	6.8	8.1	9.2	10.7	12.8	15.8	
3.3	5.8	6.9	8.2	9.3	10.8	12.9	17.4	
3.8	5.8	7.2	8.4	9.4	10.9	13.3	17.5	
4.4	6.1	7.2	8.4	9.5	11.2	13.5	18.8	
4.7	6.2	7.3	8.5	9.5	11.5	13.7	19.6	

69.1　分析 1

双参数 Weibull 模型($\beta = 2.02$)和对数正态模型($\sigma = 0.64$)最大似然估计(MLE)故障概率图分别显示在图 69.1 和图 69.2 中。向下凹的正态模型图没有显示。在 Weibull 和对数正态图中有 5 个早期发生的故障位于图中直线上方,并且发生的概率大于图中直线所预测的。除了这些早期故障之外,Weibull 图中的数据是下凹的,而对数正态图中的数据是线性排列的,尽管不是沿着图中直线。

根据主要数据排列的线性程度,双参数对数正态模型优于双参数 Weibull 模型。不过,表 69.2 中统计的拟合优度检验结果偏向于双参数 Weibull 模型,因为 5 个早期故障使图中直线的方向偏了。如果没有对概率图的外部检验,拟合优度检验结果会错误地选择 Weibull 分布作为分析模型。

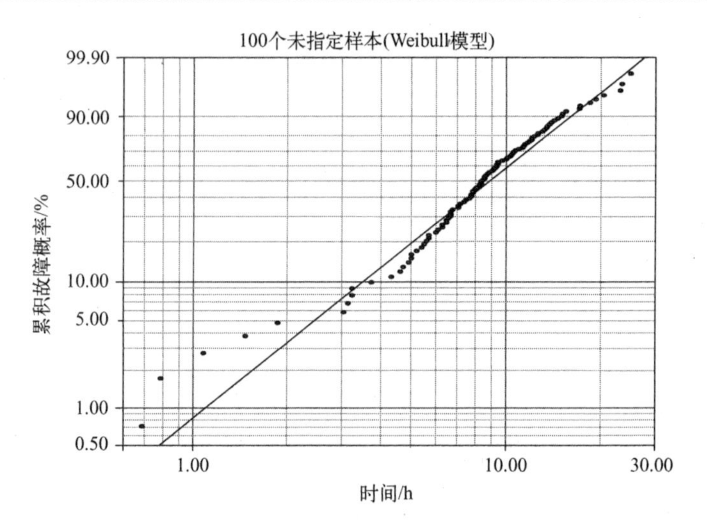

图 69.1　100 个未指定样本的双参数 Weibull 故障概率图

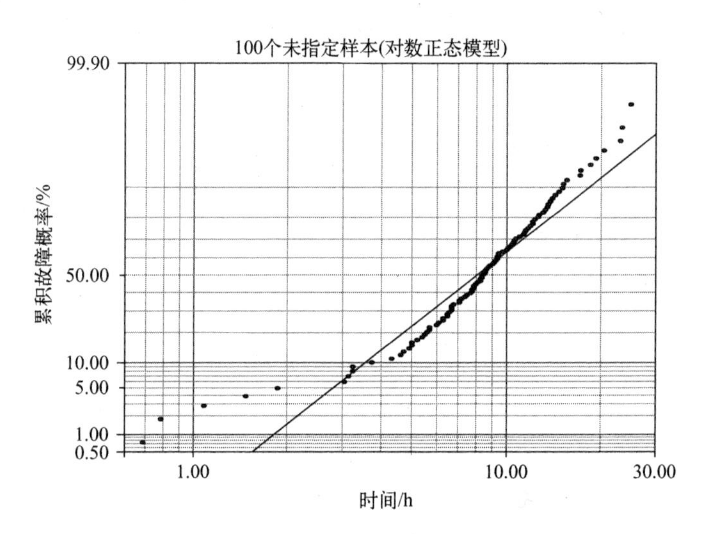

图 69.2　100 个未指定样本的双参数对数正态故障概率图

表 69.2　GoF 检验结果(MLE)

检验方法	Weibull 模型	对数正态模型
r^2(RXX)	0.9657	0.8913
Lk	-294.5839	-305.4187
mod KS/%	13.4550	85.9342
χ^2/%	1.43×10^{-4}	2.43×10^{-3}

69.2　分析 2

剔除早期的 5 个故障后,双参数 Weibull 模型($\beta = 2.29$)和对数正态模型($\sigma = 0.45$)MLE 故障概率图如图 69.3 和 69.4 所示。下凹的正态分布图未显示。Weibull 数据向下凹,对数正态图中的数据和图中直线拟合得很好。每个图中前 4 个未剔除故障的位置是由表 69.1 中无意的聚类效应引起的。图 69.4 中的聚类使得 4 个未被剔除的故障看似早期故障。外部检验和表 69.3 的 GoF 检验结果认为双参数对数正态模型优于双参数 Weibull 模型。

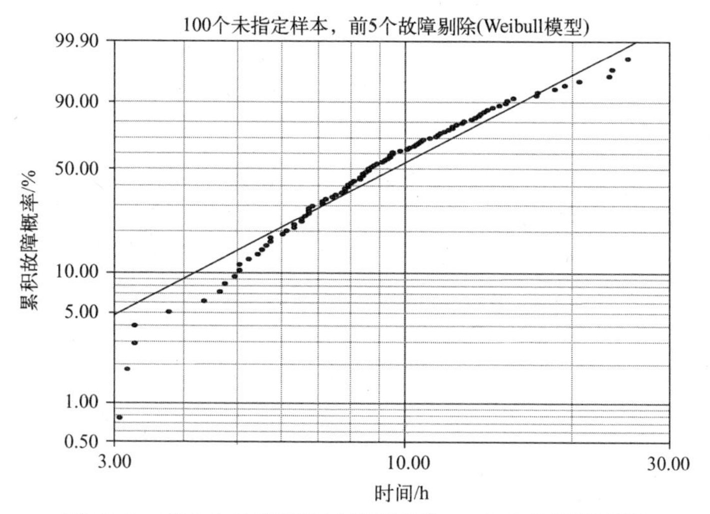

图 69.3　前 5 个故障剔除后的双参数 Weibull 故障概率图

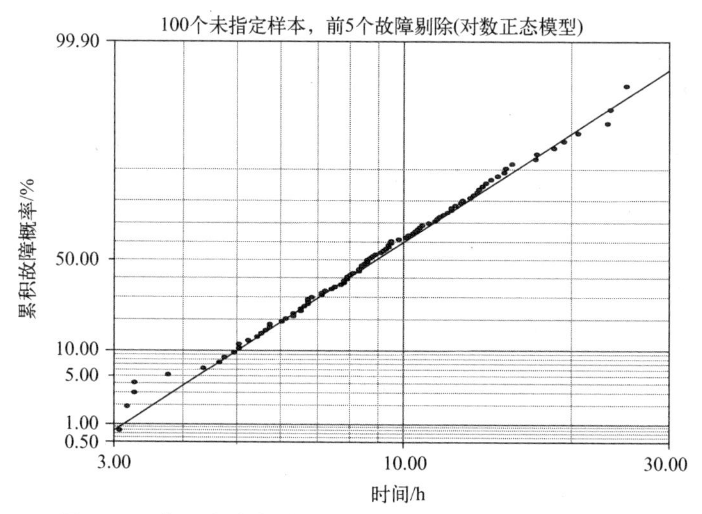

图 69.4　前 5 个故障剔除后的双参数对数正态故障概率图

表 69.3　前 5 个故障剔除后的 GoF 检验结果(MLE)

检验方法	Weibull 模型	对数正态模型	三参数 Weibull 模型
r^2(RXX)	0.9526	0.9942	0.9843
Lk	-273.3456	-267.3013	-268.3006
mod KS/%	58.0480	2.40×10^{-3}	17.4739
χ^2/%	1.74×10^{-3}	1.10×10^{-6}	3.70×10^{-5}

69.3　分析 3

将早期的 5 个故障剔除后,从图 69.3 的双参数 Weibull 图中的综合下凹曲率看,需要用三参数 Weibull 模型(8.5 节)来减轻曲率。图 69.5 显示了三参数 Weibull 模型(β= 1.77) MLE 故障概率图。垂直虚线所示的绝对故障阈值为 t_0(三参数 Weibull 模型)= 2.2h。不过,这一估计值与剔除的 5 个早期故障的故障时间 0.7h,0.8h,1.1h,1.5h 和 1.9h 不符,它们均低于预测的绝对故障阈值。注意,图 69.5 主阵列中的下凹曲率仍然存在。外部检验和表 69.3 中的 GoF 检验结果认为双参数对数正态模型优于三参数 Weibull 模型。

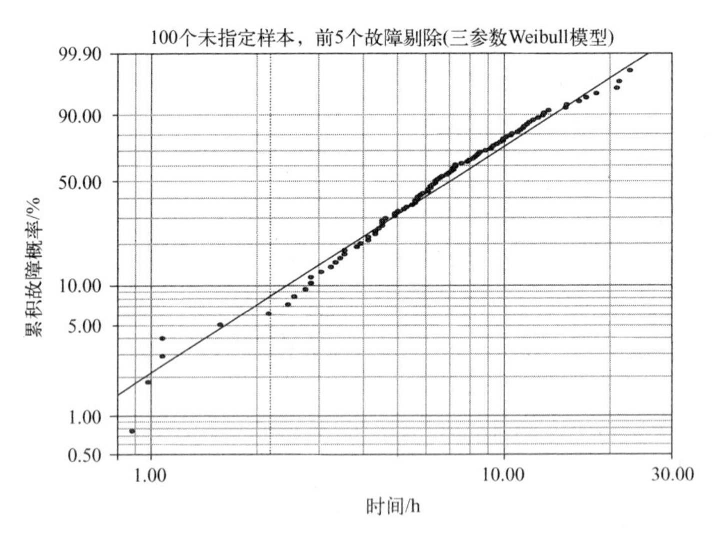

图 69.5　前 5 个故障剔除后的三参数 Weibull 故障概率图

69.4 结论

(1) 双参数对数正态是选择的模型。

(2) 未经审查的数据对 GoF 检验结果的排他性依赖,将会导致选择错误的模型,即双参数 Weibull 模型。故障概率图的外部检验是必要的。

(3) 一个重要的目标(8.2 节)是找到一个双参数模型,对样本总体中的故障数据进行最好的描述,从而可以预测一个较大的未成熟主群中成熟组件的第一次故障。如果样本故障数据被早期故障(8.4.2 节)所破坏,那么为了预测目的,应当对早期故障进行审查,以便假定为同质的主要群体(8.12 节)可以被表征。

(4) 图 69.1 中的 5 个早期故障掩盖了最后的下凹行为并影响了曲线的方向,从而有利于临时选择双参数 Weibull 模型。图 69.2 中的 5 个早期故障使得数据发生上凹现象,并且在双参数对数正态描述中主数据阵列的线性行为变得模糊。

(5) 在前 5 次故障被剔除的情况下,图 69.3 的 Weibull 曲线揭示了固有的下凹曲率,同时显示了图 69.4 的对数正态曲线的固有线性。图 69.4 中对数正态图下尾部的故障数组是由表 69.1 中几个第一次未经剔除的故障时间的聚类结果。

(6) 通过对前 5 次早期故障的剔除,假设 5 次被剔除的故障时间介于 0.7~1.9h,使用三参数 Weibull 模型来减轻双参数 Weibull 图中的下凹曲率的方法所预测的绝对故障阈值 t_0(三参数 Weibull 模型)= 2.2h 之前不会发生故障的结果是不可接受的。被剔除的故障时间低于绝对故障阈值时间的事实对于三参数 Weibull 模型的合理使用可能并不是一个致命的挑战,因为即使故障已被筛选,只有成熟组件的一小部分未部署群体可能受到不可避免的早期故障的影响(7.17.1 节)。

(7) 数据与图 69.5 中三参数 Weibull 分布图线的较低尾部的偏差以及沿着图线观察到最后的下凹曲率表明使用三参数 Weibull 模型是没有根据的[2]。

(8) 前 5 个早期故障时间的剔除表明,较于双参数和三参数 Weibull 模型,视觉检查和拟合优度检验结果倾向于双参数对数正态模型。

(9) 没有额外的试验支持证据证明,三参数 Weibull 模型的应用是任意的[3,4],其使用导致绝对故障阈值的估计过于乐观[4]。

(10) 尽管故障阈值的存在是合理的,因为故障需要时间来发展,但双参数 Weibull 曲线中下凹曲率的存在适合应用三参数 Weibull 模型,特别是由双参数对数正态模型给出可接受的描述时。额外的模型参数将倾向于改善视觉检查和拟合优度检验结果。

(11) 为了消除误差集聚的影响,在图 69.6 至图 69.8 中的三参数 Weibull、对数正态和三参数 Weibull 最大似然故障概率图中,3.1h、3.2h 和 3.3h 处的额外 3 次故障被剔除(总共 8 次)。通过目视检查,双参数对数正态分布仍然是选择的模型。

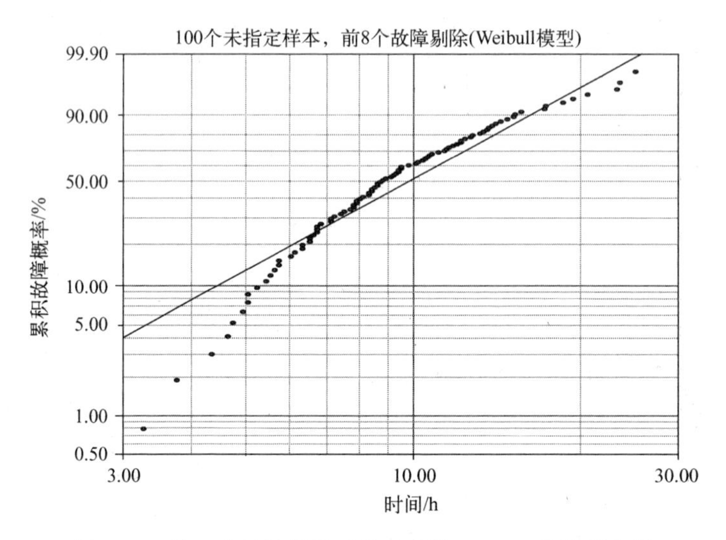

图 69.6 前 8 个故障剔除后的双参数 Weibull 故障概率图

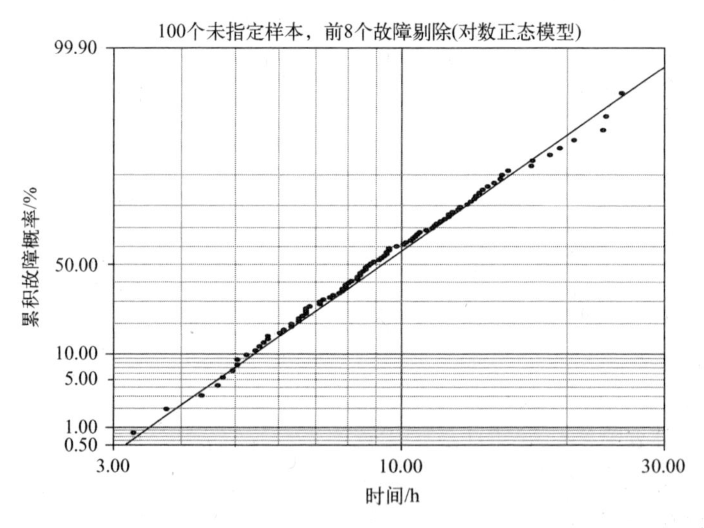

图 69.7 前 8 个故障剔除后的双参数对数正态故障概率图

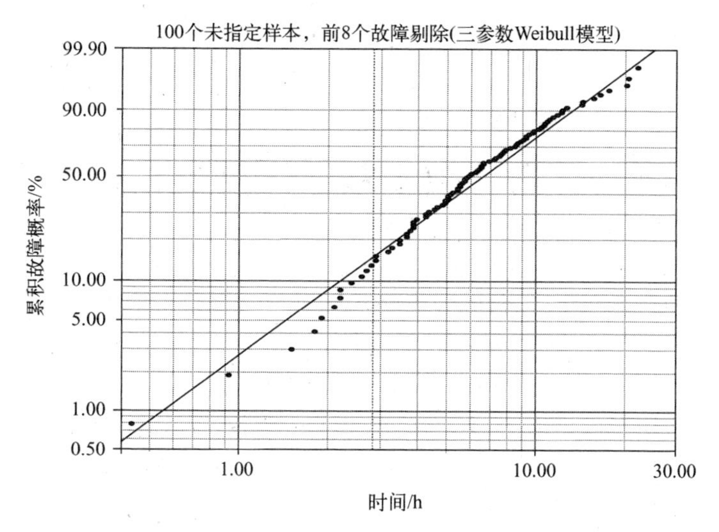

图 69.8　前 8 个故障剔除后的三参数 Weibull 故障概率图

参考文献

[1]　R. D. Leitch, *Reliability Analysis for Engineers: An Introduction* (Oxford, New York, 1995), 41.

[2]　D. Kececioglu, *Reliability Engineering Handbook*, Volume 1 (Prentice Hall, New Jersey, 1991), 309.

[3]　R. B. Abernethy, *The New Weibull Handbook*, 4th edition (Abernethy, North Palm Beach, Florida, 2000), 3-9.

[4]　B. Dodson, *The Weibull Analysis Handbook*, 2nd edition (ASQ Quality Press, Milwaukee, Wisconsin, 2006), 35.

第 70 章　101 块铝板(21kpsi)

由于裂纹的产生和扩展,按静态负载正确设计的材料可能由于周期性负载而疲劳失效。对于这种负载,可能需要通过预测故障概率达到例如 $F=0.10\%$ 的时间或循环数来确定一个安全寿命,从而可以实施更换计划[1-3]。

对于可能应用于飞机工业的 6061-T6 铝板,使用 17 套,每套里面有 6 块矩形的铝板,以 21kpsi 的压力,周期性地(每秒 18 个循环)对其施加负载到发生故障[1,3-5]。用卡子将铝板的每一端夹紧,并采取措施避免夹紧应力。102 块铝板中的一块报废[1,5]。其余 101 块的故障数据(单位为千次循环,kc)列在表 70.1 中。

表 70.1　101 个铝片(21kpsi)的故障数据(kc)

370	886	1055	1200	1270	1416	1502	1594	1763	1895	2440
706	930	1085	1200	1290	1419	1505	1602	1768	1910	
716	960	1102	1203	1293	1420	1513	1604	1781	1923	
746	988	1102	1222	1300	1420	1522	1608	1782	1940	
785	990	1108	1235	1310	1450	1522	1630	1792	1945	
797	1000	1115	1238	1313	1452	1530	1642	1820	2023	
844	1010	1120	1252	1315	1475	1540	1674	1868	2100	
855	1016	1134	1258	1330	1478	1560	1730	1881	2130	
858	1018	1140	1262	1355	1481	1567	1750	1890	2215	
886	1020	1199	1269	1390	1485	1578	1750	1893	2268	

已经注意到,在对较大样本量的疲劳数据进行建模时,几乎任何一种双参数分布,例如 Weibull 分布、对数正态分布、Gamma 分布等,在中间区域都与数据拟合得相当好,但在 1‰百分位处偏差很大,可能提供错误的安全寿命估计[2,3]。曾导出了双参数 Gamma 模型来表征对象在恒定载荷或周期性载荷下的疲劳[1]。该对象被视为一个多股的线束,只有当最后一股断裂时,它才失效[1,2]。

后来,从考虑疲劳过程的基本特征开发了由于某个主导的裂纹扩展到超过临界长度而失效的双参数 Birnbaum-Saunders(BS)模型。它在影响方面应该比任何一个因特殊原因(如拟合优度(GoF)检验结果)而选择的模型更有说服力[2,4,6,7]。这个 BS 模型类似于[7]一个为了解释由双参数对数正态模型描述的数据而提出来的模型(6.3.2.1 节)。要强调的是,没有任何模型,“无论其导出是多么合理,可以被接受用于疲劳寿命研究,直到遇到在各种条件下获得的实际的疲劳数据,而且显示出分布能充分表示所获得的寿命长度。”

70.1　分析 1

与前几章中仅使用双参数 Weibull、对数正态和正态模型来拟合数据的做法不同,采用了三个另加的双参数模型,其中包括在原始研究[1]中得出和使用的 Gamma 模型,并使用不包含 BS 模型的 Reliasoft™ Weibull 7 ++软件进行更全面的审查。用这 6 个不同的双参数模型来绘制线性的累积分布函数(CDF),正如原来使用 Gamma 模型以 21kpsi 的压力对 101 块铝板施加周期性应力一样[1]。虽然有兴趣找到一个适合整个故障数据分布的模型,包括上尾、下尾,但从实际角度来看,上尾的拟合质量可能并不重要,因为装上的样本可能在最终故障发生之前早已被更换了。主要关心的是下尾的拟合和可靠的确定安全寿命。

图 70.1 至图 70.6 给出了双参数 Weibull 模型、对数正态模型、正态模型、Gamma 模型、回归模型和最大似然(MLE)的 CDF 线性刻度图。目视检查可以对 6 个图进行近似的分类。Weibull 模型、正态模型和对数模型在包括 370kc 的故障的下尾拟合更好,如表 70.1 所列。对数正态模型、Gamma 模型和对数模型在排除 370kc 的故障的下尾拟合更好。表 70.1 所列的 370kc 的首个故障在图 70.1 至图 70.6 中似乎是个

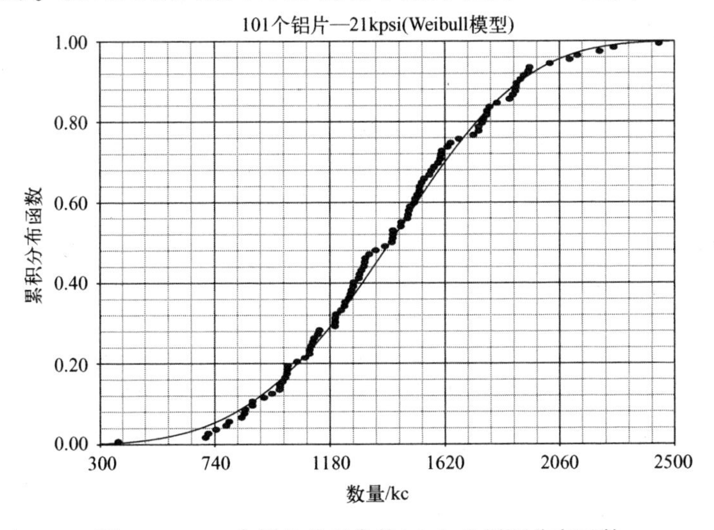

图 70.1　101 个铝片的双参数 Weibull 累积分布函数

早期异常情况,不是主要样本的一部分。线性刻度上的CDF图无法可靠地预测安全寿命,因为:①难以确定拟合的曲线与主要样本点的纵坐标相交于$F=0.10\%$的点;②早期异常故障对拟合的曲线的影响是不确定的。

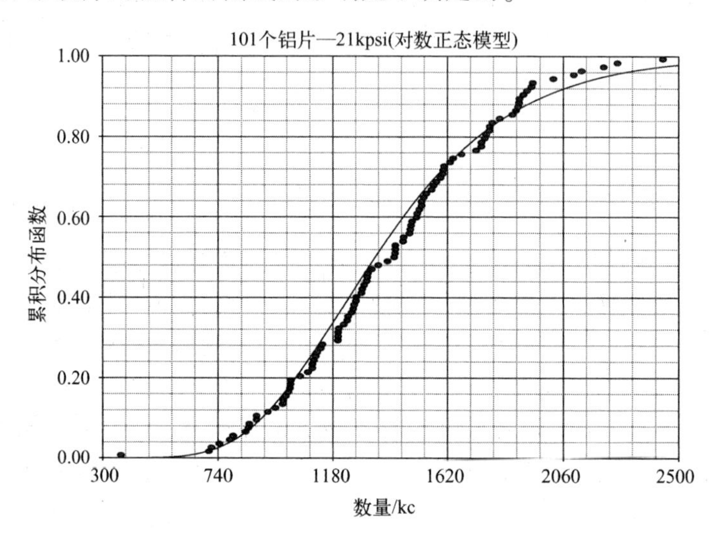

图70.2 101个铝片的双参数对数正态累积分布函数

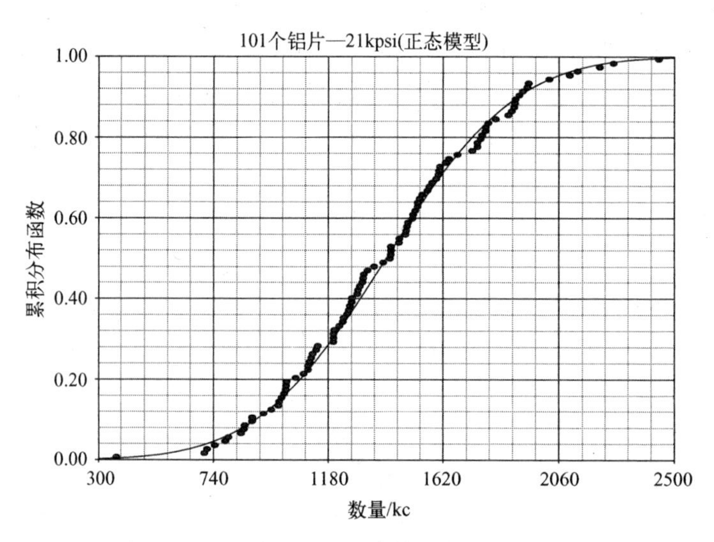

图70.3 101个铝片的双参数正态累积分布函数

如预期的那样,图70.4所示的Gamma模型CDF图看起来与原来的21kpsi应力条件下的Gamma模型CDF图是一样的[1]。然而,21kpsi应力条件下的BS模型描述[4]只适合下尾,而其他地方不很适合。图70.2所示的对数正态CDF与BS模型的非常相似。将对数正态 CDF 作为 BS CDF 的备用,图 70.4 所示的 GammaCDF 图提供了非常相似的下尾拟合,但其他地方的拟合优良。

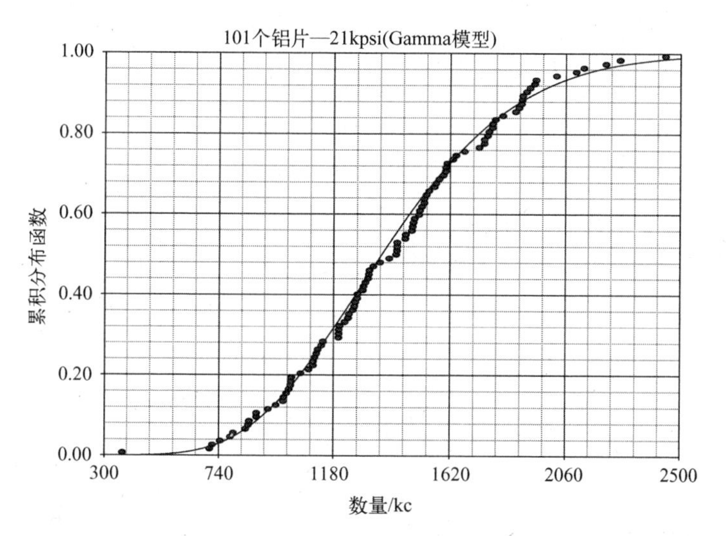

图 70.4　101 个铝片的双参数 Gamma 累积分布函数

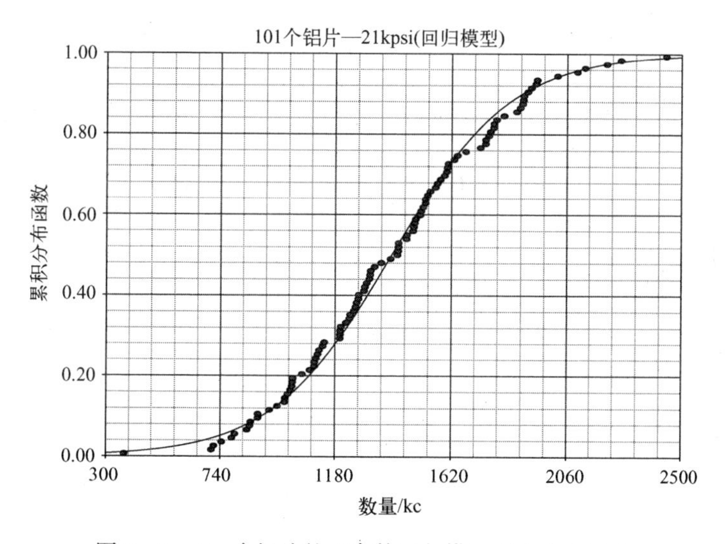

图 70.5　101 个铝片的双参数回归模型累积分布函数

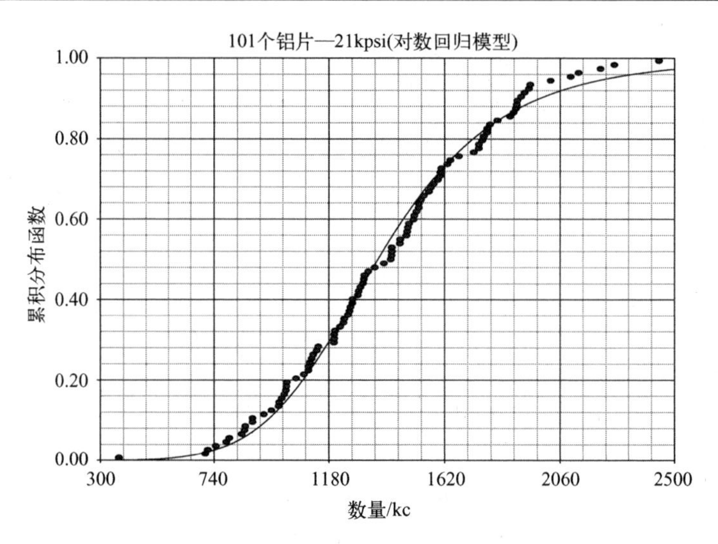

图 70.6 101 个铝片的双参数对数正态回归模型累积分布函数

70.2 分析 2

为了考察在存在 370kc 故障的情况下下尾数据拟合的质量,图 70.7 至图 70.12 给出了对数刻度的双参数 Weibull 模型($\beta=3.95$)、对数正态模型($\sigma=0.31$)、正态模型、Gamma 模型、回归模型和对数回归模型的 MLE 故障概率图。

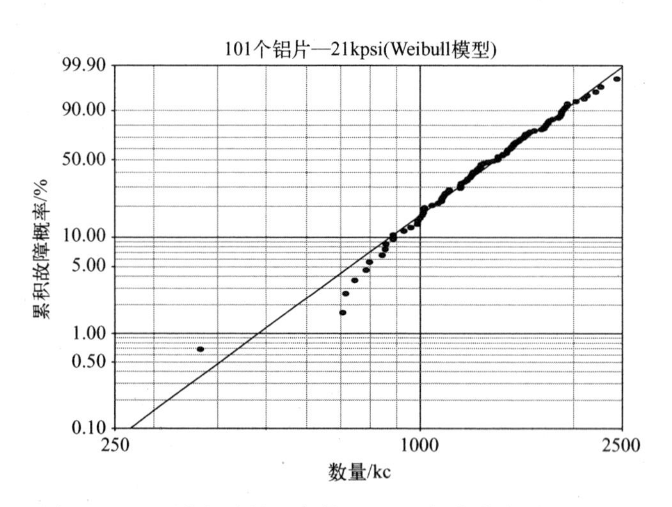

图 70.7 101 个铝片的双参数 Weibull 概率分布图(21kpsi)

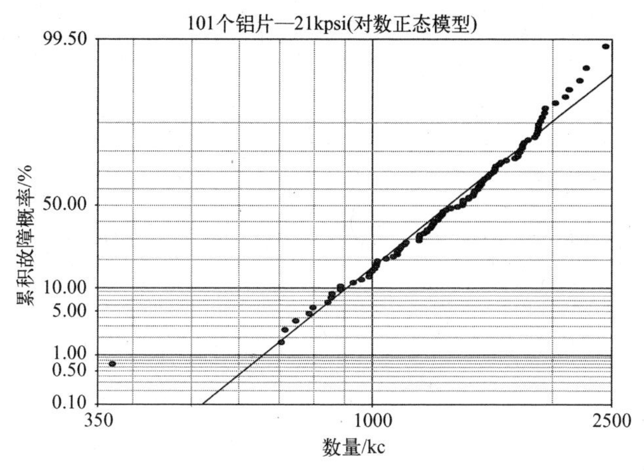

图 70.8　101 个铝片的双参数对数正态概率分布图(21kpsi)

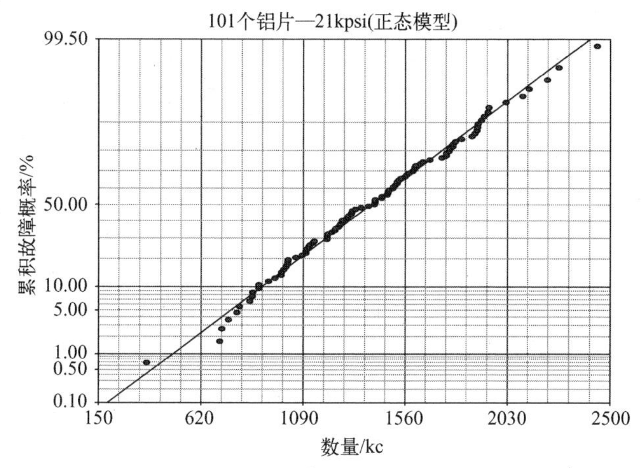

图 70.9　101 个铝片的双参数正态概率分布图(21kpsi)

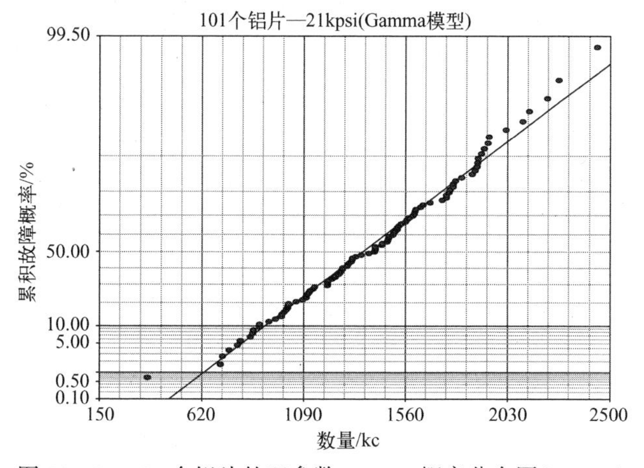

图 70.10　101 个铝片的双参数 Gamma 概率分布图(21kpsi)

先前关于线性刻度 CDF 图的观察得到了确认。370kc 时的故障是早期的异常状态也被证实了。没有哪个模型能提供可接受的适合整个分布的拟合。除了下尾部的下凹曲率外,Weibull 模型、正态模型和指数模型中的图线与数据拟合都很好。为每个图选择了刻度,以便可以从图线与千循环轴在 $F=0.10\%$ 处相交的地方找到安全寿命的目视估计。然而,在图 70.11 的逻辑图中,直线的延伸预测到 $F=0.10\%$ 时的不实际的安全寿命低于 0kc,这与图 70.9 中 $F=0.010\%$ 的正态图一样。

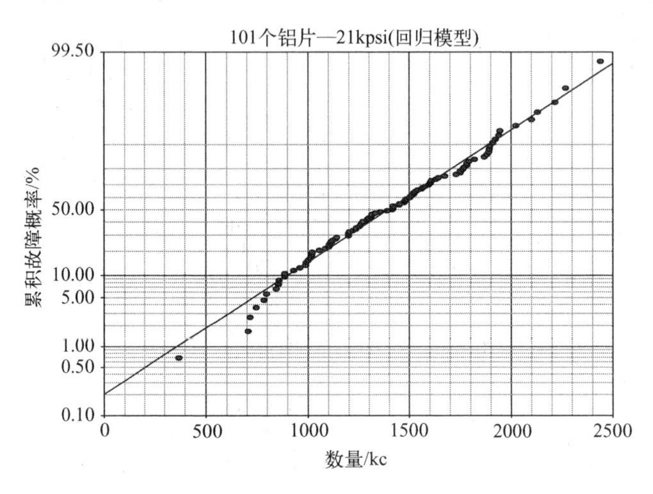

图 70.11　101 个铝片的双参数回归概率分布图(21kpsi)

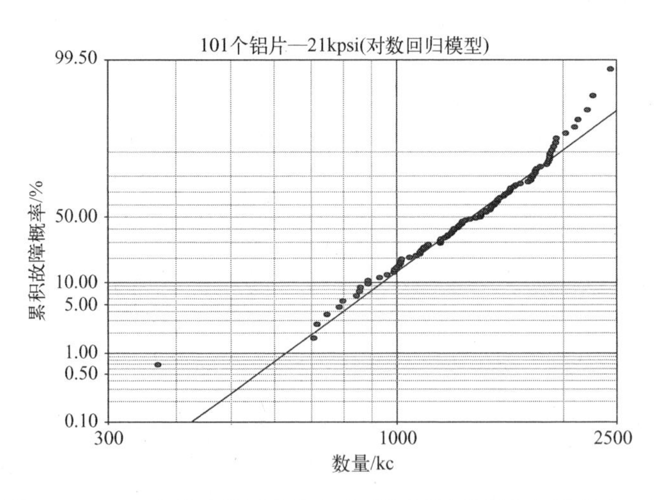

图 70.12　101 个铝片的双参数对数指数回归概率分布图(21kpsi)

对数正态模型、Gamma 模型和统计描述中的数据在下尾排列更为线性。沿着图线看,对数正态分布和统计分布呈上凹。目视检查有利于 Gamma 分布,超过对数正态模型和拟合优度统计。Gamma 分布的下尾部看起来更加线性,这与概率标度相对于对数正态分布的压缩有关。如果 Gamma 图的最大概率增加以使较低的比例更可比,分布看起来会更相似。在 Gamma 模型、对数正态模型和统计模型当中,通过表 70.2 和表 70.3 中的 GoF 统计结果,对于 r^2 检验、Lk 检验和 mod KS 检验,Gamma 模型优于对数正态模型;而对于 r^2 和 Lk 检验,Gamma 模型则优于统计。原来的建模一直选择 Gamma 模型[1]。在存在异常故障的情况下,Gamma 模型估计的F=0.10% 时的安全寿命或无故障区域为 t_{FF}(Gamma 模型)= 468kc。

表 70.2　101 个铝片的 GoF 检验结果(MLE)

检验方法	Weibull 模型	对数正态模型	正态模型
r^2(RXX)	0.9771	0.9536	0.9940
Lk	-745.7909	-750.6156	-745.7359
mod KS/%	1.6409	29.9330	2.6051
χ^2/%	2.04×10^{-7}	2.43×10^{-7}	7.62×10^{-8}

表 70.3　101 个铝片的 GoF 检验结果(MLE)

检验方法	Gamma 模型	回归模型	对数回归模型
r^2(RXX)	0.9950	0.9884	0.9565
Lk	-747.2707	-747.3508	-749.1666
mod KS/%	6.9465	6.6237	5.8860
χ^2/%	N/A	6.63×10^{-8}	9.00×10^{-10}

70.3　分析 3

一个重要的目标(8.2 节)是找到对样本群体中的故障数据作出最佳描述的双参数模型,以便能够预测未投入使用的群体的第一个故障。如果样本的故障数据被一个早期故障破坏(8.4.2 节),那么为了预测的目的,应该将这个早期故障剔除,从而使假定为一致的主要样本(8.12 节)可以被表征。

图 70.13 至图 70.18 给出了剔除早期故障的情况下的双参数 Weibull 模型(β=4.07)、对数正态模型(σ=0.28)、正态模型、Gamma 模型、回归模型和对数回归模型 MLE 故障概率图。没有为目视估计安全寿命而选择刻度,而是每个图都选择相同的刻度,这样就可以在“公平的竞争环境”下通过目视检查确定优劣。Weibull 模型、正态模型和指数模型分布在下尾部下凹。Weibull 图和正态图是相似的(8.7.1 节)。

根据目视检查及表 70.4 和表 70.5 所列的 GoF 检验结果,Gamma 模型的描述优于对数正态模型和统计模型;χ^2 检验结果通常是有问题的,而不是决定性的(8.10 节)。

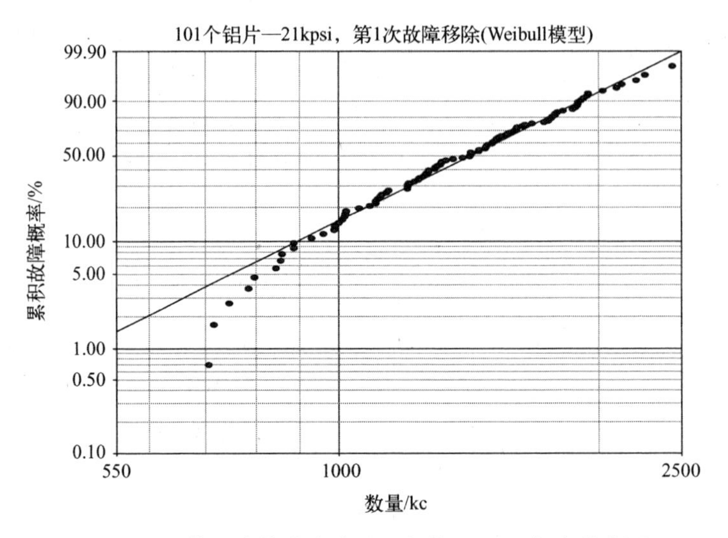

图 70.13　第一次故障移除后双参数 Weibull 概率分布图

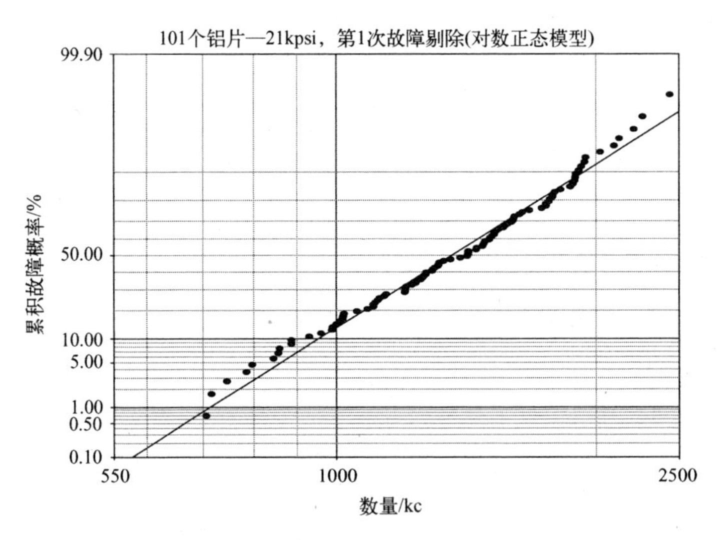

图 70.14　第一次故障移除后双参数对数正态概率分布图

将异常故障剔除后,$F=0.10\%$时 Gamma 模型的安全寿命估计为 t_{FF}(Gamma 模型)= 515kc。这一估计值比在剔除异常故障之前估计的 468kc 大 10%,剔除对图线的方向有影响。选择双参数 Gamma 作为模型与原始建模一致[1]。

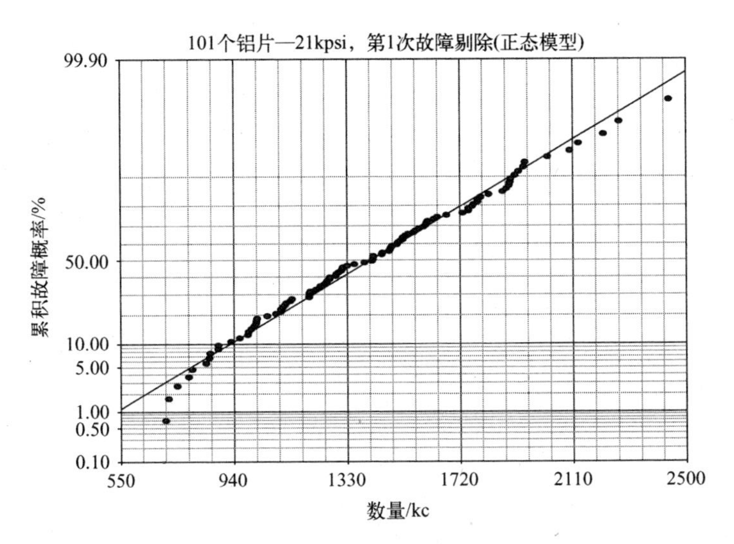

图70.15　第一次故障剔除后双参数正态概率分布图

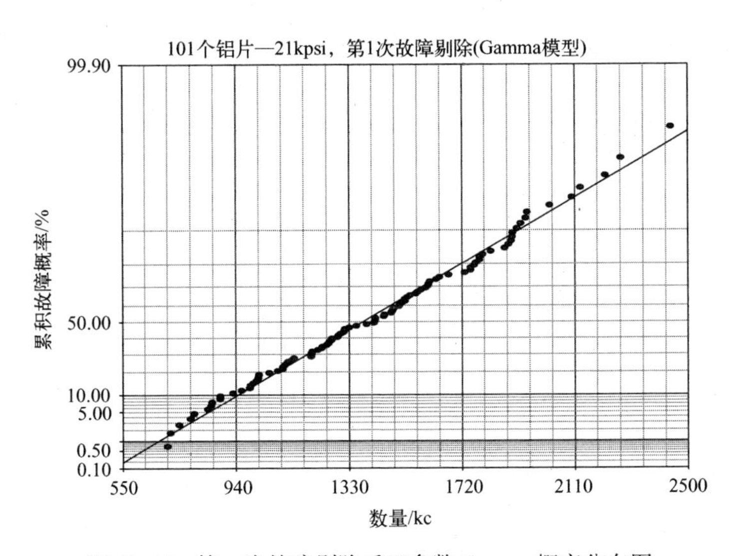

图70.16　第一次故障剔除后双参数Gamma概率分布图

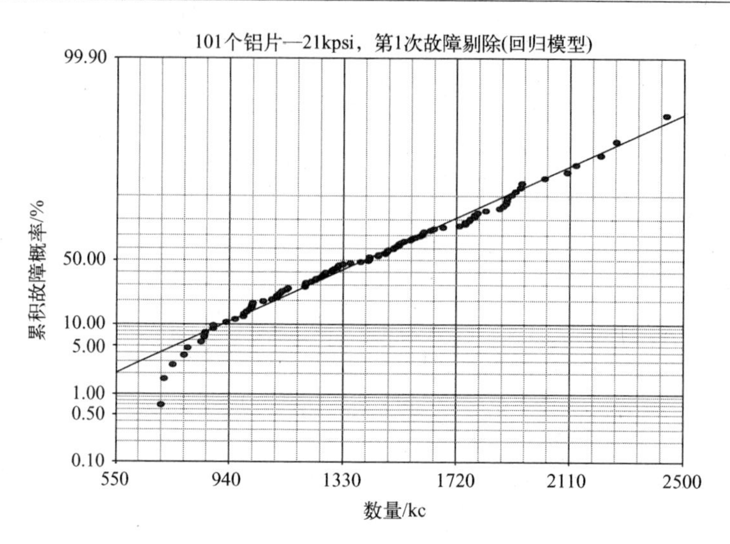

图 70.17 第一次故障剔除后双参数回归模型概率分布图

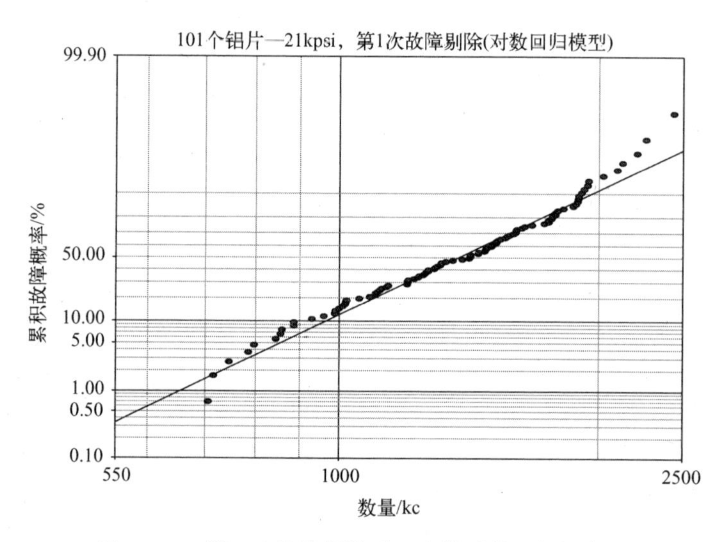

图 70.18 第 1 次故障剔除后双参数对数逻辑概率图

70.4 分析 4

图 70.13 的 Weibull 图中主要样本群体的早期故障的下滑表明,用一个三参数模型(8.5 节)可以实现更好的拟合,其中第三个参数作为绝对故障阈值。将异常故障剔除的情况下,图 70.19 是针对绝对故障阈值作出调整并配以一条直线的三参数 Weibull(MLE)故障概率(β=2.54)图(圆),以及未针对绝对故障阈值作出调整并配

以一条曲线的双参数 Weibull 图(三角形),阈值 t_0(三参数 Weibull 模型)= 522kc,低于此值预计没有发生故障。这一预计被去掉的 370kc 时的故障否认。

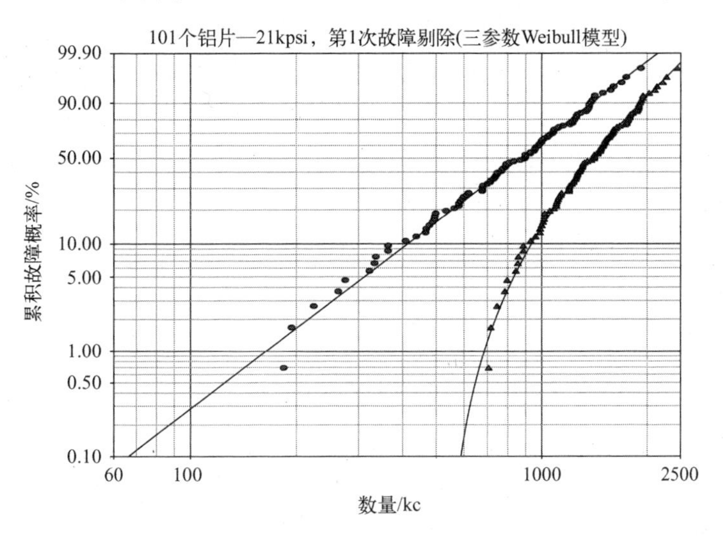

图 70.19　剔除早期故障数据后三参数 Weibull 概率分布图

目视检查不是决定性的。根据表 70.4 和表 70.5 中的 r^2、Lk 和 mod KS 的 GoF 检验结果,图 70.19 中的三参数 Weibull 模型描述优于图 70.16 中的 Gamma 模型。使用图线的投影,给出 $F=0.10\%$ 时估计的安全寿命或无故障域为 t_{FF}(三参数 Weibull 模型)= t_0(三参数 Weibull 模型)+ 66 = 522+66 = 588kc,这比 Gamma 模型的更乐观,无论是否剔除早期故障。

表 70.4　第一次故障剔除后 101 个铝片 GoF 检验结果(MLE)

检验方法	Weibull 模型	对数正态模型	正态模型	三参数 Weibull 模型
r^2(RXX)	0.9698	0.9872	0.9888	0.9936
Lk	-735.8113	-735.0971	-735.2167	-732.9213
mod KS/%	12.2078	19.3042	9.3726	0.1874
χ^2/%	1.54×10^{-6}	1.30×10^{-9}	2.28×10^{-8}	9.5×10^{-9}

表 70.5　第一次故障剔除后 101 个铝片 GoF 检验结果(MLE)

检验方法	Gamma 模型	回归模型	对数回归模型	广义 Gamma 模型
r^2(RXX)	0.9916	0.9781	0.9765	0.9892
Lk	-734.1140	-737.3177	-737.1198	-733.9464
mod KS/%	1.8343	9.9206	6.3973	1.1263
χ^2/%	N/A	4.28×10^{-8}	6.00×10^{-10}	2.20×10^{-9}

70.5　分析 5

还有一个三参数的广义 Gamma 模型[8],其中第三个参数是一个附加的形状参数,而不是阈值参数。图 70.20 是一个三参数的广义 Gamma(MLE)故障概率图,其中第一次故障被剔除了。目视检查不是决定性的。根据表 70.5 中 Lk 和 mod KS 的 GoK 检验,图 70.20 中的广义 Gamma 图优于图 70.16 的 Gamma 图。$F=0.10\%$的安全寿命是 t_{FF}(广义 Gamma 模型)= 469kc。

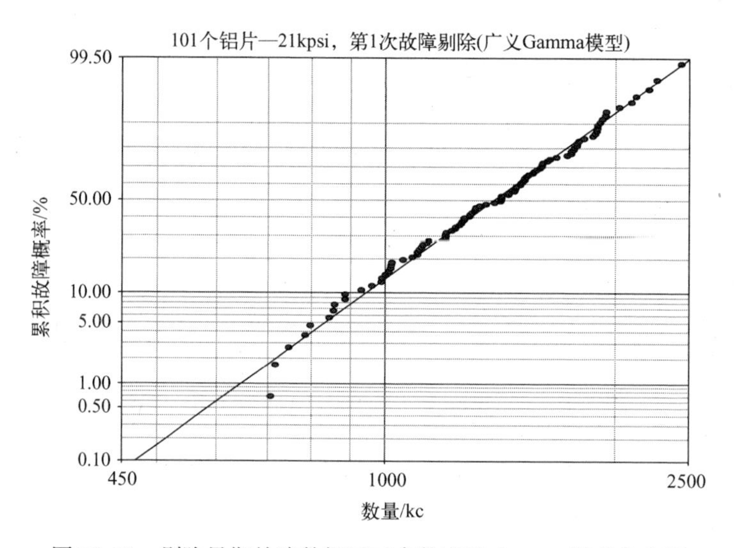

图 70.20　剔除早期故障数据后三参数广义 Gamma 概率分布图

70.6　分析 6

在原始分析[1]之后,从裂纹扩展的角度开发了 BS 双参数模型[2,4,6,7],以便为模型选择确立更实际的依据。BS 双参数模型具有式(70.1)给出的故障函数 F。函数 Φ 为标准的普通 CDF。与双参数 Gamma 模型拟合[1]相比,BS 模型似乎在整个范围内拟合数据不那么好,特别是在上尾部[4]。通过扩展 BS 模型,引入第三个参数实现了上尾部的良好拟合[9]。

$$F(t,\alpha,\beta)=\Phi\left[\frac{1}{\alpha}\left\{\left(\frac{t}{\beta}\right)^{1/2}-\left(\frac{\beta}{t}\right)^{1/2}\right\}\right],\quad 0<t<\infty,\quad \alpha,\beta>0 \tag{70.1}$$

70.7　结论

（1）根据目视检查和GoF检验结果,剔除被视为早期异常情况的第一次故障后,双参数Gamma模型优于双参数对数正态和统计模型。

（2）剔除第一次故障的情况下,三参数Weibull和三参数广义Gamma模型并没有对Gamma模型描述提供有说服力的视觉检查改进。预期增加的模型参数产生相当或优越的视觉配合。在没有试验证据来保证三参数模型的应用的情况下,其使用是随意的[10,11],特别是鉴于双参数Gamma模型对相同数据的优良直线拟合。

（3）剔除第一次故障后,三参数Weibull和三参数广义Gamma模型相对于双参数Gamma模型提供了更好的GoF检验结果。使用额外的模型参数,无论是否有保证,预计会产生优异的GoF检验结果。

（4）被剔除的370kc时的故障低于Gamma模型的安全寿命估计515kc,这对于Gamma模型的偏好并不是一个致命的挑战,因为只有一小部分未投入使用的部件,即使被筛选出来,有可能受到不可避免会发生的早期故障的影响(7.17.1节)。

（5）根据三参数模型没有保证的使用,三参数Weibull模型和广义Gamma模型的安全寿命估算(分别为588kc和469kc)要比双参数Gamma模型的(515kc)乐观和保守。

（6）在由名义上相同的部件组成的群体中,易发生早期故障(异常情况)的部件可能在使用前无法检测出来。在本案例中,在101块假定完全相同的铝板组成的群体中,需要370kc来检测异常故障,即使那样,直到进行了一些额外的循环之前还不清楚。早期故障被理解为偶尔发生、不可预测而且是不可避免的(1.9.3节和7.17.1节),不过,其绝对数在群体中是小的。本案中,通过循环来筛选早期故障算是成功的。

（7）由于与双参数Gamma模型和三参数模型的数据有较好的拟合,Occam剃刀原理会赞同选择参数较少的模型。

（8）出于疲劳过程的考虑而导出的双参数BS模型[2,4,6,7]产生了一个CDF图,在没有剔除故障的情况下,它在视觉上看起来不如由Gamma模型产生的相同数据的CDF图[1]。

参考文献

[1] Z. W. Birnbaum and S. G. Saunders, A statistical model for life-length of materials, *J. Am. Stat. Assoc.*, 53 (281), 151-160, March 1958.

[2] Z. W. Birnbaum and S. G. Saunders, A new family of life distributions, *J. Appl. Probab.*, 6 (2), 319-327, Au-

gust 1969.

[3] W. J. Owen and W. J. Padgett, A Birnbaum-Saunders accelerated life model, *IEEE Trans. Reliab.*, 49(2), 224-229, June 2000.

[4] Z. W. Birnbaum and S. G. Saunders, Estimation for a family of life distributions with applications to fatigue, *J. Appl. Probab.*, 6 (2), 328-347, August 1969.

[5] E. T. Lee and J. W. Wang, *Statistical Methods for Survival Data Analysis* (Wiley, Hoboken, New Jersey, 2003), 153-154.

[6] N. D. Singpurwalla, Statistical fatigue models: A survey, *IEEE Trans. Reliab.*, R-20 (3), 185-189, August 1971.

[7] N. R. Mann, R. E. Schafer, and N. D. Singpurwalla, *Methods for Statistical Analysis of Reliability and Life Data* (Wiley, New York, 1974), 150-155.

[8] W. Q. Meeker and L. A. Escobar, *Statistical Methods for Reliability Data* (Wiley, New York, 1998), 99-100.

[9] W. J. Owen, A new three-parameter extension to the Birnbaum-Saunders distribution, *IEEE Trans. Reliab.*, 55 (3), 475-479, September 2006.

[10] R. B. Abernethy, *The New Weibull Handbook*, 4th edition (Abernethy, North Palm Beach, Florida, 2000), 3-9.

[11] B. Dodson, *The Weibull Analysis Handbook*, 2nd edition, (ASQ Quality Press, Milwaukee, Wisconsin, 2006), 35.

第 71 章　101 块铝板(31 千磅/英寸^2)

表格 71.1 中显示的以千周为单位的故障数据,是第二批 101 矩形铝试样(条)在应力增加到 31 千磅/英寸^2 的情况下[1,2]被周期性(18 周/s)地加载至失效的数据。

表 71.1　101 件铝条的每千周(kc)故障数(31 千磅/英寸^2)

12	104	109	119	124	130	132	136	141	144	151	158	168
70	104	112	120	124	130	132	136	141	144	152	159	170
90	105	112	120	124	131	133	137	142	145	155	162	174
96	107	113	121	128	131	134	138	142	146	156	163	196
97	108	114	121	128	131	134	138	142	148	157	163	212
99	108	114	123	129	131	134	138	142	148	157	164	
100	108	114	124	130	131	134	139	142	149	157	166	
103	109	116	124	130	132	134	139	142	151	157	166	

71.1　分析 1

在第 70 章中当估计 101 件铝条在较低的 21 千磅/英寸^2 的应力下被循环至失效时的“安全寿命”时遇到的一个问题是早期致命性故障的存在。审视表 71.1,显示出在 12kc 和 17kc 时出现了一个或两个早期致命性离群值故障。在最后 196kc 和 212kc 时的两个故障也脱离了群体。将脱离群体的故障的影响以图形示于图 71.1

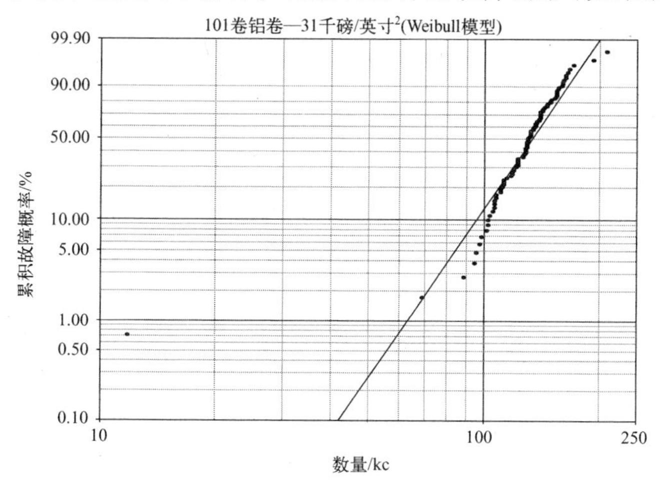

图 71.1　101 件铝条的双参数 Weibull 概率图(31 千磅/英寸^2)

中的双参数 Weibull 故障概率图中,在该图中的 4 个明显的离群值故障并未掩盖主群中的下凹状态。因为它们不适于做出可靠的安全寿命估计,所以对线性标度上的累积密度函数(CDF)图做了检查,但没有将其展现出来。该 CDF 给出了对 BS 模型的 CDF 的较好拟合[1]。

71.2　分析 2

分析铝条的循环疲劳断裂目的在于找到双参数统计寿命模型,为故障数据[1-4]提供可信的安全寿命估计值及最佳的整体拟合。如分别在图 71.2 至图 71.7 中所示出的,在双参数 Weibull 模型(β=6.19)、对数正态模型(σ=0.16)、正态模型、Gamma 模型、回归模型和对数回归模型最大似然估计(MLE)故障概率图中的前两个故障都被剔除了。各主群与各图线相拟合;不同之处出现在尾部。Weibull 模型、正态模型、回归模型及对数回归模型各图具有下凹的下尾部且表现出不适于做出安全寿命评估。要注意到,当对数正态分布的形状参数 σ<0.20 时,该对数正态分布图和正态分布图是相似的(8.7.2 节)。

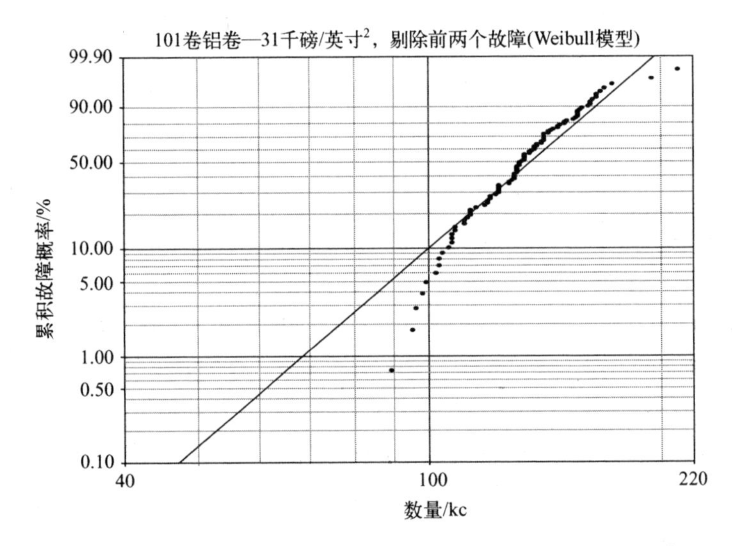

图 71.2　剔除了前两个故障的 Weibull 概率图(31 千磅/英寸²)

对数正态图(图 71.3)和 Gamma 图(图 71.5)看起来是不好区分的,而且二者在下尾处均呈线性。在 F=0.10%时,安全寿命或无故障域估计值分别是 t_{FF}(对数正态模型)= 81kc 和 t_{FF}(Gamma 模型)= 78 千周,Gamma 模型的安全寿命估计值更为保守(约为 4%)。假如将最后两个故障也剔除,那么安全寿命估计值实际上是无变化的,且其上尾处的拟合也未被改善。在表 71.2 和表 71.3 所列的统计拟合优度(GoF)检验结果中,按照r^2检验及mod KS检验,该Gamma模型是合适的;然而按照对数似然(Lk)检验,则对数正态是首选。χ^2检验通常会产生误导性的结果(8.10节)。

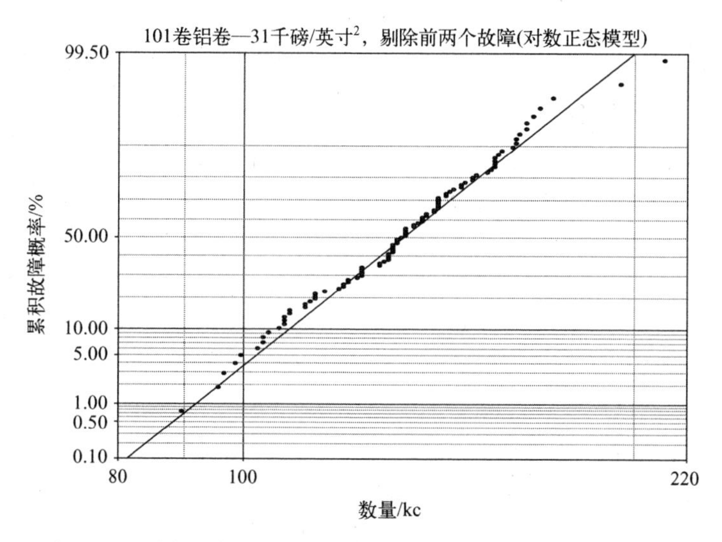

图71.3　剔除前两个故障的双参数对数正态图(31千磅/英寸²)

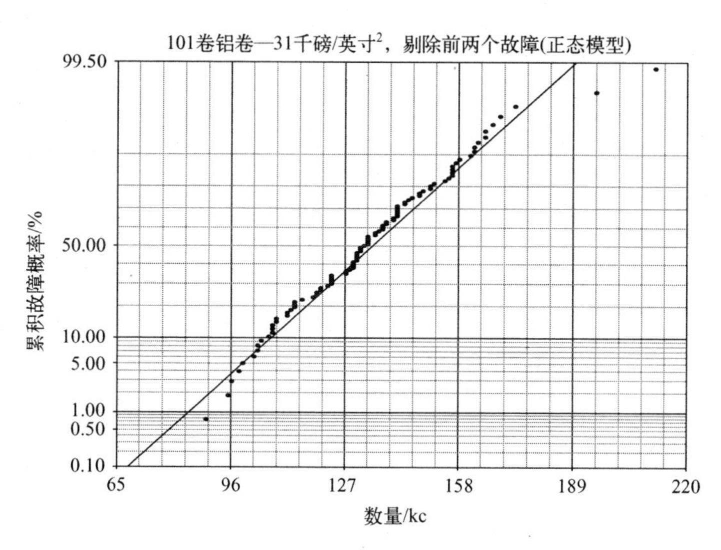

图71.4　剔除前两个故障的双参数正态分布图(31千磅/英寸²)

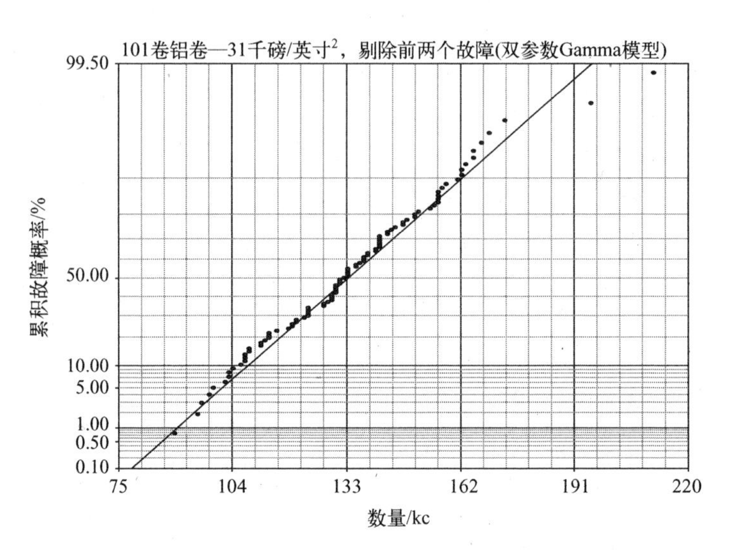

图 71.5　剔除前两个故障的双参数 Gamma 概率图(31 千磅/英寸^2)

表 71.2　剔除前两个故障的 GoF 检验结果(MLE)

检验方法	Weibull 模型	对数正态模型	正态模型
r^2(RXX)	0.9438	0.9882	0.9724
Lk	-451.0599	-442.1419	-444.0986
mod KS/%	71.4059	40.8551	21.9577
χ^2/%	3.49×10^{-3}	5.50×10^{-9}	1.01×10^{-7}

表 71.3　剔除前两个故障的 GoF 检验结果(MLE)

检验方法	Gamma 模型	指数模型	对数指数模型	三参数 Weibull 模型
r^2(RXX)	0.9934	0.9746	0.9872	0.9908
Lk	-442.3559	-443.5423	-442.8287	-442.6985
mod KS/%	23.8997	3.9592	20.3675	27.4902
χ^2/%	N/A	2.82×10^{-8}	9.00×10^{-10}	2.54×10^{-7}

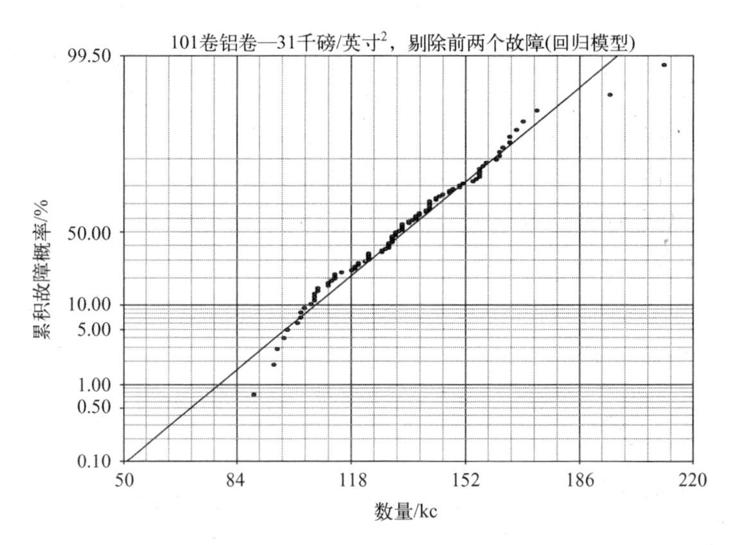

图 71.6　剔除前两个故障的双参数回归模型概率图(31 千磅/英寸^2)

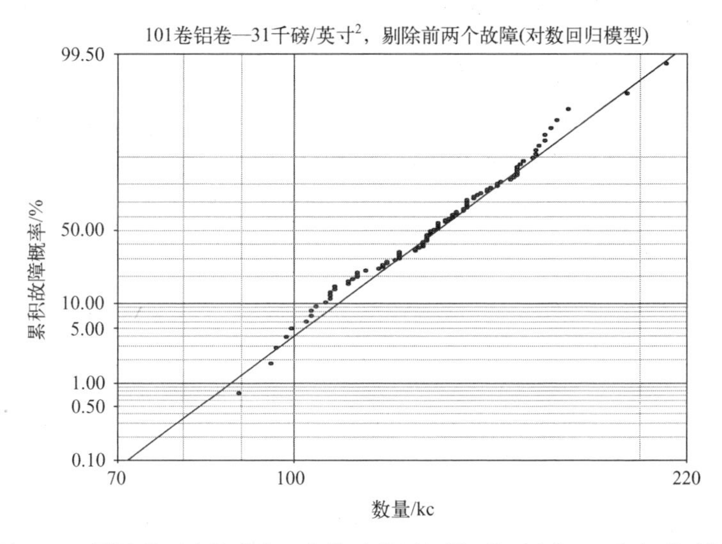

图 71.7　剔除前两个故障的双参数对数回归模型概率图(31 千磅/英寸^2)

71.3 分析 3

三参数 Weibull 模型(8.5 节)被用于缓和图 71.2 中双参数 Weibull 图的下凹曲率。相关联的故障概率(MLE)图(β=2.74)如图 71.8 所示。一些残余的下凹曲率在下尾处是显而易见的。所估计的绝对故障阈值是 t_0(三参数 Weibull 模型)= 79kc,该值与被剔除的在 12kc 和 70kc 时的早期致命性故障相矛盾。在 F=0.10%时,三参数 Weibull 模型的安全寿命或无故障域估计值是 t_{FF}(三参数 Weibull 模型)= t_0(三参数 Weibull 模型)+ 5 =79+5=84kc。假如将最后两个故障也剔除,那么安全寿命估计值实际上是不改变的,且下尾处的下凹曲率变得更为明显。在表 71.3 所含的各 GoF 检验结果中,Gamma 模型优于三参数 Weibull 模型。

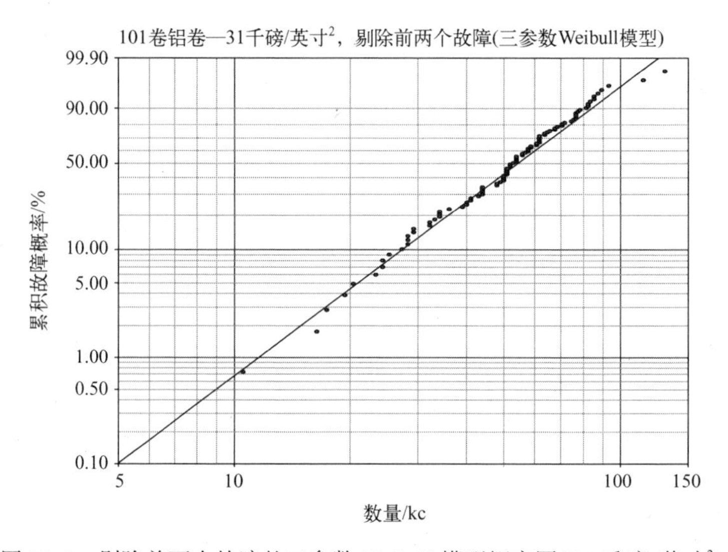

图 71.8 剔除前两个故障的三参数 Weibull 模型概率图(31 千磅/英寸^2)

71.4 结论

(1) 一个重要的目的(8.2 节)是找到能生成对样本总体中的故障数据作出最佳描述的双参数模型,从而可预计出在更大的未被利用的主群中的首次故障。如果早期致命性故障(8.4.2 节)破坏了样本数据,那么出于预测的目的,应将该早期致命性故障剔除,从而该主群(被假定为是均匀的)(8.12 节)就可以被表征了。

（2）剔除了前两个故障，双参数对数正态和 Gamma 模型从直观上看都同样是合适的。两者的安全寿命估计值为 t_{FF}(对数正态模型)= 81kc 和 t_{FF}(Gamma 模型)= 78kc；Gamma 模型的安全寿命估计值更为保守(约为 4%)。根据 r^2 检验及 mod KS 检验结果，Gamma 模型是合适的，而根据对数似然(Lk)检验，对数正态模型是首选。基于分开的拟合优度(GoF)检验结果和更为保守的安全寿命估计值，Gamma 模型为优先的选择。

（3）12kc 和 17kc 时被剔除的那两个故障值低于对数正态模型、Gamma 模型和三参数 Weibull 模型的安全寿命估计值，这一事实对于应用这些模型并非是严重的难题，因为仅有未被利用的主群的一小部分(即使被筛选)可能受到不可避免要发生的早期致命性故障的影响（7.17.1 节）。在本案例中，由于对 12kc 时的首次早期致命性故障做了筛选，因此这种循环(加载)在某种程度上结果还是良好的。

（4）拒绝三参数 Weibull 模型的理由如下：

① 直观上，对数正态模型和 Gamma 模型分布在下尾处比三参数 Weibull 模型更为合适。

② 按拟合优度检验(GoF)结果，双参数 Gamma 模型比三参数 Weibull 模型更为合适。

③ 从其他主群被循环到失效来看，没有证据支持所估计的绝对故障阈值 t_0(三参数 Weibull 模型)= 79kc，使用三参数 Weibull 模型是随意的[5,6]，并且它给出了该绝对故障阈值[6]过于乐观的最优估计。该三参数 Weibull 模型还给出了最保守的安全寿命为 84kc。

④ 数据自三参数 Weibull 分布图线下尾处的偏离表明，使用它是无保证的[7]。

⑤ 在可接受的直观的直线可被双参数对数正态模型和 Gamma 模型予以拟合的条件下，基于说明上的简练，按 Occam 剃刀原理，推荐优先选择该两个双参数模型之一而非三参数 Weibull 模型。通常情况下，模型参数越多，数据拟合目视检查和优度(GoF)检验结果越好。

参考文献

[1] Z. W. Birnbaum and S. G. Saunders, Estimation for a family of life distributions with applications to fatigue, *J. Appl. Probab.*, 6(2), 328-347, August 1969.

[2] W. J. Owen and W. J. Padgett, A Birnbaum-Saunders accelerated life model, *IEEE Trans. Reliab.*, 49 (2), 224-229, June 2000.

[3] Z. W. Birnbaum and S. G. Saunders, A new family of life distributions, *J. Appl. Probab.*, 6 (2), 319-327, August 1969.

[4] Z. W. Birnbaum and S. G. Saunders, A statistical model for life-length of materials, *J. Am. Stat. Assoc.*, 53 (281), 151-160, March 1958.

[5] R. B. Abernethy, *The New Weibull Handbook*, 4th edition (Abernethy, North Palm Beach, Florida, 2000), 3-9.

[6] B. Dodson, *The Weibull Analysis Handbook*, 2nd edition (ASQ Quality Press, Milwaukee, Wisconsin, 2006), 35.

[7] D. Kececioglu, *Reliability Engineering Handbook*, Volume 1 (Prentice Hall, New Jersey, 1991), 309.

第 72 章　102 件铝试样(26 千磅/英寸^2)

表 72.1 列出了第三组 102 件矩形铝试样(条)在 26 千磅/英寸^2 中等应力条件下[1,2]被周期性(18 周/s)地加载时的以千周(kc)为单位的故障数据。

表 72.1　102 件铝条以千周(kc)计的故障数(26 千磅/英寸^2)

233	318	342	351	363	375	395	408	420	433	452	470	490
258	321	342	352	366	376	396	408	422	437	456	473	491
268	321	342	352	367	379	400	410	423	438	456	474	503
276	329	344	356	370	379	400	412	426	439	460	476	517
290	335	349	358	370	380	400	414	428	439	464	476	540
310	336	350	358	372	382	403	416	432	443	466	486	560
312	338	350	360	372	389	404	416	432	445	468	488	
315	338	351	362	374	389	406	416	433	445	470	489	

72.1　分析 1

遵循在第 70 章中所采用的步骤,使用 6 种不同的双参数模型在线性标度上绘出累积分布函数(CDF),就像最初在第 70 章中做过的那样,利用导出的 Gamma 模型作为该数据集的似然性描述。线性标度上的双参数 Weibull 模型、对数正态模型、正态模型、Gamma 模型、回归模型以及对数回归模型最大似然估计(MLE)累积分布图分别由图 72.1 至图 72.6 给出。伯恩鲍姆-桑德斯 BS 双参数模型[1,4-6]是从裂纹增长的观点提出来的,用来为模型选择建立起更为实际的基础。在图 71.2 中的对数正态累积分布函数(CDF)类似于 BS 模型[1]的 CDF。使用对数正态累积分布函数(CDF)作为 BS 描述的替代,图 72.3 和图 72.4 中的正态累积分布函数(CDF)和回归累积分布函数(CDF)可给出更好的拟合。

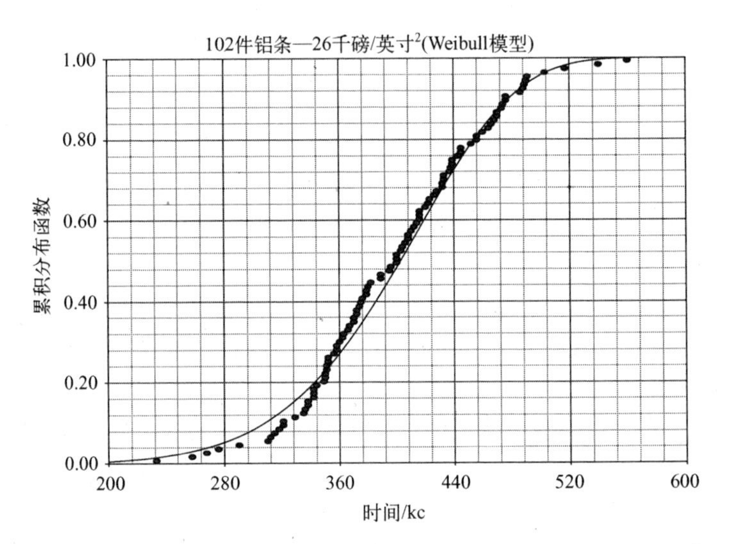

图 72.1 102 件铝条的双参数 Weibull 累积分布函数(26 千磅/英寸^2)

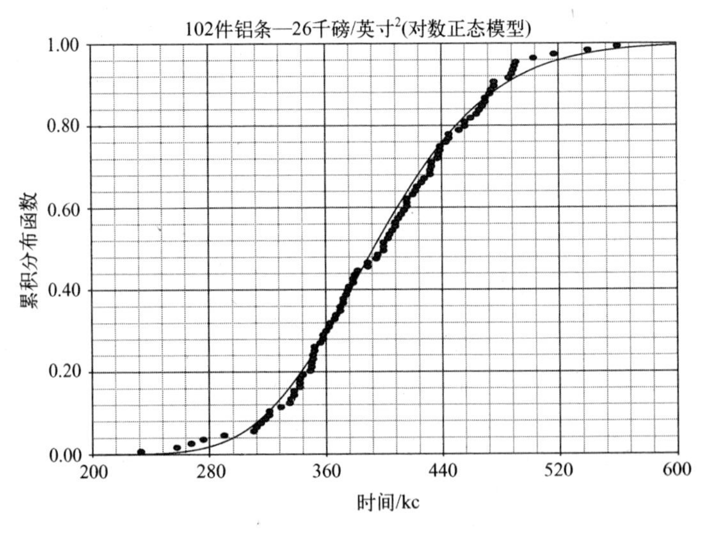

图 72.2 102 件铝条的双参数对数正态累积分布函数(26 千磅/英寸^2)

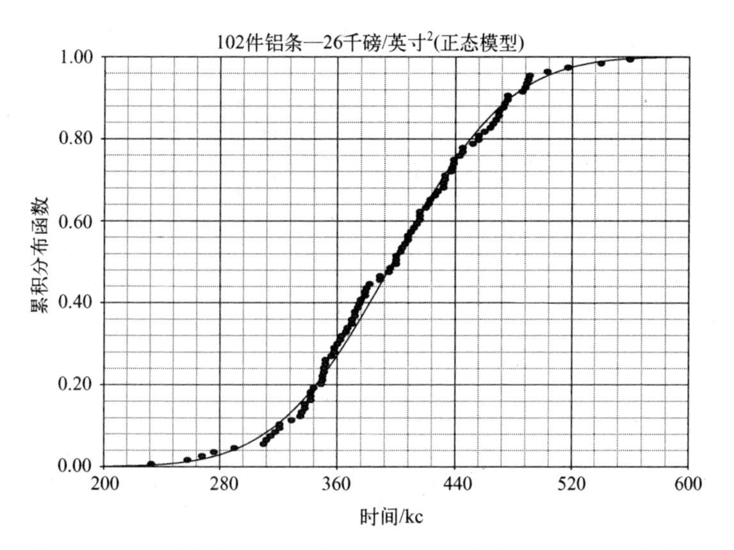

图 72.3 102 件铝条的双参数正态累积分布函数（26 千磅/英寸²）

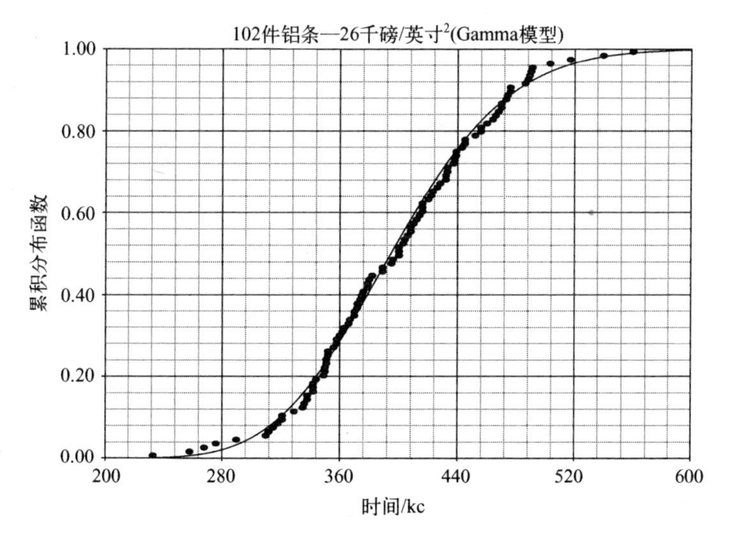

图 72.4 102 件铝条的双参数 Gamma 累积分布函数（26 千磅/英寸²）

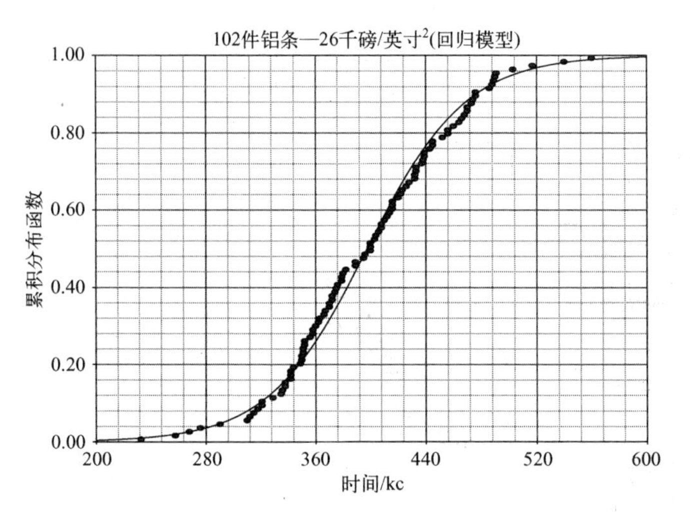

图 72.5 102 件铝条的双参数回归模型累积分布函数（26 千磅/英寸^2）

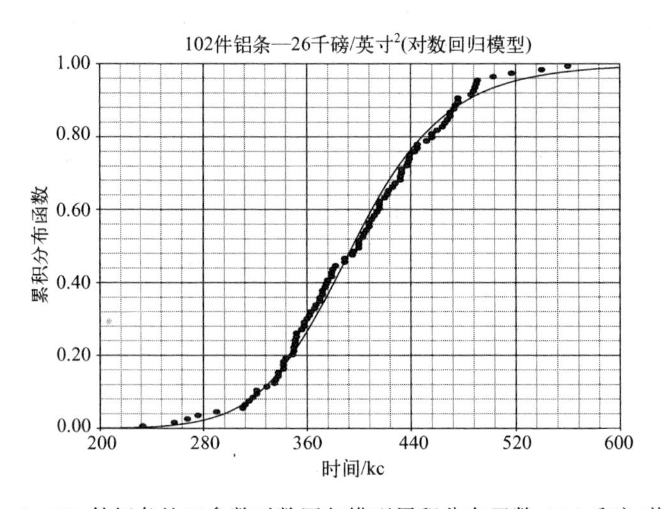

图 72.6 102 件铝条的双参数对数回归模型累积分布函数（26 千磅/英寸^2）

72.2 分析 2

双参数 Weibull 模型(β=7.01)、对数正态模型(σ=0.16)、正态模型、Gamma 模型、回归模型和对数回归模型最大似然估计(MLE)故障概率图分别绘于图 72.7 至图 72.12 中。Weibull 分布是下凹的；其他分布中的主数组与图线拟符合。相似的正态和回归模型在下尾和上尾处给出了较好的表征。回归模型描述在下尾处的轻微下降从直观上有利于支持正态模型。r^2模型、最大对数似然(Lk)模型及 mod KS 检验等的结果,列于表 72.2 和表 72.3 中的统计拟合优度(GoF)检验结果倾向于支持正态模型而非回归模型;χ^2检验结果经常具有误解性(8.10 节)。要注意到当对数正态形状参数 $\sigma<0.20$ 时,对数正态模型和正态模型描述可能显得是相似的(8.7.2 节)。在 $F=0.10\%$时的安全寿命或无故障域估计值为 t_{FF}(正态模型)= 205kc 和 t_{FF}(回归模型) = 150kc。

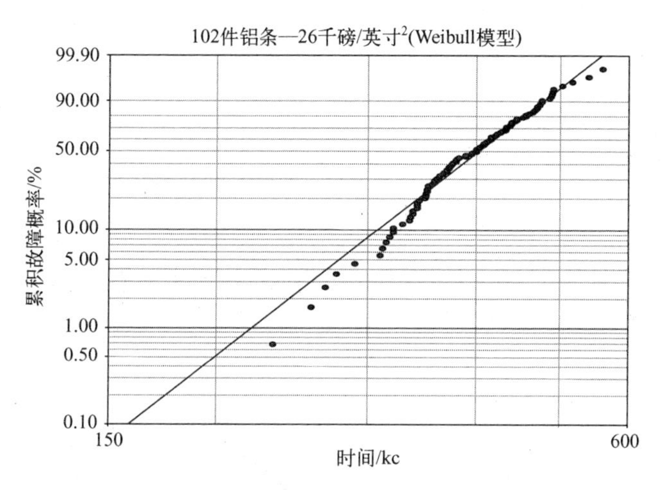

图 72.7　102 件铝条的双参数 Weibull 概率图(26 千磅/英寸²)

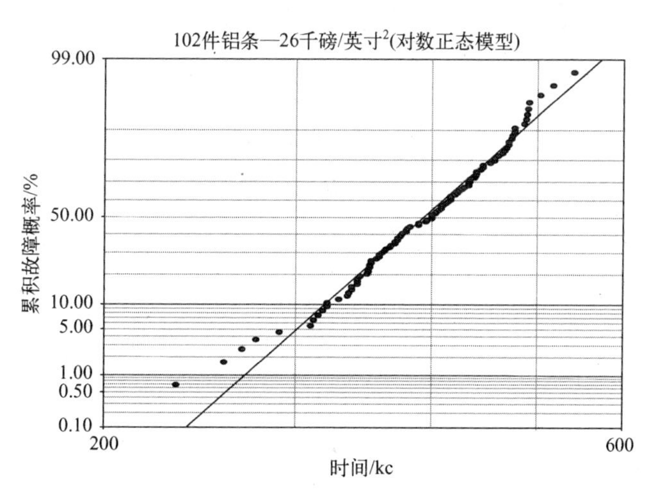

图 72.8　102 件铝条的双参数对数正态概率图(26 千磅/英寸²)

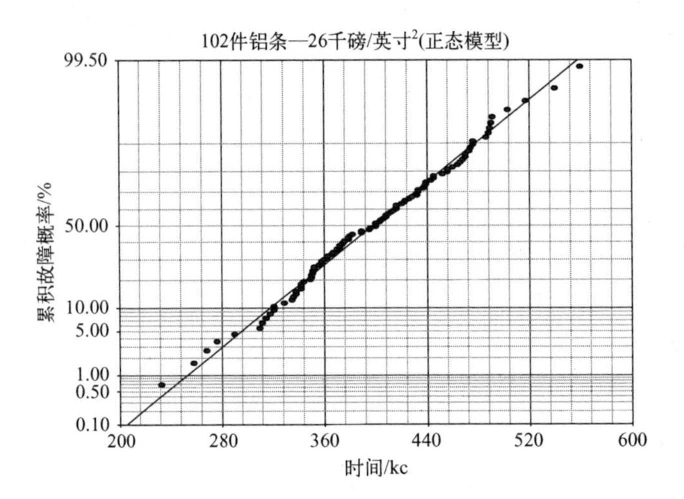

图 72.9 102 件铝条的双参数正态概率图(26 千磅/英寸^2)

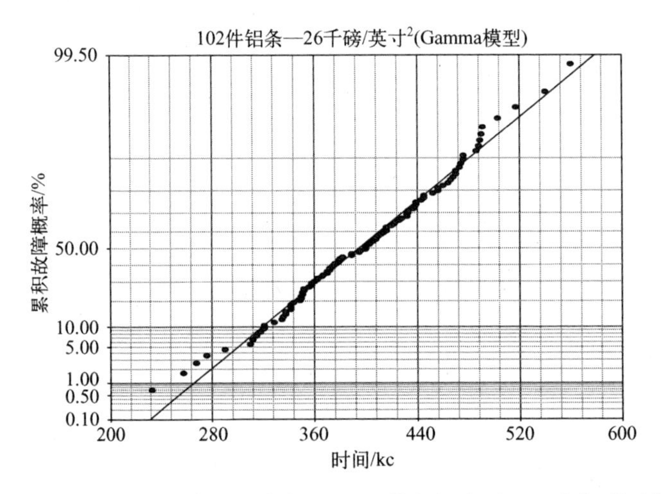

图 72.10 102 件铝条的双参数 Gamma 模型概率图(26 千磅/英寸^2)

表 72.2 102 件铝条的 GoF 检验结果(MLE)

检验方法	Weibull 模型	对数正态模型	正态模型
r^2(RXX)	0.9807	0.9799	0.9938
Lk	−567.8042	−567.6580	−565.7314
mod KS/%	26.5308	3.7034	3.9590
χ^2/%	6.09×10^{-5}	1.76×10^{-6}	1.04×10^{-6}

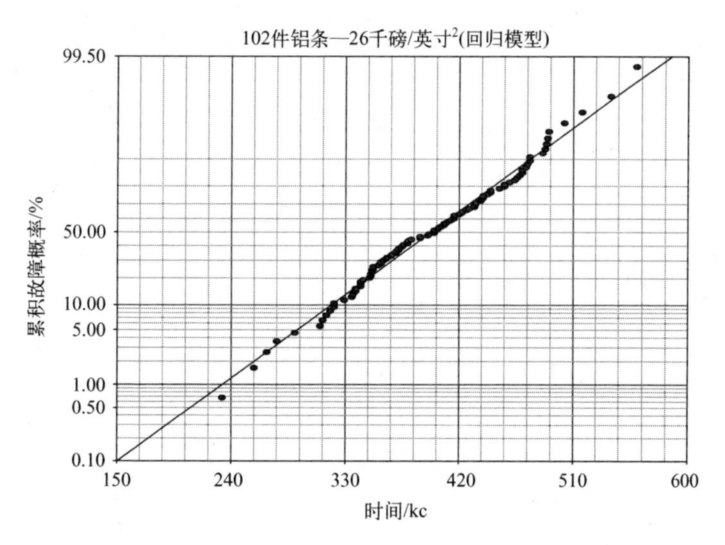

图 72.11　102 件铝条的双参数回归模型概率图(26 千磅/英寸²)

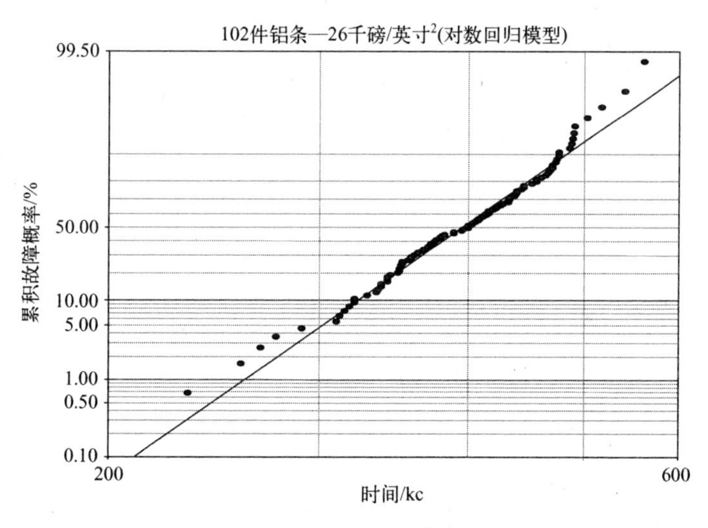

图 72.12　102 件铝条的双参数对数回归模型概率图(26 千磅/英寸²)

表 72.3　102 件铝条的 GoF 检验结果(MLE)

校验方法	Gamma 模型	回归模型	对数回归模型
r^2(RXX)	0.9862	0.9904	0.9797
Lk	−566.5720	−567.1748	−567.9438
mod KS/%	0.3017	11.0361	1.8234
χ^2/%	N/A	1.73×10^{-7}	2.97×10^{-8}

72.3 分析 3

假定第 70 章中在 21 千磅/英寸^2 和第 71 章中在 31 千磅/英寸^2 应力下 Gamma 模型具有好的结果,那么 Gamma 模型在 26 千磅/英寸^2 的中等应力水平时未显现出是合适的则是异常的,因为铝条以三种应力水平被循环到失效都是完全相同的,而且都是由 6061-T6 铝制薄板顺平行于滚压的方向切割而成的[3]。

图 72.8、图 72.10 和图 72.12 中的对数正态模型、Gamma 模型和对数回归模型图线中的前 5 个故障均在其下尾处位于图线的上方并且相对于主群是偏离该群的。假如剔除前 5 个故障,那么对数正态模型、Gamma 模型和对数回归模型分布在下尾处呈下凹状。作为备选方案,考虑将表 72.1 中列出的第一个故障作为早期致命性故障进行有选择性的剔除的后果是具有启发性的,因为它离第二个故障有些远。在第 70 章和第 71 章中也出现并剔除了早期致命性故障。

剔除了第一个故障,双参数 Weibull 模型($\beta = 7.15$)、对数正态模型($\sigma = 0.15$)、正态模型、Gamma 模型、回归模型和对数回归模型最大似然估计(MLE)故障概率图分别如图 72.13 至图 72.18 所示。直观上正态模型描述的线性拟合较之 Gamma 模型描述的线性拟合更为合适。尽管表 72.4 和表 72.5 中所列的拟合优度(GoF)检验各结果中按 r^2 检验结果选择正态模型,但是根据对数似然(Lk)检验和 mod KS 检验结果,Gamma 模型描述是首选;mod KS 检验对在尾部偏离某个分布图线显得敏感。在 $F = 0.10\%$ 时,安全寿命或无故障域值估计值为 t_{FF}(Gamma 模型)= 238kc 和 t_{FF}(正态模型)= 214kc,仅高过剔除前 t_{FF}(正态模型)= 205kc 的估计值 4.4%。

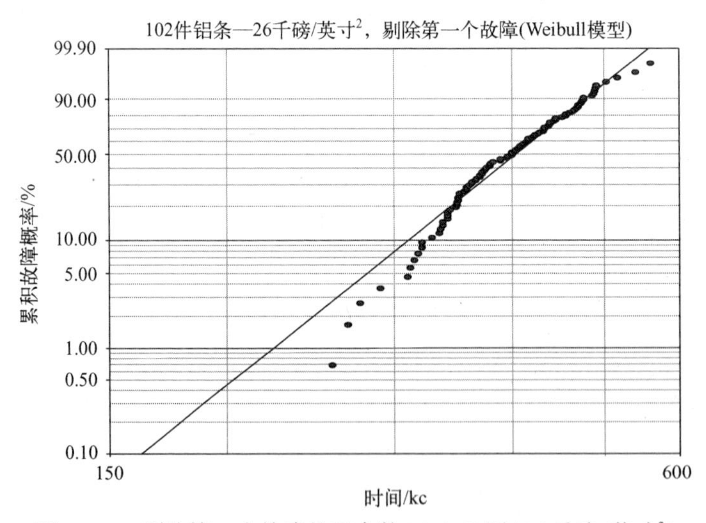

图 72.13 剔除第一个故障的双参数 Weibull 图(26 千磅/英寸^2)

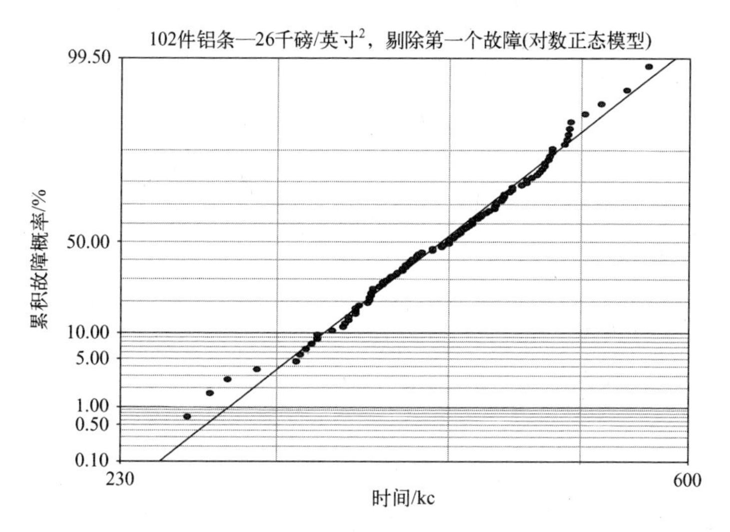

图 72.14　剔除第一个故障的双参数对数正态图(26 千磅/英寸²)

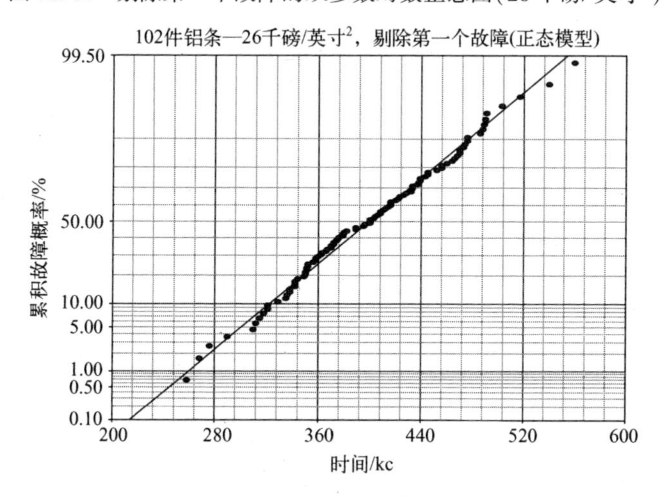

图 72.15　剔除第一个故障的双参数正态图(26 千磅/英寸²)

表 72.4　剔除第一个故障的 GoF 检验结果(MLE)

检验方法	Weibull 模型	对数正态模型	正态模型
r^2(RXX)	0.9686	0.9890	0.9930
Lk	-560.0560	-557.5387	-557.0190
mod KS/%	33.9017	1.0742	12.6812
χ^2/%	6.02×10^{-5}	8.62×10^{-8}	1.71×10^{-7}

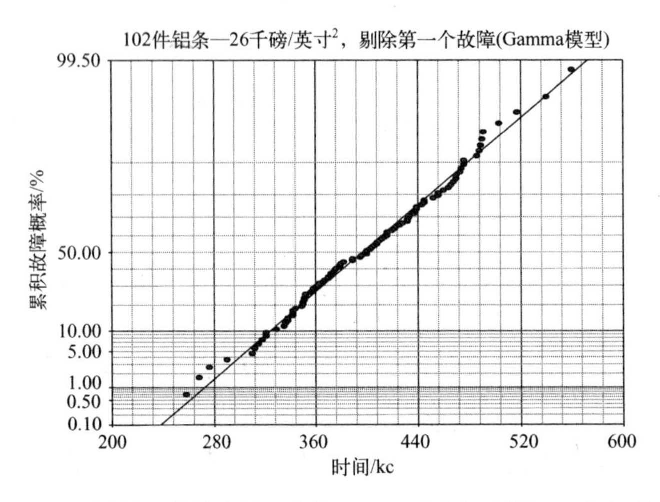

图 72.16 剔除第一个故障的双参数 Gamma 分布概率图(26 千磅/英寸²)

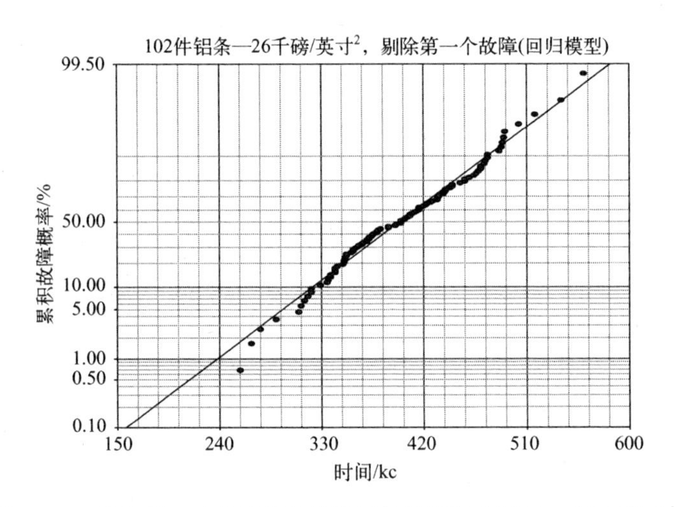

图 72.17 剔除第一个故障的双参数回归模型概率图(26 千磅/英寸²)

表 72.5 剔除第一个故障的 GoF 检验结果(MLE)

校验方法	Gamma 模型	回归模型	对数回归模型
r^2(RXX)	0.9815	0.9866	0.9841
Lk	-557.0073	-558.9322	-559.0046
mod KS/%	0.3612	16.3519	3.4292
χ^2/%	N/A	1.09×10^{-7}	1.14×10^{-8}

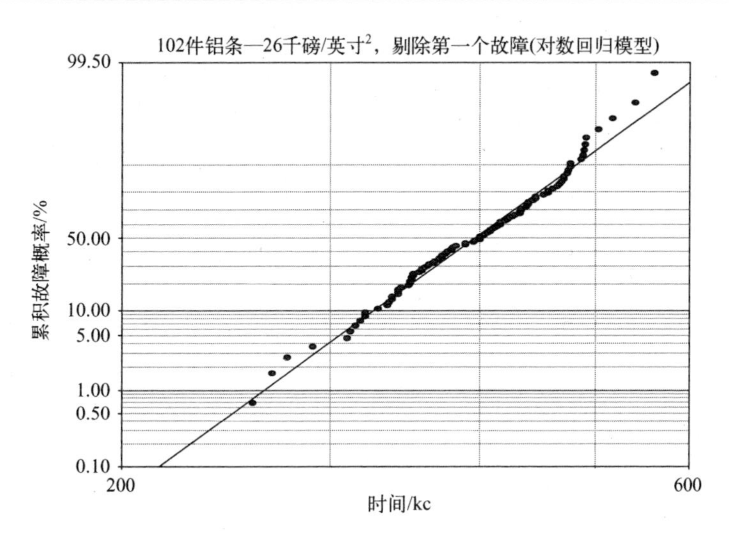

图72.18 剔除第一个故障的双参数对数回归模型概率图(26千磅/英寸^2)

72.4 结论

(1) 基于直观观察及三个可信的拟合优度(GoF)检验结果,双参数正态模型要比回归模型更适合。在$F=0.10\%$时相关联的安全寿命为t_{FF}(正态模型)=205kc。

(2) 随着有意识地剔除表72.1中作为早期致命性故障的第一个故障,直观上看正态模型是适合的,而按分开的拟合优度(GoF)检验结果Gamma模型又是适合的。所估计的在$F=0.10\%$时的安全寿命为t_{FF}(正态模型)=214kc和t_{FF}(Gamma模型)=238kc。

(3) 不剔除时双参数正态模型是首选模型。在剔除后,正态模型的安全寿命估计值仅高了4.4%,这表明,表72.1中的第一个故障并未有损于该模型的选择,而不管剔除第一个故障是否是合理的。无论是否剔除,该双参数正态模型都是最佳选择。

72.5 结论:三种应力水平(21,26和31kpsi)

(1) 要在$F=0.10\%$时获得可信的安全寿命估计值,需在第70章中剔除一个早期致命性故障,在第71章中剔除两个,而在第72章中无需剔除。

(2) 在第70章中剔除早期致命性故障,双参数Gamma模型是无异议的首选。在第71章中剔除两个早期致命性故障,双参数Gamma模型是首选,但也可以选定双参数对数正态模型。在第72章中未做剔除,双参数正态模型是首选。为了使双参数Gamma模型能成为第72章中首选的正态模型的竞争者,需要将第一个故障作为早期致命性故障有意识地剔除。

(3) 针对静态的和循环性的疲劳,对于 Weibull 模型、对数正态模型、Gamma 模型和 BS 模型,各统计寿命模型的选择都试图提供其物理意义上的论据(8.16 节)。得到广泛使用的 Weibull 模型和 BS 模型都不能为处于三种应力水平中的任何一种水平下的循环性疲劳故障提供可接受的描述。

参考文献

[1] Z. W. Birnbaum and S. G. Saunders, Estimation for a family of life distributions with applications to fatigue, *J. Appl. Probab.*, 6(2), 328-347, August 1969.

[2] W. J. Owen and W. J. Padgett, A Birnbaum-Saunders accelerated life model, *IEEE Trans. Reliab.*, 49 (2), 224-229, June 2000.

[3] Z. W. Birnbaum and S. G. Saunders, A statistical model for life-length of materials, *J. Am. Stat. Assoc.*, 53 (281), 151-160, March 1958.

[4] Z. W. Birnbaum and S. G. Saunders, A new family of life distributions, *J. Appl. Probab.*, 6 (2), 319-327, August 1969.

[5] N. D. Singpurwalla, Statistical fatigue models: A survey, *IEEE Trans. Reliab.*, R-20 (3), 185-189, August 1971.

[6] N. R. Mann, R. E. Schafer, and N. D. Singpurwalla, *Methods for Statistical Analysis of Reliability and Life Data* (Wiley, New York, 1974), 150-155.

第73章　104个砷化镓激光器

由12个连续生长的晶片制造的半导体砷化镓激光器经过筛选以剔除带有明显缺陷的激光器。从剩余的总体中随机挑选104个并作为随后进行的故障使之在同样的条件下经受10h的老炼。在10h的老炼过程中,有14个激光器失效。表73.1给出了104个激光器以小时(h)计的故障时间,其中包括在老炼过程中失效的14个激光器的寿命,所有的激光器都在干燥的氮气环境中以提升的温度按连续波的方式工作,体现了50年的运行期。发生在10080h和19979h的最后两个故障时间在后来被记录下来[1],并且在稍后被写入报告[2]。

表73.1　104个砷化钾激光器的故障时间(h)

0.09	6	175	410	510	730	1055	2030	3145
0.11	8	180	425	540	770	1090	2105	3699
0.20	30	225	429	574	785	1230	2144	4240
0.60	40	245	431	576	850	1295	2145	4540
1.00	45	250	432	577	861	1445	2185	4645
1.40	50	297	437	619	935	1485	2360	6183
1.49	66	299	439	620	936	1533	2485	10,080
1.51	67	301	450	630	944	1560	2700	19,979
1.90	68	314	459	685	980	1578	2889	
2.10	80	320	461	690	981	1670	2904	
4	150	370	475	700	1019	1905	2930	
5	170	385	485	715	1020	1945	3050	

73.1　分析1

双参数Weibull模型($\beta=0.59$)和对数正态模型($\sigma=2.53$)最大似然估计(MLE)故障概率图分别见图73.1和图73.2。没有给出具有明显下凹数据的双参数正态图示。直观上看,Weibull图示中的故障主体较之对数正态图示中的故障更好地符合对应的图线,就像表73.2中所列出的统计拟合优度(GoF)检验结果所证实的那样。超过约400h,对数正态数列显现出趋于线性分布,而Weibull数组却是下凹的。

表 73.2 104 个激光器的 GoF 检验结果(MLE)

检验方法	Weibull 模型	对数正态模型
r^2(RXX)	0.9405	0.8369
Lk	−817.4934	−837.6730
mod KS/%	93.4550	99.9870
χ^2/%	3.60×10^{-9}	1.01×10^{-6}

图 73.1 和图 73.2 中前 14 个位于图线上方的故障是被剔除于最初的表征之外的早期致命性故障,因为它们未通过老炼筛选。将这些故障归类为早期致命性故障,通过表 73.1 的检验得到证实。优先考虑双参数 Weibull 模型是暂时性的,因为早期致命性故障的出现使得图 73.1 和图 73.2 中所示的图线方向有所偏斜。

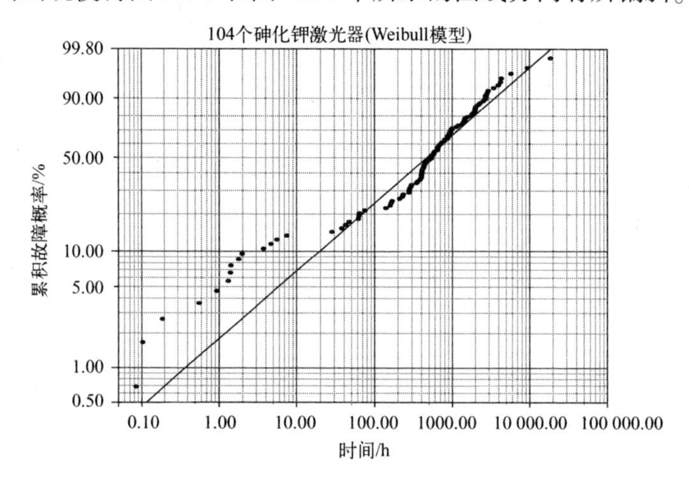

图 73.1 104 个砷化钾激光器的双参数 Weibull 故障概率图

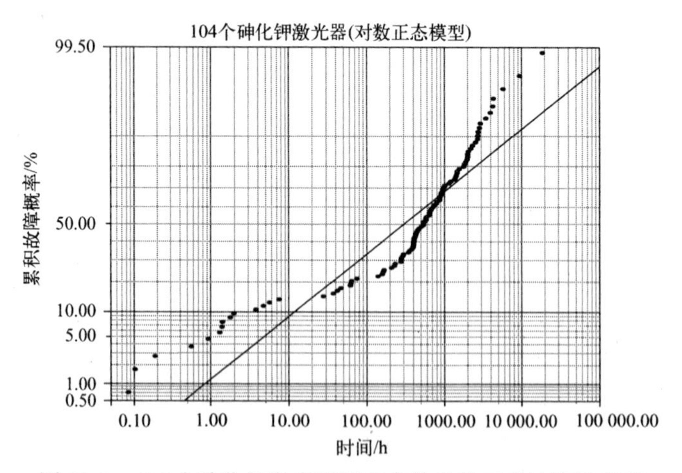

图 73.2 104 个砷化钾激光器的双参数对数正态故障概率图

73.2　分析2

如同在第58章和第67章中那样,图73.1促使考虑使用Weibull混合模型(8.6节)。具有两个子群的混合模型如图73.3所示,每个子群都用双参数Weibull模型予以描述。Weibull混合模型需要5个独立参数,形状参数和子群分数为$\beta_1=0.92$,$f_1=0.114$和$\beta_2=0.80$,$f_2=0.886$,且$f_1+f_2=1$。所估计的早期致命性故障的子群大小为$N_1=(104)(0.114)=11.86\approx12$。该估计值与图73.1至图73.3的直观观察不相符,从这些图上看到的早期致命性故障子群的大小为$N_1=14$。

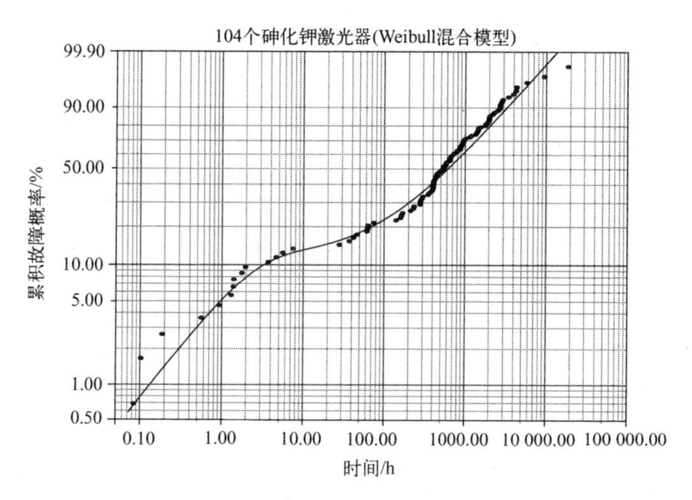

图73.3　104个砷化钾激光器的Weibull混合模型故障概率图

73.3　分析3

图73.4和图73.5分别展示了双参数Weibull模型($\beta=0.84$)和对数正态模型($\sigma=1.24$)最大似然(MLE)故障概率图,图中包括在老炼过程中被剔除的前14个失效的激光器。Weibull数据是下凹的,而对数正态数据则与图线相当符合。直观上表73.3中拟合优度(GoF)检验结果倾向于对数正态模型。不考虑图73.5中剔除的早期致命性故障子群,其数据的线性特征与单一的主导故障机理的存在是一致的[1]。

表 73.3 剔除前 14 个故障的 GoF 检验结果(MLE)

检验方法	Weibull 模型	对数正态模型	三参数 Weibull 模型
r^2(RXX)	0.9618	0.9799	0.9783
Lk	-743.0604	-738.4267	-739.5240
mod KS/%	48.7165	33.1001	45.1655
χ^2/%	5.94×10^{-3}	4.08×10^{-5}	1.81×10^{-3}

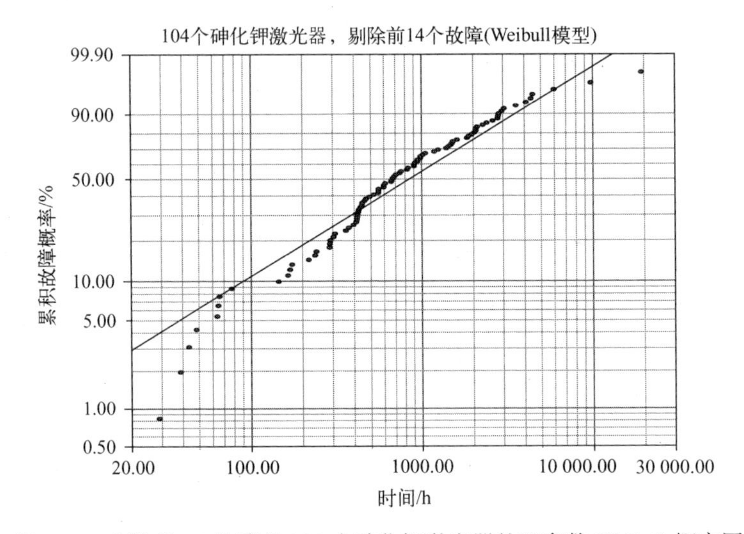

图 73.4 剔除前 14 故障的 104 个砷化钾激光器的双参数 Weibull 概率图

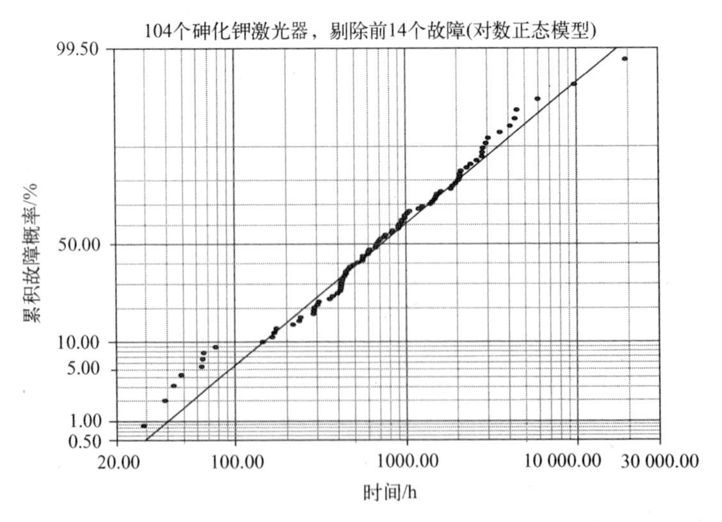

图 7.5 剔除前 14 个故障的 104 个砷化钾激光器的双参数对数正态概率图

73.4　分析4

三参数Weibull模型(8.5节)的应用受到图73.4中的下凹曲率的启发。图73.6中给出的三参数Weibull模型($\beta=0.80$)最大似然估计故障概率图与直线相拟合,其绝对故障阈值为t_0(三参数Weibull模型)=25.5h,如垂直点划线所强调的。与图73.4相对照表明,尽管剔除了前8个故障时间,但主群中的下凹曲率并未受到影响。在图73.6中4.5h处的第一个故障是通过表73.1中在30h处第一个未被剔除的故障(时间)减去t_0(三参数Weibull模型)=25.5h后得到的。目视观察和表73.3中的统计拟合优度(GoF)检验结果都支持图73.5的双参数对数正态模型,而非图73.6的三参数Weibull模型。注意14个被剔除的故障都处在绝对故障阈值t_0(三参数Weibull模型)=25.5h的下方,该阈值是利用三参数Weibull模型估计出来的。

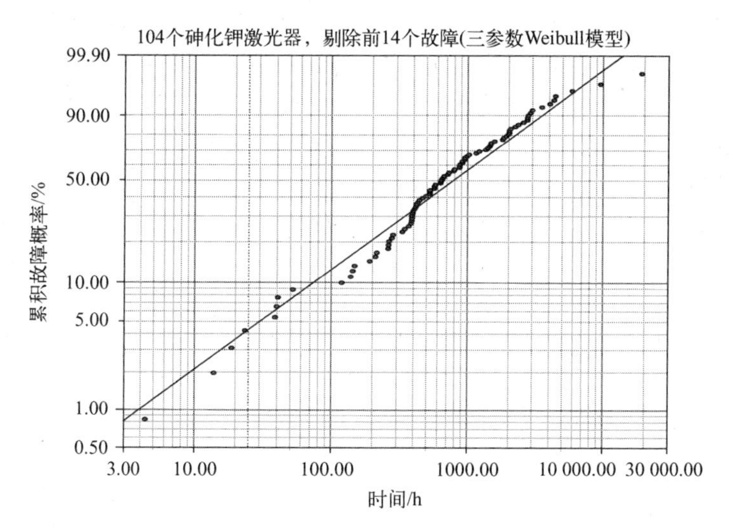

图73.6　剔除前14个故障的104个砷化钾激光器的的三参数Weibull概率图

73.5　分析5

分析作为两个对数正态子群的混合群的103个(除了最后一个以外的全部)砷化镓激光器的故障[3]。所估计的早期致命性故障子群分数为$f_1=0.137$(RRX)和$f_1=0.150$(MLE),其相关联的早期致命性故障群的大小为$N_1=(0.137)(103)=14.1\approx14$(RRX)和$N_1=(0.150)(103)=15.45\approx15$

(MLE)。对 $N_1 = 14$ 的案例在先前的分析中做了处理。当 $N_1 = 15$ 时,相对于图 73.4和图 73.5 在故障概率图中没有显著的直观上的差异。拟合优度(GoF)检验结果继续支持双参数对数正态模型作为主要的长寿命子群的首选。正如在文献[3]中做过的分析那样,针对 103 个故障中剔除前 15 个故障的早期致命性故障和主群的故障率图可见文献[4]。

73.6 分析 6

如前所示,"不是期望每一最后的早期致命性故障到了任意的 10h 中止时刻都会发生……"[1]。例如,图 73.4 中的前 8 个故障时间可被看作影响了图线的方向,而图 73.5 中同样的前 8 个故障时间则处于图线的上方,并且有些可能代表剩余的早期致命性子群。除了原来的 14 个老炼失效外,另外的 6 个故障可能会被武断地归类为要剔除的早期致命性故障。

图 73.7 和图 73.8 分别示出了剔除掉前 20 个故障的 Weibull 模型($\beta = 0.91$)和对数正态模型($\sigma = 1.04$)最大似然估计故障概率图。图 73.1 所示主群中的下凹曲率在图 73.7 中被展现。在图 73.8 中,数组与图线相符。目视检查和表 73.4 中的拟合优度(GoF)检验结果继续支持双参数对数正态模型。图 73.7 和图 73.8 中的最后两个故障是离群值,并通过表 73.1 所做的检验证实。超过 20000h 的对数正态故障率图如图 73.9 所示。除了前两个故障,三参数 Weibull 模型的使用未对图 73.7 中的分布产生影响。

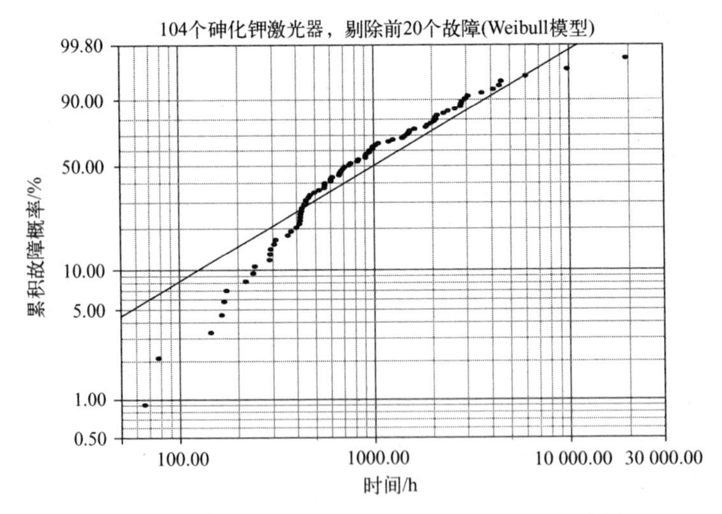

图 73.7 剔除前 20 个故障的双参数 Weibull 概率图

表 73.4　剔除前 20 个故障的 GoF 检验结果(MLE)

检验方法	Weibull 模型	对数正态模型
r^2(RXX)	0.9201	0.9868
Lk	−701.3474	−690.6034
mod KS/%	72.0950	2.0569
χ^2/%	2.42×10^{-1}	7.78×10^{-5}

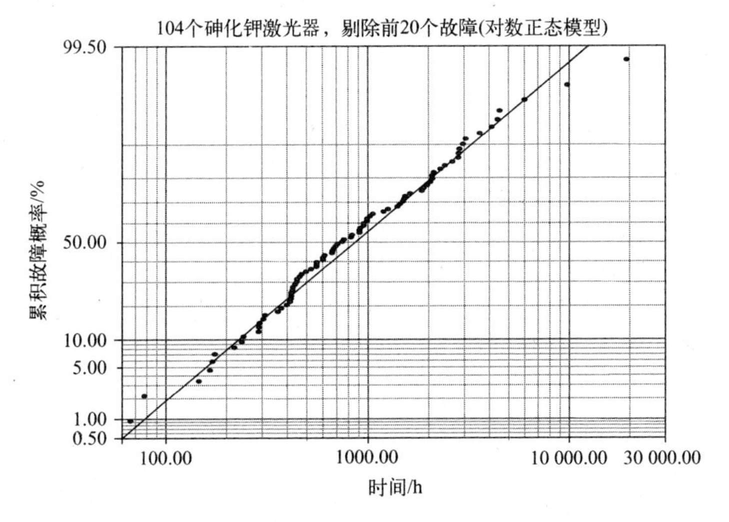

图 73.8　剔除前 20 个故障的双参数对数正态概率图

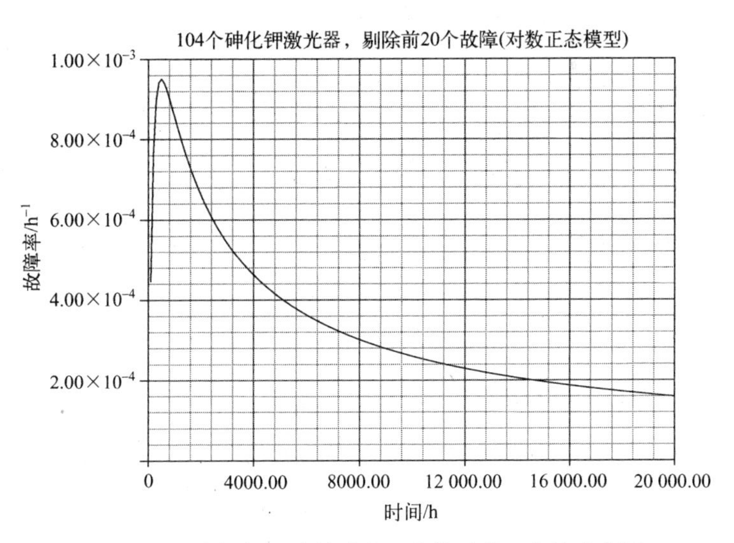

图 73.9　剔除前 20 个故障的双参数对数正态故障率图

73.7 分析 7

有个模型被提出[2]用以解释半导体激光器故障的对数正态概率分布(6.3.2.4节)。处在约束有源区一层中的某个缺陷的复合辅助扩散受控于从有源区逸出的电子数目(图 6.3),这些电子克服了屏蔽层高度 E_1。在缺陷处逸出并变成非辐射复合能用的数目是玻耳兹曼常数,这取决于导带能量步进高度 E_1。正好位于约束层内的电子浓度可以用下式描述:

$$n=\exp\left[-\frac{E_1}{kT}\right] \tag{73.1}$$

为了保持光功率输出恒定,激光电流测量的复合辅助下降率 R 为

$$R\propto n=\exp\left[-\frac{E_1}{kT}\right] \tag{73.2}$$

故障寿命 τ 与逐渐下降率关系由下式给出:

$$\tau\propto\frac{1}{R}\propto\exp\left[\frac{E_1}{kT}\right] \tag{73.3}$$

因此

$$\ln\tau\propto E_1 \tag{73.4}$$

假设由于组成上的差异导致的激光器之间在 E_1 方面存在的差异是在故障概率分布中所观察到的各寿命有差别的主因,并且假设步进高度 E_1 在各激光器中是正态分布的,根据式(73.4)可以看出,$\ln\tau$ 是正态分布的,因此 τ 是对数正态分布的。

73.8 结论

(1) 基于图 73.1 和图 73.2 及表 73.2 中的拟合优度(GoF)检验结果以双参数 Weibull 模型作为首选的暂时选择是不正确的。14~20 个早期致命性故障的出现使所做出的选择存在偏颇。

(2) 一个重要的目标(8.2 节)是找到能给出样本总体中故障数据的最佳描述的双参数模型,根据它可以预计在成熟组件更大的未被利用的母体中的第一个故障。假如早期致命性故障败坏了样本故障数据(8.4.2 节),则出于预计目的应将该早期致命性故障予以剔除,这样就可以表征该主群(假定是同质的)了。

(3) 剔除了在最初的老炼筛选中未过关的 14 个激光器,根据目视检查及拟合优度(GoF)检验结果,较之双参数模型和三参数 Weibull 模型,双参数对数正态模型是首选。

(4) 在剔除了数据的图 73.6 中,三参数 Weibull 图下尾处数据的偏离和主要部

分的下凹曲率,在本质上与图73.4双参数Weibull图中的情况完全相同,这表明三参数Weibull模型的应用是无保证的。

(5) 在关于绝对故障阈值t_0(三参数Weibull模型)=25.5h的论证缺少支持性证据的情况下,对三参数Weibull模型的应用是随意的[6,7],而且它提供的绝对故障阈值的估计过于乐观,正如被剔除的处于绝对故障阈值t_0(三参数Weibull模型)=25.5h下方的14个故障时间所突显的那样。

(6) 不论是否明确地做了阐述,对于使用三参数Weibull模型的典型论据就是在故障发生之前其故障机理需要时间。然而,在具有下凹曲率的双参数Weibull故障概率图的每一案例的应用中,这种事实上的正确性并未得到广泛认可,尤其是因为双参数对数正态模型可以为剔除了的故障数据提供可接受的直线拟合。

(7) 当三参数Weibull形状参数满足$\beta<1$时,使用该模型表征故障率下降的群与绝对故障阈值的预计结果不一致,因为预期故障要发生于(或接近于)$t=0$时刻(图6.1)。

(8) 如果双参数对数正态模型和三参数Weibull模型的直线拟合与拟合优度(GoF)检验结果大体上相似,则基于解释的简单性,可根据Occam剃刀原则推荐选择双参数对数正态模型。可以接受的双参数模型描述相对于三参数模型的类似描述而言更合适。一般来说,模型参数越多,对数据的目视检查和拟合优度(GoF)检验结果越好。

参考文献

[1] W. B. Joyce, R. W. Dixon, and R. L. Hartman, Statistical characterization of the lifetimes of continuously operated (Al, Ga) As double-heterostructure lasers, *Appl. Phys. Lett.*, 28(11), 684-686, June 1976.

[2] W. B. Joyce et al., Methodology of accelerated aging, *AT&T Tech. J.*, 64 (3), 717-764, March 1985.

[3] E. B. Fowlkes, Some methods for studying the mixture of two normal (lognormal) distributions, *J. Am. Stat. Assoc.*, 74 (367), 561-575, September 1979.

[4] F. R. Nash et al., Selection of a laser reliability assurance strategy for a long-life application, *AT&T Tech. J.*, 64 (3), 671-715, 689, March 1985.

[5] D. Kececioglu, *Reliability Engineering Handbook*, Volume 1 (Prentice Hall, New Jersey, 1991), 309.

[6] R. B. Abernethy, *The New Weibull Handbook*, 4th edition (Abernethy, North Palm Beach, Florida, 2000), 3-9.

[7] B. Dodson, *The Weibull Analysis Handbook*, 2nd edition (ASQ Quality Press, Milwaukee, Wisconsin, 2006), 35.

第 74 章　107 个无线电发射机

表 74.1 中所列的是一家商业航空公司的 ARC-1 甚高频(VHF)发射—接收机(TRX)单元的 107 件类型 1“未确证”的故障时间(h)。未确证故障的直方图表明指数模型可能适用[1]。

表 74.1　107 个无线电 TRX 的故障时间(h)

8	40	88	112	136	176	232	304	400
8	48	88	112	136	176	240	304	424
8	48	88	112	144	184	246	304	440
16	56	88	112	144	184	248	312	456
16	56	96	112	152	184	256	320	472
24	64	96	114	152	200	256	320	472
24	64	104	114	160	200	256	344	480
24	72	104	120	168	208	272	360	512
24	72	104	120	168	208	272	368	560
32	72	104	120	168	216	272	368	584
32	80	104	128	168	216	280	392	616
40	80	104	136	176	224	288	392	

74.1　分析 1

图 74.1 和图 74.2 分别给出了双参数 Weibull 模型($\beta=1.35$)及对数正态模型($\sigma=0.95$)的最大似然估计(MLE)故障概率。没有示出下凹的正态模型分布。图 74.2中的对数正态分布图展示了上凹的分布,表明 Weibull 模型有可能如图 74.1 所证实的那样会是首选。对 Weibull 模型直观上的选择得到了表 74.2 中的统计拟合优度检验(GoF)的强力支持。

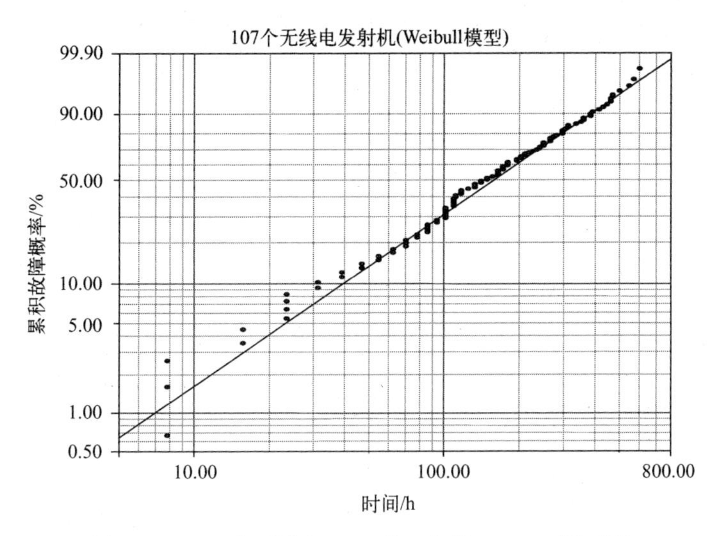

图 74.1　107 个无线电 TRX 的双参数 Weibull 概率图

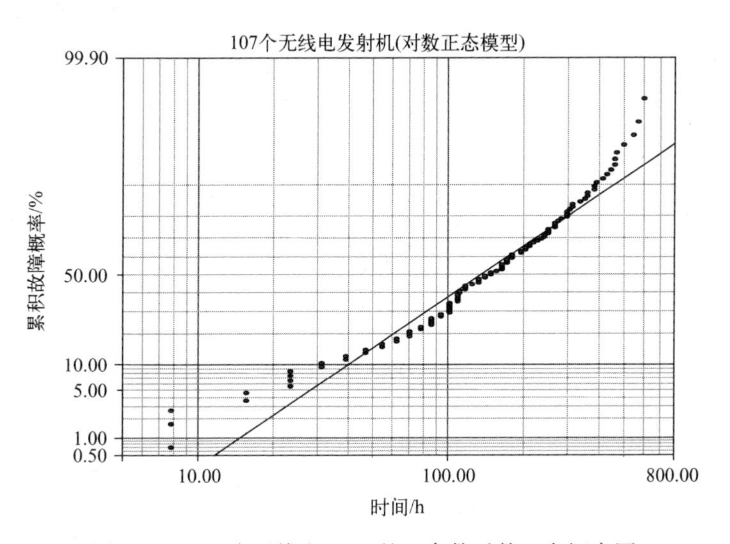

图 74.2　107 个无线电 TRX 的双参数对数正态概率图

表 74.2　GoF 检验结果(MLE)

检验方法	Weibull 模型	对数正态模型	指数模型
r^2(RXX)	0.9888	0.9388	—
Lk	-662.2772	-671.4375	-669.1031
mod KS/%	4.0551	82.0398	97.1286
χ^2/%	2.66×10^{-8}	4.46×10^{-7}	4.05×10^{-2}

74.2 分析 2

用指数模型描述 TRX 的故障是合理的。对各个单元通过修理失效的组件或替换失效的组件予以维修,因而该机载单元的总体会包含处于“分散耗损状态”中的组件。各个组件会展现出多种故障分布(如 Weibull 分布、对数正态分布或 Gamma 分布),“但是随着各组件处于随机耗损阶段,某个……(单元)在任何的运行期间都具有同等的可能失效的机会[3]”。被修理的或被替换的组件可在各随机时刻进入服务。

关于对未经证实的故障可以用单参数指数模型(即其形状参数 $\beta=1.00$ 的双参数 Weibull 模型)予以表征的意见在图 74.3 中进行了检验。相对于图 74.1 中的 Weibull 模型($\beta=1.35$),目视检查和表 74.2 中的拟合优度检验(GoF)结果都表明,该指数模型应是不合适的。

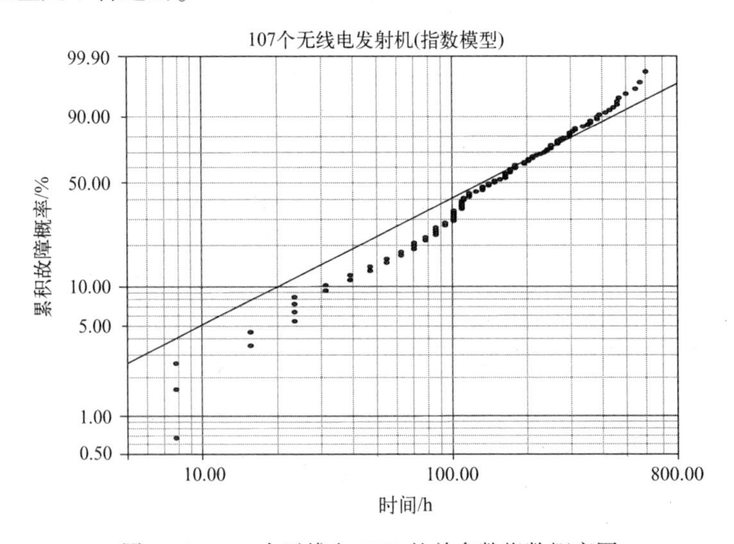

图 74.3 107 个无线电 TRX 的单参数指数概率图

74.3 结论

(1) 双参数 Weibull 模型对于 107 个“未经证实的”TRX 故障是首选模型。

(2) 对于 288 个“经证实的”TRX 故障[1,2],另一项研究(未展示)也表明该双参数 Weibull 模型($\beta=1.39$)是首选模型。

参考文献

[1] W. Mendenhall and R. J. Hader, Estimation of parameters of mixed exponentially distributed failure time distributions from censored life test data, *Biometrika*, 45, 504-520, 1958.

[2] M. J. Crowder et al., *Statistical Analysis of Reliability Data* (Chapman & Hall, New York, 1991), 151-156.

[3] D. J. Davis, An analysis of some failure data, *J. Am. Stat. Assoc.*, 47 (258), 113-149, June 1952.

第 75 章　109 次矿难

表 75.1 中的数据示出了在英国各次矿井爆炸间以天数计的时间间隔，共涉及从 1875 年 12 月 6 日到 1951 年 5 月 29 日期间（涵盖约 76 年的时间）10 多人的遇害。在文献[1]的分析中使用了单参数指数模型。

表 75.1　109 次矿难间以天数计的时间间隔

8	40	88	112	136	176	232	304	400
8	48	88	112	136	176	240	304	424
8	48	88	112	144	184	246	304	440
16	56	88	112	144	184	248	312	456
16	56	96	112	152	184	256	320	472
24	64	96	114	152	200	256	320	472
24	64	104	114	160	200	256	344	480
24	72	104	120	168	208	272	360	512
24	72	104	120	168	208	272	368	560
32	72	104	120	168	216	272	368	584
32	80	104	128	168	216	280	392	616
40	80	104	136	176	224	288	392	

75.1　分析 1

图 75.1 和图 75.2 分别给出了双参数 Weibull 模型（$\beta=0.88$）及对数正态模型（$\sigma=1.34$）的最大似然估计（MLE）故障概率图。没有示出下凹的正态模型分布。对数正态分布图中的上凹分布支持对呈线性排列的 Weibull 分布的暂时性选择。除了反常的χ^2检验结果外，表 75.2 中的拟合优度检验（GoF）结果确认对 Weibull 模型的选择（8.10 节）。

表 75.2　GoF 检验结果(MLE)

检验方法	Weibull 模型	对数正态模型	指数模型
r^2(RXX)	0.9878	0.9600	—
Lk	−701.7724	−705.3441	−703.3133
mod KS/%	40.3336	58.0214	40.6866
χ^2/%	9.28×10^{-8}	2.80×10^{-9}	0

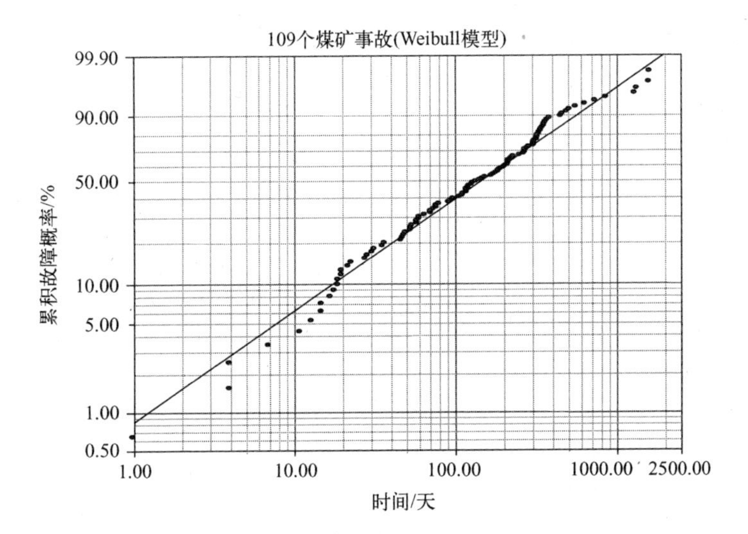

图 75.1　109 次矿难的双参数 Weibull 概率图

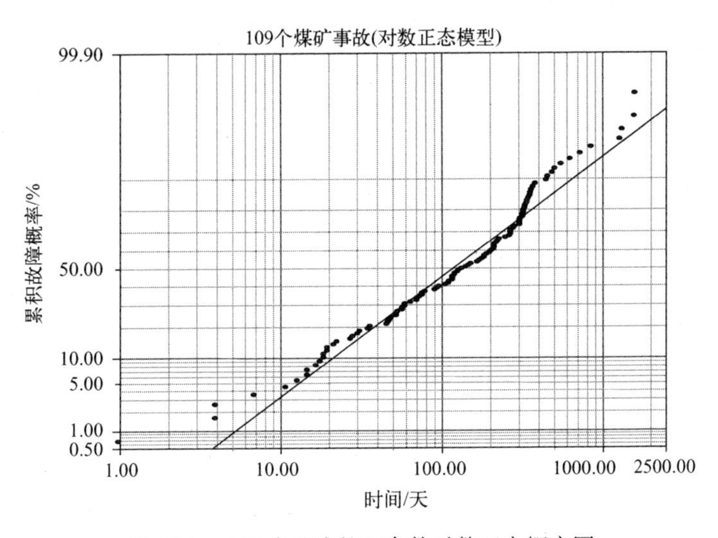

图 75.2　109 次矿难的双参数对数正态概率图

75.2 分析 2

虽然各次矿难间的间隔数可能如同各次不正确的记录那样,且以前对 Weibull 模型的表征给出了 $\beta=0.88\approx0.9$,但仍可预期 $\beta=1.00$ 的指数模型或常数故障率模型可能会提供可接受的描述。图 75.3 是单参数指数最大似然估计(MLE)故障概率图,即 $\beta=1$ 的双参数 Weibull 模型。尽管直观上看拟合是可以接受的,特别是在下尾处更是如此;但其主群则不如图 79.1 的 Weibull 图拟合的那样好。表 75.2 中所示的拟合优度(GoF)检验结果倾向于双参数 Weibull 模型。

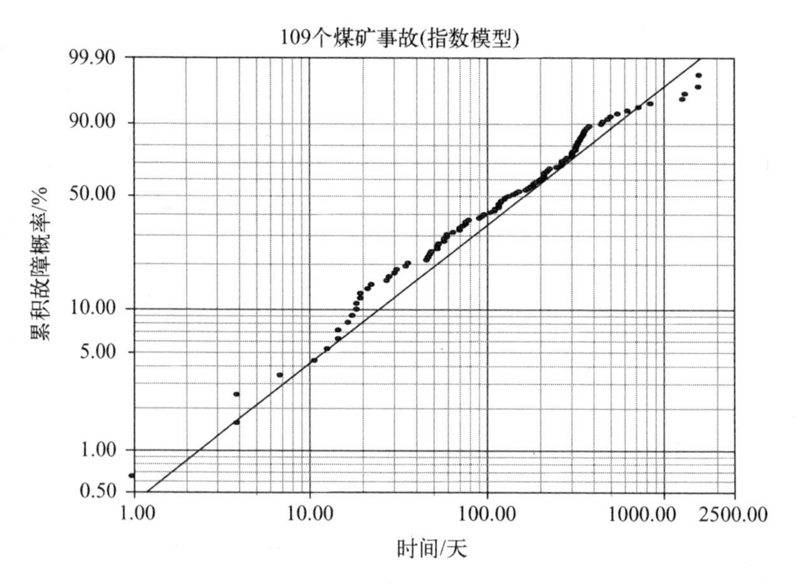

图 75.3 109 件矿难的单参数指数概率图

$\beta=0.88$ 的 Weibull 分布表明故障率在下降而且与预期相一致,即经过一段时间后矿难将会是更为随机发生的相关事件和越来越多与时间无关的事件。图 75.4 所示为 109 起事故的 Weibull 模型故障率图,其初始快速下降的故障率变为缓慢下降的故障率。

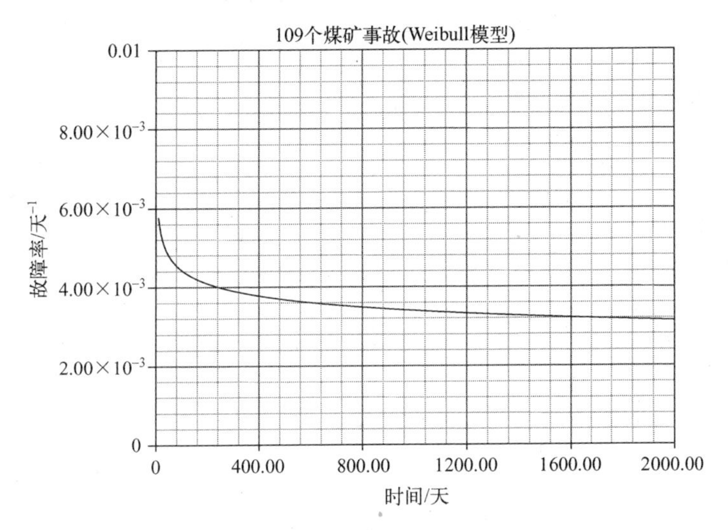

图 75.4　109 件矿难的双参数 Weibull 故障率曲图

75.3　分析 3

图 75.1 的 Weibull 图中前 3 个或 4 个早期故障掩盖了下尾部处固有的下凹曲率。处于图 75.2 对数正态分布图上方同样的早期故障可被视为影响该图方向的离群值。剔除前 3 个故障，在图 75.5 和图 75.6 中分别给出了双参数 Weibull 模型($\beta=0.93$)和对数正态模型($\sigma=1.18$)最大似然估计故障概率图。

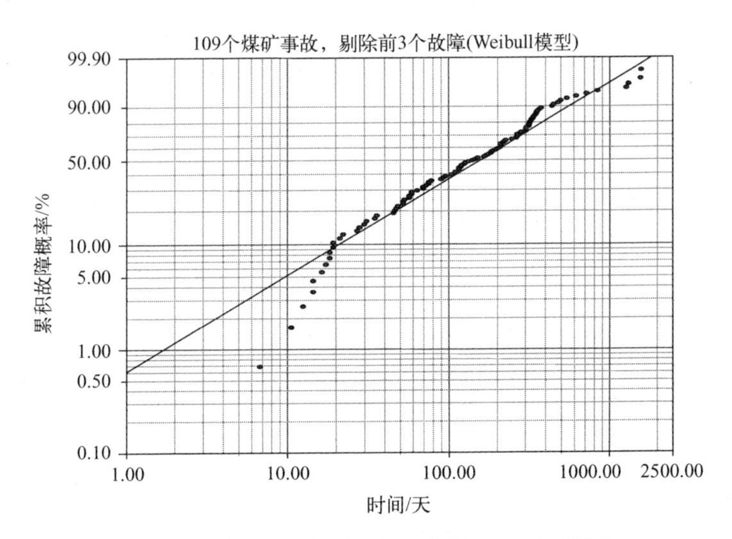

图 75.5　剔除前 3 个故障的双参数 Weibull 概率图

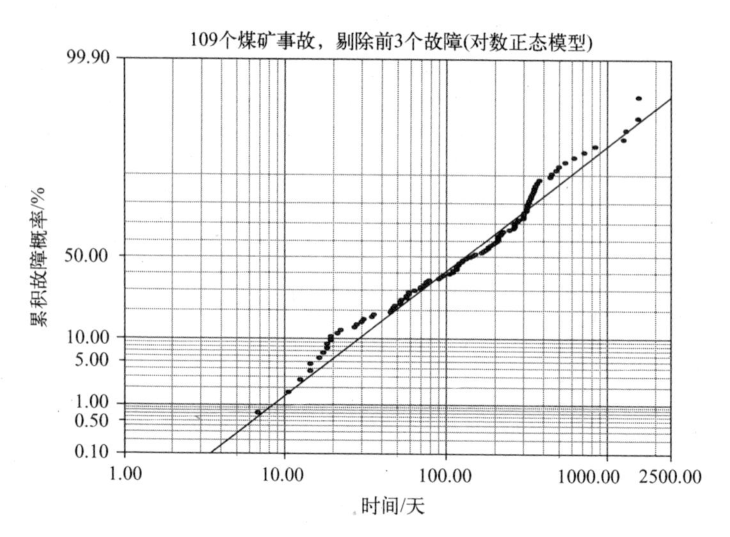

图 75.6 剔除前 3 个故障的双参数对数正态概率图

尽管图 75.5 中的图线拟合了数据的主要部分,但是在下尾部存在下凹曲率。采用三参数 Weibull 模型(8.5 节)并不能减缓该曲率。图 75.6 对数正态图中的数据可用直线令人满意地予以拟合。从目视检查及表 75.3 中的拟合优度(GoF)检验结果来看,对数正态描述是合适的,mod KS 检验除外,该检验对图 75.5 的下尾部下凹曲率不敏感。

表 75.3 剔除前 3 个故障的 GoF 检验结果(MLE)

检验方法	Weibull 模型	对数正态模型
r^2(RXX)	0.9588	0.9789
Lk	−686.4578	−684.2612
mod KS/%	46.8433	48.9111
χ^2/%	6.41×10^{-7}	10^{-10}

75.4 结论

(1) 在不剔除的情况下,根据图 75.1 和图 75.2 以及表 75.2 中的拟合优度(GoF)检验结果,能够对 Weibull 模型的选择提出一个似乎可信的论据。然而,剔除了开始的 3 个故障,对数正态模型则成为首选模型。

(2) 图 75.1 中的前 3 个故障被视为遮掩了下尾部固有的下凹曲率。在图 75.2 中处于图线上方的同样 3 个故障被视为影响图线方向的离群值。剔除前 3 个故障,在图 75.5 中 Weibull 图下尾部的下凹曲率清晰可见。图 75.6 对数正态图中的数据与直线相符。对数正态故障率图如图 75.7 所示。

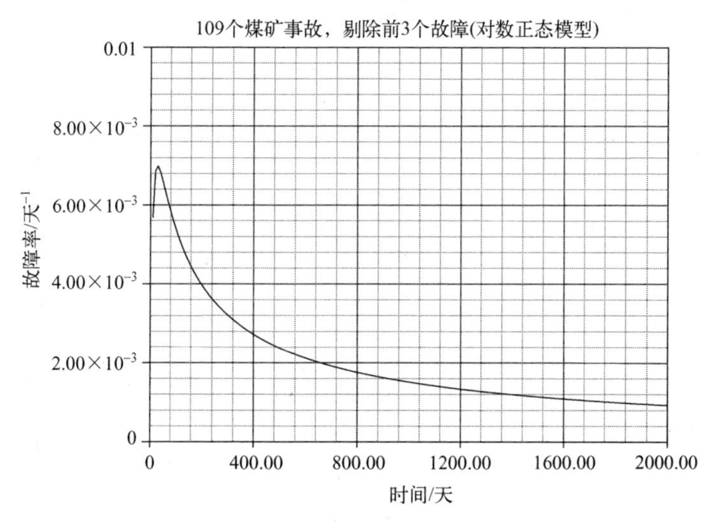

图 75.7　剔除前 3 个故障的双参数对数正态故障率图

（3）非均匀主群的寿命可能符合对数正态描述（7.17.3 节）。由于更加注意安全性工作，各次事故间短的间隔时间会在随后成为更长的时间间隔。对数正态故障函数的形式在许多情况中“出现”，例如，当某个主群包含具有短寿命和长寿命的各个体的混合体的情况。这样的例子包括某些形式的癌症经治疗后的幸存者（其中一些人被治愈后成为长期的生存者）以及婚姻的持续时间（在若干年后，由于离婚而婚姻解体的风险趋于减少）[2]。

参考文献

[1] B. A. Maguire, E. S. Pearson, and A. H. A. Wynn, The time intervals between industrial accidents, *Biometrika*, 39, 168–180, 1952.

[2] J. F. Lawless, *Statistical Models and Methods for Lifetime Data*, 2nd edition (Wiley, New Jersey, 2003), 22–23.

第 76 章 110 条轮胎

表 76.1 列出了 110 条名义上相似的轮胎以 100 英里的增量运行到故障的英里数;第一个距离代表 37200 英里[1,2]。假设故障数据是来自轮胎制造商所进行的试验数据。文献[1,2]推荐以双参数正态模型进行分析。

表 76.1 110 条轮胎运行至故障的距离(英里)

8	40	88	112	136	176	232	304	400
8	48	88	112	136	176	240	304	424
8	48	88	112	144	184	246	304	440
16	56	88	112	144	184	248	312	456
16	56	96	112	152	184	256	320	472
24	64	96	114	152	200	256	320	472
24	64	104	114	160	200	256	344	480
24	72	104	120	168	208	272	360	512
24	72	104	120	168	208	272	368	560
32	72	104	120	168	216	272	368	584
32	80	104	128	168	216	280	392	616
40	80	104	136	176	224	288	392	

76.1 分析 1

没有示出下凹的 Weibull 图。图 76.1 和图 76.2 分别给出了双参数对数正态模型(σ=0.03)和正态模型最大似然估计(MLE)故障概率图。直观上这两个图是难以区分的,因为当对数正态模型的形状参数 σ< 0.2 时,对数正态模型能够描述呈正态分布的数据,反之亦然(8.7.2 节)。尽管表 76.2 中的统计拟合优度(GOF)检验结果倾向于对数正态模型而非正态模型,但是这种偏好是没有说服力的。

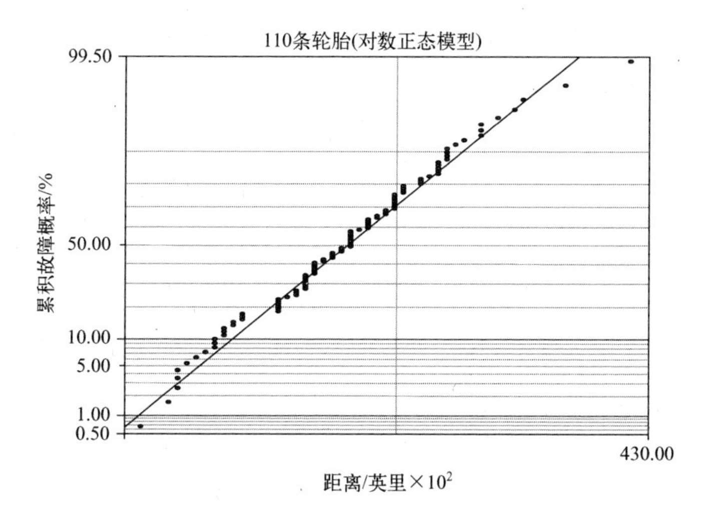

图 76.1 110 条轮胎的双参数对数正态模型概率图

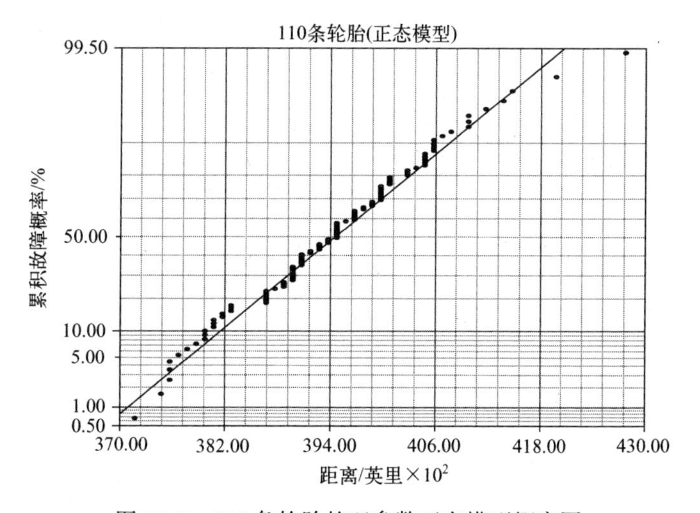

图 76.2 110 条轮胎的双参数正态模型概率图

76.2 分析 2

图 76.3 和图 76.4 分别给出了双参数对数正态和正态故障率图，两条曲线一直重叠到大约 40500 英里，之后正态模型故障率上升得更快。

表 76.2 110 条轮胎的 GoF 检验结果(MLE)

检验方法	对数正态模型	正态模型
r^2(RXX)	0.9868	0.9851
Lk	-410.2040	-410.4758
mod KS/%	22.4073	17.0394
χ^2/%	4.00×10^{-9}	8.20×10^{-9}

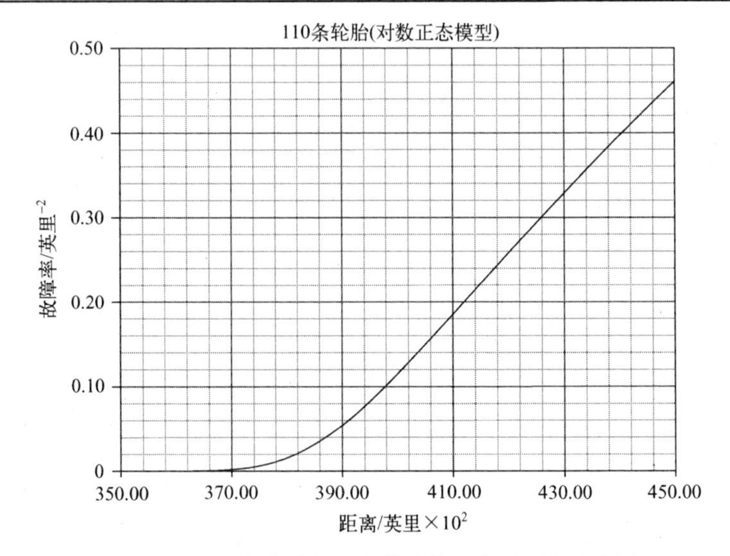

图 76.3 110 条轮胎的双参数对数正态模型故障率图

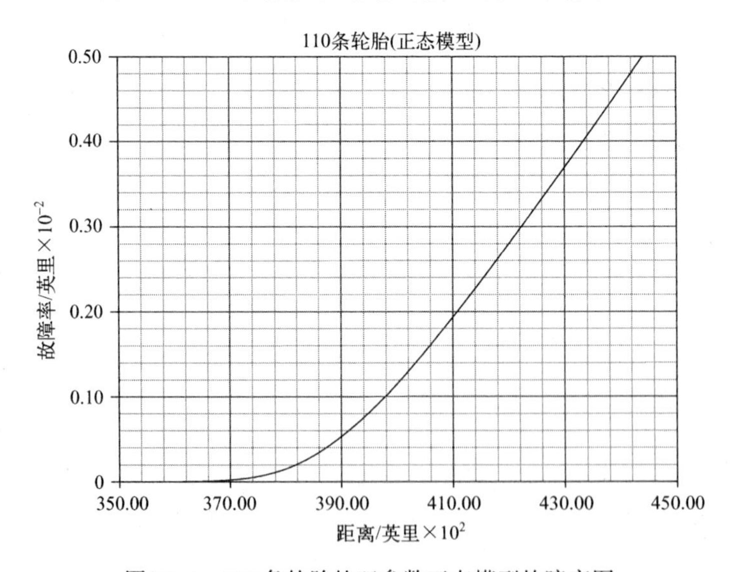

图 76.4 110 条轮胎的双参数正态模型故障率图

76.3　结论

双参数对数正态或正态模型从直观上以及拟合优度(GoF)检验结果看显得同样受到偏爱。出于下述原因,正态模型成为首选:

① 对于具有妥善地受控的试验设备的成熟轮胎制造设施而言,可以预期其轮胎的寿命将会服从正态分布,因为通过设计和检验应能够消除早期故障。

② 要考虑到利用轮胎供应商的设备对受试轮胎总体的轮胎面深度进行测量的情况。假设某个设定的胎面深度最小值决定了故障里程,设想对每个受试轮胎的胎面深度是在许多不同的随机选择出的位置上进行测量的,并计算出这众多测量值的平均值。假如该 110 条轮胎都遵循这个过程,则按中心极限定理的阐述,所计算出的平均值将服从正态分布或高斯分布。中心极限定理的一个大致的阐述为:如果一个整体随机变量(如一组测试值的平均值)是许多小的独立的基本随机变量的组合,则整体随机变量的分布将是正态分布或高斯分布。关于“小”的首要要求是没有一个胎面深度的测量值是占优势的。这些平均值的正态分布不取决于与任何测量值的集合相关联的分布。

③ 不能期望在一个按标准制造的名义上相似的轮胎大群中会存在一个具有超长寿命的子群(如用对数正态模型进行预计的情况),又如对图 76.5 和图 76.6 中的对数正态模型和正态模型故障率图示(将标度延伸到 100000 英里)所进行的比较那样。87000~100000 英里的对数正态故障率图示大致上是常值,这表明如果某个轮胎能运行到 87000 英里,则在它已运行到 100000 英里的情况下,其在接下来的 1000 英

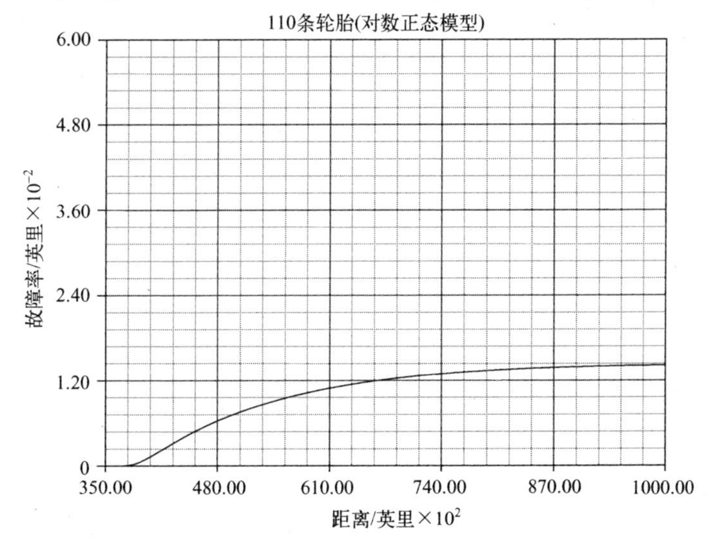

图 76.5　经延伸了的标度上的双参数对数正态模型故障率图

里运行中的故障率并非是极为不同的,亦即在100000英里时的故障率是独立于在运行了87000英里后运行的。这是完全难以置信的,因为87000~88000英里的每1000英里的橡胶损失被认为就像1000~2000英里损失那样是相同的。据此,正态模型还是比对数正态模型更得到偏爱。

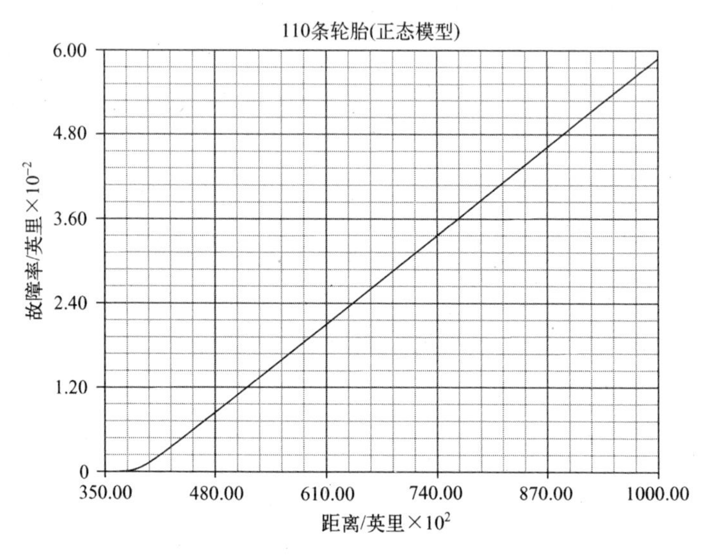

图76.6 尺度扩大的双参数正态模型故障率图

参考文献

[1] D. Kececioglu, *Reliability Engineering Handbook*, Volume 1 (Prentice Hall, New Jersey, 1991), 209.

[2] D. Kececioglu, *Reliability and Life Testing Handbook*, Volume 1 (Prentice Hall, New Jersey, 1993), 74.

第 77 章　137 根碳纤维

表 77.1 列出了 137 根碳纤维的断裂强度(GPa)[1]。在空气中进行纤维张力测试的纤维直经约 7.8μm,长度约 5mm。期望的是数据将会符合 Weibull 统计,因为用 Weibull 模型描述脆性材料的强度具有完善的理论推理和试验数据[1-3]。看起来所报告的断裂强度[1]是适用于可能起保护作用的树脂涂层被剥去了的“裸”纤维的[3],在第 36 章中论述过树脂涂层的作用。

表 77.1　137 根碳纤维的断裂强度(GPa)

2.65	3.28	3.55	3.73	3.98	4.17	4.42	4.60	5.09
2.73	3.28	3.60	3.73	3.98	4.17	4.43	4.60	5.10
2.94	3.29	3.62	3.75	4.01	4.18	4.44	4.64	5.15
3.01	3.30	3.63	3.77	4.01	4.19	4.47	4.65	5.16
3.02	3.30	3.64	3.80	4.04	4.20	4.47	4.70	5.16
3.03	3.33	3.68	3.80	4.04	4.20	4.48	4.71	5.30
3.05	3.35	3.68	3.81	4.06	4.23	4.52	4.75	5.60
3.06	3.35	3.69	3.82	4.06	4.26	4.53	4.76	6.20
3.06	3.40	3.69	3.82	4.09	4.30	4.53	4.78	6.41
3.10	3.42	3.69	3.83	4.10	4.31	4.55	4.81	
3.15	3.47	3.70	3.85	4.10	4.32	4.57	4.92	
3.17	3.48	3.70	3.90	4.11	4.34	4.58	4.93	
3.20	3.50	3.70	3.92	4.12	4.35	4.58	4.93	
3.21	3.50	3.71	3.92	4.12	4.38	4.58	4.93	
3.23	3.53	3.72	3.94	4.16	4.38	4.59	4.94	
3.23	3.54	3.72	3.96	4.17	4.38	4.59	5.03	

77.1 分析1

图77.1至图77.4分别给出了双参数Weibull模型($\beta=6.09$)、对数正态模型($\sigma=0.16$)、正态模型和Gamma模型最大似然估计(MLE)故障概率图。各数组的主要部分都较好地得到了各图线的拟合,这些图示间的差别显现在它们的尾部。对数正态和正态图具有相似性,因为当对数正态的形状参数$\sigma<0.2$时,对数正态模型能够描述呈正态分布的数据,反之亦然(8.7.2节)。从直观检查以及表77.2中所列的统计拟合优度检验(GoF)结果来看,双参数对数模型比正态模型更适合。如前所指出的,双参数Gamma模型提供了与双参数对数正态模型一样好的直观拟合情况[1,2]。然而按照表77.2所列,拟合优度检验结果却较之双参数Gamma描述更偏向于双参数对数正态描述。

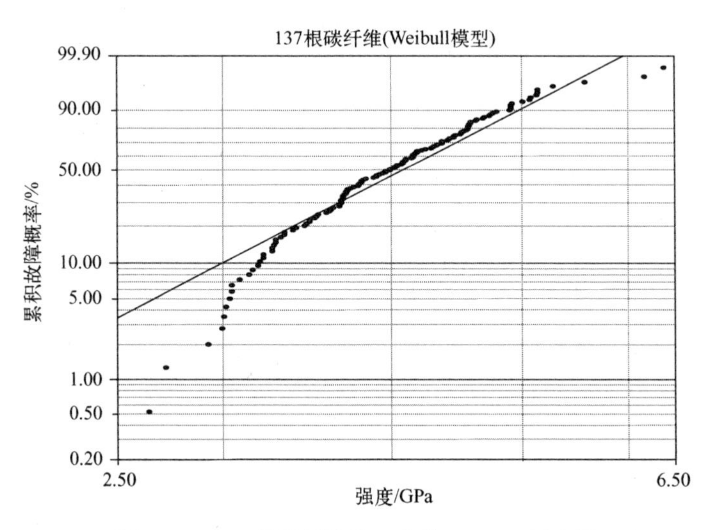

图77.1 137根碳纤维的双参数Weibull概率图

表77.2 137根碳纤维的GoF检验结果(MLE)

检验方法	Weibull模型	对数正态模型	正态模型	Gamma模型
r^2(RXX)	0.9401	0.9928	0.9767	0.9896
Lk	-147.0409	-135.0576	-138.0520	-135.4531
mod KS/%	60.4939	0.2405	12.1349	0.3659
χ^2/%	1.00×10^{-4}	0	0	N/A

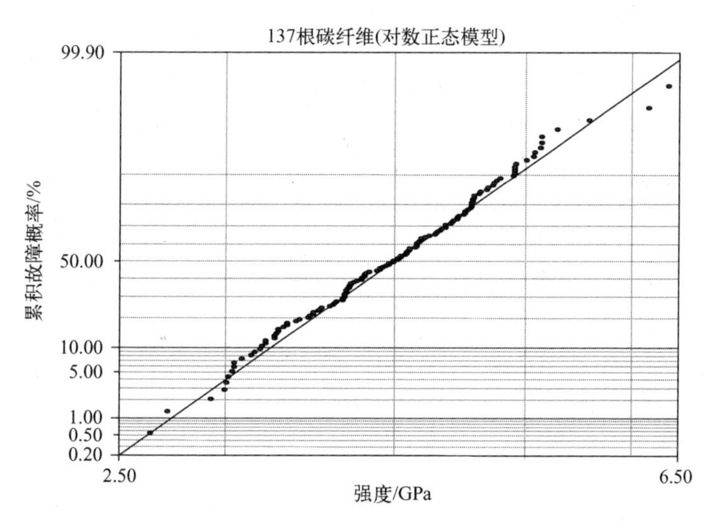

图77.2　137根碳纤维的双参数对数正态概率图

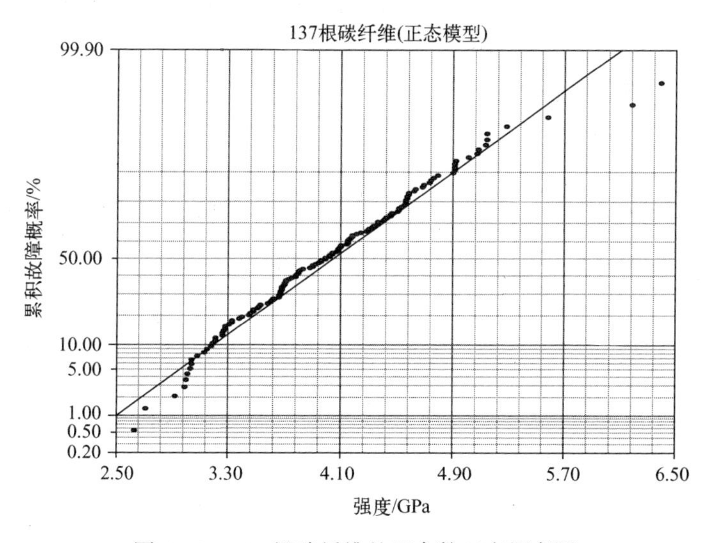

图77.3　137根碳纤维的双参数正态概率图

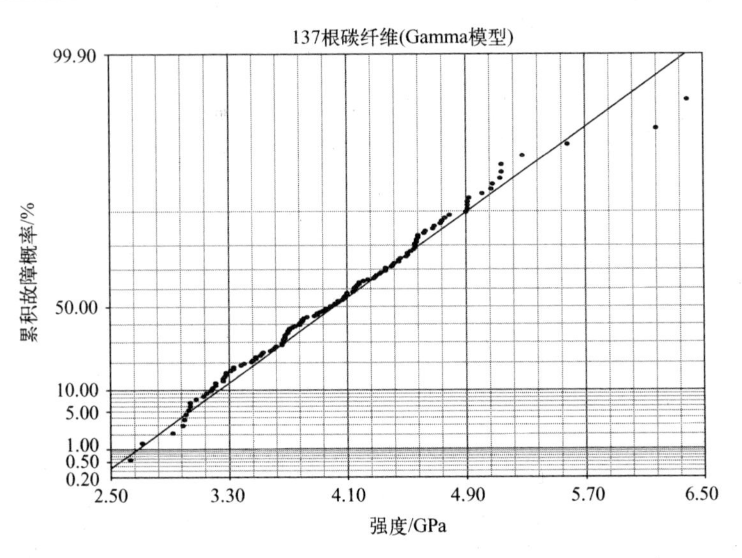

图 77.4 137 根碳纤维的双参数 Gamma 概率图

77.2 分析 2

一般倾向于以 Weibull 模型表征纤维断裂失效的情况启示了可使用三参数 Weibull 模型(8.5 节)减缓如图 77.1 所示的下尾部曲率。图 77.5 中示出了面向绝对阈值故障应力的经过调整的三参数 Weibull($\beta=2.73$)图(圆点)和面向绝对阈值失效应力 t_0(三参数 Weibull 模型)= 2.36GPa(如垂直点划线所标明的)的未经过调正的双参数 Weibull 图(三

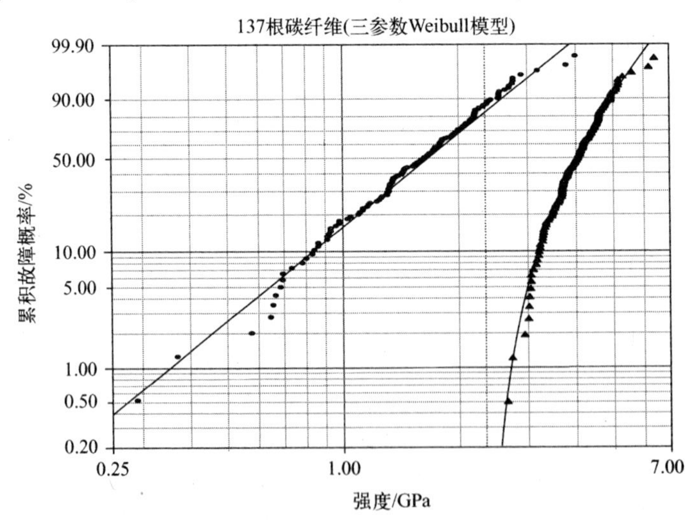

图 77.5 137 根碳纤维的三参数 Weibull 概率图

角形点)。在绝对阈值失效应力下方没有预计要发生的故障。

图77.5的下尾部仍余存下凹曲率。三参数Weibull图中在0.29GPa处的第一个故障是通过从2.65 GPa处的第一个故障(表77.1)减去t_0(三参数Weibull模型)=2.36GPa得出的。表77.3给出了相关联的拟合优度检验(GoF)结果,其中关于表77.2中的Gamma模型的一列被替换成了关于三参数Weibull的一列。从直观检查和拟合优度(GoF)检验结果来看,双参数对数正态模型依然是首选的模型。

表77.3 137根碳纤维的GoF检验结果(MLE)

检验方法	Weibull模型	对数正态模型	正态模型	三参数Weibull模型
r^2(RXX)	0.9401	0.9928	0.9767	0.9912
Lk	-147.0409	-135.0576	-138.0520	-135.8142
mod KS/%	60.4939	0.2405	12.1349	0.9157
χ^2/%	1.00×10^{-4}	0	0	0

77.3 分析3

回过头来,使用双参数Weibull模型的一种情形起源于观察到在进行强度测试前的准备过程中就有9根纤维已断裂了[2]。该纤维具有易碎的特性且在进行测试之前有些会断裂也并非少见[2,3]。尽管没有迹象表明进行了任何刻意的复核测试,但是该9根碳纤维未能通过"操作复核测试"。

可以认为有理由假设这些纤维的强度小于表77.1中的第一个值(2.65GPA)。如果假设9根纤维的未被记录的强度位于0~2.65GPa,那么图77.6和图77.7就是

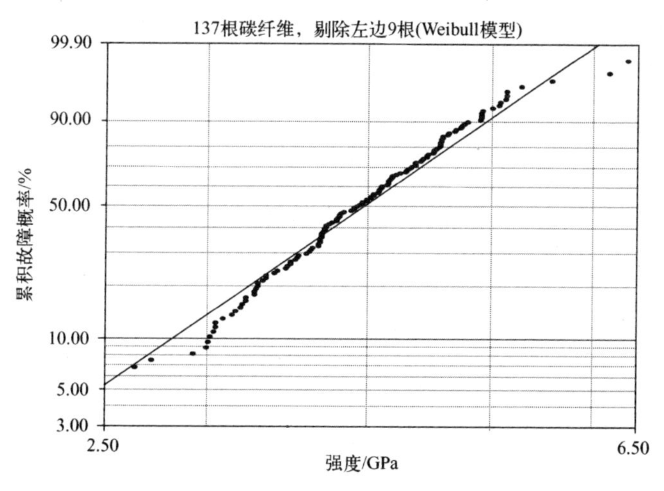

图77.6 剔除9根碳纤维的双参数Weibull模型概率图

展示了关于 137 个被记录了强度的和 9 个被剔除而未被记录的强度的双参数 Weibull 模型(β=5.48)和对数正态模型(σ=0.20)最大似然估计(MLE)故障概率图。Weibull 分布在下尾处是下凹的,而对数正态分布则始终是稍微上凹的。从直观检查以及表 77.4 中拟合优度(GoF)检验结果来看,Weibull 模型描述较之对数正态模型描述更为合适;不考虑χ^2检验,该检验有时会给出不一致的结果(8.10 节)。

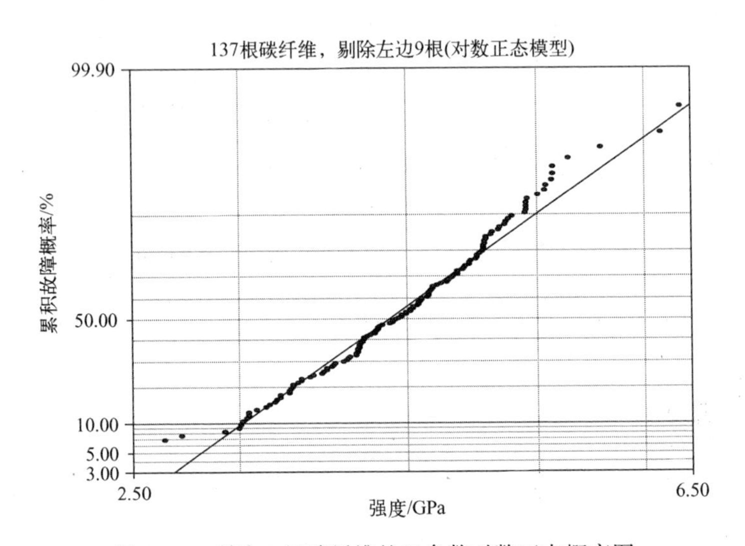

图 77.7 剔除 9 根碳纤维的双参数对数正态概率图

表 77.4 剔除了 9 根碳纤维的 GoF 检验结果(MLE)

检验方法	Weibull 模型	对数正态模型
r^2(RXX)	0.9835	0.9833
Lk	−172.4142	−173.8714
mod KS/%	17.7026	59.2918
χ^2/%	1.11×10^{-6}	0

77.4 分析 4

图 77.6 中的故障数据比图 77.1 中的故障数据更为呈线性排列,且其提高了的线性程度可被解释为肯定了双参数 Weibull 模型的使用[2]。图 77.6 中的前两个故障可能影响了图线的方向。图 77.7 中同样的前两个故障出现在图线上方,可被视为是早期致命性故障。假如剔除表 77.1 中的前两个被记录的断裂强度,则由此产生的带有 9 个被剔除而未被记录的故障的双参数 Weibull 模型(β=5.56)和对数正态模

型(σ=0.19)最大似然估计故障概率图由图 77.8 和图 77.9 给出。

剔除前两个故障并没有显现出改变了各图线的方向,但是却改变了表 77.5 中的拟合优度(GoF)检验结果。直观上看,对数正态模型描述比在下尾处具有下凹曲率的 Weibull 模型描述更为合适,但是拟合优度(GoF)检验结果(不考虑经常异常的χ^2检验结果)却倾向于 Weibull 模型(8.10 节)。mod KS 检验结果显得对图 77.8 下尾处的下凹曲率很敏感。

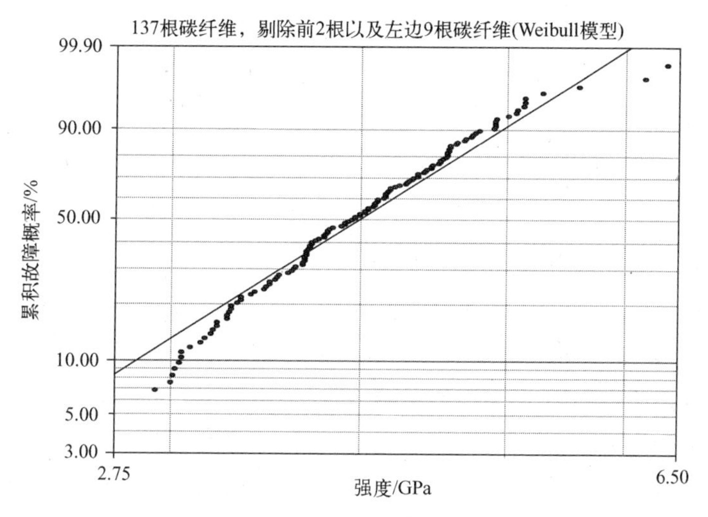

图 77.8　前 2 根被剔除及 9 根碳纤维被剔除的双参数 Weibull 模型概率图

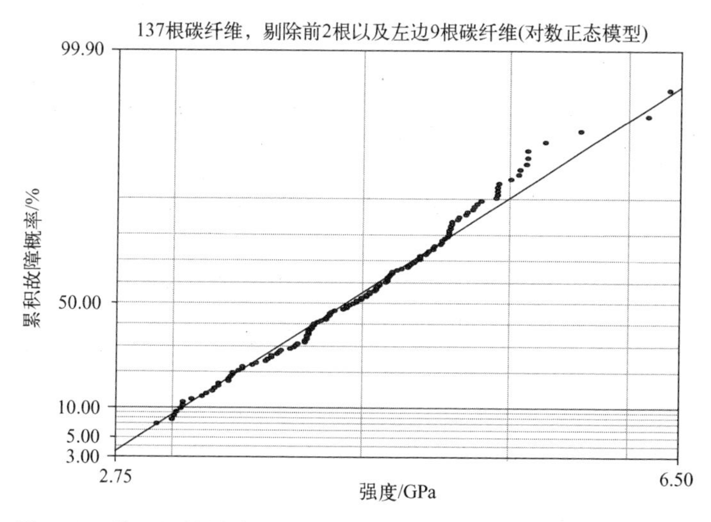

图 77.9　前 2 根被剔除及 9 根被剔除的双参数对数正态模型概率图

表 77.5 前 2 根被剔除及 9 根碳纤维被剔除的 GoF 检验结果(MLE)

检验方法	Weibull 模型	对数正态模型
r^2(RXX)	0.9791	0.9896
Lk	-168.6195	-169.7272
mod KS/%	30.0025	52.8324
χ^2/%	7.86×10^{-6}	0

77.5 结论

(1) 双参数对数模型是首选模型。对数正态与正态模型图的相似性之所以出现是因为当对数正态模型形状参数 $\sigma< 0.2$ 时,该对数正态模型能描述呈正态分布的数据;反之亦然(8.7.2 节)。

(2) 虽有各种期望,但与双参数对数正态模型、正态模型和 Gamma 模型所给出的线性分布相比,双参数 Weibull 模型产生了一个下凹分布的断裂强度。直观检查和拟合优度(GoF)检验结果表明双参数对数正态模型是首选。

(3) 从直观检查和拟合优度(GoF)检验结果来看,使用三参数 Weibull 模型来减小双参数 Weibull 模型图的下凹曲率不如双参数对数正态模型。

(4) 没有试验方面的证据保证三参数 Weibull 模型的应用,则其应用会被认为是随意的[4,5],而且它会给出绝对故障阈值过于乐观的估计[5]。

(5) 数据在三参数 Weibull 模型描述的下尾处与图线的偏离表明,该模型的使用可能是得不到保证的[6]。

(6) 考虑到在进行强度测试之前就有 9 根纤维断裂了,该三参数 Weibull 模型产生的是具有不可靠的有效性的绝对阈值失效应力,因为提供不出证据能表明这样的一个绝对故障阈值是所期望的。

(7) 无论是否明确地做了说明,使用三参数 Weibull 模型的典型证据是在发生故障之前故障机制需要时间去生成和发展。然而,有关于此的事实上的正确性并非是对其在每一情况(在双参数 Weibull 故障概率图中具有下凹曲率的情况)中应用的一揽子的认可,特别是有鉴于存在双参数对数正态模型所提供的极好的直线拟合的情况。

(8) 虽然显示出有可能针对基于剔除 9 个未予记录的断裂强度的双参数 Weibull 模型的有效性提出似乎合理的论据,但由之产生的更为呈线性的双参数 Weibull 分布仍然在下尾处显示出余留的下凹曲率。

(9) 在带有 9 个未被记录的强度的双参数 Weibull 图中更为呈线性分布是被前两个被记录的强度影响的。如果剔除前两个被记录的强度,则在直观上双参数对数正态模型描述要比双参数 Weibull 模型描述(该描述在下尾处仍显示有下凹曲率)更为合适。

(10) 解释了双参数 Weibull 模型能正确描述无涂层纤维的断裂强度,以及相应的双参数对数正态模型能与扩展到临界长度的单一主要裂纹的操作—损伤的形成及后续断裂相关(6.3.2.1 节)。在拉伸应力下,许多正常出现的小裂纹则不会有多大作用。

(11) 当涂有树脂的纤维经受强度测试时,其作为结果的断裂强度可用双参数 Weibull 模型令人满意地予以描述,如在第 36 章中对长度为 75mm 具有树脂涂层的纤维所做的说明那样。涂上树脂起到了防范操作侵害的作用[7]。例如,在没有防护涂层的情况下,就会出现服从泊松分布的许多同样的和独立的瑕疵,竞相产生断裂,如此双参数 Weibull 模型就能得到物理上的验证[2]。

参考文献

[1] L. C. Wolstenholme, *Reliability Modelling: A Statistical Approach* (Chapman & Hall/CRC, New York, 1999), 68-71, 78.

[2] L. C. Wolstenholme, An alternative to the Weibull distribution, *Commun. Stat. Simul. Comput.*, 25(1), 119-137, 1996.

[3] L. C. Wolstenholme, A nonparametric test of the weakest-link principle, *Technometrics*, 37 (2), 169-175, May 1995.

[4] R. B. Abernethy, *The New Weibull Handbook*, 4th edition (Abernethy, North Palm Beach, Florida, 2000), 3-9.

[5] B. Dodson, *The Weibull Analysis Handbook*, 2nd edition (ASQ Quality Press, Milwaukee, Wisconsin, 2006), 35.

[6] D. Kececioglu, *Reliability Engineering Handbook*, Volume 1 (Prentice Hall, New Jersey, 1991), 309.

[7] L. C. Wolstenholme, *Reliability Modelling: A Statistical Approach* (Chapman & Hall/CRC, New York, 1999), 68-71, 214.

第 78 章　148 组深沟球轴承

在过去的几年里，A、B、C 和 D 四家公司对深沟球轴承组进行了耐久性试验，随后对疲劳寿命进行了详细的统计调查研究[1]。在第 54 章中对来自供应商 A 的 50 组球轴承的数据做了分析。对来自供应商 B 的 148 组数据将在下面进行分析。假设双参数 Weibull 模型提供了关于经过上百万次循环达至疲劳失效的合理描述。对于每一组，可将其额定寿命 L_{10} 定义为：在该组的主群已有 10% 失效时的百万次循环的数目。表 78.1 列出了来自供应商 B 的 148 组深沟球轴承以百万循环次计的 L_{10} 值。

表 78.1　148 组深沟球轴承的 L_{10} 值(10^6 次循环)

1. 39	5. 10	7. 89	10. 30	13. 20	16. 30	19	30. 30
1. 98	5. 19	8. 34	10. 30	13. 50	16. 40	19. 3	32. 60
2. 32	5. 48	8. 35	10. 50	13. 90	16. 50	19. 5	35. 60
2. 62	5. 49	8. 53	10. 70	13. 90	16. 60	19. 9	35. 80
2. 93	5. 63	8. 76	10. 80	14. 00	16. 70	20. 9	36. 10
2. 98	5. 65	8. 83	10. 90	14. 20	17. 00	21. 5	36. 70
3. 23	5. 69	9. 02	11. 00	14. 40	17. 10	21. 6	37. 30
3. 55	5. 91	9. 05	11. 10	14. 40	17. 10	21. 7	48. 80
3. 68	6. 26	9. 07	11. 20	14. 50	17. 20	22. 5	57. 10
3. 73	6. 36	9. 27	11. 90	14. 90	17. 50	22. 8	61. 70
3. 79	6. 55	9. 40	12. 00	15. 00	17. 50	24. 1	63. 30
3. 82	6. 64	9. 54	12. 10	15. 10	17. 90	25. 1	85. 20
3. 90	6. 68	9. 55	12. 10	15. 20	17. 90	25. 7	180. 00
3. 99	6. 77	9. 56	12. 50	15. 50	18. 10	25. 7	216. 00
4. 56	6. 78	9. 80	12. 60	15. 70	18. 20	26. 5	417. 00
4. 57	7. 14	9. 84	12. 70	15. 70	18. 60	27. 1	
4. 71	7. 23	10. 10	12. 70	15. 70	18. 80	28. 5	
4. 76	7. 53	10. 10	12. 80	16. 00	18. 80	29. 8	
4. 93	7. 80	10. 20	12. 90	16. 30	19. 00	30. 1	

78.1 分析1

图78.1和图78.2分别给出了双参数Weibull模型($\beta=0.94$)和对数正态模型($\sigma=0.84$)最大似然估计(MLE)故障概率图。没有示出下凹的正态描述。从直观检查以及表78.2所列出的拟合优度(GoF)检验结果来看,对数正态模型是首选。

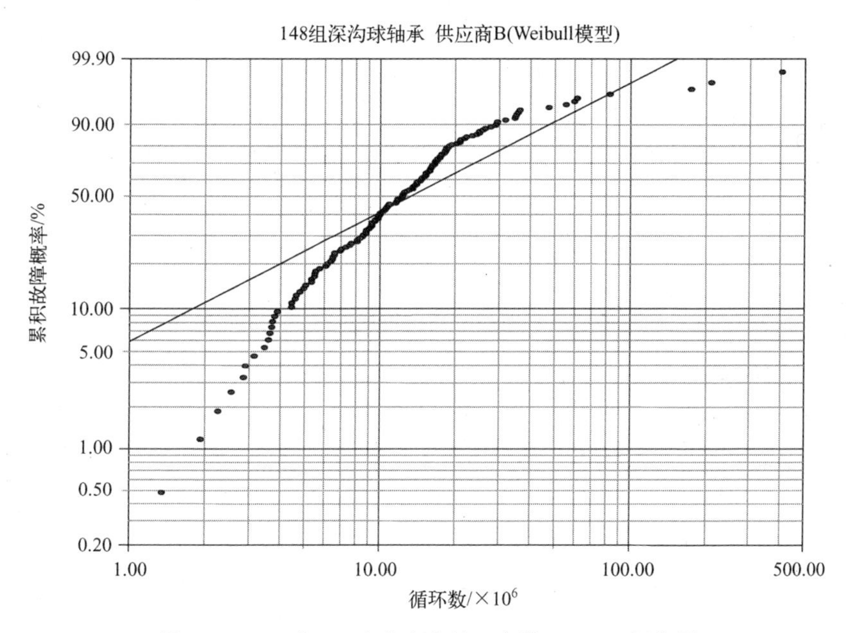

图78.1　148组L_{10}疲劳寿命的双参数Weibull概率图

表78.2　GoF检验结果(MLE)

检验方法	Weibull模型	对数正态模型	混合模型
r^2(RXX)	0.8729	0.9518	—
Lk	-593.7140	-558.6834	-547.0704
mod KS/%	99.8791	79.9596	0.0148
χ^2/%	3.8088	1.00×10^{-10}	0

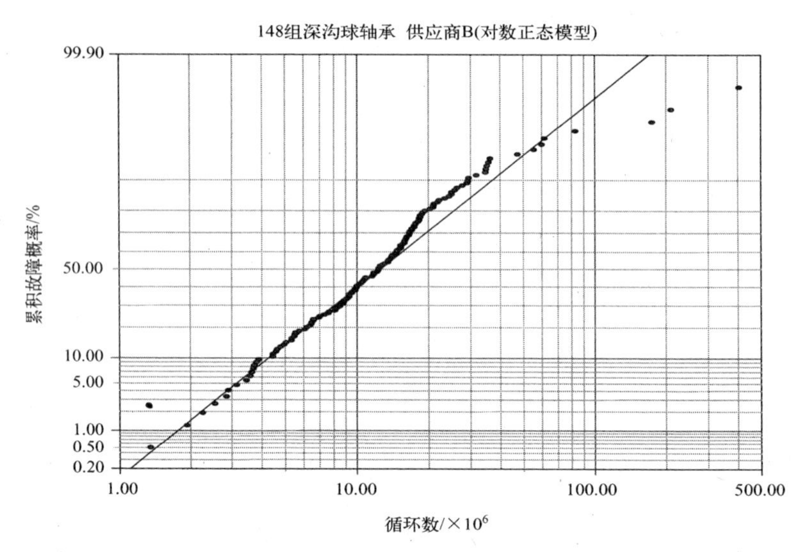

图 78.2 148 组 L_{10}疲劳寿命的双参数对数正态概率图

78.2 分析 2

通过对图 78.1 和图 78.2 所做的检查表明可能存在两个或更多个子群。图 78.3 是一个具有 4 个子群的 Weibull 混合模型(8.6 节)(最大似然估计)概率图,每个子群都是以双参数 Weibull 模型进行描述的。其形状参数和子群分数分别为

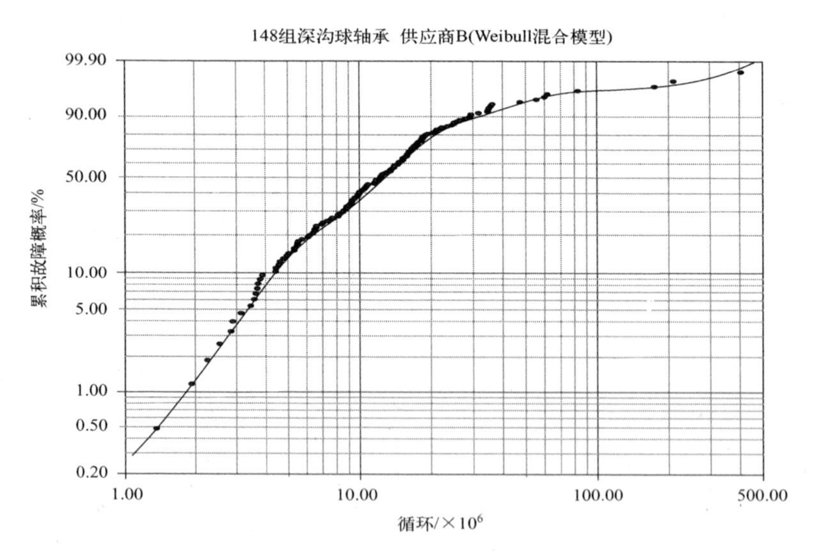

图 78.3 具有 4 个子群的 148 组 L_{10}疲劳寿命的 Weibull 混合模型概率图

$\beta_1=3.49$, $f_1=0.12$; $\beta_2=2.68$, $f_2=0.60$; $\beta_3=1.53$, $f_3=0.26$; $\beta_4=2.18$, $f_4=0.02$,且 $f_1+f_2+f_3+f_4=1$。做这项分析需要 11 个独立的参数。从直观检查以及表 78.2 中所列出的拟合优度(GoF)检验结果来看,该 Weibull 混合模型是合适的。

78.3　分析 3

通过对图 78.1 和图 78.2 所做的检验表明,在每一图示的上尾处都存在 4 个具有离群值的故障。因为对各组球轴承的极限疲劳寿命少有兴趣,所以图 78.4 和图 78.5示出的是剔除了最后 4 个故障的双参数 Weibull 模型($\beta=0.91$)和对数正态模型($\sigma=0.86$)最大似然估计(MLE)故障概率图。从直观检查和表 78.3 中所列的拟合优度检验结果来看,对数正态描述是合适的。使用三参数 Weibull 模型并未改善图 78.4 中所示的描述。

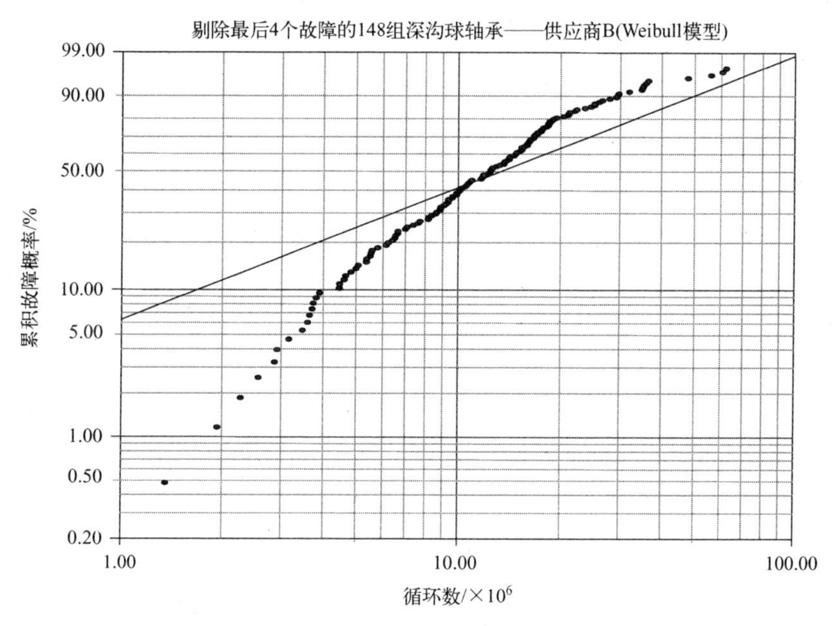

图 78.4　剔除最后 4 个故障的双参数 Weibull 概率图

表 78.3　剔除最后 4 个故障的 GoF 检验结果(MLE)

检 验 方 法	Weibull 模型	对数正态模型
r^2(RXX)	0.9590	0.9894
Lk	-580.8172	-543.2116
mod KS/%	99.9012	85.1510
χ^2/%	9.1453	1.80×10^{-9}

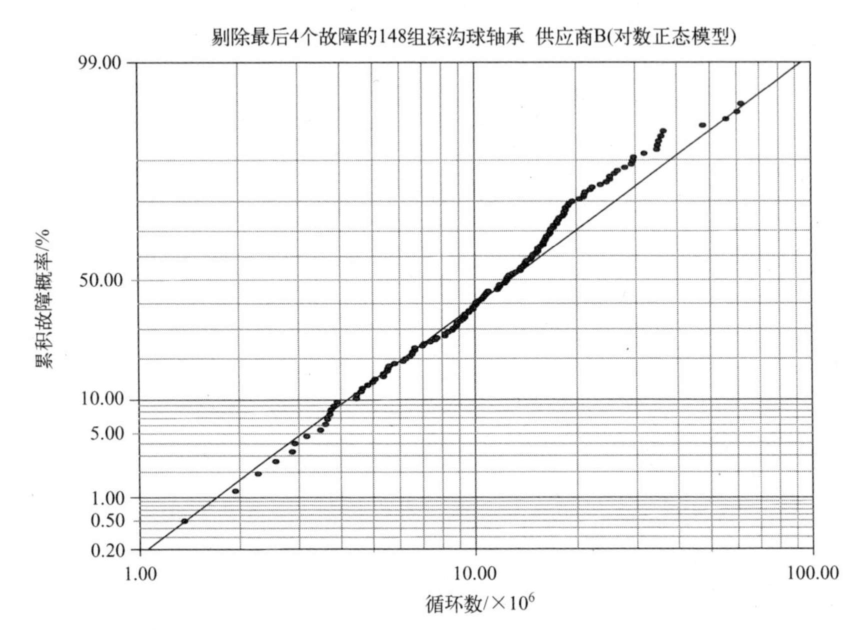

图 78.5 剔除最后 4 个故障的双参数对数正态概率图

78.4 结论

(1) 双参数对数正态模型是首选模型。对于来自供应商 B 的 148 组球轴承而言,从直观上和拟合优度检验结果来看,该双参数对数正态模型比双参数 Weibull 模型更为合适。该对数正态故障率图如图 78.6 所示。

(2) 尽管 Weibull 混合模型图从直观上和拟合优度(GoF)检验结果来看好于双参数对数正态模型,但需要 11 个参数,还可以期望以附加的模型参数生成更为优良的描述。假如选择 11 个参数的 Weibull 混合模型,则双参数对数正态模型所提供的充分描述的简单性将会失去。按照 Occam 剃刀定律会推荐选择具有较少参数的模型。

(3) 剔除表 78.1 中的最后 4 个具有离群值的故障,从直观检查以及拟合优度检验(GoF)结果来看,双参数对数正态模型要比双参数 Weibull 模型更合适。

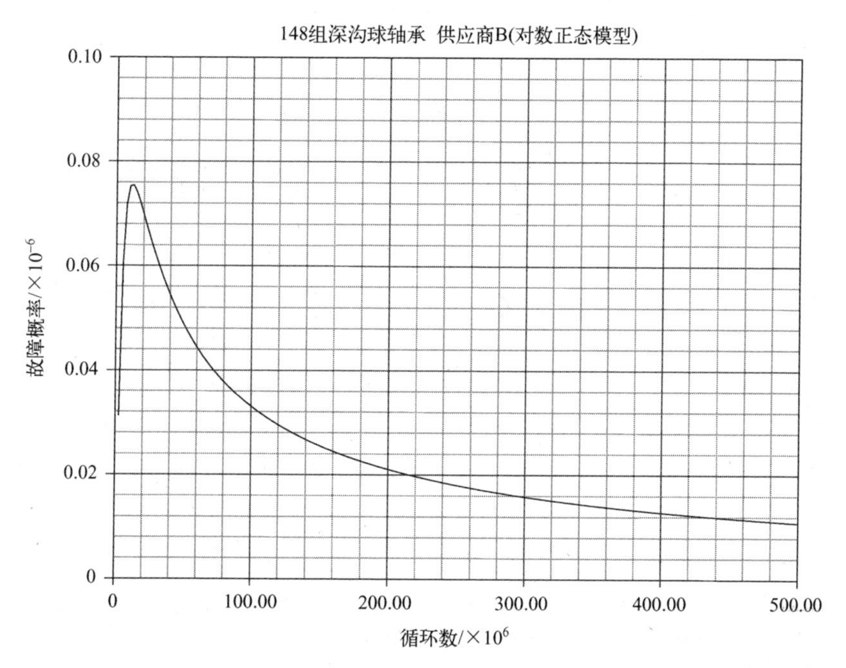

图 78.6　148 组 L_{10}疲劳寿命的双参数对数正态故障率图

参考文献

[1] J. Lieblein and M. Zelen, Statistical investigation of the fatigue life of deep-groove ball bearings, *J. Res. Natl. Bur. Stand.*, 57(5), Research paper 2719, 273-316, November 1956. The paper and an Excel spreadsheet with the failure data for the ball bearings from four vendors may be downloaded from http://www.barringer1.com/apr01prb.htm.

第 79 章　153 件飞机挡风玻璃

表 79.1 列出了飞机挡风玻璃以上千小时计的故障时间(左边 4 列)和使用时间(右边 3 列)。共有 153 件挡风玻璃的观察数据,其中 88 个数据被归类为挡风玻璃故障,而其余的 65 个数据为在观察时刻未曾故障的挡风玻璃的使用时间。该挡风玻璃由多层材料叠层组成(包括极强的外层及其下面的加热层),所有各层都是在高压和高温下被层层叠在一起的。存在若干类型的故障,包括层离、涂层烧尽、外层破损以及人为和自然原因造成的偶然损坏。从数据中完全排除了由于不完善的安装及其他非使用性故障。双参数正态分布能提供合理的直观上的拟合[1]。

表 79.1　故障时间和剔除的时间(单位:$\times10^3$h)

故障时间				剔除时间		
0.040	1.866	2.385	3.443	0.046	1.436	2.592
0.301	1.876	2.481	3.467	0.140	1.492	2.600
0.309	1.899	2.610	3.478	0.150	1.580	2.670
0.557	1.911	2.625	3.578	0.248	1.719	2.717
0.943	1.912	2.632	3.595	0.280	1.794	2.819
1.070	1.914	2.646	3.699	0.313	1.915	2.820
1.124	1.981	2.661	3.779	0.389	1.920	2.878
1.248	2.010	2.688	3.924	0.487	1.963	2.950
1.281	2.038	2.823	4.035	0.622	1.978	3.003
1.281	2.085	2.890	4.121	0.900	2.053	3.102
1.303	2.089	2.902	4.167	0.952	2.065	3.304
1.432	2.097	2.934	4.240	0.996	2.117	3.483
1.480	2.135	2.962	4.255	1.003	2.137	3.500
1.505	2.154	2.964	4.278	1.010	2.141	3.622
1.506	2.190	3.000	4.305	1.085	2.163	3.665
1.568	2.194	3.103	4.376	1.092	2.183	3.695
1.615	2.223	3.114	4.449	1.152	2.240	4.015
1.619	2.224	3.117	4.485	1.183	2.341	4.628
1.652	2.229	3.166	4.570	1.244	2.435	4.806
1.652	2.300	3.344	4.602	1.249	2.464	4.881
1.757	2.324	3.376	4.663	1.262	2.543	5.140
1.795	2.349	3.385	4.694	1.360	2.560	

79.1　分析 1

剔除 65 个使用时间，图 79.1 至图 79.3 分别示出的双参数 Weibull 模型(β=2.44)、对数正态模型(σ=0.72)及正态模型最大似然估计(MLE)的故障概率图都在上尾处显示出上扬情况。Weibull 模型和对数正态图显示出在图线上方有

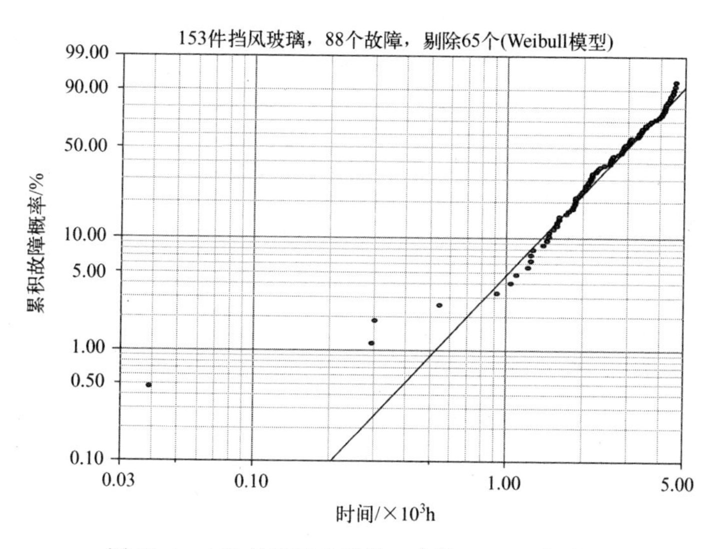

图 79.1　153 件挡风玻璃的双参数 Weibull 概率图

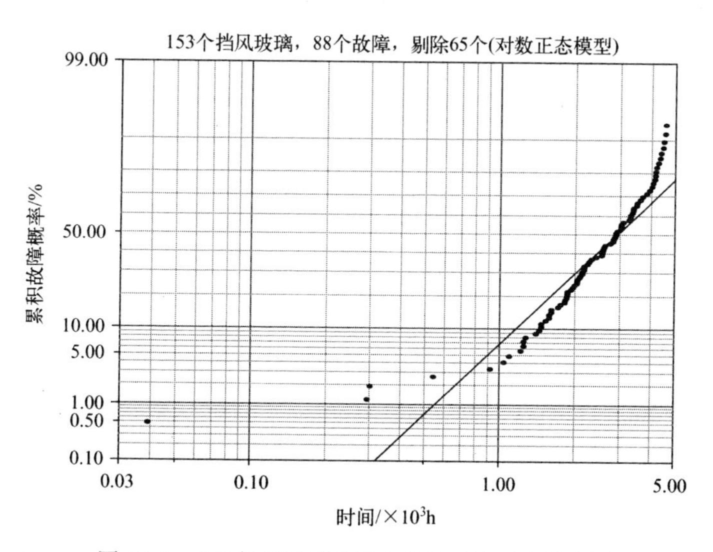

图 79.2　153 件挡风玻璃的双参数对数正态概率图

4 个早期致命性故障,那是在表 79.1 中所列出的前 4 个故障。仅从 Weibull 模型和对数正态图来看,基于目视检查的临时性结论为,鉴于对数正态数组是上凹的,所以 Weibull 模型是首选模型且该 4 个早期致命性故障不妨碍该选择。对于 1000 个未被利用的挡风玻璃而言,当 $F=0.10\%$时,根据该 Weibull 图线可以估计出安全寿命为 204h。

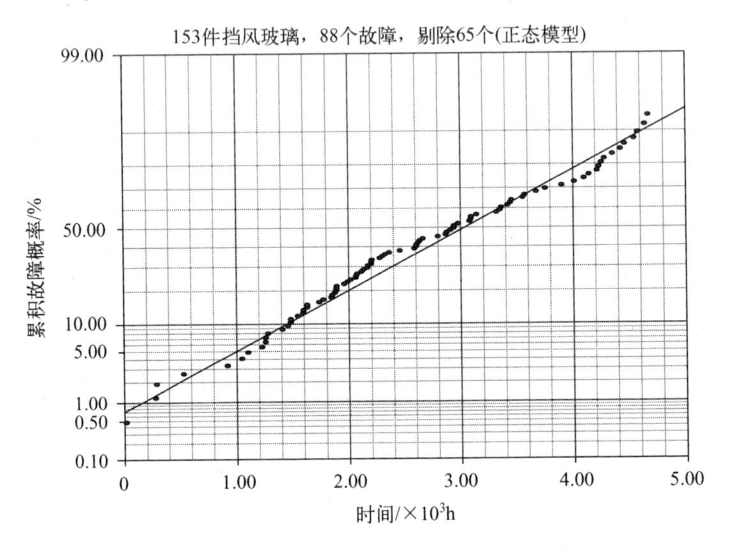

图 79.3　153 件挡风玻璃的双参数正态概率图

正态分布和主体 Weibull 分布显示出相当好的和非常相似的直线拟合(8.7.1 节)。然而,沿着图线看过去时,在将 4 个离群值和上尾处的上扬排除在外后,该主体 Weibull 和正态数组实际上是下凹的。从直观检查和表 79.2 所示的统计拟合优度检验结果来看,正态模型描述(包括了 4 个早期致命性故障)是首选,这与先前的工作结果是一致的;但针对 Weibull 模型的 mod KS 检验结果是例外,该检验对处于图 79.1 的图线下尾之上的故障是不敏感的。

表 79.2　153 件挡风玻璃的 GoF 检验结果(MLE)

检验方法	Weibull 模型	对数正态模型	正态模型
r^2(RXX)	0.8725	0.7590	0.9855
Lk	-174.0532	-196.2286	-172.3386
mod KS/%	2.7012	99.5641	27.9897
$\chi^2/\%$	5.65×10^{-8}	5.73×10^{-3}	6.00×10^{-10}

然而,偏向于正态模型是选错对象了,因为关于 1000 件未被利用的挡风玻璃在 $F=0.10\%$时的图线有一个估计的安全寿命小于 0h,这在实际上是令人难以置信的。由于对数正态描述是上凹的,该暂定的首选模型应是双参数 Weibull 模型。

79.2　分析2

另一种诠释为该4个早期致命性故障改变了图79.1和图79.2所示图线的方向。图79.4至图79.6分别展示了前4个故障被剔除后的双参数Weibull模型(β=2.91)、对数正态模型(σ=0.44)和正态模型最大似然估计(MLE)故障概率图。在每一图示中的上尾处依然存在上扬情况。Weibull和正态分布是下凹的,并且看起来是相似的。这是一种情况的例子,即Weibull模型和正态模型提供了同样好的对数据的直线拟合(8.7.1节),尽管它们都不是本例中的首选模型。对数正态分布数据呈

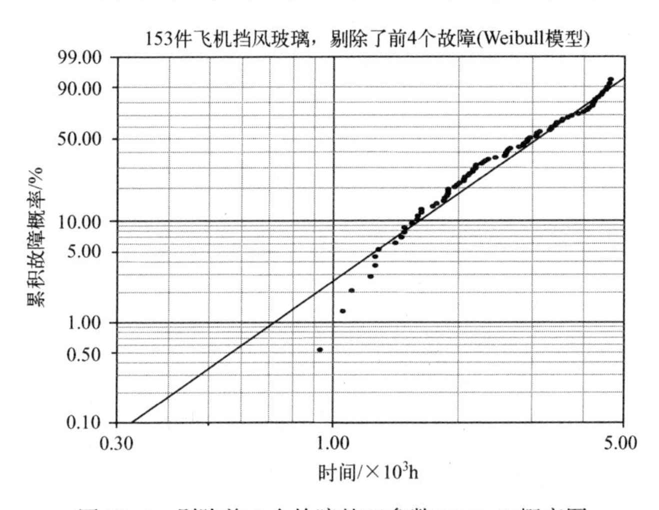

图79.4　剔除前4个故障的双参数Weibull概率图

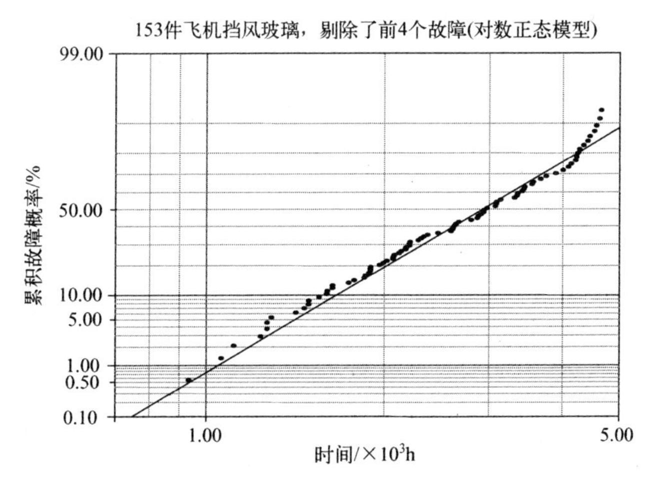

图79.5　剔除前4个故障的双参数对数正态概率图

线性排列,且从直观检查和表 79.3 中所列的拟合优度检验结果来看是首选的。1000 件未被利用的挡风玻璃的正态图线在估计的安全寿命 $t_{FF}=749h$ 处与 $F=0.10\%$ 相交,这比先前的 Weibull 模型估计值较不保守。

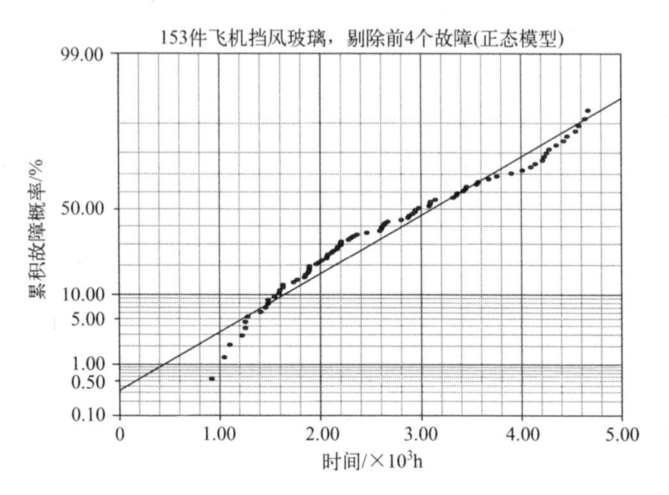

图 79.6 剔除前 4 个故障的双参数正态概率图

要注意,图 79.4 中所示的 Weibull 图可估计出 1000 件未被利用的挡风玻璃在 $F=0.10\%$ 时的安全寿命为 327h。这个估计值比图 79.1 临时假定的估计值(如之前所做过的)乐观程度高 60%,该 4 个早期致命性故障并没有改变该图线方向。图 79.1 所示的主体数组的下凹曲率在图 79.4 中是显而易见的。图 79.6 所示的正态模型分布是下凹的,而对于 1000 件未被利用的挡风玻璃,该图线可估计出小于 0h 的安全寿命。

79.3 分析 3

图 79.4 中双参数 Weibull 图下尾处的下凹曲率导致三参数 Weibull 模型的应用(8.5 节)。调整绝对故障阈值 t_0(三参数 Weibull 模型)= 788h(以垂直点划线标明),其三参数 Weibull 模型($\beta=1.97$)概率图如图 79.7 所示。关于在低于绝对故障阈值 t_0(三参数 Weibull 模型)= 788h 处不会发生故障的预计与被剔除了的 4 个在 40h、301h、309h 和 557h 时出现的离群值故障相矛盾。图 79.4 的下尾处的曲率已被消除,但是在图 79.7 中上尾处仍然有上翘。

虽然在双参数对数正态模型和三参数 Weibull 模型之间做出选择时,直观检查不是决定性的,但是表 79.3 中的拟合优度(GoF)检验结果却倾向于三参数 Weibull 模型。对于 1000 件未被利用的挡风玻璃,图线至 $F=0.10\%$ 的投射生成了一个估计的安全寿命 $=t_0$(三参数 Weibull 模型)$+81=788+81=869h$,这比对数正态模型的安全寿命为 749h 更为乐观。

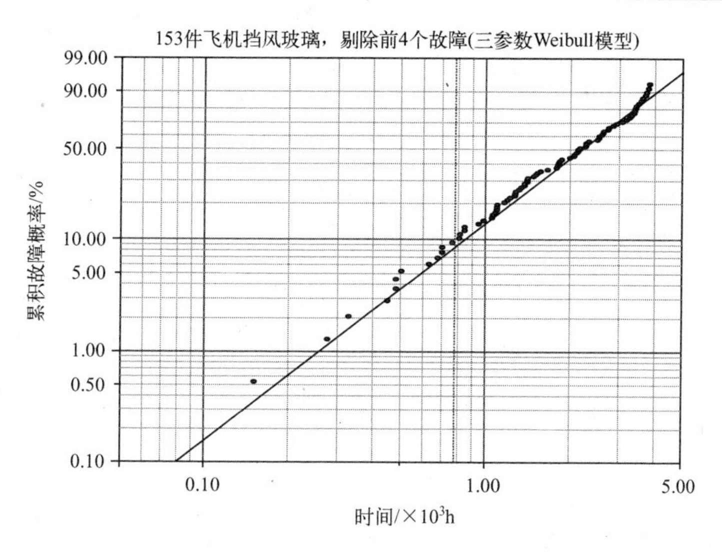

图 79.7　剔除前 4 个故障的三参数 Weibull 模型概率图

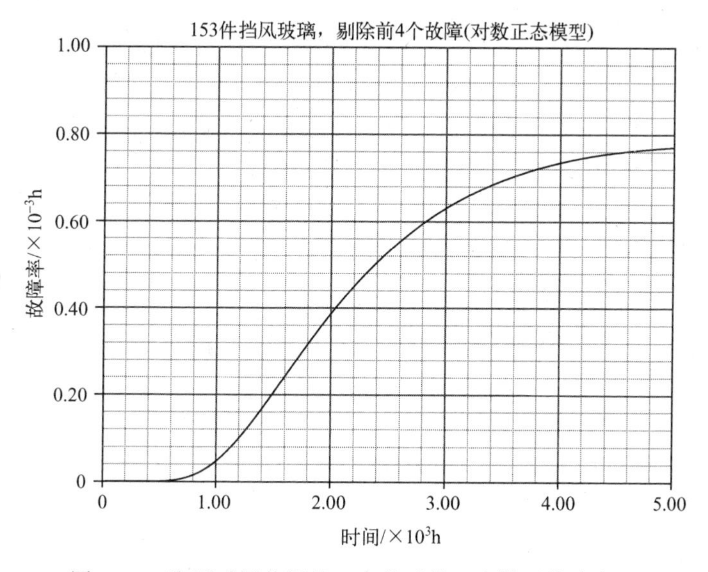

图 79.8　遍历时间范围的双参数对数正态模型故障率图

表 79.3　剔除前 4 个故障的 GoF 检验结果(MLE)

检验方法	Weibull 模型	对数正态模型	正态模型	三参数 Weibull 模型
r^2(RXX)	0.9626	0.9880	0.9631	0.9950
Lk	-154.4170	-153.5777	-157.1395	-151.5211
mod KS/%	22.1730	19.1867	43.7504	10.7876
χ^2/%	2.50×10^{-9}	10^{-10}	2.00×10^{-10}	10^{-10}

79.4 结论

(1) 基于图 79.1 和图 79.2 以及表 79.2 中的拟合优度(GoF)检验结果,倾向于双参数 Weibull 模型胜过对数正态模型是错误的,因为所作出的选择被 4 个早期致命性故障的存在搞得有偏颇了。

(2) 未被剔除的故障数据可由图 78.3 的正态概率图示中的直线相当好地予以拟合。根据直观检查和大多数的拟合优度(GoF)检验结果,该双参数正态模型暂时是合适的。然而,正态模型则因为它有出现负的安全寿命估计值的可能而被否决了。

(3) 一个重要的目标就是要找到能生成关于在一样本总体中故障数据的最佳描述的双参数模型,使之能对更大的未被利用的成熟组件母体中的第一个故障作出预计。如果该样本故障数据遭到了早期致命性故障的损坏(8.4.2 节),则出于进行预计的目的,应将早期致命性故障予以剔除,从而该主群(假定是均匀的)就有可能被表征了。

(4) 剔除 4 个早期致命性故障,从直观检查和拟合优度(GoF)检验结果来看,图 78.5 中的双参数对数正态模型描述是合适的,该双参数对数正态模型是首选模型。遍及故障时间范围的对数正态故障概率图如图 79.8 所示。考虑到引发故障的各种原因,对数正态模型的适用性缘于主群的不均匀性(7.17.3 节)。

(5) 剔除前 4 个故障后的三参数 Weibull 模型所预计的绝对故障阈值 t_0(三参数 Weibull 模型)= 788h 是与 4 个被剔除的故障发生时间(40h、301h、309h 和 557h)相矛盾的。一般而言,这样的矛盾可能不会总是舍弃对三参数 Weibull 的使用,因为仅有一小部分未被利用的成熟组件的主群(即使经过了筛选)有可能受到不可避免要发生的早期致命性故障的严重影响(7.17.1 节)。在某些情况下,进行筛选是不可能的。

(6) 在缺乏确证性试验证实的情况下,使用三参数 Weibull 模型是随意的[2,3],且对绝对故障阈值的估计过于乐观[3]。

(7) 无论是否明确说明,使用三参数 Weibull 模型的通常证据是在出现故障前其故障机制是需要时间去萌生和发展的。虽然是正确的,但这不是将三参数 Weibull 模型应用于每个场合(在双参数 Weibull 概率图中存在下凹曲率的场合)的一概的认可,特别是要考虑到双参数对数正态模型给出的良好直线拟合的情况。

(8) 考虑到双参数对数正态模型和三参数 Weibull 模型的类似的直观直线拟合,Occam 剃刀定律基于阐述上的简单性会选择参数较少的模型。使用更多的模型参数可望改善拟合优度(GoF)检验结果。选择具有过于乐观的绝对故障阈限估计值的三参数 Weibull 模型会舍弃掉双参数对数正态模型对剔除早期致命性故障的可接受的直线拟合。

参考文献

[1] W. R. Blischke and D. N. P. Murthy, *Reliability: Modeling, Prediction, and Optimization* (Wiley, New York, 2000), 35-37, 393-396.

[2] R. B. Abernethy, *The New Weibull Handbook*, 4th edition (Abernethy, North Palm Beach, Florida, 2000), 3-9.

[3] B. Dodson, *The Weibull Analysis Handbook*, 2nd *edition* (ASQ Quality Press, Milwaukee, Wusconsin, 2006), 35.

第 80 章　417 个灯泡

表 80.1 列出了 417 个内磨砂白炽灯泡(40W)在 42 周质量控制故障试验中得出的寿命小时[1,2]。在试验过程的每一周里,从该周生产的产品中选出 10 个样本。这一步骤在 1947 年总共执行了 42 周。三个故障时间没有记录下来。通过对成熟的制造工艺和试验条件的严密控制,期望得到一个正态概率分布[1]。

表 80.1　417 个电灯泡的故障时间(h)

225	836	930	985	1037	1103	1170	1243
521	844	931	985	1039	1104	1170	1248
525	854	932	985	1040	1105	1171	1248
529	855	932	985	1045	1105	1172	1250
609	856	932	990	1049	1106	1172	1252
610	856	932	990	1054	1106	1173	1254
612	858	932	990	1055	1107	1173	1255
621	860	933	992	1055	1109	1176	1258
623	862	934	995	1056	1110	1176	1262
653	863	935	996	1056	1112	1178	1272
658	867	935	996	1057	1113	1180	1277
666	872	935	998	1058	1115	1181	1277
675	878	936	999	1058	1116	1184	1289
699	880	938	1000	1061	1117	1185	1292
702	880	938	1000	1061	1118	1187	1297
704	883	940	1001	1062	1120	1187	1297
705	883	942	1002	1063	1121	1187	1302
709	885	943	1002	1063	1121	1188	1303
709	889	943	1002	1067	1122	1192	1303
716	890	944	1003	1067	1122	1195	1303
730	892	944	1009	1067	1122	1195	1308
732	893	946	1009	1067	1122	1196	1308
744	895	948	1009	1068	1122	1197	1310
759	896	949	1011	1069	1126	1197	1311
760	898	950	1011	1069	1127	1201	1320
765	898	951	1013	1069	1133	1202	1324
765	900	954	1014	1071	1134	1203	1324

（续）

769	900	954	1014	1075	1135	1203	1331
773	901	956	1016	1077	1137	1204	1333
775	902	956	1021	1077	1138	1209	1337
780	904	958	1022	1078	1141	1211	1340
785	905	958	1022	1078	1141	1217	1340
787	905	958	1022	1079	1143	1218	1343
788	909	960	1023	1080	1147	1220	1354
798	910	964	1023	1080	1148	1220	1358
801	912	965	1024	1081	1149	1222	1381
807	912	966	1024	1083	1150	1225	1384
811	916	968	1024	1083	1151	1225	1385
813	917	970	1024	1085	1151	1227	1385
813	918	970	1026	1085	1153	1228	1404
814	918	970	1028	1085	1156	1229	1415
816	918	972	1028	1086	1156	1230	1425
818	919	972	1029	1088	1157	1233	1430
824	920	972	1029	1091	1157	1233	1438
824	922	976	1033	1092	1157	1233	1461
824	923	976	1033	1093	1157	1234	1470
826	924	978	1034	1096	1160	1235	1485
827	924	980	1035	1096	1162	1235	1490
830	924	980	1035	1101	1165	1237	1550
831	926	983	1035	1102	1166	1240	1555
832	928	984	1037	1102	1169	1240	1562
833	929	984	1037	1103	1170	1240	1635
							1690

80.1　分析 1

图 80.1 至图 80.3 分别给出了双参数 Weibull 模型（$\beta=5.89$）、对数正态模型（$\sigma=0.20$）和正态模型最大似然估计（MLE）概率图。在每个图中的图线上方 225h 处有一个早期致命性故障。图 80.1 示出了下凹的 Weibull 数组。图 80.2 展示了对数正态数组的上凹状态；超过约 900～1690h 该数组是线性的。尽管图 80.3 中存在早期致命性故障，图线还是令人满意地拟合了正态模型数组，但通过对表 80.1 进行检查，因为最后的 5 次故障似乎是离群值而在上尾处偏离。从直观检查和表 80.2 列出的拟合优度（GoF）检验结果来看，正态模型是合适的。对于 1000 个未被使用的灯泡，$F=0.10\%$ 的正态图线将会估计出安全寿命为 457h。

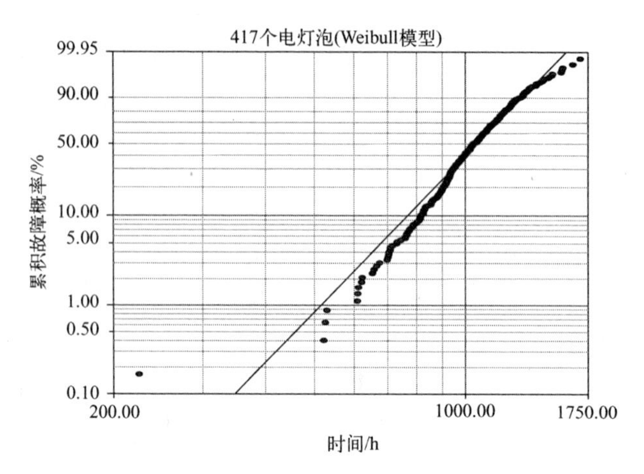

图 80.1　417 个电灯泡的双参数 Weibull 概率图

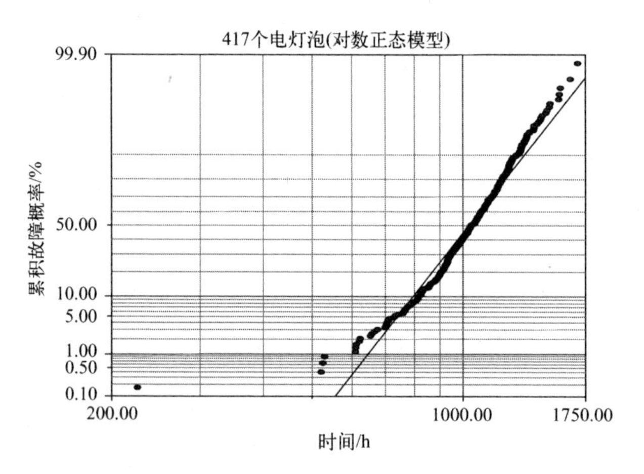

图 80.2　417 个电灯泡的双参数对数正态概率图

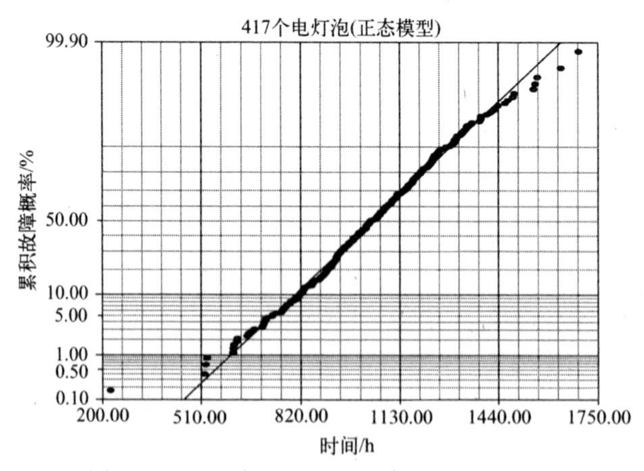

图 80.3　417 个电灯泡的双参数正态概率图

表 80.2　417 个电灯泡的 GoF 检验结果(MLE)

检验方法	Weibull 模型	对数正态模型	正态模型
r^2(RXX)	0.9641	0.9216	0.9902
Lk	−2791.0966	−2810.2414	−2780.6593
mod KS/%	82.4139	96.3779	37.2226
χ^2/%	0	0	0

80.2　分析 2

为了判断早期致命性故障的影响,分别在图 80.4 至图 80.6 的双参数 Weibull 模型($\beta=5.96$)、对数正态模型($\sigma=0.18$)和正态模型最大似然估计故障概率图中剔除了早期致命性故障。当剔除第一个故障后,从直观检查以及表 80.3 所列的拟合优度(GoF)检验结果来看,正态模型比对数正态模型更合适。

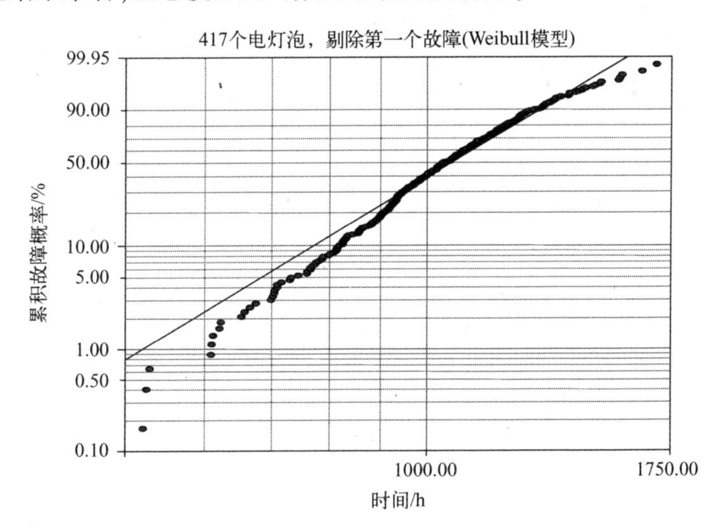

图 80.4　剔除第一个故障后 417 个电灯泡的双参数 Weibull 概率图

表 80.3　剔除第一个故障后,417 个电灯泡的 GoF 检验结果(MLE)

检验方法	Weibull 模型	对数正态模型	正态模型
r^2(RXX)	0.9841	0.9783	0.9950
Lk	−2777.9294	−2774.2306	−2764.9935
mod KS/%	77.9286	74.4701	16.1986
χ^2/%	0	0	0

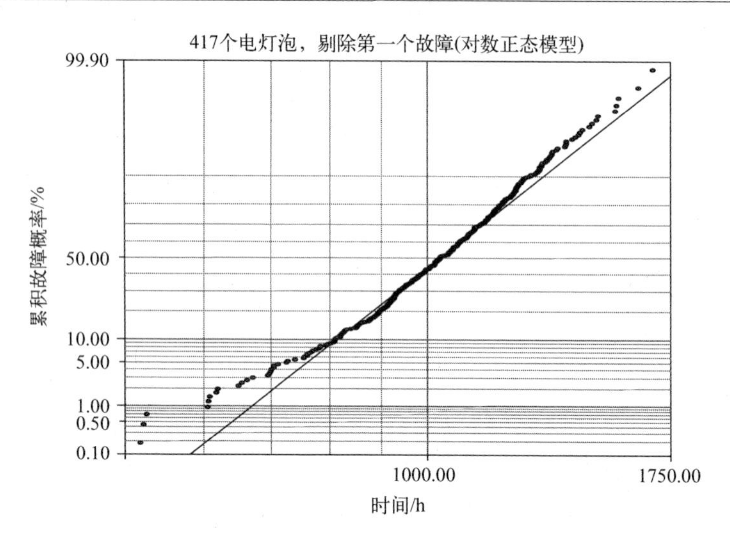

图 80.5 剔除第一个故障后 417 个电灯泡的双参数对数正态概率图

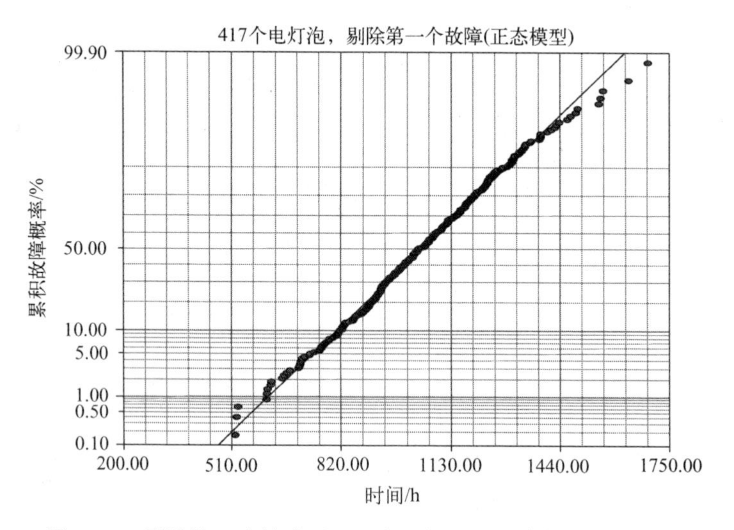

图 80.6 剔除第一个故障后 417 个电灯泡的双参数正态概率图

对于 1000 个未被使用的灯泡,$F=0.10\%$ 的正态图将会估计出安全寿命为 472h,要比之前的安全寿命为 457h 的乐观程度高 3.3%。剔除早期致命性故障对安全寿命的估计的坏影响是可忽略不计的。在对数正态和正态图中主要数组呈线性,是因为对数正态的形状参数满足 $\sigma<0.2$。在这种情况下,对数正态模型可以描述正态分布的数据,反之亦然。

80.3 分析3

质疑选择正态模型有三个原因:①与图80.5中900~1690h的对数正态数组中呈现的线性相比,在图80.6的上尾处出现偏离的情况;②在图80.5的下尾处的图线上方出现了一些似乎是早期致命性故障离群值;③源于标准白炽灯泡故障的物理模型,该模型表明可望用双参数对数正态模型对故障时间进行更可取的描述。

关于灯泡故障的"热点"理论断言,由于钨的一些局部不均匀性,灯丝温度在小范围内更高。金属丝的收缩或电阻率或发射率变化构成了诸如不均匀性……择先蒸发……使灯丝变细,使热点更热,从而导致更大的蒸发。最终灯丝会自行融化或断裂"[3]。

"除了热点外,由于提高的温度蠕变,钨丝还会产生振动并趋于下垂。其主要起作用的机制……是晶界滑移。当这种情况发生时,灯丝变细,局部电阻增大,在这个过程中温度升高。更高的温度加速了蠕变变形(下垂)并引发更热的热点"[3]。

"在这个适用于真空中被加热的灯丝金属的模型中,灯泡的寿命呈指数地取决于灯丝温度,或相应地与金属蒸气压力 P 成反比"[3]。在式(80.1)中给出了该压力。式中,钨的蒸发热为 $\Delta H_{vap}=183\text{kcal/mol}$[3];$R$ 为气体常数 $=1.9872\text{cal/deg-mol}$;$T$ 为绝对温度。式(80.1)也适用于液体的蒸气压力[4]。指数式的温度相依性也见于金属中电子的热电子发射,只是蒸发热被功率函数替代[5]。

$$P=P_0\exp\left[-\frac{\Delta H_{vap}}{RT}\right] \tag{80.1}$$

由于寿命与蒸气压力成反比,其结果为

$$t\propto\frac{1}{P}\propto\exp\left[\frac{\Delta H_{vap}}{RT}\right] \tag{80.2}$$

因为有理由认为金属丝收缩、电阻率和发射率的变化以及晶界滑移等局部的不均匀性将导致 ΔH_{vap} 在灯泡总体中呈正态分布,因此其寿命将是对数正态分布,如式(80.3)所示。

$$\ln t\propto\Delta H_{vap} \tag{80.3}$$

上面列举的三个原因导致要对再多剔除几个图80.5中的早期故障的影响进行检验,这些早期故障可能是另外的早期致命性离群值。然而,必须谨慎从事,因为不加区分地剔除会将不可接受的描述转化为可接爱的描述,反之亦然(8.4.3节,第11章)。

80.4 分析 4

除了在 225h 时的早期致命性故障,图 80.2 和图 80.3 及表 80.1 分别给出了 521h、525h 和 529h 时另外 3 个故障的聚类群,也可将它们视为不是主群的一部分的早期(异常)故障。这 3 个故障在图 80.5 中是明显的离群值,而在图 80.6 中在某种程度上是离群值。当剔除前 4 个故障后,图 80.7 和图 80.8 分别示出双参数对数正态模型($\sigma=0.18$)和正态模型最大似然估计(MLE)故障概率图。基于对主数组的拟

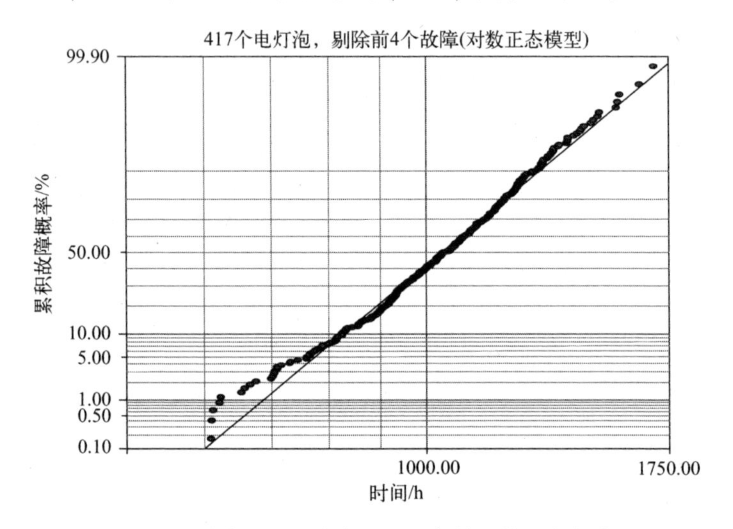

图 80.7 剔除前 4 个故障后的双参数对数正态概率图

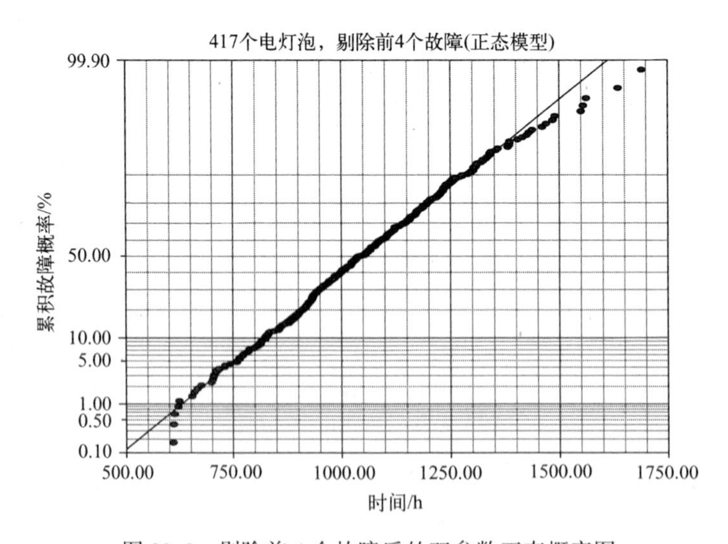

图 80.8 剔除前 4 个故障后的双参数正态概率图

合结果,从直观检查和表 80.4 中的拟合优度(GoF)检验结果来看,正态模型是首选。mod KS 检验看起来对正态分布尾部的偏离不敏感。

表 80.4 剔除前 4 个故障后的 GoF 检验结果(MLE)

检验方法	对数正态模型	正态模型
r^2(RXX)	0.9898	0.9940
Lk	-2736.7712	-2734.4116
mod KS/%	36.4043	7.0733
χ^2/%	0	0

80.5 分析 5

可见,对数正态拟合该分布的上尾部要好于正态拟合,如果更多的早期故障被可信地剔除,则对数正态模型会成为可选模型。表 80.1 给出了在 609h、610h 和 612h 时刻 3 个故障的第二个聚类群。在剔除前 7 个故障后,图 80.9 和图 80.10 分别展示了双参数对数正态模型(σ=0.17)和正态最大似然估计(MLE)故障概率图。Weibull 分布仍保持下凹。从直观检查和表 80.5 中的拟合优度检验结果来看,对数正态模型是合适的。

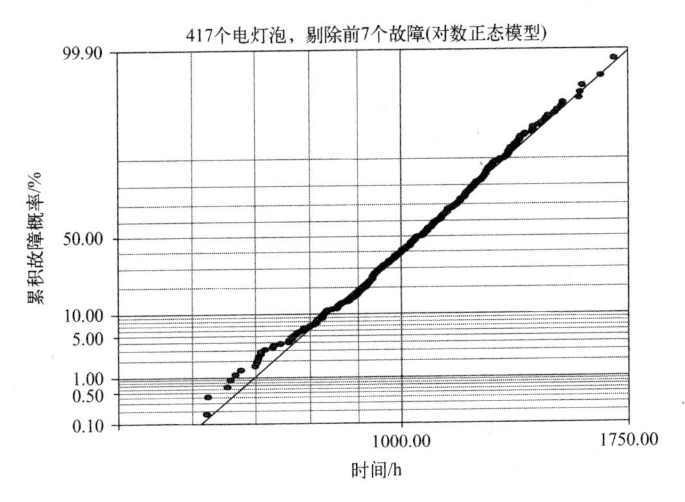

图 80.9 剔除前 7 个故障后的双参数对数正态概率图

表 80.5 剔除前 7 个故障后的 GoF 检验结果(MLE)

检验方法	对数正态模型	正态模型
r^2(RXX)	0.9944	0.9928
Lk	-2706.0482	-2707.0220
mod KS/%	11.8843	17.1535
χ^2/%	0	0

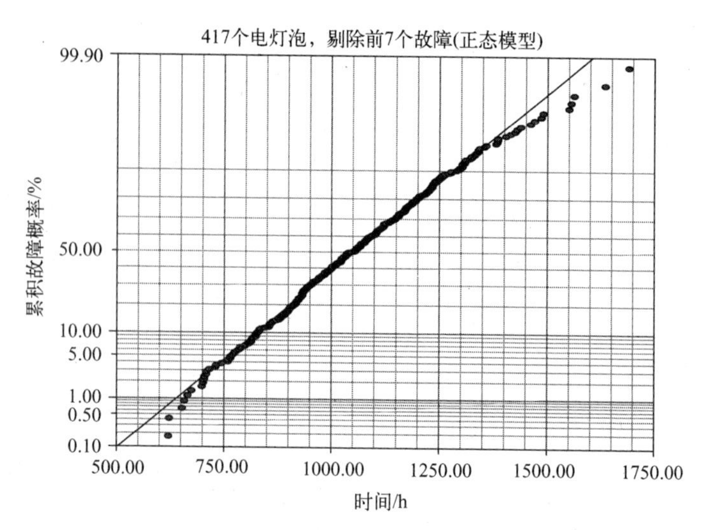

图 80.10　剔除前 7 个故障后的双参数正态概率图

80.6　分析 6

如在表 80.1 中示出的,在 621h 和 623h 两个时刻是另外的两故障群。剔除前 9 个故障得到图 80.11 和图 80.12,它们是双参数对数正态模型($\sigma=0.17$)和正态最大似然估计故障概率图。从直观检查和表 80.6 所列的拟合优度(GoF)检验结果来看,对数正态模型是首选。

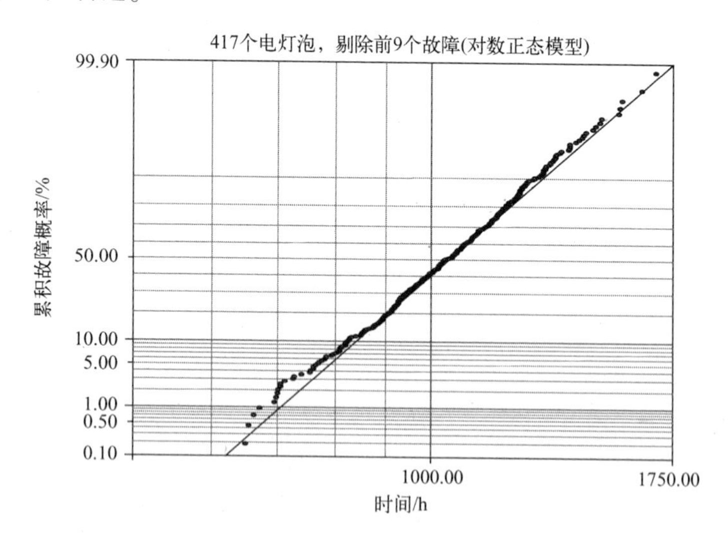

图 80.11　剔除前 9 个故障后的双参数对数正态概率图

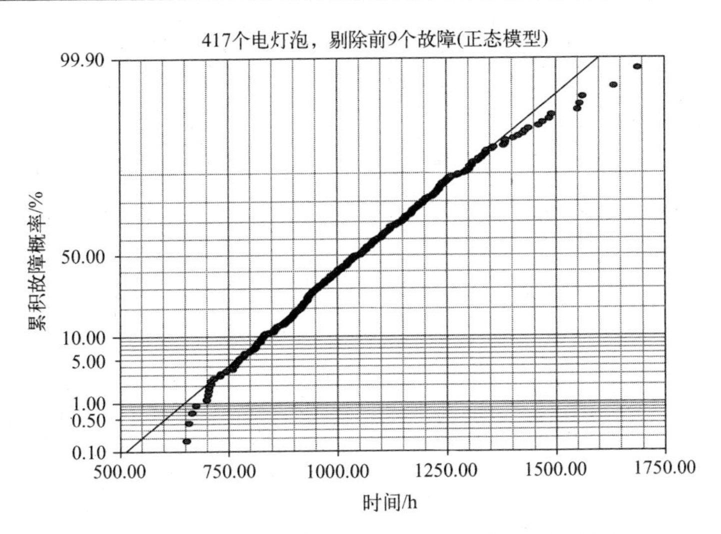

图 80.12　剔除前 9 个故障后的双参数正态概率图

表 80.6　剔除前 9 个故障后的 GoF 检验结果(MLE)

检验方法	对数正态模型	正态模型
r^2(RXX)	0.9968	0.9904
Lk	-2676.1358	-2680.1293
mod KS/%	3.5926	29.8172
χ^2/%	0	0

80.7　结论

(1) 无论是否剔除被归为早期致命性的离群值的第一个故障，正态模型都是受到偏爱的。从直观检查和拟合优度(GoF)检验结果来看，正态模型是首选，肯定了对出自成熟的和控制良好的制造和测试设施的产品的预测[1]。图 80.3 中正态图上尾部的偏离似乎是几个离群值引起的。从质量控制的观点看，要更关注早期的而不是后期的故障。

(2) 正态图示上尾部的偏离、对数正态图上尾部的相关线性、对数正态图中显现的若干早期致命性故障，以及物理模型为对数正态模型的选择所提供的依据对于探索在对数正态图中另外剔除的后果都是具有说服力的。

(3) 剔除图 80.2 对数正态图中的前 4 个故障，其中包括第一个明显的离群值，没有改变基于直观检查和拟合优度(GoF)检验结果对正态模型的优先选择。

(4) 剔除图 80.2 对数正态图中的前 7 个或前 9 个故障给出了一个警告性的例

证,说明任意剔除是如何有可能完全逆转对对数正态模型的优先选择(8.4.3 节)。

(5) 当对数正态的 σ 满足 $\sigma<0.2$ 时,对数正态和正态概率分布能显现出非常的相似性(8.7.2 节)。

(6) 针对是否剔除第一个故障的情况,表 80.7 给出了在受控条件下连续运行的关于 $SS=1000,10000$ 的未被使用的灯泡样本量的安全寿命正态模型估计值。

表 80.7 安全寿命估计值(h)

F/%	未剔除	剔除第一个故障	Δ/%
0.100	457	472	3.3
0.010	337	355	5.3

剔除第一个故障导致安全寿命估计值的乐观程度增加了几个百分点。在这个例子中,早期致命性故障对模型选择和安全寿命估计值的不利影响可以忽略。然而,上面得出的安全寿命估计值是不现实的,因为灯泡在实际使用过程中是不规则地被开关的。

(7) 可以看到一个或少数几个被剔除的低于估计的故障阈值的或处于估计的无故障区域内的故障,或是安全寿命对于安全寿命估计不构成重大影响的难题,因为仅有成熟组件未被使用的总体的一小部分可能会受到不可避免要发生的早期致命性故障的影响。

为了核实正态模型的选择和检验模型选择对样本大小的敏感性,对表 80.1 中数据的子集将在附录中予以分析。

附录 C.2 给出了关于使用中心极限定理支持选择正态模型的论述。

附录 80A　50 个电灯泡(质量检测的前 5 周)

文献[1,2]给出了以周计的故障时间。附表 80A.1 按顺序列出了在进行检测的前 5 周 50 个灯泡的故障时间。

附表 80A.1　前 50 个电灯泡的故障时间(h)

702	855	919	938	958	1009	1067	1126	1162	1217
765	896	920	948	970	1022	1085	1151	1170	1237
785	902	923	950	972	1035	1092	1156	1195	1311
811	905	929	956	978	1037	1102	1157	1195	1333
832	918	936	958	1009	1045	1122	1157	1196	1340

附图 80A.1 至附图 80A.3 分别给出了双参数 Weibull 模型($\beta=7.46$)、对数正态模型($\sigma=0.15$)和正态模型最大似然估计概率图。Weibull 数据是下凹的。因为对数正态满足 $\sigma<0.2$,在对数正态和正态图中的数据与图线相拟合。由于对数正态图中的第一个故障和最后一个故障相对于图线的位置,使得它看起来是上凹的,从直观上看,正态模型是合适的。除了 mod KS 检验结果外,从附表 80A.2 所示的拟合优度检验结果来看,正态模型也是首选。

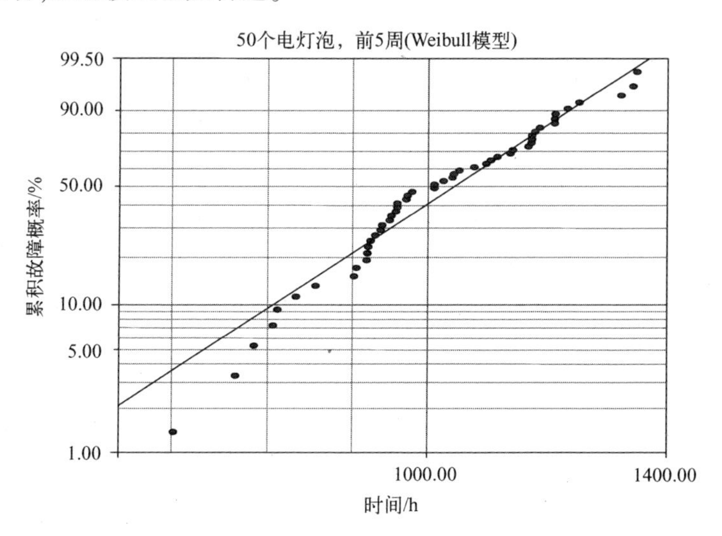

附图 80A.1　前 50 个电灯泡的双参数 Weibull 概率图

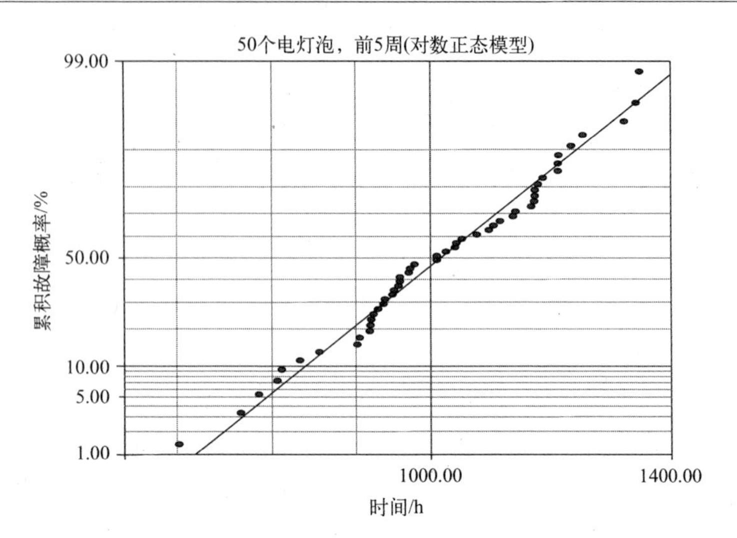

附图 80A.2 前 50 个电灯泡的双参数对数正态概率图

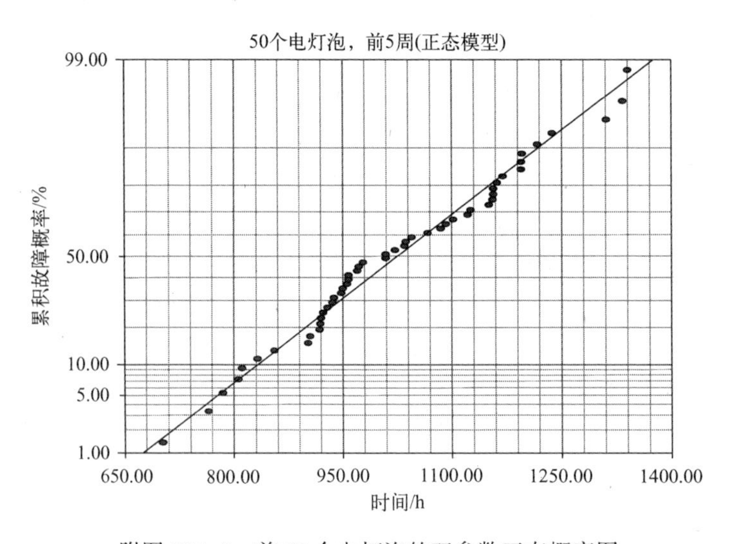

附图 80A.3 前 50 个电灯泡的双参数正态概率图

附表 80A.2 50 个电灯泡的 GoF 检验结果(MLE)

检验方法	Weibull 模型	对数正态模型	正态模型
r^2(RXX)	0.9606	0.9833	0.9843
Lk	-322.5581	-321.2172	-321.1501
mod KS/%	45.9569	6.1533	24.5583
χ^2/%	0.0488	0.0194	0.0144

位于附图 80A.2 中直线上方的第一个故障可能是早期致命性故障。对附表 80A.1进行考查的结果证实了该故障可能存在离群值的状态。剔除第一个故障后的双参数对数正态模型($\sigma = 0.14$)和正态模型最大似然估计概率图分别示于附图 80A.4和附图 80A.5。没有示出下凹的 Weibull 图。直观上看对数正态描述是目前合适的,因为沿着该图线看正态描述稍微下凹。如附表 80A.3 所列,从拟合优度检验结果来看,对数正态模型也是合适的。

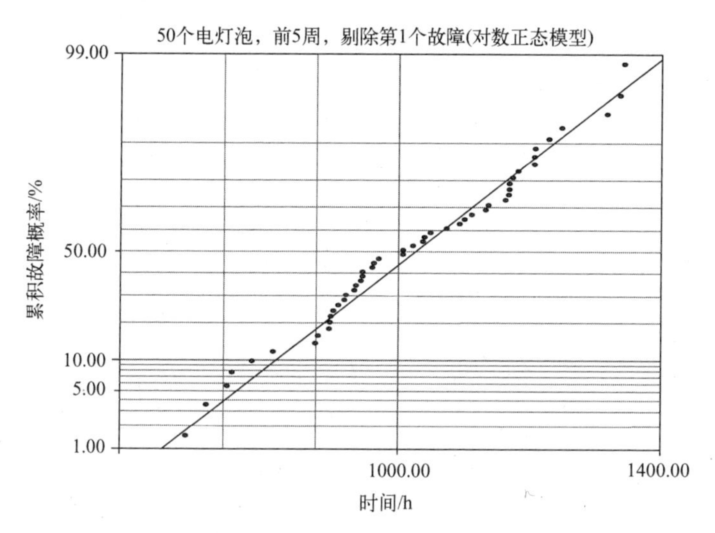

附图 80A.4 剔除第一个故障后,前 50 个电灯泡的双参数对数正态图

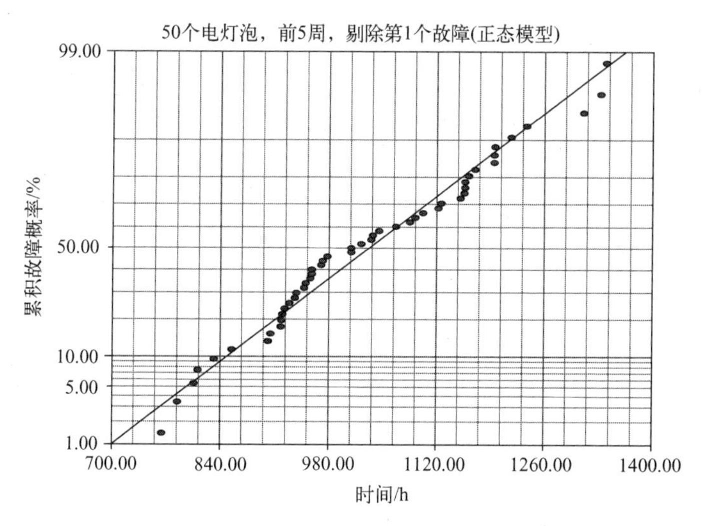

附图 80A.5 剔除第一个故障后,前 50 个电灯泡的双参数正态图

附表 80A.3　剔除第一个故障后,50 个电灯泡 GoF 检验结果(MLE)

检验方法	对数正态模型	正态模型
r^2(RXX)	0.9829	0.9779
Lk	-312.3043	-312.7532
mod KS/%	13.5358	38.9621
χ^2/%	0.0101	0.0101

剔除第一个故障,将直观上以正态模型作为首选转换为直观上以对数正态模型作为首选。类似于上面对 417 个电灯泡故障所做的分析,这作为未经认可的剔除的情况是可疑的。

结论:

(1) 通过严格控制及成熟的制造过程和测试条件可望生成正态概率分布[1]。凭借设计、最佳制造实践的实施和严密的质量控制,在经过排序的各故障时间低端的离群值子群可望得到剔除。

(2) 当对数正态形状参数满足 $\sigma < 0.2$ 时,该对数正态模型可描述正态分布的数据,反之亦然(8.7.2 节)。剔除第一个故障,将直观上首选正态模型转换为首选对数正态模型。假如该剔除未经证实是正确的,那么选择的模型应是正态的。

(3) 和白炽灯泡消费者的经验相反,对数正态模型具有未必确实的预测结果,如附图 80A.6 和附图 80A.7 中超出故障时间范围的对数正态模型和正态模型故障率图所示。在正态图中的故障率如所预期的那样单调增加。相比之下,在对数正态图中预计的故障率在 2000~3000h 则近似不变。其含义是假如一个电灯泡生存到了

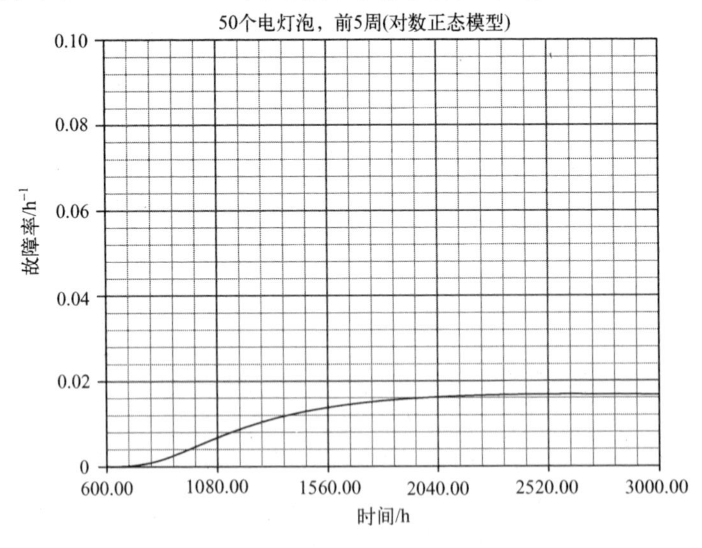

附图 80A.6　50 个电灯泡的双参数对数正态模型故障率图

2000h,则它生存更多小时(设想它已生存到了 3000h)的可能性与之并无很大的区别。按自然法则这是令人难以置信的,因为灯丝上最细的地方的钨蒸发是不会减弱的,因此相对于正态模型而言,对数正态模型是不占优势的。

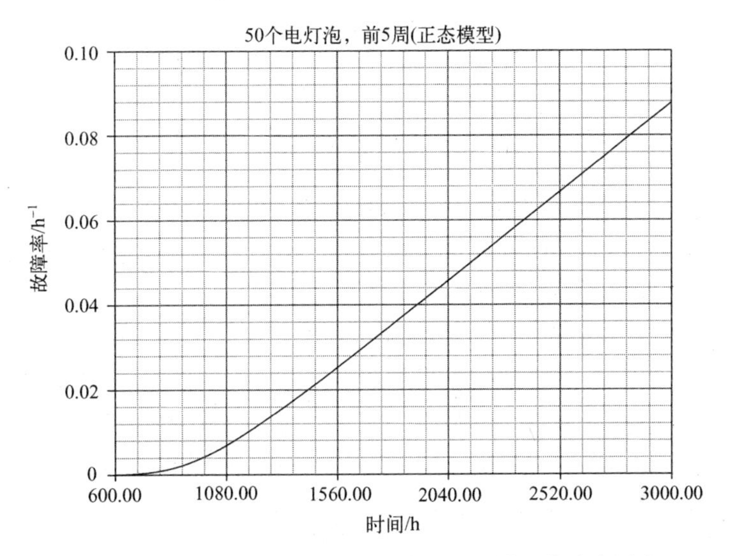

附图 80A.7　50 个电灯泡的双参数正态模型故障率图

附录 80B　100 个电灯泡(质量检测的前 10 周)

附表 80B.1 按顺序列出了在前 10 周检测的 100 个灯泡的故障时间。附图 80B.1 至附图 80B.3 分别示出了双参数 Weibull 模型(β=7.18)、对数正态模型(σ=0.16)和正态模型最大似然估计(MLE)概率图。快速扫视一下各图示将会把 Weibull 模型选作暂定的模型选项,因为对数正态模型和正态分布模型显现出是上凹的。然而,更为敏锐的观察则表明,当沿图线看去时,主要的 Weibull 数组是下凹的。在附表 80B.1 中前两个故障时间是早期致命性故障,它们掩饰了在 Weibull 图主要数组中的下凹曲率,并且使得对数正态分布和正态分布显得是上凹的。在正态图中前两个时间是早期致命性故障的条件下,直观上看正态模型则是首选的;如附表 80B.2 中所列的,它也是拟合优度检验结果所支持的。

附表 80B.1　前 100 个电灯泡的故障时间(h)

521	830	902	932	954	1009	1062	1102	1156	1203
621	832	905	933	956	1009	1063	1102	1157	1217
702	833	909	936	958	1011	1063	1106	1157	1237
704	854	918	938	958	1021	1067	1115	1157	1250
765	855	919	940	970	1022	1069	1122	1162	1303
780	858	920	944	972	1035	1071	1122	1170	1311
785	890	923	946	978	1035	1077	1126	1178	1320
807	896	928	948	996	1037	1078	1138	1195	1324
811	900	929	950	999	1045	1085	1151	1195	1333
818	901	930	951	1002	1049	1092	1153	1196	1340

附表 80B.2　100 个电灯泡的 GoF 检验结果(MLE)

检验方法	Weibull 模型	对数正态模型	正态模型
r^2(RXX)	0.9789	0.9537	0.9855
Lk	-648.2070	-651.0112	-647.0856
mod KS/%	55.9619	44.7065	26.0596
χ^2/%	1.44×10^{-4}	5.03×10^{-5}	8.41×10^{-6}

当剔除了附表 80B.1 中的前两个处于附图 80B.2 和附图 80B.3 中的图线上方的两个故障后,将相应的双参数 Weibull 模型(β=7.53)、对数正态模型(σ=0.14)和正态最大似然估计故障概率图分别示于附图 80B.4 至附图 80B.6 中。Weibull 数组在下尾处是下凹的。直观上看正态数组是合适的,因为在对数正态图中的下尾和上尾处有轻微的上凹。不过,从附表 80B.3 中所示的拟合优度(GoF)检验结果来看,对数正态模型是合适的;mod KS 检验好像对下尾和上尾处图线的偏离不太敏感。

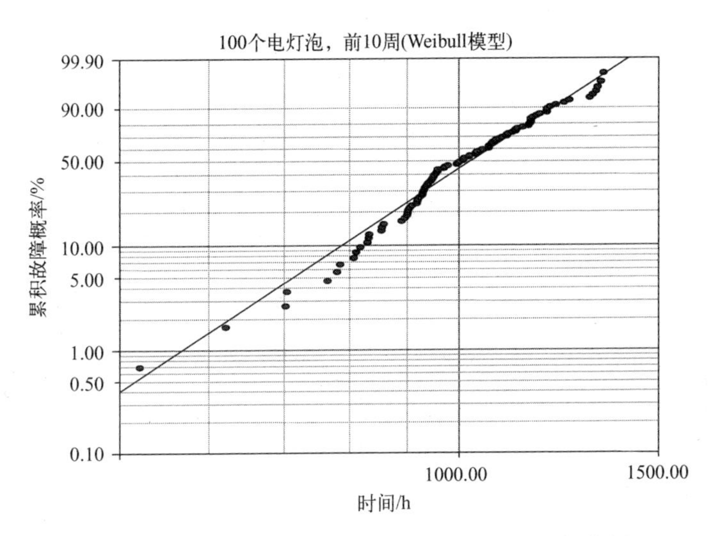

附图 80B.1 前 100 个电灯泡的双参数 Weibull 概率图

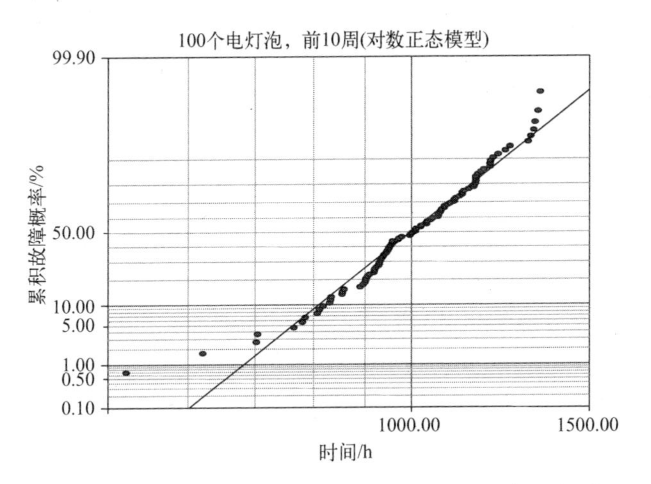

附图 80B.2 前 100 个电灯泡的双参数对数正态概率图

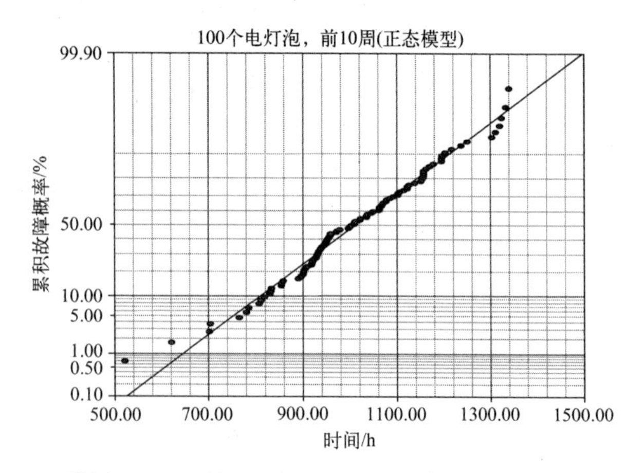

附图 80B.3 前 100 个电灯泡的双参数正态概率图

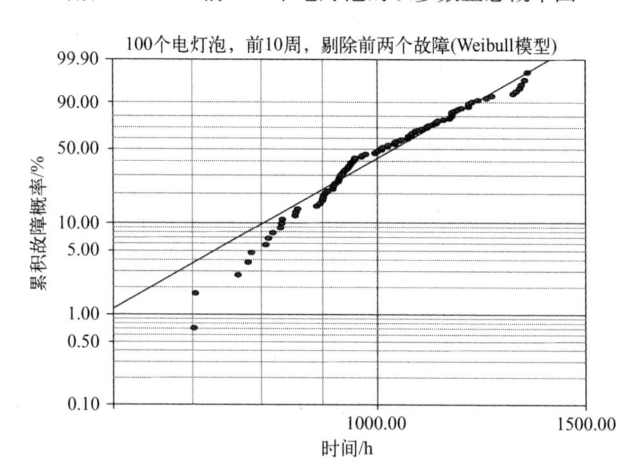

附图 80B.4 剔除前两个故障后,前 100 个电灯泡的双参数 Weibull 图

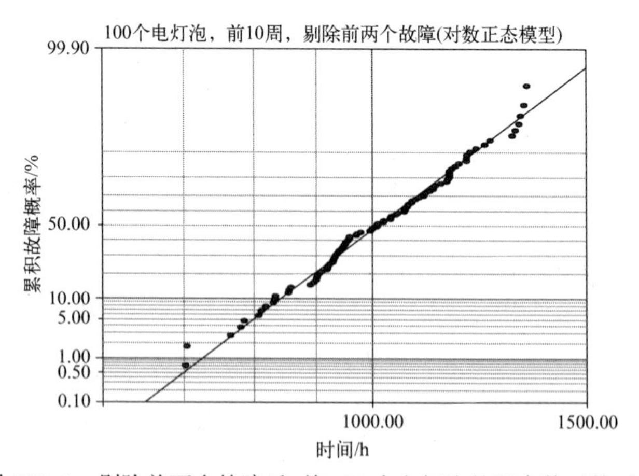

附图 80B.5 剔除前两个故障后,前 100 个电灯泡的双参数对数正态图

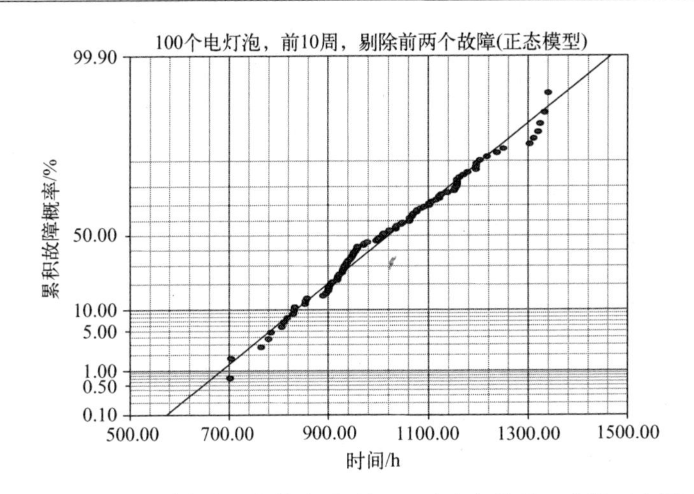

附图 80B.6 剔除前两个故障后,前 100 个电灯泡的双参数正态图

附表 80B.3 剔除前两个故障后,100 个电灯泡的 GoF 检验结果(MLE)

检验方法	Weibull 模型	对数正态模型	正态模型
r^2(RXX)	0.9551	0.9896	0.9876
Lk	-630.0736	-626.0559	-626.3704
mod KS/%	70.0657	25.6361	61.1749
χ^2/%	1.69×10^{-4}	1.05×10^{-6}	1.21×10^{-6}

结论:

(1) 通过对附图 80B.1 和附图 80B.2 的直观观察,暂定以 Weibull 模型作为模型选项是错误的,因为早期致命性故障掩饰了主要数组中的下凹曲率。

(2) 一个重要的目的是找到双参数模型以生成关于样本总体中故障数据的最佳描述,使之能够对处于更大的未被使用的母体中的第一个故障时间作出预计。假如样本故障数据被早期致命性故障破坏(8.4.2 节),则出于预计的目的,应该剔除该早期致命性故障,从而主群(假设是均匀的)就可以予以表征了。

(3) 当对数正态形状参数满足 $\sigma< 0.2$ 时,对数正态模型可以描述正态分布数据,反之亦然(8.7.2 节)。剔除前两个早期致命性故障后,正态模型从直观上看是合适的。

(4) 严密控制成熟的制造过程和检测条件,可望得到正态概率分布[1]。

(5) 不同于白炽灯泡消费者的经验,对数正态模型的预计结果未必是确实的,如附图 80B.7 和附图 80B.8 所示的对数正态模型和正态模型故障率图被延伸到超出各次故障时间范围的情况。正态故障率图如所预期的那样单调增加。相比之下,预测的 2140~2500h 的对数正态故障率是近似不变的。其含义是假如一个电灯泡能生存到 2140h,则它生存更多小时(设想它已生存到了 2500h)的可能性与之并无很大的区别。按自然法则这是令人难以置信的,因为灯丝上最细地方的钨蒸发是不会减弱的,因此对数正态模型相对于正态模型是没有优势的。

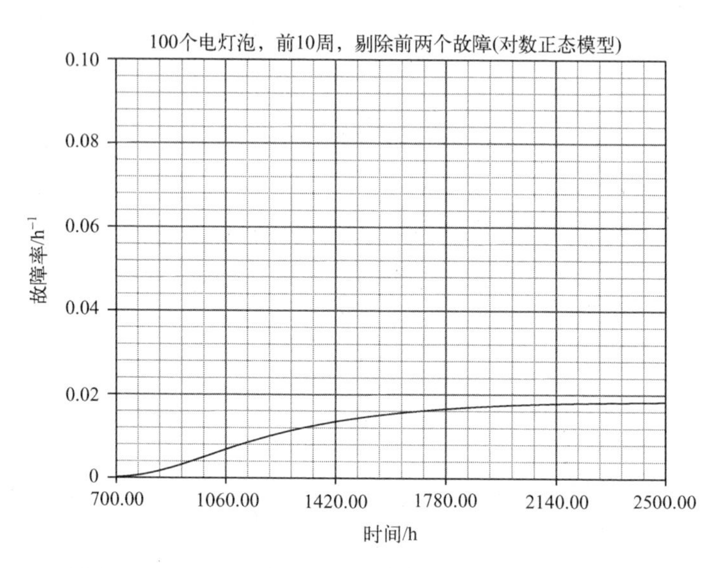

附图 80B.7 100 个电灯泡的双参数对数正态模型故障率图

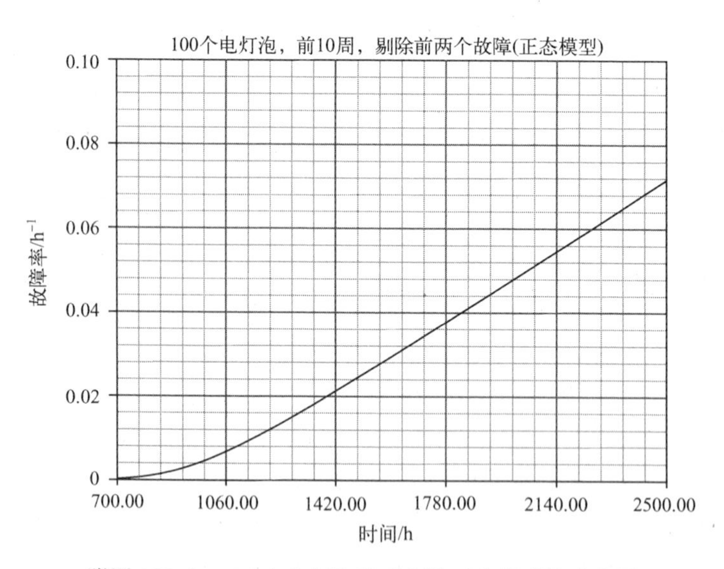

附图 80B.8 100 个电灯泡的双参数正态模型故障率图

附录 80C　200 个电灯泡(质量检测的前 20 周)

附表 80C.1 按顺序列出了在进行检测的前 20 周内 200 个灯泡的故障时间。附图 80C.1 至附图 80C.3 分别示出了双参数 Weibull 模型($\beta=7.08$)、对数正态模型($\sigma=0.17$)和正态模型最大似然估计(MLE)概率图。如同前 100 个灯泡的情况,从直观上将会把 Weibull 模型作为暂定的模型选项。然而,沿着图线去看,就发现 Weibull 图中主数组的下尾是下凹的。附表 80C.1 中的前两个时间是早期致命性故障,它们掩饰了在 Weibull 图中的下凹曲率,并且在对数正态图和正态图的下尾处显得处于图线的上面。虽然从直观上看 Weibull 模型是合适的,但是从附表 80C.2 中所示的拟合优度(GoF)检验结果来看,正态模型是合适的。

附表 80C.1　前 200 个电灯泡的故障时间(h)

521	807	883	929	954	998	1039	1085	1134	1184
529	811	890	930	954	999	1040	1091	1138	1187
610	814	895	931	956	1000	1045	1092	1143	1192
621	818	896	932	958	1001	1049	1101	1147	1195
653	824	900	932	958	1002	1058	1102	1149	1195
658	824	901	932	958	1002	1062	1102	1150	1196
699	830	902	933	966	1009	1063	1103	1151	1203
702	832	904	934	970	1009	1063	1105	1151	1217
704	833	905	935	970	1011	1067	1106	1153	1237
705	844	909	935	972	1021	1067	1106	1156	1250
709	854	910	936	972	1022	1067	1110	1157	1258
730	855	912	938	978	1023	1069	1112	1157	1289
760	858	916	938	980	1026	1069	1115	1157	1292
765	858	918	940	980	1029	1071	1116	1162	1303
765	860	919	944	984	1035	1077	1118	1170	1311
775	863	920	946	990	1035	1078	1122	1170	1320
780	867	922	948	990	1035	1078	1122	1171	1324
785	878	923	949	992	1037	1081	1122	1173	1333
788	880	924	950	996	1037	1083	1126	1178	1340
801	880	928	951	996	1037	1083	1133	1180	1425

附表 80C.2　200 个电灯泡的 GoF 检验结果(MLE)

检验方法	Weibull 模型	对数正态模型	正态模型
r^2(RXX)	0.9912	0.9588	0.9914
Lk	-1296.9076	-1304.4620	-1295.6212
mod KS/%	30.3751	76.2094	17.6747
χ^2/%	0	0	0

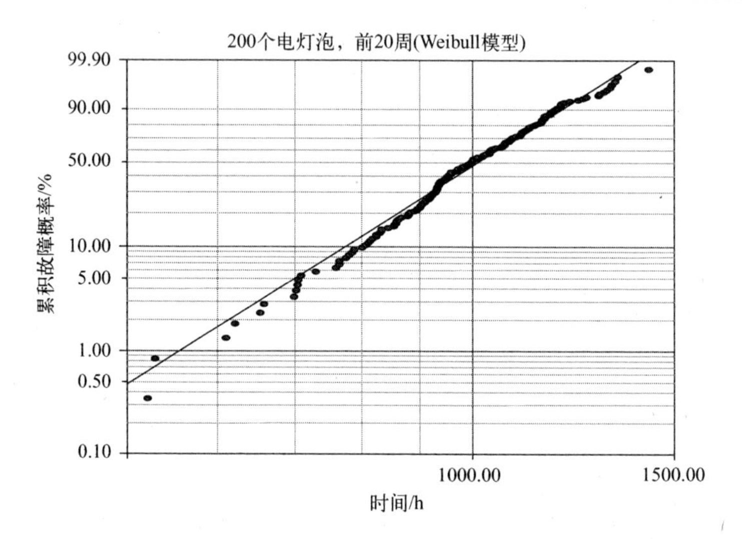

附图 80C.1　前 200 个电灯泡的双参数 Weibull 概率图

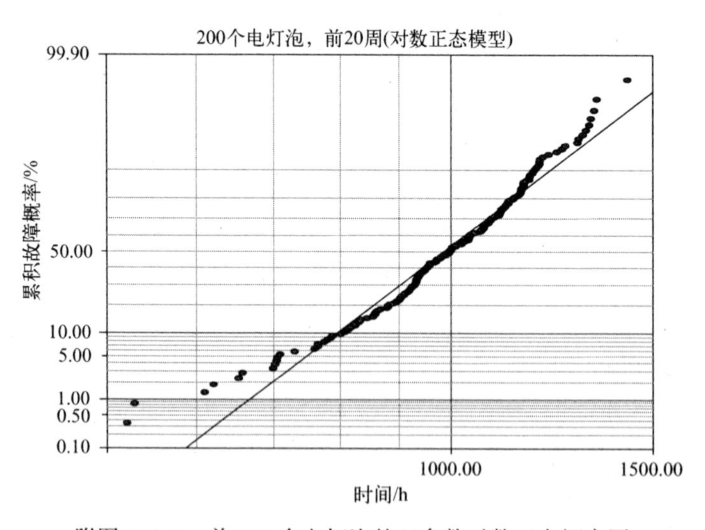

附图 80C.2　前 200 个电灯泡的双参数对数正态概率图

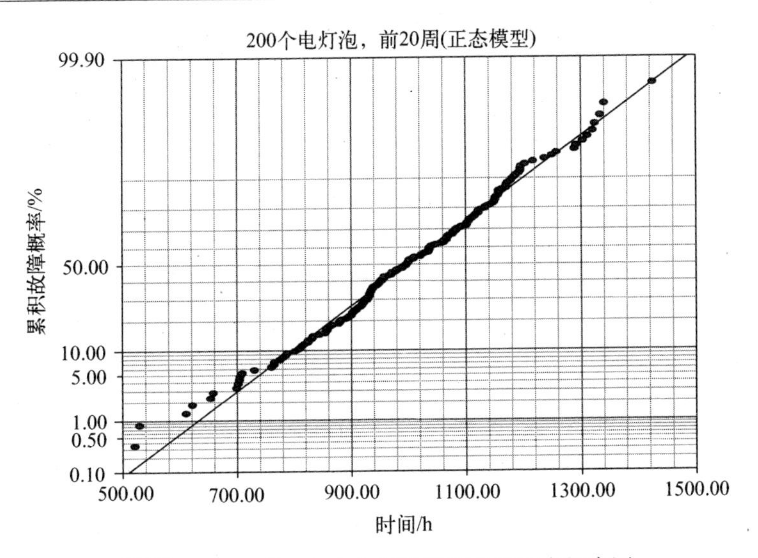

附图 80C.3　前 200 个电灯泡的双参数正态概率图

剔除前两个故障后，分别将双参数 Weibull 模型($\beta=7.26$)、对数正态模型($\sigma=0.16$)和正态最大似然估计故障概率图示于附图 80C.4 至附图 80C.6。在 Weibull 图中的数组是下凹的，在对数正态图中的数组是上凹的，而正态图中的数组则与图线相拟合。从直观上以及附表 80C.3 拟合优度(GoF)检验结果来看，正态模型是首选。

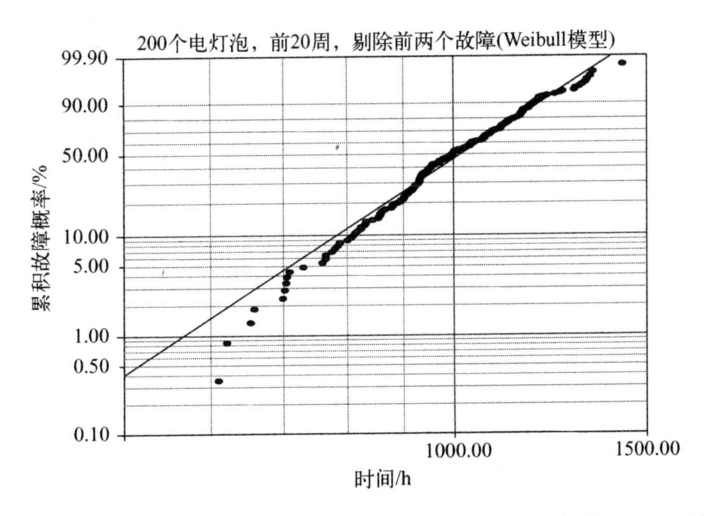

附图 80C.4　剔除前两个故障后，前 200 个电灯泡的双参数 Weibull 图

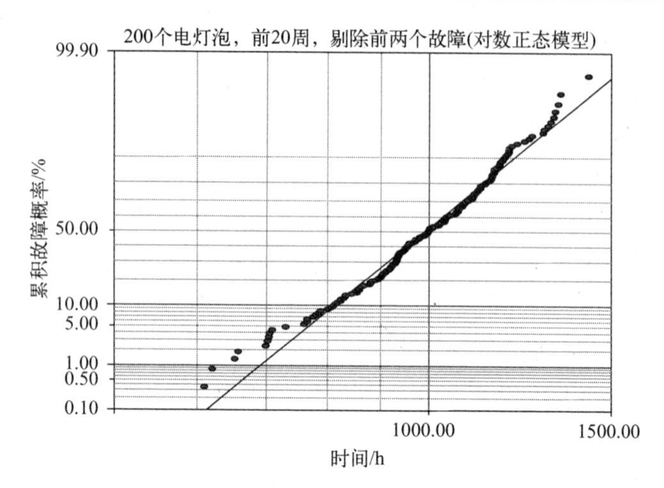

附图 80C.5 剔除前两个故障后,前 200 个电灯泡的双参数对数正态图

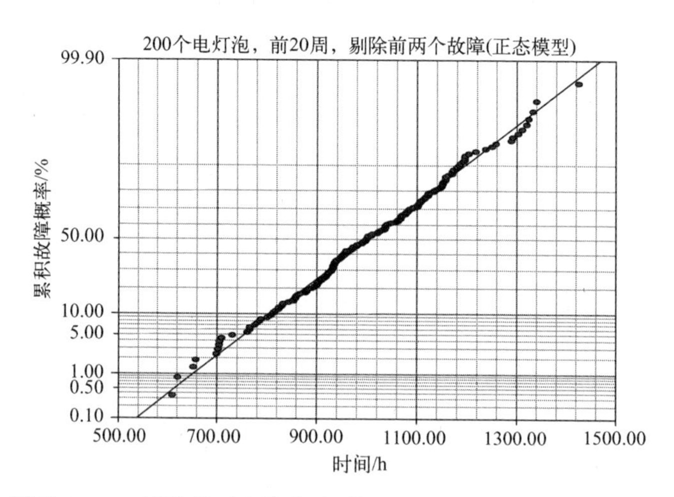

附图 80C.6 剔除前两个故障后,前 200 个电灯泡的双参数正态图

附表 80C.3 剔除前两个故障后,200 个电灯泡的 GoF 检验结果(MLE)

检验方法	Weibull 模型	对数正态模型	正态模型
r^2(RXX)	0.9831	0.9807	0.9954
Lk	-1278.1656	-1278.3657	-1274.1917
mod KS/%	44.7162	35.8540	7.9847
χ^2/%	0	0	0

结论:

(1) 通过对附图 80C.1 和附图 80C.2 的直观观察,暂时选定 Weibull 模型是错误的,因为早期致命性故障掩饰了主数组下尾部的下凹曲率。

(2) 无论是否剔除前两个故障,从拟合优度(GoF)检验结果来看,双参数正态模型都是要选取的模型。

(3) 剔除前两个初期致命性故障后,从直观上来看双参数正态模型是要选取的模型。

总的结论:

(1) 对于前 50 个、前 100 个、前 200 个以及 417 个电灯泡的整个总体,正态模型始终如一地给出了与期望相一致的首选描述,即受到良好控制的成熟制造过程和检测将导致寿命为正态分布。

(2) 灯泡出故障可能有很多原因,其中主要原因之一是蒸发。由于存在局部缺陷,蒸发是不均匀发生的,从而沿着灯丝一些区段处的电阻要高于其附近区段的电阻。在较高电阻的区段中,由于晶界滑移所助长的蒸发使得灯丝变细。式(80C. 1)给出了这些区段的功耗。

$$P = i^2 \sum_{k=1}^{N} \frac{\rho_k l_k}{s_k} \qquad (80C.1)$$

灯丝中的电流 i 是恒定的。钨的局部比电阻是 $\rho(\Omega \cdot \mathrm{cm})$,变细区段的长度是 $l$cm 且其横截面积为 $s\mathrm{cm}^2$。可以设想在求和符号中的每个要素都是随机变量。根据这一观点,正态描述应能适用这一期望有可能得到中心极限定理的证实。该定理陈述说,如果一个随机变量(如灯泡寿命)是许多小的独立初等随机变量(如局部电阻率、长度和横截面)的组合,那么灯泡总体的寿命将服从正态分布或高斯分布。

(3) 当对数正态形状参数满足 $\sigma < 0.2$ 时,如所分析的所有案例那样,对数正态模型可以描述正态分布的数据,反之亦然(8. 7. 2 节)。对于 50 个和 100 个灯泡的总体,对数正态模型描述与正态模型描述相当。

参考文献

[1] D. J. Davis, An analysis of some failure data, *J. Am. Stat. Assoc.*, 47 (258), 113-149, June 1952.

[2] W. R. Blischke and D. N. P. Murthy, *Reliability: Modeling, Prediction and Optimization* (John Wiley & Sons, New York, 2000), 45-46 and 410, 412-413, 419-420.

[3] M. Ohring, *Reliability and Failure of Electronic Materials and Devices* (Academic Press, New York, 1998), 293-295.

[4] G. M. Barrow, *Physical Chemistry* (McGraw-Hill, New York, 1962), 390-395.

[5] C. Kittel, *Introduction to Solid State Physics*, 3rd edition (Wiley, New York, 1966), 246-247.